Third Edition

데이터베이스 시스템

Database Management Systems

Database Management Systems, 3rd Edition

10 HT 20 23

Original: Database Management Systems, 3rd Edition © 2003
By Raghu Ramakrishnan, Johannes Gehrke
ISBN 978-0-07-246563-1

This authorized Korean translation edition is jointly published by McGraw-Hill Education Korea, Ltd. and Hantee Edu. This edition is authorized for sale in the Republic of Korea.

This book is exclusively distributed by Hantee Edu.

When ordering this title, please use ISBN 979-11-9001-724-4

Printed in Korea.

Database Management Systems

데이터베이스 시스템

Third Edition

김수희 · 김응모 · 김흥식 · 오해석
이상원 · 황부현 · 황인준 공역

NEW Material on Database Applications

Raghu Ramakrishnan · Johannes Gehrke

(주)한티에듀

Third Edition

데이터베이스 시스템

발 행 일 2003년 12월 25일 01쇄
2023년 02월 20일 10쇄
지 은 이 Raghu Ramakrishnan, Johannes Gehrke
옮 긴 이 김수희, 김응모, 김흥식, 오해석, 이상원, 황부현, 황인준
펴 낸 이 김준호
펴 낸 곳 (주)한티에듀 | 서울시 마포구 동교로 23길 67 Y빌딩 3층
등 록 제2018-000145호 2018년 5월 15일
전 화 02) 332-7993~4 | **팩 스** 02) 332-7995
I S B N 979-11-90017-24-4 (93560)
가 격 35,000원

마 케 팅 노호근 박재인 최상욱 김원국 김택성
편 집 김은수 유채원
관 리 김지영 문지희
인 쇄 (주)성신미디어

이 책에 대한 의견이나 잘못된 내용에 대한 수정정보는 아래의 한티미디어 홈페이지나 이메일로 알려주십시오.
독자님의 의견을 충분히 반영하도록 늘 노력하겠습니다.

홈페이지 www.hanteemedia.co.kr | **이메일** hantee@hanteemedia.co.kr

---

차 례

CONTENTS

CHAPTER 4

관계대수와 관계해석 95

CHAPTER 5

SQL: 질의, 제약조건, 트리거 123

2부 응용 개발 169

CHAPTER 6

데이터베이스 응용 개발 171

CHAPTER 7

인터넷 응용 205

3부 저장장치와 인덱싱 253

CHAPTER 8

저장 장치와 인덱싱 개론 255

CHAPTER 9

데이터 저장: 디스크와 파일 285

CHAPTER 10

트리 구조 인덱싱 319

CHAPTER 11

해시 기반 인덱싱 349

4부 질의 수행 369

CHAPTER 12

질의 수행 개요 371

CHAPTER 13

외부 정렬 397

CHAPTER **14**

관계 연산자 수행 415

CHAPTER **15**

관계형 질의 최적화기 453

5부 트랜잭션 관리 491

CHAPTER **16**

트랜잭션 관리 개요 493

CHAPTER **17**

동시성 제어 521

CHAPTER **18**

장애복구 549

CHAPTER 23

데이터 마이닝 729

저자 서문

PREFACE

The advantage of doing one's praising for oneself is that one lay it on so thick and exactly in the right places.

— Samuel Butler

데이터베이스 관리 시스템은 이제 정보를 관리하는 필수불가결한 도구가 되었고, 데이터베이스 시스템의 원리와 실제를 다루는 교과목은 전산학 커리큘럼의 필수적인 부분이 되었다. 이 책은 현대의 데이터베이스 관리 시스템, 특히 관계 데이터베이스 시스템의 기초를 다룬다.

책의 내용을 명확하고 간단한 형태로 표현하기 위해 노력하였고, 많은 상세한 예제들을 곁들인 계량적 접근이 이 책 전체를 통하여 사용되었다. 각 장마다 광범위한 연습문제를 제공하여 학생들이 개념을 실제 문제에 적용할 수 있는 능력을 키울 수 있도록 하였다(그 해답은 강사들에게 온라인으로 제공된다).

이 책은 제공하는 소프트웨어와 프로그래밍 과제를 이용하여 두 종류의 구별되는 개론 과목으로 사용될 수 있다:

1. **응용 위주:** 데이터베이스 시스템의 원리들을 다루고, 이들이 데이터 중심의 응용에 어떻게 사용되는 지를 강조하는 과목이다. 응용 개발에 대한 새로운 두 단원 (데이터베이스 위주의 응용과 Java와 Internet 응용 아키텍처)이 제 3판에 추가되었고, 책 전체가 이러한 내용을 지원하기 위해 광범위하게 개정되고 재구성되었다. 연속적으로 사용되는 사례연구와 광범위한 온라인 자료들(예, SQL 질의와 Java 응용 코드, 온라인 데이터베이스와 해답)이 실무적인 응용 중심의 과목을 쉽게 가르칠 수 있게 한다.

2. **시스템 위주:** 시스템에 중점을 두고 C나 C++의 프로그래밍에 상당히 숙련된 학생들을 대상으로 하는 과목이다. 이 경우에는, 제공하는 Minibase 소프트웨어가 프로젝트를 위한 토대로 사용될 수 있으며, 학생들에게 관계 DBMS의 여러 부분을 구현하도록 할 수 있다. 프로젝트 소프트웨어에서 중심이 되는 여러 모듈(예, 휩 파일, 버퍼 관리기, B+ 트리, 해시 인덱스, 다양한 조인 방법)이 (C++) 클래스를 인터페이스로 하여 학생들이 그것들을 구현할 수 있도록 교재에서 충분하게 기술되었다.

강사들은 의심할 여지없이 이 두 극단의 사이에서 적절하게 과목을 강의하게 될 것이다. 제 3판에서 재구성하는 것은 이러한 혼합적인 과목들을 용이하게 가르칠 수 있도록 아주 간결한 조직을 제공한다. 이 책은 역시 두 학기용으로도 사용할 수 있도록 충분한 내용을 포함하고 있다.

제3판의 구성

이 책은 그림 0.1에 있는 것처럼 여섯 개의 주된 부와 고급 주제를 추가로 모은 것으로 구성된다. 기초편의 단원들은 데이터베이스 시스템, ER 모델, 관계 모델을 소개한다. 이 단원들은 어떻게 데이터베이스가 생성되고 사용되는 지를 설명한다. 그리고 데이터베이스 설계, 질의의 기초를 다루며, SQL 질의를 깊이 있게 다룬다. 강사가 재량껏 이 내용의 일부(예, 관계 해석, ER 모델이나 SQL 질의에 대한 절들의 일부)를 생략할 수 있지만, 이 내용은 데이터베이스 시스템의 모든 부분과 관련이 되어 있으므로, 가능한 한 상세하게 다루어지기를 권장한다.

(1) 기초편	응용, 시스템
(2) 응용 개발	응용 중심
(3) 저장장치와 인덱싱	시스템 중심
(4) 질의 수행	시스템 중심
(5) 트랜잭션 관리	시스템 중심
(6) 데이터베이스 설계와 튜닝	응용 중심
(7) 데이터 웨어하우징과 데이터 마이닝	응용, 시스템

그림 0.1 제3판에서 부들의 구성

나머지 다섯 개의 주된 부는 각각 응용 위주이거나 시스템 위주이다. 세 개의 시스템 부는 각각 전체적인 내용을 다루기 위해 별도의 개요 단원을 가지고 있다. 예를 들어, 8장은 저장과 인덱싱의 개요를 다룬다. 이 개요에 해당하는 단원들은 주제에 대하여 독립적인 내용을 제공하기 위해 사용될 수 있으며, 혹은 좀 더 상세한 내용의 첫 장으로 사용될 수 있다. 그러므로, 응용 위주의 과목에서, 8장은 파일 구성과 인덱싱을 다루는 유일한 내용이 될 수 있는 반면에, 시스템 중심의 과목에서는 9장부터 11장까지의 선택에 의해 보충될 수 있을 것이다. 데이터베이스 설계와 튜닝에 대한 부는 성능 향상과 안전한 접근을 위한 설계의 논의를 포함한다. 이러한 응용 관련 주제들은 학생들에게 데이터베이스 시스템 아키텍처를 가르친 후에 다루면 가장 좋으므로 후반부에 배치되었다.

제안되는 과목의 개요

이 책은 두 종류의 데이터베이스 개론 과목으로 사용될 수 있다: 응용 위주의 과목과 시스템 위주의 과목.

*응용중심 과목의 개론*으로서는 기초에 대한 단원, 그 다음 응용 개발에 대한 단원, 그 다음으로 시스템 개요의 단원들을 다룰 수 있고, 마지막으로 데이터베이스 설계와 튜닝의 내용으로 마무리할 수 있다. 단원들의 관련성은 최소로 유지되어, 강사들로 하여금 무슨 내용을 포함할 것인가를 쉽게 조율할 수 있도록 하였다. 기초에 대한 내용인 제1부는 가장 먼저 다

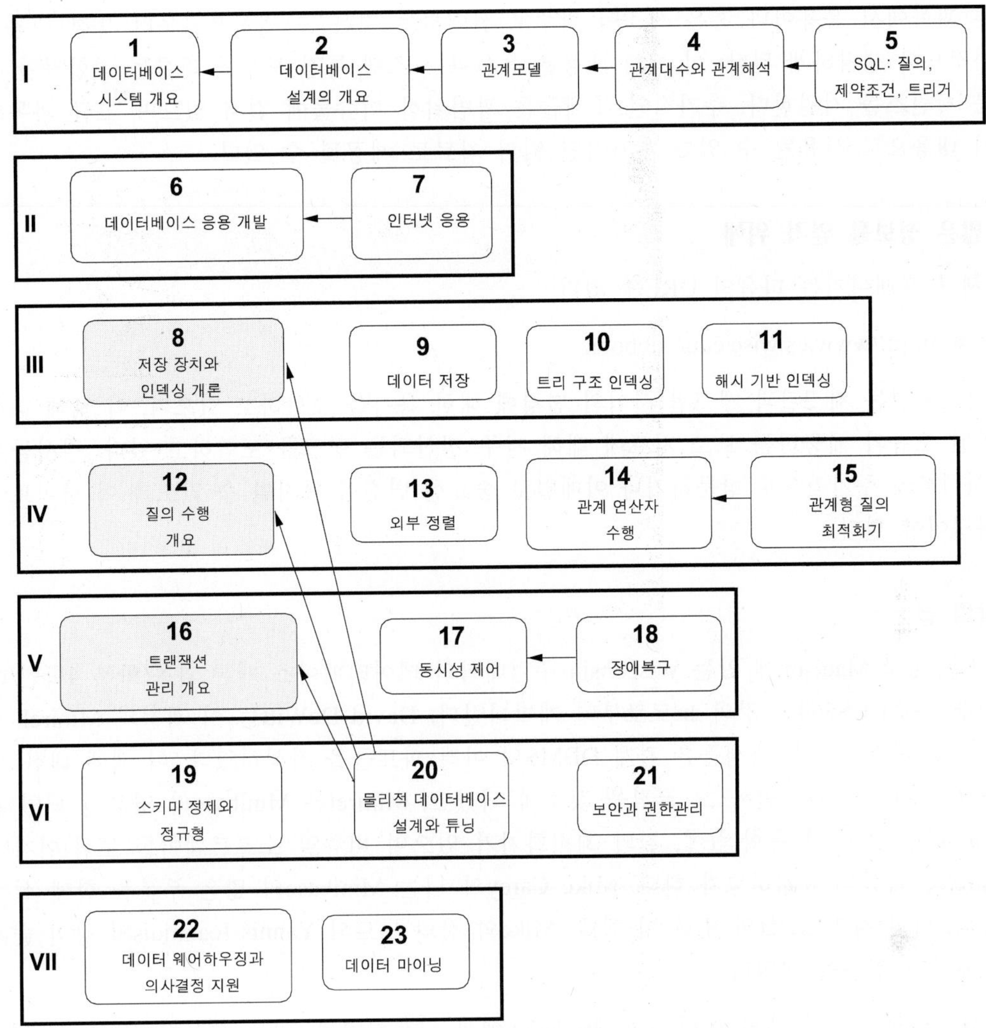

그림 0.2 단원의 구성과 관련성

루어져야 한다. 제3부, 4부, 5부에서는 개요의 단원들이 먼저 논의되어야 한다. 제1부터 6부까지의 단원들 간의 관련성들이 그림 0.2에 화살표로 나타나있다. 제1부에 있는 단원들은 순서대로 다루어져야 한다. 그러나, 대수와 해석은 중요하고 SQL 이전에 다루어져야 된다고 생각하지만, 이들은 SQL 질의들을 좀 더 빨리 접하기 위해 생략될 수 있다.

*시스템중심 과목의 개론*으로서는 기초에 대한 단원을 다루고 응용과 시스템에 대한 단원들을 선별하여 다룰 수 있다. 시스템 중심의 과목에서 중요한 점은 시기적절하게 프로그래밍 프로젝트들을 부여하기 위해서는 시스템 주제들을 일찍 다루는 것이 바람직하다. 단원들의 상호 관련성은 제1장과 3장을 마치고 난 후 곧 시스템 단원들을 다룰 수 있도록 조심스럽게 제한되었다. 나머지 기초 단원들과 응용 단원들은 그 후에 다루어질 수 있다.

이 책은 역시 여러 과목의 시퀀스를 지원하기 위해 광범위한 자료를 가지고 있다. 분명히,

개론 과목에서 응용이나 혹은 시스템 위주로 선택하는 것은 그 과목으로부터 특정 내용을 결과적으로 생략하게 된다; 이 책의 내용은 응용과 시스템 특징 모두를 다루는 종합적인 두 과목 시퀀스를 지원한다. 추가적인 주제들은 광범위한 이슈들에 걸쳐 있으며 고급 과목의 핵심 내용으로 사용될 수 있고 추가적인 읽기 자료로 제공될 수 있다

더 많은 정보를 얻기 위해

이 책의 홈페이지는 다음의 URL에 있다:

- http://www.cs.wisc.edu/~dbbook

이 홈페이지는 제 2판과 제 3판 사이의 변경에 대한 목록을 포함하고 있으며, 이 책에 대해 파악된 오류와 제공하는 보조 자료에 대해 자주 갱신되는 링크를 포함하고 있다. 강사들은 이 사이트에 주기적으로 방문하거나 이메일로 중요한 변경이 통지될 수 있도록 이 사이트에 등록하여야 한다.

감사의 글

이 책은 미국 Madison에 있는 Wisconsin 주립대학의 데이터베이스 개론 과목(학부 4학년/대학원생 수준) CS564의 강의 노트로부터 개발되었다. David DeWitt는 이 과정과 Minirel 프로젝트를 개발하였다. 학생들은 관계 DBMS의 여러 파트들을 작성하였다. 이 책에 대한 생각이 CS564를 강의하면서 그 골격을 갖추게 되었고, Minirel은 Minibase의 영감이 되었다. Minibase는 훨씬 더 종합적(예, 질의 최적화기가 있으며 비쥬얼 소프트웨어를 포함)이지만 Minirel의 핵심을 유지하고자 한다. Mike Carey와 나는 Minibase의 많은 부분을 함께 설계하였다. 나의 강의 노트(와 또한 이 책)는 Mike의 강의 노트와 Yannis Ioannidis의 강의 슬라이드로부터 영향을 받았다.

Joe Hellerstein은 이 책의 베타 판을 Berkeley에서 사용하였고, 이루 헤아릴 수 없는 조언, 슬라이드 작성의 도움, 재미있는 인용을 제공하였다. Joe와 함께 객체 데이터베이스 시스템에 관한 단원을 쓰는 것은 매우 큰 즐거움이었다.

C. Mohan은 여러 가지 상용 시스템에서 사용되는 구현 기법, 특히 인덱싱, 동시성 제어, 복구 알고리즘에 대한 수많은 질문들을 참을성 있게 대답하는 매우 귀중한 도움을 제공했다. Moshe Zloof는 QBE의 의미론과 QBE에 기반한 상용 시스템에 대한 많은 질문들에 대해 답변해 주었다. Ron Fagin, Krishna Kulkarni, Len Shapiro, Jim Melton, Dennis Shasha, Dirk Van Gucht는 이 책을 검토하고 상세한 평을 해 주어, 이 책의 내용과 표현을 크게 개선하였다. Beloit College의 Michael Goldweber, Wyoming의 Matthew Haines, SUNY StonyBrook의 Michael Kifer, Wisconsin의 Jeff Naughton, Cornell의 Praveen Seshadri, Brown의 Stan Zdonik들도 그들의 데이터베이스 과목에 역시 베타 판을 사용하였고 많은 평과 오류 레포트를 제공하였다. 특히, Michael Kifer는 (이전의) 최소 포괄 계산 알고리즘에 있었던 오류를 지적해 주었으며 모듈성을 향상하기 위해 2장에서 SQL의 특징들을 다루는 것을 제안하였

다. S. Sudarshan에 의해 Latex 포맷으로 변환된 Gio Wiederhold의 참고 자료 목록과 데이터베이스 및 논리 프로그래밍에 대한 Michael Ley의 온라인 참고 자료 목록은 각 장의 참고 자료 목록을 구성할 때 매우 큰 도움이 되었다. 내가 Latex과 끝없는 전쟁을 벌일 때 Shaun Flisakowski와 Uri Shaft는 자주 나를 도와주었다.

Minibase 소프트웨어에 많은 공헌을 한 많고 많은 학생들에게 특별히 감사한다. Emmanuel Ackaouy, Jim Pruyne, Lee Schumacher, Michael Lee는 내가 Minibase의 첫 버전(많은 부분이 그 뒤에 폐기되었으나 그 다음 버전에 많은 영향을 주었다.)을 개발할 때 나와 함께 일하였다. Emmanuel Ackaouy와 Bryan So는 내가 CS564를 이 버전을 이용하여 가르칠 때 나의 TA이었고 그 프로젝트를 정제하기 위한 그들의 수고는 TA의 범위를 훨씬 넘어섰다. Paul Aoki는 Minibase의 버전과 씨름하였고 Berkeley에서 TA로써 많은 유용한 주석을 제공하였다. CS764 과목의 전체 학생들(Wisconsin 주립대학 대학원 데이터베이스 과정)은 Minibase 현재 버전의 많은 부분을 개발하였다. Amit Shukla와 Michael Lee는 내가 CS564를 Minibase의 이 버전을 이용해 가르쳤을 때 나의 TA이었고 이 소프트웨어를 더 개발하였다.

여러 학생들이 Minibase의 컴포넌트들을 개발하기 위해 오랜 기간에 걸쳐, 독립적인 프로젝트로 나와 함께 일했다. 이 컴포넌트들은 버퍼관리기와 B+ 트리를 위한 시각화한 패키지(Huseyin Bektas, Harry Stavropoulos, Weiqing Huang); 질의 최적화기와 시각화(Stephen Harris, Michael Lee, Donko Donjerkovic); Opossum 스키마 에디터에 기반한 ER 다이어그램 툴(Eben Haber); 정규화를 위한 GUI 기반 툴(Andrew Prock, Andy Therber)을 포함한다. 추가로, Bill Kimmel은 CS764 클래스 프로젝트에 의해 개발된 대규모의 코드(저장 관리기, 버퍼 관리기, 파일과 접근 방법, 관계 연산자들, 질의 계획 실행자)를 통합하고 수정하기 위해 작업하였다. Ranani Ramamurty는 여러 모듈을 마무리하고 통합하는 차원에서 Bill의 작업을 확장하였다. Luke Blanshard, Uri Shaft, Shaun Flisakowski는 이 코드의 배포 버전을 결합하고 Minibase 소프트웨어를 기반으로 하는 테스트 조와 연습과제들을 개발하였다. Krishna와 Kunchitapadam은 최적화기를 테스트하였고 Minibse GUI의 일부를 개발하였다.

분명히, Minibase 소프트웨어는 재능이 있는 많은 사람들의 공헌이 없었더라면 존재하지 않을 것이다. 자유로이 사용할 수 있는 이 소프트웨어를 이용하여, 더 많은 강사들이 구현과 실험을 혼합한 시스템 위주의 데이터베이스 과목을 가르칠 수 있을 것이라 희망한다.

연습문제의 해답을 개발하고 검사하는 것을 도와주었고 이 책의 초기 버전들에 대해 유용한 평을 제공한 많은 학생들에게 감사의 말을 전하고 싶다. 알파벳 순서로, X. Bao, S. Biao, M. Chakrabarti, C. Cjan, W. Chen, N. Cheung, D. Colwell, C. Fritz, V. Ganti, J. Gehrke, G. Glass, V. Gopalakrishnan, M. Higgin, T. Jasmin, M. Krishnaprasad, Y. Lin, C. Liu, M. Lusignan, H. Modi, S. Narayanan, D. Randlph, A. Ranganathan, J. Reminga, A. Therber, M. Thomas, Q. Wang, R. Wang, Z. Wang, J. Yuan. Wisconsin의 Arcady Grenader, James Harrington, Martin Reames와 Berkeley의 Nina Tang은 특별히 상세한 평을 제공하였다.

Charlie Fischer, Avi Silberschatz, Jeff Ullman은 내가 출판사와 함께 일할 때 매우 귀중한 조언을 해 주었다. 나와 함께 일한 McGraw-Hill사의 편집인 Betsy Jones와 Eric Munson은

광범위한 검토를 수집하였고 초기 단계에서 이 책을 가이드하였다. Emily Gray와 Brad Kosirog는 문제점들이 있을 때마다 거기에 있어 도움이 되었다. Wisconsin의 Ginny Werner는 정말 모든 일에 앞장서서 나를 도와 주었다.

마지막으로, 이 책은 그야말로 시간의 도둑이었고, 여러 가지로 나보다는 내 가족들을 더 힘들게 하였다. 내 아들들은 자신들을 솔직하게 표현하였다. (그 당시) 다섯 살배기 Ketan: “Dad, stop woring on that silly book. You don't have any time for me." 두 살배기 Vivek: “You working boook? No no no come play basketball me!” 사계절 계속되는 아이들의 불평이 아내 Apu에게 미쳤지만, 내가 이 책에 파묻혀 있던 수많은 저녁과 주말들 내내 아내는 무질서하지만 행복하게 가족을 지켜 주었다(내가 교수가 되려고 골몰했던 날들은 말할 것도 없다!). 언제나 그랬듯이, 나는 이 책을 쓰는 작업에서도 부모의 손길을 느낄 수 있다; 배움을 사랑하는 나의 아버지와 우리를 사랑하는 나의 어머니가 이 책을 쓸 수 있게 하였다. 내 동생 Kartik이 이 책에 공헌한 바는 주로 내게 전화를 걸어서 작업을 못하게 하는 것이었는데, 그에게 감사하지 않으면 화를 낼지도 모른다. 내 가족이 거기에 있고 내가 하는 모든 일에 의미를 부여해 주는 것을 감사하고 싶다(아! 이제야 Kartik에게 감사 할 합리적인 이유를 찾아내었다).

제2판에 대한 감사의 글

McGraw-Hill의 Emily Gray와 Betsy Jones는 제 2판을 준비할 때 광범위한 검토 자료를 수집하였고 조언과 지원을 제공하였다. Jonathan Goldstein은 공간 데이터베이스 분야의 참고문헌 목록에 대해 도움을 주었다. 다음의 검토자들은 내용과 구성에 대하여 가치있는 조언을 제공하였다: Ohio University의 Liming Kai, University of Kansas의 Costas Tsatsoulis, University of Houston at Clear Lake의 Kwok-Bun Yue, Waine State University의 William Grosky, University of Virginia의 Sang H. Son, Minnesota University at Mankato의 James M. Slack, 네덜란드 University of Twente의 Herman Balsters, University of Cincinnati의 Karen C. Davis, University of Florida의 Joachim Hammer, Tulane University의 Fred Petry, Baylor University의 Gregory Speegle, Texas A&M University의 Salih Yurttas, San Francisco State University의 David Chao.

많은 사람들이 제 1판의 오류에 대해 보고하였다. 특히, 다음에 열거하는 사람들에게 감사하고 싶다: Portland State University의 Joseph Albert, University of Wisconsin의 Han-yin Chen, Oreqon Graduate Institute의 Lois Delcambre, Southern Methodist University의 Maggie Eich, Curtin University of Technology의 Raj Gopalan, University of Toronto의 Davood Rafiiei, University of South Australia의 Michael Schrefl, University of Connecticut의 Alex Thomasian, Siena College의 Scott Vandenberg.

상용 시스템들이 다양한 기능들을 어떻게 지원하는 지에 대한 자료 조사에 대하여 상세하게 대답을 한 많은 사람들에게 특별한 감사를 전한다: IBM의 Mike Carey, Bruce Lindsay, C. Mohan, James Teng. Informix의 M. Muralikrishna, Michael Ubell. Microsoft의 David

Campbell, Goetz Graefe, Peter Spiro. Oracle의 Hakan Jacobsson, Jonathan D. Klein, Muralidhar Krishnaprasad, M. Ziauddin. Sybase의 Marc Chanliau, Lucien Dimino, Sangeeta Doraiswamy, Hanuma Kodavalla, Roger MacNicol, Tirumanjanam Rengarajan.

제 1판의 감사의 글에서 Ketan(이제 8살)은 자기 자신에 대한 글을 읽고, 간단한 질문을 하였다. "How come you didn't dedicate the book to us?, Why mom?" Vivek(이제 5살)은 자기의 유명도에 더 관심을 보였다. "Daddy, is my name in evvy copy of your book?" Do they have it in evvy computer science department in the world?" Vivek, 나도 그렇게 되기를 희망한다. 마지막으로, 이 개정판은 Apu와 Keiko의 도움이 없었더라면 완성되지 않았을 것이다.

제3판에 대한 감사의 글

우리는 XML 논의에 대한 Raghav Kaushik의 공헌과 동시성 제어에 대한 Alex Thomasian의 공헌에 대해 감사한다. Jim Melton에게 SQL:1999 표준의 객체지향 확장에 대한 그의 책의 출판 이전의 사본을 우리에게 준 것과, 이 개정판의 초기 버전에 있는 여러 버그들을 지적해 준데 대해 특별한 감사를 표시한다. Berkeley에 있는 Marti Hearst는 너그럽게 정보 검색에 대한 그의 슬라이드의 일부를 수정하게 했고, Alon Levy와 Dan Suciu는 친절하게도 XML에 대한 그들의 강의록의 일부를 수정할 수 있게 하였다. Mike Carey는 웹 서비스에 대한 의견을 제공하였다.

McGraw-Hill의 Emily Lupash는 변함없는 지원과 용기를 불어 넣어 주었다. 그녀는 Embry-Riddle Aeronautical University의 Ming Wang, RPI의 Cheng Hsu, Massachusetts 주립대학의 Paul Bergstein, SJSU의 Archana Sathaye, Purdue의 Bharat Bhargava, Bradley의 John Fendrich, Central Michigan의 Ahmet Ugur, Colorado 주립대학의 Richard Osborns, CCNY의 Akira Kawaguchi, Ben Gurion의 Mark Last, California 주립대학의 Vassilis Tsotras, Central Florida 주립대학의 Ronald Eaglin으로부터 온 광범위한 검토 내용을 조정하여 정리하였다. 검토자들로부터 받은 사려 깊은 의견에 감사할 수 있어 정말 기쁘다. 그들의 의견이 이 개정판의 설계와 내용을 크게 향상하였다. Gloria Schiesl, Jade Moran은 마지막 순간의 혼란을 효율적으로 처리하였고, Sherry Kane과 함께 아주 타이트한 스케쥴을 가능하게 하였다. Michelle Whitaker는 표지 디자인을 여러 번 반복하였다.

Raghu는 전적으로 이 개정판을 Raghu, Ketan과 Vivek에게 헌정한다. 이 책이 완성될 때까지 모든 것을 도와준 Apu에게 이 책을 역시 헌정한다.

Johannese에게 Keiko의 지원, 영감 그리고 Elisa의 평화롭게 잠자는 얼굴을 바라볼 때에 우러나오는 동기 부여가 없었더라면, 이 개정판은 만들어지지 않았을 것이다.

역자 서문

PREFACE

정보화, 글로벌화, 지식기반사회화로 대표되는 21세기의 사회 환경에서 현대산업의 경향을 한마디로 "정보산업"이라고 표현할 수 있듯이, 정보수집의 능력 정도에 따라 국가의 위상이나 국력이 좌우된다는 해도 과언이 아닐 정도로 정보는 매우 중요한 위치를 차지하고 있다. 이러한 사회 환경에서 서로 관련이 있는 데이터를 모아서 데이터베이스를 형성하고, 이를 조직적으로 유지하고 관리하며 사용자에게 정확하고 빠르게 최신의 정보를 제공하는 데이터베이스 시스템의 역할은 대단히 중요하다.

국내외에서 출판된 데이터베이스와 관련한 저서들이 시중에 많이 있지만, 이론을 습득하고 실무를 동시에 훈련할 수 있도록 구성된 역작으로 "Database Management Systems"의 제3판이 있다. 이 책은 미국 Wisconsin 주립대학교 Madison 캠퍼스의 Raghu Ramakrishnan과 Cornell 대학교의 Johannes Gehrke가 공동으로 집필하였다. 이 책의 초판은 Raghu Ramakrishnan이 단독으로 집필하여 1996년에 출판되었고, 제2판부터 Johannes Gehrke와 함께 집필하여 2003년에 제3판이 나오면서 최신의 기술과 시스템을 접목하여 기존의 책들과는 차별성을 유지하고 있다. 제 3판은 30단원으로 구성되어 있으며, 이들이 7개의 부를 이루고 있다.

"Database Management Systems"의 제2판을 접하면서 기존의 전통적인 데이터베이스 원서 교재들보다 상당히 다름을 파악하게 되었다. 이 책은 전체적인 주제의 선정이 포괄적이고, 이론적, 기술적, 실용적인 분야들을 모두 다루면서, 그 균형을 잘 유지하고 있다. 이 책은 데이터베이스 시스템의 모든 분야를 특별한 격식을 갖추지 않고 설명하고 있다. 특히, 어떤 것에 대한 공식적인 명제나 증명이 없다. 이론에 별로 관심이 없는 독자들에게 데이터베이스의 다양한 분야들을 소개하기 위해 사용될 수 있다. 이 책은 과학적인 견지에서 보다는 공학적인 입장에서 집필되었으며, 현장에서 일하는 데이터베이스 관련 엔지니어에게 매우 유용한 책이라고 볼 수 있다. 최근 몇 년 동안 정보통신연구진흥원에서 추진하고 있는 수요지향적 교과과정 개정 지원사업에서 지향하는 방향에 잘 부합하며, 실습 및 프로젝트 중심으로 교육하여 현장에 바로 투입할 수 있는 데이터베이스 인력을 양성하기 위해서는 시중에 있는 책들 중 가장 적합한 책이라 판단된다.

원저자의 서문에서도 언급 되었듯이, 이 책은 응용 중심의 교재나 시스템 중심의 교재로 모두 사용될 수 있다. 응용 위주와 시스템 위주의 지식 습득과 실습 경험이 실 사회에서 모두 요구되고 있다. 응용 중심의 과목에서는 데이터베이스 시스템의 원리들을 다루고, 이들이 데이터 중심의 응용에 어떻게 사용되는 지에 대해 중점적으로 다룰 수 있다. 즉, 응용 프로그램이 DBMS를 연결하는 방법, DBMS로부터 검색된 데이터를 처리하는 방법, DBMS에 있는 데이터를 수정하는 방법을 실습을 통해 익히고, Java나 XML을 이용한 Internet 응용 등에 치중할 수 있다. 시스템 위주의 과목에서는 제공되는 Minibase 소프트웨어가 프로젝트를 위한 기초로서 사용될 수 있으며, 학생들에게 관계 DBMS의 여러 부분을 구현하도록 할 수 있다.

(주)McGraw-Hill Korea의 도움으로 "Database Management Systems"의 제 3판을 번역하게 되었다. 일곱 명의 역자들이 단원별로 번역하였으며, 제 7부에서는 두 단원 "데이터 웨어하우징과 의사 결정 지원", "데이터 마이닝"을 번역하였다. 역자들은 원서에서 의도하는 바를 충실히 전달하는 데에 가장 큰 주안점을 두었다. 또한, 원서에 있는 용어들을 가장 잘 표현하는 우리 말 용어들을 선택하기 위해, 역자들은 여러 차례에 걸쳐 토의하고 조사하는 노력을 기울였다. 번역서 전체에 걸쳐 용어를 통일하고, 정확한 표현을 하기 위해 세심한 주의를 기울였지만, 미흡한 점들이 많이 있을 것이라 생각된다. 이에 대한 책임은 모두 역자들에게 있으며 개정판을 통하여 개선해 나가고자 한다. 아무쪼록, 이 책이 독자들에게 경쟁력이 있는 데이터베이스 전문인이 되기 위해 많은 도움이 되길 바랄뿐이다.

데이터베이스 관리는 더욱 더 많은 데이터가 온라인으로 연결되고 또 컴퓨터 네트워킹을 통해 훨씬 더 많이 접근할 수 있음에 따라 계속적으로 그 중요성을 더해 가고 있다. 또한, 데이터베이스는 멀티미디어 데이터베이스, 대화형 비디오, 전자 도서관, 인간 유전자 지도 작성, 데이터 마이닝 등 많은 응용 분야를 가지고 있다. 산업 현장에서도 데이터베이스 분야의 전문 인력의 수요가 급증하고 있으나, 실제 이론과 실무를 겸비한 전문 인력은 매우 부족한 형편이다. 따라서 데이터베이스 시스템의 학습은 여러 측면에서 충분히 할만한 가치가 있다.

끝으로, 이 책이 출간되기까지 물심양면으로 도와주신 (주)McGraw-Hill Korea의 노호근 부장님, 박 미진 과장님, 김 성준 과장님, 교정을 맡아 전적으로 수고해 주신 강 봉휘씨에게 진심으로 감사를 드린다.

2004년 1월
역자일동

본서의 내용에 관한 의견이나 질문이 있으면 아래의 E-mail 주소로 보내주기 바랍니다.

1, 2, 3, 4장	호서대학교 컴퓨터공학부 **김 수희**	shkim@office.hoseo.ac.kr
5, 6, 7장	인제대학교 컴퓨터공학부 **김 홍식**	hskim@cs.inje.ac.kr
8, 9, 10, 11장	아주대학교 정보통신전문대학원 **황 인준**	ehwang@ajou.ac.kr
12, 13, 14, 15, 20, 21장	성균관대학교 정보통신공학부 **이 상원**	swlee@acm.org
16, 17, 18장	전남대학교 전자컴퓨터정보통신공학부 **황 부현**	bhhwang@chonnam.ac.kr
19장	성균관대학교 정보통신공학부 **김 응모**	umkim@yurim.skku.ac.kr
22, 23(7부)	경원대학교 부총장/소프트웨어대학 **오 해석**	oh@kyungwon.ac.kr

1부

기초편

1

데이터베이스 시스템 개요

- ☞ DBMS가 무엇인가? 특히, 관계 DBMS가 무엇인가?
- ☞ 데이터를 관리하기 위해 왜 DBMS를 고려해야 하는가?
- ☞ 응용 데이터는 DBMS로 어떻게 표현되는가?
- ☞ DBMS에 있는 데이터는 어떻게 검색되며 조작되는가?
- ☞ DBMS는 어떻게 동시접근을 지원하며 시스템 장애가 일어나고 있는 동안 어떻게 데이터를 보호하는가?
- ☞ DBMS의 주된 구성요소들은 무엇인가?
- ☞ 실세계에서 누가 데이터베이스와 관련이 되어 있는가?

➜ **주요 개념:** 데이터베이스 관리(database management), 데이터 독립성(data independence), 데이터베이스 설계(database design), 데이터 모델(data model); 관계 데이터베이스와 질의(relational databases and queries); 스키마(schemas), 추상화의 수준(levels of abstraction); 트랜잭션(transactions), 동시성(concurrency) 및 잠금(locking), 복구(recovery)와 로깅(logging); DBMS 아키텍처(architecture); 데이터베이스 관리자(database administrator), 응용 프로그래머(application programmer), 최종 사용자(end user)

Has everyone noticed that all the letters of the word *database* are typed with the left hand? Now the layout of the QWERTY typewriter keyboard was designed, among other things, to facilitate the even use of both hands. It follows, therefore, that writing about databases is not only unnatural, but a lot harder than it appears.

— Anonymous

> 데이터베이스 관리 시스템의 분야는 일반적으로 전산학의 축소판이다. 논의되는 이슈들과 사용되는 기술들은 광범위한 분야에 영향을 미친다: 여러 가지 프로그래밍 언어, 객체지향 및 그 외의 프로그래밍 패러다임, 컴파일러, 운영체제, 병행 프로그래밍, 데이터 구조, 알고리즘, 이론, 병렬 및 분산 시스템, 사용자 인터페이스, 전문가 시스템과 인공지능, 통계적인 기법과 동적 프로그래밍. 이 책에서 데이터베이스의 이러한 모든 측면들을 모두 다룰 수는 없지만, 여러분들에게 이렇게 풍부하고 전망이 좋은 분야를 학습하는 중요한 기회가 되기를 희망한다.

우리가 이용할 수 있는 정보의 양은 문자 그대로 폭발하고 있으며, 데이터의 가치는 한 조직의 자산으로서 널리 인식되고 있다. 규모가 크고 복잡한 데이터 집합으로부터 가장 유용한 정보를 얻기 위해, 사용자들은 데이터를 관리하고 적시에 유용한 정보를 추출하는 작업들을 쉽게 할 수 있는 툴들을 요구한다. 그렇지 못할 때, 데이터를 획득하고 관리하는 비용이 그로부터 얻을 수 있는 가치를 훨씬 초과하게 되어 오히려 부담이 된다.

데이터베이스(database)는 일반적으로 하나 이상의 서로 관련이 되는 조직체들의 활동을 기술하는 데이터들의 모임이다. 예를 들어, 대학교의 데이터베이스는 다음에 관한 정보를 포함할 수 있다.

- *개체*(*entitiy*): 학생, 교수, 과목, 강의실 등.
- *개체들간의 관계*(*relationship*): 학생이 과목을 등록, 교수가 과목을 강의, 과목의 강의실 등.

데이터베이스 관리 시스템(database management system: **DBMS**)은 대규모의 데이터를 유지관리하고 이용하는 데에 도움이 되도록 설계된 소프트웨어이다. 이러한 시스템들에 대한 사용뿐만 아니라 그 필요성이 급속히 증가하고 있다. DBMS를 사용하는 것에 대한 유일한 대안은 데이터를 파일에 저장하고 이를 관리하기 위해 주문형 코드를 작성하는 것이다. DBMS를 사용하면 여러 가지 장점들이 있는데, 이들을 1.4절에서 알아본다.

1.1 데이터의 관리

이 책의 목표는 데이터베이스 관리 시스템에 대한 개론을 상세하게 다루는 것으로, 데이터베이스를 *설계*하는 방법과 DBMS를 효율적으로 *사용*하는 방법에 역점을 두고자 한다. 주어진 어떤 응용을 위해 DBMS를 사용하는 방법에 대한 결정은 그 DBMS가 어떤 기능들을 효율적으로 지원하는가에 달려 있다. 그러므로, 어떤 DBMS를 잘 사용하기 위해, 그 DBMS가 어떻게 *작동*하는가를 이해하는 것이 필요하다.

많은 종류의 데이터베이스 관리 시스템이 사용되고 있지만, 이 책에서는 오늘날 DBMS의 독보적인 위치를 차지하고 있는 타입인 관계 **데이터베이스 관리 시스템**(RDBMS)에 역점을 둔다. 다음과 같은 주제들이 이 책의 핵심 단원에서 다루어진다.

1. **데이터베이스 설계 및 응용 개발:** 사용자는 어떠한 방식으로 실세계의 조직체(예, 대학교)를 DBMS내에 저장된 데이터의 형태로 기술할 수 있을까? 이러한 저장된 데이터를 조직하는 방법을 결정하는 데에 있어서 무슨 요소들이 고려되어야 할까? 어떤 DBMS에 의존하는 응용을 어떻게 개발할 수 있나? (2장, 3장, 6장, 7장, 19장, 20장, 21장 참조)
2. **데이터 분석:** 사용자가 조직체에 관한 질문을 DBMS에 저장된 데이터를 대상으로 질의를 던짐으로써 어떻게 응답할 수 있나? (4장, 5장 참조)[1]
3. **동시성과 강력함:** DBMS는 어떻게 여러 사용자가 데이터를 동시에 접근하도록 하며, 시스템 장애가 일어나는 경우에 어떻게 데이터를 보호하는가? (16장, 17장, 20장 참조)
4. **효율성과 범위성**: DBMS는 어떻게 방대한 데이터 집합을 저장하고 이에 대한 질문에 효율적으로 답변하는가? (8장, 9장, 10장, 11장, 12장, 13장, 14장, 15장 참조)

나머지 단원에서는 중요하면서도 급속히 대두되고 있는 주제들을 다룬다: 병렬 및 분산 데이터베이스 관리, 데이터 웨어하우징과 의사결정 지원을 위한 복잡한 질의, 데이터 마이닝, 데이터베이스와 정보검색, XML 리포지토리, 객체지향 데이터베이스, 공간 데이터 관리, 규칙기반 DBMS 확장 등.

다음절부터, 이러한 이슈들에 대해서 소개한다. 1.2절에서, 이 분야의 간단한 역사를 살펴보고 현대의 정보 시스템에서 데이터베이스 관리의 역할에 대해 알아본다. 그 다음으로 1.3절에서는 파일 시스템 대신 DBMS에 데이터를 저장할 때의 장점을 알아보고, 1.4절에서는 DBMS를 이용하여 데이터를 관리할 때의 장점을 살펴본다. 1.5절에서는 기업에 관한 정보가 DBMS 내에 어떻게 조직되고 저장되어야 하는지를 고찰한다. 사용자는 아마도 조직체 내의 개체들과 그들간의 관계에 해당하는 정보에 관하여 개념적으로 생각하겠지만, DBMS는 궁극적으로 데이터를 (수많은) 비트들의 형태로 저장한다. 사용자들이 그들의 데이터에 대해 생각하는 방법과 그 데이터가 종국적으로 저장되는 방법과는 차이가 있다. 이러한 갭은 DBMS에 의해 지원되는 여러 *단계의 추상화*를 통해서 좁혀진다. 사용자는 데이터를 상당히 상위 수준의 용어로 기술함으로써 시작하고, 그 다음으로 추가적인 저장이나 표현 문제를 고려하여 이 기술을 정제한다.

1.6절에서, 사용자가 DBMS에 저장되어 있는 데이터를 어떻게 검색할 수 있으며, 그러한 데이터에 관한 질문의 답을 효율적으로 계산하기 위한 기법들의 필요성에 대해 고찰한다. 1.7절에서, DBMS가 여러 사용자들에 의한 데이터의 동시접근을 지원하는 방법과 시스템 장애가 일어나는 경우에 데이터를 보호하는 방법에 대하여 개괄적으로 알아본다.

그 다음으로 DBMS의 내부 구조를 1.8절에서 간단히 기술하고, DBMS의 개발 및 사용과 관련하여 다양한 그룹의 사람들에 대해 1.9절에서 언급한다.

---

[1] Query-by-Example(QBE)에 대한 온라인 자료를 이용할 수 있다.

1.2 역사적인 배경

컴퓨터가 등장한 초기부터, 데이터를 저장하고 조작하는 일은 주요 응용분야의 초점이 되어왔다. 최초의 범용 DBMS는 1960년대 초반 General Electric사의 Charles Bachman에 의해 설계되었고 Integrated Data Store라고 불려졌다. 이것이 *네트워크 데이터 모델*의 기초가 되었고, 네트워크 데이터 모델은 Conference on Data System Language(CODASYL)에서 표준화가 이루어졌으며 1960년대를 통해 데이터베이스 시스템에 큰 영향을 주었다. Bachman은 데이터베이스 분야에서의 연구 업적으로 ACM Turing Award(전산학에서는 노벨상에 해당)의 최초의 수상자가 되었다; 1973년에 그 상을 받았다.

1960년대 말에, IBM은 Information Management System (IMS)라는 DBMS를 개발하였는데, 이 시스템은 오늘날까지도 여러 주요 사업에 사용된다. IMS는 *계층 데이터 모델*로 불리는 또다른 데이터 표현 구조의 기초가 되었다. 그 즈음 항공편 예약을 처리하는 SABRE 시스템이 American Airlines 사와 IBM에 의해 공동으로 개발되었다. 이 시스템은 여러 사람이 컴퓨터 네트워크를 통하여 같은 데이터를 접근하도록 했다. 흥미롭게도, 오늘날 바로 그 SABRE 시스템이 Travelocity와 같은 인기 있는 웹 기반 여행 서비스를 추진하기 위해 사용되고 있다.

1970년대에, IBM의 산 호세 연구소(San Jose Research Laboratory)에 근무하던 Edgar Codd는 *관계 데이터 모델*이라는 새로운 데이터 표현 구조를 제안하였다. 이것이 데이터베이스 시스템의 개발에 있어서 분기점이 되었다. 이 모델은 이 분야를 튼튼한 토대 위에 올려놓은 풍성한 이론적인 결과들과 함께, 관계모델에 바탕을 둔 여러 DBMS의 급속한 개발에 활력을 불어넣었다. Codd는 그의 독창적인 연구업적으로 1980년 튜어링 상을 수상하였다. 데이터베이스 시스템은 하나의 학문 분야로 성숙되었고, 관계 DBMS들의 대중성이 상업적인 전망을 바꾸어 놓았다. 관계 DBMS의 장점들이 널리 인식되었고, 이제 한 조직체의 데이터를 관리하기 위해 DBMS를 사용하는 것은 관행이 되었다.

1980년대에, 관계모델은 최대의 영향력을 가진 DBMS 패러다임으로 그 위치를 굳건하게 하였고, 데이터베이스 시스템은 계속적으로 많이 이용되었다. IBM의 System R 프로젝트의 일환으로 개발된 관계 데이터베이스용 질의어 SQL은 이제 표준 질의어가 되었다. SQL은 1980년대 후반에 표준화가 이루어졌으며, 현행 표준인 SQL:1999는 미국의 국가 표준국(ANSI: Americal National Standard Institute)과 국제 표준화 기구(ISO: International Standards Organization)에 의해 표준으로 채택되었다. 가장 널리 사용되는 병행 프로그래밍의 형태는 데이터베이스 프로그램들(*트랜잭션*들)의 병행수행이다. 사용자들은 프로그램들이 그 자체로 홀로 실행되는 것처럼 프로그램들을 작성하며, 이들을 동시에 실행하는 책임은 DBMS에게 주어진다. James Gray가 데이터베이스 트랜잭션 관리 분야에 대한 공헌으로 1999년 튜어링 상을 수상하였다.

1980년대 후반부터 1990년대에 이르러서는, 데이터베이스 시스템의 많은 분야에서 진보 및 향상이 이루어졌다. 좀 더 강력한 질의어와 표현력이 더 풍부한 데이터 모델의 개발을 위해 상당한 연구가 수행되었다. 특히, 많은 연구가 조직체의 모든 부서로부터 모은 데이터를 대상으로 복잡한 분석을 지원하는 분야에 역점을 두어 수행되었다. 여러 공급업체들(예, IBM의 DB2, Oracle 8, Informix[2] UDS 등)은 이미지와 텍스트와 같은 새로운 데이터 타입을 저장할 수 있고, 좀 더 복잡한 질의들을 할 수 있도록 그들의 시스템을 확장하였다. 전문화된 시스템들이 여러 데이터베이스로부터 *데이터 웨어하우스* 생성, 데이터 통합, 특수한 분석을 수행하기 위해 여러 공급업체들에 의해 개발되어 왔다.

재미있는 현상은 여러 종류의 **ERP**(enterprise resource planning)와 **MRP**(management resource planning) 패키지들의 출현이다. 이들은 DBMS 위에 응용 중심의 기능들로 이루어진 주요한 층을 추가한다. Baan, Oracle, PeopleSoft, SAP, Siebel이 만든 시스템들이 광범위하게 사용되는 패키지들이다. 이 패키지들은 많은 조직체들이 당면하는 일련의 공통적인 업무(예, 재고 관리, 인력 자원 계획, 재정 분석 등)를 파악하고 이 작업들을 수행하기 위하여 일반적인 응용 계층을 제공한다. 데이터는 관계 DBMS에 저장되며, 응용 계층은 각 회사에 적합하도록 커스트마이즈될 수 있다. 결과적으로 그러한 업무들을 수행하는 응용 패키지를 각 회사가 처음부터 개발하는 것보다 전체 비용이 더 저렴하다.

아마도, 가장 중요한 사실은 DBMS가 인터넷 시대에 접어들었다는 사실일 것이다. 웹사이트의 제1세대는 데이터를 전적으로 운영체제의 파일로 저장하였으나, 웹 브라우저를 통하여 접근되는 데이터를 저장하기 위해 DBMS를 사용하는 것이 점점 일반화되고 있다. 질의들은 웹에서 접근할 수 있는 양식을 통하여 생성되고 질의의 응답은 브라우저에서 쉽게 볼 수 있도록 HTML과 같은 마크업 언어를 이용하여 표현된다. 모든 데이터베이스 공급업체들은 인터넷상에서 연동이 더 적절하게 이루어질 수 있도록 그들의 DBMS에 기능들을 추가하고 있다.

데이터베이스 관리는 더욱 더 많은 데이터가 온라인으로 연결되고 또 컴퓨터 네트워킹을 통해 훨씬 더 많이 접근될 수 있음에 따라 계속적으로 중요성을 더해 가고 있다. 오늘날 이 분야는 여러 가지 흥미진진한 비전들에 의해 추진되고 있다. 대표적인 과제들로 멀티미디어 데이터베이스, 대화형 비디오, 전자 도서관, 인간 유전자 지도 작성과 NASA(미 항공우주국)의 지구 관측 시스템 프로젝트와 같은 많은 과학적인 과제, 기업들이 그들의 의사결정 과정을 통합하고 사업에 관한 유용한 정보들을 분석하기 위한 데이터 *마이닝*을 꼽을 수 있다. 상업적으로, 데이터베이스 관리 시스템은 가장 규모가 크고 제일 활발한 시장 부문 중의 하나이다. 따라서 데이터베이스 시스템의 학습은 여러 측면에서 충분히 할만한 가치가 있다.

1.3 파일 시스템과 DBMS의 비교

DBMS의 필요성을 이해하기 위해 다음과 같은 시나리오를 가정해보자. 어떤 회사가 직원, 부서, 제품, 판매 등에 대한 방대한 양의 데이터(예, 500GB[3])를 가지고 있다. 이 데이터는

[2] Informix는 최근 IBM에 인수되었다.

[3] 1 킬로바이트(kilobyte: KB)는 1024 바이트, 1 메가바이트(megabyte: MB)는 1024 킬로바이트, 1 기가바이트(gigabyte: GB)는 1024 메가바이트, 1 테라바이트(terabyte: TB)는 1024 기가바이트이며 1 페타바이트(PB)는 1024 테라바이트이다.

여러 직원들에 의해 동시에 접근된다. 데이터에 관한 질문은 신속하게 대답되어야 하고 여러 사용자들에 의한 데이터의 변경은 일관성 있게 적용되어야 하며 데이터의 어떤 부분(예, 급여액)은 접근이 제한되어야 한다.

우리는 운영체제 시스템 파일에 데이터를 저장하여 이러한 데이터를 관리하는 것을 시도할 수 있다. 그러나 이러한 접근은 다음과 같은 점들을 포함하여 많은 결점을 가지고 있다.

- 모든 데이터를 포함하기 위해 500GB 용량의 주기억장치를 보유하고 있지는 않을 것이다. 그러므로 데이터를 디스크나 테이프와 같은 저장장치에 저장하고 필요한 대로 관련되는 부분을 주기억장치로 가져와야 한다.
- 32 비트로 주소를 지정하는 컴퓨터 시스템에서는 비록 500GB 용량의 주기억장치를 가지고 있다고 하더라도, 약 4GB 이상의 데이터를 직접 참조할 수는 없다. 모든 데이터 항목을 식별하는 방법을 프로그래밍하여야 한다.
- 사용자가 데이터에 관하여 물을 만한 각 질문에 대답하기 위해 특별한 프로그램들을 작성해야 한다. 이 프로그램들은 방대한 양의 데이터가 탐색되어야 하기 때문에 매우 복잡할 것이다.
- 데이터는 데이터를 동시에 접근하는 여러 사용자들에 의해 일관성 없이 변경되는 것으로부터 보호되어야만 한다. 만약, 응용프로그램들이 이러한 동시접근의 세부적인 문제까지 처리해야 한다면, 바로 이 점이 응용프로그램들의 복잡성을 크게 추가할 것이다.
- 데이터 변경이 이루어지고 있는 동안 시스템이 붕괴되면 데이터를 일관성이 있는 상태로 확실히 복구될 수 있어야 한다.
- 운영체제는 보안을 위해 암호 식별 기능만을 제공한다. 이 기능은 사용자들마다 데이터 중 각기 다른 부분에 접근할 수 있도록 하는 보안정책을 집행하기에는 융통성이 부족하다.

DBMS는 지금까지 언급한 작업들을 더 쉽게 처리하도록 설계된 소프트웨어이다. 운영체제의 파일들보다는 DBMS에 데이터를 저장함으로써, 강력하고 효율적인 방법으로 데이터를 관리하기 위해 DBMS의 특징을 이용할 수 있다. 데이터의 양과 사용자들의 수가 증가함에 따라—요즈음의 기업 데이터베이스는 일반적으로 수백 기가 바이트의 데이터를 처리하고 그 사용자는 수천 명에 이른다—DBMS의 지원은 필수 불가결하게 되었다.

1.4 DBMS의 장점

DBMS를 사용하여 데이터를 관리하게 되면 많은 장점들이 있다.

- **데이터 독립성:** 응용 프로그램들은 데이터의 표현과 저장에 대한 세부사항에 영향을 받지 않는 것이 이상적이다. DBMS는 이러한 세부사항을 은닉하는 데이터의 추상적인 관점을 제공한다.

- **효율적인 데이터 접근:** DBMS는 데이터를 효율적으로 저장하고 검색하기 위해 여러 종류의 정교한 기술들을 이용한다. 이러한 특징은 데이터가 보조 기억장치에 저장되는 경우 특히 중요하다.
- **데이터 무결성과 보안성:** 데이터가 항상 DBMS를 통하여 접근되면, DBMS는 무결성 제약조건을 집행할 수 있다. 예를 들어, 한 직원의 급여 정보를 삽입하기 전에, DBMS는 해당 부서의 예산이 초과되지 않나 점검할 수 있다. 또한, DBMS는 여러 부류의 사용자들에게 무슨 데이터가 보여질 수 있는지를 주관하는 *접근제어*를 집행할 수 있다.
- **데이터 관리:** 여러 사용자들이 데이터를 공유할 때에, 데이터에 대한 관리를 중앙 집중화하는 것이 상당한 개선을 가져올 수 있다. 관리되어야 할 데이터의 성격과 여러 부류의 사용자들이 어떻게 데이터를 사용하는지를 이해하는 경험이 풍부한 전문가들이, 데이터의 중복을 최소화하도록 데이터 표현을 조직하고 효율적인 검색을 수행하기 위해 데이터의 저장을 세부적으로 조정하는 업무에 책임이 있다.
- **동시접근 및 손상복구:** DBMS는 오직 한 사용자에 의해 데이터가 접근된다고 생각할 수 있도록 데이터의 동시접근을 계획한다. 또한, DBMS는 시스템의 붕괴로 인한 영향으로부터 사용자들을 보호한다.
- **응용 개발 시간 감축:** 분명히, DBMS는 DBMS내에 있는 데이터를 접근하는 많은 응용에 공통인 중요한 기능들을 지원한다. 이 사실은, 고수준의 데이터 인터페이스와 함께, 신속한 응용 개발을 용이하게 한다. DBMS 응용들은 많은 중요한 작업들이 DBMS에 의해 처리되기 때문에 유사한 독립형 응용들보다 훨씬 더 강력하다.

DBMS가 이러한 장점들이 있는데, DBMS를 사용하지 *않을* 이유가 있을까? 여기에 대한 답은 어떤 경우에는 'yes'이다. DBMS는 복잡한 질의에 답을 한다든지 많은 동시 요청을 처리하는 것과 같은 업무를 위해 최적화된 복잡한 소프트웨어이므로, 그것의 성능이 어떤 특정 응용에 대해서는 적당하지 않을 수 있다. 예를 들면, 엄격한 실시간 제약조건을 가지고 있는 응용들이나 효율적인 맞춤코드로 쓰여져야 하는 몇 가지의 잘 정의된 중요한 기능들을 가지고 있는 응용들이다. DBMS를 사용하지 않는 또 하나의 이유는 어떤 응용이 질의어로 표현할 수 없는 방식으로 데이터를 조작할 필요가 있는 경우이다. 이러한 경우에는, DBMS에 의해 표현되는 데이터의 추상적인 뷰가 응용의 필요성에 부합하지 않고 실제로 걸림돌이 된다. 예를 들어, 관계 데이터베이스는 텍스트 데이터에 대한 융통성 있는 분석을 지원하지 않는다. 그러나 요즘에는 공급업체들도 이러한 방향으로 자사 제품들을 확장해 나가고 있는 추세이다.

만약 특별한 성능이나 데이터 조작 요건들이 어떤 응용의 주요 부분이고, DBMS의 부가적인 장점들(예, 융통성 있는 질의, 보안, 동시접근, 손상복구)이 특별히 요구되지 않으면, 그 응용은 DBMS를 사용하지 않기로 결정할 수 있다. 그러나, 대규모 데이터 관리를 요구하는 대부분의 경우에, DBMS는 없어서는 안 되는 툴이 되었다.

서투른 디자인의 예: Students의 관계 스키마는 서투른 디자인의 선택을 예증한다. *age*와 같은 필드, 즉, 그 값이 계속적으로 변하는 필드를 절대로 생성해서는 안 된다. *생년월일*을 나타내는 *DOB*가 더 좋은 선택이 될 것이다. 그러나 *age*가 읽기에 더 쉽기 때문에, 우리의 예에서는 *age*를 계속 사용하기로 한다.

1.5 DBMS에서 데이터의 명세 및 저장

DBMS의 사용자는 궁극적으로 어떤 실세계의 조직체와 관련이 되어 있으며, 저장될 데이터는 이 조직체의 여러 측면을 기술한다. 예를 들어, 대학교에는 학생들, 교수들, 과목들이 있으며, 대학 데이터베이스에 있는 데이터는 이러한 개체들과 그들간의 관계를 기술한다.

데이터 모델(data model)은 많은 저 수준의 저장에 대한 내용들을 감추고 고수준의 데이터를 기술하는 구성자들의 집합이다. DBMS는 사용자로 하여금 저장될 데이터를 데이터 모델에 의하여 정의할 수 있게 한다. 오늘날 대부분의 데이터베이스 관리 시스템은 **관계 데이터 모델**(relational data model)에 기반하고 있으며, 이 책에서도 이 모델에 중점을 둔다.

DBMS의 데이터 모델이 많은 세부사항들을 감추기는 하지만, 그럼에도 불구하고 데이터 모델은 사용자가 대상 조직체에 대하여 생각하는 방법보다는 DBMS가 데이터를 저장하는 방식에 더 가깝다. **의미적인 데이터 모델**(semantic data model)은 훨씬 더 추상적이고 고수준의 데이터 모델로서 사용자가 조직체에서 사용하는 데이터의 초기 명세를 더 쉽고 훌륭하게 작성할 수 있도록 한다. 이 모델은 실제의 응용 시나리오를 기술하는 데 도움이 되는 풍부한 구성자들을 포함한다. DBMS는 이 모든 구성자들을 직접적으로 지원하지는 않고 있으며, 관계모델과 같은 하나의 데이터 모델을 중심으로 오직 몇 개의 기본 구성자들로 구축된다. 의미적인 모델에 의한 데이터베이스 설계는 유용한 출발점이 되고, 그 다음으로 이 설계는 DBMS가 실제로 지원하는 데이터 모델에 의거하여 데이터베이스 설계로 변환된다.

광범위하게 사용되는 의미적인 데이터 모델인 개체-관계(entity-relationship: ER) 모델은 개체들과 그들 간의 관계들을 도식적으로 나타낼 수 있게 한다. ER 모델은 2장에서 논의된다.

1.5.1 관계모델

이 절에서는 관계모델에 대해 간단한 소개를 한다. 이 모델에서 중요한 데이터 기술 구성자는 **릴레이션**이고, 릴레이션은 **레코드**들의 집합으로 간주된다.

어떤 데이터 모델에 의거한 데이터의 기술은 **스키마**(schema)라고 불린다. 관계모델에서, 한 릴레이션의 스키마는 릴레이션의 이름, 각 **필드**(**애트리뷰트** 또는 **열**)의 이름과 타입을 명세한다. 예를 들어, 대학 데이터베이스에서 학생 정보는 다음과 같은 스키마를 가진 릴레이션으로 저장될 수 있다.

Students(*sid:* `string`, *name:* `string`, *login:* `string`,
age: `integer`, *gpa:* `real`)

이 스키마는 Students 릴레이션에 있는 각 레코드가 명시된 이름과 타입을 가지는 다섯 개의 필드를 가지고 있음을 말하고 있다. Students 릴레이션의 예제 인스턴스는 그림 1.1에 나타나있다.

sid	*name*	*login*	*age*	*gpa*
53666	Jones	jones@cs	18	3.4
53688	Smith	smith@ee	18	3.2
53650	Smith	smith@math	19	3.8
53831	Madayan	madayan@music	11	1.8
53832	Guldu	guldu@music	12	2.0

그림 1.1 Students 릴레이션의 인스턴스

Students 릴레이션의 각 행은 한 명의 학생을 기술하는 레코드이다. 이 기술은 완전하지 않다—예를 들어, 학생의 키는 포함되어 있지 않다—그러나 대학 데이터베이스로 계획된 응용으로는 아마 적당할 것이다. 각 행은 Students 릴레이션의 스키마를 따른다. 그러므로, 이 스키마는 학생을 기술하기 위한 템플릿으로 간주될 수 있다.

학생들의 모임에 대해 **무결성 제약조건**(integrity constraint)을 명시함으로써 좀 더 정확하게 기술할 수 있다. 무결성 제약조건은 한 릴레이션에 있는 레코드들이 반드시 만족해야 하는 조건들이다. 예를 들어, 각 학생은 유일한 *sid* 값을 갖는다고 명시할 수 있다. Students 스키마에 단순히 필드를 하나 더 추가함으로써 이러한 정보를 표현할 수 없음을 유의하자. 그러므로, 한 필드의 값들의 유일성을 명시할 수 있는 기능은 우리가 데이터를 기술하는 정밀도를 향상시킨다. 무결성 제약조건을 명시하기 위해 사용할 수 있는 구성자들의 표현력은 데이터 모델의 중요한 사항이다.

기타 데이터 모델

관계 데이터 모델(DB2, Informix, Oracle, Sybase, Microsoft의 Access, Foxbase, Paradox, Tandem, Teradata 등 수많은 시스템에서 사용)이외에, 중요한 데이터 모델로는 계층 모델(IBM의 IMS DBMS에 사용), 네트워크 모델(IDS와 IDMS에 사용), 객체지향 모델(ObjectStore, Versant에 사용), 객체-관계모델(IBM, Informix, ObjectStore, Oracle, Versant 등의 업체들이 DBMS 제품에 사용)이 있다. 많은 데이터베이스들이 계층 모델과 네트워크 모델을 사용하고 있으며 객체-지향 모델과 객체-관계모델을 기반으로 하는 시스템들이 시장에서 호평을 받고 있지만, 오늘날 지배적인 모델은 관계모델이다.

이 책에서는, 관계모델이 광범위하게 사용되며 그 중요성 때문에 관계모델을 중점적으로 다룬다. 사실, 대중적인 인기를 얻고 있는 객체-관계모델은 관계모델과 객체-지향 모델의 가장 좋은 점만을 조합하기 위한 시도이고, 관계모델을 잘 파악하는 것은 객체-관계 개념을 이해하기 위해 필요하다.

1.5.2 DBMS의 추상화 단계

DBMS내에 있는 데이터는 그림 1.2에서 알 수 있듯이 세 단계의 추상화로 기술된다. 데이터베이스의 기술은 이 세 단계의 각각에 대한 스키마로 구성된다: *개념 스키마*, *물리적 스키마*, *외부 스키마*.

데이터 정의어(Data Definition Language: DDL)는 외부 스키마와 개념 스키마를 정의하기 위해 사용된다. 가장 널리 사용되는 데이터베이스 언어인 SQL의 DDL 기능은 3장에서 다루어진다. 모든 DBMS 공급업체들은 물리적인 스키마를 기술하기 위한 SQL 명령어들을 지원하지만, 이 명령어들은 SQL 언어 표준의 일부가 아니다. 개념 스키마, 외부 스키마, 물리적인 스키마에 관한 정보는 **시스템 카탈로그**(system catalog)에 저장된다(12.1절). 다음부터 추상화의 세 단계들을 알아보자.

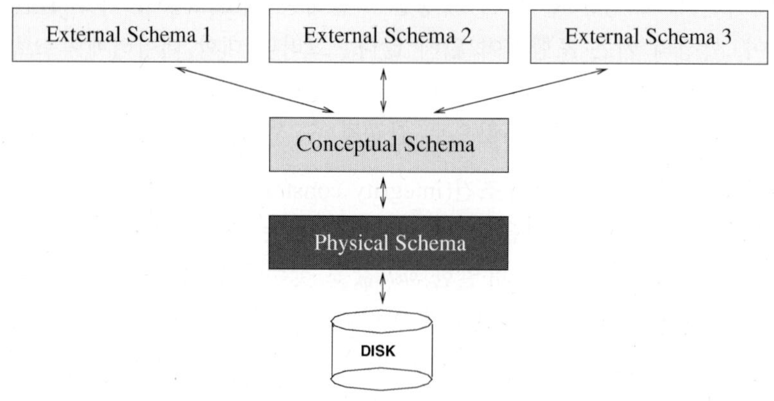

그림 1.2 DBMS의 추상화 단계

개념 스키마

개념 스키마(또는 **논리적 스키마**)는 DBMS의 데이터 모델에 의하여 저장되는 데이터를 기술한다. 관계 DBMS에서, 개념 스키마는 데이터베이스에 저장되는 모든 릴레이션들을 기술한다. 샘플 대학 데이터베이스에서, 이 릴레이션들은 학생과 교수와 같은 *개체*에 관한 정보와 학생이 과목을 등록하는 것과 같은 *관계*에 관한 정보를 포함한다. 모든 학생 개체들은 Students 릴레이에 있는 레코드들을 이용하여 기술될 수 있다. 실제로, 각 개체집합과 각 관계집합은 각각 하나의 릴레이션으로 기술될 수 있다. 샘플 대학 데이터베이스는 다음과 같은 개념 스키마를 도출한다.

Students(*sid:* `string`, *name:* `string`, *login:* `string`,
    age: `integer`, *gpa:* `real`)
Faculty(*fid:* `string`, *fname:* `string`, *sal:* `real`)
Courses(*cid:* `string`, *cname:* `string`, *credits:* `integer`)
Rooms(*rno:* `integer`, *address:* `string`, *capacity:* `integer`)
Enrolled(*sid:* `string`, *cid:* `string`, *grade:* `string`)

Teaches(*fid:* string, *cid:* string)
Meets_In(*cid:* string, *rno:* integer, *time:* string)

릴레이션들을 선택하고 각 릴레이션의 필드들을 선택하는 작업이 항상 쉬운 것은 아니며, 좋은 개념 스키마를 만들어 내는 과정을 **개념적 데이터베이스 설계**(conceptual database design)라고 한다. 개념적 데이터베이스 설계는 2장과 19장에서 다루어진다.

물리적 스키마

물리적 스키마는 추가적인 저장의 세부사항들을 명시한다. 근본적으로, 물리적 스키마는 개념 스키마로 기술되어 있는 릴레이션들이 디스크와 테이프 등과 같은 보조기억장치에 실제로 어떻게 저장되는가를 명시한다.

릴레이션들을 저장하고 데이터 검색 연산의 속도를 높이기 위해 **인덱스**라고 하는 보조 데이터 구조를 생성하기 위해 어떤 파일 조직들을 사용할 것인지를 결정해야 한다. 대학 데이터베이스를 위한 물리적 스키마의 예는 다음과 같다.

- 모든 릴레이션들을 정렬되지 않은 레코드들로 구성된 파일로 저장한다(운영체제 파일은 문자열로 이루어진 파일인 반면, DBMS내에 있는 파일은 레코드들의 모임 또는 페이지들의 모임이다).
- Students, Faculty, Courses 릴레이션들의 첫번째 필드, Faculty의 *sal* 필드, Rooms의 *capacity* 필드에 대한 인덱스를 생성한다.

물리적 스키마는 데이터가 일반적으로 어떻게 접근되는가에 대한 이해를 기반으로 하여 결정된다. 좋은 물리적 스키마를 만들어 내는 과정을 **물리적 데이터베이스 설계**(physical database design)라고 한다. 물리적 데이터베이스 설계는 20장에서 상세히 다루어진다.

외부 스키마

일반적으로 DBMS의 데이터 모델에 의하여 표현되는 **외부 스키마**는 개별 사용자들이나 사용자 그룹들 수준에서 그들의 주문에 따라 데이터 접근이 되도록 한다. 데이터베이스는 저장된 릴레이션들로 이루어지는 하나의 집합이기 때문에 개념 스키마와 물리적 스키마는 각각 하나씩만 존재하지만, 외부 스키마는 여러 개가 존재한다. 각 외부 스키마는 특정 사용자 그룹의 목적에 맞도록 만들어지며 개념 스키마로부터 만들어지는 하나 이상의 **뷰**(view)와 릴레이션으로 이루어진다. 뷰는 개념적으로 하나의 릴레이션이지만, 뷰 내에 있는 레코드들은 DBMS에 저장되지 않는다. 오히려, 어떤 뷰에 속한 레코드들은 그 뷰의 정의를 이용하여 DBMS에 저장된 릴레이션들에 의하여 계산된다. 뷰에 대해서는 3장과 25장에서 좀 더 자세히 다룬다.

외부 스키마의 설계는 최종 사용자의 요구들에 의해 방향이 정해진다. 예를 들어, 학생들로 하여금 과목을 가르치는 교수들의 이름과 수강인원을 알아볼 수 있도록 하고 싶다면, 다음과 같은 뷰를 정의할 수 있다.

Courseinfo(*cid:* `string`, *fname:* `string`, *enrollment:* `integer`)

사용자는 뷰를 릴레이션과 동일하게 취급하고 뷰내에 있는 레코드들에 관한 질문을 할 수 있다. 뷰의 레코드들은 명시적으로 저장되지 않는다 하더라도, 필요한 대로 계산될 수 있다. 개념 스키마에 있는 릴레이션들로부터 Courseinfo를 계산할 수 있기 때문에 개념 스키마에 Courseinfo를 포함하지 않았는데, 만약 이를 추가적으로 저장하면 중복이 된다. 이러한 중복은 공간의 낭비뿐만 아니라 데이터의 불일치를 초래할 수 있다. 예를 들어, 특정 학생이 어떤 과목을 수강한다는 것을 나타내는 하나의 투플이 Enrolled 릴레이션에 삽입되었으나, Courseinfo 릴레이션의 해당 레코드에 있는 *enrollment* 필드의 값을 증가시키지 않을 수 있다(Courseinfo 릴레이션이 개념 스키마의 일부분이고 해당 투플들이 DBMS에 저장된다고 가정하는 경우).

1.5.3 데이터 독립성

DBMS를 사용하는 것의 매우 중요한 장점은 DBMS가 **데이터 독립성**(data independence)을 제공한다는 점이다. 즉, 응용 프로그램은 데이터의 구성과 저장 방식의 변화로부터 격리되어 있다는 것이다. 데이터 독립성은 세 단계의 데이터 추상화를 통해 달성된다. 특히, 개념 스키마와 외부 스키마의 분리가 이러한 독립성을 유지하기 위해 매우 큰 역할을 한다.

외부 스키마의 릴레이션(뷰 릴레이션)은 원칙적으로 개념 스키마에 해당하는 릴레이션들로부터 필요할 때 생성된다.[4] 기초가 되는 데이터가 재조직될 경우(즉, 개념 스키마가 변경될 경우)에는, 이전과 동일한 뷰 릴레이션이 계산되도록 뷰 릴레이션의 정의가 수정될 수 있다. 예를 들어, 우리의 대학 데이터베이스에 있는 Faculty 릴레이션이 다음과 같은 두 릴레이션으로 대치되었다고 가정해보자.

Faculty_public(*fid:* `string`, *fname:* `string`, *office:* `integer`)
Faculty_private(*fid:* `string`, *sal:* `real`)

직관적으로, 교수들에 대한 일부 비밀 정보들은 별도의 릴레이션에 배치되었고 연구실에 대한 정보가 추가되었다. 이제 Faculty_public과 Faculty_private 릴레이션이 교수에 대한 모든 정보를 포함한다. Courseinfo를 질의하는 사용자가 이전처럼 동일한 답을 얻을 수 있도록, Courseinfo 뷰 릴레이션은 Faculty_public과 Faculty_private에 의하여 다시 정의될 수 있다.

따라서, 사용자들은 데이터의 논리적인 구조의 변경, 또는 저장될 릴레이션들의 선택의 변경으로부터 보호될 수 있다. 이러한 특성을 **논리적 데이터 독립성**(logical data independence)이라고 한다.

---

[4] 실제로, 그들은 뷰 릴레이션에 대한 질의의 속도를 향상시키기 위해서 미리 계산되어 저장될 수 있으나, 기반 릴레이션이 갱신될 때마다 계산해 놓은 뷰 릴레이션도 갱신되어야 한다.

한편, 개념 스키마는 데이터의 물리적인 저장의 세부적인 변화로부터 사용자들을 격리한다. 이러한 특성을 **물리적 데이터 독립성**(physical data independency)이라고 한다. 개념 스키마는 데이터가 디스크에 실제로 배치되는 방법, 파일 구조, 인덱스의 선택과 같은 세부사항들을 감춘다. 개념 스키마가 그대로 유지되는 한, 우리는 응용을 변경하지 않고 이러한 저장의 세부사항을 변경할 수 있다(물론, 성능은 이러한 변경들에 의하여 영향을 받게 될 것이다).

1.6 DBMS에서의 질의

데이터베이스로부터 정보가 습득될 수 있는 용이성이 그 데이터베이스의 가치를 결정하기도 한다. 관계 데이터베이스 시스템들은 이보다 더 오래된 데이터베이스 시스템과는 달리, 다양한 급의 질문들을 쉽게 할 수 있게 한다. 이러한 특징이 그들의 대중성에 매우 큰 기여를 해 왔다. 1.5.2절에 있는 샘플 대학 데이터베이스를 고려해보자. 여기에 사용자가 물을 만한 몇 가지의 질문들이 있다.

1. 학생 ID가 123456인 학생의 이름은 무엇인가?
2. 과목 CS564를 강의하는 교수들의 평균 봉급은 얼마인가?
3. 얼마나 많은 학생들이 CS564 과목을 등록하였는가?
4. CS564 과목을 수강하는 학생들 중 몇 퍼센트가 B보다 더 좋은 학점을 받았는가?
5. CS564 과목을 수강하는 학생들 중 GPA가 3.0 미만인 학생이 있는가?

DBMS에 저장되어 있는 데이터에 관한 이러한 질문을 **질의**(query)라고 한다. DBMS는 질의들이 작성될 수 있는 **질의어**(query language)라고 하는 특수한 언어를 제공한다. 관계모델의 매우 매력적인 특징은 그것이 강력한 질의어를 지원한다는 점이다. **관계해석**(relational calculus)은 수학적인 논리에 바탕을 둔 일종의 정형 질의어로서, 이 언어로 작성된 질의들은 직관적이며 정확한 의미를 갖는다. **관계대수**(relational algebra)는 또다른 정형 질의어로서 릴레이션을 조작하기 위한 **연산자**들의 모임에 기반을 두고 있는데, 표현력에서 관계 해석과 동등하다.

DBMS는 가능한 한 효율적으로 질의들을 수행하기 위해 지대한 관심을 가진다. 질의의 최적화와 수행에 대해서는 12장, 14장, 15장에서 다룬다. 물론, 질의처리의 효율성은 데이터가 물리적으로 어떻게 저장되어 있는가에 의해 대부분 결정된다. 인덱스들은 많은 질의들의 수행 속도를 높이기 위하여 사용될 수 있는데, 실제로 기반 릴레이션들을 위한 인덱스들을 잘 선택하면 앞서 언급한 목록에 있는 각 질의를 더 빠르게 수행할 수 있다. 데이터의 저장과 인덱싱에 대해서는 8장, 9장, 10장, 11장에서 다룬다.

DBMS는 사용자들로 하여금 **데이터 조작어**(Data Manipulation Language: DML)를 통하여 데이터를 생성, 수정, 질의할 수 있게 한다. 따라서, 질의어는 DML의 한 부분일 뿐이다. DML은 데이터를 삽입, 삭제, 수정하기 위한 구성자들을 제공한다. SQL의 DML 특징들은 5장에서 다루어진다. DML과 DDL이 C나 COBOL과 같은 **호스트 언어**내에 내재될 때 **데이**

터 부속어(data sublanguage)라 한다.

1.7 트랜잭션 관리

항공 예약 정보를 보유하고 있는 데이터베이스를 생각해보자. 여러 여행사들이 다양한 항공기들의 빈 좌석에 관한 정보를 찾아 새로이 좌석을 예약하는 것은 언제라도 가능하다. 여러 사용자들이 데이터베이스를 동시에 접근(및 수정)하게 되면, DBMS는 충돌을 피하기 위하여 그들의 요청을 신중하게 순서적으로 처리해야 한다. 가령, 어떤 특정한 날 한 여행사가 항공기 100번을 조사하여 빈 좌석을 발견할 때, 이와 동시에 다른 여행사가 그 좌석을 예약할 수 있다. 이 경우 앞의 여행사가 본 정보는 아무 쓸모가 없게 된다.

동시 사용의 또다른 예는 은행의 데이터베이스이다. 어떤 사용자의 응용 프로그램이 예금들의 전체 합계를 계산하고 있는데, 다른 응용 프로그램이 앞의 응용 프로그램이 이미 처리한 계좌로부터 아직 처리하지 않은 계좌로 송금할 수 있다. 이런 경우에 전체 합계는 실제의 정확한 합계보다 더 큰 값이 나오게 된다. 반드시 이러한 부작용이 발생하지 않도록 해야 하나, 동시접근을 허용하지 않으면 그 성능이 저하될 수 있다.

또한, DBMS는 시스템이 붕괴된 후 재시동될 때에 모든 데이터(와 처리 중에 있던 응용들의 상태)를 일관적인 상태로 복원하는 것을 보장함으로써 사용자들을 시스템 손상의 영향으로부터 보호하여야 한다. 예를 들어, 한 여행사가 어떤 예약을 요청하고, DBMS가 그 예약이 완료되었다고 응답하면, 그 예약 정보는 시스템 장애가 발생하는 경우라도 손실되어서는 안 된다. 그러나, DBMS가 그 요청에 아직 응답을 하지 않았고, 장애가 발생하는 순간에 그 데이터에 필요한 변경을 수행하는 중에 있었다면, 이러한 부분적인 변경은 그 시스템이 복구된 후 취소되어야 한다.

트랜잭션은 DBMS에서 사용자 프로그램의 *일회 실행*이다(동일 프로그램을 여러 번 실행하는 것은 여러 개의 트랜잭션을 생성하게 된다). 트랜잭션은 DBMS가 보는 변경의 기본 단위이다. 부분적으로 수행된 트랜잭션들은 허용되지 않으며, 한 그룹의 트랜잭션들의 효과는 모든 트랜잭션들이 어떤 직렬 순서에 따라 수행한 효과와 동등하다. 이러한 성질들이 어떻게 보장되는지를 간단히 살펴보고, 상세한 내용은 뒷장에서 다루기로 한다.

1.7.1 트랜잭션들의 동시 수행

DBMS의 중요한 임무 중 하나는 각 사용자가, 다른 사람들이 동일한 데이터를 동시에 접근하고 있다는 사실을 아무 지장 없이 무시할 수 있도록 데이터의 동시접근을 계획하는 것이다. 이 임무의 중요성이 과소평가 되어서는 안 된다. 일반적으로 데이터베이스는 매우 많은 사용자들에 의해 공유되고, 그 사용자들은 그들의 요구사항을 DBMS에게 독립적으로 요청한다. 또한 데이터베이스는 다른 사용자들에 의해서 동시에 임의로 변경이 되어서는 안되기 때문이다. DBMS는 사용자들로 하여금 그들의 프로그램들이 DBMS에 의해 선택된 어떤 순서에 입각하여 차례대로 고립되어 실행하는 것처럼 생각하게 한다. 예를 들어, 어떤 계좌에

현금을 예금하는 프로그램이 동일한 계좌로부터 돈을 인출하는 다른 프로그램과 동시에 DBMS로 수행이 요청되면, 이들 중 어느 것이나 DBMS에 의해 먼저 수행될 수 있지만, 그들의 수행 단계들이 서로 간섭하는 형태로 인터리브되지는 않을 것이다.

잠금 프로토콜(locking protocol)은 여러 트랜잭션들의 연산들이 인터리브하더라도, 실제 효과는 어떤 직렬 순서에 따라 모든 트랜잭션들을 수행하는 것과 동일하다는 것을 보장하기 위해, 각 트랜잭션이 준수해야 하는 (그리고 DBMS에 의해 집행되는) 규칙들의 모임이다. **잠금**(lock)은 데이터베이스 객체에 대한 접근 제어에 사용되는 메카니즘이다. 두 가지 종류의 **잠금**이 DBMS에 의해 일반적으로 지원된다. 한 객체에 대한 **공용 잠금**(shared lock)은 동시에 두 개의 다른 트랜잭션들에 의하여 소유될 수 있으나, 한 객체에 대한 **전용 잠금**(exclusive lock)은 다른 트랜잭션들이 이 객체에 어떠한 잠금도 소유할 수 없도록 한다.

다음과 같은 잠금 프로토콜이 준수되어야 한다고 가정해보자: *각 트랜잭션은 읽어야 할 각 데이터 객체에 대해서 공용 잠금을 획득하고, 수정해야 할 각 데이터 객체에 대해서 전용 잠금을 획득함으로써 시작한다.* 그 다음으로 모든 작업들을 완료한 후 소유하고 있는 모든 잠금을 해제한다. 다음과 같은 두 트랜잭션 *T*1과 *T*2를 고려해보자. 트랜잭션 *T*1은 어떤 데이터 객체를 수정하려고 하고 트랜잭션 *T*2는 동일한 데이터 객체를 읽으려고 한다. 직관적으로, 만약 그 객체에 대한 *T*1의 전용 잠금의 요청이 먼저 승낙되면, *T*2는 *T*1이 이 잠금을 해제할 때까지는 진행할 수 없다. 공용 잠금에 대한 *T*2의 요청은 그때까지 DBMS에 의하여 승낙되지 않을 것이기 때문이다. 따라서, *T*2가 시작되기 전에 *T*1의 모든 작업들이 완료될 것이다. 잠금을 16장과 17장에서 더 자세히 살펴보기로 한다.

1.7.2 미완료 트랜잭션과 시스템 붕괴

트랜잭션들이 완료되기 전에 시스템이 붕괴되는 등 여러 가지 이유로 중단되는 수가 있다. DBMS는 이렇게 완료되지 않은 트랜잭션들에 의해 수행된 변경들이 데이터베이스로부터 제거되는 것을 보장해야 한다. 예를 들어, DBMS가 계좌 A로부터 계좌 B로 송금하는 도중이며 붕괴가 발생할 때 A 계좌에서 돈을 인출하였으나 B 계좌에는 아직 입금하지 못한 경우라면, 계좌 A로부터 인출된 금액은 붕괴 후 시스템이 복구될 때 계좌 A로 반환되어야 한다.

이를 수행하기 위하여, DBMS는 데이터베이스에 쓴 모든 기록 작업에 대한 **로그**(log)를 유지관리한다. 각 기록 작업은 그 내용이 데이터베이스에 반영되기 전에 (디스크상의) 로그에 기록되어야 하는데, 이 점은 로그의 매우 중요한 성질이다. 만약 시스템이 데이터베이스에는 변경을 하였으나 그 변경이 로그에 기록되기 직전에 붕괴한다면, DBMS는 그 변경을 찾아낼 수 없어 취소할 수 없을 것이다. 이 특성을 **로그 우선 기록**(Write-Ahead Log, **WAL**)이라 한다. 이 특성을 보장하기 위해, DBMS는 메모리상의 페이지를 디스크에 선택적으로 강제 출력할 수 있어야 한다.

로그는 성공적으로 완료된 트랜잭션에 의해 수행된 변경들이 시스템 붕괴 때문에 손실되지 않는다는 것을 보장하기 위해서도 사용된다(18장에서 설명). 시스템이 한번 붕괴된 이후에 데이터베이스를 일관된 상태로 복구하는 작업은 느리고 더딘 작업이다. 붕괴시점 이전에 완료된 모든 트랜잭션들의 효과는 모두 복구되고 완료되지 못한 트랜잭션들의 효과는 취소되는 것을 DBMS가 보장해야하기 때문이다. 붕괴로부터 복구하기 위하여 요구되는 시간은 적당량의 정보를 디스크에 주기적으로 강제 출력함으로써 감소될 수 있다. 이러한 주기적인 연산을 **검사점**(checkpoint)이라고 한다.

1.7.3 유의사항

동시성 제어 및 복구를 위한 DBMS의 지원에 관하여 기억해야할 세 가지 사항은 다음과 같다.

1. 하나의 트랜잭션에 의해 읽혀지거나 기록되는 모든 객체는 각기 공용 모드나 전용 모드로 먼저 잠금이 걸린다. 어떤 객체에 잠금을 거는 것은 그 객체의 가용성을 다른 트랜잭션들에게 제한하며 따라서 성능에 영향을 미친다.
2. 효율적인 로그 관리를 위해서, DBMS는 주기억장치에 있는 페이지들을 선택적으로 디스크에 강제 출력할 수 있어야 한다. 이 연산에 대한 운영 체제의 지원이 항상 만족스럽지는 않다.
3. 주기적인 검사점을 실시하는 것은 붕괴로부터 복구하는 데 걸리는 시간을 줄일 수 있다. 물론, 너무 자주 검사점을 실시하는 것은 정규 작업의 처리 속도를 둔화시키므로 그 균형이 유지되어야 한다.

1.8 DBMS의 구조

그림 1.3은 관계 데이터 모델을 기반으로 하는 전형적인 DBMS의 구조를 나타낸다.

DBMS는 다양한 사용자 인터페이스를 통하여 생성되는 SQL 명령을 받아들이고, 질의 수행 계획을 수립하고, 데이터베이스를 대상으로 이 계획을 실행하고, 그 결과를 반환한다(이것은 단순화된 것이다. SQL 명령들은 Java나 COBOL 프로그램과 같은 호스트 언어 응용 프로그램 내에 내장되어질 수 있다. 핵심 DBMS 기능에 집중하기 위하여 이러한 이슈들을 생략한다).

사용자가 어떤 질의를 입력하면, 구문이 분석된 질의는 **질의 최적화기**(query optimizer)로 넘겨진다. 질의 최적화기는 그 질의를 계산하기 위한 효율적인 실행 계획을 수립하기 위해 데이터가 어떻게 저장되어 있는가에 관한 정보를 이용한다. **실행 계획**(execution plan)은 질의를 계산하기 위한 청사진으로, 대개 관계 연산자들의 트리로 표현된다. 이 트리는 사용할 접근 방법에 관한 추가의 세부적인 정보를 담고 있는 주석을 포함한다. 질의 최적화에 대해서는 12장과 15장에서 다룬다. 관계 연산자들은 데이터를 대상으로 질의를 수행하기 위한 빌딩 블록과 같은 역할을 한다. 이 연산자들의 구현은 12장과 14장에서 다루어진다.

관계 연산자들을 구현하는 코드는 파일과 접근 방법 계층 위에 위치한다. 이 계층은 DBMS

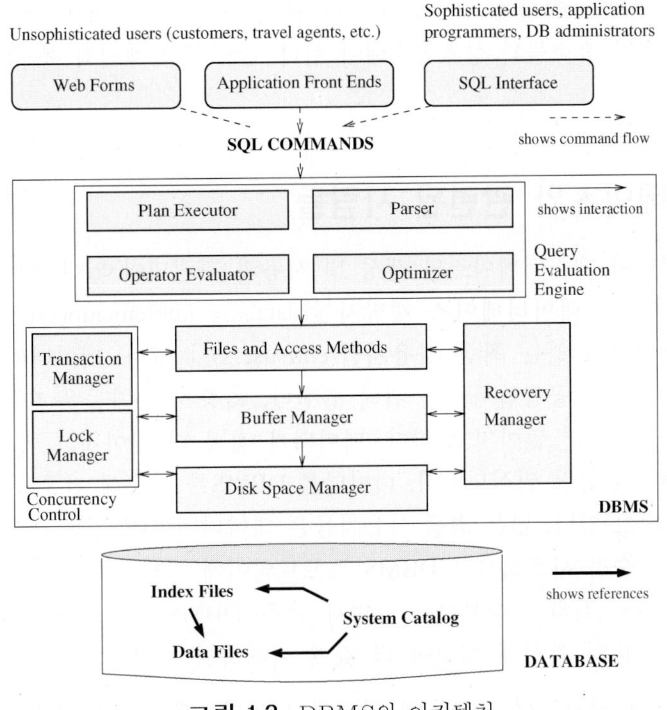

그림 1.3 DBMS의 아키텍처

에서는 페이지들의 모임이나 레코드들의 모임인 **파일** 개념을 지원한다. 인덱스는 물론이고 **힙 파일**(heap file), 즉, 정렬되지 않은 페이지들로 이루어진 파일이 지원된다. 이 계층은 파일 내의 페이지들을 계속 관리할 뿐만 아니라, 한 페이지 내에 있는 정보를 조직한다. 파일과 페이지 수준의 저장 문제들은 9장에서 다루어진다. 파일 조직과 인덱스는 8장에서 다루어진다.

파일과 접근 방법 계층의 코드는 **버퍼 관리기**(buffer manager) 계층 위에 위치한다. 버퍼 관리기는 읽기 요청에 따라 필요한 대로 페이지들을 디스크로부터 주기억장치로 가져온다. 버퍼 관리는 9장에서 논의된다.

DBMS 소프트웨어의 최하층은 데이터가 저장되는 디스크상의 공간을 관리한다. 그 위의 계층들은 **디스크 공간 관리기**(disk space manager)라고 불리는 이 계층(에 의해 제공되는 루틴들)을 통해서 페이지를 할당하고, 반납하고, 읽고, 기록한다. 이 계층은 9장에서 논의된다.

DBMS는 사용자의 요청들을 신중하게 스케줄링하고 데이터베이스의 모든 변경에 대한 로그를 유지함으로써 동시성과 손상복구를 지원한다. 동시 실행 제어와 복구에 관련된 DBMS 구성요소로는 트랜잭션 관리기, 잠금 관리기, 복구 관리기 등이 있다. **트랜잭션 관리기**(transaction manager)는 트랜잭션들이 적당한 잠금 프로토콜에 의하여 잠금을 요청하고 해제하도록 하며 트랜잭션들의 수행을 계획한다. **잠금 관리기**(lock manager)는 데이터베이스 객체에 대한 잠금들의 요청을 관리하며 그들이 이용 가능할 때 잠금들을 허가한다. **복구 관리기**(recovery manager)는 로그를 유지관리하고, 시스템 장애가 일어난 후 다시 시스템을 일관적인 상태로 복구하는 역할을 담당한다. 디스크 공간 관리기, 버퍼 관리기, 파일과 접근 방법 계층들은 이러한 요소들과 상호작용해야 한다. 동시실행 제어와 복구에 대해서는 16장에서 다룬다.

1.9 데이터베이스와 관련된 사람들

여러 부류의 사람들이 데이터베이스의 생성 및 사용과 관련되어 있다. 이들 중에는 DBMS 소프트웨어를 구축하는 **데이터베이스 개발자**들(database implementors)과 DBMS에 데이터를 저장하고 사용하고자 하는 **최종 사용자**들(end users)이 있다. 데이터베이스 개발자들은 IBM이나 Oracle과 같은 공급업체들을 위해 일한다. 최종 사용자들은 다양한 분야에 속해 있으며 그 분야는 점점 더 많아지고 있다. 데이터가 점점 더 많아지고 복잡해지며 또한 데이터가 주요 자산으로 점점 인식되면서, 데이터를 DBMS를 이용해 전문적으로 관리하는 중요성이 널리 인정되고 있다. 많은 최종 사용자들은 데이터베이스 응용 프로그래머들에 의해 작성된 응용들을 단순히 사용하므로 DBMS 소프트웨어에 관한 기술적인 지식을 거의 필요로 하지 않는다. 물론, 질의를 작성하는 작업과 같은, DBMS를 더 광범위하게 사용하는 고급 사용자들은 DBMS의 특성에 대하여 더 깊게 이해하여야 한다.

이밖에도, 두 부류의 사람들이 DBMS와 관련되어 있다: *응용 프로그래머*와 *데이터베이스 관리자*.

데이터베이스 응용 프로그래머들(database application programmers)은 일반적으로 컴퓨터 전문가가 아닌 최종 사용자들을 위하여 데이터 접근을 용이하게 하는 패키지들을 개발한다. 이들을 개발하기 위해 호스트 언어 혹은 데이터 언어, DBMS 공급업체가 제공하는 소프트웨어 툴들을 포함한다. 이러한 툴들은 리포트 작성기, 스프레드시트와 통계 패키지 등을 포함한다. 응용 프로그램은 외부 스키마를 통하여 데이터에 접근하는 것이 이상적이다. 더 낮은 레벨에서 데이터를 접근하는 응용 프로그램을 작성하는 것이 가능하나, 그러한 응용프로그램은 데이터의 독립성을 침해할 수도 있다.

개인용 데이터베이스는 이를 소유하고 사용하는 개인에 의해 일반적으로 유지관리 된다. 그러나, 회사의 데이터베이스는 대단히 중요하고 복잡하기 때문에 데이터베이스를 설계하고 관리하는 업무는 **데이터베이스 관리자**(database administrator: **DBA**)라고 하는 전문가에게 위임된다. DBA는 다음과 같은 중대한 업무들을 책임진다.

- **개념 스키마와 물리적 스키마의 설계:** DBA는 무슨 데이터들이 DBMS에 저장되어야 하며 어떻게 이용될 것인지를 파악하기 위해 시스템 사용자들과 상호의견을 교환해야 하는 의무가 있다. 이러한 지식을 바탕으로, DBA는 개념 스키마(어떤 릴레이션들을 저장할 것인지 결정)와 물리적 스키마(그들을 어떻게 저장할 것인지 결정)를 설계해야 한다. 또한, DBA는 외부 스키마 중 널리 사용되는 부분들을 설계할 수 있으며, 사용자들은 추가적인 뷰를 생성함으로써 이 스키마를 확장할 수 있다.

- **보안과 권한부여:** DBA는 권한이 없는 데이터의 접근은 허가되지 않도록 보장할 책임이 있다. 일반적으로, 누구나 모든 데이터를 접근할 수 있어서는 안 된다. 관계 DBMS에서는, 사용자들은 특정한 뷰와 릴레이션에만 접근할 수 있는 권한이 부여된다. 예를 들어, 학생들로 하여금 과목 등록이나 특정과목을 누가 가르치는지를 찾을 수 있도록 허락하나, 교수들의 봉급이나 다른 사람의 점수 정보를 알 수 있도록 하지는 않을 것이다. DBA는 학생들에게 단지 Courseinfo 뷰만을 읽을 수 있도록 허락함으로써 이러한 정책을 집행할 수 있다.

- **데이터 가용성과 손상복구:** DBA는 시스템에 장애가 발생하면, 사용자들이 손상되지 않은 데이터를 계속하여 가급적 많이 접근할 수 있도록 조치를 취해야 한다. DBA는 또한 데이터를 일관적인 상태로 복구하여야 한다. DBMS가 이러한 기능들을 위한 소프트웨어 지원을 제공하지만, DBA는 데이터를 주기적으로 백업하고 시스템 활동에 관한 로그들을 관리하는 프로시져를 구현할 책임이 있다.

- **데이터베이스 튜닝:** 사용자들의 요구사항은 시간이 지남에 따라 변화하는 경향이 있다. DBA는 요구사항들이 변함에 따라 적절한 성능이 보장되도록 개념 스키마와 물리적 스키마를 비롯한 데이터베이스를 수정할 책임이 있다.

1.10 복습문제

복습문제에 대한 해답은 괄호 안에 표시된 절에서 찾아볼 수 있다.

- 광범위한 데이터의 접근을 필요로 하는 응용들에서 데이터를 관리하기 위해 DBMS를 사용하는 것의 주된 장점들은 무엇인가? **(1.1절, 1.4절)**
- 운영체제의 파일 대신 DBMS에 데이터를 저장하는 경우는? 이와 반대의 경우는? **(1.3절)**
- 데이터 모델이 무엇인가? 관계 데이터 모델이 무엇인가? 데이터 독립성이 무엇이며 어떻게 DBMS가 이를 지원하는가? **(1.5절)**
- 데이터를 처리하기 위해 주문형 프로그램 대신 질의어를 사용하는 장점을 설명하시오. **(1.6절)**
- 트랜잭션이 무엇인가? DBMS는 트랜잭션에 관하여 어떤 보장을 제공하는가? **(1.7절)**
- DBMS에서 잠금들이 무엇이며, 왜 그들이 사용되는가? Write-ahead-logging이 무엇이며, 왜 그것이 사용되는가? 검사점이 무엇이며 왜 그것이 사용되는가? **(1.7절)**
- DBMS에서 주된 구성요소들을 열거하고 그들이 처리하는 것을 간단히 설명하시오. **(1.8절)**
- 데이터베이스 관리자, 응용 프로그래머, 데이터베이스의 최종 사용자의 역할을 설명하시오. 누가 데이터베이스 시스템에 관하여 가장 많이 아는 것이 필요한가? **(1.9절)**

연습문제

문제 1.1 운영체제 파일에 데이터를 간단히 저장하는 대신 데이터베이스 시스템을 선택하는 이유는 무엇인가? 어떤 경우에 데이터베이스 시스템을 사용하지 *않는* 것이 타당한가?

문제 1.2 논리적 데이터 독립성이 무엇이며 왜 그것이 중요한가?

문제 1.3 논리적 데이터 독립성과 물리적 데이터 독립성의 차이점을 설명하시오.

문제 1.4 외부, 내부, 개념 스키마의 차이점을 설명하시오. 이 다양한 스키마 층들은 논리적 데이터 독립성과 물리적 데이터 독립성의 개념과 어떻게 관련되어 있는가?

문제 1.5 DBA의 임무는 무엇인가? DBA는 자신의 질의를 전혀 실행하지 않는다고 가정하더라도, DBA는 질의 최적화를 이해하는 것이 필요한가? 그 이유는?

문제 1.6 Scrooge McNugget이 그의 임금대장에 있는 종업원들에 대한 정보(이름, 주소, 전화번호 등)를 저장하려고 한다. 데이터의 양이 많은 관계로 데이터베이스 시스템을 구매하기로 하였다. 돈을 절약하기 위하여, 가장 기능이 적은 것을 사려고 한다. 그는 이 시스템을 PC에서 독립형으로 실행할 계획이다. 물론, Scrooge는 그의 대장을 어느 누구와도 공유하지 않을 계획이다. 다음의 DBMS 기능들 중 어느 것을 Scrooge가 구매해야 하는지 표시하시오; 각 경우에, 왜 Scrooge는 그러한 기능을 구매해야 하는지(혹은 구매할 필요가 없는지)를 간단히 설명하시오.

1. 보안 기능
2. 동시 실행 제어
3. 손상복구
4. 뷰 메카니즘
5. 질의어

문제 1.7 실세계의 정보를 데이터베이스로 *표현하는* 데에 다음 중 어느 것이 중요한 역할을 하는가? 간략히 설명하시오.

1. 데이터 정의어
2. 데이터 조작어
3. 버퍼 관리기
4. 데이터 모델

문제 1.8 DBMS의 구조를 설명하시오. 만약 운영체제에 몇 가지의 새로운 기능들(예, 적당량의 연속적인 바이트들을 디스크에 강제 출력하는 기능)이 추가된다면, 이들의 새로운 기능들을 이용하기 위해 DBMS의 어느 계층들을 재 작성해야 하는가?

문제 1.9 다음 질문에 답하시오.

1. 트랜잭션이란 무엇인가?
2. 왜 DBMS는 트랜잭션들을 차례대로 하나씩 실행하는 대신에 여러 트랜잭션들의 작들을 교차 수행하는가?
3. 사용자는 트랜잭션과 데이터베이스의 일관성과 관련하여 무엇을 보장하여야 하는가? DBMS는 여러 트랜잭션들의 동시 실행과 데이터베이스의 일관성과 관련하여 무엇을 보장하여야 하는가?
4. 엄격한 2단계 잠금 프로토콜을 설명하시오.
5. WAL 특성은 무엇이며, 왜 그것이 중요한가?

프로젝트 기반 연습문제

문제 1.10 Minibase에 대한 HTML 문서를 보기 위해 웹 브라우저를 사용하시오. 전체적인 구성에 대해 파악하기 바랍니다.

참고문헌 소개

데이터베이스 관리 시스템의 발전 과정은 [289]에서 찾아볼 수 있다. 실세계의 데이터를 기술하기 위한 데이터 모델의 사용은 [423]에서 다루어지고 있으며, [425]는 데이터 모델의 분류에 대한 내용을 포함하고 있다. 세 단계의 추상화는 [186, 712]에 소개되었다. 네트워크 데이터 모델은 [186]에 기술되며, [775]는 이 모델에 기반한 여러 가지 상업용 시스템을 다루고 있다. [72]는 데이터베이스 관리에 대한 시스템 관련 논문들에 대한 훌륭한 해석을 담고 있다.

데이터베이스 관리 시스템을 다루는 교재들은 [204, 245, 305, 339, 475, 574, 689, 747, 762]가 있다. [204]는 개념적 관점에서의 관계모델에 대해 상세한 논의를 하고 있으며 광범위한 문헌들에 대한 설명으로 주목할만하다. [574]는 성능 중심의 관점에서 여러 상업용 시스템을 소개하고 있다. [245]와 [689]는 계층 데이터 모델과 네트워크 데이터 모델을 포함하여 데이터베이스 시스템 개념에 대한 광범위한 내용을 제공하고 있다. [339]는 데이터베이스 질의어와 논리 프로그래밍간의 연관성을 강조하고 있다. [762]는 데이터 모델에 대해 중점적으로 다루고 있다. 이 교재들 중에서, [747]은 이론적인 이슈들에 대해 가장 상세하게 논의를 하고 있다. 이론적인 관점에 치우친 책들은 [3, 45, 501] 등이 있다. 핸드북 [744]는 데이터베이스에 대해 한 섹션을 할애하고 있는데, 다양한 주제로 개괄적으로 조사한 논문들을 포함하고 있다.

2

데이터베이스 설계의 개요

- ☞ 데이터베이스 설계에는 무슨 단계들이 있는가?
- ☞ 초기 설계를 생성하기 위해 왜 ER 모델이 사용되는가?
- ☞ ER 모델의 주된 개념은 무엇인가?
- ☞ ER 모델을 효율적으로 사용하기 위해 무슨 지침들이 있는가?
- ☞ 대규모의 기업에서 복잡한 소프트웨어를 개발하기 위한 전체적인 설계 프레임워크 내에서 데이터베이스 설계는 어떻게 적용되는가?
- ☞ UML이 무엇이며 그것은 ER 모델과 어떻게 관련이 되는가?

➜ **주요 개념:** 데이터베이스 설계(database design), 개념적 설계(conceptual design), 논리적 설계(logical design), 물리적 설계(physical design); 개체-관계모델(entity-relationship model), 개체집합(entity set), 관계집합(relationship set), 애트리뷰트(attribute), 인스턴스(instance), 키(key); 무결성 제약조건(integrity constraints), 1-대-다 관계(one-to-many relationships)와 다-대-다 관계(many-to-many relationships), 참여 제약조건(participation constraints), 약개체(weak entities), 클래스 계층(class hierarchies), 집단화(aggregation); UML, 클래스 다이어그램(class diagrams), 데이터베이스 다이어그램(database diagrams), 컴포넌트 다이어그램(component diagrams)

The great successful men of the world have used their imaginations. They think ahead and create mental picture, and then go to work materializing that picture in all its details, filling in here, adding a little there, altering this bit and that bit, but steadily building, steadily building.

— Robert Collier

개체-관계(*entity-relationship*:*ER*) *데이터 모델*은 실세계 조직체에 관한 데이터를 객체들과 그들간의 관계에 의하여 묘사하는 것으로, 초기 단계의 데이터베이스 설계를 개발하기 위해 널리 사용되고 있다. ER 모델은 사용자들이 데이터베이스로부터 필요로 하는 것에 대한 간단한 기술에서부터 DBMS내에 구현될 수 있는 더 상세하고 정확한 기술까지 표현할 수 있는 유용한 개념들을 제공한다. 이 장에서는, ER 모델을 소개하며 이 모델의 기능들이 어떻게 광범위한 데이터를 충실히 설계하는지에 대하여 논의한다.

ER 모델에 대한 논의의 관심과 흥미를 느끼게 하기 위해 2.1절에서 *먼저 데이터베이스 설계*를 간단히 소개한다. 더 큰 범위의 전체적인 설계과정에서 볼 때, ER 모델은 *개념적 데이터베이스 설계*라고 하는 단계에 이용된다. 다음으로 2.2절, 2.3절, 2.4절에 걸쳐서 ER 모델을 소개한다. 2.5절에서는 ER 모델과 관련한 데이터베이스 설계의 이슈들을 살펴본다. 2.6절에서는 규모가 큰 조직체의 개념적 데이터베이스 설계에 대해 간단히 다룬다. 2.7절에서는 ER 모델보다는 좀 더 일반적인 범위에서 설계를 접근하는 UML의 개요를 소개한다.

2.8절에서는, 이 책 전체를 통하여 연속적인 예로써 사용되는 사례연구를 소개한다. 이 사례연구는 인터넷 서점을 운영하기 위한 전체적인 데이터베이스 설계이다. 2.8절에서는 데이터베이스 설계의 첫 두 단계(요구분석과 개념적 설계)를 예로 보여준다. 뒷장에서, 설계과정의 나머지 단계들을 다루기 위해 이 사례 연구를 확장한다.

ER 다이어그램의 많은 변형들이 사용되고 있고 보편화되어 있는 표준이 없다는 것을 유의하자. 이 장에서는 ER 모델군 중에서 대표적이며 가장 일반적인 특징들을 선별하여 소개한다.

2.1 데이터베이스 설계와 ER 다이어그램

데이터베이스 설계는 더 큰 규모의 소프트웨어 시스템 설계의 단지 일부분이라는 것(데이터 집약적인 응용에서는 중심 부분)을 인식하면서 데이터베이스 설계에 대한 논의를 시작한다. 우리의 주된 관심은 데이터베이스 설계이므로 소프트웨어 설계의 다른 분야에 대해서는 상세하게 다루지 않겠다. 소프트웨어 설계에 대해 2.7절에서 다시 소개한다.

데이터베이스 설계과정은 여섯 단계로 나눌 수 있다. ER 모델은 이 중에서 첫 세 단계에 가장 많이 관련된다.

1. **요구분석**(requirement analysis): 데이터베이스 응용을 설계할 때 가장 첫 단계는 데이터베이스에 무슨 정보를 저장할 것인가, 그 위에 어떤 응용을 구축할 것인가, 어떤 연산들이 가장 자주 수행되며 성능 요건은 무엇인가를 파악하는 일이다. 다시 말하면, 사용자들이 데이터베이스로부터 필요로 하는 바를 찾아내야 한다는 것이다. 이 작업은 일반적으로 사용자 그룹들과의 토론, 현재의 운영 환경의 검토와 앞으로 변화될 방향, 데이터베이스에 의해서 대체되거나 보충될 것으로 예상되는 기존 응용들의 문서 분석 등을 수반하는 격식이 없는 과정이다. 이 단계에서 모은 정보들을 조직하고 표현하기 위해 몇 가지 기법들이 제안되었으며, 자동화된 툴들이 이 과정을 지원하기 위해 개발되어 있다.

데이터베이스 설계 툴: 제 3의 업체들은 물론이고 RDBMS 개발 업체들이 만든 설계 툴들이 있다. 예를 들어, Sybase가 만든 설계 및 분석 툴에 대한 상세한 내용을 보기 위해 다음의 링크를 참조하자.
`http://www.sybase.com/products/application_tools`
다음 사이트는 Oracle이 만든 툴에 대한 상세한 내용을 제공한다.
`http://www.oracle.com/tools`

2. **개념적 데이터베이스 설계**(conceptual database design): 요구분석 단계에서 모은 정보들은 데이터베이스에 저장될 데이터와 이 데이터가 준수해야하는 제약조건들을 고수준으로 기술하기 위해 사용된다. 이 단계는 주로 ER 모델을 이용하여 수행되며 이 장에서 논의된다. ER 모델은 데이터베이스 설계에서 사용되는 여러 가지 고수준 (혹은 **의미적**) 데이터 모델중의 하나이다. 이 모델의 목적은 사용자들과 개발자들이 데이터에 대해 생각하는 방법과 밀접하게 부합하는 간단한 데이터의 기술을 생성하는 것이다. 이 모델은 설계과정에 관련된 모든 사람들간의 토의를 용이하게 한다(비록 그들이 기술적인 기초 지식을 가지고 있지 않다 하더라도). 동시에, 초기 설계는 상업적인 데이터베이스 시스템에 의해 지원되는 데이터 모델(실제로, 관계모델)로 간단하게 변환이 될 수 있도록 충분히 정확해야 한다.

3. **논리적 데이터베이스 설계**(logical database design): 데이터베이스 설계를 구현하기 위해 DBMS를 선정하고, 개념적 데이터베이스 설계를 선정한 DBMS의 데이터 모델에 따른 데이터베이스 스키마로 변환해야 한다. 우리는 관계 DBMS만 고려하므로, 논리적 설계 단계에서 해야하는 작업은 ER 스키마를 관계 데이터베이스 스키마로 변환하는 일이다. 이 단계에 대해 3장에서 자세히 다루기로 한다.

2.1.1 ER 설계 이후의 단계들

ER 다이어그램은 요구분석 과정 중에 수집한 정보의 주관적인 평가를 통하여 구성된 데이터의 근사적인 기술일 뿐이다. 좀 더 면밀히 분석하면 단계 3의 결과로 얻게 되는 논리적 스키마를 정제할 수도 있다. 일단 훌륭한 논리적 스키마를 얻게 되면, 성능 기준이나 조건들을 고려하여 물리적 스키마를 설계해야 한다. 마지막으로, 보안상의 이슈들을 다루고 사용자가 필요로 하는 데이터를 접근할 수 있도록 하되, 그들로부터 감추고자 하는 데이터를 접근할 수 없도록 보장해야 한다. 다음은 데이터베이스 설계의 나머지 세 단계를 간략히 서술한다.

4. **스키마 정제**(schema refinement): 데이터베이스 설계의 네 번째 단계는 관계 데이터베이스 스키마에 있는 릴레이션들을 분석하여 잠재적인 문제점들을 파악하고 정제하는 것이다. 요구분석 단계와 개념적 데이터베이스 설계 단계는 본질적으로 주관적이지만, 스키마 정제는 상당히 훌륭하고 강력한 이론에 의해 수행될 수 있다. 릴레이션들로 하여금 몇 가지의 바람직한 성질을 갖도록 재조직하는 *정규화* 이론을 19장에서 다룬다.

5. **물리적 데이터베이스 설계**(physical database design): 이 단계에서는, 데이터베이스가 지원해야 할 일반적인 예상 작업량을 고려하여 데이터베이스 설계를 원하는 성능기준에 맞도록 더 정제한다. 이 단계는 단순히 몇 개의 테이블에 인덱스를 구축하고 몇 개의 테이블을 클러스터링하는 것을 필요로 할 수 있다. 혹은 이전의 설계 단계에서 구축된 데이터베이스 스키마의 부분들에 대한 상당한 재설계를 수반할 수 있다. 물리적 설계와 데이터베이스 튜닝을 20장에서 다룬다.
6. **응용 및 보안설계:** DBMS를 수반하는 어떠한 소프트웨어 프로젝트도 데이터베이스 자체의 범위를 넘어 응용의 측면을 고려해야 한다. UML(2.7절 참고)과 같은 설계 방법론에서는 완전한 소프트웨어 설계와 개발 주기를 논의하려고 한다. 간단히, 우리는 응용에 관계되는 개체들(예, 사용자, 사용자 그룹, 부서)과 프로세스들을 파악한다. 어떤 응용 업무를 반영하는 모든 프로세스에서 각 개체의 역할을 그 업무를 위한 전체 작업 흐름의 일부로써 기술해야 한다. 각 역할별로, 접근될 수 있어야만 하는 데이터베이스 영역과 접근되어서는 *안 되*는 영역을 파악해야 한다. 그 다음으로 이러한 접근 규칙들이 집행되는 것을 보장하기 위한 조치들을 취해야 한다. DBMS는 이 단계를 지원하는 여러 메카니즘들을 제공하는데, 이를 21장에서 다룬다.

구현 단계에서 DBMS를 이용하여 데이터를 접근하기 위해, 응용 언어(예, 자바)로 각 업무를 코드화해야 한다. 응용 개발에 대해서는 6장과 7장에서 다룬다.

일반적으로, 설계과정을 몇 단계로 나눈 것은 설계에 필요한 단계들을 *종류별*로 분류한 것으로 간주되어야 한다. 실제로는, 여기에 간단히 서술한 여섯 단계의 과정으로 시작한다 하더라도, 완전한 데이터베이스 설계는 그 다음 단계로 **튜닝** 과정을 필요로 할 것이다. 이 튜닝 과정에서는 여섯 종류의 설계 단계들이 교차 수행되며 설계가 만족스러울 때까지 반복되어진다.

2.2 개체, 애트리뷰트, 개체집합

개체(entity)는 실세계에서 다른 객체들로부터 구분될 수 있는 객체이다. 개체의 예로는 Green Dragonzord 장난감 회사, 장난감 부서, 장난감 부서의 관리자, 그 관리자의 집 주소 등이 있다. *같은 종류*의 개체들을 하나의 집합으로 식별하는 것이 유용할 경우가 종종 있다. 이러한 모임을 **개체집합**(entity set)이라고 한다. 그런데 개체집합들이 완전히 분리될 필요는 없다. 장난감 부서 직원의 모임과 기계 부서 직원의 모임은 모두 직원 John Doe를 포함할 수 있다(John Doe가 이 두 부서에서 일하는 경우). 또한, 장난감과 기계 부서 직원들의 집합을 모두 포함하는 Employees라는 개체집합을 정의할 수 있다.

하나의 개체는 **애트리뷰트**들(attributes)의 집합을 사용하여 기술된다. 주어진 개체집합에 속한 모든 개체들은 동일한 애트리뷰트들을 갖는다. 이것이 *같은 종류*가 의미하는 것이다(이 표현은 너무 단순화한 감이 있으나, 2.4.4절에서 상속 계층을 논의할 때에 자세히 성명하기로 하고 여기서는 주된 아이디어만 언급한다). 개체를 표현하기 위해 선택하는 애트리뷰트들은 그 개체에 관한 정보를 얼마나 상세하게 표현할 것인가 하는 정도를 반영한다. 예를 들어, Employees라는 개체집합은 이름(name), 주민등록번호(ssn), 주차장(lot)을 애트리뷰트으로 사용할 수 있다. 이 경우, 각 직원에 대해서 이름, 주민등록번호, 주차장 번호를 저장하게 된다. 그러나 직원의 주소, 성별, 나이를 저장하지는 않을 것이다.

개체집합과 관련한 각 애트리뷰트에 대해서, 가능한 값들의 **도메인**(domain)을 지정하여야 한다. 예를 들어, Employees의 애트리뷰트 *name*에 대한 도메인은 최대 20개의 문자들로 이루어지는 문자열들의 집합이 될 수 있다.[1] 또다른 예로서, 회사가 직원들을 1부터 10까지의 척도로 평가하고 *rating*이라는 필드에 그 값을 저장한다면, 이 애트리뷰트의 도메인은 1에서 10 사이의 정수로 구성된다. 그리고 각 개체집합에 대해서 *키*를 선택한다. **키**(key)는 주어진 집합에 속하는 한 개체를 유일하게 식별하는 값을 갖는 최소개의 애트리뷰트들로 이루어진 집합이다. **후보**(candidate)키는 하나보다 더 많을 수 있는데, 그럴 경우에는 그들 중의 하나를 **기본**(primary)키로 지정한다. 지금으로서는 각 개체집합이 그 집합 내의 한 개체를 유일하게 식별할 수 있는 애트리뷰트들의 집합을 적어도 하나는 포함한다고 가정한다. 즉, 애트리뷰트들의 집합은 키를 포함한다. 이 점에 대해서는 2.4.3절에서 다시 살펴보기로 한다.

*ssn, name, lot*을 애트리뷰트로 가진 Employees 개체집합이 그림 2.1에 나타나있다. 개체집합은 사각형으로 표현되고, 애트리뷰트는 타원형으로 표현된다. 기본키에 속하는 각 애트리뷰트에는 밑줄을 긋는다. 도메인 정보는 애트리뷰트 이름과 함께 나열될 수 있지만, 여기에서는 그림을 간결히 표현하기 위해 생략한다. 키는 *ssn*이다.

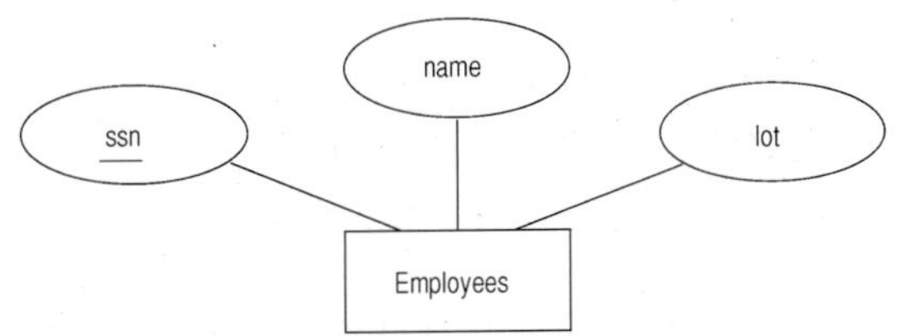

그림 2.1 Employees 개체집합

2.3 관계와 관계집합

관계(relationship)는 둘 이상의 개체들 사이의 관련성이다. 예를 들어, Attishoo라는 직원이 제약 부서에 근무하는 관계를 가질 수 있다. 개체들처럼, 같은 종류의 관계들을 하나의 **관계 집합**(relationship set)으로 모을 수 있다. 관계집합은 *n*-투플들의 집합으로 생각될 수 있다.

$$\{(e_1, \ldots, e_n) \mid e_1 \in E_1, \ldots, e_n \in E_n\}$$

각 *n*-투플은 e_1부터 e_n까지의 *n*개의 개체들을 포함하는 하나의 관계를 나타낸다. 여기서 개체

[1] 혼란을 피하기 위해서, 개체집합간에는 같은 애트리뷰트 이름을 사용하지 않는다고 가정한다. 만약, 같은 애트리뷰트 이름이 두 개체집합 이상에서 사용되면 그 모호성을 해결하기 위해 각 애트리뷰트가 속해있는 개체집합 이름을 사용할 수 있다. 그러므로 이것은 실재의 제약은 아니다.

e_i는 개체집합 E_i에 속한다. 그림 2.2에서는 Works_In 관계집합을 나타내는데, 각 관계는 한 직원이 근무하는 부서를 나타낸다. 여러 관계집합이 동일한 개체집합을 포함할 수 있다. 예를 들어, Employees와 Departments를 포함하는 Manages라는 관계집합을 역시 가질 수 있다.

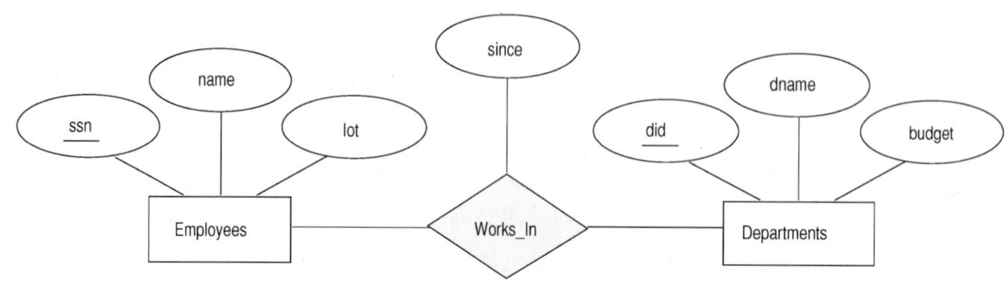

그림 2.2 Works_In 관계집합

관계도 **기술적인 애트리뷰트**들을 가질 수 있다. 이 기술적인 애트리뷰트들은 참가하는 개체들 중 한 개체에 관한 정보보다는 관계에 관한 정보를 기록하기 위해 사용된다. 예를 들어, Attishoo가 1991년 1월부터 제약 부서에서 근무하고 있다는 것을 기록할 수 있다. 이 정보는 그림 2.2의 Works_In에 애트리뷰트 *since*를 추가함으로써 표현된다. 하나의 관계는 기술적인 애트리뷰트들을 참조하지 않고 참가하는 개체들에 의해서 유일하게 식별되어야 한다. Works_In 관계집합에서 예를 든다면, 각 Works_In 관계는 직원의 *ssn*과 부서의 *did*의 조합에 의하여 유일하게 식별되어야 한다. 그러므로, 어떠한 직원-부서 쌍에 대해서도 하나 이상의 *since* 값을 가질 수 없다.

관계집합의 **인스턴스**는 관계들의 집합이다. 직관적으로, 인스턴스는 어느 특정 시점에서 관계집합의 '스냅샷'으로 생각될 수 있다. Works_In 관계집합의 한 인스턴스가 그림 2.3에 나타나 있다. 각 Employees 개체는 *ssn* 값으로, 각 Departments 개체는 *did* 값으로 나타내었다. *since* 값은 각 관계 옆에 표기하였다(이 그림에 있는 '다-대-다'(many-to-many)나 '전체

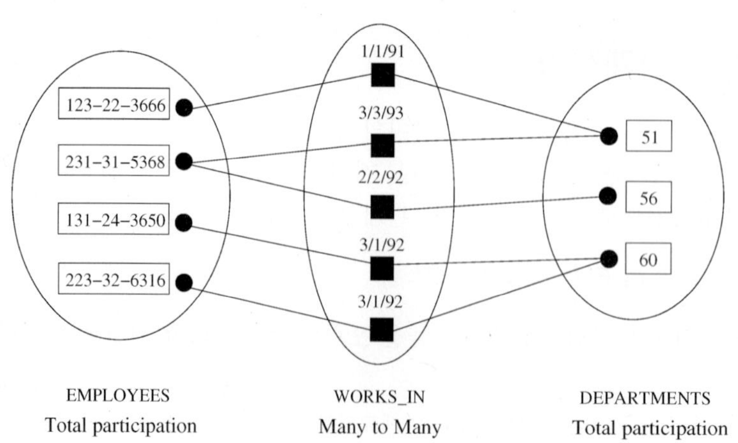

그림 2.3 Works_In 관계집합의 인스턴스

참여'(total participation)라는 주석은 나중에 무결성 제약 조건을 논의할 때 설명된다).

ER 다이어그램의 또다른 예로서, 각 부서는 여러 곳에 사무실을 가지고 있으며 각 직원이 근무하는 위치를 기록하고 싶다고 가정하자. 이 관계는 한 명의 직원, 하나의 부서, 하나의 장소 사이의 관련을 기록해야 하므로 **삼진**(ternary) 관계이다. Works_In의 이러한 변형에 대한 ER 다이어그램 Works_In2가 그림 2.4에 나타나있다.

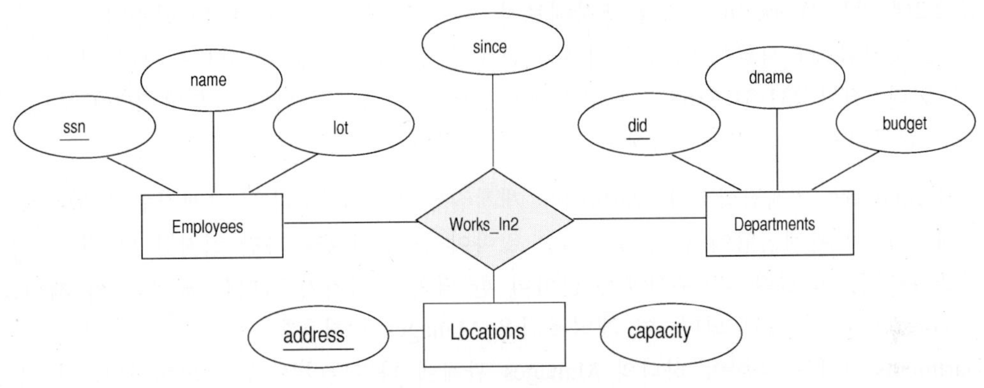

그림 2.4 삼진관계집합

한 관계집합에 참여하는 개체집합들이 서로 다를 필요는 없다. 가끔 관계는 동일한 개체집합에 속하는 두 개체를 포함할 수 있다. 예를 들어, 그림 2.5에 있는 Report_To 관계집합을 살펴보자. 한 직원이 다른 직원에게 보고하므로, Reports_To에 있는 각 관계는 (emp_1, emp_2)의 형식이 되는데, 이때 emp_1과 emp_2는 모두 Employees에 속한 개체들이다. 그렇지만, 이들은 서로 다른 **역할**(role)을 한다. emp_1은 관리 직원인 emp_2에게 보고한다. 이 사실이 그림 2.5에서 **역할 지시자**(role indicator) *supervisor*와 *subordinate*로 반영되었다. 만약 한 개체집합이 여러 역할을 수행한다면, 역할 지시자는 해당 개체집합의 애트리뷰트 이름과 함께 붙여져서 관계집합 내의 각 애트리뷰트에 유일한 이름을 부여한다. 예를 들어, Reports_To 관계집합은 상급자의 *ssn*에 해당하는 애트리뷰트와 하급자의 *ssn*에 해당하는 애트리뷰트를 가지고 있으며, 이 애트리뷰트들의 이름은 *supervisor_ssn*과 *subordinate_ssn*이 된다.

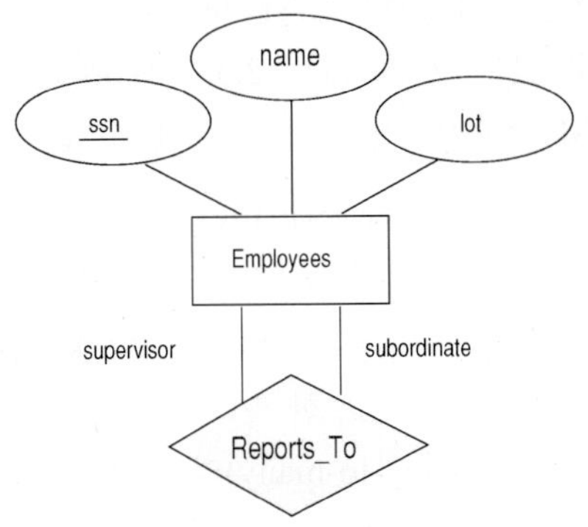

그림 2.5 Reports_To 관계집합

2.4 ER 모델의 특별 기능

이제부터 데이터의 세부적인 특징들을 표현할 수 있는 ER 모델의 구성자들에 대해서 살펴보자. ER 모델의 풍부한 표현력이 이 모델을 광범위하게 사용하는 큰 이유가 된다.

2.4.1 키 제약조건

그림 2.2에 있는 Work_In 관계를 생각해보자. 그림 2.3에 있는 Work_In 인스턴스가 예증하고 있는 것처럼, 한 직원은 여러 부서에서 근무할 수 있으며 한 부서에는 여러 직원이 근무할 수 있다. 직원 231-31-5368은 3/3/93부터 부서 51에서 근무하고 있으며 2/2/92부터 부서 56에서 근무하고 있다. 부서 51에는 두 명의 직원이 있다.

이제 Employees 개체집합과 Departments 개체집합 사이의 또다른 관계집합인 Manages를 생각해보자. 이 관계집합에서 각 부서에는 많아야 한 명의 관리자만 있지만 한 직원은 여러 부서를 관리할 수 있다. 각 부서에는 많아야 한 명의 관리자가 있다는 제약은 **키 제약조건**(key constraints)의 예가 되며, 이 제약조건은 Manages가 허용할 수 있는 인스턴스에서 각 Departments 개체는 많아야 하나의 Manages 관계에 나타난다는 것을 의미한다. 이 제약이 그림 2.6의 ER 다이어그램에서 Departments로부터 Manages로 가는 화살표를 사용하여 표시되었다. 이 화살표는 주어진 Departments 개체에서 그것이 나타나는 Manages 관계를 유일하게 결정할 수 있다는 것을 명시한다.

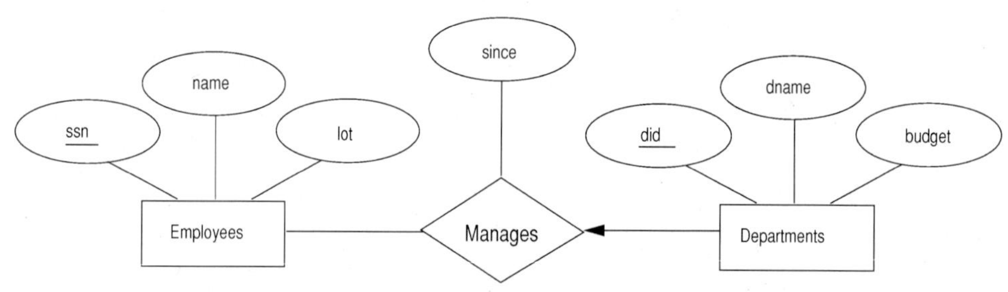

그림 2.6 Manages의 키 제약조건

Manages 관계집합의 한 인스턴스가 그림 2.7에 나타나있다. 이 인스턴스는 역시 Works_In 관계집합의 인스턴스가 될 수 있는 반면, 그림 2.3의 Works_In 인스턴스는 Manages에 대한 키 제약조건을 위배하므로 Manages의 인스턴스는 될 수 없다.

Manages와 같은 관계집합을 **일-대-다**(one-to-many)라고 하는데, 이것은 *한* 직원이 관리자로서 *여러* 부서와 관련될 수 있는 반면, 각 부서는 그 부서의 관리자로서 많아야 한 명의 직원과 관련될 수 있다는 것을 나타낸다. 이와는 반대로, Works_In 관계집합에서는 한 명의 직원이 여러 부서에 근무하는 것이 허용되고 한 부서에는 여러 직원들이 근무하는 것이 허용된다. 이러한 관계집합을 **다-대-다**(many-to-many)라고 한다. 만일 한 직원이 많아야 하나의

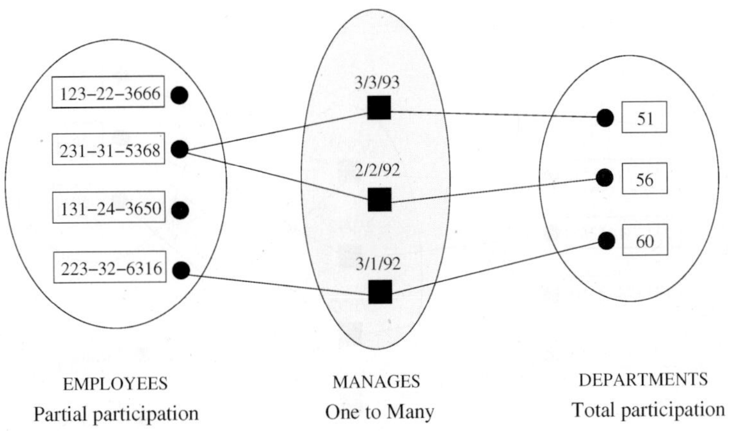

그림 2.7 Manages 관계집합의 인스턴스

부서만 관리할 수 있다는 제약을 Manages 관계집합에 추가한다면, 이 제약은 그림 2.6에서 Employees로부터 Manages로 가는 화살표를 추가함으로써 표시될 수 있고, 우리는 **일-대-일** (one-to-one) 관계집합을 갖게 된다.

삼진관계의 키 제약조건

키 제약 개념을 3개 이상의 개체집합을 포함하는 관계집합으로 확장하여 적용할 수 있다. 어떤 관계집합 R 내에서 개체집합 E가 키 제약조건을 가지고 있다면, E의 인스턴스에 속한 각 개체는 R(의 해당 인스턴스)에서 많아야 한번의 관계로 나타난다. 관계집합 R 내에서 개체집합 E에 대한 키 제약조건을 표기하기 위해, E에서 R로 화살표를 그린다.

그림 2.8에서, 키 제약조건을 가지고 있는 삼진관계를 나타내고 있다. 각 직원은 많아야 한 부서와 오직 한 장소에서 근무한다. Works_In3 관계집합의 한 인스턴스가 그림 2.9에 나타나있다. 각 부서는 여러 직원 및 장소와 관련될 수 있고 각 장소는 여러 부서 및 직원과 관련될 수 있지만, 각 직원은 하나의 부서 및 장소와 관련된다.

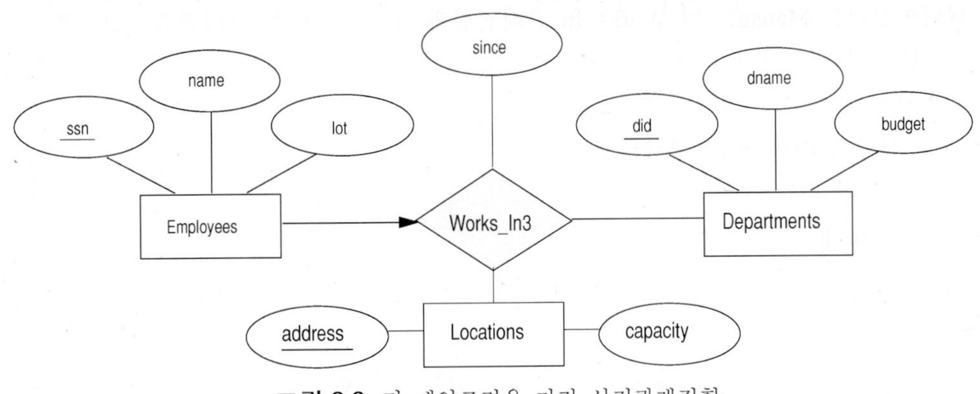

그림 2.8 키 제약조건을 가진 삼진관계집합

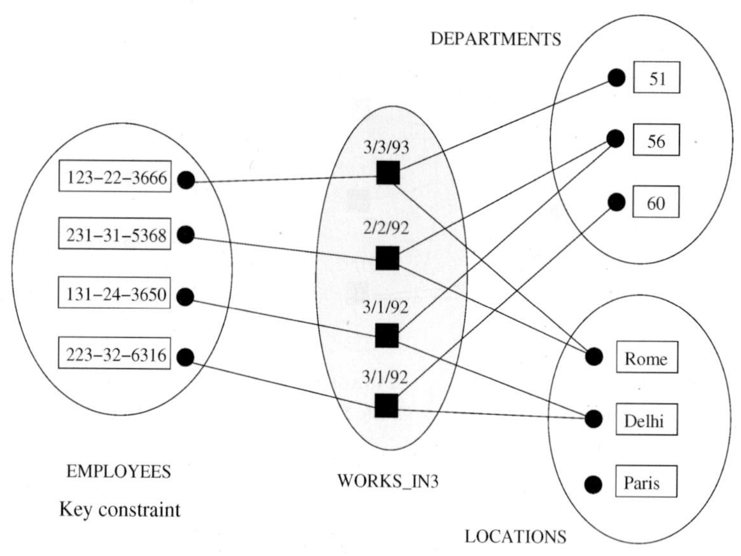

그림 2.9 Works_In3의 인스턴스

2.4.2 참여 제약조건

Manages에 대한 키 제약조건은 한 부서는 최대 한 명의 관리자를 두고 있다는 것을 말한다. 그렇다면, 각 부서는 모두 관리자가 있는가 라는 질문이 자연스럽게 나온다. 모든 부서는 관리자를 두는 것이 필수적이라고 가정하자. 이 요건이 **참여 제약조건**(participation constraints)의 한 예이다. 관계집합 Manages에 개체집합 Departments의 참여는 **전체적**(total)이라고 한다. 전체적이 아닌 참여도를 **부분적**(partial)이라고 한다. 예를 들면, Manages에서 각 직원이 모두 하나의 부서를 관리하는 것은 아니므로 개체집합 Employees의 참여는 부분적이다.

Works_In 관계집합으로 되돌아가서, 각 직원은 적어도 한 부서에서 근무하고 각 부서에는 적어도 한 명의 직원이 근무하고 있다고 생각하는 것은 당연하다. 이것은 Works_In에 있는 Employees와 Departments의 참여가 모두 전체적이라는 것을 의미한다. 그림 2.10에 있는 ER 다이어그램은 Manages 및 Works_In 관계집합과 제약조건들을 나타낸다. 어떤 관계집합에서 한 개체집합의 참여가 전체적이면, 그 둘은 굵은 선으로 연결된다. 이와는 별도로 화살표가 있으면 키 제약을 나타낸다. 그림 2.3과 그림 2.7에 있는 Works_In과 Manages의 인스턴스들은 그림 2.10의 모든 제약들을 만족한다.

2.4.3 약개체

지금까지, 개체집합과 관련된 애트리뷰트들은 키를 포함한다고 가정하였다. 이 가정이 항상 성립하는 것은 아니다. 예를 들어, 직원들이 그들의 부양자들을 위해 보험증권을 구매할 수 있다고 가정하자. 각 보험증권에 의해 누가 보호되는가를 포함하여 보험증권에 관한 정보를 기록하고자 한다. 그러나 이 정보는 한 직원의 부양자들이라는 점에서 실제 우리의 관심거

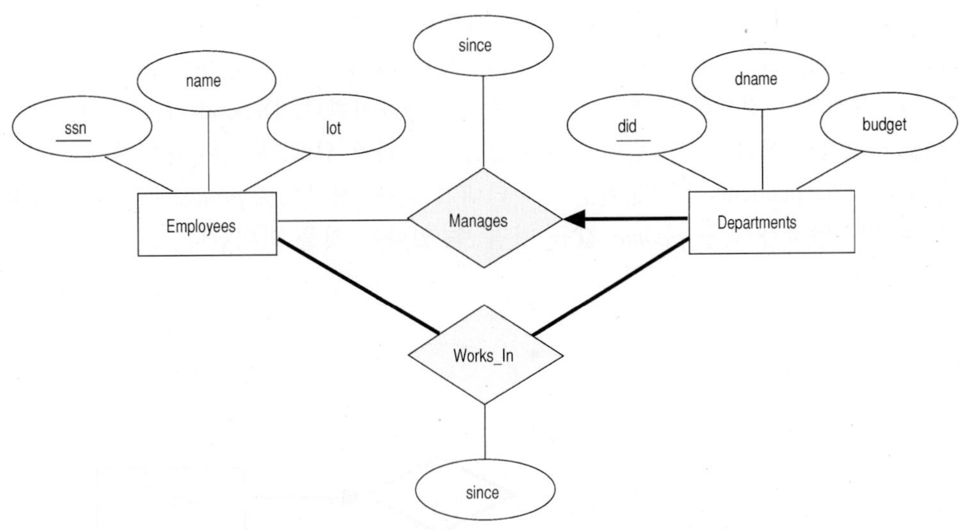

그림 2.10 Manages와 Works_In

리가 되는 것이다. 만약 한 직원이 회사를 그만두면, 그 직원이 소유한 어떠한 증권도 종료되고 모든 관련된 증권정보와 피부양자 정보를 데이터베이스로부터 삭제하는 것이 필요하다. 특정 직원의 피부양자들은 서로 다른 이름을 가진다고 생각할 수 있으므로, 이런 경우에는 각 피부양자를 식별하기 위해 이름을 선택할 수 있다. 따라서 Dependents 개체집합의 애트리뷰트들은 *pname*과 *age*가 될 수 있을 것이다. 애트리뷰트 *pname*은 피부양자들을 유일하게 식별하지 *않는다*. Employees의 키는 *ssn*이므로 Smethurst라는 이름을 가진 두 직원은 각기 Joe라는 아들을 둘 수도 있다.

Dependents는 **약개체집합**(weak entity set)의 예이다. 약개체는 그것의 애트리뷰트 일부와 **식별 소유자**(identifying owner)에 해당하는 개체의 기본키를 결합하여야만 유일하게 식별될 수 있다.

약개체집합은 다음의 제한사항들이 만족되어야 한다.

- 소유자 개체집합과 약개체집합은 일-대-다 관계집합으로 참여해야 한다. 하나의 소유자 개체는 여러 약개체와 연관되지만, 각 약개체는 오직 하나의 소유자를 갖는다. 이러한 관계집합을 해당 약개체집합의 **식별 관계집합**(identifying relationship set)이라고 한다.
- 약개체집합은 식별 관계집합에 전체적으로 참여하여야 한다.

예를 들어, 하나의 Dependents 개체는 *소유하는* Employees 개체의 키와 Dependents 개체의 *pname*을 취하는 경우에만 유일하게 식별될 수 있다. 주어진 소유자 개체에 대하여 하나의 약개체를 유일하게 식별하는 약개체집합의 애트리뷰트들의 부분집합은 그 약개체집합의 *부분키*(*partial key*)라고 불린다. 이 예에서, *pname*은 Dependents의 부분키이다.

약개체집합 Dependents와 Employees의 관계가 그림 2.11에 표현되어 있다. Policy에서

Dependents의 전체참여는 그들을 굵고 진한 선으로 연결함으로써 표시된다. Dependents로부터 Policy로 가는 화살표는 각 Dependents 개체가 Policy 관계에 많아야 한번(참여 제약조건 때문에, 실제로는 정확하게 한번) 나타나는 것을 표시한다. Dependents가 약개체집합이며 Policy가 그것의 식별 관계집합이라는 사실을 강조하기 위해, 둘 다 굵고 진한 선으로 그린다. *pname*이 Dependents의 부분키임을 나타내기 위해, 점선으로 *pname*에 밑줄을 긋는다. 이것은 두 피부양자가 같은 *pname* 값을 가질 수 있다는 것을 의미한다.

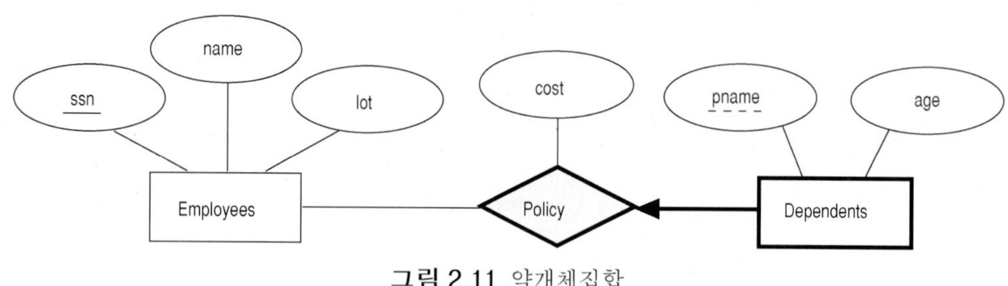

그림 2.11 약개체집합

2.4.4 클래스 계층

한 개체집합에 속한 개체들을 서브클래스로 분류하는 것이 타당할 때가 있다. 예를 들어, 직원들이 봉급을 받는 방식을 구별하기 위해 Hourly_Emps 개체집합과 Contract_Emps 개체집합으로 언급할 필요가 있다. Hourly_Emps에 대해서는 애트리뷰트 *hours_worked*와 *hourly_wage*가 정의될 수 있고 Contract_Emps에 대해서는 *contractid*가 정의될 수 있다.

각 개체집합에 속하는 모든 개체는 역시 Employees 개체들이므로 이 개체들에게 Employees의 모든 애트리뷰트들이 정의되도록 하는 의미론이 필요하다. 그러므로, Hourly_Emps에 정의된 애트리뷰트들은 Employees의 애트리뷰트들과 Hourly_Emps의 애트리뷰트들을 합한 것이다. 이때 개체집합 Employees의 애트리뷰트들은 개체집합 Hourly_Emps에 의해서 **상속된다**(inherited)고 하며 Hourly_Emps **ISA**(*is a*로 읽는다) Employees라고 한다. 또한, C++와 같은 프로그래밍 언어의 클래스 계층과는 대조적으로 이 개체집합들의 인스턴스를 대상으로 하는 질의에는 어떤 제약조건이 있다. 즉, 모든 Employees 개체들에 대한 질의는 모든 Hourly_Emps와 Contract_Emps 개체들을 당연히 고려해야 한다. 그림 2.12는 이러한 클래스 계층의 예를 보여준다.

개체집합 Employees는 또다른 기준에 따라 분류될 수 있다. 예를 들어, 직원들 중 일부를 Senior_Emps로 식별할 수 있다. 이러한 변경을 반영하기 위해 그림 2.12를 수정하여 Employees의 자식으로 두 번째 ISA 노드를 추가하고 Senior_Emps를 이 노드의 자식 노드로 만들 수 있다. 이 개체집합들은 각각 더 분류되어, 다단계 ISA 계층을 생성할 수 있다.

클래스 계층은 다음과 같이 두 가지 관점 중의 하나로 간주될 수 있다.

- Employees는 여러 서브클래스로 **특수화**(specialization)된다. 특수화는 어떤 개체집합 **슈퍼클래스**(superclass)에서 몇 개의 구별되는 특성을 공유하는 부분 집합을 식별하는

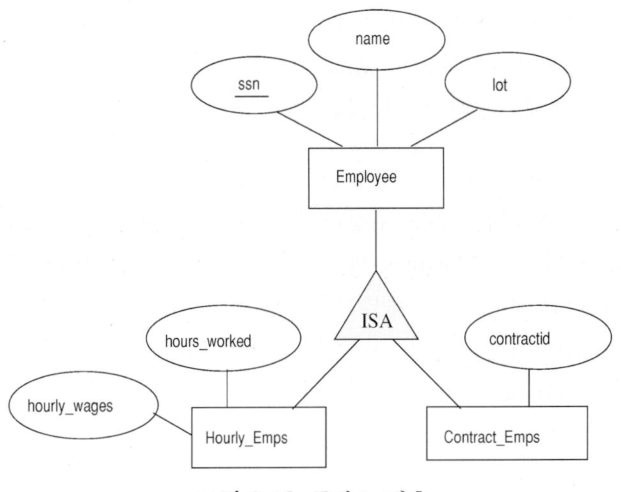

그림 2.12 클래스 계층

과정이다. 일반적으로, 슈퍼클래스가 먼저 정의되고, 서브클래스들이 다음으로 정의되며 서브클래스 고유의 애트리뷰트들과 관계집합들이 그 다음으로 추가된다.

- Hourly_Emps와 Contract_Emps는 Employees로 **일반화**(generalization)된다. 또다른 예를 들면, 개체집합 Motorboats와 Cars는 개체집합 Motor_Vehicles로 일반화될 수 있다. 일반화는 여러 개체집합들의 모임에서 몇 개의 공통적인 특성들을 알아내고 이러한 공통 특성들을 가지는 개체들을 포함하는 새로운 개체집합을 생성하는 과정이다. 일반적으로, 서브클래스들이 먼저 정의되고, 슈퍼클래스가 다음에 정의되며 그 슈퍼클래스를 포함하는 관계집합이 있으면 그 다음에 정의된다.

ISA 계층과 관련하여 *중첩* 제약조건과 *포괄* 제약조건을 명시할 수 있다. **중첩 제약조건**(overlap constraints)은 두 서브클래스가 같은 개체를 포함하는 것이 허락되는가를 결정한다. 예를 들어, Attishoo라는 사람이 Hourly_Emps 개체이면서 동시에 Contract_Emps 개체일 수 있는가? 당연히 아니다. 그런데 그 사람이 Contract_Emps 개체이면서 동시에 Senior_Emps 개체일 수 있는가? 그럴 수 있다. 이것을 'Contract_Emps `OVERLAPS` Senior_Emps'라고 표시한다. 이러한 언급이 없으면, 개체집합들은 중첩하지 않는다고 간주한다.

포괄 제약조건(covering constraints)은 모든 서브클래스에 속해 있는 개체들이 집합적으로 슈퍼클래스의 모든 개체들을 포함하는가를 결정한다. 예를 들어, 모든 Employees 개체들은 그것의 서브클래스들 중 하나에 반드시 속해야만 하는가? 반드시 그렇지는 않다. 모든 Motor_Vehicle 개체는 Motorboats 개체이거나 Cars 개체이어야 하는가? 직관적으로 그렇다. 일반화된 계층의 특징은 슈퍼클래스의 모든 인스턴스는 한 서브클래스의 인스턴스라는 것이다. 이것을 'Motorboats `AND` Cars `COVER` Motor_Vehicle'라고 표시한다. 이러한 언급이 없으면, 모터보트도 아니고 자동차도 아닌 차량이 있다고 간주한다.

특성화나 일반화에 의하여 서브클래스들을 찾아내는 데는 두 가지의 기본적인 이유가 있다.

1. 어떤 서브클래스의 개체들에 대해서만 의미가 있는 기술적인 애트리뷰트들을 추가할 필요가 있다. 예를 들어, *hourly_wages*는 봉급이 개별적인 계약에 의해 결정되는 Contract_Emps 개체에는 해당되지 않는 것이다.

2. 어떤 관계에 참여하는 개체들의 집합을 식별할 필요가 있다. 예를 들어, 선임 직원들만 관리자가 될 수 있다는 것을 보장하기 위해, 참여하는 개체집합들이 Senior_Emps와 Departments가 되도록 Manages 관계를 정의할 수 있다. 또다른 예로서, Motorboats와 Cars는 각기 다른 기술적인 애트리뷰트들(예, 톤 수와 문들의 수)을 가질 수 있지만, Motor_Vehicles 개체들로서 면허를 받아야 되는 것이다. 면허에 대한 정보는 Motor_Vehicles와 Owners라는 개체집합간에 Licensed_To라는 관계집합에 의해 표현될 수 있다.

2.4.5 집단화

지금까지 정의한 바와 같이, 관계집합은 개체집합들간의 연관성이다. 그런데, 개체들의 모임과 *관계*들의 모임간에 관계를 설정해 주어야 할 때도 있다. Projects라는 개체집합이 있고 각 Projects 개체는 하나 이상의 부서로부터 자금지원을 받는다고 가정하자. Sponsors 관계집합은 이 정보를 표현한다. 어떤 프로젝트의 자금을 지원하는 부서에서는 그 프로젝트를 감독할 직원을 지정할 수 있다. 이때 Monitors는 (Projects나 Departments 개체 대신) Sponsors 관계와 Employees 개체를 연관짓는 관계집합이어야 한다. 그러나, 우리는 지금까지 관계를 둘 이상의 *개체*들을 관련짓는 것이라고 정의하였다.

Monitors와 같은 *관계집합*을 정의하기 위해, **집단화**(aggregation)라는 ER 모델의 새로운 특징을 소개한다. (점선 사각형으로 식별되는) 집단화는 어떤 관계집합이 다른 관계집합에 참여하는 것을 나타낼 수 있게 한다. 이것이 그림 2.13에 예시되어 있는데, Sponsors와 (그에

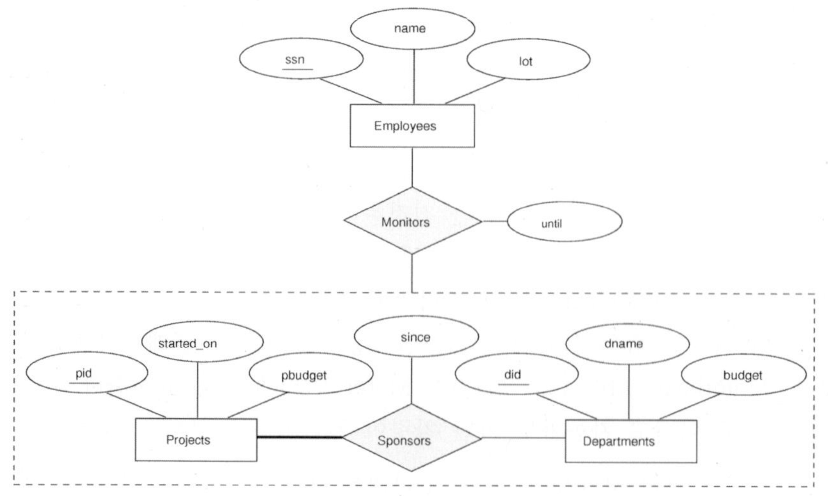

그림 2.13 집단화

참여하는 개체집합들) 주위를 둘러싼 점선 사각형이 집단화를 나타낸다. 이것은 Monitors 관계집합을 정의하기 위한 목적으로 실질적으로 Sponsors를 하나의 개체집합으로 간주할 수 있게 한다.

집단화를 언제 사용하여야 할까? 직관적으로, 관계들 사이의 어떤 관계를 표현하여야 할 때이다. 그렇지만 집단화를 사용하지 않고 다른 관계들을 포함하는 관계들을 표현할 수는 없을까? 우리의 예에서, Sponsor 관계를 삼진관계로 표현하면 왜 안될까? 그 이유는 실제로 두 개의 완전히 다른 관계인 Sponsors와 Monitors가 있으며, 각각은 그 자신만의 고유한 애트리뷰트들을 가질 수 있기 때문이다. 예를 들어, Monitors 관계는 특정 직원이 특정 자금지원에 대한 감독관으로 지명될 때 만료일을 기록하는 애트리뷰트 *until*을 가지고 있다. 이 애트리뷰트와 실제로 자금 지원이 시작된 날짜를 기록하는 Sponsor의 *since* 애트리뷰트를 비교해 보자. 집단화를 사용하느냐 또는 삼진관계를 사용하느냐 하는 것은 2.5.4절에서 설명될 무결성 제약조건에 따라 좌우되기도 한다.

2.5 ER 모델을 이용한 개념적 설계

ER 다이어그램을 개발하기 위해 다음의 경우를 포함하여 어떤 구성자를 선택할 것인가를 주의 깊게 검토할 필요가 있다.

- 어떤 개념이 개체 혹은 애트리뷰트 중 어느 것으로 모델링되어야 할 것인가?
- 어떤 개념이 개체 혹은 관계 중 어느 것으로 모델링되어야 할 것인가?
- 관계집합들과 거기에 참여하는 개체집합들은 무엇인가? 이진 혹은 삼진관계 중 어느 것을 사용해야 하는가?
- 집단화를 사용해야 하는가?

이제 이러한 선택과 관련한 이슈들을 논의하자.

2.5.1 개체와 애트리뷰트 간의 선택

하나의 개체집합의 애트리뷰트들을 식별하는 과정에서, 하나의 특징이 애트리뷰트로 모델링되어야 할지 혹은 (관계집합을 이용하여 그 개체집합과 관계되는) 새로운 개체집합으로 모델링되어야 할지 불분명할 때가 가끔 있다. 예를 들어, Employees 개체집합에 주소 정보를 추가한다고 하자. 한 가지 옵션은 애트리뷰트 *address*를 사용하는 것이다. 이 옵션은 직원마다 하나의 주소만 기록하는 것이 필요한 경우에 적절하며, 주소를 일종의 문자열로 생각하면 충분하다. 또다른 방법은 Address라는 개체집합을 생성하고 직원들과 주소들간의 연관성을 관계(예, Has_Address)를 이용하여 기록하는 것이다. 이처럼 더 복잡한 대안은 다음의 두 경우에 필요하다.

- 한 직원에 대해 여러 주소를 기록해야 한다.

- ER 다이어그램에서 주소의 구조를 표현하는 것이 필요하다. 예를 들어, 주소를 시, 도, 나라, 우편번호로 구분한다. 주소를 이 애트리뷰트들로 이루어진 하나의 개체로 표현함으로써, "주소가 위스콘신 주의 매디슨 도시인 모든 직원을 구하시오."와 같은 질의를 지원할 수 있다.

어떤 개념을 애트리뷰트보다는 개체집합으로 설계하는 또다른 예로서, 그림 2.14의 관계집합Works_In4를 살펴보자.

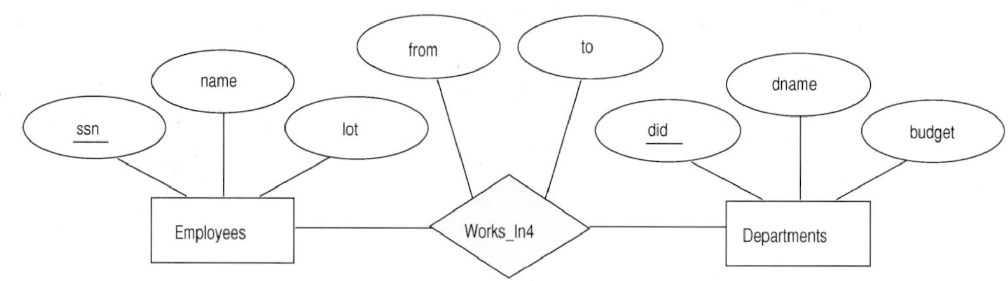

그림 2.14 Works_In4 관계집합

관계집합 Works_In4는 애트리뷰트 *from*과 *to*를 가지고 있는 반면, 그림 2.2의 관계집합 Works_In은 애트리뷰트 *since*를 가지고 있다는 점에서 서로 다르다. 직관적으로, Works_In4는 한 직원이 어떤 부서에 근무하는 동안의 기간을 기록한다. 이제 한 직원이 어떤 부서에 여러 기간에 걸쳐 근무하는 것이 가능하다고 가정하자.

이러한 가능성은 그림 2.14의 ER 다이어그램의 의미로는 배제된다. 하나의 관계는 참여하는 개체들에 의하여 유일하게 식별되기 때문이다(2.3절 상기). 문제는 Works_In4 관계의 각 인스턴스의 애트리뷰트들을 위하여 여러 값들을 기록하고 싶은 것이다. (이 상황은 직원마다 여러 주소를 기록하는 것과 비슷하다.) 이 문제는 그림 2.15와 같이 *from*과 *to* 애트리뷰트를 가진 개체집합 Duration을 도입함으로서 해결할 수 있다.

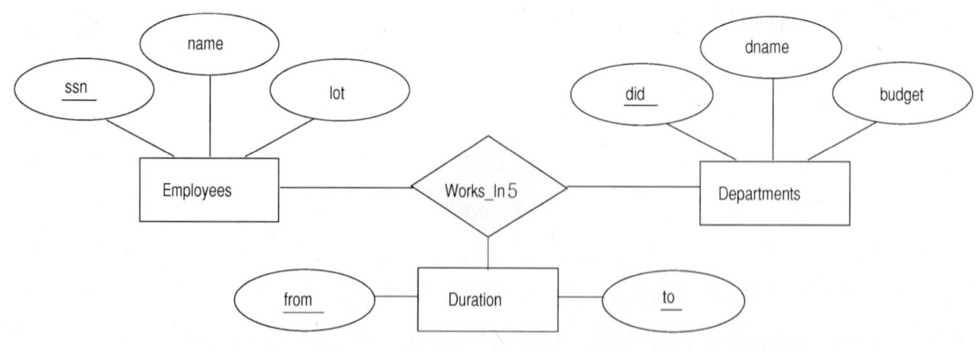

그림 2.15 Works_In5 삼진관계집합

ER 모델의 어떤 버전에서는 애트리뷰트의 값으로 여러 값을 갖는 집합 형태가 허용된다. 이러한 특징이 주어지면, Duration을 Works_In5의 개체집합보다는 애트리뷰트으로 만들 수 있을 것이다. 각 Works_In5 관계와 관련하여, 기간들의 집합을 가지게 된다. 이 방식이 Duration을 별도의 개체집합으로 모델링하는 것보다 더 직관적이다. 그렇지만, 이러한 집합 값을 가지는 애트리뷰트들이 (집합 값을 갖는 애트리뷰트를 지원하지 않는) 관계모델로 변환될 때, 결과적인 관계 스키마는 Duration을 개체집합으로 간주함으로써 얻게 되는 스키마와 매우 유사하다.

2.5.2 개체와 관계간의 선택

그림 2.6의 Manages 관계집합을 생각해보자. 각 부서의 관리자가 임의로 집행할 수 있는 *재량예산*(*dbudget*)이 있다고 가정하자. 그림 2.16에는 관계집합을 Manages2로 다시 이름을 정하고 그 관계의 애트리뷰트로 *dbudget*이 추가되었다.

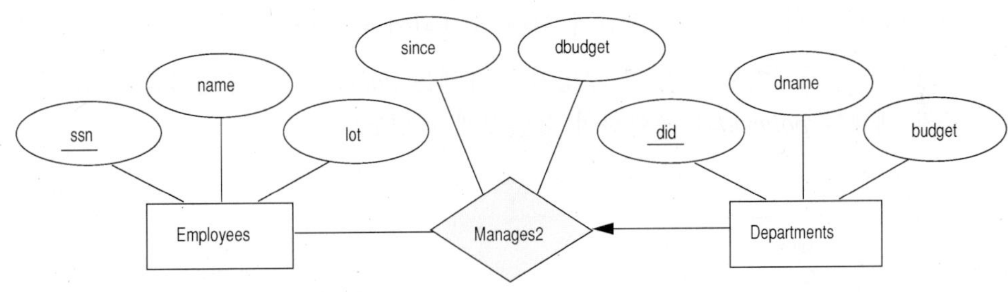

그림 2.16 개체 대비 관계

이 그림에서는 특정 부서에 대해, 그 부서의 관리자, 그 관리자의 시작날짜, 재량예산을 알 수 있다. 관리자는 그가 관리하는 각 부서에 대해 부서별로 별도의 재량예산을 받는다고 가정하면 이러한 접근은 타당하다.

그렇지만 그 재량예산액이 그 직원에 의하여 관리되는 모든 부서들의 총 재량예산액이라면 어떻게 될까? 이런 경우에는, 이 직원을 포함하는 Manages2의 각 관계는 *dbudget* 필드에서 같은 값을 가지게 되고 같은 정보에 대한 중복 저장을 초래한다. 이러한 설계의 또다른 문제는 애트리뷰트 *dbudget*을 해석하는 관점이 잘못되었다는 것이다. 예산이 실제로는 관리자와 관련되어 있는데, 관계와 관련이 있는 것으로 비쳐진다.

이러한 문제들을 Managers라고 하는 새로운 개체집합을 도입함으로써 해결할 수 있다(각 관리자는 역시 직원이라는 것을 나타내기 위해 ISA 계층에서 Employees 아래 Managers가 배치될 수 있다). 이제 애트리뷰트 *since*와 *dbudget*은 의도한 대로 관리자 개체를 기술한다. 하나의 변형으로, 모든 관리자는 하나의 예산을 가지고 있는 반면, 각 관리자는 부서별로 각기 다른 관리 시작날짜를 가질 수 있다. 이 경우 *dbudget*은 *Managers*의 애트리뷰트지만, *since*는 관리자와 부서간의 관계집합의 애트리뷰트가 된다.

ER 모델링의 부정확한 측면은 기반이 되는 개체들을 인식하는 것을 어렵게 하며, 애트리뷰트들을 적절한 개체들 대신에 관계들과 연관지을 수 있다. 일반적으로, 이러한 실수가 같은 정보의 중복 저장을 초래하고 많은 문제들을 야기할 수 있다. 중복성과 그에 따른 문제점들을 19장에서 다루며, 테이블들로부터 중복을 제거하기 위해 *표준화*(*normalization*)라는 기법을 소개한다.

2.5.3 이진관계와 삼진관계간의 선택

그림 2.17의 ER 다이어그램을 살펴보자. 이 다이어그램은 한 직원은 여러 보험증권을 소유할 수 있고, 각 증권은 여러 직원에 의해 소유될 수 있으며, 각 부양가족은 여러 증권에 의해 보호될 수 있는 상황을 모델링하고 있다.

다음과 같은 추가 요구사항들이 있다고 가정하자.

- 하나의 보험증권은 두 명 이상의 직원에 의해 함께 소유될 수 없다.
- 각 보험증권은 반드시 어떤 직원에 의해 소유되어야 한다.
- 부양가족은 약개체집합이며, 각 부양가족 개체는 *pname*과 그 부양가족을 보장하는 보험증권 개체의 *policyid*와 조합하여 유일하게 식별된다.

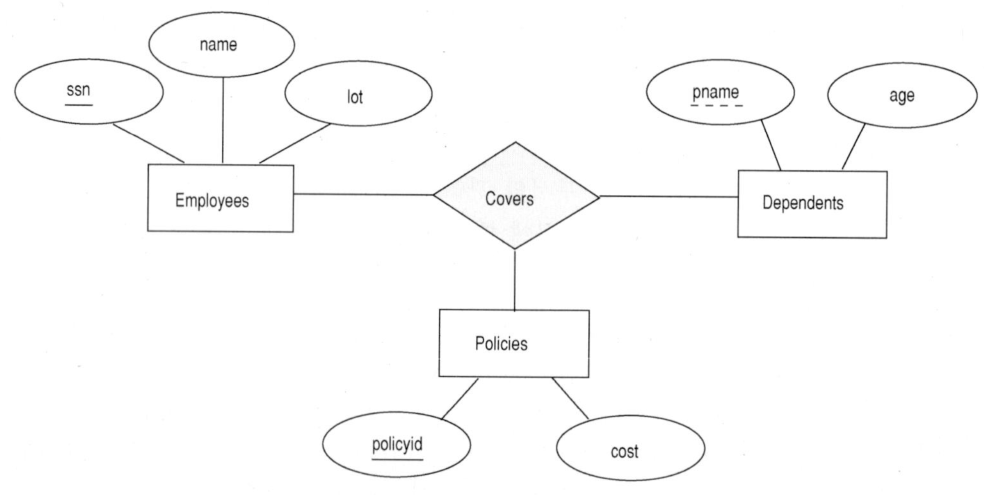

그림 2.17 개체집합 Policies

첫 번째 요구사항은 Covers에 관하여 Policies에 키 제약조건을 부여하도록 제안하지만, 이 제약조건은 한 증권이 단 한 명의 부양가족만 보장할 수 있다는 의도하지 아니한 부작용을 야기한다. 두 번째 요구사항은 Policies에 전체참여 제약조건을 부여하도록 한다. 이러한 해법은 각 증권이 적어도 한 명의 부양가족을 보장하는 경우에만 가능하다. 세 번째 요구사항은 이진 식별관계를 도입하도록 한다.

세 번째 요구사항을 무시한다 하더라도, 이러한 상황을 모델링하기 위해 가장 좋은 방법은 그림 2.18에서 보는 바와 같이 두 개의 이진관계를 사용하는 것이다.

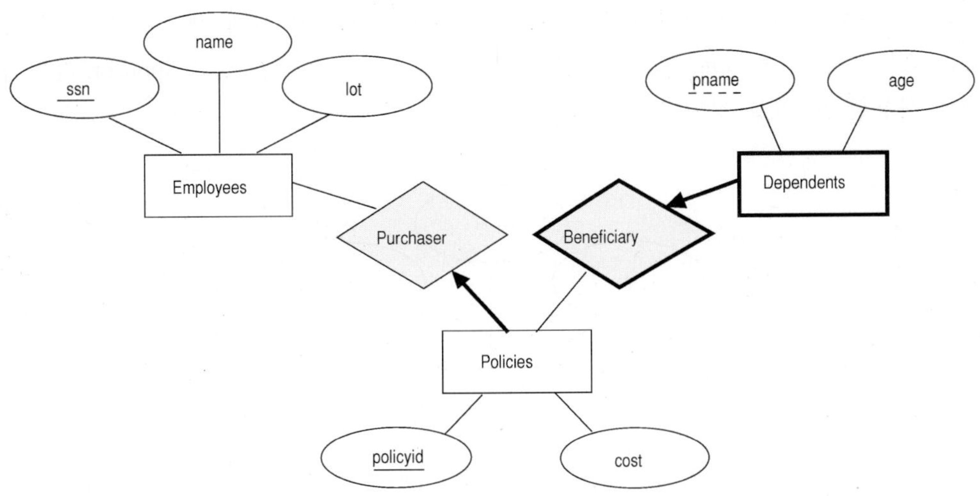

그림 2.18 Policies를 포함하는 두 이진관계

이 예는 실제로 Policies를 포함하는 두 개의 관계를 가지고 있고, 하나의 삼진관계(그림 2.17)를 사용하는 것은 적절하지 못하다. 하나의 관계가 본질적으로 두 개의 개체보다 더 많이 연관되는 경우가 있다. 그러한 예를 그림 2.4와 그림 2.15에서 보았다.

삼진관계의 대표적인 예로써, 개체집합 Parts, Suppliers, Departments와 이들간의 계약관계를 기술하는 애트리뷰트 *qty*를 가지고 있는 관계집합 Contracts를 고려해보자. 하나의 계약은 한 공급자가 특정 부서로 특정 부품을 얼마만큼 공급할 것이라는 것을 명시한다. 이 관계는 (집단화를 사용하지 않는) 이진관계들에 의해 적절히 표현될 수 없다. 이진관계를 이용하면, 어떤 공급자가 특정 부품을 '공급할 수 있다'라든가, 어떤 부서가 특정 부품을 '필요로 한다', 또는 어떤 부서가 특정 공급자와 '거래한다'는 사실을 표기할 수 있을 따름이다. 이 관계들의 어떠한 조합도 계약의 의미를 적절하게 표현할 수 없는데, 최소한 다음과 같은 이유들이 있다.

- 공급자 S가 부품 P를 공급할 수 있고 부서 D가 부품 P를 필요로 하며 부서 D가 공급자 S로부터 구매할 것이라는 사실이, 부서 D가 실제로 공급자 S로부터 부품 P를 구매한다는 것을 반드시 의미하지는 않는다.
- 계약의 애트리뷰트 *qty*를 분명히 표현할 수 없다.

2.5.4 집단화와 삼진관계간의 선택

2.4.5절에서 언급한 바와 같이, 집단화를 사용하느냐 아니면 삼진관계를 사용하느냐의 선택은 어떤 *관계집합*과 개체집합(또는 다른 관계집합)을 관련시키는 관계의 존재에 의하여 주로 결정된다. 이 결정은 또한 표현하기를 원하는 무결성 제약조건에 의해 좌우될 수 있다. 예를 들어, 그림 2.13에 있는 ER 다이어그램을 고려해보자. 이 다이어그램에 의하면, 하나의 프로젝트는 여러 부서에 의해 자금지원을 받을 수 있고 한 부서는 여러 프로젝트들을 자금

지원할 수 있으며 각 자금지원 관계는 한 명 이상의 직원들에 의해 감독될 수 있다. 만약 Monitors의 애트리뷰트 *until*을 기록할 필요가 없다면, 그림 2.19와 같이 Sponsor2라는 삼진 관계를 사용할 수 있을 것이다.

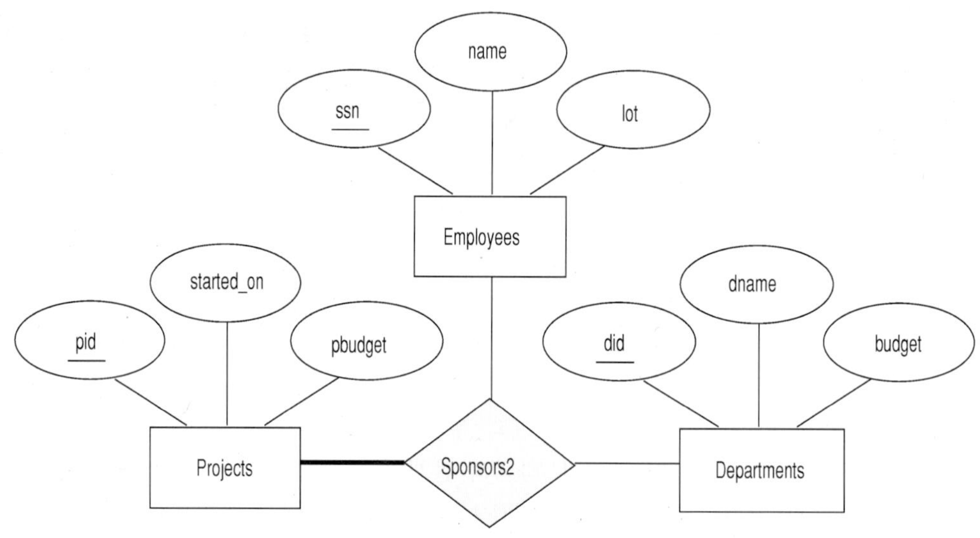

그림 2.19 집단화 대신 삼진관계 사용

(어떤 부서에 의해 지원되는 한 프로젝트의) 각 자금지원 관계가 많아야 한 명의 직원에 의해 감독되는 제약조건을 고려해보자. 이 제약조건을 Sponsor2라는 관계집합으로 표현할 수가 없다. 반면, 그림 2.13에서 집단화된 관계 Sponsor로부터 관계 Monitors로 화살표를 그림으로써 이 제약조건을 쉽게 표현할 수 있다. 따라서, 이러한 제약조건의 존재가 삼진관계집합보다는 집단화를 사용하는 또다른 이유가 된다.

2.6 대규모 조직체를 위한 개념적 설계

지금까지 우리는 여러 가지 응용의 개념과 관계들을 표현하기 위해 ER 모델에서 사용할 수 있는 구성자들을 중점적으로 살펴보았다. 그런데 개념적 설계과정은 응용의 작은 부분들을 ER 다이어그램 형태로 표현하는 것 이상의 일들로 구성된다. 대규모의 조직체인 경우에, 설계과정은 여러 설계사의 수고를 필요로 하고 여러 사용자 그룹들에 의해 사용되는 데이터와 응용 코드를 고려해야 한다. 이런 여건에서 개념적 설계를 할 때 ER 다이어그램과 같은 고수준의 의미적 데이터 모델을 사용하는 것은 고수준의 설계가 도식적으로 표현되고 설계과정에 정보를 제공해야하는 많은 사람들에 의해 쉽게 이해되는 장점이 있다.

설계과정의 중요한 관점중의 하나는 전체적인 설계의 개발을 조직화하고 설계가 모든 사용자의 요구조건들을 고려하여 일관성이 있도록 보장하기 위해 사용되는 방법론이다. 일반적인 접근 방식은 다양한 사용자 그룹의 요구조건들이 고려되고, 서로 상충되는 요구조건들은 어떻게든 해소되어, 요구분석 단계의 마지막에는 하나로 통합된 전반적인 요구조건이 생성되는 것이다. 하나로 통합된 전반적인 요구조건들을 생성하는 것은 어려운 작업이지만, 이 작업이 개념적 설계 단계가 해당 조직체를 통해 모든 데이터와 응용들을 추가하는 논리적 스키마의 개발로 옮겨갈 수 있게 한다.

또다른 접근 방식은 사용자 그룹별로 별도의 개념 스키마를 만들어 이들을 나중에 하나로 *통합하는* 것이다. 여러 개의 개념 스키마를 통합하려면 개체, 관계, 애트리뷰트들 간의 대응 관계를 파악하고 수많은 종류의 충돌(예, 이름의 충돌, 도메인 불일치, 측정 단위의 차이 등)을 해소해 주어야 한다. 이 작업은 매우 어렵고, 어떤 경우에는 스키마의 통합이 불가피하다. 예를 들어, 한 기관이 다른 기관과 합병할 때, 기존의 데이터베이스들은 통합되어야 한다. 스키마 통합은 사용자들이 여러 기관들에 의해 운용되는 *이질적인* 데이터 정보원의 접근을 요구함에 따라 그 중요도가 증가하고 있다.

2.7 Unified Modeling Language (UML)

완전한 응용을 위하여 업무의 요구사항들을 파악하는 작업으로부터 최종적인 설계 명세서를 작성하기까지의 모든 단계들을 포괄하는 소프트웨어 시스템 설계에는 많은 접근법들이 있다. 최종적인 명세서는 워크플로우, 사용자 인터페이스, 데이터베이스의 범위를 넘어 소프트웨어 시스템의 많은 측면, 데이터베이스에 저장되는 데이터 등을 포함한다. 이 절에서는, 점점 대중화되고 있는 **접근법인** unified modeling language(**UML**)을 간단히 다루고자 한다.

ER 모델처럼 UML은 그것의 구성자들이 다이어그램으로 그려질 수 있다는 매력적인 특징을 가지고 있다. UML은 ER 모델보다는 소프트웨어 설계과정의 더 넓은 스펙트럼을 포함한다.

- **업무 모델링**(Business Modeling): 이 단계의 목표는 개발될 소프트웨어 응용에 관련되는 업무 처리과정들을 기술하는 것이다.
- **시스템 모델링**(System Modeling): 소프트웨어 응용을 위한 요구사항을 파악하기 위해 업무 처리과정의 이해가 필요하다. 이 요구사항의 일부분은 데이터베이스 요구사항이다.
- **개념적 데이터베이스 모델링**(Conceptual Database Modeling): 이 단계는 데이터베이스의 ER 설계의 생성과 대응한다. 이 목적을 위해, UML은 ER 구성자에 필적하는 많은 구성자를 제공한다.
- **물리적 데이터베이스 모델링**(Physical Database Modeling): UML은 역시 테이블 스페이스와 인덱스 생성 등의 물리적 데이터베이스를 설계하기 위해 도식적인 표현 도구를 제공한다.
- **하드웨어 시스템 모델링**(Hardware System Modeling): UML 다이어그램은 응용을 위한 하드웨어 배치를 기술하기 위해 사용된다.

UML에는 여러 종류의 다이어그램들이 있다. **용도**(Use case) 다이어그램은 사용자의 요청에 대응하여 시스템에 의해 수행되는 활동 및 이 활동과 관련되는 사람들을 기술한다. 이 다이어그램들은 시스템이 지원하기를 기대하는 외부 기능성을 명시한다.

활동(activity) 다이어그램은 업무처리 과정에서 활동들의 흐름을 나타낸다. **스테이트차트**(statechart) 다이어그램은 시스템 객체들간의 다이나믹한 상호작용을 기술한다. 업무와 시스템 모델링에 사용되는 이 다이어그램들은 조직체의 업무 규칙 및 처리과정과 일치하여 어떻게 외부의 기능성이 구현되어야 하는지를 기술한다.

클래스(Class) 다이어그램은 ER 다이어그램과 유사하지만, 데이터 개체들과 그들의 관계들뿐만 아니라 응용 개체들과 그들의 논리적인 관계를 *모델링하기* 위한 것인 점에서 좀 더 일반적이다.

개체집합과 관계집합은 키 제약, 약개체, 클래스 계층과 함께 UML에서 클래스로 표현될 수 있다. 용어 *관계*는 UML에서 조금 다르게 사용되며, UML의 관계들은 이원적이다. 이 점이 3개 이상의 개체집합들을 포함하는 ER 다이어그램으로 표현된 관계집합이 UML로 바로 표현될 수 있는지에 대해 가끔 혼돈을 가져온다. 하지만 ER 관점에서의 모든 관계집합들이 UML의 클래스로 표현되는 것을 일단 이해하면 이러한 혼돈은 사라진다. 이진 UML 관계는 단지 ER 다이어그램에서 나타내고 있는 개체집합과 관계집합 사이의 링크가 된다.

키 제약조건을 가지고 있는 관계집합은 UML 다이어그램에서는 일반적으로 생략되며, 관계는 관련된 개체집합을 바로 연결함으로써 표기된다. 예를 들어, 그림 2.6을 보자. 이 ER 다이어그램에 대한 UML 표현은 Employees 클래스와 Department 클래스를 가지게 될 것이고, 관계 Manages는 이 두 클래스를 링크함으로써 나타내어진다. 이 링크는 그 이름과 (하나의 부서는 오직 한 명의 관리자를 가질 수 있다는 점을 나타내는) 카디날리티 정보로 라벨 표시가 된다.

제3장에서 알 수 있겠지만, ER 다이어그램은 각 개체집합과 관계집합을 각각 테이블로 사상함으로써 관계모델로 변환된다. 또한, 3.5.3절에서 볼 수 있듯이, 일-대-다 관계집합에 대응하는 테이블은 관련된 개체집합의 테이블에 그 관계에 관한 추가적인 정보를 포함함으로써 일반적으로 생략된다. 그러므로, UML 클래스 다이어그램은 ER 다이어그램을 사상함으로써 생성되는 테이블들과 밀접하게 상응한다.

실제로, UML 클래스 다이어그램으로 표현된 각 클래스는 대응하는 UML **데이터베이스 다이어그램**(database diagrams)의 한 테이블로 사상된다. UML의 데이터베이스 다이어그램은 어떻게 클래스들이 데이터베이스로 표현되며 무결성 제약조건과 인덱스와 같은 데이터베이스 구조에 관한 부가적인 내용들을 포함하는지를 나타낸다. UML 클래스들간의 링크(UML의 관계)는 대응하는 테이블들간의 다양한 무결성 제약조건들을 이끌어낸다. 관계모델에 특정한 많은 세부 항목들(예, *뷰*, *외래키*, *널 값이 허용되는 필드*)과 물리적 설계의 선택(예, 인덱스된 필드)을 반영하는 점들이 UML 데이터베이스 다이어그램으로 설계될 수 있다.

UML의 **컴포넌트**(component) 다이어그램은 데이터베이스에 접근하는 응용들의 인터페이스는 물론이고 *테이블 스페이스*와 *데이터베이스 분할*과 같은 데이터베이스의 저장 부분을 기술한다. 마지막으로, **배치**(deployment) 다이어그램은 시스템의 하드웨어 구조를 나타낸다.

이 책에서 우리의 목표는 데이터베이스에 저장되는 데이터 및 그와 관련된 설계 이슈에 집중하는 것이다. 이를 위해서, 소프트웨어 설계와 개발에 필요한 다른 단계들의 간단한 뷰를 살펴본다. 이 절에 있는 내용들은 UML에 대한 특별한 논의뿐만 아니라 규모가 더 큰 소프트웨어 설계과정에 대한 이슈들을 언급한다. 이것은 소프트웨어 설계의 좀 더 종합적인 논의에 관심이 있는 독자들에게 우리의 논의를 보충하기 위해 도움이 될 것이다.

2.8 사례 연구: 인터넷 서점

이 책 전체를 통하여 연속적인 예로써 사용하고 있는 '요람에서 무덤까지'라는 설계 사례 연구를 소개한다. 잘 알려진 데이터베이스 자문 회사 DBDudes가 Barns and Nobbles (B&N)로부터 데이터베이스 설계와 구현 문제로 도와 달라는 요청을 받았다. B&N은 경마에 관한 책들을 전문으로 하는 대규모의 서점이며 온라인으로 경영할 것을 결정하였다. DBDudes는 먼저 B&N이 엄청난 비용을 지불할 의지와 능력이 있음을 확인하고 다음으로 요구사항 분석을 추진하기 위해 점심 모임을 가지기로 계획한다.

2.8.1 요구사항 분석

데이터베이스를 필요로 하는 많은 사람들과는 달리, B&N의 소유자는 그가 원하는 점들에 관해 광범위하게 생각했고 일목요연한 요약문을 제시한다.

"고객들이 인터넷으로 책들의 카탈로그를 훑어볼 수 있고 주문을 할 수 있도록 하고 싶다. 현재, 나는 전화로 주문을 받고 있다. 대부분 나에게 전화하는 기업고객들이 있으며 그들은 전화로 사고자하는 책의 ISBN 번호와 부수를 알려준다. 그들은 종종 신용 카드로 지불한다. 그 다음에 나는 그들이 주문한 책들의 출하를 준비한다. 만약 내가 재고로 충분한 책을 가지고 있지 않으면, 추가로 책들을 주문하고 그들이 도착할 때까지 출하를 연기한다. 나는 고객이 주문한 책들을 한꺼번에 배송하기를 원한다. 나의 카탈로그는 내가 파는 모든 책들을 포함한다. 각 책에 대하여, 카탈로그는 ISBN 번호, 제목, 저자, 구매 가격, 판매 가격, 그 책이 출판된 연도를 포함한다. 고객의 대부분은 단골이며, 나는 그들의 이름과 주소가 있는 레코드를 가지고 있다. 새로운 고객들은 나에게 먼저 전화해야 하며 그들이 나의 웹사이트를 사용하기 전에 계좌를 만들어야한다.

나의 새로운 웹사이트에서, 고객들은 먼저 그들의 유일한 고객 계정으로 그들 자신을 확인해야 한다. 그 다음에 그들은 나의 카탈로그를 훑어볼 수 있고 온라인으로 주문을 할 수 있다."

DBDudes의 컨설턴트들은 요구사항의 단계가 너무 빨리 완료되는 것에 약간 놀란다—일반적으로 이 단계가 완료되기 위해서는 몇 주의 논의가 필요하다—그러나 이 정보를 분석하기 위해 그들의 사무실로 돌아간다.

2.8.2 개념적 설계

개념적 설계 단계에서, DBDudes는 ER 모델에 의거하여 데이터에 대한 고수준의 기술을 개발한다. 초기의 설계는 그림 2.20에 나타나있다. 책과 고객이 개체로 모델링되고 이들은 고객이 하는 주문을 통해 관련이 된다. Orders는 Books와 Customers 개체집합들을 연결하는 관계집합이다. 각 주문에 대해서, 다음과 같은 애트리뷰트들이 저장된다: 주문량, 주문날짜, 배송날짜. 하나의 주문이 배송되는 순간에, 배송날짜는 정해진다. 그때까지는 이 주문이 아직 배송되지 않았다는 것을 표시하기 위해 배송날짜는 *null* 값을 유지한다.

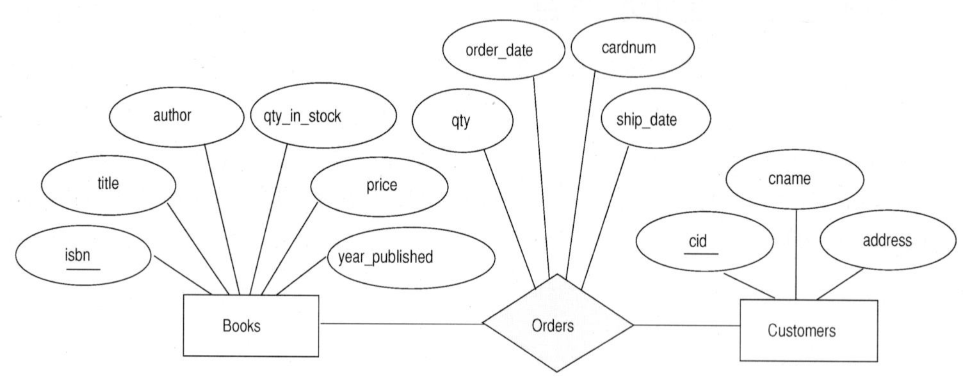

그림 2.20 초기 설계의 ER 다이어그램

DBDudes는 이 시점에서 내부적으로 설계의 재검토를 실시하며, 여러 질문들이 제기된다. 그들의 신분을 보호하기 위해 설계팀의 팀장을 Dude 1로, 설계 검토자를 Dude 2로 언급한다.

Dude 2: 만약 한 고객이 같은 책을 하루에 두 번 주문하면 어떻게 되는가?

Dude 1: 첫 번째 주문은 새로운 Orders 관계를 생성함으로써 처리되고 두 번째 주문은 이 관계에 있는 주문량의 애트리뷰트 값을 갱신함으로써 처리된다.

Dude 2: 만약 한 고객이 하루에 서로 다른 책을 두 번 주문하면 어떻게 되는가?

Dude 1: 아무런 문제가 없다. Orders 관계집합의 각 인스턴스는 그 고객과 각각의 다른 책을 관련짓는다.

Dude 2: 그러면, 만약 한 고객이 서로 다른 날 같은 책을 두 번 주문하면 어떻게 되는가?

Dude 1: 그 두 주문을 구별하기 위해 주문 관계의 애트리뷰트 주문날짜를 사용할 수 있다.

Dude 2: 그렇게는 할 수 없다. Customers와 Books의 애트리뷰트들이 결합하여 Orders에 대한 키를 포함해야 한다. 그래서 이 설계는 한 고객이 다른 날 같은 책을 주문하는 것을 허락하지 않는다.

Dude 1: 당신이 옳아. 그러나 B&N은 아마 상관하지 않을 것이다. 기다려 보자.

DBDudes는 다음 단계인 논리적 데이터베이스 설계를 추진하기로 결정한다. 우리는 3.8절에서 그들과 다시 만난다.

2.9 복습문제

복습문제에 대한 해답은 괄호 안에 표시된 절에서 찾아볼 수 있다.

- 데이터베이스 설계에서 주된 단계들을 말해 보시오. 각 단계의 목표가 무엇인가? 어느 단계에서 ER 모델이 주로 사용되는가? **(2.1절)**
- 다음 용어들을 정의하시오: *개체*, *개체집합*, *애트리뷰트*, *키*. **(2.2절)**
- 다음 용어들을 정의하시오: *관계*, *관계집합*, *기술하는 애트리뷰트*. **(2.3절)**
- 다음의 제약 조건들을 정의하고 각각의 예를 들어보시오: *키 제약조건*, *참여 제약조건*. *제약개체*는 무엇인가? *클래스 계층*은 무엇인가? *집단화*는 무엇인가? 이러한 ER 모델의 설계 구성자들의 각각을 필요로 하는 예제 시나리오를 만들어 보시오. **(2.4절)**
- ER 설계를 할 때 다음의 선택을 위해 무슨 지침들을 사용할 것인가? **(2.5절)**
  - 애트리뷰트 혹은 개체집합
  - 개체 혹은 관계집합
  - 이진 혹은 삼진관계, 혹은 집단화
- 대규모의 조직체를 위하여 데이터베이스를 설계하는 것이 특히 어려운 이유는? **(2.6절)**
- UML은 무엇인가? 데이터베이스 설계가 데이터 집중적인 소프트웨어 시스템의 전체적인 설계에 어떻게 조화될 수 있나? UML은 ER 다이어그램과 어떻게 관련되는가? **(2.7절)**

연습문제

문제 2.1 다음 용어들을 간단히 설명하시오: *애트리뷰트, 도메인, 개체, 관계, 개체집합, 관계집합, 일-대-다 관계, 다-대-다 관계, 참여 제약조건, 중첩 제약조건, 포괄 제약조건, 약개체집합, 집단화, 역할 지시자.*

문제 2.2 어떤 대학의 데이터베이스는 교수들(*ssn*으로 식별)과 과목(*courseid*로 식별)에 대한 정보를 포함한다. 교수는 과목을 강의한다. 다음의 각 상황이 Teaches 관계집합과 관계된다. 각 상황에 대하여, (더 이상의 제약조건들은 없다고 가정하고) 그것을 기술하는 ER 다이어그램을 작성하시오.

1. 교수는 같은 과목을 여러 학기에 걸쳐 강의할 수 있으며, 각 개설 학기는 기록되어야 한다.
2. 교수는 같은 과목을 여러 학기에 걸쳐 강의할 수 있으며, 가장 최근의 개설 학기만 기록될 필요가 있다(이 조건이 다음의 모든 질문에 똑같이 적용된다고 가정한다).
3. 모든 교수들은 어떤 과목을 반드시 강의하여야 한다.
4. 각 교수들은 오직 한 과목만을 강의한다.
5. 각 교수들은 오직 한 과목만을 강의하며, 각 과목은 어떤 교수에 의해 반드시 강의되어야 한다.
6. 어떤 과목은 교수들의 팀에 의하여 공동으로 강의될 수 있으나, 한 팀에 있는 어느 교수도 이 과목을 혼자서는 가르칠 수 없다. 필요하다면 추가적인 개체집합과 관계집합을 도입하여, 이 상황을 설계하시오.

문제 2.3 한 대학 데이터베이스에 관하여 다음과 같은 정보를 고려해보자.

- 교수는 SSN, 이름, 나이, 등급, 연구분야를 가지고 있다.
- 프로젝트는 프로젝트번호, 지원기관(예, 과학재단), 시작일, 종료일, 예산액이 있다.
- 대학원생은 SSN, 이름, 나이, 학위과정(예, 석사, 박사)을 가지고 있다.
- 각 프로젝트는 한 명의 교수(그 프로젝트의 책임연구자)에 의해서 관리된다.
- 각 프로젝트는 한 명 이상의 교수들(그 프로젝트의 공동연구자들)에 의해 수행된다.
- 교수는 여러 프로젝트를 관리할 수 있고 수행할 수도 있다.
- 각 프로젝트는 한 명 이상의 대학원생들(그 프로젝트의 연구조교들)에 의해 수행된다.
- 대학원생들이 어떤 프로젝트를 수행할 때에는, 한 명의 교수가 그 프로젝트에 대해 그들의 연구를 감독해야 한다. 대학원생들은 여러 프로젝트를 수행할 수 있으며, 각 수행 프로젝트마다 한 명의 감독자가 있어야 한다.
- 학과는 학과번호, 학과이름, 학과사무실이 있다.
- 학과는 그 학과를 운영하는 한 명의 교수(학과장)가 있다.
- 교수들은 하나 이상의 학과에서 근무하고, 근무하는 각 학과별 시간 비율이 그들의 업무와 관련되어 있다.
- 대학원생들은 그들이 학위 과정을 수행하는 전공학과를 두고 있다.
- 각 대학원생은 어떤 과목을 수강할지를 조언하는 선배 대학원생(학생조언자)을 두고 있다.

그 대학에 대한 이와 같은 정보를 표현하기 위한 ER 다이어그램을 설계하고 그리시오. 여기서는 기본적인 ER 모델만을 사용하시오; 즉, 개체, 관계, 애트리뷰트. 키 제약조건, 참여 제약조건들을 분명히 명시하시오.

문제 2.4 어떤 회사의 데이터베이스는 (*ssn*으로 식별되고, 애트리뷰트 *salary*와 *phone*을 갖는) 직원, (*dno*로 식별되고, 애트리뷰트 *dname*과 *budget*을 갖는) 부서, 직원의 (애트리뷰트 *name*과 *age*를 갖는)자녀들에 대한 정보를 저장하려고 한다. 직원은 부서에서 근무하고 각 부서는 한 직원에 의해 *관리된다.* 한 자녀는 그 부모(직원이며 한 명의 부모만이 그 회사에서 *근무*한다고 가정)를 알면 *name*으로 유일하게 식별되어야 한다. 일단 그 부모가 회사를 떠나면 그 자녀에 대한 정보는 더 이상 필요하지 않다.

이 정보들을 표현하는 ER 다이어그램을 작성하시오.

문제 2.5 Notown Record 회사는 자신들의 앨범을 연주하는 음악가들에 대한 정보를 데이터베이스에 저장하기로 결정하였다. 이 회사는 여러분을 데이터베이스 설계자로 현명하게 선정하였다(여러분의 컨설팅 요금은 하루에 2500달러).

- Notown에서 녹음 작업을 하는 음악가는 SSN, 이름, 주소, 전화번호를 가지고 있다. 보수가 적은 음악가들은 흔히 같은 주소를 공유하고, 주소는 하나의 전화번호를 가지고 있다.
- Notown에서 녹음된 노래에 사용된 악기는 이름(예, 기타, 신시사이저, 플루트)과 음조(예, C, B-플랫, E-플랫)가 있다.
- Notown 라벨로 녹음된 각 앨범은 제목, 저작권 등록일, 포맷(CD 또는 MC), 앨범 식별번호가 있다.
- Notown에서 녹음된 각 노래는 제목과 작가가 있다.
- 각 음악가는 여러 악기를 연주할 수 있으며, 한 악기는 여러 음악가에 의해 연주될 수 있다.

- 각 앨범은 여러 노래를 싣고 있지만, 각 노래는 단 하나의 앨범에만 실릴 수 있다.
- 각 노래는 한 명 이상의 음악가들에 의해 연주되고, 한 음악가는 여러 노래를 연주할 수 있다.
- 각 앨범에는 프로듀서 역할을 하는 한 명의 음악가가 있다. 한 음악가는 물론 여러 앨범을 제작할 수 있다.

이 Notown 회사를 위한 개념 스키마를 설계하고 그에 따른 ER 다이어그램을 작성하시오. 전술한 정보는 Notown 데이터베이스가 설계해야 하는 상황을 기술한다. 모든 키와 카디날리티 제약조건, 설정한 어떤 가정이든지 분명히 명시하시오. ER 다이어그램으로 표현할 수 없는 제약조건을 파악하고 왜 표현할 수 없는지를 간단하게 설명하시오.

문제 2.6 전산학과에서 비행기 여행을 자주 하는 사람들이 Dane County Airport 당국에게 그 공항의 서투른 조직 구성에 대하여 불평을 해왔다. 이 결과로, 공항 당국은 그 공항에 관련된 모든 정보가 DBMS를 이용하여 구성되어야 한다고 결정했고, 여러분은 그 데이터베이스를 설계하도록 고용되었다. 여러분의 첫 번째 임무는 그 공항에 배치되어 관리되는 모든 비행기에 대한 정보를 구성하는 것이다. 관련 정보는 다음과 같다.

- 비행기마다 등록번호가 있으며, 각 비행기는 특정한 모델에 속한다.
- 그 공항은 여러 비행기 모델을 수용하는데, 각 모델은 모델번호(예, DC-10)로 식별되며 용량(좌석 수)과 중량이 있다.
- 여러 기술자들이 그 공항에 근무한다. 각 기술자의 이름, SSN, 주소, 전화번호, 봉급을 저장한다.
- 각 기술자는 하나 이상의 비행기 모델의 전문가이며, 그(그녀)의 전문 분야는 다른 기술자들의 전문 분야와 중복될 수 있다. 기술자들에 대한 이러한 정보도 기록되어야 한다.
- 항공 관제사들은 매년 의료 진단을 받아야 한다. 각 항공 관제사에 대하여, 가장 최근의 진단 일자를 저장해야 한다.
- (기술자를 포함하여) 모든 공항 직원들은 노조에 소속된다. 각 직원의 노조 회원 번호를 저장해야 한다. 각 직원은 SSN으로 유일하게 식별된다고 가정한다.
- 그 공항에서는 비행기들이 여전히 안전한 항공에 적합하다는 것을 보장하기 위해 주기적으로 실시되는 몇 가지의 검사가 있다. 각 테스트는 FAA(Federal Aviation Authority: 미연방 항공관리국) 검사번호, 이름, 만점이라는 난을 가지고 있다.
- FAA에서는 그 공항의 특정 비행기가 정해진 기술자에 의해 어떤 검사가 수행될 때마다 그 정보를 유지관리하도록 요구한다. 각 검사별로 필요한 정보는 검사 일자, 검사 소요시간, 검사 점수이다.

1. 이 공항 데이터베이스의 ER 다이어그램을 작성하시오. 각 개체집합과 관계집합에 대해 여러 가지 애트리뷰트들을 분명히 표시하시오; 또한 각 관계집합의 키와 참여 제약조건을 명시하시오. 또한 중첩과 포괄 제약조건을 필요한 대로 명시하시오(한글로).
2. FAA는 한 비행기에 대한 검사들이 그 비행기 모델의 전문 기술자에 의해 수행되어야 하는 규정을 배포한다. 이 제약조건을 어떻게 ER 다이어그램으로 표현하겠는가? 표현할 수 없다면, 그 이유를 간단히 설명하시오.

문제 2.7 Prescriptions-R-X라는 약국 체인점이 여러분에게 그 체인점의 데이터베이스를 설계하면 평생 무료로 약품을 공급하겠다는 제의를 해 왔다. 의료비가 상승하는 것을 감안하여, 여러분은 이를 승낙한다. 여러분이 모을 수 있는 정보는 다음과 같다.

- 환자들은 SSN으로 식별되며, 그들의 이름, 주소, 나이가 기록되어야 한다.
- 의사들은 SSN으로 식별된다. 각 의사마다, 이름, 전공, 경력 연수가 기록되어야 한다.
- 제약 회사들은 이름으로 식별되며 하나의 전화번호를 가지고 있다.
- 약품마다, 약품이름과 화학식이 기록되어야 한다. 각 약품은 정해진 제약 회사에서만 판매되며, 약품이름으로 그 회사에서 생산되는 약품들을 유일하게 식별한다. 만약 한 제약 회사가 삭제되면, 그 회사의 제품들을 더 이상 기록하고 관리할 필요가 없다.
- 각 약국은 이름, 주소, 전화번호가 있다.
- 각 환자는 한 명씩 주치의가 있다. 의사마다 적어도 한 명의 환자가 있다.
- 각 약국은 여러 종류의 약품을 팔며 약품마다 정해진 가격이 있다. 한 약품은 여러 약국에서 판매될 수 있고, 그 가격은 약국마다 다를 수 있다.
- 의사는 환자를 위해 약품을 처방한다. 한 의사는 여러 환자들을 위하여 하나 이상의 약품을 처방할 수 있으며, 한 환자는 여러 의사로부터 처방전을 받을 수 있다. 각 처방전은 처방날짜와 수량을 가지고 있다. 만약 한 의사가 동일한 환자에게 동일한 약품을 한번 이상 처방할 경우에는, 가장 마지막 처방전만 저장된다.
- 제약 회사들은 약국들과 장기적인 계약을 한다. 한 제약 회사가 여러 약국과 계약할 수 있으며, 한 약국은 여러 제약 회사와 계약할 수 있다. 각 계약마다 시작일, 종료일, 계약문서를 저장해야 한다.
- 약국들은 각 계약마다 한 명의 감독자를 지명한다. 각 계약마다 항상 한 명의 감독자가 있어야 하지만, 그 계약 감독자는 그 계약의 전체 기간에 걸쳐 변경될 수 있다.

1. 전술한 정보를 표현하는 ER 다이어그램을 작성하시오. ER 다이어그램에 의해 표현되지 않는 제약조건들을 파악하시오.
2. 만약 각 약품이 정찰 가격으로 모든 약국에서 판매되어야 한다면 앞의 설계 내용을 어떻게 바꾸어야 하는가?
3. 설계 요구사항이 다음과 같이 변경되면 앞의 설계 내용을 어떻게 바꾸어야 하는가? 한 의사가 같은 환자에게 같은 약품을 여러 번 처방하는 경우, 그 처방전들은 모두 저장되어야 한다.

문제 2.8 여러분은 언제나 미술가가 되기를 원했지만, 여러분은 데이터를 요리하는 것을 좋아하고 또 '*데이타베이스(database)*'를 '*데이타 양념하기(data baste)*'로 약간 혼동했기 때문에 결국 데이터베이스의 전문가가 되었다. 그렇지만 여러분의 옛 사랑은 여전히 거기에 있으므로, 여러분은 Artbase라는 미술 화랑(아트 갤러리)을 위한 제품을 개발하는 데이터베이스 회사를 설립한다. 이 제품의 핵심은 화랑들이 관리할 필요가 있는 모든 정보를 표현하는 스키마를 가진 데이터베이스이다. 화랑들은 미술가들의 정보를 관리한다. 그들의 (유일한) 이름, 출생지, 나이, 미술 스타일. 각 미술품에 대해서는 그 작품을 만든 미술가, 제작된 연도, 유일한 제목, 예술 타입(예, 유화, 석판화, 조각, 사진), 가격이 저장되어야 한다. 미술품들은 또한 여러 종류의 그룹으로 분류되는데, 예를 들면, 초상화, 정물화, 피카소 작품, 19세기 작품 등의 그룹이 있다. 한 작품은 여러 그룹에 속할 수 있다. 각 그룹은 (방금 언급한 것처럼) 그 그룹을 기술하는 이름으로 구별된다. 마지막으로, 화랑들은 고객에 대한 정보를 관리한다. 각 고객에 대해서, 화랑들은 그 사람의 유일한 이름, 주소, 그 화랑에서 소비한 총액(매우 중요!), 그 고객이 좋아하는 미술가 및 미술 그룹을 관리한다.

이 데이터베이스를 위한 ER 다이어그램을 작성하시오.

문제 2.9 다음의 질문들에 답하시오.

- 다음의 용어들을 간단히 설명하시오: *UML, 용도(use case) 다이어그램, 스테이트차트 다이어그램, 클래스 다이어그램, 데이터베이스 다이어그램, 컴포넌트 다이어그램, 배치 다이어그램*
- ER 다이어그램과 UML의 관계를 설명하시오.

참고문헌 소개

여러 교재들이 개념적 설계에 대한 훌륭한 내용을 제공한다. 이들은 (상업용 데이터베이스 설계 툴에 대한 개관을 싣고 있는) [63]과 [730]을 포함한다.

ER 모델은 Chen에 의해 제안되었고[172], 이를 확장한 모델들이 그 뒤로 많은 논문에서 제안되었다. 일반화와 집단화는 [693]에서 소개되었다. [390, 589]는 의미적 데이터 모델에 대한 훌륭한 개관을 싣고 있다. 다이나믹하고 시간적인 관점에서의 의미적 데이터 모델은 [749]에서 논의되고 있다.

[731]은 ER 다이어그램 개발을 기반으로 하는 설계 방법론을 논의하며 그 다음으로 ER 다이어그램을 관계모델로 변환하는 것을 논의한다. Markowitz는 [513, 514]에서 ER 내용에 있는 참조 무결성을 관계로 사상하는 것에 대해 검토하고 몇 개의 상업용 시스템에서 제공되는 지원을 논의하고 있다.

개체-관계 컨퍼런스 프로시딩은 ER 모델에 대한 논의에 중점을 두고 개념적 설계에 관한 많은 논문들을 싣고 있다. 예를 들어, [698].

OMG 홈페이지(www.omg.org)는 UML에 대한 명세서와 관련되는 모델링의 표준을 다루고 있다. 많은 훌륭한 교재들이 UML을 다루고 있다. [105, 278, 640]. 그리고 UML의 학문적인 향상에 대해 주력하고 있는 연간 컨퍼런스인 UML에 대한 International Conference가 있다.

뷰의 통합은 [97, 139, 184, 244, 535, 551, 550, 685, 697, 748] 등의 여러 논문에서 논의되고 있다. [64]는 여러 가지의 통합 접근법에 대해 조사한 논문이다.

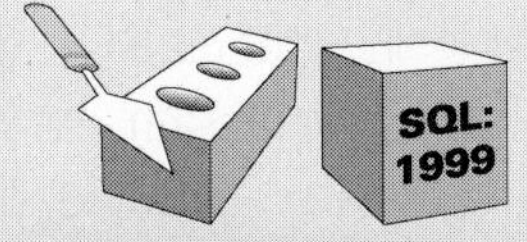

3 관계모델

- ☞ DBMS의 주된 구성요소들은 무엇인가?
- ☞ 데이터는 관계모델에서 어떻게 표현되는가?
- ☞ 어떤 무결성 제약조건들이 표현될 수 있는가?
- ☞ 데이터는 어떻게 생성되고 수정되는가?
- ☞ 데이터는 어떻게 조작될 수 있고 질의될 수 있는가?
- ☞ SQL을 사용하여 어떻게 테이블을 생성, 수정, 질의할 수 있는가?
- ☞ ER 다이어그램으로부터 어떻게 관계 데이터베이스 설계를 얻을 수 있는가?
- ☞ 뷰가 무엇이며 왜 그들이 사용되는가?

➜ **주요 개념:** 릴레이션(relation), 스키마(schema), 인스턴스(instance), 투플(tuple), 필드(field), 도메인(domain), 차수(degree), 카디날리티(cardinality); SQL DDL, `CREATE TABLE`, `INSERT`, `DELETE`, `UPDATE`; 무결성 제약조건(integrity constraints), 도메인 제약조건(domain constraints), 키 제약조건(key constraints), `PRIMARY KEY`, `UNIQUE`, 외래키 제약조건(foreign key constraints), `FOREIGN KEY`; 참조 무결성 유지(referential integrity maintenance), 연기된 제약조건(deferred constraints)과 즉시 제약조건(immediate constraints), 관계 질의(relational queries); 논리적 데이터베이스 설계(logical database design), ER 다이어그램을 릴레이션으로 변환(translating ER diagrams to relations), ER 제약조건을 SQL을 이용하여 나타내기(expressing ER constraints using SQL); 뷰(views), 뷰(views)와 논리적 독립성(logical independence), 보안(security); SQL에서 뷰의 생성(creating views in SQL), 뷰의 갱신(updating views), 뷰의 질의(querying views), 뷰의 삭제(dropping views)

Table: An arrangement of words, numbers, or signs, or combinations of them, as in parallel columns, to exhibit a set of facts or relations in a definite, compact, and comprehensive form; a synopsis or scheme.

— Webster's *Dictionary of the English Language*

SQL. 원래 IBM에서 선구적인 System-R 관계 DBMS의 질의어로 개발된 SQL은 관계 데이터를 생성하고, 조작하고 질의하기 위해 가장 광범위하게 사용되는 언어가 되었다. 많은 업체들이 SQL 제품들을 제공하고 있기 때문에, 'official SQL'을 정의하는 표준이 필요하게 되었다. 표준이 있게 되면 사용자들은 업체의 SQL 제품에 대한 완전도를 평가할 수 있다. 또한, 한 제품에 특정한 SQL의 특징과 표준인 SQL의 특징을 구별할 수 있게 한다. 표준이 아닌 특징에 의존하는 응용은 이식성이 적어진다.

초기의 SQL 표준은 1986년 미국의 국가 표준국(ANSI)에 의해 개발되었고 SQL-86으로 불렸다. 1989년에 SQL-89라고 하는 소폭의 개정이 있었고 1992년에 SQL-92라고 하는 대폭의 개정이 있었다. 세계 표준화 기구 (ISO)는 SQL-92를 개발하기 위해 ANSI와 공동 작업을 하였다. 대부분의 DBMS들은 현재 SQL-92(의 핵심부분)를 지원하고 있으며 최근에 표준으로 채택된 SQL:1999 버전을 지원하기 위한 작업을 하고 있다. SQL:1999는 주로 SQL-92를 확장하였다. 우리의 SQL 적용 범위는 SQL:1999에 바탕을 두고 있으나, SQL-92에 물론 적용할 수 있다. SQL:1999에 독특한 특징들은 명시적으로 언급된다.

Codd는 1970년에 관계 데이터 모델을 제안하였다. 그 당시, 대부분의 데이터 시스템들은 그보다 더 오래된 두 데이터 모델(계층 모델과 네트워크 모델) 중 하나에 바탕을 두었다. 관계모델은 데이터베이스 분야에 혁명을 일으켜 이러한 이전 모델들을 대부분 대신하였다. 실험적인 관계 데이터베이스 관리 시스템이 1970년대 중반 IBM과 UC Berkeley에서 선도적인 연구 프로젝트로 개발되었으며, 그 직후 여러 공급업체들이 관계 데이터베이스 제품들을 제공하기 시작하였다. 오늘날, 관계모델은 훨씬 더 지배적인 데이터 모델이며 선도적인 DBMS 제품들의 기반이 되고 있다. 이러한 DBMS 제품들로는 IBM의 DB2 계열, Informix, Oracle, Sybase, Microsoft의 Access와 SQL Server, FoxBase, Paradox가 있다. 관계 데이터베이스 시스템은 시장의 어디에나 있으며 수십억 달러의 산업을 대표한다.

관계모델은 매우 단순하며 정밀하다. 데이터베이스는 하나 이상의 *릴레이션들(relations)*의 집합이며, 각 릴레이션은 행(row)과 열(column)을 가진 일종의 테이블이다. 이렇게 간단한 테이블 형태의 표현이 초보 사용자들까지도 데이터베이스의 내용을 이해할 수 있게 하며, 데이터를 질의하기 위해 단순하고 고수준의 언어를 사용할 수 있게 한다. 관계모델이 그 이전의 데이터 모델들보다 더 좋은 주된 장점은 데이터 표현법이 단순하고 복잡한 질의도 쉽게 표현될 수 있다는 점이다.

이러한 기반이 되는 개념에 초점을 맞추는 반면에, 관계 DBMS에서 데이터를 생성하고 조작하며 질의하는 표준 언어인 SQL의 **데이터 정의어**(Data Definition Language: **DDL**) 기능들도 소개한다. 이 점이 논의의 기초를 확고하게 실제의 데이터베이스 시스템에 두게 한다.

3.1절에서는 릴레이션의 개념을 논의하고 SQL 언어를 사용하여 릴레이션을 생성하는 방법을 설명한다. 데이터 모델의 중요한 요소 중의 하나는 데이터에 의해 만족되어야 하는 조건

들을 명세하기 위해 그 모델이 제공하는 구성자들의 집합이다. *무결성 제약조건*(*integrity constraints*: ICs)이라 불리는 이러한 조건들이 DBMS로 하여금 데이터를 손상시킬지도 모르는 연산을 거부할 수 있게 한다. 관계모델의 무결성 제약조건과 이러한 제약조건을 표현하는 SQL 지원에 대한 논의를 3.2절에서 소개한다. DBMS가 무결성 제약조건을 집행하는 방식을 3.3절에서 논의한다.

3.4절에서는, 데이터베이스로부터 데이터를 접근하고 검색하는 매커니즘인 *질의어*(*query language*)로 방향을 돌려서, SQL의 질의의 특징을 소개한다. 여기에 대해서는 뒷장에서 훨씬 더 상세히 다룬다.

그 다음으로 ER 다이어그램을 관계 데이터베이스 스키마로 변환하는 것을 3.5절에서 다룬다. 3.6절에서 질의를 사용하여 정의되는 테이블인 *뷰*를 소개한다. 뷰는 데이터베이스의 외부 스키마를 정의하기 위해 사용될 수 있고, 따라서 관계모델에서 논리적인 데이터 독립성을 지원하는 수단이 된다. 3.7절에서는, 테이블과 뷰를 제거하고 변경하기 위한 SQL 명령을 기술한다.

마지막으로, 3.8절에서는 2.8절에서 소개한 설계의 사례 연구인 인터넷 서점을 확장한다. 그것의 개념적 스키마를 위한 ER 다이어그램이 어떻게 관계모델로 사상될 수 있으며 뷰의 사용이 이 설계에서 어떻게 도움이 되는지를 설명한다.

3.1 관계모델의 소개

관계모델에서 데이터를 표현하는 주된 구성자는 **릴레이션**이다. 한 릴레이션은 **릴레이션 스키마**(relation schema)와 **릴레이션 인스턴스**(relation instance)로 이루어진다. 릴레이션 인스턴스는 테이블이며, 릴레이션 스키마는 그 테이블의 열(필드)들을 기술한다. 먼저 릴레이션 스키마를 설명하고 그 다음에 릴레이션 인스턴스를 살펴보기로 하자. 릴레이션 스키마는 그 릴레이션의 이름, 각 **필드**(**열** 혹은 **애트리뷰트**)의 이름과 **도메인**(domain)을 명시한다. 도메인은 릴레이션 스키마에서 **도메인 이름**(domain name)으로 언급되며 관련되는 값들의 집합이다.

릴레이션 스키마의 일부를 예증하기 위해 1장의 대학 데이터베이스에 있는 학생 정보의 예를 이용한다.

Students(*sid:* `string`, *name:* `string`, *login:* `string`,
age: `integer`, *gpa:* `real`)

이 예에서 *sid*라는 이름을 가진 필드는 `string`이라는 도메인을 가지고 있다는 것을 나타낸다. 도메인 `string`과 관련된 값의 집합은 모든 문자열들의 집합이다.

이제 릴레이션 인스턴스로 넘어가자. 한 릴레이션의 **인스턴스**(instance)는 **레코드**(record)라고 하는 **투플**(tuple)들의 집합이다. 각 투플은 그 릴레이션 스키마와 동일한 수의 필드를 가지고 있다. 릴레이션 인스턴스는 일종의 *테이블*로 생각될 수 있으며 이에 속한 각 투플은 하나의 *행*이고, 모든 행들은 동일한 수의 필드들을 가지고 있다(릴레이션 스키마 등 릴레이션의 다른 점들과 혼란이 없는 경우에, 용어 *릴레이션 인스턴스*는 간단히 *릴레이션*으로 줄여서 사용된다).

Students 릴레이션의 한 인스턴스가 그림 3.1에 나타나 있다. 그 인스턴스 *S*1은 여섯 개의 투플과 다섯 개의 필드를 가지고 있다. 여기서 어떠한 두 행도 동일하지 않다는 것을 주목하자. 이것이 관계모델의 요구사항이다. 각 릴레이션은 유일한 투플들 혹은 행들의 *집합*으로 정의된다.

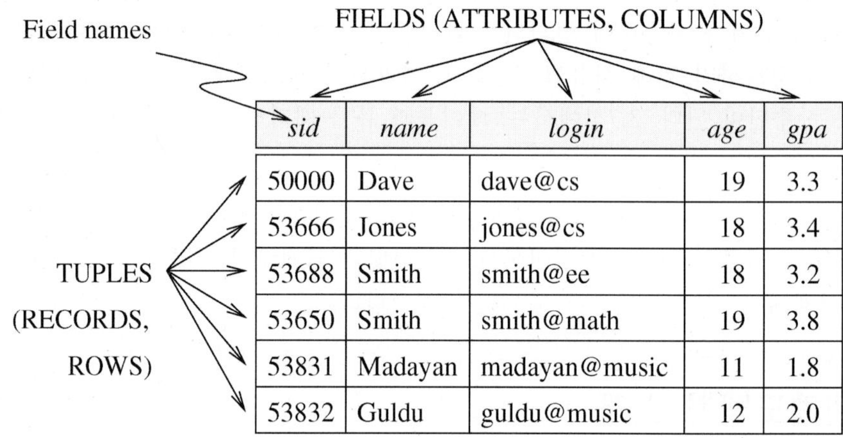

sid	*name*	*login*	*age*	*gpa*
50000	Dave	dave@cs	19	3.3
53666	Jones	jones@cs	18	3.4
53688	Smith	smith@ee	18	3.2
53650	Smith	smith@math	19	3.8
53831	Madayan	madayan@music	11	1.8
53832	Guldu	guldu@music	12	2.0

그림 3.1 Students 릴레이션의 인스턴스 *S*1

실제로, 상업용 시스템은 테이블이 중복되는 행들을 갖는 것을 허락하나, 별도로 언급되지 있는 한 릴레이션은 투플들의 집합이라 가정한다. 행들이 나열된 순서는 중요하지 않다. 그림 3.2는 그림 3.1과 동일한 릴레이션 인스턴스를 나타낸다. 만일 스키마의 정의와 릴레이션 인스턴스를 나타내는 그림에서처럼, 필드들의 이름이 명시되어 있다면 필드들의 순서 또한 중요하지 않다. 그러나, 또다른 관례는 특정 순서로 필드들을 열거하고 각 필드를 그 위치로 언급하는 것이다. 예를 들면, *sid*는 Students의 필드 1이고 *login*은 필드 3이다. 이러한 관례

sid	*name*	*login*	*age*	*gpa*
53831	Madayan	madayan@music	11	1.8
53832	Guldu	guldu@music	12	2.0
53688	Smith	smith@ee	18	3.2
53650	Smith	smith@math	19	3.8
53666	Jones	jones@cs	18	3.4
50000	Dave	dave@cs	19	3.3

그림 3.2 Students 인스턴스 *S*1의 다른 표현

를 따른다면 필드의 순서는 중요하다. 대부분의 데이터베이스 시스템은 이러한 관례들을 조합하여 사용한다. 예를 들어, SQL에서, 필드에 이름을 붙이는 관례는 투플을 검색하는 문장에서 사용되고 필드에 순서를 매기는 관례는 투플을 삽입할 때 일반적으로 사용된다.

릴레이션 스키마는 릴레이션 인스턴스에 있는 각 필드(열)의 도메인을 명시한다. 스키마에서 이러한 **도메인 제약조건**(domain constraints)은 그 릴레이션의 각 인스턴스가 만족해야하는 중요한 조건을 명시한다. 어떤 열에 나타나는 값들은 그 열의 도메인으로부터 나와야 한다. 따라서, 한 필드의 도메인은 프로그래밍 언어의 용어로 그 필드의 *타입*이며, 그 필드에 나타날 수 있는 값들을 제한한다.

정식으로 표현하자면, R(f_1:`D1`, . . . , f_n:`Dn`)을 릴레이션 스키마라고 하고, 각 필드 f_i, $1 \leq i \leq n$에 대해, Dom_i는 `Di`라는 이름을 가진 도메인과 관련이 있는 값들의 집합이라고 하자. 스키마에서 도메인 제약조건을 만족하는 R의 한 인스턴스는 다음과 같이 n개의 필드를 가진 투플들의 집합이다.

$$\{ \langle f_1 : d_1, \ \ldots \ , f_n : d_n \rangle \mid d_1 \in Dom_1, \ \ldots \ , d_n \in Dom_n \}$$

여기에서 < . . . >는 한 투플의 필드들을 표시한다. 이 표기법을 이용하여, 그림 3.1에 있는 첫 Students 투플은 <*sid*: 50000, *name*: Dave, *login*: dave@cs, *age*: 19, *gpa*: 3.3>으로 표현할 수 있다. { . . . }는 (이 정의에서, 투플들의) 집합을 나타낸다. 수직 막대 |는 '다음을 만족하는'을 의미하고, 기호 ∈는 '포함된다'를 나타내며, 그 수직 막대의 오른쪽에 있는 식은 이 집합에 속하는 각 투플의 필드 값들에 의해 만족되어야 하는 조건이다. 그러므로, R의 한 인스턴스는 투플들의 집합으로 정의된다. 각 투플의 필드들은 각기 릴레이션 스키마의 필드들과 일치되어야 한다.

도메인 제약조건들은 관계모델에서 기본적인 것이므로 그들을 만족하는 릴레이션 인스턴스들만 생각하기로 한다. 그러므로, *릴레이션 인스턴스는 릴레이션 스키마에 정의된 도메인 제약조건을 만족하는 릴레이션 인스턴스를 의미한다.*

릴레이션의 **차수**(degree, arity)는 필드들의 수이다. 어떤 릴레이션 인스턴스의 **카디날리티**(cardinality)는 그 릴레이션에 원소로 있는 투플들의 수이다. 그림 3.1에서, 릴레이션의 차수(열들의 수)는 5이고, 이 인스턴스의 카디날리티는 6이다.

관계 데이터베이스(relational database)는 서로 다른 릴레이션 이름을 가진 릴레이션들의 모임이다. **관계 데이터베이스 스키마**(relational database schema)는 그 데이터베이스에 속한 릴레이션들을 위한 스키마들의 모임이다. 예를 들어, 1장에서 Students, Faculty, Courses, Rooms, Enrolled, Teaches, Meets_In이라는 릴레이션들로 이루어진 대학 데이터베이스를 논의하였다. 관계 데이터베이스의 **인스턴스**는 릴레이션 인스턴스들의 집합인데, 이 인스턴스는 그 데이터베이스의 스키마에 속해 있는 릴레이션 스키마별로 하나씩 있게된다. 물론, 각 릴레이션 인스턴스는 그 스키마의 도메인 제약조건을 만족해야 한다.

3.1.1 SQL을 사용한 릴레이션의 생성 및 수정

SQL 언어 표준에서는 *릴레이션*을 표기하기 위해 *테이블*이라는 용어를 사용하는데, SQL을 논의할 때 주로 이 관례를 따른다. SQL 중에서 테이블의 생성, 삭제, 수정하는 부분을 데이터 정의어(Data Definition Language, DDL)라고 한다. 프로그래밍 언어에서 타입을 정의하는 명령어와 유사하게 새로운 도메인을 정의하는 명령어가 있는데, 이에 대한 논의는 5.7절에서 다룬다. 여기에서는, `integer`와 같은 내장 타입의 도메인들만 고려한다.

`CREATE TABLE` 문은 새로운 테이블을 정의하기 위해 사용한다.[1] Students 릴레이션을 생성하기 위해, 다음과 같은 문장을 사용할 수 있다.

```
CREATE TABLE Students ( sid    CHAR(20),
                        name   CHAR(30),
                        login  CHAR(20),
                        age    INTEGER,
                        gpa    REAL )
```

투플들은 `INSERT` 명령을 사용하여 삽입된다. 다음은 단일 투플을 Students 테이블에 삽입하는 예이다.

```
INSERT
INTO    Students   (sid, name, login, age, gpa)
VALUES  (53688, 'Smith', 'smith@ee', 18, 3.2)
```

`INTO` 절에 있는 열 이름들을 옵션으로 생략하고 적절한 순서로 값들을 열거할 수 있으나, 열 이름들을 분명히 명시하는 것이 좋은 스타일이다.

`DELETE` 명령을 사용하여 투플들을 삭제할 수 있다. 다음과 같은 명령을 사용하여 *이름*이 Smith인 모든 Students 투플들을 삭제할 수 있다.

```
DELETE
FROM    Students S
WHERE   S.name = 'Smith'
```

`UPDATE` 명령을 사용하여 이미 있는 행의 열 값을 수정할 수 있다. 예를 들어, *sid*가 53688인 학생의 나이를 증가시키고 평점평균을 감소시킬 수 있다.

```
UPDATE  Students S
SET     S.age = S.age + 1, S.gpa = S.gpa − 1
WHERE   S.sid = 53688
```

이러한 예는 몇 가지 중요한 점들을 예증한다. `WHERE` 절이 먼저 적용되어 어떤 행들이 수

---

1) SQL은 테이블을 제거하고 테이블에 있는 열들을 변경하는 명령들을 제공하는데, 이들을 3.7절에서 다룬다.

정되어야 하는가를 결정한다. 그 다음으로 `SET` 절에서 이 행들이 어떻게 수정될 것인가를 결정한다. 수정될 열이 새로운 값을 산정하기 위해서도 사용된다면, 등호(=)의 오른쪽에 있는 식에 사용된 값은 수정되기 전의 (*old*) 값이다. 이 점에 대한 예를 더 들기 위해, 이전 질의를 변형한 다음의 SQL문을 살펴보자.

```
UPDATE Students S
SET    S.gpa = S.gpa - 0.1
WHERE  S.gpa >= 3.3
```

이 질의가 그림 3.1에 있는 Students 인스턴스 *S*1에 적용되면, 그림 3.3과 같은 인스턴스를 얻게 된다.

sid	*name*	*login*	*age*	*gpa*
50000	Dave	dave@cs	19	3.2
53666	Jones	jones@cs	18	3.3
53688	Smith	smith@ee	18	3.2
53650	Smith	smith@math	19	3.7
53831	Madayan	madayan@music	11	1.8
53832	Guldu	guldu@music	12	2.0

그림 3.3 Update 후 Students 인스턴스 *S*1

3.2 무결성 제약조건

데이터베이스는 그 안에 저장된 정보만큼의 가치가 있으므로, DBMS는 부정확한 정보가 입력되는 것을 방지해야 한다. **무결성 제약조건**(integrity constraint: **IC**)은 데이터베이스 스키마에 명시되는 조건으로서, 데이터베이스의 인스턴스에 저장될 수 있는 데이터를 제한한다. 데이터베이스 인스턴스가 그 데이터베이스 스키마에 명시되어 있는 모든 무결성 제약조건들을 만족하면, 그 데이터베이스 인스턴스는 **적법한**(legal) 인스턴스이다. DBMS는 무결성 제약조건들을 **집행**하여 적법한 인스턴스들만 데이터베이스에 저장되도록 허용한다.

무결성 제약조건들은 서로 다른 시점에 명시되고 집행된다.

1. DBA나 최종 사용자가 데이터베이스 스키마를 정의할 때, 그 데이터베이스의 어떠한 인스턴스라도 지켜야 할 IC들을 명시한다.
2. 데이터베이스 응용이 실행될 때, DBMS는 위반사항들을 체크하고 명시된 IC들을 위반하는 데이터의 변경을 불허한다(어떤 경우에는, 변경을 불허하는 대신 데이터베이스 인스턴스가 모든 IC들을 만족하는 것을 보장하기 위해 이를 보완하는 변경을 수행할 수도 있다. 어떠한 경우이든, 데이터베이스에 대한 변경은 어떠한 IC라도 위배하는 인스턴스를 생성하는 것이 허락되지 않는다). 데이터의 변경을 야기하는 문장과 트랜잭션에 대해 무결성 제약조건들이 검사되는 시점을 정확하게 명시하는 것은 매우 중

요하다. 1장에서 소개한 트랜잭션에 대한 개념을 16장에서 더 상세하게 소개한 후, 이 문제에 대해 논의한다.

여러 종류의 무결성 제약조건들이 관계모델에서 명시될 수 있다. 우리는 이미 무결성 제약조건의 한 예를 관계 스키마와 관련한 *도메인 제약조건*에서 본 바가 있다(3.1절). 일반적으로, 다른 종류의 제약조건들도 명시될 수 있다. 예를 들면, 어떠한 두 학생도 동일한 *sid* 값을 가질 수 없다. 이 절에서는 DBA나 사용자들이 관계모델에서 명시할 수 있는 제약조건들 중 도메인 제약조건을 제외한 제약조건을 알아보기로 한다.

3.2.1 키 제약조건

Student 릴레이션에서 어떠한 두 학생도 동일한 학번을 가질 수 없다는 제약조건을 생각해보자. 이러한 IC가 키 제약조건의 한 예이다. **키 제약조건**(key constraint)은 릴레이션에 속한 필드들의 어떤 *최소* 부분집합이 각 투플에 대한 고유한 식별자라는 선언이다. 이 키 제약조건에 의하여 투플을 유일하게 식별하는 필드 집합을 그 릴레이션에 대한 **후보키**(candidate key)라고 하며, 이것을 줄여서 *키*라고 하기도 한다. Student 릴레이션의 경우, *sid* 필드(만으로 이루어진 집합)가 후보키이다.

(후보)키에 대한 정의를 좀 더 자세히 살펴보자. 이 정의는 두 부분으로 구성된다.[2]

1. 적법한 인스턴스(키 제약조건 등의 모든 IC를 만족하는 인스턴스)에서 서로 다른 두 투플은 키에 속하는 모든 필드 전체를 통하여 동일한 값을 가질 수 없다.
2. 키를 구성하는 필드들의 집합의 어떠한 부분집합도 투플에 대한 유일한 식별자가 될 수 없다.

이 정의의 첫 부분은, 어떤 적법한 인스턴스에서든지, 키 필드에 있는 값들은 그 인스턴스의 투플을 유일하게 식별한다는 것을 의미한다. 키 제약조건을 명시할 때, DBA나 사용자는 이 제약조건이 '정확한' 투플 집합을 저장하는 데에 방해가 되지 않도록 하여야 한다(이것은 다른 종류의 IC를 명시하는 데에도 당연히 적용된다). 여기에서 '정확성'의 개념은 저장될 데이터의 본질에 따라 좌우된다. 예를 들어, 여러 학생들이 비록 각기 다른 고유한 학번을 가지고 있더라도 같은 이름을 가질 수 있다. 만약 *name* 필드가 키로 선언되게 되면, DBMS는 Student 릴레이션이 같은 이름을 가진 서로 다른 학생들을 기술하는 두 투플을 포함하는 것을 허용하지 않을 것이다.

이 정의의 두 번째 부분은, 예컨대, {*sid*, *name*}이라는 필드 집합은 키 {*sid*}를 진부분집합으로 포함하고 있기 때문에, Student에 대한 키가 아니라는 것을 의미한다. 집합 {*sid*, *name*}은 **수퍼키**(super key)의 예이고, 수퍼키는 키를 포함하는 필드들의 집합이다.

그림 3.1에 있는 Student 릴레이션의 인스턴스를 다시 살펴보자. 서로 다른 두 행은 항상 서

2) 키라는 용어는 많이 사용되고 있다. 접근 방법이라는 문맥에서는 탐색키를 말하는 것이고, 그 의미는 전혀 다르다.

로 다른 *sid* 값을 가지고 있다. *sid*는 키이며 투플을 유일하게 식별한다. 그러나, 이러한 특성이 키가 아닌 필드에는 유효하지 않다. 예를 들어, 이 릴레이션은 *name* 필드에 *Smith*라는 값을 가진 두 행을 포함하고 있다.

모든 릴레이션은 하나의 키를 가지는 것이 보장된다는 점을 명심하자. 릴레이션은 투플들의 집합이기 때문에, 모든 필드들의 집합은 항상 수퍼키이다. 만일 다른 제약조건이 있게 되면, 이 필드들의 어떤 부분집합이 키를 형성할 수 있고, 그렇지 않다면 모든 필드들의 집합이 키가 된다.

한 릴레이션은 여러 개의 후보키를 가질 수 있다. 예를 들어, Student 릴레이션의 *login* 필드와 *age* 필드가 함께 모여 학생들을 유일하게 식별할 수도 있다. 즉, {*login*, *age*} 역시 키이다. 이 예제 인스턴스에서는, 어떠한 두 행도 같은 *login* 값을 가지고 있지 않기 때문에, *login*이 키인 것처럼 보인다. 그렇지만, 키는 해당 릴레이션의 있을 수 있는 모든 적법한 인스턴스에서 투플들을 유일하게 식별하여야 한다. {*login*, *age*}를 키라고 명시함으로써, 두 학생은 같은 로그인 값이나 같은 나이 값을 가질 수는 있지만 둘 다 동일한 값을 가질 수는 없다고 선언하는 것이 된다.

모든 가능한 후보키들(candidate keys) 중에서, 데이터베이스 설계자는 **기본키**(primary key)를 하나 지정할 수 있다. 직관적으로, 하나의 투플은 그것의 기본키 필드의 값을 저장함으로써 데이터베이스 내의 다른 곳으로부터 언급될 수 있다. 예를 들어, 우리는 한 학생 투플의 *sid* 값을 저장함으로써, 그 학생 투플을 언급할 수 있다. 이러한 방법으로 투플들은 *sid* 값을 명시하여 학생 투플을 언급한다. 원칙적으로, 한 투플을 언급하기 위해 기본키 뿐만 아니라 어떠한 키도 사용할 수 있다. 그렇지만, DBMS가 예상하고 최적화를 하는 것이 기본키이기 때문에 기본키를 사용하는 것이 더 좋다. 예를 들어, DBMS가 한 투플을 주어진 기본키 값으로 효율적인 검색을 하기 위해 기본키 필드를 탐색키로 생각하고 인덱스를 생성할 수 있다. 한 투플을 참조하는 아이디어는 다음절에서 다루기로 한다.

SQL에서 키 제약조건 명시

SQL에서, `UNIQUE` 제약조건을 사용함으로써 한 테이블에 속한 필드들의 부분집합이 키임을 선언할 수 있다. 이 후보키들 중에서 최대로 하나만 `PRIMARY KEY` 제약조건을 사용함으로써 *기본키*로 선언될 수 있다(SQL은 이와 같은 제약조건들이 필수적으로 선언되도록 요구하지는 않는다).

그러면 Student 릴레이션의 정의에 키에 대한 정보를 명시하자.

```
CREATE TABLE Students ( sid   CHAR(20),
                        name  CHAR(30),
                        login CHAR(20),
                        age   INTEGER,
                        gpa   REAL,
                        UNIQUE (name, age),
                        CONSTRAINT StudentsKey PRIMARY KEY (sid) )
```

이 정의는 *sid*가 기본키이며 *name*과 *age*의 조합 역시 하나의 키임을 말한다. 기본키의 정의 부분은 `CONSTRAINT` *constraint_name*을 그 제약조건 앞에 붙임으로써 제약조건에 이름을 부여하는 방법을 예시하고 있다. 만약 이 제약조건이 위배되면, 해당되는 제약조건의 이름이 반환되어 오류를 식별하는 데 사용될 수 있다.

3.2.2 외래키 제약조건

가끔 한 릴레이션에 저장된 정보가 다른 릴레이션에 저장된 정보로 링크될 수 있다. 이 릴레이션들 중의 하나가 수정되면, 데이터의 일관성을 유지하기 위해 다른 릴레이션도 점검되어야 하고, 경우에 따라 수정되어야 한다. DBMS가 이러한 점검을 수행하려면, 두 릴레이션을 모두 포함하는 하나의 IC가 명시되어야 한다. 두 개의 릴레이션을 포함하는 가장 일반적인 IC는 *외래키* 제약조건(*foreign key* constraint)이다.

Students 릴레이션에 추가하여, 다음과 같은 두 번째 릴레이션이 있다고 하자.

Enrolled(*studid:* `string`, *cid:* `string`, *grade:* `string`)

실제로 존재하는 학생들만 과목을 등록할 수 있다는 것을 보장하기 위해, Enrolled 릴레이션의 인스턴스의 *studid* 필드에 나타나는 값은 반드시 Students 릴레이션에 있는 어떤 투플의 *sid* 필드에 나타나야 된다. 이 경우 Enrolled 릴레이션의 *studid* 필드는 **외래키**(foreign key)라고 하며, Students를 **참조한다**(refer). 참조하는 릴레이션(이 예에서 Enrolled)의 외래키는 참조되는 릴레이션(Students)의 기본키와 부합되어야 한다. 즉, 열들의 수가 같아야 하며 대응되는 열의 이름은 다르더라도 호환성이 있는 데이터 타입을 가져야 한다.

이 제약조건이 그림 3.4에 예시되어 있다. 이 그림이 나타내고 있는 것처럼, 당연히 Enrolled 릴레이션으로부터 참조되지 않는 Student 투플들이 있을 수 있다(예, *sid* = *50000*인 학생). 그러나, Enrolled 테이블의 인스턴스에 나타나는 *studid* 값은 모두 Students 테이블에 있는 어떤 행의 기본키 열에 나타난다.

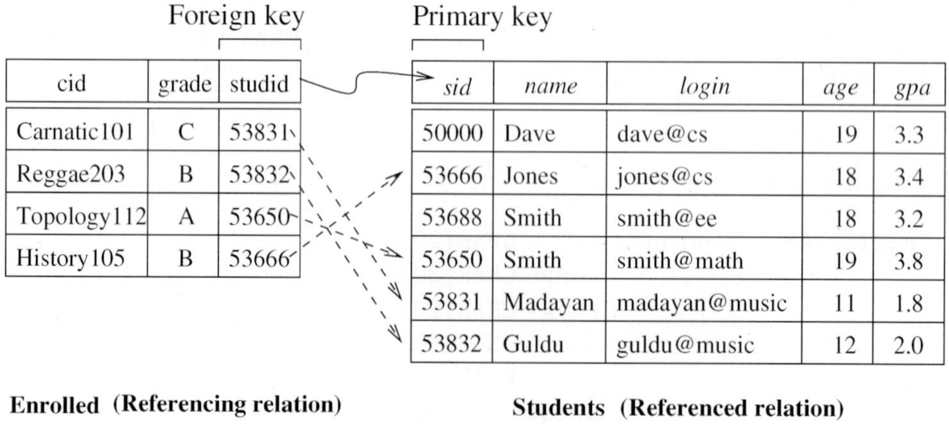

Foreign key: studid

cid	grade	studid
Carnatic101	C	53831
Reggae203	B	53832
Topology112	A	53650
History105	B	53666

Enrolled (Referencing relation)

Primary key: sid

sid	*name*	*login*	*age*	*gpa*
50000	Dave	dave@cs	19	3.3
53666	Jones	jones@cs	18	3.4
53688	Smith	smith@ee	18	3.2
53650	Smith	smith@math	19	3.8
53831	Madayan	madayan@music	11	1.8
53832	Guldu	guldu@music	12	2.0

Students (Referenced relation)

그림 3.4 참조 무결성

Enrolled 테이블의 인스턴스 *E*1에 투플 <*55555, Art104, A*>를 삽입하려고 하면, Students 테이블의 인스턴스 *S*1에 *sid* 55555를 가진 투플이 없으므로 IC에 위배된다. 따라서 데이터베이스 시스템은 이러한 삽입 연산을 거부하여야 한다. 이와 유사하게, *S*1으로부터 투플 <*53666, Jones, jones@cs, 18, 3.4*>를 삭제한다면, *E*1에 있는 투플 <*53666, History105, B*>가 *studid* 값 53666, 즉 삭제된 투플의 *sid* 값을 포함하기 때문에, 외래키 제약조건을 위배한다. DBMS는 이 삭제 연산을 불허하거나 삭제된 Student 투플을 참조하고 있는 Enrolled 투플들을 역시 삭제하여야 한다. 외래키 제약조건들과 그들이 갱신에 주는 영향들을 3.3절에서 살펴보기로 한다.

마지막으로, 외래키는 동일한 릴레이션을 참조할 수도 있다는 점을 유의하자. 예를 들어, Student 릴레이션을 확장하여 *partner*라는 열을 추가하고 이 열이 Students를 참조하는 외래키라고 선언할 수 있다. 어느 학생이나 단짝이 있을 수 있고, *partner* 필드는 그 단짝의 *sid* 값을 포함한다. 세심한 독자라면 당연히 "단짝이 (아직) 없는 학생은 어떻게 되는가?"라고 물을 것이다. 이러한 경우는 SQL에서 **널**(null)이라는 특수한 값을 사용함으로써 처리된다. 한 투플의 어떤 필드에 *null* 값을 사용하는 것은 그 필드의 값을 모르거나 적용할 수 없다는 것을 의미한다(즉, 단짝이 누구인지를 모르거나, 단짝이 없다는 의미이다). 외래키 필드에 *null* 값이 나타나는 것은 외래키 제약조건을 위배하지 않는다. 그렇지만, *null* 값은 기본키 필드에는 허용되지 않는다. 기본키는 한 투플을 유일하게 식별하기 위해 사용되기 때문이다. *null* 값에 대해서는 5장에서 더 자세히 다룬다.

SQL에서 외래키 제약조건 명시

다음과 같이 Enrolled(*studid*: `string`, *cid*: `string`, *grade*: `string`)를 SQL로 정의하자.

```
CREATE TABLE Enrolled ( studid CHAR(20),
                        cid    CHAR(20),
                        grade  CHAR(10),
                        PRIMARY KEY (studid, cid),
                        FOREIGN KEY (studid) REFERENCES Students )
```

외래키 제약조건은 Enrolled 릴레이션에 있는 모든 *studid* 값이 Students 릴레이션에 반드시 나타나야 한다는 것을 선언한다. 즉, Enrolled에 있는 *studid*는 Students를 참조하는 외래키이다. 다시 말해서, Enrolled에 있는 모든 *studid* 값은 Students의 기본키 필드 *sid*의 값으로 나타나야 한다. Enrolled의 기본키 제약조건은 한 학생이 수강하고 있는 각 과목에 대해서 오직 하나의 점수만을 가질 수 있다는 것을 의미한다. 만약 우리가 학생별로 한 과목에 대해서 여러 번 점수를 기록하기를 원하면, 이 기본키 제약조건을 변경해야 한다.

3.2.3 일반적인 제약조건

도메인, 기본키, 외래키 제약조건들은 관계 데이터 모델의 기초적인 부분으로 취급된다. 대부분의 상용 시스템은 이 제약조건들에 대하여 각별한 주의를 기울이고 있다. 그러나, 때로는 이들보다 좀 더 일반적인 제약조건들을 명시할 필요가 있다.

예를 들어, 학생들의 나이가 일정한 범위의 값 이내에 있어야 한다고 요구할 수 있다. 이러한 IC 명세서가 주어지면, DBMS는 이 제약조건을 위배하는 삽입이나 갱신을 거부한다. 이 방법은 데이터 입력 오류를 방지하는 데에 매우 유용하다. 만일 우리가 모든 학생들이 적어도 16세는 되어야 한다고 명시하면, 그림 3.1에 있는 Students 인스턴스는 두 학생이 연령미달이므로 불법인 것이 된다. 이 두 투플의 입력을 허락하지 않으면, 그림 3.5와 같은 적법한 인스턴스를 얻게 된다.

sid	*name*	*login*	*age*	*gpa*
53666	Jones	jones@cs	18	3.4
53688	Smith	smith@ee	18	3.2
53650	Smith	smith@math	19	3.8

그림 3.5 Students 릴레이션 인스턴스 *S2*

학생은 나이가 16세 이상이어야 한다는 IC는 도메인 제약조건을 확장한 것으로 생각할 수 있다. 왜냐하면, 허용할 수 있는 *age* 값들의 집합을 `integer`와 같은 표준 도메인을 단순히 사용하는 것보다는 더 엄격하게 정의하고 있기 때문이다. 일반적으로 도메인, 키, 외래키 제약조건들의 범주를 넘는 제약조건들도 명시될 수 있다. 예를 들면, 나이가 18세 이상인 학생들은 평균평점 3 이상을 유지해야 한다고 요구할 수 있다.

현재의 관계 데이터베이스 시스템은 *테이블 제약조건*(*table constraint*)과 *단언*(*assertion*)의 형식으로 이러한 일반적인 제약조건들을 지원한다. 테이블 제약조건은 단일 테이블에 관한 것으로서, 해당 테이블이 수정될 때마다 검사된다. 반면에, 단언은 여러 테이블을 포함하며, 이들 중 한 테이블이 수정될 때마다 검사된다. 테이블 제약조건이나 단언은 원하는 요건을 명시하기 위해 SQL의 질의 표현력을 최대한 이용할 수 있다. *테이블 제약조건*과 *단언*을 위한 SQL 지원에 대해서는 SQL의 질의 기능들을 파악하는 것이 필요하기 때문에 5.7절에서 논의한다.

3.3 무결성 제약조건의 집행

앞에서도 언급하였다시피, 제약조건들은 릴레이션이 생성될 때 명시되고 릴레이션이 수정될 때 집행된다. 도메인, `PRIMARY KEY`, `UNIQUE` 제약조건의 효과는 직접적이다. 위배를 야기하는 삽입, 삭제, 갱신 명령은 거부된다. 제약조건의 위배 여부는 일반적으로 각 SQL문의 실행의 마지막에 검사되는데, 3.3.1절에서 볼 수 있는 것처럼 그 문장을 실행하는 트랜잭션의 마지막까지 *연기*(*defer*)될 수 있다.

그림 3.1에 있는 Students 인스턴스 *S1*을 생각해보자. 다음의 삽입은 *sid* 53688을 가진 투플

이 이미 있기 때문에 기본키 제약조건을 위배하므로, DBMS에 의해 거부될 것이다.

```
INSERT
INTO    Students  (sid, name, login, age, gpa)
VALUES  (53688, 'Mike', 'mike@ee', 17, 3.4)
```

다음의 삽입은 기본키가 *널* 값을 포함할 수 없다는 제약조건을 위배한다.

```
INSERT
INTO    Students  (sid, name, login, age, gpa)
VALUES  (null, 'Mike', 'mike@ee', 17, 3.4)
```

물론, 어떤 필드에서 해당 도메인에 속하지 않는 값을 가진 투플을 삽입하려고 할 때마다(도메인 제약조건을 위배할 때마다) 유사한 문제가 야기된다. 삭제는 도메인, 기본키, 유일성 제약조건을 위배하는 원인이 되지 않는다. 그러나, 갱신의 경우에는 삽입과 유사한 위배를 초래할 수 있다.

```
UPDATE  Students S
SET     S.sid = 50000
WHERE   S.sid = 53688
```

이 갱신은 *sid* 50000인 투플이 이미 있기 때문에 기본키 제약조건을 위배한다.

외래키 제약조건의 적용은 SQL이 가끔 외래키 제약조건을 위배하는 변경을 단순히 거부하는 대신 교정하려고 하는 수도 있기 때문에 좀 더 복잡하다. Enrolled와 Students 테이블과, Enrolled.*sid*는 Students(의 기본키)를 참조한다는 외래키 제약조건이 있다는 점에 의거하여, DBMS에 의해 취해지는 **참조 무결성 집행 단계**(referential integrity enforcement step)들을 논의한다.

Students 인스턴스 *S*1뿐만 아니라, 그림 3.4의 Enrolled 인스턴스를 고려해보자. Enrolled 투플들의 삭제는 참조 무결성을 위배하지 않지만, Enrolled 투플들의 삽입은 참조 무결성을 위배할 수 있다. 다음과 같은 삽입은 *sid* 51111을 가진 Students 투플이 없기 때문에 부당하다.

```
INSERT
INTO    Enrolled  (cid, grade, studid)
VALUES  ('Hindi101', 'B', 51111)
```

이와는 반대로, Students 투플의 삽입은 참조 무결성을 위배하지 않으나, Students 투플의 삭제는 위배를 야기할 수 있다. 더구나, *studid* (*sid*) 값을 변경하는 Enrolled (Students)에 대한 갱신은 잠정적으로 참조 무결성을 위배할 가능성이 있다.

SQL은 외래키 제약조건의 위배를 처리하기 위한 몇 가지 대안을 제공한다. 먼저, 다음과 같은 세 가지의 기본적인 질문을 고려하여야 한다.

1. *Enrolled에 한 행이 삽입될 때, 만약 그 행의 studid 열의 값이 Students 테이블의 어떠한 행에도 나타나지 않을 경우에는 어떻게 할 것인가?*

   이 경우에는, `INSERT` 명령이 단순히 거부된다.

2. *Students 행이 삭제되면 어떻게 할 것인가?*

   옵션들은 다음과 같다.

   - 삭제된 Students 행을 참조하는 모든 Enrolled 행들을 삭제한다.
   - 어떤 Enrolled 행이 그 Students 행을 참조하고 있으면 그 행의 삭제를 금지한다.
   - 삭제된 *Students* 행을 참조하는 있는 모든 Enrolled 행들에 대해서 *studid* 열을 어떤 (존재하는) '디폴트' 학생의 *sid* 값으로 설정한다.
   - 삭제된 Students 행을 참조하고 있는 모든 Enrolled 행들에 대해서, *studid* 열의 값을 널로 설정한다. 우리의 예에서, 이 옵션은 *studid*가 Enrolled의 기본키를 이루는 한 부분이므로 널로 설정될 수 없는 사실과 상충된다. 그러므로, 이 예에서는 첫 세 옵션으로 제한되지만, 일반적으로 이 네 번째 옵션(외래키를 널로 설정하기)도 사용될 수 있다.

3. *어떤 Students 행의 기본키 값이 갱신되면 어떻게 하여야 하는가?* 이 경우의 옵션들은 Students 행이 삭제되는 경우와 유사하다.

SQL은 `DELETE`와 `UPDATE`에 대해서 이 네 가지 옵션 중 어느 하나를 선택할 수 있게 한다. 예를 들어, 하나의 Students 행이 *삭제*될 때 이를 참조하는 모든 Enrolled 행들을 역시 삭제되어야 하도록 명시할 수 있다. 그러나 어떤 Students 행의 *sid* 열이 *수정*될 때, 어떤 Enrolled 행이 수정될 Students 행을 참조하고 있으면, 이 갱신은 거부되도록 명시할 수 있다.

```
CREATE TABLE Enrolled ( studid CHAR(20),
                        cid    CHAR(20),
                        grade  CHAR(10),
                        PRIMARY KEY (studid, cid),
                        FOREIGN KEY (studid) REFERENCES Students
                                    ON DELETE CASCADE
                                    ON UPDATE NO ACTION )
```

이러한 옵션들은 외래키 선언의 일부로 명시된다. 디폴트 옵션은 `NO ACTION`인데, 이것은 실행(`DELETE`나 `UPDATE`)이 거부되어야 한다는 의미이다. 따라서, 이 예에서 `ON UPDATE` 절은 생략해도 똑같은 효과를 나타낸다. `CASCADE`라는 키워드는 만약 한 Students 행이 삭제되면, 이를 참조하는 모든 Enrolled 행들을 역시 삭제되어야 함을 말한다. `ON UPDATE`절에 `CASCADE`를 명시하였을 경우, 어떤 Student 행의 *sid* 열이 갱신되면, 이 갱신된 Students 행을 참조하고 있는 각 Enrolled 행에서도 갱신이 수행된다.

어떤 Students 행이 삭제되면, 이를 참조하는 모든 Enrolled 행들이 `ON DELETE SET`

DEFAULT를 사용하여 '디폴트' 학생을 참조하도록 전환할 수 있다. 이때 디폴트 학생은 Enrolled의 *studid* 필드를 정의할 때 그 일부로 명시된다(예, *sid* CHAR(20) DEFAULT '53666'). 디폴트 값의 명세가 어떤 상황에서는 적절하지만(예, 특정 공급자가 사업을 중단할 때, 공급자를 디폴트 공급자로 전환), 수강 내용을 디폴트 학생으로 바꾸는 것은 사실 적절하지 못하다. 이 예에서 알맞은 해결책은 삭제된 학생이 수강하던 과목에 대한 모든 행들을 역시 삭제(즉, CASCADE)하거나 그 갱신 자체를 거부하는 것이다.

SQL은 ON DELETE SET NULL이라고 명시함으로써 디폴트 값으로 널의 사용을 역시 허용한다.

3.3.1 트랜잭션과 제약조건

제 1장에서 배운 대로, 데이터베이스를 대상으로 실행하는 프로그램은 트랜잭션이라 불리며, 트랜잭션은 데이터베이스에 접근하는 여러 문장들(질의, 삽입, 갱신 등)을 포함할 수 있다. 만약 트랜잭션에 있는 한 문장(의 실행)이 무결성 제약조건을 위배하면, DBMS는 이 사실을 즉각 발견해야 하는가? 아니면 모든 제약조건들이 트랜잭션이 완료되기 직전에 한꺼번에 검사되어야 하는가?

기본적으로, 하나의 제약조건은 각 SQL 문의 마지막에 검사되어, 만약 위배가 있다면 그 문장은 거부된다. 때때로, 이러한 접근은 너무 유연성이 없다. Students와 Courses 릴레이션의 다음과 같은 변형을 고려해보자. 모든 학생은 우등생 과목을 수강해야 하며, 모든 과목은 채점 보조 학생이 있어야 한다.

```
CREATE TABLE Students ( sid     CHAR(20),
                        name    CHAR(30),
                        login   CHAR(20),
                        age     INTEGER,
                        honors  CHAR(10) NOT NULL,
                        gpa     REAL )
                        PRIMARY KEY (sid),
                        FOREIGN KEY (honors) REFERENCES Courses (cid))

CREATE TABLE Courses (  cid     CHAR(10),
                        cname   CHAR(10),
                        credits INTEGER,
                        grader  CHAR(20) NOT NULL,
                        PRIMARY KEY (cid)
                        FOREIGN KEY (grader) REFERENCES Students (sid))
```

Students 투플이 삽입될 때마다, 우등생 과목이 Courses 릴레이션에 있는지를 확인하는 작업이 이루어진다. 그리고 Courses 투플이 삽입될 때마다, 채점 보조 학생이 Students 릴레이션에 있는지를 확인하는 작업이 이루어진다. 그러면, 어떻게 가장 처음의 과목 투플이나 학생 투플을 삽입할 수 있는가? 한 투플은 상대방 투플이 존재하지 있는 한 삽입될 수 없다. 이러한 삽입을 수행하는 유일한 방법은 `INSERT` 문의 마지막에 정상적으로 수행되어질 제약조건의 검사를 **연기**(defer)하는 것이다.

SQL은 하나의 제약조건이 연기(`DEFERRED`) 혹은 즉시(`IMMEDIATE`)모드로 설정되는 것을 허락한다.

```
SET CONSTRAINT ConstraintFoo DEFERRED
```

연기모드로 설정된 제약조건은 완료 시점에 확인된다. 이 예에서, Students와 Courses에 대한 외래키 제약조건들은 둘 다 연기모드로 선언되어질 수 있다.

3.4 관계 데이터의 질의

관계 데이터베이스 질의(relational database query)는 데이터에 관한 질문이며, 그 질문에 대한 답은 그 결과를 포함하는 새로운 릴레이션으로 구성된다. 예를 들어, 18세 미만의 모든 학생들을 찾거나 Reggae203에 등록한 모든 학생들을 찾기를 원하는 경우가 있을 것이다. **질의어**(query language)는 질의를 작성하기 위한 특수 언어이다.

SQL은 관계 DBMS에서 가장 많이 사용되고 있는 상용 질의어이다. 얼마나 쉽게 릴레이션들이 질의될 수 있는지를 예증하는 몇 가지 SQL 예문을 소개한다. 그림 3.1에 있는 Students 릴레이션의 인스턴스를 고려해보자. 다음과 같은 SQL 질의를 사용하면 18세 미만의 학생들에 해당하는 행들을 검색할 수 있다.

```
SELECT *
FROM   Students S
WHERE  S.age < 18
```

기호 '*'는 질의의 결과에 선택된 투플들의 모든 필드를 유지한다는 의미이다. S를 Students에 있는 각 투플의 값을 차례 차례로 취하는 일종의 변수로 생각하자. `WHERE` 절에 있는 조건 *S.age* < *18*은 *age* 필드가 18보다 작은 값을 갖는 투플들만 선택하기를 원한다는 것을 명시한다. 이 질의는 그림 3.6에 있는 릴레이션을 결과로 보여준다.

sid	*name*	*login*	*age*	*gpa*
53831	Madayan	madayan@music	11	1.8
53832	Guldu	guldu@music	12	2.0

그림 3.6 인스턴스 $S1$에서 *age* < 18인 학생들

이 예는 한 필드의 도메인이 그 필드에 나타날 수 있는 값을 제한할 뿐만 아니라 필드 값에 대해 적용할 수 있는 연산들도 제한한다는 것을 예증한다. 조건 *S.age* < *18*은 *age* 값과 어

떤 정수의 산술 비교를 포함하는데, 이 연산은 *age*의 도메인이 정수의 집합이기 때문에 허용될 수 있다. 반면에, *S.age* = *S.sid*와 같은 조건은 정수 값과 문자열 값을 비교하기 때문에 이치에 맞지 않으며, 이러한 비교는 SQL에서 실패인 것으로 정의된다. 즉 이러한 조건을 포함하는 질의는 결과 투플을 산출하지 않는다.

질의는 투플들의 부분집합을 선택하는 것뿐만 아니라, 선택된 각 투플의 필드들의 부분집합을 추출할 수 있다. 그래서 다음과 같은 질의로 18세 미만인 학생들의 이름과 로그인을 구할 수 있다.

```
SELECT S.name, S.login
FROM   Students S
WHERE  S.age < 18
```

그림 3.7은 이 질의의 결과이다. 이 결과는 Students의 인스턴스 *S*1에 셀렉션(selection)을 적용하고(그림 3.6의 릴레이션을 얻기 위해), 다음으로 그 결과에서 원하지 않는 필드들을 제거함으로써 얻어진다. 이 연산들을 수행하는 순서는 중요하다. 만약 원하지 않는 필드들을 먼저 제거하면, 조건 *S.age* < *18*을 검사할 수 없게 되기 때문이다.

name	*login*
Madayan	madayan@music
Guldu	guldu@music

그림 3.7 *age* < 18인 학생들의 이름과 로그인

Students와 Enrolled 릴레이션에 있는 정보들을 역시 조합할 수 있다. A 학점을 받은 모든 학생들의 이름과 그 과목의 과목번호를 얻고자 한다면, 다음과 같은 질의를 작성할 수 있다.

```
SELECT S.name, E.cid
FROM   Students S, Enrolled E
WHERE  S.sid = E.studid AND E.grade = 'A'
```

이 질의는 다음과 같이 이해될 수 있다. "어떤 학생 투플을 S라고 하고 어떤 수강 투플을 E라고 하자. S.sid = E.studid (학생 *S*는 어떤 과목 E를 등록한 학생)와 E.grade = 'A'를 만족하는 S와 E가 존재하면, 그 학생의 이름과 과목번호를 출력하시오." 그림 3.4의 Students와 Enrolled 인스턴스를 대상으로 계산하면, 이 질의는 단일 투플 <*Smith*, *Topology112*>를 반환한다.

관계 질의들과 SQL에 대해서는 뒷장에서 좀 더 자세히 다룬다.

3.5 논리적 데이터베이스 설계: ER을 관계모델로

ER 모델은 초기의 고수준 데이터베이스 설계를 표현하기에 편리하다. 어떤 데이터베이스를

기술하는 ER 다이어그램이 있을 때, 이에 매우 근사하게 관계 데이터베이스 스키마를 생성하는 표준적인 접근방식이 있다(이 변환은, 비용이 많이 드는 어떤 SQL 제약조건을 사용하지 있는 한, SQL을 사용하여 ER 설계에 내재하는 묵시적인 모든 제약조건들을 표현할 수 없다는 점에서 근사적이다). 이제부터 하나의 ER 다이어그램을 관련된 제약조건들을 반영하는 테이블들의 모임, 즉, 관계 데이터베이스 스키마로 변환하는 방법을 논의한다.

3.5.1 개체집합을 테이블로

하나의 개체집합은 간단하게 하나의 릴레이션으로 사상된다. 즉, 개체집합의 각 애트리뷰트가 테이블의 애트리뷰트가 된다. 개체집합의 각 애트리뷰트의 도메인과 (기본)키를 알고 있다는 점을 유의하자.

그림 3.8과 같이 *ssn*, *name*, *lot* 애트리뷰트들을 가지고 있는 Employees 개체집합을 생각해 보자. 세 명의 Employees 개체를 포함하는 Employees 개체집합의 한 인스턴스를 테이블 형태로 나타내면 그림 3.9와 같다.

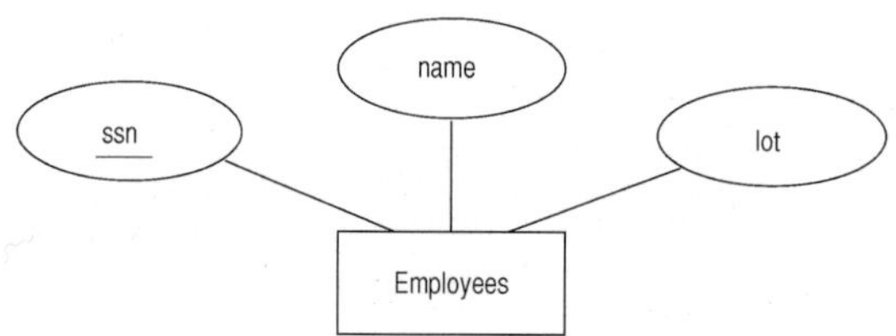

그림 3.8 Employees 개체집합

ssn	*name*	*lot*
123-22-3666	Attishoo	48
231-31-5368	Smiley	22
131-24-3650	Smethurst	35

그림 3.9 Employees 개체집합의 인스턴스

다음의 SQL 문장은 도메인 제약조건과 키 정보를 포함하여 지금까지 기술한 정보를 표현한다.

```
CREATE TABLE Employees ( ssn     CHAR(11),
                         name    CHAR(30),
                         lot     INTEGER,
                         PRIMARY KEY (ssn) )
```

3.5.2 (제약조건이 없는) 관계집합을 테이블로

개체집합처럼 관계집합도 관계모델의 한 릴레이션으로 사상된다. 여기에서는 먼저 키 제약

조건과 참여 제약조건이 없는 관계집합을 살펴보고, 다음절에서 그러한 제약조건들을 처리하는 방법을 다룬다. 하나의 관계를 표현하기 위해, 참여하는 각 개체를 식별하고 관계를 기술하는 애트리뷰트에 값을 부여할 수 있어야 한다. 따라서, 그러한 릴레이션의 애트리뷰트들은 다음을 포함한다.

- 참여하는 각 개체집합의 기본키에 속하는 애트리뷰트들(외래키 역할)
- 관계집합을 서술하는 애트리뷰트들

기술용이 아닌 애트리뷰트들의 집합이 릴레이션의 수퍼키가 된다. 만약 키 제약조건(2.4.1절 참조)이 없다면, 이 애트리뷰트들의 집합이 후보키가 된다.

그림 3.10에 있는 Works_In2 관계집합을 보자. 각 부서는 여러 장소에 사무실을 두고 있으며 우리는 각 직원이 근무하는 장소를 기록하고 싶다.

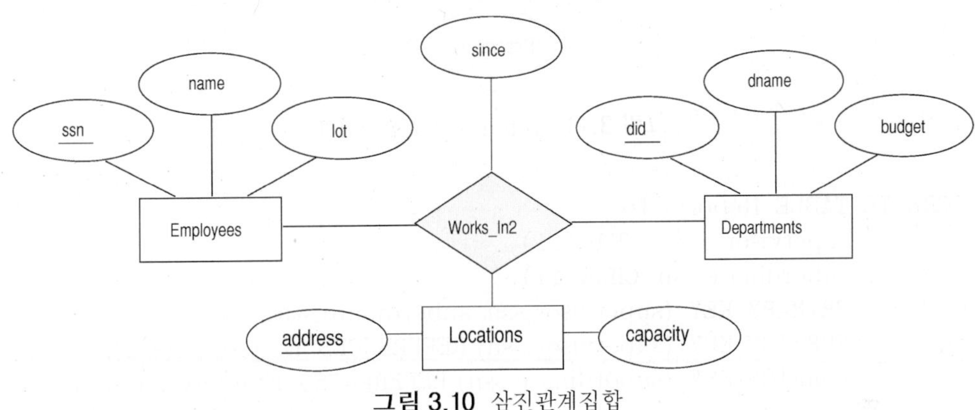

그림 3.10 삼진관계집합

Works_In2 테이블에 관하여 이용 가능한 정보는 다음의 SQL 정의에 의해 표현된다.

```
CREATE TABLE Works_In2 ( ssn      CHAR(11),
                         did      INTEGER,
                         address  CHAR(20),
                         since    DATE,
                         PRIMARY KEY (ssn, did, address),
                         FOREIGN KEY (ssn) REFERENCES Employees,
                         FOREIGN KEY (address) REFERENCES Locations,
                         FOREIGN KEY (did) REFERENCES Departments )
```

address, *did*, *ssn* 필드는 널 값을 가질 수 없다는 점을 유념하기 바란다. 이 필드들이 Works_In2의 기본키를 형성하기 때문에, NOT NULL 제약조건은 이 필드들의 각각에 묵시적으로 적용된다. 이 기본키 제약조건은 이 필드들이 Works_In2의 각 투플에 있는 부서, 직원, 장소를 유일하게 식별하는 것을 보장한다. 3.2절에서 무결성 제약조건을 논의할 때 설명된 것처럼, Employees, Departments, Locations 투플이 삭제될 때 특정한 조치가 요망된다는

것을 역시 명시할 수 있다. 이 장에서는, ER 다이어그램의 의미가 어떤 다른 조치를 요구하는 경우를 제외하고는, 디폴트 조치가 적절하다고 가정한다.

마지막으로, 그림 3.11의 Reports_To 관계집합을 생각해보자. 역할 지시자 *supervisor*(*감독자*)와 *subordinate*(*부하*)가 Reports_To 테이블의 `CREATE`문에 의미가 있는 필드 이름을 생성하기 위해 사용될 수 있다.

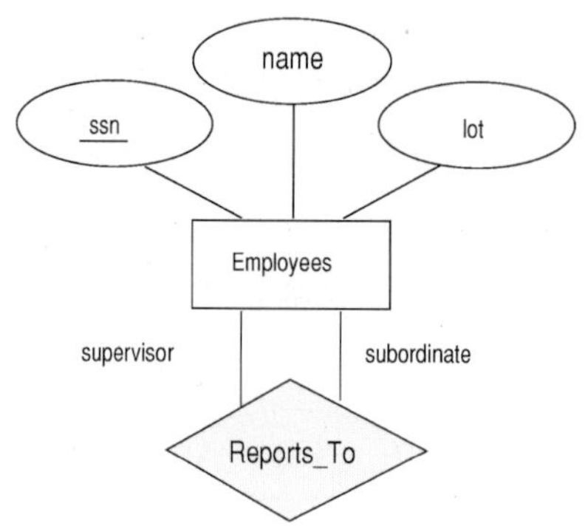

그림 3.11 Reports_To 관계집합

```
CREATE TABLE Reports_To (
        supervisor_ssn   CHAR(11),
        subordinate_ssn  CHAR(11),
        PRIMARY KEY (supervisor_ssn, subordinate_ssn),
        FOREIGN KEY (supervisor_ssn) REFERENCES Employees(ssn),
        FOREIGN KEY (subordinate_ssn) REFERENCES Employees(ssn) )
```

참조하는 필드와 참조되는 필드의 이름이 다르기 때문에 Employees 테이블의 참조되는 필드를 분명히 지명하는 것이 필요하다는 것을 유념하자.

3.5.3 키 제약조건이 있는 관계집합의 변환

어떤 관계집합은 *n*개의 개체집합을 포함하고 그들 중 *m*개가 ER 다이어그램의 화살표로 연결되어 있다면, 이 *m*개의 개체집합 중 어느 집합의 키이든지 이 관계집합이 사상되는 릴레이션의 키가 될 수 있다. 따라서 *m*개의 후보키가 존재하게 되는데, 이들 중 하나가 기본키로 지정되어야 한다. 키 제약조건이 있는 관계집합을 릴레이션으로 변환하기 위해, 키들에 대한 이 요건을 감안하여 3.5.2절에서 논의된 방식이 사용될 수 있다.

그림 3.12의 Manages 관계집합을 살펴보자. Manages에 대응하는 테이블은 *ssn*, *did*, *since* 애트리뷰트를 가지고 있다. 그러나, 각 부서가 많아야 한 명의 관리자를 두므로, 어떠한 두 투플도 *did* 값이 같으면서 *ssn* 값이 다른 경우가 없다. 그러므로 *did*가 Manages의 키가 될 수 있다. 실제로, *did*와 *ssn*으로 이루어진 집합은 키가 아니다(최소의 집합이 아니므로). Manages 릴레이션은 다음과 같은 SQL문으로 정의될 수 있다.

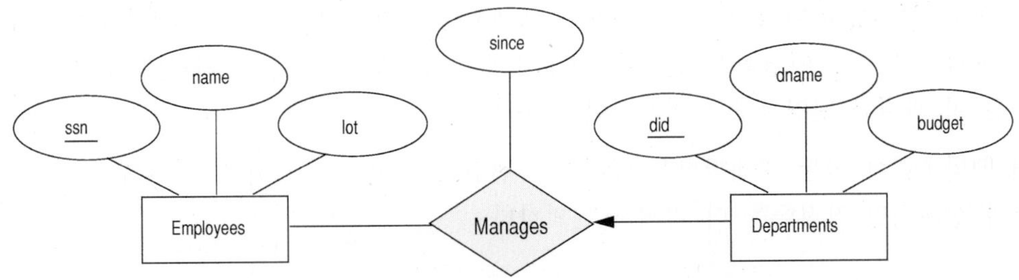

그림 3.12 Manages에 대한 키 제약조건

```
CREATE TABLE Manages ( ssn    CHAR(11),
                       did    INTEGER,
                       since  DATE,
                       PRIMARY KEY (did),
                       FOREIGN KEY (ssn) REFERENCES Employees,
                       FOREIGN KEY (did) REFERENCES Departments )
```

키 제약조건이 있는 관계집합을 변환하는 두 번째 방식은 관계집합에 대한 별도의 테이블을 생성하지 않아도 되므로 더 우수하다. 그 아이디어는 키 제약조건을 이용하여 키를 가지고 있는 개체집합에 대응하는 테이블이 그 관계집합의 정보를 포함하는 것이다. Manages의 예에서, 한 부서는 최대 한 명의 관리자가 있으므로, 관리자를 나타내는 Employees 투플의 키 필드와 *since* 애트리뷰트를 해당 Department 투플에 추가할 수 있다.

이 방식은 별도의 Manages 릴레이션을 만들 필요가 없고, 어떤 부서의 관리자에 대한 질의가 두 릴레이션을 조합하지 않고 응답되어질 수 있다. 이 방식의 유일한 단점은 여러 부서에서 관리자가 없는 경우에 공간이 낭비될 수 있다는 점이다. 이 경우에, 추가된 필드들이 널 값으로 채워져야 할 것이다. 첫 번째 변환법(Manages를 위하여 별도의 테이블을 사용)은 이러한 비효율성은 없지만, 어떤 질의들은 두 릴레이션(Manages, Departments)의 정보를 조합하는 것을 필요로 하며, 이 작업이 느린 연산이 될 수 있다.

다음의 SQL문은 Departments와 Manages의 정보를 모두 표현하는 Dept_Mgr 릴레이션을 정의하며 키 제약조건이 있는 관계집합을 변환하는 두 번째 방법을 예시한다.

```
CREATE TABLE Dept_Mgr ( did     INTEGER,
                        dname   CHAR(20),
                        budget  REAL,
                        ssn     CHAR(11),
                        since   DATE,
                        PRIMARY KEY (did),
                        FOREIGN KEY (ssn) REFERENCES Employees )
```

*ssn*은 널 값을 취할 수 있음을 유의하자.

이 아이디어는 세 개 이상의 개체집합이 참여하는 관계집합을 처리하기 위해 확장되어질 수 있다. 일반적으로, 어떤 관계집합이 *n*개의 개체집합을 포함하고 그 중 *m*개가 ER 다이어그램 상에서 화살표로 연결되어 있다면, 이 *m*개의 개체집합들 중 어느 하나에 대응하는 릴레이션은 이 관계를 반영하도록 확장되어질 수 있다.

참여 제약조건이 있는 관계집합을 테이블로 변환하는 방법을 살펴본 후, 이 두 가지 변환 방식의 상대적인 장점들을 더 자세히 논의한다.

3.5.4 참여 제약조건이 있는 관계집합의 변환

두 관계집합 Manages와 Works_In을 나타내고 있는 그림 3.13의 ER 다이어그램을 살펴보자.

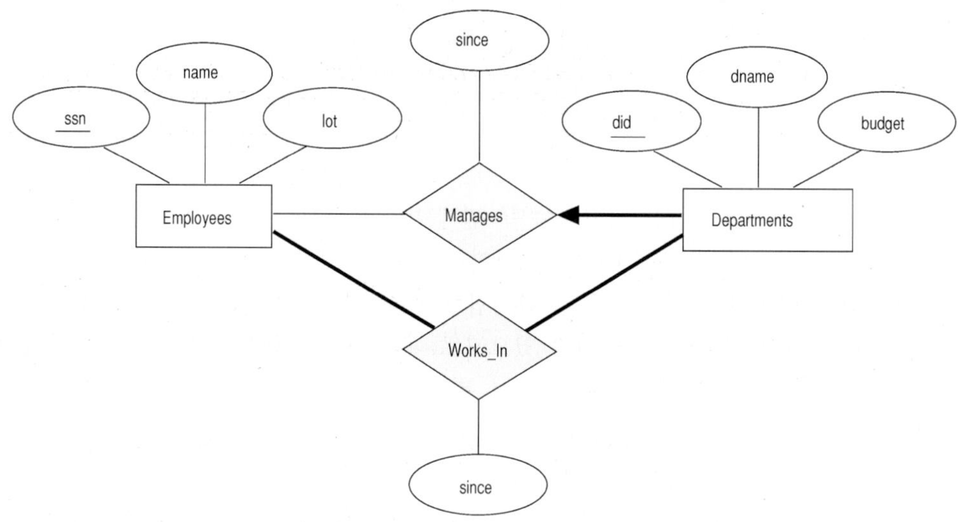

그림 3.13 Manages와 Works_In

참여 제약조건에 의하여 각 부서마다 관리자가 있어야 하며, 키 제약조건에 의하여 각 부서는 최대 한 명의 관리자를 둘 수 있다. 다음의 SQL문은 3.5.3절에서 논의한 두 번째 변환방식을 반영하여 키 제약조건을 사용한다.

```
CREATE TABLE Dept_Mgr ( did     INTEGER,
                        dname   CHAR(20),
                        budget  REAL,
                        ssn     CHAR(11) NOT NULL,
                        since   DATE,
                        PRIMARY KEY (did),
                        FOREIGN KEY (ssn) REFERENCES Employees
                                ON DELETE NO ACTION )
```

이 SQL문은 각 부서는 반드시 관리자가 있어야 한다는 참여 제약조건을 표현한다. *ssn*이 널값을 취할 수 없으므로 Dept_Mgr의 각 투플은 Employees에 있는 한 투플(관리자)을 식별한다. NO ACTION은 디폴트이므로 반드시 명시될 필요는 없지만, 이를 명시함으로써 한 Employee 투플이 Dept_Mgr 투플에 의해 참조되고 있는 한 그 Employee 투플은 삭제될 수 없음을 보장한다. 만약 그러한 Employees 투플을 삭제하기를 원하면, Dept_Mgr 투플을 먼저 변경하여 새로운 직원이 관리자가 되도록 해야 한다(NO ACTION 대신 CASCADE를 명시할 수도 있겠지만, 어떤 부서의 관리자가 해고되었기 때문에 그 부서에 대한 모든 정보를 함께 삭제하는 것은 약간 극단적인 방법이다!).

모든 부서가 반드시 관리자를 두고 있어야 된다는 제약조건은 3.5.3절에서 설명한 첫 번째 변환방식을 사용하여 표현될 수가 없다. (Manages에 대한 정의를 살펴보고 *ssn* 필드와 *did* 필드에 NOT NULL 제약조건을 부가했을 경우에 어떤 효과가 있을지를 생각해보자. *힌트*: 이 제약조건으로 관리자의 해고를 방지할 수는 있겠지만, 초기에 각 부서의 관리자가 지명되는 것을 보장하지는 않는다!) 그렇기 때문에 Manages와 같이 일-대-다 관계에 있으면서 해당 개체집합이 키 제약조건과 전체참여 제약조건을 모두 가지고 있을 경우에, 두 번째 방식을 선호하여 사용하는 강력한 이유가 된다.

불행하게도, *테이블 제약조건*이나 *단언*을 제외하고는 SQL로 표현할 수 없는 많은 참여 제약조건들이 있다. 테이블 제약조건과 단언은 SQL 질의어의 모든 표현력을 이용하여 명시될 수 있으며(5.7절에서 논의) 표현력이 매우 풍부하지만 검사하고 집행하는 비용이 매우 많이 든다. 예를 들어, 이러한 일반적인 제약조건을 사용하지 않는다면 Works_In 릴레이션에 대한 참여 제약조건을 집행할 수 없다. 그 이유를 알아보기 위해, ER 다이어그램을 릴레이션으로 변환하여 얻게되는 Works_In 릴레이션을 살펴보자. 이 릴레이션은 *ssn* 필드와 *did* 필드를 포함하며, 이들 각각은 Employees와 Departments를 참조하는 외래키들이다. Works_In에서 Departments가 전체참여가 되도록 하기 위해서는 Department에 있는 각 *did* 값들이 Works_In의 한 투플에 나타나는 것을 보장해야 한다. 이를 위해 Departments에 있는 *did*를 Works_In을 참조하는 외래키로 선언함으로써 이 조건의 보장을 시도할 수 있으나, 이것은 *did*가 Works_In의 후보키가 아니기 때문에 유효한 외래키 제약조건이 아니다.

SQL을 사용하여 Works_In에 대한 Departments의 전체 참여를 보장하기 위해서는 단언이 필요하다. Departments에 있는 모든 *did* 값들이 Works_In의 어느 한 투플에 나타나는 것을 보장하여야 한다. 그뿐만 아니라 이에 해당하는 Works_In 투플은 이 관계에 참여하는 다른 개체집합을 참조하는 외래키 필드(이 예에서, *ssn* 필드)에 *널*이 아닌 값을 가져야 한다. Works_In의 *ssn*이 *널* 값을 포함할 수 없다는 더 강력한 요구사항을 부과함으로써 이 제약조건의 두 번째 요건을 보장할 수 있다. (Works_In 대한 Employees의 참여가 전체적이 되도록 하는 방법도 이와 마찬가지이다.)

SQL에서 단언으로 표현해야 될 또다른 제약조건은 (Manages 관계집합의 내용에서) 각 Employees 개체는 적어도 하나의 부서를 관리하여야 한다는 요건이다.

실제로, Manages 관계집합은 키 제약조건과 외래키 제약조건으로 표현할 수 있는 대부분의 참여 제약조건들을 예증한다. Manages는 이진관계집합으로서, 개체집합 중 오직 하나(Departments)만 키 제약조건을 가지고 있고, 그 개체집합에 대해서 전체참여 제약조건이 명시되어 있다.

키 제약조건과 외래키 제약조건을 이용하여 참여 제약조건을 표현할 수 있는 특수한 경우가 있다. 참여하는 모든 개체집합들이 키 제약조건을 가지고 있고 전체 참여를 하는 관계집합이다. 이 경우 가장 좋은 변환 방식은 모든 개체들과 이 관계를 하나의 단일 테이블로 사상하는 것이다.

3.5.5 약개체집합의 변환

약개체집합은 항상 일-대-다의 이진관계에 참여하며, 키 제약조건과 전체 참여를 수반한다. 이 경우 3.5.3절에서 논의된 두 번째 변환방식이 이상적이지만, 약개체는 부분키만 가지고 있다는 것을 고려하여야 한다. 또한, 한 소유자 개체가 삭제되면, 이 소유자에게 소속된 모든 약개체들도 삭제되어야 한다.

그림 3.14에 있는 약개체집합 Dependents를 살펴보자. Dependents는 부분키 *pname*을 가지고 있다. Dependents 개체는 소유하는 Employees 개체의 키와 그 Dependents 개체의 *pname*을 취하는 경우에만 유일하게 식별된다. 그리고 소유하는 Employees 개체가 삭제되면 해당하는 Dependents 개체들도 삭제되어야 한다.

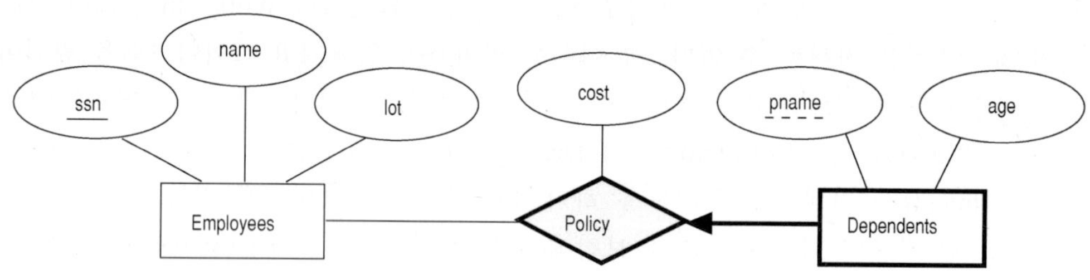

그림 3.14 Dependents 약개체집합

다음과 같은 Dept_Policy 릴레이션의 정의로 우리가 원하는 의미를 표현할 수 있다.

```
CREATE TABLE Dep_Policy ( pname  CHAR(20),
                          age    INTEGER,
                          cost   REAL,
                          ssn    CHAR(11),
                          PRIMARY KEY (pname, ssn),
                          FOREIGN KEY (ssn) REFERENCES Employees
                                 ON DELETE CASCADE )
```

Dependents는 약개체이므로 기본키는 <*pname*, *ssn*>임을 유의하자. Dependents의 전체참여 제약조건에 의하여 각 Dependents 개체는 하나의 Employees 개체(소유자)와 연관되어 있다는 것을 확실히 해야한다. 즉, *ssn*은 널이 될 수 없다. *ssn*이 기본키의 일부이므로 이 점은 보장된다. CASCADE 옵션은 한 Employees 투플이 삭제되면 그 직원에 대한 보험증권과 피부양자에 관한 정보도 삭제되는 것을 보장한다.

3.5.6 클래스 계층구조의 변환

ISA 계층을 처리하는 두 가지 기본적인 방식을 그림 3.15의 ER 다이어그램에 적용하여 소개한다.

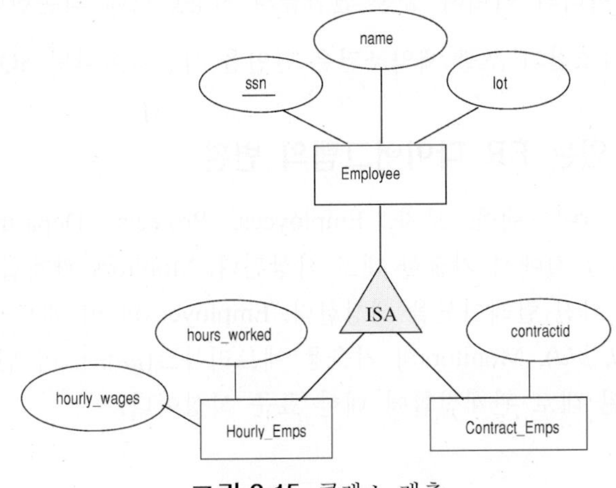

그림 3.15 클래스 계층

1. 개체집합 Employees, Hourly_Emps, Contract_Emps의 각각을 각기 다른 릴레이션으로 사상할 수 있다. Employees 릴레이션은 3.5.1절에 있는 방식으로 생성된다. 여기서는 Hourly_Emps를 논의한다. Contract_Emps는 이와 유사하게 처리된다. Hourly_Emps에 대한 릴레이션은 Hourly_Emps의 *hourly_wages*와 *hours_worked* 애트리뷰트들을 포함한다. 또한 슈퍼클래스의 키 애트리뷰트(*ssn*)를 포함하는데, 이 애트리뷰트는 Hourly_Emps 릴레이션의 기본키이며, 또한 슈퍼클래스(Employees)를 참조하는 외래키이다. 각 Hourly_Emps 개체에 대한 *name*과 *lot* 애트리뷰트들의 값은 슈퍼클래스(Employees)의 대응하는 행에 저장된다. 이 슈퍼클래스 투플이 삭제되면, 그 삭제가 Hourly_Emps에 연쇄적으로 적용되어야 한다는 것을 주목하자.
2. 이의 대안으로, Hourly_Emps와 Contract_Emps에 대응하는 두 릴레이션만 생성할 수 있다. Hourly_Emps에 대한 릴레이션은 Employees의 모든 애트리뷰트뿐만 아니라 Hourly_Emps의 모든 애트리뷰트를 포함한다 (즉, *ssn*, *name*, *lot*, *hourly_wages*, *hours_worked*).

첫 번째 방식은 일반적이고 항상 적용 가능하다. 모든 직원들을 조사하는 것이 필요하나 서브클래스에 국한된 애트리뷰트과는 관련이 없는 질의는 Employees 릴레이션을 이용하여 쉽게 처리된다. 그렇지만, 시간제 직원에 대해 조사하는 것이 필요한 질의들은 Hourly_Emps (혹은 Contract_Emps)와 *name*과 *lot*을 검색하기 위해 Employees를 결합하는 것을 필요로 할 수 있다.

만일 시간제 직원도 아니고 계약제 직원도 아닌 직원이 있다면 두 번째 방식은 이러한 직원을 저장할 방법이 없으므로 적용할 수 없다. 또한, 한 직원이 Hourly_Emps 개체이면서 동시에 Contract_Emps 개체라면, *name*과 *lot*은 두 번 저장되게 된다. 이러한 중복은 19장에서 논의하는 어떤 부작용을 야기시킬 수 있다. 모든 직원을 검사할 필요가 있는 질의는 이제 두 릴레이션을 검사해야 한다. 반면, 시간제 직원들만 검사할 필요가 있는 질의는 오직 한 릴레이션만 검사함으로써 수행이 가능하다. 이 두 가지 방식 중에서 어느 것을 채택하느냐 하는 것은 분명히 데이터의 의미와 공통 연산들의 사용빈도에 의존한다.

일반적으로, 중첩 제약조건과 포괄 제약조건은 단언을 사용하여야만 SQL로 표현될 수 있다.

3.5.7 집단화가 있는 ER 다이어그램의 변환

그림 3.16의 ER 다이어그램을 보자. Employees, Projects, Departments 개체집합들과 Sponsors 관계집합은 앞 절에서 기술한 대로 사상된다. Monitors 관계집합을 위해서, 다음과 같은 애트리뷰트들을 가진 릴레이션을 생성한다. Employees의 키 애트리뷰트(*ssn*), Sponsors의 키 애트리뷰트(*did*, *pid*), Monitors의 기술용 애트리뷰트(*until*). 이 변환 방식은 근본적으로 3.5.2절에서 서술된 대로 관계집합에 대한 표준 사상이다.

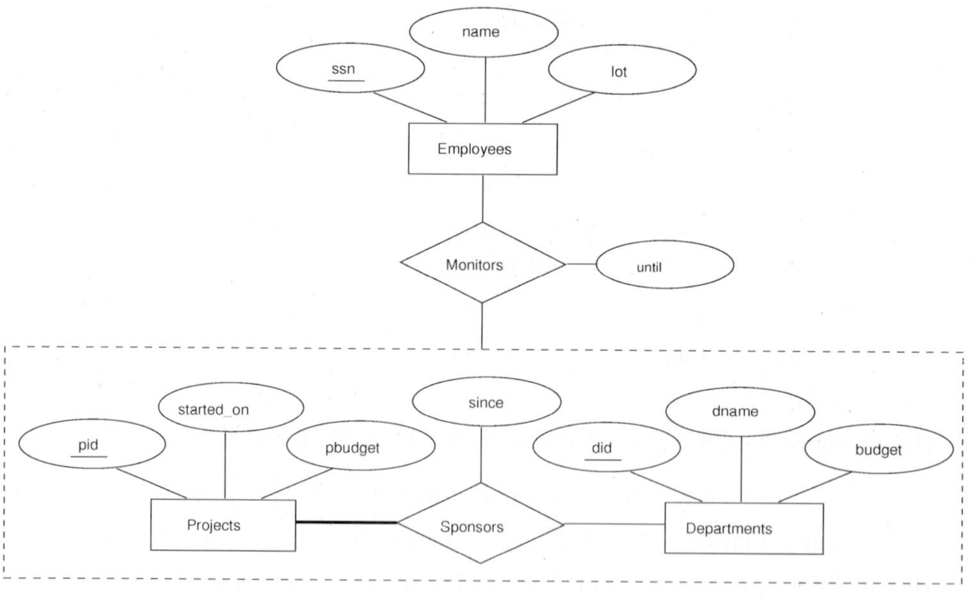

그림 3.16 집단화

이 변환이 Sponsors 릴레이션을 제거함으로써 정제될 수 있는 특수한 경우가 있다. Sponsors 릴레이션을 생각해보자. 이 릴레이션은 *pid*, *did*, *since* 애트리뷰트를 가지고 있다. 일반적으로 다음의 두 가지 이유로 이 릴레이션이 필요하다.

1. Sponsors 관계의 기술용 애트리뷰트(이 예에서는, *since*)를 기록해 두어야한다.

2. 각 자금지원을 모두 감독하는 것은 아니므로, Sponsors 릴레이션에 있는 어떤 (*did*, *pid*) 쌍들은 Monitors 릴레이션에 나타나지 않을 수 있다.

그렇지만, Sponsors가 기술적인 애트리뷰트를 가지고 있지 않고 Monitors 관계에 전체적으로 참여한다면, Sponsors 릴레이션의 모든 가능한 인스턴스는 Monitors 릴레이션의 <*pid*, *did*> 필드들로부터 얻어질 수 있다. 이 경우 Sponsors 릴레이션은 제거될 수 있다.

3.5.8 ER에서 관계모델로: 추가 예제

그림 3.17의 ER 다이어그램을 보자. Purchaser 정보와 Policies, Beneficiary 정보와

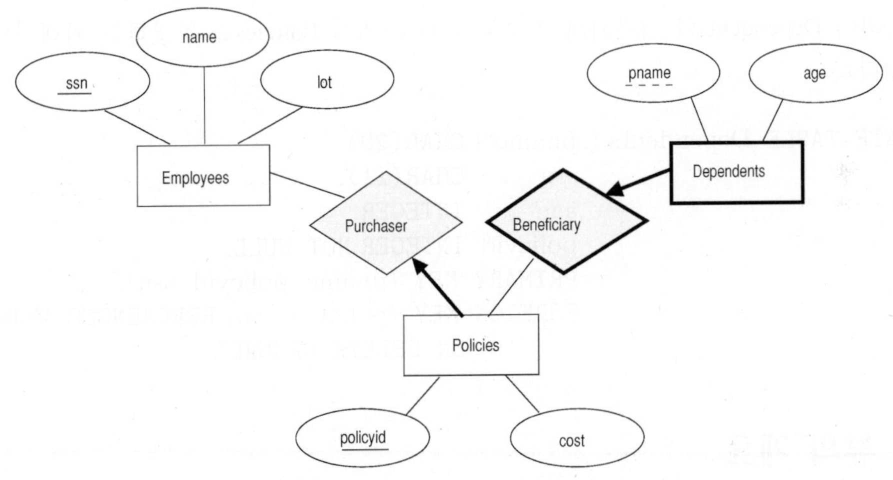

그림 3.17 Policy의 또다른 모델링

Dependents를 결합하기 위해 키 제약조건을 사용할 수 있으며, 이를 다음과 같이 관계모델로 변환할 수 있다.

```
CREATE TABLE Policies ( policyid INTEGER,
                        cost     REAL,
                        ssn      CHAR(11) NOT NULL,
                        PRIMARY KEY (policyid),
                        FOREIGN KEY (ssn) REFERENCES Employees
                                 ON DELETE CASCADE )

CREATE TABLE Dependents ( pname    CHAR(20),
                          age      INTEGER,
                          policyid INTEGER,
                          PRIMARY KEY (pname, policyid),
                          FOREIGN KEY (policyid) REFERENCES Policies
                                   ON DELETE CASCADE )
```

한 직원의 삭제가 어떻게 그 직원에 의하여 소유된 모든 보험증권들의 삭제와 이 보험증권

들의 수혜자인 모든 피부양자들의 삭제를 유도하는가를 주목하자. 각 피부양자는 하나의 보험 증권을 가져야 한다. (*policyid*는 Dependents의 기본키의 일부이기 때문에 묵시적으로 NOT NULL 제약조건을 가지고 있다.) 이 모델은 ER 다이어그램에 있는 참여 제약조건과 한 직원 개체가 삭제될 때 의도하는 조치들을 정확하게 반영하고 있다.

일반적으로, 약개체집합에 대해 관계들을 식별하는 체인이 존재할 수 있다. 예를 들어, 지금까지는 *policyid*가 보험증권을 유일하게 식별한다고 가정하였다. 그런데 *policyid*가 주어진 직원에 소유된 증권들만을 구별한다고 가정하자. 즉, *policyid*는 단지 부분키이고 Policies는 약개체집합으로 모델링 되어야 한다. *policyid*에 대한 이러한 새로운 가정은 이전의 논의에서 많은 부분을 변경하도록 하지는 않는다. 실제로, 유일하게 변경할 부분은 Policies의 기본키를 <*policyid*, *ssn*>으로 하는 것이며, 결과적으로 Dependents의 정의도 변경된다(*ssn* 필드가 추가되어 Dependents의 기본키의 일부분이 되고 역시 Policies를 참조하는 외래키의 일부분이 된다).

```
CREATE TABLE Dependents ( pname    CHAR(20),
                          ssn      CHAR(11),
                          age      INTEGER,
                          policyid INTEGER NOT NULL,
                          PRIMARY KEY (pname, policyid, ssn),
                          FOREIGN KEY (policyid, ssn) REFERENCES Policies
                                   ON DELETE CASCADE )
```

3.6 뷰의 개요

뷰(view)는 일종의 테이블로서 이에 속해있는 행들이 실제로 데이터베이스에 저장되지 않고 **뷰 정의**(view definition)를 이용하여 필요한 대로 계산된다. Students 릴레이션과 Enrolled 릴레이션을 생각해보자. 어느 과목에서 B학점을 받은 학생들의 이름, 학번, 그 과목번호를 검색하기를 원한다고 가정하자. 이 목적을 위해 다음과 같이 뷰를 정의할 수 있다.

```
CREATE VIEW B-Students (name, sid, course)
        AS SELECT S.name, S.sid, E.cid
        FROM   Students S, Enrolled E
        WHERE  S.sid = E.studid AND E.grade = 'B'
```

뷰 B-Students는 *name*, *sid*, *course*라는 세 개의 애트리뷰트를 가지고 있는데 각각은 *Students*에 있는 필드 *sname*과 *sid*, Enrolled에 있는 *cid*와 그 도메인이 같다(옵션인 인수 *name*, *sid*, *course*가 CREATE VIEW 문에서 생략되면, 열 이름인 *sname*, *sid*, *cid*가 상속된다).

이 뷰는 새로운 질의나 뷰를 정의할 때 **기본 테이블**(base table: 실제로 저장된 테이블)처럼 사용될 수 있다. Enrolled와 Students의 인스턴스들이 그림 3.4와 같이 주어졌을 때, B-Students는 그림 3.18에 있는 투플들을 포함한다. 개념적으로, B-Students가 하나의 질의에 사용될 때마다, B-Students의 인스턴스를 얻기 위해 먼저 뷰 정의가 계산되고, 그 다음으로 B-Students를 다른 릴레이션처럼 취급하여 질의의 나머지가 계산된다(뷰에 대한 질의가 실제로 어떻게 수행되는가를 25장에서 다룬다).

name	*sid*	*course*
Jones	53666	History105
Guldu	53832	Reggae203

그림 3.18 B-Students 뷰의 인스턴스

3.6.1 뷰, 데이터 독립성, 보안

1.5.2절에서 언급한 바 있는 추상화 단계를 생각해보자. 관계 데이터베이스의 *물리적* 스키마는 개념 스키마 형태의 릴레이션들이 어떻게 저장되는지를 사용된 파일 조직과 인덱스에 의하여 기술한다. *개념* 스키마는 데이터베이스에 저장된 릴레이션들의 스키마의 모임이다. *개념* 스키마에 있는 어떤 릴레이션들은 직접 응용에 이용될 수 있는 반면에(데이터베이스의 *외부* 스키마의 일부가 될 수 있는 반면에), *외부* 스키마에 있는 추가적인 릴레이션은 뷰 메커니즘을 이용하여 정의될 수 있다. 그러므로 뷰 메카니즘은 관계모델에서 *논리적 데이터 독립성*을 지원한다. 즉, 데이터베이스의 개념 스키마에서 발생한 변동사항을 응용으로부터 차단하는 외부 스키마의 릴레이션들을 정의하기 위해 사용될 수 있다. 예를 들어, 저장된 릴레이션의 스키마가 변경되면, 원래의 스키마를 가지고 있는 뷰를 다시 정의할 수 있으며 원래의 스키마를 사용하고 있던 응용들은 이제 이 뷰를 사용할 수 있다.

뷰는 *보안*(*security*)의 관점에서도 가치가 있다. 어떤 그룹의 사용자들에게 그들이 볼 수 있도록 허락된 정보에만 접근하도록 하는 뷰를 정의할 수 있다. 예를 들어, 학생들로 하여금 다른 학생들의 이름과 나이는 볼 수 있으나 평점평균을 볼 수 없도록 하는 뷰를 정의할 수 있으며, 모든 학생들이 이 뷰를 접근할 수 있지만 기반이 되는 테이블 Students를 접근할 수 없도록 할 수 있다.

3.6.2 뷰에 대한 갱신

뷰 메카니즘의 원래 동기는 사용자들이 데이터를 보는 관점에 따라 맞추어 주는 것이다. 사용자들은 뷰와 기본 테이블을 구별할 필요가 없어야 한다. 뷰에 대해 질의를 할 때에는 이 목표가 성취된다. 뷰는 어떤 질의를 정의함에 있어서 다른 릴레이션과 똑같이 사용될 수 있다. 물론 뷰에 대한 갱신을 명시하는 것이 당연히 필요하다. 불행히도, 이 경우에는 뷰와 기본 테이블간의 차이점을 명심해야 한다.

SQL-92 표준은 단일 기본 테이블을 대상으로 집단 연산을 사용하지 않고 셀렉션과 프로젝션만을 사용하여 정의된 뷰에 대해서만 갱신이 명시될 수 있게 한다.[3] 이러한 뷰를 **갱신 가**

[3] 또한 DISTINCT 연산은 갱신 가능한 뷰 정의에 사용될 수 없다는 제약이 있다. 디폴트로, SQL은 한

SQL:1999에서 갱신 가능한 뷰 새로운 SQL 표준은 기본키 제약을 고려하여 갱신 가능한 뷰 정의의 클래스를 확장하였다. SQL-92와 대조적으로, FROM 절에 한 테이블 이상을 포함하는 뷰 정의가 새로운 정의에서는 갱신 가능할 수 있다. 직관적으로, 뷰의 한 필드가 하부 테이블들 중 정확하게 하나의 테이블로부터 얻어지고, 그 테이블의 기본키가 그 뷰의 필드에 포함되어 있으면, 그 필드를 갱신할 수 있다.

SQL:1999는 소속 행들이 수정될 수 있는 뷰(*갱신 가능한 뷰*)와 새로운 행들이 삽입될 수 있는 뷰(**삽입 가능한 뷰**)를 구별한다. (5장에서 논의하는) SQL의 구성자 UNION, INTERSECT, EXCEPT를 이용하여 정의된 뷰들은 비록 갱신 가능하더라도 이들에게 삽입은 가능하지 않다. 직관적으로, 갱신가능성은 뷰에서 갱신된 투플이 그 뷰를 정의하기 위해 사용된 테이블들 중의 하나에 속하는 투플임을 정확하게 알아낼 수 있다는 것을 보장한다. 그러나, 갱신 가능한 성질은 새로운 투플을 어느 테이블로 삽입할 것인가를 결정할 수 있게 하지는 않는다.

능한 뷰(updatable view)라고 한다. 이 정의는 너무 단순화되었으나 제약의 참뜻을 담고 있다. 이렇게 제한된 뷰에 대한 갱신은 모호하지 않게 기반 테이블을 갱신함으로써 항상 구현될 수 있다. 다음의 뷰를 살펴보자.

```
CREATE VIEW GoodStudents (sid, gpa)
        AS SELECT S.sid, S.gpa
           FROM   Students S
           WHERE  S.gpa > 3.0
```

하나의 GoodStudents 행의 평균학점을 수정하기 위한 명령을 Students 테이블의 해당 행을 수정함으로써 구현할 수 있다. GoodStudents의 한 행의 삭제를 Students 테이블의 해당 행을 삭제함으로써 수행할 수 있다(일반적으로, 뷰가 기반 테이블의 키를 포함하지 않았다면, 아마 그 테이블에 있는 여러 행들이 뷰에 있는 단일 행으로 대응될 수 있을 것이다. 예를 들어, GoodStudents의 정의에 *S.sid* 대신 *S.name*을 사용했다면 이러한 경우가 될 것이다. 뷰의 한 행에 영향을 미치는 명령은 기반 테이블에서 대응하는 모든 행에 영향을 미친다).

GoodStudents에 나타나지 않는 Students의 열에 *널* 값을 사용하여, Students에 한 행을 삽입함으로써 GoodStudents 행을 삽입할 수 있다(예, *name*, *login*). 기본키 열들은 *널* 값을 포함할 수 없다. 따라서, 기반 테이블의 기본키를 포함하지 않는 뷰를 이용하여 행들을 삽입하려는 시도는 거부될 것이다. 예를 들어 GoodStudents가 *sname*을 포함하였으나 *sid*를 포함하지 않았다면, GoodStudents에 대한 행들의 삽입을 통해 Students에 이들을 삽입할 수 없을 것이다.

여기에서 중요한 점은 INSERT나 UPDATE가 기반이 되는 테이블을 변경했을 때 그 결과의

질의의 결과로부터 중복되는 행들을 제거하지 않는다. DISTINCT 연산은 중복 제거를 요구한다. 이 점에 대해서 5장에서 상세히 다룬다.

(즉, 삽입 또는 수정된) 행이 뷰에 포함되지 않을 수도 있다는 사실이다. 예를 들어, 이 뷰에 행 <*51234, 2.8*>을 삽입하려고 하면, 이 행은 기반이 되는 Students 테이블에 추가될 수는 있지만, 뷰 조건인 *gpa* > 3.0을 만족하지 않으므로 GoodStudents 뷰에 나타나지 않을 것이다. SQL의 디폴트 조치가 이러한 삽입을 허용하는 것이지만, 그 뷰의 정의에 `WITH CHECK OPTION` 절을 추가하여 이를 불허할 수 있다. 이 경우에, 뷰에 실제로 나타날 행들만이 허락할 수 있는 삽입이 된다.

여러분들은 다음을 유의하자. 하나의 뷰가 다른 뷰에 의하여 정의될 때, 갱신에 관한 이 뷰 정의들간의 상호작용과 `CHECK OPTION` 절이 복잡해질 수 있다. 이 책에서는 더 이상 논하지 않는다.

뷰에 대한 갱신을 제한하는 필요성

갱신 가능한 뷰에 대한 SQL 규칙들은 실제로 필요한 것보다 더 엄격한 반면에, 뷰에 대해 명시된 갱신들은 몇 가지 근본적인 문제들이 있으며 갱신될 수 있는 뷰들의 부류를 제한하는 데는 상당한 이유가 있다. Students 릴레이션과 Clubs이라는 새로운 릴레이션을 고려해보자.

Clubs(*cname:* `string`, *jyear:* `date`, *mname:* `string`)

Clubs에 속하는 한 투플은 *mname*이라는 학생이 *jyear*부터 클럽 *cname*의 회원이라는 것을 나타낸다.[4] 적어도 하나의 클럽에 소속해 있으면서 평균평점이 3보다 큰 값을 가진 학생들의 이름, 로그인, 클럽 이름, 가입날짜를 찾고 싶다고 가정하자. 이 목적을 위하여 다음과 같이 뷰를 정의할 수 있다.

```
CREATE VIEW ActiveStudents (name, login, club, since)
       AS SELECT S.sname, S.login, C.cname, C.jyear
          FROM   Students S, Clubs C
          WHERE  S.name = C.mname AND S.gpa > 3
```

그림 3.19와 그림 3.20에 있는 Students와 Clubs의 인스턴스를 고려해보자. 인스턴스 *S*3과 *C*를 대상으로 ActiveStudents를 계산하면, ActiveStudents는 그림 3.21에 있는 행들을 포함한다.

이제 ActiveStudents로부터 행 <*Smith, smith@ee, Hiking, 1997*>을 삭제하고 싶다고 하자. 어떻게 이것을 할 것인가? ActiveStudents의 행들은 실제로 저장되어 있지는 않고, 뷰 정의를 이용하여 Students 테이블과 Clubs 테이블로부터 필요한 대로 계산된다. 따라서 수정된 인스턴스를 대상으로 뷰 정의를 계산하면, 행 <*Smith, smith@ee, Hiking, 1997*>을 산출하지 않도록 Students 혹은 Clubs (혹은 둘 다)를 변경해야 한다. 이 작업은 다음의 두 가지 방식 중

[4] Club의 스키마 설계가 불충분하다는 점을 유의하자. 학생들을 이름으로 식별하고 있는데 이름은 Students 릴레이션의 후보키가 아니다. 뷰 갱신에 대한 논의를 위해 의도적으로 선택한 스키마이다.

cname	*jyear*	*mname*
Sailing	1996	Dave
Hiking	1997	Smith
Rowing	1998	Smith

그림 3.19 Clubs의 인스턴스 *C*

sid	*name*	*login*	*age*	*gpa*
50000	Dave	dave@cs	19	3.3
53666	Jones	jones@cs	18	3.4
53688	Smith	smith@ee	18	3.2
53650	Smith	smith@math	19	3.8

그림 3.20 Students의 인스턴스 *S3*

name	*login*	*club*	*since*
Dave	dave@cs	Sailing	1996
Smith	smith@ee	Hiking	1997
Smith	smith@ee	Rowing	1998
Smith	smith@math	Hiking	1997
Smith	smith@math	Rowing	1998

그림 3.21 ActiveStudents의 인스턴스

하나로 달성될 수 있다. 즉, Students에서 행 *<53688, Smith, smith@ee, 18, 3.2>*를 삭제하거나 아니면 Clubs에서 행 *<Hiking, 1997, Smith>*를 삭제하는 것이다. 그러나 어느 방법도 만족스럽지는 못하다. Students 행을 삭제하는 것은 뷰 ActiveStudents에서 행 *<Smith, smith@ee, Rowing, 1998>*을 역시 삭제하는 결과가 된다. Clubs 행을 삭제하는 것은 뷰 ActiveStudents에서 행 *<Smith, smith@math, Hiking, 1997>*을 역시 삭제하는 결과가 된다. 어떠한 부작용도 바람직하지 않다. 실제로, 유일한 해결책은 뷰에 대한 이러한 갱신을 불허하는 것이다.

여러 기본 테이블로부터 유도되는 뷰들이 이론상으로는 안전하게 갱신될 수 있다. 이 절의 처음에 소개한 B-Students 뷰가 이러한 뷰의 예이다. 그림 3.18에 있는 B-Student의 인스턴스를 고려해보자(물론, 그림 3.4에 있는 Students와 Enrolled에 해당하는 인스턴스들도 함께). 예를 들어, 하나의 투플 *<Dave, 50000, Raggae203>*을 B-Students에 삽입하기 위해서는 Students에 *sid* 50000인 투플이 이미 있으므로 Enrolled에 투플 *<Raggae203, B, 50000>*을 간단히 삽입할 수 있다. 반면에, *<John, 55000, Raggae203>*을 삽입하기 위해서는 *<Raggae203, B, 55000>*을 Enrolled에 삽입하고 *<55000, John*, null, null, null>을 Students에 역시 삽입하여야 한다. 삽입되는 투플의 필드들의 값이 없을 때에 *널* 값이 사용된다는 것을 주의하자. 다행하게도, 이 뷰 스키마는 두 기반 테이블의 기본키 필드들을 모두 포함한다. 그렇지 않은 경우에는, 이러한 뷰에 삽입을 지원할 수 없을 것이다. 뷰 B-Students로부터 하나의 투플을 삭제하기 위해서는 단순히 Enrolled에서 해당 투플을 삭제할 수 있다.

이 예는 갱신할 수 있는 뷰에 대한 SQL 규칙들이 불필요하게 제한적이라는 것을 예증하지만, 일반적인 경우에 뷰 갱신의 처리가 복잡하다는 것을 나타낸다. 실용적인 이유로, SQL 표준은 매우 제한적인 뷰 그룹을 대상으로 갱신을 허용하도록 결정하였다

3.7 테이블과 뷰의 제거 및 변경

어떤 기본 테이블이 더 이상 필요하지 않아 제거할 때에는(즉, 모든 행들을 삭제하고 해당 테이블의 정의 정보를 제거), DROP TABLE 명령을 사용할 수 있다. 예를 들어, DROP TABLE Students RESTRICT 명령은 어떤 뷰나 무결성 제약조건이 Students를 참조하지 있는 한 Students 테이블을 제거한다. 만약 어떤 뷰나 무결성 제약조건이 Students를 참조하면, 이 명령은 실패한다. 키워드 RESTRICT 대신 CASCADE를 사용하면, Students는 제거되고 이를 참조하는 뷰나 무결성 제약조건도 연쇄적으로 제거된다. 이 두 키워드 중의 하나는 반드시 명시되어야 한다. 뷰는 DROP VIEW 명령을 사용하여 제거될 수 있고, 이 명령은 DROP TABLE과 비슷하다.

ALTER TABLE은 기존 테이블의 구조를 수정한다. *maiden-name*이라는 열을 Students에 추가하기 위해, 다음과 같은 명령을 사용할 수 있다.

```
ALTER TABLE Students
        ADD COLUMN maiden-name CHAR(10)
```

Students의 정의는 이 열을 추가하기 위해 수정되고, 기존의 모든 행들에서 이 열의 값은 널로 채워진다. ALTER TABLE은 한 테이블에 있는 열을 제거하고 무결성 제약조건을 추가하거나 삭제할 때에도 역시 사용될 수 있다. 열을 제거하는 것은 테이블이나 뷰를 제거하는 것과 매우 유사하게 처리된다는 것을 언급하고 자세한 것은 생략한다.

3.8 사례연구: 인터넷 서점

2.8절에서부터 연속적으로 사용되는 예제에서 다음의 설계 단계는 논리적 데이터베이스 설계이다. 3장에서 논의된 표준 방법을 사용하여, DBDudes는 그림 2.20에 있는 ER 다이어그램을 관계모델로 사상하여 다음과 같은 테이블을 생성한다.

```
CREATE TABLE Books ( isbn            CHAR(10),
                     title           CHAR(80),
                     author          CHAR(80),
                     qty in stock    INTEGER,
                     price           REAL,
                     year published  INTEGER,
                     PRIMARY KEY (isbn))


CREATE TABLE Orders ( isbn         CHAR(10),
                      cid          INTEGER,
                      cardnum      CHAR(16),
                      qty          INTEGER,
                      order date   DATE,
                      ship date    DATE,
```

```
                        PRIMARY KEY (isbn,cid),
                        FOREIGN KEY (isbn) REFERENCES Books,
                        FOREIGN KEY (cid) REFERENCES Customers )

CREATE TABLE Customers ( cid      INTEGER,
                         cname    CHAR(80),
                         address  CHAR(200),
                         PRIMARY KEY (cid)
```

재검토 과정에서 드러난 설계의 결점에 대해 곰곰이 생각을 하고 있는 설계팀 리더는 이제 하나의 착상을 떠올리게 된다. Orders 테이블은 필드 *order_date*를 포함하고 이 테이블에 대한 키는 필드 *isbn*과 *cid*만을 포함한다. 이 사실 때문에, 고객은 여러 날들에 걸쳐 동일한 책을 주문할 수 없으며, 이것은 의도하지 않았던 제약이다. *order_date* 애트리뷰트를 Orders 테이블에 키로 추가하면 어떨까? 이렇게 하면 원하지 않았던 제약을 아마 제거할 수 있을 것이다.

```
CREATE TABLE Orders (   isbn          CHAR(10),
                        ...
                        PRIMARY KEY (isbn,cid,ship_date),
                        ...)
```

검토자 Dude 2는 이러한 해법에 전적으로 동의하지는 않는다. 어떤 자연적인 ER 다이어그램도 이러한 설계를 반영하지 않는다는 점을 지적하고 설계 문서로써 ER 다이어그램의 중요성을 강조한다. Dude 1은 Dude 2의 의견이 일리는 있지만, 이 설계를 B&N에게 발표를 하고 피드백을 받는 것이 중요하다고 주장한다. 모두가 이 의견에 동의하고, B&N과 다시 만난다.

B&N의 소유자는 이제 처음의 논의에서 언급하지 않았던 몇 가지 추가적인 요구사항을 가져온다: "고객들은 한번의 주문에서 여러 종류의 다른 책들을 구매할 수 있어야만 한다. 예를 들어, 한 고객이 'The English Teacher' 책 세 부와 'The Character of Physical Law' 책 두 부를 구매하기를 원하면, 고객은 단일 주문을 통해서 두 종류의 책을 구매할 수 있어야 한다."

설계팀 리더 Dude 1은 이것이 배송 정책에 어떻게 영향을 미칠 것인지를 질문한다. B&N은 여전히 한번에 주문한 모든 책들을 한꺼번에 배송하기를 원하는지? B&N의 소유자는 그들의 배송 정책에 대해 설명한다. "하나의 주문이 여러 종류의 책을 포함할지라도, 주문된 책별로 충분한 부수를 가지게 되면, 곧 배송한다. 그래서 'The English Teacher' 책 다섯 부가 재고로 있기 때문에 세 부가 오늘 배송된다. 그러나 'The Character of Physical Law' 책은 현재 재고로 한 부만 있고 또 한 부가 내일 도착하기 때문에, 내일 배송된다. 또한 고객들은 같은 날 여러 건의 주문을 할 수 있고, 그들이 한 주문들을 식별하기를 원한다."

DBDudes팀은 이에 대해 생각하여 두 개의 새로운 요구사항들을 확인한다. 먼저 단일 주문에서, 여러 종류의 책들을 주문하는 것이 가능해야 한다. 둘째로, 고객은 같은 날 요청한 여러 주문들을 구별할 수 있어야 한다. 이러한 요구사항들을 수용하기 위해, 하나의 주문을 유일하게 식별하는 *ordernum*이라는 새로운 애트리뷰트를 Orders 테이블에 도입한다. 그러나, 여러 책들이 단일 주문에서 구매될 수 있기 때문에, *ordernum*과 *isbn* 둘 다가 Orders 테이블에 있는 *qty*와 *ship_date*를 결정하기 위해 필요하다.

주문은 순차적으로 주문번호가 할당되고 더 늦게 들어온 주문은 더 큰 주문번호를 갖는다. 만약 하루에 동일한 고객에 의해 여러 주문들이 이루어지면, 이러한 주문들은 각기 다른 주문번호를 갖게 되므로 구별될 수 있다. 수정된 Orders 테이블을 생성하기 위한 SQL DDL문은 다음과 같다.

```
CREATE TABLE Orders ( ordernum     INTEGER,
                      isbn         CHAR(10),
                      cid          INTEGER,
                      cardnum      CHAR(16),
                      qty          INTEGER,
                      order_date   DATE,
                      ship_date    DATE,
                      PRIMARY KEY (ordernum, isbn),
                      FOREIGN KEY (isbn) REFERENCES Books
                      FOREIGN KEY (cid) REFERENCES Customers )
```

B&N의 소유자는 Orders에 대한 이러한 설계로 매우 만족하나, 또다른 것을 깨닫게 되었다. (DBDudes는 놀라지 않는다. 고객들은 대부분 설계가 진척됨에 따라 여러 새로운 요구사항들을 항상 도출한다.) 그는 그의 직원들이 고객들의 질문에 대답할 수 있도록, 직원들 모두가 주문의 상세한 내역서를 볼 수 있기를 원하는 반면, 고객들의 신용 카드 정보는 안전하기를 원한다. 이러한 관심사들을 해결하기 위해, DBDudes는 다음과 같은 뷰를 생성한다.

```
CREATE VIEW OrderInfo (isbn, cid, qty, order_date, ship_date)
        AS SELECT O.isbn, O.cid, O.qty, O.order_date, O.ship_date
           FROM   Orders O
```

이 계획은 직원들이 이 테이블을 볼 수 있도록 허락할 것이나 Orders를 볼 수 있도록 하지는 않는다. Orders 테이블을 볼 수 있는 부서는 B&N의 Accounting 부서로 제한된다. 이 점이 어떻게 성취되는지를 21.7절에서 알게 될 것이다.

3.9 복습문제

복습문제에 대한 해답은 괄호 안에 표시된 절에서 찾아볼 수 있다.

- 릴레이션이 무엇인가? 릴레이션 스키마와 릴레이션 인스턴스의 차이점을 설명하시오. 릴레이션의 용어 *arity*와 *degree*를 정의하시오. 도메인 제약조건이 무엇인가? **(3.1절)**
- 릴레이션의 정의를 가능하게 하는 SQL의 구성자는? 릴레이션 인스턴스의 수정을 허락

하는 SQL의 구성자는? **(3.1.1절)**

- *무결성 제약조건*이 무엇인가? *기본키 제약조건*과 *외래키 제약조건*을 정의하시오. 이 제약조건들은 어떻게 SQL로 표현되는가? 어떤 다른 종류의 제약조건들을 SQL로 표현할 수 있는가? **(3.2절)**
- 제약조건들이 위배될 때 DBMS는 무엇을 하는가? *참조 무결성*이 무엇인가? SQL은 참조 무결성의 위배를 처리하기 위해 응용 프로그래머에게 어떤 옵션들을 제공하는가? **(3.3절)**
- 언제 무결성 제약조건들이 DBMS에 의해 집행되는가? 응용 프로그래머는 어떻게 트랜잭션이 실행되는 동안 제약조건 위배 여부가 검사되는 시점을 제어하는가? **(3.3.1절)**
- *관계 데이터베이스의 질의*는 무엇인가? **(3.4절)**
- 테이블을 생성하기 위해 어떻게 ER 다이어그램을 SQL 문으로 변환할 수 있는가? 어떻게 개체집합이 릴레이션으로 사상되는가? 관계집합은 어떻게 사상되는가? ER 모델에서 제약조건, 약개체집합, 클래스 계층, 집단화가 어떻게 처리되는가? **(3.5절)**
- *뷰*는 무엇인가? 뷰는 어떻게 논리적 데이터 독립성을 지원하는가? 보안을 위하여 뷰는 어떻게 사용되는가? 뷰에 대한 질의는 어떻게 계산되는가? 왜 SQL은 갱신될 수 있는 뷰의 클래스를 제한하는가? **(3.6절)**
- 테이블의 구조를 수정하고 테이블과 뷰를 제거하기 위한 SQL 구성자는 무엇인가? 뷰를 제거할 때 어떤 일이 일어나는지를 논의하시오. **(3.7절)**

연습문제

문제 3.1 다음 용어들을 정의하시오: *릴레이션 스키마, 관계 데이터베이스 스키마, 도메인, 릴레이션 인스턴스, 릴레이션 카디날리티, 릴레이션 차수.*

문제 3.2 디날리티가 22인 릴레이션 인스턴스에는 서로 다른 투플들이 몇 개나 있는가?

문제 3.3 SQL 질의 작성자의 입장에서 볼 때, 관계모델은 어떻게 물리적 데이터 독립성과 논리적 데이터 독립성을 지원하는가?

문제 3.4 주어진 릴레이션에 대한 후보키와 기본키의 차이점은 무엇인가? 수퍼키는 무엇인가?

문제 3.5 그림 3.1의 Students 릴레이션 인스턴스를 고려해보자.

1. 이 인스턴스를 적법하다고 보고, 후보키가 아닌 애트리뷰트(또는 애트리뷰트들의 집합)의 예를 구하시오.
2. 이 인스턴스를 적법하다고 보고, 후보키가 될 수 있는 애트리뷰트(또는 애트리뷰트들의 집합)의 예를 구하시오.

문제 3.6 외래키 제약조건이란 무엇인가? 왜 이러한 제약조건들이 중요한가? 참조 무결성이 무엇인가?

문제 3.7 1.5.2절에서 정의된 Students, Faculty, Courses, Rooms, Enrolled, Teaches, Meets_In을 고려하자.

1. 이 릴레이션들에서 외래키 제약조건들을 모두 나열하시오.
2. 이 릴레이션들 중 하나 이상을 포함하며 기본키나 외래키 제약조건이 아닌 (그럴듯한) 제약조건의 예를 들어 보시오.

문제 3.8 이 릴레이션 스키마를 기초로 하여 다음의 질문들에 간단히 답하시오.

Emp(*eid:* `integer`, *ename:* `string`, *age:* `integer`, *salary:* `real`)
Works(*eid:* `integer`, *did:* `integer`, *pct_time:* `integer`)
Dept(*did:* `integer`, *dname:* `string`, *budget:* `real`, *managerid:* `integer`)

1. Dept 릴레이션을 포함하는 외래키 제약조건의 예를 들어 보시오. 사용자가 Dept의 한 투플을 삭제하려고 할 때 이 제약조건을 집행하는 옵션에는 어떠한 것들이 있는가?
2. 이 릴레이션들을 생성하는 SQL 문장들을 작성하시오. 여기에 기본키와 외래키 무결성 제약조건들을 포함하시오.
3. 모든 부서는 관리자를 갖도록 Dept 릴레이션을 SQL로 정의하시오.
4. *eid* = 101, *age* = 32, *salary* = 15,000의 값을 가지는 John Doe라는 직원을 추가하는 SQL 문을 작성하시오.
5. 모든 직원들의 급여를 10% 인상하는 SQL 문을 작성하시오.
6. Toy 부서를 삭제하는 SQL 문을 작성하시오. 이 스키마를 위해 선택한 참조 무결성 제약조건에 따라, 이 문장이 실행될 때 어떤 일이 일어나는지 설명하시오.

문제 3.9 한 질의의 결과가 그림 3.6이 되는 SQL 질의를 고려해보자.

1. 결과에 *login* 열만 포함되도록 이 질의를 수정하시오.
2. 원래의 질의에 `WHERE` *S.gpa* >= *2*라는 절을 추가하면, 결과로 나오는 투플들의 집합은 무엇이 되는가?

문제 3.10 (3.5.3절에 있는) Manages 릴레이션의 SQL 정의문에서 *ssn*에 `NOT NULL` 제약조건을 추가하더라도 각 부서에 관리자가 있어야 한다는 제약조건을 집행할 수 없는 이유를 설명하시오. Manages의 *ssn* 필드가 `NOT NULL`이 되도록 요구함으로써 무엇이 성취되는가?

문제 3.11 개체집합 A, B, C 사이에 삼진관계 R이 있으며, A는 키 제약조건과 전체참여 제약조건을 가지고 있고 B는 키 제약조건을 가지고 있다. 이 외의 제약조건은 없다고 가정하자. A에는 애트리뷰트 *a1*과 *a2*가 있으며, *a1*이 키이다. B와 C도 이와 마찬가지이다. R에는 기술용 애트리뷰트가 없다. 이 제약조건들을 최대한 많이 표현할 수 있도록 이 정보에 대한 테이블을 생성하는 SQL 문들을 작성하시오. 어떤 제약조건을 표현할 수 없다면, 그 이유를 설명하시오.

문제 3.12 어떤 대학 데이터베이스를 위해 ER 다이어그램을 설계한 연습문제 2.2의 시나리오를 생각해보자. 이에 대응하는 릴레이션을 생성하고 이 제약조건들을 최대한 많이 표현하는 SQL 문들을 작성하시오. 어떤 제약조건을 표현할 수 없다면, 그 이유를 설명하시오.

문제 3.13 연습문제 2.3의 대학 데이터베이스와 그때 여러분이 설계한 ER 다이어그램을 생각해보자. 이에 대응하는 릴레이션을 생성하고 이 제약조건들을 최대한 많이 표현하는 SQL 문들을 작성하시오. 어떤 제약조건을 표현할 수 없다면, 그 이유를 설명하시오.

문제 3.14 회사 데이터베이스를 위해 ER 다이어그램을 설계한 연습문제 2.4의 시나리오를 생각해보자. 이에 대응하는 릴레이션을 생성하고 이 제약조건들을 최대한 많이 표현하는 SQL 문들을 작성하시오. 어떤 제약조건을 표현할 수 없다면, 그 이유를 설명하시오.

문제 3.15 연습문제 2.5의 Notown 데이터베이스를 생각해보자. 여러분은 Notown이 회사 데이터를 저장하기 위해 관계 데이터베이스 시스템을 사용하도록 권고하기로 하였다. 여러분이 설계한 ER 다이어그램에 있는 개체집합과 관계집합에 대응하는 릴레이션들을 생성하기 위한 SQL 문을 작성하시오. 이 ER 다이어그램에 있는 제약들 중에서 SQL 문으로는 표현할 수 없는 제약들을 찾아내고, 그 이유를 간단히 설명하시오.

문제 3.16 연습문제 2.6에서 작성한 ER 다이어그램을 관계 스키마로 변환하고, 이 릴레이션들을 생성하기 위해 필요한 SQL 문들을 키 제약조건과 널 제약조건만 사용하여 작성하시오. 이 ER 다이어그램에 있는 어떤 제약조건들을 표현할 수 없다면 그 이유를 설명하시오.

연습문제 2.6에서, 어떤 비행기에 대한 테스트가 그 모델의 전문기술자에 의하여 실시되어야 한다는 조건을 포함하도록 ER 다이어그램을 수정하였다. 이 제약조건을 사상하고 검사할 수 있도록 릴레이션을 정의하기 위해 SQL 문을 수정할 수 있는가?

문제 3.17 연습문제 2.7에 있는 Prescriptions-R-X 약국 체인점을 위해 설계한 ER 다이어그램을 생각해보자. SQL 문을 사용하여 여러분의 설계에 있는 개체집합과 관계집합에 해당하는 릴레이션들을 정의하시오.

문제 3.18 연습문제 2.8에서 여러분이 설계한 ER 다이어그램에 대응하는 릴레이션들을 생성하는 SQL 문들을 작성하시오. ER 다이어그램에 있는 어떤 제약조건들을 표현할 수 없다면, 그 이유를 설명하시오.

문제 3.19 이 스키마를 기초로 하여 다음의 질문들에 간단히 답하시오.

> Emp(<u>*eid:* `integer`</u>, *ename:* `string`, *age:* `integer`, *salary:* `real`)
> Works(<u>*eid:* `integer`, *did:* `integer`</u>, *pct_time:* `integer`)
> Dept(<u>*did:* `integer`</u>, *budget:* `real`, *managerid:* `integer`)

1. 다음과 같이 정의된 뷰 SeniorEmp가 있다고 가정하자.

```
CREATE VIEW SeniorEmp (sname, sage, salary)
        AS SELECT E.ename, E.age, E.salary
           FROM   Emp E
           WHERE  E.age > 50
```

시스템이 다음의 질의를 처리하기 위해 무엇을 할 것인지를 설명하시오.

```
SELECT S.sname
FROM   SeniorEmp S
WHERE  S.salary > 100,000
```

2. Emp를 갱신함으로써 자동적으로 갱신될 수 있는 뷰의 예를 Emp를 이용하여 작성하시오.
3. (자동적인) 갱신이 불가능한 뷰의 예를 Emp를 이용하여 작성하고 그 이유를 설명하시오.

문제 3.20 다음의 스키마를 고려해보자.

Suppliers(*sid:* `integer`, *sname:* `string`, *address:* `string`)
Parts(*pid:* `integer`, *pname:* `string`, *color:* `string`)
Catalog(*sid:* `integer`, *pid:* `integer`, *cost:* `real`)

Catalog 릴레이션은 Suppliers에 의하여 공급되는 부품들을 포함한다. 다음의 질문들에 답하시오.

- 하나의 릴레이션을 포함하는 갱신 가능한 뷰의 예를 들어보시오.
- 두 릴레이션을 포함하는 갱신 가능한 뷰의 예를 들어보시오.
- 삽입 가능하고 갱신 가능한 뷰의 예를 들어보시오.
- 삽입 가능하나 갱신 가능하지 않는 뷰의 예를 들어보시오.

프로젝트 기반 연습문제

문제 3.21 Students, Faculty, Courses, Rooms, Enrolled, Teaches, Meets_In 릴레이션들을 Minibase로 생성하시오.

문제 3.22 그림 3.4에 있는 투플들을 Students 릴레이션과 Enrolled 릴레이션에 삽입하시오. 나머지 릴레이션들의 적법한 인스턴스들을 생성하시오.

문제 3.23 어떤 무결성 제약조건들이 Miniase에 의하여 집행되는가?

문제 3.24 이 장에 소개된 SQL 질의들을 실행하시오.

참고문헌 소개

관계모델은 Codd에 의해 아주 독창적인 논문으로 제안되었다[187]. Childs[176]와 Kuhns[454]는 이러한 개발에 대한 일부를 미리 암시하였다. Gallaire와 Minker가 쓴 책[296]은 관계 데이터베이스 문맥의 로직 사용에 대한 여러 논문들을 싣고 있다. 전체 데이터베이스가 추상적으로 하나의 릴레이션으로 간주되는 릴레이션 모델의 일종인 *universal relation*이라 불리는 시스템은 [746]에 기술된다. 알려지지 않거나 누락된 필드 값을 나타내는 *null* 값들을 반영하기 위한 관계모델의 확장은 여러 저자들에 의해 논의된다. 예를 들어, [329, 396, 622, 754, 790]들이 있다.

선구적인 프로젝트들은 IBM San Jose Reserach Laboratory(현재 IBM Almaden Research Center)에서 수행되고 있는 System R[40, 150], University of California의 Berkeley 분교에서 수행되고 있는 Ingres[717], Peterlee에 있는 IBM UK Scientific Center의 PRTV [737] 그리고 IBM T. J. Watson Research Center의 QBE[801]을 포함한다.

풍부한 이론은 관계 데이터베이스 분야의 토대를 굳건하게 한다. 이론적인 측면을 중시하는 교재들은 Atzeni와 DeAntonellis [45]; Maier[501]; Abiteboul, Hull, Vianu[3]에 의한 교재들을 포함한다.

관계 데이터베이스에서 무결성 제약들은 충분히 논의되어 왔다. [190]은 관계모델의 의미적인 확장과 무결성, 특히 참조 무결성을 다루고 있다. [360]은 의미적인 무결성 제약을 논의한다. [203]은 특히 참조 무결성의 상세한 논의를 포함하여, 무결성 제약의 다양한 측면을 다루고 있는 논문들을 싣고 있다. 광범위한 문헌들이 무결성 제약조건들의 집행을 취급하고 있다. [51]은 컴파일 시점, 실행 시점, 실행 후 검사에 의하여 무결성 제약조건을 집행하는 비용을 비교한다. [145]는 무결성 제약조건을 명시하기 위해 SQL에 바탕을 둔 언어를 소개하고 이 언어로 명시된 무결성 제약들이 위배될 수 있는 조건들을 식별한다. [713]은 질의의 수정에 의해 무결성 제약조건을 검사하는 기법을 논의한다. [180]은 실시간 무결성 제약을 논의한다. 이외에도, 데이터베이스에서 무결성 제약조건을 검사하는 논문들은 [82, 122, 138, 517]을 포함한다. [681]은 런타임의 검사 대신에 데이터베이스를 접근하는 프로그램들의 정확성을 증명하는 접근법을 검토한다. 참고문헌에 대한 이러한 목록은 결코 완전한 것이 아니라는 것을 명심하자. 실제로, 명시된 무결성 제약조건을 순환적으로 검사하는 것에 대한 많은 논문들을 포함하지 않고 있다. 이렇게 광범위하게 연구된 분야에서 몇 개의 초기 논문들을 [296]과 [295]에서 찾아 볼 수 있다.

SQL에 대해 참조하기 위해서, 5장의 참고문헌 소개를 읽어보시오. 이 책은 관계모델에 바탕을 둔 특정한 제품을 다루지 않지만, 많은 훌륭한 책들은 주된 상업용 시스템에 대해 다루고 있다. 예를 들어, DB2를 다루고 있는 Chamberlin의 책[149], Sybase를 다루고 있는 Date와 McGoveran's 책[206], 그리고 Oracle을 다루고 있는 Koch와 Loney의 책[443]이 있다.

여러 논문들이 뷰에 명시된 갱신들을 기반이 되는 테이블의 갱신으로 변환하는 문제들을 고찰하고 있다[59, 208, 422, 468, 778]. [292]는 이 주제에 대한 좋은 개요를 담고 있다. 뷰를 질의하고 유형화한 뷰를 유지하는 연구에 대한 참조를 위하여 25장의 참고문헌 소개를 참고하시오.

[731]은 ER 다이어그램을 개발하는 것에 바탕을 둔 설계 방법론을 다루고 있고 그 다음으로 관계모델로 변환하는 것을 다룬다. Markowitz는 ER에서의 참조 무결성을 관계로 사상하는 것을 고찰하고 몇 개의 상업 시스템에서 제공되는 지원에 대해 다루고 있다[513, 514].

4

관계대수와 관계해석

☞ SQL과 같은 관계 질의어의 기초는 무엇인가? 절차적인 언어와 선언적인 언어의 차이는 무엇인가?

☞ 관계대수는 무엇이며, 왜 그것이 중요한가?

☞ 기본 대수 연산자들은 무엇이며 어떻게 그들이 복잡한 질의를 작성하기 위해 조합되는가?

☞ 관계해석은 무엇이며, 왜 그것이 중요한가?

☞ 수학적인 로직의 무슨 부분이 관계해석에서 사용되며, 그것이 질의를 작성하기 위해 어떻게 사용되는가?

➜ **주요 개념:** 관계대수(relational algebra), 셀렉트(select), 프로젝트(project), 합집합(union), 교집합(intersection), 크로스 프로덕트(cross-product), 조인(join), 디비전(division); 투플 관계해석(tuple relational calculus), 도메인 관계해석(domain relational calculus), 전체 정량자(universal quantifiers)와 존재 정량자(existential quantifiers), 바운드 변수(bound variables)와 자유 변수(free variables)

Stand firm in your refusal to remain conscious during algebra. In real life, I assure you, there is no such thing as algebra.

— Fran Lebowitz, *Social Studies*

이 장에서는 관계 모델과 관련이 있는 두 가지의 형식 질의어(formal query language)를 소개한다. **질의어**(query language)는 데이터베이스에 들어 있는 데이터에 대한 질문, 즉 **질의**(query)를 하기 위한 특수 언어이다. 4.1절에서 몇 가지 예비 지식을 학습한 후, 4.2절에서 *관계대수*(*relational algebra*)에 대해 알아본다. 관계대수에서 질의들은 여러 연산자들을 이용해서 구성되며, 각 질의는 원하는 해답을 계산하기 위한 단계적 절차를 기술한다. 즉, 질의들은 *조작적인* 방법으로 명시된다. 4.3절에서 *관계해석*(*relational calculus*)을 다루는데, 관계해석에서 질의는 해답이 계산되는 방법을 명시하지 않고 원하는 답을 기술한다. 이러한 비 절차적인 질의 스타일을 *선언적*(*declarative*)이라고 한다. 일반적으로 관계대수와 관계해석을 각각 대수와 해석으로 부른다. 대수와 해석의 표현력을 4.4절에서 비교한다. 이러한 형식 질의어들은 SQL과 같은 상용 질의어에 지대한 영향을 주었는데, 뒷장에서 이를 다룬다.

4.1 시작하기 전에

관계 질의에 대해 우선 몇 가지 요점을 확실히 하고자 한다. 한 질의의 입력과 출력의 형태는 릴레이션이다. 질의는 각 입력 릴레이션의 *인스턴스*를 이용하여 계산되며 출력 릴레이션의 인스턴스를 산출한다. 3.4절에서, 필드를 언급하기 위해 필드 이름을 사용하였는데 이러한 표기가 질의를 더 읽기 쉽게 한다. 이의 대안은 주어진 릴레이션에 있는 필드들을 항상 똑같은 순서로 나열하고 이들을 필드 이름보다는 위치로 언급하는 것이다.

관계대수와 관계해석을 정의할 때, 필드들을 위치로 언급하는 방법이 이름으로 언급하는 방법보다 더 편리하다. 질의는 종종 중간 결과의 계산을 수반하는데, 이들 자체가 릴레이션의 인스턴스이다. 만약 필드를 필드 이름으로 언급하려면, 모든 중간 릴레이션 인스턴스들의 필드 이름을 일일이 명시해야 한다. 이 작업은 번거로운 일이며 필드를 위치로 언급할 수 있기 때문에 부차적인 이슈이다. 반면에, 필드 이름은 질의를 더 쉽게 읽을 수 있도록 한다.

이러한 점을 고려하여, 관계대수와 관계해석을 형식적으로 정의하기 위해 위치에 의한 표기법을 사용한다. 또한 편의상 중간 결과 릴레이션이 필드 이름을 '상속하는' 단순한 관례를 소개한다.

다음의 스키마를 이용하여 다양한 샘플 질의들을 소개한다.

Sailors(*sid:* `integer`, *sname:* `string`, *rating:* `integer`, *age:* `real`)
Boats(*bid:* `integer`, *bname:* `string`, *color:* `string`)
Reserves(*sid:* `integer`, *bid:* `integer`, *day:* `date`)

키 필드들에는 밑줄을 긋고, 각 필드의 도메인은 필드 이름 다음에 열거한다. 따라서 *sid*는 Sailors의 키이고, *bid*는 Boats의 키이며, Reserves에서는 세 필드 모두가 키를 형성한다. 이 릴레이션들의 인스턴스에 있는 필드들은 이름이나 단순히 그들이 열거된 순서를 이용하여 언급된다.

관계대수 연산들을 예증하는 여러 예에서, 그림 4.1, 그림 4.2, 그림 4.3에 있는 Sailors의 인스턴스 $S1$과 $S2$, Reserves의 $R1$을 사용한다.

sid	*sname*	*rating*	*age*
22	Dustin	7	45.0
31	Lubber	8	55.5
58	Rusty	10	35.0

그림 4.1 Sailors의 인스턴스 $S1$

sid	*sname*	*rating*	*age*
28	yuppy	9	35.0
31	Lubber	8	55.5
44	guppy	5	35.0
58	Rusty	10	35.0

그림 4.2 Sailors의 인스턴스 $S2$

sid	*bid*	*day*
22	101	10/10/96
58	103	11/12/96

그림 4.3 Reserves의 인스턴스 $R1$

4.2 관계대수

관계대수는 관계 모델과 관련한 두 가지 형식 질의어 중의 하나이다. 대수로 표현한 질의들은 다양한 연산자들을 사용해서 구성된다. 기본적인 성질은 관계대수의 모든 연산자는 하나 또는 두 개의 릴레이션 인스턴스를 매개변수로 받아들이고 그 결과로 하나의 릴레이션 인스턴스를 반환한다. 이러한 성질이 복잡한 질의를 만들기 위해 연산자들을 *조합*하는 것을 쉽게 한다. **관계대수식**(relational algebra expression)은 한 릴레이션, 단일 식에 적용되는 단항(unary) 대수 연산자, 또는 두 개의 식에 적용되는 이항(binary) 대수 연산자로 순환적으로 정의된다. 여기에서는 관계대수의 기본 연산자들(셀렉션, 프로젝션, 합집합, 크로스 프로덕트, 차집합)과 몇 가지 추가적인 연산자들을 기술한다. 이 추가 연산자들은 기본 연산자들에 의하여 정의될 수 있으나 자주 사용되기 때문에 중요하다.

관계 질의는 연산자들이 적용되는 순서에 의거하여, 원하는 답을 계산하기 위한 단계적 절차를 기술한다. 대수의 절차적인 성질 때문에 대수식을 질의 수행을 위한 일종의 계획으로 생각할 수 있으며, 실제로 관계 시스템들은 질의 수행 계획을 표현하기 위해 대수식을 이용한다.

4.2.1 셀렉션과 프로젝션

관계대수는 릴레이션으로부터 행들을 *선택*하기 위한 연산자 σ(시그마)와 열들을 *추출*하기 위한 연산자 π(파이)를 포함한다. 이 연산들은 단일 릴레이션에 있는 데이터를 조작한다. 그림 4.2에 있는 Sailors 릴레이션의 인스턴스 $S2$를 생각해보자. σ연산자를 사용하여 경험이 많은 뱃사람에 해당하는 투플들을 검색할 수 있다. 다음의 식은

$$\sigma_{rating>8}(S2)$$

그림 4.4와 같은 릴레이션을 결과로 산출한다. 여기에서 아래첨자로 표현된 식 *rating* > *8*은 투플을 검색하는 동안 적용될 선택 기준을 명시한다.

sid	*sname*	*rating*	*age*
28	yuppy	9	35.0
58	Rusty	10	35.0

그림 4.4 $\sigma_{rating>8}(S2)$

sname	*rating*
yuppy	9
Lubber	8
guppy	5
Rusty	10

그림 4.5 $\pi_{sname,\ rating}(S2)$

셀렉션 연산자 σ는 셀렉션 조건을 통해 유지할 투플들을 명시한다. 일반적으로, 이 *셀렉션 조건*은 *애트리뷰트* op *상수* 또는 *애트리뷰트1* op *애트리뷰트2*라는 형태의 *항*들을 불리언으로 조합한 것(즉, 논리 연결자 $\wedge$과 $\vee$를 이용하여 표현)이다. 여기서 op는 비교 연산자 $<$, $<=$, $=$, $\neq$, $>=$, $>$ 중의 하나이다. 애트리뷰트에 대한 언급은 위치(*.i* 또는 *i*의 형식)나 이름(*.name* 또는 *name*의 형식)으로 나타낼 수 있다. 셀렉션 결과의 스키마는 입력 릴레이션 인스턴스의 스키마와 같다.

프로젝션 연산자 π는 한 릴레이션으로부터 열들을 추출한다. 예를 들어, π를 사용하여 모든 뱃사람의 이름과 등급을 구할 수 있다. 다음의 식은

$$\pi_{sname,rating}(S2)$$

그림 4.5와 같은 릴레이션을 결과로 산출한다. 아래 첨자 *sname*, *rating*은 유지될 필드들을 명시하고, 나머지 필드들은 모두 제거된다. 프로젝션 결과의 스키마는 당연히 프로젝션된 필드들에 따라 결정된다.

뱃사람들의 나이만 구하고 싶다고 가정하자. 다음의 식은

$$\pi_{age}(S2)$$

그림 4.6과 같은 릴레이션을 결과로 산출한다. 주목해야할 중요한 점은 세 명의 뱃사람이 나이가 35세이지만, 이 프로젝션의 결과에는 *age*=*35.0*인 단일 투플이 나타나는 것이다. 이것은 릴레이션이 투플들의 *집합*이라는 정의에 따른 결과이다. 사실상, 실제 시스템들이 *중복되는 투플들을* 제거하는 값비싼 절차를 생략하여, 다중집합 릴레이션이 결과가 된다. 그러나, 관계대수와 관계해석에서는 릴레이션들이 투플들의 집합이 되도록 중복 제거가 항상 수행된다고 가정한다.

관계대수식의 결과는 항상 하나의 릴레이션이기 때문에, 릴레이션을 예상하는 위치에 대수식을 대신 쓸 수 있다. 예를 들어, 앞의 두 예제 질의를 조합하여 등급이 아주 높은 뱃사람들의 이름과 등급을 계산할 수 있다. 다음의 식은

$$\pi_{sname,rating}(\sigma_{rating>8}(S2))$$

그림 4.7과 같은 릴레이션을 결과로 산출한다. 이 결과는 S2에 셀렉션을 적용하고(그림 4.4에 있는 릴레이션을 얻기 위해) 그 다음에 프로젝션을 적용함으로써 얻어진다.

age
35.0
55.5

그림 4.6 $\pi_{age}(S2)$

sname	*rating*
yuppy	9
Rusty	10

그림 4.7 $\pi_{sname,\ rating}(\sigma_{rating\ >8}(S2))$

4.2.2 집합 연산

집합에 대한 다음과 같은 표준 연산들은 관계대수에서도 사용할 수 있다. *합집합*(*union*: ∪), *교집합*(*intersection*: ∩), *차집합*(*set-difference*: −), *크로스 프로덕트*(*cross-product*: ×).

- **합집합**: $R \cup S$는 릴레이션 인스턴스 *R*이나 릴레이션 인스턴스 *S* (또는 양쪽 모두)에 나타나는 모든 투플들을 포함하는 릴레이션 인스턴스를 반환한다. *R*과 *S*는 서로 *합병가능*(*union-compatible*)하여야 하며 그 결과의 스키마는 *R*의 스키마와 동일하다.

  두 릴레이션 인스턴스들은 다음의 두 조건을 만족하면 **합병가능(union-compatible)**하다라고 한다.
  - 이들의 필드 수가 같고,
  - 왼쪽에서부터 오른쪽으로 차례대로, 대응하는 필드들이 동일한 *도메인*을 가지고 있다.

  필드 이름은 합병가능성을 정의하는 데에 사용되지 않는다. 편의상, $R \cup S$의 필드들은 *R*의 필드들이 이름을 가지고 있다면 *R*로부터 이름을 상속한다고 가정한다(이 가정은, 앞에서 언급한 대로, 묵시적으로 $R \cup S$의 스키마는 *R*의 스키마와 동일하도록 정의한다).

- **교집합**: $R \cap S$는 *R*과 *S*에 *모두* 속하는 투플들을 포함하는 릴레이션 인스턴스를 반환한다. 릴레이션 *R*과 *S*는 서로 합병가능하여야 하며 그 결과의 스키마는 *R*의 스키마와 동일하다.

- **차집합**: $R - S$는 *R*에는 속하고 *S*에는 속하지 않는 투플들로 구성된 릴레이션 인스턴스를 반환한다. 릴레이션 *R*과 *S*는 서로 합병가능하여야 하며 그 결과의 스키마는 *R*의 스키마와 동일하다.

- **크로스 프로덕트**: $R \times S$는 그 스키마가 *R*의 모든 필드 다음에 *S*의 모든 필드들을 순서대로 포함하는 릴레이션 인스턴스를 반환한다. $R \times S$의 결과는 투플들 $r \in R$, $s \in S$의 각 쌍에 대하여 하나의 투플 $\langle r, s \rangle$ (투플 *r*과 투플 *s*의 접합)를 포함한다. 크로스 프로덕트 연산은 **카티션 프로덕트**(Cartesian product)라고도 한다.

> $R \times S$의 필드들은 R과 S의 대응하는 필드로부터 이름을 상속하는 관례를 사용한다. R과 S는 동일한 이름을 갖는 하나 이상의 필드들을 포함할 가능성도 있다. 이 경우에 이름 충돌(*naming conflict*)이 발생한다. 이러한 필드들은 $R \times S$에서 이름이 만들어지지 않고 그 위치로만 언급된다.

지금까지 정의한 각 연산자는 어떤 관계대수식을 사용하여 계산되는 릴레이션 인스턴스에 적용될 수 있다.

이제 몇 가지 예제를 통하여 이러한 정의들을 예증한다. $S1$과 $S2$의 합집합은 그림 4.8과 같다. 필드들이 순서대로 나열되어 있다. 필드의 이름들은 $S1$으로부터 상속된다. $S2$는 Sailor 릴레이션의 한 인스턴스이므로 당연히 같은 필드 이름들을 가지고 있다. 일반적으로, $S2$의 필드들은 다른 이름을 가질 수도 있다. 단지 도메인만 서로 일치하면 된다. 결과는 투플들의 *집합*이라는 것을 주목하자. $S1$과 $S2$에 모두 나타나는 투플들은 $S1 \cup S2$에 한번씩만 나타난다. 그러나, $S1 \cup R1$은 두 릴레이션이 서로 합병가능하지 않기 때문에 유효하지 않다. $S1$과 $S2$의 교집합은 그림 4.9와 같으며, 차집합 $S1-S2$는 그림 4.10과 같다.

sid	*sname*	*rating*	*age*
22	Dustin	7	45.0
31	Lubber	8	55.5
58	Rusty	10	35.0
28	yuppy	9	35.0
44	guppy	5	35.0

그림 4.8 $S1 \cup S2$

sid	*sname*	*rating*	*age*
31	Lubber	8	55.5
58	Rusty	10	35.0

그림 4.9 $S1 \cap S2$

sid	*sname*	*rating*	*age*
22	Dustin	7	45.0

그림 4.10 $S1-S2$

크로스 프로덕트 $S1 \times R1$의 결과는 그림 4.11과 같다. $R1$과 $S1$에 모두 *sid*라는 이름의 필드가 있기 때문에, 필드 이름에 대한 우리의 관례대로, $S1 \times R1$에 있는 이 두 필드는 이름이

(*sid*)	*sname*	*rating*	*age*	(*sid*)	*bid*	*day*
22	Dustin	7	45.0	22	101	10/10/96
22	Dustin	7	45.0	58	103	11/12/96
31	Lubber	8	55.5	22	101	10/10/96
31	Lubber	8	55.5	58	103	11/12/96
58	Rusty	10	35.0	22	101	10/10/96
58	Rusty	10	35.0	58	103	11/12/96

그림 4.11 $S1 \times S2$

붙여지지 않고 그림 4.11에서 나타나는 위치에 의해 언급된다. $S1 \times R1$의 필드들은 $R1$과 $S1$에 있는 대응필드들과 같은 도메인을 가진다. 그림 4.11에서, *sid*는 그것이 상속된 필드이름이 아니라는 것을 강조하기 위해 괄호 안에 들어 있다. 다만 해당 도메인만 상속된다.

4.2.3 이름바꾸기

관계대수식의 결과가 가능하면 자연스럽게, 매개 변수인 (입력) 릴레이션 인스턴스들로부터 필드 이름들을 상속하는 필드 이름 관례를 채택해 왔다. 그렇지만, 어떤 경우에는 이름 충돌이 발생한다. 예를 들면, $S1 \times R1$의 경우에 그러하다. 그러므로 관계대수식에 의해 정의되는 릴레이션 인스턴스의 필드에 이름을 명시적으로 부여할 수 있도록 하는 것이 편리하다. 실제로, 긴 대수식을 더 작은 부분으로 쪼개어서 각 부분식의 결과 릴레이션 인스턴스 자체에 이름을 줄 수 있도록 하는 것이 편리한 경우가 많다.

이런 목적을 위해 **개명**(renaming) 연산자 ρ(로우)를 소개한다. 식 $\rho(R(\overline{F}), E)$는 임의의 관계대수식 E를 취하여 R이라고 하는 (새로운) 릴레이션의 인스턴스를 반환한다. R은 E의 결과와 동일한 투플들을 가지며 E와 스키마가 동일하지만 몇 개의 필드에 새로운 이름들이 붙여진다. 릴레이션 R의 필드 이름들은 *개명 리스트* $\overline{F}$ 에++++++ 있는 필드들을 제외하고 E와 동일하다. $\overline{F}$ 리스트는 *oldname* → *newname* 또는 *position* → *newname* 형식의 항들을 가지는 리스트이다. ρ가 잘 정의되도록 하기 위해서, (개명 리스트에서 *oldname* 또는 *position*이라는 형식으로) 필드를 언급하는 것은 모호하지 않아야 하고 결과에 있는 어떠한 두 필드도 동일한 이름을 가져서는 안된다. 가끔 필드의 이름만 변경하거나 릴레이션의 이름만 변경하는 것이 필요할 때가 있다. 그러므로 ρ를 사용할 때 R과 $\overline{F}$ 를 모두 옵션으로 취급한다(물론, 둘 다 생략하는 것은 의미가 없다).

예를 들어, $\rho(C\ (1 \rightarrow sid1,\ 5 \rightarrow sid2),\ S1 \times R1)$는 그림 4.11과 같은 투플들을 가지는 릴레이션을 반환하고 다음의 스키마를 가진다. C (*sid1*: `integer`, *sname:* `string`, *rating:* `integer`, *age:* `real`, *sid 2*: `integer`, *bid:* `integer`, *day*: `dates`).

대수에 몇 개의 추가적인 연산자들을 포함하는 것이 보통이지만, 이들은 지금까지 정의한 연산자들에 의하여 정의될 수 있다(사실, 개명 연산자는 구문상의 편리를 위해서만 필요하고, 교집합 연산자도 반드시 필요한 것은 아니다. $R \cap S$는 $R-(R-S)$로 정의될 수 있다). 다음의 두 소절에서 이러한 추가적인 연산자들을 소개하고 기본 연산자들에 의한 이들의 정의를 살펴보기로 한다.

4.2.4 조인

조인(*join*) 연산은 관계대수에서 가장 유용한 연산 중의 하나로서, 두 개 이상의 릴레이션들로부터 정보를 조합하기 위해 가장 일반적으로 사용되는 방법이다. 조인은 크로스 프로덕트를 한 후에 셀렉션과 프로젝션을 하는 것으로 정의될 수 있지만, 실제로 순수한 크로스 프로덕트보다 훨씬 더 자주 사용된다. 더구나, 크로스 프로덕트의 결과는 조인의 결과보다 일

반적으로 훨씬 더 크므로, 조인을 인식하여 하부에 있는 크로스 프로덕트를 유형화하지 않고 (셀렉션과 프로젝션을 바로 적용하여) 구현하는 것이 매우 중요하다. 이러한 이유로, 조인은 많은 관심을 받고 있으며, 조인 연산에는 여러 가지 변형이 있다.[1]

조건조인

조인 연산의 가장 일반적인 형태는 *조인 조건* *c*와 한 쌍의 릴레이션 인스턴스를 매개변수로 받아들여 하나의 릴레이션 인스턴스를 반환하는 것이다. *조인 조건*은 형식에 있어서 *셀렉션 조건*과 동일하다. 이 연산은 다음과 같이 정의된다.

$$R \bowtie_c S \;=\; \sigma_c(R \times S)$$

따라서 ⋈는 크로스 프로덕트 후에 셀렉션을 하는 것으로 정의된다. 조건 *c*는 *R*의 애트리뷰트와 *S*의 애트리뷰트를 모두 언급할 수 있다는 것을 주목하자. 릴레이션에서 애트리뷰트의 언급은 (*R.i* 형식의) 위치나 (*R.name* 형식의) 이름으로 할 수 있다.

예를 들어, $S1 \bowtie_{S1.sid\ <\ R1.sid} R1$의 결과는 그림 4.12와 같다. *sid*가 *S*1과 *R*1에 모두 나타나기 때문에, 크로스 프로덕트 $S1 \times R1$의 결과(또한, $S1 \bowtie_{S1.sid\ <\ R1.sid} R1$의 결과)에 있는 대응 필드들은 이름이 없다. 도메인들은 *S*1과 *R*1의 대응 필드로부터 상속된다.

(*sid*)	*sname*	*rating*	*age*	(*sid*)	*bid*	*day*
22	Dustin	7	45.0	58	103	11/12/96
31	Lubber	8	55.5	58	103	11/12/96

그림 4.12 $S1 \bowtie_{S1.sid<R1.sid} R1$

동등조인

조인 연산 $R \bowtie S$의 특수한 경우 중에서 가장 흔한 형태는 *조인 조건*이 $R.name1 = S.name2$의 형태(*R*과 *S*의 두 필드간에 등호가 들어가는 형태)의 (∧으로 연결된) 등식들만으로 구성되는 것이다. 이 경우에는, 결과에 두 애트리뷰트를 모두 유지하기 때문에 중복이 있게 된다. 이렇게 등식으로만 구성되는 조인 조건의 경우, 조인 연산은 *S.name2*가 제거되는 추가적인 프로젝션을 수행함으로써 정제된다. 이러한 정제 작업을 수행하는 조인 연산을 **동등조인**(equijoin)이라고 한다.

동등조인 결과의 스키마는 *R*의 필드와 조인 조건에 나타나지 않는 *S*의 필드들이 차례로 나열된 형태로 구성된다. 결과 릴레이션에 있는 필드들의 집합이 *R*과 *S*로부터 같은 이름을 상속하는 두 필드를 포함하면, 결과 릴레이션에서 그 두 필드에는 이름이 붙여지지 않는다.

$S1 \bowtie_{R.sid=S.sid} R1$의 결과는 그림 4.13과 같다. *sid* 필드는 오직 한번만 결과에 나타난다는

---

[1] 조인의 여러 변형들이 이 장에서는 논의되지 않는다. 중요한 조인 중의 하나인 *외부 조인*(*outer join*)은 5장에서 논의된다.

것을 유의하자.

sid	*sname*	*rating*	*age*	*bid*	*day*
22	Dustin	7	45.0	101	10/10/96
58	Rusty	10	35.0	103	11/12/96

그림 4.13 $S1 \bowtie_{R.sid=S.sid} R1$

자연조인

조인 연산 $R \bowtie S$의 좀 더 특수한 경우는 동등조건이 R과 S에서 동일한 이름을 가지고 있는 모든 필드에 대해 명시되는 동등조인이다. 이 경우에는, 조인 조건을 생략할 수 있다. 묵시적으로 조인 조건은 모든 공통 필드에 대한 동등조건들로 구성된다. 이 특수한 경우를 *자연조인(natural join)*이라고 하는데, 이 연산은 그 결과가 동일한 이름을 가진 두 필드를 갖지 않도록 보장되는 좋은 성질을 가지고 있다.

동등조인식 $S1 \bowtie_{R.sid=S.sid} R1$은 실제로는 자연조인이기 때문에 단순히 $S1 \bowtie R1$으로 표기될 수 있다. 만일 두 릴레이션이 공통되는 애트리뷰트를 가지고 있지 않다면, $S1 \bowtie R1$은 크로스 프로덕트가 된다.

4.2.5 디비전

디비전(division) 연산자는, "모든 배를 예약한 뱃사람의 이름을 구하시오."와 같은 특정한 종류의 질의를 표현할 때 유용하다. 디비전을 정의하기 위해 대수의 기본 연산자들을 사용하는 방법을 이해하는 것은 유용하다. 그렇지만, 디비전 연산자는 다른 연산자들만큼 중요하지는 않다. 자주 필요하지 않으므로, 데이터베이스 시스템은 디비전을 별개의 연산자로 구현하지 않는 경향이다(조인 연산자를 이용해 수행된다).

예제를 통해 디비전을 알아보자. 두 릴레이션 인스턴스 A와 B를 생각해보자. A에는 정확하게 두 필드 x와 y가 있고, B에는 하나의 필드 y가 있으며 A에 있는 y와 도메인이 같다. *디비전* 연산 A/B는 B(의 투플)에 있는 모든 y 값에 대해서 A에 투플 $\langle x, y \rangle$가 존재하는 (단항 투플 형태의) 모든 x 값들의 집합으로 정의된다.

디비전을 이해하는 또다른 방법은 다음과 같다. A(의 첫 번째 열)에 있는 각 x 값에 대해서, 그 x 값과 함께 A의 투플들의 두 번째 필드에 나타나는 y 값의 집합을 생각해보자. 이 집합이 B(에 속한 모든 y 값)를 포함하면, 그 x 값은 A/B의 결과에 속한다.

정수 나눗셈과의 유사성을 생각해 보면 이 디비전을 이해하는 데 도움이 될 것이다. 정수 A와 B에 대해서, A/B는 $Q \times B \leq A$를 만족하는 가장 큰 정수 Q이다. 릴레이션 인스턴스 A와 B에 대해서, A/B는 $Q \times B \subseteq A$를 만족하는 가장 큰 릴레이션 인스턴스 Q이다.

디비전이 그림 4.14에 예시되어 있다. A는 공급자들과 이들에 의해 공급되는 부품들에 대한 릴레이션, B는 부품들의 릴레이션이라고 가정해보자. A/Bi는 릴레이션 인스턴스 Bi에 나열된 모든 부품을 공급하는 공급자들을 계산한다.

A

sno	*pno*
s1	p1
s1	p2
s1	p3
s1	p4
s2	p1
s2	p2
s3	p2
s4	p2
s4	p4

B1

pno
p2

B2

pno
p2
p4

B3

pno
p1
p2
p4

A/B1

sno
s1
s2
s3
s4

A/B2

sno
s1
s4

A/B3

sno
s1

그림 4.14 디비전을 설명하는 예제

A/*B*를 기본 대수 연산자로 풀어 표현하는 것은 재미있는 연습문제이므로, 여러분들은 이 책을 더 읽어 보기 전에 풀어보기 바란다. 기본적인 아이디어는 *A*에서 *자격이 없는* 모든 *x* 값들을 계산하는 것이다. *A*에 있는 각 *x* 값과 *B*에 속한 *y* 값을 접합하여, *A*에 속하지 않는 투플 <*x*, *y*>를 얻으면 그 *x* 값은 *자격이 없게* 된다. 다음의 대수식을 사용하여 자격이 없는 투플들을 계산할 수 있다.

$$\pi_x((\pi_x(A) \times B) - A)$$

그러므로, *A*/*B*는 다음과 같이 정의할 수 있다.

$$\pi_x(A) - \pi_x((\pi_x(A) \times B) - A)$$

디비전 연산을 일반적으로 이해하기 위해서는, *x*와 *y*가 애트리뷰트들의 집합으로 각각 대치되는 경우로 생각하면 된다. 일반화는 간단하며, 여러분들에게 연습문제로 남겨 둔다. 디비전을 예증하는 두 예제(질의 Q9와 Q10)를 이 절의 뒤에서 다룬다.

4.2.6 대수 질의의 예제들

이제 관계대수로 질의를 작성하는 방법을 예증하기 위해 몇 가지 예제를 소개한다. 이 절의 모든 예제들은 Sailors, Reserves, Boats 스키마를 사용한다. 대수식을 모호하지 않게 하기 위하여 필요한 대로 괄호를 사용한다. 이 장에 나오는 모든 예제 질의들은 고유한 질의번호가 부여되는 것을 유의하자. 이 질의번호는 5장에서도 동일하게 사용한다. 이렇게 번호를 부여하는 것이 관계해석과 SQL의 내용에서 한 질의를 다시 다룰 때, 그 질의를 식별하기가 쉽고 그 질의에 대한 여러 표현법을 비교하기가 쉽다(한 질의에 대한 모든 참조는 주제 인덱스에서 찾아 볼 수 있다).

이 장과 5장에서는 Sailors의 인스턴스 *S*3, Reserves의 인스턴스 *R*2, Boats의 인스턴스 *B*1을 이용하여 질의들을 예증한다. 이들은 그림 4.15, 그림 4.16, 그림 4.17에 각각 나타나있다.

sid	*sname*	*rating*	*age*
22	Dustin	7	45.0
29	Brutus	1	33.0
31	Lubber	8	55.5
32	Andy	8	25.5
58	Rusty	10	35.0
64	Horatio	7	35.0
71	Zorba	10	16.0
74	Horatio	9	35.0
85	Art	3	25.5
95	Bob	3	63.5

그림 4.15 Sailors의 인스턴스 *S*3

sid	*bid*	*day*
22	101	10/10/98
22	102	10/10/98
22	103	10/8/98
22	104	10/7/98
31	102	11/10/98
31	103	11/6/98
31	104	11/12/98
64	101	9/5/98
64	102	9/8/98
74	103	9/8/98

그림 4.16 Reserves의 인스턴스 *R*2

bid	*bname*	*color*
101	Interlake	blue
102	Interlake	red
103	Clipper	green
104	Marine	red

그림 4.17 Boats의 인스턴스 *B*1

(Q1) 배 103을 예약한 뱃사람의 이름을 구하시오.

이 질의는 다음과 같이 작성될 수 있다.

$$\pi_{sname}(\sigma_{bid=103}(Reserves \bowtie Sailors))$$

먼저 Reserves 릴레이션에서 *bid* = 103인 투플들의 집합을 계산하고 그 다음으로 이 결과의 집합과 Sailors을 자연조인한다. 이 식은 Reserves와 Sailors의 인스턴스를 대상으로 계산될 수 있다. 인스턴스 *R*2와 *S*3을 이용하여 계산하면, *sname*이라는 오직 한 필드에 세 투플 <*Dustin*>, <*Horatio*>, <*Lubber*>로 구성되는 릴레이션을 결과로 산출한다(두 명의 뱃사람이 Horatio라 불리고 그들 중 한 사람만 배 103을 예약한 점을 주목하자).

이 질의를 개명 연산자 ρ를 사용해서 더 작은 부분들로 나눌 수 있다.

$$\rho(Temp1, \sigma_{bid=103}Reserves)$$
$$\rho(Temp2, Temp1 \bowtie Sailors)$$
$$\pi_{sname}(Temp2)$$

중간 결과의 릴레이션에 이름을 부여하기 위해서만 ρ를 사용하고 있기 때문에, 개명 리스트는 옵션이며 생략되었음을 유의하자. *Temp*1은 배 103의 예약 정보를 나타내는 중간 릴레이션이다. *Temp*2는 또다른 중간 릴레이션으로, 집합 *Temp*1에 속한 예약과 관련된 뱃사람들을 나타낸다. 이 질의를 인스턴스 *R*2와 *S*3에 대해서 수행하였을 때의 결과 인스턴스들이 그림 4.18과 4.19에 나타나있다. 마지막으로, *Temp*2로부터 *sname* 필드를 추출한다.

sid	*bid*	*day*
22	103	10/8/98
31	103	11/6/98
74	103	9/8/98

그림 4.18 *Temp*1의 인스턴스

sid	*sname*	*rating*	*age*	*bid*	*day*
22	Dustin	7	45.0	103	10/8/98
31	Lubber	8	55.5	103	11/6/98
74	Horatio	9	35.0	103	9/8/98

그림 4.19 *Temp*의 인스턴스

ρ를 사용한 이 질의는 근본적으로 원래의 질의와 동일하다. 이 ρ의 사용은 구문상의 양념일 뿐이다. 그렇지만, 관계대수로 하나의 질의를 표현하는 데는 실제로 여러 가지 다른 방법들이 있다. 다음은 이 질의를 작성하기 위한 또다른 방법이다.

$$\pi_{sname}(\sigma_{bid=103}(Reserves \bowtie Sailors))$$

이 버전에서는, 먼저 Reserves와 Sailors의 자연조인을 먼저 계산하고 그 다음으로 셀렉션과 프로젝션을 적용한다.

이 예는 관계 DBMS에서 관계대수가 상당한 역할을 하는 것을 보여준다. 질의들은 사용자에 의하여 SQL과 같은 언어로 표현된다. DBMS는 SQL 질의를 관계대수(를 확장한 형태)로 변환하고, 그 다음에 같은 답을 산출하면서 계산비용은 더 적게 드는 다른 대수식들을 찾는다. 사용자의 질의가 먼저 다음의 식으로 변환되고

$$\pi_{sname}(\sigma_{bid=103}(Reserves \bowtie Sailors))$$

훌륭한 질의 최적화기는 다음과 같은 동등한 식을 발견할 것이다.

$$\pi_{sname}((\sigma_{bid=103}Reserves) \bowtie Sailors)$$

더구나, 최적화기는 두 번째 식에 있는 중간 결과의 릴레이션 크기가 더 작기 때문에 계산비용도 더 적게 들 것이라는 사실을 인식할 것이다.

(Q2) 적색 배를 예약한 뱃사람의 이름을 구하시오.

$$\pi_{sname}((\sigma_{color='red'}Boats) \bowtie Reserves \bowtie Sailors)$$

이 질의는 두 조인을 연속하여 사용하고 있다. 먼저, 적색 배(를 기술하는 투플)를 선택한다. 그 다음에, 적색 배에 대한 예약을 파악하기 위해 이 집합과 Reserves를 조인한다(*bid* 열에

등호를 명시한 자연조인). 다음으로, 적색 배를 예약한 뱃사람을 검색하기 위해 이 중간 결과의 릴레이션과 Sailors를 조인한다(*sid* 열에 등호를 명시한 자연조인). 마지막으로, 뱃사람의 이름을 추출한다. 인스턴스 *B*1, *R*2, *S*3을 대상으로 계산되었을 때, 그 결과로 이름 Dustin, Horatio, Lubber를 얻게된다.

이와 동등한 식은:

$$\pi_{sname}(\pi_{sid}((\pi_{bid}\sigma_{color='red'}Boats) \bowtie Reserves) \bowtie Sailors)$$

여러분들은 중간 결과의 릴레이션들을 명시하고 중간 결과의 릴레이션들의 스키마들을 비교하기 위해 ρ를 사용하여 이 두 질의를 재작성하기 바란다. 두 번째 식은 필드 수가 더 적은 중간 릴레이션들을 생성한다. 그러므로 더 적은 수의 투플들을 가지는 중간 릴레이션 인스턴스들이 될 것 같다. 관계 질의 최적화기는 첫 번째 식이 주어지면 두 번째 식을 찾아내고자 할 것이다.

(Q3) Lubber가 예약한 배의 색을 구하시오.

$$\pi_{color}((\sigma_{sname='Lubber'}Sailors) \bowtie Reserves \bowtie Boats)$$

이 질의는 적색 배를 예약한 뱃사람을 구하기 위해 사용한 질의와 매우 비슷하다. *B*1, *R*2, *S*3을 대상으로 계산하면, green과 red가 반환된다.

(Q4) 적어도 한 척의 배를 예약한 뱃사람의 이름을 구하시오.

$$\pi_{sname}(Sailors \bowtie Reserves)$$

Sailors와 Reserves의 조인은 Sailors의 한 투플과 Reserves의 한 투플이 접합된 투플로 구성되는 중간 릴레이션을 생성한다. 하나의 Sailors 투플은 적어도 하나의 Reserves 투플이 동일한 *sid* 값을 가지는 경우에만(즉, 그 뱃사람이 어떤 예약을 한 경우에만), 이 중간 릴레이션(의 어떤 투플)에 나타난다. 인스턴스 *B*1, *R*2, *S*3을 대상으로 계산되었을 때, 그 결과로 세 투플 <*Dustin*>, <*Horatio*>, <*Lubber*>를 얻게된다. Horatio라는 두 뱃사람이 모두 배를 예약하였지만, 결과에서 투플 <*Horatio*>는 한번만 나타난다. 그 이유는 질의의 결과는 하나의 *릴레이션*(즉, 중복되는 투플이 없는 투플들의 집합)이기 때문이다.

이 시점에서 자연조인 연산이 우리의 예들에서 얼마나 빈번히 사용되는가를 주목하자. 자연조인은 매우 자연스러우며 실제로 널리 사용되는 연산이다. 특히, 자연조인은 두 테이블을 외래키 필드로 조인할 때 자주 사용된다. 예를 들어, 질의 Q4에서 조인은 Sailors와 Reserves의 *sid* 필드들을 등식화하는 것인데 Reserves의 *sid* 필드는 Sailors의 *sid* 필드를 참조하는 외래키이다.

(Q5) 적색 배나 녹색 배를 예약한 뱃사람의 이름을 구하시오.

$$\rho(Tempboats, (\sigma_{color='red'}Boats) \cup (\sigma_{color='green'}Boats))$$
$$\pi_{sname}(Tempboats \bowtie Reserves \bowtie Sailors)$$

먼저 적색이거나 녹색인 모든 배의 집합 Tempboats를 구한다(*B*1, *R*2, *S*3 인스턴스를 대상으로 계산하면, Tempboats는 배의 번호가 102, 103, 104인 배들을 포함한다). 그 다음 이들 중 한 척이라도 예약한 뱃사람들의 *sid* 번호를 얻기 위해 Tempboats와 Reserves를 조인한다. *sid*가 22, 31, 64, 74인 투플들을 얻게 된다. 마지막으로, 이러한 *sid*들을 가진 Sailors의 이름을 구하기 위해 이 중간 계산 릴레이션과 Sailors를 조인한다. 그 결과로 Dustin, Horatio, Lubber라는 이름을 얻게 된다. 이와 동등한 식은 다음과 같다.

$$\rho(Tempboats, (\sigma_{color='red' \vee color='green'} Boats))$$
$$\pi_{sname}(Tempboats \bowtie Reserves \bowtie Sailors)$$

이제 이 질의와 매우 비슷한 질의를 생각해보자.

(Q6) 적색 배와 녹색 배를 예약한 뱃사람의 이름을 구하시오. 이를 계산하기 위해 Tempboats의 정의에서 ∪를 ∩로 단순히 교체하면 되는 것으로 생각하기 쉽다.

$$\rho(Tempboats2, (\sigma_{color='red'} Boats) \cap (\sigma_{color='green'} Boats))$$
$$\pi_{sname}(Tempboats2 \bowtie Reserves \bowtie Sailors)$$

그렇지만, 이 방법으로는 정확한 결과를 얻지 못한다. 이렇게 하면 적색이면서 녹색인 배를 예약한 뱃사람을 구하게 된다(*bid*가 Boats의 키이기 때문에, 한 배는 오직 하나의 색만 가질 수 있다. 이 질의는 답으로 항상 공집합을 반환하게 된다). 올바른 접근 방식은 적색 배를 예약한 뱃사람을 구하고 녹색 배를 예약한 뱃사람을 구한 뒤, 이들 두 집합에 대해 교집합을 취하는 것이다.

$$\rho(Tempred, \pi_{sid}((\sigma_{color='red'} Boats) \bowtie Reserves))$$
$$\rho(Tempgreen, \pi_{sid}((\sigma_{color='green'} Boats) \bowtie Reserves))$$
$$\pi_{sname}((Tempred \cap Tempgreen) \bowtie Sailors)$$

두 개의 임시 릴레이션들은 뱃사람들의 *sid*를 계산하며 그들의 교집합은 적색 배와 녹색 배를 모두 예약한 뱃사람들을 파악하는 것이다. *B*1, *R*2, *S*3을 대상으로 계산하였을 때, 적색 배를 예약한 뱃사람의 번호는 22, 31, 64이고 녹색 배를 예약한 뱃사람의 번호는 22, 31, 74이다. 따라서, 적색 배와 녹색 배를 모두 예약한 뱃사람의 번호는 22와 31이다. 그들의 이름은 Dustin과 Lubber이다.

질의 Q6에 대한 이 식은 적색 배 *또는* 녹색 배를 예약한 뱃사람들을 구하기 위해 쉽게 수정될 수 있다 (질의 Q5); 단순히 ∩를 ∪로 대체한다.

$$\rho(Tempred, \pi_{sid}((\sigma_{color='red'} Boats) \bowtie Reserves))$$
$$\rho(Tempgreen, \pi_{sid}((\sigma_{color='green'} Boats) \bowtie Reserves))$$
$$\pi_{sname}((Tempred \cup Tempgreen) \bowtie Sailors)$$

질의 Q5와 질의 Q6의 식에서, (합집합이나 교집합을 수행한 필드) *sid*가 Sailors 릴레이션의 키라는 사실은 매우 중요하다. 질의 Q6에 대해서 다음과 같은 시도를 생각해보자.

$$\rho(Tempred, \pi_{sname}((\sigma_{color='red'}Boats) \bowtie Reserves \bowtie Sailors))$$
$$\rho(Tempgreen, \pi_{sname}((\sigma_{color='green'}Boats) \bowtie Reserves \bowtie Sailors))$$
$$Tempred \cap Tempgreen$$

이 식은 미묘한 이유로 정확한 결과를 얻지 못한다. 우리의 예제 인스턴스에서 Horatio 처럼, 같은 이름을 가진 서로 다른 두 뱃사람이 적색 배와 녹색 배를 각각 예약할 수 있다. 이 경우에, Horatio라는 사람은 어느 누구도 적색 배와 녹색 배를 모두 예약하지 않았지만 그 결과에는 이름 Horatio가 (부정확하게) 포함되게 된다. 이러한 오류의 원인은 이 식에서 *sname*이 뱃사람을 구별하기 위해 사용되고 있으나, *sname*은 키가 아니라는 점이다.

(Q7) 적어도 두 척의 배를 예약한 뱃사람의 이름을 구하시오.

$$\rho(Reservations, \pi_{sid,sname,bid}(Sailors \bowtie Reserves))$$
$$\rho(Reservationpairs(1 \to sid1, 2 \to sname1, 3 \to bid1, 4 \to sid2,$$
$$5 \to sname2, 6 \to bid2), Reservations \times Reservations)$$
$$\pi_{sname1}\sigma_{(sid1=sid2)\wedge(bid1\neq bid2)}Reservationpairs$$

먼저, <*sid, sname, bid*> 형태의 투플들을 계산하는데, 여기서 뱃사람 *sid*는 배 *bid*를 예약했다. 이 투플들의 집합이 임시 릴레이션 Reservations이 된다. 다음으로 Reservations 투플들 중에서 동일한 뱃사람이 서로 다른 배를 예약한 모든 쌍을 찾는다. 이 점이 핵심적인 아이디어이다. 한 사람이 두 척의 배를 예약한 것을 나타내기 위해, 같은 사람이지만 서로 다른 배를 포함하는 두 Reservations 투플을 찾아야 한다. *B*1, *R*2, *S*3 인스턴스를 대상으로 계산하면, *sid* 번호가 22, 31, 64인 뱃사람들이 적어도 두 배를 예약하였다. 마지막으로, 이러한 뱃사람들의 이름을 프로젝트하여, 뱃사람 이름 Dustin, Horatio, Lubber로 구성되는 결과를 얻는다.

*sid*는 뱃사람들을 식별하는 키 필드이기 때문에 Reservations에 *sid*를 포함했으며, 두 Reservations 투플이 같은 뱃사람을 포함하는지 검사하기 위해 *sid*가 필요하다는 점을 주목하자. 앞의 예제에서 언급한 대로, 이 목적을 위하여 *sname*을 사용할 수는 없다.

(Q8) 나이가 20세를 초과하고 적색 배를 예약하지 않은 뱃사람들의 sid를 구하시오.

$$\pi_{sid}(\sigma_{age>20}Sailors) -$$
$$\pi_{sid}((\sigma_{color='red'}Boats) \bowtie Reserves \bowtie Sailors)$$

이 질의는 차집합 연산의 사용법을 예증하고 있다. 여기에서도 *sid*가 Sailors의 키라는 사실을 이용하고 있다. 먼저 나이가 20세를 초과하는 뱃사람들을 구하고(*B*1, *R*2, *S*3 인스턴스를 대상으로, *sid* 값 22, 29, 31, 32, 58, 64, 74, 85, 95) 그 다음으로 적색 배를 예약한 사람들(*sid* 값 22, 31, 64)을 제거하여 해답을 얻는다(*sid* 값 29, 32, 58, 74, 85, 95). 만일 이러한 뱃사람들의 이름을 구하고자 하면, 먼저 그들의 *sid* 값들을 조금 전의 예와 같이 구하고 그 다음 Sailors와 조인하여 *sname* 값을 추출한다.

(Q9) 모든 배를 예약한 뱃사람들의 이름을 구하시오.

'모든'이란 단어의 사용은 디비전 연산을 적용할 수 있을 것이라는 좋은 암시가 된다.

$$\rho(Tempsids, (\pi_{sid,bid}Reserves)/(\pi_{bid}Boats))$$
$$\pi_{sname}(Tempsids \bowtie Sailors)$$

중간 릴레이션 Tempsids는 디비전을 사용하여 정의되고 모든 배를 예약한 뱃사람들의 *sid* 값들의 집합을 계산한다(*B*1, *R*2, *S*3 인스턴스를 대상으로, 오직 *sid* 값 22). 여기에서 디비전 연산자(/)가 적용된 두 릴레이션을 어떻게 정의하는지를 주목하자. 첫 번째 릴레이션은 스키마가 (*sid*, *bid*)이고 두 번째 릴레이션은 스키마가 (*bid*)이다. 그러면 디비전은 두 번째 릴레이션의 모든 *bid*에 대해서 첫 번째 릴레이션에 투플 <*sid*, *bid*>가 존재하는 *sid* 값 모두를 반환한다. Tempsids와 Sailors를 조인하는 것은 선택된 *sid* 값들과 뱃사람 이름을 연관짓기 위해 필요하다. 뱃사람 22에 해당하는 이름은 Dustin이다.

(Q10) Interlake라고 하는 배를 모두 예약한 뱃사람들의 이름을 구하시오.

$$\rho(Tempsids, (\pi_{sid,bid}Reserves)/(\pi_{bid}(\sigma_{bname='Interlake'}Boats)))$$
$$\pi_{sname}(Tempsids \bowtie Sailors)$$

앞의 질의와 다른 점은 디비전 연산자의 두 번째 매개변수를 정의하는 데에 *Interlake*라는 이름을 가진 배의 *bid* 값만을 계산하기 위해 Boats에 셀렉션을 적용한다는 점이다. *B*1, *R*2, *S*3 인스턴스를 대상으로 계산하면, Tempsids는 *sid* 값 22와 64로 구성되고, 최종 결과는 그들의 이름인 Dustin과 Horatio로 구성된다.

4.3 관계해석

관계해석은 관계대수의 대안이다. 대수가 절차적인데 반하여, 해석은 원하는 답들이 어떻게 계산되어야 하는 지에 대해 명시하지 않고 그들의 집합을 기술하는 점에서 비절차적, 혹은 *선언적*이다. 관계해석은 SQL, 특히, QBE(Query-by-Example)와 같은 상업적인 질의어의 설계에 많은 영향을 주었다.

우리가 여기에서 상세히 다룰 해석의 형태는 **투플 관계해석**(tuple relational calculus: **TRC**)이다. TRC에 있는 변수들은 투플들을 값으로 취한다. 또다른 형태인 **도메인 관계해석**(domain relational calculus: **DRC**)에서는, 변수들이 필드 값들을 취한다. TRC는 SQL에 더 많은 영향을 준 반면, DRC는 QBE에 많은 영향을 주었다. DRC에 대해서는 4.3.2절에서 다룬다.[2]

---

[2] DRC에 대한 자료는 QBE의 (online) 장에서 언급된다. 이 장을 제외하고, DRC와 TRC에 대한 내용은 생략될 수 있다.

4.3.1 투플 관계해석

투플 변수(tuple variable)는 어느 특정 릴레이션의 투플들을 값으로 취하는 변수이다. 즉, 주어진 투플 변수에 대입되는 값들은 동일한 개수와 타입의 필드들을 가진다. 투플 관계해석 질의는 $\{T \mid p(T)\}$의 형식을 가지는데, 이 때 T는 투플 변수이며 $p(T)$는 T를 기술하는 *공식(formula)*이다. 공식과 질의를 곧 수학적으로 정의할 것이다. 이 질의의 결과는 공식 $p(T)$가 $T = t$의 값으로 참(true)이 되는 모든 투플 t의 집합이다. 공식 $p(T)$를 작성하는 언어는 TRC의 핵심이고 기본적으로 *일차 논리(first order logic)*의 부분집합이다. 간단한 예로써, 다음의 질의를 생각해보자.

(Q11) 등급이 7보다 큰 모든 뱃사람을 구하시오.

$$\{S \mid S \in Sailors \wedge S.rating > 7\}$$

이 질의가 Sailors 릴레이션의 한 인스턴스를 대상으로 계산될 때, 투플 변수 S는 각 투플을 차례대로 취하여 $S.rating > 7$을 테스트하게 된다. 그 결과는 이 테스트를 통과한 S의 인스턴스들이다. Sailors의 인스턴스 $S3$을 대상으로 계산하면, 그 결과는 *sid* 값 31, 32, 58, 71, 74를 가진 Sailors 투플들로 구성된다.

TRC 질의의 구문

이제 이러한 개념들을 공식을 이용하여 정식으로 정의하기로 하자. Rel은 릴레이션 이름, R과 S는 투플 변수, a와 b는 각각 R과 S의 한 애트리뷰트이라고 하자. op를 집합 $\{<, >, =, \leq, \geq, \neq\}$에 속하는 하나의 연산자라고 하자. **원자식**(atomic formula)은 다음 중의 하나이다.

- $R \in Rel$
- $R.a$ op $S.b$
- $R.a$ op 상수, 또는 상수 op $R.a$

공식(formula)은 다음 중의 하나로 순환적으로 정의되는데, p와 q는 그들 자체로 공식이며 $p(R)$은 변수 R이 나타나는 공식을 표시한다.

- 원자식
- $\neg p$, $p \wedge q$, $p \vee q$, 또는 $p \Rightarrow q$
- $\exists R(p(R))$, 이때 R은 투플 변수
- $\forall R(p(R))$, 이때 R은 투플 변수

마지막 두 공식에서, **정량자**(quantifier) $\exists$와 $\forall$는 변수 R을 **속박한다**(bind)고 한다. 하나의 공식 또는 *부공식(subformula*, 더 큰 공식 안에 포함된 공식)에 어떤 변수가 있을 때, 그 (부)공식이 그 변수를 속박하는 어떤 정량자를 포함하지 않으면, 그 변수는 **자유롭다**(free)고 말

한다.[3]

어떤 TRC 식에 있는 각 변수는 부속하는 원자식에 나타나고, 모든 관계 스키마는 각 필드에 도메인을 명시한다는 것을 알고 있다. 이러한 사실이 TRC 식에 있는 각 변수는 그 값을 취할 수 있는 잘 정의된 도메인(정의역)을 가지고 있다는 것을 보장한다. 즉, 프로그래밍 언어의 관점에서 보면, 각 변수는 잘 정의된 *타입*을 가지고 있다. 쉽게 말한다면, 원자식 $R \in Rel$은 R의 타입을 Rel에 속한 투플의 타입이 되게 하고, $R.a$ op $S.b$, $R.a$ op *상수* 형태의 비교는 필드 $R.a$의 타입을 제한하게 된다. 만약 변수 R이 $R \in Rel$이라는 형식의 원자식에 나타나지 않는다면(즉, 이 변수는 비교하는 원자식에만 나타난다), R의 타입은 그 식에 나타나는 R의 모든 필드로 구성된 투플이라는 관례에 따르기로 한다.

변수의 타입에 대해서는 정식으로 정의하지 않으나, 변수의 타입은 대부분의 경우 명확하여야 하며, 주의해야 할 중요한 점은 타입이 일치하지 않는 값들의 비교는 항상 실패한다는 것이다(관계해석을 논의할 때에는, 상수에 대한 단일 도메인이 있고 이것이 각 릴레이션의 각 필드에 연관된 도메인이라는 가정이 설정된다).

TRC 질의(TRC Query)는 $\{T \mid p(T)\}$의 형식으로 정의되며, 이때 T는 공식 p 내에서 유일한 자유 변수이다.

TRC 질의의 의미

TRC 질의는 무엇을 의미하는가? 좀 더 정확하게, 주어진 TRC 질의의 결과 투플들의 집합은 무엇인가? 앞에서 언급한 바와 같이, TRC 질의 $\{T \mid p(T)\}$에 대한 **답**은 변수 T에 투플 값 t를 대입하여 식 $p(T)$가 참이 되게 하는 모든 투플 t의 집합이다. 이 정의를 완성하기 위해서는, 어떤 식에 있는 자유 변수들에게 어떤 투플 값들을 대입하면 그 식이 참(true)이 되는지를 명시하여야 한다.

하나의 질의는 주어진 데이터베이스 인스턴스를 대상으로 계산된다. 어떤 공식 F에 있는 각 자유 변수는 투플 값을 취한다고 하자. 주어진 데이터베이스 인스턴스에 대해서, 변수에 어떤 투플을 대입했을 때, 다음 중 하나가 유효하면 F는 `true`로 계산된다.

- F가 원자식 $R \in Rel$이고, R에 릴레이션 Rel의 인스턴스에 있는 한 투플이 대입된다.
- F가 비교 원자식 $R.a$ op $S.b$, $R.a$ op *상수*, 또는 *상수* op $R.a$이고 R과 S에 대입된 투플들이 이 비교를 참으로 하는 필드 값 $R.a$와 $S.b$를 가지고 있다.
- F가 $\neg p$의 형식이고 p가 참이 아닐 때, 또는 $p \wedge q$의 형식이고 p와 q가 모두 참일 때, 또는 $p \vee q$의 형식이고 이들 중 하나가 `true`일 때, 또는 $p \Rightarrow q$의 형식이고 p가 참일 때마다 q도 참일 때이다.
- F가 $\exists R(p(R))$의 형식이고, 변수 R을 포함하여 $p(R)$내의 자유 변수[4]에 어떤 투플을 대

[3] 공식에 있는 각 변수는 자유롭거나 한 정량자에 의해서만 속박된다고 가정한다.
[4] $p(R)$에 있는 어떤 자유 변수(예, 변수 R 자체)가 F에서는 속박될 수 있음을 유의하자.

입하면 식 $p(R)$을 참이 되도록 하는 그런 투플들이 있다.

- F가 $\forall R(p(R))$의 형식이고, R에 어떠한 투플이 대입되더라도 $p(R)$내에 있는 자유 변수에 어떤 투플을 대입하면 식 $p(R)$를 참이 되도록 하는 그런 투플들이 있다.

TRC 질의의 예

이제 관계해석을 몇 가지 예제를 통해 살펴보자. 그림 4.15, 그림 4.16, 그림 4.17에 있는 Boats의 *B*1, Reserves의 *R*2, Sailors의 *S*3 인스턴스를 이용한다. 우리의 식을 모호하지 않게 하기 위하여 필요한 대로 괄호를 사용한다. 종종, 식 $p(R)$은 조건 $R \in Rel$을 포함한다. '*어떤 투플 R*'과 '*모든 투플 R*'의 의미는 직관적이다. $\exists R(R \in Rel \wedge p(R))$의 의미로 $\exists R \in Rel(p(R))$ 표기를 사용한다. 마찬가지로, $\forall R(R \in Rel \Rightarrow p(R))$의 의미로 $\forall R \in Rel(p(R))$ 표기를 사용한다.

(Q12) 등급이 7보다 큰 뱃사람들의 이름과 나이를 구하시오.

$$\{P \mid \exists S \in Sailors(S.rating > 7 \wedge P.name = S.sname \wedge P.age = S.age)\}$$

이 질의는 하나의 유용한 관례를 잘 예증하고 있다. P는 정확하게 *name*과 *age*라고 하는 두 필드를 가지고 있는 투플 변수로 간주된다. 왜냐하면 이 필드들이 여기에서 언급된 P의 유일한 필드들이기 때문이다. P는 이 질의에 나오는 릴레이션들의 어느 투플도 취하지 않는다. 즉, $P \in Relname$ 형태의 부공식이 없다. 이 질의의 결과는 두 필드 *name*과 *age*를 가진 릴레이션이 된다. 원자식 $P.name = S.sname$과 $P.age = S.age$는 하나의 결과 투플 P의 필드에 값들을 할당한다. *B*1, *R*2, *S*3 인스턴스를 대상으로 계산하면, 이 결과는 <*Lubber*, 55.5>, <*Andy*, 25.5>, <*Rusty*, 35.0>, <*Zorba*, 16.0>, <*Horatio*, 35.0> 투플들의 집합이다.

(Q13) 각 예약에 대해 뱃사람 이름, 배의 번호, 예약일자를 구하시오.

$$\{P \mid \exists R \in Reserves \;\; \exists S \in Sailors \\ (R.sid = S.sid \wedge P.bid = R.bid \wedge P.day = R.day \wedge P.sname = S.sname)\}$$

각 Reserves 투플에 대해서, 동일한 *sid*를 가진 Sailors 투플을 찾는다. 그러한 투플 쌍에 대해서, 이들 두 투플들로부터 해당하는 필드 값들을 복사함으로써 *sname*, *bid*, *day*를 가진 결과 투플 P를 구성한다. 이 질의는 서로 다른 릴레이션으로부터 얻은 값들을 조합하여 하나의 결과 투플을 구성하는 방법을 보여주고 있다. *B*1, *R*2, *S*3 인스턴스를 대상으로 계산한 이 질의의 결과는 그림 4.20에 나타나있다.

(Q1) 배 103을 예약한 뱃사람의 이름을 구하시오.

$$\{P \mid \exists S \in Sailors \;\; \exists R \in Reserves(R.sid = S.sid \wedge R.bid = 103 \\ \wedge P.sname = S.sname)\}$$

sname	*bid*	*day*
Dustin	101	10/10/98
Dustin	102	10/10/98
Dustin	103	10/8/98
Dustin	104	10/7/98
Lubber	102	11/10/98
Lubber	103	11/6/98
Lubber	104	11/12/98
Horatio	101	9/5/98
Horatio	102	9/8/98
Horatio	103	9/8/98

그림 4.20 질의 Q13의 답

이 질의는 다음과 같이 해석될 수 있다. "*bid* = 103을 가진 Reserves 투플과 동일한 *sid* 값을 가지고 있는 모든 뱃사람 투플들을 검색하시오." 즉, 각 뱃사람 투플에 대해서, 이 뱃사람이 배 103을 예약했음을 나타내는 Reserves 투플을 찾는다. 결과 투플 *P*는 단 하나의 필드 *sname*로 구성된다.

(Q2) 적색 배를 예약한 뱃사람의 이름을 구하시오.

$$\{P \mid \exists S \in Sailors\ \ \exists R \in Reserves(R.sid = S.sid \wedge P.sname = S.sname$$
$$\wedge \exists B \in Boats(B.bid = R.bid \wedge B.color = 'red'))\}$$

이 질의는 다음과 같이 해석될 수 있다. "*S.sid* = *R.sid*, *R.bid* = *B.bid*, *B.color* = *'red'*를 만족하는 Reserves 투플 *R*과 Boats 투플 *B*가 존재하는 그러한 뱃사람 투플 *S*를 모두 검색하시오." 이 해석에 더 가깝게 질의를 표현하면 다음과 같다.

$$\{P \mid \exists S \in Sailors\ \ \exists R \in Reserves\ \ \exists B \in Boats$$
$$(R.sid = S.sid \wedge B.bid = R.bid \wedge B.color = 'red' \wedge P.sname = S.sname)\}$$

(Q7) 적어도 두 척의 배를 예약한 뱃사람의 이름을 구하시오.

$$\{P \mid \exists S \in Sailors\ \ \exists R1 \in Reserves\ \ \exists R2 \in Reserves$$
$$(S.sid = R1.sid \wedge R1.sid = R2.sid \wedge R1.bid \neq R2.bid$$
$$\wedge P.sname = S.sname)\}$$

이 질의와 관계대수 버전의 질의를 비교하여 해석 버전이 훨씬 더 간단하다는 것을 알 수 있다.

(Q9) 모든 배를 예약한 뱃사람들의 이름을 구하시오.

$$\{P \mid \exists S \in Sailors\ \ \forall B \in Boats$$
$$(\exists R \in Reserves(S.sid = R.sid \wedge R.bid = B.bid \wedge P.sname = S.sname))\}$$

이 질의는 관계대수에서 디비전 연산자를 이용하여 표현되었다. 이 질의가 해석에서 얼마나 쉽게 표현되는가를 주목하자. 해석 질의는 자연어로 표현된 질의를 거의 그대로 반영한다. "모든 배 *B*에 대하여, 뱃사람 *S*가 배 *B*를 예약했음을 나타내는 Reserves 투플이 있는 그러한 뱃사람 *S*를 구하시오."

(Q14) 모든 적색 배를 예약한 뱃사람들을 구하시오.

$$\{S \mid S \in Sailors \wedge \forall B \in Boats$$
$$(B.color = 'red' \Rightarrow (\exists R \in Reserves(S.sid = R.sid \wedge R.bid = B.bid)))\}$$

이 질의는 다음과 같이 해석될 수 있다. 답이 될 수 있는 각 후보(뱃사람)에 대해서, 만일 어떤 배가 적색이면 그 뱃사람은 반드시 그 배를 예약했음에 틀림없다. 즉, 어떤 후보가 되는 뱃사람에 대해서, 배가 적색이라면 그 뱃사람은 반드시 그 배를 예약했음을 의미한다. 뱃사람의 이름만 구하는 것이 아니고 뱃사람 투플 전체를 해답으로 반환할 수 있기 때문에 자유변수(이전의 예에서 변수 *P*)를 도입하지 않았다. 인스턴스 *B*1, *R*2, *S*3을 대상으로 계산하면, 이 결과는 *sid* 값이 22와 31인 Sailors 투플을 포함한다.

$p \Rightarrow q$ 형태의 식은 논리적으로 $\neg p \vee q$와 동등하기 때문에 함축 기호($\Rightarrow$)를 사용하지 않고 이 질의를 작성할 수 있다.

$$\{S \mid S \in Sailors \wedge \forall B \in Boats$$
$$(B.color \neq 'red' \vee (\exists R \in Reserves(S.sid = R.sid \wedge R.bid = B.bid)))\}$$

이 질의는 다음과 같이 해석될 수 있다. "모든 배 *B*에 대해서, 이 배가 적색이 아니거나 뱃사람 *S*가 배 *B*를 예약했음을 나타내는 Reserves 투플이 있는 그러한 뱃사람 *S*를 구하시오."

4.3.2 도메인 관계해석

도메인 변수(domain variable)는 어떤 애트리뷰트의 도메인에 있는 값들을 취하는 변수이다(예, 정수 집합을 도메인으로 하는 애트리뷰트에 대한 변수에는 정수를 할당할 수 있다). DRC 질의의 형식은 $\{\langle x_1, x_2, \ldots, x_n\rangle \mid p(\langle x_1, x_2, \ldots, x_n\rangle)\}$이고, 이때 각 x_i는 *도메인 변수*이거나 상수이다. $p(\langle x_1, x_2, \ldots, x_n\rangle)$는 **DRC 공식**을 표시하며 여기에 속한 자유 변수들은 x_i들($1 \leq i \leq n$) 중에 있는 변수들이다. 이 질의의 결과는 이 식을 `true`가 되게 하는 모든 투플 $\langle x_1, x_2, \ldots, x_n\rangle$의 집합이다.

DRC 식은 TRC 식의 정의와 매우 비슷한 형식으로 정의된다. 주된 차이점은 변수가 여기에서는 *도메인 변수*라는 점이다. `op`를 집합 $\{<, >, \leq, \geq, \neq\}$에 속한 한 연산자라고 하고 *X*와 *Y*를 도메인 변수라고 하자. DRC에서 **원자식**은 다음 중 하나이다.

- $\langle x_1, x_2, \ldots, x_n\rangle \in Rel$. 이때 *Rel*은 *n*개의 애트리뷰트를 갖는 릴레이션이다. x_i, $1 \leq i \leq n$은 변수이거나 상수이다.

- X op Y
- X op *상수*, 또는 *상수* op X

공식은 다음 중의 하나로 순환적으로 정의되는데, 이때 p와 q는 그들 자체로 공식이며 $p(X)$는 변수 X가 나타나는 식을 표기한다.

- 원자식
- $\neg p$, $p \wedge q$, $p \vee q$, 또는 $p \Rightarrow q$
- $\exists X(p(X))$, 이때 X는 도메인 변수
- $\forall X(p(X))$, 이때 X는 도메인 변수

여러분들은 이 정의와 TRC 식의 정의를 비교하여 이 두 정의가 얼마나 밀접하게 대응하는지를 알아보기 바란다. DRC 식의 의미를 정식으로 정의하지 않고 연습문제로 남겨둔다.

DRC 질의의 예

이제 몇 가지 예제를 통해 DRC를 살펴보기로 하자. 여러분들은 이 예제들을 TRC 버전과 비교하기 바란다.

(Q11) 등급이 7보다 큰 모든 뱃사람을 구하시오.

$$\{\langle I, N, T, A\rangle \mid \langle I, N, T, A\rangle \in Sailors \wedge T > 7\}$$

이 표현은 각 애트리뷰트에 (변수) 이름을 부여하는 점에서 TRC 버전과 다르다. 조건 $<I, N, T, A> \in$ Sailors는 도메인 변수 I, N, T, A가 동일한 투플의 필드들로 제한된다. TRC 질의와 비교하여, *S.rating* $>$ 7 대신에 단순히 $T > 7$로 표현할 수 있다. 그러나 결과에는 단순히 S라고 표현할 수 없고 투플 $<I, N, T, A>$로 명시하여야 한다.

(Q1) 배 103을 예약한 뱃사람의 이름을 구하시오.

$$\{\langle N\rangle \mid \exists I, T, A(\langle I, N, T, A\rangle \in Sailors \\ \wedge \exists Ir, Br, D(\langle Ir, Br, D\rangle \in Reserves \wedge Ir = I \wedge Br = 103))\}$$

결과로 *sname* 필드만 유지되고 오직 N이 자유 변수라는 점을 유의하자. 여기에서 $\exists Ir$ ($\exists Br(\exists D(\ldots)))$를 줄인 표현으로 표기법 $\exists Ir, Br, D$ $(\ldots)$를 사용한다. 대개, 모든 정량자 변수들은 이 예에서처럼 단일 릴레이션에 나타난다. 이 경우, 훨씬 더 함축된 표현은 $\exists <Ir, Br, D> \in Reserves$이다. 이 표기법으로, 이 질의는 다음과 같이 표현될 수 있다.

$$\{\langle N\rangle \mid \exists I, T, A(\langle I, N, T, A\rangle \in Sailors \\ \wedge \exists\langle Ir, Br, D\rangle \in Reserves(Ir = I \wedge Br = 103))\}$$

해당하는 TRC 식과의 비교는 간단하다. 이 질의는 다음과 같이 작성될 수도 있다. 변수 I를

되풀이해서 사용하고 있으며 상수 103의 용법에 주목하자.

$$\{\langle N\rangle \mid \exists I,T,A(\langle I,N,T,A\rangle \in Sailors \\ \wedge \exists D(\langle I,103,D\rangle \in Reserves))\}$$

(Q2) 적색 배를 예약한 뱃사람의 이름을 구하시오.

$$\{\langle N\rangle \mid \exists I,T,A(\langle I,N,T,A\rangle \in Sailors \\ \wedge \exists\langle I,Br,D\rangle \in Reserves \wedge \exists\langle Br,BN,'red'\rangle \in Boats)\}$$

(Q7) 적어도 두 척의 배를 예약한 뱃사람의 이름을 구하시오.

$$\{\langle N\rangle \mid \exists I,T,A(\langle I,N,T,A\rangle \in Sailors \wedge \\ \exists Br1,Br2,D1,D2(\langle I,Br1,D1\rangle \in Reserves \\ \wedge\langle I,Br2,D2\rangle \in Reserves \wedge Br1 \neq Br2))\}$$

변수 *I*의 반복된 사용이 어떻게 동일한 뱃사람이 두 배를 예약한 것을 보장하는가를 주목하자.

(Q9) 모든 배를 예약한 뱃사람들의 이름을 구하시오.

$$\{\langle N\rangle \mid \exists I,T,A(\langle I,N,T,A\rangle \in Sailors \wedge \\ \forall B,BN,C(\neg(\langle B,BN,C\rangle \in Boats) \vee \\ (\exists\langle Ir,Br,D\rangle \in Reserves(I = Ir \wedge Br = B))))\}$$

이 질의는 다음과 같이 해석될 수 있다. "Sailors에 있는 어떤 투플 <*I, N, T, A*>가 다음의 조건을 만족하는 *N*의 모든 값들을 구하시오. 모든 투플 <*B, BN, C*> 각각에 대하여, Boats에 이러한 투플이 없던가 아니면 특정 뱃사람 *I*가 배 *B*를 예약했음을 증명하는 어떤 투플 <*Ir, Br, D*>가 Reserves에 있다." ∀ 정량자는 도메인 변수 *B, BN, C*가 각기 해당되는 애트리뷰트 도메인에 있는 모든 값을 취할 수 있게 하며, 패턴 '¬(<*B, BN, C*> ∈ *Boats*)∨'는 Boats의 투플에 나오는 값들을 제한하는 데에 필요하다. 이러한 패턴은 DRC 식에서는 일반적이며, 이 표현 대신에 표기법 ∀<*B, BN, C*> ∈ *Boats*가 축약형으로 사용될 수 있다. 이것은 ∃에 대해 앞서 소개한 표기법과 유사하다. 이 표기법을 사용하여, 이 질의는 다음과 같이 작성될 수 있다.

$$\{\langle N\rangle \mid \exists I,T,A(\langle I,N,T,A\rangle \in Sailors \wedge \forall\langle B,BN,C\rangle \in Boats \\ (\exists\langle Ir,Br,D\rangle \in Reserves(I = Ir \wedge Br = B)))\}$$

(Q14) 모든 적색 배를 예약한 뱃사람들을 구하시오.

$$\{\langle I,N,T,A\rangle \mid \langle I,N,T,A\rangle \in Sailors \wedge \forall\langle B,BN,C\rangle \in Boats \\ (C = 'red' \Rightarrow \exists\langle Ir,Br,D\rangle \in Reserves(I = Ir \wedge Br = B))\}$$

여기서는 적색 배마다, 특정 뱃사람이 그 배를 예약했음을 나타내는 투플이 Reserves에 있는 그러한 뱃사람들을 모두 구한다.

4.4 관계대수와 관계해석의 표현력

관계 모델에 대한 두 가지의 형식 질의어를 소개하였다. 그들이 표현력에서 동등한가? 관계대수로 표현될 수 있는 질의를 모두 관계해석으로도 역시 표현될 수 있는가? 답은 "그렇다, 할 수 있다"이다. 관계해석으로 표현될 수 있는 질의를 모두 관계대수로도 표현될 수 있는가? 여기에 대해 답을 하기 전에, 관계해석에 관한 주요 문제점을 생각해보자.

질의 $\{S \mid \neg(S \in Sailors)\}$을 생각해보자. 이 질의는 구문상으로는 정확하다. 그러나, 이 질의는 Sailors(의 주어진 인스턴스)에 속하지 않는 모든 투플 *S*를 구하고 있다. 모든 정수 집합과 같은 무한한 도메인에서는 이러한 *S* 투플들의 집합은 분명히 무한하다. 이와 같은 간단한 예가 *불안전한*(*unsafe*) 질의를 예증하고 있다. 관계해석이 불안전한 질의를 허락하지 않도록 제한하는 것이 바람직하다.

이제 어떻게 해석 질의가 안전하도록 제한되는지를 간단히 기술한다. 질의 *Q*에 나타나는 릴레이션마다 하나의 인스턴스를 가지고 있는 릴레이션 인스턴스들의 집합 *I*를 고려해보자. *Dom*(*Q, I*)는 이 릴레이션 인스턴스 집합 *I*나 질의 *Q* 자체의 식에 나타나는 모든 상수들의 집합이라고 하자. 유한한 인스턴스 *I*만을 허락하기 때문에, *Dom*(*Q, I*)도 역시 유한하다.

해석식 *Q*가 안전하다고 간주되기 위해서는, 최소한 어떠한 *I*에 대해서도, *Q*에 대한 해답의 집합이 *Dom*(*Q, I*)에 있는 값들만 포함한다는 것을 보장할 필요가 있다. 이 제약만으로는 충분하지 못하다. 해답의 집합이 *Dom*(*Q, I*)에 속한 상수들로만 구성될 뿐만 아니라, *Dom*(*Q, I*)에 속한 상수들을 포함하는 투플들만을 검사함으로써 해답 집합을 *계산하기*를 원한다! 이에 따라 정량자 ∀와 ∃의 사용과 관련하여 미묘한 점이 발생한다. $\exists R(p(R))$ 형식의 TRC 식이 주어진 경우에는, *Dom*(*Q, I*)에 속한 상수들로 구성된 투플들만 검사하여 이 식을 참이 되게 하는 변수 *R*의 모든 값을 구하는 것이다. 그리고, $\forall R(p(R))$ 형식의 TRC 식이 주어진 경우에는, *Dom*(*Q, I*)에 속한 상수들로 구성된 투플들만 검사하여 이 식을 거짓이 되게 하는 변수 *R*의 값이 하나라도 있는가를 알아내는 것이다.

그러므로 *안전한*(*safe*) TRC 식 *Q*는 다음과 같은 식이라고 정의하기로 한다.

1. 임의의 *I*가 주어졌을 때, *Q*의 해답 집합은 *Dom*(*Q, I*)에 속한 값들만으로 이루어진다.
2. *Q* 내에 있는 $\exists R(p(R))$ 형식의 각 부속식에 대해서, (변수 *R*에 대입되는) 어떤 투플 *r*이 이 식을 참이 되게 하면, *r*은 *Dom*(*Q, I*)에 속한 상수들만으로 구성된다.
3. *Q* 내에 있는 $\forall R(p(R))$ 형식의 각 부속식에 대해서, (변수 *R*에 대입되는) 어떤 투플 *r*이 *Dom*(*Q, I*)에 속하지 않는 어떤 상수를 포함하면, *r*은 이 식을 참이 되게 해야 한다.

이 정의는 어떤 질의가 안전한지에 대해 점검할 수 있는 방법을 제시하지 않기 때문에 *구조*

*적*이지 않다는 것을 주목하자.

질의 $Q = \{S \mid \neg(S \in Sailors)\}$은 이 정의에 따르면 안전하지 않다. *Dom*(*Q*, *I*)는 Sailors 릴레이션(의 한 인스턴스 *I*)에 나타나는 모든 값들의 집합이다. 그림 4.1에 있는 인스턴스 *S*1을 생각해보자. 이 질의의 해답에는 분명히 *Dom*(*Q*, *S*1)에 나타나지 않는 값들을 포함한다.

표현력 문제로 돌아가서, 우리는 *안전한* 관계해석 질의로 표현될 수 있는 모든 질의가 역시 관계대수 질의로 표현될 수 있다는 것을 증명할 수 있다. 관계대수의 표현력은 흔히 어떤 관계 데이터베이스 질의어의 표현력이 얼마나 강력한지를 척도하는 잣대로 이용되고 있다. 만일 어떤 질의어가 관계대수로 표현할 수 있는 모든 질의를 표현할 수 있다면, 이 질의어를 **관계적으로 완전하다**(relationally complete)라고 말한다. 실제 현장에서 사용되는 질의어는 관계적으로 완전하다고 보면 된다. 또한, 상용 질의어들은 대개 관계대수로 표현될 수 없는 어떤 질의들을 표현할 수 있게 하는 기능들을 제공한다.

4.5 복습문제

복습문제에 대한 해답은 괄호 안에 표시된 절에서 찾아볼 수 있다.

- 관계 질의에 대한 입력은 무엇인가? 질의를 계산한 결과는 무엇인가? **(4.1절)**
- 데이터베이스 시스템은 질의 수행 계획을 표현하기 위해 일종의 관계대수를 사용한다. 대수가 이 목적으로 적당한 이유를 설명하시오. **(4.2절)**
- 셀렉션 연산자를 설명하시오. 이 연산자에 대한 입력과 출력 테이블들의 카디날리티에 관하여 무엇을 말할 수 있는가? (즉, 만약 입력이 *k* 투플을 가지고 있으면, 출력은 어떤가?) 프로젝션 연산자를 설명하시오. 이 연산자에 대한 입력과 출력 테이블들의 카디날리티에 관하여 무엇을 말할 수 있는가? **(4.2.1절)**
- 합집합(∪), 교집합(∩), 차집합(−)과 크로스 프로덕트(×)를 포함하는 관계대수의 집합 연산들을 설명하시오. 각각의 연산에 대하여, 입력과 출력 테이블들의 카디날리티에 관하여 무엇을 말할 수 있는가? **(4.2.2절)**
- 개명 연산자는 어떻게 사용되는지를 설명하시오. 그것은 필요한가? 즉, 이 연산자가 허용되지 않으면, 대수에서 더 이상 표현될 수 없는 어떤 질의가 있는가? **(4.2.3절)**
- 조인 연산들을 정의하시오. 왜 조인 연산이 특별한 관심을 끌고 있는가? 모든 조인 연산은 크로스 프로덕트, 셀렉션, 프로젝션으로 표현될 수 있는가? **(4.2.4절)**
- 기본적인 관계대수 연산들을 이용하여 디비전 연산을 정의하시오. 디비전이 필요한 전형적인 질의를 기술하시오. 조인과 다르게, 디비전 연산자는 데이터베이스 시스템에서 특별하게 취급이 되지 않는다. 그 이유를 설명하시오. **(4.2.5절)**
- 관계대수가 *절차적인* 언어인 반면에, 관계해석은 *선언적인* 언어라고 한다. 그 차이를

설명하시오. **(4.3절)**

- 관계해석은 결과 투플을 어떻게 기술하는가? 투플 관계해석에서 사용된 1차 술어 논리의 부분집합을 전체 정량자와 존재 정량자, 속박된 변수와 자유 변수 그리고 질의 식의 제약에 주의를 기울여 논의하시오. **(4.3.1절)**
- 투플 관계해석과 도메인 관계해석의 차이점은 무엇인가? **(4.3.2절)**
- *안전하지 않은* 해석 질의는 무엇인가? 이러한 질의를 피하는 것이 왜 중요한가? **(4.4절)**
- 관계대수와 관계해석은 표현력에서 동등하다고 한다. 이것이 의미하는 것과 이 사실이 *관계적 완전성*의 개념과 어떻게 관련이 되는지를 설명하시오. **(4.4절)**

연습문제

문제 4.1 관계대수 연산자들이 조합될 수 있다는 말의 의미를 설명하시오. 연산자 조합 능력이 중요한 이유는 무엇인가?

문제 4.2 두 릴레이션 *R*1과 *R*2가 있다. *R*1은 N1개의 투플을, *R*2는 N2개의 투플을 각각 포함한다 (N2 > N1 > 0). 다음의 관계대수식 각각에 대해서 결과 릴레이션이 가질 수 있는 최소 크기와 최대 크기를 (투플 단위로) 구하시오. 각각의 경우에, *R*1과 *R*2의 스키마가 그 식을 의미가 있도록 하기 위해서 필요한 가정을 서술하시오.

(1) $R1 \cup R2$, (2) $R1 \cap R2$, (3) $R1 - R2$, (4) $R1 \times R2$, (5) $\sigma_{a=5}(R1)$, (6) $\pi_a(R1)$, and
(7) $R1/R2$

문제 4.3 다음의 스키마를 고려해보자.

Suppliers(*sid:* `integer`, *sname:* `string`, *address:* `string`)
Parts(*pid:* `integer`, *pname:* `string`, *color:* `string`)
Catalog(*sid:* `integer`, *pid:* `integer`, *cost:* `real`)

키 필드들은 밑줄이 그어져 있으며, 각 필드의 도메인은 필드 이름 다음에 나타나있다. 따라서 *sid*는 Supplier의 키이고, *pid*는 Parts의 키이며, *sid*와 *pid*를 합쳐 Catalog의 키를 형성한다. Catalog 릴레이션은 Supplier가 책정한 부품들의 단가(가격)를 목록으로 가지고 있다. 다음의 질의를 관계대수, 투플 관계해석, 도메인 관계해석으로 작성하시오.

1. 적색 부품들을 공급하는 공급자들의 *name*을 구하시오.
2. 적색 또는 녹색의 부품을 공급하는 공급자들의 *sid*를 구하시오.
3. 적색 부품을 공급하거나 또는 221 Packer Ave에 소재하는 공급자들의 *sid*를 구하시오.
4. 적색 부품과 녹색 부품을 공급하는 공급자들의 *sid*를 구하시오.
5. 모든 부품을 공급하는 공급자들의 *sid*를 구하시오.
6. 모든 적색 부품을 공급하는 공급자들의 *sid*를 구하시오.
7. 모든 적색 또는 녹색 부품을 공급하는 공급자들의 *sid*를 구하시오.
8. 모든 적색 부품을 공급하거나 모든 녹색 부품을 공급하는 공급자들의 *sid*를 구하시오.

9. 첫 번째 공급자가 두 번째 공급자보다 어떤 부품에 대해 더 높은 단가로 책정한 놓은 공급자번호 쌍들을 구하시오.
10. 적어도 두 공급자에 의해 공급되고 있는 부품들의 *pid*를 구하시오.
11. Yosemite Sham이라는 이름을 가진 공급자가 공급하는 가장 비싼 부품들의 *pid*를 구하시오.
12. 모든 공급자에 의해 200달러 미만의 단가로 공급되고 있는 부품들의 *pid*를 구하시오(어느 공급자가 어떤 부품을 공급하지 않고 있거나 그 부품의 단가를 200달러 이상으로 책정하고 있으면, 그 부품은 제외된다).

문제 4.4 앞 문제의 Supplier-Parts-Catalog 스키마를 이용하여 다음의 질의들이 계산하는 것을 서술하시오.

1. $\pi_{sname}(\pi_{sid}(\sigma_{color='red'} Parts) \bowtie (\sigma_{cost<100} Catalog) \bowtie Suppliers)$
2. $\pi_{sname}(\pi_{sid}((\sigma_{color='red'} Parts) \bowtie (\sigma_{cost<100} Catalog) \bowtie Suppliers))$
3. $(\pi_{sname}((\sigma_{color='red'} Parts) \bowtie (\sigma_{cost<100} Catalog) \bowtie Suppliers)) \cap$

   $(\pi_{sname}((\sigma_{color='green'} Parts) \bowtie (\sigma_{cost<100} Catalog) \bowtie Suppliers))$
4. $(\pi_{sid}((\sigma_{color='red'} Parts) \bowtie (\sigma_{cost<100} Catalog) \bowtie Suppliers)) \cap$

   $(\pi_{sid}((\sigma_{color='green'} Parts) \bowtie (\sigma_{cost<100} Catalog) \bowtie Suppliers))$
5. $\pi_{sname}((\pi_{sid,sname}((\sigma_{color='red'} Parts) \bowtie (\sigma_{cost<100} Catalog) \bowtie Suppliers)) \cap$

   $(\pi_{sid,sname}((\sigma_{color='green'} Parts) \bowtie (\sigma_{cost<100} Catalog) \bowtie Suppliers)))$

문제 4.5 항공 정보를 가지고 있는 다음의 릴레이션을 고려해보자.

Flights(<u>*flno:* `integer`</u>, *from:* `string`, *to:* `string`,
distance: `integer`, *departs:* `time`, *arrives:* `time`)
Aircraft(<u>*aid:* `integer`</u>, *aname:* `string`, *cruisingrange:* `integer`)
Certified(<u>*eid:* `integer`, *aid:* `integer`</u>)
Employees(<u>*eid:* `integer`</u>, *ename:* `string`, *salary:* `integer`)

Employees 릴레이션에는 조종사 뿐만 아니라 다른 직종의 직원들을 기술한다. 모든 조종사는 어떤 기종에 대해 면허가 있으며(그렇지 않으면, 그 사람은 조종사의 자격이 없다), 조종사만 비행할 면허가 있다.

다음의 질의들을 관계대수, 투플 관계해석, 도메인 관계해석으로 작성하시오. 이들 중 어떤 질의는 관계대수로 표현할 수 없다(따라서, 투플 관계해석과 도메인 관계해석으로 역시 표현할 수 없다!). 그러한 질의들에 대해서는, 왜 그들이 표현될 수 없는지를 설명하시오(항공 스키마를 이용한 추가적인 질의에 대하여 5장의 연습문제를 보시오).

1. 어떤 보잉 기종에 대하여 면허가 있는 조종사들의 *eid*를 구하시오.
2. 어떤 보잉 기종에 대하여 면허가 있는 조종사들의 *name*을 구하시오.
3. Bonn에서 Madras까지 논스톱 비행을 할 수 있는 모든 기종의 *aid*를 구하시오.
4. 급여가 100,000 달러를 초과하는 모든 조종사에 의해 조종될 수 있는 항공편들을 구하시오.
5. 순항 거리가 3,000 마일을 초과하는 비행기들을 조종할 수 있으나 어떠한 보잉 기종에 대해서도 면허가 없는 조종사들의 이름을 구하시오.

6. 가장 많은 급여를 받는 직원의 *eid*를 구하시오.
7. 급여가 두 번째로 많은 직원의 *eid*를 구하시오.
8. 가장 많은 기종에 대해 면허를 가지고 있는 직원의 *eid*를 구하시오.
9. 정확히 세 기종에 대해 면허를 가지고 있는 직원들의 *eid*를 구하시오.
10. 직원들에게 지급하는 급여 총액을 구하시오.
11. Madison에서 Timbuku까지 가는 항로가 있는가? 항로에 있는 각 항공편은 앞 항공편의 도착지가 되는 도시로부터 출발하여야 한다. 이 항공편은 Madison에서 출발하여야 하고, 마지막 항공편은 Timbuku에 도착하여야 한다, 그리고 중간 항공편의 수에는 제한이 없다. 여러분이 만드는 질의는 어떠한 입력 항공편 릴레이션이든지 Madison에서 Timbuku까지 가는 연속적인 항공편들이 존재하는지를 판단하여야 한다.

문제 4.6 *관계적 완전성*이란 무엇인가? 만일 어떤 질의어가 관계적으로 완전하다면, 이 언어로 원하는 질의는 무엇이든 작성할 수 있는가?

문제 4.7 *안전하지 않은* 질의란 무엇인가? 그러한 질의를 허용하지 않는 것이 왜 중요한가를 예를 들어 설명하시오.

참고문헌 소개

Codd는 [187]에서 관계대수를 제안하였고 [189]에서 관계대수와 TRC의 동등성을 제시하였다. 이보다 더 일찍, Kuhns는 질의를 작성하기 위해 로직을 사용하는 것을 고찰하였다. LaCroix와 Pirotte는 [459]에서 DRC를 다루었다. Klug는 [439]에서 집단화 연산을 포함하기 위해 대수와 해석을 일반화하였다. 집단화 함수를 처리하기 위해 대수와 해석의 확장이 [578]에서 논의된다. Merret는 전체 수량화와 존재 수량화의 범위를 *넘어선 수*(*number*)와 같은 정량자를 취급하는 확장된 관계대수를 제안하였다 [530]. 그러한 일반화된 정량자는 [52]에서 상세하게 논의된다.

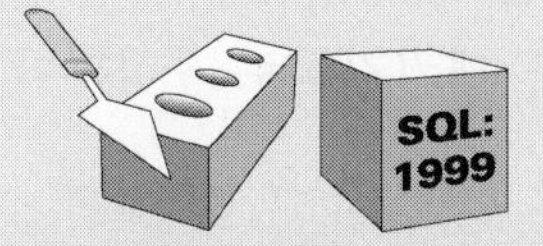

5 SQL: 질의, 제약조건, 트리거

☞ SQL 언어에 무엇이 포함되어 있는가? SQL:1999는 무엇인가?

☞ SQL에서 질의들은 어떻게 표현되는가? SQL 표준에서 질의의 의미는 어떻게 구별되는가?

☞ SQL은 어떻게 구성하고 관계대수와 해석은 어떻게 확장하는가?

☞ 그룹화는 무엇인가? 그것은 집단 연산과 어떻게 함께 사용되는가?

☞ 중첩 질의는 무엇인가?

☞ 널 값은 무엇인가?

☞ 복잡한 무결성 제약 조건을 쓰는 질의들을 어떻게 사용할 수 있는가?

☞ 트리거는 무엇이며, 왜 유용한가? 무결성 제약 조건과 어떤 관련이 있는가?

➔ **주요 개념:** SQL 질의(SQL queries), 관계대수와 해석과의 관계(connection to relational algebra and calculus); 대수 이외의 특징(features beyond algebra), `DISTINCT` 절과 다중 집합 의미론(`DISTINCT` clause and multiset semantics), 그룹화와 집단화(grouping and aggregation); 중첩 질의(nested queries), 상관관계(correlation); 집합-비교 연산(setcomparison operators); *널 값*(*null* values), 외부 조인(outer joins); 질의를 사용하여 구별하는 무결성 제약 조건(integrity constraints specified using queries); 트리거와 능동 데이터베이스(triggers and active databases), 이벤트-조건-동작 규칙(event-condition-action rules)

What men or gods are these? What maidens loth?
What mad pursuit? What struggle to escape?
What pipes and timbrels? What wild ecstacy?

— John Keats, *Ode on a Grecian Urn*

SQL 표준 적합성: SQL:1999는 업체가 표준에 적합하도록 구현해야 하는 Core SQL이라 불리는 특징의 모임을 가지고 있다. 그것은 모든 주요 업체들이 쉽게 Core SQL을 따를 수 있음을 의미한다. 많은 여분의 특징들은 **패키지**들로 구성되어 있다.

예를 들면, 패키지들은 다음과 같이 불리어진다. *향상된 date와 time*, *향상된 무결성 관리와 능동 데이터베이스*, *외부 언어 인터페이스*, *OLAP*, 그리고 *객체 특징들*. SQL/MM 표준은 *데이터 마이닝*, *공간 데이터* 그리고 *텍스트 문서*를 지원하는 부가적인 패키지들을 정의함으로써 SQL:1999를 보완한다. XML 데이터와 질의에 대한 지원은 곧 이루어질 것이다.

SQL(Structured Query Language: 구조적 질의어)은 가장 광범위하게 사용되는 상업적 관계형 데이터베이스 언어이다. 그것은 IBM의 SEQUEL-XRM과 System-R 과제(1974-1977)에서 처음 개발되었다. 거의 즉시, 다른 업체들도 SQL에 기초한 DBMS 제품을 소개하고, 그것은 지금 사실상의 표준이다. SQL은 데이터베이스 분야에서 변화의 필요에 반응하여 계속 발전하고 있다. SQL에 대한 현재 ANSI/ISO 표준은 SQL:1999이라 칭한다. 모든 DBMS 제품이 아직 완전한 SQL:1999 표준을 지원하지는 않지만, 업체들은 이 목표를 향해 작업하고 있으며 대부분의 제품은 이미 중요한 특징들을 지원하고 있다. SQL:1999 표준은 이 장에서 논의되는 특징들에 대하여 이전 표준인 SQL-92와 매우 유사하다. 우리들의 표현은 SQL-92와 SQL:1999에서 일치하고, 두 표준 버전의 차이점은 뚜렷이 표시한다.

5.1 개요

SQL 언어는 여러 가지 모습을 가지고 있다.

- **데이터 조작어**(Data Manipulation Language(**DML**)): SQL의 이 부분은 사용자가 질의하고, 행을 삽입, 삭제, 수정하는 것을 허용한다. 질의들은 이 장의 주요 관점이다. 3장에서 행을 삽입, 삭제, 수정하는 DML 명령을 취급했다.
- **데이터 정의어**(Data Definition Language(**DDL**)): SQL의 이 부분은 테이블과 뷰에 대한 정의의 생성, 삭제, 수정을 지원한다. *무결성 제약* 조건은 테이블이 생성될 때이거나 혹은 나중에 테이블에 대해 정의될 수 있다. 3장에서 SQL의 DDL 특징을 취급했다. 비록 표준이 인덱스를 거론하지 않았지만, 상업용 구현은 인덱스를 생성하고 삭제하는 명령도 제공한다.
- **트리거와 개선된 무결성 제약 조건:** 새로운 SQL:1999 표준은 *트리거*에 대한 지원을 포함하며, 그것은 데이터베이스에 대한 변화가 트리거에서 표시된 조건을 만날 때마다 DBMS에 의해서 실행되는 동작이다. 이 장에서 트리거를 취급한다. SQL은 복잡한 무결성 제약 조건 규격을 표시하기 위한 질의 사용을 허용한다. 이 장에서 역시 그와 같은 제약 조건을 거론한다.

- **내장형과 동적 SQL:** 내장형 SQL의 특징은 C 혹은 COBOL과 같은 호스트 언어로부터 호출되는 SQL 코드를 허용한다. 동적 SQL의 특징은 실행시 구성되는(그리고 실행되는) 질의를 허용한다. 이들 특징을 6장에서 취급한다.
- **클라이언트-서버 실행과 원격 데이터베이스 접근:** 이 명령들은 *클라이언트* 응용 프로그램이 SQL 데이터베이스 *서버*에 어떻게 연결할 수 있는지, 혹은 네트워크를 통하여 데이터베이스로부터 어떻게 데이터를 접근할 수 있는지를 제어한다. 이 명령들을 7장에서 취급한다.
- **트랜잭션 관리:** 다양한 명령들은 어떻게 트랜잭션이 실행되는지에 대한 상황을 사용자에게 명시적으로 제어하기 위한 메카니즘들을 허용한다. 이 명령들을 21장에서 취급한다.
- **보안:** SQL은 테이블과 뷰와 같은 데이터 객체에 대한 사용자들의 접근을 제어하기 위한 메카니즘을 제공한다. 이들을 21장에서 취급한다.
- **개선된 특징들:** SQL:1999 표준은 객체지향 특징, 순환 질의, 의사 결정 지원 질의들을 포함하고, 데이터 마이닝, 공간 데이터, 텍스트와 XML 데이터 관리와 같은 새로 떠오르는 분야들을 역시 나타낸다.

5.1.1 단원 구성

이 장의 나머지는 다음과 같이 구성되어 있다. 5.2절에서 기본 SQL 질의들을 표현하고, 5.3절에서 SQL의 집합 연산자들을 소개한다. 질의에서 참조된 한 릴레이션이 그 질의 내에서 자신이 정의되는 중첩 질의를 5.4절에서 논의한다. 관계대수에서 표현될 수 없는 SQL 질의를 작성할 수 있도록 하는 집단 연산자를 5.5절에서 취급한다. 모르는(unknown) 혹은 존재하지 않는(nonexistent) 필드 값을 표시하기 위해 사용되는 특별한 값인 *널* 값에 대해 5.6절에서 논의한다. 3장에서 논의된 SQL DDL을 확장한, SQL DDL을 사용하여 표시될 수 있는 복잡한 무결성 제약 조건을 5.7절에서 논의한다. 새로운 제약 조건 규격은 SQL의 질의어 처리 능력을 완전히 이용할 수 있도록 한다.

마지막으로, *능동 데이터베이스*의 개념을 5.8절과 5.9절에서 논의한다. **능동 데이터베이스**는 DBA에 의해 표시되는 **트리거**들의 모임을 가지고 있다. 트리거는 어떤 상황이 발생할 때 취해지는 동작을 기술한다. DBMS는 데이터베이스를 감시하고, 이들 상황을 탐지하며, 트리거를 실행한다. SQL:1999 표준은 트리거에 대한 지원을 요구하고 있으면, 여러 관계 DBMS 제품은 이미 트리거의 몇몇 형태를 지원한다.

예제 이모저모

다음의 테이블 정의들을 사용하여 약간의 표본 질의들을 논의한다.

Sailors(<u>*sid:* `integer`</u>, *sname:* `string`, *rating:* `integer`, *age:* `real`)

Boats(*bid:* `integer`, *bname:* `string`, *color:* `string`)
Reserves(*sid:* `integer`, *bid:* `integer`, *day:* `date`)

각 질의에 유일한 번호를 부여하며, 4장에서 사용된 번호 구조를 가지고 계속한다. 이 장에서의 새로운 첫 질의는 번호 Q15이다. 질의 Q1에서 Q14는 4장에서 소개되었다.[1] 4장에서 소개된 Sailors의 *S*3, Reserves의 *R*2, Boats의 *B*1 인스턴스를 사용한 질의를 설명하고, 그림 5,1 5.2, 5.3에서 각각 다시 나타난다.

이 장에서 나타나는 모든 예제 테이블 및 질의는 다음의 웹페이지에서 온라인으로 이용할 수 있다.

`http://www.cs.wisc.edu/~dbbook`

온라인 자료는 Oracle, IBM DB2, MS SQL Server, MySQL을 설치하는 명령어들과 예제 테이블과 질의를 생성하기 위한 스크립트를 포함한다.

sid	*sname*	*rating*	*age*
22	Dustin	7	45.0
29	Brutus	1	33.0
31	Lubber	8	55.5
32	Andy	8	25.5
58	Rusty	10	35.0
64	Horatio	7	35.0
71	Zorba	10	16.0
74	Horatio	9	35.0
85	Art	3	25.5
95	Bob	3	63.5

그림 5.1 Sailors의 인스턴스 *S*3

sid	*bid*	*day*
22	101	10/10/98
22	102	10/10/98
22	103	10/8/98
22	104	10/7/98
31	102	11/10/98
31	103	11/6/98
31	104	11/12/98
64	101	9/5/98
64	102	9/8/98
74	103	9/8/98

그림 5.2 Reserves의 인스턴스 *R*2

bid	*bname*	*color*
101	Interlake	blue
102	Interlake	red
103	Clipper	green
104	Marine	red

그림 5.3 Boats의 인스턴스 *B*1

5.2 기본 SQL 질의 형태

이 절은 간단한 SQL 질의의 문법을 나타내고 *개념적 평가* 전략을 통해 그것의 의미를 설명

[1] 질의에 대한 모든 참조는 책의 주제 인덱스에서 찾을 수 있다.

한다. 개념적 평가 전략은 효율성보다는 이해하기 쉽도록 질의를 계산하기 위한 방법이다. DBMS는 전형적으로 다르면서 더 효율적인 방법으로 질의를 수행할 것이다.

SQL 질의의 기본형은 다음과 같다.

```
SELECT  [ DISTINCT ] select-list
FROM    from-list
WHERE   qualification
```

모든 질의는 결과에 유지되는 열들을 표시하는 하나의 SELECT 절과 테이블의 크로스 프로덕트(cross-product)를 표시하는 하나의 FROM 절을 가져야 한다. 선택적인 WHERE 절은 FROM 절에서 언급된 테이블들에 대한 선택 조건을 표시한다.

그와 같은 질의는 직관적으로 선택, 추출, 크로스 프로덕트를 포함하는 관계대수식과 관계된다. SQL과 관계대수 사이의 밀접한 관계는 관계 DBMS의 질의 최적화를 위한 기초이고, 12장과 15장에서 볼 것이다. 실제로, SQL 질의에 대한 실행 계획은 관계대수식을 사용하여 표현된다(15.1절).

간단한 예제를 보자.

(Q15) 모든 뱃사람의 이름과 나이를 구하시오.

```
SELECT DISTINCT S.sname, S.age
FROM   Sailors S
```

해답은 행들의 *집합*이고, 각 행은 *<sname, age>* 쌍이다. 만약 둘 이상의 뱃사람들이 같은 이름과 나이를 가진다면, 해답은 그 이름과 나이를 가진 단 한 쌍만 포함한다. 이 질의는 관계대수의 추출 연산자를 적용한 것과 같다.

만약 키워드 DISTINCT를 생략하면, 이름이 *s*이고 나이가 *a*인 각 뱃사람에 대한 행 *<s, a>*를 가지게 될 것이다; 해답은 행들의 *다중 집합*이 될 것이다. **다중 집합**은 원소들의 순서 없는 모임이라는 점에서는 집합과 유사하지만, 각 원소의 여러 사본이 있을 수 있고, 사본의 수는 중요하다—두 다중 집합은 같은 원소를 가질 수 있지만 몇몇 원소에 대해 사본의 수가 다르기 때문에 다를 수가 있다. 예를 들면, {a, b, b}와 {b, a, b}는 같은 다중 집합을 나타내지만, 다중 집합 {a, a, b}와는 다르다.

Sailors의 인스턴스 *S*3에 대해 키워드 DISTINCT가 있거나 없는 경우에 대한 이 질의의 답은 그림 5.4와 5.5에서 나타난다. 유일한 차이점은 Horatio에 대한 투플이 DISTINCT가 생략된다면 두 번 나타난다는 것이다; 이것은 이름이 Horatio이며 나이 35세인 뱃사람이 두 명 있기 때문이다.

다음 질의는 관계대수의 선택 연산자의 응용과 같다.

(Q11) 7이상의 등급을 가진 모든 뱃사람을 구하시오.

sname	*age*
Dustin	45.0
Brutus	33.0
Lubber	55.5
Andy	25.5
Rusty	35.0
Horatio	35.0
Zorba	16.0
Art	25.5
Bob	63.5

그림 5.4 Q15의 답

sname	*age*
Dustin	45.0
Brutus	33.0
Lubber	55.5
Andy	25.5
Rusty	35.0
Horatio	35.0
Zorba	16.0
Horatio	35.0
Art	25.5
Bob	63.5

그림 5.5 DISTINCT 없는 Q15의 답

```
SELECT S.sid, S.sname, S.rating, S.age
FROM   Sailors AS S
WHERE  S.rating > 7
```

이 질의는 범위 변수를 나타내는 키워드 AS를 옵션으로 사용한다. 그런데, 이 질의에서처럼 모든 열을 검색하기를 원할 때, SQL은 편리한 축소형을 제공한다. 단순히 SELECT *라고 쓸 수 있다. 이 표기법은 대화형 질의에 유용하나, 결과의 스키마가 질의로부터 분명하지 않기 때문에 재 사용되고 유지될 질의에 대해서는 좋지 않은 형식이다; 원래의 Sailors 테이블의 스키마를 참조해야 한다.

이들 두 예에서 나타난 것처럼, SELECT 절은 실제로 *추출*하기 위해서 사용되고, 관계대수 의미에서 *선택*은 WHERE 절을 사용하여 표현된다! 관계대수에서의 *선택*과 *추출* 연산자에 대한 이름과 SQL 문법 사이의 이러한 불일치는 불행한 역사적 우연이다.

이제 더 자세하게 기본적인 SQL 질의의 문법을 살펴보자.

- FROM 절의 **from-list**는 테이블 이름들의 리스트이다. 테이블 이름은 **범위 변수**에 의해 표시되어 질 수 있다; 범위 변수는 같은 테이블 이름이 **from-list**에 두 번 이상 나타날 때 특히 유용하다.
- **select-list**는 **from-list**에 표시된 테이블의 (수식을 포함한) 열 이름들의 리스트이다. 열 이름 앞에 범위 변수들을 붙일 수가 있다.
- WHERE 절의 **자격 조건**은 *수식* op *수식* 형 조건들의 Boolean 조합 (즉, 논리 접속사인 AND, OR, NOT을 사용한 수식)이고, 여기서 op는 비교 연산자 {<, <=, =, <>, >=, >} 중의 하나이다.[2] 수식은 열 이름, 상수, 혹은 하나의 (수 혹은 문자열)수식이다.
- DISTINCT 키워드는 선택적이다. 그것은 이 질의에 해답으로서 계산된 테이블은 중

[2] NOT을 가진 수식은 주어진 비교 연산자들로서 같은 의미의 NOT 없는 수식으로 항상 바꿀 수 있다.

복, 즉 같은 행의 두 사본을 포함하지 않음을 나타낸다. 디폴트는 *중복*들이 제거되지 않는 것이다.

비록 앞의 규칙들이 기본 SQL 질의의 문법을 (약식으로) 표시하지만, 질의의 뜻을 나타내지는 않는다. 한 질의의 답은 릴레이션 그 자체이고—SQL에서 행의 다중 집합!—내용은 다음의 개념적 평가 전략을 생각함으로서 이해될 수 있다.

1. **from-list**의 테이블들에 대한 크로스 프로덕트 계산
2. 크로스 프로덕트에서 **자격 조건**을 만족하지 않는 행들을 삭제
3. **select-list**에 나타나지 않는 모든 열 삭제
4. 만약에 `DISTINCT`가 표시되면, 중복 행 제거

이 간단한 개념적 평가 전략은 질의의 답에 표현되어야 하는 행들을 명시적이 되도록 한다. 그러나, 그것은 매우 비효율적이다. DBMS가 실제 어떻게 질의를 계산하는지는 뒤의 장에서 생각할 것이다. 지금 우리의 목적은 질의의 뜻을 간단히 설명하는 것이다. 다음 질의를 사용하여 개념적 평가 전략을 설명한다.

(Q1) 배 번호 103을 예약한 적이 있는 뱃사람의 이름을 구하시오.

SQL로는 다음과 같이 표현될 수 있다.

```
SELECT S.sname
FROM   Sailors S, Reserves R
WHERE  S.sid = R.sid AND R.bid=103
```

보통 예제 인스턴스들(*R2*와 *S3*)에 관한 계산은 불필요하게 지루하므로, 그림 5.6과 5.7에 나타난 Reserves의 *R3*과 Sailors의 *S4* 인스턴스에 대한 이 질의의 해답을 계산하자.

sid	*bid*	*day*
22	101	10/10/96
58	103	11/12/96

그림 5.6 Reserves의 인스턴스 *R3*

sid	*sname*	*rating*	*age*
22	dustin	7	45.0
31	lubber	8	55.5
58	rusty	10	35.0

그림 5.7 Sailors의 인스턴스 *S4*

첫 번째 단계는 크로스 프로덕트 $S4 \times R3$을 구성하는 것이고, 그림 5.8에 나타난다.

두 번째 단계는 자격 조건 *S.sid* = *R.sid* `AND` *R.bid* = *103*을 적용하는 것이다(이 자격 조건의 첫 부분은 조인 연산을 요구하는 것을 보여준다). 이 단계는 그림 5.8에 나타난 인스턴스로부터 마지막 행을 제외한 모든 것을 제거한다. 세 번째 단계는 원하지 않는 열을 제거하는 것이다. `SELECT` 절에 단지 *sname* 만이 나타난다. 이 단계는 그림 5.9에서 나타난 결과처럼 한 열과 단 한 행을 가진 테이블이 된다.

sid	*sname*	*rating*	*age*	*sid*	*bid*	*day*
22	dustin	7	45.0	22	101	10/10/96
22	dustin	7	45.0	58	103	11/12/96
31	lubber	8	55.5	22	101	10/10/96
31	lubber	8	55.5	58	103	11/12/96
58	rusty	10	35.0	22	101	10/10/96
58	rusty	10	35.0	58	103	11/12/96

그림 5.8 S4 × R3

sname
rusty

그림 5.9 R3과 S4에 대한 질의 Q1의 답

5.2.1 기본 SQL 질의의 예제

이제 몇 가지 예제 질의를 살펴보면, 이들 중 많은 것이 이미 관계대수 및 관계 해석에서 표현되었다(4장). 첫 번째 예는 범위 변수의 사용이 선택적인 것을 나타내며, 그렇지 않으면 애매모호함을 해결할 필요가 있다. 앞 절에서 논의했던 질의 Q1은 역시 다음처럼 표현될 수도 있다.

```
SELECT sname
FROM   Sailors S, Reserves R
WHERE  S.sid = R.sid AND bid=103
```

sid 열이 Sailors와 Reserves 테이블에 공통적으로 나타나므로, 그 열의 존재만 제한되어야 한다. 이 질의를 쓰기 위한 동일한 방법은 다음과 같다.

```
SELECT sname
FROM   Sailors, Reserves
WHERE  Sailors.sid = Reserves.sid AND bid=103
```

이 질의는 테이블 이름들이 묵시적으로 행 변수들로 사용될 수 있음을 보여준다. 범위 변수는 FROM절에 한 릴레이션이 여러 번 나타날 때에만 명시적으로 소개될 필요가 있다.[3] 그러나, 질의를 읽기 쉽게 하기 위하여 범위 변수와 범위 변수를 가진 모든 발생 열들의 완전한 자격 조건을 명시적으로 사용하도록 추천한다. 모든 예에서 그 규칙을 따를 것이다.

(Q16) 적색 배를 예약한 적이 있는 뱃사람의 번호를 구하시오.

```
SELECT  R.sid
FROM    Boats B, Reserves R
WHERE   B.bid = R.bid AND B.color = 'red'
```

[3] 범위 변수가 릴레이션을 위해 나타나면 그 테이블 이름은 묵시적 범위 변수로서 사용될 수 없다.

이 질의는 두 테이블간의 조인(join)을 포함하고, 배의 색에 대한 선택이 이어진다. B와 R은 sid가 R.sid인 뱃사람이 적색 배 B.bid를 예약했음을 '입증하는' 관련 테이블의 행들로 생각할 수 있다. 예제 인스턴스 *R2*와 *S3*에 의해서(그림 5.1과 5.2), 해답은 22, 31, 64의 *sid*들로 이루어진다. 만약에 뱃사람의 이름을 결과로 원하면, Reserves는 이 정보를 포함하지 않기 때문에 Sailors 릴레이션도 역시 살펴보아야 하는데, 다음 예가 그것을 나타낸다.

(Q2) 적색 배를 예약한 적이 있는 뱃사람의 이름을 구하시오.

```
SELECT  S.sname
FROM    Sailors S, Reserves R, Boats B
WHERE   S.sid = R.sid AND R.bid = B.bid AND B.color = 'red'
```

이 질의는 세 테이블간의 조인과 배의 색에 대한 선택을 포함한다. Sailors와의 조인은 투플 B에 의해 표시된 적색 배를 예약한 Reserves 투플 R에 해당하는 뱃사람의 이름을 구할 수 있도록 한다.

(Q3) Lubber에 의해 예약된 배의 색을 구하시오.

```
SELECT B.color
FROM   Sailors S, Reserves R, Boats B
WHERE  S.sid = R.sid AND R.bid = B.bid AND S.sname = 'Lubber'
```

이 질의는 앞의 것과 매우 비슷하다. 일반적으로 Lubber라는 뱃사람은 여러 명 있을 수 있다는 점에 주의하여야 한다(*sname*은 Sailors에 대한 키가 아니므로); 만약에 Lubber라는 이름의 뱃사람이 여러 명일 경우에는, 어떤 Lubber에 의해 예약된 배들의 색도 다 반환하지만 그래도 이 질의는 정당하다.

(Q4) 적어도 한 배를 예약한 적이 있는 뱃사람의 이름을 구하시오.

```
SELECT S.sname
FROM   Sailors S, Reserves R
WHERE  S.sid = R.sid
```

Sailors와 Reserves의 조인은 선택된 *sname*에 대해, 그 뱃사람이 어느 정도 예약을 한 것임을 확신한다(만약에 뱃사람이 예약을 하지 않았다면, 개념적 평가 전략의 두 번째 단계는 이 뱃사람을 포함하는 크로스 프로덕트에서 모든 열들을 삭제할 것이다).

5.2.2 SELECT 명령어에서 수식과 문자열

SQL은 단지 열의 목록이 아니라 그보다 더 일반적인 버전의 **select-list**를 지원한다. **select-list**의 각 항은 *수식* AS *열-이름*의 형식으로 될 수 있는데, 여기에서 *수식*은 열 이름(가능한 한 범위 변수를 앞에 붙인) 및 상수들로 구성된 산술식 또는 문자열 수식이며, *열-이름*은 질의의 출력에 나타나는 이 열의 새로운 이름이다. 그것은 *sum*이나 *count*와 같은 *집*

SQL의 정규식: 텍스트 데이터의 증가된 중요성에 영향을 받아, SQL:1999는 SIMILAR라 불리는 LIKE 연산자의 더 강력한 버전을 포함한다. 이 연산자는 텍스트를 찾는 동안 형태로 사용된 정규식의 풍부한 집합을 허용한다. 정규식은 비록 문법은 약간 다를지라도, 문자열 탐색을 위해 UNIX 운영체제에 의해서 지원되는 것과 유사하다.

관계대수와 SQL: SQL의 집합 연산은 관계대수에서 사용 가능하다. 물론, 테이블들이 투플들의 *다중 집합*이므로, 주 차이점은 SQL의 다중 집합 연산이다.

단 함수들도 포함할 수 있으며, 5.5절에서 논의한다. SQL 표준은 날짜와 시간 값들에 대한 수식도 포함하지만, 여기에서는 논의하지 않는다. SQL 표준의 일부는 아니더라도, 많은 구현에서는 *sqrt*, *sin*, *mod*와 같은 내장 함수들의 사용을 지원하고 있다.

(Q17) 한날에 서로 다른 두 배를 운행한 사람의 등급에 대한 증가치를 계산하시오.

```
SELECT S.sname, S.rating+1 AS rating
FROM   Sailors S, Reserves R1, Reserves R2
WHERE  S.sid = R1.sid AND S.sid = R2.sid
       AND R1.day = R2.day AND R1.bid <> R2.bid
```

또한 *자격* 조건의 각 항은 *수식1 = 수식2*와 같이 일반화될 수 있다.

```
SELECT S1.sname AS name1, S2.sname AS name2
FROM   Sailors S1, Sailors S2
WHERE  2*S1.rating = S2.rating-1
```

문자열 비교를 위해, 보통 알파벳 순서로 결정된 문자열들의 정렬에 대해 비교 연산자 (=, <, >, 등) 들을 사용할 수 있다. 만약에 알파벳순서 이외의 다른 순서로 문자열을 정렬할 필요가 있다면 (예, 달력 순서 January, February, March 등으로 각 달의 이름을 나타내는 문자열 정렬), SQL은 어떤 문자 집합에 대한 **순서**(collation), 혹은 정렬 순서의 일반적인 개념을 지원한다. 순서는 사용자가 각 문자들이 다른 것들 '보다 더 적은' 것을 표시하도록 하며 문자열 조작에 대단한 유연성을 제공한다.

또한 SQL은 LIKE 연산자를 통하여 형태 부합에 대한 지원을 제공하는데, 와일드-카드 기호 % (0개 혹은 그 이상의 임의의 문자들을 상징)와 _ (정확히 한 개의 임의의 문자를 상징)를 함께 사용한다. 따라서, '_AB%'는 두 번째와 세 번째 문자가 A와 B이고, 적어도 세 개의 문자로 구성되는 모든 문자열과 형태 부합됨을 나타낸다. 다른 비교 연산자와는 달리, 공백은 LIKE 연산자에서는 의미가 있을 수 있다 (기반 문자 집합에 대한 순서에 좌우된다). 즉, '*Jeff* ='*Jeff*'는 참이지만 '*Jeff* LIKE '*Jeff* '는 거짓이다. 질의에서 LIKE 사용의 예는 다음과 같다.

(Q18) 이름이 B로 시작해서 B로 끝나고 세 자 이상인 뱃사람의 나이를 구하시오.

```
SELECT S.age
FROM   Sailors S
WHERE  S.sname LIKE 'B_%B'
```

그와 같은 뱃사람은 Bob이며, 그의 나이는 63.5이다.

5.3 UNION, INTERSECT, EXCEPT

SQL은 앞에서 표현된 기본 질의형을 확장하는 세 가지 집합 조작 구성을 제공한다. 질의의 해답이 행들의 다중 집합이므로, 합집합, 교집합, 차집합과 같은 연산을 사용하고자 하는 것은 자연스러운 일이다. SQL은 이들 연산을 UNION, INTERSECT, EXCEPT라는 이름으로 지원한다.[4] SQL은 다른 집합 연산도 역시 제공한다: IN(어떤 원소가 주어진 집합에 있는지를 검사), op ANY, op ALL(비교 연산자 op를 사용하여 주어진 집합에서 원소들의 값을 비교), EXISTS(어떤 집합이 공집합인지를 검사). IN과 EXISTS 앞에는 NOT을 붙일 수가 있는데, 그들의 뜻이 분명히 바뀐다. 이 절에서는 UNION, INTERSECT, EXCEPT를 다루고, 나머지 연산들은 5.4절에서 다룬다.

다음 질의를 보자:

(Q5) 적색 혹은 녹색 배를 예약한 적이 있는 뱃사람의 이름을 구하시오.

```
SELECT S.sname
FROM   Sailors S, Reserves R, Boats B
WHERE  S.sid = R.sid AND R.bid = B.bid
       AND (B.color = 'red' OR B.color = 'green')
```

이 질의는 WHERE절에서 OR 접속사를 사용함으로써 쉽게 표현된다. 그러나, 다음의 질의는 영어 버전으로 'or' 대신에 'and'를 사용한 것말고는 모두 똑같지만, 훨씬 더 어렵다고 판명된다.

(Q6) 적색과 녹색 배를 둘 다 예약한 적이 있는 뱃사람의 이름을 구하시오.

만약에 두 질의의 일반 문장과 유사하게 앞 질의에서 OR의 사용을 AND로 바꾸기만 한다면, 적색이면서 녹색인 배를 예약한 뱃사람들의 이름을 구하게 될 것이다. *bid*가 배의 키라는 무결성 제약 조건은 한 척의 배가 동시에 두 색을 가질 수 없음을 나타내고, 따라서 OR 대신에 AND로 바꾼 앞 질의의 변화는 항상 빈 해답집합을 반환한다. AND를 사용한 질의 Q6의 올바른 문장은 다음과 같다:

---

[4] SQL 표준과 달리, 많은 시스템에서 현재 UNION만 지원한다. 마찬가지로 EXCEPT 대신 MINUS를 사용한다.

```
SELECT S.sname
FROM   Sailors S, Reserves R1, Boats B1, Reserves R2, Boats B2
WHERE  S.sid = R1.sid AND R1.bid = B1.bid
       AND S.sid = R2.sid AND R2.bid = B2.bid
       AND B1.color='red' AND B2.color = 'green'
```

R1과 B1을 뱃사람 S.sid가 적색 배를 예약했다는 것을 입증해 주는 행들로 생각할 수 있다. 마찬가지로 R2와 B2는 같은 뱃사람이 녹색 배 한 척을 예약했다는 것을 입증해 주는 것이다. 이와 같은 다섯 개의 행 S, R1, B1, R2, B2를 찾을 수 없다면, S.sname은 결과에 포함되지 않는다.

앞의 질의는 이해하기 어렵다(판명된 것처럼 실행하기에도 매우 비효율적이다). 사실, 앞의 OR 질의(질의 Q5)와의 유사성은 완전히 잃어버리고 있다. 이들 두 질의에 대한 더 좋은 해결 방법은 UNION과 INTERSECT를 사용하는 것이다.

그 OR 질의(질의 Q5)는 다음과 같이 다시 작성될 수 있다:

```
SELECT S.sname
FROM   Sailors S, Reserves R, Boats B
WHERE  S.sid = R.sid AND R.bid = B.bid AND B.color = 'red'
UNION
SELECT S2.sname
FROM   Sailors S2, Boats B2, Reserves R2
WHERE  S2.sid = R2.sid AND R2.bid = B2.bid AND B2.color = 'green'
```

이 질의는 적색 배를 예약한 뱃사람 집합과 녹색 배를 예약한 뱃사람 집합의 합집합을 원한다는 것을 말해 준다. 마찬가지로, AND 질의(질의 Q6)도 다음과 같이 바꿀 수 있다:

```
SELECT S.sname
FROM   Sailors S, Reserves R, Boats B
WHERE  S.sid = R.sid AND R.bid = B.bid AND B.color = 'red'
INTERSECT
SELECT S2.sname
FROM   Sailors S2, Boats B2, Reserves R2
WHERE  S2.sid = R2.sid AND R2.bid = B2.bid AND B2.color = 'green'
```

이 질의에는 실제로 미묘한 결함이 포함되어 있다—만약에 예제 인스턴스 *B*1, *R*2, *S*3에 한 사람은 적색 배를 예약했고 다른 사람은 녹색 배를 예약한 Horatio라는 이름의 뱃사람이 두 명 있다면, 비록 Horatio라 불리는 어떠한 사람도 적색 배와 녹색 배를 동시에 예약하지는 않았어도, Horatio라는 이름이 결과로 나온다. 즉, 이 질의는 적색 배를 예약한 사람의 이름과 녹색 배를 예약한 사람의 이름이 같으면 (비록 다른 뱃사람이더라도) 그 이름을 실제로 계산한다.

4장에서도 살펴본 것처럼, 이 문제는 뱃사람들을 식별하기 위해 *sname*을 사용하고, *sname*

은 Sailors 릴레이션의 키가 아니기때문에 발생한다! 만약에 앞의 질의에서 *sname* 대신 *sid* 를 사용하면, 적색 배와 녹색 배를 모두 예약한 뱃사람의 *sid* 집합을 얻을 수 있다. (이 뱃사람들의 이름을 구하려면 중첩 질의가 필요하며 5.4.4 절에서 이 예를 다시 다룰 것이다.)

다음 질의는 SQL의 차집합 연산을 설명한다.

(Q19) 적색은 예약했지만 녹색 배는 예약하지 않은 모든 뱃사람 번호를 구하시오.

```
SELECT S.sid
FROM   Sailors S, Reserves R, Boats B
WHERE  S.sid = R.sid AND R.bid = B.bid AND B.color = 'red'
EXCEPT
SELECT S2.sid
FROM   Sailors S2, Reserves R2, Boats B2
WHERE  S2.sid = R2.sid AND R2.bid = B2.bid AND B2.color = 'green'
```

뱃사람 22, 64, 31이 적색 배를 예약하였다. 뱃사람 22, 74, 31이 녹색 배를 예약하였다. 따라서, 답은 *sid* 64 만 포함한다.

그런데 Reserves 릴레이션이 sid 정보를 가지고 있으므로, Sailors 릴레이션을 조회할 필요가 없고, 다음과 같이 더 단순한 질의를 사용할 수 있다:

```
SELECT R.sid
FROM   Boats B, Reserves R
WHERE  R.bid = B.bid AND B.color = 'red'
EXCEPT
SELECT R2.sid
FROM   Boats B2, Reserves R2
WHERE  R2.bid = B2.bid AND B2.color = 'green'
```

이 질의가 참조 무결성에 의존한다는 것을 살펴보자: 즉, 존재하지 않는 뱃사람에 대한 예약은 없다. `UNION`, `INTERSECT`, `EXCEPT`는 합집합 호환성이 있는, 즉 열의 수가 같고 열들이 순서대로 같은 타입을 가지는 경우, 어떠한 두 개의 테이블에 대해서도 사용될 수 있다. 예를 들면, 다음과 같은 질의를 작성할 수 있다:

(Q20) 등급 10을 가지거나 104 배를 예약한 모든 뱃사람의 sid를 구하시오.

```
SELECT S.sid
FROM   Sailors S
WHERE  S.rating = 10
UNION
SELECT R.sid
FROM   Reserves R
WHERE  R.bid = 104
```

> **관계대수와 SQL:** 질의의 중첩은 관계대수에서 사용되지 않는 특징이나, 중첩 질의들은 대수로 번역될 수 있고, 15장에서 볼 것이다. SQL에서 중첩은 대수보다 관계 해석에 의해 더 영향을 받는다. (다중)집합 연산들과 집단과 같은 SQL의 몇몇 다른 특징들과 함께, 중첩은 매우 뜻깊은 구성이다.

합집합의 첫 부분은 *sid* 58과 71을 반환한다. 두 번째 부분은 22와 31을 반환한다. 따라서 답은 *sid* 22, 31, 58, 71의 집합이 된다. `UNION`, `INTERCEPT`, `EXCEPT`에 대해서 언급할 마지막 사항은 다음과 같다. 기본 질의 형식에서 `DISTINCT`가 표시되지 않으면 중복이 제거되지 않는다는 디폴트와는 달리, `UNION` 질의에 대한 디폴트는 중복이 제거된다는 것이다.

중복을 유지하기 위해서는, `UNION ALL`이 사용되어야 한다: 만약에 그렇다면, 결과에서 행의 수는 항상 $m+n$이며, 여기서 m과 n은 합집합의 두 부분에 나타나는 각 행의 수이다. 이와 마찬가지로, `INTERSECT ALL`은 중복을 유지하고—결과에서 행의 사본 수는 $min(m, n)$—`EXCEPT ALL`도 역시 중복을 유지한다—결과에서 행의 사본 수는 $m-n$이며, 여기서 m은 첫 번째 릴레이션과 관계된다.

5.4 중첩 질의

SQL의 가장 강력한 특징 중 하나가 중첩 질의이다. **중첩 질의**(nested query)란 그 안에 내장된 다른 질의를 가지는 질의이다; 내장된 질의는 **부질의**(subquery)라고 한다. 내장된 질의는 그 자체가 물론 중첩 질의일 수 있다; 이와 같이 매우 깊숙히 중첩되는 구조를 가지는 질의가 가능하다. 질의를 작성할 때, 스스로 계산되어야 하는 테이블을 참조하는 조건을 표현할 필요가 가끔씩 생긴다. 이러한 보조 테이블을 계산하기 위해 사용된 질의가 부질의이고 주질의의 부분으로서 나타난다. 부질의는 일반적으로 한 질의의 `WHERE` 절 내에 나타난다. 부질의들은 가끔 `FROM` 절 혹은 `HAVING` 절에도 나타날 수 있다(5.5절에서 설명). 이 절에서는 `WHERE`절에 나타나는 부질의만 논의한다. 다른 곳에 나타나는 부질의의 처리도 매우 비슷하다. `FROM` 절에 나타나는 부질의의 몇 가지 예는 5.5.1절에서 알아본다.

5.4.1 중첩 질의 소개

예로서, 앞에서 논의했던 다음 질의를 중첩 부질의를 사용하여 재 작성해 보자:

(Q1) 배 번호 103을 예약한 적이 있는 뱃사람의 이름을 구하시오.

```
SELECT S.sname
FROM   Sailors S
WHERE  S.sid IN ( SELECT R.sid
                  FROM   Reserves R
                  WHERE  R.bid = 103 )
```

중첩 부질의는 배 103을 예약한 뱃사람들에 대한 *sid*의 (다중)집합을 계산해 내며(*R*2와 *S*3 인스턴스에 대해 22, 31, 74를 포함하는 집합), 최상층의 질의는 이 집합에 속하는 *sid*에 대한 뱃사람들의 이름을 검색한다. `IN` 연산자는 어떤 값이 원소들의 주어진 집합에 속하는지를 검사하기 위해 허용되며; SQL질의는 검사 대상 집합을 만들기 위해 사용된다. 배 103을 예약하지 않은 모든 뱃사람을 찾기 위해 이 질의를 고치는 것은 매우 쉽다—`IN`을 `NOT IN`으로 바꿀 수 있다!

중첩 질의를 이해하는 가장 좋은 방법은 개념적 수행 전략의 관점으로 생각해 보는 것이다. 예제에서, 전략은 Sailors 행들을 조사하고, 각 행에 대해서 Reserves에 대한 부질의를 계산한다. 일반적으로, 우리가 앞에서 질의의 의미를 정의하기 위해서 나타냈던 개념적 수행 전략은 다음과 같이 중첩 질의들까지 포함하도록 확장할 수 있다: 이전처럼 최상층 질의의 `FROM` 절에서 테이블들로 크로스 프로덕트를 구성한다. 이 크로스 프로덕트의 각 행에 대해서, `WHERE`절의 자격조건을 검사하는 동안, 부질의를 (재)계산한다.[5] 물론, 부질의 자체에도 또다른 중첩 부질의가 포함될 수 있는데, 이 경우에는 똑 같은 아이디어를 다시 적용하므로, 다중 루프의 여러 단계를 가지는 수행 전략이 된다.

다중 중첩 질의의 예로서, 다음 질의를 다시 작성하자.

(Q2) 적색 배를 예약한 적이 있는 뱃사람의 이름을 구하시오.

```
SELECT S.sname
FROM   Sailors S
WHERE  S.sid IN ( SELECT R.sid
                  FROM   Reserves R
                  WHERE  R.bid IN ( SELECT B.bid
                                    FROM   Boats B
                                    WHERE  B.color = 'red'))
```

가장 안쪽의 부질의는 적색 배의 *bid* 집합을 구한다(인스턴스 *B*1의 102와 104). 한 단계 위의 부질의는 이 배들 중에서 하나를 예약한 뱃사람들의 *sid* 집합을 구한다. 인스턴스 *B*1, *R*2, *S*3에 대해, 이 *sid* 집합은 22, 31, 64를 포함한다. 최상층 질의는 이 *sid* 집합에 속하는 *sid*에 대한 뱃사람들의 이름을 구한다; Dustin, Lubber, Horatio를 얻는다.

적색 배를 예약하지 않은 뱃사람들의 이름을 구하기 위해, 다음 질의에 나타난 것처럼 가장 바깥의 `IN`을 `NOT IN`으로 바꾼다.

(Q21) 적색 배를 예약한 적이 없는 뱃사람의 이름을 구하시오.

```
SELECT S.sname
FROM   Sailors S
WHERE  S.sid NOT IN ( SELECT R.sid
```

[5] 예의 내부 부질의가 외부 질의로부터 '현' 행에 종속되지 않으므로, 각 외부 행에 대한 부질의를 왜 재계산해야 하는지 이상하다. 답을 위해, 5.4.2절을 보시오

```
FROM    Reserves R
WHERE   R.bid IN ( SELECT B.bid
                   FROM   Boats B
                   WHERE  B.color = 'red'))
```

이 질의는 집합 22, 31, 64에 *없는* *sid*에 대한 뱃사람의 이름을 계산한다.

질의 Q21과는 달리, 앞의 질의(Q2의 중첩 버전)에서 안쪽의 (바깥쪽이 아닌) `IN`을 `NOT IN`으로 수정할 수 있다. 이 수정된 질의는 적색이 아닌 배를 예약한 뱃사람들의 이름을 계산할 것이고, 그것은 만약에 그들이 예약을 했다면, 적색 배는 *아니다*. 어떤지 생각해 보자. 내부 질의에서는 *R.bid*가 102나 104(적색 배의 *bid*)가 아닌 것을 점검한다. 그런 다음 외부 질의는 *bid*가 102나 104가 아닌 Reserves 투플에서 *sid*를 구한다. 인스턴스 *B*1, *R*2, *S*3에 대해, 외부 질의는 *sid*의 집합 22, 31, 64, 74를 계산한다. 마지막으로, 이 집합의 *sid*에 대한 뱃사람의 이름을 구한다.

마찬가지로 중첩 질의 Q2에서 양쪽의 `IN`을 `NOT IN`으로 수정할 수 있다. 이 변화는 적색이 아닌 배를 예약하지 않은 뱃사람의 이름을 구하며, 그것은 적색 배만 예약한 사람이다(어떤 배라도 예약했다면). 앞의 문단처럼 처리하면 인스턴스 *B*1, *R*2, *S*3에 대하여, 외부 질의는 22, 31, 64, 74가 아닌 *sid*(Sailors에서)의 집합을 구한다. 이것은 집합 29, 32, 58, 71, 85, 95이다. 그런 다음 이 집합의 *sid*에 대한 뱃사람의 이름을 구한다.

5.4.2 상호 관련된 중첩 질의

지금까지 본 중첩 질의에서, 내부 부질의는 외부 질의와 완전히 독립되어 있다. 일반적으로, 내부 부질의는 (우리의 개념적 수행 전략에 의해) 외부 질의에서 현재 검사하고 있는 행에 종속된다. 다음 질의를 한번 더 재 작성하자.

(Q1) 배 번호 103을 예약한 적이 있는 뱃사람의 이름을 구하시오.

```
SELECT S.sname
FROM   Sailors S
WHERE  EXISTS ( SELECT *
                FROM   Reserves R
                WHERE  R.bid = 103
                       AND R.sid = S.sid )
```

`EXISTS` 연산자는 `IN`과 같은 종류의 집합 비교 연산자이다. 그것은 공집합과의 묵시적 비교로서 집합이 공집합이 아닌지를 점검한다. 따라서 각 뱃사람 열 *S*에 대해서, *R.bid* = *103* `AND` *S.sid*=*R.sid*를 만족하는 Reserves 행 *R*의 집합이 공집합이 아닌지를 점검한다. 공집합이 아니라면, 뱃사람 *S*는 배 103을 예약했고, 그 이름을 검색하게 된다. 부질의는 분명히 현재 행 *S*에 종속되어 있으며 Sailors의 각 행에 대하여 재-계산되어야 한다. 부질의에 나타나는 *S*(*S.sid*의 형식)를 ***상관관계***(*correlation*)라고 하며, 이러한 질의를 *상호 관련된 질의*라고

한다.

이 질의는 조건에 맞는 행이 존재하는지를 검사하지만 그 행으로부터 어떤 열들을 검색하기를 원하지 않는 상황에서 특수 기호 *를 사용하고 있다. 이것이 좋은 프로그래밍 형식인 SELECT 절에서 *를 사용하는 두 가지 중의 하나이며; 다른 하나는 간단히 설명하면 COUNT 집단 연산의 인자로 사용하는 것이다.

계속된 예로서, EXISTS 대신에 NOT EXISTS를 사용하면, 적색 배를 예약하지 않은 뱃사람의 이름을 계산할 수 있다. EXISTS와 밀접하게 관련되는 것으로 UNIQUE 술어가 있다. UNIQUE를 부질의에 적용할 때, 부질의의 답에 어떠한 행도 두 번 이상 나타나지 않으면, 즉 중복이 없으면, 결과 조건은 true를 반환한다; 특히 답이 공집합이면 true를 반환한다 (물론 NOT UNIQUE 버전도 있다).

5.4.3 집합-비교 연산자

우리는 이미 집합-비교 연산자 EXISTS, IN, UNIQUE와 그들의 부정 버전을 살펴보았다. SQL은 op ANY와 op ALL도 지원하며, 여기서 op는 산술 비교 연산자 {<, <=, =, <>, >=, >} 중 하나이다(SOME도 지원하지만 이것은 ANY와 동의어이다).

(Q22) Horatio라 불리는 어떤 뱃사람들보다 등급이 더 높은 뱃사람을 구하시오.

```
SELECT S.sid
FROM   Sailors S
WHERE  S.rating > ANY ( SELECT S2.rating
                        FROM   Sailors S2
                        WHERE  S2.sname = 'Horatio' )
```

Horatio라는 뱃사람이 여러 명 있다면, 이 질의는 Horatio라는 *어떠한* 뱃사람보다 등급이 더 높은 모든 뱃사람들을 구한다. 인스턴스 *S*3에 대해, *sid* 31, 32, 58, 71, 74를 계산한다. Horatio라는 뱃사람이 한 명도 없으면 어떻게 될까? 이 경우에 비교 *S.rating* > ANY …는 false을 반환하기 위해 정의되고, 그 질의는 빈 해답 집합을 반환한다. ANY가 포함된 비교를 이해하기 위해, 비교를 반복 수행한다고 생각하면 된다. 이 예에서, *S.rating*은 중첩 질의에 답이 있는 각 등급 값과 계속해서 비교된다. 직관적으로, *S.rating* > ANY …가 true를 반환하기 위해서는 부질의가 이 비교를 true로 만드는 행을 하나 반환해 주어야 한다.

(Q23) Horatio라 불리는 모든 뱃사람들보다 등급이 더 높은 뱃사람을 구하시오.

Q22의 질의를 간단히 수정하여 그와 같은 모든 질의를 얻을 수 있다. 외부 질의의 WHERE 절에서 ANY를 ALL로 바꾸면 된다. 인스턴스 *S*3에 대하여, *sid* 58과 71을 구할 것이다. Horatio라는 뱃사람이 한 명도 없다면, 비교 *S.rating* > ALL …은 true를 반환하기 위해 정의된다! 그 질의는 모든 뱃사람의 이름을 반환할 것이다. 다시 비교를 반복 수행한다고 생각하면 된다. 직관적으로, 그 비교는 *S.rating* > ALL …이 true를 반환하기 위해서는 반환하

는 모든 행에 대해서 참이 되어야 한다.

ALL에 대한 다른 보기로 다음 질의를 생각하자.

(Q24) 가장 높은 등급을 가진 뱃사람을 구하시오.

```
SELECT S.sid
FROM   Sailors S
WHERE  S.rating >= ALL ( SELECT S2.rating
                         FROM   Sailors S2 )
```

부질의는 Sailors에서 모든 등급 값들의 집합을 계산한다. 외부 WHERE 조건은 *S.rating*이 이들 등급 값의 모든 것들보다 크거나 같을 때에만, 즉 가장 큰 등급 값일 때에만 만족된다. 인스턴스 *S*3에서, 그 조건은 *등급이* 10일 때에만 만족되고, 답은 이 등급을 가진 뱃사람의 *sid*를 포함하며, 즉, 58과 71이다.

IN과 NOT IN은 각각 =ANY와 <>ALL과 동등하다.

5.4.4 중첩 질의의 추가 예제

INTERSECT 연산자를 사용하여 앞에서 설명한 질의를 다시 다루도록 하자.

(Q6) 적색과 녹색 배를 둘 다 예약한 적이 있는 뱃사람의 이름을 구하시오.

```
SELECT S.sname
FROM   Sailors S, Reserves R, Boats B
WHERE  S.sid = R.sid AND R.bid = B.bid AND B.color = 'red'
       AND S.sid IN ( SELECT S2.sid
                      FROM   Sailors S2, Boats B2, Reserves R2
                      WHERE  S2.sid = R2.sid AND R2.bid = B2.bid
                             AND B2.color = 'green' )
```

이 질의는 다음처럼 이해될 수 있다. "적색 배를 예약하고, 동시에 녹색 배를 예약한 뱃사람들의 *sid* 집합에 포함된 *sid*를 갖는 모든 뱃사람들을 구하시오." 이 질의 형태는 INTERSECT를 포함하는 질의가 어떻게 IN을 사용하여 재 작성될 수 있는지를 보여주고, 시스템이 INTERSECT를 지원하지 않을 경우 적용할 수 있을 것이다. EXCEPT를 사용하는 질의들은 마찬가지로 NOT IN을 사용하여 재 작성될 수 있다. 적색 배를 예약했지만 녹색 배를 예약하지 않은 뱃사람의 *sid*를 구하기 위해, 앞의 질의에서 단순히 IN 대신에 NOT IN을 사용할 수 있다.

밝혀진 것처럼 INTERSECT를 사용하여 이 질의(Q6)를 작성하는 것은 (교집합 동안) 뱃사람을 식별하기 위하여 *sid*를 사용하고 뱃사람 이름을 반환해야 하기 때문에 더 복잡해진다:

```
SELECT S.sname
FROM   Sailors S
```

SQL:1999 집단 함수: 집단 함수들의 모음은 새로운 표준에서 매우 확장되었고, 표준편차, 분산, 백분율 같은 여러 통계적 함수를 포함한다. 그러나, 새로운 집단 함수들은 SQL/OLAP 패키지에 있으며, 모든 제품들에 의해 다 제공되는 것은 아니다.

```
WHERE  S.sid IN (( SELECT R.sid
                   FROM   Boats B, Reserves R
                   WHERE  R.bid = B.bid AND B.color = 'red' )
                   INTERSECT
                   (SELECT R2.sid
                   FROM   Boats B2, Reserves R2
                   WHERE  R2.bid = B2.bid AND B2.color = 'green' ))
```

다음 예는 관계대수의 *나누기* 연산이 SQL에서는 어떻게 표현될 수 있는지를 보여준다.

(Q9) 모든 배를 예약한 적이 있는 뱃사람의 이름을 구하시오.

```
SELECT S.sname
FROM   Sailors S
WHERE  NOT EXISTS (( SELECT B.bid
                     FROM   Boats B )
                     EXCEPT
                     (SELECT R.bid
                     FROM   Reserves R
                     WHERE  R.sid = S.sid ))
```

이 질의는 상호 관련되어 있다는 것에 주의하시오—각 뱃사람 *S*에 대해, *S*가 예약한 배의 집합이 모든 배를 포함하는지를 점검한다. EXCEPT를 사용하지 않고 이 질의를 처리하는 다른 방법은 다음과 같다:

```
SELECT S.sname
FROM   Sailors S
WHERE  NOT EXISTS ( SELECT B.bid
                    FROM   Boats B
                    WHERE  NOT EXISTS ( SELECT R.bid
                                        FROM   Reserves R
                                        WHERE  R.bid = B.bid
                                               AND R.sid = S.sid ))
```

각 뱃사람에 대해 직관적으로 이 뱃사람에 의해 예약되지 않은 배가 없는지를 점검한다.

5.5 집단 연산자

단순히 데이터를 검색할 뿐만 아니라, 가끔 계산이나 요약을 수행하기를 원한다. 이 장의 앞에서 기술한 것처럼, SQL은 산술식을 사용할 수 있도록 하고 있다. 이제 MIN이나 SUM과 같이 *집단 값*을 계산하기 위한 강력한 구성들을 살펴보기로 하자. 이 기능들은 관계대수를 상당히 확장한 것이다. SQL은 다섯 개의 집단 연산을 제공하는데, 릴레이션의 어떤 열 A에 대해 적용될 수 있다:

1. COUNT ([DISTINCT] A): A 열의 (유일한) 값들의 수.
2. SUM ([DISTINCT] A): A 열의 모든 (유일한) 값들의 합.
3. AVG ([DISTINCT] A): A 열의 모든 (유일한) 값들의 평균.
4. MAX (A): A 열의 최대값.
5. MIN (A): A 열의 최소값.

MIN과 MAX와 함께 DISTINCT를 표시하는 것은 아무 의미가 없다 (SQL은 이것을 금지하지는 않는다).

(Q25) 모든 뱃사람들의 평균 나이를 구하시오.

```
SELECT AVG (S.age)
FROM   Sailors S
```

인스턴스 *S*3에 대해, 평균 나이는 37.4이다. 물론, WHERE 절은 평균값을 계산하는 데 필요한 뱃사람들을 제한하기 위하여 사용될 수도 있다.

(Q26) 등급 10을 가진 모든 뱃사람들의 평균 나이를 구하시오.

```
SELECT AVG (S.age)
FROM   Sailors S
WHERE  S.rating = 10
```

그러한 뱃사람은 두 명이며, 그들의 평균 나이는 25.5이다. MIN(또는 MAX)은 위의 질의에서 가장 젊은(가장 나이 많은) 뱃사람의 나이를 구하기 위해 AVG 대신에 사용될 수 있다. 그러나, 가장 나이 많은 뱃사람의 이름과 나이를 함께 구하려면 다음 질의에서처럼 좀 더 재주를 부려야 한다.

(Q27) 가장 나이 많은 뱃사람의 이름과 나이를 구하시오.

이 질의에 답하기 위해 다음과 같이 시도해 보자:

```
SELECT S.sname, MAX (S.age)
FROM   Sailors S
```

이 질의의 의도는 최대 나이뿐 아니라 그 나이를 가진 뱃사람의 이름도 반환하는 것이다. 그러나, 이 질의는 SQL에서 불법이다—만약 SELECT 절이 집단 연산을 사용하면, 그 질의가 GROUP BY 절을 포함하지 않는 한 SELECT 절에 *오직* 집단 연산만 사용해야 한다! (그 이유는 5.5.1절에서 GROUP BY 절을 설명할 때 분명해질 것이다.) 그러므로 SELECT 절에서 MAX (S.age)와 S.sname을 함께 사용할 수 없다. Q27에 적합한 답을 얻으려면 중첩 질의를 사용해야 한다:

```
SELECT S.sname, S.age
FROM   Sailors S
WHERE  S.age = ( SELECT MAX (S2.age)
                 FROM Sailors S2 )
```

부질의의 집단 연산 결과를 비교 연산의 인수로 사용하고 있다. 엄밀히 말해서, 하나의 나이 값을 일종의 릴레이션인 부질의의 결과와 비교하고 있다. 그러나, 집단 연산을 사용하고 있기 때문에, 부질의가 한 필드 짜리 한 투플만 반환하므로, SQL은 이 결과 릴레이션을 비교 연산에 편리하도록 하나의 필드 값으로 바꾸어 준다. Q27과 동등한 의미의 다음 질의는 SQL 표준에서는 합법적이지만, 불행히도 많은 시스템에서 제공되지 않는다:

```
SELECT S.sname, S.age
FROM   Sailors S
WHERE  ( SELECT MAX (S2.age)
         FROM Sailors S2 ) = S.age
```

COUNT를 사용하면 뱃사람의 수를 셀 수 있다. 이 예는 COUNT의 인수로 *의 사용을 나타내며, 모든 행의 수를 셀 때 사용하는 것이 좋다.

(Q28) 뱃사람의 수를 계산하시오.

```
SELECT COUNT (*)
FROM   Sailors S
```

모든 열들(FROM 절의 **from-list**에 나오는 모든 릴레이션의 크로스 프로덕트의)에 대한 단축 표현으로서 *를 생각할 수 있다. 이 질의를 서로 다른 뱃사람 이름의 수를 계산하는 다음 질의와 대조하자(*sname*은 키가 아님을 기억하시오!).

(Q29) 서로 다른 뱃사람 이름의 수를 계산하시오.

```
SELECT COUNT ( DISTINCT S.sname )
FROM   Sailors S
```

인스턴스 *S*3에 대해, Q28의 답은 10이지만, Q29의 답은 9이다(두 뱃사람이 Horatio라는 같은 이름을 가지고 있기 때문이다). 여기에서 DISTINCT를 생략한다면, Horatio를 두 번 세기 때문에 Q29의 답은 10이 된다. COUNT가 DISTINCT를 포함하지 않으면, COUNT(*)는 *x*가 애트리뷰트들의 집합일 때의 COUNT(*x*)와 같은 답을 얻는다. 예에서, DISTINCT 없는 Q29는 Q28과 같다. 그러나, 모든 레코드가 총 수에 기여하는 것이 분명하므로 COUNT(*)를 사용하는 것이 더 좋은 질의 형식이다.

> **관계대수와 SQL:** 집단은 관계 대수에서 표현될 수 없는 기본 연산이다. 유사하게, SQL의 그룹화 구성은 대수에서 표현될 수 없다.

집단 연산은 ANY와 ALL 구성의 대안을 제공한다. 예를 들어 다음 질의를 살펴 보자:

(Q30) 등급 10을 가진 사람 중 가장 나이 많은 뱃사람보다 더 나이가 많은 뱃사람의 이름을 구하시오.

```
SELECT S.sname
FROM   Sailors S
WHERE  S.age > ( SELECT MAX ( S2.age )
                 FROM   Sailors S2
                 WHERE  S2.rating = 10 )
```

인스턴스 *S3*에 대해, 등급 10을 가지며 나이가 가장 많은 뱃사람은 58번이고, 그 나이는 35이다. 그보다 더 나이가 많은 뱃사람은 Bob, Dustin, Lubber이다. ALL을 사용하면 이 질의를 다음처럼 다른 방식으로 작성할 수 있다.

```
SELECT S.sname
FROM   Sailors S
WHERE  S.age > ALL ( SELECT S2.age
                     FROM   Sailors S2
                     WHERE  S2.rating = 10 )
```

그러나 ALL 질의가 더 오류를 범하기 쉽다—쉽게(틀리게!) ALL대신 ANY를 사용할 수 있으며 등급 10인 임의의 뱃사람보다 더 나이가 많은 뱃사람들을 검색할 수 있다. 앞의 질의에서 ANY의 사용은 MAX대신 MIN의 사용과 관계된다.

5.5.1 GROUP BY와 HAVING 절

지금까지는 집단 연산을 한 릴레이션의 모든 (조건에 맞는) 행들에 적용하였다. 릴레이션의 행들에 대한 각 **그룹별**로 집단 연산을 적용하고 싶을 경우도 가끔 있는데, 이때 그룹의 수는 릴레이션의 인스턴스에 따라 좌우된다(즉, 미리 알 수 없다). 예를 들면, 다음 질의를 살펴보자.

(Q31) 각 등급 단계별 가장 어린 뱃사람의 나이를 구하시오.

만일 등급이 1에서 10까지 범위의 정수로 되어 있다는 것을 안다면, 다음과 같은 형식의 질의를 10개 작성할 수 있다.

```
SELECT MIN (S.age)
FROM   Sailors S
WHERE  S.rating = i
```

여기서 $i = 1, 2, ..., 10$이다. 10개의 이와 같은 질의를 작성하는 것은 번거로운 일이다. 더 중요한 것은 등급 단계가 얼마나 존재하는지를 미리 알 수 없다는 것이다.

이러한 질의를 작성하기 위해, 기본적인 SQL 질의 형식을 크게 확장할 필요가 있고, 그것이 바로 `GROUP BY` 절이다. 사실, 확장은 그룹에 대한 조건을 표시하기 위해 사용될 수 있는 선택적 `HAVING` 절을 포함한다 (예를 들면, 등급 단계 > 6인 경우에만 관심이 있다). 이와 같은 확장을 가진 SQL 질의의 일반적인 형식은 다음과 같다:

```
SELECT    [ DISTINCT ] select-list
FROM      from-list
WHERE     qualification
GROUP BY  grouping-list
HAVING    group-qualification
```

`GROUP BY` 절을 사용하여, Q31을 다음과 같이 작성할 수 있다:

```
SELECT    S.rating, MIN (S.age)
FROM      Sailors S
GROUP BY  S.rating
```

새로운 절에 대해 몇 가지 중요한 점을 살펴본다:

- `SELECT` 절의 **select-list는** (1) 열 이름 리스트 (2) **aggop** (열-이름) `AS` *new-name*의 형태를 가진 항들의 리스트로 구성된다. `AS`는 출력 열을 재 명명하기 위해 사용되었던 것을 이미 보았다. 집단 연산자의 결과인 열들은 열 이름을 가지지 않으므로, `AS`와 함께 사용한 이름을 열에 부여한다.

  (1)에 나타나는 모든 열은 **grouping-list**에도 나타나야 한다. 그 이유는 질의의 결과로 나오는 각 행들은 하나의 그룹에 해당하는데, 그 그룹은 grouping-list의 열들의 값과 일치하는 행들의 모임이다. 일반적으로, 만일 한 열이 **grouping-list**에는 나타나지 않지만 리스트 (1)에는 나타난다면, 이 열에서 다른 값들을 가지는 한 그룹 내에 다중 행이 나타날 수 있고, 답 행의 이 열에 어떠한 값이 배정되어야 할지 불분명해진다.

  한 열은 각 그룹 내의 모든 행에 유일한 값을 갖도록 하기 위해 주 키 정보를 사용할 수 있다. 예를 들면, **grouping-list**가 **from-list**에 있는 테이블의 주 키를 포함한다면, 그 테이블의 모든 열은 각 그룹 내에서 유일한 값을 가진다. SQL:1999에서는 그와 같은 열이 **select-list**의 (1) 부분에서도 역시 나타나는 것을 허용한다.

- `HAVING` 절의 **group-자격조건**에서 나타나는 수식들은 그룹 당 *하나의 값만*을 가져야 한다. 직관적으로 볼 때 `HAVING` 절은 주어진 그룹에 대해서 정답 행을 만들 것인지를 결정하게 된다. SQL-92에서 이 요구를 만족하기 위하여, **group-자격조건**에 나타나는 한 열은 집단 연산자의 매개변수 형태로 나타나거나, **grouping-list**에 나타나야 한다. SQL:1999에서는, 그룹의 *모든(every)* 혹은 *몇 개의(any)* 행이 조건을 만족하는지를 점

검하도록 허용하는 두 개의 새로운 집합 함수가 소개된다; 이것은 WHERE절의 조건과 비슷한 조건을 사용한다.

- GROUP BY 절이 생략되면, 전체 테이블은 하나의 그룹으로 간주된다.

한 예제를 통하여 이러한 질의의 의미를 설명하기로 한다.

(Q32) 두 명 이상의 뱃사람을 가지는 등급에 대해 각 등급별 투표가 가능한(다시 말해서, 18세 이상인) 가장 어린 뱃사람의 나이를 구하시오.

```
SELECT   S.rating, MIN (S.age) AS minage
FROM     Sailors S
WHERE    S.age >= 18
GROUP BY S.rating
HAVING   COUNT (*) > 1
```

편의상 그림 5.10에 다시 만든 Sailors의 인스턴스 *S3*에 대해 이 질의를 계산할 것이다. 5.2절에서 설명한 바 있는 개념적 수행 전략을 확장해서 다음과 같이 처리하기로 한다. 첫 단계는 **from-list**에 있는 테이블들의 크로스 프로덕트를 구성한다. 질의 Q32의 from-list에는 Sailors 릴레이션만 있으므로, 그 결과는 그림 5.10의 인스턴스와 같다.

sid	*sname*	*rating*	*age*
22	Dustin	7	45.0
29	Brutus	1	33.0
31	Lubber	8	55.5
32	Andy	8	25.5
58	Rusty	10	35.0
64	Horatio	7	35.0
71	Zorba	10	16.0
74	Horatio	9	35.0
85	Art	3	25.5
95	Bob	3	63.5
96	Frodo	3	25.5

그림 5.10 Sailors의 인스턴스 *S3*

두 번째 단계는 WHERE 절의 조건식 *S.age >= 18*을 적용하는 것이다. 이 단계는 행 <71, *zorba*, 10, 16>을 제거한다. 세 번째 단계는 필요 없는 열들을 제거하는 것이다. SELECT 절, GROUP BY 절, HAVING 절에서 언급된 열들만 필요하며, 이 예에서는 *sid*와 *sname*을 제거할 수 있다. 그 결과는 그림 5.11에 나타난다. 거기에는 *rating* 3과 *age* 25.5를 가진 두 개의 같은 행이 있음을 보시오—SQL은 DISTINCT 키워드의 사용에 의한 경우를 제외하고는 중복을 제거하지 않는다! 그림 5.11의 중간 테이블에서 한 행의 사본 수는 추출된 행의 이들 값을 가지는 원본 테이블의 행의 수에 의해 결정된다.

네 번째 단계는 그룹들을 식별하기 위해서 GROUP BY 절에 따라 테이블을 정렬하는 것이다. 이 단계의 결과는 그림 5.12에 나타난다.

rating	*age*
7	45.0
1	33.0
8	55.5
8	25.5
10	35.0
7	35.0
9	35.0
3	25.5
3	63.5
3	25.5

그림 5.11 3단계 계산 후

rating	*age*
1	33.0
3	25.5
3	25.5
3	63.5
7	45.0
7	35.0
8	55.5
8	25.5
9	35.0
10	35.0

그림 5.12 4단계 계산 후

다섯 번째 단계는 HAVING 절에 있는 group-조건식, 즉 COUNT(*) > 1이라는 조건을 적용하는 것이다. 이 단계는 *rating*이 1, 9, 10인 그룹들을 제거한다. WHERE 절과 GROUP BY 절이 적용되는 순서가 중요하다는 것을 살피자: 만약 WHERE 절이 먼저 적용되지 않았다면, *rating = 10*의 그룹이 HAVING 절의 group-조건식을 만족했을 것이다. 여섯 번째 단계는 남아 있는 각 그룹마다 하나의 답 행을 만드는 것이다. 각 그룹에 해당하는 답 행은 그룹화된 열들의 부분집합으로 구성되는데, 여기에 집단 연산자를 적용함으로서 하나 이상의 열들이 생성된다. 이 예에서, 각 답 행은 *rating* 열과 해당 그룹의 *age* 열의 값들에 MIN을 적용하여 계산된 *minage* 열로 구성된다. 이 단계의 결과는 그림 5.13에 나타난다.

rating	*minage*
3	25.5
7	35.0
8	25.5

그림 5.13 표본 계산의 최종 결과

질의가 SELECT 절에 DISTINCT를 포함하면, 중복은 부가적인 마지막 단계에서 제거된다.

SQL:1999는 두 새로운 집합 함수 EVERY와 ANY를 소개했다. 이들 함수를 나타내기 위하여, 우리의 예에서 HAVING 절을 다음과 같이 바꿀 수 있다.

```
HAVING    COUNT (*) > 1 AND EVERY ( S.age <= 60 )
```

개념적 수행의 다섯 번째 단계는 HAVING 절의 변화에 영향을 받는다. 그림 5.12의 네 번째

SQL:1999 확장: 두 개의 새로운 집합 함수, EVERY와 ANY가 추가되었다. 그들이 HAVING 절에서 사용될 때, 그 절이 각 그룹에 의해 만족되는 조건을 표시하는 기본 인식은, 전체적으로, 변화되지 않고 남는다. 그러나, 그 조건은 그룹의 개별 투플들에 관한 시험을 포함할 수 있으나, 투플들의 그룹에 대한 집단 함수들에 전적으로 의존한다.

단계의 결과를 살펴 보자. EVERY 키워드는 그룹의 모든 행이 group-조건식을 만나기 위해서는 추가된 조건을 만족해야 함을 요구한다. *rating* 3에 대한 그룹은 이 기준을 만나고 삭제된다; 결과는 그림 5.14에 나타난다.

앞의 질의를 *age*의 조건이 HAVING 절 대신에 WHERE 절에 있는 다음 질의와 대조해 본다.

```
SELECT   S.rating, MIN (S.age) AS minage
FROM     Sailors S
WHERE    S.age >= 18 AND S.age <= 60
GROUP BY S.rating
HAVING   COUNT (*) > 1
```

개념적 수행의 세 번째 단계 후의 결과는 *age* 63.5를 이제는 포함하지 않는다. 그럼에도 불구하고, 아직 두 행을 가지므로 *rating* 3에 대한 그룹은 COUNT (*) > 1의 조건을 만족하고, 다섯 번째 단계에서 적용된 group-조건식을 만난다. 이 질의의 최종 결과는 그림 5.15에 나타난다.

rating	*minage*
7	35.0
8	25.5

그림 5.14 EVERY 질의의 최종 결과

rating	*minage*
3	25.5
7	35.0
8	25.5

그림 5.15 다른 질의의 결과

5.5.2 집단 질의의 추가 예제

(Q33) 각 적색 배에 대해, 이 배에 대한 예약의 수를 구하시오.

```
SELECT   B.bid, COUNT (*) AS reservationcount
FROM     Boats B, Reserves R
WHERE    R.bid = B.bid AND B.color = 'red'
GROUP BY B.bid
```

인스턴스 *B*1과 *R*2에 대해, 이 질의의 해답은 두 투플 <102, 3>과 <104, 2>이다.

앞 질의의 이 형식이 불법임을 살펴보자:

```
SELECT   B.bid, COUNT (*) AS reservationcount
FROM     Boats B, Reserves R
WHERE    R.bid = B.bid
GROUP BY B.bid
HAVING   B.color = 'red'
```

비록 group-조건식 *B.color* = '*red*'가 그룹 당 하나의 값을 만들어 낼지라도, 그룹 애트리뷰트 *bid*가 Boats의 키(따라서 *color*를 결정)이므로 SQL은 이 질의를 허용하지 않는다.[6] GROUP BY절에 나타나는 열들은 HAVING 절의 집단 연산자에 대한 인수로 나타나지 않으면, HAVING 절에서만 나타날 수 있다.

(Q34) 두 명 이상의 뱃사람이 있는 각 등급 단계에 대해 등급별 뱃사람의 평균 나이를 구하시오.

```
SELECT   S.rating, AVG (S.age) AS avgage
FROM     Sailors S
GROUP BY S.rating
HAVING   COUNT (*) > 1
```

그룹을 *rating*에 따라 식별한 후, 2명 이상의 뱃사람을 가진 그룹들만 남긴다. 인스턴스 *S3*에 대한 이 질의의 해답은 그림 5.16에 나타난다.

rating	*avgage*
3	44.5
7	40.0
8	40.5
10	25.5

그림 5.16 Q34 답

rating	*avgage*
3	45.5
7	40.0
8	40.5
10	35.0

그림 5.17 Q35 답

rating	*avgage*
3	45.5
7	40.0
8	40.5

그림 5.18 Q36 답

질의 Q34에 대한 다음의 다른 형태는 HAVING 절도 WHERE 절처럼 중첩 부질의를 가질 수 있음을 나타낸다. HAVING 절의 중첩 부질의 내에서 *S.rating*을 사용할 수 있으며 그 이유는 뱃사람의 현재 그룹에 대한 단일 값을 갖기 때문이다:

```
SELECT   S.rating, AVG ( S.age ) AS avgage
FROM     Sailors S
GROUP BY S.rating
HAVING   1 < ( SELECT COUNT (*)
               FROM   Sailors S2
               WHERE  S.rating = S2.rating )
```

(Q35) 두 명 이상의 뱃사람을 가지는 등급에 대해 각 등급별 투표가 가능한(다시 말해서, 18

[6] 이 질의는 HAVING 절에 EVERY를 사용하여 SQL:1999에서 합법적으로 쉽게 재작성될 수 있다.

세 이상인) 뱃사람들의 평균 나이를 구하시오.

```
SELECT    S.rating, AVG ( S.age ) AS avgage
FROM      Sailors S
WHERE     S. age >= 18
GROUP BY  S.rating
HAVING    1 < ( SELECT COUNT (*)
                FROM   Sailors S2
                WHERE  S.rating = S2.rating )
```

질의 Q34의 이 변화에서, 먼저 *age* < 18인 투플들을 제거하고 남은 투플들을 *rating*에 따라 그룹 짓는다. 각 그룹에 대해, `HAVING` 절의 부질의는 현 그룹과 같은 *rating* 값을 가진 Sailors의 투플 수 (*age* < 18인 선택을 적용하지 않은)를 계산한다. 어떤 그룹이 둘보다 적은 뱃사람을 가지면, 그것은 버린다. 남은 그룹에 대해, 평균 나이를 출력한다. 인스턴스 *S*3에 대한 이 질의의 해답은 그림 5.17에 나타난다. 등급이 10인 그룹에 대한 차이만 빼면 답은 Q34의 답과 매우 유사한데, 평균을 구할 때 나이 16인 뱃사람을 뺐기 때문이다.

(Q36) 투표가 가능한(다시 말해서, 18세 이상인) 두 명 이상의 뱃사람을 가지는 등급에 대해 각 등급별 투표가 가능한 뱃사람들의 평균 나이를 구하시오.

```
SELECT    S.rating, AVG ( S.age ) AS avgage
FROM      Sailors S
WHERE     S. age >= 18
GROUP BY  S.rating
HAVING    1 < ( SELECT COUNT (*)
                FROM   Sailors S2
                WHERE  S.rating = S2.rating AND S2.age >= 18 )
```

질의의 이 형태는 Q35에 비슷하게 반영하였다. 인스턴스 *S*3에 대한 Q36의 해답은 그림 5.18에 나타난다. Q35의 해답과 다른 점은 등급 10에 해당하는 투플이 없다는 것인데, 등급이 10이면서 *age* ≥ 18인 투플은 하나뿐이기 때문이다.

질의 Q36은 Q32와 실제로 매우 유사하기 때문에, 다음과 같이 더 간단한 표현으로 나타낸다:

```
SELECT    S.rating, AVG ( S.age ) AS avgage
FROM      Sailors S
WHERE     S. age >= 18
GROUP BY  S.rating
HAVING    COUNT (*) > 1
```

Q36의 이 형식은 그룹화가 되기 전에 `WHERE` 절이 적용되는 사실을 이용한 것이다; 따라서 그룹화가 될 때 오직 *age* ≥ 18의 뱃사람들만 남는다. 이 질의를 작성하는 다른 방법을 생각하는 것도 유익하다:

```
SELECT Temp.rating, Temp.avgage
FROM   ( SELECT    S.rating, AVG ( S.age ) AS avgage,
                   COUNT (*) AS ratingcount
         FROM      Sailors S
         WHERE     S. age >= 18
         GROUP BY  S.rating ) AS Temp
WHERE Temp.ratingcount > 1
```

이 다른 방법은 몇 가지 재미있는 점을 나타낸다. 첫째, FROM 절도 역시 SQL 표준에 따라 중첩 부질의를 포함할 수 있다.[7] 둘째, HAVING 절은 전혀 필요하지 않다. HAVING 절이 있는 어떠한 질의도 HAVING 절 없이 재 작성될 수 있으나, 많은 질의가 HAVING 절을 표현하는 것이 더 간단한 것이 된다. 마지막으로, 부질의가 FROM 절에 나타날 때, AS 키워드를 사용하여 이름을 줄 필요가 있다(그렇지 않으면 예컨대 *Temp.ratingcount* > *1*과 같은 조건을 표현할 수 없기 때문이다).

(Q37) 뱃사람의 평균 나이가 모든 등급에 대해 최소인 등급을 구하시오.

집단 연산은 중첩될 수 없다는 것을 나타내기 위하여 이 질의를 사용한다. 다음과 같은 작성을 살펴보자:

```
SELECT    S.rating
FROM      Sailors S
WHERE     AVG (S.age) = ( SELECT    MIN (AVG (S2.age))
                          FROM      Sailors S2
                          GROUP BY S2.rating )
```

조금만 생각해 보면 이 질의는 불법인 수식 MIN (AVG (*S*2.age))가 비록 허용될지라도 작동하지 않을 것임을 알게 된다. 중첩 부질의에서, Sailors는 등급별로 여러 그룹으로 나뉘고, 평균 나이는 각 등급 값에 대해 계산된다. 각 그룹에 대해, 그룹별 평균 나이에 MIN의 적용은 같은 값을 반환할 것이다! 이 질의에 대한 올바른 버전은 다음과 같다. 그것은 각 등급 값에 대한 평균 나이를 포함한 임시 테이블을 계산하고 그 다음에 이 평균 나이가 최소값을 가지는 등급(들)을 찾는다.

```
SELECT Temp.rating, Temp.avgage
FROM   ( SELECT    S.rating, AVG (S.age) AS avgage,
         FROM      Sailors S
         GROUP BY S.rating) AS Temp
WHERE  Temp.avgage = ( SELECT MIN (Temp.avgage) FROM Temp )
```

인스턴스 *S*3에 대한 이 질의의 해답은 <10, 25.5>이다.

연습문제로서, 다음 질의가 같은 답을 계산할 것인지를 생각해 보시오.

---

[7] 현재 어떠한 상용의 데이터베이스 시스템에서도 FROM 절에서 중첩 질의를 지원하지 않는다.

> **관계형 모델과 SQL:** 널 값들은 기본 관계형 모델의 부분은 아니다. 투플들의 다중 집합으로서 SQL 테이블들의 취급과 같이, 기본 모델로부터 벗어난다.

```
SELECT   Temp.rating, MIN ( Temp.avgage )
FROM     ( SELECT    S.rating, AVG (S.age) AS avgage,
           FROM      Sailors S
           GROUP BY  S.rating ) AS Temp
GROUP BY Temp.rating
```

5.6 널 값

지금까지는 한 행의 열 값들은 항상 알려져 있다고 가정하였다. 실제로 열 값들은 unknown의 가능성이 있다. 예를 들면, Dan이라는 뱃사람이 요트 클럽에 가입할 때, 그는 아직 등급을 배정 받지 못할 수도 있다. Sailors 테이블의 정의에는 *rating* 열이 있으므로, Dan을 위해 어떤 행을 삽입해야 할까? 여기에서 필요한 것은 *미상*을 나타내는 특수한 값이다. Sailors 테이블의 정의가 *maiden-name* 열을 포함하도록 변경되었다고 하자. 그러나, 남편의 성을 가진 결혼한 여자들만 결혼 전의 성을 가진다. 독신 여자나 남자들에게는 이 *maiden-name* 열이 *적용 불가능*하다. 다시, Dan을 나타내는 행을 위해 이 열에 무슨 값이 포함되어야 할까?

SQL은 이러한 상황에서 사용하기 위하여 *널*이라고 부르는 특수한 열 값을 제공한다. 우리는 행 값이 미상(*unknown*) 또는 *적용 불가능*(*inapplicable*)일 때 *널*을 사용한다. Sailors 테이블 정의를 사용하면, Dan을 표현하기 위해 행 <98, *Dan*, *null*, 39>를 입력할 수 있다. *널* 값의 존재는 많은 문제들을 복잡하게 하는데, 이 절에서 SQL에 대한 *널* 값의 영향에 대해 살펴본다.

5.6.1 널 값을 사용한 비교

rating = *8*과 같은 비교를 생각해 보자. 만약에 이것이 Dan에 대한 행에 적용된다면, 이 조건은 참인가 거짓인가? Dan의 등급이 미상이므로, 이 비교는 `unknown` 값으로 계산되는 것이 분명하다. 사실 이것은 *rating* > 8 이나 *rating* < 8과 같은 비교의 경우에서도 마찬가지이다. 아마 분명하지 않지만, 두 개의 *널* 값을 <, >, = 등으로 비교할 때에도 그 결과는 항상 `unknown`이다. 예를 들면, 뱃사람 릴레이션의 두 개의 다른 행에 *널*이 있으면, 어떠한 비교도 `unknown`을 반환한다.

SQL은 마찬가지로 어떤 열 값이 *널* 인지를 검사하기 위해 특수한 비교 연산자 `IS NULL`도 제공한다; 예를 들면, *rating* `IS NULL`이라고 질의할 수 있는데, Dan을 나타내는 행에 대해 `true`를 계산할 것이다. 또 *rating* `IS NOT NULL`이라고 질의할 수도 있는데, Dan에 대한 행에 대해 `false`를 계산할 것이다.

5.6.2 논리 접속사 AND, OR, NOT

이제 *rating* = 8 OR *age* < 40이나 *rating* = 8 AND *age* < 40과 같은 부울식에 대해서는 어떻게 될까? Dan에 해당하는 행을 다시 살펴보면, *age* < 40 때문에, 첫 번째 식은 *rating* 값에 관계없이 참이 되나, 두 번째는 어떻게 될까? 단지 unknown이라고만 말할 수 있다.

그러나 이 예는 중요한 점을 야기한다 — 일단 *널* 값을 가질 때, 수식이 true, false, unknown을 계산해 내는 세-값 논리(three-valued logic)를 사용하여 논리 연산자 AND, OR, NOT을 정의해야 한다. AND, OR, NOT에 대한 평소의 해석은 인수들 중 하나가 다음처럼 unknown인 경우에 적용하기 위하여 확장한다. 식 NOT unknown은 unknown으로 정의된다. 어느 쪽 인수라도 true로 계산되면 두 인수의 OR는 true로 계산되고, 한 인수가 false로 계산되고 나머지 하나가 unknown으로 계산되면 unknown으로 계산된다. (두 인수가 다 false일 경우에는, 물론 OR는 false로 계산된다.) 어느 쪽 인수라도 false로 계산되면 두 인수의 AND는 false로 계산되고, 한 인수가 unknown으로 계산되고 나머지 하나가 true 또는 unknown으로 계산되면 unknown으로 계산된다(두 인수가 다 true이면, AND는 true로 계산된다).

5.6.3 SQL 구성 시 영향

부울식은 SQL의 많은 문맥에서 등장하고, *널* 값의 영향은 인정되어야 한다. 예를 들면, WHERE 절의 조건식은 (FROM절에 있는 테이블들의 크로스 프로덕트에서) 조건식이 true로 계산되지 않는 행들을 제거한다. 그러므로, 널 값이 있는 경우에는, false나 unknown으로 계산되는 행들이 제거된다. unknown으로 계산되는 행들을 제거하는 것은 미묘하지만 질의에 중요한 영향을 끼치며, 특히 EXISTS나 UNIQUE를 포함한 중첩 질의의 경우가 그렇다.

널 값 존재의 다른 문제는 한 릴레이션 인스턴스의 두 행이 중복된다고 간주될 때의 정의 문제이다. SQL 정의는 대응되는 열들이 동일하거나 둘 다 *널*을 가지는 경우에 그 두 행을 *중복*이라고 규정하고 있다. 두 *널* 값을 =을 사용하여 비교하면 결과가 unknown이 된다는 사실과 이 정의는 대조를 이룬다! 중복의 의미에서, 이 비교는 묵시적으로 true로 취급되고, 이것은 일종의 변칙이다.

기대처럼, 산술 연산 +, −, *, / 모두는 인자 중 하나가 *널*이면 *널*을 반환한다. 그러나, *널*들은 집단 연산에서는 일부 기대치 않는 동작을 유발할 수 있다. COUNT(*)는 *널* 값들도 다른 값처럼 처리하므로, 그들은 개수에 포함된다. 그 밖의 모든 집단 연산(COUNT, SUM, AVG, MIN, MAX 및 DISTINCT를 사용한 변환)에서는 *널* 값들을 단순히 무시한다—따라서 SUM은 적용된 값들의 (다중)집합에 있는 모든 값들의 합으로 이해될 수는 없다. 모든 *널* 값을 버리는 전 단계가 중요한 요인이 된다. 특수한 경우로, 이들 연산자들 중 하나—COUNT는 제외—가 *널* 값들에게만 적용되면, 결과도 *널*이 된다.

5.6.4 외부 조인

널 값들에 의지하는 조인 연산의 한 흥미 있는 변형을 **외부 조인**(outer join)이라고 하며 SQL에서 지원된다. 두 테이블의 조인 Sailors $\bowtie_c$ Reserves를 생각해 보자. 조인 조건 c에 따라 Reserves의 어떤 행과도 부합하지 않는 Sailors 투플들은 결과에 나타나지 않는다. 반면에 외부 조인에서는, Reserves 행과 부합하지 않는 Sailors 행들도 한 번씩은 결과에 나타나는데, 이때 Reserves로부터 상속된 결과 열들과 함께 널 값이 배정된다.

실제로 외부 조인에는 몇 가지 변형이 있다. **좌측 외부 조인**(left outer join)에서, Reservers 행과 부합하지 않는 Sailors 행들은 결과에 나타나지만, 반대는 그렇지 않다. **우측 외부 조인**(right outer join)에서, Sailors 행과 부합하지 않는 Reservers 행들은 결과에 나타나지만, 반대는 그렇지 않다. **전체 외부 조인**(full outer join)에서, 양측에서 일치하지 않는 Sailors와 Reservers 행들은 모두 결과에 나타난다(물론 모든 이들 변형에 대해서 *내부* 조인이라 불리는 보통의 조인처럼, 부합하는 행들은 항상 결과에 나타나며, 4장에서 보았다).

SQL은 원하는 조인 유형을 FROM 절에 표시하도록 허용한다. 예를 들면, 다음 질의는 뱃사람들과 그들이 예약한 배에 해당하는 <*sid*, *bid*> 쌍을 나열해 준다.

```
SELECT S.sid, R.bid
FROM   Sailors S NATURAL LEFT OUTER JOIN Reserves R
```

NATURAL이라는 키워드는 조인 조건이 모든 공통 애트리뷰트들(이 예에서, *sid*)에 대해 동일해야 한다는 것임을 나타내며, WHERE 절은 필요하지 않다(조인이 아닌 다른 조건을 표시하기 원하지 않으면). 그림 5.6, 5.7에 나타난 Sailors와 Reserves 인스턴스에 대해, 이 질의는 그림 5.19에 나타난 결과를 계산한다.

sid	*bid*
22	101
31	*null*
58	103

그림 5.19 $S1$과 $R1$의 좌측 외부 조인

5.6.5 널 값 불허

필드 정의의 일부로서 NOT NULL을 표시함으로서 널 값을 불허할 수 있다; 예를 들면, *sname* CHAR(20) NOT NULL. 또한 주 키의 필드들은 널 값이 허용되지 않는다. 이와 같이, PRIMARY KEY 제약 조건에 나열된 모든 필드를 위해 묵시적인 NOT NULL 제약 조건이 있다.

널 값에 대해 다룬 내용이 완전하지는 않다. 관심이 있는 독자들은 그 주제를 더 자세히 취급한 SQL에 대한 많은 전문 서적을 조사해야 할 것이다.

5.7 SQL의 복잡한 무결성 제약 조건

이 절에서는 SQL 질의의 완전한 표현력을 이용하는 복잡한 무결성 제약 조건의 규격에 대해 논의한다. 이 절에서 논의하는 기능들은 3장에서 설명한 SQL의 무결성 제약 조건 기능을 보완하는 것이다.

5.7.1 한 테이블 위의 제약 조건

테이블 제약 조건을 사용하여 하나의 테이블에 대해 복잡한 *제약 조건*을 표시할 수 있으며, 이는 CHECK 조건식의 형태를 가진다. 예를 들면, *rating*이 1에서 10까지 범위의 정수가 되도록 하려면, 다음과 같이 사용할 수 있을 것이다:

```
CREATE TABLE Sailors ( sid     INTEGER,
                       sname   CHAR(10),
                       rating  INTEGER,
                       age     REAL,
                       PRIMARY KEY (sid),
                       CHECK ( rating >= 1 AND rating <= 10 ))
```

Interlake라는 배들은 예약할 수 없다는 제약 조건을 시행하려면, 다음과 같이 사용할 수 있을 것이다:

```
CREATE TABLE Reserves ( sid   INTEGER,
                        bid   INTEGER,
                        day   DATE,
                        FOREIGN KEY (sid) REFERENCES Sailors
                        FOREIGN KEY (bid) REFERENCES Boats
                        CONSTRAINT noInterlakeRes
                        CHECK ( 'Interlake' <>
                                ( SELECT B.bname
                                  FROM   Boats B
                                  WHERE  B.bid = Reserves.bid )))
```

한 행이 Reserves로 삽입되거나 기존의 행이 수정될 때, CHECK *제약 조건*의 조건식이 계산된다. 그것이 false로 계산되면, 그 명령은 거부된다.

5.7.2 도메인 제약 조건과 구별 타입

사용자가 CREATE DOMAIN 문을 사용하여 새로운 도메인을 정의할 수 있으며, 이 때 CHECK 제약 조건을 사용한다.

```
CREATE DOMAIN ratingval INTEGER DEFAULT 1
                        CHECK ( VALUE >= 1 AND VALUE <= 10 )
```

> **SQL:1999 distinct type(구별 타입):** 많은 시스템들, 예를 들면 Informix UDS와 IBM DB2는 이 특징들을 이미 제공한다. 그것의 소개와 함께, 도메인들에 대한 제공은 SQL 표준의 미래 판에서는 반대될 것이고, 결국 제거될 것이다. 그것은 SQL:1999의 객체 지향 특징들의 넓은 집합 중의 단지 한 부분이다.

INTEGER가 도메인 ratingval에 대한 기반, 혹은 소스, 타입이며, 모든 ratingval 값은 이 타입이어야 한다. 또한 ratingval 값들은 CHECK 제약 조건을 사용함으로서 다시 한번 제한된다; 이 제약 조건의 정의에서, 도메인에 속하는 값을 언급하기 위해 키워드 VALUE를 사용한다. 이 기능을 사용함으로써, SQL 질의들의 완전한 표현력을 사용하는 어떤 도메인에 속하는 값들을 제약할 수 있다. 한 도메인이 정의되면, 그 도메인의 이름은 테이블의 열 값들을 제한하기 위해 사용될 수 있다; 예를 들면, 스키마 선언에서 다음과 같은 줄을 사용할 수 있다:

```
rating   ratingval
```

선택적인 DEFAULT 키워드는 어떤 도메인에 디폴트 값을 지정하기 위해 사용될 수 있다. 만약에 도메인 ratingval이 어떤 릴레이션의 한 열에 대해 사용되고 또한 삽입된 투플의 이 열에 어떠한 값도 입력되지 않는다면, 이 ratingval에 지정된 디폴트 값 1이 사용된다.

도메인 개념에 대한 SQL 지원은 중요한 점에서 제한된다. 예를 들면, 두 개의 도메인 SailorId와 BoatId를 똑같이 INTEGER를 기반 타입으로 사용하여 정의할 수 있다. 그 취지는 항상 SailorId의 값과 BoatId의 값에 대한 비교를 하지 못하도록 하는 것이다 (그들은 다른 도메인으로부터 얻었기 때문이다); 그러나, 둘 다 같은 기반타입인 INTEGER이기 때문에, 그 비교가 SQL에서는 잘 될 것이다. 이 문제는 SQL:1999에서 **구별타입** (distinct type)의 소개를 통하여 설명된다:

```
CREATE TYPE ratingtype AS INTEGER
```

이 문장은 INTEGER를 기반타입으로 하는 ratingtype이라는 새로운 구별타입을 정의한다. 타입 ratingtype의 값들은 서로 비교될 수 있으나, 다른 타입들의 값들과는 비교될 수 없다. 특히, ratingtype 값들은 기반타입인 INTEGER의 값들과 구별되어 취급된다—그들은 정수들과 비교할 수 없고 정수와 조인할 수도 없다(예, ratingtype 값에 정수 더하기). 새로운 타입에 average 함수와 같은 연산을 정의하려면, 명시적으로 해야 한다; 소스 타입에 대한 기존 연산의 어떠한 것도 남기지 않는다.

5.7.3 단정: 여러 테이블 위의 무결성 제약 조건

비록 CHECK 절의 조건식에서 다른 테이블들을 참조할 수 있을지라도, 테이블 제약 조건은 하나의 테이블에 관한 것이다. 테이블 제약 조건은 해당 테이블이 비어 있지 않을 때에만 유지된다. 따라서 한 제약 조건이 둘 이상의 테이블을 포함할 때, 테이블 제약 조건 메카니즘은 가끔 번거로울 뿐 아니라 요구한 대로 되지도 않는다. 이러한 상황을 위해, SQL은 **단정**(assertion)의 생성을 지원하는데, 어느 한 테이블에만 국한되지 않는 제약 조건이다.

예를 들면, 배의 수와 뱃사람의 수를 합한 값이 100보다 작도록 제약조건을 집행하고 싶다고 하자. (이 조건은 '작은' 항해 클럽을 갖추기 위해 필요할지도 모른다.) 다음과 같은 테이블 제약 조건을 시도할 것이다:

```
CREATE TABLE Sailors ( sid     INTEGER,
                       sname   CHAR(10),
                       rating  INTEGER,
                       age     REAL,
                       PRIMARY KEY (sid),
                       CHECK ( rating >= 1 AND rating <= 10)
                       CHECK ( ( SELECT COUNT (S.sid) FROM Sailors S )
                             + ( SELECT COUNT (B.bid) FROM Boats B )
                             < 100 ))
```

이 해결책은 두 가지 문제점이 있다. 그것은 완전히 대칭적인 방법으로 Boats를 포함할지라도 Sailors와 관련되어 있다. 더 중요한 것은, 만약에 Sailors 테이블이 비어 있으면, 비록 Boats에 100행 이상이 있더라도 이 제약 조건은 (테이블 제약 조건의 의미에 의하여) 항상 받아들이는 것으로 정의된다! Sailors가 비어 있지 않은지를 점검하도록 이 제약 조건 규격을 확장할 수도 있으나, 이 방법은 매우 복잡해진다. 가장 좋은 해결책은 다음과 같이 하나의 단정을 만드는 것이다:

```
CREATE ASSERTION smallClub
CHECK (( SELECT COUNT (S.sid) FROM Sailors S )
      + ( SELECT COUNT (B.bid) FROM Boats B)
      < 100 )
```

5.8 트리거와 능동 데이터베이스

트리거란 데이터베이스에 행해진 변경에 대응해서 DBMS에 의해 자동적으로 실행되는 일종의 프로시저로서, 보통 DBA에 의해 표시된다. 관련 트리거 집합을 가진 데이터베이스를 **능동 데이터베이스**라고 한다. 트리거의 명세는 세 부분을 포함한다:

- **이벤트:** 트리거를 **구동**시키는 데이터베이스에 대한 변경 사항.
- **조건:** 트리거가 구동될 때 수행되는 질의 또는 검사.
- **동작:** 트리거가 구동되고 해당 조건이 참일 때 수행되는 프로시저.

트리거는 데이터베이스를 감시하는 '데몬(daemon)'으로 생각될 수 있으며, 데이터베이스가

이벤트 내역과 부합하는 방향으로 수정될 때 수행된다. 사용자나 응용이 구동 문장을 실행하는 것에 상관없이, 삽입, 삭제, 갱신문은 트리거를 구동시킬 수 있다; 사용자들은 트리거가 그들 프로그램의 부작용으로서 수행되었다는 것을 모를 수 있다.

트리거에서 *조건*은 참/거짓 문장(예, 모든 직원의 급여가 $100,000보다 적다)이거나 어떤 질의가 될 수 있다. 질의는 해답이 공집합이 아니면 *참*으로 해석되고, 질의가 어떠한 답도 가지지 않으면 *거짓*으로 해석된다. 조건 부분이 참으로 계산되면, 그 트리거와 관련된 동작이 수행된다.

트리거 *동작*은 트리거 조건 부분의 질의에 대한 답을 조사하고, 트리거를 구동시킨 문장에 의해 수정된 투플의 이전 값과 새로운 값을 참조하며, 새로운 질의들을 수행하고, 데이터베이스를 변화시킬 수 있다. 사실, 동작은 일련의 데이터-정의 명령(예, 새로운 테이블 생성, 권한 변경)과 트랜잭션-지향 명령(예, 완료)을 수행할 수도 있으며 호스트-언어의 프로스저들을 호출할 수도 있다.

중요한 쟁점은 트리거의 동작 부분이 트리거를 구동시키는 문장과 관련해서 언제 수행되는가 하는 것이다. 예를 들면, Students 테이블에 레코드들을 삽입하는 문장은 그 문장에 의해 한번에 18세 미만의 학생들이 얼마나 많이 삽입되는지에 대한 통계를 유지하기 위해 사용되는 트리거를 구동시킬 수 있다. 그 트리거가 하는 것에 따라, Students 테이블에 변경이 가해지기 *이전* 혹은 *이후*에 동작을 수행하기 원할 수도 있다: 조건에 맞는 삽입의 수를 세기 위해 사용되는 변수를 초기화하는 트리거는 이전에 수행되어야 하고, 조건에 맞는 삽입된 레코드가 한번 수행될 때 그 변수를 증가시키는 트리거는 각 레코드가 삽입된 이후에 수행되어야 할 것이다(왜냐하면 동작을 결정하려면 새로운 레코드의 값들을 조사해야 하기 때문이다).

5.8.1 SQL의 트리거 예

그림 5.20에 나타난 예는, 트리거 정의를 위해 Oracle 서버 문법을 사용하여 작성된 것으로, 트리거의 기본 개념을 보여주고 있다(이들 트리거에 대한 SQL:1999의 문법도 비슷하다; SQL:1999 문법을 사용한 예를 간단히 살펴볼 것이다). *init_count*라는 트리거는 Students 릴레이션에 투플을 추가하는 `INSERT` 문장의 모든 수행 전에 계수기 변수를 초기화한다. *incr_count*라는 트리거는 조건 *age* < 18을 만족하는 삽입된 각 투플에 대해 그 계수기를 증가시킨다.

그림 5.20의 예제 트리거 중 하나는 구동 문장 이전에 실행하고, 다른 예는 그 이후에 실행한다. 트리거는 구동 문장 *대신에* 실행되도록 계획될 수도 있고; 그 구동 문장을 포함한 트랜잭션의 끝에 *지연* 방식으로; 혹은 별개의 트랜잭션의 일부로서 *비동기형* 방식으로 실행될 수도 있다.

그림 5.20의 예는 트리거 실행에 대한 다른 점을 보여주고 있다: 사용자는 트리거가 수정된 레코드 당 한번 혹은 구동 문장 당 한번 실행되어야 하는지를 표시할 수 있어야 한다. 예를

```
CREATE TRIGGER init_count BEFORE INSERT ON Students      /* Event */
    DECLARE
        count INTEGER;
    BEGIN                                                /* Action */
        count := 0;
    END

CREATE TRIGGER incr_count AFTER INSERT ON Students       /* Event */
    WHEN (new.age < 18)   /* Condition; 'new' is just-inserted tuple */
    FOR EACH ROW
    BEGIN        /* Action; a procedure in Oracle's PL/SQL syntax */
        count := count + 1;
    END
```

그림 5.20 트리거 설명 예

들면, 만약에 동작이 각개의 변경된 레코드에 종속되면, 계수를 증가시킬지를 결정하기 위해 삽입된 Students 레코드의 *age* 필드를 조사해야 하고, 트리거중인 이벤트는 수정된 각 레코드에 대해 발생하도록 정의되어야 할 것이다; FOR EACH ROW 절이 이를 위해 사용된다. 이러한 트리거를 **행-수준**(row-level) **트리거**라고 한다. 반면에, *init_count* 트리거는 FOR EACH ROW 구문을 생략했기 때문에 삽입된 레코드의 수에 상관없이 INSERT 문장 당 한번씩 실행된다. 이러한 트리거를 **문장-수준**(statement-level) **트리거**라고 한다.

그림 5.20에서, 키워드 new는 새로 삽입된 투플을 참조한다. 만약 기존의 투플이 수정되었다면, 키워드 old와 new는 수정 전과 후의 값들을 참조하기 위해 사용될 수 있다. SQL:1999에서도 트리거의 동작 부분이 한번에 하나의 변경된 레코드가 아닌 변경된 레코드의 집합을 참조할 수 있도록 허용하고 있다. 예를 들면, INSERT 문장 후에 한번 실행하는 트리거에서 삽입된 Students 레코드의 집합을 참조할 수 있도록 하는 것은 유용할 것이다; 이 집합에 대해 SQL 질의를 통하여 *age* < 18인 삽입된 레코드의 수를 셀 수 있게 된다. 이러한 트리거가 그림 5.21에 나타나고 이것은 그림 5.20에 나타난 트리거에 대한 대안이다.

전형적인 현재의 DBMS에서 사용하는 문법에 대한 유사한 점과 차이점을 설명하기 위하여, 그림 5.21의 정의는 SQL:1999의 문법을 사용한다. 키워드 절 NEW TABLE은 새로 삽입된 투플들의 집합에 테이블 이름(InsertedTuples)을 부여해 준다. FOR EACH STATEMENT 절은 문장-수준 트리거를 표시하며 이것이 디폴트이기 때문에 생략 가능하다. 이 정의에는 WHEN 절이 없다; 만약 그와 같은 절이 포함된다면, FOR EACH STATEMENT 절 다음과, 동작 표시 앞에 나온다.

그 트리거는 Students로 투플을 삽입하는 각 SQL 문장에 대해 계산되며, 데이터베이스 테이블들의 수정에 대한 통계치를 가진 한 테이블로 투플 하나를 삽입한다. 그 투플의 첫 두 필드는 상수들을 포함하고(수정된 테이블을 나타내는 Students와, 수정하는 문장의 종류인 INSERT), 세 번째 필드는 *age* < 18인 삽입된 Students 투플의 수이다(그림 5.20의 트리거는

수만 센다; 추가의 트리거가 통계 테이블로 관련된 투플을 삽입하기 위해 필요하다).

```
CREATE TRIGGER set_count AFTER INSERT ON Students          /* Event */
REFERENCING NEW TABLE AS InsertedTuples
FOR EACH STATEMENT
    INSERT                                                  /* Action */
        INTO StatisticsTable(ModifiedTable, ModificationType, Count)
        SELECT 'Students', 'Insert', COUNT *
        FROM InsertedTuples I
        WHERE I.age < 18
```

그림 5.21 집합-지향 트리거

5.9 능동 데이터베이스 설계

트리거는 데이터베이스의 변경에 대처할 수 있는 강력한 메카니즘을 제공해 주나, 그들은 주의 깊게 사용되어야 한다. 트리거 모임의 효과는 매우 복잡해질 수 있고, 능동 데이터베이스를 유지하는 것은 매우 어렵게 될 수 있다. 무결성 제약 조건의 현명한 사용은 종종 트리거의 사용을 대신할 수 있다.

5.9.1 왜 트리거는 이해하기 어려운가

능동 데이터베이스 시스템에서, DBMS가 데이터베이스를 수정하는 문장을 수행하려고 할 때, 그것은 어떤 트리거가 그 문장에 의해 구동되는지를 검사한다. 그러한 트리거가 있다면, DBMS는 그 트리거의 조건 부분을 계산하고, 그리고나서 (그 조건이 참이라고 계산되면) 동작 부분을 실행함으로서 트리거를 처리한다.

만약에 한 문장이 여러 트리거를 구동시킨다면, DBMS는 그들 모두를 임의의 순서대로 처리한다. 중요한 점은 한 트리거 동작 부분의 실행은 다른 트리거를 또다시 구동시킬 수 있다는 것이다. 특히 한 트리거 동작 부분의 실행이 같은 트리거를 다시 구동시킬 수도 있다; 이러한 트리거를 **순환**(recursive) **트리거**라고 한다. 이러한 *연쇄* 구동에 대한 가능성과 DBMS가 구동되는 트리거를 예상할 수 없는 순서로 처리한다는 것은 트리거 모임의 효과를 이해하기 어렵게 만들 수 있다.

5.9.2 제약 조건 대 트리거

트리거의 보통 용도는 데이터베이스의 일관성을 유지하기 위해서이고, 이러한 경우에는 무결성 제약 조건(예, 외래 키 제약 조건)의 사용이 같은 목적을 달성할 수 있는가를 항상 생각해야 할 것이다. 제약 조건의 의미는 트리거의 효과와는 달리 연산적으로 정의되지 않는다. 이 특성은 제약 조건을 더 쉽게 이해하도록 하며, 실행을 최적화할 더 많은 기회를

DBMS에게 준다. 제약 조건은 어떠한 종류의 문장에 의한 데이터 불일치도 역시 막아 줄 수 있으나 트리거는 특정한 종류의 문장(INSERT, DELETE, 혹은 UPDATE)에 의해서만 구동된다. 이 제한은 역시 제약 조건을 더 쉽게 이해하도록 한다.

반면에, 트리거는 다음의 예에서 설명하는 것처럼 데이터베이스 무결성을 더 유연한 방법으로 유지하도록 한다.

- 필드가 *itemid*, *quantity*, *customerid*, *unitprice*인 Orders라는 테이블이 있다고 가정하자. 고객이 주문할 때, 처음의 세 필드 값은 사용자(이 예에서는, 판매원)에 의해 채워진다. 네 번째 필드의 값은 Items라는 테이블로부터 얻을 수 있으나, 품목의 가격이 계속하여 변경될 경우에 완전한 주문 기록을 갖기 위해 Orders 테이블에 이 값을 포함시키는 것은 중요하다. 이 값을 찾기 위해 트리거를 정의하고, 새로 삽입된 레코드의 네 번째 필드에 그것을 포함할 수 있다. 이렇게 하면 점원이 쳐 넣어야 할 필드의 수를 줄일 뿐만 아니라, 이 트리거는 Orders 테이블의 가격 불일치에 의해 발생하는 입력 오류의 가능성도 줄이게 된다.
- 이 예를 계속하여, 주문을 하나 받았을 때 몇 가지 추가 동작들을 수행할 수도 있다. 예를 들면, 만약 그 구매가 회사에 의해 설정된 신용 선으로 요금을 청구할 것이라면, 전체 구매액이 현재 신용 한도 내에 있는지 검사하기를 원할 수도 있다. 그 검사를 하기 위해 트리거를 사용할 수 있다. 물론 CHECK 제약 조건을 사용할 수도 있다. 그러나 트리거 사용은 신용 한도를 초과하는 구매를 취급하기 위한 더 세련된 정책을 구현하도록 한다. 예를 들면, 이 고객이 회사와 1년 이상 거래했다면 한도를 10% 이내로 초과하는 것은 허용해 줄 수도 있고, 또 그 고객을 신용 한도 증가를 위한 후보자 테이블에 추가할 수도 있다.

5.9.3 트리거의 다른 사용

트리거의 많은 가능한 사용은 무결성 유지를 능가한다. 트리거는 사용자들에게 (데이터베이스 수정에 반영될 때) 드문 이벤트들을 경고한다. 예를 들면, 주문한 고객이 추가 할인을 위한 자격을 위해 과거 일 개월 내에 충분한 구매를 했는지를 우리는 점검하기를 원할 수 있다. 만약 그렇다면, 판매원은 그(혹은 그녀)가 고객에게 말해서 가능한 한 추가 판매가 생기도록 하기 위하여 알려야 한다! 최근 구매들을 점검하여 만약에 고객이 할인을 위한 자격을 가진다면 메시지를 출력하는 트리거를 사용함으로서 이 정보를 제공할 수 있다.

트리거는 감사와 보안 점검을 제공하기 위한 이벤트들의 기록을 생성할 수 있다. 예를 들면, 매번 고객이 주문할 때마다, 고객의 ID와 현재의 신용 한도를 가진 레코드를 생성하고 이 레코드를 고객 내력 테이블에 삽입할 수 있다. 나중에 이 테이블을 분석하면 신용 한도 증가가 가능한 후보자인지를 알 수도 있다(예, 한번도 정시에 돈을 지불하지 못한 적이 없고 또 지난달 자신의 신용 한도의 10% 이내로 세 번 이상 접근한 적이 있는 고객).

5.8절의 예에서 설명한 것처럼, 테이블의 접근 및 수정에 관한 통계 값을 모으기 위해 트리거를 사용할 수도 있다. 몇몇 데이터베이스 시스템들은 릴레이션의 사본들을 관리하기 위한

기반으로서 내부적으로 트리거를 사용하기도 한다. 지금까지 열거한 트리거의 가능한 용법들이 완전한 것은 아니다; 예를 들면, 트리거는 작업 흐름 관리나 사업 내규 집행을 위해서도 역시 검토된 적이 있었다.

5.10 복습문제

복습문제에 대한 답은 열거된 절에서 찾을 수 있다.

- 기본 SQL 질의의 부분은 무엇인가? SQL 질의의 입력과 결과 테이블은 집합인가 혹은 다중 집합인가? 질의의 결과로서 투플의 집합을 어떻게 얻을 수 있는가? **(5.2절)**
- SQL에서 범위 변수는 무엇인가? 수식 혹은 문자열 수식에 의해 정의된 질의의 출력 열들에게는 어떻게 이름을 짓는가? SQL은 문자열 형태 부합을 위해 무슨 편리를 제공하는가? **(5.2절)**
- SQL은 투플들의 (다중)집합에 대해 무슨 연산을 제공하는가, 그리고 질의를 쓰는 데 이들을 어떻게 사용할 것인가? **(5.3절)**
- 중첩 질의는 무엇인가? 중첩 질의에서 *상관관계*는 무엇인가? 중첩 질의를 쓸 때 `IN`, `EXISTS`, `UNIQUE`, `ANY`, `ALL` 연산자들을 어떻게 사용할 것인가? 왜 그들이 유용한가? SQL에서 *나누기* 연산자를 사용하는 방법을 보임으로서 답을 설명하시오. **(5.4절)**
- SQL은 무슨 집단 연산자들을 지원하는가? **(5.5절)**
- *그룹화*는 무엇인가? 관계대수에서의 유사형은 무엇인가? 이 특징을 설명하고, `HAVING`과 `WHERE` 절의 상호작용을 논의하시오. `GROUP BY` 절에서 나타나는 필드들에 의해 만족되어야 하는 어떤 제한들을 언급하시오. **(5.5.1절)**
- *널* 값은 무엇인가? 3장에서 거론된 것처럼, 관계형 모델에서 지원되는가? 그들은 질의들의 의미에 어떤 영향이 있는가? 테이블의 주 키 필드는 *널* 값을 포함할 수 있는가? **(5.6절)**
- SQL 제약 조건의 무슨 형태가 질의어를 사용하여 표시될 수 있는가? 제약 조건의 이들 중의 하나를 사용하여 주 키 제약 조건을 표현할 수 있는가? 만약 그렇다면, 왜 SQL은 분리된 주 키 제약 조건 문법을 공급하는가? **(5.7절)**
- *트리거*는 무엇이며, 이것의 세 부분은 무엇인가? 열-수준와 문장-수준 트리거 사이의 차이점은 무엇인가? **(5.8절)**
- 트리거는 왜 이해하기 어려운가? 트리거와 무결성 제약 조건 사이의 차이점을 설명하고, 무결성 제약 조건 위에서 트리거를 사용할 때와 그 역일 때를 표시하시오. 트리거는 무엇을 위해 사용되는가? **(5.9절)**

연습문제

온라인 자료는 이 장의 모든 연습문제에 대해 다음의 웹페이지에서 이용할 수 있다.

http://www.cs.wisc.edu/~dbbook

이것은 Oracle, IBM DB2, MS SQL Server, MySQL의 사용을 위해 각 연습문제에 대한 테이블을 생성하기 위한 스크립트를 포함한다.

문제 5.1 다음 릴레이션들을 생각하자:

Student(*snum:* `integer`, *sname:* `string`, *major:* `string`, *level:* `string`, *age:* `integer`)
Class(*name:* `string`, *meets_at:* `time`, *room:* `string`, *fid:* `integer`)
Enrolled(*snum:* `integer`, *cname:* `string`)
Faculty(*fid:* `integer`, *fname:* `string`, *deptid:* `integer`)

이 릴레이션들의 의미는 분명하다; 예를 들면, Enrolled는 학생이 수업을 수강하는 것에 대해 학생-수업 쌍 당 한 레코드를 가진다.

다음 질의를 SQL로 작성하시오. 어떠한 중복 값도 답에 출력해서는 안 된다.

1. I. Teach가 가르치는 수업을 수강하고 있는 모든 3학년(level = JR)들의 이름을 구하시오.
2. History를 전공하거나 I. Teach가 가르치는 수업을 수강하고 있는 가장 나이 많은 학생의 나이를 구하시오.
3. 강의실이 R128이거나 다섯 명 이상의 학생이 수강하고 있는 모든 수업들의 이름을 구하시오.
4. 같은 시간에 진행하는 두 개의 수업을 수강하고 있는 모든 학생들의 이름을 구하시오.
5. 수업에 이용되는 모든 강의실에서 가르치고 있는 교수들의 이름을 구하시오.
6. 자신이 가르치는 모든 과목의 총 수강생의 수가 5가 안 되는 교수들의 이름을 구하시오.
7. 각 학년별로 학년 및 그 학년에 대한 학생들의 평균 나이를 출력하시오.
8. 3학년(JR)을 제외한 모든 학년에 대하여, 학년 및 그 학년에 대한 학생들의 평균 나이를 출력하시오.
9. 강의실 R128에서만 수업을 가르치는 교수들에 대하여, 그 교수의 이름과 가르치는 과목의 총수를 출력하시오.
10. 가장 많은 수의 수업을 수강하고 있는 학생들의 이름을 구하시오.
11. 어떤 수업도 수강하지 않는 학생들의 이름을 구하시오.
12. Students에 나타나는 나이별로 가장 많이 나타나는 학년 값을 구하시오. 예를 들면, 18세 학생들 중에는 1학년(FR)이 4학년(SR), 3학년(JR), 2학년(SO)보다 더 많다면, (18, FR)이라는 쌍을 출력해야 한다.

문제 5.2 다음 스키마들을 생각하자.

Suppliers(*sid:* `integer`, *sname:* `string`, *address:* `string`)
Parts(*pid:* `integer`, *pname:* `string`, *color:* `string`)
Catalog(*sid:* `integer`, *pid:* `integer`, *cost:* `real`)

Catalog 릴레이션은 Suppliers별 부품 가격들을 나열하고 있다. 다음 질의들을 SQL로 작성하시오:

1. 공급자가 있는 부품들의 *pname*을 구하시오.
2. 모든 부품을 공급하는 공급자들의 *sname*을 구하시오.
3. 모든 적색 부품을 공급하는 공급자들의 *sname*을 구하시오.
4. Acme Widget Suppliers에 의해서만 공급되는 부품들의 *pname*을 구하시오.
5. 일부 부품에 대해서 그 부품의 평균 가격(그 부품을 공급하는 모든 공급자들에 대해 평균)보다 더 많이 받는 공급자들의 *sid*를 구하시오.
6. 각 부품별로 그 부품에 대한 가장 비싼 가격을 책정하고 있는 공급자의 *sname*을 구하시오.
7. 적색 부품들만 공급하는 공급자들의 *sid*를 구하시오.
8. 적색 부품 하나와 녹색 부품 하나를 공급하는 공급자들의 *sid*를 구하시오.
9. 적색 부품 하나 또는 녹색 부품 하나를 공급하는 공급자들의 *sid*를 구하시오.
10. 녹색 부품들만 공급하는 모든 공급자에 대해, 그 공급자의 이름과 공급하는 부품들의 총 수를 출력하시오.
11. 녹색 부품 하나와 적색 부품 하나를 공급하는 모든 공급자에 대해, 그 이름과 공급하는 가장 비싼 부품의 가격을 출력하시오.

문제 5.3 다음 릴레이션들은 항공 정보를 유지한다:

> Flights(*flno:* `integer`, *from:* `string`, *to:* `string`, *distance:* `integer`,
> *departs:* `time`, *arrives:* `time`, *price:* `integer`)
> Aircraft(*aid:* `integer`, *aname:* `string`, *cruisingrange:* `integer`)
> Certified(*eid:* `integer`, *aid:* `integer`)
> Employees(*eid:* `integer`, *ename:* `string`, *salary:* `integer`)

Employees 릴레이션에는 조종사뿐만 아니라 다른 직종의 직원도 들어 있다고 한다. 모든 조종사는 어떤 항공기에 대한 자격이 있으며, 조종사들만 비행할 자격이 있다. 다음 질의를 SQL로 작성하시오(*같은 스키마를 사용한 다른 질의들이 4장의 연습문제에 있다*).

1. 그들을 조종할 자격을 갖춘 모든 조종사들이 \$80,000 이상을 버는 항공기의 이름을 구하시오.
2. 셋보다 많은 항공기에 대한 자격을 갖춘 각 조종사에 대해, 그 *eid*와 자격을 갖추고 있는 항공기의 최대 *cruisingrange*를 구하시오.
3. *salary*가 Los Angeles에서 Honolulu까지의 가장 싼 항로의 가격보다 더 적은 조종사들의 이름을 구하시오.
4. 1,000마일을 넘는 *cruisingrange*를 가지는 모든 항공기에 대해, 그 항공기의 이름과 이 항공기에 대한 자격을 갖춘 모든 조종사들의 평균 급여를 구하시오.
5. 어떤 Boeing 기에 대한 자격을 갖추고 있는 조종사들의 이름을 구하시오.
6. Los Angeles에서 Chicago까지의 항로에 이용될 수 있는 모든 항공기의 *aid*를 구하시오.
7. \$100,000보다 많이 받는 모든 조종사들에 의해 조종될 수 있는 항로들을 구하시오.
8. 3,000 마일을 넘는 *cruisingrange*를 가진 항공기를 조종할 수는 있으나 어떠한 Boeing기에 대해서도 자격을 갖추지 못한 조종사들의 *ename*을 출력하시오.
9. 어떤 고객이 Madison에서 New York까지 두 번 이하로 갈아타고 여행하려고 한다. 그 고객이 New York에 오후 6시까지 도착하고 싶다면 Madison에서의 출발 시각들을 나열하시오.
10. 조종사들의 평균 급여와 모든 직원(조종사 포함)의 평균 급여간의 차이를 계산하시오.
11. 급여가 조종사들의 평균 급여보다 많은 조종사가 아닌 직원들의 이름과 급여를 출력하시오.

12. 1,000 마일보다 더 긴 항속 거리를 가진 항공기에 대한 자격만 갖춘 직원들의 이름을 출력하시오.
13. 1,000 마일보다 더 긴 항속 거리를 가진 두 대 이상의 항공기에 대한 자격만 갖춘 직원들의 이름을 출력하시오.
14. 1,000 마일보다 더 긴 항속 거리를 가진 항공기에 대한 자격만 갖추면서 Boeing기에 대한 자격도 갖춘 직원들의 이름을 출력하시오.

문제 5.4 다음의 관계형 스키마를 생각하자. 한 직원은 여러 부서에서 근무할 수 있다; Works 릴레이션의 *pct_time* 필드는 주어진 직원이 주어진 부서에서 근무하는 시간 백분율을 나타낸다.

Emp(*eid:* `integer`, *ename:* `string`, *age:* `integer`, *salary:* `real`)
Works(*eid:* `integer`, *did:* `integer`, *pct_time:* `integer`)
Dept(*did:* `integer`, *budget:* `real`, *managerid:* `integer`)

다음 질의를 SQL로 작성하시오:

1. 하드웨어 부서와 소프트웨어 부서 모두에서 근무하는 직원들의 이름과 나이를 출력하시오.
2. 전일제-상당의 직원(즉, 시간제와 전일제 직원들을 합하여 적어도 그 만큼의 전일제 직원이 됨)이 20명보다 많은 각 부서에 대해, *did*와 그 부서에 근무하는 직원들의 수를 출력하시오.
3. 급여가 자신이 근무하는 모든 부서의 예산을 초과하는 직원들의 이름을 출력하시오.
4. $1,000,000보다 많은 예산을 가진 부서들만 관리하는 관리자들의 *managerid*를 구하시오.
5. 가장 많은 예산을 가진 부서들을 관리하는 관리자들의 *ename*을 구하시오.
6. 한 관리자가 여러 부서를 관리한다면, 그는 그들 부서의 모든 예산 총액을 통제한다. $5,000,000보다 많이 통제하는 관리자들의 *managerid*를 구하시오.
7. 가장 많은 총액을 통제하는 관리자들의 *managerid*를 구하시오.
8. $1,000,000보다 많은 예산을 가진 부서들만 관리하지만, $5,000,000보다 적은 예산을 가진 부서를 한 개 이상 관리하는 관리자들의 *ename*을 구하시오.

문제 5.5 그림 5.22에 보여준 Sailors 릴레이션의 인스턴스를 생각하자.

sid	*sname*	*rating*	*age*
18	jones	3	30.0
41	jonah	6	56.0
22	ahab	7	44.0
63	moby	*null*	15.0

그림 5.22 Sailors의 한 인스턴스

1. `AVG`를 사용한 평균 등급; `SUM`을 사용한 등급의 합계; `COUNT`를 사용한 등급의 총수를 계산하기 위한 SQL 질의를 작성하시오.
2. 만약 계산된 합계를 총수로 나눈다면, 그 결과는 평균과 같을 것인가? *rating* 대신 *age* 필드에 대하여 이들 단계들을 수행한다면, 답은 어떻게 바뀔 것인가?
3. 다음 질의를 생각해 보자: *age < 21인 모든 뱃사람보다 더 높은 rating을 가진 뱃사람들의 이름을 구하시오.* 다음의 두 SQL 질의는 이 질문에 대한 답을 구하기 위해 시도한다. 그들은 둘 다 결과를 계산하는가? 그렇지 않으면, 이유를 설명하시오. 어떤 조건 하에서 그들은 같은 결과를

계산할 것인가?

```
SELECT S.sname
FROM   Sailors S
WHERE  NOT EXISTS ( SELECT *
                    FROM   Sailors S2
                    WHERE  S2.age < 21
                           AND S.rating <= S2.rating )
SELECT *
FROM   Sailors S
WHERE  S.rating > ANY ( SELECT S2.rating
                        FROM   Sailors S2
                        WHERE  S2.age < 21 )
```

4. 그림 5.22에 보여준 Sailors의 인스턴스를 생각하자. 처음 두 투플을 포함하는 Sailors 인스턴스 S1을 정의하고, 마지막 두 투플은 인스턴스 S2에, 그리고 주어진 인스턴스를 S라고 하자.
   (a) 조인 조건으로 *sid* = *sid*를 가질 때, S와 자기 자신과의 좌측 외부 조인을 보이시오.
   (b) 조인 조건으로 *sid* = *sid*를 가질 때, S와 자기 자신과의 우측 외부 조인을 보이시오.
   (c) 조인 조건으로 *sid* = *sid*를 가질 때, S와 자기 자신과의 전체 외부 조인을 보이시오.
   (d) 조인 조건으로 *sid* = *sid*를 가질 때, S1과 S2와의 좌측 외부 조인을 보이시오.
   (e) 조인 조건으로 *sid* = *sid*를 가질 때, S1과 S2와의 우측 외부 조인을 보이시오.
   (f) 조인 조건으로 *sid* = *sid*를 가질 때, S1과 S2와의 전체 외부 조인을 보이시오.

문제 5.6 다음의 관계형 스키마를 생각하고 다음 질문을 간단히 답하시오:

Emp(*eid:* `integer`, *ename:* `string`, *age:* `integer`, *salary:* `real`)
Works(*eid:* `integer`, *did:* `integer`, *pct_time:* `integer`)
Dept(*did:* `integer`, *budget:* `real`, *managerid:* `integer`)

1. 모든 직원들이 $10,000 이상 버는 것을 보장하도록 Emp에 대한 테이블 제약 조건을 정의하시오.
2. 모든 관리자들이 *age* > 30이 되는 것을 보장하도록 Dept에 대한 테이블 제약 조건을 정의하시오.
3. 모든 관리자들이 *age* > 30이 되는 것을 보장하도록 Dept에 대한 단정을 정의하시오. 이 단정을 이와 동등한 테이블 제약 조건과 비교하시오. 어느 것이 더 나은지 설명하시오.
4. 자신이 근무하는 하나 이상 부서의 관리자보다 급여가 더 많은 직원들에 대한 모든 정보를 삭제하기 위한 SQL문을 작성하시오. 이 수정 후에 관련된 모든 무결성 제약 조건이 만족되는 것을 반드시 보장하여야 한다.

문제 5.7 다음 릴레이션들을 생각하자:

Student(*snum:* `integer`, *sname:* `string`, *major:* `string`,
    level: `string`, *age:* `integer`)
Class(*name:* `string`, *meets_at:* `time`, *room:* `string`, *fid:* `integer`)
Enrolled(*snum:* `integer`, *cname:* `string`)
Faculty(*fid:* `integer`, *fname:* `string`, *deptid:* `integer`)

이 릴레이션들의 의미는 분명하다; 예를 들면, Enrolled는 학생이 수업을 수강하는 것에 대해 학생-

수업 쌍 당 한 레코드를 가진다.

1. 이 릴레이션들을 생성하기 위한 SQL 문들을 작성하시오. 모든 주 키와 외래 키 무결성 제약 조건들의 관련된 설명을 포함한다.
2. 만약에 다음의 무결성 제약 조건들이 주 키와 외래 키 제약 조건에 의해 포함되지 않는다면, 이들을 SQL로 표현하시오; 만약 그렇다면, 어떻게 포함되는지를 설명하시오. 만약에 제약 조건이 SQL로 표현될 수 없다면, 그렇다고 하시오. 각 제약 조건에 대해, 그 제약 조건을 시행하기 위해서는 어떤 연산(특정 릴레이션에 대한 삽입, 삭제, 수정)이 감시되어야 하는지를 말하시오.
   - (a) 모든 수업은 최소 5명에서 최대 30명의 수강생을 가진다.
   - (b) 하나 이상의 수업이 각 강의실에서 이루어져야 한다.
   - (c) 모든 교수들은 두 과목 이상을 가르쳐야 한다.
   - (d) *deptid* = *33*인 학과의 교수들만 3과목보다 많게 가르쳐야 한다.
   - (e) 모든 학생들은 Math101이라는 과목을 수강해야 한다.
   - (f) 가장 일찍 예정된 수업(즉, 가장 작은 *meet_at* 값을 가진 수업)의 강의실은 가장 늦게 예정된 수업의 강의실과 같지 않아야 한다.
   - (g) 두 수업이 동시에 같은 강의실에서 이루어질 수 없다.
   - (h) 교수가 가장 많은 학과의 교수 수는 가장 적은 학과의 교수 수의 두 배보다는 적어야 한다.
   - (i) 어떠한 학과도 교수 수가 열 명보다 많을 수 없다.
   - (j) 한 학생이 한번에(즉, 단일 수정에서) 두 과목 넘게 추가할 수 없다.
   - (k) CS 전공자의 수는 Math 전공자의 수보다 많아야 한다.
   - (l) CS 전공자가 수강하는 서로 다른 과목의 수는 Math 전공자가 수강하는 서로 다른 과목의 수보다 많다.
   - (m) *deptid* = *33*인 학과의 교수들이 가르치는 과목들의 수강생 총수는 Math 전공자들의 수보다 많다.
   - (n) 만약에 어떤 학생이라도 존재한다면, CS 전공자가 적어도 한 명은 존재해야 한다.
   - (o) 다른 학과 소속의 교수들은 같은 강의실에서 가르칠 수 없다.

문제 5.8 트리거 메카니즘의 장점과 단점을 설명하시오. 트리거와 SQL에 의해 지원되는 다른 무결성 제약 조건을 대조하시오.

문제 5.9 다음의 관계형 스키마를 생각하자. 한 직원은 여러 부서에서 근무할 수 있다; Works 릴레이션의 *pct_time* 필드는 주어진 직원이 주어진 부서에서 근무하는 시간 백분율을 나타낸다.

Emp(*eid:* `integer`, *ename:* `string`, *age:* `integer`, *salary:* `real`)
Works(*eid:* `integer`, *did:* `integer`, *pct_time:* `integer`)
Dept(*did:* `integer`, *budget:* `real`, *managerid:* `integer`)

다음의 독립적으로 표현할 각 요구 조건을 보장하기 위한 SQL-92 무결성 제약 조건(도메인, 키, 외래 키, `CHECK` 제약 조건; 혹은 단정)이나 SQL:1999 트리거를 작성하시오.

1. 직원들은 최소한 $1,000의 급여를 받아야 한다.
2. 모든 관리자도 역시 직원이어야 한다.

3. 한 직원에 대한 모든 담당 임무의 총 백분율은 100% 이하가 되어야 한다.
4. 관리자는 자신이 관리하는 어떤 직원들보다 항상 더 높은 급여를 받아야 한다.
5. 한 직원의 급여가 인상될 때마다, 관리자의 급여는 적어도 그 만큼 올라야 한다.
6. 한 직원의 급여가 인상될 때마다, 관리자의 급여는 적어도 그 만큼 올라야 한다. 또한 한 직원의 급여가 인상될 때마다, 부서의 예산은 그 부서의 모든 직원들의 급여 합계보다 크도록 증가되어야 한다.

프로젝트-기반 연습문제

문제 5.10 Minibase에서 지원되는 SQL 질의의 부분집합을 확인하시오.

참고문헌 소개

SQL의 최초 버전은 IBM의 System R 프로젝트를 위한 질의어로 개발되었고, 초기 개발은 [107, 151]에서 추적할 수 있다. SQL은 가장 널리 사용되는 관계형 질의어이므로, 그 개발은 이제 세계적 표준화 처리에 중점을 두고 있다.

SQL-92의 매우 읽기 쉽고 이해하기 쉬운 취급은 [524]의 Melton과 Simon에 의해 표현되고, SQL:1999의 주요 특징은 [525]에서 취급한다. SQL의 권위있는 취급을 위해 이들 두 책을 독자들은 참조한다. SQL:1999 표준의 짧은 개관은 [237]에 표현된다. Date는 [202]에서 SQL의 통찰력있는 비평을 제공한다. 비록 몇몇 문제점이 SQL-92나 나중의 개정에서 언급되었을지라도, 다른 것은 남는다. SQL 질의의 큰 부분집합에 대한 공식적 의미가 [560]에서 표현된다. SQL:1999는 현재 ISO와 ANSI의 표준이다. Melton이 ANSI와 ISO SQL:1999 표준, 문서 ANSI/ISO/IEC 9075-:1999의 편집자이다. 관련된 ISO 문서는 ISO/IEC 9075-:1999이다. 2003을 위해 계획된 계승자는 SQL:1999를 기초로 하고 SQL:2003이 비준에 근접하게 되었다 (2002 6월). SQL:2003 심의의 초안은 다음 URL에서 사용가능하다:

```
ftp://sqlstandards.org/SC32/
```

[774]는 능동 데이터베이스 부분을 취급하는 논문의 모임을 포함한다. [794]는 능동 규칙, 의미 취급, 응용과 설계 논점에 대한 훌륭한 심화 소개를 포함한다. [251]은 트리거를 통한 무결성 제약조건 점검을 표시하기 위한 SQL 확장을 논의한다. [123]은 데이터베이스 감시를 위한 *alerter*라는 프로시져 메카니즘을 논의한다. [185]는 트리거가 SQL 확장으로 어떻게 통합되어야 하는지를 제안한 최근의 논문이다. 영향력있는 능동 데이터베이스 시제품들은 Ariel [366], HiPAC [516], ODE [18], Postgres [722], RDL [690], Sentinel [36]을 포함한다. [147]은 능동 데이터베이스 시스템들에 대한 다양한 아키텍처를 비교한다.

[32]는 능동 규칙의 모임이 같은 동작, 평가 순서의 독립을 가질 조건을 다룬다. 능동 데이터베이스의 의미는 [285]와 [792]에서도 역시 연구된다. 복잡한 규칙 시스템의 설계 및 관리는 [60, 225]에서 논의한다. [142]는 능동 데이터베이스 시스템에 대한 데이터 모델과 언어인 Chimera를 사용하여 규칙 관리를 논의한다.

2부

응용 개발

6 데이터베이스 응용 개발

- ☞ 응용 프로그램들은 어떻게 DBMS에 연결하는가?
- ☞ 응용은 DBMS로부터 검색한 데이터를 어떻게 조작하는가?
- ☞ 응용은 DBMS의 데이터를 어떻게 수정하는가?
- ☞ 커서란 무엇인가?
- ☞ JDBC는 무엇이며 어떻게 사용되는가?
- ☞ SQLJ는 무엇이며 어떻게 사용되는가?
- ☞ 저장 프로시저는 무엇인가?

➜ **주요 개념:** 내장형 SQL(Embedded SQL), 동적 SQL(Dynamic SQL), 커서(cursors), JDBC, 연결(connections), 드라이버(drivers), ResultSets, java.sql, SQLJ; 저장 프로시저(stored procedures), SQL/PSM

He profits most who serves best.

— Motto for Rotary International

5장에서, SQL을 원래의 목적대로 독립적인 언어로 취급하면서 광범위한 SQL 질의 구성을 살펴보았다. 관계 DBMS는 *대화형* SQL 인터페이스를 지원하고, 사용자들은 SQL 명령을 직접 입력할 수 있다. 이 간단한 접근법은 작업이 SQL 명령만으로 바로 수행될 수 있기만 하면 좋다. 실제로, SQL에 의해 제공되는 데이터 조작 기능 이외에 범용 프로그래밍 언어의 더 나은 유연성이 필요한 상황을 가끔 만난다. 예를 들면, 데이터베이스 응용을 좋은 그래픽 사용자 인터페이스와 통합하기를 원하거나, 다른 기존의 응용과 통합하기를 원할 수 있다.

데이터를 관리하기 위하여 DBMS에 의존하는 응용은 그와 상호작용 하기 위하여 DBMS에 연결하는 분리된 프로세스로서 동작한다. 연결이 설정되면, SQL 명령은 데이터를 삽입, 삭제, 수정하기 위하여 사용될 수 있다. SQL 질의는 요구된 데이터를 검색하기 위하여 사용될 수 있으나, 데이터베이스 시스템이 데이터를 어떻게 보는지와 Java 혹은 C 같은 언어의 응용 프로그램이 데이터를 어떻게 보는지의 중요한 차이점을 극복할 필요가 있다: 데이터베이스 질의의 결과는 집합(혹은 다중 집합) 혹은 레코드들이나, Java는 집합 혹은 다중 집합 데이터 타입을 가지고 있지 않다. 이 부조화는 한 수집을 취급할 수 있고 레코드들에 대해 한 번에 하나씩 반복하기 위한 응용을 허용하는 추가의 SQL 구성을 통하여 해결된다.

6.1절에서 내장형 SQL, 동적 SQL, 커서를 소개한다. 내장형 SQL은 응용 코드에서 정적 SQL 질의를 사용한 데이터 접근을 허용한다(6.1.1절); 동적 SQL을 가지고, 실행 시간에 질의를 생성할 수 있다(6.1.3절). 커서는 집합-값으로 된 질의 답과 집합-값을 지원하지 않는 프로그래밍 언어사이의 차이를 극복한다(6.1.2절).

특히 인터넷 응용에 대한 대중적 응용 개발 언어로서 Java의 출현은 Java 코드로부터 DBMS를 접근하는 특히 중요한 주제를 만들었다. 6.2절은 JDBC를 취급하며, 이는 Java 프로그램으로부터 SQL 질의를 수행하고 Java 프로그램에서 결과를 사용하는 것을 허용하는 프로그래밍 인터페이스이다. JDBC는 내장형 SQL 혹은 동적 SQL보다 더 나은 호환성을 제공하며, 코드를 재컴파일하지 않고 여러 DBMS에 연결하기 위한 능력을 제공한다. 6.4절은 SQLJ를 취급하는데, 이는 정적인 SQL 질의와 같으나, JDBC를 사용한 Java보다 프로그램하기가 더 쉽다.

가끔, 분리된 프로세스로 데이터를 검색하고 응용 논리를 처리하는 것보다, 데이터베이스 서버에서 응용 코드를 수행하는 것이 유용하다. 6.5절은 저장 프로시저를 취급하며, 이는 응용 논리가 데이터베이스 서버에서 저장되고 처리되는 것을 가능하게 한다. 6.6절에서 B&N 사례 연구를 논의함으로서 장을 마무리한다.

데이터베이스 응용을 작성하는 동안, 보통 많은 응용 프로그램들이 동시에 실행된다는 것을 역시 유의해야 한다. 1장에서 소개된 트랜잭션 개념은 데이터베이스에 응용의 효과를 캡슐화하기 위해 사용된다. 응용은 동시에 실행되는 다른 응용의 변화에 노출된 정도를 조절하기 위한 SQL 명령을 통하여 어떤 트랜잭션 성질들을 선택할 수 있다. 이 장에서는 많은 관점에서 트랜잭션의 개념을 다루고, 특히 JDBC의 트랜잭션-관련 양상을 취급한다. 트랜잭션 성질과 트랜잭션에 대한 SQL 지원의 완전한 논의는 16장까지 미룬다.

이 장에서 나타나는 예제들은 다음의 온라인에서 사용 가능하다.

http://www.cs.wisc.edu/~dbbook

6.1 응용에서 데이터베이스 접근

이 절에서, SQL 명령들이 C나 Java와 같은 **호스트 언어**의 프로그램 내부로부터 어떻게 실행될 수 있는지를 취급한다. 호스트 언어 프로그램 내에서 SQL 명령들을 사용하는 것을 **내장형**(Embedded) **SQL**이라고 한다. 내장형 SQL의 세부 항목들은 물론 호스트 언어에 종속된다. 비록 비슷한 특성들이 다양한 호스트 언어를 위해 지원되지만, 문법은 때때로 다르다.

처음에는 6.1.1절에서 정적 SQL 질의를 가진 내장형 SQL의 기초를 취급한다. 그 다음에 6.1.2절에서 커서를 소개한다. 6.1.3절에서는 실행 시간에 SQL 질의를 구성하도록(그리고 그들을 수행하도록) 허용하는 동적 SQL을 논의한다.

6.1.1 내장형 SQL

개념적으로, 호스트 언어 프로그램 내에 SQL 명령들을 내장하는 것은 간단하다. SQL 문(즉, 선언문이 아닌)은 호스트 언어에서 문장이 허용된 어디서든지 (약간의 제한을 두고) 사용될 수 있다. SQL 문은 전처리기가 호스트 언어에 대한 컴파일러를 수행하기 전에 그들을 취급할 수 있도록 분명히 표시되어야 한다. 또한 SQL 명령으로 인수들을 전달하기 위해 사용되는 어떤 호스트 언어 변수들도 SQL에서 선언되어야 한다. 특히, 몇몇 특별한 호스트 언어 변수들은 반드시 SQL에서 선언되어야 한다(그래서 예를 들면, SQL 수행 동안 발생하는 오류 조건들은 호스트 언어의 주 응용 프로그램으로 되돌려 보내어질 수 있게 된다).

그러나, 주의해야 될 두 복잡한 문제가 있다. 첫째, SQL에 의해 인식되는 데이터 타입들은 호스트 언어에 의해 인식되지 않거나 또는 그 반대의 경우가 있다. 이러한 부조화는 SQL 명령에서 혹은 명령까지 데이터를 전달하기 전에 적당히 데이터 값을 바꾸어 줌으로서 완전히 해결된다(다른 프로그래밍 언어처럼 SQL도 한 타입의 값을 다른 타입의 값으로 바꿀 수 있는 연산자를 제공한다). 두 번째 복잡한 문제는 **집합-기반**인 SQL을 취급해야 하며 커서를 사용하여 해결된다(6.1.2절을 보시오). 명령은 테이블에 대해 수행되고 테이블을 만들어 내는데, 이 결과는 투플의 집합(또는 다중 집합)인 것이다. 프로그래밍 언어들은 투플의 집합/다중 집합에 해당하는 데이터 타입을 일반적으로 가지고 있지 않다. 그러므로 SQL은 테이블을 다루더라도 호스트 언어에 대한 인터페이스는 한 번에 한 투플로 제한되는 것이다. 이 문제를 해결하기 위해서 커서 메카니즘이 도입되는데, 이것에 대해서는 6.1.2절에서 다룬다.

내장형 SQL의 논의에서, 호스트 언어는 구체성을 위해 C로 가정한다. 왜냐하면 SQL 문이 다른 호스트 언어들에 어떻게 내장되는지에 대해서는 작은 차이만 존재하기 때문이다.

변수 선언과 예외

SQL 문은 호스트 프로그램에서 정의된 변수들을 참조할 수 있다. 이러한 호스트 언어 변수들은 SQL 문에서 변수 이름 앞에 콜론(:)을 붙여야 하며 `EXEC SQL BEGIN DECLARE SECTION`과 `EXEC SQL END DECLARE SECTION` 명령 사이에 선언되어야 한다. 이 선언은 C 프로그램에서 보는 것과 비슷하며, 평소의 C에서처럼, 세미콜론(;)으로 구분된다. 예를 들면, 변수 *c_sname*, *c_sid*, *c_rating*, *c_age*(이들이 호스트 언어의 변수라는 것을 강조하기 위하여 명칭 부착 관례로 사용되는 초기 *c*를 가진다)를 다음과 같이 선언할 수 있다:

```
EXEC SQL BEGIN DECLARE SECTION
char c_sname[20];
long c_sid;
short c_rating;
float c_age;
EXEC SQL END DECLARE SECTION
```

여기서 생기는 첫 번째 의문은 SQL 타입들이 다양한 C 타입에 대응되는가 하는 점인데, 왜냐하면 이들 C 변수들의 모임은 그들을 참조하는 SQL 문이 실행될 때 SQL 실행 시간 환경에서 그 값들이 읽혀질(그리고 어쩌면 설정) 작정으로 선언했기 때문이다. SQL-92 표준은 몇 개의 호스트 언어에 대해 호스트 언어 타입과 SQL 타입 사이의 그와 같은 대응 관계를 정의한다. 예에서, *c_sname*은 SQL 문에서 참조할 때 `CHARACTER`(20) 타입이 되며, *c_sid*는 `INTEGER` 타입이 되고, *c_rating*은 `SMALLINT` 타입, *c_age*는 `REAL` 타입이 된다.

SQL 문을 실행할 때 오류 조건이 발생한다면, SQL이 무엇이 틀렸는지를 알릴 방법이 필요하다. SQL-92 표준은 오류를 알리기 위한 `SQLCODE`와 `SQLSTATE`라는 두 개의 특수 변수를 인식한다. `SQLCODE`는 둘 중에 더 오래된 것이고 오류 조건이 발생할 때 어떤 음수를 반환하도록 정의되며, 이 때 특별한 음수가 무슨 오류를 나타내는지 하는 표시가 없다. SQL-92 표준에서 처음으로 소개된 `SQLSTATE`는 일반적인 몇 가지 오류 조건을 가진 미리 정의된 값들과 관련 있으며, 거기에는 어떻게 오류를 알리는지에 대한 어느 정도 유일성을 제공한다. 이들 두 변수 중의 하나는 반드시 선언되어야 한다. `SQLCODE`에 대한 관련된 C 타입은 `long`이며 `SQLSTATE`에 대한 관련된 C 타입은 `char`[6], 즉 다섯 문자의 문자열이다(C 문자열의 널-종료를 상기하시오). 이 장에서, `SQLSTATE`는 선언되었다고 가정한다.

SQL 문 내장하기

호스트 프로그램 내에 내장된 모든 SQL 문들은 호스트 언어에 따라 그 세부 사항이 분명히 표시되어야 하며; C에서, SQL 문은 앞에 `EXEC SQL`을 붙여야 한다. SQL문은 호스트 언어 문장이 나타날 수 있는 호스트 언어 프로그램의 어느 곳이든지 나타날 수 있다.

간단한 예로서, 다음의 내장형 SQL문은 Sailors 릴레이션으로 한 행을 삽입하며, 그것의 열 값들은 그곳에 포함된 호스트 언어 변수 값을 기반으로 한다:

```
EXEC SQL
INSERT INTO Sailors VALUES (:c_sname, :c_sid, :c_rating, :c_age);
```

C에서 문장을 종료하는 관례대로 세미콜론은 그 명령을 종료한다는 것을 안다.

SQLSTATE 변수는 각 내장형 SQL 문 다음에 오류나 예외에 대해 점검될 것이다. SQL은 이 번거로운 작업을 단순화하기 위해 WHENEVER 명령을 제공한다:

```
EXEC SQL WHENEVER [ SQLERROR | NOT FOUND ] [ CONTINUE | GOTO stmt ]
```

그 의미는 각 내장형 SQL 문이 수행된 후에 SQLSTATE 값이 점검된다는 것이다. 만일 SQLERROR가 표시되고 SQLSTATE 값이 예외를 알려준다면, 제어는 *stmt*로 넘어가고, 여기에서 아마 오류 나 예외 처리를 책임질 것이다. 만약에 NOT FOUND가 표시되고 SQLSTATE 값이 NO DATA를 나타내는 02000이면, 제어가 역시 *stmt*로 넘어간다.

6.1.2 커서

C 같은 호스트 언어에 SQL 문을 내장함에 있어 가장 중요한 문제점은 C 같은 언어가 레코드-집합 추상화를 분명히 지원하지 못하는데 반하여, SQL은 레코드 집합에 대해 동작하기 때문에 *임피던스 부조화*가 발생한다는 것이다. 해결책은 한 릴레이션으로부터 한 번에 한 행씩 가져오도록 허용하는 메카니즘을 본질적으로 제공하는 것이다.

이러한 메카니즘을 **커서**(curor)라 한다. 어떤 릴레이션마다 혹은 어떤 SQL 질의마다(모든 질의는 행들의 집합을 반환하기 때문) 하나의 커서를 선언할 수 있다. 일단 커서가 선언되면, 그것을 **개방**(open)할 수 있고(커서를 첫 행 앞에 위치시킴); 다음 행을 **인출**(fetch)하고; 커서를 **이동**(move)하며(FETCH 명령에 추가의 매개변수를 표시하여 다음 행, 다음 *n*번째 행, 첫 행, 앞 행, 등으로); 그 커서를 **폐쇄**(close)한다. 따라서, 커서는 그 커서를 특정한 행에 위치시키고 그 내용을 읽음으로서 한 테이블의 행들을 검색할 수 있도록 해 준다.

기본 커서 정의 및 사용

커서는 호스트 언어 프로그램에서 내장형 SQL 문에 의해 계산된 행들의 모임을 조사할 수 있도록 해준다.

- 만약 내장된 문장이 SELECT(즉, 질의)이면 일반적으로 커서를 개방할 필요가 있다. 그러나, 간략하게 보는 것처럼 그 답이 단일 투플만 포함한다면 커서 개방을 피할 수 있다.
- 비록 DELETE나 UPDATE의 어떤 변형은 커서를 사용할지라도, INSERT, DELETE, UPDATE 문은 전형적으로 커서를 요구하지 않는다.

예로서, 이전에 선언하였던 호스트 변수 *c_sid*에 한 값을 배정함으로서 표시된 뱃사람의 이름과 나이를 구할 수 있으며, 다음과 같다:

```
EXEC SQL SELECT S.sname, S.age
         INTO   :c_sname, :c_age
         FROM   Sailors S
         WHERE  S.sid = :c_sid;
```

INTO 절은 단일 답 행의 열 값들을 호스트 변수 *c_sname*과 *c_age*에 배정하도록 한다. 그러므로, 호스트 언어 프로그램에 이 질의를 내장하기 위한 커서가 필요 없다. 그러나 호스트 변수 *c_minrating*의 현재 값보다 높은 등급을 가진 모든 뱃사람들의 이름과 나이를 계산하기 위한 다음 질의는 어떻게 될까?

```
SELECT S.sname, S.age
FROM   Sailors S
WHERE  S.rating > :c_minrating
```

이 질의는 단지 한 행이 아닌 행들의 모임을 반환한다. 대화형으로 실행될 때, 그 답들은 화면상에 출력된다. 만약에 이 질의 앞에 EXEC SQL 명령을 붙여서 C 프로그램에 내장한다면, 그 답들은 호스트 언어 변수에 어떻게 바인드될 수 있을 것인가? INTO 절은 여러 행들을 취급해야 하기 때문에 부적절하다. 해결책은 커서를 사용하는 것이다:

```
DECLARE sinfo CURSOR FOR
SELECT S.sname, S.age
FROM   Sailors S
WHERE  S.rating > :c_minrating;
```

이 코드는 C프로그램에 포함될 수 있고, 일단 실행되면, 커서 *sinfo*가 정의된다. 계속해서, 그 커서를 개방할 수 있다:

```
OPEN sinfo;
```

그 커서와 연관된 SQL 질의에서 *c_minrating*의 값은 그 커서를 개방할 때의 이 변수 값이다 (커서 선언은 컴파일 시간에 처리되며, OPEN 명령은 실행 시간에 수행된다).

커서는 자신과 연관된 질의의 답 모임에서 한 행을 '가리키는' 것으로 생각될 수 있다. 커서가 개방될 때, 그것은 첫 행 앞을 가리킨다. 호스트 언어 변수로 커서 *sinfo*의 첫 행을 읽기 위해 FETCH 명령을 사용할 수 있다:

```
FETCH sinfo INTO :c_sname, :c_age;
```

FETCH 문이 수행될 때, 커서는 다음 행 지점에 놓이게 되고(커서를 개방한 후 FETCH가 처음 수행될 때는 테이블의 첫 행이 된다) 그 행의 열 값들이 대응되는 호스트 변수들로 복사된다. 이 FETCH 문을 반복 실행하면(즉, C 프로그램의 while-루프에서), 질의에 의해 계산된 모든 행들을 한 번에 한 행씩 읽을 수 있다. FETCH 명령에 추가적인 매개변수들은 매우 유연한 방법으로 커서를 위치시키게 하지만, 그들을 논의하지 않는다.

커서에 관련된 모든 행들을 보았을 때 우리는 어떻게 알 수 있을까? 물론 특수 변수 SQLCODE나 SQLSTATE를 살펴보면 된다. 예를 들면, FETCH 문이 마지막 행 다음에 커서를 위치시키면, SQLSTATE는 더 이상 행이 없다는 것을 표시하기 위해, NO DATA를 나타내는, 값 02000이 설정된다.

커서를 다 사용했을 때, 그것을 폐쇄할 수 있다:

```
CLOSE sinfo;
```

필요하면 다시 개방될 수 있고, 그 커서가 연관된 SQL 질의의 : *c_minrating*의 값은 그 시점에서 호스트 변수 *c_minrating*의 값이 될 것이다.

커서의 성질

커서 선언의 일반형은 다음과 같다:

```
DECLARE cursorname [INSENSITIVE] [SCROLL] CURSOR
        [ WITH HOLD ]
        FOR some query
        [ ORDER BY order-item-list ]
        [ FOR READ ONLY | FOR UPDATE ]
```

커서는 **읽기-전용 커서**(read-only cursor)로 선언될 수도 있고(FOR READ ONLY), 그것이 기반 릴레이션이나 갱신 가능 뷰에 대한 커서라면 **갱신 가능 커서**(updatable cursor)로 선언될 수도 있다(FOR UPDATE). 만약에 갱신 가능이라면, UPDATE나 DELETE 명령의 간단한 변화는 그 커서가 가리키는 행을 갱신하거나 삭제할 수 있도록 한다. 예를 들면, *sinfo*가 갱신 가능 커서이고 개방되어 있다면, 다음 문장을 수행할 수 있다:

```
UPDATE Sailors S
SET    S.rating = S.rating - 1
WHERE  CURRENT of sinfo;
```

이 내장형 SQL 문은 커서 *sinfo*가 현재 가리키는 행의 *등급* 값을 수정한다; 마찬가지로, 다음 문장을 수행함으로서 이 행을 삭제할 수 있다:

```
DELETE Sailors S
WHERE  CURRENT of sinfo;
```

스크롤 가능하거나 둔감한 커서가 없다면 디폴트로 갱신 가능이 되며, 그렇지 않은 경우 디폴트로 읽기-전용이 된다.

만약에 키워드 SCROLL이 표시되면, 커서는 **스크롤 가능**(scrollable)이 되는데, 그것은

FETCH 명령의 변형이 매우 유연한 방법으로 커서를 위치시키기 위해서 사용될 수 있다는 것을 의미한다; 그렇지 않으면, 다음 행을 추출하는 기본 FETCH 명령만 허용된다.

만약 키워드 INSENSITIVE가 표시되면, 커서는 답 행의 모임에 대한 사적인 사본에 대한 범위에 해당하는 것처럼 행동한다. 그렇지 않으면, 디폴트로 어떤 트랜잭션의 다른 동작이 예측할 수 없는 동작을 만들어 이 행들을 수정할 수 있다. 예를 들면, *sinfo* 커서를 사용하여 행들을 인출하는 동안, 다음 명령을 동시에 수행함으로서 뱃사람 행들의 *rating* 값을 수정할지도 모른다:

```
UPDATE Sailors S
SET    S.rating = S.rating - 1
```

어떤 뱃사람 행이 (1) 아직 인출되지 않았고, (2) 원래의 *rating* 값은 *sinfo*와 관련된 질의의 WHERE 절 조건에 맞으나, 새로운 *rating* 값은 그렇지 않다고 하자. 이와 같은 한 뱃사람 행을 인출할 것인가? 만약 INSENSITIVE가 표시되면, 동작은 *sinfo*가 개방될 때 모든 답들이 계산되고 저장되는 것처럼 된다. 이와 같이, 수정 명령이 *sinfo*가 개방된 다음에 수행된다면 그것은 *sinfo*에 의해 인출된 행들에 어떠한 영향도 미치지 못한다. 만약에 INSENSITIVE가 표시되지 않으면, 동작은 이 상황에 의존한 구현이 된다.

보유 가능(holdable) 커서는 WITH HOLD 절을 사용하여 표시되고, 트랜잭션이 완료될 때 폐쇄되지 않는다. 이것의 동기는 한 테이블의 많은 행들에 접근하는 (가능한 변경하는) 긴 트랜잭션에 기인한다. 만약 트랜잭션이 어떤 이유로 중단된다면, 시스템은 트랜잭션이 재 시작할 때 많은 일을 다시 해야 할 지도 모른다. 비록 트랜잭션이 중단되지 않았을지라도, 잠금은 오랫동안 보유되고 시스템의 동시성은 줄어든다. 대안은 그 트랜잭션을 여러 개의 작은 트랜잭션들로 쪼개는 것이나, 트랜잭션들 (그리고 다른 유사한 세부적인 것) 사이에 테이블의 위치를 기억하는 것은 복잡하고 오류 나기 쉽다. 동작 중인 테이블에 대한 취급의 유지(즉, 커서)가 이 문제를 해결하는 동안, 초기화된 트랜잭션을 완료하기 위한 응용 프로그램을 허용한다: 응용은 그 트랜잭션을 완료할 수 있고 새로운 한 트랜잭션을 시작하며 그것에 의해 지금까지 만들어진 변화를 저장한다.

마지막으로, FETCH 명령은 어떤 순서로 행들을 검색하는가? 일반적으로 이 순서는 표시되지 않으나, 선택적인 ORDER BY 절은 정렬 순서를 표시하기 위해 사용될 수 있다. ORDER BY 절에서 언급된 행들은 커서를 통해 갱신될 수 없다는 것을 나타낸다!

order-item-list는 **순서-항목**의 리스트이다; 순서-항목은 한 열 이름이고, 키워드 ASC나 DESC중 하나가 옵션으로 뒤에 나올 수 있다. ORDER BY절에서 언급된 모든 열들은 그 커서와 관련된 질의의 **select-list**에 역시 나타나야 한다; 그렇지 않으면 어떤 열들로 정렬할 것인지가 분명하지 않다. 한 열 뒤에 오는 키워드 ASC 혹은 DESC는 결과가—그 열에 대하여—오름차순 혹은 내림차순으로 정렬되도록 제어한다; 디폴트로는 ASC이다. 이 절은 질의를 계산하는 마지막 단계로서 적용된다.

5.5.1 절에서 논의된 질의와, 그림 5.13에서 나타난 답을 생각해 보자. 한 커서가 다음절을 가진 이 질의에 관해 개방돼 있다고 가정하자:

```
ORDER BY minage ASC, rating DESC
```

그 답은 먼저 *minage*에 의해 오름차순으로 정렬되고, 만약 여러 행이 같은 *minage* 값을 가진다면, 이 행들은 계속해서 *rating*에 의해 내림차순으로 정렬된다. 그 커서는 그림 6.1에 나타난 순서로 행들을 인출할 것이다.

rating	*minage*
8	25.5
3	25.5
7	35.0

그림 6.1 투플들이 인출된 순서

6.1.3 동적 SQL

DBMS로부터 데이터를 접근할 필요가 있는 스프레드시트나 그래픽적 전위와 같은 응용을 생각해 보자. 이러한 응용은 사용자로부터 명령을 받고, 사용자가 필요한 것에 맞추며, 필요한 데이터를 검색하기 위해 적절한 SQL문을 만들어야 한다. 이러한 상황에서, 비록 사용자의 명령이 제기되면 그 응용이 필요한 SQL 문을 구성해 주는 (아마도) 어떤 알고리즘이 있을지라도, 무슨 SQL 문이 실행될 필요가 있는지를 미리 예측할 수 없을지도 모른다.

SQL은 이러한 상황을 취급하기 위한 몇 가지 기능들을 제공하고 있다; 이를 **동적 SQL**(Dynamic SQL)이라 부른다. 두 가지 주요 명령, PREPARE와 EXECUTE을 간단한 예를 통해 살펴보자:

```
char c sqlstring[] = {"DELETE FROM Sailors WHERE rating>5"};
EXEC SQL PREPARE readytogo FROM :c_sqlstring;
EXEC SQL EXECUTE readytogo;
```

첫 번째 문장은 C 변수 *c_sqlstring*을 선언하고 그 값을 한 SQL 명령의 문자열 표현으로 초기화한다. 두 번째 문장은 이 문자열이 SQL 명령으로서 파싱되고 컴파일되며, 그 실행 가능한 결과는 SQL 변수 *readytogo*로 바인드된다(*readytogo*는 커서 이름과 같은 SQL 변수이므로, 앞에 콜론을 붙이지 않는다). 세 번째 문장은 이 명령을 실행한다.

많은 상황들이 동적 SQL의 사용을 필요로 한다. 그러나, 동적 SQL 명령의 준비는 실행 시간에 발생하고 실행 시간에 부하가 됨을 주의하자. 대화형이나 내장형 SQL 명령은 컴파일 시간에 한 번만 준비될 수 있고 원하는 대로 몇 번이든 재실행될 수 있다. 따라서 동적 SQL의 사용을 중요한 상황으로 제한해야 할 것이다.

동적 SQL에 대하여 알아야 할 것들이 더 많이 있다—예를 들면, 호스트 언어 프로그램으로부터 준비될 SQL 문으로 어떻게 매개변수들을 전달할 수 있는지—그러나 그것을 더 이상 논의하지 않는다.

6.2 JDBC 소개

내장형 SQL은 SQL과 범용 프로그래밍 언어를 통합할 수 있다. 6.1.1절에서 살펴 본 바와 같이, DBMS-전용 처리기는 내장형 SQL 문들을 호스트 언어의 함수 호출로 변환한다. 이 번역의 자세한 것은 DBMS마다 다르므로, 비록 소스 코드가 여러 가지 DBMS와 연동할 수 있도록 컴파일될 수 있을지라도, 실행 가능한 마지막은 한 특수한 DBMS에 대해서만 작동한다.

ODBC(Open DataBase Connectivity)와 **JDBC**(Java DataBase Connectivity)도 역시 SQL과 범용 프로그래밍 언어를 통합할 수 있다. ODBC와 JDBC 양쪽 다 **응용 프로그래밍 인터페이스**(application programming interface:API)를 통하여 응용 프로그래머에게 표준화된 방식으로 데이터베이스 특성들을 드러내 놓는다. 내장형 SQL과는 대조적으로, ODBC나 JDBC는 재컴파일을 하지 않고도 다른 DBMS들을 접근하기 위한 단일 실행을 허용한다. 이와 같이, 내장형 SQL은 소스 코드 수준에서만 DBMS-독립이지만, ODBC나 JDBC를 사용한 응용들은 소스 코드 수준과 실행 수준에서 모두 DBMS-독립이다. 그뿐만 아니라, ODBC나 JDBC를 사용하면, 응용은 단 하나의 DBMS가 아니라 동시에 여러 개의 다른 DBMS에 접근할 수도 있다.

ODBC와 JDBC는 간접적 추가 단계를 소개함으로써 실행 수준의 호환성을 이룬다. 어느 특정 DBMS와의 모든 직접적인 상호 작용은 DBMS-전용 **드라이버**(driver)를 통하여 발생한다. 드라이버는 ODBC나 JDBC 호출을 DBMS-전용 호출로 변환해 주는 소프트웨어 프로그램이다. 응용이 접근할 DBMS들은 실행 시간에만 알려지므로 드라이버들은 요구에 의해 동적으로 적재된다. 사용 가능한 드라이버들은 **드라이버 관리기**(driver manager)에 등록된다.

주의할 한 가지 흥미로운 점은 드라이버는 SQL을 이해하는 DBMS와 반드시 상호 작용할 필요는 없다는 것이다. 드라이버는 응용으로부터의 SQL 명령들을 DBMS가 이해하는 동등한 명령들로 변환해 주는 것만으로도 충분하다. 그러므로, 이 절의 나머지에서, 드라이버가 **데이터 소스**(data source)로서 상호작용하는 데이터 저장 서브 시스템을 참조한다.

ODBC나 JDBC를 통하여 한 데이터 소스와 상호작용하는 응용은 데이터 소스를 하나 선택하고, 그에 해당하는 드라이버를 동적으로 적재하며, 그리고 그 데이터 소스에 연결을 설치한다. 연결을 개방하는 수에는 제한이 없으며, 한 응용이 다른 데이터 소스들에 여러 개의 연결을 개방할 수 있다. 각 연결은 트랙잭션의 의미를 가진다; 즉, 어느 한 연결로부터의 변경들은 그 연결이 해당 변경들을 완료한 후에야 비로소 다른 연결들에 보일 수 있게 한다. 연결이 개방되어 있는 동안, 트랜잭션들은 SQL문들을 제출하고, 결과들을 검색하고, 오류들을 처리하며, 그리고 마지막으로 완료하거나 복귀함으로서 수행된다. 응용은 그 상호작용을 종료하기 위하여 데이터 소스로부터 연결을 끊는다.

> **JDBC 드라이버:** JDBC 드라이버들의 가장 최근의 소스는 다음의 Sun JDBC 드라이버 페이지에 있다.
>
> `http://industry.java.sun.com/products/jdbc/drivers`
>
> JDBC 드라이버들은 모든 주요 데이터베이스 시스템에 대해 제공된다.

이 장의 나머지에서, JDBC에 관해 집중한다.

6.2.1 아키텍처

JDBC의 아키텍처는 네 가지의 주 구성 요소를 가진다; *응용*, *드라이버 관리기*, 다수의 데이터 소스 전용 *드라이버*, 관련된 *데이터 소스*.

*응용*은 데이터 소스와의 연결을 초기화하고 종료한다. 그것은 트랙잭션 경계를 설정하고, SQL문들을 제출하며, 결과들을 검색한다—모든 것은 JDBC API에 의해서 표시된 잘-정의된 인터페이스를 통한다. *드라이버 관리기*의 주된 목표는 JDBC 드라이버들을 적재하고 응용으로부터 알맞은 드라이버로 JDBC 함수 호출을 전달하는 것이다. 드라이버 관리기는 마찬가지로 JDBC 초기화와 응용으로부터의 정보 호출을 취급하고 모든 함수 호출들을 기록할 수도 있다. 이 외에, 드라이버 관리기는 약간의 기본적인 오류 검사도 수행한다. *드라이버*는 해당 데이터 소스와의 연결을 설정한다. 요청을 제출하고 요청 결과를 되돌려 받을 뿐 아니라, 드라이버는 해당 데이터 소스 특유의 형식으로부터의 데이터, 오류 형태들, 오류 코드들을 JDBC 표준으로 변환해 준다. *데이터 소스*는 드라이버로부터의 명령들을 처리하고 그 결과를 반환한다.

데이터 소스와 응용의 상대적인 위치에 따라, 여러 가지 구조적 시나리오가 가능하다. JDBC 드라이버들은 응용과 데이터 소스 사이의 구조적 관계에 따라 네 가지 타입 분류된다:

- **타입 I—브리지:** 드라이버의 이 타입은 JDBC 함수 호출을 DBMS 원래의 것이 아닌 다른 API의 함수 호출로 변환한다. 한 예는 JDBC-ODBC 브리지이다; 응용은 ODBC를 따르는 데이터 소스에 접근하기 위하여 JDBC 호출을 사용할 수 있다. 그 응용은 브리지라는 단 하나의 드라이버만 적재한다. 브리지들은 응용을 기존의 설치 위에 두기 쉬우며, 어떠한 드라이버들도 새롭게 설치되지 않는다는 장점을 가진다. 그러나 브리지 사용은 여러 가지 문제점을 가진다. 데이터 소스와 응용 사이에서 증가된 많은 수의 계층은 성능에 영향을 미친다. 이 외에, 사용자는 ODBC 드라이버를 지원하는 함수적 성질에 제한된다.
- **타입 II—비-Java 드라이버를 통한 고유의 API로 직접 변환:** 드라이버의 이 타입은 JDBC 함수 호출을 특정 데이터 소스의 API에 대한 메소드 시행으로 직접 변환한다. 그 드라이버는 보통 C++와 Java의 조합을 사용하여 작성된다; 그것은 동적으로 링크되고, 해당 데이터 소스 전용이다. 이 아키텍처는 JDBC-ODBC 브리지보다 더 의미심장하게 실행한다. 하나의 단점은 API를 구현하는 데이터베이스 드라이버가 응용을 실행

하는 각 컴퓨터에 설치될 필요가 있다는 것이다.

- **타입 III—네트워크 브리지:** 이 드라이버는 네트워크 상에서 JDBC 요청들을 DBMS-전용 메소드 시행으로 변환해 주는 미들웨어 서버와 대화한다. 이 경우, 클라이언트 사이트(즉, 네트워크 브리지)상의 드라이버는 DBMS-전용이 아니다. 응용에 의해서 적재된 JDBC 드라이버는 매우 작을 수 있고, 구현할 필요가 있는 함수적인 것은 SQL 문을 미들웨어 서버에 전송하는 것뿐이다. 그리고나서 미들웨어 서버는 데이터 소스에 연결하기 위해 타입 II JDBC 드라이버를 사용할 수 있다.
- **타입 IV—Java 드라이버를 통한 고유의 API로 직접 변환:** DBMS API를 직접 호출하는 대신에, 드라이버는 Java 소켓들을 통하여 DBMS와 통신한다. 이 경우, 클라이언트 측의 드라이버는 Java로 작성되나, DBMS-전용이 된다. 그것은 JDBC 호출을 데이터베이스 시스템 고유의 API로 변환한다. 이 해결책은 중간층을 필요로 하지 않으며, 모든 구현이 Java로 이루어지므로, 그것의 성능은 매우 좋다.

6.3 JDBC 클래스와 인터페이스

JDBC는 Java 언어로 작성된 프로그램으로부터 데이터베이스를 접근할 수 있도록 해 주는 Java 클래스 및 인터페이스들의 모임이다. 그것은 원격 데이터 소스에 연결하고, SQL문을 실행하며, SQL문으로부터 결과 집합을 조사하고, 트랜잭션 관리와 예외 처리를 하기 위한 메소드들을 포함한다. 이 클래스와 인터페이스들은 `java.sql` 패키지의 부분이다. 이와 같이, 이 절의 나머지에서 모든 코드 조각들은 코드의 시작 부분에 `import java.sql.*` 문장을 포함해야 할 것이다; 이 절의 나머지에서 이 문장을 생략한다. JDBC 2.0은 JDBC 선택적 패키지인 `javax.sql` 패키지를 마찬가지로 포함한다. 패키지 `javax.sql`은, 다른 것들 사이에, 연결 저장소를 위한 특성과 `RowSet` 인터페이스를 추가한다. 6.3.2절에서 연결 저장소를, 6.3.4절에서 `ResultSet` 인터페이스를 논의한다.

이제는 데이터 소스에 데이터베이스 질의를 제출하고 결과를 검색하기 위해 필요한 각 단계를 설명한다.

6.3.1 JDBC 드라이버 관리

JDBC에서, 데이터 소스 드라이버들은 `Drivermanager` 클래스에 의해 관리되는데, 현재 적재된 모든 드라이버들의 리스트를 유지 한다. `Drivermanager` 클래스는 동적으로 드라이버들을 추가하거나 삭제할 수 있도록 하기 위해서 `registerDriver`, `deregisterDriver`, `getDrivers`라는 메소드들을 가진다. .

데이터 소스와 연결하는 첫 번째 단계는 관련된 JDBC 드라이버를 적재하는 것이다. 이것은 클래스들을 동적으로 적재하기 위한 Java 메카니즘을 사용함으로서 달성된다. `Class` 클래스의 정적 메소드 `forName`은 인수 문자열에서 표시된 Java 클래스를 반환하고 그 클래스

JDBC 연결: 데이터 소스에 연결들을 폐쇄하는 것을 기억하고 연결 저장소에 공유된 연결들을 반환한다. 데이터베이스 시스템들은 연결을 위해 가능한 제한된 수의 자원들을 가지며, 고아 연결들은 시간-초과를 통해서만 검출될 수 있다—그리고 데이터베이스 시스템이 연결 시간-초과를 기다리는 동안, 고아 연결에 의해 사용된 자원들은 버려진다.

의 static 구성자를 실행한다. 동적으로 적재된 클래스의 정적 구성자는 Driver 클래스의 한 인스턴스를 적재하며, 이 Driver 객체는 DriverManager 클래스를 가지고 자신을 등록한다.

다음 Java 예제 코드는 JDBC 드라이버를 명시적으로 적재한다.

```
Class.forName(‘‘oracle/jdbc.driver.OracleDriver’’);
```

드라이버를 등록하는 두 가지 다른 방법이 있다. Java 응용을 시작할 때 명령 줄에서 -Djdbc.drivers=oracle/jdbc.driver를 포함할 수 있다. 다른 하나는, 드라이버를 명시적으로 동시화할 수 있으나, 이 방법은 거의 사용되지 않으며, 드라이버의 이름이 응용 코드에서 표시되어야 함으로서, 응용은 드라이버 수준에서 변화에 민감하게 된다.

그 드라이버를 등록한 후, 데이터 소스와 연결한다.

6.3.2 연결

데이터 소스를 가진 세션은 Connection 객체의 생성을 통하여 시작된다. 연결은 데이터 소스를 가진 논리적 세션을 식별한다. 같은 Java 프로그램 내의 다중 연결은 다른 데이터 소스들 혹은 같은 데이터 소스를 참조할 수 있다. 연결들은 **JDBC URL**을 통해서 표시되며, 그 URL은 jdbc 프로토콜을 사용한다. 그와 같은 URL은 다음 형태를 가진다.

```
jdbc:<subprotocol>:<otherParameters>
```

그림 6.2에서 보여진 코드 예는 문자열 userId와 password가 정당한 값으로 설정된다는 가정 하에 Oracle 데이터베이스로 연결이 이루어진다.

JDBC에서, 연결들은 다른 성질들을 가질 수 있다. 예를 들면, 연결은 트랙잭션의 세분화를 표시해 줄 수 있다. 만약 autocommit이 어떤 접속에 대하여 설정되면, 각 SQL 문은 그 자신의 트랜잭션으로 된다고 여겨진다. 만약 autocommit이 해제되면, 한 트랜잭션을 구성하는 연속되는 문장들은 Connection 클래스의 commit() 메소드를 사용하여 완료될 수 있거나, rollback() 메소드를 사용하여 중단될 수 있다. Connection 클래스는 자동 완료형을 설정하기 위한 메소드 (Connection.setAutoCommit)와 현재의 자동 완료형을 검색하기 위한 메소드 (getAutoCommit)을 가진다. 다음 메소드들은 Connection 인터페이스의 부분이며 다른 성질들을 설정하고 획득하는 것을 가능하게 한다:

```
String url = "jdbc:oracle:www.bookstore.com:3083"
Connection connection;
try {
    Connection connection =
        DriverManager.getConnection(url,userId,password);
}
catch(SQLException excpt) {
    System.out.println(excpt.getMessage());
    return;
}
```

그림 6.2 JDBC를 통한 연결 달성

- `public int getTransactionIsolation() throws SQLException`과 `public void setTransactionIsolation(int l) throws SQLException`.

  이들 두 함수는 현재 연결에서 취급되는 트랜잭션에 대한 격리의 현 단계를 획득하고 설정한다. 모두 다섯 개의 SQL 격리 단계(완전한 논의는 16.6절을 보시오)가 가능하며, 인수 *l*은 다음과 같이 설정될 수 있다:

  - TRANSACTION_NONE
  - TRANSACTION_READ_UNCOMMITTED
  - TRANSACTION_READ_COMMITTED
  - TRANSACTION_REPEATABLE_READ
  - TRANSACTION_SERIALIZABLE

- `public boolean getReadOnly() throws SQLException`과 `public void setReadOnly(boolean readOnly) throws SQLException`.

  이들 두 함수는 이 연결을 통해 수행된 트랜잭션이 읽기전용인지를 사용자에게 표시하도록 한다.

- `public boolean isClosed() throws SQLException`.

  현재 연결이 이미 폐쇄되었는지를 점검한다.

- `setAutoCommit`과 `getAutoCommit`.

  이들 두 함수는 이미 논의했다.

데이터 소스 연결 설치는 데이터 소스에 네트워크 연결 설치, 인증, 기억장치와 같은 자원들의 할당과 같은 여러 단계를 포함하므로 비싼 연산이다. 한 응용이 (웹 서버와 같은) 다른 상대방들로부터 많은 다른 연결들이 설치되는 경우에, 연결들은 이 과부하를 피하기 위해 가끔 공동 관리된다. **연결 저장소**(connection pool)는 데이터 소스에 설치된 연결들의 집합이다. 새로운 연결이 필요할 때면 언제든지, 데이터 소스에 새로운 연결이 생성되는 대신에 저장소로부터의 한 연결이 사용된다.

연결 저장관리는 응용에서 특수한 코드에 의해 취급되거나, 선택적인 javax.sqp 패키지에 의해 취급될 수 있고, 이 패키지는 연결 저장관리를 위한 함수를 제공하고 저장소의 용량, 축소율과 성장률과 같은 다른 매개변수들을 설정하는 것을 허용한다. 대부분의 응용 서버들(7.7.2절을 보시오)은 javax.sql 패키지나 독점적 변화를 구현한다.

6.3.3 SQL문 실행

JDBC를 사용하여 SQL문을 어떻게 생성하고 수행하는지 논의한다. 이 절의 JDBC 코드 예제에서 con이라는 이름의 Connection 객체를 가진다고 가정한다. JDBC는 세 가지 다른 방법의 실행문들을 지원한다: Statement, PreparedStatement, CallableStatement. Statement 클래스는 다른 두 문장 클래스들에 대한 기반 클래스이다. 그것은 정적 혹은 동적으로 생성된 SQL 질의로서 데이터 소스에 질의하는 것을 허용한다. PreparedStatement 클래스는 여기서 취급하고 CallableStatement 클래스는 저장 프로시저를 논의할 때 6.5절에서 취급한다.

PreparedStatement 클래스는 여러 번 사용될 수 있는 미리 컴파일된 SQL 문들을 동적으로 생성한다. 이 SQL 문들은 매개변수들을 가질 수 있으나, 그들의 구조는 PreparedStatement 객체(SQL문 표현)가 생성될 때 고정된다.

그림 6.3에서 보인 PreparedStatement 객체를 사용하는 견본 코드를 살펴보자. SQL 질의는 질의 문자열을 표시하나, 매개변수들의 값들에 대해서는 '?'를 사용하고, 나중에 메소드 setString, setFloat, setInt 들을 사용하여 설정한다. '?' 위치 소유자들은 한 값으로 대치될 수 있는 SQL 문의 어디에서든지 사용될 수 있다. 그들이 나타날 수 있는 위치의 예는 WHERE 절(예, 'WHERE author=?'), 혹은 SQL UPDATE나 그림 6.3에서처럼 INSERT 문들을 포함한다. 메소드 setString은 매개변수 값을 설정하는 한 방법이다. 비슷한 방법들이 int, float, date에 대해서도 사용 가능하다. 이전 값들을 제거하기 위하여 매개변수 값들을 설정하기 전에 clearParameter()를 항상 사용하는 것이 좋은 형식이다.

데이터 소스로 질의 문자열을 제출하는 다른 방법들이 있다. 예에서, SQL문이 어떠한 레코드들도 반환하지 않는다는 것을 알 때 사용되는 executeUpdate 명령을 사용했다(SQL UPDATE, INSERT, ALTER, DELETE 문). executeUpdate 메소드는 그 SQL문이 수정한 행들의 수를 나타내는 정수를 반환한다. 어떠한 행도 수정하지 않은 성공적 수행에 대해서는 0을 반환한다.

executeQuery 메소드는 정규의 SELECT 질의에서처럼 SQL문이 데이터를 반환할 경우 사용된다. JDBC는 ResultSet 객체의 형식으로 그 자신의 커서 메카니즘을 가지며, 다음에 논의한다. 메소드 execute는 executeQuery나 executeUpdate보다 더 일반적이다; 이 장의 마지막에 있는 참고문헌에서 더 자세한 점들을 제공한다.

```
// initial quantity is always zero
String sql = "INSERT INTO Books VALUES(?, ?, ?, 0, ?, ?)";
PreparedStatement pstmt = con.prepareStatement(sql);

// now instantiate the parameters with values
// assume that isbn, title, etc. are Java variables that
// contain the values to be inserted
pstmt.clearParameters();
pstmt.setString(1, isbn);
pstmt.setString(2, title);
pstmt.setString(3, author);
pstmt.setFloat(5, price);
pstmt.setInt(6, year);

int numRows = pstmt.executeUpdate();
```

그림 6.3 `PreparedStatement` 객체를 사용한 SQL 수정

6.3.4 ResultSet

앞 절에서 논의한 것처럼, 문장 `executeQuery`는 커서와 유사한 `ResultSet` 객체를 반환한다. JDBC 2.0의 `ResultSet` 커서들은 매우 강력하다; 그들은 전진, 후진 스크롤링과 위치-내 편집과 삽입을 허용한다.

가장 기본적인 형태에서, `ResultSet` 객체는 질의의 출력 중 한 번에 한 행을 읽도록 한다. 최초로, `ResultSet`은 첫 행의 앞에 위치하며, `next()` 메소드를 명시적으로 호출하여 첫 행을 검색해야 한다. 질의 답에 더 이상 행이 없다면 `next` 메소드는 `false`를 반환하고, 그렇지 않으면 `true`를 반환한다. 그림 6.4에 보여준 코드 부분은 `ResultSet` 객체의 기본적 사용을 나타낸다.

```
String sqlQuery;
ResultSet rs=stmt.executeQuery(sqlQuery);
// rs is now a cursor
// first call to rs.next() moves to the first record
// rs.next() moves to the next row
while (rs.next()) {
    // process the data
}
```

그림 6.4 `ResultSet` 객체 사용

질의 답에서 `next()`가 논리적 다음 행을 검색하기 위해 허용되듯이, 질의 답에서 다른 방법으로 역시 이동할 수 있다:

- `previous()`는 한 행 뒤로 이동한다.

- `absolute(int num)`는 표시된 수에 대한 행으로 이동한다.
- `relative(int num)`는 현재 위치에서 상대적으로 앞쪽 혹은 뒤쪽(num이 음수인 경우)으로 이동한다. `relative(-1)`은 `previous`와 같은 효과를 가진다.
- `first()`는 첫 행으로 이동하고, `last()`는 마지막 행으로 이동한다.

Java와 SQL 데이터 타입 부합

응용과 데이터 소스와의 상호작용을 생각하면, 내장형 SQL의 의미에서 마주친 논점(예, 공유된 변수를 통하여 응용과 데이터 소스 사이의 정보 전달) 이 다시 재기된다. 그와 같은 논점을 처리하기 위하여, JDBC는 특별한 데이터 타입을 제공하고 관련된 SQL 데이터 타입과의 관계를 표시한다. 그림 6.5는 가장 일반적인 SQL 데이터 타입들에 대한 `ResultSet` 객체의 **접근자 메소드**(accessor method)를 보여준다. 이들 접근자 메소드를 가지고, `ResultSet` 객체에 의해 참조된 질의 결과의 현 행으로부터 값들을 검색할 수 있다. 각 접근자 메소드에 대해 두 가지 형태가 있다: 한 메소드는 1로 시작한 열 인덱스에 의해 값들을 검색하고, 다른 것은 열 이름에 의해 값들을 검색한다. 다음 예제는 접근자 메소드를 사용하여 현 `ResultSet` 행의 필드들을 어떻게 접근하는가를 보여준다.

SQL Type	Java class	ResultSet get method
BIT	Boolean	getBoolean()
CHAR	String	getString()
VARCHAR	String	getString()
DOUBLE	Double	getDouble()
FLOAT	Double	getDouble()
INTEGER	Integer	getInt()
REAL	Double	getFloat()
DATE	java.sql.Date	getDate()
TIME	java.sql.Time	getTime()
TIMESTAMP	java.sql.TimeStamp	getTimestamp()

그림 6.5 ResultSet 객체로부터 SQL 데이터 타입 읽기

```
String sqlQuery;
ResultSet rs=stmt.executeQuery(sqlQuery);
while (rs.next()) {
    isbn = rs.getString(1);
    title = rs.getString("TITLE");
    // process isbn and title
}
```

6.3.5 예외와 경고

`SQLSTATE` 변수와 유사하게, `java.sql`에서 대부분의 메소드들은 오류가 발생할 경우에

SQLException 타입의 예외를 내보낼 수 있다. 그 정보는 오류(예, 문장이 SQL 문법 오류를 포함하는지)를 나타내는 문자열인 SQLState를 포함한다. Throwable로부터 상속된 표준 getMessage( ) 메소드 이외에, SQLException은 후속의 정보를 제공하는 두 부가적인 메소드들과, 다른 예외들을 얻기 (혹은 연결하기) 위한 메소드를 갖는다:

- public String getSQLState( )는 6.1.1절에서 논의된 것처럼 SQL:1999 규격에 기초한 SQLState 식별자를 반환한다.
- public int getErrorCode( )는 업체-전용의 오류 코드를 검색한다.
- public SQLException getNextException( )은 현 SQLException 객체와 관련된 예외들의 체인에서 다음 예외를 얻는다.

SQLWarning은 SQLException의 부 클래스다. 경고들은 오류들처럼 심각하지 않으며 그 프로그램은 특별한 경고 처리 없이 항상 계속될 수 있다. 경고들은 다른 예외들처럼 내보내어지지 않으며, java.sql 문 주위의 try-catch 블럭의 부분처럼 잡혀지지 않는다. 경고들이 존재하는지는 특별히 점검할 필요가 있다. Connection, Statement, ResultSet 객체들은 모두 존재하는 SQL 경고들을 검색할 수 있는 getWarnings( ) 메소드를 가진다. 경고들의 중복 검색은 clearWarnings( )를 통하여 피할 수 있다. Statement 객체들은 다음 문장의 수행시 자동적으로 경고들을 깨끗이 치운다; ResultSet 객체들은 새로운 투플이 접근될 때마다 경고들을 깨끗이 치운다.

SQLWarning들을 얻기 위한 전형적인 코드는 그림 6.6에서 보여준 코드와 유사하다.

```
try {
    stmt = con.createStatement();
    warning = con.getWarnings();
    while( warning != null) {
        // handleSQLWarnings                    //code to process warning
        warning = warning.getNextWarning();     //get next warning
    }
    con.clearWarnings();

    stmt.executeUpdate( queryString );
    warning = stmt.getWarnings();
    while( warning != null) {
        // handleSQLWarnings                    //code to process warning
        warning = warning.getNextWarning();     //get next warning
    }
} // end try
catch ( SQLException SQLe) {
    // code to handle exception
} // end catch
```

그림 6.6 JDBC 경고와 예외 처리

6.3.6 데이터베이스 메타 데이터 조사

데이터베이스 시스템 그 자체에 대한 정보뿐만 아니라 데이터베이스 목록으로부터의 정보를 얻기 위해 `DatabaseMetaData` 객체를 사용할 수 있다. 예를 들면, 다음 코드 부분은 JDBC 드라이버의 이름과 드라이버 버전을 어떻게 얻는지를 보여준다:

```
DatabaseMetaData md = con.getMetaData();
System.out.println("Driver Information:");
System.out.println("Name:" + md.getDriverName()
            + "; version:" + md.getDriverVersion());
```

`DatabaseMetaData` 객체는 더 많은 메소드들을 가진다 (JDBC 2.0에서, 정확히 134); 몇 개의 메소드들을 여기에 나열한다:

- `public ResultSet getCatalogs() throws SQLException.` 이 함수는 모든 목록 릴레이션들에 대해 반복하기 위해 사용될 수 있는 ResultSet을 반환한다. 함수 `getIndexInfo()`와 `getTables()`가 비슷하게 동작한다.
- `public int getMaxConnections() throws SQLException.` 이 함수는 가능한 연결들의 최대 수를 반환한다.

```
DatabaseMetaData dmd = con.getMetaData();
ResultSet tablesRS = dmd.getTables(null,null,null,null);
string tableName;
while(tablesRS.next()) {
    tableName = tablesRS.getString("TABLE_NAME");

    // print out the attributes of this table
    System.out.println("The attributes of table "
            + tableName + " are:");
    ResultSet columnsRS = dmd.getColums(null,null,tableName, null);
    while (columnsRS.next()) {
        System.out.print(colummsRS.getString("COLUMN_NAME")
                + " ");
    }
        // print out the primary keys of this table
        System.out.println("The keys of table " + tableName + " are:");
        ResultSet keysRS = dmd.getPrimaryKeys(null,null,tableName);
        while (keysRS.next()) {
            System.out.print(keysRS.getString("COLUMN_NAME") + " ");
        }
}
```

그림 6.7 데이터 소스에 대한 정보 얻기

그림 6.7에서 보여준 모든 데이터베이스 메타 데이터를 조사하는 예제 코드 부분을 가지고 JDBC의 논의를 종결할 것이다.

6.4 SQLJ

SQLJ (SQL-Java의 약어)는 데이터베이스 업체들과 Sun의 그룹인 SQLJ 그룹에 의해 개발되었다. SQLJ는 정적 모델인 JDBC에서 질의들을 생성하는 동적 방법을 보완하기 위하여 개발되었다. 그러므로 그것은 내장형 SQL과 매우 밀접하다. JDBC와는 달리, 반-정적 SQL 질의를 가지는 것은 컴파일러가 SQL 문법 점검, 각각의 SQL 애트리뷰트들과 호스트 변수들과의 일치성의 견고한 타입 점검, 그리고 컴파일 시에 모든 데이터베이스 스키마—테이블, 애트리뷰트, 뷰, 저장 프로시저—에 대한 질의의 일관성을 실행하도록 허용한다. 예를 들면, SQLJ와 내장형 SQL 둘 다에서, 호스트 언어의 변수들은 항상 같은 인수들에 정적으로 묶이고, 반면에 JDBC에서는, 각 변수를 인수에 묶고 결과를 검색하기 위하여 문장들을 분리할 필요가 있다. 예를 들면, 다음의 SQLJ 문은 호스트 언어 변수들인 title, price, author를 커서 books의 반환 값들에 바인드한다.

```
#sql books = {
    SELECT title, price INTO :title, :price
    FROM Books WHERE author = :author
};
```

JDBC에서, 호스트 언어 변수들이 질의 결과를 보유하는 것을 동적으로 결정할 수 있다. 다음 예에서, 만약에 책이 Feynman에 의해 저술되었다면 책의 제목을 변수 ftitle로 읽으며, 그렇지 않으면 변수 otitle로 읽는다:

```
// assume we have a ResultSet cursor rs
author = rs.getString(3);

if (author=="Feynman") {
    ftitle = rs.getString(2);
}
else {
    otitle = rs.getString(2);
}
```

SQLJ 응용을 작성할 때, 규칙들의 집합에 따라 정규 Java 코드와 내장 SQL 문들을 작성한다. SQLJ 응용들은 내장형 SQLJ 코드를 SQLJ Java 라이브러리로의 호출들로 바꾸어 주는 SQLJ 변환 프로그램을 통하여 전-처리된다. 수정된 프로그램 코드는 그런 후에 Java 컴파일러에 의해 컴파일될 수 있다. 보통 SQLJ Java 라이브러리는 JDBC 드라이버로 호출하며, 이는 데이터베이스 시스템으로의 연결을 조절한다.

중요한 철학적 차이점이 내장형 SQL과 SQLJ와 JDBC 사이에 존재한다. 업체들이 그들 자신의 SQL 독점 버전을 제공하므로, SQL-92 혹은 SQL:1999 표준에 따른 SQL 질의를 쓰도록 권고할 만하다. 그러나, 내장형 SQL을 사용할 때, SQL-92 혹은 SQL:1999 표준 외의 함수를 제공하는 업체-전용의 SQL 구성을 사용하도록 유혹한다. SQLJ나 JDBC는 표준에 집착하도록 강요하며, 결과 코드는 다른 데이터베이스 시스템간에 훨씬 더 휴대가 간편하다.

이 절의 나머지에서, SQLJ의 간단한 소개를 다룬다.

6.4.1 SQLJ 코드 작성

예제들을 써서 SQLJ를 소개할 것이다. Books 테이블로부터 주어진 author에 부합하는 레코드들을 선택하는 SQLJ 코드 부분을 가지고 시작하자.

```
String title; Float price; String author;
#sql iterator Books (String title, Float price);
Books books;

// the application sets the author
// execute the query and open the cursor
#sql books = {
    SELECT title, price INTO :title, :price
    FROM Books WHERE author = :author
};
// retrieve results
while (books.next()) {
    System.out.println(books.title() + ", " + books.price());
}
books.close();
```

관련된 JDBC 코드 부분은 다음과 같이 보인다 (`price`, `title`, `author`는 역시 선언했다고 가정):

```
PreparedStatement stmt = connection.prepareStatement(
"SELECT title, price FROM Books WHERE author = ?");

// set the parameter in the query and execute it
stmt.setString(1, author);
ResultSet rs = stmt.executeQuery();

// retrieve the results
while (rs.next()) {
System.out.println(rs.getString(1) + ", " + rs.getFloat(2));
}
```

JDBC와 SQLJ 코드를 비교하면, SQLJ 코드가 JDBC 코드보다 훨씬 더 읽기 쉽다는 것을 안다. 이와 같이, SQLJ는 소프트웨어 개발과 유지 보수 가격을 줄인다.

더 자세하게 SQLJ 코드의 사적인 요소들을 생각하자. 모든 SQLJ 문들은 특별한 접두어 `#sql`을 가진다. SQLJ에서, 기본적으로 커서인 **반복자**(iterator) 객체들을 가지고 SQL 질의의 결과들을 검색한다. 한 반복자는 반복자 클래스의 인스턴스이다. SQLJ에서 반복자의 사용은 다섯 단계를 거친다:

- **반복자 클래스 선언:** 앞의 코드에서, 이것은 다음 문장을 통해서 발생한다.
  `#sql iterator Books (String title, Float price);`
  이 문장은 객체들을 인스턴스화하기 위해 사용할 수 있는 새로운 Java 클래스를 생성한다.
- **새로운 반복자 클래스로부터 반복자 객체 인스턴스화:** 문장 `Books books;`에서 반복자를 인스턴스화 한다.
- **SQL 문을 사용한 반복자 초기화:** 예에서, 이것은 `#sql books = ....`을 통해서 발생한다.
- **반복적으로, 반복자 객체로부터 행들을 읽음:** 이 단계는 JDBC에서 `ResultSet` 객체를 통해서 행들을 읽는 것과 매우 유사하다.
- **반복자 객체 닫기.**

반복자 클래스의 두 가지 형태가 있다: 명칭 반복자와 위치 반복자. **명칭 반복자**(named iterator)에 대해, 반복자 각 열의 다양한 타입과 명칭을 표시한다. 이것은 수식 `books.title()`을 사용하여 Books 테이블로부터 title 열을 검색할 수 있는 앞의 예에서처럼 개별 열들을 검색하도록 한다. **위치 반복자**(positionl iterator)에 대해, 반복자의 각 열에 대한 변수 타입만 표시할 필요가 있다. 반복자의 개별 열들에 접근하기 위해, 내장형 SQL과 유사한 `FETCH ... INTO` 구성을 사용한다. 두 반복자 타입은 같은 성능을 가진다. 어떤 반복자를 사용하는가 하는 것은 프로그래머의 취향에 따른다.

예를 다시 살피자. 다음 문장을 통해 위치 반복자를 만들 수 있다:

```
#sql iterator Books (String, Float);
```

그리로 나서 그 반복자로부터 각 행을 다음과 같이 검색한다:

```
while (true) {
    #sql { FETCH :books INTO :title, :price, };
    if (books.endFetch()) {
        break;
    }

    // process the book
}
```

6.5 저장 프로시저

데이터베이스 시스템의 프로세스 공간에서 응용 논리의 어떤 부분을 직접 실행하는 것은 가끔 중요하다. 데이터베이스에서 직접 응용 논리를 실행하는 것은 데이터베이스 서버와 SQL 문을 제시한 클라이언트 사이에 전송되는 데이터의 양이 최소화될 수 있는 장점을 가지고, 동시에 데이터베이스 서버의 완전한 능력을 사용한다.

SQL 문이 원격 응용으로부터 나올 때, 그 질의 결과의 레코드들은 데이터베이스 시스템으로부터 그 응용으로 거꾸로 전송될 필요가 있다. 만약에 SQL 문의 결과를 원격으로 접근하기 위해 커서를 사용한다면, DBMS는 잠금과 응용이 커서를 통해 검색된 레코드들을 처리하는 동안 정체된 메모리와 같은 자원들을 가진다. 반면에, **저장 프로시저**(stored procedure)는 데이터베이스 서버의 프로세스 공간에서 지역적으로 실행되고 완료될 수 있는 단일 SQL 문을 통해 실행되는 프로그램이다. 그 결과는 하나의 큰 결과로 패키지화되고 응용으로 반환될 수 있거나, 혹은 그 응용 논리가 클라이언트로 어떠한 결과도 전송하지 않고 서버에서 직접 수행될 수 있다.

저장 프로시저들은 소프트웨어 공학적 이유에 대해서도 역시 유익하다. 한 저장 프로시저가 데이터베이스 서버에 등록되면, 다른 사용자들이 그 저장 프로시저를 재-사용할 수 있고, SQL 질의 혹은 응용 논리를 작성하는 중복된 노력을 줄이고, 코드 유지 관리를 쉽게 만든다. 부가적으로, 응용 프로그래머들은 모든 데이터베이스 접근을 저장 프로시저로 캡슐화한다면 데이터베이스 구조를 알 필요가 없다.

비록 저장 *프로시저*라 불리지만, 프로그래밍 언어의 의미에서 프로시저가 될 필요가 없다. 함수가 될 수 있다.

6.5.1 간단한 저장 프로시저 생성

그림 6.8에 보여준 SQL에서 작성된 저장 프로시저 예를 보자. 그 저장 프로시저는 명칭을 가져야 한다. 이 저장 프로시저는 'ShowNumberOfOrders'라는 명칭을 가진다. 그렇지 않으면, 미리 컴파일 되고 서버에 저장된 SQL 문만 포함한다.

```
CREATE PROCEDURE ShowNumberOfOrders
SELECT C.cid, C.cname, COUNT(*)
       FROM      Customers C, Orders O
       WHERE     C.cid = O.cid
       GROUP BY  C.cid, C.cname
```

그림 6.8 SQL에서 저장 프로시저

저장 프로시저들은 역시 매개변수들을 가질 수 있다. 이들 매개변수들은 유효한 SQL 타입이어야 하고, 세 개의 다른 **형태** 중 하나를 가진다: `IN`, `OUT`, `INOUT`. `IN` 매개변수는 저장 프로시저 쪽으로의 인수다. `OUT` 매개변수는 저장 프로시저로부터 반환된다. 사용자가 처리할 수 있는 모든 OUT 매개변수에 값을 배정한다. INOUT 매개변수는 IN과 OUT 매개변수의 성질을 결합한다. 그들은 저장 프로시저로 전달되는 값들을 포함하며, 저장 프로시저는 반환 값으로서 그들의 값을 설정할 수 있다. 저장 프로시저는 완전한 타입 일치를 집행한다: 만약 매개변수가 INTEGER 타입이라면, VARCHAR 타입의 인수로 호출될 수 없다.

인수를 가진 저장 프로시저의 예를 보자. 그림 6.9에서 보여준 저장 프로시저는 두 인수를 가진다: book_isbn과 addedQty. 그것은 새 배송으로부터의 분량으로 한 책의 유효한 부수를 갱신한다.

```
CREATE PROCEDURE AddInventory (
                 IN book_isbn CHAR(10),
                 IN addedQty INTEGER)
UPDATE Books
       SET    qty_in_stock = qty_in_stock + addedQty
       WHERE  book_isbn = isbn
```

그림 6.9 인수를 가진 저장 프로시저

저장 프로시저는 SQL로 작성될 필요가 없다; 그들은 임의의 호스트 언어로 작성될 수 있다. 예로서, 그림 6.10에서 보여준 저장 프로시저는 클라이언트에 의해 호출될 때마다 데이터베이스 서버에 의해 동적으로 수행되는 Java 함수이다:

```
CREATE PROCEDURE RankCustomers(IN number INTEGER)
LANGUAGE Java
EXTERNAL NAME 'file:///c:/storedProcedures/rank.jar'
```

그림 6.10 Java에서 저장 프로시저

6.5.2 저장 프로시저 호출

저장 프로시저는 CALL 문장을 가진 대화형 SQL에서 호출될 수 있다:

```
CALL storedProcedureName(argument1, argument2, ..., argumentN);
```

내장형 SQL에서, 저장 프로시저의 인수들은 호스트 언어의 보통 변수들이다. 예를 들면, 저장 프로시저 AddInventory는 다음과 같이 호출될 것이다:

```
EXEC SQL BEGIN DECLARE SECTION
char isbn[10];
long qty;
EXEC SQL END DECLARE SECTION

// set isbn and qty to some values
EXEC SQL CALL AddInventory(:isbn,:qty);
```

JDBC로부터 저장 프로시저 호출

`CallableStatement` 클래스를 사용하여 JDBC로부터 저장 프로시저를 호출할 수 있다. `CallableStatement`는 `PreparedStatement`의 부 클래스이며 같은 함수 성질을 제공한다. 저장 프로시저는 다중 SQL 문 혹은 일련의 SQL 문을 포함한다—그러므로, 결과는 많은 다른 `ResultSet` 객체가 될 수 있을 것이다. 저장 프로시저 결과가 단일 `ResultSet`일 때의 경우를 나타낸다.

```
CallableStatement cstmt=
        con.prepareCall("{call ShowNumberOfOrders}");
ResultSet rs = cstmt.executeQuery()
while (rs.next())
    ...
```

SQLJ로부터 저장 프로시저 호출

저장 프로시저 'ShowNumberOfOrders'는 다음처럼 SQLJ를 사용하여 호출된다:

```
// create the cursor class
#sql Iterator CustomerInfo(int cid, String cname, int count);

// create the cursor

CustomerInfo customerinfo;

// call the stored procedure
#sql customerinfo = {CALL ShowNumberOfOrders};
while (customerinfo.next()) {
    System.out.println(customerinfo.cid() + "," +
            customerinfo.count());
}
```

6.5.3 SQL/PSM

모든 주요 데이터베이스 시스템들은 사용자가 SQL과 밀접하게 제휴된 간단한 범용 언어로 저장 프로시저를 작성하도록 방법을 제공한다. 이 절에서, SQL/PSM 표준을 간단히 논의하는데, 그것은 대표적인 대부분의 업체-전용 언어이다. PSM에서, 저장프로시저, 임시 릴레이션, 다른 선언들의 모임인 **모듈**을 정의한다.

SQL/PSM에서, 다음처럼 저장 프로시저를 선언한다:

```
CREATE PROCEDURE name (parameter1,..., parameterN)
    local variable declarations
    procedure code;
```

비슷하게 다음처럼 함수도 선언할 수 있다:

```
CREATE FUNCTION name (parameter1,. . ., parameterN)
            RETURNS sqlDataType
    local variable declarations
    function code;
```

각 매개변수는 방식 (앞 절에서 논의된 IN, OUT, INOUT), 매개변수 이름, 매개변수의 SQL 데이터 타입의 세 가지로 이루어진다. 6.5.1절에서 매우 간단한 SQL/PSM 프로시저를 볼 수 있었다. 이 경우, 지역 변수 선언은 비어 있으며, 프로시저 코드는 SQL 질의로 이루어졌다.

주 SQL/PSM 구성을 나타내는 SQL/PSM 함수 예제를 시작한다. 그 함수는 *cid*와 년도에 의해 식별되는 고객을 입력으로 받는다. 그 함수는 다음과 같이 정의되는 고객의 등급을 반환한다: 그 해 동안 10권 이상의 책을 구매한 고객은 '2' 등급을 매긴다; 5권에서 10권 사이의 책을 구매한 고객은 '1' 등급을 매기고, 그렇지 않으면 고객은 '0'등급을 매긴다. 다음의 SQL/PSM 코드는 주어진 고객과 년도에 대한 등급을 계산한다.

```
CREATE PROCEDURE RateCustomer
            (IN custId INTEGER, IN year INTEGER)
            RETURNS INTEGER
DECLARE rating INTEGER;
DECLARE numOrders INTEGER;
SET numOrders =
        (SELECT COUNT(*) FROM Orders O WHERE O.cid = custId);
IF (numOrders>10) THEN rating=2;
ELSEIF (numOrders>5) THEN rating=1;
ELSE rating=0;
END IF;
RETURN rating;
```

SQL/PSM 구성의 짧은 개론을 제공하기 위해 이 예를 사용하자:

- DECLARE 문을 사용하여 지역 변수를 선언할 수 있다. 예에서, 두 지역 변수를 선언한다: 'rating'과 'numOrders'.
- PSM/SQL 함수는 RETURN 문을 통하여 값들을 반환한다. 예에서, 지역 변수 'rating'의 값을 반환한다.
- SET 문장으로 변수들에 값을 배정한다. 예에서, 변수 'numOrders'에 질의의 반환 값을 배정할 수 있다.
- SQL/PSM은 분기와 루프를 가진다. 분기는 다음과 같은 형태를 가진다:

```
IF (condition) THEN statements;
ELSEIF statements;
...
```

```
ELSEIF statements;
ELSE statements; END IF
```

루프는 다음의 형태이다.

```
LOOP
        statements;
END LOOP
```

- 질의는 분기에서 수식의 부분으로서 사용될 수 있다; 단일 값을 반환하는 질의는 위의 예에서처럼 변수에 배정될 수 있다.
- 내장형 SQL에서와 같은 커서 문을 사용할 수 있으나 (OPEN, FETCH, CLOSE), EXEC SQL 구성을 필요로 하지 않고, 변수는 콜론 ':'을 앞에 붙일 필요가 없다.

SQL/PSM 구성의 짧은 개론만 제공했다; 장의 마지막에서 참고문헌은 더 많은 정보를 제공한다.

6.6 사례 연구: 인터넷 서점

DBDudes는 3.8절에 논의된 것처럼 논리적 데이터베이스 설계를 마쳤고, 이제 그들이 지원해야 하는 질의를 고려한다. 응용 논리는 Java로 구현될 것이라고 기대하고, 그래서 응용 코드를 가진 데이터베이스 시스템을 인터페이스 하기 위한 가능한 후보로서 JDBC와 SQLJ를 고려한다.

다음의 스키마로 고정된 DBDudes를 재 호출하자;

> Books(<u>*isbn:* CHAR(10)</u>, *title:* CHAR(8), *author:* CHAR(80),
> *qty in stock:* INTEGER, *price:* REAL, *year published:* INTEGER)
> Customers(<u>*cid:* INTEGER</u>, *cname:* CHAR(80), *address:* CHAR(200))
> Orders(<u>*ordernum:* INTEGER, *isbn:* CHAR(10)</u>, *cid:* INTEGER,
> *cardnum:* CHAR(16), *qty:* INTEGER, *order_date:* DATE, *ship_date:* DATE)

이제, DBDudes는 질의의 형태와 발생할 갱신을 고려한다. 먼저 응용에서 실행될 작업의 리스트를 생성한다. 고객에 의해 실행된 작업은 다음을 포함한다.

- 고객은 저자 이름, 제목, ISBN에 의해 책을 찾는다.
- 고객은 웹사이트를 등록한다. 등록된 고객들은 그들의 연락 정보를 바꾸길 원할 수도 있다. DBDudes는 각 고객에 대한 로그인 및 암호 정보를 획득하기 위한 부가적인 정보를 가지도록 Customers 테이블을 확장해야 한다는 것을 인정한다. 이 상황은 이 이상 더 논의하지 않는다.
- 고객은 판매를 완전하게 하기 위하여 마지막 장바구니를 계산한다.

- 고객은 웹사이트에서 '장바구니'로부터 책을 더하고 제거한다.
- 고객은 현 구매의 상태를 점검하고 옛 구매를 조사한다.

관리 작업은 다음에 나열된 B&N의 직원에 의해 수행된다.

- 직원은 고객 연락 정보를 찾아본다.
- 직원은 재고 목록에 새 책들을 더한다.
- 직원은 주문을 완료하고, 개별 책들의 배송일을 갱신할 필요가 있다.
- 직원은 유리한 고객을 찾고 고객이 특별한 판매 캠페인에 잘 부응하도록 데이터를 분석한다.

다음에, DBDudes는 이 작업들 이외에 발생할 질의의 형태를 고려한다. 이름, 저자, 제목, ISBN에 의해 책을 찾는 것을 지원하기 위해, DBDudes는 다음처럼 저장 프로시저를 작성하는 것을 결정한다:

```
CREATE PROCEDURE SearchByISBN (IN book_isbn CHAR(10))
    SELECT B.title, B.author, B.qty_in_stock, B.price, B.year_published
    FROM   Books B
    WHERE  B.isbn = book_isbn
```

주문 발주는 한 개 이상의 레코드를 Orders 테이블로 삽입하는 것을 포함한다. DBDudes는 응용 논리를 프로그램 하기 위해 Java-기반 기술을 아직 선택하지 않았으므로, 주문에서 개별 책들은 Java 배열의 응용 층에 저장된다고 가정한다. 주문을 끝내기 위해, 그림 6.11에서 보여준 다음의 JDBC 코드를 작성하고, 그것은 배열로부터 Orders 테이블로 원소들을 삽입한다. 이 코드 부분은 여러 Java 변수가 미리 설정되어야 함을 가정한다.

DBDudes는 나머지 모든 작업에 대한 다른 JDBC 코드와 저장 프로시저를 작성한다. 그들은 이 장에서 보여준 여러 부분들과 비슷하다.

- 그림 6.2에서 보여준 것처럼, 데이터베이스에 연결 설치하기
- 그림 6.3에서 보여준 것처럼, 재고 목록에 새 책을 더하기
- 그림 6.4에서 보여준 것처럼 SQL 질의로부터 결과를 처리하기
- 각 고객에 대해, 얼마나 많은 주문을 발주했는지 보여주기. 그림 6.8에 이 질의에 대한 견본 저장 프로시저를 보여준다.
- 그림 6.9에서 보여준 것처럼, 재고 목록에 더함으로서 책의 유용한 부수가 증가
- 그림 6.10에서 보여준 것처럼, 구매에 따라 고객의 순위 매기기

DBDudes는 그림 6.6에서 보여준 것처럼 예외와 경고를 처리함으로서 응용을 강하게 만들도록 주의한다.

```
String sql = "INSERT INTO Orders VALUES(?, ?, ?, ?, ?, ?)";
PreparedStatement pstmt = con.prepareStatement(sql);
con.setAutoCommit(false);
try {
    // orderList is a vector of Order objects
    // ordernum is the current order number
    // cid is the ID of the customer, cardnum is the credit card number
    for (int i=0; i<orderList.length(); i++)
        // now instantiate the parameters with values
        Order currentOrder = orderList[i];
        pstmt.clearParameters();
        pstmt.setInt(1, ordernum);
        pstmt.setString(2, Order.getIsbn());
        pstmt.setInt(3, cid);
        pstmt.setString(4, creditCardNum);
        pstmt.setInt(5, Order.getQty());
        pstmt.setDate(6, null);
        pstmt.executeUpdate();
    }
    con.commit();
catch (SQLException e){
    con.rollback();
    System.out.println(e.getMessage());
}
```

그림 6.11 데이터베이스로 완성된 주문 삽입하기

DBDudes는 역시 그림 6.12에서 보여준 트리거 작성을 결정한다. 새로운 주문이 Orders 테이블로 들어올 때마다, ship_date가 NULL로 설정되어 삽입된다. 그 트리거는 주문의 각 행을 처리하고 저장 프로시저 'UpdateShipDate'를 호출한다. 이 저장 프로시저(코드가 여기서는 보여지지 않음)는 Books 테이블의 관련된 책의 qty_in_stock이 0보다 큰 경우 (예상한) 새 주문의 ship_date를 '내일'로 갱신한다. 그렇지 않으면, 저장 프로시저는 ship_date를 2주일로 설정한다.

```
CREATE TRIGGER update_ShipDate
        AFTER INSERT ON Orders                    /* Event */
    FOR EACH ROW
    BEGIN CALL UpdateShipDate(new); END           /* Action */
```

그림 6.12 새 주문의 배송날자를 갱신하는 트리거

6.7 복습문제

복습문제에 대한 답은 열거된 절에서 찾을 수 있다.

- SQL 질의를 호스트 프로그래밍 언어와 통합하는 것은 왜 간단하지 않을까? **(6.1.1절)**
- 내장형 SQL에서 변수들은 어떻게 선언하는가? **(6.1.1절)**
- 호스트 언어 내에서 SQL 문들을 어떻게 사용하는가? 문장 실행시 오류들은 어떻게 점검하는가? **(6.1.1절)**
- 호스트 언어와 SQL 사이의 임피던스 불일치를 설명하고, 커서가 이것을 어떻게 나타내는지를 묘사하시오. **(6.1.2절)**
- 커서는 무슨 성질들을 가지는가? **(6.1.2절)**
- 동적 SQL은 무엇이며 내장형 SQL과는 어떻게 다른가? **(6.1.3절)**
- JDBC는 무엇이며 그것의 장점은 무엇인가? **(6.2절)**
- JDBC 아키텍처의 구성 요소들은 무엇인가? JDBC 드라이버들에 대한 네 가지 다른 구조적인 대안을 설명하시오. **(6.2.1절)**
- Java 코드에서 JDBC 드라이버들은 어떻게 적재하는가? **(6.3.1절)**
- 데이터 소스에 연결을 어떻게 관리하는가? 연결은 무슨 성질을 가지는가? **(6.3.2절)**
- JDBC는 SQL DML과 DDL 문을 수행하기 위한 무슨 대안을 제공하는가? **(6.3.3절)**
- JDBC에서 예외와 경고를 어떻게 취급하는가? **(6.3.5절)**
- `DatabaseMetaData` 클래스는 무슨 함수적 성질을 제공하는가? **(6.3.6절)**
- SQLJ는 무엇이며 JDBC와는 어떻게 다른가? **(6.4절)**
- 저장 프로시저는 왜 중요한가? 저장 프로시저는 어떻게 선언하고 응용 코드로부터 어떻게 호출되는가? **(6.5절)**

연습문제

문제 6.1 다음 물음에 답하시오.

1. C와 같은 호스트 언어에서 내장형 SQL 명령의 문맥상 임피던스 불일치라는 용어를 설명하시오.
2. 호스트 언어의 변수 값을 내장형 SQL 명령으로 어떻게 전달할 것인가?
3. 오류 및 예외 처리에서 `WHENEVER` 명령의 사용법을 설명하시오.
4. 커서의 필요성을 설명하시오.
5. 내장형 SQL의 사용을 호출하는 상황의 예를 보이시오; 그것은, SQL 명령의 대화형 사용은 충분하지 않으며, 몇몇 호스트 언어의 특성이 어느 정도 필요하다.
6. 앞의 답에서 예를 표현하기 위해 내장형 SQL 명령을 가진 C 프로그램을 작성하시오.
7. 모든 뱃사람 평균 나이의 표준 편차를 구하기 위한 내장형 SQL 명령을 가진 C 프로그램을 작성

하시오.

8. 자신의 나이가 모든 뱃사람 평균 나이의 표준 편차 1이내에 드는 모든 뱃사람들을 구하도록 앞의 프로그램을 확장하시오.
9. 내장형 SQL 명령을 사용하여 SQL 릴레이션 Edges(*from, to*)로 표현된 어떤 그래프의 이행적 폐쇄(*transitive closure*)를 계산하기 위한 C 프로그램을 어떻게 작성할 것인지 설명하시오(프로그램을 작성할 필요는 없으며, 다만 처리하기 위한 주안점만 설명하시오).
10. 커서에 대한 다음 용어들을 설명하시오: *갱신 가능성*(*updatability*), *감도*(*sensitivity*), *스크롤 가능성*(*scrollability*).
11. 갱신 가능하고 스크롤 가능하며 *age*에 의해 정렬되는 Sailors 릴레이션에 대한 커서를 정의하시오. 이 커서가 갱신할 수 없는 Sailors 필드는 무엇인가? 그 이유는?
12. 동적 SQL을 필요로 하는 상황의 예를 들어라; 즉, 내장형 SQL만으로는 불충분하다.

문제 6.2 다음 물음에 간단히 답하시오.

1. 다음 항을 설명하시오: 커서, 내장형 SQL, JDBC, SQLJ, 저장 프로시저
2. JDBC와 SQLJ 사이의 차이점은 무엇인가? 왜 그들은 둘 다 존재하는가?
3. *저장 프로시저* 항을 설명하고, 왜 저장 프로시저가 사용되는지 예를 보이시오.

문제 6.3 다음 단계들이 JDBC에서 어떻게 실행되는지를 설명하시오.

1. 데이터 소스에 연결.
2. 트랜잭션의 시작, 완료, 실패.
3. 저장 프로시저 호출.

SQLJ에서는 이들 단계가 어떻게 실행되는가?

문제 6.4 내장형 SQL, 동적 SQL, JDBC, SQLJ에서 예외 처리와 경고 처리를 비교하시오.

문제 6.5 다음 물음에 답하시오.

1. 왜 내장형 SQL과 SQLJ를 번역하기 위하여 프리컴파일러가 필요한가? 왜 JDBC에 대해서는 프리컴파일러가 필요하지 않은가?
2. SQLJ와 내장형 SQL은 SQL 질의로 매개변수를 전송하기 위하여 호스트 언어의 변수를 사용하고, JDBC는 '?'로 표시되는 위치 소유자를 사용한다. 차이점 및 왜 다른 메카니즘들이 필요한지 설명하시오.

문제 6.6 동적 웹사이트는 데이터베이스에 저장된 정보로부터 HTML 페이지들을 생성한다. 한 페이지가 요청될 때마다, 그것은 정적 데이터와 데이터베이스 접근의 결과로서의 데이터베이스 데이터로부터 동적으로 수집된다. 데이터베이스 연결은 자원이 할당되고 사용자가 인증될 필요가 있으므로, 항상 시간이 걸리는 프로세스이다. 그러므로, **연결 저장 관리**—영구적인 데이터베이스 연결 저장소를 설정하고 다른 요청에 대해 그들을 재 사용하게 함—는 데이터베이스—배경 웹사이트의 성능을 의미 있게 개선할 수 있다. 서블릿은 단일 요청에 대해 정보를 유지할 수 있으므로, 연결 저

장소를 만들 수 있고, 그로부터 새로운 요청으로 자원을 할당한다.

다음 메소드를 제공하는 연결 저장소 클래스를 작성하시오:

- 데이터베이스 시스템에 표시된 수의 개방 연결을 가진 저장소를 생성하시오.
- 저장소로부터 개방 연결을 구하시오.
- 저장소로의 연결을 해제하시오.
- 저장소를 없애고 모든 연결을 폐쇄하시오.

프로젝트-기반 연습문제

다음의 연습문제들에서, 데이터베이스-배경 응용을 작성할 것이다. 이 장에서, 데이터베이스에 접근하는 응용의 일부를 작성할 것이다. 다음 장에서, 이 코드를 응용의 다른 형태로 확장할 것이다. 이들 연습문제의 자세한 정보와 더 많은 연습문제에 대한 자료가 온라인으로 제공된다.

```
http://www.cs.wisc.edu/~dbbook
```

문제 6.7 연습문제 2.5와 3.15에서 작업한 Notown Records 데이터베이스를 다시 보자. 이제 Notown에 대한 웹사이트를 설계하는 작업을 하려고 한다. 다음 함수를 제공해야 할 것이다.

- 사용자들은 작곡가의 이름, 앨범의 제목, 노래 제목에 의해 레코드들을 검색할 수 있다.
- 사용자들은 사이트에 등록할 수 있으며, 등록된 사용자는 사이트에 로그온할 수 있다. 로그온 했을 때, 오랫동안 사용하지 않으면 다시 로그온해야 할 것이다.
- 사이트에 로그온한 사용자들은 장바구니에 항목들을 추가할 수 있다.
- 장바구니에 항목을 가진 사용자들은 계산하고 구매할 수 있다.

Notown은 데이터베이스에 접근하기 위하여 JDBC를 사용하길 원한다. 필요한 데이터 접근과 조작을 수행하는 JDBC 코드를 작성하시오. 다음 장에서 응용 논리를 가진 이 코드와 표현을 통합할 것이다.

만약에 Notown이 JDBC 대신에 SQLJ를 택한다면, 코드를 어떻게 변화시킬 것인가?

문제 6.8 연습문제 2.7에서 생성한 처방전-R-X에 대한 데이터베이스 스키마를 다시 보자. 약국의 처방전-R-X 체인은 그들의 새로운 웹사이트를 설계하기 위해 당신을 고용할 것이다. 그 웹사이트는 두 부류의 다른 사용자를 가진다: 의사와 환자. 의사들은 그들의 환자에 대한 처방전에 들어갈 수 있고 기존의 처방전을 수정할 수 있을 것이다. 환자들은 그 자신을 한 의사의 환자로서 신고할 수 있을 것이다; 그들은 온라인으로 그들의 처방전의 상태를 점검할 수 있을 것이다; 그리고 그들은 약을 그들의 집 주소로 배달될 수 있도록 하기 위해 온라인으로 처방전을 구입할 수 있을 것이다.

필요한 데이터 접근과 조작을 수행하는 JDBC 코드를 작성하기 위해서 연습문제 6.7과 유사한 단계를 계속하시오. 다음 장에서 응용 논리를 가진 이 코드와 표현을 통합할 것이다.

문제 6.9 연습문제 5.1에서 작업한 대학교 데이터베이스 스키마를 다시 보자. 그 대학교는 온라인 시스템으로 등록을 옮길 결정을 할 것이다. 그 웹사이트는 두 부류의 다른 사용자를 가진다: 교수와 학생. 교수들은 새 강좌를 개설할 수 있고 기존의 강좌를 없앨 수 있을 것이며, 학생들은 기존의 강좌에 수강할 수 있을 것이다.

필요한 데이터 접근과 조작을 수행하는 JDBC 코드를 작성하기 위해서 연습문제 6.7과 유사한 단계를 계속하시오. 다음 장에서 응용 논리를 가진 이 코드와 표현을 통합할 것이다.

문제 6.10 연습문제 5.3에서 작업한 항공 예약 스키마를 다시 보자. 온라인 항공 예약 시스템을 설계하시오. 그 예약 시스템은 두 부류의 사용자를 가질 것이다: 항공사 직원, 항공사 여객. 항공사 직원들은 새 비행을 계획할 수 있고 기존의 비행을 취소할 수 있을 것이다. 항공사 여객들은 주어진 목적지로부터 기존의 비행을 예약할 수 있다.

필요한 데이터 접근과 조작을 수행하는 JDBC 코드를 작성하기 위해서 연습문제 6.7과 유사한 단계를 계속하시오. 다음 장에서 응용 논리를 가진 이 코드와 표현을 통합할 것이다.

참고문헌 소개

ODBC에 관한 정보는 Microsoft의 웹 페이지(`www.microsoft.com/data/odbc`)에서 발견될 수 있고, JDBC에 관한 정보는 Java의 웹 페이지(`java.sun.com/products/jdbc`)에서 발견될 수 있다. ODBC에 관한 많은 책이 존재하는데, 예를 들면, Sanders' ODBC Developer's Guide [652]와 Microsoft ODBC SDK [533]. JDBC에 관한 책은 Hamilton et al. [359], Reese [621], White et al. [773]에 의한 작업을 포함한다.

7 인터넷 응용

☞ 인터넷상의 자원들을 어떻게 이름짓는가?

☞ 웹 브라우저와 웹서버는 어떻게 통신하는가?

☞ 인터넷상의 문서들은 어떻게 표현하는가? 서식작성과 내용을 어떻게 구별하는가?

☞ 3-계층 응용 아키텍처는 무엇인가? 3-계층 응용을 어떻게 작성하는가?

☞ 응용 서버는 왜 가지는가?

➜ **주요 개념:** URI(Uniform Resource Identifier), URL(Uniform Resource Locator); HTTP(하이퍼텍스트 전송 프로토콜: Hypertext Transfer Protocol), 무상태 프로토콜(stateless protocol); 자바(Java); HTML; XML, XML DTD; 3-계층 아키텍처(three-tier architecture), 클라이언트-서버 아키텍처(client-server architecture); HTML 폼(HTML forms); 자바스크립트(JavaScript); CSS(cascading style sheet), XSL; 응용 서버(application server); CGI(Common Gateway Interface); 서블릿(servlet); JSP(JavaServer Page); 쿠키(cookie)

Wow! They've got the Internet on Computers now!

— Homer Simpson, *The Simpsons*

7.1 소개

인터넷과 조직의 '인트라넷'을 포함한 컴퓨터 네트워크의 급증은 사용자들이 수많은 데이터 소스들에 접근하는 것을 가능하게 하였다. 데이터베이스에 대한 이러한 증가된 접근은 실제적으로 많은 영향이 있는 것으로 보인다; 데이터와 서비스는 최근까지 불가능한 상태에서 지금은 고객에게 직접 제공될 수 있다. **전자 상거래**(electronic commerce) 응용의 예는, Amazon.com과 같은 웹 소매상을 통해 책을 구매하고, eBay와 같은 사이트에서 온라인 경매에 참여하며, 그리고 회사들 간에 제품의 입찰가와 명세서를 상호 교환하는 것 등이 있다. 문서의 내용을 표시하기 위한 XML과 같은 표준의 출현은 전자 상거래나 다른 온라인 응용들을 더욱 가속화할 전망이다.

인터넷 사이트의 처음 세대가 HTML 파일의 모임들이었지만, 요즘의 대부분 주요 사이트들은 데이터의 많은 부분을 (전부는 아닐지라도) 데이터베이스 시스템에 저장한다. 그들은 인터넷을 통해 받은 사용자 요구들에 대하여 빠르고 신뢰성 있는 응답을 제공하기 위하여 DBMS에 의존한다. 이것은 특히 전자 상거래나 다른 사무적 응용을 위한 사이트들에서 적용된다.

이 장에서, 인터넷 응용 개발에 중점을 둔 개념의 개요를 나타낸다. 7.2절에서 인터넷이 어떻게 작동하는지의 기본 개요로부터 시작한다. 7.3절과 7.4절에서 인터넷 상에서 데이터를 나타내기 위해 사용되는 두 가지 데이터 형태인 HTML과 XML을 소개한다. 7.5절에서, 여러 기능들을 캡슐화하는 다른 계층으로 인터넷 응용을 구성하는 방법인 3-계층 아키텍처를 소개한다. 7.6절과 7.7절에서, 표현 계층과 중간 계층을 자세히 설명한다. DBMS는 세 번째 계층이다. 7.8절에서 B&N 사례 연구를 논의함으로서 이 장을 종결한다.

이 장에서 나타나는 예제들은 다음의 온라인에서 사용 가능하다.

`http://www.cs.wisc.edu/~dbbook`

7.2 인터넷 개념

인터넷은 전 세계적으로 분산된 소프트웨어 시스템들 사이의 보편적인 접속기로서 알려졌다. 그것이 어떻게 동작하는지를 이해하기 위하여, 두 가지 기본적인 논점을 논의함으로서 시작한다. 인터넷 상의 사이트들을 어떻게 식별하며, 그리고 한 사이트에서 프로그램들이 어떻게 다른 사이트들과 통신하는가?

먼저 7.2.1절에서 인터넷 상의 자원들의 위치를 정하기 위한 명명 스키마인 균등 자원 식별자를 소개한다. 그리고나서 7.2.2절에서는 웹상의 자원들을 접근하기 위한 가장 일반적인 프로토콜인 하이퍼텍스트 전송 프로토콜(HTTP)에 대해 의논한다.

분산 응용과 서비스-지향 아키텍처들:
유연-결합(loosely-coupled) 성질에 기인한 XML의 출현은 다른 응용들 사이에서 예전에 볼 수 없었던 범위까지 정보를 교환하는 것을 가능하게 만들었다. 정보 교환을 위해 XML을 사용함으로서, 응용들은 다른 프로그래밍 언어들로 작성될 수 있고, 다른 운영 체제에서 실행되며, 그리고 이미 정보를 여전히 서로 공유할 수도 있다. 물론 XML 파일 혹은 메시지의 계획된 내용을 대외적으로 표현하기 위한 표준도 있으며, 특히 대부분은 최근에 W3C XML 스키마 표준으로 채택되었다.

XML 혁명에서 비롯된 장래성있는 개념은 웹 서비스의 견해이다. **웹 서비스**는 인터넷을 통해 접근할 수 있는 원격으로 호출 가능한 프로시저들의 집합으로 포장된 잘 정의된 서비스를 제공하는 응용이다. 웹 서비스들은 기존의 웹 서비스—표준화된 XML 기반 정보 교환 사용의 덕택으로 고르게 통신하는 모든 서비스—들을 조립함으로써 새 응용을 강력하게 할 수 있는 가능성을 가진다. 몇몇 기술들은 개발되었거나 혹은 분산 응용의 설계 및 구현을 용이하도록 현재 개발 중에 있다. SOAP는 구조화되고 형식화된 XML 메시지들을 통해 동기적 혹은 비동기적으로 각자 통신하기 위한 분산 응용을 허용하는 원격 서비스의 XML 기반 호출(XML RPC라 간주)을 위한 W3C 표준이다. **SOAP** 호출들은 HTTP(SOAP를 성공할 수 있도록 만드는 부분)와 다양한 신뢰할 수 있는 메시지 계층들을 포함한 기초를 이루는 전송 계층의 다양성 위에 둘 수 있다. SOAP 표준과 관련되는 것은 웹 서비스 인터페이스를 설명하기 위한 W3C의 **WSDL(웹 서비스 기술 언어)**, 그리고 WSDL 기반 웹 서비스 등록 표준(웹 서비스에 대한 yellow 페이지라 간주)인 **UDDI**(Universal Description, Discovery, and Integration)가 있다.

SOAP 기반 웹 서비스는 마이크로소프트의 최근에 발표된 **.NET** 프레임워크, 그들 응용 개발에 대한 기반 구조 그리고 분산 응용 개발을 위한 관련된 실행 시간 시스템에 대한 토대일 뿐만 아니라, IBM, BEA, 그리고 다른 업체들과 같은 주요 소프트웨어 업체들이 제공하는 웹 서비스들에 대한 토대이다. 많은 대형 소프트웨어 응용 업체들(PeopleSoft와 SAP 같은 주요 회사들)은 그들의 제품들과 그들이 관리하는 데이터에 대한 웹 서비스 인터페이스를 제공하기 위한 계획들을 발표했으며, 그리고 대부분 XML과 웹 서비스들이 기업 응용 통합의 오래된 문제점에 대한 답을 마침내 제공할 것을 기대한다. 웹 서비스는 역시 차세대 업무 처리 관리(혹은 작업 흐름) 시스템을 위한 당연한 토대로서 기대된다.

7.2.1 URI(균등 자원 식별자)

URI(Uniform Resource Identifiers)는 인터넷 상의 자원들을 유일하게 식별하기 위한 문자열이다. **자원**(resource)은 URI에 의해 식별될 수 있는 정보의 일종이며, 예제들은 웹페이지들, 영상들, 내려받기 가능한 파일들, 원격으로 호출될 수 있는 서비스들, 우편함, 기타 등등이 있다. 자원의 가장 일반적인 종류는 정적 파일(HTML 문서와 같은)이나, 동적-생성된 HTML 파일, 영화, 프로그램의 출력, 등등도 역시 자원이 될 수 있다.

URI는 세 부분을 가진다:

- 자원을 접근하기 위해 사용된 프로토콜(의 이름).
- 그 자원이 위치한 호스트 컴퓨터.
- 그 호스트 컴퓨터상에서 자원 자체의 경로명.

예제 URI인 `http://www.bookstore.com/index.html`을 살펴보자. 이 URI는 다음처럼 해석될 수 있다: 컴퓨터 `www.bookstore.com`에 위치한 문서 `index.html`을 얻기 위해 HTTP 프로토콜(다음절에서 설명)을 사용하시오. 이 예제 URI는 더 일반적인 URI 명칭 부여 방식인 **URL**(Uniform Resource Locator)의 인스턴스이며 우리의 목적을 위해 구별은 중요하지 않다. 다른 예로서, 다음의 HTML 부분은 전자우편 주소인 URI를 보여준다.

```
<a href="mailto:webmaster@bookstore.com">Email the webmaster.</A>
```

7.2.2 HTTP(하이퍼텍스트 전송 프로토콜)

통신 프로토콜은 각자의 메시지를 이해할 수 있도록 하기 위하여 통신하는 두 당사자들 사이의 메시지 구조를 정의하는 표준들의 집합이다. **HTTP**(Hypertext Transfer Protocol)는 인터넷 상에서 사용되는 가장 일반적인 통신 프로토콜이다. 그것은 한 클라이언트(통상적으로 웹 브라우저)가 HTTP 서버에게 요구를 보내고, 서버는 그 클라이언트에게 응답을 보내는 클라이언트-서버 프로토콜이다. 사용자가 웹페이지를 요구하면(예, 하이퍼링크 클릭), 브라우저는 서버에게 그 페이지내의 객체들에 대한 **HTTP 요구 메시지**를 보낸다. 그 서버는 요구를 받아서 객체들을 포함하는 **HTTP 응답 메시지**를 가지고 응답한다. HTTP가 단지 파일들만이 아닌 모든 종류의 자원들을 전송하기 위해 사용되나, 오늘날 인터넷상의 거의 모든 자원들은 정적 파일들 혹은 서버측 스크립트들로부터의 파일출력이라는 것을 인정하는 것은 중요하다.

SSL(Secure Sockets Layer: 안전 소켓층) 프로토콜이라 불리어지는 HTTP 프로토콜의 변형은 클라이언트와 서버사이에서 정보를 안전하게 교환하기 위하여 암호화를 사용한다. 이 장에서는 기본적인 HTTP 프로토콜을 설명한다.

예로서, 사용자가 다음 링크 `http://www.bookstore.com/index.html`을 클릭한다면 무슨 일이 발생하는지를 살펴보자. 우선 HTTP 요구 메시지의 구조를 설명하고, 그리고 나서 HTTP 응답 메시지의 구조를 설명한다.

HTTP 요구

클라이언트(웹 브라우저)는 자원을 운용하는 웹서버에 접속을 시도하고 HTTP 요구 메시지

를 전송한다. 다음 예는 견본 HTTP 요구 메시지를 보여준다:

```
GET index.html HTTP/1.1
User-agent: Mozilla/4.0
Accept: text/html, image/gif, image/jpeg
```

HTTP 요구의 일반적 구조는 끝에 빈줄을 가진 몇 줄의 ASCII 본문으로 이루어진다. 첫 줄(**요구 줄**)은 세 필드 가진다: **HTTP 메소드 필드**, **URI 필드**, **HTTP 버전 필드**. **메소드** 필드는 **GET**과 **POST** 값을 가질 수 있다; 예제에서 메시지는 객체 `index.html`을 요구한다 (HTTP `GET`과 HTTP `POST`의 차이점은 7.11절에서 자세히 논의한다). 버전 필드는 HTTP 버전이 클라이언트에 의해 사용되며 프로토콜의 미래 확장을 위해 사용될 수 있음을 표시한다. **User agent**는 클라이언트의 타입을 표시한다(예, Netscape 혹은 Internet Explorer 버전); 이 선택사항은 더 이상 거론하지 않는다. `Accept`를 가지고 시작하는 세 번째 줄은 클라이언트가 받아들이기를 원하는 파일 타입을 표시한다. 예를 들면, 만약 `index.html` 페이지가 확장자 `.mpg`를 가진 영화 파일을 포함한다면, 클라이언트가 그것을 받을 준비가 되지 않기 때문에 서버는 클라이언트에게 이 파일을 전송하지 못할 것이다.

HTTP 응답

서버는 **HTTP 응답** 메시지를 가지고 응답한다. 그것은 `index.html` 페이지를 검색하고, HTTP 응답 메시지를 만들기 위하여 페이지를 사용하며, 클라이언트에게 그 메시지를 전송한다. 견본 HTTP 응답은 다음과 같다:

```
HTTP/1.1 200 OK
Date: Mon, 04 Mar 2002 12:00:00 GMT
Content-Length: 1024
Content-Type: text/html
Last-Modified: Mon, 22 Jun 1998 09:23:24 GMT
<HTML>
<HEAD>
</HEAD>
<BODY>
<H1>Barns and Nobble Internet Bookstore</H1>
Our inventory:
<H3>Science</H3>
<B>The Character of Physical Law</B>
...
```

HTTP 응답 메시지는 세 부분을 가진다: 상태 줄, 여러 표제 줄, 메시지 본문(클라이언트가 요구한 실제 객체를 포함한다). **상태 줄**은 세 필드를 가진다(HTTP 요구 메시지의 요구 줄과 유사): HTTP 버전 (`HTTP/1.1`), 상태 코드 (`200`), 관련 서버 메시지 (`OK`). 일반적인 상태

코드와 관련된 메시지는 다음과 같다:

- `200 OK`: 요구가 성공했고 객체가 응답 메시지의 본문에 포함된다.
- `400 Bad Request`: 요구가 서버에 의해 만족될 수 없다는 것을 표시하는 일반적 에러 코드.
- `404 Not Found`: 요구된 객체가 서버에 존재하지 않는다.
- `505 HTTP Version Not Supported`: 클라이언트가 사용하는 HTTP 프로토콜 버전이 서버에 의해 지원되지 않는다(클라이언트의 요구에서 전송된 HTTP 프로토콜 버전을 상기하시오).

앞의 예제는 네 개의 **표제 줄**을 가지고 있다: Date 표제 줄은 HTTP 응답이 생성되었을 때의 시간과 날짜를 표시한다(객체 생성시간이 아님). `Last-Modified` 표제 줄은 객체가 생성되었을 때를 나타낸다. `Content-Length` 표제 줄은 마지막 표제 줄 다음에 전송되는 객체의 바이트 수를 나타낸다. `Content-Type` 표제 줄은 개체 본문의 객체가 HTML 문서임을 나타낸다.

클라이언트(웹 브라우저)는 응답 메시지를 받아서, HTML 파일을 추출하고, 그것을 파싱하며, 그리고 화면에 표시한다. 처리 중에, 파일에서 추가로 URI들을 발견할 수도 있는데, 그것은 매번 새로운 접속을 시도하는 이들 각 자원들을 검색하기 위하여 HTTP 프로토콜을 사용한다.

한 가지 중요한 논점은 HTTP 프로토콜이 **무상태 프로토콜**(stateless protocol)이라는 것이다. 모든 메시지—클라이언트로부터 HTTP 서버까지 혹은 그 역방향—는 자급자족이며 요구를 수립한 접속은 응답 메시지가 전송될 때까지만 유지된다. 프로토콜은 클라이언트와 서버 사이에서 앞의 상호작용을 자동적으로 '기억'하는 메카니즘을 제공하지 않는다.

HTTP 프로토콜의 무상태 특성은 어떻게 인터넷 응용들이 작성되는지에 관한 중요한 영향력을 가진다. 우리의 서점 응용 예제와 상호작용하는 사용자를 살펴보자. 그 서점은 사용자들이 사이트에 로그인하는 것을 허용하며, 그리고나서 책 주문 혹은 주소 변경과 같은 여러 동작들을 다시 로그인하지 않고(로그인이 만기되거나 혹은 그 사용자가 로그아웃할 때까지) 수행한다고 가정한다. 한 사용자가 로그인되었는지 아닌지를 어떻게 유지하는가? HTTP가 무상태이므로, 프로토콜 단계에서 다른 상태(로그인된 상태)로 변경시킬 수 없다. 대신에, 그 사용자(더 정확히, 그들의 웹 브라우저)가 서버에 전송하는 모든 요구에 대해, 사용자 로그인 상태와 같은 응용에 의해 요구된 어떤 상태 정보를 기호화해야 한다. 선택적으로, 서버측 응용 코드는 이 상태 정보를 유지해야하며 요구당 근거를 찾아야 한다. 이 논점은 7.7.5절에서 나중에 살펴볼 것이다.

HTTP의 무상태성은 HTTP 프로토콜의 구현의 용이함과 응용 개발의 용이함 사이의 흥정이다. HTTP의 설계자들은 프로토콜 그 자체를 간단하게 유지하도록 선택하고, 객체들의 요구 이외의 어떤 기능성을 HTTP 프로토콜 위의 응용 계층으로 지연시킨다.

7.3 HTML 문서

이 절과 다음 절에서, HTML과 XML을 소개하는 데 초점을 맞춘다. 7.6절에서, 사용자 입력을 검색하여 포착하고, HTTP 서버와 통신하고, 그리고 데이터 관리 계층에 의해 만들어진 결과를 이들 양식의 하나로 변환시키는 폼들을 생성하기 위하여 응용들이 어떻게 HTML과 XML을 사용할 수 있는지 살펴본다.

HTML은 문서를 기술하기 위해 사용되는 간단한 언어이다. HTML은 웹 브라우저에 대해 특별한 의미를 가지는 '표시'를 가지고 정규 텍스트를 확장함으로서 동작하기 때문에 **마크업 언어**(markup language)라고도 불린다. 언어에서 명령들은, **태그**라 불림, <TAG>와 </TAG>라는 형식의 **시작 태그**와 **종료 태그**로 각각 (보통) 구성된다. 예를 들면, 그림 7.1에서 보여준 HTML 부분을 살펴보자. 그것은 책의 목록을 보여 주는 웹 페이지를 나타낸다.

```
<HTML>
<HEAD>
</HEAD>
<BODY>
<H1>Barns and Nobble Internet Bookstore</H1>
Our inventory:
<H3>Science</H3>
    <B>The Character of Physical Law</B>
    <UL>
        <LI>Author: Richard Feynman</LI>
        <LI>Published 1980</LI>
        <LI>Hardcover</LI>
    </UL>
<H3>Fiction</H3>
    <B>Waiting for the Mahatma</B>
    <UL>
        <LI>Author: R.K. Narayan</LI>
        <LI>Published 1981</LI>
    </UL>
    <B>The English Teacher</B>
    <UL>
        <LI>Author: R.K. Narayan</LI>
        <LI>Published 1980</LI>
        <LI>Paperback</LI>
    </UL>
</BODY>
</HTML>
```

그림 7.1 HTML에서 책 Listing

그 문서는 <HTML>과 </HTML> 태그들로 둘러싸여 있으며, 그것은 일종의 HTML 문서라는 표시이다. 문서의 나머지—<BODY> ... </BODY>로 둘러싸인—는 책 세 권에 대한 정보로 구성되어 있다. 각 책에 대한 데이터는 항목들이 LI 태그로 표시된 무순서 리스트(UL)로 표현된다. HTML은 허용되는 태그들의 집합과 그 의미를 정의하고있다. 예를 들면, HTML은 태그 <TITLE>이 문서의 제목을 나타내는 유효한 태그라는 것을 표시한다. 다른 예를 들면, 태그 <UL>은 항상 무순서 리스트를 나타낸다.

오디오나 비디오, 그리고 프로그램들 (호환성이 높은 언어인 자바로 작성)조차도 HTML 문서들에 포함될 수 있다. 사용자가 적당한 브라우저를 사용하여 그와 같은 문서를 검색할 때, 그 문서의 이미지들은 디스플레이되고, 오디오와 비디오 클립들은 상영되며, 내장된 프로그램들은 사용자의 기계에서 실행된다. 결과는 풍부한 멀티미디어 표현이다. HTML 문서가 쉽게 작성될 수 있고—지금은 HTML을 자동적으로 생성해 주는 시각적 편집기들이 있다—또 인터넷 브라우저를 사용하여 접근하기도 쉽다는 것이 웹의 폭발적 성장을 더욱 촉진시켰다.

7.4 XML 문서

이 절에서, 문서 양식으로서 XML을 소개하고, 그리고 응용들이 XML을 어떻게 이용할 수 있는지를 살펴보자. DBMS에서 XML 문서들을 관리하는 것은 여러 가지 새로운 도전들을 야기한다.

HTML이 디스플레이 목적을 위한 문서의 구조를 표시하는 데 사용될 수 있지만, 더 일반적인 응용을 위한 내용의 구조를 표현하기에는 부적합하다. 예를 들면, 그림 7.1에서 보여준 HTML 문서를 그것을 디스플레이하는 다른 응용에 전송할 수 있으나, 두 번째 응용은 저자의 이름과 성을 구별할 수 없다(응용은 태그내의 텍스트를 살펴봄으로서 그와 같은 정보를 복구하도록 시도할 수 있으나, 이것은 문서 구조를 표시하기 위한 태그 사용의 목적을 헛되게 한다). 그러므로, HTML은 제품 규격 혹은 가격을 포함하는 복잡한 문서들의 교환에는 적합하지 못하다.

XML(Extensible Markup Language)은 HTML의 단점을 개선하기 위해 만든 마크업 언어이다. 태그는 의미가 언어(HTML에서처럼)에 의해 표시되는 고정된 집합인데 반해, XML은 사용자가 전송하고 싶은 어떠한 유형의 데이터나 문서를 구성하기 위해 사용될 수 있는 새로운 태그들의 모음을 사용자로 하여금 정의할 수 있도록 허용한다. XML은 HTML에 내재되어 있는 데이터의 문서 입장의 관점과, DBMS에 주가 되는 데이터의 스키마 입장의 관점 사이에서 중요한 중개역이다. 이전보다 데이터베이스 시스템을 웹 응용에 더 밀접하게 통합시킬 가능성을 가지게 되었다.

XML은 SGML과 HTML의 두 기술이 합쳐짐으로써 나타나게 되었다. **SGML**(Standard Generalized Markup Language)은 데이터와 HTML 같은 문서 교환 언어의 정의를 허용하는 메타언어이다. SGML 표준은 1988년에 발표되었는데, 대량의 복잡한 문서들을 관리하는 많

> **XML의 설계 목표**: XML은 W3C(World Wide Web Consortium) XML Special Interest Group의 안내하에 작업 그룹에 의해 1996년 초에 개발되었다. XML에 대한 설계 목표는 다음을 포함한다:
>
> 1. XML은 SGML과 호환성이 있어야 할 것이다.
> 2. XML 문서를 처리하는 프로그램들은 작성하기가 쉬워야 할 것이다.
> 3. XML의 설계는 규칙적이고 간결해야 할 것이다.

은 조직체들이 채택하였다. 그것의 일반성 때문에, SGML은 복잡하며, 기능을 전부 활용하려면 정교한 프로그램을 필요로 한다. XML은 상대적으로 단순하게 유지되면서 SGML의 많은 능력을 가지도록 개발되었다. 그럼에도 불구하고, XML은, SGML처럼, 새로운 문서 마크업 언어의 정의를 허용한다.

비록 XML이 사용자가 웹 브라우저에 데이터 디스플레이를 할 수 있도록 태그들을 설계하는것을 막지 않지만, **XSL**(Extensible Style Language)이라는 XML용 스타일 언어가 있다. XSL은 특정한 태그 어휘들만 고수하는 XML 문서가 어떻게 디스플레이 되는지를 묘사하는 표준방식이다.

7.4.1 XML 소개

예제로서 그림 7.2에서 보여준 작은 XML 문서를 사용한다.

- **원소**(Elements): 원소는, **태그**라고도 불림, XML 문서의 기본적인 구성 블럭이다. 원소 ELM에 대한 내용의 시작은 <ELM>으로 표시되고, **시작 태그**라 불리며 그리고 내용의 끝은 </ELM>으로 표시되는데 이것은 **종료 태그**라 불린다. 예제 문서에서, 원소 BOOKLIST는 이 견본 문서의 모든 정보를 감싸고 있다. BOOK 원소는 책 한 권에 관련된 모든 데이터를 구분한다. XML 원소는 대 소문자를 구별한다: 원소 BOOK과 Book은 서로 다르다. 원소들은 적당히 중첩되어야 한다. 다른 태그들의 내용 내부에 나타나는 시작 태그는 그 짝이 되는 종료 태그도 가져야 한다. 예를 들면, 다음의 XML 부분을 살펴보자:

```
<BOOK>
    <AUTHOR>
        <FIRSTNAME>Richard</FIRSTNAME>
        <LASTNAME>Feynman</LASTNAME>
    </AUTHOR>
</BOOK>
```

원소 AUTHOR는 원소 BOOK 안에 완전히 중첩되어 있으며, 원소 LASTNAME과 FIRSTNAME은 둘 다 원소 AUTHOR 안에 중첩된다.

- **애트리뷰트**(Attributes): 원소는 그에 대한 추가적인 정보를 제공하는 설명용 애트리뷰트들을 가질 수 있다. 애트리뷰트 값들은 원소의 시작 태그 내에서 설정된다. 예를 들면, `ELM`이 애트리뷰트 `att`를 가진 원소를 나타낸다고 하자. 다음 수식을 통하여 `att`의 값에 `value`를 설정할 수 있다: `<ELM att="value">`. 모든 애트리뷰트 값들은 인용부호로 둘러 싸여야 한다. 그림 7.2에서, 원소 `BOOK`은 두 개의 애트리뷰트를 가진다. 애트리뷰트 `GENRE`는 책의 양식(과학 혹은 소설)을 표시하며, 애트리뷰트 `FORMAT`은 책이 딱딱한 표지 혹은 종이 표지의 제본인지를 표시한다.

```
<?xml version="1.0" encoding="UTF-8" standalone="yes"?>
<BOOKLIST>
<BOOK GENRE="Science" FORMAT="Hardcover">
    <AUTHOR>
        <FIRSTNAME>Richard</FIRSTNAME>
        <LASTNAME>Feynman</LASTNAME>
    </AUTHOR>
    <TITLE>The Character of Physical Law</TITLE>
    <PUBLISHED>1980</PUBLISHED>
</BOOK>
<BOOK GENRE="Fiction">
    <AUTHOR>
        <FIRSTNAME>R.K.</FIRSTNAME>
        <LASTNAME>Narayan</LASTNAME>
    </AUTHOR>
    <TITLE>Waiting for the Mahatma</TITLE>
    <PUBLISHED>1981</PUBLISHED>
</BOOK>
<BOOK GENRE="Fiction">
    <AUTHOR>
        <FIRSTNAME>R.K.</FIRSTNAME>
        <LASTNAME>Narayan</LASTNAME>
    </AUTHOR>
    <TITLE>The English Teacher</TITLE>
    <PUBLISHED>1980</PUBLISHED>
</BOOK>
</BOOKLIST>
```

그림 7.2 XML에서 책 정보

- **개체 참조**(Entity References): 개체들은 보통의 텍스트 부분 혹은 외부 파일의 내용에 대한 단축형이며, XML 문서에서 한 개체의 사용을 개체 참조라고 한다. **개체 참조**가 문서 내에 나타나는 곳이면 어디라도, 그것은 모두 해당 텍스트 내용으로 대체된다. 개

체 참조는 '&'로 시작하고 ';'으로 끝난다. XML의 미리 정의된 다섯 개의 개체는 XML에서 특수한 의미를 가진 문자의 위치 보유자이다. 예를 들면, XML 명령의 시작을 표시하는 < 문자는 예약되어 있으며 개체 lt에 의해 표현되어야 한다. 나머지 네 개의 예약 문자는 &, >, ", ' 이다; 그들은 각각 개체 amp, gt, quot, apos에 의해 표현되어야 한다. 예를 들면, 텍스트 '1 < 5'는 XML 문서에서 다음과 같이 부호화되어야 한다; '1<5'. 마찬가지로 텍스트 내에 임의의 유니코드 문자들을 삽입하기 위하여 개체들을 사용할 수 있다. **유니코드**(Unicode)는 ASCII와 유사하게 문자 표현을 위한 표준이다. 예를 들면, 일본어 히라가나 문자 '*a*(あ)'는 개체 참조 あ를 사용하여 표현할 수 있다.

- **주석**(Comments): XML 문서에서는 어디든지 주석을 넣을 수 있다. 주석은 <!-로 시작하고 ->로 끝난다. 주석은 문자열 --을 제외하고는 어떠한 텍스트도 포함할 수 있다.
- **DTD**(Document Type Declarations: **문서 타입 선언**): XML에서, 사용자 자신의 마크업 언어를 정의할 수 있다. DTD는 사용자 자신의 원소, 애트리뷰트, 개체들의 집합을 표시할 수 있도록 허용하는 규칙의 집합이다. 따라서, DTD는 기본적으로 어떠한 태그들이 허용되는지, 어떠한 순서로 태그가 나타날 수 있는지, 그리고 어떻게 중첩될 수 있는지를 표시하는 문법이다. 다음 절에서 DTD를 자세히 논의하기로 한다.

만약 관련된 DTD가 없는 대신 다음과 같은 구조적 지침이 있다면, **체계화된**(well-formed) XML 문서라 한다:

- 문서가 XML 선언으로 시작한다. XML 선언의 예는 그림 7.2에서 보여준 XML 문서의 첫 번째 줄이다.
- **루트 원소**는 다른 모든 원소를 포함한다. 예제에서, 루트 원소는 원소 BOOKLIST이다.
- 모든 원소들은 적절하게 중첩되어야 한다. 이 요구 조건은 한 원소의 시작 태그와 종료 태그가 동일한 테두리 원소 내에 나타나야 한다는 의미이다.

7.4.2 XML DTD

DTD는 사용자 자신의 원소, 애트리뷰트, 개체들의 집합을 표시할 수 있도록 허용하는 규칙의 집합이다. DTD는 어떠한 원소를 우리가 사용할 수 있으며 이들 원소에 대해 어떠한 제약조건들이 있는지를 표시하는데, 예를 들면, 원소들이 어떻게 중첩될 수 있는지 그리고 문서내의 어디에 원소가 나타날 수 있는지 등이다. 만약에 DTD가 문서와 관련 있으며 또 그 문서가 DTD의 규칙 집합에 따라 구조화되어 있다면 **유효한**(valid) 문서라고 한다. 이 절의 나머지 부분에서, DTD를 구성하는 방법을 설명하기 위하여 그림 7.3에서 보여준 예제 DTD를 사용한다.

하나의 DTD는 <!DOCTYPE name [DTD선언]>로 둘러싸이는데, 여기에서 name은 가장 밖에서 둘러싸는 태그의 이름이고, DTD선언은 DTD 규칙들의 텍스트이다. DTD는 최외곽

```
<!DOCTYPE BOOKLIST [
<!ELEMENT BOOKLIST (BOOK)*>
    <!ELEMENT BOOK (AUTHOR,TITLE,PUBLISHED?)>
        <!ELEMENT AUTHOR (FIRSTNAME,LASTNAME)>
            <!ELEMENT FIRSTNAME (#PCDATA)>
            <!ELEMENT LASTNAME (#PCDATA)>
        <!ELEMENT TITLE (#PCDATA)>
        <!ELEMENT PUBLISHED (#PCDATA)>
    <!ATTLIST BOOK GENRE (Science|Fiction) #REQUIRED>
    <!ATTLIST BOOK FORMAT (Paperback|Hardcover) "Paperback">
]>
```

그림 7.3 서점 XML DTD

원소—*루트 원소*—로부터 시작하는데, 이 예제에서는 BOOKLIST이다. 다음 규칙을 보자:

```
<!ELEMENT BOOKLIST (BOOK)*>
```

이 규칙은 원소 BOOKLIST가 0개 이상의 BOOK 원소들로 구성된다는 것을 말해 준다. BOOK 뒤의 * 기호는 BOOKLIST 원소 안에 얼마나 많은 BOOK 원소가 나타날 수 있는지를 표시한다. 기호 *는 0회 이상의 존재, 기호 +는 1회 이상의 존재, 기호 ?는 0회나 1회의 존재를 각각 표시한다. 예를 들면, 만약에 BOOKLIST가 적어도 한 권 이상의 책을 가지도록 보장하기를 원한다면, 다음과 같이 규칙을 바꿀 수 있다:

```
<!ELEMENT BOOKLIST (BOOK)+>
```

다음의 규칙을 보자:

```
<!ELEMENT BOOK (AUTHOR,TITLE,PUBLISHED?)>
```

이 규칙은 BOOK 원소가 AUTHOR 원소, TITLE 원소, 선택적인 PUBLISHED 원소를 포함한다는 의미이다. 원소의 0 혹은 1회 존재를 가짐으로 인해 정보가 선택적인 것으로 된다는 것을 표시하기 위해 기호 ?를 사용함을 주목하자. 다음 규칙으로 진행하자:

```
<!ELEMENT LASTNAME (#PCDATA)>
```

지금까지는 다른 원소들을 포함하는 원소들만 살펴보았다. 이 규칙은 LASTNAME이 다른 원소들을 포함하지 않고, 실제 텍스트를 포함하는 원소이다. 다른 원소들만 포함하는 원소들은 **원소 내용**(element content)을 가진다고 말하고, #PCDATA도 포함하는 원소들은 **혼합 내용**(mixed content)을 가진다고 말한다. 일반적으로, 원소 타입 선언은 다음 구조를 가진다:

```
<!ELEMENT (contentType)>
```

다섯 가지의 내용 타입이 가능하다:

- 다른 원소들.
- 특수기호 #PCDATA, (파싱된) 문자 데이터를 표시한다.
- 특수기호 EMPTY, 원소가 내용을 가지지 않는다는 것을 표시한다. 내용을 가지지 않는 원소들은 종료 태그를 가질 필요가 없다.
- 특수기호 ANY, 어떠한 내용도 허용된다는 것을 표시한다. 이 내용은 그 원소내의 문서 구조를 모두 검사할 수 없게 되므로 가능한 피해야할 것이다.
- 앞의 네 가지 선택으로부터 구성되는 **정규식**. 정규식은 다음 중 하나이다:

  – exp1, exp2, exp3: A list of regular expressions.
  – exp*: An optional expression (zero or more occurrences).
  – exp?: An optional expression (zero or one occurrences).
  – exp+: A mandatory expression (one or more occurrences).
  – exp1 | exp2: exp1 or exp2.

원소의 애트리뷰트들은 그 원소 외부에서 선언된다. 예를 들면, 그림 7.3에 있는 다음의 애트리뷰트 선언을 보자.

<!ATTLIST BOOK GENRE (Science|Fiction) #REQUIRED>

이 XML DTD 부분은 원소 BOOK의 한 애트리뷰트인 GENRE를 표시한다. 이 애트리뷰트는 두 값을 취할 수 있다: Science 혹은 Fiction. 애트리뷰트는 #REQUIRED를 표시함으로서 요구되므로 각 BOOK 원소는 GENRE 애트리뷰트가 시작 태그에 기술되어야 한다. DTD 애트리뷰트 선언의 일반적인 구조를 살펴보자.

<!ATTLIST elementName (attName attType default)+>

키워드 ATTLIST는 애트리뷰트 선언의 시작을 나타낸다. 문자열 elementName은 그 뒤에 나오는 애트리뷰트 정의에 해당하는 원소의 이름이다. 그 뒤에 나오는 것은 하나 이상의 애트리뷰트 선언이다. 각 애트리뷰트는 attName으로 표시되는 이름을 가지고, attType으로 표시되는 타입을 가진다. XML은 여러 가지 가능한 애트리뷰트에 대한 타입을 정의한다. 여기에서는 단지 **문자열 타입**과 **나열형 타입**만 논의한다. 문자열 타입의 애트리뷰트는 어떠한 문자열도 값으로 취할 수 있다. 이와 같은 애트리뷰트는 타입 필드에 CDATA라고 설정함으로서 선언할 수 있다. 예를 들면, 다음과 같이 원소 BOOK의 문자열 타입의 세 번째 애트리뷰트를 선언할 수 있다:

<!ATTLIST BOOK edition CDATA "1">

XML 스키마: DTD 메카니즘은 그것의 광범위한 사용에도 불구하고 몇가지 제한을 가진다. 예를 들면, 비록 응용이 요구하지 않을지라도, 원소와 애트리뷰트들은 유연한 방법으로 배정된 타입이 될 수 없으며, 원소들은 항상 정돈된다. XML 스키마는 DTD보다 문서 구조를 표현하기 위한 더 강력한 방법을 제공하는 새로운 W3C 제안이다; 그것은 DTD의 수퍼셋이며, 물려받은 데이터가 쉽게 처리되는 것을 허용한다. 재미있는 양상은 유일성과 외래키 제약조건을 유지한다는 것이다.

만약에 애트리뷰트가 나열형 타입을 가지면, 애트리뷰트를 선언시 가능한 모든 값들을 열거해 준다. 우리의 예에서, 애트리뷰트 `GENRE`는 나열형 애트리뷰트 타입이다; 가능한 애트리뷰트 값으로는 'Science'와 'Fiction'이다.

애트리뷰트 선언의 마지막 부분은 **디폴트 명세**라 불리어 진다. 그림 7.3의 DTD에는 두 개의 다른 디폴트 명세를 보여주고 있다: `#REQUIRED`와 문자열 'Paperback'. 디폴트 명세 `#REQUIRED`는 애트리뷰트가 필요하고 그와 관련된 원소가 XML 문서의 어딘가에 나타날 때에는 언제나 이 애트리뷰트에 대한 값이 반드시 표시되어야 한다는것을 표시한다. 문자열 'Paperback'으로 표시된 디폴트 명세는 이 애트리뷰트가 필수적인 것은 아니다; 관련 원소가 이 애트리뷰트에 대한 값을 설정해 주지 않은 채 나타날 때마다, 그 애트리뷰트는 자동적으로 'Paperback'이라는 값을 취한다. 예를 들면, 다음과 같은 `GENRE` 애트리뷰트에 대한 디폴트 애트리뷰트 값으로 'Science'를 만들 수 있다:

```
<!ATTLIST BOOK GENRE (Science|Fiction) "Science">
```

우리의 서점 예에서, DTD를 참조하는 XML 문서는 그림 7.4에서 보여준다.

```
<?xml version="1.0" encoding="UTF-8" standalone="no"?>
<!DOCTYPE BOOKLIST SYSTEM "books.dtd">
<BOOKLIST>
    <BOOK GENRE="Science" FORMAT="Hardcover">
        <AUTHOR>
        ...
```

그림 7.4 XML에서 책 정보

7.4.3 도메인-특화 DTD

최근에 DTD는 몇 가지 특수한 도메인에 대하여 개발되고 있으며 — 상업, 공학, 재정, 산업, 과학 분야의 넓은 범위를 포함—XML에 대한 많은 흥분은 점점 더 표준화된 DTD가 개발될 것이라는 믿음에 그 원인이 있다. 표준화된 DTD는 이질적인 소스들 사이에서 한결같은 데이터 교환을 할 수 있을 것이며, 문제점은 오늘날 **EDI** (Electronic Data Interchange:**전자 문**

서 교환) 같은 특수한 프로토콜을 구현하거나 임기응변의 해결책을 구현함으로써 해결하고 있다.

모든 XML 데이터가 유효한 환경에서조차도 그들 DTD의 원소들을 부합시킴으로서 여러 XML 문서들을 통합하기란 솔직히 불가능하다. 왜냐하면 두 원소가 두 개의 다른 DTD에서 같은 이름을 가질 때라도, 그 원소들의 의미는 완전히 다를 수 있기 때문이다. 만약에 양쪽 문서가 하나의 표준 DTD를 사용한다면, 이 문제를 피할 수 있다. 주어진 도메인 혹은 산업 부문의 주 참가자들이 상호 협조해야 하므로, 표준화된 DTD의 개발은 연구문제라기보다 오히려 더 사회적인 처리 과정이다.

예를 들면, **MathML**(mathematical markup language: **수학적 마크업 언어**)은 웹 상에서 수학적 요소들을 부호화하기 위해 개발된 것이다. MathML의 원소는 두 가지 형식이 있다. 28개의 **표현 원소**(presentation element)는 문서의 레이아웃 구조를 표시한다; 예제에는 문자들의 수평 행을 표시하는 `mrow` 원소와, 그리고 밑수와 윗 첨자를 표시하는 `msup` 원소가 있다. 75개의 **내용 원소**(content element)는 수학적인 개념들을 표시한다. 예제에는 뺄셈 연산자를 표시하는 `minus` 원소가 있다. (원소의 세 번째 형식인 `math` 원소는 MathML 프로세서로 매개변수를 전송하기 위해 사용된다.) MathML은 객체들의 사용자 요구사항이 다를 수가 있으므로 수학적인 객체를 어느 표기법으로도 부호화할 수 있도록 허용한다. 내용 원소들은 애매모호함이 없이 객체의 정확한 수학적인 의미를 부호화하고, 그리고 그 서술은 컴퓨터 대수 시스템과 같은 응용에 의해 사용될 수 있다. 반면에, 좋은 표기법은 인간에게 논리적인 구조를 시사하며 객체의 핵심적인 모양을 강조할 수 있다; 표현 원소들은 이러한 수준에서 수학적 객체들을 표시하는 것을 허용한다.

예를 들면, 다음과 같은 간단한 등식을 살펴보자:

$$x^2 - 4x - 32 = 0$$

표현 원소들을 사용하면, 그 등식은 다음과 같이 표현된다:

```
<mrow>
    <mrow> <msup><mi>x</mi><mn>2</mn></msup>
        <mo>-</mo>
        <mrow><mn>4</mn>
            <mo>&invisibletimes;</mo>
            <mi>x</mi>
        </mrow>
        <mo>-</mo><mn>32</mn>
    </mrow><mo>=</mo><mn>0</mn>
</mrow>
```

내용 원소들을 사용하면, 그 등식은 다음과 같이 표시된다:

```
<reln><eq/>
    <apply>
        <minus/>
        <apply> <power/> <ci>x</ci> <cn>2</cn> </apply>
        <apply> <times/> <cn>4</cn> <ci>x</ci> </apply>
        <cn>32</cn>
    </apply> <cn>0</cn>
</reln>
```

HTML 내의 공식을 부호화하는 대신에 MathML을 사용함으로서 얻는 부가적인 능력에 주목하자. HTML 객체 내에서 수학적 객체를 표시하는 일반적인 방법은 다음 코드 부분의 예에서처럼 그 객체를 디스플레이하는 이미지를 포함하는 것이다:

```
<IMG SRC="images/equation.gif" ALT=" x**2 - 4x - 32 = 10 " >
```

이 등식은 `ALT` 태그에서 표시된 대안의 디스플레이 포맷을 가지고 `IMG` 태그 안에서 부호화된다. 수학적 객체의 이런 부호화 사용은 다음과 같은 표현 문제들이 따른다. 첫째, 이미지는 보통 특정 폰트 크기에 맞추어서 크기가 정해지며, 다른 폰트 크기를 가진 시스템에서는 그 이미지가 너무 작거나 너무 크다. 둘째, 다른 배경 색을 가진 시스템에서는, 그림이 그 배경과 조화를 이루지 못하며 문서를 인쇄할 때 이미지의 해상도는 일반적으로 떨어진다. 표현들을 바꾸는 문제와는 별개로, 특정한 마크업 태그가 없으므로 어떤 페이지 위의 한 수식 혹은 수식 부분들을 쉽게 찾을 수 없다.

7.5 3-계층 응용 아키텍처

이 절에서, 데이터 집약 인터넷 응용들의 전체 아키텍처를 논의한다. 데이터 집약 인터넷 응용들은 세 가지 다른 기능적 구성 요소로 이해될 수 있다: *데이터 관리*, *응용 논리*, *표현*. 데이터 관리를 취급하는 구성 요소는 데이터 저장 구조를 위해 보통 DBMS를 사용하나, 응용 논리와 표현은 DBMS 자체보다는 더 많은 것을 포함한다.

우선 데이터베이스 배경 응용 구조의 역사에 대한 짧은 개요로 시작하고, 7.5.1절에서 단일-계층과 클라이언트-서버 아키텍처를 소개한다. 7.5.2절에서 3-계층 아키텍처를 자세하게 설명하고, 7.5.3절에서 그것의 장점을 보여준다.

7.5.1 단일-계층과 클라이언트-서버 아키텍처

이 절에서, 3-층 아키텍처의 전 단계인 단일-계층과 클라이언트-서버 아키텍처를 논의함으로서 3-계층 아키텍처에 관한 약간의 전망을 제공한다. 처음에는, 데이터 집약 응용들이 그림 7.5에서 밝힌 것처럼 DBMS, 응용 논리, 사용자 인터페이스를 포함하는 단일 계층으로 결합되었다. 응용은 전형적으로 메인프레임에서 작동하고, 사용자는 단지 데이터 입력과 디스플레이만 수행할 수 있는 *덤 터미널*을 통하여 응용에 접근한다. 이 접근법는 중앙 관리자에 의해 쉽게 유지되는 장점을 가진다.

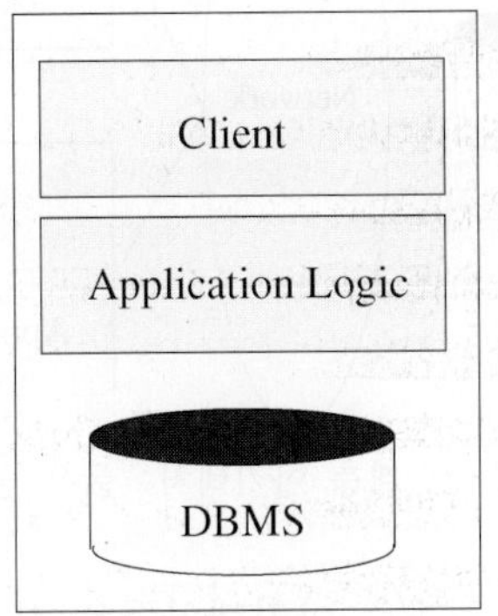

그림 7.5 단일-계층 아키텍처

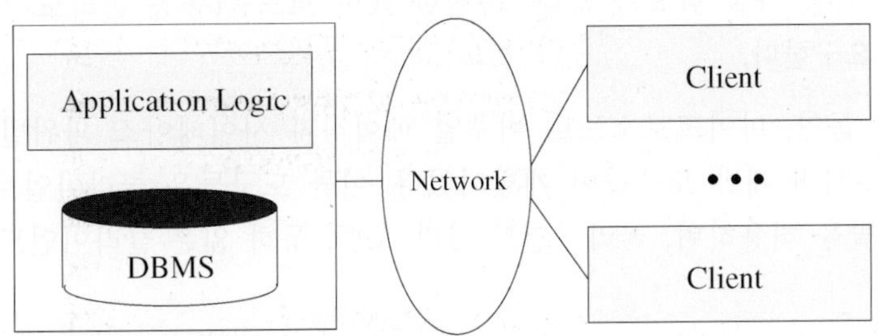

그림 7.6 2-계층 아키텍처: 얇은 클라이언트

단일-계층 아키텍처는 중요한 문제점을 가진다: 사용자들은 단순한 덤 터미널보다는 훨씬 더 많은 계산 능력을 요구하는 그래픽 인터페이스를 기대한다. 그와 같은 그래픽 디스플레이의 중앙 집중화된 계산 처리는 단일 서버가 할 수 있는 것보다 훨씬 더 많은 계산 능력을 요구하며, 따라서 단일-계층 아키텍처는 수천명의 사용자에게로 확장되지 않는다. PC의 편리함과 값싼 클라이언트용 컴퓨터의 유용성은 2-계층 아키텍처의 개발을 유도했다.

가끔 **클라이언트-서버 아키텍처**라고도 불리는 **2-계층 아키텍처**는 잘 정의된 프로토콜을 통하여 서로 대화하는 한 **클라이언트 컴퓨터**와 한 **서버 컴퓨터**로 구성된다. 기능성의 어떤 부분을 클라이언트가 구현하며, 서버에 어떤 부분이 남아있는 지는 변할 수 있다. 전통적인 클라이언트-서버 아키텍처에서, 클라이언트는 단지 그래픽 사용자 인터페이스만 구현하고, 서버는 업무 논리와 데이터 관리의 두 부분을 구현한다; 그와 같은 클라이언트를 가끔 **얇은**(thin) **클라이언트**라 부르고, 이 아키텍처는 그림 7.6에 나타낸다.

다른 구분들이 가능한데, 사용자 인터페이스와 업무 논리의 두 부분을 구현하는 더 강력한 클라이언트나, 혹은 사용자 인터페이스와 업무 논리의 일부분을 구현하는 클라이언트가 존재하고, 나머지 부분은 서버 단계에서 구현된다; 그와 같은 클라이언트를 가끔 **굵은**(thick) **클라이언트**라 부르고, 이 구조는 그림 7.7에 나타낸다.

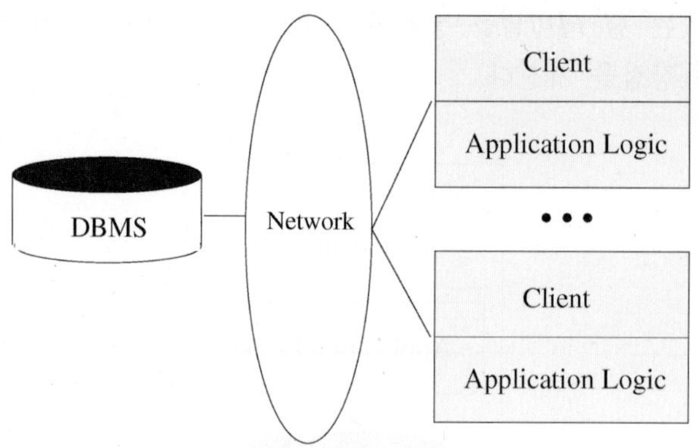

그림 7.7 2-계층 아키텍처: 굵은 클라이언트

단일-계층 아키텍처와 비교해서, 2-계층 아키텍처들은 사용자 인터페이스를 데이터 관리계층으로부터 물리적으로 분리한다. 2-계층 아키텍처들을 구현하기 위하여, 클라이언트 측에 덤 터미널을 더 이상 가질 필요가 없다; 복잡한 표현 코드를(응용 논리도 가능하게) 작동하는 컴퓨터들을 요구한다.

지난 10년 이상 동안, 마이크로소프트 비주얼 베이직과 사이베이스 파워빌더와 같은 많은 수의 클라이언트-서버 개발 도구들이 개발되었다. 이들 도구들은 클라이언트-서버 소프트웨어의 신속한 개발을 허용하며, 클라이언트-서버 모델, 특히 얇은-클라이언트 버전의 성공에 기여한다.

굵은-클라이언트 모델은 얇은-클라이언트 모델과 비교될 때 몇 가지 단점을 가진다. 첫째, 응용 코드가 많은 클라이언트 사이트들에서 동작하므로, 업무 논리를 갱신하고 유지하기 위한 주된 위치가 없다. 둘째, 많은 신뢰가 서버와 클라이언트들 사이에서 요구된다. 예를 들면, 은행 DBMS는 데이터베이스를 일관된 상태로 유지하도록 ATM 기계(에서 실행하는 응용)를 신뢰해야 한다(이 문제를 처리하기 위한 한 가지 방법은 *저장 프로시저*를 통해서이며, 이는 DBMS를 가지고 등록되며 SQL 문으로부터 호출될 수 있는 믿을 수 있는 응용 코드이다. 6.5절에서 저장 프로시저를 자세히 논의한다).

굵은-클라이언트 아키텍처의 세 번째 단점은 클라이언트의 수를 확장하지 못한다는 것이다; 그것은 대체로 수백보다 많은 클라이언트를 처리할 수 없다. 클라이언트에서 응용 논리는 SQL 질의를 서버로 넘겨주고 서버는 질의 결과를 이후의 진행이 발생하는 클라이언트로 반환한다. 큰 질의 결과들이 클라이언트와 서버사이에서 전송될지도 모른다(저장 프로시저는 이 병목현상을 완화시킬 수 있다). 넷째, 굵은-클라이언트 시스템들은 응용을 점점 더 데이터베이스 시스템에 접근하도록 확장하지 않는다. 서로 다른 x개의 데이터베이스 시스템들을 y개의 클라이언트들이 접근한다고 가정하면, 어느 시점에 $x \cdot y$개의 다른 접속이 개방되며, 분명히 계량할 수 있는 해결책이 아니다.

굵은-클라이언트 시스템들의 이 단점들과 표준의 매우 얇은 클라이언트들—특히, 웹 브라우저들—의 광범위한 채택은 얇은-클라이언트 아키텍처의 광범위한 사용을 이끌어냈다.

7.5.2 3-계층 아키텍처

얇은-클라이언트 2-계층 아키텍처는 본래 응용의 나머지로부터 제기된 표현을 분리한다. 3-계층 아키텍처는 한 단계 더 나아가서, 데이터 관리로부터 응용 논리를 마찬가지로 분리한다:

- **표현 계층:** 사용자는 요구를 만들고, 입력을 제공하고, 결과를 보기 위해서 자연적인 인터페이스를 필요로 한다. 인터넷의 광범위한 사용은 더욱 더 인기있는 웹기반 인터페이스들을 만들었다.
- **중간 계층:** 응용 논리는 여기서 실행한다. 기업급 응용은 복잡한 업무 처리를 반영하고, C++ 혹은 자바와 같은 범용 언어로 작성된다.
- **데이터 관리 계층:** 데이터 집약 웹 응용들은 이 책의 주제인 DBMS를 포함한다.

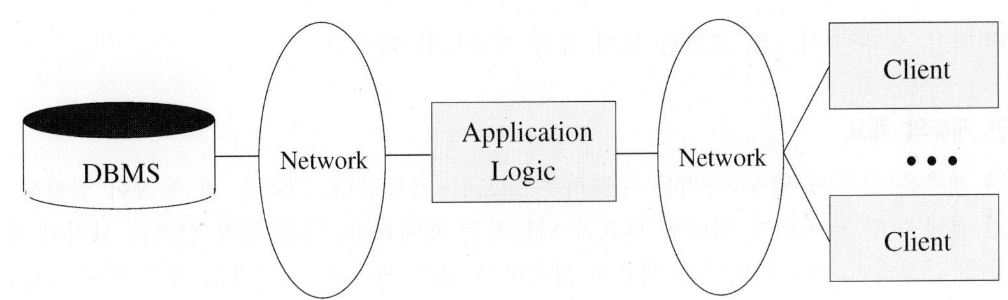

그림 7.8 표준 3-계층 아키텍처

그림 7.8은 기본적인 3-계층 아키텍처를 보여준다. 여러 가지 다른 기술들이 여러 하드웨어 플랫폼과 여러 다른 물리적 사이트들을 망라해서 응용의 세 계층에 기여할 수 있도록 개발되었다. 그림 7.9는 각 계층에 관련된 기술들을 보여준다.

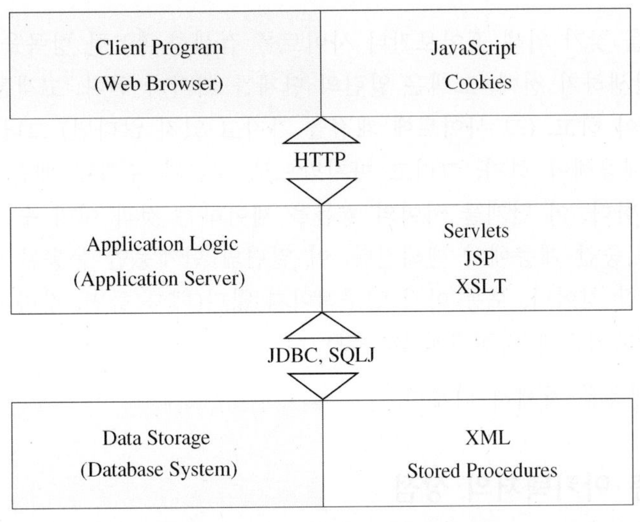

그림 7.9 세 계층에 대한 기술들

표현 계층의 개요

표현 계층에서는 사용자가 요구들을 제출할 수 있는 폼을 제공하고, 중간 계층이 생성하는 응답들을 디스플레이하는 것이 필요하다. 7.3절에서 논의된 HTML은 기본 데이터 표현어이다.

코드의 이 계층이 다른 디스플레이 장비들과 양식들에 적응하기 쉽다는 것은 중요한 점이다; 예를 들면, 정규의 데스크탑 대 휴대용 장비 대 휴대 전화. 이 적응성은 클라이언트의 다른 타입에 대한 다른 페이지들의 생성을 통해 중간 계층에서 달성할 수 있을 뿐만 아니라, 데이터가 어떻게 표현되는지를 표시하는 ***스타일 시트***를 통해 클라이언트에서 직접 달성할 수도 있다. 후자의 경우에, 중간 계층은 사용자 요구들에 응답할 적당한 데이터를 생산할 책임이 있고, 그런데 반하여 표현 계층은 그 정보를 *어떻게* 디스플레이 하는지를 결정한다.

7.6절에서 스타일 시트를 포함한 표현 계층 기술들을 다룬다.

중간 계층의 개요

중간 계층은 응용의 업무 논리를 구현하는 코드를 가동한다. 그것은 한 동작이 실행될 수 있기 전에 어떤 데이터가 입력될 필요가 있는지를 제어하고, 다중 동작 단계들 사이의 제어 흐름을 결정하며, 데이터베이스 계층에 접근하는 것을 제어하고, 그리고 가끔 데이터베이스 질의 결과들로부터 동적으로 생성된 HTML 페이지들을 수집한다.

중간 계층 코드는 응용에 포함된 모든 다른 역할들을 지원할 책임이 있다. 예를 들면, 인터넷 장보기 사이트 구현에서, 고객들은 목록을 훑어보고 구매를 할 수 있도록 하고, 관리자들은 현 재고를 점검할 수 있어야하며, 그리고 가능하면 데이터 분석가들이 구매 기록들에 대해 즉석으로 질의할 수 있어야할 것이다. 이들 각 역할들은 여러 가지 복잡한 동작들에 대한 지원이 필요할 수 있다.

예를 들면, (항목을 찾기 위해 훑어보거나 사이트를 검색한 후) 한 항목을 사려는 고객을 살펴보자. 거래가 발생하기 전에, 고객은 일련의 단계를 거쳐야 한다: 고객은 그녀의 장바구니에 항목들을 담아야 하고, (그 사이트에 계정을 가지고 있지 않다면) 그녀의 배송 주소와 신용 카드 번호를 제공해야 하며, 그리고 마지막으로 세금과 추가된 배송 비용을 포함한 그 거래를 확인해야 한다. 이 단계들 사이의 흐름을 제어하는 것과 이미 수행된 단계들을 기억하는 것은 응용의 중간 계층에서 행해진다. 이 일련의 단계동안 운송된 데이터는 데이터베이스 접근을 포함할 것이나, 보통 아직 영구적이지 않다(예를 들면, 장바구니는 거래가 확인될 때까지 데이터베이스에 저장되지 않는다).

7.7절에서 중간 계층을 자세히 다룬다.

7.5.3 3-계층 아키텍처의 장점

3-계층 아키텍처는 다음의 장점들을 가진다:

- **이종 시스템:** 응용들은 다른 계층들에서 다른 플랫폼들과 다른 소프트웨어 구성요소들의 강점을 이용할 수 있다. 다른 계층들에 영향을 주지 않고 어떤 계층에서 코드를 수정하거나 바꾸는 것이 쉽다.
- **얇은 클라이언트들:** 클라이언트들은 오직 표현 계층에 대해서만 충분한 계산 능력이 필요하다. 일반적으로, 클라이언트들은 웹 브라우저들이다.
- **통합된 데이터 접근:** 많은 응용에서, 데이터는 여러 소스들로부터 접근되어야 한다. 이것은 모든 데이터베이스 시스템에 포함되는 접속을 중앙 관리할 수 있는 중간 계층에서 투명하게 취급될 수 있다.
- **많은 클라이언트들로의 확장성:** 각 클라이언트는 경량급이고 그 시스템으로의 모든 접근은 중간 계층을 통한다. 중간 계층은 클라이언트들에 걸쳐 데이터베이스 접속들을 공유할 수 있고, 만약 중간 계층이 병목화되면 중간 계층 코드를 실행하는 여러 서버들을 배치할 수 있다. 만약 그 논리가 적합하게 설계된다면, 클라이언트들은 이들 서버중 하나와 접속할 수 있다. 이것은 그림 7.10에서 설명하고, 그것은 역시 중간 계층이 다중 데이터 소스들을 어떻게 접근하는지 보여준다. 물론, 각 데이터 소스가 확장되기 위해서 DBMS에 의존한다(그리고 이것은 부가적인 병렬화 혹은 복제를 포함할 것이다).
- **소프트웨어 개발 장점들:** 응용은 표현, 데이터 접근, 업무 논리를 다루는 부분들로 분명히 나눔으로서, 많은 장점들을 얻는다. 업무 논리는 중앙 집중화되며, 따라서 유지하고, 잘못을 고치고, 바꾸기 쉽다. 계층들 사이의 상호 작용은 잘 정의되고 표준화된 API들을 통하여 발생한다. 그러므로, 각 응용 계층은 개별적으로 개발되고, 잘못을 고치고, 검사될 수 있는 재사용 구성요소로 작성될 수 있다.

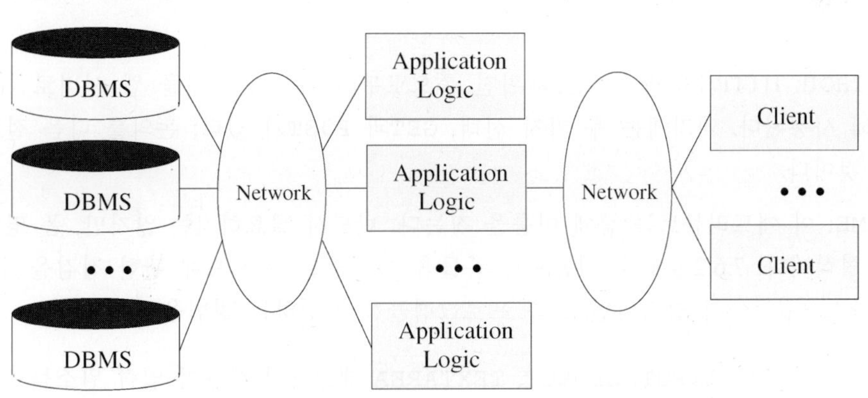

그림 7.10 중간-계층 복제와 다중 데이터 소스 접근

7.6 표현 계층

이 절에서, 3-계층 아키텍처의 클라이언트 측을 위한 기술들을 설명한다. 7.6.1절에서 클라이언트로부터 중간 계층으로(다시 말해서, 표현 계층으로부터 중간 계층으로) 인수들을 전

송하는 특별한 의미로서 HTML 폼들을 논의한다. 7.6.2절에서, 클라이언트 계층에서 가벼운 계산을 위해(예, 간단한 애니메이션 용) 사용될 수 있는 자바 기반 스크립팅 언어인 자바스크립트를 소개한다. 7.6.3절에서 스타일 시트를 나타냄으로서 클라이언트 측 기술들의 논의를 종결한다. 스타일 시트들은 다른 표현 능력들을 가진 클라이언트들에 대해 다른 포매팅으로 같은 웹 페이지를 표현하는 것을 허용하는 언어들이다; 예를 들면, 웹 브라우저들 대 휴대 전화, 혹은 넷스케이프 브라우저 대 마이크로 인터넷 익스플로러.

7.6.1 HTML 폼

HTML 폼들은 클라이언트 계층으로부터 중간 계층으로 데이터를 전달하는 공통의 방법이다. 폼의 일반적 양식은 다음과 같다:

```
<FORM ACTION=”page.jsp” METHOD="GET" NAME=”LoginForm”>
...
</FORM>
```

단일 HTML 문서는 여러 개의 폼을 포함할 수 있다. HTML 폼 내에서는, 다른 FORM 원소를 제외하고 어떠한 HTML 태그들도 가질 수 있다.

FORM 태그는 세 가지 중요한 애트리뷰트를 가진다:

- ACTION: 폼의 내용들이 제출되는 페이지의 URI를 표시; 만약 ACTION 애트리뷰트가 없으면, 현재 페이지의 URI가 사용된다. 위의 견본에서, 폼 입력은 page.jsp라는 이름의 페이지로 제출될 것이고, 그 페이지는 폼으로부터의 입력을 처리하기 위한 논리를 제공할 것이다(7.7절의 중간 계층에서 폼 데이터를 읽기 위한 방법을 설명할 것이다).
- METHOD: HTTP/1.0 메소드는 채워진 폼으로부터 사용자 입력을 웹 서버로 제출하기 위해 사용된다. 거기에는 두 가지 선택, GET과 POST가 있다; 논의를 다음 절로 연기할 것이다.
- NAME: 이 애트리뷰트는 폼에 이름을 짓는다. 반드시 필요하지는 않지만, 폼 명명은 좋은 형식이다. 7.6.2절에서, 이름으로 폼들을 참조하고 폼 필드에 관한 점검을 수행하는 자바스크립트에서 클라이언트 측 프로그램들을 작성하는 방법을 논의한다.

HTML 폼들 내에서, INPUT, SELECT, TEXTAREA 태그들이 사용자 입력 원소들을 표시하기 위하여 사용된다. 한 폼은 각 타입의 많은 원소들을 가질 수 있다. 가장 간단한 사용자 입력 원소는 INPUT 필드로서, 종료 태그를 가지지 않는 독립형 태그이다. INPUT 태그의 예는 다음과 같다:

```
<INPUT TYPE="text" NAME=”title”>
```

INPUT 태그는 여러 개의 애트리뷰트를 가진다. 세 가지 가장 중요한 것은 TYPE, NAME,

VALUE이다. TYPE 애트리뷰트는 입력 필드의 타입을 결정한다. 만약 TYPE 애트리뷰트가 text 값을 가진다면, 그 필드는 텍스트 입력 필드이다. 만약 TYPE 애트리뷰트가 password 값을 가진다면, 그 입력 필드는 기입된 문자들이 화면 위에 별들로 디스플레이되는 텍스트 필드이다. 만약 TYPE 애트리뷰트가 reset 값을 가진다면, 그것은 그 폼내의 모든 입력 필드들을 디폴트 값으로 새로 고치는 단순한 버튼이다. 만약 TYPE 애트리뷰트가 submit 값을 가진다면, 그것은 그 폼 내의 다른 입력 필드들의 값들을 서버로 보내는 버튼이다. 입력 필드 reset과 submit은 전체 폼에 영향을 끼침을 유의하시오.

INPUT 태그의 NAME 애트리뷰트는 이 필드에 대한 상징적인 이름을 표시하며 서버로 보내어질 때 이 입력 필드의 값을 식별하기 위하여 사용된다. NAME은 submit과 reset을 제외한 모든 타입들의 INPUT 태그를 위해 설정되어야 한다. 앞의 예제에서, 입력 필드의 NAME으로 title을 표시했다.

INPUT 태그의 VALUE 애트리뷰트는 그 필드의 디폴트 내용을 표시하기 위해 텍스트 혹은 암호 필드를 사용될 수 있다. 버튼 submit 혹은 reset을 위해, VALUE는 버튼의 이름표를 결정한다.

그림 7.11의 폼은 두 텍스트 필드를 보여주며, 하나의 정규 텍스트 입력 필드와 하나의 암호 필드이다. 그것은 역시 두 개의 버튼을 포함하며, 'Reset Values'라 작명된 하나의 reset 버튼과 'Log on'이라 작명된 하나의 submit 버튼이다. 두 입력 필드는 이름이 있고, reset과 submit 버튼은 NAME 애트리뷰트를 가지지 않는다는 것에 유의하시오.

```
<FORM ACTION="page.jsp" METHOD="GET" NAME="LoginForm">
    <INPUT TYPE="text" NAME="username" VALUE="Joe"><P>
    <INPUT TYPE="password" NAME="password"><P>
    <INPUT TYPE="reset" VALUE="Reset Values"><P>
    <INPUT TYPE="submit" VALUE="Log on">
</FORM>
```

그림 7.11 두 텍스트 필드와 두 버튼을 가진 HTML 폼

HTML 폼들은 앞서 말한 TEXTAREA와 SELECT 태그들 같은 사용자 입력을 표시하는 다른 방법들을 가진다; 그들을 논의하지 않는다.

서버측 스크립트로 인수 전달

7.6.1절의 시작에서 언급한 것처럼, HTML 폼 데이터를 웹 서버로 제출하는 두 가지 다른 방법이 있다. 만약 메소드 GET이 사용된다면, 그 폼의 내용들은 질의 URI(나중에 논의함)로 모아져서 서버로 보내어진다. 만약 메소드 POST가 사용된다면, 그 폼의 내용들은 GET 메소드에서처럼 부호화되나, 내용들은 URI로 직접 그들을 첨가하는 대신에 분리된 데이터 블록으로 보내어진다. 그러므로, GET 메소드에서 폼 내용들은 작성된 URI로서 사용자에게 직접 보이는 반면에, POST 메소드에서 폼 내용들은 HTTP 요구 메시지 본체 내에서 보내어지

고 사용자에게 보이지 않는다.

GET 메소드 사용은 작성된 URI를 가진 페이지를 책갈피하고 계속되는 세션에서 그곳으로 직접 이동할 기회를 사용자들에게 준다; 이것은 POST 메소드를 가지고는 불가능하다. GET 대 POST의 선택은 응용과 그의 요구조건에 의해서 결정된다.

GET 메소드가 사용될 때의 URI의 부호화를 보자. 부호화된 URI는 다음 형식을 가진다:

action?name1=value1&name2=value2&name3=value3

action은 FORM 태그의 ACTION 애트리뷰트에서 표시된 URI이거나, 혹은 ACTION 애트리뷰트가 표시되지 않는다면 현재 문서의 URI이다. 'name = value' 쌍은 폼의 INPUT 필드로부터의 사용자 입력들이다. 사용자가 어떠한 입력도 하지 않은 폼 INPUT 필드에 대해, 그 이름은 아직까지 빈 값(name=)으로 존재한다. 구체적인 예제로서, 앞 절의 마지막에서 암호 제출 폼을 살펴보자. 사용자이름은 'John Doe', 암호는 'secret'이라는 사용자 입력들을 가정하자. 그러면 요구 URI는 다음과 같다:

page.jsp?username=John+Doe&password=secret

폼들로부터 사용자 입력은 여백 문자와 같은 일반적인 ASCII 문자들을 포함할 수 있으나, URI들은 단일의 연속되는 여백없는 문자열이다. 그러므로, 여백, '=', 다른 프린트할 수 없는 문자들과 같은 특수 문자들은 특별한 방법으로 부호화된다. 부호화된 폼 필드들을 가지는 URI를 생성하기 위하여, 다음과 같은 세 단계를 실행한다.

1. 이름과 값들내의 모든 특수 문자들을 '%xyz'로 변환, 여기서 'xyz'는 그 문자의 ASCII 값에 대한 16진수이다. 특수 문자들은 =, &, %, +, 다른 프린트할 수 없는 문자들을 포함한다. 모든 문자들은 그들의 ASCII 값으로 부호화할 수 있음을 유의하시오.
2. 모든 여백 문자들을 '+' 문자로 변환.
3. 개별적인 HTML INPUT 태그로부터 관련된 이름과 값들을 '='를 가지고 함께 묶고, 그리고나서 폼들의 요구 URI를 창조하기 위해 다른 HTML INPUT 태그들로부터 이름-값 쌍들을 '&'을 사용하여 함께 붙임:

   action?name1=value1&name2=value2&name3=value3

중간 계층에서 HTML 폼으로부터 입력 원소들을 처리하기 위하여, 사용자가 기입한 폼 필드의 값들을 처리할 페이지, 스크립트, 프로그램을 지칭하는 FORM 태그의 ACTION 애트리뷰트가 필요하다는 점을 유의하시오. 폼 필드들로부터 값을 받는 방법들은 7.7.1절과 7.7.3절에서 논의한다.

7.6.2 자바스크립트

자바스크립트는 클라이언트에서 (즉, 웹 브라우저가 작동하는 기계에서) 직접 작동하는 웹 페이지에 프로그램들을 추가할 수 있는 클라이언트 계층의 스크립팅 언어이다. 자바스크립트는 클라이언트에서 다음 형태의 계산을 위해 자주 사용된다:

- **브라우저 탐지:** 자바스크립트는 브라우저 타입을 탐지하고 브라우저 관련 페이지를 적재하기 위해 사용될 수 있다.
- **폼 정당화:** 자바스크립트는 폼 필드들에 대한 간단한 일관성 검사를 실행하기 위해 사용된다. 예를 들면, 자바스크립트 프로그램은 전자우편 주소를 요청하는 폼 입력이 문자 '@'를 포함하는지, 혹은 모든 필요한 필드들이 사용자에 의해 입력되는지를 점검할 것이다.
- **브라우저 제어:** 이것은 개별화된 윈도우에서 개시 페이지들을 포함한다. 예제들은 자바스크립트를 사용하여 프로그램된 많은 웹사이트에서 보는 성가신 팝업 광고들을 포함한다.

자바스크립트는 항상 `SCRIPT` 태그인 특별한 태그를 가지고 HTML 문서로 내장된다. `SCRIPT` 태그는 그 스크립트가 작성되는 언어를 표시하는 `LANGUAGE` 애트리뷰트를 가진다. 자바스크립트를 위해, 언어 애트리뷰트에 `JavaScript`를 설정한다. `SCRIPT` 태그의 다른 애트리뷰트는 HTML 문서로 자동적으로 내장되는 자바스크립트 코드를 가진 외부 파일을 표시하는 `SRC` 애트리뷰트이다. 항상 자바스크립트 소스 코드 파일들은 '.js' 확장자를 사용한다. 다음 부분은 HTML 문서에 포함되는 자바스크립트 파일을 보여준다:

```
<SCRIPT LANGUAGE="JavaScript" SRC="validateForm.js"> </SCRIPT>
```

`SCRIPT` 태그를 인식하지 못하는 웹 브라우저에서는 자바스크립트 코드가 그대로 디스플레이되지 않도록 `SCRIPT` 태그는 HTML 주석 내에 놓일 수 있다. 여기에 환영 메시지를 가진 팝업 상자를 창조하는 다른 자바스크립트 코드 예제가 있다. 바로 언급된 이유 때문에 HTML 주석 내에서 자바스크립트 코드를 감싼다.

```
<SCRIPT LANGUAGE="JavaScript">
<!--
    alert("Welcome to our bookstore");
//-->
</SCRIPT>
```

자바스크립트는 두 가지 다른 주석 형식을 제공한다: '//' 문자로 시작하는 한줄 주석, 그리고 '/*'로 시작하고 '*/' 문자들로 끝나는 여러 줄 주석.[1]

자바스크립트는 수, 논리 값 (참 혹은 거짓), 문자열, 거론하지 않은 몇몇 다른 데이터 타입

[1] 실제, '<!--'는 한줄 주석의 시작을 표시하며, 그것은 자바스크립트 주석 표기를 사용한 앞의 예제에서 HTML 시작 주석 '<!--'을 표시할 필요가 없는 이유이다. 대조적으로, HTML 종결 주석 '-->'은 다르게 해석되므로 자바스크립트에서 주석처리되어야 한다.

들이 될 수 있는 변수들을 가진다. 전역 변수들은 키워드 var를 가지고 그들의 사용이 미리 선언될 수 있으며, 그들은 HTML 문서내의 어디에서든지 사용될 수 있다. 자바스크립트 함수 (나중에 설명)에 지역적인 변수들은 선언될 필요가 없다. 변수들은 고정된 타입을 가지지 않으나, 묵시적으로 배정된 데이터의 타입을 가진다.

자바스크립트는 보통의 배정 연산자들(=, + =, 등), 보통의 수식 연산자들(+, −, *, /, %), 보통의 비교 연산자들(= =, !=, > =, 등), 보통의 논리 연산자들(논리적 AND를 위한 &&, 논리적 OR를 위한 ||, 부정을 위한 !)을 가진다. 문자열들은 '+' 문자를 사용하여 연결될 수 있다. 한 객체의 타입은 연산자의 행동을 결정한다; 예를 들면, 1 + 1은 수들을 더하는 것이므로 2이며, 반면에 "1" + "1"은 문자열들을 연결하는 것이므로 "11"이다. 자바스크립트는 배정문, 조건문(if (조건) { 문장들;} else { 문장들;}), 순환문(for-loop, do-while, while-loop)들과 같은 보통 타입의 문장들을 포함한다.

자바스크립트는 function 키워드를 사용하여 함수들을 생성하는 것을 허용한다: function f(arg1, arg2) {문장들;}. 자바스크립트 코드로부터 함수들을 호출할 수 있고, 함수들은 return 키워드를 사용하여 값들을 반환할 수 있다.

HTML 폼의 로그인과 암호 필드가 비어 있지 않은지를 검사하는 더 큰 자바스크립트 함수 예제를 가지고 자바스크립트에 대한 소개를 종결한다. 그림 7.12는 자바스크립트 함수와 HTML 폼을 보여준다. 자바스크립트 코드는 LoginForm이란 이름의 폼에서 두 입력 필드의 어떠한 것이 비어 있는지를 검사하는 testLoginEmpty로 호출되는 함수다. 함수 testLoginEmpty에서, 우선 현재의 HTML 페이지를 지칭하는 묵시적으로 정의된 변수인 document를 사용한 폼 LoginForm을 참조하는 변수 loginForm을 사용한다(자바스크립트는 묵시적으로 정의된 객체들의 라이브러리를 가진다). 그 다음에 문자열 loginForm.userid.value 혹은 loginForm.password.value가 비어 있는지를 점검한다.

함수 testLoginEmpty는 폼 이벤트 처리기내에서 점검된다. **이벤트 처리기**(event handler)는 어떤 이벤트가 웹 페이지의 객체에서 발생할 경우 호출되는 함수이다. 여기서 사용하는 이벤트 처리기는 onSubmit이며, submit 버튼이 눌러질 경우에 호출된다(혹은 사용자가 폼의 텍스트 필드에서 반환을 누르는 경우). 만약 이벤트 처리기가 true를 반환하면, 폼 내용들이 서버에 제출되고, 그렇지 않으면 폼 내용들은 서버에 제출되지 않는다.

자바스크립트는 이 절에서 설명된 기본적인 것들을 능가하는 기능성을 가진다; 관심 있는 독자는 이 장의 마지막의 참고문헌 소개를 참조하면 된다.

7.6.3 스타일 시트

여러 클라이언트들은 각기 다른 디스플레이들을 가지며, 같은 정보를 디스플레이하는 관련된 다른 방법들이 필요하다. 예를 들면 가장 간단한 경우에, 흑백 화면에 고선명도를 제공하는 다른 글자체 크기와 색을 사용할 필요가 있을 것이다. 더 복잡한 예제로서, PDA(개인 휴

```
<SCRIPT LANGUAGE="JavaScript">
<!--
function testLoginEmpty()
{
    loginForm = document.LoginForm
    if ((loginForm.userid.value == "") ||
            (loginForm.password.value == "")) {
        alert('Please enter values for userid and password.');
        return false;
    }
    else
        return true;
}
//-->
</SCRIPT>
<H1 ALIGN = "CENTER">Barns and Nobble Internet Bookstore</H1>
<H3 ALIGN = "CENTER">Please enter your userid and password:</H3>
<FORM NAME = "LoginForm" METHOD="POST"
      ACTION="TableOfContents.jsp"
      onSubmit="return testLoginEmpty()">
   Userid: <INPUT TYPE="TEXT" NAME="userid"><P>
   Password: <INPUT TYPE="PASSWORD" NAME="password"><P>
   <INPUT TYPE="SUBMIT" VALUE="Login" NAME="SUBMIT">
   <INPUT TYPE="RESET" VALUE="Clear Input" NAME="RESET">
</FORM>
```

그림 7.12 JavaScript로 폼 승인

대 정보 단말기)의 작은 화면에 순응하기 위하여 페이지위의 객체들을 재배치할 필요가 있을 것이다. 다른 예로서, 페이지의 어떤 중요한 부분에 집중시키기 위하여 다른 정보를 돋보이게 할 것이다. **스타일 시트**는 다른 표현 양식들에 같은 문서 내용들을 적응시키기 위한 방법이다. 스타일 시트는 웹 브라우저(혹은 클라이언트가 웹 페이지를 디스플레이하기 위해 사용하는 것 모두)에게 문서의 데이터를 클라이언트의 디스플레이를 위해 적당한 표현으로 변환시키는 방법을 말하는 사용 설명을 포함한다.

스타일 시트들은 페이지의 **렌더링** 모양들로부터 페이지의 **변환** 모양을 구별한다. 변환동안, XML 문서의 객체들은 다른 구조를 형성하고, XML 문서 부분들을 생략하거나, 혹은 두 개의 다른 XML 문서들을 단일 문서로 합치기 위하여 재배치된다. 렌더링 동안, XML 문서의 기존 계층적 구조를 취해 사용자 디스플레이 장비에 따라서 문서를 포맷한다.

스타일 시트들의 사용은 많은 장점을 가진다. 첫째, 동일한 문서를 여러 번 재사용하고 그것을 정황에 따라 다르게 디스플레이할 수 있다. 둘째, 글자체 크기, 색, 자세한 단계와 같은 독자의 기호에 디스플레이를 맞출 수 있다. 셋째, 여러 출력 장비들(랩탑 대 휴대 전화기),

다른 디스플레이 크기들(편지 대 일반 종이), 여러 디스플레이 매체(종이 대 디지털 디스플레이)들과 같은 여러 출력 양식을 취급할 수 있다. 넷째, 한 단체 내에서 디스플레이 양식을 표준화할 수 있으며 언제든지 문서들에 스타일 시트 규정을 적용할 수 있다. 게다가 이 디스플레이 규정들을 바꾸고 개량하는 것은 중앙 지역에서 관리될 수 있다.

두 가지 스타일 시트 언어가 있다: XSL과 CSS. CSS는 태그 자신들로부터 다른 포매팅 태그들의 디스플레이 특성들을 분리할 목적으로 HTML을 위해 만들어졌다. XSL은 임의의 XML 문서에 대한 CSS의 확장이다. 객체들을 포매팅하는 방법들을 정의하도록 하는 것 외에, XSL은 객체를 재배치할 수 있는 변환언어도 포함한다. CSS의 대상 파일들은 HTML 파일이고, 반면에 XSL의 대상 파일들은 XML 파일이다.

CSS

CSS(Cascading Style Sheet)는 HTML 원소들을 어떻게 디스플레이하는지를 정의한다. 스타일들은 보통 스타일 시트들에 저장되며, 그들은 스타일 정의를 포함하는 파일들이다. 웹사이트의 모든 문서처럼 많은 다른 HTML 문서들이 동일한 CSS를 참조할 수 있다. 그러므로, 한 파일을 바꿈으로서 한 웹사이트의 양식을 바꿀 수 있다. 이것은 동시에 많은 웹 페이지들의 배치를 바꾸는 매우 편리한 방법이며, 표현으로부터 내용을 분리하는 첫 단계이다.

```
BODY {BACKGROUND-COLOR: yellow}
H1 {FONT-SIZE: 36pt}
H3 {COLOR: blue}
P {MARGIN-LEFT: 50px; COLOR: red}
```

그림 7.13 예제 스타일 시트

예제 스타일 시트는 그림 7.13에서 보여준다. 그것은 다음과 같이 HTML 파일에 포함된다:

```
<LINK REL="style sheet" TYPE="text/css" HREF="books.css" />
```

CSS 시트의 각 줄은 세 부분으로 구성된다; 선택자, 특성, 값. 문법적으로 다음과 같은 방법으로 배열된다:

```
selector {property : value}
```

`selector`는 정의하는 포맷의 원소 혹은 태그이다. `property`는 스타일 시트에서 설정하기를 원하는 값의 태그 애트리뷰트를 표시하며, `value`는 그 애트리뷰트의 실제 값이다. 한 예로서, 그림 7.13에서 보여준 예제 스타일 시트의 첫줄을 살펴보자:

```
BODY {BACKGROUND-COLOR: yellow}
```

이 줄은 다음처럼 HTML로 바꿈으로서 같은 효과를 가진다:

```
<BODY BACKGROUND-COLOR="yellow">
```

값이 여러 단어를 포함할 경우에는 항상 인용부호에 싸여야 할 것이다. 같은 선택자에 대해 여러 가지 특성은 그림 7.13 예제의 마지막 줄에서 보여준 것처럼 세미콜론에 의해서 구분될 수 있다:

```
P {MARGIN-LEFT: 50px; COLOR: red}
```

CSS들은 광범위한 문법을 가진다; 이 장의 마지막에 있는 참고문헌 소개는 CSS들에 관한 서적들과 온라인 자원들을 가리켜준다.

XSL

XSL은 스타일 시트를 표현하기위한 일종의 언어이다. CSS처럼 XSL 스타일 시트는 XML 문서를 주어진 타입으로 디스플레이하는 방법을 묘사하는 파일이다. XSL은 CSS의 기능성들을 공유하며 그것과 호환성을 가진다(비록 다른 문법을 사용하지만).

XSL의 특성들은 CSS의 기능성들을 크게 능가한다. XSL은 XSLT라는 **XSL 변환** 언어를 포함하며, 그 언어는 입력 XML 문서를 다른 구조를 가진 XML 문서로 변환하도록 한다. 예를 들면, XSLT를 가지고 디스플레이중인 원소의 순서를 바꿀 수 있으며(예, 그들을 정렬함으로서), 원소들을 여러 번 처리하고, 원소들을 한 장소에서 감추고 다른 장소에서 표현하며, 그리고 생성된 텍스트를 표현에 추가할 수도 있다.

XSL은 **XML 경로 언어 (XPath)**도 포함하며, 그 언어는 XML 문서의 부분들을 참조하도록 한다. XSL은 XSL 변환의 출력을 포매팅하는 방법인 XSL 포매팅 객체도 포함한다.

7.7 중간 계층

이 절에서는, 중간 계층에 대한 기술들을 논의한다. 중간 계층 응용의 제1세대는 C, C++, Perl과 같은 범용 프로그래밍 언어로 작성된 자립형 프로그램들이었다. 프로그래머들은 자립형 응용으로 상호작용하는 것은 매우 고비용이 된다는 것을 재빠르게 인식했다; 부하에는 불려질 때마다 매번 응용을 시작하는 것과 웹 서버와 응용 사이의 전환 과정을 포함한다. 그러므로, 그와 같은 상호 작용들은 많은 수의 동시 사용자들에게 확장하지 못한다. 이것은 **응용 서버**의 개발을 이끌어냈으며, 그 서버는 중간 계층 응용 구성 요소들을 프로그램하기 위해 사용될 수 있는 여러 기술들에 대한 실행시간 환경을 제공한다. 오늘날 대부분의 대규모 웹사이트들은 중간 계층에서 응용 코드를 작동하기 위하여 응용 서버를 사용한다.

중간 계층 기술들에 대한 여기서의 적용 범위가 이 발전을 반영한다. 7.7.1절에서 **CGI** (common Gateway Interface:**공통 게이트웨이 인터페이스**)를 가지고 시작하며, 이는 인수들을 HTML폼들로부터 중간 계층에서 작동하는 응용 프로그램으로 전송하기 위해 사용되는 일종의 프로토콜이다. 7.7.2절에서는 응용 서버들을 소개한다. 그리고나서 중간 계층에서 응용 논리를 작성하기 위한 기술들을 설명한다: 자바 서블릿(7.7.3절)과 자바 서버 페이지(7.7.4절). 클라이언트 구성요소가 트랜잭션을 완료하기 위해서 일련의 단계를 거치므로 다른 중요한 기능성은 응용의 중간 계층 구성요소의 상태유지이다(예를 들면, 항목들의 한 장바구니 구매 혹은 항공기 예약). 7.7.5절에서, 상태를 유지하는 한 방법인 쿠키를 논의한다.

7.7.1 CGI(공통 게이트웨이 인터페이스)

CGI(Common Gateway Interface)는 HTML 폼들을 응용 프로그램으로 연결한다. 그것은 폼들로부터의 인수들이 서버측의 프로그램들로 어떻게 전달되는지를 정의하는 프로토콜이다. 라이브러리들이 응용 프로그램들에게 HTML 폼으로부터 인수들을 얻을 수 있도록 하므로 실제 CGI 프로토콜을 상세히 논하지 않는다; 간단하게 CGI 프로그램의 한 예를 본다. CGI를 통해 웹 서버로 통신하는 프로그램들을 대개 **CGI 스크립트**라 하는데, 왜냐하면 그와 같은 많은 응용 프로그램들은 Perl과 같은 스크립팅 언어로 작성되었기 때문이다.

```
<HTML><HEAD><TITLE>The Database Bookstore</TITLE></HEAD>
<BODY>
<FORM ACTION="find_books.cgi" METHOD=POST>
    Type an author name:
    <INPUT TYPE="text" NAME="authorName"
           SIZE=30 MAXLENGTH=50>
    <INPUT TYPE="submit" value="Send it">
    <INPUT TYPE="reset" VALUE="Clear form">
</FORM>
</BODY></HTML>
```

그림 7.14 Form 입력이 CGI 스크립트로 보내지는 견본 웹 페이지

CGI를 통해 HTML 폼을 가지고 접속하는 프로그램의 예로서, 그림 7.14에서 보여준 견본 페이지를 살펴보자. 이 웹 페이지는 사용자가 저자의 이름을 채울 수 있는 한 폼을 포함한다. 만약에 사용자가 'Send it' 버튼을 누르면, 그림 7.14에서 보여준 'find_books.cgi'라는 Perl 스크립트가 별도의 프로세스처럼 수행된다. CGI 프로토콜은 그 폼과 스크립트 사이에서 통신이 수행되는 방법을 정의한다. 그림 7.15는 CGI 프로토콜을 사용할 때 생성되는 프로세스들을 보여준다.

그림 7.16은 Perl로 작성된 CGI 스크립트의 예를 보여준다. 편의를 위해 오류 점검 코드는 생략한다. Perl은 CGI 스크립팅을 위해 자주 사용되는 해석 방식의 언어이며, **모듈**이라 불리는 많은 Perl 라이브러리들은 CGI 프로토콜에게 고수준의 인터페이스들을 제공한다. **DBI 라이브러리**라는 그 같은 한 라이브러리를 이 예에서 사용한다. CGI 모듈은 CGI 스크립트 작성을 위한 편리한 함수들의 모임이다. 견본 스크립트의 part 1에서, 클라이언트로부터 전달된 HTML 폼의 인수를 다음과 같이 추출한다:

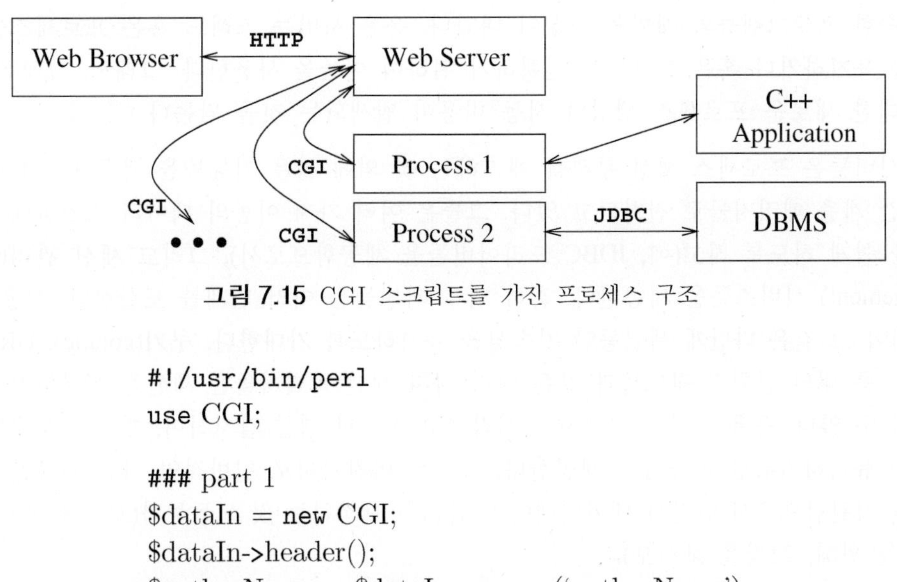

그림 7.15 CGI 스크립트를 가진 프로세스 구조

```
#!/usr/bin/perl
use CGI;

### part 1
$dataIn = new CGI;
$dataIn->header();
$authorName = $dataIn->param('authorName');

### part 2
print("<HTML><TITLE>Argument passing test</TITLE>");
print("The user passed the following argument:");
print("authorName: ", $authorName);

### part 3
print ("</HTML>");
exit;
```

그림 7.16 간단한 Perl 스크립트

$authorName = $dataIn−>param('authorName');

매개변수 이름 `authorName`은 그림 7.14의 폼에서 첫 번째 입력 필드의 이름으로 사용되었다는 것에 주목하시오. 편리하게, CGI 프로토콜은 어떻게 웹 페이지가 웹 브라우저로 반환되는지를 실제 구현한 것을 요약한다. 웹 페이지는 프로그램의 출력을 간단히 포함하며, 그리고 part 2에서 출력 HTML 페이지를 조립하기 시작한다. 스크립트가 `print` 문에서 작성한 모든 것은 브라우저에 반환된 동적으로 구성된 웹 페이지의 부분이다. 완료 양식 태그를 결과 페이지에 추가함으로서 part 3에서 종료한다.

7.7.2 응용 서버

응용 논리는 CGI 프로토콜을 사용하여 불러내는 서버측 프로그램들을 통해서 시행될 수 있다. 그러나, 각 페이지는 새로운 프로세스 생성의 결과들을 요구하므로, 이 해결책은 많은 수의 동시 요구로 잘 확장되지 않는다. 이 성능 문제는 **응용 서버**(application server)라 불리는 특수한 프로그램들의 개발을 이끌어 내었다. 응용 서버는 스레드 혹은 프로세스들의 저장소를 유지하거나 혹은 요구들을 실행하기 위하여 이들을 사용한다. 그래서, 그것은 각 요구에 대한 새로운 프로세스 생성의 시동 비용이 발생되는 것을 막는다.

응용 서버들은 프로세스 생성 부하를 제거하는 것 외에 많은 기능들을 제공하는 융통성 있는 중간 계층 패키지들로 진화되고 있다. 그들은 여러 가지 이종의 데이터 소스들에게 동시 접근을 쉽게 하도록 하고(예, JDBC 드라이버들을 제공함으로서), 그리고 **세션 관리**(session management) 서비스들을 제공한다. 흔히 업무 과정들은 여러 단계를 포함한다. 사용자들은 시스템이 그 같은 다단계 세션동안 지속성을 유지하도록 기대한다. **쿠키**(cookie), URI 확장, HTML 폼 내의 감춰진 필드들과 같은 여러 가지 세션 식별자들은 세션을 식별하기 위하여 사용될 수 있다. 응용 서버들은 세션이 시작하고 종료할 때를 감지하며, 개별 사용자들의 세션들을 유지하기위한 기능성을 제공한다. 그들은 마찬가지로 일반적인 사용자-식별자 메카니즘을 지원함으로서 안전한 데이터베이스 접근을 보장하는 것을 돕는다(보안에 관한 더 많은 것을 위해, 21장을 보시오).

응용 서버를 가진 웹사이트에 대한 가능한 아키텍처는 그림 7.17에서 보여준다. 클라이언트(웹 브라우저)는 HTTP 프로토콜을 통하여 웹 서버와 상호 작용한다. 웹 서버는 정적 HTML 페이지나 XML 페이지를 클라이언트에게 직접 전달한다. 동적 페이지들을 조립하기 위해, 웹 서버는 응용 서버로 요구를 보낸다. 응용 서버는 필요한 데이터를 검색하거나 데이터 소스들에게 갱신 요구들을 보내기 위해 하나 이상의 데이터 소스들과 접촉한다. 데이터 소스들과의 상호 작용이 완료된 후, 응용 서버는 웹 페이지를 조립하고 그 결과를 웹 서버에게 보고하며, 웹 서버는 그 페이지를 검색해서 그것을 클라이언트로 전달한다.

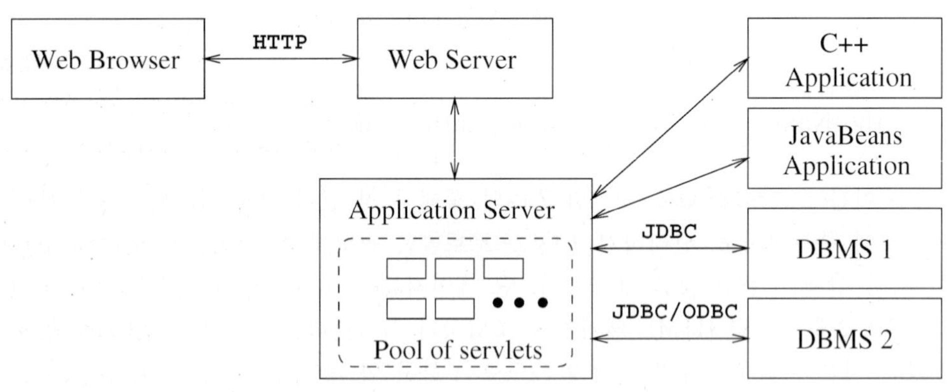

그림 7.17 응용 서버 아키텍처에서 처리 구조

웹 서버 사이트에서 업무 논리의 수행, 즉 **서버측 처리**는 인터넷 상에서 더 복잡한 업무 처리들을 구현하기위한 표준 모델이 된다. 서버측 처리를 위한 많은 다른 기술들이 있으며, 이 절에서 몇 가지만 언급한다. 관심 있는 독자는 이 장의 마지막의 참고문헌 소개를 참조하면 된다.

7.7.3 서블릿

자바 서블릿(Java servlet)은 중간 계층인 웹 서버나 응용 서버들에서 작동하는 자바 코드들이다. 사용자 요구로부터 입력을 읽고 서블릿에 의해 생성된 출력을 작성하는 방법에 관한 특별한 규정이 있다. 서블릿들은 진정한 플랫폼 독립이므로, 웹 개발자들에게 매우 평판이 좋게 되었다.

서블릿들은 자바 프로그램이므로 매우 다목적으로 쓰인다. 예를 들면, 서블릿들은 웹 페이지를 구성하고, 데이터베이스에 접근하며, 그리고 상태를 유지할 수 있다. 서블릿들은 JDBC를 포함한 모든 자바 API들에게 접근할 수 있다. 모든 서블릿들은 `Servlet` 인터페이스를 구현해야한다. 대부분의 경우에, 서블릿들은 HTTP를 통해 클라이언트와 통신하는 서버들을 위해 특수한 `HttpServlet` 클래스로 확장한다. `HttpServlet` 클래스는 HTML 폼들로부터 인수들을 받기 위해 `doGet`과 `doPost`라는 메소드를 제공하며, 그것은 HTTP를 통해 클라이언트로 그 결과를 돌려준다. 다른 프로토콜들(ftp 같은)을 통해 통신하는 서블릿들은 `GenericServlet` 클래스로 확장할 필요가 있다.

서블릿들은 **서블릿 컨테이너**에 의해 실행되고 유지되는 자바 클래스들로 컴파일된다. 서블릿 컨테이너는 서블릿들을 생성하고 파기함으로서 개별적으로 그들의 수명을 관리한다. 비록 서블릿들이 어떠한 요구들에 대해 응답할 수 있을지라도, 그들은 웹 서버에 의해 운영되는 응용들을 확장하기 위해 공통적으로 사용될 수 있다. 그와 같은 응용을 위해, HTTP 전용 서블릿 클래스들의 유용한 라이브러리가 있다.

서블릿들은 항상 HTML 폼들로부터의 요구를 처리하며, 클라이언트와 서버사이의 상태를 유지한다. 7.7.5절에서 어떻게 상태를 유지하는지를 논의한다. 일반적인 서블릿 구조의 형틀은 그림 7.18에서 보여준다. 이 간단한 서블릿은 “Hello World” 두 단어만 출력하지만, 완성된 서블릿의 일반 구조를 보여준다. 객체 `request`는 HTML 폼 데이터를 읽기 위해 사용

```
import java.io.*;
import javax.servlet.*;
import javax.servlet.http.*;

public class ServletTemplate extends HttpServlet {
    public void doGet(HttpServletRequest request,
            HttpServletResponse response)
            throws ServletException, IOException {
        PrintWriter out = response.getWriter();
        // Use 'out' to send content to browser
        out.println("Hello World");
    }
}
```

그림 7.18 서블릿 형틀

된다. 객체 response는 HTTP 응답 상태 코드와 HTTP 응답의 머리말들을 표시하기 위해 사용된다. 객체 out는 클라이언트로 반환되는 내용을 구성하기 위해 사용된다.

HTTP가 상태 줄, 머리말, 빈 줄, 문맥을 되돌려 준다는 것을 상기하자. 즉시 이 서블릿은 단순한 텍스트만 반환한다. HTML로 내용 타입을 설정하고 다음처럼 HTML을 생성함으로서 이 서블릿을 확장할 수 있다:

```
PrintWriter out = response.getWriter();
String docType =
    "<!DOCTYPE HTML PUBLIC "-//W3C//DTD HTML 4.0 " +
    "Transitional//EN"> \n";
out.println(docType +
    "<HTML>\n" +
    "<HEAD><TITLE>Hello WWW</TITLE></HEAD>\n" +
    "<BODY>\n" +
    "<H1>Hello WWW</H1>\n" +
    "</BODY></HTML>");
```

한 서블릿의 일생동안 무슨 일이 발생하는가? 여러 메소드들이 한 서블릿 개발의 다른 단계에서 호출된다. 요구된 페이지가 서블릿일 때, 웹 서버는 요구를 서블릿 컨테이너로 전송하고, 컨테이너는 필요하다면 서블릿의 인스턴스를 생성한다. 서블릿 생성 시, 서블릿 컨테이너는 init( ) 메소드를 호출하며, 그리고 서블릿 재할당 전에, 서블릿 컨테이너는 서블릿의 destroy( ) 메소드를 호출한다.

서블릿 컨테이너가 요구된 페이지 때문에 한 서블릿을 호출할 때, 그것은 service( ) 메소드를 가지고 시작하며, 그 메소드의 디폴트 행동은 HTTP 전송 메소드에 기반한 다음 메소드의 하나를 호출한다: service( )는 HTTP GET 요구를 위해 doGet( )을 호출하고, HTTP POST 요구를 위해서는 doPost()를 호출한다. 이 자동적 발송은 HTTP 전송 메소드에 의지하는 요구 데이터에 관한 다른 작업을 그 서블릿이 수행하도록 한다. 보통, HTTP POST와 HTTP GET 요구를 둘 다 동일하게 처리하는 하나의 서블릿을 프로그램하기 원하지 않는다면, service() 메소드를 무시하지 않는다.

그림 7.19에서 보여준 예를 가지고 서블릿들의 논의를 종결하며, 그 예는 HTML 폼으로부터 서블릿으로 인수들을 전달하는 방법을 설명한다.

7.7.4 JSP(JavaServer Pages)

앞 절에서, 응용 논리를 부호화하고 웹 페이지들을 동적으로 생성하기 위해 중간 계층에서 자바 프로그램을 사용하는 방법을 보았다. 만약에 HTML 출력을 생성할 필요가 있었으면, out 객체에 그것을 작성했다. 따라서, 출력을 위한 내장된 HTML을 가지고 응용 논리를 통합하는 자바 코드로서 서블릿들을 생각할 수 있다.

```
import java.io.*;
import javax.servlet.*;
import javax.servlet.http.*;
import java.util.*;

public class ReadUserName extends HttpServlet {
    public void doGet(HttpServletRequest request,
            HttpServletResponse response)
        throws ServletException, IOException {

        response.setContentType("text/html");
        PrintWriter out = response.getWriter();

    out.println("<BODY>\n" +
        "<H1 ALIGN=CENTER> Username: </H1>\n" +
        "<UL>\n" +
        " <LI>title: "
        + request.getParameter("userid") + "\n" +
        + request.getParameter("password") + "\n" +
        "</UL>\n" +
        "</BODY></HTML>");
}
    public void doPost(HttpServletRequest request,
            HttpServletResponse response)
        throws ServletException, IOException {
        doGet(request, response);
    }
}
```

그림 7.19 폼으로부터 사용자 이름과 암호 추출

JSP들은 출력과 응용 논리의 역할을 서로 바꾼다. JSP들은 특별한 HTML 태그 내에 내장된 서블릿형 코드를 가지고 HTML에서 작성된다. 따라서, 서블릿들과 비교하여, JSP들은 몇몇 논리 내에서 갖는 인터페이스를 빠르게 구성하는 데 더 적합하나 반면에 서블릿들은 복잡한 응용 논리를 위해 더 적합하다.

프로그래머에 따라 큰 차이가 있으나, 중간 계층은 매우 간단한 방법으로 JSP를 처리한다. 그들은 항상 서블릿으로 컴파일되며, 그 서블릿은 다른 서블릿들과 유사하게 서블릿 컨테이너에 의해 처리된다.

그림 7.20의 코드 부분은 간단한 JSP 예제를 보여준다. HTML 코드의 중간 부분에서, 한 폼으로부터 전달된 정보에 접근한다.

```
<!DOCTYPE HTML PUBLIC "-//W3C//DTD HTML 4.0
        Transitional//EN">
<HTML>
<HEAD><TITLE>Welcome to Barnes and Nobble</TITLE></HEAD>
<BODY>
    <H1>Welcome back!</H1>
    <% String name="NewUser";
        if (request.getParameter("username") != null) {
            name=request.getParameter("username");
        }
    %>
    You are logged on as user <%=name%>
    <P>
    Regular HTML for all the rest of the on-line store's webpage.
</BODY>
</HTML>
```

그림 7.20 JSP에서 폼 매개변수 읽기

7.7.5 상태 유지

앞 절에서 논의된 것처럼, 다른 페이지들에 걸쳐 사용자의 **상태**를 유지할 필요가 있다. 예로서 Barnes and Nobble 웹사이트에서 구매하기를 원하는 사용자를 살펴보자. 그 사용자는 우선 그녀의 장바구니에 항목들을 담아야하며, 그 바구니는 그녀가 사이트를 항해하는 동안 유지된다. 이와 같이, 사용자가 사이트를 항해할 때 정보를 대부분 기억하기위한 상태의 개념을 사용한다.

HTTP 프로토콜은 무상태이다. 만약에 한 요구로부터 다음 요구로 어떠한 정보도 유지되지 않는다면, 웹 서버와의 상호작용을 **무상태**라 부른다. 만약에 약간의 기억장소가 요구들과 서버사이에 저장되고, 다른 동작들이 저장된 내용에 의존한다면, 웹 서버와의 상호작용을 **상태적**이라 부르거나, 혹은 **상태가 유지된다**고 말한다.

Barnes and Nobble 예제에서, 사용자의 장바구니를 유지할 필요가 있다. 상태는 HTTP 프로토콜에서 캡슐화되지 않으므로, 서버 혹은 클라이언트에서 유지되어야 한다. HTTP 프로토콜이 설계시 무상태이므로, 이 설계 결정의 장단점을 재고해보자. 첫째, 무상태 프로토콜은 프로그램하고 사용하기 쉬우며, 정적 정보의 검색만 요구하는 응용들에 대해서는 훌륭하다. 더구나, 상태를 유지하기 위하여 추가 메모리가 전혀 사용되지 않고, 그래서 프로토콜 그 자체는 매우 효율적이다. 반면에, 표현 계층과 중간 계층에서 어떠한 부가적인 메카니즘 없이, 이전의 요구를 기록하지 못하고, 장바구니 혹은 사용자 로그인을 프로그램할 수 없다.

HTTP 프로토콜에서 상태를 유지할 수 없으므로, 어디에서 상태를 유지해야 할 것인가? 기본적으로 두 가지 선택이 있다. 응용 논리의 지역적 주 기억장소나 데이터베이스 시스템에 정보를 저장함으로서 중간 계층에서 상태를 유지할 수 있다. 대안으로, *쿠키*의 형태로 데이터를 저장함으로서 클라이언트측에 상태를 유지할 수 있다. 다음 두 절에서 상태를 유지하는 이들 두 방법을 논의한다.

중간 계층에서 상태 유지

중간 계층에서, *어디에* 상태를 유지하느냐에 대하여 여러 가지 선택을 가진다. 첫째, 데이터베이스 서버의 바닥 계층에 상태를 저장할 수 있다. 상태는 시스템의 고장에서도 생존하나, 데이터베이스 접근은 질의하거나 상태를 갱신하기 위해 요구되며, 잠재적 성능은 병목화된다. 다른 방법은 중간 계층의 주기억장치에 상태를 저장하는 것이다. 문제점은 이 정보가 휘발성이며 많은 주기억장치를 차지할 것이라는 것이다. 처음 두 접근법들 사이를 절충함으로서 중간 계층의 지역 파일에 상태를 저장할 수 있다.

일반적 규칙으로는 중간 계층 혹은 많은 다른 사용자 세션들에서 지속될 필요가 있는 데이터만을 위해 데이터베이스 계층에서 상태 유지를 사용하는 것이다. 그 같은 데이터의 예들은 과거 고객 주문들, 웹사이트를 통한 사용자 이동을 기록하는 마우스로 선택하는 연속 데이터, 혹은 개별적인 사이트 배치에 대한 결정과 같은 사용자가 만드는 다른 영구적인 선택, 사용자가 받고싶은 메시지의 양식들, 그리고 기타 등등이다. 이들 예를 설명함으로서, 상태 정보는 웹사이트와 상호작용하는 사용자들 주위로 가끔 집중된다.

표현 계층에서 상태 유지: 쿠키

다른 가능성은 표현 계층에 상태를 저장하고 그것을 모든 HTTP 요구를 가진 중간 계층으로 전달하는 것이다. 본래 추가의 정보를 모든 요구와 함께 보냄으로서 HTTP 프로토콜의 무상태성에 대해 작업한다. 그와 같은 정보는 쿠키라 불린다.

쿠키는 표현 계층과 중간 계층들에서 조작될 수 있는 <*이름, 값*>-쌍의 모임이다. 쿠키들은 자바 서블릿과 JSP에서 사용하기가 쉬우며, 클라이언트에서 중요하지 않은 데이터를 지속하도록 만드는 간단한 방법을 제공한다. 그들은 브라우저가 닫혀진 후에서조차도 브라우저 캐시에 지속되기 때문에 여러 클라이언트 세션들을 살아남게 한다.

쿠키들의 한 가지 단점은 쿠키가 가끔 침략적인 것으로 파악되어, 많은 사용자들이 웹 브라우저에서 쿠키의 기능을 억제한다는 것이다; 브라우저들은 쿠키가 그들의 기계에 저장되는 것을 막도록 사용자에게 허용한다. 다른 단점은 쿠키내의 데이터가 현재로는 4KB로 제한되어 있다는 것이나, 대부분의 응용에 대해 나쁜 제한은 아니다.

사용자의 장바구니, 로그인 정보, 현재의 세션에서 만들어진 영구적이지 않은 다른 선택들과 같은 정보를 저장하기 위하여 쿠키를 사용할 수 있다.

다음에는 쿠키가 중간 계층에서 서블릿으로부터 어떻게 조작될 수 있는가에 대해 논의한다.

서블릿 쿠키 API

한 쿠키는 클라이언트에 작은 텍스트 파일로 저장되며 <*이름, 값*>-쌍을 포함하고, 여기서 이름과 값은 둘다 문자열들이다. 자바 `Cookie` 클래스를 통해 중간 계층 응용 코드에서 새로운 쿠키를 생성한다:

```
Cookie cookie = new Cookie("username","guest");
cookie.setDomain("www.bookstore.com");
cookie.setSecure(false);                  // no SSL required
cookie.setMaxAge(60*60*24*31);       // one month lifetime
response.addCookie(cookie);
```

이 코드의 각 부분을 살펴보자. 첫째, <*이름, 값*>-쌍으로 표시된 새로운 `Cookie` 객체를 생성한다. 그리고나서 그 쿠키의 애트리뷰트를 설정한다. 가장 일반적인 애트리뷰트 몇 가지를 아래에 열거한다:

- `setDomain`과 `getDomain`: 도메인은 그 쿠키를 받을 웹사이트를 표시한다. 이 애트리뷰트에 대한 디폴트 값은 그 쿠키를 생성한 도메인이다.
- `setSecure`와 `getSecure`: 만약 이 플래그가 `true`라면, 그 쿠키는 SSL과 같은 HTTP 프로토콜의 안전한 버전을 사용하는 경우에만 보내어진다.
- `setMaxAge`와 `getMaxAge`: `MaxAge` 애트리뷰트는 그 쿠키의 수명을 초단위로 결정한다. 만약에 `MaxAge`의 값이 0보다 작거나 같으면, 그 쿠키는 브라우저가 닫힐 때 삭제된다.
- `setName`과 `getName`: 앞의 코드 부분에는 이 함수들을 사용하지 않는다; 그들은 쿠키에 이름을 부여하는 것을 허용한다.
- `setValue`와 `getValue`: 이 함수들은 그 쿠키의 값을 설정하고 읽는 것을 허용한다.

쿠키는 클라이언트로 보내어지는 자바 서블릿내의 `request` 객체에 더해진다. 쿠키를 한 사이트(이 예에서는 `www.bookstore.com`)로부터 받을 때, 클라이언트의 웹 브라우저는 그 쿠키가 만료될 때까지 이 사이트로 보낸 모든 HTTP 요구들에게 그 쿠키를 덧붙인다.

중간 계층 코드에서 `request` 객체의 `getCookies()` 메소드를 통해 쿠키의 내용들을 접근할 수 있으며, 그 메소드는 쿠키 객체들의 배열을 반환한다. 다음 코드 부분은 배열을 읽어서 이름 'username'을 가진 쿠키를 찾는다.

```
Cookie[] cookies = request.getCookies();
String theUser;
for(int i=0; i < cookies.length; i++) {
    Cookie cookie = cookies[i];
    if (cookie.getName().equals("username"))
        theUser = cookie.getValue();
}
```

간단한 검사는 사용자가 쿠키들을 없애는 지를 점검하기 위해서 사용될 수 있다: 사용자에게 쿠키를 보내고, 그런 다음 반환된 `request` 객체가 쿠키를 아직까지 포함하는지를 점검한다. 사용자는 세션중일 때를 포함한 어느 시점이라도 임의의 쿠키를 쉽게 살피고, 수정하며, 지울 수 있으므로, 쿠키는 암호화되지 않은 암호나 다른 사적이고 암호화되지 않은 데이터를 결코 포함하지 않을 것이라는 것에 주의하시오. 응용 논리는 쿠키내의 데이터가 정당하다는 것을 보장하기 위하여 충분한 일관성 검사를 할 필요가 있다.

7.8 사례 연구: 인터넷 서점

DBDudes는 이제 응용 계층의 구현으로 이동하여 WWW에 DBMS를 연결하기 위한 다른 방법을 살펴본다.

DBDudes는 세션 관리를 살펴봄으로서 시작한다. 예를 들면, 사이트에 로그인하고, 목록을 뒤지고, 사기 위한 책을 선택하는 사용자들은 그들의 고객 식별 번호를 재기입하는 것을 원치 않는다. 세션 관리는 책들을 선택하거나, 장보기용 손수레에 그들을 싣고, 어쩌면 손수레로부터 책들을 치우며, 책들에 대한 계산을 하여 지불하는 것들에 대한 전체 과정에 영향을 주어야 한다.

DBDudes는 그리고나서 책들을 위한 웹 페이지들이 정적 혹은 동적인지를 살펴본다. 만약 각 책에 대한 정적인 웹 페이지가 있다면, 파일의 위치를 가리키는 릴레이션에서 추가의 데이터베이스 필드가 필요하다. 비록 이것이 다른 책에 대해 특별한 페이지를 설계할 수 있게 할지라도, 그것은 매우 노동 집약적인 해결책이다. DBDudes는 Books 릴레이션내의 책에 대한 정보가 설명된 표준 형틀로부터 책에 대한 웹 페이지를 동적으로 수집하도록 B&N에게 확신시킨다. 따라서, DBDudes는 재고 목록을 디스플레이하기 위해 그림 7.1에서 보여준 것과 같은 정적 HTML 페이지들을 사용하지 않는다.

DBDudes는 데이터베이스 서버와 중간 계층 사이 혹은 중간 계층과 클라이언트 계층 사이의 데이터 교환 양식으로서 XML의 사용을 고려한다. 그림 7.2와 7.3에서 보여준 중간 계층의 XML에서 데이터 표현은 차후에 다른 데이터 소스들의 통합을 더 쉽게 하나, B&N은 그 같은 통합에 대한 필요성을 기대하지 않는다고 결정하고, 그래서 DBDudes는 이 시점에서 XML 데이터 교환을 사용하지 않도록 결정한다.

DBDudes는 다음처럼 응용 논리를 설계한다. 다섯 가지의 다른 웹 페이지를 생각한다:

- `index.jsp`: Barns and Nobble의 홈페이지. 이것은 그 상점에 대한 주 진입점이다. 이 페이지는 저자 이름, ISBN, 책 제목으로 탐색하도록 사용자에게 허용하는 텍스트 필드와 버튼들을 탐색한다. 장보기 수레를 보여주는 페이지인 `cart.jsp`에 대한 링크도 있다.
- `login.jsp`: 등록된 사용자에게 로그인을 허용. 여기에서 DBDudes는 그림 7.11에서 디스플레이된 것과 유사한 HTML 폼을 사용한다. 중간 계층에서, 그들은 그림 7.19에서 보여준 것과 그림 7.20에서 보여준 JSP와 유사한 코드 부분을 사용한다.

- `search.jsp`: 사용자에 의해 표시된 검색 조건에 맞는 데이터베이스 내의 모든 책들을 열거. 그 사용자는 열거된 항목들을 장바구니로 추가할 수 있다; 각 책은 장바구니에 그것을 추가하는 버튼 next를 가진다(만약에 그 항목이 이미 장바구니에 있다면, 그것은 양을 하나 증가시킨다). 장바구니에서 현재 항목의 총 수를 보여주는 계수기도 있다(DBDudes는 장바구니에서 단일 항목에 대한 5개의 양은 총 구매량이 5권임을 표시하는 주해를 만든다). 페이지 `search.jsp`는 사용자를 `cart.jsp`로 향하게 하는 버튼을 역시 포함한다.
- `cart.jsp`: 장바구니의 현재 모든 책들을 열거. 그 열거는 저작물 이름, 가격, 양에 대한 텍스트 상자(사용자가 항목들의 양을 바꾸기 위해 사용할 수 있다), 장바구니로부터 항목을 제거하기 위한 버튼 등을 가진 장바구니의 모든 항목을 포함할 것이다. 이 페이지는 세 개의 다른 버튼을 가진다. 한 버튼은 장보기를 계속하기 위한 것이고 (사용자를 페이지 `index.jsp`로 되돌려 보냄), 두 번째 버튼은 텍스트 박스들로부터의 양을 가지고 장바구니를 갱신하기 위한 것이며, 그리고 세 번째 버튼은 사용자를 페이지 `confirm.jsp`로 향하게하는 주문 버튼이다.
- `confirm.jsp`: 지금까지 완료된 주문을 열거하고, 사용자에게 접촉 정보 혹은 고객 ID를 기입하도록 허용. 이 페이지 위에는 두 개의 버튼이 있다. 한 버튼은 주문을 취소하는 것이고, 두 번째 버튼은 최종 주문을 제출하기 위한 것이다. 취소(cancel) 버튼은 장바구니를 비우고, 사용자를 홈페이지로 되돌려 보낸다. 제출(subnit) 버튼은 새로운 주문을 가지고 데이터베이스를 갱신하고, 장바구니를 비우며, 사용자를 홈페이지로 되돌려 보낸다.

DBDudes는 사용자 입력을 중간 계층으로 보내기 전에 점검하기 위해 표현 계층에서 자바스크립트의 사용을 역시 고려한다. 예를 들면, 페이지 `login.jsp`에서, DBDudes는 그림 7.12에서 보여준 것과 유사한 자바스크립트 코드를 작성할 것이다.

이것은 DBDudes에게 한 가지 최종 결정을 남긴다: DBMS로 응용들을 어떻게 연결할 것인가. 그들은 7.7절에서 표현된 두 가지 주 대안들을 고려한다: CGI 스크립트 대 응용 서버 기반구조 사용. 만약 CGI 스크립트들을 사용한다면, 세션관리 논리를 부호화해야할 것이다—쉬운 일이 아님. 만약 응용 서버를 사용한다면, 응용 서버가 제공하는 모든 기능을 사용할 수 있다. 그러므로, B&N이 응용 서버를 사용한 서버측 처리를 구현하도록 추천한다.

B&N은 응용 서버를 사용하기 위한 결정을 받아들이나, B&N 자신이 한 업자에게 고정되기를 원하지 않으므로 어떠한 코드도 특별한 응용 서버를 표시하지 않을 것을 결정한다. DBDudes는 다음 부분들을 작성하기 위한 처리에 동의한다:

- DBDudes는 다양한 검색 폼들과 결과 표현들뿐만 아니라 웹사이트를 항해하도록 고객에게 허용하는 최상위 단계 페이지들을 설계한다.
- DBDudes가 자바기반 응용 서버를 선택한다고 가정하면, 그들은 폼 생성 요구들을 처리하기 위하여 자바 서블릿을 작성해야 한다. 어쩌면 그들은 기존의 (상업적인 것도 이

용가능) 자바빈즈를 재사용할 수 있을 것이다. 그들은 데이터베이스 인터페이스로 JDBC를 사용할 수 있다. JDBC 코드의 예들은 6.2절에서 볼 수 있다. 서블릿 프로그래밍 대신, 그들은 JSP를 재정열하고 특별한 JSP 마크업 태그들을 가지고 주석을 달 수 있을 것이다.

- DBDudes는 전용의 마크업 태그들을 사용하는 응용 서버를 선택하나, B&N과의 합의 때문에 그들의 코드에서 그 같은 태그들을 사용하는 것이 허용되지 않는다.

완성을 위해, 만약 DBDudes와 B&N이 CGI 스크립트들의 사용에 동의한다면, DBDudes는 다음의 과제들을 가질 것이라는 데 주목한다:

- 사이트를 항해하도록 사용자들에게 허용하는 최상위 단계 HTML 페이지들과 ISBN, 저자 이름, 제목으로 재고 목록을 검색하도록 사용자들에게 허용하는 다양한 폼들을 생성. 검색 폼을 포함하는 예제 페이지는 그림 7.1에서 보여준다. 입력 폼들 외에, DBDudes는 그 결과들에 대한 적당한 표현들에 대해 개발해야 한다.
- 고객 세션을 추적하기 위한 논리를 개발. 관련된 정보는 서버측 혹은 쿠키들을 사용한 고객의 브라우저에 저장되어야 한다.
- 사용자 요구들을 처리하는 스크립트들 작성. 예를 들면, 고객은 제목을 입력하고 그 제목을 가진 책들을 검색하기 위하여 '제목으로 책 검색'이라는 폼을 사용할 수 있다. CGI 인터페이스는 요구를 처리하는 스크립트를 가지고 통신한다. 데이터 접근을 위해 DBI 라이브러리를 사용하여 Perl로 작성된 그와 같은 스크립트의 예는 그림 7.16에서 보여준다.

지금까지 우리들의 논의는 B&N의 고객들에게 노출된 웹사이트의 부분인 고객 인터페이스만 다룬다. 물론 DBDudes는 데이터베이스에 접근하고 질의하며, 업무 활동들의 요약 보고서들을 생성하는 것을 허용하는 응용을 더할 필요도 있다.

사례연구를 위한 완전한 파일들은 이 책의 웹페이지에서 찾을 수 있다.

7.9 복습문제

복습문제에 대한 해답은 열거된 절에서 찾을 수 있다.

- URI와 URL은 무엇인가? **(7.2.1절)**
- HTTP 프로토콜은 어떻게 동작하는가? 무상태 프로토콜은 무엇인가? **(7.2.2절)**
- HTML의 주요 개념들을 설명하시오. 왜 데이터 표현을 위해서만 사용되고 데이터 교환을 위해서는 사용되지 않는가? **(7.3절)**
- HTML의 결점은 무엇이며, XML은 그들을 어떻게 나타내는가? **(7.4절)**
- XML 문서의 주 구성요소는 무엇인가? **(7.4.1절)**

- 왜 XML DTD를 가지는가? 체계화 된(well-formed) XML 문서는 무엇인가? 유효한(valid) XML 문서는 무엇인가? 유효하나 체계화되지 XML 문서의 예를 들고, 그 역의 예도 드시오. **(7.4.2절)**
- 도메인-특화 DTD의 역할은 무엇인가? **(7.4.3절)**
- 3-계층 아키텍처는 무엇인가? 그것은 단일-계층과 2-계층 아키텍처에 비해 무슨 장점을 제공하는가? 세 계층 각각의 기능 개요를 나열하시오. **(7.5절)**
- 3-계층 아키텍처가 데이터베이스-배경 인터넷 응용의 다음 각 논점들을 나타내는 방법을 설명하시오: 이질성, 얇은 클라이언트, 데이터 통합, 확장성, 소프트웨어 개발. **(7.5.3절)**
- HTML 폼을 작성하시오. HTML 폼의 모든 구성요소들을 나타내시오. **(7.6.1절)**
- HTML `GET`과 `POST` 방법 사이의 차이점은 무엇인가? HTML 폼의 URI 부호화는 어떻게 동작하는가? **(7.6.11절)**
- 자바스크립트는 무엇을 위해 사용되는가? HTML 폼 원소가 문법적으로 정당한 전자우편 주소를 포함하는지를 점검하는 자바스크립트 함수를 작성하시오. **(7.6.2절)**
- 스타일 시트는 무슨 문제가 있는가? 스타일 시트 사용의 장점들은 무엇인가? **(7.6.3절)**
- CSS는 무엇인가? CSS의 구성요소를 설명하시오. XSL은 무엇이며 CSS와 어떻게 다른가? **(7.6.3절)**
- CGI는 무엇이며 무슨 문제가 있는가? **(7.7.1절)**
- 응용 서버는 무엇이며 그들은 웹서버와 어떻게 다른가? **(7.7.2절)**
- 서블릿은 무엇인가? 서블릿은 HTML 폼으로부터 데이터를 어떻게 처리하는가? 서블릿의 수명동안 무엇이 발생하는지 설명하시오. **(7.7.3절)**
- 서블릿과 JSP사이의 차이점은 무엇인가? 서블릿은 언제 사용할 것이며 JSP는 언제 사용할 것인가? **(7.7.4절)**
- 중간 계층에서 왜 상태를 유지할 필요가 있는가? 쿠키는 무엇인가? 브라우저는 쿠키를 어떻게 취급하는가? 서블릿으로부터 쿠키들의 데이터를 어떻게 접근할 수 있는가? **(7.7.5절)**

연습문제

문제 7.1 다음 질문에 간단히 답하시오.

1. 다음 항목들을 설명하고 무엇을 위해 사용되는지를 서술하시오. HTML, URL, XML, 자바, JSP, XSL, XSLT, 서블릿, 쿠키, HTTP, CSS, DTD.
2. CGI는 무엇인가? 왜 CGI가 소개되는가? CGI 스크립트들을 사용한 아키텍처의 단점들은 무엇

인가?

3. 웹서버와 응용 서버 사이의 차이점은 무엇인가? 전형적인 응용 서버들은 무슨 기능을 제공하는가?
4. 언제 XML 문서가 잘 구성되는가? 언제 XML 문서가 유효한가?

문제 7.2 HTTP 프로토콜에 대한 다음의 질문에 간단히 답하시오.

1. 통신 프로토콜은 무엇인가?
2. HTTP 요구 메시지의 구조는 무엇인가? HTTP 응답 메시지의 구조는 무엇인가? 왜 HTTP 메시지들은 버전 필드를 운반하는가?
3. 무상태 프로토콜은 무엇인가? 왜 HTTP는 무상태로 설계되는가?
4. 이 책의 홈페이지(`http://www.cs.wisc.edu/~dbbook`)를 요구할 때 생성되는 HTTP 요구 메시지를 보이시오. 서버가 그 페이지에 대해 생성하는 HTTP 응답 메시지를 보이시오.

문제 7.3 이 연습문제에서, 일반적인 장바구니의 기능을 작성하도록 요청 받는다. 여러 계속되는 프로젝트 연습문제들에서 이것이 사용될 것이다. 항목들의 장바구니를 디스플레이하고, 항목의 개수를 더하고 제거하고 바꾸도록 사용자에게 허용하는 JSP 페이지들의 집단을 작성하시오. 이것을 하기 위해, 다음의 정보를 저장하는 쿠키 저장 체계를 사용하시오.

- 장바구니를 소유하는 사용자의 UserId
- 장바구니에 저장된 상품들의 수
- 각 상품에 대한 상품 id와 양

쿠키들을 조작할 때, 쿠키가 한 세션동안 혹은 무기한으로 지속할 수 있도록 `Expires` 특성을 설정하는 것을 기억하시오. JSP를 사용하여 쿠키를 실험하고, 그리고 그 쿠키를 검색하고, 값을 설정하며, 삭제하는 방법을 반드시 숙지하시오.

시제품을 완전하게 만들기 위해 네 가지의 JSP 페이지를 생성할 필요가 있다:

- **인덱스 페이지**(`index.jsp`): 이것은 주 진입점이다. 장보기를 시작할 수 있도록 하기 위하여 상품 페이지로 사용자를 향하게 하는 링크를 가진다.
- **상품 페이지**(`products.jsp`): 데이터베이스의 모든 상품 목록을 설명서와 가격을 함께 보여줌. 이것은 사용자가 장바구니를 채우는 주 페이지이다. 각각의 열거된 상품은 next 버튼을 가지며, 그것은 장바구니에 상품을 추가하기 위한 것이다(만약에 그 항목이 이미 장바구니에 있다면, 그것은 양을 하나 증가시킨다). 장바구니에서 현재 항목의 총 수를 보여주는 계수기도 있다. 만약에 사용자가 장바구니에서 단일 항목에 대해 5개를 가진다면, 계수기는 총 5개를 표시할 것이다. 그 페이지는 사용자를 수레 페이지로 향하게 하는 버튼을 역시 포함한다.
- **수레 페이지**(`cart.jsp`): 장바구니 쿠키의 모든 항목들의 목록을 보여줌. 각 항목에 대한 목록은 상품 이름, 가격, 양에 대한 텍스트 상자(사용자는 여기에서 항목들의 양을 바꿀 수 있다), 장바구니로부터 항목을 제거하기 위한 버튼 등을 포함할 것이다. 이 페이지는 세 개의 다른 버튼을 가진다: 한 버튼은 장보기를 계속하기 위한 것이고(사용자를 상품 페이지로 되돌려 보냄), 두 번째 버튼은 텍스트 박스들로부터 변경된 양을 가지고 그 쿠키를 갱신하기 위한 것이며, 세 번째 버튼은 주문하거나 주문을 확인하는 버튼이며, 사용자를 확인 페이지로 향하게 한다.
- **확인 페이지**(`confirm.jsp`): 최종 주문을 열거. 이 페이지 위에는 두 개의 버튼이 있다. 한

버튼은 주문을 취소하는 것이고, 다른 것은 완성된 주문을 제출하기 위한 것이다. 취소 버튼은 쿠키를 삭제하고, 사용자를 인덱스 페이지로 되돌려 보낸다. 제출 버튼은 새로운 주문을 가지고 데이터베이스를 갱신하고, 쿠키를 삭제하며, 사용자를 인덱스 페이지로 되돌려 보낸다.

문제 7.4 앞의 연습문제에서, 다음의 *탐색 페이지* `search.jsp`로 페이지 `products.jsp`를 대체하시오. 이 페이지는 이름이나 설명에 의해서 상품을 검색하도록 사용자에게 허용한다. 거기에는 텍스트 검색을 위한 텍스트 박스와, 이름에 의한 검색과 설명에 의한 검색 사이에서 사용자가 선택하도록 하는 라디오 버튼이 있다(그 결과를 탐색하기 위한 제출버튼도 물론 있다). 검색결과들을 취급하는 페이지는 (앞의 연습문제에서 설명된 것과 같은) `products.jsp` 후속으로 설계될 것이며, `search.jsp`라 불릴 것이다. 검색 텍스트가 (사용자에 의해 선택된) 이름 혹은 설명의 부속 문자열인 모든 레코드들을 검색할 것이다. 이것을 앞의 연습문제와 통합하기 위하여, 단순히 `products.jsp`로의 모든 링크를 `search.jsp`로 대체하시오.

문제 7.5 간단한 인증 메카니즘 (간소화를 위해, 암호의 암호화된 전송을 사용하지 않는)을 작성하시오. 만약에 정당한 사용자이름-암호 조합을 시스템에 제공한다면, 그 사용자는 인증되었다고 말한다; 그렇지 않으면, 그 사용자는 인증되지 않았다고 말한다. 간소화를 위해 고객 id와 암호만 저장하는 한 데이터베이스 스키마를 가진다고 가정하시오:

Passwords(<u>cid: **integer**</u>, username: **string**, password: **string**)

1. 사용자가 시스템에 로그인할 때 어떻게 그리고 어디에서 추적할 것인가?
2. 등록된 사용자가 시스템에 로그인하도록 허용하는 페이지를 설계하시오.
3. 이 페이지를 방문하는 사용자가 로그인되었는지를 검사하는 페이지 헤더를 설계하시오.

문제 7.6 TechnoBooks.com은 그 웹사이트를 재구성하는 중이다. 주요한 논점은 많은 검색결과를 어떻게 효율적으로 취급하느냐는 것이다. 인간 상호작용 연구에서, 모뎀 사용자들은 전형적으로 한 번에 20개의 검색결과를 보는 것을 좋아하고, 시스템에 이 논리를 프로그램하려 한다는 것을 안다. 검색된 결과들의 일괄 묶음들을 반환하는 질의들은 *최상위 N 질의*라 한다. 예를 들면, 결과 1-20이 반환되고, 다음에 결과 21-40, 그 다음에 41-60, 그리고 계속 반복된다. 여러 다른 기술들이 최상위 N 질의들을 실행하기 위해 사용되며, TechnoBooks.com은 그들 중 두 개를 구현할 것이다.

기반 구조: Books라는 테이블을 가지는 데이터베이스를 생성하고, 다음의 양식을 사용하여 몇 가지 책들로 데이터베이스를 채우시오. 이것은 제목 AAA, BBB, CCC, DDD, EEE를 가진 111권의 책을 데이터베이스로 저장하는 것을 나타내나, 키들은 동일한 제목을 가진 책들을 위해 연속적이지 않다.

Books(<u>*bookid:* `INTEGER`</u>, *title:* `CHAR(80)`, *author:* `CHAR(80)`, *price:* `REAL`)

```
For i = 1 to 111 {
        Insert the tuple (i, "AAA", "AAA Author", 5.99)
        i = i + 1
        Insert the tuple (i, "BBB", "BBB Author", 5.99)
        i = i + 1
        Insert the tuple (i, "CCC", "CCC Author", 5.99)
        i = i + 1
        Insert the tuple (i, "DDD", "DDD Author", 5.99)
```

```
        i = i + 1
        Insert the tuple (i, "EEE", "EEE Author", 5.99)
}
```

위치소유자 기술: 최상위 N 3질의의 가장 간단한 접근법는 처음과 마지막 결과 투플들의 위치소유자를 저장하는 것이며, 그리고나서 같은 질의를 수행한다. 새로운 질의결과들이 반환될 때, 위치소유자들에게 반복할 수 있으며 이전이나 다음의 20개의 결과들을 반환한다.

Tuples Shown	Lower Placeholder	Previous Set	Upper Placeholder	Next Set
1-20	1	None	20	21-40
21-40	21	1-20	40	41-60
41-60	41	21-40	60	61-80

Books 테이블의 내용을 디스플레이하고, title과 bookid에 의해 정렬되며, 한번에 20개의 결과들을 보여주는 JSP의 웹페이지를 작성하시오. 이전 20개의 결과와 다음 20개의 결과를 얻기 위한 링크가 (적당한 곳에) 있을 것이다. 이것을 하기 위해, 다음과 같이 이전 혹은 다음 링크에서 위치소유자를 부호화할 수 있다. 레코드 21-40을 디스플레이하는 중이라고 가정하시오. 그러면 이전 링크는 `display.jsp?lower=21`이며 다음 링크는 `display.jsp?upper=40`이다.

이전의 결과들이 없을 때 이전 링크를 디스플레이하지 않을 것이다. 만약에 더 이상 결과가 없다면 다음 링크를 보여주지 않을 것이다. 페이지가 결과들의 다른 일괄 묶음을 얻기 위해 다시 호출될 때, 모든 레코드를 얻기 위해 동일한 질의를 실행할 수 있고, 적당한 출발점에 있을 때까지 결과 집합을 반복하며, 그리고나서 20개 이상의 결과들을 디스플레이한다.

이 기술의 장점과 단점은 무엇인가?

질의 제약조건 기술: 최상위 N 질의 실행을 위한 두 번째 기술은 질의가 아직 디스플레이되지 않은 결과들만 반환하기 위해 경계치 제약조건을 질의 (`WHERE` 절)에 더하는 것이다. 비록 이것이 질의를 바꿀지라도, 더 적은 결과들이 반환되며 경계치가 반복되는 비용을 절약한다. 예를 들면, (title, 주 키)에 의해 정렬된 다음 테이블을 살펴보자.

Batch	Result Number	Title	Primary Key
1	1	AAA	105
1	2	BBB	13
1	3	CCC	48
1	4	DDD	52
1	5	DDD	101
2	6	DDD	121
2	7	EEE	19
2	8	EEE	68
2	9	FFF	2
2	10	FFF	33
3	11	FFF	58
3	12	FFF	59
3	13	GGG	93
3	14	HHH	132
3	15	HHH	135

일괄 묶음 1에서, 줄 1에서 5까지가 디스플레이되고, 일괄 묶음 2에서는 줄 6에서 10까지가 디스플

레이되며, 기타 등등이 있다. 위치소유자 기술을 사용하면, 15개 모든 결과가 각 일괄 묶음을 위해 반환될 것이다. 제약조건 기술을 사용하면, 일괄 묶음 1은 결과 1-5를 디스플레이하나 결과 1-15를 반환하고, 일괄 묶음 2는 결과 6-10을 디스플레이하나 결과 6-15만 반환하며, 일괄 묶음 3은 결과 11-15를 디스플레이하나 결과 11-15만 반환할 것이다.

그 제약조건은 이 테이블의 정렬 때문에 질의로 더할 수 있다. 일괄 묶음 2 (결과 6-10 디스플레이)에 대한 다음 질의를 살펴보자:

```
EXEC SQL SELECT B.Title
FROM     Books B
WHERE    (B.Title = 'DDD' AND B.BookId > 101) OR (B.Title > 'DDD')
ORDER BY B.Title, B.BookId
```

이 질의는 먼저 title 'DDD'를 가지나 레코드 5 (레코드 5는 주 키 101을 가진다)보다 더 큰 주 키를 가진 모든 책을 선택한다. 이것은 레코드 6을 반환한다. 마찬가지로, 알파벳순으로 'DDD' 후의 제목을 가지는 책들도 반환된다. 그러면 처음 다섯 개의 결과들을 디스플레이할 수 있다.

다음 정보는 더 많은 결과들을 반환하는 이전과 다음 버튼을 가지기 위해 유지될 필요가 있다:

- **이전:** 이전 집합에서 *첫* 레코드의 제목과 이전 집합에서 *첫* 레코드의 주 키
- **다음:** 다음 집합에서 *첫* 레코드의 제목; 다음 집합에서 *첫* 레코드의 주 키

이들 네 가지 정보는 앞부분에서처럼 이전과 다음 버튼으로 부호화될 수 있다. 첫 부분으로부터 데이터베이스 테이블을 사용하여, 한번에 20 레코드의 책 정보를 디스플레이하는 JSP를 작성하시오. 그 페이지는 존재하는 이전 혹은 다음 레코드 집합을 보여주기 위하여 *이전*과 *다음* 버튼을 포함할 것이다. 이전과 다음의 레코드 집합을 얻기 위해 제약조건 질의를 사용하시오.

프로젝트-기반 연습문제

이 장에서, 앞장의 연습문제를 계속하고, 중간 계층과 표현 계층에 상존하는 응용의 부분들을 생성한다. 이들 연습문제의 자세한 정보와 더 많은 연습문제에 대한 자료가 온라인으로 제공된다.

```
http://www.cs.wisc.edu/~dbbook
```

문제 7.7 연습문제 6.6에서 작업한 Notown Records 웹사이트를 상기하시오. 다음으로, Notown Records 웹사이트에 대한 실제 페이지들을 개발하도록 요청 받는다. 표현 계층과 중간 계층을 포함하고, 데이터베이스에 접근하기 위해 연습문제 6.6에서 작성한 코드를 통합하는 웹사이트의 부분을 설계하시오.

1. 사용자들이 접근할 수 있는 웹페이지들의 집합을 자세하게 서술하시오. 다음 논점들을 기억하시오:
   - 모든 사용자는 공통 페이지에서 시작한다.
   - 각 동작에 대해, 사용자는 어떤 입력을 제공하는가? 사용자는 링크를 클릭하거나 HTML 폼을 통해 어떻게 그것을 제공하는가?
   - 사용자는 한 레코드를 구입하기 위해 어떤 순서의 단계를 거치는가? 각 사용자 동작이 어떻게 취급되는지를 보임으로서 고급 응용 흐름을 서술하시오.

2. 동적 내용 없는 HTML로 웹페이지를 작성하시오.
3. 사용자들에게 그 사이트로 로그인하는 것을 허용하는 페이지를 작성하시오. 그 정보를 사용자의 브라우저에 영구히 저장하기 위해 쿠키를 사용하시오.
4. 사용자 이름이 a부터 z까지의 문자만 포함하는지를 검사하는 자바스크립트 코드를 가진 로그인 페이지로 확장하시오.
5. 사용자가 사이트에 로그인하였는지를 검사하는 조건을 가진 장바구니에 항목들을 저장하도록 사용자에게 허용하는 페이지들을 확장하시오.
6. 웹사이트를 끝내기 위한 남은 페이지들을 생성하시오.

문제 7.8 6장의 연습문제 6.7에서 작업했던 온라인 약국 프로젝트를 상기하시오. 응용 논리와 표현 계층을 설계하고 웹사이트를 끝내기 위해 연습문제 7.7과 유사한 단계를 따르시오.

문제 7.9 6장의 연습문제 6.8에서 작업했던 대학 데이터베이스 프로젝트를 상기하시오. 응용 논리와 표현 계층을 설계하고 웹사이트를 끝내기 위해 연습문제 7.7과 유사한 단계를 따르시오.

문제 7.10 6장의 연습문제 6.9에서 작업했던 항공 예약 프로젝트를 상기하시오. 응용 논리와 표현 계층을 설계하고 웹사이트를 끝내기 위해 연습문제 7.7과 유사한 단계를 따르시오.

참고문헌 소개

이 장에서 언급된 가장 최근 판의 표준은 W3C 웹사이트(`www.w3.org`)에서 찾을 수 있다. 그것은 HTML, CSS, XML, XSL, 그리고 더 많은 것들에 대한 정보의 링크를 포함한다. Hall의 책은 웹 프로그래밍 기술들에 대한 일반적 소개다[357]; 웹에 관한 좋은 출발점은 `www.Webdeveloper.com`이다. CGI 프로그래밍에 대한 많은 소개 책자들이 있다[210, 198]. JavaSoft(`java.sun.com`) 홈페이지는 서블릿, JSP, 모든 다른 자바 관련 기술들에 대한 좋은 출발점이다. Hunter의 책[394]은 자바 서블릿에 대한 좋은 소개다. Microsoft는 JSP와 유사한 기술인 ASP를 제공한다. ASP에 대한 자세한 정보는 Microsoft Development's Network 홈페이지(`msdn.microsoft.com`)에서 찾을 수 있다.

XML의 발달에 전념한 뛰어난 웹사이트들이 있으며(`www.xml.com`과 `www.ibm.com/xml`), 그것은 다른 표준에 대한 정보를 가진 과다한 링크들을 역시 포함한다[195, 158, 597, 474, 381, 320]. UNICODE에 대한 정보는 홈페이지 `http://www.unicode.org`에서 찾을 수 있다.

JSP와 서블릿에 대한 정보는 JavaSoft 홈페이지의 `java.sun.com/products/jsp`와 `java.sun.com/products/servlet`에서 찾을 수 있다.

3부

저장장치와 인덱싱

8

저장 장치와 인덱싱 개론

☞ DBMS는 영속적 데이터를 어떻게 저장하고 접근하는가?

☞ 데이터베이스 운용에서 입출력 비용이 중요한 이유는?

☞ 입출력 비용을 최소화하기 위해서 DBMS는 데이터 레코드로 이루어진 파일들을 디스크에 어떻게 구성하는가?

☞ 인덱스란 무엇인가? 왜 사용되는가?

☞ 데이터 레코드 파일과 그 파일의 인덱스 사이의 관계는 무엇인가?

☞ 인덱스의 중요한 성질은 무엇인가?

☞ 해시 기반 인덱스는 어떻게 동작하고 언제 가장 효과적인가?

☞ 트리 기반 인덱스는 어떻게 동작하고 언제 가장 효과적인가?

☞ 주어진 작업부하에 대해 성능을 최적화하기 위해서 인덱스들을 어떻게 사용할까?

➜ **주요 개념:** 외부 저장장치(external storage), 버퍼 관리기(buffer manager), 페이지 입출력(page I/O); 파일 구성(file organization), 힙 파일(heap files), 정렬 파일(sorted files); 인덱스(indexes), 데이터 엔트리(data entries), 탐색 키(search keys), 군집 키(clustered index), 군집 파일(clustered file), 기본 인덱스(primary index); 인덱스 구성(index organization), 해시 기반 및 트리 기반 인덱스(hash-based and tree-based indexes); 비용 비교(cost comparison), 파일 구성과 일상적 연산(file organizations and common operations); 성능 튜닝(performance tuning), 작업부하(workload), 복합 탐색 키(composite search keys), 군집의 사용(use of clustering)

If you don't find it in the index, look very carefully through the entire catalog.

— Sears, Roebuck, and Co., Consumer' Guide, 1897

DBMS에서 데이터에 대한 기본적인 추상화(abstraction)는 *파일*이라는 레코드의 집합이며 각 파일은 하나 이상의 페이지들로 구성된다. *파일*들과 *접근 방법* 소프트웨어 계층은 레코드 중에서 원하는 것들을 빠르게 접근할 수 있도록 데이터를 구성한다. 어떻게 레코드들이 구성되는 지에 대한 이해가 데이터베이스 시스템의 효율적 사용에 필수적이고, 또한 본 장의 핵심 내용이다.

파일 구성(file organization)은 디스크에 파일을 저장할 때 파일 내의 레코드들을 배열하는 방법이다. 각 파일의 구성에 따라 어떤 연산은 효율적인 반면 다른 연산은 비용이 많이 든다.

이 장에서의 실행 예제로 *age*, *name* 그리고 *sal*로 이루어진 직원 레코드의 파일을 고려해 보자. 만약 나이순으로 직원 레코드를 추출하려면, 나이에 따라 파일을 정렬하는 것이 좋은 파일 구성이겠지만, 파일이 빈번히 수정되는 경우 파일의 정렬 순서를 유지하는 것은 비용이 많이 든다. 더욱이, 주어진 레코드 집합에 대해 일반적으로 하나 이상의 연산을 지원하려고 한다. 예를 들면, 직원 파일에서 $5000 이상 받는 모든 직원을 검색하고자 한다. 이 경우 그런 레코드를 찾기 위해서는 모든 직원 레코드들을 스캔(*scan*)해야 한다.

*인덱싱*이라 불리는 기법은 다양한 종류의 셀렉션을 효율적으로 지원할 뿐 아니라 다양한 방식으로 레코드들의 집합을 접근하고자 할 때 유용하다. 8.2절에서는 DBMS에서 파일 구성의 중요한 부분인 인덱싱에 대해서 소개한다. 8.3절에서는 인덱스 데이터 구조를 개략적으로 살펴보고 보다 자세한 내용을 10장과 11장에서 다룬다.

8.4절에서는 여러 가지 다른 파일 구성들에 대한 간단한 분석을 통해서 적절한 파일 구성 선택의 중요성에 대해서 설명한다. 이 분석에서 사용된 비용 모델은 8.4.1 절에서 소개되며 뒷장에서도 사용된다. 8.5절에서는 인덱스 생성 과정에서 결정되어야 되는 몇 가지 중요한 선택에 대해 설명한다. 생성할 인덱스들을 올바르게 선택하는 것은 성능 향상을 위해 데이터베이스 관리기가 가지는 가장 강력한 도구이다.

8.1 외부 저장장치상의 데이터

DBMS는 방대한 양의 데이터를 저장하며 데이터는 프로그램 실행에 걸쳐 지속되어야 한다. 그러므로 데이터는 디스크나 테이프와 같은 외부 저장장치에 저장되며, 처리를 위해서 필요할 때마다 주 기억장치로 가져온다. 디스크에 읽고 쓰는 정보의 단위를 *페이지*라 한다. 페이지의 크기는 DBMS 매개변수이며 대개 4KB나 8KB이다.

페이지 입출력(디스크에서 주 기억장치로의 *입력*과 주 기억장치에서 디스크로의 *출력*) 비용은 전형적인 데이터베이스 연산들의 비용의 대부분을 차지하기 때문에 데이터베이스 시스템들은 이 비용을 최소화하도록 최적화된다. 9장에서는 레코드의 파일들이 디스크에 물리적으로 저장되는 방법과 주 기억장치가 이용되는 방법에 대해서 다루며, 다음의 요점들은 중요하므로 명심해야 한다.

- 디스크는 가장 중요한 외부 저장장치이다. 디스크는 페이지 당 거의 고정적인 비용으

로 임의의 페이지를 검색할 수 있다. 물리적으로 저장되어 있는 순서대로 여러 페이지들을 읽는 다면, 그 비용은 랜덤하게 동일한 페이지들을 읽어 들이는 경우보다 훨씬 적을 수 있다.

- 테입은 순차 접근장치이며 페이지를 차례대로 읽게 한다. 대개 일상적으로 필요치 않는 데이터를 보관하는 데 사용된다.
- 파일에서 각 레코드는 **레코드 id**, 간단히 **rid**라 불리는 유일 식별자를 가지고 있다. rid는 그 레코드를 포함하고 있는 페이지의 디스크 주소를 식별할 수 있는 성질을 가진다.

데이터는 처리를 위해서 메모리로 읽혀지고, 지속적 저장을 위해서 디스크에 기록되며 이러한 동작은 *버퍼 관리기*라 불리는 소프트웨어에 의해 수행된다. *파일*과 *접근 방법* 레이어(종종 파일 레이어라 불림)가 페이지 처리를 필요로 할 때, 버퍼 관리기에게 rid를 명시하여 해당 페이지를 가져오도록 요청한다. 만약 해당 페이지가 메모리에 존재하지 않으면 버퍼 관리기는 디스크에서 그 페이지를 읽어온다.

1.8절에서 설명된 DBMS 소프트웨어 아키텍처에 따르면 *디스크상의 공간은 디스크 공간 관리기*에 의해서 관리된다. 파일과 접근 방법 레이어가 파일에 새로운 레코드들을 저장하기 위해 추가적인 공간을 필요로 할 경우, 그 파일에 대해 추가적인 공간을 할당하도록 디스크 공간 관리기에게 요청한다. 또한 할당된 디스크 페이지 중에서 더 이상 필요치 않는 페이지가 있는 경우에도 디스크 공간 관리기에게 알려준다. 디스크 공간 관리기는 파일 레이어에 의해 사용 중인 페이지들을 기록하고 관리한다. 만약 파일 레이어가 어떤 페이지의 사용을 마치게 되면 공간 관리기는 이것을 기록하고 나중에 파일 레이어가 새로운 페이지를 요구할 때 해당 공간을 재사용 한다.

본 장의 나머지 부분에서는 파일과 접근 방법 레이어를 중점적으로 다루어 본다.

8.2 파일 구성과 인덱싱

레코드 파일(file of records)은 DBMS에서 중요한 추상화로써 파일과 접근 방법 레이어 코드에 의해서 구현된다. 파일은 생성되고 소멸되며 레코드를 삽입하고 삭제할 수 있다. 또한 이것은 스캔을 지원한다. **스캔**(scan) 연산이란 한번에 하나씩 파일의 모든 레코드들을 살펴보는 것이다. 관계는 일반적으로 레코드로 구성된 파일로써 저장된다.

파일 레이어는 파일의 레코드들을 여러 개의 디스크 페이지에 저장한다. 또한 각 파일에 할당되어 있는 페이지들을 기록하고, 레코드가 삽입되고 삭제된면서 그 파일에 할당된 페이지 내에서 사용 가능한 공간을 관리한다.

가장 간단한 파일 구조로는 비순서(unordered) 파일 즉, **힙 파일**이 있다. 힙 파일에서 레코드들은 파일의 페이지에 랜덤한 순서로 저장된다. 힙 파일 구조는 모든 레코드들의 검색이나 rid에 의한 특정 레코드의 검색을 지원한다; 파일 관리기는 그 파일에 할당된 페이지들을 관리한다(힙 파일이 어떻게 구현되는 지는 9장에서 자세히 다룬다).

인덱스는 어떤 종류의 검색 연산을 최적화하기 위해 디스크 상에 데이터 레코드들을 구성하는 데이터 구조이다. 인덱스를 사용한다. 인덱스의 **탐색 키** 필드에 대한 검색 조건을 만족하는 모든 레코드들을 효율적으로 검색할 수 있다. 데이터 레코드를 저장하는 데 사용된 파일 구성에서 효율적으로 지원되지 않는 탐색 연산의 속도를 향상시키기 위해서는 주어진 데이터 레코드 집합에 다른 탐색 키를 사용하여 인덱스를 추가적으로 생성할 수도 있다.

예를 들어 직원 레코드의 경우 직원의 나이를 인덱스로 구성한 파일에 레코드를 저장할 수 있다; 이것은 나이순으로 파일을 정렬하는 것과는 다른 방법이다. 월급과 관련된 질의를 신속하게 수행하기 위해 추가적으로 월급에 대해 보조 인덱스 파일을 생성할 수 있다. 첫 번째 파일은 직원 레코드들을 가지고 있으며 두 번째 파일은 월급에 관한 질의를 만족하는 직원 레코드를 찾게 해주는 레코드들을 포함한다.

인덱스 파일에 저장되어 있는 레코드들을 나타내기 위해 **데이터 엔트리**라는 용어를 사용한다. *k**라고 표기되는 탐색 키 값 *k*를 가지는 데이터 엔트리는 탐색 키 값 *k*를 가지는 하나 이상의 데이터 레코드들을 위치하는 데 필요한 충분한 정보를 가진다. 인덱스를 효율적으로 검색하여 원하는 데이터 엔트리들을 찾고, 이를 이용하여 데이터 레코드들을 얻는다.

인덱스에 데이터 엔트리로 저장하는 데는 크게 세 가지 방법이 있다:

1. 데이터 엔트리 *k**는 (탐색 키 값 *k*를 포함하는) 실제 데이터 레코드이다.
2. 데이터 엔트리는 <*k, rid*>쌍이다. 여기서 *rid*는 탐색 키 값 *k*를 가지는 데이터 레코드의 id이다.
3. 데이터 엔트리는 <*k, rid-list*>의 쌍이다. 여기서 *rid-list*는 검색 키 값 *k*를 가지는 데이터 레코드들의 id들 리스트이다.

물론 인덱스가 실제 데이터 레코드를 저장하는 데 사용된다면, 위의 첫 번째 방법에서 각 엔트리 *k**는 탐색 키 값 *k*를 가지는 데이터 레코드이다. 이런 인덱스는 특별한 파일 구성으로도 볼 수 있다. 이러한 **인덱스 파일 구성**(index file organization)은 정렬 파일이나 비순서 레코드 파일을 대신해서 사용될 수 있다.

데이터 레코드들을 가리키는 데이터 엔트리들을 포함하고 있는 방법 (2)와 (3)은 인덱스된 파일(즉, 데이터 레코드들을 포함하는 파일)을 위해서 사용된 파일 구성과는 독립적이다. 방법 (3)은 방법 (2)보다 더 효과적으로 공간을 이용하지만, 데이터 엔트리의 크기가 주어진 탐색 키 값을 갖는 데이터 레코드의 수에 따라 가변적이다.

만약 직원 레코드 집합에서 *age*와 *sal* 필드에 대해 인덱스를 만드는 경우처럼, 데이터 레코드집합에 대해 하나 이상의 인덱스를 만들고자 한다면, 인덱스 중 적어도 하나는 방법 (1)을 사용해야 한다. 그 이유는 데이터 레코드를 여러 번 저장하는 것을 피할 수 있기 때문이다.

8.2.1 군집 인덱스

데이터 레코드의 순서가 그 파일에 대한 인덱스의 데이터 엔트리 순서와 동일하거나 비슷하도록 파일을 구성할 때, 그러한 인덱스는 **군집**되었다고 하고, 그렇지 않다면 **비군집** 인덱스라고 한다. 방법 (1)을 사용하는 인덱스는 정의에 의하면 군집 인덱스이다. 방법 (2)나 (3)을 사용하는 인덱스는 데이터 레코드가 탐색 키 필드에 의해 정렬되어 있는 경우에만 군집 인덱스가 될 수 있다. 그렇지 않다면, 데이터 레코드의 순서가 오로지 그들의 물리적인 순서에 의해 결정되어 랜덤하게 되어, 같은 순서로 인덱스의 데이터 엔트리를 배열할 수 있는 마땅한 방법이 없다.

실제로, 데이터가 갱신되었을 때 데이터 레코드들을 정렬된 순서로 유지하는 것은 비용이 너무 많이 들기 때문에 파일은 좀처럼 정렬되어 유지되지 않는다. 그래서 실제로는 군집 인덱스는 방법 (1)을 사용하는 인덱스이고, 방법 (2)나 (3)을 사용하는 인덱스는 비군집이다. 가끔 방법 (1)을 사용하는 인덱스를 **군집 파일**(clusfered file)이라 부르는 데, 왜냐하면 데이터 엔트리가 실제 데이터 레코드이고 따라서 인덱스는 데이터 레코드의 파일이기 때문이다. (앞에서 살펴보았듯이, 인덱스에 대한 탐색과 스캔은 비록 인덱스가 데이터 엔트리를 구성하는 추가 정보를 포함할지라도, 단지 데이터 엔트리만을 반환한다.)

범위 탐색 질의에 인덱스를 사용하는 비용은 그 인덱스가 군집인지의 여부에 따라서 크게 달라진다. 만약 인덱스가 군집이어서 군집 파일의 탐색 키를 사용하게 되면 부합되는 데이터 엔트리에 있는 rid는 연속된 레코드 묶음을 가리키며 따라서 단지 몇 개의 데이터 페이지만 검색하면 된다. 만약 인덱스가 비군집이면, 부합되는 각 데이터 엔트리가 서로 다른 데이터 페이지를 가리키는 rid를 포함하게 되어, 그림 8.1과 같이 범위 셀렉션에 부합되는 데이터 엔트리의 수만큼의 데이터 페이지의 입출력이 필요하게 된다. 이것에 대해서는 13장에서 자세히 다룰 것이다.

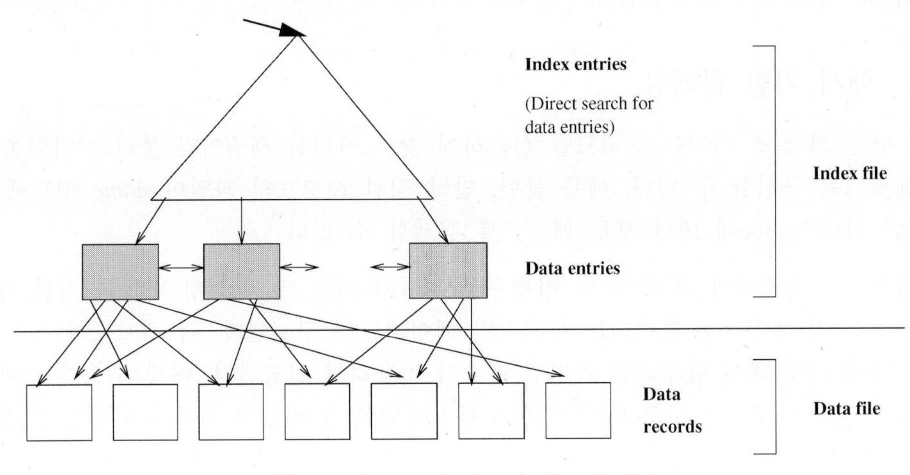

그림 8.1 방법(2)를 이용한 비군집 인덱스

8.2.2 기본 인덱스와 보조 인덱스

기본 키(3장 참고)를 포함하는 필드들에 대한 인덱스를 **기본 인덱스**라고 하고, 그 외의 인

덱스를 **보조** 인덱스라고 한다(*기본 인덱스*와 *보조 인덱스*라는 용어는 다른 의미로도 사용된다. 방법 (1)을 사용하는 인덱스를 *기본 인덱스*라 하고, 방법 (2)나 (3)을 사용하는 인덱스를 보조 인덱스라고 한다. 이 책에서는 앞의 정의를 일관되게 사용하겠지만, 독자들은 문헌에서 표준 용어가 없음을 인식하길 바란다).

만약 두 데이터 엔트리가 인덱스와 관련된 탐색 키 필드에 대해 동일한 값을 가질 경우 이것을 **중복**(duplicates)이라고 한다. 기본 인덱스는 중복을 포함하지 않도록 보장되지만, 다른 필드들에 대한 인덱스는 중복을 포함할 수 있다. 일반적으로, 보조 인덱스는 중복을 포함한다. 만약 중복이 존재하지 않음을 알고 있다면, 바꿔 말해서, 탐색 키가 어떤 후보 키를 포함하고 있다면, 이러한 인덱스를 **유일** 인덱스라고 한다.

인덱스에서 데이터 엔트리를 구성하는 방법은 효율적인 데이터 엔트리 검색을 위해서 중요한 이슈이다. 이제부터 이것에 대해서 알아보자.

8.3 인덱스 자료 구조

데이터 엔트리를 구성하는 한 가지 방법은 데이터 엔트리들을 탐색 키에 대해 해싱하는 것이다. 데이터 엔트리를 구성하는 또다른 방법은 데이터 엔트리에 대한 탐색의 방향을 결정하는 트리와 비슷한 데이터 구조를 구축하는 것이다. 본 절에서는 이러한 두 가지 기본적인 접근법를 소개한다. 10장과 11장에서는 각각 트리 기반 인덱싱과 해시 기반 인덱싱에 대해서 보다 자세히 다룬다.

주목할 것은 해싱이나 트리 인덱싱 기법이 앞에서 언급한 데이터 엔트리를 구성하는 세 가지 방법 중 어느 것과도 결합될 수 있다는 것이다.

8.3.1 해시 기반 인덱싱

주어진 탐색 키 값을 가지는 레코드를 신속하게 찾기 위해서 *해싱*이라 불리는 기법을 사용해서 레코드를 구성할 수 있다. 예를 들면, 만약 직원 레코드의 파일이 *name* 필드에 대해 해시되어 있다면, Joe에 대한 모든 레코드를 검색할 수 있다.

이 방식에서는 파일내의 레코드들이 **버켓**으로 분류가 되는 데, 이러한 버켓은 **기본 페이지**와 경우에 따라 체인으로 연결되는 부가적인 페이지들로 구성된다. 각 레코드가 속하게 될 버켓은 탐색 키에 **해시 함수**라는 특별한 함수를 적용하여 결정된다. 버켓 주소가 주어지면, 해시 기반 인덱스 구조는 한두 번의 디스크 입출력으로 그 버켓의 기본 페이지를 검색할 수 있게 한다.

삽입시, 레코드는 적당한 버켓에 삽입이 되고, 필요한 경우 '오버플로우' 페이지를 할당한다. 주어진 탐색 키 값을 가지는 레코드를 찾아내기 위해서는 우선 해시 함수를 적용하여 그런 레코드가 속할 수 있는 버켓을 식별한 다음 그 버켓에 존재하는 모든 페이지들을 살펴본다. 만약 인덱스는 *sal*에 만들어져 있지만 특정 나이 값을 갖는 레코드를 찾게 되는 경우처럼 레코드에 대한 탐색 키 값을 갖지 않는 경우에는 파일의 모든 페이지를 스캔해야만 한다.

본 장에서는 레코드의 탐색 키에 해시 함수를 적용하면 한번의 입출력을 통해 그 레코드를 가지고 있는 페이지를 식별하고 검색할 수 있다고 가정한다. 실제로 삽입과 삭제에 적절하게 적응하면서 한두 번의 입출력(11장 참조)을 통해 어떤 레코드를 포함하는 페이지를 검색할 수 있는 해시 기반 인덱스 구조들이 알려져 있다.

그림 8.2에 보이는 해시 인덱싱에서 데이터는 *age*에 대해 해시된 파일에 저장되어 있다. 이러한 첫 인덱스 파일의 데이터 엔트리들은 실제 데이터 레코드들이다. 나이 필드에 해시 함수를 적용함으로써 그 레코드가 소속되는 페이지를 식별한다. 이 예제를 위한 해시 함수 *h*는 꽤 간단하다. 탐색 키 값을 이진 표현으로 변환하고, 버켓 식별자로 끝의 두 비트를 사용한다.

또한 그림 8.2는 <*sal, rid*>쌍을 데이터 엔트리로 가지는 월급이 탐색 키인 인덱스를 보여주고 있다. 이 두 번째 인덱스에서 데이터 엔트리의 일부인 *rid*(record id의 축약형)는 탐색 키 값 *sal*을 가지는 레코드를 가리키는 포인트이다(그림에서 화살표가 데이터 레코드를 가리킴).

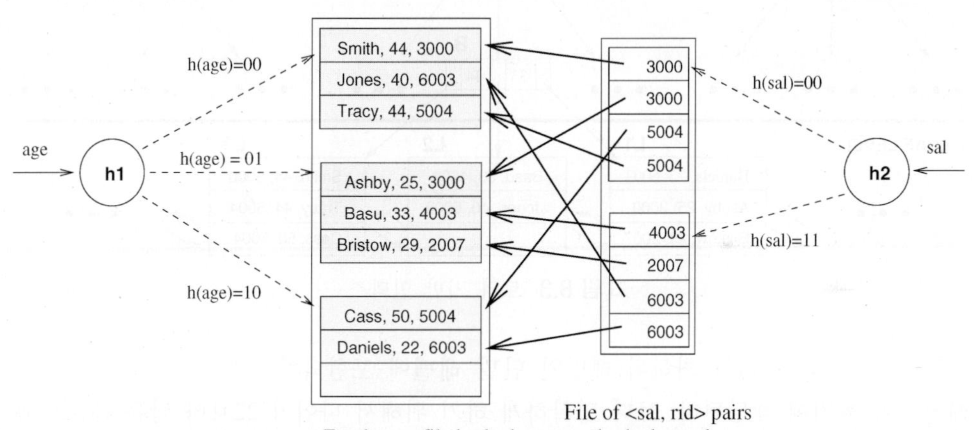

그림 8.2 *sal*상에 보조 인덱스를 가지며, *age*상에 해시된 인덱스 구성파일

8.2절에서 소개한 용어를 따르자면, 그림 8.2는 데이터 엔트리를 위한 방법 (1)과 (2)를 설명하고 있다. 직원 레코드 파일이 *age*에 대해 해시되어 있고, 방법 (1)이 데이터 엔트리에 대해 사용된다. 월급에 대해 구축된 두 번째 인덱스 또한 <*sal, rid of employee record*>쌍으로 표현되는 데이터 엔트리의 위치를 찾기 위해 해싱을 사용한다. 즉, 방법 (2)가 데이터 엔트리에 사용된다.

인덱스를 위한 탐색 키는 임의의 순서로 된 하나 혹은 그 이상의 필드가 될 수 있고 또 레코드를 유일하게 식별할 필요가 없음을 주목해야겠다. 예를 들어, 월급 인덱스에서 두 개의 데이터 엔트리가 동일한 탐색 키 값인 6003을 가지고 있다(불행히도 데이터베이스 문헌에서 키라는 용어가 overloading되어 있다. 한 레코드를 유일하게 식별하는 필드인 *기본 키*나

*후보 키*는 탐색 키의 개념과 관계가 없다).

8.3.2 트리 기반 인덱스

해시 기반 인덱싱과는 다른 방법으로 트리와 비슷한 데이터 구조를 이용한 레코드의 구성이 있다. 데이터 엔트리들은 탐색 키 값에 따라 정렬된 순서대로 배열되고 계층형 탐색 데이터 구조가 데이터 엔트리의 정확한 페이지에 대한 탐색을 안내해 주기 위해 유지된다.

그림 8.3은 그림 8.2에서 보였던 직원 레코드들을 탐색 키 *age*에 대한 트리 구조 인덱스를 사용해서 구성한 것이다. 그림에서 각 노드(예를 들어, A, B, L1, L2라고 표시된 노드)는 물리적인 페이지이고, 노드의 검색은 디스크 입출력을 수반한다.

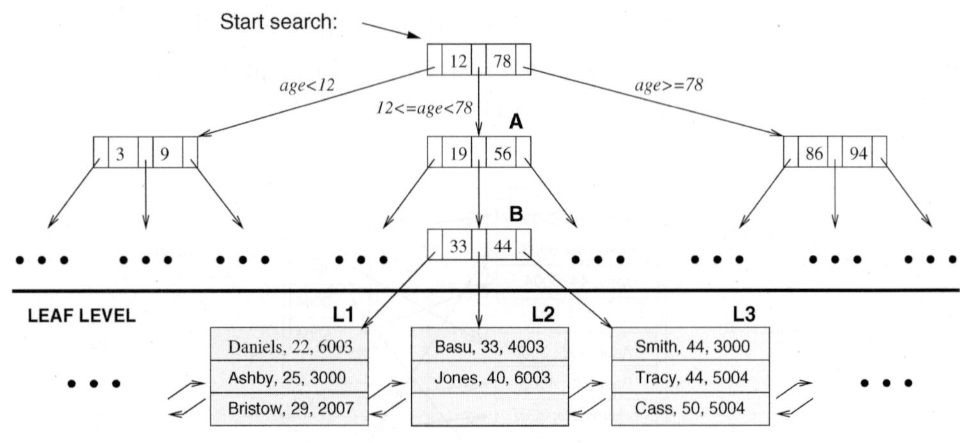

그림 8.3 트리 기반 인덱스

데이터 엔트리들은 트리의 최하위 레벨인 **단말 레벨**에 포함되어 있다. 예제의 경우에는 직원 레코드가 여기에 해당된다. 보다 명확하게 하기 위해서 나이가 22보다 작은 레코드와 50보다 큰 레코드가 추가된 그림 8.3을 고려해 보자. 나이가 22보다 작은 추가 레코드는 왼쪽 페이지 L1의 단말 페이지에 나타나고 나이가 50보다 큰 레코드는 오른쪽 페이지 L3의 단말 페이지에 나타난다.

이러한 구조는 원하는 범위에 속하는 검색 키 값을 가진 모든 데이터 엔트리를 효율적으로 찾을 수 있게 해준다. 모든 검색은 **루트**라 불리는 최상위 노드에서 시작하고, 비단말 레벨에 위치한 페이지들의 내용은 올바른 단말 페이지를 찾아가게 해준다. 비단말 페이지들은 검색 키 값에 의해서 구분되는 노드 포인터들을 가지고 있다. 키 값 *k*의 왼쪽에 위치한 노드 포인터는 *k*보다 작은 데이터 엔트리만을 포함하는 서브 트리를 가리킨다. 키 값 *k*의 오른쪽에 위치한 노드 포인터는 *k*보다 크거나 같은 데이터 엔트리만을 포함하는 서브 트리를 가리킨다.

예제에서 나이가 24보다 크고 50보다 작은 모든 데이터 엔트리를 찾아보자. 그림 8.2를 보면 루트 노드에서 자식 노드에 이르는 각 edge는 해당되는 서브 트리가 무엇을 포함하고 있는 지를 설명하는 레이블을 가지고 있다(그림에서 나머지 edge에 대한 레이블은 나타나 있지 않지만 쉽게 유추할 수 있다). 앞에서 예를 든 탐색에서 탐색 키 값이 24보다 큰 데이터 엔트리를 찾으려면 루트의 가운데 자식인 노드 A에 이른다. 마찬가지로, 이 노드를 통해서 노드 B에 이르며, 이 노드의 내용을 들여다보면 현재 찾고자 하는 데이터 엔트리를 포함하는 단말 노드 L1에 이르게 된다.

단말 노드 L2와 L3 또한 탐색 조건을 만족하는 데이터 엔트리들을 포함하고 있음을 볼 수 있다. 그러므로 탐색 도중 조건에 부합되는 데이터 엔트리들의 검색을 용이하게 하기 위해 모든 단말 노드들은 이중 링크 리스트로 연결된다. 따라서 페이지 L1에 있는 'next' 포인터를 따라서 페이지 L2를 가져오고 다음 L2상의 'next' 포인터를 따라 페이지 L3을 가져오게 된다.

따라서 탐색 도중 발생하는 디스크 입출력 수는 루트에서 단말 노드에 이르는 경로의 길이에다 부합하는 데이터 엔트리를 가지는 단말 페이지의 수를 합한 것과 같다. **B+ 트리**는 주어진 트리의 루트에서 단말 노드에 이르는 모든 경로의 길이가 동일한 인덱스 구조이다. 다시 말해서, 이 구조는 높이에 있어서 항상 균등하다. 해당 단말 페이지를 찾는 것은 정렬된 파일에서 페이지를 이진 탐색하는 것보다 더 빠르다. 왜냐하면 각 비단말 노드는 매우 많은 노드 포인터들을 수용할 수 있고, 트리의 높이는 실제로 3이나 4를 넘지 않기 때문이다. 균등 트리(balanced tree)의 **높이**는 루트에서 단말에 이르는 경로의 길이를 나타낸다. 그림 8.3에서 트리의 높이는 3이다. 원하는 단말 페이지를 검색하는 데 필요한 입출력 수는 루트와 단말 페이지를 포함해서 4가 된다(실제로 루트는 빈번하게 접근되기 때문에 버퍼 풀에 저장되어 있으며 따라서 높이가 3인 트리에 대해 세 번의 입출력이 일어난다).

비단말 노드에 있어서 자식의 평균수를 트리의 **팬 아웃**(fan-out)이라고 한다. 만약 모든 비단말 노드가 n개의 자식의 가지고 있다면, 높이가 h인 트리는 n^h개의 단말 페이지를 가지게 된다. 실제로 노드들은 같은 수의 자식을 가지고 있지는 않지만 n에 해당되는 평균값 F를 사용해서 단말 페이지의 수에 대해 F^h라는 괜찮은 대충 값을 얻을 수 있다. 실제로 F는 최소한 100이며 그것은 높이가 4인 트리의 경우 일억 개의 단말 페이지를 가지게 됨을 의미한다. 그러므로 네 번의 입출력을 통해서 일억 개의 단말 페이지를 가지는 파일을 탐색해서 원하는 페이지를 찾아 낼 수 있다. 대조적으로 동일한 파일에 대해서 이진 탐색을 할 경우 필요한 입출력의 수는 $log_2 100,000,000$ 즉 25 이상이다.

8.4 파일구성의 비교

지금부터는 여러 가지 기본적인 파일 구성을 놓고 직원 레코드들에 대한 몇 가지 단순 연산의 비용을 비교한다. 파일과 인덱스들은 복합 탐색 키인 <*age, sal*>에 의해 구성되어 있고 모든 셀렉션 연산들은 이 필드들을 명시하고 있다고 가정하자. 다음과 같은 구성을 고려해 보자.

- 랜덤 순서로 되어 있는 직원 레코드 파일 즉 힙 파일
- <*age, sal*>에 의해 정렬되어 있는 직원 레코드 파일

- 검색 키로 <*age, sal*>을 가지는 군집 B+ 트리 파일
- <*age, sal*>에 대한 비군집 B+ 트리 인덱스를 가지는 힙 파일
- <*age, sal*>에 대한 비군집 해시 인덱스를 가지는 힙 파일

위의 리스트는 실제로 고려될 수 있는 주요한 대안들을 포함하며, 여기서 적절한 파일 구조의 선택이 얼마나 중요한지를 보이고자 한다. 분명 레코드들을 정렬하지 않은 채로 두거나 정렬할 수도 있다. 또한 데이터 파일에 대해 인덱스를 구성할 지 선택할 수 있다. 주목할 것은 데이터 파일이 정렬되어 있더라도, 정렬 순서와 다른 탐색 키를 가지는 인덱스는 힙 파일에 대한 인덱스와 비슷하게 동작한다는 것이다.

- **스캔**: 파일에 있는 모든 레코드들을 가져온다. 파일을 구성하는 페이지들은 디스크에서 버퍼 풀로 가져와야 한다. 또한 버퍼 풀에 존재하는 페이지 내에서 원하는 레코드로 위치하는 데 소요되는 레코드 당 CPU 오버헤드가 있다.
- **등호 셀렉션 탐색:** 등호 셀렉션을 만족하는 모든 레코드를 가져온다. 예를 들어, "*나이*가 23이고 *월급*이 50인 직원에 대한 레코드를 찾아라"와 같은 질의가 이에 해당한다. 해당 레코드를 포함하는 페이지들은 디스크에서 가져와야 하고 검색된 페이지 내에서 해당 레코드들의 위치가 파악되어야 한다.
- **범위 셀렉션 탐색:** 범위 셀렉션을 만족하는 모든 레코드를 가져온다. 예를 들어, "*나이*가 35보다 큰 모든 직원 레코드를 찾아라"와 같은 질의가 이에 해당한다.
- **레코드 삽입**: 주어진 레코드를 파일에 삽입한다. 우선 새로운 레코드가 삽입될 파일내의 페이지를 식별한 다음, 디스크에서 해당 페이지를 가져오고, 새로운 레코드를 포함시키고 나서, 그 수정된 페이지를 다시 디스크에 저장한다. 파일 구성에 따라서 다른 페이지들도 읽어 들이고, 수정한 후에 저장해야만 한다.
- **레코드 삭제**: rid로 명시된 레코드를 삭제한다. 해당 레코드가 있는 페이지를 알아내야 하고, 디스크에서 이것을 가져온 다음 수정해서 저장한다. 파일 구성에 따라서는 다른 페이지들도 읽어서, 수정한 후에 다시 저장해야 할 경우도 있다.

8.4.1 비용 모델

파일 구성의 비교에서나 나중 장에서는 서로 다른 데이터베이스 연산들의 실행시간 측면에서의 비용을 예측하기 위한 간단한 비용 모델을 사용한다. B는 공간의 낭비 없이 레코드를 페이지에 꾸릴 때 데이터 페이지의 수를 나타내고, R은 페이지 당 레코드의 수를 나타낸다고 하자. 디스크 페이지 하나를 읽고 쓰는 데에 걸리는 평균 시간을 D라 하고, 한 레코드를 처리하는 데 걸리는 시간(예를 들어 필드 값과 셀렉션 상수를 비교하는 시간)은 C라고 하자. 해시 파일 구성에서 *해시 함수*를 사용하여 레코드를 어떤 범위내의 숫자로 사상(map)시킨다. 레코드에 해시 함수를 적용시키는 데 걸리는 시간을 H라 하자. 트리 인덱스에서 F는 팬 아웃을 나타내고, 이것은 8.3.2절에서 언급했듯이 대체적으로 최소한 100이 된다.

현재 보편적으로 D는 15 milliseconds이고, C와 H는 100 nanoseconds이다. 따라서 입출력 비용이 대부분을 차지하고 있음을 알 수 있다. 입출력은 종종 데이터베이스 연산 비용의 대부분을 차지하는 요소이기 때문에 입출력 비용의 산정이 실제 비용을 계산하기 위한 좋은 첫 걸음이다. 게다가 CPU 속도가 점차적으로 향상되고 있는 반면, 디스크는 그 발전 속도를 따라가지 못하고 있다(반면에 메인 메모리의 용량이 증가하면서 필요한 페이지들의 훨씬 많은 부분이 메모리에 수용되어 결과적으로 입출력 요청을 감소시킨다!). 비용 모델의 입출력 요소에 초점을 맞추겠으며 메모리 내에서의 레코드 당 처리비용을 상수 C로 나타내기로 가정한다. 아래에 소개하는 내용을 기억해 두자.

- 실제 시스템에서는 CPU 비용(그리고 분산 데이터베이스에서의 네트워크 전송 비용)과 같은 비용의 다른 측면을 고려해야 한다.
- 입출력 비용에 초점을 맞추려는 우리의 시도에서조차 정확한 모델은 핵심적인 개념을 단순한 방식으로 전달하려는 우리의 의도에 비하면 너무 복잡할 수 있다. 따라서 디스크에서 읽고 쓰는 페이지의 수만으로 입출력 비용을 나타내는 단순화된 모델을 사용하기로 한다. 앞으로의 분석에서 **블록화된 접근**(blocked access)이라는 중요한 개념을 무시하기로 한다—대체적으로 디스크 시스템은 연속된 페이지들로 구성된 하나의 블록을 한번의 입출력 요청으로 읽게 허용한다. 이 경우 소요되는 비용은 블록의 첫 번째 페이지를 찾고 블록의 나머지 페이지를 전송하는 데에 걸리는 시간과 같다. 이러한 블록화된 접근은 블록에 속한 각 페이지마다 입출력 요청을 하는 경우보다 훨씬 적은 비용이 든다. 특히, 이러한 입출력 요청들이 연속적으로 발생하지 않는 경우 더욱 그러한데 그 이유는 블록내의 각 페이지마다 탐색 비용이 추가로 소요되기 때문이다.

단순화시키기 위한 여기서의 가정이 중요한 면에서 결론에 영향을 미칠 경우마다 비용 모델과 연관지어서 논의하기로 한다.

8.4.2 힙 파일

스캔: 페이지 당 D시간이 소요되는 B개의 페이지를 검색하며 각 페이지 내에는 레코드 당 C시간이 소요되는 R개의 레코드를 처리해야 하기 때문에 비용은 $B(D+RC)$이다.

등호 셀렉션 검색: 셀렉션이 후보 키에 대해 명시되어 정확히 하나의 레코드가 원하는 등호 셀렉션 조건에 부합된다는 것을 미리 안다고 해보자. 해당 레코드가 존재하고 검색 필드의 값의 분포가 균일하다고 가정하면 평균적으로 파일의 절반을 스캔해야 한다. 검색된 각 페이지에 대해 원하는 레코드가 그 안에 있는 지를 알아내기 위해서는 모든 레코드를 검사한다. 따라서 비용은 $0.5B(D+RC)$이다. 만약 셀렉션 조건을 만족하는 레코드가 존재하지 않는 경우 파일 전체를 스캔해야 한다.

만약 후보 키가 아닌 필드에 대한 셀렉션인 경우에는(예를 들면 "*나이*가 18세인 직원을 찾아라"), 나이 값이 18인 레코드가 파일 전체에 퍼져 있을 수 있으며 또한 그런 레코드가 얼마나 존재하는 지 알 수 없기 때문에 항상 전체 파일을 스캔해야 한다.

범위 셀렉션 검색: 조건에 맞는 레코드들이 파일 어디에나 존재할 수 있고 그러한 레코드가 얼마나 존재하는 지 알 수 없기 때문에 파일 전체를 스캔해야 한다. 비용은 $B(D+RC)$이다.

삽입: 레코드는 항상 파일의 끝에 삽입된다고 가정하면 파일에서 마지막 페이지를 가져와서 레코드를 추가하고 다시 저장해야 한다. 그 비용은 $2D+C$이다.

삭제: 먼저 해당 레코드를 찾아야하고, 해당 페이지에서 그 레코드를 삭제한 후, 수정된 페이지를 다시 저장해야 한다. 문제를 단순화[1]하기 위해서 삭제에 의해 생긴 파일 내의 공백을 회수하기 위한 파일의 압축(compact)은 하지 않기로 가정하자. 비용은 탐색 비용에 C와 D를 더한 것이다.

삭제될 레코드는 레코드 *id*를 사용해서 명시된다고 가정한다. 페이지 *id*는 레코드 *id*로부터 쉽게 얻을 수 있기 때문에 그 페이지에서 곧바로 읽어 들일 수 있다. 따라서 탐색 비용은 D가 된다.

삭제될 레코드가 임의의 필드에 대한 등호 셀렉션이나 범위 셀렉션 조건으로 명시되어 있는 경우의 탐색 비용은 등호와 범위 셀렉션에 대해 소개할 때 언급되었다. 삭제에 필요한 비용은 삭제될 레코드들을 포함하는 모든 페이지가 수정되어야 하므로, 삭제될 레코드의 수에 따라 달라진다.

8.4.3 정렬 파일

스캔: 모든 페이지를 검사해야 하므로 비용은 $B(D+RC)$이다. 이것은 무순서 파일의 경우와 비교해 다를 것이 없다. 그러나 레코드가 검색되는 순서는 정렬 순서를 따른다. 다시 말해서, 나이순으로 모든 레코드를, 그리고 같은 나이이면 *월급* 순으로 검색된다.

등호 셀렉션 검색: <*age*, *sal*>의 정렬 순서에 부합되는 등호 셀렉션이 있다고 가정하자. 즉, 셀렉션 조건이 최소한 복합 키(예를 들어, *age* = 30)의 첫 번째 필드에 대해 명시되어 있는 경우이다. 그러지 않다면(예를 들어, 셀렉션 *sal* = 50 혹은 *department* = "*Toy*"인 경우), 정렬 순서는 아무런 도움이 안 되고 비용은 힙 파일의 경우와 같다.

만약 부합되는 레코드가 존재하는 경우, 이진 탐색으로 log_2B 내에 원하는 레코드들이 들어있는 첫 페이지를 구할 수 있다(이러한 분석은 정렬 파일의 페이지들이 순차적으로 저장되어 있고, 한번의 디스크 입출력으로 곧장 파일의 *i*번째 페이지를 검색 할 수 있다는 가정을 하고 있다). 각 단계마다 한번의 디스크 입출력과 두 번의 비교가 필요하다. 일단 페이지를 찾고 나면, 그 안에서 부합하는 첫 레코드는 그 페이지에 대한 이진 탐색으로 찾을 수 있으며 그 비용은 $Clog_2R$이다. 전체 비용은 $Dlog_2B+Clog_2R$이 되며, 힙 파일을 탐색하는 것에 비하면 큰 향상이다. 만약 부합하는 레코드가 여러 개이면(예를 들어, "나이가 18세인 모든 직원을 찾아라"), *나이*에 의해 정렬되어 있는 관계로 그러한 레코드들은 서로 인접하여 존

[1] 9장에서 설명한 것과 같이, 실제로 디렉토리나 다른 데이터 구조는 빈 공간을 탐지하는 데 사용하고 레코드들은 첫 번째 빈 슬롯에 삽입된다. 여기서 삽입과 삭제의 비용이 조금 증가하긴 하지만 우리의 비교에는 영향을 미치지 않는다.

재하므로, 그러한 레코드들을 모두 검색하는 비용은 그러한 레코드 중 첫 번째를 찾는 비용 ($Dlog_2B + Clog_2R$)에 해당되는 레코드들을 순차적으로 읽는 데 드는 비용을 합한 것이다. 대체적으로 부합하는 모든 레코드들은 하나의 페이지에 들어간다. 만약 부합하는 레코드가 없는 경우 이것은 부합하는 첫 번째 레코드에 대한 탐색에 의해 설정되는 데, 이는 부합되는 레코드가 존재했다면 그 레코드를 담고 있을 페이지를 찾아내고 그 페이지를 탐색하는 것에 해당한다.

범위 셀렉션 탐색: 여기서도 범위 셀렉션이 복합 키와 일치한다고 가정하고, 셀렉션을 만족하는 첫 레코드를 등호 탐색에서처럼 찾아낸다. 이어서 조건의 범위를 넘어가는 레코드가 발견될 때까지 데이터 페이지들을 순차적으로 검색한다. 이것은 부합되는 레코드가 많은 등호 검색과 유사하다.

비용은 탐색 비용에다 탐색을 만족시키는 모든 레코드들을 검색하는 비용을 합친 것이다. 탐색 비용은 조건을 만족하는 레코드들을 포함하는 첫 페이지를 가져오는 비용을 포함한다. 범위가 작은 셀렉션의 경우 모든 부합하는 레코드들이 이 페이지에 나타나고, 범위가 더 커지면 부합하는 레코드들을 담고 있는 그 외의 페이지들을 가져와야 한다.

삽입: 정렬 순서를 유지하면서 레코드를 삽입하려면, 첫 번째 파일에서 올바른 위치를 찾고, 레코드를 추가한 다음 모든 후속 페이지들을 가져와서 다시 저장해야 한다. (이는 파일에 비어 있은 슬롯이 없다고 가정하고서, 예전의 레코드들은 모두 한 슬롯씩 뒤로 밀려야 하기 때문이다.) 평균적으로 레코드는 파일의 중간 부분에 속한다고 가정할 수 있다. 그러므로 새로운 레코드를 추가한 다음에는 파일의 후반을 읽어서 다시 저장해야 한다. 비용은 새로운 레코드의 위치를 찾는 비용에다 $2 \cdot (0.5B(D + RC))$ 즉, $B(D + RC)$를 더한 것이 된다.

삭제: 레코드를 탐색해서 그 페이지로부터 레코드를 삭제한 후, 수정된 페이지를 다시 기록하여야 한다. 또한 삭제 후 생긴 빈 공백[2]을 채우기 위해 삭제된 레코드 이후의 모든 레코드를 앞으로 당겨야 하므로 모든 후속 페이지들을 읽고 다시 기록해야 한다. 삭제 비용은 삽입 비용과 동일하기 때문에 검색 비용에 $B(D + RC)$를 더한 것이 된다. 삭제할 레코드의 *rid*가 주어지면, 해당 레코드를 포함하는 페이지를 곧장 가져올 수 있다.

만약 삭제할 레코드를 등호나 범위 조건으로 명시하는 경우에는 해당 레코드의 수에 따라 삭제 비용이 달라진다. 만약 조건이 정렬 필드에 명시되어 있다면, 해당되는 레코드들은 반드시 연속되어 있으므로, 이진 탐색을 이용해서 부합되는 첫 번째 레코드를 찾아낼 수 있다.

8.4.4 군집 파일

광범위한 실험에 의하면 군집 파일에서 페이지들은 대략 67%가 차있다. 따라서 실제적인 데이터 페이지의 수는 약 $1.5B$가 되며, 이러한 내용을 아래의 분석에서 사용한다.

스캔: 모든 데이터 페이지에 대한 검사로 인해 스캔 비용은 $1.5B(D + RC)$가 된다. 이것은

[2] 힙 파일과 달리 빈 공간을 관리할 수 있는 간단한 방법이 없기 때문에 레코드 하나를 삭제할 때에도 파일을 정리하는 비용을 계산에 넣어야 한다.

데이터 페이지의 증가에 대해 명확한 조정을 해주면 정렬 파일과 유사하다. 주의할 점은 순차적 입출력으로 인한 비용에서의 내재적 차이를 비용의 척도에 포함시키지 않았다는 것이다. 비록 B+ 트리보다 ISAM을 사용하는 군집 파일이 거의 비슷하지만 정렬 파일이 이런 측면에서는 월등할 것으로 예상된다.

등호 셀렉션 탐색: 우선 등호 셀렉션이 탐색 키 <*age, sal*>과 일치한다고 가정하자. 만약 조건을 만족시키는 레코드가 존재한다면 원하는 레코드들을 포함하는 첫 페이지의 위치를 $log_F 1.5B$ 단계 내에 찾을 수 있다. 다시 말하면, 루트에서 적절한 단말에 이르는 모든 페이지들을 가져오게 된다. 실제로 루트 페이지는 버퍼 풀에 저장되어 있을 것이고 따라서 입출력 시간을 줄일 수는 있지만, 지금의 단순화된 분석에서는 이것을 무시한다. 각 단계는 한 번의 디스크 입출력과 두 번의 비교를 필요로 한다. 일단 해당 페이지를 알게 되면, 그 페이지에 대한 이진 탐색으로 부합하는 첫 레코드를 $Clog_2 R$에 찾을 수 있다. 따라서 총 비용은 $Dlog_F 1.5B + Clog_2 R$이 되고, 정렬 파일에서의 탐색보다 훨씬 낫다.

만약 부합하는 레코드가 여러 개이면(예를 들어, "나이가 18세인 모든 직원을 찾아라"), 나이에 대해 정렬이 되어 있는 관계로 해당되는 레코드들이 서로 인접해 있으며 따라서 해당되는 모든 레코드를 읽는 비용은 첫 레코드를 찾는 비용인 $Dlog_F 1.5B + Clog_2 R$에다 해당 레코드들을 순차적으로 읽는 데 드는 비용을 합하면 된다.

범위 셀렉션 탐색: 여기서도 범위 셀렉션이 복합 키와 일치한다고 가정하고서, 셀렉션을 만족하는 첫 레코드를 등호 탐색에서처럼 찾는다. 이어서, 데이터 페이지들은 조건 셀렉션을 만족하지 않는 레코드가 발견될 때까지 순차적으로(단말 레벨에서의 이전 링크와 다음 링크를 이용하여) 읽으면 된다. 이것은 부합되는 레코드가 많은 등호 탐색과 유사하다.

삽입: 레코드를 삽입하기 위해서는, 우선 인덱스의 루트에서 단말까지 모든 페이지를 읽어 맞는 단말 페이지를 찾은 다음 새로운 레코드를 추가해야 한다. 대부분 단말 페이지는 새로운 레코드를 삽입할 충분한 공간을 가지고 있으므로, 수정된 단말 페이지를 다시 쓰기만 하면 된다. 때로는 해당 단말 페이지에 빈 공간이 없어 다른 페이지들을 검색하고 수정해야 하지만 이것은 매우 드문 현상이기 때문에 여기서는 무시한다. 그러므로 비용은 탐색 비용에 한번의 쓰기 비용을 더한 $Dlog_F 1.5B + Clog_2 R + D$가 된다.

삭제: 해당 레코드를 탐색해서 그 페이지로부터 레코드를 삭제한 후, 수정된 페이지를 다시 기록한다. 삽입에 대한 토론과 비용 분석은 삭제에서 마찬가지로 적용이 된다.

8.4.5 비군집 트리 인덱스를 가지는 힙 파일

인덱스에서 단말 페이지의 수는 데이터 엔트리의 크기에 따라 결정된다. 인덱스에서 각 데이터 엔트리는 직원 데이터 레코드 크기의 10분의 1이라고 가정하자. 인덱스 페이지들이 67% 사용 중인 것을 고려하면, 인덱스에서 단말 페이지들의 수는 $0.1(1.5B) = 0.15B$가 된다. 유사하게, 상대적인 크기와 점유율을 고려하면 한 페이지에서 데이터 엔트리의 수는 $10(0.67R) = 6.7R$이다.

스캔: 비군집 인덱스를 보여주고 있는 그림 8.1을 보자. 직원 레코드 파일을 완전히 스캔하기 위해서는 인덱스의 단말 레벨을 스캔하고, 각 데이터 엔트리에 대해 파일로부터 해당 데이터 레코드를 가져옴으로써 정렬 순서 <*age, sal*>에 따라 데이터 레코드를 획득하게 된다.

모든 데이터 엔트리들을 읽는 데 드는 입출력 비용은 $0.15B(D + 6.7RC)$이다. 비용이 많이 드는 부분을 보자. 인덱스의 각 데이터 엔트리에 대한 직원 레코드를 가져와야 한다. 직원 레코드들을 가져오는 비용은 레코드 당 한번의 입출력이다. 왜냐하면 인덱스가 비군집이고 인덱스의 단말 페이지에 있는 각 데이터 엔트리는 직원 파일의 다른 페이지를 가리키고 있을 수 있기 때문이다. 이 단계의 비용은 $BR(D + C)$이며 이것은 아주 높다. 만약 직원 레코드들을 정렬된 순서로 원한다면, 인덱스를 무시하고 직접 직원 파일을 스캔한 다음 정렬하는 게 낫다. 단순한 경험에 따르면 각 단계에서 전체 파일을 읽고 쓰는 것이 필요한 two-pass 알고리즘을 사용하여 파일을 정렬할 수 있다. 그러므로 B개의 페이지를 가진 파일을 정렬하기 위한 입출력 비용은 $4B$가 되는 데, 이것은 비군집 인덱스를 사용할 때의 비용보다 훨씬 적다.

등호 셀렉션 탐색: 우선 등호 셀렉션이 정렬 순서 <*age, sal*>과 일치한다고 가정하자. 만약 조건을 만족하는 레코드가 존재한다면 원하는 엔트리(들)을 포함하는 첫 페이지를 $log_F 1.5B$ 내에 찾아낼 수 있으며 이는 루트에서 적당한 단말에 이르는 모든 페이지들을 가져오는 것에 해당한다. 각 단계는 한번의 디스크 입출력과 두 번의 비교가 필요하다. 일단 해당 페이지를 알게 되면, 그 안에서 부합되는 첫 데이터 엔트리는 페이지에 대한 이진 탐색으로 찾을 수 있으며 그 비용은 $Clog_2 6.7R$이다. 부합되는 첫 데이터 레코드는 또 한번의 입출력으로 직원 파일에서 가져올 수 있다. 비용은 $Dlog_F 01.5B + Clog_2 6.7R + D$이며, 정렬 파일을 탐색하는 것에 비해 훨씬 낫다. 만일 부합되는 레코드가 다수일 경우(예를 들어, "나이가 18세인 모든 직원을 찾아라"), 그들이 인접해 있다는 보장이 *없다*. 그러한 레코드 모두를 검색하는 비용은 부합되는 첫 레코드를 찾는 비용 ($Dlog_F 01.5B + Clog_2 6.7R$)에다 부합하는 레코드 당 한번의 입출력을 더한 것이다. 따라서 비군집 인덱스를 사용할 때의 비용은 부합되는 레코드의 수에 달려있다.

범위 셀렉션 탐색: 여기서도 범위 셀렉션이 복합 키와 일치한다고 가정하면, 셀렉션을 만족시키는 첫 레코드는 등호 탐색에서처럼 찾을 수 있다. 이어서, 데이터 엔트리들은 셀렉션 범위를 넘어가는 엔트리가 나올 때까지 순차적으로(인덱스의 단말 레벨에서 이전 링크와 다음 링크를 이용하여) 읽혀진다. 부합되는 각 데이터 엔트리에 대해 해당 직원 레코드들을 가져오는 데 한번의 입출력이 필요하다. 그 비용은 범위 셀렉션을 만족하는 레코드들의 수가 증가함에 따라 엄청 빠르게 증가한다. 경험적으로 셀렉션 조건을 만족하는 데이터 레코드가 10%라면 모든 직원 레코드들을 검색하여 정렬한 다음 셀렉션 조건을 만족시키는 것들만 뽑아내는 것이 낫다.

삽입: 우선 직원 힙 파일에 해당 레코드를 삽입해야 하고, 비용은 $2D + C$이다. 게다가, 인덱스에 해당 데이터 엔트리도 삽입해야 한다. 알맞은 단말 노드를 찾는 비용은 $Dlog_F 01.5B + Clog_2 6.7R$이고, 새로운 데이터 엔트리를 추가한 후에 디스크에 쓰는 데 드는 비용은 D이다.

삭제: 인덱스와 직원 파일에서 각각 해당 데이터 엔트리와 데이터 레코드를 찾아야 하며 그 탐색 비용은 $Dlog_F 01.5B + Clog_2 6.7R + D$이다. 인덱스와 데이터 파일에서 수정된 페이지들은 디스크에 다시 기록되어야 하며 그 비용은 $2D$이다.

8.4.6 비군집 해시 인덱스를 가지는 힙 파일

비군집 트리 인덱스에서와 같이, 각 데이터 엔트리의 크기는 데이터 엔트리의 10분의 1이라고 가정하자. 아래의 분석에서는 단지 정적 해싱만을 고려하며 간단하게 하기 위해 오버플로우 체인이 없다고 하자.[3]

정적 해시 파일에서 페이지들은 약 80%가 (차후의 삽입을 위한 공간을 남겨놓고 파일 확장시 오버플로우를 최소화하기 위해) 채워져 있다. 이것은 레코드들을 해시 파일 구조로 처음 적재할 때 존재하는 각 페이지의 80%가 채워지면 버켓에 새로운 페이지를 추가하면 된다. 따라서 데이터 엔트리를 저장하는 데 필요한 페이지들의 수는 엔트리들이 밀집되어 채워져 있을 때의 페이지 수와 비교해서 1.25배이다. 즉 $1.25(0.10B) = 0.125B$가 된다. 한 페이지에 적합한 데이터 엔트리의 수는 상대적 크기와 적재율을 고려하면 $10(0.80R) = 8R$이 된다.

스캔: 비군집 트리 인덱스에서는 모든 데이터 엔트리들은 $0.125B(D + 8RC)$의 적은 입출력으로 검색이 가능하다. 그러나 각 엔트리에 대해서 해당되는 데이터 레코드를 가져오기 위한 한번의 입출력이 추가적으로 발생한다. 이 단계에서의 비용은 $BR(D + C)$가 된다. 이것은 비용이 매우 비싸고, 더욱이 그 결과는 아무런 순서가 없다. 그래서 실제 아무도 해시 인덱스를 스캔하지 않는다.

등호 셀렉션 탐색: 이 연산은 등호 조건이 복합 탐색 키 *<age,sal>*의 각 필드에 대해 명시되어 있는 경우에 아주 효과적으로 수행된다. 부합되는 데이터 엔트리들을 가지고 있는 페이지를 식별하는 데 드는 비용은 H이다. 이 버켓이 하나의 페이지로만 구성되어 있다고 가정하면(예를 들어, 오버플로우 페이지가 없는 경우), 이것을 검색하는 비용은 D이다. 이때 해당 레코드를 찾는 데 페이지에 존재하는 레코드의 반을 스캔하였다고 하면 그 페이지 스캔 비용은 $0.5(8R)C = 4RC$가 된다. 마지막으로 직원 파일에서 해당 데이터 레코드를 가져오며 그 비용은 D가 된다. 그러므로 총 비용은 $H + 2D + 4RC$가 되고 트리 인덱스에서의 비용보다 훨씬 낮다.

만약 부합되는 레코드가 다수인 경우, 그들이 서로 인접해있다는 보장이 없다. 따라서 그런 레코드 모두를 검색하는 비용은 부합되는 첫 데이터 엔트리를 찾는 비용인 $(H + 2D + 4RC)$에다 부합되는 레코드 당 한번의 입출력 비용을 더한 것이 된다. 따라서 비군집 인덱스를 사용하는 경우 그 비용은 부합되는 레코드들의 수에 많이 달려있다.

범위 셀렉션 탐색: 해시 구조는 도움이 되지 못하며, 직원 레코드 힙 파일 전체를 반드시 스캔해야 하며 그 비용은 $B(D + RC)$가 된다.

---

[3] 해싱의 동적 버전은 오버플로우 체인 문제에 덜 민감하며 약간 높은 탐색당 평균 비용을 가지지만 그 외에는 정적 버전과 유사하다.

삽입: 우선 직원 힙 파일에 레코드를 삽입해야만 하며 그 비용은 $2D + C$이다. 추가로, 인덱스에서 적당한 페이지를 찾아내고, 새로운 데이터 엔트리를 삽입한 다음 저장한다. 추가되는 비용은 $H + 2D + C$이다.

삭제: 인덱스와 직원 파일에서 각각 해당 데이터 엔트리와 레코드를 찾아내야 하며 그 탐색 비용은 $H + 2D + 4RC$이다. 다시 수정된 페이지들을 인덱스와 데이터 파일에 저장하는 데 $2D$의 비용이 든다.

8.4.7 입출력 비용 비교

그림 8.4는 앞에서 설명한 여러 가지 파일 구성의 입출력 비용을 비교한 것이다. 힙 파일은 저장 효율이 우수하고 빠른 스캔과 레코드 삽입이 가능하지만, 탐색과 삭제는 느리다.

정렬 파일도 저장 효율은 좋지만, 레코도의 삽입과 삭제는 느리다. 탐색은 힙 파일보다 더 빠르다. 그러나 실제 DBMS에서는 파일을 완전히 정렬된 형태로 계속 유지하는 경우란 거의 없음을 눈여겨 볼 필요가 있다.

군집 파일은 정렬 파일의 모든 장점을 제공하고 효율적인 삽입과 삭제를 지원한다(이러한 장점은 정렬 파일에 비례해서 공간 오버헤드를 유발하지만, 그만큼 가치가 있다).

탐색에 있어서는 비록 블록화 된 입출력의 효율성 때문에 대다수의 레코드가 순차적으로 검색될 경우 정렬 파일은 보다 빨라질 수 있지만, 군집 파일이 정렬 파일보다 더 빠르다.

비군집 트리와 해시 인덱스에선 탐색, 삽입, 삭제가 빠르지만, 스캔이나 부합되는 레코드가 많은 범위 탐색은 느리다. 해시 인덱스들은 등호 탐색에선 약간 빠르지만, 범위 탐색을 지원하지 않는다.

요약하면, 그림 8.4는 모든 상황에서 항상 월등한 파일 구성이란 없다는 것을 보여준다.

File Type	*Scan*	*Equality Search*	*Range Search*	*Insert*	*Delete*
Heap	BD	$0.5BD$	BD	$2D$	$Search + D$
Sorted	BD	$Dlog_2B$	$Dlog_2B + \#$ *matching pages*	$Search + BD$	$Search + BD$
Clustered	$1.5BD$	$Dlog_F1.5B$	$Dlog_F1.5B + \#$ *matching pages*	$Search + D$	$Search + D$
Unclustered tree index	$BD(R + 0.15)$	$D(1 + log_F0.15B)$	$D(log_F0.15B + \#$ *matching records*$)$	$D(3 + log_F0.15B)$	$Search + 2D$
Unclustered hash index	$BD(R + 0.125)$	$2D$	BD	$4D$	$Search + 2D$

그림 8.4 입출력 비용 비교

8.5 인덱스와 성능 튜닝

본 절에서는 데이터베이스 시스템에서 성능을 향상시키기 위해서 인덱스를 사용하고자 할 경우 주어지는 선택에 대해서 설명한다. 인덱스의 선택은 시스템 성능에 많은 영향을 끼치므로 예상되는 **작업부하**(workload) 즉 대표적인 질의와 갱신 연산이 혼합된 문맥에서 결정되어야 한다.

인덱스와 성능에 관한 충분한 논의를 위해서는 데이터베이스 질의 평가와 동시성 제어에 관한 이해가 필요하다. 그래서 이 장에서 설명하고자 하는 내용의 보다 자세한 내용은 20장에서 다룬다. 특히, 20장에서는 여러 개의 테이블이 연관된 예제를 다루는 데 그 이유는 조인 알고리즘과 질의 평가 계획에 대한 이해를 필요로 하기 때문이다.

8.5.1 작업부하의 영향

첫 번째 고려 사항은 예상되는 작업부하와 일상적인 연산이다. 지금까지 보았듯이, 파일 구조와 인덱스에 따라 효과적으로 지원되는 연산이 다르기 때문이다.

일반적으로 인덱스는 주어진 셀렉션 조건을 만족하는 데이터 엔트리를 효율적으로 검색해준다. 앞 절에서 셀렉션에는 두 가지 중요한 유형 즉 등호 셀렉션과 범위 셀렉션이 있었음을 상기하자. 해시 기반 인덱스 기법들은 단지 등호 셀렉션에 대해서만 최적화되어 있고 범위 셀렉션에는 좋지 못한데 대체적으로 레코드 파일 전체를 스캔하는 것보다 더 나쁘다. 트리 기반 인덱싱 기법들은 두 가지 셀렉션 조건들을 효과적으로 지원하여 널리 사용이 되고 있다.

트리와 해시 인덱스 모두 효과적으로 삽입, 삭제, 갱신을 지원한다. 특히 트리 기반 인덱스는 완전 정렬된 레코드 파일에 대한 아주 좋은 대안이 된다. 데이터 엔트리들을 단순히 정렬 파일에 유지하는 것에 비해서, 8.3.2절에의 B+ 트리 구조 인덱스에 관한 논의에서는 정렬 파일과 비교해 가지는 다음의 두 가지 중요한 장점을 강조하였다.

1. 데이터 엔트리의 삽입과 삭제를 효율적으로 다룰 수 있다.
2. 탐색 키 값에 의한 레코드 탐색에서 올바른 단말 페이지를 찾는 것은 정렬 파일에서 페이지를 이진 탐색 하는 것보다 훨씬 빠르다.

한 가지 상대적인 단점은 정렬 파일에서는 디스크 상에 페이지들을 물리적 순서로 할당할 수 있어, 순차적 순서로 다수의 페이지들을 훨씬 빠르게 검색 할 수 있다는 것이다. 물론, 정렬 파일에서 삽입과 삭제 비용은 매우 비싸다. Indexed Sequential Access Method(ISAM)라 불리는 B+ 트리 버전은 단말 페이지들의 순차 할당이라는 이점 뿐 아니라, 빠른 탐색도 할 수 있다. B+ 트리처럼 삽입과 삭제를 잘 다루지는 못하지만, 정렬 파일보다는 훨씬 낫다. 10장에서 트리-구조 인덱싱에 대해서 보다 자세히 다룰 것이다.

8.5.2 군집 인덱스 구성

8.2.1절에 보았듯이, 군집 인덱스는 하부 데이터 레코드들을 위한 파일 구성이다. 데이터 레코드들은 방대해질 수 있으므로, 레코드들을 중복하는 것은 피해야 한다. 그래서 주어진 레코드 집합에 대해 군집 인덱스는 많아야 하나만 둔다. 반면에, 데이터 파일에 여러 개의 비군집 인덱스를 만들 수 있다. 직원 레코드가 나이순으로 정렬되었다고 가정해보자. 다시 말해서, 탐색 키 *age*를 가지는 군집 파일에 저장되어 있다고 하자. 만약 추가로 *sal* 필드 상에 인덱스를 가진다면, 후자는 비군집 인덱스여야 한다. 또한 가령 *department*라는 필드가 있다면 그 필드 상에 또 하나의 비군집 인덱스로 만들 수 있다. 군집 인덱스는 완전 정렬 파일보다는 유지비용이 적게 드나 그럼에도 불구하고 유지하기에 비용이 많이 든다. 완전히 차있는 단말 페이지에 새로운 레코드를 삽입하려면 새로운 단말 페이지를 할당하고 몇몇 기존 레코드들을 이 새로운 페이지로 이동해야 한다. 만약 레코드들이 현재의 일반적인 데이터베이스 시스템에서처럼 페이지 *id*와 슬롯의 조합에 의해 식별된다면, 데이터베이스에서 이동할 레코드를 가리키는 곳마다 (대체적으로, 같은 레코드 집합에 정의된 서로 다른 인덱스들의 엔트리임) 새로운 위치를 가리키도록 수정되어야 한다. 이러한 작업에는 여러 번의 디스크 입출력이 필요하다. 군집은 그것의 이점을 살릴 수 있는 질의가 자주 사용되는 경우를 제외하고는 사용을 자제해야 한다. 특히 범위 질의는 해시 인덱스 상에서는 처리할 수 없기 때문에, 해싱을 이용한 군집 파일을 만들어야 할 이유가 없다.

많아야 하나의 인덱스만이 군집될 수 있다는 제약을 다룰 때, 인덱스의 탐색 키에 있는 정보가 해당 질의를 처리하기에 충분한 지를 고려해 보는 것이 때때로 유용할 때가 있다. 만약 그렇다면, 현재의 데이터베이스 시스템들은 실제 데이터 레코드들을 가져오는 것을 피할 수 있을 만큼 지능적이다. 예를 들어, *age*에 대한 인덱스를 가진 상황에서, 직원의 평균 나이를 계산하고자 한다면, DBMS는 단지 인덱스에 있는 데이터 엔트리만을 살펴보아도 그 해답을 구할 수 있다. 이것은 **인덱스 한정 평가**(index-only evaluation)의 한 예이다. 질의의 인덱스 한정 평가에서는 질의속의 릴레이션을 담고 있는 파일의 데이터 레코드들을 검색할 필요가 없다. 즉, 파일 상의 인덱스를 통해서 완전하게 질의를 처리할 수 있다. 인덱스 한정 평가의 중요한 이점은 인덱스의 데이터 엔트리만이 질의에서 사용되기 때문에 비군집 인덱스하고만 똑같이 효율적이고 동작한다는 것이다. 그러므로 DBMS가 인덱스 한정 평가를 이용할 것이라는 것을 안다면, 특정 질의의 속도를 향상시키는 데 비군집 인덱스를 사용할 수 있다.

군집 인덱스를 설명하는 설계 예제

범위 질의에 대한 군집 인덱스의 사용을 설명하기 위해 다음의 예제를 보자.

```
SELECT  E.dno
FROM    Employees E
WHERE   E.age > 40
```

만약 *age* 필드에 대해 B+ 트리 인덱스를 가진다면 *E.age*>40인 셀렉션 조건을 만족하는 투플을 검색하는 데 이 인덱스를 사용할 수 있다. 이러한 인덱스가 가지는 가치는 무엇보다도 그 조건의 선택도에 달려있다. 직원 중에서 나이가 40보다 많은 사람이 얼마나 되나? 만약 모든 사람이 40보다 나이가 많다면, *age* 상의 인덱스를 사용함으로 얻는 이득이 거의 없으며, 릴레이션의 순차적 스캔과 거의 비슷할 것이다. 그러나 만약 직원의 10%만이 나이가 40보다 많다고 가정한다면 인덱스는 과연 유용할까? 이에 대한 답은 인덱스가 군집되어 있는가에 따라 달라진다. 만약 인덱스가 군집되어 있지 않다면, 부합되는 직원 당 한번의 페이지 입출력이 필요하다. 이것은 단지 직원의 10%만 해당된다 할지라도 순차적 스캔보다 훨씬 비싸다. 반면에 *age* 상의 군집 B+ 트리는 순차 스캔에 (루트에서 검색된 첫 단말 페이지에 이르는 데 필요한 몇 번의 입출력과 관련된 인덱스 단말 페이지를 위한 입출력은 무시하고서) 필요한 입출력의 10%만이 필요하다.

다른 예제로써 이전 질의를 다음과 같이 수정해보자.

```
SELECT   E.dno, COUNT(*)
FROM     Employees E
WHERE    E.age > 10
GROUP BY E.dno
```

만약 B+ 트리 인덱스가 *age*상에 존재한다면, 그것을 이용해서 투플들을 검색하고 그 결과를 *dno*에 따라 정렬하면 질의에 대한 답이 된다. 그러나 거의 모든 직원의 나이가 10보다 클 때에는 좋은 계획이 아닐 수 있다. 인덱스가 군집 되어 있지 않을 때 특히 나쁘다.

dno 상의 인덱스가 우리의 목적에 더 적합한 지를 알아보자. 우선 그 인덱스를 이용하여 *dno*에 따라 그룹으로 모든 투플을 검색하고 각 *dno*에 대해서는 10보다 큰 *age*를 가지는 투플을 카운트한다(이러한 전략은 해시와 B+ 트리 둘 다에서 사용 가능하다. 여기서는 *dno*에 따라 투플이 반드시 *정렬*될 필요가 없고 그룹으로 나눠지면 된다). 효율은 인덱스가 군집되어 있은 지에 따라 결정적으로 달라진다. 만약 군집되어 있다면, *age* 상의 조건이 매우 선택적이지 않다는 조건하에서 이 방식이 최상일 수 있다(*age*에 대해 군집 인덱스가 존재할 경우라도 *age* 상의 조건이 매우 선택적이 아니라면, *dno* 상에 부합되는 투플들을 정렬하는 비용은 높다). 만약 인덱스가 군집되어 있지 않다면, 직원 투플 당 한번의 페이지 입출력이 수행되어야 되므로 이 방법은 아주 좋지 않을 수 있다. 인덱스가 군집되어 있지 않다면, 최적기는 *dno* 상의 정렬을 기반으로 하는 단도직입적인 계획을 선택할 것이다. 따라서 이러한 질의는 *age* 상의 조건이 매우 선택적이 아니라면 *dno* 상에 군집 인덱스를 만들 것을 제안한다. 만약 조건이 선택적이라면 대신 *age*상에 인덱스를 (반드시 군집일 필요는 없지만) 만들 것을 고려해야 한다.

클러스터링은 후보 키를 포함하지 않은 탐색 키 상의 인덱스, 즉 다수의 데이터 엔트리들이 같은 키 값을 가질 수 있는 인덱스에 있어서는 중요하다. 이점을 설명하기 위해서 다음의 질의를 보자.

```
SELECT E.dno
FROM   Employees E
WHERE  E.hobby='Stamps'
```

만약 많은 사람들이 우표를 수집한다면, *hobby* 상의 비군집 인덱스를 통해서 투플들을 검색하는 것은 상당히 비효율적이다. 차라리 모든 투플들을 검색하기 위해 단순히 릴레이션을 스캔하고, 검색된 투플에 셀렉션을 그때그때 적용하는 것이 더 싸다. 따라서 그러한 질의가 중요하다면, *hobby* 상의 인덱스를 군집 인덱스로 만드는 것을 고려해봐야 한다. 반면에, *eid*가 직원의 키라고 가정하고 *E.hobby* = '*Stamps*' 조건을 *E.eid* = *552*로 수정하면, 많아야 하나의 직원 투플이 셀렉션 조건을 만족할 것이다. 이 경우 인덱스를 군집으로 만드는 데 따른 장점은 하나도 없다.

다음의 질의는 어떻게 집단(aggregate) 연산이 인덱스의 선택에 어떤 영향을 미치는지 보여준다.

```
SELECT   E.dno, COUNT(*)
FROM     Employees E
GROUP BY E.dno
```

이 질의에 대한 계획은 우선 각 *dno*의 직원 수를 구하기 위해 직원 레코드를 *dno* 순으로 정렬하는 것이다. 하지만 *dno*상에 해시나 B+ 트리 같은 인덱스가 존재한다면, 단지 인덱스만을 스캔해서 질의에 대한 답을 구할 수 있다. 각 *dno* 값에 대해서, 탐색 키 값으로 이것을 가지는 인덱스의 데이터 엔트리 수를 구하면 된다. 유의할 점은 여기서 직원 투플을 검색하지 않기 때문에 인덱스의 군집 여부는 중요하지 않다.

8.5.3 복합 탐색 키

인덱스의 탐색 키는 여러 개의 필드를 포함할 수 있는 데 이러한 키를 **복합 탐색 키** 또는 **연결**(concatenated) **키**라고 한다. 예로써 *name*, *age*, *sal* 세 개의 필드를 가지며 *이름순으로* 정렬되어 저장된 직원 레코드 집합을 가정해 보자. 그림 8.5는 키가 <*age*, *sal*>인 복합 인덱스, 키가 <*sal*, *age*>인 복합 인덱스, 키가 *age*인 인덱스, 키가 *sal*인 인덱스간의 차이를 보여주고 있다. 이 그림에서 모든 인덱스들은 방법 (2)를 이용한 것이다.

만약 탐색 키가 복합 형태이면, **동등 질의**는 탐색 키의 각 필드가 하나의 상수와 결속되어 있는 질의이다. 예를 들어, *age* = 20이고 *sal* = 10인 데이터 엔트리들을 모두 검색하고자 한다. 해시 파일 구성은 동등 질의만을 지원하는데, 이것은 해시 함수가 탐색 키의 각 필드마다 하나의 값을 명시해 주어야만 원하는 레코드들이 들어 있는 버켓을 알아낼 수 있기 때문이다.

탐색 키의 어떤 필드가 상수와 결속되어 있는 않은 형태의 질의를 **범위 질의**라고 한다. 예를 들어, *age* = 20인 데이터 엔트리들을 모두 검색하고자 하는 경우 *sal* 필드는 어떠한 값이

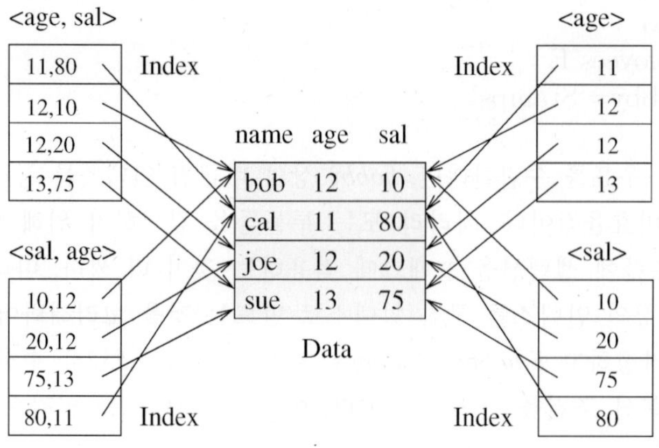

그림 8.5 복합 키 인덱스

되어도 좋다는 것을 의미한다. 범위 질의의 또다른 예로써 *age* < 30이고 *sal* > 40인 데이터 엔트리들을 모두 검색하는 경우를 들 수 있다.

sal > 40인 질의에 대해서는 인덱스가 아무런 도움을 주지 못한다. 왜냐하면, 직관적으로 인덱스는 우선 *age*에 의해 그 다음 *sal*에 의해 레코드를 구성하기 때문이다. 만약 *age*의 조건이 명시되어 있지 않으면, 부합되는 레코드들은 전체 인덱스에 퍼져 있을 수 있다. 인덱스가 단지 조건을 만족하는 투플만을 검색하는 데 사용될 수 있다면, 인덱스가 셀렉션 조건에 **부합**된다고 말한다. *조건*∧...∧*조건* 형태의 셀렉션에 대해서 인덱스가 셀렉션과 일치될 때를 다음과 같이 정의할 수 있다.[4] 해시 인덱스에서는 인덱스의 복합 탐색 키 모든 필드에 동등조건('필드 = 제약조건')을 포함하고 있다면, 셀렉션은 인덱스와 일치한다. 트리 인덱스에서는 복합 탐색 키의 *prefix*에 범위 조건이나 등호 조건을 포함하고 있다면, 셀렉션은 인덱스와 일치한다. (예를 들어, <*age*>와 <*age*, *sal*, *department*)는 <*age*, *sal*, *department*>키의 prefix이지만, <*age*, *department*>와 <*sal*, *department*>는 그렇지 않다).

복합 키 선택시 장단점

복합 키 인덱스는 많은 셀렉션 조건들과 일치하기 때문에 넓은 범위의 질의를 수용할 수 있다. 더욱이, 복합 인덱스의 데이터 엔트리들은 데이터 레코드에 대한 정보(즉 한 애트리뷰트에 대한 인덱스보다 많은 필드)를 가지고 있기 때문에, 인덱스 한정 평가 방법을 사용할 수 있는 기회가 증가한다(8.5.2절에서 인덱스 한정 평가는 데이터 레코드를 접근할 필요가 없고 인덱스의 데이터 엔트리에서 필요한 모든 필드 값을 찾는다).

부정적인 측면으로는, 복합 인덱스는 탐색 키의 *어느* 필드를 수정하게 되는 어떤 연산(삽입, 삭제, 갱신)에 대해서도 갱신되어야 한다. 복합 인덱스는 엔트리의 크기가 더 커지기 때문에, 한 애트리뷰트 상의 탐색 키 인덱스보다 더 커지는 경향이 있다. 복합 B+ 트리 인덱스에서 이것은 레벨에 있어서의 잠재적인 증가를 의미하며 키 압축은 이러한 문제점을 줄이기

[4] 보다 자세한 내용은 14.2절에서 다룬다.

위해서 사용될 수 있다. (10.8.1절)

복합 키의 설계 예제

조건 20 < *age* < 30이고 3000 < *sal* < 5000인 모든 직원을 검색하는 질의를 고려해 보자.

```
SELECT E.eid
FROM   Employees E
WHERE  E.age BETWEEN 20 AND 30
       AND E.sal BETWEEN 3000 AND 5000
```

<*age, sal*> 상의 복합 인덱스는 WHERE 절의 조건이 어느 정도 선택적이라면 유용하다. 분명히 해시 인덱스는 쓸모가 없을 것이며 B+ 트리(또는 ISAM) 인덱스가 필요하다. 군집 인덱스는 비군집 인덱스에 비해 우수할 것이라는 것은 분명하다. *age*와 *sal*상의 조건들이 동일하게 선택적인 위의 질의에서, 키가 <*age, sal*> 상의 군집 B+ 트리 인덱스는 <*sal, age*> 상의 군집 B+ 트리 인덱스만큼 효과적이다. 그러나 탐색 키 애트리뷰트의 순서는 다음의 질의에서 나타나듯이 때때로 큰 차이를 만들기도 한다.

```
SELECT E.eid
FROM   Employees E
WHERE  E.age = 25
       AND E.sal BETWEEN 3000 AND 5000
```

이 질의에서 <*age, sal*> 상의 군집 B+ 트리 인덱스는 좋은 성능을 보일 것이다. 왜냐하면 레코드들이 우선 *age*에 의해서 정렬되고 그 다음(두 개의 레코드들은 같은 *age* 값을 가지고 있다면) *sal*에 의해서 정렬되어 있기 때문이다. 따라서 *age*=25인 모든 레코드들은 서로가 군집되어 있다. 반면에, <*sal, age*> 상의 군집 B+ 트리 인덱스는 제대로 그만큼 효과적이지 못하다. 이 경우, 레코드들은 *sal*에 의해 우선 정렬되어 있으므로 같은 *age* 값(특히 *age*=25)을 가지는 두 개의 레코드들이 멀리 떨어져 있을 수 있다. 사실상 투플을 검색하기 위해서 이 인덱스는 *sal* 상의 범위 셀렉션은 허용하지만 *age* 상의 등호 셀렉션은 허용하지 않는다(질의의 두 버전 모두에 좋은 성능을 내기 위해서 하나의 *공간* 인덱스를 이용할 수도 있다. 공간 인덱스에 대한 내용은 28장에서 다룬다).

복합 인덱스는 많은 집단 질의를 다룰 때 유용하다. 다음의 질의를 보자.

```
SELECT AVG (E.sal)
FROM   Employees E
WHERE  E.age = 25
       AND E.sal BETWEEN 3000 AND 5000
```

<*age, sal*> 상의 복합 B+ 트리 인덱스는 인덱스 한정 스캔(index-only scan)으로도 질의에 대해 답할 수 있다. <*sal, age*> 상의 복합 B+ 트리 인덱스도 더 많은 인덱스 엔트리들이

<*age, sal*> 상의 인덱스보다 검색되지만 마찬가지로 인덱스만의 스캔으로 질의에 답할 수 있다.

이전 예제를 수정한 질의를 보자.

```
SELECT   E.dno, COUNT(*)
FROM     Employees E
WHERE    E.sal=10,000
GROUP BY E.dno
```

*dno*상의 인덱스만 가지고는 인덱스 한정 스캔으로 위의 질의를 평가할 수 없다. 왜냐 하면 *sal* = 10,000을 입증하기 위해서 각 투플의 *sal* 필드를 살펴보아야 하기 때문이다. 그러나 <*sal, dno*>나 <*dno, sal*> 상에 복합 B+ 트리 인덱스를 가진다면, 인덱스 한정 계획(index-only plan)을 사용할 수 있다. 키가 <*sal, dno*>인 인덱스에서 *sal* = 10,000인 데이터 엔트리들은 연속적으로 나열되어 있다(이는 인덱스의 군집 여부에 상관없음). 게다가, 이러한 엔트리들은 *dno*에 의해 정렬되어 있어, 각 *dno*에 속하는 엔트리의 수를 쉽게 구할 수 있다. 단지 *sal* = 10,000인 데이터 엔트리들만 검색할 필요가 있음을 기억하자.

이러한 전략은 `WHERE` 절의 조건을 *sal* > 10,000으로 수정하게 되면, 더 이상 쓸모없게 됨을 눈여겨볼 필요가 있다. 비록 인덱스 데이터 엔트리만을 검색하는 것으로도 충분하지만—즉, 인덱스 한정 전략이 여전히 적용된다—이러한 엔트리들은 *dno*에 의해서 정렬되어야 속할 그룹을 식별할 수 있다. (왜냐하면, 예를 들어 같은 *dno*지만 다른 *sal* 값을 가지는 두 엔트리가 연속되어 있지 않을 수도 있기 때문이다.) 키가 <*dno, sal*>인 인덱스는 이러한 질의에 더 낫다. 주어진 *dno* 값을 가지는 데이터 엔트리들은 함께 저장되어 있고 그런 엔트리 그룹 각각이 *sal*에 의해서 정렬되어 있다. 각 *dno* 그룹에 대해 10,000보다 작거나 같은 sal을 가지고 있는 엔트리들을 제거하고 난 후 나머지 엔트리를 카운트한다(이러한 인덱스를 사용하는 것은 *sal* = 10,000인 질의에 대해서 <*sal, dno*> 키에 대한 인덱스 한정 스캔보다 효율적이지 못하다. 왜냐 하면 모든 데이터 엔트리를 읽어야 하기 때문이다. 그러므로 인덱스에 대한 결정은 일반적인 질의의 유형에 영향을 받는다).

다른 예제로써 각 *dno*의 최소 *sal*을 찾는 질의를 보자.

```
SELECT   E.dno, MIN(E.sal)
FROM     Employees E
GROUP BY E.dno
```

*dno*상의 인덱스만 가지고서는 인덱스 한정 스캔으로 위의 질의를 평가할 수 없다. 그러나 <*dno, sal*> 상에 복합 B+ 트리 인덱스를 가지고 있다면, 인덱스 한정 계획을 적용해볼 수 있다. 주어진 *dno* 값을 가지는 인덱스의 모든 데이터 엔트리들은 함께 저장되어 있다(인덱스의 군집 여부와는 상관없다). 게다가, 이 엔트리 그룹 자체는 *sal*에 의해서 정렬되어 있다. <*sal, dno*> 상의 인덱스는 데이터 레코드의 검색은 피할 수 있게 해주지만, 인덱스 데이터 엔트리가 *dno*에 의해 정렬되어야만 한다.

8.5.4 SQL:1999 인덱스 명세서

이 시점에서 SQL을 사용해서 어떻게 인덱스를 생성하는 가에 대한 질문이 자연스럽게 나올 수 있다. SQL:1999 표준은 인덱스 구조를 생성하거나 제거할 수 있는 어떠한 명령도 포함하고 있지 않다. 사실 표준에는 SQL을 구현할 때 인덱스를 지원하고 요구하지도 않는다. 그렇지만 실제적으로 모든 상용 관계 DBMS는 한 종류 이상의 인덱스를 지원하고 있다. 다음은 B+ 트리 인덱스를 생성하는 명령을 보여준다(B+ 트리 인덱스는 10장에서 다룬다).

```
CREATE INDEX IndAgeRating ON Students
       WITH  STRUCTURE = BTREE,
             KEY = (age, gpa)
```

이것은 학생 테이블에서 *age*와 *gpa* 필드를 접합(concatenation)하여 키로 사용하는 B+ 트리 인덱스를 하나 생성하게 한다. 따라서 키 값은 <*age, gpa*> 형태의 쌍이 되고, 각 쌍마다 서로 다른 엔트리가 하나씩 생긴다. 일단 인덱스는 생성되고 나면 DBMS가 학생 릴레이션에 대한 삽입이나 삭제에 대해서 데이터 엔트리들을 추가하고 삭제하면서 자동적으로 관리해 준다.

8.6 복습문제

복습문제에 대한 해답은 함께 나열되어 있는 절에서 찾을 수 있다.

- DBMS는 영속적인 데이터를 어디에 저장하는가? 처리를 위해서 데이터를 주 기억장치로 어떻게 가져오는가? 주 기억장치로 데이터를 읽고, 쓰는 DBMS 구성요소는 무엇이며, 그 입출력 단위는 무엇인가? **(8.1절)**
- *파일 구조*이란 무엇인가? *인덱스*란? 파일과 *인덱스*간의 관계는 무엇인가? 하나의 레코드 파일은 여러 개의 인덱스를 가질 수 있을까? 인덱스 자신이 데이터 레코드를 저장할 수 있을까? **(8.2절)**
- 인덱스를 위한 *탐색 키*는 무엇인가? 인덱스에서 *데이터 엔트리*란 무엇인가? **(8.2절)**
- *군집 인덱스*란 무엇인가? *기본 인덱스*란 무엇인가? 하나의 파일에 대해 얼마나 많은 수의 군집 인덱스를 만들 수 있을까? 비군집 인덱스를 얼마나 만들 수 있을까? **(8.2.1절)**
- 해시 기반 인덱스에서 데이터는 어떻게 구성되는가? 해시 기반 인덱스는 언제 사용하는가? **(8.3.1절)**
- 트리 기반 인덱스에서 데이터는 어떻게 구성되어 있을까? 트리 기반 인덱스는 언제 사용하는가? **(8.3.2절)**
- 다음의 연산들을 고려해 보자: *스캔, 등호와 범위 셀렉션, 삽입과 삭제*, 다음의 파일 구성을 보면 *힙 파일, 정렬 파일, 군집 파일, 탐색 키 상의 비군집 인덱스를 가지는 힙 파*

일과 비군집 해시 인덱스를 가지는 힙 파일. 각 연산에 가장 적당한 파일 구성은 무엇인가? **(8.4절)**

- 데이터베이스 연산 비용을 주로 차지하는 것은 무엇인가? 그것을 반영하는 간단한 비용 모델에 대해서 논의하시오. **(8.4.1절)**
- 어떤 인덱스를 만들 것인가와 같은 물리적 데이터베이스 설계의 결정에 예측되는 작업 부하가 어떻게 영향을 미치겠는가? 왜 인덱스의 선택이 물리적 데이터베이스 설계에 있어 핵심적인 면이 되는가? **(8.5절)**
- 군집 인덱스를 사용할 때 어떤 것들을 고려해야겠는가? *인덱스 한정* 평가 방법이란 무엇인가? 이것의 기본 장점은 무엇인가? **(8.5.2절)**
- *복합 탐색 키란* 무엇인가? 복합 탐색 키의 좋은 점과 나쁜 점은 무엇인가? (8.5.3절)
- 인덱스를 생성하게 하는 SQL 명령어는 무엇인가? **(8.4.5절)**

연습문제

문제 8.1 DBMS의 외부 저장장치에 존재하는 데이터에 관한 다음의 질문에 답하시오.

1. 왜 DBMS는 데이터를 외부 저장장치에 저장하는가?
2. DBMS에서 입출력 비용이 중요한 이유는 무엇인가?
3. 레코드 id란 무엇인가? 레코드 id가 주어졌을 때 해당 레코드를 주 기억장치로 가져오는 데 몇 번의 입출력이 필요한가?
4. DBMS에서 버퍼 관리기의 역할은 무엇인가? 디스크 공간 관리기의 역할은 무엇인가? 이러한 레이어들이 파일이나 접근 방법 레이어와 어떻게 상호 동작하는가?

문제 8.2 파일과 인덱스에 관한 다음 질문에 답하시오.

1. 레코드 파일의 추상화에 의해서 지원되는 연산들에는 무엇이 있는가?
2. 레코드 파일에서 인덱스란 무엇인가? 인덱스를 위한 탐색 키란 무엇인가? 인덱스가 필요한 이유는 무엇인가?

sid	*name*	*login*	*age*	*gpa*
53831	Madayan	madayan@music	11	1.8
53832	Guldu	guldu@music	12	2.0
53666	Jones	jones@cs	18	3.4
53688	Smith	smith@ee	19	3.2
53650	Smith	smith@math	19	3.8

그림 8.6 *age*에 의해 정렬된 students 릴레이션

3. 인덱스에서 데이터 엔트리로 이용 가능한 대안에는 어떤 것들이 있는가?
4. 기본 인덱스와 보조 인덱스의 차이점은 무엇인가? 인덱스에서 중복 데이터 엔트리란 무엇인가? 기본 인덱스는 중복을 포함할 수 있는가?
5. 군집 인덱스와 비군집 인덱스의 차이점은 무엇인가? 만약 인덱스가 데이터 레코드를 데이터 엔

트리로 가진다면, 그것은 비군집 될 수 있을까?

6. 파일에 몇 개의 군집 인덱스를 생성할 수 있을까? 항상 파일에 최소 하나의 군집 인덱스를 생성해야 하는가?
7. 8.2절에서 설명한 인덱스의 '데이터 엔트리'를 구성하는 방법 (1), (2)와 (3)을 생각해보자. 이들 모두가 보조 인덱스에 적합한지 설명하시오.

문제 8.3 한 릴레이션이 *sal* 필드에 대한 비군집 인덱스만 가지는 무순서 파일로 저장되어 있다고 가정하자. *sal* > 20를 만족하는 모든 데이터 레코드를 검색하려할 때 이 인덱스를 사용하는 것이 언제나 최상의 방법인지 설명하시오.

문제 8.4 그림 8.6에서 보였던 *age*로 정렬된 학생 릴레이션이 있다고 하자. 질문을 위해 투플들은 정렬 파일 내에 그림에 나타난 순서로 저장되어 있다. 예를 들어, 첫 번째 투플은 페이지 1, 두 번째 투플 또한 페이지 1에 있다. 각 페이지는 최대 세 개의 데이터 레코드를 수용할 수 있다. 따라서 네 번째 투플은 페이지 2에 있게 된다.

다음의 각 인덱스에서 데이터 엔트리에 무엇이 들어가는지 설명하시오. 만약 엔트리의 순서가 중요한 경우에는 그 사실을 명기하고 이유를 설명하시오. 또 그러한 인덱스를 구성할 수 없는 경우에는 그 사실을 명기하고 이유를 설명하시오.

1. 방법 (1)을 사용하는 *age* 상의 비군집 인덱스
2. 방법 (2)을 사용하는 *age* 상의 비군집 인덱스
3. 방법 (3)을 사용하는 *age* 상의 비군집 인덱스
4. 방법 (1)을 사용하는 *age* 상의 군집 인덱스
5. 방법 (2)을 사용하는 *age* 상의 군집 인덱스
6. 방법 (3)을 사용하는 *age* 상의 군집 인덱스
7. 방법 (1)을 사용하는 *gpa* 상의 비군집 인덱스
8. 방법 (2)을 사용하는 *gpa* 상의 비군집 인덱스
9. 방법 (3)을 사용하는 *gpa* 상의 비군집 인덱스
10. 방법 (1)을 사용하는 *gpa* 상의 군집 인덱스
11. 방법 (2)을 사용하는 *gpa* 상의 군집 인덱스
12. 방법 (3)을 사용하는 *gpa* 상의 군집 인덱스

문제 8.5 해시 인덱스와 B+ 트리 인덱스의 차이점을 설명하시오. 특히 등호와 범위 탐색이 어떻게 동작하는지 예를 들어서 설명하시오.

문제 8.6 그림 8.7에서 입출력 비용을 채워 넣으시오.

File Type	*Scan*	*Equality Search*	*Range Search*	*Insert*	*Delete*
Heap file					
Sorted file					
Clustered file					
Unclustered tree index					
Unclustered hash index					

그림 8.7 입출력 비용 비교

문제 8.7 릴레이션에 인덱스를 생성한다면, 당신이 선택에 영향을 미치는 점들은 무엇인가?

1. 기본 인덱스의 선택
2. 군집과 비군집 인덱스
3. 해시 대 트리 인덱스
4. 트리 기반 인덱스보다 정렬 파일을 우선함
5. 인덱스를 위한 탐색 키의 선택. 복합 탐색 키는 무엇이고, 복합 탐색 키를 선택할 때 고려 사항은 무엇인가? 인덱스 한정이란 무엇이고, 인덱스를 위한 탐색 키의 선택에서 잠재적 인덱스 한정 평가 계획의 영향은 무엇인가?

문제 8.8 등호 조건을 사용하여 명시된 삭제를 생각해보자. 다섯 가지 파일 구성 각각에서 부합하는 레코드가 없을 때의 비용은 어떻겠는가? 조건이 키와 관련이 없다면 비용은 어떻게 되는가?

문제 8.9 8.4절에서 설명한 다섯 가지 기본적인 파일 구성에서 당신이 도출할 수 있는 주요 결론은 무엇인가? 가장 빈번히 일어나는 연산이 다음과 같을 때 어떠한 파일 구성을 선택하겠는가?

1. 필드 값의 범위를 기반으로 하는 레코드의 탐색
2. 레코드의 순서가 중요하지 않는 삽입과 스캔의 실행
3. 특정 필드 값을 기반으로 하는 레코드의 탐색

문제 8.10 다음의 관계를 생각해보자.

Emp(*eid:* `integer`, *sal:* `integer`, *age:* `real`, *did:* `integer`)

eid 상에 군집 인덱스가 *age* 상에는 비군집 인덱스가 존재한다.

1. *eid*가 키라는 제약 조건을 수행하기 위해서 당신은 인덱스를 어떻게 사용하겠는가?
2. 존재하는 인덱스 때문에 속도가 현저하게 빨라지는 갱신의 예를 들어 보시오.
3. 인덱스 때문에 속도가 *현저하게 떨어지는* 갱신의 예를 들어 보시오.
4. 인덱스에 의해 속도가 빨라지거나 떨어지지 않는 갱신의 예를 들어 보시오.

문제 8.11 다음의 관계를 생각해보자.

Emp(*eid:* `integer`, *ename:* `varchar`, *sal:* `integer`, *age:* `integer`, *did:* `integer`)
Dept(*did:* `integer`, *budget:* `integer`, *floor:* `integer`, *mgr_eid:* `integer`)

salaries의 범위는 $10,000에서 $100,000이고, age는 20에서 80이다. 각 부서는 평균적으로 다섯 명의 직원이 있고 10개의 층이 있으며 예산은 만불에서 백만불 사이이다. 값의 분포는 균등하다고 가정하자.

다음의 질의에서, 질의 속도를 빠르게 하기 위해서 나열된 인덱스 중 어떤 것을 선택하겠는가? 만약 데이터베이스 시스템이 인덱스 한정 계획을 고려하지 않는다면(예를 들어, 충분한 정보가 인덱스 엔트리에 존재하더라도, 데이터 레코드를 항상 검색한다), 대답은 어떻게 바뀌겠는가? 자세히 설명하시오.

1. 질의: *모든 직원의 ename, age, sal을 출력하시오.*

    (a) Emp의 <*ename*, *age*, *sal*> 상에 군집 해시 인덱스
    (b) Emp의 <*ename*, *age*, *sal*> 상에 비군집 해시 인덱스
    (c) Emp의 <*ename*, *age*, *sal*> 상에 군집 B+ 트리 인덱스
    (d) Emp의 <*eid*, *did*> 상에 비군집 해시 인덱스
    (e) 인덱스 없음

2. 질의: *예산이 $15,000보다 적고 10층에 위치한 부서의 did를 찾으시오.*

    (a) Dept의 *floor* 필드에 군집 해시 인덱스
    (b) Dept의 *floor* 필드에 비군집 해시 인덱스
    (c) Dept의 <*floor*, *budget*> 필드에 군집 B+ 트리 인덱스
    (d) Dept의 *budget* 필드에 군집 B+ 트리 인덱스
    (e) 인덱스 없음

프로젝트 기반 연습문제

8.12 다음의 질문에 답하시오.

1. Minibase에서 지원되는 인덱싱 기법에는 어떤 것들이 있나?
2. 데이터 엔트리를 위한 방법에는 무엇이 있는가?
3. 군집 인덱스가 지원되는가?

참고문헌 소개

여러 책에서 파일 구성에 대해 상세하게 다루고 있다[29, 312, 442, 531, 648, 695, 775].

해시 인덱스와 B+ 트리에 대한 참고문헌 소개는 10장과 11장에 포함되어 있다.

9

데이터 저장: 디스크와 파일

☞ 컴퓨터 시스템에는 어떠한 종류의 메모리가 있는가?

☞ 디스크와 테이프의 물리적인 특징은 무엇이며, 그들이 데이터베이스 시스템 디자인에 어떠한 영향을 미치는가?

☞ RAID란 저장 시스템과 그들의 장점은 무엇인가?

☞ DBMS가 디스크상의 공간을 어떻게 관리하는가? DBMS가 디스크상의 데이터를 어떻게 접근하고 수정하는가? 저장과 이동의 기본 단위로써의 페이지의 중요성은 무엇인가?

☞ DBMS가 어떻게 레코드 파일을 생성하고 유지하는가? 레코드가 페이지상에서 어떻게 정열되고 페이지들은 파일 내에서 어떻게 구성되어 지는가?

➜ **주요 개념:** 기억장치 계층 구조(memory hierarchy), 영속적 저장(persistent storage), 임의 대 순차적 장치(random versus sequential devices); 물리적 디스크 아키텍처(physical disk architecture), 디스크 특성(disk characteristics), 탐색 시간(seek time), 회전 지연(rotational delay), 전송 시간(transfer time); RAID, 스트라이핑(striping), 미러링(mirroring), RAID 레벨; 디스크 공간 관리기(disk space manager); 버퍼 관리기(buffer manager), 버퍼 풀(buffer pool), 대체 정책(replacement policy), 미리 가져오기(prefetching), forcing; 파일 구현(file implementation), 페이지 구성(page organization), 레코드 구성(record organization)

A memory is what is left when something happens and does not completely unhappen.

— Edward DeBono

이 장에서는 RDBMS의 내부를 공부하는 것으로 시작한다. 여기에서는 1.8절에서 소개한 DBMS의 아키텍처를 따라, 디스크 공간 관리기와 버퍼 관리기, 그리고 *파일과 접근방법* 계층의 구현 지향적인 측면에 대해 다룬다.

9.1절에서는 디스크와 테이프에 대하여 소개하며 9.2절에서는 RAID 디스크 시스템을 설명한다. 9.3절에서는 DBMS가 디스크 공간을 관리하는 방법에 대하여 논하고, 9.4절에서는 DBMS가 디스크에서 주 기억장치로 데이터를 가져오는 방법에 대해서 설명한다. 9.5절은 페이지들의 집합을 파일로 구성하는 방법과 파일로부터 레코드들을 빠르게 검색하기 위해 사용하는 보조적인 데이터 구조에 대하여 다룬다. 9.6절에서는 페이지 상의 레코드들을 배치하는 다양한 방법에 대해 알아보며, 9.7절에서는 각각의 레코드를 저장하는 다른 형식들을 다룬다.

9.1 기억장치 계층 구조

컴퓨터 시스템에서의 기억장치는 그림 9.1에서 보는 바와 같이 계층적으로 구성된다. 맨 위에는, 캐시(cache)와 주 기억장치로 구성되는 **주 저장장치**(primary storage)가 있으며 데이터에 대한 매우 빠른 접근성을 제공한다. 그 다음엔 **보조 저장장치**(secondary storage)가 있으며 자기 디스크와 같은 좀 더 느린 저장장치로 구성되며, **3차 저장장치**(tertiary storage)는 가장 느린 저장장치로서 광 디스크나 테이프 등이 여기에 해당된다. 현재 같은 용량에 대한 주 기억장치의 비용은 디스크보다 약 100배 정도가 높고, 테이프는 디스크보다도 훨씬 더 저렴하다. 데이터베이스 시스템에서 데이터의 양은 일반적으로 매우 방대하기 때문에 테이프나 디스크 같은 저속 저장장치의 역할은 중요하다. 모든 데이터를 저장할 충분한 주 기억장치를 구입하는 것은 매우 비용이 많이 든다. 따라서 데이터를 테이프나 디스크에 저장하고 처리에 필요할 때마다 낮은 계층의 기억장치로부터 주 기억장치로 데이터를 가져오도록 데이터베이스 시스템을 설계한다.

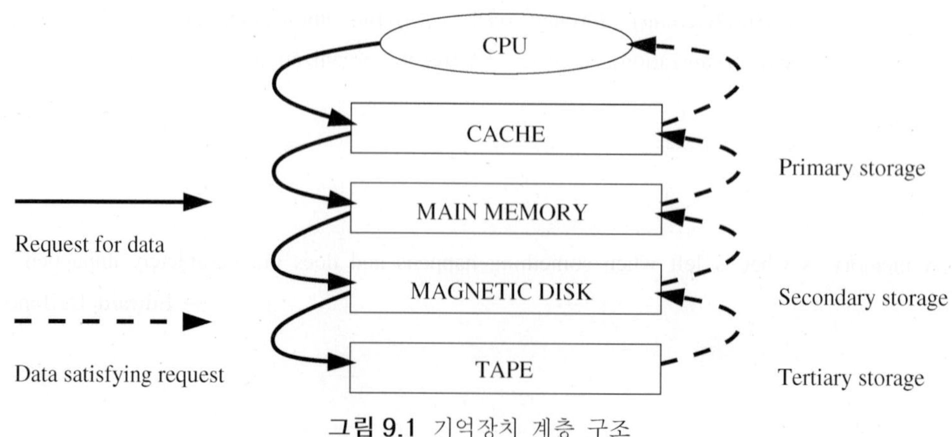

그림 9.1 기억장치 계층 구조

비용적인 측면 외에도 데이터를 보조 기억장치나 3차 저장장치에 저장하는 다른 이유가 있다. 32비트 주소공간을 사용하는 시스템의 경우, 2^{32} 바이트만이 주 기억장치에서 직접 참조가 가능하다. 데이터 객체의 수는 이보다 훨씬 많을 수 있다. 더욱이 데이터들은 프로그램의 수행이 끝난 후에도 계속 유지되어야 한다. 이를 위해서는 컴퓨터가(정상적으로나 비정상적으로 종료된 후에) 재 시작될 때 기억장치는 정보를 계속 유지하고 있어야 한다. 우리는 이것을 **비소멸성**(nonvolatile) 저장장치라고 부른다. 보조나 3차 저장장치가 비소멸성인 반면, 주 저장장치는 대개 소멸성(volatile)이다(이러한 주 저장장치도 배터리 백업 장치를 사용하면 비소멸성 저장장치로 만들 수 있다).

테이프는 비교적 비용이 적게 들며 대용량의 데이터를 저장할 수 있다. 따라서 장기간 데이터를 보관하되 데이터에 대한 접근이 빈번하지 않을 것으로 예상되는 *보존용* 저장장치로 사용하기에 적합하다. 퀀텀(Quantum)사의 DLT 4000 드라이브는 대표적인 테이프 저장장치이다. 이 제품은 20 기가바이트의 데이터를 저장하며, 압축할 경우 그 두 배의 데이터를 저장할 수 있다. 이 제품은 데이터를 128개의 *테이프 트랙*에 저장하며 압축되지 않은 데이터의 경우 1.5 MB/sec의 전송속도를 낼 수 있다(대체적으로 압축 데이터의 경우 3.0 MB/sec이다). DLT 4000 테이프 드라이브 한 대는 최대 7개까지의 테이프를 쌓아놓고 접근할 수 있어서, 압축 데이터 기준으로 최대 280 기가바이트의 용량을 지원한다.

테이프의 주요 결점은 순차 접근 장치라는 것이다. 이것은 테이프상의 원하는 위치로 직접 접근할 수 없으며 순서대로 모든 데이터를 스쳐 지나가야 됨을 의미한다. 예를 들어 테이프의 마지막 바이트를 접근하려면 먼저 테이프 전체를 돌려야 하는 것이다. 이러한 이유 때문에, *운영 데이터* 즉 자주 사용되는 데이터를 저장하는 데에 테이프는 적합하지 않다. 테이프는 주기적으로 운영 데이터를 백업받을 때 주로 사용된다.

9.1.1 자기 디스크

자기 디스크는 원하는 위치로의 직접 접근을 지원하기 때문에, 데이터베이스 응용에 널리 사용되는 저장장치이다. DBMS는 디스크에 있는 데이터에 대한 접근을 매끄럽게 지원해 준다. 응용 프로그램은 데이터가 주 기억장치에 있는 지 아니면 디스크에 있는 지 상관할 필요가 없다. 그림 9.2에 나타난 단순화된 디스크 구조를 보면서 디스크의 동작 원리를 이해해 보자.

데이터는 디스크 상에서 **디스크 블록**(disk block)이라는 단위로 저장된다. 디스크 블록은 연속되는 일련의 바이트이며 데이터가 디스크 상에서 입출력되는 단위이다. 블록은 하나 이상의 **원반**(platter)상에서 **트랙**(track)이라는 동심원을 따라 배치된다. 트랙은 원반의 한면 혹은 양면에 기록되며, 그것에 따라서 단면(single-sided) 디스크 혹은 양면(double-sided) 디스크라고 한다. 직경이 같은 트랙들의 집합은 그 모양이 마치 원통모양과 비슷하여 **실린더**(cylinder)라고 한다. 하나의 실린더는 원반 한 면당 하나의 트랙을 가진다. 각각의 트랙은 **섹터**(sector)라고 불리는 원호들로 나뉘며 그 크기는 디스크 자체의 특징이며 변경될 수 없다. 디스크 블록의 크기는 디스크를 초기화할 때 섹터 크기의 배수로 결정된다.

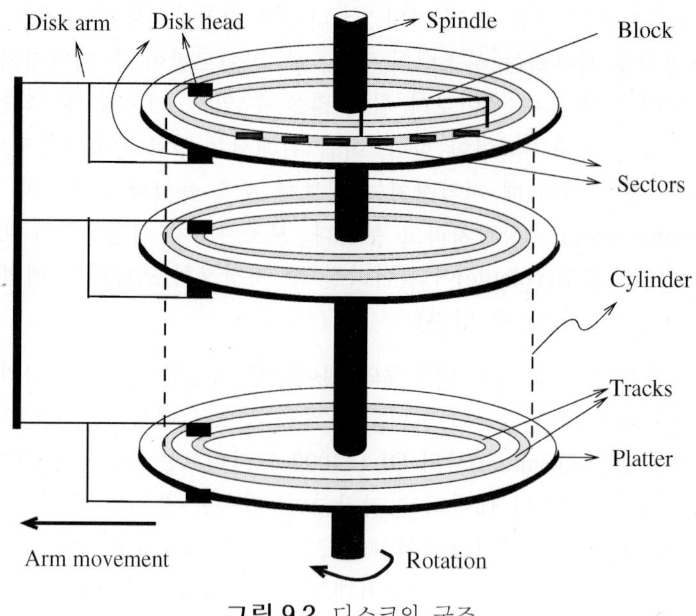

그림 9.2 디스크의 구조

기록되는 원반의 면마다 하나씩으로 구성된 **디스크 헤드**(disk head)의 배열이 하나의 단위로 움직인다. 하나의 헤드가 어떤 블록 위에 위치하게 되면 나머지 헤드들도 각각의 원반에서 동일한 위치에 놓이게 된다. 블록을 읽거나 쓰기 위해서, 디스크 헤드는 그 블록 위에 위치해야 한다.

현재의 시스템은 대개 한번에 많아야 하나의 디스크 헤드만 읽거나 쓰게 허용한다. 모든 디스크 헤드가 병렬적으로 판독이나 기록 작업을 수행할 수 없다—이러한 방식은 디스크 헤드의 수에 비례하여 데이터 전송률을 높일 수 있고, 순차 탐색의 속도를 상당히 증가시킬 수 있다. 하지만 이러한 방식이 적용되기 어려운 이유는 모든 헤드들을 부합되는 트랙에 완벽하게 위치시키는 것이 매우 어렵기 때문이다. 현재의 방법은 비용 면에서나 신뢰도 면에서 하나의 활성 헤드만 가지는 디스크에 비해 단점을 가진다. 실제로, 매우 적은 수의 상용 제품들만이 제한된 방식으로 이러한 기능을 지원하고 있다. 예를 들어, 두 개의 디스크 헤드가 병렬로 동작할 수 있다.

디스크 제어기(disk controller)는 디스크 드라이브와 컴퓨터를 상호 연결시켜 준다. 제어기는 디스크 암(arm assembly)을 움직여 디스크 표면으로 혹은 표면으로부터 데이터를 전송함으로써 섹트를 읽거나 쓰는 명령을 구현한다. 데이터가 어떤 섹터에 쓰여질 때 **체크섬**(checksum)이 계산되어 섹트에 함께 저장된다. 그 섹트의 데이터가 다시 읽혀질 때 책섬이 다시 계산된다. 어떤 이유로 해당 섹터가 손상되었거나 판독이 잘못되었을 경우 원래 기록해 두었던 책섬과 판독하면서 계산한 책섬이 다를 것임이 틀림없다. 제어기가 책섬을 계산하여 오류를 탐지한 경우에는 그 섹터를 다시 한번 판독해 본다(물론 섹터가 손상된 경우 제어기는 오류 발생을 알리며 판독 오류는 반복된다).

> 예를 들어, **IBM의 Deskstar 14GPX**는 3.5인치에 14.4 GB의 하드 디스크이며 평균 탐색시간은 9.1 msec, 평균 회전 지연시간은 4.17 msec이다. 그러나, 하나의 트랙에서 바로 다음 트랙을 탐색하는 시간은 단지 2.2 msec 밖에 걸리지 않는다. 가장 긴 탐색 시간은 15.5 msec이다. 5개의 양면 원반이 있으며 분당 7,200번 회전한다(rpm: rotations per minute). 각 원반은 3.35 GB의 데이터를 저장할 수 있고, 1 평방인치에 2.6 기가비트의 저장 밀도를 가진다. 데이터 전송률은 약 13 MB/sec 정도이다. 이러한 점들을 종합해 볼 때, 주 기억장치의 데이터 접근 시간은 60 nsec(나노초)가 되지 않는 것이 보통인데 비해 디스크의 경우는 약 10 msec가 걸린다는 것을 알 수 있다.

주 기억장치에서는 원하는 위치로 직접 접근하는 시간이 거의 동일하지만 디스크의 경우는 좀 더 복잡하다. 특정 디스크 블록에 접근하는 데 걸리는 시간은 몇 가지 요소로 이루어진다. **탐색시간**은 디스크 헤드를 원하는 블록이 있는 트랙으로 위치시키는 데 걸리는 시간이다. 원반의 크기가 줄어들면 탐색시간 역시 줄어들게 되는 데, 이는 디스크 헤드가 움직이는 거리가 짧기 때문이다. 전형적인 원반의 직경은 3.5인치와 5.25인치이다. **회전지연**은 원하는 블록이 디스크 헤드 아래로 회전하기까지 기다린 시간이다. 이는 평균적으로 반회전 시간에 해당되며 일반적으로 탐색시간보다는 작다. **전송시간**은 헤드가 위치한 곳에서 실제로 데이터를 판독하거나 기록하는 데에 소요되는 시간으로서, 곧 디스크가 해당 블록 위를 회전해 지나가는 시간이다.

9.1.2 디스크 구조의 성능 특성

1. DBMS가 연산할 데이터는 주 기억장치에 있어야 한다.
2. 디스크와 주 기억장치간의 데이터 전송 단위는 블록이다. 만일 블록 내에서 오직 한 항목만이 필요한 경우라도 전체 블록이 전송된다. 디스크 블록의 판독과 기록을 **입출력 (I/O)** 연산이라고 한다.
3. 블록을 입출력하는 데에 걸리는 시간은 데이터의 위치에 따라 다르다.
   접근시간 = 탐색시간 + 회전지연 + 전송시간

이러한 사실들은 데이터베이스 연산에 걸린 시간이 디스크에 데이터를 저장하는 방법에 커다란 영향을 받는다는 것을 의미한다. 디스크에 블록을 저장하거나 디스크에서 블록을 읽어오는 시간은 데이터베이스 연산에 소요되는 시간의 대부분을 차지한다. 디스크의 형태적/기계적 특성상, 이 시간을 최소화하기 위해서는 디스크 상에 데이터 레코드를 전략적으로 배치할 필요가 있다. 본질적으로, 만일 두 레코드가 자주 함께 사용되는 경우 그 두 레코드는 가깝게 배치하여야 한다. 두 레코드가 디스크 상에서 가장 가깝게 존재하는 것은 곧 같은 블록에 저장하는 것이다. 다음으로 가까운 배치 장소라면 같은 트랙, 그 다음은 같은 실린더, 또 그 다음은 인접한 실린더가 될 것이다.

같은 블록 내에서의 두 레코드는 그 블록의 일부로 입출력되기 때문에 분명 최대한 가깝게 위치한 상태이다. 원반이 회전하기 때문에 입출력이 수행되고 있는 트랙의 다른 블록들도 현재 활성화된 헤드 아래에서 회전한다. 현재의 디스크 설계에서 한번의 회전으로 트랙 내의 모든 데이터를 판독하거나 기록할 수 있다. 하나의 트랙에 대한 입출력 작업이 끝나면 다른 디스크 헤드가 활성 상태로 들어가서, 동일 실린더의 다른 트랙에 대한 입출력 작업이 시작된다. 이렇게 해서 현재 실린더의 모든 트랙에 대해 입출력 작업이 수행된다. 그런 후에 암 조직은 인접한 실린더를 향해 안팎으로 이동한다. 따라서 블록의 '근접성'에 대한 이러한 자연스런 개념을 바탕으로 '*다음(next)*' 블록과 '*이전(previous)*' 블록으로 그 개념을 확장할 수 있다.

레코드를 순차적으로 입출력하기 위해 그들을 정렬하고 다음이라는 개념을 이용하는 것은 디스크 입출력 시간을 줄이는 데 아주 중요하다. 순차적인 접근은 탐색시간과 회전지연을 최소화시키며, 랜덤 접근보다 매우 빠르다(이러한 사실은 연습문제 9.5와 9.6에서 더욱 자세히 따져볼 텐데, 독자들은 꼭 풀어보기 바란다).

9.2 RAID

디스크는 시스템의 성능이나 저장 시스템의 신뢰도 측면에서 있어 병목현상을 일으킬 여지가 많다. 디스크의 성능이 계속 개선되고 있기는 하지만, 마이크로프로세서의 성능이 훨씬 빨리 향상되고 있는 것이 현실이다. 마이크로프로세서의 성능은 매년 50 퍼센트 이상 향상되고 있지만, 디스크 접근 시간은 매년 약 10 퍼센트 정도 그리고 전송률은 매년 약 20 퍼센트 정도만 향상되고 있다. 게다가 디스크는 기계적인 요소들을 포함하고 있기 때문에 컴퓨터 시스템의 전자적인 부품보다 고장률이 훨씬 높다. 디스크에 장애가 발생하면 디스크에 저장되어 있는 모든 정보들을 잃게 된다.

디스크 배열(disk array)는 여러 개의 디스크로 구성된 저장 시스템으로 성능의 향상과 신뢰도의 개선을 꾀할 수 있다. 성능의 향상은 **데이터 스트라이핑**에 의해 이루어진다. 데이터 스트라이핑은 하나의 빠르고 용량이 큰 디스크를 가졌다는 인상을 줄 수 있게끔 데이터를 여러 디스크에 분산시킨다. 신뢰도는 **중복**(redundancy)을 통해 향상된다. 데이터를 한 카피만 가지는 대신에, 중복된 정보를 유지한다. 중복된 정보들은 디스크에 장애가 생긴 경우에 장애가 발생한 디스크의 내용을 재현하는 데에 사용될 수 있게 구성된다. 데이터 스트라이핑과 중복을 조합을 구현한 디스크 배열을 **redundant array of independent disks,** 즉 **RAID**[1]라고 부른다. **RAID 레벨**이라고 불리는 여러 가지 RAID 구성법이 제안되었다. 각 RAID 레벨은 신뢰도와 성능 면에서 서로 다른 장단점을 가진다.

이 절에서는 우선 데이터 스트라이핑과 중복을 논의하며, 그 후에 산업 표준이 되고 있는 RAID 레벨들을 소개한다.

---

[1] 역사적으로 RAID에서 *I*는 inexpensive(값싼)를 의미했는데 이는 많은 수의 크기가 작은 디스크가 하나의 매우 큰 디스크보다 훨씬 더 경제적이었기 때문이다. 오늘날 그렇게 큰 디스크는 생산조차 되지 않고 있다—RAID가 미친 영향.

9.2.1 데이터 스트라이핑

디스크 배열은 사용자에게는 하나의 대용량 디스크로 보인다. 사용자가 입출력 요청을 하게 되면, 먼저 요청된 데이터가 들어 있은 물리적인 디스크 블록들의 집합을 식별해 낸다. 이러한 디스크 블록들은 배열내의 한 디스크에 모두 존재할 수도 있고 배열내의 여러 디스크에 분산되어 있을 수도 있다. 그러고나서 그 블록들은 관련된 디스크로부터 읽혀지게 된다. 따라서 데이터를 어떻게 디스크 배열내의 디스크에 분산시키느냐에 따라 입출력 요청 처리에 있어 관련되는 디스크의 수가 결정된다.

데이터 스트라이핑에서 데이터는 같은 크기의 여러 조각으로 분할되어 여러 개의 디스크상에 분배되며, 이 조각의 크기를 **스트라이핑 단위**(striping unit)라고 한다. 분할된 조각들은 보통 라운드 로빈 알고리즘에 따라 분배된다. 즉, 디스크 배열에 *D*개의 디스크가 있다면 조각 *i*는 디스크 `i mod D`에 기록된다.

예를 들어 스트라이핑 단위가 한 비트인 경우를 고려해보자. *D*개의 연속된 데이터 비트는 배열내의 *D*개의 데이터 디스크 모두에 걸쳐 분포되므로, 모든 입출력 요청에는 배열내의 모든 디스크가 관련된다. 디스크의 최소 전송 단위는 한 블록이므로, 각 입출력 요청에 대해 적어도 *D*개의 블록을 전송하게 된다. *D*개의 디스크로부터 *D*개의 블록을 병행으로 읽을 수 있으므로, 각 입출력 요청의 전송률은 단일 디스크 전송률의 *D*배가 된다. 각 요청마다 배열에 포함된 모든 디스크들의 대역폭 총합을 이용한다. 그렇지만 모든 요청에 대해 모든 디스크의 헤드가 다 움직여야 하므로, 이 배열의 접근 시간은 기본적으로 단일 디스크의 접근 시간과 같다. 따라서 스트라이핑 단위를 단일 비트로 하는 디스크 배열에서, 배열이 처리할 수 있는 단위 시간당 요청의 수와 각 요청에 대한 평균 응답 시간이 단일 디스크와 비슷하게 된다.

다른 예로, 한 디스크 블록 하나가 스트라이핑 단위인 경우를 고려해보자. 이 경우, 한 디스크 블록 크기의 입출력 요청은 배열내의 한 디스크에 의해 처리된다. 디스크 블록 하나 규모의 요청들이 많고 요청된 블록들이 서로 다른 디스크에 산재해 있는 경우, 모든 요청들을 병행하여 처리할 수 있게 되고, 따라서 입출력 요청에 대한 평균 응답 시간을 줄일 수 있다. 여기서 스트라이핑 단위들을 라운드 로빈 방식으로 분배하기 때문에 연속된 많은 블록들을 필요로 하는 대규모 요청들에 대해서는 모든 디스크가 관여하게 된다. 이러한 요청은 모든 디스크에 의해 병렬로 처리되며, 따라서 전체 *D* 디스크의 통합 대역폭으로까지 전송률을 끌어올릴 수 있다.

9.2.2 중복

더 많은 디스크를 사용하면 저장 시스템의 성능을 향상시킬 수 있는 반면 전체적인 저장 시스템의 신뢰도는 떨어진다. 단일 디스크의 **장애발생 평균시간**(mean-time-to-failure: **MTTF**)이 50,000시간(약 5.7년)이라고 하자. 그러면 100개의 디스크로 구성된 배열의 경우 MTTF는 각 디스크의 장애 발생이 독립적으로 일어나며 디스크의 장애 확률이 시간이 지나도 변

> **중복 기법**(redundancy schemes): 패리티 기법의 대안으로는 **해밍 코드**(Hamming code)와 **리드-솔로몬 코드**(Reed-Solomon code)에 기반한 기법 등이 있다. 해밍 코드는 단일 디스크 장애의 복구뿐만 아니라, 어느 디스크에 장애가 발생되었는지도 식별할 수 있다. 리드-솔로몬 코드는 최대 두 개의 디스크가 동시에 장애를 일으키더라도 복구할 수 있다. 자세한 사항은 이 책의 범위 밖이므로 생략하며, 관심 있는 독자들을 위해 참고문헌에 제공하고 있다.

하지 않는다고 가정할 때 50,000/100 = 500시간, 즉 약 21일에 불과하게 된다(현실적으로, 디스크의 생명 주기에서 초기와 말기에 더 높은 장애 발생 확률을 가진다. 초기의 장애들은 종종 알지 못했던 제조상의 결함이 원인인 경우가 많으며, 말기의 장애들은 디스크의 노후화 때문이다. 장애는 또한 독립적으로 발생하는 것도 아니다. 건물의 화재, 지진, '질 나쁜' 업체에서의 디스크 구매 등을 생각해 보시오).

디스크 배열의 신뢰도는 중복 정보를 저장함으로써 높일 수 있다. 만약 하나의 디스크에 장애가 발생하더라도 중복 정보를 이용해서 그 장애가 발생된 디스크의 원래 데이터를 재구성할 수 있다. 중복은 디스크 배열의 MTTF를 상당히 향상시킬 수 있다. 디스크 배열의 설계에 중복을 반영할 때, 두 가지 사항을 결정해야 한다. 첫째는, 중복 정보를 어디에 저장하느냐이다. 적은 수의 **점검 디스크**(check disk)에 저장하거나, 모든 디스크 상에 균등하게 이 중복 정보를 분산시킬 수 있다.

두 번째로 결정해야 할 사항은 중복 정보를 어떻게 계산하느냐이다. 대부분의 디스크 배열은 패리티 정보를 저장한다. **패리티 기법**(parity scheme)은 배열내의 어느 한 디스크에서 발생한 장애를 복구하는 데 사용될 정보를 별도의 점검 디스크에 저장한다. D개의 디스크로 이루어진 디스크 배열이 있다고 가정하고 각 데이터 디스크의 첫 비트를 고려해 보자. D개의 데이터 비트 중에서 1인 개수를 i라고 하자. i가 홀수이면 점검 디스크의 첫 비트를 1로 설정하고 그렇지 않으면 0으로 설정한다. 점검 디스크의 이 비트를 해당 데이터 비트들에 대한 **패리티**라고 한다. 점검 디스크는 상응하는 D개의 각 데이터 비트 집합에 대한 패리티 정보들을 담는다.

손상된 디스크의 첫 비트 값을 복구하기 위해서 먼저 손상되지 않는 나머지 D-1개의 디스크에서 1인 비트들의 수를 센다. 그 수를 j라고 하자. 만약 j가 홀수이고 패리티 비트가 1이거나 j가 짝수이고 패리티 비트가 0인 경우, 손상된 디스크 비트 값은 0이었을 것이다. 만약 그렇지 않다면 1이었을 것이다. 이렇게 패리티를 이용하면 어느 한 디스크의 장애로부터 복구될 수 있다. 손실된 정보의 재생을 위해서는 모든 데이터 디스크와 점검 디스크를 읽어야 한다.

예를 들어, 중복 정보를 가진 10개의 디스크를 추가한다면 100개의 데이터 디스크로 구성된 예제 저장 시스템의 MTTF는 250년 이상으로 향상될 수 있다! 더 중요한 것은 커진 MTTF는 실제 사용 기간 동안 장애의 발생 확률이 줄었음을 의미하는 데, 이는 실제 사용 기간이 MTTF나 보고된 수명보다 일반적으로 훨씬 짧기 때문이다(누가 과연 10년 된 디스크를 사용하겠는가?).

RAID 시스템에서 디스크 배열은 **신뢰 그룹**(reliability group)으로 분할되며, 하나의 신뢰 그룹은 다시 일련의 *데이터 디스크*와 *점검 디스크*로 구성된다. 각 그룹에는 공통된 중복 기법이 적용된다(박스를 참고하시오). 여기에서 점검 디스크의 수는 채택된 RAID 레벨에 의해 결정된다. 지금부터는 설명의 편의상 하나의 신뢰 그룹만이 존재하는 것으로 가정한다. 그렇지만 독자들은 실제적인 RAID 구현은 다수의 신뢰 그룹으로 구성되며, 그러한 신뢰 그룹의 수는 저장 시스템의 전체적인 신뢰도에 중요한 역할을 한다는 점을 명심하기 바란다.

9.2.3 중복 레벨

여러 가지 RAID 레벨들을 설명하는 동안, 4개의 디스크에 적당한 샘플 데이터를 고려한다. 즉, RAID 기술을 사용하지 않을 경우 저장 시스템은 정확하게 4개의 데이터 디스크로 구성된다. 어느 RAID 레벨을 선택하느냐에 따라, 추가되는 디스크의 수는 0에서 4까지 다양하다.

레벨 0: 중복 없음

RAID 레벨 0의 시스템은 데이터 스트라이핑을 사용해서 대역폭을 최대로 끌어올린다. 여기에는 중복 데이터가 없다. 이 방법은 비용이 가장 적게 들지만, 배열에 속한 디스크 드라이브의 수에 비례하여 MTTF가 저하되기 때문에 신뢰도가 문제가 된다. RAID 레벨 0은 모든 RAID 레벨들 중에서 기록 성능이 가장 좋다. 그 이유는 함께 갱신해 주어야 할 중복 정보가 없기 때문이다! 흥미롭게도 RAID 레벨 0의 판독 성능은 모든 RAID 레벨들 중에서 최상이 아닌 데, 그 이유는 다음 절에서 설명하겠지만 중복을 채택하는 시스템은 디스크 접근을 위한 스케줄링을 선택하기 때문이다.

예제의 경우, RAID 레벨 0 방법은 4개의 데이터 디스크만으로 구성된다. 데이터 디스크의 수와는 무관하게, RAID 레벨 0 시스템의 실제 공간 활용도는 항상 100 퍼센트이다.

레벨 1: 미러

RAID 레벨 1 시스템은 비용이 가장 많이 드는 방법이다. 이는 디스크의 모든 내용을 별도의 디스크에 똑같이 복사하여 유지하는 것이다. 이러한 형태의 중복을 흔히 **미러링**이라고 한다. 디스크 블록을 기록할 때마다 항상 양쪽 디스크에 기록해 주어야 한다. 이러한 기록 작업은 동시에 수행되지 않아야 한다. 왜냐하면, 블록들을 기록하는 도중에 시스템 전체에 장애가 발생하면(전원이 나가든지 하여) 두 블록 모두 일관성 없는 상태로 남기 때문이다. 그러므로 항상 한쪽 디스크에 우선 블록 기록을 수행한 후, 나머지 미러 디스크에 사본을 기록하게 된다. 각 블록의 두 사본들이 서로 다른 디스크에 존재하므로 판독 작업을 두 디스크에 분산하여 서로 다른 디스크 블록이 *병행 판독*될 수 있게 있다. 예상 접근 시간이 짧은 디스크에서 블록 판독을 하도록 스케줄링 될 수도 있다. RAID 레벨 1에서는 여러 디스크에 데이터를 스트라이핑을 하지 않으므로, 요청에 대한 전송률은 단일 디스크의 전송률과 견줄만하다.

예제의 경우, RAID 레벨 1의 구현을 위해서는 4개의 데이터 디스크와 4개의 점검 디스크가 필요하다. 데이터 디스크의 수와 무관하게, 실제 공간 활용도는 항상 50퍼센트이다.

레벨 0 + 1: 스트라이핑과 미러링

RAID 레벨 0 + 1 — *RAID 레벨 10*으로 불리기도 하는 데—은 스트라이핑과 미러링을 조합한 것이다. 그래서 RAID 레벨 1처럼, 하나의 디스크 블록에 대한 판독 요청은 디스크나 그에 대한 미러 이미지 양쪽 모두에게 스케줄링 될 수 있다. 또한, 몇 개의 연속하는 블록에 대한 판독 요청은 모든 디스크의 대역폭을 합침으로써 효과를 볼 수 있다. 기록 비용은 RAID 레벨 1과 비슷하다.

RAID 레벨 1에서처럼 4개의 데이터 디스크로 이루어진 예제의 경우 4개의 점검 디스크가 필요하며 실제 공간 활용도는 항상 50퍼센트이다.

레벨 2: 오류 수정 코드

RAID 레벨 2에서의 스트라이핑 단위는 비트이다. 중복 기법으로는 해밍 코드를 사용한다. 4개의 데이터 디스크로 이루어진 예제의 경우 점검 디스크로 3개만 필요하다. 점검 디스크의 수는 일반적으로 데이터 디스크의 수에 대수적으로 (logarithmically) 비례하여 증가한다.

비트 레벨에서의 스트라이핑이 의미하는 것은 *D*개의 데이터 디스크를 가지는 디스크 배열에서 판독을 위한 가장 작은 전송 단위는 *D*개의 블록 집합이라는 것이다. 그러므로 레벨 2는 규모가 큰 요청이 많은 작업 부하에 적합한 데 그 이유는 각 요청에 대해 모든 데이터 디스크의 통합 대역폭이 사용되기 때문이다. 그러나 RAID 레벨 2는 개개 블록에 대한 소규모 요청들에 대해서는 같은 이유로 해서 좋지 않다(9.2.1의 예를 참조할 것). 하나의 블록을 기록하려면 점검 디스크의 수를 *C*라고 할 때 우선 *D*개 블록을 주 기억공간으로 읽어 들이고, $D + C$개의 블록을 수정한 후, $D + C$개의 블록을 디스크에 기록하게 된다. 이러한 순서의 작업 절차를 *판독-수정-기록* 주기라고 한다.

4개의 데이터 디스크로 구성된 RAID 레벨 2를 구현하려면 3개의 점검 디스크가 필요하다. 예제의 경우 실제 공간 활용도는 대략 57 퍼센트이다. 이 실제 공간 활용도는 데이터 디스크의 수가 늘어나면 그에 따라 증가한다. 예를 들어 데이터 디스크가 10개인 경우 점검 디스크로는 4개가 필요하며 실제 공간 활용도는 71퍼센트이다. 데이터 디스크가 25개인 경우에는 점검 디스크가 5개 필요하며 이때의 실제 공간 활용도는 83 퍼센트까지 증가한다.

레벨 3: 비트-인터리브드 패리티

RAID 레벨 2에서 사용하는 중복 기법은 비용 측면에서 RAID 레벨 1을 개선한 것이기는 하지만, 그래도 여전히 필요 이상으로 많은 중복 정보를 유지하고 있다. RAID 레벨 2에서 사용되었듯이 해밍 코드는 장애가 발생한 디스크를 식별할 수 있는 장점이 있다. 하지만 디스크 제어기도 어느 디스크에서 장애가 일어났는지 쉽게 탐지할 수 있다. 그러므로 점검 디스크는 장애 디스크를 식별하기 위한 정보를 가지고 있을 필요가 없다. 손실된 데이터를 복구할 수 있는 정보만 있으면 충분하다. 그래서 RAID 레벨 3에서는 해밍 코드를 저장하기 위하여 여러 디스크를 사용하는 대신, 패러티 정보를 가지는 단일 점검 디스크를 사용한다. 결과적으로 RAID 레벨 3의 신뢰도에 따른 부하는 가능한 가장 적은 부하인 디스크 하나에 불과하다.

RAID 레벨 2와 RAID 레벨 3의 성능 특성은 매우 비슷하다. RAID 레벨 3은 한번에 한 건의 입출력만 처리할 수 있으며, 최소 전송 단위는 *D*개의 블록이고, 기록을 위해서는 한번의 판독-수정-기록 주기가 필요하다.

레벨 4: 블록-인터리브드 패리티

RAID 레벨 4는 스트라이핑 단위로 한 비트를 사용하는 RAID 레벨 3과는 달리, 하나의 디스크 블록을 사용한다. 블록 레벨의 스트라이핑은 한 디스크 블록에 대한 판독 요청이 있을 때 그 블록이 위치하는 디스크만으로도 온전히 처리될 수 있는 이점을 가진다. 여러 디스크 블록을 필요로 하는 큰 규모의 판독 요청에 대해서는 *D*개 디스크의 통합 대역폭을 활용할 수 있다.

블록 하나의 기록에 판독-수정-기록의 한 주기가 필요하지만, 단지 하나의 데이터 디스크와 점검 디스크가 관여하게 된다. 점검 디스크의 패러티는 *D*개의 모든 디스크 블록을 판독하지 않고서도 갱신할 수 있다. 왜냐하면 원래의 데이터 블록과 새로운 데이터 블록간의 차이를 알아내어 점검 디스크의 패리티 블록에 적용하면 새로운 패리티 값을 얻을 수 있기 때문이다.

$$NewParity = (OldData\ XOR\ NewData)\ XOR\ OldParity$$

한번의 판독-수정-기록 주기는 원래의 데이터 블록과 원래의 패러티 블록을 읽고 이 두 블록을 수정하여 다시 디스크에 기록하는 것을 포함하고 있으므로, 매 기록마다 4번의 디스크 접근이 필요하게 된다. 점검 디스크는 모든 쓰기에 관여하기 때문에 병목처가 되기 쉽다.

네 개의 데이터 디스크로 구성된 RAID 레벨 3이나 레벨 4 구성은 단지 하나의 점검 디스크만 필요로 한다. 따라서 예제의 경우 실제 공간 활용도는 80 퍼센트이다. 데이터 디스크의 수에 관계없이 점검 디스크는 하나만 있으면 되므로, 데이터 디스크의 수가 늘어날수록 실제 공간 활용도는 높아진다.

레벨 5: 블록-인터리브드 분산 패리티

RAID 레벨 5는 패리티 블록들을 모든 디스크에 균등하게 분산시킴으로써, 하나의 점검 디스크에 모든 패리티 블록을 저장하는 RAID 레벨 4를 개선한다. 이러한 분산은 두 가지 이점을 가진다. 첫째, 여러 기록 요청들을 병렬적으로 처리할 수 있다. 왜냐하면 한 개의 점검 디스크의 사용할 시 생기는 병목 현상이 없어지기 때문이다. 둘째, 판독 요청들은 더 높은 수준의 병렬성(parallelism)을 가진다. 하나의 전용 점검 디스크만을 사용하는 시스템에서는 점검 디스크가 판독 작업에 전혀 참여하지 않은 반면, 데이터가 모든 디스크에 분산된 경우 모든 디스크가 판독 작업에 참여하기 때문이다.

RAID 레벨 5 시스템은 소규모 및 대규모 판독 요청과 대규모 기록 요청에 대해서 중복을 하는 모든 RAID 레벨 중에서도 가장 성능이 좋다. 소규모의 기록 요청은 여전히 하나의 판독-수정-기록 주기가 필요하므로 RAID 레벨 1에서 보다 효율이 떨어진다.

예제에 부합되는 RAID 레벨 5 시스템의 경우 전체적으로 5개의 디스크가 필요하며 따라서 실제 공간 활용도는 RAID 레벨 3이나 레벨 4와 같다.

레벨 6: P + Q 중복

RAID 레벨 6은 대단히 큰 규모의 디스크 배열에서는 단일 디스크 장애의 복구만으로는 불충분하다는 사실 때문에 생겨나게 되었다. 우선, 큰 규모의 디스크 배열에서는 이미 장애가 발생한 디스크를 대체하기 전에 제 2의 디스크가 다시 손상될 수 있다. 또한, 장애 디스크를 복구하는 동안에 다른 디스크가 손상될 확률 또한 무시할 수 없다.

RAID 레벨 6 시스템에서는 최대 두 개까지의 동시 발생한 디스크 장애를 복구할 수 있도록 **리드-솔로몬**(Reed-Solomon) 코드를 사용한다. RAID 레벨 6은 (개념상으로) 두 개의 점검 디스크가 필요하지만, RAID 레벨 5에서처럼 블록 크기의 중복 정보들을 균등하게 분산시킨다. 그러므로 소규모 및 대규모 판독 요청과 대규모 기록 요청에 대한 성능 특성은 RAID 레벨 5와 비슷하다. 소규모 기록 요청에 대해서, 판독-수정-기록 절차는 RAID 레벨 5와 비교해서 네 개가 아닌 여섯 개의 디스크가 관련되는데, 이것은 중복 정보를 가진 두 개의 블록을 갱신해 주어야 하기 때문이다.

4개의 데이터 디스크에 해당하는 저장 용량을 가지는 RAID 레벨 6 시스템을 위해서는 6개의 디스크가 필요하다. 예제의 경우 실제 공간 활용도는 66 퍼센트이다.

9.2.4 RAID 레벨의 선택

데이터 손실이 중요하지 않은 경우에, RAID 레벨 0은 가장 낮은 비용으로 전반적인 시스템 성능을 향상시킨다. RAID 레벨 0 + 1은 RAID 레벨 1보다 월등하다. RAID 레벨 0 + 1 시스템의 주요 응용 분야는 미러링 비용이 과다하지 않는 소규모의 저장 서브시스템이다. RAID 레벨 0 + 1은 기록 성능이 최고이기 때문에, 작업 부하 중에서 기록 연산 비중이 높은 응용에도 이따금 사용된다. RAID 레벨 2와 레벨 4는 각각 RAID 레벨 3과 레벨 5에 비해 항상 떨어진다. RAID 레벨 3은 연속적인 여러 개의 블록을 대상으로 하는 대규모 전송 요청이 주류를 이루는 작업부하에 적당하다. 그러나 RAID 레벨 3 시스템은 단일 디스크 블록에 대한 소규모 요청들이 많은 작업 부하에 대해서는 성능이 나쁘다. RAID 레벨 5는 훌륭한 범용 해결책이다. 이 시스템은 소규모 요청뿐 아니라 대규모 요청에 대해서도 우수한 성능을 보인다. RAID 레벨 6은 더 높은 수준의 신뢰도가 필요한 경우에 적당하다.

9.3 디스크 공간 관리

1.8절에서 보았던 DBMS 아키텍처에서 최하위 레벨의 소프트웨어는 디스크의 공간을 관리하는 **디스크 공간 관리기**(disk space manager)이다. 요약하면, 디스크 공간 관리기는 데이터의 단위로 **페이지**라는 개념을 지원하며, 페이지의 할당이나 반환, 판독이나 기록을 위한 명령을 제공한다. 페이지의 크기는 디스크 블록의 크기로 하며, 페이지들은 디스크 블록으로 저장되어 페이지 하나의 판독이나 기록이 한번의 디스크 입출력으로 수행된다.

순차적으로 접근되는 경우가 많은 데이터를 저장하기 위해 일련의 페이지들을 *연속된* 일련의 블록들로 할당하는 것이 종종 유용하다. 이 기능은 앞장에서 설명한 바 있는 디스크 블록을 순차적으로 접근할 때의 장점을 이용하는 데 필수적이다. 만약 필요하다면 이런 기능은 디스크 공간 관리기가 DBMS의 상위 계층에 제공해 주어야 한다.

디스크 공간 관리기는 내부 하드웨어(그리고 운영체제)의 세부 사항을 숨기며 상위 레벨의 소프트웨어로 하여금 데이터를 페이지의 묶음으로 취급하게 해준다.

9.3.1 유휴 블록의 유지

데이터베이스는 시간에 따라 레코드가 삽입되고 삭제됨에 따라 확장되고 축소된다. 디스크 공간 관리기는 어느 디스크 블록이 사용 중이고, 또 어느 페이지가 어느 디스크 블록에 위치해 있는지를 추적한다. 처음에는 블록들이 순차적으로 디스크에 할당되겠지만 수반되는 할당과 반환에 의해 일반적으로 틈(공간)이 생기게 된다.

블록 사용을 추적하는 한 가지 방법은 유휴 블록 리스트를 유지하는 것이다. 블록이 반환될 때마다(블록을 요청하고 사용한 상위 계층의 소프트웨어에 의해) 나중을 위해 유휴 리스트에 그 블록을 추가한다. 그리고 유휴 블록 리스트의 첫 블록을 가리키는 포인터는 디스크의 알려진 장소에 저장된다.

두 번째 방법으로 각 디스크 블록마다 한 비트씩 그 블록의 사용 여부를 나타내는 비트맵을 둔다. 비트맵은 또한 연속적인 디스크 공간을 매우 빠르게 식별하고 할당할 수 있다는 장점도 있다. 이러한 장점은 연결 리스트 방식으로는 얻어내기 힘들다.

9.3.2 운영체제 파일 시스템을 이용한 디스크 공간 관리

운영체제(OS)도 역시 디스크 공간을 관리한다. 일반적으로 운영체제는 *파일을 바이트의 연속으로* 본다. 또한 운영체제는 디스크 공간을 관리하며 "파일 f의 i번째 바이트를 읽어라"와 같은 요청을 "디스크 d에서 실린더 c의 트랙 t의 블록 m을 읽어라"와 같은 낮은 레벨의 명령어로 바꾼다. 데이터베이스의 디스크 공간 관리기는 OS의 파일을 이용하여 만들 수도 있다. 예를 들어 전체 데이터베이스를 하나 이상의 OS 파일에 저장할 수 있으며 이러한 OS 파일을 위해 OS는 다수의 블록들을 할당하고 초기화한다. 이때 디스크 공간 관리기는 OS 파일들 내의 공간을 관리하게 된다.

많은 데이터베이스 시스템들은 OS 파일 시스템에 의존하는 대신 나름대로의 디스크 관리를 아예 처음부터 아니면 OS의 기능을 확장하여 수행한다. 그 이유는 기술적인 측면뿐 아니라 현실적인 측면도 있다. 현실적인 이유 하나는 다양한 운영체제 플랫폼을 지원하기를 바라는 DBMS 업체 입장에서는 이식성을 위해 특정 운영체제에만 해당되는 특성을 가정할 수 없다. 따라서 DBMS 업체들은 DBMS 코드를 가능하면 독립적인 형태로 구현하려고 한다. 기술적인 이유 하나는 32비트 시스템의 경우 최대의 파일 크기는 4GB인데 반해, DBMS는 그보다 큰 파일을 접근해야 할 경우도 있다. 이와 관련된 문제로써 전형적인 OS 파일은 여러 디스크 장치에 걸쳐서 존재하지 못하지만, DBMS에서 종종 필요하다는 것이다. DBMS가 운영체제 파일 시스템에 의존하지 못하는 다른 기술적인 이유들은 9.4.2절에서 설명한다.

9.4 버퍼 관리기

버퍼 관리기의 역할을 이해하기 위해 간단한 예를 살펴보자. 데이터베이스가 1,000,000개의 페이지를 가지고 있고, 그 중 1,000개의 페이지만 적재될 수 있는 메모리 공간이 있다고 가정하자. 파일 전체의 스캔을 필요로 하는 질의가 있을 때, 한번에 모든 데이터를 주 기억장치로 가져올 수 없다. 그래서 DBMS는 필요할 때마다 페이지들을 주 기억장치에 적재하여야 하며, 그 과정에서 새로운 페이지의 적재를 위하여 주 기억장치에 있는 페이지 중 교체해야 되는 페이지를 결정해야 한다. 이렇게 교체해야 되는 페이지를 결정하는 정책을 **교체 정책**(replacement policy)이라고 한다.

1.8절에서 설명한 DBMS 아키텍처에 의하면 **버퍼 관리기**는 필요할 때마다 디스크로부터 주 기억장치로 페이지를 가져오는 일을 담당하는 소프트웨어 계층이다. 버퍼 관리기는 이용 가능한 주 기억장치 공간을 페이지라는 단위들로 분할하여 관리하며, 이러한 페이지의 집단을 **버퍼 풀**이라고 한다. 버퍼 풀 내의 주 기억장치 페이지를 **프레임**이라 하는 데, 이는 페이지(보통 디스크나 다른 보조기억장치에 있는 페이지)를 담을 수 있는 슬롯(slot)이라고 생각하면 편리하다.

상위 레벨의 DBMS 코드는 데이터 페이지가 메모리에 있는지 아닌지의 여부를 걱정하지 않아도 된다. 버퍼 관리기에게 페이지를 요청하고, 해당 페이지가 버퍼 풀 내에 없는 경우 버퍼 풀 내의 프레임에 적재된다. 물론 페이지를 요청했던 상위 레벨의 코드는 해당 페이지가 더 이상 필요 없게 되면, 버퍼 관리기에 알려서 해당 페이지를 포함하고 있던 프레임을 재사용 될 수 있게 한다. 만약 요청된 페이지를 수정하였을 때 상위 레벨의 코드는 반드시 그 사실을 버퍼 관리기에게 알려 주어야 한다. 그러면 버퍼 관리기는 수정사항이 디스크 상의 해당 페이지에 반드시 반영되게 한다. 버퍼 관리를 그림으로 나타내면 그림 9.3과 같다.

버퍼 풀뿐만 아니라, 버퍼 관리기는 관리용 정보와 풀 내의 각 프레임에 대해 *pin_count*와 *dirty*라는 두 개의 변수를 유지한다. 프레임의 *pin_count*는 해당 프레임 내에 있는 페이지를 요청하였으나 해제하지 않은 회수를 기록하는 데 결국 현재 페이지를 사용하고 있는 사용자의 숫자를 나타낸다. 불리언(boolean) 타입의 변수인 *dirty*는 페이지가 디스크로부터 버퍼 풀

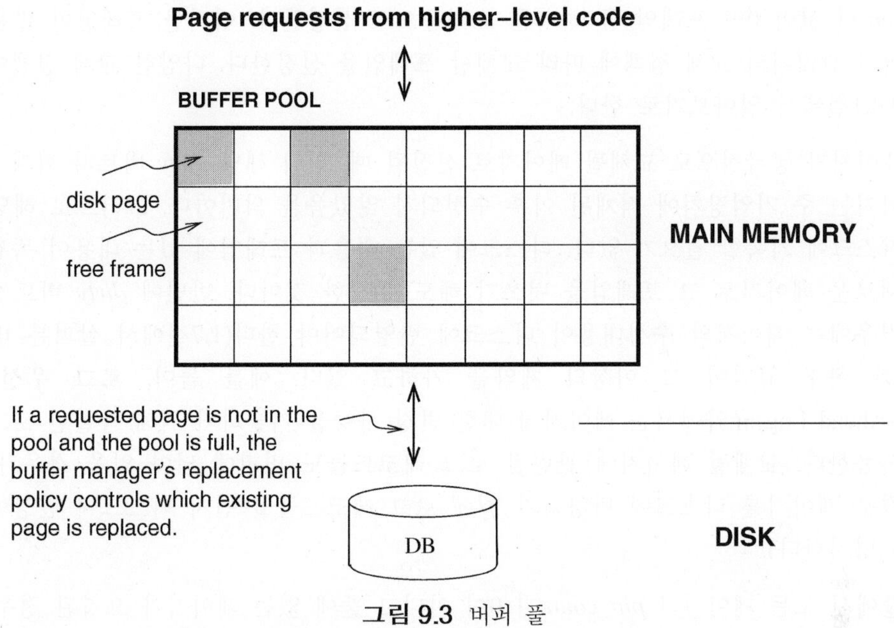
Page requests from higher-level code
BUFFER POOL
disk page
free frame
MAIN MEMORY
If a requested page is not in the pool and the pool is full, the buffer manager's replacement policy controls which existing page is replaced.
DB
DISK

그림 9.3 버퍼 풀

에 적재된 이후에 수정된 바가 있는지의 여부를 나타낸다.

초기에는 모든 프레임의 *pin_count*가 0으로 설정되며, *dirty* 비트는 꺼 놓는다. 어떤 페이지가 요청되었을 경우 버퍼 관리기는 다음과 같은 작업을 수행한다.

1. 버퍼 풀을 점검하여 요청된 페이지를 담고 있는 프레임이 있는지를 알아본다. 만약 있다면 해당 프레임의 *pin_count* 값을 증가시킨다. 만약 페이지가 풀에 없으면 버퍼 관리기는 다음과 같은 작업을 통해 해당 페이지를 가져온다.
   (a) 페이지 교체 정책에 따라 교체할 프레임을 선택하고 *pin_count* 값을 증가시킨다.
   (b) 만약 교체할 프레임의 *dirty* 비트가 켜져 있는 경우에는, 그 페이지를 디스크에 기록한다(즉 페이지의 디스크 사본이 프레임의 내용으로 덧씌워진다).
   (c) 요청된 페이지를 교체 프레임으로 읽어 온다.
2. 요청된 페이지를 담고 있는 프레임의 주 기억장치 주소를 요청자에게 반환한다.

*pin_count*를 증가시키는 것을 흔히 그 변수가 가리키는 프레임 내의 요청된 페이지를 **핀한다**(pinning)라고 한다. 버퍼 관리기를 호출하여 페이지를 요청했던 코드가 나중에 버퍼 관리기를 호출하여 그 페이지를 해제시키면, 요청된 페이지가 담고 있던 프레임의 *pin_count*는 감소된다. 이것을 페이지를 **언핀한다**(unpinning)라고 한다. 만약 요청자가 페이지를 수정했을 경우, 해당 페이지를 언핀할 때 이 사실도 버퍼 관리기에게 알리어, 그 프레임의 *dirty* 비트가 설정되게 한다. 버퍼 관리기는 *pin_count*가 0이 될 때까지 즉, 해당 페이지의 모든 요청자가 그 페이지를 언핀할 때까지는 다른 페이지를 그 프레임으로 읽어 들이지 않는다.

만약 요청된 페이지가 버퍼 풀에 존재하지 않고 버퍼 풀에 유휴 프레임이 없는 경우,

*pin_count*의 값이 0인 프레임 중 하나를 교체용으로 선정한다. 이러한 프레임이 많은 경우에는 버퍼 관리기의 교체 정책에 따라 교체할 프레임을 선정한다. 다양한 교체 정책에 대해서는 9.4.1절에서 알아보기로 한다.

어느 페이지가 궁극적으로 교체될 페이지로 선정될 때, 만약 해당 *dirty* 비트가 꺼져 있다면 그 페이지는 주 기억장치에 적재된 이후 수정되지 않았음을 의미이다. 그러므로 해당 페이지를 디스크에 기록할 필요가 없다. 디스크에 있는 내용과 프레임에 있는 내용이 똑같기 때문에 새로운 페이지로 그 프레임을 덮쓰기 해도 무방한 것이다. 반면에 *dirty* 비트가 켜져 있는 경우에는 페이지의 수정내용이 디스크에 반영되어야 한다(1.7절에서 살펴본 바와 같이 손상 복구 규약이 그 이상의 제약을 가하고 있다. 예를 들어, **로그 우선 기록**(Write-Ahead Log)**규약**에서는 페이지에 대한 변경 사항을 기술하기 위해 특별한 로그 레코드를 사용한다. 교체될 페이지에 관련된 로그 레코드들도 버퍼에 남아 있을 경우가 있다. 그런 경우 페이지를 디스크에 반영하기 *전에* 로그 레코드들을 먼저 디스크에 반영할 것을 규약은 명시한다).

버퍼 풀에서 모든 페이지의 *pin_count*가 0이 아니고 풀에 없는 페이지가 요청된 경우, 버퍼 관리기는 해당 페이지 요청에 응답하기 전에 어느 한 페이지가 해제될 때까지 기다려야 한다. 실제로 이러한 상황에서 페이지를 요청한 트랜잭션은 중단된다. 따라서 버퍼 관리기에 페이지를 요청했던 코드에 의해 가능한 한 빨리 페이지가 해제되어야 한다.

이 시점에서 적절한 질문은 "어떤 페이지가 여러 다른 트랜잭션에 의해 요청되었을 경우에는 어떻게 되는가?" 하는 것이다. 즉, 서로 다른 사용자를 위해 독립적으로 수행되는 프로그램들이 같은 페이지를 요청하는 경우에는 어떻게 되는가? 이러한 프로그램들은 해당 페이지에 대해 서로 상충되는 변경을 하려고 할 수 있다. (상위의 DBMS 코드 특히 트랜잭션 관리기에 의해 시행되는) **잠금 프로토콜**은 각 트랜잭션이 판독하거나 수정할 페이지를 요청하기 전에 먼저 **공용 잠금**이나 **전용 잠금**을 획득하도록 하고 있다. 서로 다른 두 개의 트랜잭션이 동시에 같은 페이지에 전용 잠금을 획득할 수 없다. 이렇게 함으로써 갱신 충돌이 방지된다. 버퍼 관리기는 단순히 페이지가 요청되기 전에 적절한 잠금을 미리 획득하였을 것이라고 가정한다.

9.4.1 버퍼 교체 정책

교체를 위한 언핀된 (unpinned) 페이지를 선정하는 정책은 데이터베이스 연산 시간에 상당한 영향을 미친다. 여러 가지 정책들이 있으며 이들이 좋은 성능을 보이는 상황은 각기 다르다.

가장 잘 알려진 교체 정책은 **LRU**(Least Recently Used)이다. *pin_count*가 0인 프레임들에 대한 포인터들로 이루어진 큐(queue)를 사용하여 버퍼 관리기에서 구현될 수 있다. 어떤 프레임이 교체될 수 있는 후보가 되면 (즉, *pin_count*가 0이 될 때), 큐의 끝에 그 프레임을 삽입한다. 교체용으로 선정하는 페이지는 이 큐의 첫머리에 있는 프레임의 페이지가 된다.

시계(clock) 교체로 알려진 LRU 변형 정책은 LRU와 비슷하게 동작하지만 오버헤드가 적다. 아이디어는 1부터 *N*사이의 값을 순환 순서 (circular order)로 가지는 *current* 변수를 사용하여 교체용 페이지를 선정하는 것이며, 여기에서 *N*은 버퍼 프레임의 수이다. 프레임은 시계의 바늘판처럼 원형으로 배치되어 있고, *current* 변수는 시계 바늘처럼 그 원판 위를 움직이는 것으로 보면 된다. LRU와 비슷하게 동작하기 위해서 각 프레임은 *referenced* 비트를 가지며, 페이지의 *pin_count* 값이 0이 될 때 켜진다.

current 변수가 가리키는 프레임이 교체가 가능한 지 알아본다. 그 프레임이 교체 대상이 될 수 없으면 *current* 변수의 값을 하나 증가시키고 다음 프레임을 알아본다. 프레임 하나가 선정될 때까지 이 과정을 반복한다. *current* 프레임의 *pin_count* 값이 0보다 크면 교체 후보가 될 수 없기 때문에 *current*의 값은 하나 증가된다. *current* 프레임의 *referenced* 비트가 켜져 있으면 시계 알고리즘은 이 *referenced* 비트를 끄고 *current* 값을 하나 증가시킨다—이런 방식으로 최근에 참조되었던 페이지가 교체될 확률을 적게 한다. *current* 프레임의 *pin_count* 값이 0이고 또 그 *referenced* 비트가 꺼져 있는 경우에는 그 페이지를 교체 대상으로 선정한다. 시계 바늘이 한바퀴 도는 동안 (즉, *current* 값이 계속 증가되어 반복되는 동안) 모든 프레임이 핀되어 있다면, 버퍼 풀 내에 있는 어떠한 페이지도 교체 후보가 될 수 없다는 것을 의미한다.

LRU와 시계 정책이 데이터베이스 시스템에 있어 항상 가장 좋은 교체 전략이 되는 것은 아니다. 특히 많은 사용자 요청이 데이터의 순차적 스캔을 필요로 하는 경우에 더욱 그렇다. 다음과 같은 상황을 생각해 보자. 버퍼 풀에는 10개의 프레임이 있고, 스캔해야 할 파일은 10개 혹은 그보다 적은 수의 페이지를 가지고 있다고 가정하자. 간단히 하기위해 페이지에 대한 요청이 충돌하는 경우는 없다고 가정하면, 그 파일을 처음 스캔할 때에만 디스크 입출력이 일어난다. 그 후의 스캔에서 일어나는 페이지 요청은 항상 버퍼 풀 내에서 해당 페이지를 찾을 수 있게 된다. 반면에 검색될 파일의 페이지 수가 11개라고 (버퍼 풀 내의 가용한 프레임 수보다 하나가 많다고) 가정해 보자. LRU를 사용하여 파일을 스캔할 때마다 그 파일의 모든 페이지를 판독해야 하는 것이다! **순차적 범람**(sequential flooding)이라 불리는 이러한 상황에서 LRU는 *최악의* 교체 전략이 된다.

이 밖의 교체 정책으로는 LRU와 비슷한 오버헤드를 수반하는 **FIFO**(First In First Out)와 **MRU**(Most Recently Used)등이 있으며 ***랜덤 방식***이라는 것도 있다. 이들 정책의 세부적인 내용은 정책의 이름과 LRU나 시계 정책에서 살펴본 내용을 고려해보면 명확해진다.

9.4.2 DBMS 대 OS의 버퍼 관리

운영체제의 가상 메모리와 DBMS의 버퍼 관리는 매우 유사하다. 두 가지 모두 주 기억장치보다 큰 데이터를 접근하고자 하며, 그 기본적인 아이디어는 필요할 때마다 페이지를 디스크로부터 주 기억장치로 가져오고, 주 기억장치에서 더 이상 필요하지 않은 페이지는 교체하는 것이다. 그럼 왜 OS가 제공하는 가상 메모리 기능을 사용하여 DBMS을 구현하지 않는가? DBMS는 페이지가 접근되는 순서, 즉 **페이지 참조 패턴**(page reference pattern)을 일

실제 버퍼 관리: IBM DB2와 Sybase ASE는 버퍼들이 명명된 풀(named pools)로 분할되는 것을 허용한다. 각각의 데이터베이스나 테이블, 인덱스는 이런 풀의 하나에 결속(bound)된다. 각 풀은 ASE의 경우 LRU나 **시계 교체**(clock replacement)를 사용하도록 구성된다. DB2는 시계 대체의 변형을 사용하며, 페이지의 성질에 근거하여 최초의 시계 값을 정한다(예를 들어, 인덱스 non-leaves는 높은 출발 시계 값을 얻으며 따라서 그들의 교체를 지연시킨다). 흥미롭게도, DB2에서의 버퍼 풀 고객은 자신이 어떤 페이지를 *싫어한다고* 명확하게 명시할 수 있는 데 이 경우 그 페이지가 교체될 다음 대상이 되게 된다. 특별한 경우로써 DB2는 몇몇 유틸리티 연산(예를 들어, RUNSTATS)에서 가져올 페이지에 대해 MRU를 적용하고, DB2 V6 또한 FIFO를 지원한다. Informix와 Oracle 7 둘 다 LRU를 사용한 하나의 전역(global) 버퍼 풀을 유지한다. Microsoft SQL Server는 clock replacement를 사용하는 하나의 풀을 가진다. Oracle 8에서는 테이블이 두 개의 풀 중 하나에 결속될 수 있다. 하나는 높은 우선순위를 가지며 시스템은 기억장치에 있는 이 풀에 페이지를 보관하려고 시도한다. 주어진 트랜잭션에 대해 핀(pin)의 최대 개수를 설정하는 것을 넘어서 트랜잭션 기반으로 버퍼 풀 사용을 제어하기 위한 기능은 대개 없다. 하지만 Microsoft SQL Server는 많은 양의 메모리를 필요로 하는 질의(예를 들어, 정렬이나 해싱과 연관된 질의)에 의한 버퍼 페이지의 예약을 지원한다.

반적인 OS 환경에서 보다 훨씬 정확하게 예측할 수 있는 경우가 많기 때문에 이러한 특성을 이용하는 것이 바람직하다. 더구나 DBMS는 페이지를 디스크에 기록해야 되는 시점에 대해 OS가 일반적으로 제공하는 그 이상의 제어를 필요로 한다.

DBMS는 종종 페이지 참조 패턴을 예측할 수 있는 데 이것은 페이지 접근 패턴이 잘 알려진 고수준 연산(순차 검색이나 여러 가지 관계대수 연산자의 특정한 구현)에 의해 대부분의 페이지 참조가 이루어지기 때문이다. 이렇게 참조 패턴을 예측할 수 있기 때문에 교체 할 페이지를 더 잘 선정할 수 있으며, 이에 따라 DBMS 환경에서는 전문화된 버퍼 교체 정책을 사용하는 것이 더 나아 보인다.

더욱 중요한 것은 참조 패턴을 예측할 수 있기 때문에 **페이지 미리 가져오기**라고 불리는 단순하면서도 매우 효과적인 전략을 이용할 수 있다는 것이다. 버퍼 관리기는 다음에 일어날 다수의 페이지 요청들을 예측해고 그 페이지가 실제로 요청되기 *전에* 주기억장치로 가져올 수 있다. 이 전략은 두 가지 이점이 있다. 첫째는 페이지가 요청될 때 그 페이지는 이미 버퍼 풀 내에 있다는 것이다. 둘째는 하나의 연속된 페이지 블록들을 판독하는 것이 별개의 요청에 따라 따로따로 판독해 오는 것보다 훨씬 빠르다는 것이다(그 이유에 대해서는 디스크 구조를 상기해 보기 바란다). 미리 가져올 페이지들이 연속되어 있지 않더라도, 가져와야 될 여러 개의 페이지들을 인식하는 것은 더 빠른 입출력에 이르게 한다. 이것은 페이지 판독 순서를 탐색 시간과 회전 지연시간을 최소화하는 방향으로 정할 수 있기 때문이다.

Prefetching(미리 가져오기, 선반입): IBM DB2는 순차적 선반입과 리스트 선반입(페이지의 리스트를 미리 가져오는 것) 둘 다를 지원한다. 일반적으로 선반입하는 크기는 4KB 페이지 32개이지만 이것은 사용자에 의해 정해질 수 있다. 몇몇 순차적 타입의 데이터베이스 유틸리티(예를 들어, COPY, RUNSTATS)에 대해 선반입하는 양은 16에서 8 페이지로 줄여 조정된다. 선반입하는 크기는 사용자에 의해서 설정될 수 있다. 어떤 환경에서는 한번에 1000개의 페이지를 선반입하는 것이 최상일 수 있다! Sybase ASE는 256개까지의 페이지를 비동기적으로 선반입하는 것을 지원하며 이러한 기능은 범위 스캔에서 테이블에 대한 인덱스 접근 동안 지연시간을 줄이는 데 사용된다. Oracle 8은 순차적 스캔이나, 큰 객체의 검색, 그리고 인덱스 스캔에서 선반입을 한다. Microsoft SQL Server는 순차적 스캔을 위한 선반입과 B+ 트리 인덱스의 단말 레벨을 따라가는 스캔을 위한 선반입을 지원하며 그 크기는 스캔이 진행되면서 조절될 수 있다. SQL Server는 또한 비동기적 선반입을 광범위하게 사용한다. Informix는 사용자가 정의한 크기에 따른 선반입을 지원한다.

파일로서의 인덱스: 8장에서 우리는 효과적인 탐색을 위해서 데이터 레코드를 조직하는 한 방편으로 인덱스를 제시하였다. 구현 관점에서 보면 인덱스는 데이터 레코드에 대한 요청시 가야할 길을 지시하는 레코드를 담고 있는 다른 한 종류의 파일에 지나지 않는다. 예를 들어, 트리 인덱스는 트리의 노드 당 한 페이지로 구성되는 레코드의 집합이다. 대개 트리 인덱스는 두 종류의 레코드를 담고 있기 때문에 *두 개의* 파일로 생각하면 편리하다. (1) 인덱스의 탐색 키에 대한 필드와 자식 노드를 가리키는 필드로 구성된 레코드에 해당하는 *인덱스 엔트리* 파일, 그리고 (2) 그 구조가 데이터 엔트리 선택에 의존하는 *데이터 엔트리* 파일.

덧붙여 말하면, 일반적으로 디스크 입출력은 CPU 연산과 병행하여 수행될 수 있음을 주목하자. 일단 디스크에 미리 가져오기를 요청하게 되면 디스크는 요청된 페이지를 기억장치로 읽어오는 역할을 하게 되고, CPU는 계속해서 다른 작업을 수행할 수 있다.

DBMS는 페이지를 디스크에 명시적으로 *강제* 출력할 수 있어야 한다. 즉, 원할 때에는 언제든지 디스크에 있는 페이지의 내용이 주 기억장치에 있는 해당 페이지의 내용으로 갱신될 수 있어야 한다. 이와 관련하여, DBMS는 버퍼 풀의 임의의 페이지가 다른 임의의 페이지 *이전에* 먼저 디스크에 기록될 수 있음을 보장할 수 있어야, 1.7절에서 살펴본 바 있는 손상 복구용 로그 우선 기록 규약을 구현할 수 있다. 운영체제의 가상 기억장치 구현 방식에서는 페이지를 디스크에 기록하는 시점에 대한 제어를 보장받지 못한다. 페이지를 디스크에 저장하라는 OS 명령은 본질적으로 기록 요청은 기억해 놓고 실제적인 디스크 페이지의 갱신은 미루는 방식으로 구현된다. 만일 그 사이에 시스템 장애가 발생하면 그 영향은 DBMS에 치명적이 될 수 있다(시스템 장애의 복구는 18장에서 다룰 것이다).

9.5 레코드 파일

페이지가 디스크에 저장되고 주 기억장치로 읽혀지는 방식에서 눈을 돌려 이제는 레코드를 저장하고 *파일*이라는 논리적 묶음 (logical collection)으로 구성되는 방식에 대하여 알아보자. 높은 레벨의 DBMS 코드는 그 표현이나 저장에 대한 자세한 사항은 무시하고 실제적으로 페이지를 레코드의 집합으로 간주한다. 사실 레코드 집합이라는 개념은 한 페이지의 내용에 국한되지 않는다. 왜냐하면 파일은 여러 페이지에 걸쳐 있을 수 있기 때문이다. 이 절에서는 페이지 집합이 어떻게 파일로 구성되는 지 알아본다. 어떻게 레코드 집합을 페이지 공간에 저장하는 가에 대해서는 9.6과 9.7에서 다룬다.

9.5.1 힙 파일 구현

힙 파일의 페이지에 있는 데이터는 어떤 식으로도 정렬되어 있지 않으며, 유일한 보장은 다음 레코드를 반복적으로 요청함으로써 파일내의 모든 레코드를 검색할 수 있다는 것이다. 파일내의 모든 레코드는 유일한 레코드 식별자(*rid*)를 가지며 같은 크기로 되어 있다.

힙 파일에서 지원되는 연산에는 파일의 *생성*과 *삭제*, 레코드의 *삽입*, 레코드 식별자에 의한 레코드 *삭제*나 *가져오기*, 그리고 파일내의 모든 레코드 *스캔* 등이 있다. 레코드 식별자를 이용한 레코드의 삽입이나 가져오기를 위해서는 주어진 레코드 식별자에서 그 레코드를 담고 있는 페이지의 *id*를 반드시 알 수 있어야 한다.

스캔 연산을 지원하려면 각 힙 파일 내의 페이지들을 알아야 하며 삽입을 효율적으로 구현하기 위해서는 빈 공간을 가지는 페이지를 알고 있어야 한다. 이러한 정보를 유지하는 두 가지 대안에 대해서 알아보자. 두 방식 모두에서 페이지들은 데이터 외에 파일 수준에서의 기록(bookkeeping)을 위해 페이지 *id*에 해당하는 두 개의 포인터를 가져야만 한다.

페이지의 연결 리스트

첫 대안은 페이지에 대한 이중 연결 리스트로 힙 파일을 유지하는 것이다. DBMS는 디스크 상의 알려진 위치에 *<힙 파일 이름, 첫 페이지 주소>* 쌍으로 구성된 테이블을 유지하여 *첫 페이지*의 위치를 기억한다.

다른 중요한 임무는 힙 파일에서 레코드를 삭제할 때 생겨나는 빈 공간에 대한 정보를 유지하는 것이다. 이 임무는 두 부분으로 나눌 수 있다. 페이지 내에서 빈 공간을 파악하는 것과 빈 공간을 가지고 있는 페이지들을 파악하는 것. 첫 부분은 9.6에서 다룬다. 두 번째 부분은 빈 공간을 가지는 페이지와 완전히 차 있는 페이지에 대해 각각 이중 연결 리스트를 유지함으로써 해결될 수 있다. 결국 이 두 리스트가 힙 파일 내의 *모든* 페이지를 담고 있다. 그림 9.4는 이러한 구성을 설명하고 있다. 여기서 포인터는 실제 페이지 *id*임을 주목하자.

만약 새로운 페이지가 필요한 경우, 디스크 공간 관리기에게 요청하여 받아서 파일에 있는 페이지 리스트에(이 경우 대부분 새로운 레코드가 그 페이지의 모든 공간을 다 차지하지

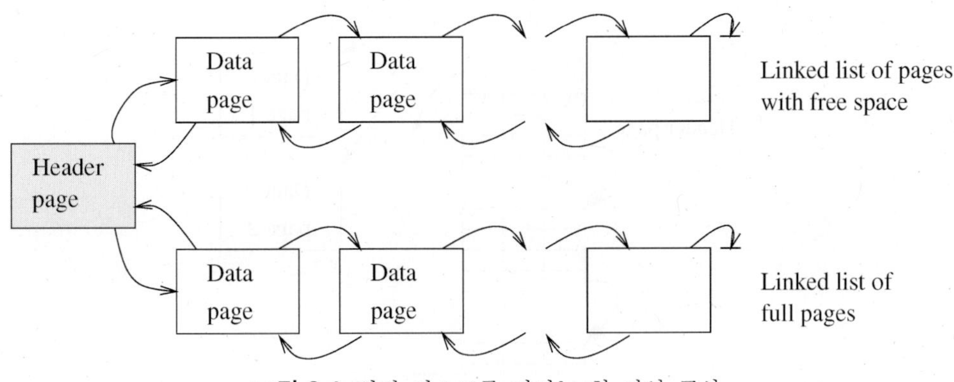

그림 9.4 연결 리스트를 가지는 힙 파일 구성

못하므로 빈 공간을 가지는 페이지로) 들어가게 된다. 만약 어떤 페이지를 힙 파일에서 삭제하려면 우선 리스트에서 제거하고 디스크 공간 관리기에게 그것을 회수하게 한다(이러한 방법은 일련의 페이지들을 할당하거나 회수하고 이들 페이지들을 이중 연결 리스트로 유지하도록 쉽게 일반화될 수 있다).

이 방법의 단점은 레코드가 가변 길이일 경우 파일내의 거의 모든 페이지가 적어도 수 바이트 정도의 빈 공간을 가지기 때문에 빈 공간을 가지는 페이지 리스트에 존재하게 된다. 레코드를 삽입하려면 충분한 빈 공간을 가지는 페이지를 찾기까지 리스트 상에서 여러 페이지를 살펴보아야 한다. 다음에서 살펴볼 디렉토리 기반의 힙 파일 구성은 이러한 문제를 강조하고 있다.

페이지 디렉토리

페이지 연결 리스트에 대한 대안은 ***페이지의 디렉토리***를 유지하는 것이다. DBMS는 각 힙 파일의 첫 디렉토리 페이지가 위치하는 곳을 반드시 기억하고 있어야 한다. 디렉토리 그 자체도 페이지들이 모인 것이며 그림 9.5에서는 연결 리스트로 되어 있다(물론 디렉토리에 대한 다른 구조도 가능하다).

각 디렉토리 항목은 힙 파일내의 페이지(혹은 일련의 페이지들)를 식별한다. 힙 파일이 커지거나 축소되면 디렉토리에 있는 항목의 수도—그리고 디렉토리 자체의 페이지 수도—따라서 커지거나 축소된다. 각 디렉토리 항목은 일반적인 페이지와 비교해서 꽤 작기 때문에 디렉토리의 크기도 힙 파일의 크기와 비교해 볼 때 아주 작다.

빈 공간에 대해서는 항목 당 한 비트를 두어 해당 페이지의 빈 공간 유무를 나타내게 하거나 카운터를 두어 빈 공간의 양을 나타나게 해서 관리할 수 있다. 만약 파일이 가변 길이 레코드를 포함한다면 엔트리에 대한 빈 공간 카운터를 검사함으로써 해당 엔트리의 페이지가 충분한 공간을 가지고 있는 지 알 수 있다. 여러 개의 항목이 하나의 디렉토리 페이지에 들어갈 수 있기 때문에 삽입할 레코드를 수용할 수 있는 충분한 공간을 가진 데이터 페이지를 효율적으로 탐색할 수 있다.

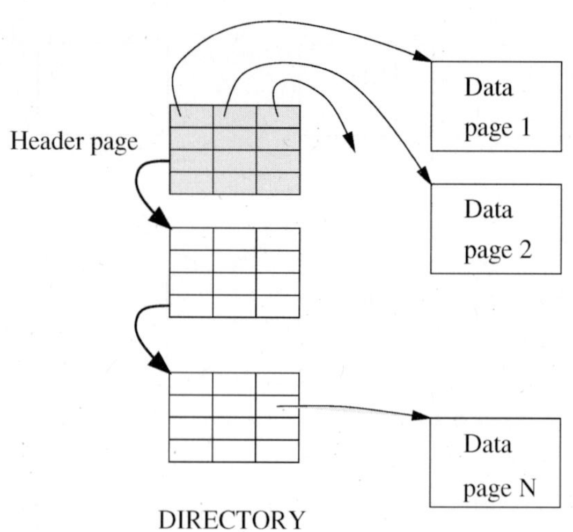

그림 9.5 디렉토리를 이용한 힙 파일 구성

9.6 페이지 형식

페이지라는 개념은 입출력을 다룰 때는 적절하지만 더 높은 레벨의 DBMS는 데이터를 레코드의 집합으로 간주한다. 이 절에서는 레코드의 집합이 페이지 상에 어떻게 배열될 수 있는지 알아본다. 페이지는 **슬롯**(slot)의 집합으로도 볼 수 있는 데 이 경우 각 슬롯은 하나의 레코드를 가지고 있다. 레코드는 <*페이지 id*, *슬롯번호*>를 사용하여 식별되는 데 이것이 레코드 id이다(레코드를 식별하는 다른 방법은 각 레코드에 유일한 정수를 *rid*로 할당하고 해당 레코드의 페이지와 슬롯을 포함하는 테이블을 유지하는 것이다. 이 테이블을 유지하는 오버헤드 때문에 <*페이지 id*, *슬롯번호*>을 rid로 사용하는 것이 더 보편적이다).

이제 페이지 상의 슬롯을 관리하는 다른 접근법를 고려해보자. 여기서 주로 고려하게 될 사항은 이러한 접근법들이 레코드의 탐색이나 삽입, 삭제 등을 지원하는 방법이다.

9.6.1 고정 길이 레코드

만약 페이지상의 모든 레코드들이 같은 크기를 가진다면 레코드 슬롯은 동일하고 페이지 내에 연속적으로 배열될 수 있다. 어느 한 시점에서 보면 어떤 슬롯은 레코드로 차 있고 나머지 슬롯은 비어 있다. 레코드가 그 페이지에 삽입될 때 빈 슬롯을 찾아 그곳에 레코드를 넣어야 한다. 여기서 주요한 것은 페이지 상에 있는 빈 슬롯과 모든 레코드들의 위치를 파악하는 것이다. 대안들은 레코드 삭제를 어떻게 다루는 방식에서 차이가 난다.

첫 번째 대안은 첫 *N*개의 슬롯에 레코드를 저장한다(여기서 *N*은 페이지 상에 있는 레코드의 개수이다); 레코드가 삭제될 때마다 그 페이지의 마지막 레코드를 비워진 슬롯으로 이동시킨다. 이런 형식은 간단한 오프셋 계산에 의해 페이지의 *i*번째 레코드의 위치를 알 수 있게 해주며 모든 빈 슬롯들이 페이지 끝에 나타난다. 그러나 이러한 방식은 이동되는 레코드

> **상용 시스템에서의 Rids:** IBM DB2, Informix, Microsoft SQL Server, Oracle 8 그리고 Sybase ASE 모두 레코드 *id*를 페이지 *id*와 슬롯 번호로 구현한다. Sybase ASE는 다음과 같은 전형적인 페이지 구성을 사용한다. 페이지는 헤더를 포함하며 행과 슬롯 배열이 따라온다. 헤더는 페이지 식별자, 할당 상태, 페이지 유휴 공간 상태, 타임스탬프를 포함한다. 슬롯 배열은 단순히 슬롯 번호에서 페이지 오프셋으로의 매핑이다.
>
> Oracle 8과 SQL Server는 특별한 경우에 페이지 id와 슬롯 번호 대신에 논리적 레코드 *id*를 사용한다. 만약 테이블이 군집 인덱스를 가지면 테이블내의 레코드들은 군집 인덱스에 대한 키 값을 사용하여 식별된다. 이것은 레코드가 페이지 경계를 넘어서 이동될 때 보조 인덱스가 재구성될 필요가 없다는 이점이 있다.

에 대한 외부의 참조가 존재하는 경우 쓸 수 없다. 왜냐하면 그 rid는 지금 변경되는 슬롯 번호를 포함하고 있기 때문이다.

두 번째 대안은 빈 슬롯을 파악하기 위해 슬롯 당 한 비트씩 할당된 배열을 사용하여 삭제를 다루는 것이다. 페이지 상의 레코드 위치를 알아내기 위해서는 비트 배열을 뒤져서 해당 비트가 on 되어 있는 슬롯들을 찾으면 된다. 만약 레코드가 삭제되면 해당 비트는 off 된다. 그림 9.6은 이제까지 살펴본 고정 길이 레코드를 저장하는 두 가지 대안을 보여준다. 주목할 것은 각 페이지에는 존재하는 레코드 자체에 관한 정보뿐 아니라 파일 레벨의 정보까지 포함되어 있다(예를 들어, 파일에서 다음 페이지의 id). 그림에는 이와 같은 추가 정보가 나타나 있지 않다.

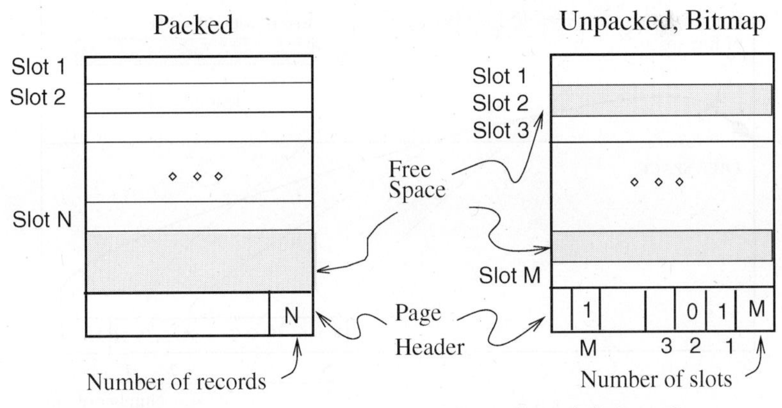

그림 9.6 고정 길이 레코드를 위한 또다른 페이지 구성

9.6.2에 설명될 가변 길이 레코드를 위한 *슬롯 페이지* 구성도 고정 길이 레코드에 사용될 수 있다. 특히 삭제에 의한 빈 공간 파악 이외의 목적으로 페이지 상에서 레코드를 옮겨야 될 필요가 있을 때 이 방법은 흥미를 끈다. 대표적인 예가 페이지 상에서(어느 필드의 값에 따라) 레코드를 정렬된 순서로 유지하려는 경우이다.

9.6.2 가변 길이 레코드

만약 레코드가 가변 길이이면 더 이상 페이지를 고정된 슬롯의 집합으로 나눌 수가 없다. 문제는 새로운 레코드를 삽입할 때 적당한 크기의 빈 공간을 찾아야만 한다—만약 너무 큰 슬롯을 사용한다면 공간을 낭비하는 결과가 되며 당연히 레코드 길이보다 작은 크기의 슬롯은 사용할 수 없다. 따라서 레코드를 삽입할 때, 그 레코드에 적합한 크기의 공간을 할당하여야 하며 레코드가 삭제될 때 삭제에 의해 생겨난 빈 공간을 채우기 위해 레코드들을 이동시켜 페이지 상의 모든 빈 공간이 연속되게 만들어야 한다. 따라서 페이지 상에서 레코드를 옮길 수 있는 기능이 중요하다.

가변 길이 레코드를 위한 가장 유연한 구성은 각 페이지에 대해 슬롯 당 <*레코드 오프셋, 레코드 길이*> 쌍을 포함하는 **슬롯 디렉토리**를 유지하는 것이다. 여기서 첫 구성 요소인 레코들 오프셋은 그림 9.7에 나타나 있듯이 레코드에 대한 포인터이다. 즉 페이지 상의 데이터 구역 시작점에서부터 레코드의 시작점까지의 거리를 바이트로 표현한 오프셋이다. 삭제는 레코드 오프셋을 −1로 설정하면 되므로 쉽게 수행된다. 레코드는 페이지 상에서 쉽게 위치를 옮길 수가 있는 데 그 이유는 rid가 디렉토리에서의 위치를 나타내는 페이지 번호와 슬롯 번호이기 때문에 레코드를 옮겨도 그 값이 변하지 않는다. 단지 슬롯에 저장된 레코드 오프셋만이 변한다.

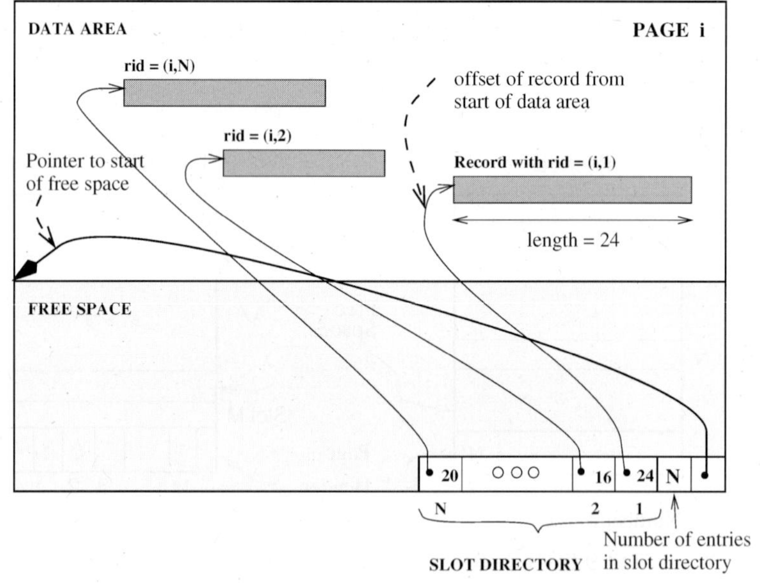

그림 9.7 가변 길이 레코드를 위한 페이지 구성

새로운 레코드에 할당될 공간은 페이지가 슬롯으로 미리 포맷되어 있지 않기 때문에 세심하게 관리되어야 한다. 빈 공간을 관리하는 한 가지 방법은 빈 공간 구역의 시작을 가리키는 포인터(즉 페이지에서 데이터 구역의 시작점으로부터 오프셋)를 유지하는 것이다. 남아있는 빈 공간에 비해 새 레코드가 너무 크면 이전에 지워진 레코드에 의해 남겨진 빈 공간을 회

수하기 위해 페이지 상에서 레코드들을 이동시켜야 한다. 기본적인 취지는 이러한 재구성을 통해 모든 레코드들을 연속해서 나타나게 하고 그 다음에 이용 가능한 빈 공간을 두자는 것이다.

한 가지 주목할 세심한 점은 삭제되는 레코드를 위한 슬롯을 슬롯 디렉토리에서 항상 제거할 수 있는 것은 아니다. 왜냐하면 슬롯 번호가 레코드를 인식하는 데 사용되기 때문이다—슬롯을 삭제함으로써 슬롯 디렉토리에서 뒤따라 있는 슬롯들의 번호를 변경(감소)시켜 결과적으로 뒤따르는 슬롯이 가리키는 레코드들의 *rid*를 변경시킨다. 슬롯 디렉토리에서 슬롯을 제거하는 유일한 방법은 삭제될 레코드가 마지막 슬롯이 가리키는 것일 때 그 슬롯을 제거하는 것이다. 그러나 레코드가 삽입될 때는 현재 아무런 레코드를 가리키고 있지 않는 항목을 찾아서 슬롯 디렉토리를 훑어야 하며, 그 슬롯이 새로운 레코드에 사용되어야 한다. 새로운 슬롯이 디렉토리에 더해지려면 모든 존재하는 슬롯이 레코드를 가리키고 있어야 한다. 삽입이 삭제보다 훨씬 빈번할 경우(대부분의 경우가 그렇듯이) 슬롯 디렉토리의 엔트리 수는 페이지 상의 레코드 수와 거의 비슷하게 된다.

이 구성은 고정 길이 레코드를 빈번하게 이동시킬 필요가 있는 경우 또한 유용하다. 예를 들어, 레코드를 어떤 정렬된 순서로 유지하고자 하는 경우이다. 모든 레코드가 같은 길이를 가지면 이 공통된 길이 정보를 각 레코드에 대한 슬롯에 저장하는 대신에 시스템 카탈로그에 한번만 저장할 수도 있다.

특별한 경우(예를 들어, 10장에서 논의될 B+ 트리의 내부 페이지), 레코드의 rid를 변경하는 것에 대해 신경을 쓰지 않아도 된다. 이 경우, 레코드를 삭제한 후 매번 슬롯 디렉토리를 압축한다. 이 방식은 슬롯 디렉토리의 엔트리 수와 페이지 상의 레코드 수가 항상 같게 보장해 준다. 만약 rid를 수정하는 것에 개의치 않는다면 레코드보다는 오히려 슬롯 엔트리를 이동시켜서 페이지 상의 레코드들을 효과적으로 정렬할 수 있다.

슬롯 구성의 간단한 변형은 슬롯에 레코드 오프셋만을 유지하는 것이다. 가변 길이 레코드의 경우 길이가 레코드와 함께 저장된다. 이 방법은 고정 길이 레코드를 가지는 페이지나 가변 길이 레코드를 가지는 페이지에 대한 슬롯 디렉토리 구조를 같게 만든다.

9.7 레코드 포맷

이 절에서는 레코드내의 필드를 구성하는 방법에 대해서 알아본다. 레코드의 필드들을 구성하는 방법을 선택하는 과정에서 레코드의 필드가 고정 길이인지 아닌 지 고려해야 하며 필드의 검색이나 갱신 등을 포함한 다양한 레코드 연산의 비용을 고려해야 한다.

레코드 포맷에 관하여 살펴보기 전에 알아두어야 할 것은 각 레코드를 저장하는 것 외에도 주어진 레코드 타입을 가지는 모든 레코드에 공통되는 (필드의 수나 필드 타입과 같은) 정보들이 **시스템 카탈로그**에 저장된다는 것이다. 이것은 DBMS에 의해 유지되는 데이터베이스 내용에 대한 설명으로 볼 수 있다. 이렇게 함으로써 주어진 타입을 가지는 각 레코드에 같은 정보를 중복해서 저장하는 것을 피할 수 있다.

상용 시스템에서의 레코드 포맷: IBM DB2에서 고정 길이 필드는 레코드 시작점에서 고정된 오프셋에 있다. 가변 길이 필드는 레코드의 고정된 오프셋 부분에 오프셋과 길이를 가지며 필드 그 자체는 레코드의 고정 길이 부분 다음에 위치한다. Informix, Microsoft SQL Server 그리고 Sybase ASE도 사소한 차이를 제외하면 같은 구조를 가진다. Oracle 8에서는 모든 필드가 잠재적으로 가변 길이인 것처럼 레코드들이 구성된다. 레코드는 일련의 길이-데이터 쌍이며 널(*null*) 값을 나타내기 위한 특별한 길이 값을 가진다.

9.7.1 고정 길이 레코드

고정 길이 레코드에서 각 필드는 고정 길이를 가지고(즉 모든 레코드가 이 필드에 같은 길이의 값을 가진다), 필드의 수 또한 고정되어 있다. 그러한 레코드의 필드는 연속해서 저장되며 레코드의 주소가 주어지면 특정 필드의 주소는 시스템 카탈로그에 저장되어 있는 앞선 필드의 길이 정보를 이용하여 계산할 수 있다. 그림 9.8은 이러한 레코드 구조를 보여주고 있다.

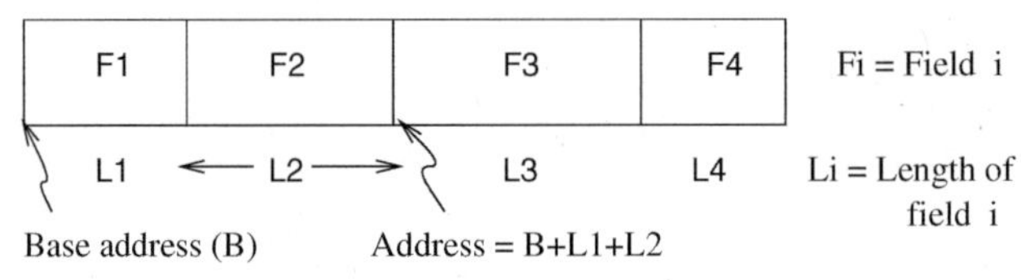

그림 9.8 고정 길이 필드를 가지는 레코드 구조

9.7.2 가변 길이 레코드

관계형 모델에서 릴레이션의 모든 레코드는 같은 수의 필드를 포함한다. 만약 필드의 수가 고정되어 있다면 오로지 가변 길이 필드가 존재하는 경우에만 레코드가 가변 길이를 가진다.

가능한 구조로는 필드들을 구분자(데이터에 나타나지 않는 특수 문자)로 구분하면서 연속적으로 저장하는 것이다. 이 구조는 원하는 필드를 찾아내기 위해서는 레코드를 처음부터 훑어야 한다.

대안으로는 레코드 처음 부분에 정수값의 오프셋 배열로 사용할 공간을 남겨두는 것이다—배열에서 *i*번째 정수는 *i*번째 필드 값이 가지는 레코드 시작점에 대한 상대적인 시작 주소이다. 또한 레코드 마지막에 하나의 오프셋을 저장하는 것에 주목하자. 이 오프셋은 마지막 필드가 끝나는 위치를 인식하는 데 필요하다. 그림 9.9는 앞에서 설명한 두 가지 방법을 보여주고 있다.

대개 두 번째 방법이 우세하다. 오프셋 배열이라는 오버헤드로 임의의 필드에 대한 직접적인 접근(direct access)이 가능하다. 또한 **널** 값을 매끄럽게 다룰 수가 있다. *널* 값은 그 필드

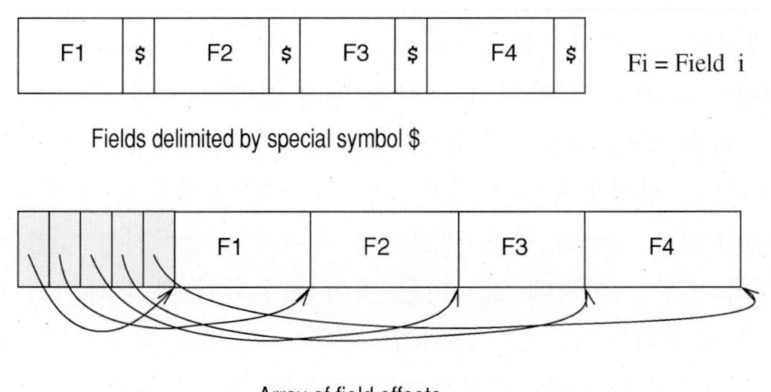

그림 9.9 가변 길이 필드를 가지는 또다른 레코드 구성

에 대한 값이 현재 없거나(unavailable) 또는 적당하지 않다는(inapplicable) 것을 나타낼 때 사용하는 특별한 값이다. 만약 필드가 *널* 값을 포함한다면 필드의 끝을 가리키는 포인터는 그 필드의 시작을 가리키는 포인터와 같도록 설정된다. 다시 말해서 *널* 값을 표현하기 위해서 아무런 공간도 사용하지 않으며 그 필드의 값이 *널*인지 결정하기 위해서는 그 필드의 시작과 끝에 대한 포인터를 비교해보면 된다.

가변 길이 레코드 형식은 분명 고정 길이 레코드를 저장하는 데 마찬가지로 사용될 수 있다. 가끔, 추가되는 비용은 부수적인 유연성으로 인해 상쇄되는 데 그 이유는 *널* 값의 지원이나 레코드 타입에 필드 추가와 같은 문제가 고정 길이 레코드에서도 마찬가지로 일어나기 때문이다.

레코드에 가변 길이 필드를 가지게 되면 미묘한 문제들이 야기되는 데 특히 레코드가 변경될 때 더욱 그렇다.

- 어느 한 필드의 수정이 그것의 크기를 증가시켜 결국 필요한 공간을 만들기 위해 나머지 필드들을 이동시켜야 한다. 이것은 앞에서 제시된 세 가지 레코드 형식 모두에 해당된다.
- 수정된 레코드가 해당 페이지의 가용 공간보다 클 수도 있다. 그런 경우 그 레코드는 다른 페이지로 옮겨야만 할 수도 있다. 레코드를 가리키는 데 사용되는 *rid*가 페이지 번호를 포함한다면(9.6절 참도) 레코드를 다른 페이지로 옮기는 데 문제가 생긴다. 현재 페이지에 레코드의 새로운 위치를 알려주는 "forwarding 주소"를 남겨 놓을 수도 있다. 그리고 이러한 forwarding 주소를 위한 공간이 항상 이용될 수 있게 하려면 레코드의 길이에 상관없이 각 레코드마다 최소한의 공간을 할당해야만 한다.
- 어느 한 레코드가 너무 커져서 *어떤* 페이지에도 맞지 않을 때가 있다. 이런 경우 그 레코드를 작은 여러 개의 레코드로 분할해서 다룰 수도 있다. 원래의 레코드 전체를 검색하게 하기 위해 분할된 레코드들은 체인으로 연결될 수도 있다—분할된 레코드에는 체인에서 다음 레코드에 대한 포인터가 저장된다.

실제 시스템에서의 큰 레코드들: Sybase ASE에서 하나의 레코드는 최대 1962 바이트이다. 이 제한은 2KB 로그 페이지 크기에 의해 정해지는 데 그것은 레코드가 한 페이지보다 더 커지는 것을 허용하지 않기 때문이다. 이 규칙에 대한 예외가 BLOBs와 CLOBs인데 이들은 양방향으로 연결된 페이지들의 집합으로 구성되어 있다. IBM DB2와 Microsoft SQL Server 역시 레코드가 페이지에 걸쳐지는 것을 허용하지 않으며 단 큰 객체의 경우 페이지에 걸쳐지는 것이 허용되며 다른 데이터 타입과는 별도로 취급된다. DB2에서는 레코드 크기가 페이지 크기에 의해서만 제한된다. SQL Server에서는 레코드가 LOBs를 제외하고는 최대 8KB이다. Informix와 Oracle 8은 레코드가 페이지에 걸쳐지는 것을 허용한다. Informix는 레코드가 최대 32KB까지 허용하며 Oracle의 경우 최대 레코드 크기가 따로 없다. 큰 레코드는 한방향 연결 리스트로 구성된다.

9.8 복습문제

복습문제에 대한 해답은 열거된 절에서 찾을 수 있다.

- *메모리 계층*이란 용어를 설명하시오. 주 저장장치, 보조 저장장치, 3차 저장장치의 차이점은 무엇인가? 각각의 예를 들어 보시오. 이들 중에서 어느 것이 *휘발성*이고 (*volatile*)이고 어느 것이 *영속적*인가? DBMS에 있어서 가령 소수를 생성하는 프로그램보다 영속적인 기억장치가 왜 더 중요한가? **(9.1절)**
- DBMS에서 왜 디스크가 광범위하게 사용되는가? 주 기억장치나 테입에 비해 그들의 장점은 무엇인가? 또한 상대적인 단점에는 어떤 것이 있는가? **(9.1.1절)**
- *디스크 블록* 혹은 *페이지*란 무엇인가? 블록들은 디스크 상에 어떻게 배열되나? 그것이 블록의 접근 시간에 어떤 영향을 미치는가? *탐색 시간*, *회전 지연*, *전송시간*에 대해 말해 보시오. **(9.1.1절)**
- 디스크의 기하학을 이용한 세심한 디스크 페이지의 배치가 페이지들이 순차적으로 읽히는 경우에 탐색 시간이나 회전 지연을 어떻게 최소화할 수 있는 지를 설명하시오. **(9.1.2절)**
- RAID 시스템이란 무엇이며 어떻게 성능이나 신뢰도를 향상시키는 지 설명하시오. *스트라이핑*과 그것이 성능에 미치는 영향 및 *중복*과 그것이 신뢰도에 미치는 영향에 대해 논의해 보시오. *RAID 레벨*이라 불리는 서로 다른 RAID 구성에서 신뢰도와 성능 사이의 trade-off는 무엇인가? **(9.2절)**
- DBMS에서 *디스크 공간 관리기*의 역할은 무엇인가? 왜 데이터베이스 시스템은 운영체제에 의존하지 않는가? **(9.3절)**
- DBMS에서 왜 모든 페이지 요청이 버퍼 관리기를 통하게 되어 있나? 버퍼 풀이란 무

것인가? *버퍼 풀*에서의 *프레임*과 파일에서의 *페이지* 그리고 디스크 상의 *블록* 사이에 어떤 차이점이 있나? **(9.4절)**

- 버퍼 관리기는 버퍼 풀에 있는 페이지에 대해 어떤 정보들을 유지하는가? 각 프레임에 대해서는 어떤 정보를 유지하는가? 페이지에 대한 *pin_count*와 *dirty* 플래그는 어떤 점에서 중요한가? 풀에 있는 페이지가 교체되는 조건은 무엇인가? 어떤 조건에서 교체된 페이지가 디스크로 *다시 기록되어야만* 하는가? **(9.4절)**
- 버퍼 관리기는 왜 버퍼 풀에 있는 페이지를 교체해야만 하는가? 교체를 위한 페이지는 어떻게 선택되는가? *순차 범람*이란 무엇이며 어떤 교체 정책이 그것을 일으키는가? **(9.4.1절)**
- DBMS에서 버퍼 관리기는 종종 디스크 페이지에 대한 접근 패턴을 예측할 수 있어야 한다. 버퍼 관리기는 입출력 비용을 최소화하기 위해 이 기능을 어떻게 활용하는가? *forcing*이란 무엇이며 왜 그것이 DBMS에서 write-ahead 로그 프로토콜을 지원하는 데 필요한가? 이러한 관점에서 데이터베이스 시스템이 운영체제에서 제공되는 많은 서비스를 다시 구현하는 이유를 설명하시오. **(9.4.2절)**
- *레코드의 파일*이라는 개념화가 왜 중요한가? 이것을 이용하기 위해 DBMS 소프트웨어가 어떻게 계층화되어 있나?
- *힙 파일*이란 무엇인가? 힙 파일에서 페이지는 어떻게 구성되나? 리스트 구성과 디렉토리 구성을 비교 토의하시오. **(9.5절)**
- 페이지 상에서 레코드가 어떻게 배치되는 지 설명해 보시오. 슬롯이란 무엇이며 레코드를 식별하는 데 어떻게 사용되나? 레코드의 식별자를 바꾸지 않고서도 어떻게 슬롯이 페이지 상에서 레코드의 이동을 가능하게 하나? 고정 길이와 가변 길이 레코드를 위한 페이지 구성에서의 차이점은 무엇인가? **(9.6절)**
- 고정 길이 레코드와 가변 길이 레코드 내에서 필드들이 배치되는 데 있어서 차이점은 무엇인가? 가변 길이 레코드에 대해 오프셋 배열 구성이 어떻게 특정 필드에 대한 직접 접근을 제공하고 널 값을 지원하는 지를 설명하시오. **(9.7절)**

연습문제

문제 9.1 디스크와 테입의 가장 중요한 차이점은 무엇인가?

문제 9.2 *탐색 시간*, *회전 지연*, *전송 시간*을 설명하시오.

문제 9.3 디스크나 주 기억장치 모두 임의의 위치에 대한 직접 접근을 지원한다. 보편적으로 주 기억장치 접근이 더 빠르다. 원하는 페이지를 접근하는 데 드는 시간 면에서 다른 중요한 차이점은 무엇인가?

문제 9.4 순차적으로 자주 스캔되는 큰 파일의 경우 디스크 상에 그 파일의 페이지들을 어떻게 저장할 지 설명하시오.

문제 9.5 섹터 크기가 512 바이트이고 표면 당 2000개의 트랙과 트랙 당 50개의 섹터를 가지며 5개의 양면 플래터로 구성되고 10 msec의 평균 탐색 시간을 갖는 디스크를 고려해보자.

1. 트랙의 용량은 바이트로 얼마인가? 각 표면의 용량은 얼마인가? 디스크의 용량은 얼마인가?
2. 디스크는 얼마나 많은 실린더를 가지는가?
3. 유효한 블록 크기의 예를 보이시오. 256 바이트는 유효한 블록 크기인가? 2048은? 51,200은?
4. 디스크 플래터가 분당 5400회 회전한다면 최대 회전 지연은 얼마인가?
5. 한 트랙의 데이터가 회전 당 전송된다면 전송률은 어떻게 되나?

문제 9.6 문제 9.5에 주어진 디스크 규격에 1024 바이트의 블록 크기를 가정해 보자. 100 바이트 크기의 레코드 100,000개를 포함하는 파일을 그런 디스크에 저장하려 하며 레코드는 두 블록에 걸쳐 저장되는 것(span)이 허용되지 않는다고 가정하자.

1. 한 블록에 얼마나 많은 레코드가 들어갈 수 있나?
2. 얼마나 많은 블록이 전체 파일을 저장하는 데 필요한가? 만약 파일이 디스크에 순차적으로 배열되어 있다면 얼마나 많은 디스크 면이 필요한가?
3. 100 바이트 크기의 레코드를 몇 개나 이 디스크에 저장될 수 있겠는가?
4. 페이지 1이 트랙 1의 블록 1에 저장되는 것을 시작으로 페이지들이 디스크에 순차적으로 저장된다면 다음 디스크 표면의 트랙 1의 블록 1에는 어떤 페이지가 저장되는가? 만약 모든 디스크 헤드가 동시에 읽고 쓸 수 있다면(그리고 데이터가 최적으로 배치되어 있다면) 어떻게 되겠는가?
5. 100 바이트 크기의 레코드 100,000개를 갖는 파일을 순차적으로 읽는 데 시간이 얼마나 걸리는가? 레코드를 읽으려면 그 레코드를 포함하는 블록을 디스크에서 가져와야만 한다. 각각의 블록 요청은 평균 탐색 시간과 회전 지연을 유발한다고 가정하시오.

문제 9.7 페이지에 대한 읽기 요청을 처리하기 위해서 버퍼 관리기는 무엇을 해야 되는 지 설명하시오. 요청된 페이지가 풀에는 있지만 pinned 되지 않았을 경우 어떻게 되는가?

문제 9.8 버퍼 관리기는 언제 페이지를 디스크에 쓰게 되나?

문제 9.9 페이지가 버퍼 풀에서 *pinned* 되었다는 의미는 무엇인가? 누가 페이지 pinning에 책임을 지는가? 누가 페이지 unpinning에 책임을 지는가?

문제 9.10 버퍼 풀에 있는 페이지가 갱신되었을 때, DBMS는 어떻게 이 갱신을 디스크에 반영되게 하나? (그 페이지의 갱신 당사자와 버퍼 관리기의 역할을 설명하시오.)

문제 9.11 버퍼 풀에 있는 모든 페이지가 수정되었을 때 페이지에 대한 요청이 오면 어떻게 하나?

문제 9.12 버퍼 풀에서 *순차적 범람*이란 무엇인가?

문제 9.13 일반적 운영체제의 버퍼 관리기에 의해 지원되지 않는 DBMS 버퍼 관리기의 중요한 기능을 말해 보시오.

문제 9.14 *미리 가져오기(prefetching)*를 설명하시오. 왜 그것이 중요한가?

문제 9.15 최근 디스크는 1MB 정도 크기의 자체 주 기억 캐시를 두어서 페이지를 미리 가져오기 하는 데 사용한다. 이 기법의 근거는 어느 한 디스크 페이지가 어떤(굳이 데이터베이스가 아니더라도) 응용에 의해 요청될 때 그 다음 페이지도 요청될 경우가 80%라는 경험적 관측에서 나온다. 따라서 디스크는 미리 읽음으로써 도박을 하는 셈이다.

1. DBMS는 디스크에 의해 제어되는 미리 가져오기에 의존하지 않으려는 기술적이지 않는 이유를 제시해 보시오.
2. 동시에 수행되며 그 각각은 서로 다른 파일을 스캔하는 여러 질의가 캐시에 미치는 영향을 설명하시오.
3. 페이지를 미리 가져오기하는 DBMS 버퍼 관리기는 이 문제를 어떻게 주목하는가?
4. 최근 디스크는 *분할 캐시(segmented cache)*를 지원하여 대략 4~6개의 세그먼트를 가지며 각각은 서로 다른 파일의 페이지를 캐시하는 데 사용된다. 이런 기법은 앞의 문제에 도움이 되는가? 이 기술이 주어졌을 때 DBMS 버퍼 관리기가 또한 미리 가져오기를 하는 지 여부가 중요한가?

문제 9.16 두 가지 가능한 레코드 형식을 설명하시오. 둘 사이의 trade-off에는 어떤 것이 있는가?

문제 9.17 두 가지 가능한 페이지 형식을 설명하시오. 둘 사이의 trade-off에는 어떤 것이 있는가?

문제 9.18 슬롯 디렉토리를 사용하는 가변 길이 레코드를 위한 페이지 형식을 고려해보자.

1. 슬롯 디렉토리를 다루는 첫 번째 방법은 최대 크기(즉 최대수의 슬롯)를 사용하여 페이지가 생성될 때 디렉토리 배열을 할당하는 것이다. 본문에서 언급되었던 방법에 비해 이 방법의 장단점을 논의해 보시오.
2. 레코드를 이동시키거나 레코드 *id*를 바꾸지 않고서도 (특정 필드의 값에 따라) 레코드의 정렬이 가능하게 끔 이 페이지 형식을 수정하시오.

문제 9.19 본문에서 언급되었던 페이지 리스트와 페이지 디렉토리를 사용하는 힙 파일의 두 가지 내부 구성을 고려해 보자.

1. 그들을 간략하게 설명하고 trade-off를 설명하시오. 레코드가 가변 길이라면 어느 구성을 선택하겠는가?
2. 두 가지 내부 파일 구성 모두를 구현할 수 있는 하나의 페이지 형식을 제안하시오.

문제 9.20 파일에 있는 모든 페이지의 리스트와 빈 공간 리스트 이렇게 두 개의 리스트로 유지되는 힙 파일에서 리스트 기반의 페이지 구성을 고려해보자. 반면 본문에서 논의했던 리스트 기반의 구성은 완전히 차있는 페이지의 리스트와 빈 공간을 가지는 페이지의 리스트를 유지한다.

1. 만약 있다면 어떤 trade-off가 있겠는가? 둘 중 하나가 월등히 나은가?
2. 각각의 구성에 대해, 적당한 페이지 형식을 설명하시오.

문제 9.21 최근의 디스크 드라이브는 안쪽 트랙보다 바깥쪽 트랙에 더 많은 섹터를 저장한다. 회전 속도가 일정하기 때문에 순차적 데이터 전송률이 바깥쪽 트랙에서 더 높다. 탐색 시간과 회전 지연에는 변화가 없다. 이러한 정보를 주어졌을 때 다음과 같은 접근 패턴을 가지는 파일을 배치하기 위한 좋은 전략을 설명하시오.

1. 작은 파일에 대한 빈번한 임의 접근(예, 카탈로그 릴레이션)
2. 큰 파일의 순차적 스캔(예, 아무런 인덱스를 가지지 않는 릴레이션에서의 셀렉션)
3. 인덱스를 통한 큰 파일에 대한 임의의 접근(random access)(예, 인덱스를 통한 릴레이션에서의 셀렉션)
4. 작은 파일에 대한 순차적 스캔

문제 9.22 버퍼 풀에 있는 프레임은 왜 핀 플래그 대신에 핀 카운트를 가지는가?

프로젝트 기반 연습문제

문제 9.23 Minibase에서 디스크 공간 관리기와 버퍼 관리기, 그리고 힙 파일 계층을 위한 인터페이스를 공부해보자.

1. 가변 길이 레코드를 가지는 힙 파일이 지원되는가?
2. Minibase 힙 파일에는 어떤 페이지 형식이 사용되는가?
3. 페이지 크기보다 더 큰 레코드를 삽입할 때 무슨 일이 일어나는가?
4. Minibase에서 빈 공간은 어떻게 다루어지는가?

참고문헌 소개

Salzberg [648]와 Wiederhold [776]는 보조 기억장치와 파일 구성에 대해 상세하게 다루고 있다.

RAID는 Patterson, Gibson 그리고 Katz에 의해 처음 제안되었다 [587]. Chen과 그의 동료들이 쓴 논문은 RAID에 대한 탁월한 개관을 제시하고 있다 [171]. RAID에 관한 책으로는 Gibson의 학위 논문 [317]과 RAID Advisory Board [605]에서 발간된 출판물들이 있다.

저장장치 관리기의 설계 및 구현에 대해서는 [65, 133, 219, 477, 718]에서 다루고 있다. 여기서 [219]를 제외하고는 모든 시스템들은 *확장성(extensibility)*을 강조하며 논문들도 그 관점에서 많은 관심을 보이고 있다. 구현된 프로토타입 시스템 환경에서 저장장치 관리에 관한 문제들을 담고 있는 다른 논문들로는 [480]과 [588]이 있다. 주 기억장치 데이터베이스에 최적화되어 있는 Dali 저장장치 관리기가 [406]에 소개되고 있다. 긴 필드를 구현하기 위한 세 가지 기법이 [96]에서 비교되고 있다. DBMS 성능에서 처리기 캐쉬 미스(cache miss)가 미치는 영향이 최근 주목을 끌었는 데 그 이유는 복잡한 질의는 점차적으로 CPU 집중적이 되어가기 때문이다. [33]은 이러한 문제들을 다루고 있으며 페이지 내에서 레코드의 배열을 새롭게 함으로써 성능을 상당히 개선시킬수 있음을 보였다. 여기서 레코드는 페이지상에 열 위주(column-oriented) 형식으로 저장된다(첫 애트리뷰트에 대한 모든 필드값에 이어 두 번째 애트리뷰트에 대한 필드값이 나타나는 식이다).

Stonebraker는 [715]에서 데이터베이스 환경에서 운영체제 문제를 다루었다. 데이터베이스 시스템에 사용될 여러 가지 버퍼 관리 정책이 [181]에서 비교되고 있다. 버퍼 관리는 [119, 169, 261, 235]에서도 다루고 있다.

10

트리 구조 인덱싱

- ☞ 트리 구조 인덱스에 깔려있는 생각은 무엇인가? 왜 트리 구조 인덱스가 범위 탐색에 효과적인가?
- ☞ ISAM 인덱스에서 탐색, 삽입, 삭제는 어떻게 이루어지는가?
- ☞ B+ 트리 인덱스에서 탐색, 삽입, 삭제는 어떻게 이루어지는가?
- ☞ 인덱스 구현 시 키 값의 중복은 어떤 영향을 주는가?
- ☞ 키 압축이 무엇이고, 왜 중요한가?
- ☞ 대량 적재가 무엇이고, 왜 중요한가?
- ☞ 동적 인덱스가 갱신될 때, 레코드 식별자에 어떤 일이 발생하는가? 이것이 군집 인덱스에는 어떤 영향을 미치는가?
- ➔ **주요 개념:** ISAM, 정적 인덱스(static indexes), 오버플로우 페이지(overflow pages), 잠금(locking); B+ 트리, 동적 인덱스(dynamic indexes), 균형(balance), 순차 집합(sequence sets), 노드 형식(node format); B+ 트리 삽입 연산(B+ tree insert operation), 노드 분할(node splits), 삭제 연산(delete operation), 합병 대 재분배(merge versus redistribution), 적재 하한(minimum occupancy), 중복(duplicates), 오버플로우 페이지(overflow pages), 탐색 키에 rid의 포함(including rids in search keys), 키 압축(key compression), 대량 적재(bulk-loading), 군집 인덱스에서 rid 분할의 영향(effects of splits on rids in clustered indexes)

One that would have the fruit must climb the tree

— Thomas Fuller

지금부터 ISAM과 B+ 트리라는 트리 구조 기반의 인덱스 자료 구조를 살펴보자. 이 구조들은 특별한 경우에 해당하는 정렬 파일 스캔을 포함한 범위 탐색에 효과적이다. 이 인덱스 구조들은 정렬 파일과는 달리 효율적인 삽입과 삭제를 지원한다. 게다가, 11장에서 다룰 해시 기반의 인덱스만큼은 효율적이지 않지만, 동등 셀렉션을 지원한다.

ISAM[1] 트리는 파일이 자주 갱신되지 않을 때 효과적인 정적 인덱스 구조이지만, 파일이 많이 커지거나 줄어드는 파일에 대해서는 부적당하다. ISAM은 10.2절에서 설명하도록 한다. B+ 트리는 파일에서 일어나는 변화에 유연하게 적응하는 동적 구조이다. 이 트리는 변화에 잘 적응하고 등호 질의와 범위 질의를 모두 지원하기 때문에 가장 널리 사용된다.

10.3절에서 B+ 트리에 대해 소개하고, 나머지 절에서 B+ 트리의 세부적인 내용을 살펴보도록 한다. 10.3.1절에서는 트리 노드의 형식에 대해서 알아보고, 10.4에서는 B+ 트리 인덱스를 이용한 레코드 탐색 방법을 알아본다. 이어서, 10.5절에서는 B+ 트리에 레코드를 삽입하는 알고리즘을 소개하고, 10.6절에서는 삭제 알고리즘을 제시한다. 그리고 10.7절에서는 중복을 다루는 방법을 살펴보고, 마지막으로 10.8절에서 B+ 트리에 관한 실제적인 문제들을 알아보는 것으로 끝을 맺는다.

표기법: ISAM과 B+ 트리 구조에서 단말 페이지들은 8장에서 소개된 용어에 따라서 *데이터 엔트리*들로 구성된다. 편의상, 키 값 *k*를 갖는 데이터 엔트리는 *k**로 표시한다. 비단말 페이지는 *<검색 키 값, 페이지 식별자>* 형태의 *인덱스 엔트리*를 가지며, (단말 노드에 저장되어 있는) 원하는 데이터 엔트리에 대한 검색을 인도하는 데 사용된다. 문맥상 인덱스 엔트리인지 데이터 엔트리인지가 명백한 경우에는 간단히 *엔트리*라고 표기하기로 한다.

10.1 트리 인덱스의 근본 개념

*gpa*에 따라 정렬된 학생 레코드 파일을 가정해보자. "gpa가 3.0보다 높은 학생을 모두 찾아라"와 같은 범위 셀렉션 질의를 처리하기 위해서는, 파일에 이진 탐색을 해서 조건에 맞는 최초의 학생을 찾은 후, 그 지점부터 파일을 훑어가야 한다. 대규모 파일인 경우 먼저 행해지는 이진 탐색에 비용이 많이 드는 데 그 이유는 비용이 가져와야 되는 페이지 수에 비례하기 때문이다. 이 방식에 대한 개선책은 없을까?

한 가지 방안은 원래 데이터 파일에 있는 각 페이지마다 *<페이지의 첫 번째 키, 페이지에 대한 포인터>* 형태의 레코드를 만들고 다시 키 애트리뷰트(이 예에서는 *gpa*)에 따라 정렬시킨 보조 파일을 하나 만드는 것이다. 이 보조 *인덱스* 파일에서의 페이지 형식은 그림 10.1과 같다.

<키, 포인터> 형태의 쌍을 *인덱스 엔트리*라 하고 문맥상 명확할 경우 그냥 *엔트리*라고 부르기로 한다. 주목할 점은 각 인덱스 페이지에는 키들의 수보다 하나 더 많은 포인터가 있다는 것이다. 각 키는 좌우의 포인터가 가리키는 페이지의 내용을 *구분*해 주는 역할을 한다.

[1] ISAM을 Indexed Sequential Access Method를 뜻한다.

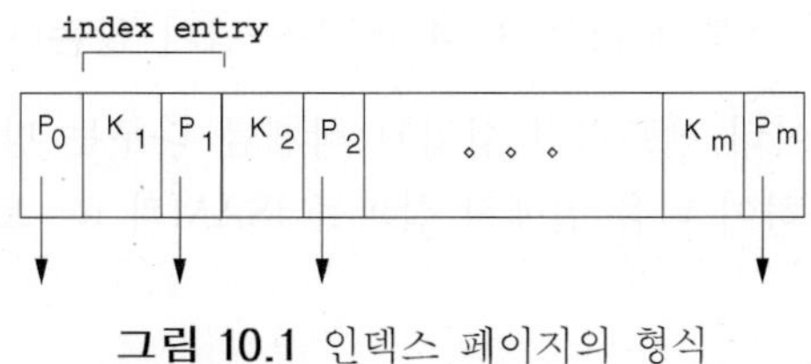

그림 10.1 인덱스 페이지의 형식

그림 10.2는 간단한 인덱스 파일 자료 구조를 보여준다.

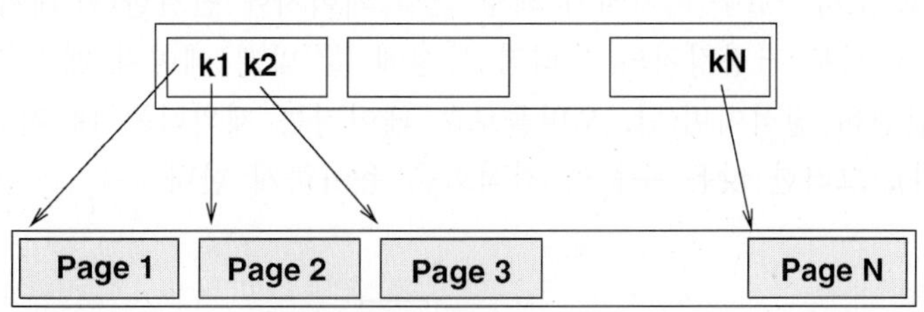

그림 10.2 한 레벨 인덱스 구조

인덱스 파일에 대한 이진 탐색을 통해, 범위 셀렉션(앞의 예에서는 *gpa*이 3.0 이상인 첫 번째 학생)을 만족시키는 첫 번째 키(*gpa*) 값을 가진 페이지를 식별하고 그 포인터를 따라가면 첫 번째 키 값을 갖는 데이터 레코드를 포함하는 페이지에 이르게 된다. 그 지점부터 순차적으로 데이터 파일을 검색해 나가면 조건을 만족시키는 다른 학생 레코드들을 모두 찾을 수 있다. 이 예제에서는 인덱스 파일을 사용해 *gpa*이 3.0 이상인 학생 레코드를 가지고 있는 첫 번째 데이터 페이지를 찾아내고, 그 지점부터 데이터 파일을 스캔해서 조건을 만족시키는 모든 다른 레코드들을 찾는다.

인덱스 파일에서 한 엔트리(키 값과 페이지 식별자)의 크기가 보통 페이지 크기보다 훨씬 작은 데다 그러한 엔트리가 데이터 파일의 각 페이지에 대해 단 하나만 존재하기 때문에, 보통 인덱스 파일은 데이터 파일보다 훨씬 작다. 그러므로 인덱스 파일에 대한 이진 탐색은 데이터 파일에 대한 이진 탐색보다 훨씬 더 빠르다. 그러나 인덱스 파일에 대한 이진 탐색만 하더라도 여전히 비싸고, 대개는 삽입과 삭제 비용이 비쌀 정도로 인덱스 파일의 크기가 크다.

트리 인덱싱은 인덱스 파일이 커질 수 있다는 가능성에서 파생되었다. *인덱스* 레코드 집합에 대해서도 앞에서 설명한 보조 파일을 만드는 과정을 반복적으로 적용하여 가장 작은 보조 파일이 한 페이지에 들어가게 하면 어떨까? ISAM은 Indexed Sequential Access Method의 약자이다. 이같이 한 레벨 인덱스를 반복적으로 구성하면 비단말 페이지가 여러 레벨에 걸쳐 있는 트리 구조를 만들게 된다.

8.3.2절에서 보았듯이, 이 방식의 강점은 레코드(주어진 검색 키 값)의 탐색에서 루트부터 단말까지 한 레벨 당 한번의 입출력(많아야 그렇다. 왜냐하면 루트 페이지와 같이 어떤 페이지는 버퍼풀에 이미 존재할 수 있기 때문이다)으로 가능하다는 것이다. 일반적인 팬 아웃 값

(100이상)이 주어졌을 때, 보통 트리는 3~4 레벨을 넘지 않는다.

다음으로 트리 구조가 데이터 엔트리의 삽입과 삭제를 다루는 방법에 대해 살펴보자. 서로 다른 두 가지 방법를 사용하여 다음 절에서 살펴볼 ISAM과 B+ 트리 데이터 구조를 만든다.

10.2 인덱스 순차 접근 방식(ISAM)

그림 10.3은 ISAM 자료 구조를 보여주고 있다. ISAM 인덱스의 데이터 엔트리는 트리의 단말 페이지에 있고 *오버플로우* 페이지가 해당 단말 페이지에 연결한다. 데이터베이스 시스템은 페이지 경계가 하부 저장장치의 물리적 특성에 잘 맞게 페이지 배치를 구성해야 한다. ISAM 구조는 완전히 정적이며(단, 오버플로우 페이지는 제외하는 데 거의 일어나지 않을 것으로 기대된다), 그러한 낮은 수준의 최적화를 용이하게 한다.

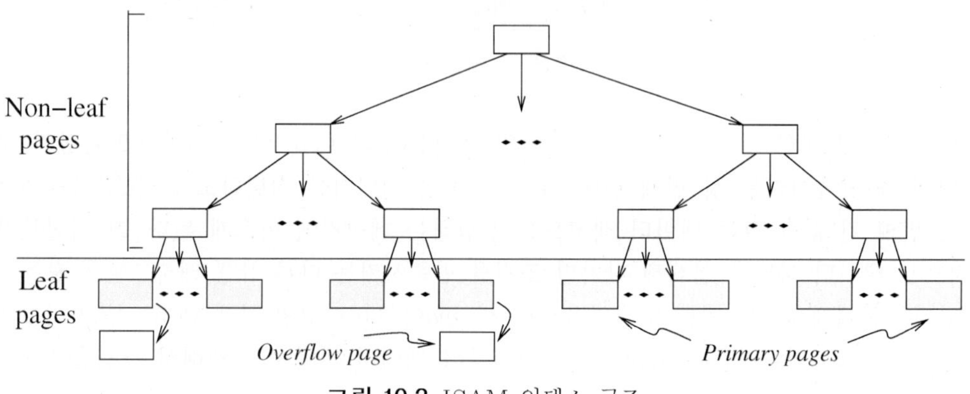

그림 10.3 ISAM 인덱스 구조

각 트리 노드는 하나의 디스크 페이지이고, 모든 데이터는 단말 페이지에 들어 있다. 이것은 8장에서 언급한 방법에 따르자면, 데이터 엔트리에 대한 방법 (1)을 사용하는 인덱스에 해당된다. 별도의 파일에 데이터 레코드를 저장하고 ISAM 인덱스의 단말 페이지에 <*키, rid*> 쌍을 저장함으로써 방법 (2)를 따르는 인덱스를 생성할 수도 있다. 파일을 생성할 때에는 모든 단말 페이지들을 순차적으로 할당한 뒤, 검색 키 값에 따라 정렬한다(방법 (2)나 (3)을 사용할 때는, ISAM 인덱스의 단말 페이지를 할당하기 전에 데이터 레코드를 생성하고 정렬한다). 그러고 나서, 비단말 레벨의 페이지를 할당한다. 이어서 파일에 여러 번의 삽입이 일어나서 한 페이지에 들어갈 수 없을 정도의 많은 엔트리가 하나의 단말에 삽입되면, 인덱스 구조가 정적이기 때문에 추가적인 페이지가 필요하게 된다. 이러한 추가적인 페이지들은 오버플로우 영역으로부터 할당받는다. 그림 10.4는 페이지 할당을 보여준다.

삽입, 삭제나 검색 등의 기본적인 연산은 매우 간단하다. 동등 셀렉션 탐색의 경우, 루트 노드에서 시작해서 주어진 레코드의 검색 필드 값과 노드의 키 값을 비교해서 어느 서브 트리를 검색할지를 결정한다(검색 알고리즘은 B+ 트리와 같다. 이 알고리즘은 나중에 더 자세히 살펴본다). 범위 질의의 경우에는, 비슷한 방법으로 데이터(또는 단말) 레벨에서의 시작

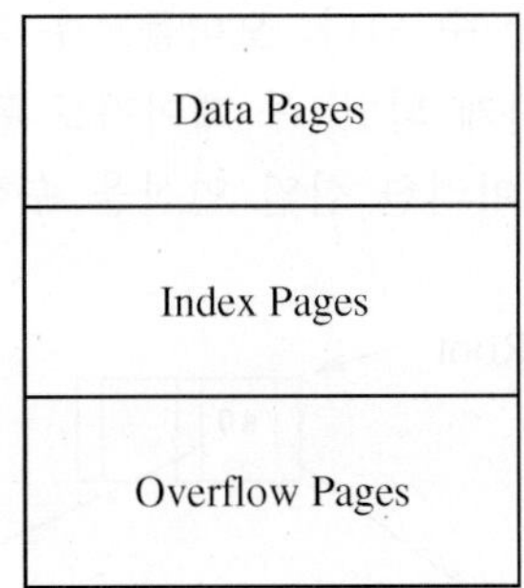

그림 10.4 ISAM에서의 페이지 할당

점을 결정하고 나서 순차적으로 데이터 페이지들을 검색해 간다. 삽입과 삭제의 경우 탐색에서처럼 알맞은 페이지를 결정한 다음, 레코드를 삽입하거나 삭제한다. 이 때, 필요한 경우 오버플로우 페이지를 추가한다.

다음은 ISAM 인덱스 구조를 설명하는 예이다. 그림 10.5에 있는 트리를 생각해 보자. 모든 탐색은 루트에서 시작한다. 예를 들어, 키 값이 27인 레코드를 찾으려면 루트에서 시작해서 27<40이므로 루트의 왼쪽 포인터를 따라간다. 그러고 나서, 20 <= 27 < 33이므로 가운데 포인터를 따라간다. 범위 탐색인 경우에는 등호 탐색을 통해서 탐색 조건에 부합되는 첫 번째 데이터 엔트리를 찾은 다음, 단말 페이지들을 순차적으로 검색한다(필요하다면 페이지의 포인터에 연결된 오버플로우 페이지도 함께 검색한다). 단말 페이지는 순차적으로 할당되었다고 가정한다—트리를 생성할 때 이러한 페이지의 수를 알 수 있고, 차후에 삽입과 삭제가 일어나더라도 페이지의 수에는 변화가 없기 때문에 이러한 가정은 무리가 없다—따라서, 다음 단말 페이지를 가리키는 포인터는 필요가 없다.

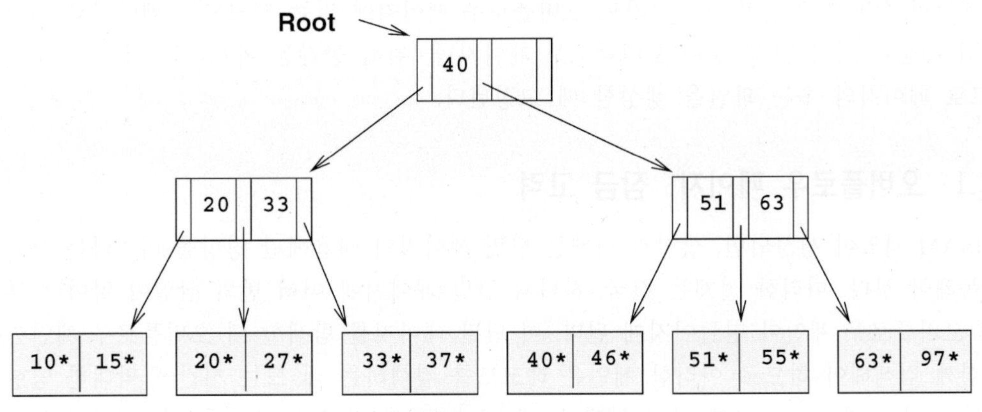

그림 10.5 ISAM 트리 예제

각 단말 페이지는 두 개의 엔트리를 가진다고 가정해 보자. 키 값이 23인 레코드를 삽입하면 엔트리 23*는 두 번째 데이터 페이지에 속하지만, 그 페이지에는 이미 20*과 27*이 들어 있기 때문에 삽입할 공간이 없다. 이런 경우에는 *오버플로우* 페이지를 추가하여 그 페이지에 23*를 삽입하는 식으로 대처할 수 있다. 오버플로우 페이지들의 체인은 쉽게 생성된다. 예를 들어, 48*, 41*, 42*를 삽입하게 되면, 두 페이지로 된 오버플로우 체인이 생기게 된다. 그림 10.6은 그림 10.5의 트리에 이러한 삽입 연산을 수행한 결과를 보여주고 있다.

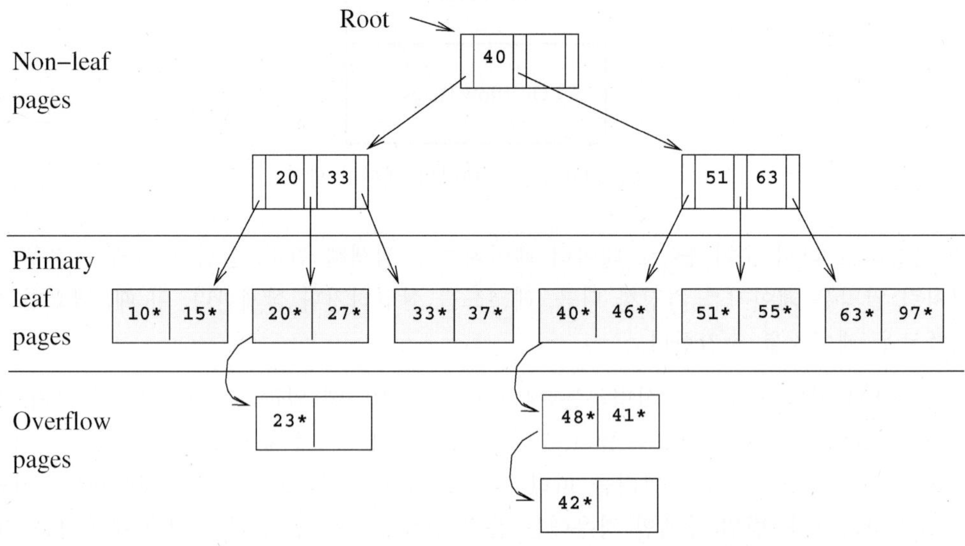

그림 10.6 삽입후의 ISAM 트리

엔트리 *k**의 삭제는 단순히 그 엔트리만 제거하면 된다. 삭제할 엔트리가 오버플로우 페이지에 있고, 엔트리를 삭제하면 오버플로우 페이지가 비게 되는 경우에는, 그 페이지도 제거된다. 삭제할 엔트리가 페이지에 있고, 엔트리의 삭제로 페이지가 비게 되는 경우 가장 간단한 방법은 그냥 빈 페이지로 남겨두는 것이다. 빈 페이지는 후에 있을 삽입 (그리고 페이지 상의 엔트리 삭제로 공간이 생기더라도 오버플로우 페이지에 있는 레코드를 페이지로 옮기지 않기 때문에 비어 있지 않는 오버플로우 페이지)을 위해 공간을 확보하는 역할을 한다. 그러므로 페이지의 수는 파일을 생성할 때 고정된다.

10.2.1 오버플로우 페이지, 잠금 고려

일단 ISAM 파일이 생성되면, 삽입과 삭제는 단말 페이지의 내용에만 영향을 미친다는 사실을 주목해야 한다. 이러한 설계는 결국, 하나의 단말 페이지에 여러 번의 삽입이 일어날 경우, 긴 오버플로우 체인이 만들어지게 된다. 이 단말 페이지를 탐색할 때 오버플로우 체인까지도 함께 검색해야 하므로 이러한 체인은 레코드를 검색하는 데 드는 시간에 막대한 영향을 미친다(삽입 연산을 빠르게 하기 위해서, 대개는 그렇지 않지만, 오버플로우 체인에 있는 데이터를 정렬시킬지라도). 이 문제를 해결하기 위해서, 초기에 트리를 생성할 때 각 페이지의 20% 정도는 빈 공간이 되도록 만든다. 그러나 일단 빈 공간이 삽입되는 레코드로 채워지게 되면, 삭제 연산에 의해 다시 빈 공간이 생기지 않는 한, 파일을 완전히 재구성하는 경우에만 오버플로우 체인이 제거될 수 있다.

단말 페이지만이 수정될 수 있다는 사실은 동시 접근에서도 중요한 장점을 가진다. 사용자가 어떤 페이지에 접근할 때, 다른 사용자가 그 페이지를 동시에 수정하지 못하도록 대개 페이지를 잠근다. 페이지를 수정하기 위해서는 그 페이지가 전용 모드로 잠금(rock)되어 있어야 하며, 이러한 잠금은 그 페이지에 잠금을 걸어 놓은 사람이 없을 때에만 허용이 된다. 잠금은 결국 그 페이지에 접근하기를 기다리는 사용자(좀 더 정확히 말하자면, *트랜잭션*) 큐를 야기하게 된다. 큐는 특히 인덱스 구조의 루트 근처에 위치하는 매우 빈번하게 접근되는 페이지에 대해서는 심각한 성능상의 병목이 될 수 있다. ISAM 구조에서는 인덱스 레벨의 페이지들은 결코 수정되지 않기 때문에 이에 잠금 단계를 생략해도 무방하다. ISAM에서 인덱스 레벨의 페이지들을 잠금하지 않는 것은 B+ 트리와 같은 동적 구조에 대해 가지는 중요한 장점이다. 만약 데이터 분포와 크기가 상대적으로 정적이라면, 즉 오버플로우 체인이 드문 경우라면, 이런 장점으로 인해서 ISAM이 B+ 트리보다 더 바람직할 수도 있다.

10.3 B+ 트리: 동적 인덱스 구조

ISAM 인덱스 같은 정적 구조는 파일이 커질수록 긴 오버플로우 체인이 생겨서 성능이 저하되는 문제가 있다. 이러한 문제 때문에, 삽입과 삭제를 매끄럽게 다룰 수 있는 좀 더 유연하고 동적인 구조를 개발할 필요가 생겼다. 현재 널리 사용되는 **B+ 트리** 탐색구조는 내부 노드들이 탐색 경로를 가리키고, 단말 노드들은 데이터 엔트리를 가지는 균형 트리)이다. 트리 구조는 동적으로 커지고 작아지기 때문에, 단말 페이지들의 집합이 정적인 ISAM에서 했듯이 단말 페이지들을 순차적으로 할당하는 것은 가능하지 않다. 모든 단말 페이지들을 효율적으로 검색하기 위해서는 페이지 포인터를 사용해서 페이지들을 연결해 놓아야 한다. 단말 페이지들을 이중 연결 리스트(doubly linked list)로 조직함으로서, 단말 페이지들(가끔 **순차 집합**이라고 불린다)을 어느 방향으로든 차례로 쉽게 탐색할 수 있다. 그림 10.7은 이러한 구조를 보여주고 있다.[2]

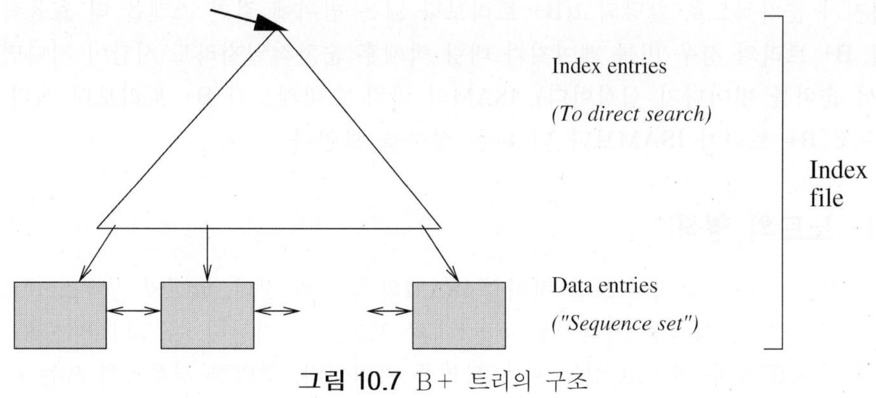

그림 10.7 B+ 트리의 구조

[2] 만약 트리가 이미 존재하는 데이터를 대량 적재하여 (10.8.2 참조) 생성된다면 순차 집합은 물리적으로도 순차적이 될 수 있다. 그러나 이러한 물리적 순서는 시간에 걸쳐 새로운 데이터가 삽입되고 삭제되면서 점차적으로 파괴된다.

B+ 트리의 주요 특징을 일부 살펴보면 다음과 같다.

- 트리에 대해 연산(삽입, 삭제)을 수행해도 트리의 균형은 유지된다.
- 10.6절에서 설명할 삭제 알고리즘도 실행되면, 루트를 제외한 각 노드는 적어도 50% 이상은 채워져 있게 된다. 그러나 일반적으로 파일은 축소되기보다는 확장되므로 삭제할 때 50%를 반드시 채우기 위해 필요한 트리 조정은 하지 않고 단순히 해당 데이터 엔트리를 찾아서 지우기만 한다.
- 레코드를 탐색하려면 루트에서 해당 단말까지 가기만 하면 된다. 루트에서 단말에 이르는 경로의 길이를 그 트리의 **높이**(height)라고 하는데, B+ 트리는 균형 트리이기 때문에 어느 단말에서든 높이는 같다. 예를 들어, 그림 10.9의 트리같이 하나의 단말 레벨과 하나의 인덱스 레벨로 이루어진 트리는 높이가 1이고, 루트 노드만 가지는 트리는 높이가 0이다. B+ 트리는 팬 아웃(fan-out)이 높기 때문에 높이는 보통 3이나 4를 넘지 않는다.

이제 모든 노드가 m개의 엔트리($d \le m \le 2d$)를 가지는 B+ 트리에 대해서 알아보자. 여기서 d는 트리의 **차수**(order)라고 불리는 B+ 트리의 파라미터로서 트리 노드의 용량을 나타내는 척도이다. 루트 노드만 엔트리의 수에 대한 이런 요건에서 제외될 수 있다. 루트 노드에서는 $1 \le m \le 2d$이면 된다.

레코드의 파일이 자주 갱신되고 정렬된 접근이 중요하다면, 데이터 엔트리로 데이터 레코드를 저장하는 B+ 트리 인덱스를 유지하는 것이 정렬 파일을 유지하는 것보다 항상 낫다. 인덱스 엔트리를 저장하기 위한 공간 오버헤드가 들지만, 정렬 파일의 모든 장점과 효과적인 삽입과 삭제 알고리즘을 얻게 된다. B+ 트리는 일반적으로 67% 정도 공간이 차있다. B+ 트리는 오버플로우 체인이 없어도 삽입이 매끄럽게 처리되므로 ISAM보다 항상 더 선호할 만하다. 그러나 데이터 집합의 크기와 분포가 어느 정도 정적이라면, 오버플로우 체인은 그리 중요한 문제가 아닐 수 있다. 이런 경우에 ISAM 인덱스에 유리한 두 가지 요소가 있다. 단말 페이지가 순차적으로 할당되고(B+ 트리보다 넓은 범위에 걸친 스캔을 더 효율적으로 만드는 데, B+ 트리의 경우 비록 페이지가 대량 적재후 순차적일지라도 시간이 지나면서 디스크상에서 순차를 벗어나기 십상이다), ISAM의 락킹 오버헤드가 B+ 트리보다 적다. 그러나 일반적으로 B+ 트리가 ISAM보다 더 나은 성능을 보인다.

10.3.1 노드의 형식

노드의 형식은 그림 10.1에서 보인 것처럼 ISAM의 형식과 같다. *m개의 인덱스 엔트리*를 가지는 비단말 노드는 자식을 가리키는 $m+1$개의 포인터를 가진다. 포인터 P_i는 $K_i <= K < K_{i+1}$인 키 값 K를 모두 가지고 있는 서브 트리를 가리킨다. 특별한 경우로써 P_0는 K_1보다 작은 모든 키 값을 가지고 있는 서브 트리를 가리키고, P_m은 K_m과 같거나 큰 모든 키 값을 가지고 있는 서브 트리를 가리킨다. 단말 노드에서 엔트리들은 일상처럼 $k*$로 표시된다. ISAM에서와 마찬가지로 단말 노드가 (*오로지* 단말 노드만이) *데이터 엔트리*를 가진다. 방

법 (2)나 (3)을 사용하는 보통의 경우에는 단말 노드 엔트리들도 비단말 엔트리와 같이 <*K*, *I*(*K*)>쌍이 된다. 단말 노드를 구성하는 방법에 상관없이 단말 페이지들은 이중 연결 리스트로 서로 연결되어 있다. 이에 따라서 단말 노드들은 범위 질의에 효율적으로 답할 수 있는 시퀀스를 형성하게 된다.

독자들은 9.7절의 레코드 형식을 이용하여 그러한 노드 구성을 달성하는 방법을 주의 깊게 생각해 보아야 한다. 결국 각각의 키-포인터 쌍은 하나의 레코드로 볼 수 있다. 만약, 인덱스되는 필드가 고정길이를 가진다면 그 인덱스 엔트리들도 고정길이가 될 것이다. 그렇지 않은 경우에는 가변길이 레코드가 된다. 어느 경우에든 B+ 트리 그 자체도 하나의 레코드 파일로 볼 수 있다. 단말 페이지가 실제 데이터 레코드를 포함하지 않는다면 B+ 트리는 실제 데이터를 포함하는 파일과는 구별되는 별도의 레코드의 파일이 된다. 단말 페이지가 데이터 레코드를 포함한다면 파일은 데이터뿐 아니라 B+ 트리도 모두 포함한다.

10.4 탐색

탐색 알고리즘은 주어진 데이터 엔트리가 속해 있는 단말 노드를 찾아낸다. 이 알고리즘의 의사코드는 그림 10.8과 같다. 여기에서 **ptr*은 포인터 변수 *ptr*이 가리키는 값을 나타내고, &(*값*)는 값의 주소를 나타내는 데 사용한다. *tree-search* 함수에서 *i*를 찾으려면 (노드에 있는 엔트리의 수에 따라) 선형 탐색이나 이진 탐색 중 하나를 사용하여 노드 내 탐색을 해야 한다.

```
func find (search key value K) returns nodepointer
// Given a search key value, finds its leaf node
return tree_search(root, K);                          // searches from root
endfunc

func tree_search (nodepointer, search key value K) returns nodepointer
// Searches tree for entry
if *nodepointer is a leaf, return nodepointer;
else,
    if K < K_1 then return tree_search(P_0, K);
    else,
        if K ≥ K_m then return tree_search(P_m, K);    // m = # entries
        else,
            find i such that K_i ≤ K < K_{i+1};
            return tree_search(P_i, K)
endfunc
```

그림 10.8 탐색 알고리즘

B+ 트리에 대한 탐색이나 삽입, 삭제 알고리즘을 살펴볼 때 *중복* 데이터는 없다고 가정하자. 즉, 같은 키를 가지는 두 개의 데이터 엔트리가 허용되지 않는다. 물론 탐색 키가 후보

키를 포함하지 않으면 중복은 일어나게 마련이므로, 실제 구현에 있어서는 반드시 다루어져야 한다. 데이터 엔트리의 중복을 처리하는 방법은 10.7절에서 살펴본다.

그림 10.9의 예제 B+ 트리를 생각해보자. 이 B+ 트리는 차수 *d*가 2이다. 즉, 각 노드는 2개에서 4개 사이의 엔트리를 포함한다. 각 비단말 엔트리는 *<키 값, 노드 포인터>* 쌍이고, 단말 레벨의 엔트리들은 *k**으로 표시되는 데이터 레코드들이다. 엔트리 5*를 탐색하려면 $5 < 13$이므로 루트의 가장 왼쪽에 있는 자식 포인터를 따라가야 한다. 엔트리 14*나 15*를 탐색하려면 $13 \le 14 < 17$이고 $13 \le 15 < 17$이므로 루트의 두 번째 포인트를 따라가야 한다(해당 단말 노드에서 15*를 찾지 못하므로, 이 값은 트리에 존재하지 않는다는 결론에 이른다). 24*를 찾으려면 $24 \le 24 < 30$이므로 네 번째 자식 포인터를 따라간다.

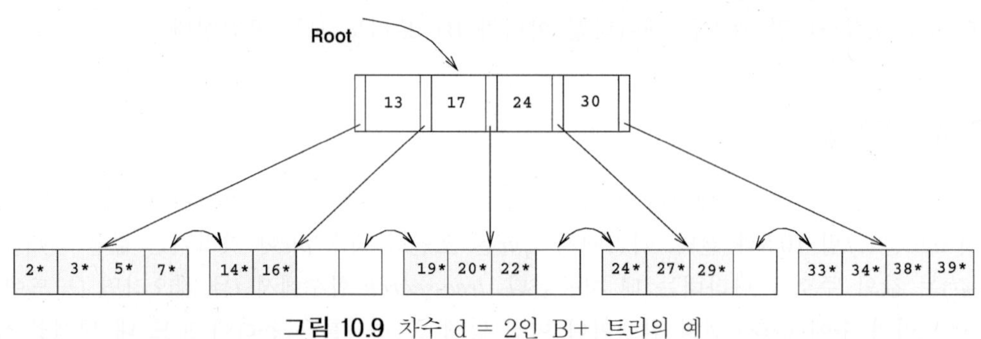

그림 10.9 차수 d = 2인 B+ 트리의 예

10.5 삽입

삽입 알고리즘은 주어진 엔트리에 대해 그것이 속할 단말 노드를 찾아 엔트리를 삽입한다. B+ 트리에서의 삽입 알고리즘 의사코드는 그림 10.10과 같다. 이 알고리즘의 기본 아이디어는 적당한 자식 노드에 대해 삽입 알고리즘을 호출해서 주어진 엔트리를 재귀적으로 삽입하는 것이다. 이 프로시져는 대개 그 엔트리가 속할 단말 노드까지 내려가 엔트리를 삽입한 다음 다시 루트 노드로 되돌아오는 과정을 거친다. 가끔 노드가 꽉 차서 분할(split)되어야 하는 경우도 있다. 노드가 분할될 때는 분할로 만들어진 노드를 가리키는 엔트리를 반드시 부모 노드에 삽입해야 한다. *newchildrentry*라는 포인터 변수가 이 엔트리를 가리킨다. 루트가 분할되는 경우에는 새로운 루트 노드가 생성되고 트리의 높이가 하나 증가하게 된다.

그림 10.9의 트리를 가지고 삽입 과정을 계속하여 살펴보자. 엔트리 8*을 삽입하려면 우선 이 엔트리는 가장 왼쪽 단말에 속해야 하는 데, 그 노드는 이미 포화 상태이다. 따라서 이 삽입은 단말 페이지의 분할을 초래한다. 분할된 페이지는 그림 10.11에 나타나 있다. 이제 트리는 새로운 단말 페이지를 포함하도록 수정되어야 한다. <5, *새로운 단말 페이지를 가리키는 포인터*>쌍으로 된 엔트리를 부모 노드에 삽입한다. 여기서 분할되는 단말 페이지와 새로 생성된 형제 페이지를 구분짓는 키 값 5가 부모 노드로 어떻게 복사되어지는 지에 주목하자. 모든 데이터 엔트리는 반드시 단말 페이지에 나타나야 하기 때문에 단순하게 5를 부모 노드로 올려보내서는 안된다.

여기서 그 부모 노드 역시 포화 상태이기 때문에 또 한번의 분할이 일어난다. 일반적으로 비단말 노드가 $2d$개의 키 값과 $2d+1$ 포인터를 가지는 포화 상태가 된 경우, 그 노드를 분할하고 이러한 분할을 설명하기 위해 부모 노드에 하나의 인덱스 엔트리를 추가해야 한다. 이제 $2d+1$개의 키 값과 $2d+2$개의 포인터를 가지므로, 각각 d개의 키 값과 $d+1$개의 포인터를 가지는 최소로 차있는 두 개의 비단말 노드와 '중간' 키로 셀렉션한 여분의 키 하나를 만들게 된다. 이 여분의 키와 새로운 비단말 페이지를 가리키는 포인터를 합쳐서 분할된 비단말 노드의 부모 노드에 삽입할 인덱스 엔트리를 만든다. 중간 키는 단말 페이지의 분할에서와는 달리 그냥 밀려올라 간다.

```
proc insert (nodepointer, entry, newchildentry)
// Inserts entry into subtree with root '*nodepointer'; degree is d;
//'newchildentry' null initially, and null on return unless child is split

if *nodepointer is a non-leaf node, say N,
    find i such that K_i ≤ entry's key value < K_{i+1};     // choose subtree
    insert(P_i, entry, newchildentry);                 // recursively, insert entry
    if newchildentry is null, return;          // usual case; didn't split child
    else,               // we split child, must insert *newchildentry in N
        if N has space,                                          // usual case
            put *newchildentry on it, set newchildentry to null, return;
        else,                      // note difference wrt splitting of leaf page!
            split N:        // 2d + 1 key values and 2d + 2 nodepointers
            first d key values and d + 1 nodepointers stay,
            last d keys and d + 1 pointers move to new node, N2;
            // *newchildentry set to guide searches between N and N2
            newchildentry = & (⟨smallest key value on N2,
                                    pointer to N2⟩);
            if N is the root,                        // root node was just split
                create new node with ⟨pointer to N, *newchildentry⟩;
                make the tree's root-node pointer point to the new node;
            return;

if *nodepointer is a leaf node, say L,
    if L has space,                                              // usual case
    put entry on it, set newchildentry to null, and return;
    else,                                   // once in a while, the leaf is full
        split L: first d entries stay, rest move to brand new node L2;
        newchildentry = & (⟨smallest key value on L2, pointer to L2⟩);
        set sibling pointers in L and L2;
        return;
endproc
```

그림 10.10 차수 d의 B+ 트리 삽입 알고리즘

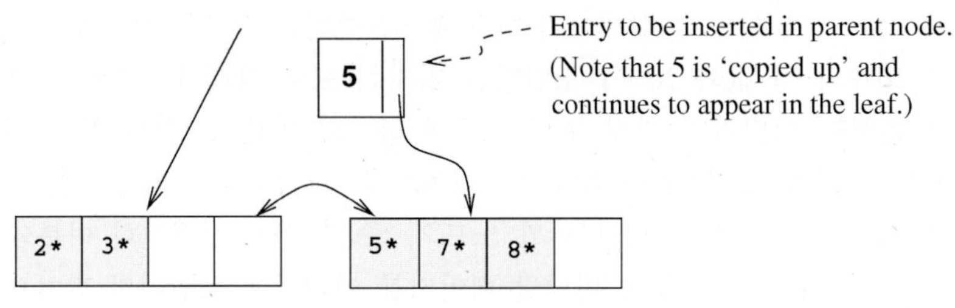

그림 10.11 엔트리 8*의 삽입중 단말 페이지 분할

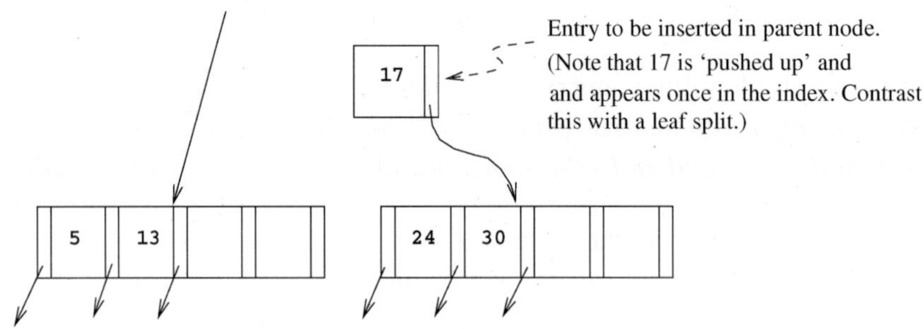

그림 10.12 엔트리 8*의 삽입중 인덱스 페이지 분할

이렇게 분할된 페이지는 그림 10.12와 같다. 새로운 비단말 노드를 가리키는 인덱스 엔트리는 <17, *새로운 인덱스 레벨의 페이지를 가리키는 포인터*>쌍이다. 키 값 17은 트리에서 밀려올라가는 데 비해 단말 노드의 분할에서 분할 키 값 5는 복사되어 올라갔음을 주목할 필요가 있다.

단말 레벨의 분할과 인덱스 레벨의 분할을 다룰 때의 차이점은 B+ 트리에서 모든 데이터 엔트리 *k**가 반드시 단말 노드에 있어야 한다는 요건에서 일어난다. 이 요건 때문에 5를 그냥 밀어 올리지 못하고, 어떤 키 값을 단말 레벨뿐 만 아니라 인덱스 레벨에서도 가지게 되는 중복이 생기는 것이다. 그러나 범위 질의에 대해서는 단순히 단말 페이지를 차례로 검색하면 효율적으로 처리된다. 중복은 효율을 위해 지불하는 약간의 비용인 셈이다. 인덱스 레벨을 다룰 때는 좀 더 융통성이 있어서 인덱스 레벨에서 17을 복사하는 것을 피하기 위해 밀어 올린다.

분할된 노드가 이전의 루트였기 때문에 분할된 두 개의 인덱스 페이지를 구분짓는 엔트리를 담을 새로운 루트 노드를 하나 만들어야 한다. 엔트리 8*의 삽입이 완전히 끝난 후의 트리는 그림 10.13과 같다.

삽입 알고리즘 변형 중의 하나는 형제를 가지는 노드 *N*에 대해서는 노드를 분할하기 전에 엔트리의 재분배(redistribution) 여부를 살펴보는데, 이런 방식은 평균 적재율(occupancy)을 개선시킨다. 여기에서, 노드 *N*의 **형제**란 노드의 바로 왼쪽이나 오른쪽에 있으면서 *N과 같은 부모를 가지*는 노드를 말한다.

재분배를 설명하기 위해서 그림 10.9의 트리에 엔트리 8*을 삽입하는 과정을 다시 생각해보

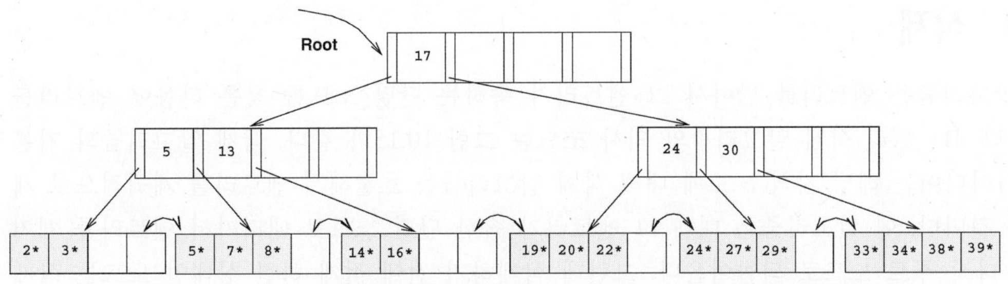

그림 10.13 엔트리 8*의 삽입 후 B+ 트리

자. 이 엔트리는 가장 왼쪽 단말 노드에 속하며 포화상태이다. 그러나 이 단말 노드의 (유일한) 형제노드는 두 개의 엔트리만 포함하고 있어서 더 많은 엔트리를 수용할 수 있다. 따라서 8*의 삽입을 재분배로 해결할 수 있다. 부모 노드에서 두 번째 단말을 가리키는 엔트리가 어떻게 새로운 키 값을 갖게 되는 지 눈여겨보아야 한다. 두 번째 단말에 있는 새로운 낮은 키 값을 복사해 올린다. 이 과정을 나타내면 그림 10.14와 같다.

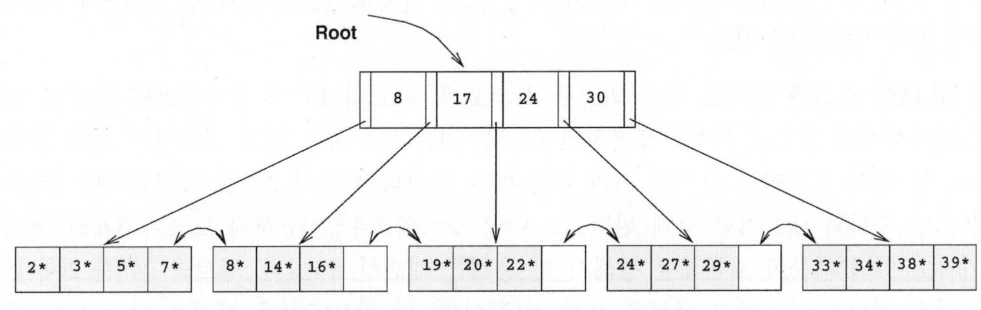

그림 10.14 재분배를 통한 엔트리 8* 삽입후의 B+ 트리

재분배가 가능한지를 결정하려면 형제 노드를 검색해 보아야 한다. 형제 노드까지 포화상태일 경우에는 노드를 분할하는 수 밖에 없다. 평균적으로 볼 때 재분배 가능성 점검은 인덱스 노드 분할의 입출력 비용을 높이는 데, 특히 양쪽의 형제 노드를 모두 점검해야 하는 경우는 더욱 그렇다(분할이 트리위로 파급되는 상황에서 재분배가 성공하는 경우에는 재분배 가능성 점검이 입출력을 줄일 수도 있지만, 이런 경우는 아주 드물다). 파일이 확장중이라면 재분배를 하지 않더라도 평균 적재율에는 그다지 영향을 미치지 않는다. 그렇기 때문에 보통 비단말 레벨에서 엔트리를 재분배하지 *않는* 것이 낫다.

그러나 단말 레벨에서 분할이 일어나는 경우에는, 새로 생성되는 단말 노드를 가리키도록 이전 포인터와 차위 포인터를 조정해야 하므로 인접 노드를 검색해야 한다. 그러므로 제한된 형태의 재분배는 수긍이 간다. 만약 어떤 단말 노드가 포화상태이면 인접 노드를 가져온다. 여유 공간이 있고 같은 부모를 가지고 있다면 엔트리를 재분배한다. 그렇지 않으면(인접 노드가 부모가 달라 형제노드가 아니거나 포화상태인 경우), 단말 노드를 분할하고 분할 노드, 새로 생성된 인접 노드, 기존의 인접 노드의 이전 포인터와 차위 포인터를 조정한다.

10.6 삭제

삭제 알고리즘은 엔트리를 받아서 그 엔트리가 속하는 단말 노드를 찾은 다음에 엔트리를 제거한다. B+ 트리 삭제 알고리즘의 의사 코드는 그림 10.15와 같다. 삭제 알고리즘의 기본적인 아이디어는 해당 자식 노드에 대해 삭제 알고리즘을 호출해서 엔트리를 재귀적으로 제거하는 것이다. 이 알고리즘은 대개 그 엔트리가 속한 단말 노드로 내려가서 엔트리를 제거한 후, 다시 루트 노드로 되돌아온다. 그런데 삭제하기 전에 적재 하한 상태인 노드는 삭제로 인해 적재 임계치 아래로 내려가게 된다. 이런 경우, 인접한 형제노드에서 엔트리를 가져와 재분배를 하거나 형제노드와 합병을 하여 적재 하한을 유지해야 한다. 엔트리가 두 노드로 재분배되는 경우 이런 사실이 반영되도록 그 부모 노드를 수정해 주어야 한다. 즉, 두 번째 노드를 가리키는 인덱스 엔트리의 키 값은 두 번째 노드에 있는 가장 낮은 탐색 키 값으로 수정되어야 한다. 두 노드가 합병되는 경우에는, 이러한 사실을 반영하기 위해 부모 노드는 두 번째 노드에 대한 인덱스 엔트리를 삭제해야 한다. 삭제 연산 호출을 마치고 부모 노드로 되돌아갈 때 포인터 변수 *oldchildrentry*가 이 인덱스 엔트리를 가리킨다. 만약, 루트 노드에 있는 마지막 엔트리마저 그 노드의 자식 노드 삭제로 인해 삭제되는 경우에는 트리의 높이가 하나 줄어들게 된다.

그림 10.13의 트리를 가지고 삭제 과정을 살펴보자. 엔트리 19*를 삭제하려면 단순히 해당 단말 페이지에서 엔트리 19*를 제거하면 끝나는 데, 이는 해당 단말 페이지가 삭제 후에도 여전히 두 개의 엔트리를 가지고 있기 때문이다. 그러나 이어서 20*을 삭제한다면 단말 페이지는 단 하나의 엔트리만 남게 된다. 그 단말 노드의 (유일한) 형제 노드가 3개의 엔트리를 가지고 있기 때문에 재분배를 통해서 이 문제를 해결할 수 있다. 엔트리 24*를 20*이 있었던 단말 페이지로 옮기고 새로운 분할 키(27이며, 이 값은 24*를 가져온 단말 노드의 새로운 낮은 키 값이다)를 부모 노드로 '복사해서 올려'준다. 이 과정이 그림 10.16에서 설명되고 있다.

이제 엔트리 24*를 삭제해보자. 삭제 후에 해당 단말 페이지는 오직 하나의 엔트리(22*)만 가지게 되고, (유일한)형제 노드는 두 개의 엔트리(27*과 29*)를 가지게 되어 재분배 할 수가 없다. 그러나 두 개의 단말 노드가 가지는 엔트리를 모두 합쳐도 세 개밖에 되지 않기 때문에 합병은 가능하다. 합병할 때, 부모 모드에서 두 번째 단말 페이지를 가리켰던 엔트리(*<27, 두 번째 단말 페이지를 가리키는 포인터>*)는 그냥 '버려도' 되는데, 그 이유는 합병 후 두 번째 단말 페이지는 빈 상태가 되어 버려도 되기 때문이다. 그림 10.16의 오른쪽 서브 트리에 대해 엔트리 24*의 삭제에서 이 과정 후의 모습은 그림 10.17과 같다.

엔트리 *<27, 두 번째 단말 페이지를 가리키는 포인터>*를 삭제하면 하나의 엔트리만을 가지게 되므로, $d=2$라는 하한값 아래로 내려가는 비단말 계층 페이지가 된다. 이 문제를 해결하기 위해서는 재분배나 합병 작업이 필요하다. 어느 경우이든 형제 노드를 가져와야 한다. 이 노드의 유일한 형제노드는 단지 두 개의 엔트리(키 값이 5, 13인)만 가지고 있으므로 재분배는 불가능하다. 따라서 합병을 해야 한다.

```
proc delete (parentpointer, nodepointer, entry, oldchildentry)
// Deletes entry from subtree with root '*nodepointer'; degree is d;
// 'oldchildentry' null initially, and null upon return unless child deleted
if *nodepointer is a non-leaf node, say N,
    find i such that K_i ≤ entry's key value < K_{i+1};    // choose subtree
    delete(nodepointer, P_i, entry, oldchildentry);       // recursive delete
    if oldchildentry is null, return;          // usual case: child not deleted
    else,                       // we discarded child node (see discussion)
        remove *oldchildentry from N,          // next, check for underflow
        if N has entries to spare,                              // usual case
            set oldchildentry to null, return; // delete doesn't go further
        else,                    // note difference wrt merging of leaf pages!
            get a sibling S of N:       // parentpointer arg used to find S
            if S has extra entries,
                redistribute evenly between N and S through parent;
                set oldchildentry to null, return;
            else, merge N and S                         // call node on rhs M
                oldchildentry = & (current entry in parent for M);
                pull splitting key from parent down into node on left;
                move all entries from M to node on left;
                discard empty node M, return;

if *nodepointer is a leaf node, say L,
    if L has entries to spare,                                  // usual case
        remove entry, set oldchildentry to null, and return;
    else,                    // once in a while, the leaf becomes underfull
        get a sibling S of L;                 // parentpointer used to find S
        if S has extra entries,
            redistribute evenly between L and S;
            find entry in parent for node on right;              // call it M
            replace key value in parent entry by new low-key value in M;
            set oldchildentry to null, return;
        else, merge L and S                             // call node on rhs M
            oldchildentry = & (current entry in parent for M);
            move all entries from M to node on left;
            discard empty node M, adjust sibling pointers, return;
endproc
```

그림 10.15 차수 d의 B+ 트리에서의 삭제 알고리즘

두 개의 비단말 노드를 합병해야 하는 상황은 비단말 노드를 분할해야 하는 상황과 정확히 반대이다. 비단말 노드가 $2d$ 개의 키와 $2d+1$개의 포인터를 가지고 있을 때는 노드를 분할하고 또 하나의 키-포인터 쌍을 추가해야 한다. 두 개의 비단말 노드 간에 엔트리를 재분배

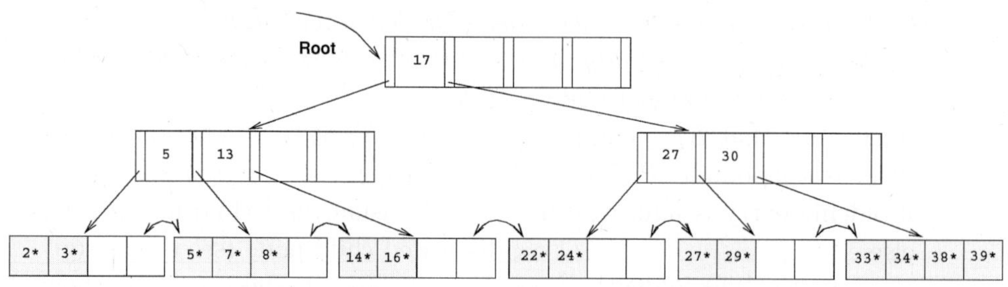

그림 10.16 엔트리 19*와 20*의 삭제 후 B+ 트리

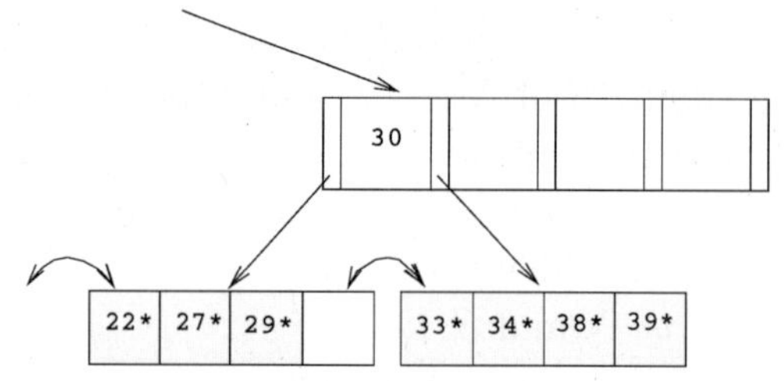

그림 10.17 엔트리 24*를 삭제중인 B+ 트리 일부

할 수 없는 경우에만 노드를 합병해야 하기 때문에 이 비단말 노드들은 최소한으로 차있음에 틀림없다. 즉, 삭제하기 전의 각 노드는 d개의 키와 $d+1$개의 포인터를 틀림없이 가진다. 두 노드를 합병하고 삭제되어야 할 키-포인터 쌍을 제거하고 나면, $2d$-1개의 키와 $2d+1$개의 포인터가 남게 된다. 직관적으로, 합병되는 두 번째 노드의 가장 왼쪽에 있는 포인터는 키 값이 없게 된다. 완벽한 인덱스 엔트리를 구성하기 위해 이 포인터와 결합되어야 할 키 값을 알아내려면 합병되는 두 노드의 부모 노드를 고려해야 한다. 합병되는 노드들 중에서 버려질 노드를 가리키고 있는 인덱스 엔트리는 부모 노드에서 삭제되어야 한다. 이 인덱스 엔트리에 있는 키 값이 합병으로 생긴 새로운 노드를 완성시킬 수 있는 바로 그 키 값이다. 새로운 노드는 합병되는 첫 번째 노드에 있는 엔트리와 부모 노드로부터 '내려지는' 분할 키 값, 그리고 두 번째 비단말 노드에 있는 엔트리들로 구성되어 전체적으로 $2d$개의 키와 $2d+1$개의 포인터를 가지는 포화상태의 비단말 노드가 된다. 단말 노드를 합병하는 것과는 달리 부모 노드에 있는 분할 키 값이 어떻게 '내려지나'를 눈여겨보아야 한다.

앞의 예에서 비단말 노드 두 개를 합병하는 경우를 살펴보자. 합병될 비단말 노드와 그 형제 노드 모두 합해서 세 개의 엔트리와 단말 노드를 가리키는 다섯 개의 포인터를 가지고 있다. 두 개의 노드를 합병하려면 부모 노드에서 이 노드들을 구분하고 있는 인덱스 엔트리를 내려야 한다. 이 인덱스 엔트리의 키 값은 17이므로 새로운 엔트리 *<17, 형제 노드의 가장 왼쪽의 자식 포인터>*를 만들어 낸다. 결과적으로 모두 4개의 엔트리와 5개의 자식 포인터를 가지게 되고 이들은 차수 d가 2인 트리의 한 페이지에 들어갈 수 있다. 이 때, 분할키 17을 내리고 나면 그 키가 더 이상 부모 노드에 나타나지 않음에 주목하자. 해당 비단말 노드와 그 형제 노드에 있던 모든 엔트리를 한 페이지에 넣고 비어 있는 형제 노드를 제거하고 나면, 이 새로운 노드가 기존 루트의 유일한 자식이 되므로 루트도 버릴 수 있다. 엔트리 24*의 삭제에서 이러한 과정이 모두 끝난 후의 트리는 그림 10.18과 같다.

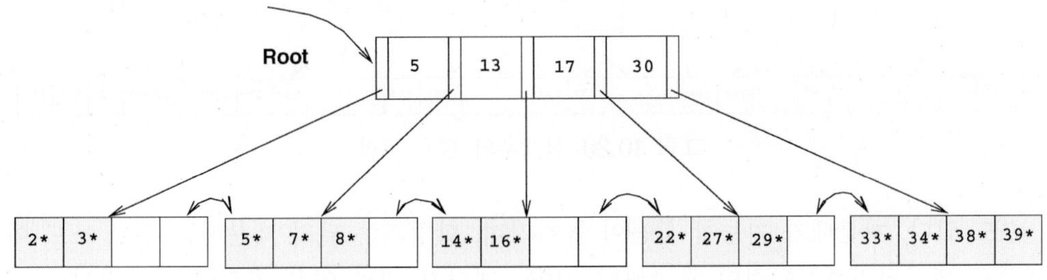

그림 10.18 엔트리 24* 삭제 후의 B+ 트리

앞의 여러 예에서는 단말 노드에 걸친 엔트리의 재분배와 단말 레벨 및 비단말 레벨 페이지의 합병에 대해서 알아보았다. 이제 남아있는 경우는 비단말 레벨의 페이지 사이에 엔트리의 재분배이다. 이해를 위해서 그림 10.17의 연산 중의 오른쪽 서브 트리를 보자. 만약 그림 10.16에 보이는 것과 유사한 트리에서 24*를 제거하면 동일한 오른쪽 서브 트리를 얻게 되는 반면 왼쪽 서브 트리와 루트 키 값은 그림 10.19에 나타난 것과 같이 된다. 그림 10.19에 있는 트리는 24*의 삭제에서 한 중간 과정을 보여준다(초기 상태의 트리를 만들어 보아라).

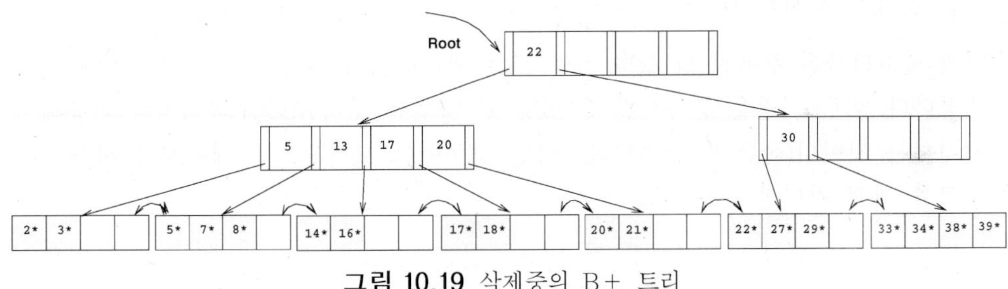

그림 10.19 삭제중의 B+ 트리

그림 10.16의 트리에서 24*를 삭제하는 경우와는 달리, 키 값 30을 가지는 비단말 레벨 노드는 (키 값이 17과 20인) 엔트리를 함께 나눌 수 있는 형제 노드를 가지고 있다. 이 엔트리들을[3] 형제 노드에서 이동시킨다. 이런 과정에서 기본적으로 엔트리들은 그들의 부모 노드(루트)의 분할 엔트리를 거쳐 이동되는 데 이것이 그림에서 17이 오른쪽 부분에서 새로운 낮은 키 값이 되어 루트에 있던 기존의 분할 키(키 값은 22)를 대체하는 현상을 설명해준다. 모든 변경이 끝난 뒤의 트리는 그림 10.20과 같다.

삭제에 대한 논의를 마치면서 주목할 점은 노드의 형제 노드 중 하나만 검색한다는 것이다. 이 노드에 나눠가질 엔트리가 있다면 재분배를 해야 하고, 그렇지 않다면 합병을 해야 한다. 해당 노드에 다른 형제 노드가 있다면 그것도 검색하여 재분배가 가능한지 알아볼 가치가

---

[3] 키 값이 20인 엔트리만 이동시켜도 충분하지만, 여기서는 여러 개의 엔트리들을 재분배 할 때 어떠한 일이 발생하는지를 설명하기 위해서 두 개의 엔트리를 이동하는 것이다.

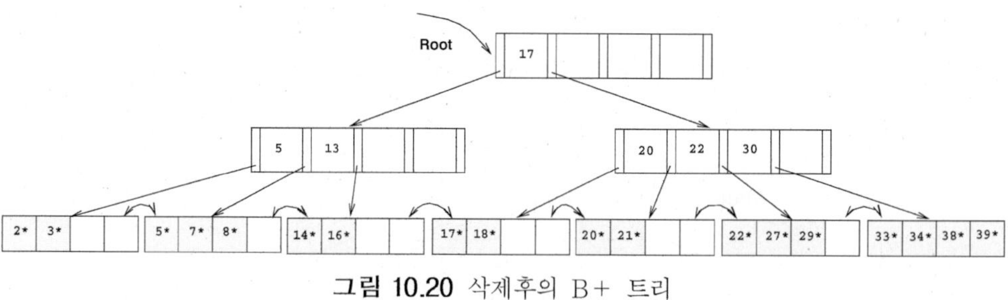

그림 10.20 삭제후의 B+ 트리

있을 수도 있다. 재분배가 가능할 확률이 높아지며, 합병과는 달리 재분배는 부모 노드 이상의 레벨로 파급되지 않는 것이 보장된다. 또한, 페이지 내의 여유 공간이 많아져서 차후의 삽입으로 인한 분할의 가능성이 감소된다(파일은 일반적으로 확장되지 축소되지는 않는다는 점을 기억하시오!). 그러나 이러한 (노드가 절반 이상 비게 되고 첫 형제 노드는 엔트리를 나눠줄 수 없는)경우가 발생하는 횟수가 그리 많지 않으므로, 제시된 기본 알고리즘에 이러한 수정을 반영하는 것이 필수적인 것은 아니다.

10.7 중복

지금까지 살펴 본 탐색이나 삽입, 삭제 알고리즘들은 ***키의 중복***, 즉 여러 엔트리가 같은 키 값을 갖는 문제를 무시하였다. 지금부터는 중복에 대처하는 방법에 대해 알아본다.

기본 탐색 알고리즘은 주어진 키 값을 가진 모든 엔트리들이 하나의 단말 페이지에 들어 있다고 가정한다. 이런 가정을 충족시킬 수 있는 한 방법은 *오버플로우 페이지*를 이용해서 중복을 처리하는 것이다(물론 ISAM에서는 어떤 경우이든 오버플로우 페이지를 사용하기 때문에 중복을 쉽게 처리할 수 있다).

그러나 보통은 다른 방식으로 중복을 처리한다. 같은 키 값을 가지는 엔트리들을 다른 엔트리와 똑같이 취급하여 엔트리들이 여러 단말 페이지에 존재할 수 있게 한다. 주어진 키 값을 가지는 모든 데이터 엔트리들을 검색하기 위해서는 먼저 주어진 키 값을 가지는 *가장 왼쪽* 데이터 엔트리를 탐색하고 나서 (단말 순차 포인터를 따라가며) 다른 단말 페이지를 검색할 수도 있다. 중복을 가지는 인덱스에서 가장 왼쪽 데이터 엔트리를 찾도록 탐색 알고리즘을 수정하는 것은 아주 재미있는 문제이다(사실, 이 문제가 연습문제 10.11이다).

이런 방식이 가지는 문제점으로는 만일 데이터 엔트리 구성 방법(2)을 사용한 경우 레코드를 삭제하려고 할 때 같은 *키* 값을 갖는 여러 개의 중복된 엔트리들 <*키*, *rid*>을 일일이 점검해봐야 하기 때문에, B+ 트리에서 삭제해야 할 데이터 엔트리를 찾는 것이 비효율적일 수 있다. 이 문제는 데이터 엔트리에 있는 *rid* 값을 트리 내에서의 데이터 엔트리의 위치를 파악하기 위한 *탐색 키의 일부*로 생각하면 해결될 수 있다. 즉, 인덱스를 *유일*(중복이 없는)한 인덱스로 바꾸는 효과를 낸다. 필드의 어떤 조합이든 탐색 키가 될 수 있다는 것을 기억하기 바란다. 여기서는 *rid*가 탐색 키를 구성하는 또 하나의 필드가 된 것이다.

상용 시스템에서의 중복 처리: Sybase ASE의 군집 인덱스에서는 데이터 행들이 페이지 상에서 그리고 데이터 페이지 집합에서 정렬된 순서로 관리된다. 데이터 페이지들은 정렬 순서로 양방향으로 연결된다. 중복키를 가진 행들이 정렬된 행들의 집합으로 삽입(또는 집합에서 삭제)된다. 이런 과정에서 중복키를 가진 행들의 오버플로우 페이지들이 페이지 체인에 삽입되거나 빈 오버플로우 페이지들이 페이지 체인에서 제거되는 결과가 발생할 수도 있다. 중복키의 삽입이나 삭제는 오버플로우 페이지가 아닌 페이지에서 분할이나 합병이 일어나지 않는 다면, 상위의 인덱스 레벨에 영향을 미치지 않는다. IBM DB2나 Oracle 8 그리고 Microsoft의 SQL Server에서는 중복키 값을 제거하기 위해 필요하다면 행 id(row id)를 사용하여 중복 문제를 처리한다.

데이터 엔트리 구성 방법 (3)을 사용하면 자연스럽게 중복문제를 해결할 수 있다. 그러나 중복이 많아지면 하나의 데이터 엔트리가 여러 페이지에 걸쳐질 수도 있다. 당연히 데이터 레코드가 삭제될 때에도 해당 데이터 엔트리에서 삭제될 rid를 찾는 것이 비효율적일 수 있다. 이 문제의 해결책은 앞의 엔트리 구성 방법 (2)에 대해 언급한 것과 유사하다. 즉, 각 데이터 엔트리 내에 들어 있은 rid의 리스트를 정렬된 순서로 (가령, rid가 페이지 번호와 슬롯 번호로 구성되면 먼저 페이지 번호로 정렬하고 그 다음에는 슬롯 번호에 따라 정렬) 관리하는 것이다.

10.8 실용상의 B+ 트리

이 절에서는 몇 가지 중요한 실용적인 주제에 대해 살펴본다.

10.8.1 키 압축

B+ 트리의 높이는 *데이터 엔트리의 수*와 *인덱스 엔트리의 크기*에 달려있다. 인덱스 엔트리의 크기는 한 페이지에 들어갈 인덱스 엔트리의 수를 결정하므로 그 트리의 진출차수(fan-out)를 결정하게 된다. 트리의 높이는 $log_{진출차수}$(*데이터 엔트리의 수*)에 비례하고 데이터 엔트리를 검색하기 위한 디스크 I/O의 수는 (페이지가 버퍼 풀에서 발견되지 않는다면) 트리의 높이와 같기 때문에, 진출차수를 최대화하여 높이를 최소화하는 것이 아주 중요하다. 인덱스 엔트리에는 탐색 키 값과 페이지 포인터가 포함된다. 그러므로 인덱스 엔트리의 크기는 대개 탐색 키 값의 크기에 달려있다. 탐색 키 값이 매우 길면 (예를 들어, 이름이 Devarakonda Vendataramana Sathyanarayana Seshasayee Yellamanchali Murthy 혹은 Donaudampfschifffahrts-kapitänsanwärtersmütze이라면), 한 페이지에 들어갈 수 있는 인덱스 엔트리의 수는 많지 않을 것이다. 따라서 진출차수는 낮아지고 트리의 높이는 커지게 된다.

한편, 인덱스 엔트리에 있는 탐색 키 값은 적당한 단말 노드로 가는 길을 가리켜 주는 일만 한다. 주어진 탐색 키 값을 가진 데이터 엔트리의 위치를 알아내기 위해서는 이 탐색 키 값과 (루트로부터 해당 단말 노드까지의 경로 상에 있는) 인덱스 엔트리의 탐색 키 값을 비교

> **실제 시스템 상에서의 B+ 트리:** IBM의 DB2나 Informix, Microsoft SQL Server, Oracle 8, Sybase의 ASE 등은 모두 삭제와 중복 키 값을 다루는 방법에 있어서 조금의 차이는 있지만, 군집과 비군집 B+ 트리 인덱스를 지원한다. Sybase의 ASE에서는 인덱스에 사용되는 동시성 제어 방식(concurrency control scheme)에 따라, 삭제될 행은 제거하거나(페이지 적재율이 하한선 아래로 떨어지면 합병이 일어나고) 그냥 삭제됐다고 표시만 해놓는다. 후자의 경우엔 공간을 복구하기 위해 garbage collection scheme이 사용된다. Oracle 8의 경우, 삭제는 해당 행을 삭제된 것으로 표시하는 방식으로 해결한다. 삭제된 레코드들이 차지하고 있던 공간을 다시 소급하려면 인덱스를 온라인으로(즉, 사용자가 인덱스를 사용하고 있는 동안) 재생성하거나 포화되지 않은 페이지들을 합병한다(이것이 트리의 높이를 감소시키지 않는다). 합병은 기존의 공간에서 일어나고 재생성은 하나의 복사본을 만든다. Informix도 레코드에 삭제되었다는 표시만 하는 것으로 삭제를 다룬다. DB2와 SQL Server는 삭제되는 레코드를 제거하고 이로 인해 페이지의 적재율이 임계치 아래로 내려가면 페이지를 합병한다.
>
> Oracle 8 역시 여러 릴레이션의 레코드들이 같은 페이지 상에서 함께 군집되는 것(co-clustered)을 허용한다. 함께 군집하는 것은 B+ 트리 탐색 키나 정적 해싱에 기반하고 32까지의 릴레이션이 함께 저장될 수 있다.

한다. 인덱스 레벨의 노드에서 비교하는 동안 원하는 것은 탐색 키 값 k를 사이에 두고 있는 탐색 키 값 k_1과 k_2를 갖는 두 개의 인덱스 엔트리를 찾는 것이다. 이를 위해서 인덱스 엔트리에 탐색 키 값을 온전히 저장할 필요는 없다.

예를 들어, 하나의 노드에 탐색 키 값이 'David Smith'와 'Devarakonda....'인 인접한 두 개의 인덱스 엔트리가 있다고 해보자. 이 두 개의 값을 구별하기 위해서 실제 값의 줄임 형태인 'Da'와 'De'만 저장해도 충분하다. 더 일반적으로 말하자면, B+ 트리 내에서 엔트리 'David Smith'의 의미는 'David Smith'의 왼쪽 포인터가 가리키는 서브 트리에 있는 모든 값들은 'David Smith'보다 작고, 'David Smith'의 오른쪽 포인터가 가리키는 서브 트리에 있는 모든 값들은('David Smith'보다 크거나 같으면서) 'Devarakonda....'보다 작다는 것이다.

엔트리에 대한 그러한 의미(semantics)를 확실하게 하려면 키가 'David smith'인 엔트리를 압축할 때 이 엔트리의 전후 인덱스 엔트리들 ('Daniel Lee'와 'Devarakonda....') 뿐만 아니라, 'David smith'의 왼쪽 서브 트리에 있는 가장 큰 키 값과 오른쪽 서브 트리에 있는 가장 작은 키 값도 따져 보아야 한다. 이것을 그림으로 나타내면 그림 10.21과 같다. 키 값 'Davey Jones'는 'Dav'보다 크기 때문에, 'David smith'는 'Dav'가 아니라 'Davi'로 줄여야 한다.

이 기법을 **어두 키 압축**(prefix key compression), 혹은 간단히 **키 압축**이라고 하는데, 상용화된 B+ 트리 제품에서 많이 사용된다. 이 기법은 트리의 진출차수를 상당히 늘려준다. 키 압축을 사용할 때의 삽입과 삭제 알고리즘에 대한 자세한 내용은 여기서는 생략한다.

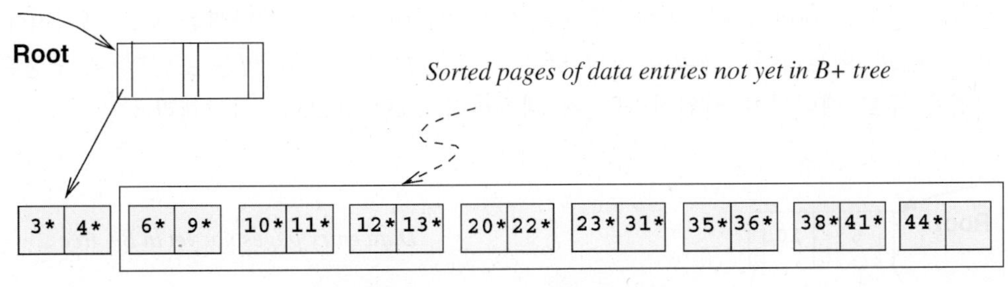

그림 10.21 어두 키 압축을 보여주는 예

10.8.2 B+ 트리 대량 적재

엔트리들은 두 가지 방식으로 B+ 트리에 추가된다. 첫째는, B+ 트리 인덱스가 이미 구축되어 있는 기존의 데이터 레코드 집합의 경우이다. 이 경우 레코드가 집합에 추가될 때마다 그에 따른 엔트리도 B+ 트리에 추가되어야 한다(물론 삭제에 대해서도 적용된다). 둘째는, 데이터 레코드 집합이 이미 존재하고 특정 키 필드에 대해서 B+ 트리 인덱스를 생성하려는 경우이다. 이 상황에선 빈 트리로 시작해서 기본 삽입 알고리즘을 사용하여 각 데이터 레코드에 대한 하나의 엔트리를 한번에 하나씩 삽입할 수 있다. 그러나 이러한 방식은 각 엔트리에 대해 루트에서 시작해서 적당한 단말 페이지까지 내려가야 하기 때문에 비용이 너무 비싸다. 비록 인덱스 레벨 페이지들이 이어지는 요청 때문에 버퍼 풀에 계속 머물러 있다고 하더라도 그 오버헤드는 여전히 상당하다.

이러한 이유로 많은 시스템들이 이미 존재하는 데이터 레코드 집합에 대한 B+ 트리 인덱스를 생성하기 위한 *대량 적재*(*bulk-loading*) 유틸리티를 제공하고 있다. 첫 단계는 (생성될) B+ 트리에 삽입될 데이터 엔트리들 k*를 탐색 키 k에 따라 정렬하는 것이다(엔트리들이 키-포인터 쌍이라면, 그들을 정렬하는 것이 물론 그들이 가리키는 데이터 레코드를 정렬하는 것을 뜻하는 것은 아니다). 대량 적재 알고리즘을 설명하는 예를 보자. 여기서 각 데이터 페이지는 두 개의 엔트리만 가질 수 있고 각 인덱스 페이지는 두 개의 엔트리와 포인터 하나를 추가로 가질 수 있다고 가정한다(즉, B+ 트리는 차수 $d = 1$이라고 가정한다).

데이터 엔트리들을 정렬하고 나서 루트로 사용할 하나의 빈 페이지를 할당하고 그 안에(정렬된) 엔트리들의 첫 번째 페이지에 대한 포인터를 삽입한다. 정렬된 아홉 개의 데이터 엔트리 페이지를 사용해서 이 과정을 보여주는 예가 그림 10.22에 나타나 있다.

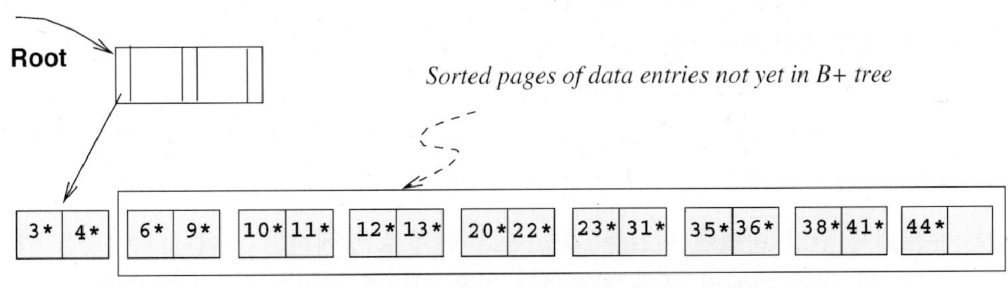

그림 10.22 B+ 트리 대량 적재의 초기 단계

그런 다음 정렬된 데이터 엔트리의 각 페이지에 대하여 엔트리 하나씩을 루트 페이지에 추가한다. 새로운 엔트리는 <*페이지 상의 낮은 키 값, 페이지를 가리키는 포인터*>로 구성된다. 이 과정을 루트 페이지가 채워질 때까지 계속한다. 그림 10.23을 참조해라.

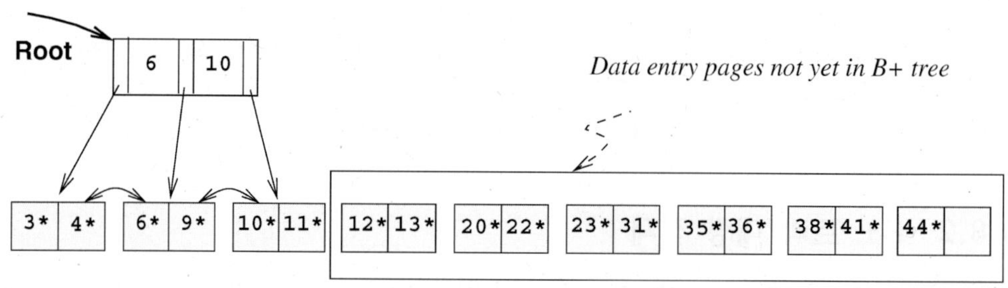

그림 10.23 B+ 트리 대량 적재에서 루트 페이지 채우기

이제 데이터 엔트리의 후속 페이지에 대한 엔트리를 삽입하려면 루트를 분할하고 새로운 루트 페이지를 생성해야 한다. 이 과정을 그림으로 나타내면 그림 10.24와 같다.

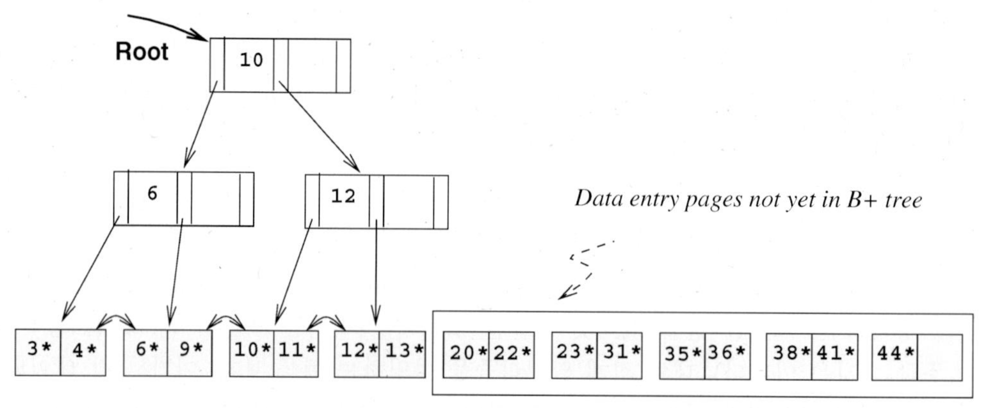

그림 10.24 B+ 트리 대량 적재 과정에서의 페이지 분할

B+ 트리가 확장될 것을 예상하여 루트의 두 자식 노드 간에 균등하게 엔트리들을 재분배하였다. 한 페이지에 많아야 두 개의 엔트리만 들어가기 때문에 보여주기는 어렵지만, 원래 페이지 상의 엔트리들을 그냥 남겨 두거나 그 페이지의 원하는 비율(가령 80%)만큼 채우도록 할 수도 있다. 이러한 대안은 기본적인 아이디어의 단순한 변형이다.

대량 적재의 예로 돌아가서, 단말 페이지에 대한 엔트리는 항상 단말 레벨 바로 위의 가장 오른쪽 인덱스 페이지로 삽입된다. 단말 레벨 바로 위의 가장 오른쪽 인덱스 페이지가 차게 되면 그 페이지는 분할된다. 이런 과정이 결국 그림 10.25와 10.26에 보인 것처럼 루트 쪽으로 한 레벨 더 가까운 가장 오른쪽 인덱스 페이지도 분할되게 된다.

분할은 루트에서 단말 레벨에 이르는 가장 오른쪽 경로 상에서만 일어난다는 것을 염두에 두기 바란다. 이 대량 적재의 예를 완성하는 것은 간단한 연습문제로 남겨둔다.

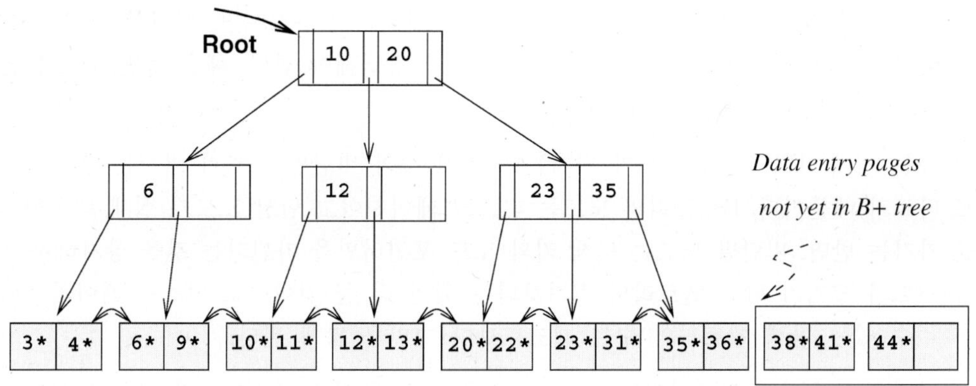

그림 10.25 38*이 있는 단말 페이지에 엔트리를 추가하기 전의 모습

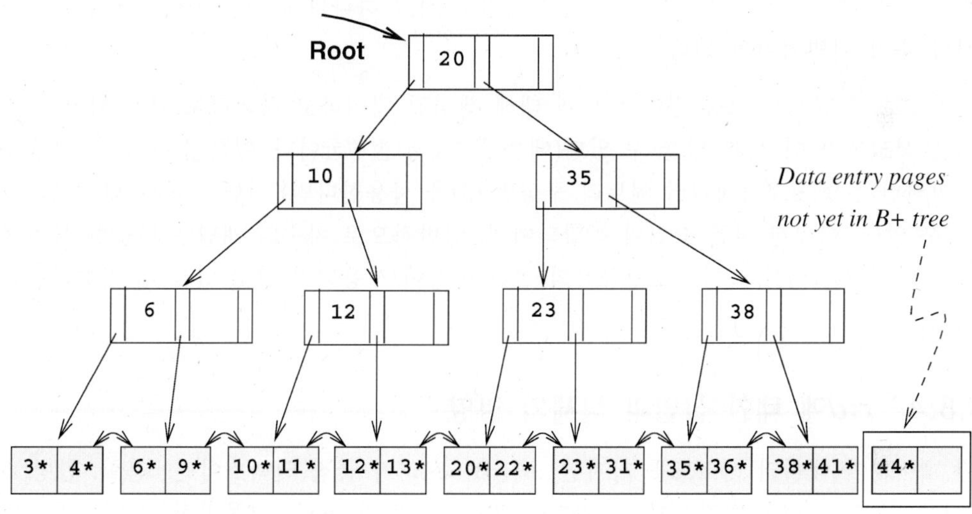

그림 10.26 38*이 있는 단말 페이지에 엔트리를 추가한 후의 모습

이미 존재하는 레코드 집합에 대한 인덱스를 생성하는 비용을 생각해보자. 이 연산은 세 단계로 이루어진다. (1) 인덱스에 삽입할 데이터 엔트리의 생성, (2) 데이터 엔트리의 정렬, (3) 정렬된 엔트리로부터 인덱스 생성. 첫 번째 단계는 레코드들을 스캔하고 그에 대응하는 데이터 엔트리를 기록한다. 이 때의 I/O 비용은 $(R + E)$가 되는데, 여기에서 R은 레코드 페이지의 수이고 E는 데이터 엔트리 페이지의 수이다. 정렬은 13장에서 살펴보게 되는데, 인덱스 엔트리가 대략 $3E$의 I/O 비용으로 정렬될 수 있음을 보게 될 것이다. 그런 다음, 이 절에서 다룬 대량 적재 알고리즘을 사용하여 이 엔트리들은 생성되면서 인덱스에 삽입될 수 있다. 세 번째 단계인 엔트리들을 인덱스에 삽입하는 비용은 모든 인덱스 페이지를 기록하는 비용이 된다.

10.8.3 차수 개념

이제까지 적재 하한을 나타내기 위해 파라미터 d를 사용하여 B+ 트리를 설명하였다. *차수*

(파라미터 *d*)의 개념은 B+ 트리 개념을 설명하는 데에는 유용하지만, 실제적으로는 느슨하게 풀어 물리적인 공간 기준으로 대체될 수 있음을 유념해야 한다. 예를 들면, 노드들은 최소한 절반이 차있는 상태로 유지되어야 한다.

그 이유는 첫째, 보통 단말 노드가 가지는 엔트리 수와 비단말 노드가 가지는 엔트리 수가 서로 다르기 때문이다. B+ 트리의 노드는 디스크 페이지이고 단말 노드가 실제 데이터 레코드를 가지는 반면, 비단말 노드는 탐색 키와 노드 포인터만을 가진다는 것을 상기하자. 데이터 레코드의 크기가 탐색 엔트리의 크기보다는 훨씬 더 클 것이므로 디스크 페이지 하나에 들어갈 수 있는 탐색 엔트리의 수는 레코드보다 그만큼 많게 된다.

차수 개념을 느슨하게 적용시키는 두 번째 이유는 탐색 키에 레코드마다 길이가 서로 다른 문자열 필드(가령, 학생의 *이름* 필드)가 들어갈 수 있기 때문이다. 그러한 탐색 키로 인해 가변 길이의 데이터 엔트리와 인덱스 엔트리가 생기고 하나의 디스크 페이지에 들어가는 엔트리의 수가 가변적이게 된다.

마지막으로, 인덱스가 고정 길이 필드에 대해 생성된 것이라고 하더라도 같은 탐색 키 값을 가지는 레코드가 여러 개 있을 수 있다(예를 들어, *평점평균*이나 *이름* 값이 같은 학생 레코드). 이러한 상황 또한 (데이터 엔트리 구성법 (3)을 사용한다면) 가변 길이의 단말 엔트리에 이를 수 있다. 이러한 모든 요인이 복합되어서, 일반적으로 차수의 개념은 단순한 물리적 기준으로 대체된다(예를 들어, 노드 공간의 절반 이상이 사용되지 않고 있을 때 가능하면 합병하시오).

10.8.4 *rid*에 대한 삽입과 삭제의 영향

단말 페이지가 데이터 레코드를 가지면—즉, B+ 트리가 군집 인덱스이면—분할, 합병, 재분배 같은 연산은 *rid*를 변경시킬 수 있다. *rid*의 일반적인 표현은 (물리적인) 페이지 번호와 슬롯 번호의 조합이라는 것을 상기하시오. 이러한 방식은 알맞은 페이지 형식을 셀렉션한 경우 한 페이지 내부에서는 레코드를 이동시킬 수 있겠지만, 분할과 같은 연산에서와 마찬가지로 페이지에 걸쳐 이동시키는 것은 허용되지 않는다. 그래서 *rid*가 페이지 번호와 독립적인 형태로 셀렉션되지 않는다면, 군집 B+ 트리에서 분할이나 합병과 같은 연산을 수행할 경우 같은 데이터 상에서 다른 인덱스에 보상하는 변경을 수행할 필요가 생긴다.

트리 기반이든 해시 기반이든 어떠한 동적 군집 인덱스에 대해서도 비슷한 코멘트를 할 수 있다. 물론, 이 문제는 비군집 인덱스에서는 일어나지 않는 데, 그 이유는 오직 인덱스 엔트리들만 이동하기 때문이다.

10.9 복습문제

복습문제에 대한 해답은 명시된 절에서 찾을 수 있다.

- 왜 트리구조 인덱스가 탐색에, 특히 범위 셀렉션, 좋은가? **(10.1절)**

- ISAM 인덱스에서 탐색이나 삽입, 삭제 연산이 어떻게 수행되는지 기술하시오. 오버플로우 페이지의 필요성과 성능에 어떠한 영향에 대해서 논하시오. ISAM 인덱스는 어떤 종류의 갱신 작업부하에 취약한가? 또한 어떤 종류의 작업부하를 잘 처리하는가? **(10.2절)**
- ISAM 인덱스에서는 오직 단말 페이지만이 갱신에서 영향을 받는다. 잠금(locking)과 동시 접근(concurrent access)에 대한 관계를 논하시오. ISAM과 B+ 트리를 이 관점에서 비교하시오. **(10.2.1절)**
- ISAM과 B+ 트리의 주된 차이는 무엇인가? **(10.3절)**
- B+ 트리의 *차수*란 무엇인가? B+ 트리의 노드 형식을 기술하시오. 왜 단말 레벨의 노드들은 서로 연결되는가? **(10.3절)**
- B+ 트리의 등호 탐색에서는 얼마나 많은 노드들을 살펴봐야 하는가? 범위 셀렉션에서는 어떠한가? ISAM에서는 어떠한 지 비교하시오. **(10.4절)**
- B+ 트리의 삽입 알고리즘을 기술하고, 어떻게 오버플로우 페이지를 제거하는 지를 설명하시오. 어떤 조건에서 하나의 삽입이 트리의 높이를 증가시키는가? **(10.5절)**
- 삭제 연산 도중 한 노드가 적재 하한 아래로 내려갔다면 이것을 어떻게 다루어야 하겠는가? 어떤 조건에서 하나의 삭제로 트리의 높이가 감소되는가? **(10.6절)**
- 왜 중복 탐색 키는 기본 B+ 트리 연산의 변경을 필요로 하는가? **(10.7절)**
- *키 압축*이란 무엇이고, 왜 중요한가? **(10.8.1절)**
- 레코드 집합에 대한 B+ 트리 인덱스를 어떻게 하면 효율적으로 구축할 수 있는가? *대량 적재* 알고리즘을 기술하시오. **(10.8.2절)**
- 군집 B+ 트리 인덱스에서 분할이 미치는 영향을 논하시오. **(10.8.4절)**

연습문제

문제 10.1 그림 10.27과 같은 차수 $d = 2$인 B+ 트리가 있다고 하자.

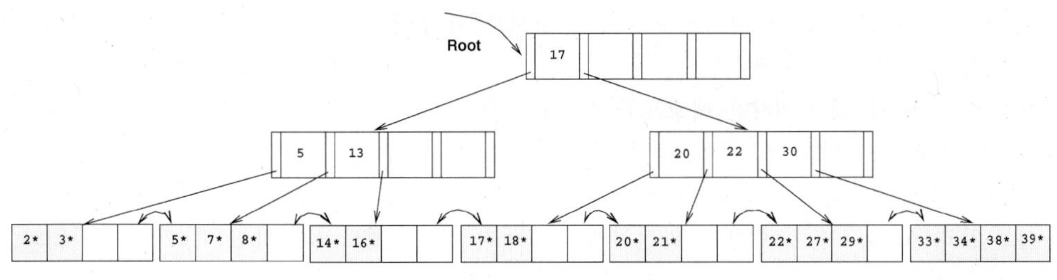

그림 10.27 연습문제 10.1에서의 트리

1. 이 트리에 키 값이 9인 엔트리를 삽입하여 얻어지는 B+ 트리를 보이시오.
2. 원래의 트리에 키 값이 3인 데이터 엔트리를 삽입하여 만들어지는 B+ 트리를 보이시오. 이러한

삽입에는 얼마나 많은 페이지 I/O가 요구되는가?

3. 재분배시 왼쪽 형제 노드가 검사된다고 가정할 때, 원래의 트리에서 키 값이 8인 데이터 엔트리를 삭제하여 얻어지는 B+ 트리를 보이시오.
4. 재분배시 오른쪽 형제 노드가 검사된다고 가정할 때, 원래의 트리에서 키 값이 8인 데이터 엔트리를 삭제하여 얻어지는 B+ 트리를 보이시오.
5. 원래의 트리에서 키 값이 46인 데이터 엔트리를 삽입한 후, 키 값이 52인 데이터 엔트리를 삭제하여 얻어지는 B+ 트리를 보이시오.
6. 원래의 트리에서 키 값이 91인 데이터 엔트리를 삭제하여 얻어지는 B+ 트리를 보이시오.
7. 원래의 트리에서 키 값이 59인 데이터 엔트리를 삽입한 후, 키 값이 91인 데이터 엔트리를 삭제해서 얻어지는 B+ 트리를 보이시오.
8. 원래의 트리에서 키 값이 32, 39, 41, 45, 73인 데이터 엔트리를 차례로 삭제하여 얻어지는 B+ 트리를 만드시오.

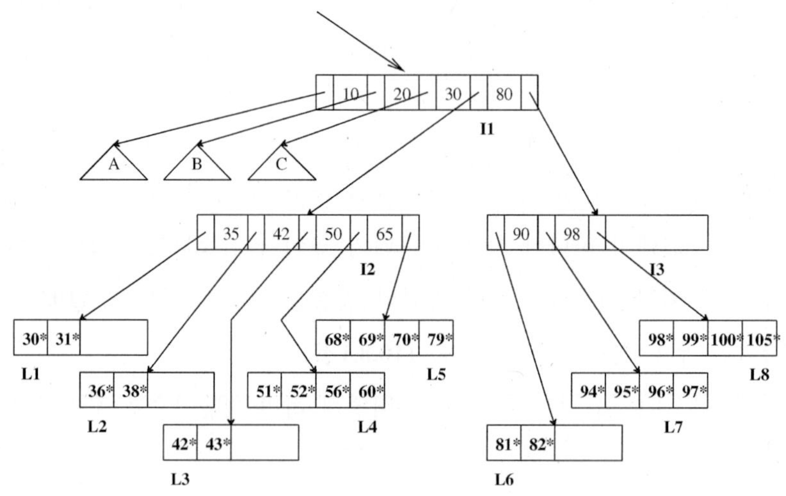

그림 10.28 연습문제 10.2에서의 트리

문제 10.2 데이터 엔트리 구성법 (1)을 사용하는 그림 10.28의 B+ 트리 인덱스를 고려해보자. 각 중간 노드들은 최대 다섯 개의 포인터와 네 개의 키 값을 가질 수 있다. 단말 노드들은 각기 최대 네 개의 레코드를 가질 수 있으며, 그림에는 표시되어 있지 않지만, 이 단말 노드들은 여느 때처럼 이중으로 연결되어 있다.

1. "탐색 키 값이 38보다 큰 레코드를 모두 구하시오"와 같은 질의에 답하기 위해서 가져와야 되는 트리 노드를 모두 열거하시오.
2. 트리에 탐색 키 값이 109인 레코드를 삽입하시오.
3. 원래의 트리에서 탐색 키 값이 81인 레코드를 삭제하시오.
4. 원래 트리에 삽입되면 트리의 높이를 증가시키는 탐색 키 값 하나를 열거하시오.
5. 서브 트리 A, B, C를 그림에서 완전하게 나타내지 않았음에도 불구하고 이 서브 트리들의 내용과 모양에 관해서 어떤 것을 추론할 수 있겠는가?
6. 만약 이 트리가 ISAM 인덱스라면, 앞의 질문에 대한 대답을 어떻게 고쳐야겠는가?
7. 이 트리가 ISAM 인덱스라고 하자. 3개의 오버플로우 페이지를 가지는 체인을 생성하기 위해 필요한 최소한의 삽입은 몇 개인가?

문제 10.3 다음 질문에 답하시오.

1. B+ 트리 인덱스에서의 최소 공간 이용도(Minimum space utilization)는?
2. ISAM 인덱스에서의 최소 공간 이용도는?
3. 만약 데이터베이스 시스템이 정적, 동적 트리 인덱스(말하자면, ISAM과 B+ 트리) 둘 다 지원한다면, *동적* 인덱스보다 정적 인덱스를 선호하여 사용하는 것을 고려해 보겠는가?

문제 10.4 한 페이지가 최대 4개의 데이터 값을 가질 수 있고 모든 데이터 값은 정수라고 하자. 차수가 2인 B+ 트리만을 사용하여 다음 각각에 대한 예를 보이시오.

1. 값 25가 삽입될 때 높이가 2에서 3으로 바뀌는 B+ 트리. 삽입 전후의 트리 구조를 보이시오.
2. 값 25를 삭제하면 재분배가 일어나는 B+ 트리. 삭제 전후의 트리구조를 보이시오.
3. 값 25를 삭제하면 두 개의 노드가 합병되지만 트리의 높이는 변경되지 않는 B+ 트리.
4. 네 개의 버켓을 가지지만, 그 중 어느 것도 오버플로우 페이지를 가지지 않는 ISAM 구조. 또한 모든 버켓에는 정확히 엔트리 하나를 더 넣을 수 있는 공간이 있다. 삽입하면 오버플로우 페이지 하나가 생성되게끔 선정된 입력 값 두 개의 삽입 전후 트리 구조를 보이시오.

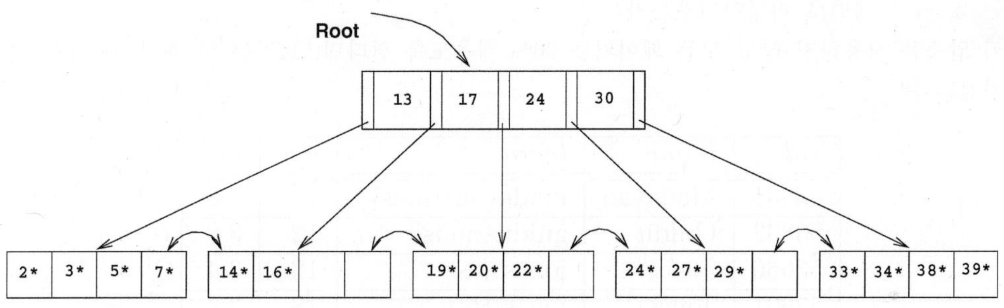

그림 10.29 연습문제 10.5에서의 트리

문제 10.5 그림 10.29와 같은 B+ 트리를 고려해보자.

1. 다음을 만족시키는 다섯 개의 데이터 엔트리로 구성된 리스트를 보이시오.
   (a) 주어진 순서대로 엔트리를 삽입한 후, 반대의 순서대로 그들을 삭제하면(가령, *a* 삽입, *b* 삽입, *b* 삭제, *a* 삭제) 원래의 트리와 같다.
   (b) 주어진 순서대로 엔트리를 삽입한 후, 그 반대의 순서대로 그들을 삭제하면(가령, *a* 삽입, *b* 삽입, *b* 삭제, *a* 삭제) 원래의 트리와 다르게 된다.
2. (원래의) 트리 높이가 현재 값인 1에서 3으로 되게 하기 위한, 서로 다른 키를 가지는 데이터 엔트리들의 최소한 몇 개 삽입해야 하는가?
3. 오버플로우 페이지가 중복을 다루는 데 사용되지 않는다는 가정 하에, 중복(같은 키를 가지는 여러 개의 데이터 엔트리) 삽입이 허용될 때 원래 트리의 높이가 3으로 늘어나기 위한 최소한의 삽입 횟수는?

문제 10.6 ISAM 트리라고 가정하고 문제 10.5에 답하시오(질문된 예제 중 몇 개는 존재하지 않을 수도 있는데, 그럴 경우에는 간략히 설명하시오).

문제 10.7 정렬 파일이 하나 있고 여기에 밀집 기본(dense primary) B+ 트리 인덱스를 만든다고 해보자.

1. 위의 작업을 수행하는 한 가지 방법은 레코드 단위로 파일을 스캔해 가면서 B+ 트리의 삽입 함수를 이용하여 한 개씩 삽입하는 것이다. 이러한 방법에서 성능과 메모리 활용에 무슨 문제가 있는가?
2. 이 책에서 설명한 대량 적재 알고리즘이 위의 문제를 어떻게 개선시키는지를 설명하시오.

문제 10.8 20,000개의 레코드로 구성된 힙(heap) 파일에 대해 방법 (2)을 사용하여 밀집 B+ 트리 인덱스를 만들었다고 하자. 이 B+ 트리 인덱스의 키 필드는 40 바이트의 문자열이고, 후보 키이다. 포인터(즉, 레코드 *id*와 페이지 *id*)는 (최대) 10 바이트 값이다. 디스크 페이지 하나의 크기는 1000 바이트이다. 인덱스는 대량 적재 알고리즘을 사용하여 상향식(bottom-up)으로 만들어졌으며, 각 레벨에서의 노드들은 최대한으로 채워졌다고 한다.

1. 결과 트리는 몇 개의 레벨을 가지는가?
2. 트리의 각 레벨에는 몇 개의 노드들이 있는가?
3. 만약 키 압축을 이용하여 엔트리에 있는 각 키의 평균 크기를 10바이트로 줄였다면, 결과 트리는 몇 개의 레벨로 이루어지겠는가?
4. 키 압축은 사용하지 않고 모든 페이지는 70% 채우도록 한다면, 트리는 몇 개의 레벨로 이루어지겠는가?

sid	*name*	*login*	*age*	*gpa*
53831	Madayan	madayan@music	11	1.8
53832	Guldu	guldu@music	12	3.8
53666	Jones	jones@cs	18	3.4
53901	Jones	jones@toy	18	3.4
53902	Jones	jones@physics	18	3.4
53903	Jones	jones@english	18	3.4
53904	Jones	jones@genetics	18	3.4
53905	Jones	jones@astro	18	3.4
53906	Jones	jones@chem	18	3.4
53902	Jones	jones@sanitation	18	3.8
53688	Smith	smith@ee	19	3.2
53650	Smith	smith@math	19	3.8
54001	Smith	smith@ee	19	3.5
54005	Smith	smith@cs	19	3.8
54009	Smith	smith@astro	19	2.2

그림 10.30 Students 릴레이션의 인스턴스들

문제 10.9 B+ 트리에 대한 *삽입*과 삭제 알고리즘은 재귀적 알고리즘(recursive algorithm)으로 표현되었다. 예를 들어, 삽입 알고리즘에서는 노드 *N*의 부모에서 호출하여 노드 *N*(을 루트 노드로 가지는 서브 트리)으로 삽입하고, 이 호출이 반환될 때의 현행 노드도 *N*의 부모이다. 따라서 B+ 트리의 노드에는 어떠한 '부모 포인터'도 두지 않는다. 그런 포인터들이 B+ 트리 구조에 포함되지 않는 것은 합당한 이유가 있으며, 이 문제에서 그 이유를 알아보기로 한다. 각 노드에 부모 포인터를 사용하는 방식이—다시 한번, 그런 포인터는 기본 B+ 트리 구조에는 *없다*—더 간단해 보인다.

탐색 알고리즘을 사용해서 해당 단말 노드를 찾는다. 그러고 나서 엔트리를 삽입하고 필요한 경우에는 분할을 하는 데, 필요하다면 그 영향이 (부모를 찾기 위해 부모 포인터를 이용해서) 부모 노드에까지 파급될 수 있다.

이러한 (불만스러운) 방식에 대해 생각해 보자.

1. 내부 노드 *N*이 노드 *N*과 *N*2로 분리된다고 해보자. 원래의 노드 *N*의 자식 노드들에 있는 부모 포인터는 어떻게 되는가?
2. 노드 *N*의 자식 노드에 있는 부모 포인터의 불일치를 다룰 수 있는 두 가지 방법을 제시하시오.
3. 위에서 제시한 각 방법의 잠재적인 (주요) 단점을 말하시오.
4. 이 연습문제에서 어떤 결론을 내릴 수 있겠는가?

문제 10.10 그림 10.30과 같은 학생 테이블 인스턴스가 있다고 해보자. 오버플로우 페이지를 사용하여 중복을 처리한다고 가정하고 아래의 각 경우에 해당하는 차수가 2인 B+ 트리를 보이시오. 데이터 엔트리가 무엇인지를 분명하게 표시하시오(즉, *k** 범례를 사용하지 마시오).

1. 데이터 엔트리 구성법 (1)을 사용하는 *age*에 대한 B+ 트리 인덱스.
2. 데이터 엔트리 구성법 (2)을 사용하는 *gpa*에 대한 밀집 B+ 트리. 여기서 투플들은 그림에서 보이는 순서대로 정렬 파일에 저장된다고 가정하자. 따라서 첫 번째 투플은 페이지 1, 슬롯 1에 있고, 두 번째 투플은 페이지 1, 슬롯 2에 있는 식이다. 각 페이지는 3개의 데이터 레코드까지 저장할 수 있다. 투플을 식별하기 위해 *<페이지 id, 슬롯>*을 사용해도 된다.

문제 10.11 10.7절에서 설명한 오버플로우 페이지를 사용하지 않는 방식으로 중복을 처리한다고 가정하자. 탐색 키 값 *K*를 갖는 데이터 엔트리 중에서 가장 왼쪽에 나타나는 엔트리를 찾는 알고리즘을 기술하시오.

문제 10.12 오버플로우 페이지를 사용하지 않고서 중복을 처리한다고 가정하고, 9.7절에서 제시한 대안을 사용하여 연습문제 10.10의 질문에 답하시오.

프로젝트 기반 연습문제

문제 10.13 힙 파일, B+ 트리 인덱스, 선형 해시 인덱스의 public 인터페이스를 비교하시오. 유사점과 차이점은 무엇인가? 왜 이러한 유사점과 차이점이 생기는 지를 설명하시오.

문제 10.14 이 연습문제에서는 Minibase를 이용하여 앞의(프로젝트 기반이 아닌) 연습문제들을 한층 더 심도있게 다루어보기로 한다.

1. 이전의 연습문제에서 보여진 트리들을 생성하고 Minibase에서의 B+ 트리 visualizer를 사용하여 그 트리들을 시각화하시오.
2. Minibase에서 삽입과 삭제 연산을 수행해 보고 visualizer를 통해 그 결과 트리를 살펴봄으로써 그러한 연산을 필요로 했던 문제에 대한 답이 맞는 지 비교하시오.

문제 10.15 *(이 과제를 내려면 세부적인 추가 사항이 제공되어야 한다. 부록 30을 참조하시오.)*

Minibase에서 하위 레벨 코드를 기반으로 B+ 트리를 구현하시오.

참고문헌 소개

B+ 트리의 최초 버전은 Bayer와 McCreight [69]에 의해 제시되었다. B+ 트리는 [442]와 [194]에 기술되어 있다. [260]에서는 한쪽으로 치우친(skewed) 데이터 분포에 대한 B 트리 인덱스를 연구하였다. [746]에서는 VSAM 인덱스 구조를 기술하였다. [79]에서는 범위 질의를 지원하는 여러 종류의 트리 구조들을 조사하였다. [498]은 다중 애트리뷰트 탐색 키에 대한 초창기의 논문이다.

B+ 트리에서의 동시 접근을 다루는 문헌은 17장의 참고문헌에 있다.

11

해시 기반 인덱싱

☞ 해시 구조 인덱스의 기본적인 개념은 무엇인가? 그들이 등호 탐색에는 특별히 좋지만 범위 셀렉션에는 쓸모가 없는 이유는 무엇인가?

☞ 확장성 해싱이란 무엇인가? 탐색이나 삽입, 삭제는 어떻게 다루는가?

☞ 선형 해싱이란 무엇인가? 탐색이나 삽입, 삭제는 어떻게 다루는가?

☞ 확장성 해싱과 선형 해싱 사이의 유사점과 차이점은 무엇인가?

➔ **주요 개념:** 해시 함수(hash function), 버켓(bucket), 기본과 오버플로우 페이지(primary and overflow pages), 정적 대 동적 해시 인덱스(static versus dynamic hash indexes); 확장성 해싱(Extendible Hashing), 버켓 디렉토리(directory of buckets), 버켓 분할(splitting a bucket), 전역과 지역 깊이(global and local depth), 디렉토리 두배로 만들기(directory doubling), 충돌과 오버플로우 페이지(collisions and overflow pages); 선형 해싱(Linear Hashing), 분할 횟수(rounds of splitting), 해시 함수군(family of hash functions), 오버플로우 페이지(overflow pages), 분할할 버켓과 시간 결정(choice of bucket to split and time to split); 확장성 해싱의 디렉토리와 선형 해싱의 함수군 사이의 관계(relationship between Extendible Hashing's directory and Linear Hashing's family of hash functions), 실제 두 기법에서 오버플로우 페이지의 필요성(need for overflow pages in both schemes in practice), 선형 해싱 디렉토리의 사용(use of a directory for Linear Hashing)

Not chaos-like, together crushed and bruised,
But, as the world harmoniously confused:
Where order in variety we see.

— Alexander Pope, Windsor Forest

이 장에서는 등호 셀렉션에 우수한 파일 구성을 살펴보기로 한다. 기본적인 개념은 어떠한 탐색 필드의 값들을 일련의 *버켓 번호*로 매핑하여 원하는 데이터 엔트리가 속한 페이지를 찾게 해주는 *해싱 함수*를 사용하는 것이다. 개념을 소개하기 위해서 *정적 해싱*이라는 간단한 기법을 사용한다. ISAM과 마찬가지로, 이 기법도 성능에 영향을 미칠 수 있는 긴 오버플로우 체인 문제를 가지고 있다. 이 문제에 대한 두 가지 해결책을 제시한다. *확장성 해싱 기법*은 오버플로우 페이지 없이도 삽입과 삭제를 효과적으로 지원해주는 디렉토리를 사용한다. *선형 해싱* 기법은 새로운 버켓을 생성하기 위한 교묘한 정책을 사용하며 디렉토리를 사용하지 않고서도 삽입과 삭제를 효과적으로 지원한다. 비록 오버플로우 페이지가 사용되지만 오버플로우 체인의 길이가 거의 2를 넘지 못한다.

해시 기반 인덱싱 기법은 불행히도 범위 셀렉션을 지원하지 못한다. 10장에서 다루었던 트리 기반 인덱싱 기법은 범위 탐색을 효과적으로 지원하며 등호 셀렉션에 있어서도 거의 해시 기반 인덱싱 만큼 효과적이다. 그래서 많은 상용 시스템들이 트리 기반 인덱스만을 지원하고 있다. 그럼에도 불구하고, 해싱 기법은 14장에서 보겠지만 조인과 같은 관계형 연산을 구현하는 데 아주 효과적인 것으로 판명되었다. 특히, 인덱스 중첩 조인 방법은 많은 등호 셀렉션 질의를 생성하는 데 그런 상황에선 해시 기반과 트리 기반 인덱스의 비용 차이가 중요할 수 있다.

이 장의 나머지는 다음과 같다. 11.1절에서는 정적 해싱을 소개한다. 정적해싱은 ISAM과 마찬가지로 데이터가 늘어나고 줄어들면서 성능이 떨어지는 단점이 있다. 11.2절에서는 *확장성 해싱*이라 불리는 동적 해싱 기법에 대해서 설명하고 11.3절에서는 *선형 해싱*이라는 또 다른 동적 해싱을 소개한다. 11.4절에서는 확장성 해싱과 선형 해싱을 비교한다.

11.1 정적 해싱

그림 11.1은 정적 해싱을 보여주고 있다. 데이터를 담고 있는 페이지들은 **버켓**당 하나의 **기본** 페이지와 추가적인 **오버플로우** 페이지를 가지는 버켓의 집합으로 볼 수 있다. 파일은 0에서 *N*-1까지의 버켓으로 이루어지며 처음에는 버켓당 하나의 기본 페이지만 존재한다. 버켓은 8장에서 설명한 세 가지 대안 중에서 어느 하나에 의한 *데이터 엔트리*를 가지고 있다.

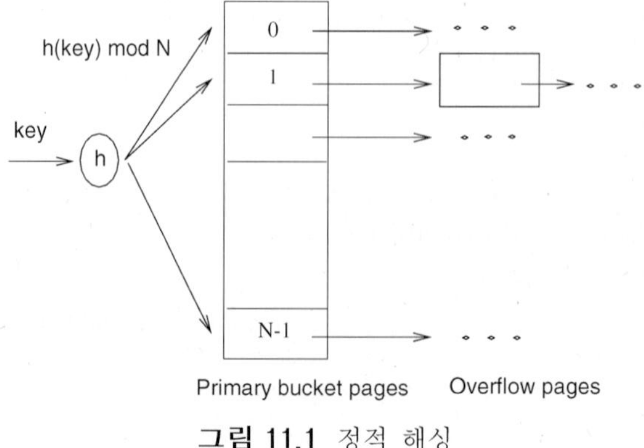

그림 11.1 정적 해싱

어떤 데이터 엔트리를 탐색하려면 **해시 함수** *h*를 적용하여 그 엔트리가 속한 버켓을 식별하여 탐색하면 된다. 버켓의 탐색 속도를 높이기 위해서 데이터 엔트리들을 탐색 키 값에 따라 정렬해놓을 수도 있다. 하지만 이 장에서는 엔트리들을 정렬하지는 않으며 버켓내에서의 엔트리 순서는 무의미하다. 데이터 엔트리를 삽입하려면 해시 함수를 적용하여 해당 버켓을 식별하고 그 곳에 데이터 엔트리를 넣으면 된다. 만약 이 데이터 엔트리를 위한 공간이 없다면 새로운 *오버플로우* 페이지를 하나 할당하고 그 페이지에 데이터 엔트리를 삽입하여 해당 버켓의 **오버플로우 체인**에 연결하면 된다. 데이터 엔트리를 삭제하려면 해시 함수를 써서 해당 버켓을 식별하고 그 버켓을 탐색하여 원하는 데이터 엔트리를 찾아내고 제거하면 된다. 만약 제거된 데이터 엔트리가 오버플로우 페이지의 마지막 엔트리였다면 그 오버플로우 페이지를 해당 버켓의 오버플로우 체인에서 제거하여 *유휴 페이지* 리스트에 더한다.

해시 함수는 해싱 기법의 중요한 요소이다. 해시 함수는 탐색 필드 도메인에 있는 값들을 전체 버켓에 균등하게 분배해야 한다. 만약 0에서 *N*-1까지 *N*개의 버켓이 있다면 $h(value) = (a \cdot value + b)$ 형태의 해시 함수 *h*는 실제 잘 동작한다(식별되는 버켓은 $h(value)\ mod\ N$이다). 상수 *a*와 *b*는 해당 해시 함수를 조율하기 위해 결정된다.

정적 해싱 파일에서 버켓의 수는 그 파일이 생성될 때 알려지므로 기본 페이지들은 연속하는 디스크 페이지 상에 저장될 수 있다. 따라서 탐색은 이상적으로는 한번의 디스크 I/O를 필요로 하며 삽입과 삭제의 경우는 오버플로우 페이지가 있을 경우 더 많아질 수 있지만 대개 두 번의 I/O(페이지 읽기와 쓰기)를 필요로 한다. 파일이 커지면서 긴 오버플로우 체인이 형성될 수 있다. 버켓을 탐색하는 것은 (일반적으로) 그것의 오버플로우 체인에 있는 모든 페이지들까지도 탐색해야 되기 때문에 성능이 저하되리라는 것을 쉽게 알 수 있다. 초기에 페이지들을 80%만 채우면 파일이 너무 커지지 않는 한 오버플로우 페이지를 피할 수는 있다. 그러나 대개 오버플로우 체인을 제거하는 유일한 방법은 더 많은 버켓을 가지는 새로운 파일을 생성하는 것이다.

정적 해싱의 중요한 문제는 버켓의 수가 고정되어 있다는 것이다. 만약 파일이 크게 축소되면 많은 공간이 낭비되게 된다. 더 중요한 것은 파일이 아주 커진다면 긴 오버플로우 체인이 형성되어 결과적으로 성능이 저하된다. 따라서 정적 해싱은 같은 단말로의 삽입시 긴 오버플로우 체인이 형성될 수 있었던 ISAM 구조(10.2절)에 비유될 수 있겠다. 정적 해싱은 또한 동시적 접근 측면에서 ISAM과 같은 장점을 가진다.

정적 해싱에 대한 간단한 대안은 주기적으로 파일을 다시 해싱해서 이상적인 상태로 돌려놓는 것이다(오버플로우 체인이 없고 대략 80%만 차있음). 그러나 다시 해싱하는 것은 시간이 걸리며 진행되는 동안에는 인덱스를 사용할 수 없다. 다른 대안으로는 확장성 해싱이나 선형 해싱과 같은 **동적 해싱** 기법을 사용하는 것인데 이들은 삽입과 삭제를 효과적으로 다룰 수 있다. 이 장의 나머지에서는 이 기법들을 다룬다.

11.1.1 표기법와 범례

이 장의 나머지에서는 다음과 같은 규약을 사용한다. 앞 장에서처럼 탐색 키 *k*를 가지는 레코드에 대해 해당 인덱스 데이터 엔트리를 k*로 표시한다. 해시 기반 인덱스에서 탐색 키 k를 가지는 데이터 엔트리의 탐색이나 삽입, 삭제에 있어서 첫 단계는 해시 함수 h를 k에 적용하는 것인데 이 연산을 $h(k)$라 표시하자. 그러면 값 $h(k)$는 데이터 엔트리 k*의 버킷을 식별한다. 서로 다른 두 개의 탐색 키가 같은 해시 값을 가질 수 있음을 주목하자.

11.2 확장성 해싱

확장성 해싱의 이해를 위해 우선 정적 해싱 파일 하나를 고려해보자. 만약 가득찬 버킷에 새로운 데이터 엔트리를 삽입해야 된다면 오버플로우 페이지 하나를 추가해야 한다. 오버플로우 페이지를 추가하지 않으려면 이 시점에서 파일을 재구성하여 버킷의 수를 두 배로 하고 기존의 엔트리들을 새로운 버킷들에 재분배하는 것이 한 방법이 될 수 있다. 하지만 이 방법은 중대한 결점이 있다—재구성을 위해서는 파일 전체를 읽어야 하고, 원래 페이지 수의 두 배가 디스크에 기록되어야 한다. 그러나 이러한 문제는 간단한 방법으로 극복할 수 있다. 즉 버킷에 대한 포인터의 **디렉토리**를 사용하는 것이다. 그리하여 *단지* 디렉토리를 두 배로 하고 오버플로우가 발생한 버킷만 분할함으로써 버킷의 수를 두 배로 늘리는 게 된다.

개념의 이해를 위해서 그림 11.2에 나타난 예제 파일을 보자. 디렉토리는 크기가 4인 배열이며 각 항목은 버킷의 주소가 된다(*전역* 및 *지역 깊이* 필드는 곧 언급되므로 지금은 무시하자). 데이터 엔트리를 찾기 위해서 탐색 필드에 해시 함수를 적용하고 해당 이진 표현의 마지막 두 비트를 취해서 0에서 3사이의 값을 구한다. 그 값이 나타내는 배열 내의 위치에 있는 포인터가 원하는 버킷을 가리킨다. 여기서 각 버킷은 네 개의 데이터 엔트리를 가질 수 있다고 가정한다. 따라서 해시 값 5(이진값 101)를 가지는 데이터 엔트리를 찾기 위해서는 디렉토리 항목 01를 들여다보고 포인터를 따라 해당 데이터 페이지로 쫓아간다(그림에서 버킷 B).

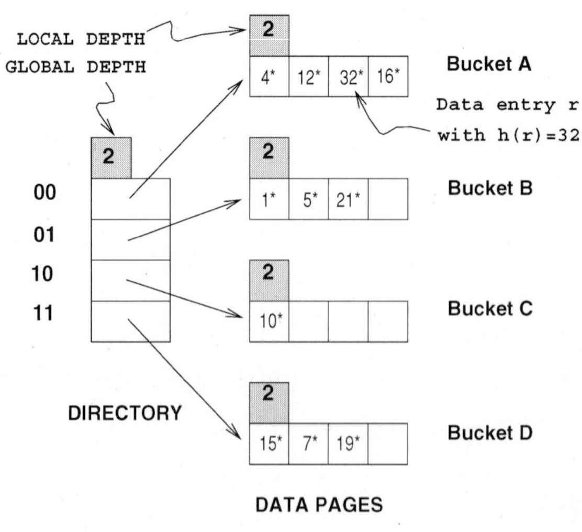

그림 11.2 확장가능 해시 파일의 예

데이터 엔트리를 삽입하기 위해서는 적당한 버켓을 찾아내야 한다. 예를 들어, 해시 값 13 (13*으로 표시되는)를 가지는 데이터 엔트리를 삽입하기 위해서는 디렉토리 항목 01를 살펴서 데이터 엔트리 1*, 5*, 21*를 포함하는 페이지로 간다. 그 페이지는 하나의 데이터 엔트리를 수용할 수 있는 공간을 가지고 있기 때문에 엔트리를 삽입하고 나면 절차가 끝난다(그림 11.3).

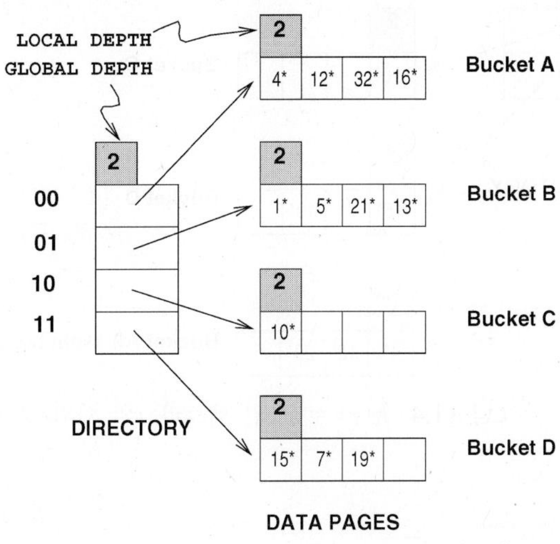

그림 11.3 $h(r) = 3$인 엔트리 r의 삽입 후

다음으로 꽉 차있는 버켓에 데이터 엔트리를 삽입하는 경우를 고려해보자. 확장성 해싱 개념의 본질은 이러한 경우를 다루는 방법에 있다. 데이터 엔트리 20*(이진 10100)를 삽입해보자. 디렉토리 항목 00을 따라 버켓 A에 이르지만 이미 차있는 상태이다. 우선 그 버켓을 **분할**하여 새로운 버켓을 하나 할당하고 삽입할 엔트리를 포함하는 엔트리들을 이전 버켓[1]과 그것의 분할 이미지에 골고루 재분배해야 한다. 여기서 재분배를 위해서는 $h(r)$의 마지막 *세* 비트를 고려한다. 마지막 두 비트는 데이터 엔트리가 두 버켓 중 어느 하나에 속한다는 것을 가리키는 00이며 세 번째 비트가 그 두 버켓을 구분하게 된다. 엔트리의 재분배는 그림 11.4에 설명되어 있다.

이제 해결해야 할 문제에 주목해 보자—현재 두 개의 데이터 페이지(A와 A2)를 구분하기 위해서 세 개의 비트가 필요하지만 디렉토리는 모든 두 비트 패턴을 저장하기에 충분한 슬롯만을 가지고 있다. 해결책은 *디렉토리를 두 배*로 늘리는 것이다. 끝에서 세 번째 비트만 다른 항목들만이 대응(correspond)한다. 디렉토리의 *대응하는 항목*들은 분할된 버켓에 대응하는 항목을 제외하고는 같은 버켓을 가리키게 된다. 앞의 예제에서 버켓 0이 분할되었다. 따라서 새로운 디렉토리 항목 000은 분할된 버켓 중 하나를 가리키고 항목 100은 다른 하나를 가리킨다. 20*를 삽입하기 위한 모든 절차를 마친 후의 예제 파일이 그림 11.5에 나타나 있다.

[1] 확장성 해싱에서는 오버플로우 페이지가 없기 때문에 각 버켓은 하나의 페이지로 생각할 수 있다.

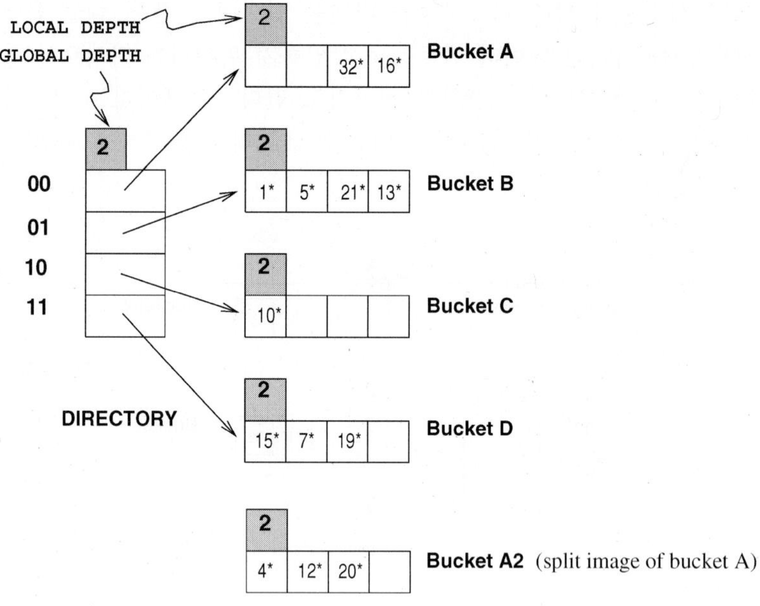

그림 11.4 $h(r) = 20$인 엔트리 r의 삽입 중

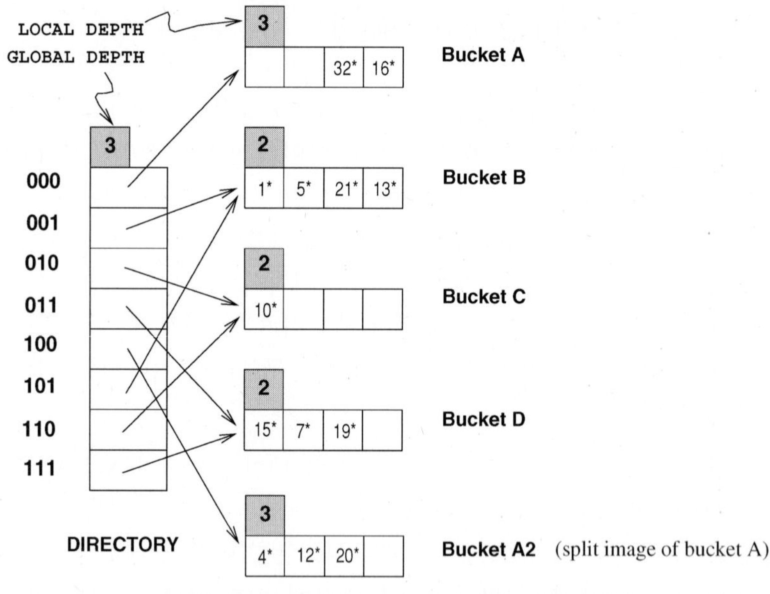

그림 11.5 $h(r) = 20$인 엔트리를 삽입한 후

따라서 파일을 두 배로 늘리기 위해서는 새로운 버켓 페이지 하나를 할당하고, 이 페이지와 분할되는 이전 버켓 페이지를 기록하며 디렉토리 배열을 두 배로 하여야 한다. 디렉토리는 각 항목이 하나의 page-id이며 단순히 복사하여 (분할된 버켓에 대한 항목의 조정이 필요하지만) 두 배로 늘릴 수 있기 때문에 파일 그 자체보다는 훨씬 작다.

확장성 해싱에서 사용된 기본적인 기법은 해시 함수 h를 적용한 결과를 이진수로 취급하고 그것의 마지막 d 비트를 디렉토리의 오프셋으로 해석하는 것이다. 여기서 d는 디렉토리의 크기에 달려있다. 예제에서 d는 처음에 네 개의 버켓이 존재하므로 2이다. 분할 후 여덟 개의 버켓을 가지므로 d는 3이 된다. 버켓과 그것의 분할 이미지에 걸쳐 엔트리를 분배할 때 d번째 비트에 근거해서 해야 한다(예제에서 엔트리들이 어떻게 재분배되는지 주목하고 그림 11.5를 참조하시오). 숫자 d는 해시 파일의 **전역 깊이**라고 불리며 파일의 헤더 일부로써 관리된다. 그것은 데이터 엔트리를 찾아야 할 때마다 사용된다.

중요하게 부각되는 사항은 버켓 분할이 디렉토리를 반드시 두 배로 늘리는 것을 필요로 하는 가이다. 그림 11.5에서 보였던 예제를 고려해보자. 이제 만약 9*를 삽입한다면 버켓 B에 들어가게 된다. 하지만 이 버켓은 이미 꽉 차있다. 이러한 상황에서는 그림 11.6에서처럼 버켓을 분할하고 해당 버켓과 그것의 분할 이미지를 가리키기 위해 디렉토리 항목 001과 101를 사용함으로써 해결할 수 있다.

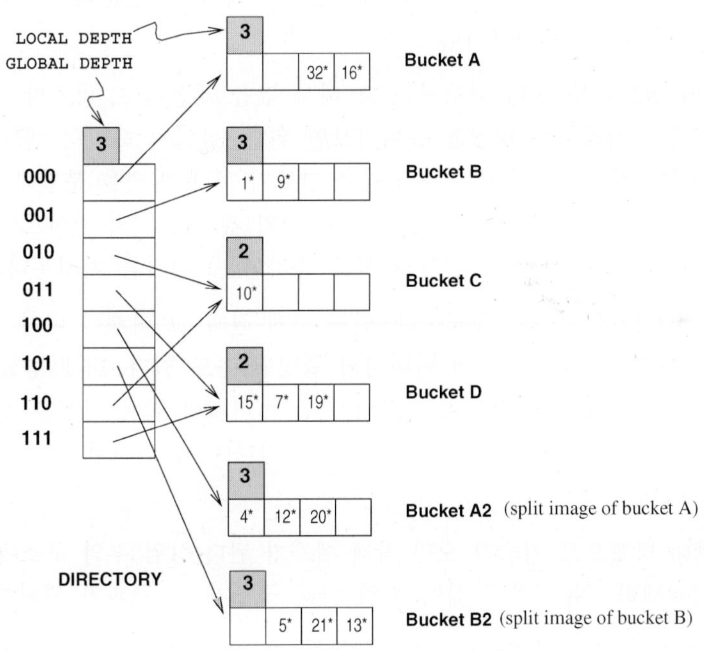

그림 11.6 $h(r)$ = 9인 엔트리를 삽입한 후

따라서 버켓 분할이 반드시 디렉토리를 두배로 늘리는 것을 요구하지는 않는다. 그러나 버켓 A나 A2가 차고 삽입에 의해 버켓 분할을 할 수 밖에 없게 되면 다시 디렉토리를 두 배로 늘려야만 하는 상황에 이르게 된다.

이러한 경우와 디렉토리를 두 배로 늘려야만 하는 상황을 구분하기 위해서 각 버켓에 대해 **지역 깊이**를 유지한다. 지역 깊이가 전역 깊이와 같은 버켓이 분할하게 되면 그 디렉토리는 두 배로 늘려져야 된다. 예제로 돌아가서 그림 11.5에 있는 인덱스에 9*를 삽입하려면 지역 깊이 2인 버켓 B에 속하지만 그것의 전역 깊이는 3이다. 비록 버켓은 분할되지만 디렉토리는 두 배로 늘릴 필요가 없다. 반면 버켓 A와 A2는 전역 깊이와 같은 지역 깊이를 가지며 그들이 차서 분할하게 되면 디렉토리도 두 배로 늘려져야 된다.

최초에 모든 지역 깊이는(버켓의 총수를 표현하는 데 필요한 비트의 수인) 전역 깊이와 같다. 물론 디렉토리를 두 배로 늘릴 때마다 전역 깊이를 하나씩 증가시킨다. 또한 (분할로 인해 디렉토리가 두 배로 늘어나게 되든 아니든) 버켓이 분할될 때마다 분할된 버켓의 지역 깊이를 하나씩 증가시키며 증가된 지역 깊이를 새로이 만들어진 분할 이미지의 지역 깊이로 할당한다. 직관적으로 어떤 버켓이 지역 깊이 l을 그 속에 있는 데이터 엔트리의 해시 값들의 마지막 l 비트는 같다. 더욱이 그 파일의 다른 버켓에 있는 다른 어떤 데이터 엔트리들도 동일한 마지막 l 비트를 해시 값으로 가지지 않는다. 모두 2^{d-l} 개의 디렉토리 항목들이 지역 깊이가 l인 버켓을 가리키게 된다. 만약 $d=l$이면 정확하게 하나의 디렉토리 항목이 그 버켓을 가리키며 그런 버켓을 분할하려면 디렉토리를 두 배로 늘려야 한다.

유의할 마지막 사항은 마지막 d 비트 대신에 첫 d 비트를 사용할 수도 있다는 것이다. 그러나 실제로 *마지막* d 비트가 사용된다. 그 이유는 그렇게 하면 단순히 디렉토리를 복사함으로써 두 배로 늘릴 수 있기 때문이다.

요약하면 데이터 엔트리를 찾기 위해서는 그 해시 값을 계산하고, 마지막 d 비트를 택해서 이 디렉토리 항목이 가리키는 버켓을 들여다보면 된다. 삽입시 데이터 엔트리는 그것이 속한 버켓에 삽입되며 필요하다면 필요한 공간을 만들기 위해 버켓을 분할해야 한다. 버켓 분할은 지역 깊이의 증가를 가져오며 만약 그 결과 지역 깊이가 전역 깊이보다 커지면 디렉토리를 두 배로 늘리게 되는(그리고 전역 깊이도 증가되는) 결과를 가져온다.

삭제시 데이터 엔트리를 찾아서 제거한다. 만약 삭제 결과 그 버켓이 비게 되면(실제적으로는 종종 생략되지만) 그 버켓의 분할 이미지와 합병될 수도 있다. 버켓 병합은 지역 깊이를 감소시킨다. 만약 각 디렉토리 항목이 그것의 분할 이미지와 같은 버켓을 가리키게 되면 디렉토리를 반으로 쪼개서 전역 깊이를 감소시킬 수 있다(비록 이러한 조치가 올바른 동작에 필요하지는 않지만).

삽입 예제는 반대 방향으로 거슬러 오면 삭제 예제가 된다(삽입 후의 구조에서 시작해서 삽입된 항목을 삭제해라. 각 경우에 삽입 전의 원래 구조가 그 결과가 되어야 한다).

만약 디렉토리가 메모리에 적재될 수 있다면 동등 셀렉션은(오버플로우 페이지가 없는 경우에) 정적 해싱처럼 한번의 디스크 접근으로 해결할 수 있지만, 그렇지 않다면 두 번의 디스크 입출력이 필요하다. 대표적 예제로 데이터 엔트리당 100 바이트이고 페이지 크기가 4KB인 100MB 파일은 백만 개의 데이터 엔트리를 포함하며 디렉토리에는 대략 25,000개의 항목을 가진다(각 페이지/버켓은 40개의 데이터 엔트리를 포함하고 있고 버켓당 하나의 디렉토리 항목을 갖는다). 따라서, 비록 등호 셀렉션이 정적 해싱 파일에 비해 두 배 느릴 수 있지만, 디렉토리가 메모리에 다 들어갈 확률이 높아서 성능이 정적 해싱과 비슷할 가능성은 높다.

반면에, 디렉토리가 내키는 대로 증가되고 *편중된 데이터 분포*(*Skewed Data Distributions*)

때문에(데이터 페이지는 데이터 엔트리의 수와 같다는 가정은 유효하지 않다) 커질 수 있다. 해시 파일 환경에서, **편중된 데이터 분포**에서 검색 필드 값의 해싱 값 분포(검색 필드 값의 분배보다 더)는 편중되어 있다(매우 폭발적 혹은 비균등). 비록 검색 값의 분포가 편중적이더라도, 해시 함수를 잘 선택하면 꽤 균등한 해시 값의 분포를 가져올 수 있기 때문에, 편중은 실제적으로 문제가 되지 않는다.

더우기, **충돌**(collision) 즉 데이터 엔트리들이 같은 해시 값을 가지는 경우 문제를 발생시키므로 특별히 다루어야 한다. 한 페이지에 적당한 수보다 더 많은 데이터 엔트리가 같은 해시 값을 가질 때, 오버플로우 페이지를 사용한다.

11.3 선형 해싱

선형 해싱은 확장성 해싱처럼 삽입, 삭제에 잘 적응하는 동적 해싱 기법이다. 확장성 해싱과는 다르게 선형 해싱은 디렉토리를 포함하지 않고, 충돌을 자연스럽게 다루며, 버켓을 분할하는 시기 선택에 있어 매우 유연하다(즉 더 나은 평균 공간 활용도를 위해 조금 더 큰 오버플로우 체인을 감수하게끔 해준다). 그러나 만약 데이터 분포가 편중되어 있으면 오버플로우 체인으로 인해 선형 해싱의 성능이 확장성 해싱보다 나빠질 수 있다.

선형 해싱은 각 함수의 범위가 앞의 것에 비해 두 배가되는 해싱 *함수군*(*hash function family*) h_0, h_1, h_2,...,을 사용한다. 즉, 만약 h_i가 M개의 버킷 중 하나로 데이터를 매핑시키면, h_{i+1}은 $2 \cdot M$개의 버킷 중 하나에 데이터 엔트리를 매핑시킨다. 이러한 함수군은 보통 해시 함수 h와 버켓[2]의 초기 개수 N을 선택하고 h_i(값) = h(값) *mod* $(2^i N)$으로 정의함으로써 얻어진다. 만약 N의 값으로 2의 멱수(power)를 선택하면 h를 적용하여 마지막 d_i개의 비트를 들여다본다. 여기서 d_0는 N을 표현하는 데 필요한 비트수이고, $d_i = d_0 + i$이다. 대개의 경우 데이터 엔트리를 어떤 정수로 매핑시키는 함수를 h로 선택한다. 버킷의 초기 개수 N을 32로 설정하였다면, d_0는 5이므로 h_0는 h *mod* 32, 즉, 0에서 31까지의 숫자 중에서 하나가 된다. d_1의 값은 $d_0 + 1$인 6이 되고 h_1은 h *mod* $(2 \cdot 32)$, 즉 0에서 63까지의 숫자 중 하나가 된다. h_2는 0부터 127까지의 숫자 중 하나를 내게 되며, 이런 식으로 계속 확장할 수 있다.

기본적인 아이디어는 *여러* ***라운드****에 걸친*(*rounds of*) 분할이라는 측면에서 보면 가장 잘 이해된다. *Level* 번째 라운드 동안 해시 함수 h_{Level}과 $h_{Level+1}$만이 사용된다. 라운드의 시작에서 파일에 있던 버켓들은 첫 버켓부터 마지막 버켓까지 차례대로 분할되어 결국 버켓의 수가 두 배로 된다. 따라서 그림 11.7에서 보듯이 한 라운드의 어느 시점에서 보면 이미 분할된 버켓, 분할될 버켓, 이 라운드에서 분할에 의해 생긴 버켓들이 존재하게 된다.

주어진 검색 키 값으로 데이터 엔트리를 검색하는 방법에 대해서 생각해 보자. 해시 함수 h_{Level}을 적용해서, 만약 분할되지 않은 버켓 중의 하나에 이르게 되면, 단순히 그곳을 찾아보면 된다. 만약 분할된 버켓 중 하나에 이르게 되면, 그 엔트리는 그 버켓에 남아 있을 수도

[2] 특히 $h!$의 범위에 0에서 $N-1$이 속하지 않음.

있고 이 라운드 초반에 버켓 분할에 의해 생겨난 새로운 버켓으로 옮겨갔을 수도 있다. 이 두 개의 버켓 중 어디에 있는지를 알려면 $h_{Level+1}$을 적용한다.

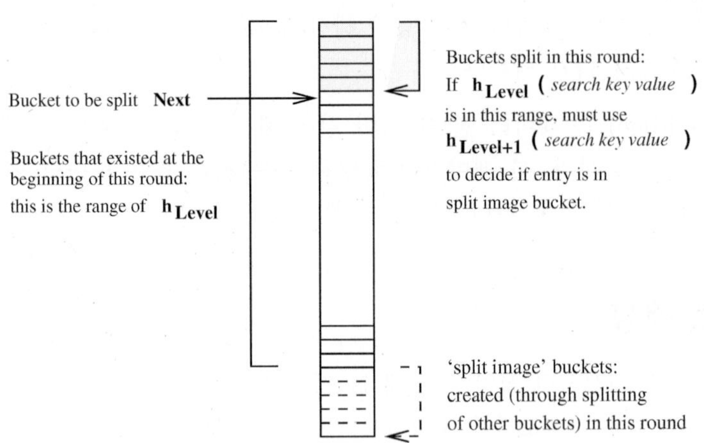

그림 11.7 선형 해싱에서 한 라운드 동안의 버켓들

확장성 해싱과는 달리 삽입으로 분할이 일어날 때 해당 데이터 엔트리가 반드시 분할되는 버켓에 삽입될 필요는 없다. 정적 해싱처럼 오버플로우 페이지를 추가하여 새로 삽입되는 (분할을 일으킨) 데이터 엔트리를 저장한다. 그러나 분할될 버켓을 라운드 로빈 방식으로 결정하기 때문에 결국은 모든 버켓이 분할되며, 따라서 오버플로우 체인이 한 두 페이지 이상 길어지기 전에 체인에 있던 데이터 엔트리들을 재분배하게 된다.

이제 선형 해싱을 더 자세히 들여다보자. 카운터인 *Level*은 현재의 라운드를 나타내는 데 사용되며, 0으로 초기화된다. 분할될 버켓은 *Next*로 표시되며, 0(첫번째 버켓)으로 초기화된다. *Level*번째 라운드의 시작에 화일에 존재하는 버켓의 수는 N_{Level}로 표시한다. 그러면 $N_{Level} = N \cdot 2^{Level}$이 되는 것을 증명하는 것은 어렵지 않다. N_0로 표시되는, 라운드 0이 시작될 때의 버켓 수를 N이라고 하자. 그림 11.8은 작은 규모의 선형 해싱된 파일을 보여주고 있다. 각 버켓은 4개의 데이터 엔트리를 가질 수 있고, 그림에서 보는 것처럼 파일은 처음에 4개의 버켓을 담고 있다.

오버플로우 페이지를 사용하는 덕분에 분할을 하는 데 있어서 상당한 유연성을 가진다. 새로운 페이지가 추가될 때마다 분할할 수도 있고, 공간 활용도와 같은 조건을 기반으로 추가적인 조건을 설정할 수도 있다. 예에서는, 새로운 데이터의 삽입이 오버플로우 페이지를 생성하게 할 때 한 번의 분할이 일어난다.

분할이 일어날 때마다 *Next*가 가르키는 버켓이 분할되며, 해시 함수 $h_{Level+1}$은 이 버켓(가령 버켓의 번호를 b라 하자)과 그것의 분할 상(split image) 사이에 엔트리들을 재분배한다. 따라서 분할에 의해 생겨난 버켓의 번호는 $b + N_{Level}$이다. 버켓을 분할한 후에는 *Next*의 값은 하나 증가한다. 예제 파일에서는 데이터 엔트리 43*의 삽입이 분할을 일으킨다. 삽입이 끝난 후의 파일은 그림 11.9와 같다.

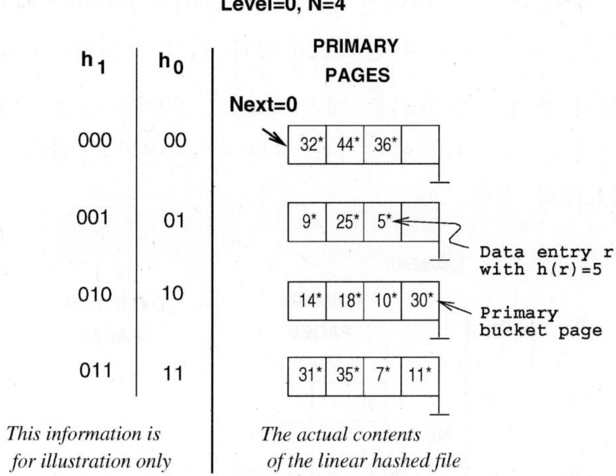

그림 11.8 선형 해시된 파일의 예

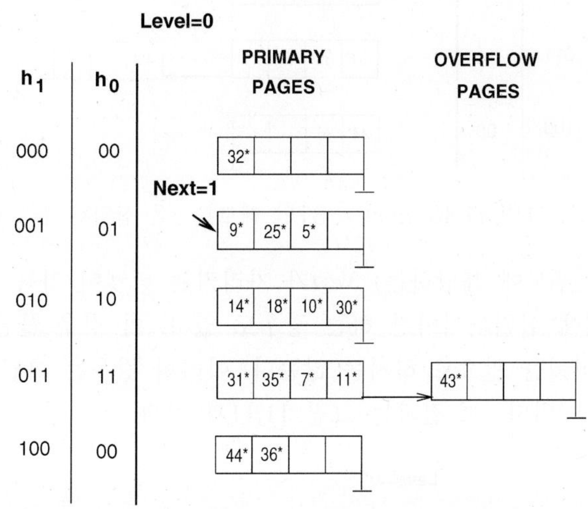

그림 11.9 $h(r)$ = 43인 레코드 r을 삽입한 후

라운드가 *Level*인 도중 어느 시점에서 보면 그림 11.7에 보이는 것처럼 *Next*가 가리키는 버켓 앞의 모든 버켓들은 분할되었으며, 그들에 대한 분할 상에 해당되는 페이지들이 그 파일에 존재한다. 버켓 *Next*에서 버켓 N_{Level}까지는 아직 분할되지 않았다. 만약 어떤 데이터 엔트리에 h_{Level}을 적용했을 때 *Next*에서 N_{Level}까지의 범위에 속하는 어떤 수 b를 얻는다면, 그 데이터 엔트리는 버켓 b에 속하게 된다. 예를 들어 $h_0(18)$는 2(이진 표현으로 10)이다. 이 값은 현재의 *Next* 값(=1)과 N_1 값(=4) 사이에 속하는 값이므로, 이 버켓은 아직 분할되지 않았다. 그러나 만약 0에서 *Next*까지의 범위에 속하는 어떤 수 b를 얻는다면, 그 데이터 엔트리는 이 버켓 안에 있거나, 혹은 그에 대한 (버켓 번호가 $b + N_{Level}$) 분할 상 안에 있게 될 것이다. 이 두 버켓 중 어느 것에 데이터 엔트리가 속할 지는 $h_{Level+1}$을 사용하면 알 수 있다. 다시 말해서, 데이터 엔트리에 대한 해시 값에서 한 비트를 더 보아야 한다는 것이다. 예를 들어, $h_0(32)$와 $h_0(44)$는 모두 0(이진 표현으로 00)이다. 분할된 버켓을 가리키는 *Next*가 1이므로,

h_1을 적용해야 한다. 이제 $h_1(32) = 0$(이진 표현으로 000)과 $h_1(44) = 4$(이진 표현으로 100)를 얻게 된다. 따라서 32는 버킷 A에, 44는 그 버킷의 분할 상인 버킷 A2에 속하게 된다.

물론 모든 삽입 연산이 분할을 일으키는 것은 아니다. 37*을 그림 11.9의 파일에 삽입하는 경우 해당 버킷에는 새로운 데이터 엔트리를 위한 여유 공간이 있다. 그 삽입 연산이 끝난 후의 파일은 그림 11.10과 같다.

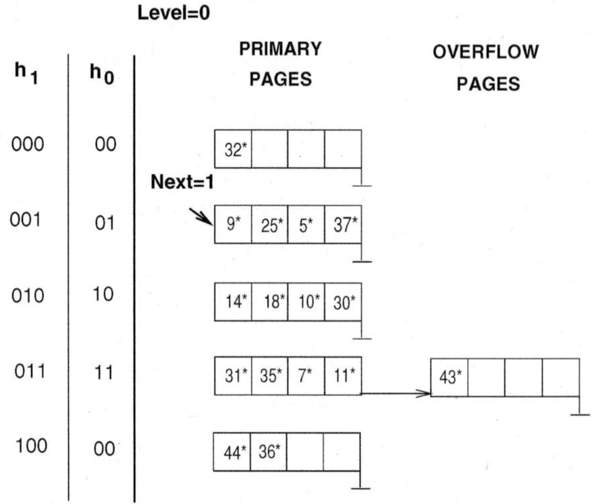

그림 11.10 $h(r) = 37$인 레코드 r을 삽입한 후

가끔은 (현재의 분할 후보에 해당하는) *Next*가 가리키는 버킷이 가득 차 있고 새로운 데이터 엔트리가 이 버킷에 삽입되어야만 하는 경우도 있다. 이 경우 물론 분할이 일어나지만 새로운 오버플로우 버킷을 필요로 하지는 않는다. 이러한 경우는 그림 11.10의 파일에 29*를 삽입해 보면 알 수 있다. 그 결과는 그림 11.11과 같다.

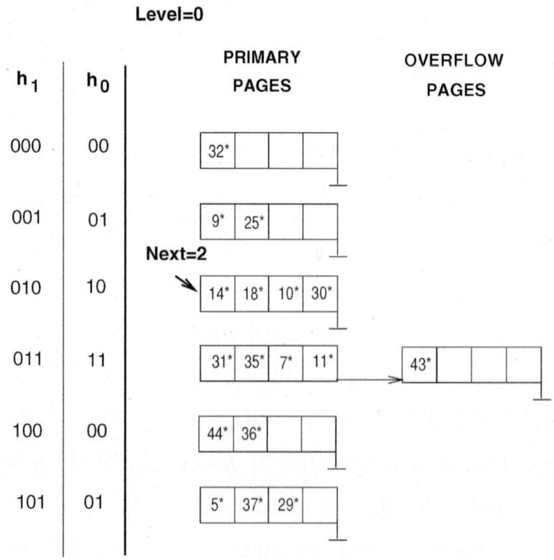

그림 11.11 $h(r) = 29$인 레코드 r을 삽입한 후

*Next*가 $N_{Level}-1$과 같고 분할이 일어났을 때, 라운드 *Level*의 시작 무렵 파일에 존재하였던 버켓의 마지막을 분할한다. 분할 후의 버켓의 수는 그 라운드 초기에 배해 두 배가 되며, 1이 증가된 *Level*의 새 라운드가 시작되고 *Next*는 0으로 재설정된다. *Level*을 증가시키는 것은 키가 해시되는 유효 범위를 두 배로 늘리는 것에 해당한다. 그림 11.11의 파일에 22*, 66*, 34*를 삽입해서 얻는 그림 11.12의 예제 파일을 보자(이 삽입 연산들의 세부 과정을 따라가 보기 바란다). 여기서 50*을 삽입하면 위에서 살펴 본 *Level*을 증가시키는 분할이 일어나며, 삽입이 끝난 후의 파일은 그림 11.13과 같다.

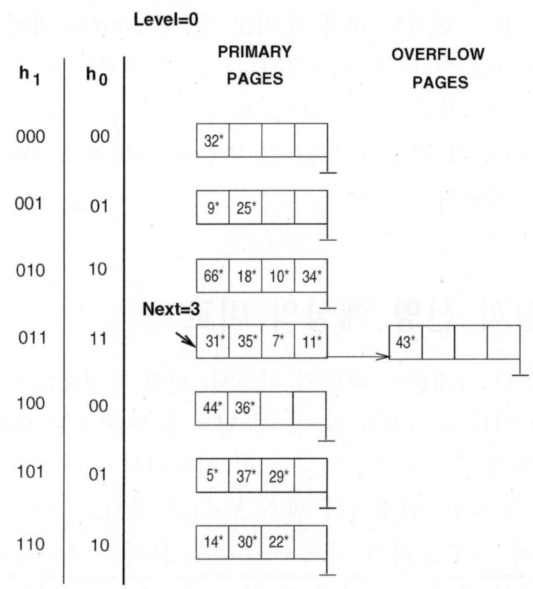

그림 11.12 $h(r)$ = 22, 66, 34인 레코드들을 삽입한 후

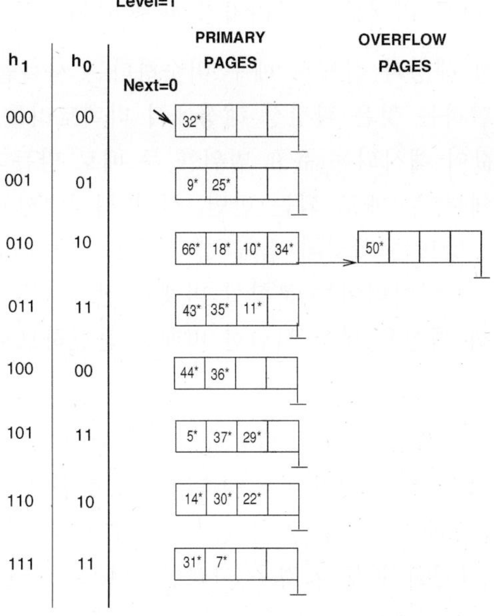

그림 11.13 $h(r)$ = 50인 레코드를 삽입한 후

요약하면, 동등 셀렉션의 비용은 버켓에 오버플로우 페이지가 없다면 단 한번의 디스크 입출력이 된다. 실제로, 데이터 분포가 어느 정도 균등할 때 평균 비용은 대략 1.2번의 디스크 접근이다(분포가 상당히 편중되어 있다면 비용은 파일 안에 있는 데이터 엔트리를 수에 비례하는 형태가 되어 상당히 나빠질 수 있다. 공간 활용도 또한 편중된 데이터 분포의 경우 매우 나빠진다). 삽입은 분할이 일어나지 않는 경우 한 페이지를 읽고 쓰면 된다.

삭제에 대해서는 자세히 다루지 않겠지만, 그것은 본질적으로 삽입의 반대이다. 만일 파일의 마지막 버켓이 비게 되면, 그것은 제거하고 *Next*는 1만큼 감소된다(만약 *Next*가 0이고 마지막 버켓이 비게 되면, *M*을 현재의 버켓 수라고 할 때 *Next*는 버켓 $(M/2)-1$을 가리키게 되고 *Level*은 1만큼 감소되며 빈 버켓은 제거된다). 만약 원한다면, 본질적으로 같은 방법으로 이 합병을 일으키는 어떤 기준을 적용하여, 비어 있지 않을 때라도 마지막 버켓과 그것의 분할 상을 합칠 수 있다. 그 기준은 보통 그 파일의 적재율에 기반하며, 합병은 공간 활용도를 개선하기 위해 수행된다.

11.4 확장성 해싱과 선형 해싱의 비교

선형 해싱과 확장성 해싱의 관계를 이해하기 위해서, 선형 해싱에도 0에서 $N-1$까지의 항목들로 구성된 디렉토리가 있다고 가정해 보자. 첫 번째 분할은 버켓 0에서 일어나며, 이에 따라 디렉토리 항목 *N*이 추가된다. 원칙상으로는 이 시점에서 디렉토리 전체가 두 배로 된 것이라고 생각할 수 있다. 하지만, 원소 1이 원소 $N+1$과 같고, 원소 2가 원소 $N+2$와 같고, 이런 식으로 되기 때문에, 디렉토리의 나머지 부분을 실제로 복사하는 것을 피할 수 있다. 두 번째 분할은 버켓 1에서 발생하며, 이제 디렉토리 항목 $N+1$이 의미가 있게 되어 추가된다. 해당 라운드의 끝에 가면 처음의 *N*개 버켓이 모두 분할되고 디렉토리의 크기가 두 배가 된다(모든 항목들이 각기 다른 버켓들을 가리키기 때문이다).

해시 함수의 선택이 확장성 해싱과 실제로 매우 비슷하다는 사실을 알 수 있다. 사실, 선형 해싱에서 h_i에서 h_{i+1}로 전환하는 것은 확장성 해싱에서 디렉토리를 두 배로 만드는 것에 해당한다. 두 연산 모두 키 값이 해시되는 유효 범위를 두 배로 만든다. 그러나 확장성 해싱에서는 디렉토리가 한 단계에서 두 배로 되는 반면, 선형 해싱에서는 h_i에서 h_{i+1}로의 전환이 해당 버켓의 수를 두 배로 만드는 작업과 함께 한 라운드 전반에 걸쳐 점진적으로 일어난다. 선형 해싱의 근본적인 새 아이디어는 분할할 버켓을 잘 선택하면 디렉토리는 필요가 없다는 것이다. 반면에 확장성 해싱은 항상 적합한 버켓을 분할하므로 분할 횟수를 줄이고 버켓 적재율을 높이게 된다.

디렉토리의 유사함은 확장성 해싱과 선형 해싱의 근본 아이디어를 이해하는 데 유용하다. 그러나, 선형 해싱에서는 기본 버켓 페이지를 연속적으로 할당하여 버켓 *i*에 대한 페이지의 위치는 간단한 오프셋 계산으로 구할 수 있게 함으로써 디렉토리 구조를 피할 수 있다 (확장성 해싱에서는 아니다). 균등한 분포의 경우 이러한 선형 해싱의 구현으로 등호 셀렉션에 대한 평균 비용이 낮아진다(디렉토리 계층이 제거되었기 때문이다). 편중된 분포의 경우에는 이러한 구현은 비거나 거의 빈 버켓들을 발생시키고 이러한 버켓 각각이 적어도 한 페이지를 차지하게 되어, 결과적으로 높은 적재율을 가지는 확장성 해싱에 비해 성능이 낮아지게 된다.

디렉토리를 실제로 유지하는 선형 해싱의 다른 구현은 버켓당 하나의 페이지를 할당하지 않아도 되는 유연성을 가진다. 즉, 확장성 해싱에서처럼 *널* 디렉토리 항목을 사용할 수 있다. 그러나 이렇게 구현하면 디렉토리 레벨이라는 오버헤드가 생기며, 큰 규모의 균등 분포 파일의 경우 많은 비용이 들 수 있다(또한, 이 방법은 빈 버켓에 대해서는 페이지를 할당하지 않기 때문에 버켓 적재율 저하라는 잠재적 문제를 완화시키기는 하지만, 엔트리가 거의 들어있지 않은 페이지들은 여전히 많은 존재할 수 있기 때문에 완전한 해결책이 될 수 없다).

11.5 복습문제

복습문제에 대한 답은 표시된 절에서 찾을 수 있다.

- 해시 기반의 인덱스는 어떻게 등호 탐색을 처리하는가? 검색할 버켓을 식별하는 데 있어서 해시 함수의 사용을 논의하시오. 버켓 번호가 주어지면, 디스크 상에서 그 레코드를 어떻게 찾아가는지 설명하시오.
- 정적 해시 인덱스에서 삽입과 삭제를 어떻게 다루는지 설명하시오. 오버플로우 페이지가 어떻게 사용되며 성능에 미치는 영향에 대해서 설명하시오. 오버플로우 체인이 없을 경우 등호 탐색에 얼마나 많은 디스크 입출력이 필요한가? 정적 해시 인덱스는 어떤 종류의 작업 부하(workload)를 잘 다루며 언제 특별히 나빠지는가? **(11.1절)**
- 확장성 해싱이 버켓 디렉토리를 어떻게 사용하는가? 확장성 해싱은 동등 질의를 어떻게 다루는가? 삽입과 삭제 연산은 어떻게 다루는가? 답에서 인덱스의 *전역 깊이*와 버켓의 *지역 깊이*에 대해서 논의하시오. 어떤 상황에서 디렉토리가 커질 수 있는가? **(11.2절)**
- *충돌(collision)*은 무엇인가? 이것을 다루기 위해 오버플로우 페이지는 왜 필요한가? **(11.2절)**
- *선형 해싱*은 어떻게 디렉토리를 피하는가? 버켓의 라운드 로빈 분할을 논의하시오. 분할 버켓이 어떻게 선택되며 무엇이 분할을 일으키는지 설명하시오. 해시 함수 군의 역할을 설명하고 *Level*과 *Next* 카운터의 역할을 설명하시오. 분할의 라운드는 언제 끝나는가? **(11.3절)**
- 확장성 해싱과 선형 해싱 사이의 관계를 논하시오. 그들의 상대적 장점은 무엇인가? 편중 분포에서의 공간 활용도, 확장성 해싱에서의 충돌을 피하기 위한 오버플로우 페이지의 사용, 선형 탐색에서의 디렉토리의 이용 등을 생각해 보시오. **(11.4절)**

연습문제

문제 11.1 그림 11.14와 같은 확장성 해싱 인덱스를 고려해보자. 이 인덱스 대하여 다음 질문에 답하시오.

1. 이 인덱스에 마지막으로 삽입된 엔트리에 대하여 말할 수 있는 것은 무엇인가?
2. 이 인덱스에 대해 지금까지 한번도 삭제가 없었다면, 이 인덱스에 마지막으로 삽입된 엔트리에 대하여 말할 수 있는 것은 무엇인가?
3. 이 인덱스 대해서 지금까지 한번도 삭제가 없었다는 말을 들었다고 하자. 삽입되면서 분할을 유발한 마지막 엔트리에 대해서 말할 수 있는 것은 무엇인가?
4. 해시 값이 68인 엔트리를 삽입한 후의 인덱스를 보이시오.
5. 원래의 인덱스에 해시 값이 각기 17과 69인 엔트리들을 삽입한 후의 모습을 보이시오.
6. 원래의 인덱스에서 해시 값이 21인 엔트리를 삭제한 후의 모습을 보이시오 (full 삭제 알고리즘을 사용하였다고 가정한다).
7. 원래의 인덱스에서 해시 값이 10인 엔트리를 삭제한 후의 모습을 보이시오. 이 때 합병이 유발되는가(full 삭제 알고리즘을 이용하였다고 가정한다)?

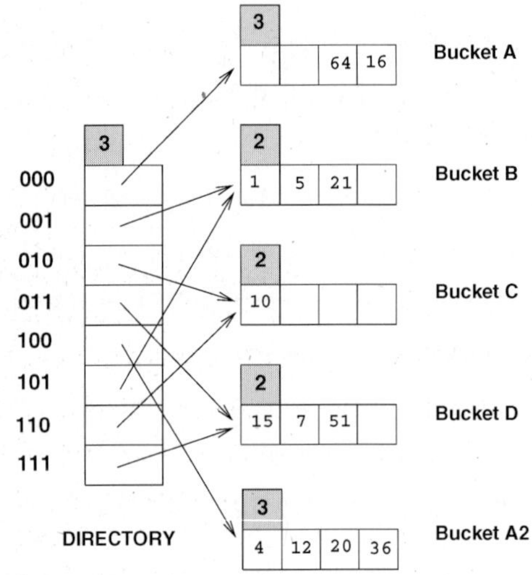

그림 11.14 연습문제 11.1을 위한 그림

문제 11.2 그림 11.15와 같은 선형 해싱 인덱스가 있다고 하자. 오버플로우 페이지가 생성될 때마다 분할을 한다고 가정하자. 이 인덱스에 대해서 다음 질문에 답하시오.

1. 인덱스에 마지막으로 삽입된 엔트리에 대하여 말할 수 있는 것은 무엇인가?
2. 인덱스에 지금까지 삭제가 한번도 없었다면, 이 인덱스에 마지막으로 삽입된 엔트리에 대하여 말할 수 있는 것은 무엇인가?
3. 인덱스에 지금까지 삭제가 한번도 없었다는 말을 들었다고 하자. 삽입되면서 분할을 일으킨 마지막 엔트리에 대하여 말할 수 있는 것은 무엇인가?
4. 해시 값이 4인 엔트리를 삽입한 후의 인덱스를 보이시오.
5. 원래의 인덱스에 해시 값이 15인 엔트리를 삽입한 후의 모습을 보이시오.

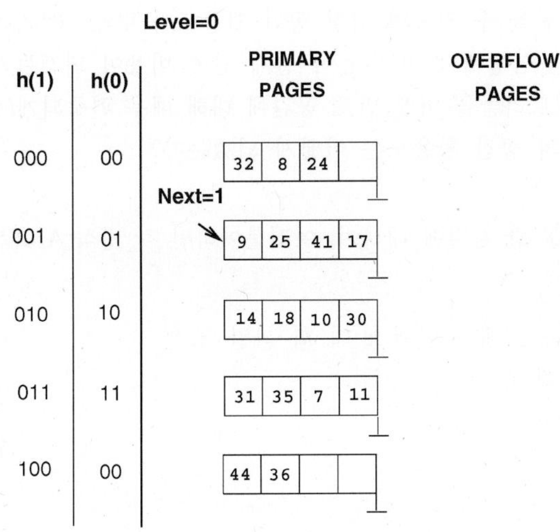

그림 11.15 연습문제 11.2를 위한 그림

6. 원래의 인덱스에서 해시 값이 각기 36과 44인 엔트리를 삭제한 후의 모습을 보이시오(full 삭제 알고리즘을 이용하였다고 가정한다).
7. 원래의 인덱스에 삽입을 할 경우 두 개의 오버플로우 페이지를 가지는 버켓를 생성시키는 엔트리 목록을 찾으시오. 여기서 최대한 적은 엔트리를 사용하시오. 분할이 일어나서 오버플로우 체인의 길이가 줄어들기 전까지 최대 몇 개의 엔트리를 이 버켓에 삽입할 수 있는가?

문제 11.3 확장성 해싱에 대하여 다음 질문에 답하시오.

1. 지역 깊이와 전역 깊이가 필요한 이유를 설명하시오.
2. 삽입으로 인해 디렉토리가 두 배로 된 후, 자신을 가리키는 디렉토리 엔트리가 하나뿐인 버켓은 얼마나 되겠는가? 이때 이러한 버켓 중 하나로부터 엔트리를 하나 삭제한다면 디렉토리의 크기에 변화가 생기는가? 답을 간단하게 설명하시오.
3. 확장성 해싱은 주어진 키 값을 가지는 레코드를 최대 한번의 디스크 접근으로 검색하는 것을 보장하는가?
4. 해시 함수가 데이터 엔트리들을 버켓 번호 공간에 매우 편중되게(불균등하게) 분배하는 경우 디렉토리의 크기에 대해 무슨 말을 할 수 있겠는가? 데이터 페이지(디렉토리가 아닌 페이지)의 공간 활용도는 어떻게 되겠는가?
5. 디렉토리를 두 배로 늘릴 때에는 지역 깊이가 전역 깊이와 같은 버켓들을 모두 검사해야 하는가?
6. 중복 키 값의 처리가 ISAM보다 확장성 해싱에서 더 어려운 이유는 무엇인가?

문제 11.4 선형 해싱에 대해서 다음 물음에 답하시오.

1. 선형 해싱에서 오버플로우 버켓들이 데이터 구조의 일부로 주어져 있을 경우, 어떻게 한번의 디스크 접근보다 약간 상회하는 평균 탐색 비용을 제공하는가?
2. 선형 해싱이 주어진 키 값을 가진 레코드를 최대 한번의 디스크 접근으로도 검색할 수 있도록 보장하는가?
3. 데이터 엔트리 구성 방법 (1)을 사용하는 선형 해싱 인덱스가 N개의 레코드를 가지고 있고 페이

지당 P개의 레코드를 넣을 수 있으며 저장 공간 활용도가 평균 80%인 경우, 동등 탐색의 최대 비용은 얼만인가? 어떤 상황에서 이 비용이 실제 탐색 비용이 되겠는가?

4. 해시 함수가 데이터 엔트리들을 버켓 번호 공간에 대해 매우 편중되게(불균등하게) 분배하는 경우에는 데이터 페이지의 공간 활용도는 어떻게 되겠는가?

문제 11.5 다음의 'A 대 B' 쌍 각각에 대하여, 여러분이라면 각 방식(A 혹은 B를 말함)을 사용하게 될 예를 하나씩 들어라.

1. 구성 방법 (1)을 사용하는 해시 인덱스 대 힙 파일 조직
2. 확장성 해싱 대 선형 해싱
3. 정적 해싱 대 선형 해싱
4. 정적 해싱 대 ISAM
5. 선형 해싱 대 B+ 트리

문제 11.6 다음의 경우에 대한 예를 보이시오.

1. 같은 데이터 엔트리들을 가지면서, 선형 해싱 인덱스가 더 많은 페이지를 가지고 되는 선형 해싱 인덱스와 확장성 해싱 인덱스
2. 같은 데이터 엔트리를 가지면서, 확장성 해싱 인덱스가 더 많은 페이지를 가지게 되는 선형 해싱 인덱스와 확장성 해싱 인덱스

문제 11.7 한 페이지에 10개의 레코드가 들어갈 수 있는, 백만 개의 레코드를 가지는 릴레이션 R(a, b, c, d)이 있다고 하자. R은 비군집 인덱스의 힙 파일로 구성되어 있으며 레코드들은 랜덤 순서로 저장된다. a는 R의 후보키이며 0에서 999,999 사이의 값을 가진다고 가정하자. 다음 각 질의에 대해서, 질의를 처리하는 데 가장 적은 I/O를 필요로 하는 방식을 말하시오. 여기에서 고려할 방식은 다음과 같다.

- R의 힙 파일 전체를 스캔해 나간다.
- 애트리뷰트 R.a에 대한 B+ 트리 인덱스를 이용한다.
- 애트리뷰트 R.a에 대한 해시 인덱스를 이용한다.

질의는 다음과 같다.

1. R의 투플을 모두 구하시오.
2. $a < 50$인 R의 투플을 모두 구하시오.
3. $a = 50$인 R의 투플을 모두 구하시오.
4. $a > 50$이고 $a < 100$인 R의 투플을 모두 구하시오.

문제 11.8 연습문제 11.7에서 애트리뷰트 a가 R의 후보 키가 아니라면 답은 어떻게 달라지는가? R의 레코드들이 a에 대해 정렬되어 있다면 답이 어떻게 달라지는가?

문제 11.9 어떤 선형 해싱 인덱스가 어느 순간에 그림 11.16처럼 되었다고 생각하자. 오버플로우 페이지가 생길 때마다 버켓 분할이 발생한다고 가정하시오.

1. (키들이 가장 잘 분포되었다고 한다면) 버켓을 분할해야만 하기 전까지 *최대* 몇 개의 데이터 엔트리를 삽입할 수 있는가? 간단히 설명하시오.
2. 레코드 *하나*를 삽입으로 버켓이 분할되었다면 삽입후의 파일을 보이시오.
3. (a) 네 개의 버켓 모두를 분할되게 하는 *최소한*의 레코드 삽입 회수는 얼마인가? 간단히 설명하시오.
   (b) 이러한 삽입 후 *Next*의 값은 무엇인가?
   (c) 이러한 일련의 레코드 삽입이 일어난 후, 네 번째 버켓에 속하는 페이지의 수는 얼마라고 말할 수 있는가?

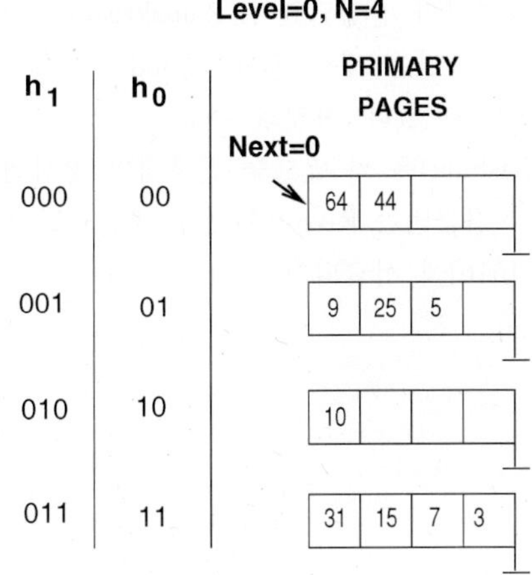

그림 11.16 연습문제 11.9를 위한 그림

문제 11.10 문제 11.9의 선형 해싱 인덱스에 들어 있은 데이터 엔트리들을 생각해 보자.

1. 동일한 데이터 엔트리들로 구성된 확장성 해싱 인덱스를 보이시오.
2. 이 인덱스에 대하여 문제 11.9의 질문에 답하시오.

문제 11.11 full 삭제 알고리즘을 사용한다고 가정하고 다음 질문에 답하시오. 버켓이 비게 되면 합병이 일어난다고 가정하자.

1. 엔트리 하나의 삭제로 인해 전역 깊이가 감소하는 확장성 해싱의 예를 보이시오.
2. 엔트리 하나의 삭제로 *Next*의 값은 감소하지만 *Level*의 값은 변하지 않는 선형 해싱 인덱스의 예를 보이시오. 삭제 전후의 파일 모습을 보이시오.
3. 엔트리 하나의 삭제로 *Level*의 값이 감소하는 선형 해싱의 예를 보이시오. 삭제 전후의 파일 모습을 보이시오.
4. 엔트리 e_1, e_2, e_3을 차례로 삽입하면 세 번의 분할이 일어나고, 역순으로 이 엔트리들을 삭제하면 원래의 인덱스가 되는, 확장성 해싱 인덱스와 엔트리들의 예를 보이시오. 만약 이러한 예가 없다면 그 이유를 설명하시오.
5. 엔트리 e_1, e_2, e_3을 차례로 삽입하면 세 번의 분할이 일어나고, 역순으로 이 엔트리들을 삭제하면 원래의 인덱스가 되는, 선형 해싱 인덱스와 엔트리들의 예를 보이시오. 만약 이러한 예가 없다면 그 이유를 설명하시오.

프로젝트 기반 연습문제

문제 11.12 (*이 과제를 내려면 세부적인 추가 사항이 제공되어야 한다. 부록 30을 참조하시오.*) Minibase에서 선형 해싱이나 확장성 해싱을 구현하시오.

참고문헌 소개

해싱은 [442]에서 상세하게 다루고 있다. 확장성 해싱은 [256]에서 제안되었다. Litwin은 [483]에서 선형 해싱을 제안하였다. 분산 환경을 위한 선형 해싱의 일반화가 [487]에서 소개되고 있다. 해시 기반 인덱싱 기법에 대한 광범위한 연구가 진행되었다. Ramakrishna는 [607]에서 해싱 기법들을 분석하였다. 버켓 오버플로우가 일어나지 않는 해시 함수가 [608]에서 다루어진다. 순서를 유지하는 해싱 기법이 [484]와 [308]에서 논의되고 있다. 버켓의 주소를 구성하는 비트들을 얻기 위해 필드들을 해시하는 분할 해싱(partitioned hashing)은 키 필드들 일부에만 명시된 등호 조건을 가지는 질의 유형을 위해 해싱을 확장하였다. 이 접근법는 Rivest에 의해 제안되었고 [628] 또한 [747]에서도 다루어지고 있다. 더 진보된 내용은 [616]에 서술되어 있다.

4부

질의 수행

12

질의 수행 개요

☞ DBMS의 카탈로그에는 어떤 정보가 저장되어 있나?

☞ 테이블에서 행을 검색할 때, 어떤 대안들이 고려되나?

☞ DBMS는 각각의 관계대수 연산에 대해 왜 여러 개의 알고리즘을 구현해서 제공하는가? 어떤 요소가 이들 알고리즘간의 상대적인 성능에 영향을 미치나?

☞ 질의 수행 계획이란 무엇이며, 어떻게 표현되는가?

☞ 하나의 질의에 대해 좋은 질의 수행 계획을 찾는 작업이 왜 중요한가? 관계 DBMS에서는 좋은 질의 수행 계획을 어떻게 찾는가?

➜ **주요 개념:** 카탈로그(catalog), 시스템 통계(system statistics); 기본 기술(fundamental techniques), 인덱싱(indexing), 반복(iteration), 분할기법(partitioning); 접근경로(access paths), 부합 인덱스(matching indexes)와 선택 조건(selection conditions); 셀렉션 연산자(selection operator), 인덱스 대 스캔(indexes versus scans), 클러스터링의 영향(impact of clustering); 프로젝션 연산자(projection operator), 중복 제거(duplicate elimination); 조인 연산자(join operator), 인덱스 중첩루프 조인(index nested-loops join), 정렬합병 조인(sort-merge join); 질의 수행 계획(query evaluation plan); 실체화 대 파이프라이닝(materialization vs. pipelining); 반복자 인터페이스(iterator interface); 질의 최적화(query optimization), 대수 동등성(algebra equivalences), 계획 나열(plan enumeration); 비용 추정(cost estimation)

This very remarkable man, commends a most practical plan:
You can do what you want, if you don't think you can't,
So don't think you can't if you can.

— Charles Inge

이 장에서는 관계 DBMS의 질의 수행 개요를 설명한다. 우선 12.1절에서는 DBMS가 관리하는 테이블과 인덱스 등의 데이터를 내부적으로 어떻게 기술하는지를 설명한다. 이와 같은 기술 데이터, 또는 **메타데이터**(metadata)는 **시스템 카탈로그**(system catalog)라 불리는 특별한 테이블 구조에 저장되는데, 이 데이터는 질의 처리를 위한 최상의 방법을 찾는 데 사용된다.

SQL 질의는 확장된 형태의 관계대수(relational algebra)로 변환되며, 질의 처리 계획은 관계 연산자(relational operators) 트리로 표현되는데, 트리의 각 노드에는 사용할 알고리즘을 표시하는 라벨이 있다. 따라서, 관계 연산자는 질의 처리의 기본 단위 역할을 하며, 이 연산자들의 구현은 좋은 성능 보장을 위해 최적화되어 있다. 12.2절에서는 연산자 수행(*operator* evaluation)을 소개하고, 12.3절에서는 다양한 연산자의 처리 알고리즘을 설명한다.

일반적으로 질의는 여러 개의 연산자로 구성되고, 개별 연산자의 알고리즘들은 질의 처리를 위해 다양한 방법으로 결합될 수 있다. 좋은 처리 계획을 찾는 과정을 *질의 최적화*(*query optimization*)라 부른다. 12.4절에서는 질의 최적화를 소개한다. 하나의 질의에 대해 여러 대안 처리 계획을 고려하는 질의 최적화의 기본 역할(task)은 12.5절에서 예제를 통해 알아본다. 12.6절에서는 전형적인 관계 질의 최적화기(relational optimizer)가 고려하는 계획 공간(space of plans)에 대해 설명한다.

독자들로 하여금 현재 데이터베이스 시스템에서 전형적인 질의를 어떻게 처리하는가를 쉽게 이해할 수 있을 정도로 아주 자세히 설명한다. 이 장은 20장의 물리적 데이터베이스 설계와 튜닝에 대한 논의를 위해 질의 처리에 과한 충분한 배경지식을 제공한다. 관계 연산자 구현과 질의 최적화는 13, 14, 15장에서 더 논의한다. 이를 통해 현재의 시스템들이 어떻게 구현되어 있는지를 자세히 설명한다.

다음 스키마를 이용한 다양한 예제 질의를 고려해보자.

> Sailors(*sid*: `integer`, *sname*: `string`, *rating*: `integer`, *age*: `real`)
> Reserves(*sid*: `integer`, *bid*: `integer`, *day*: `dates`, *rname*: `string`)

Reserves의 각 투플은 40 바이트 크기이고, 한 페이지에는 100개의 Reserves 투플이 들어갈 수 있으며 그런 페이지가 1000개가 있다고 가정하자. 마찬가지로, Sailors의 각 투플은 50 바이트 크기이고, 한 페이지에는 80개의 Sailors 투플이 들어갈 수 있으며, 그런 페이지가 500개가 있다고 가정하자.

12.1 시스템 카탈로그

테이블은 여러 대안 파일 구조중 하나를 이용해서 저장할 수 있고, 모든 테이블에는 하나 이상의 인덱스—각각 하나의 파일로 저장—를 만들 수 있다. 역으로 말해서, 관계 DBMS에서 모든 파일은 테이블의 투플 또는 인덱스의 엔트리를 저장한다. 사용자의 테이블과 인덱스에 해당하는 파일들이 데이터베이스내의 *데이터*를 표현한다.

하나의 관계 DBMS는 자신에 속하는 모든 테이블과 인덱스에 관한 정보를 유지 관리한다. 이들 정보는 **카탈로그 테이블**(catalog tables)이라 불리는 특수한 테이블들에 저장된다. 그림 12.1은 카탈로그 테이블의 하나의 예를 보여준다. 카탈로그 테이블은 **데이터 딕셔너리**(data dictionary), **시스템 카탈로그**(system catalog), 또는 간단히 *카탈로그*(*catalog*)라고 한다.

12.1.1 카탈로그에 저장되는 정보

시스템 카탈로그의 내용을 알아보자. 최소한으로, 버퍼 풀의 크기, 페이지 크기 등과 같은 시스템 전반의 정보와 개별 테이블, 인덱스, 뷰에 관한 다음 정보를 포함한다.

- 각 테이블별:
  - *테이블*, *파일 이름*(또는 어떤 형태의 식별자), *파일의 저장 구조*(예: 힙 파일)
  - 각 *애트리뷰트 이름*과 *타입*
  - 테이블에 구축된 각각의 *인덱스의 이름*
  - 테이블의 *무결성 제약조건*(예: 주키 제약조건과 외래키 제약조건)
- 각 인덱스별:
  - *인덱스 이름*, *인덱스 구조*(예: B+ 트리)
  - *탐색키* 애트리뷰트
- 각 뷰:
  - *뷰 이름*과 *정의*

이 밖에, 시스템 카탈로그에는 테이블과 인덱스에 관한 통계정보들이 저장되며, (매번 테이블에 내용이 변경될 때가 아니라) 주기적으로 갱신된다. 일반적으로 다음 정보들이 저장된다:

- **카디날리티**(Cardinality): 각 테이블 *R*의 투플 수, *NTuples*(*R*).
- **크기**(Size): 각 테이블 *R*의 페이지 수, *NPages*(*R*)
- **인덱스 카디날리티**(Index Cardinality): 각 인덱스 *I*의 서로 다른 키 값들의 개수, *NKeys*(*I*).
- **인덱스 크기**(Index Size): 각 인덱스 *I*의 페이지 수, *NPages*(*I*), (B+ 트리 인덱스 *I*에 대해서는, *INPages*는 단말 페이지 개수를 의미)
- **인덱스 높이**(Index Height): 각 트리 인덱스 *I*에서 단말 노드를 제외한 레벨의 수, *IHeight*(*I*).
- **인덱스 범위**(Index Range): 각 인덱스 *I*에 대해, 현재 최소 키 값 *ILow*(*I*)과 최대 키 값 *IHigh*(*I*).

우리는 1장에서 설명한 데이터베이스 아키텍처를 가정한다. 또한, 각 파일은 별도의 분리된 파일로 가정한다. 물론, 다른 파일 구조도 가능하다. 예를 들어, 하나의 페이지 파일에는 하나 이상의 레코드 파일들의 레코드를 저장할 수 있다. 그런 경우에는, 해당 파일에서 주어진 레코드들이 차지하는 페이지의 비율 등과 같은 추가적인 통계정보가 유지되어야만 한다.

카탈로그에는 계정 및 *권한* 정보와 같은 *사용자*에게 관한 정보도 저장한다(예: Joe라는 사용자는 Reserve 테이블은 변경할 수 있지만, Salors 테이블은 검색만 할 수 있다).

카탈로그 저장 방식

관계 DBMS의 아주 좋은 점 중의 하나는 시스템 카탈로그 그 자체가 테이블의 집합이라는 점이다. 예를 들어, Attribute_Cat라 불리는 카탈로그 테이블에 테이블들의 애트리뷰트에 관한 정보를 저장할 수 있다.

Attribute_Cat(*attr_name:* `string`, *rel_name:* `string`,
type: `string`, *position:* `integer`)

데이터베이스에 이 장의 서두에서 소개한 다음 두 테이블이 있다고 치자.

Sailors(*sid:* `integer`, *sname:* `string`, *rating:* `integer`, *age:* `real`)
Reserves(*sid:* `integer`, *bid:* `integer`, *day:* `dates`, *rname:* `string`)

그림 12.1에는 이 두 테이블의 애트리뷰트를 기술하는 Attribute_Cat의 투플들을 보여준다. Sailors와 Reserves를 기술하는 투플 이외에 다른 투플(표의 앞부분 네 개)은 Attribute_Cat 테이블 자체를 기술하는 것이다. 이 투플들로부터, 카탈로그 테이블은 카탈로그 테이블 자신을 *포함한* 데이터베이스의 모든 테이블을 기술하고 있다는 중요한 사실을 알 수 있다. 어떤 테이블에 관한 정보가 필요하면 시스템 카탈로그에서 얻을 수 있다. 물론 구현 수준에서

attr_name	*rel_name*	*type*	*position*
attr_name	Attribute_Cat	string	1
rel_name	Attribute_Cat	string	2
type	Attribute_Cat	string	3
position	Attribute_Cat	integer	4
sid	Sailors	integer	1
sname	Sailors	string	2
rating	Sailors	integer	3
age	Sailors	real	4
sid	Reserves	integer	1
bid	Reserves	integer	2
day	Reserves	dates	3
rname	Reserves	string	4

그림 12.1 Attribute_Cat 릴레이션의 한 인스턴스

는, DBMS가 *카탈로그* 테이블의 스키마를 필요로 할 때, 이러한 정보를 검색하는 코드는 특별히 취급되어야 한다(그렇지 않으면, 이 코드는 카탈로그 테이블의 스키마를 모른 상태에서 카탈로그 테이블들에서 이러한 정보를 검색해야만 한다).

시스템 카탈로그도 테이블의 집합이라는 사실은 매우 유용하다. 예를 들어, 카탈로그 테이블들도 다른 테이블들처럼 DBMS의 질의어를 사용해서 검색할 수 있다. 그뿐 아니라, 테이블의 구현과 관리에 사용되는 모든 기법들을 카탈로그 테이블에 그대로 적용할 수 있다. 카탈로그 테이블들과 그에 대한 스키마의 선정은 한 가지로 정해진 것이 아니고 DBMS를 구현하는 사람들이 나름대로 선정하는 것이다. 실제 시스템들의 카탈로그 스키마 설계는 다양하지만 카탈로그는 항상 테이블의 집합으로 구현되며 본질적으로 데이터베이스에 저장되어 있는 모든 데이터를 기술한다.[1]

12.2 연산자 수행 소개

각각의 관계 연산자를 구현하는 다양한 대안 알고리즘이 존재하며 대부분의 연산자에 대해서는 하나의 알고리즘이 모든 경우에 성능이 우수한 것은 아니다. 어떤 알고리즘이 최적으로 수행하는지는 여러 가지 요인에 의해 결정되는데, 테이블의 크기, 인덱스 존재 유무, 정렬 순서, 이용 가능한 버퍼 풀의 크기, 그리고 버퍼 교체 정책 등을 들 수 있다.

이 절에서는 관계 연산자 수행 알고리즘을 개발하는 데 사용되는 일반적인 기법들을 설명하고, 테이블의 행을 검색하는 다양한 방법, 즉 *접근 경로*(*access path*)의 개념을 소개한다.

12.2.1 세 가지 일반적인 방법

다양한 관계 연산자를 위한 알고리즘들은 많은 공통점을 갖고 있다. 각 연산자 지원을 위한 알고리즘 개발을 위해 몇 가지 단순한 기법들이 사용된다.

- **인덱싱**(Indexing): 셀렉션 또는 조인 조건이 명시되면, 해당 조건을 만족하는 투플들만을 검사하기 위해 인덱스를 사용
- **반복**(Iteration): 입력 테이블의 투플을 하나씩 차례로 모두 검사. 각 투플에서 몇몇 필드만 필요하고, 키에서 해당 필드들을 모두 포함하는 인덱스가 존재하는 경우, 데이터 투플을 검사하는 대신에, 모든 인덱스 데이터 엔트리를 스캔할 수 있다(모든 데이터 엔트리를 순차적으로 스캔하는 것은 인덱스의 해시 또는 트리 기반의 탐색 구조를 활용할 수 없게 한다. 예를 들어, 트리 구조 인덱스의 경우 모든 단말 페이지를 차례로 검사할 수 있다).
- **분할**(Partitioning): 정렬 키 순서로 모든 투플을 분할함으로써, 하나의 연산을 여러 파

---

[1] 어떤 시스템은 비관계형 형태로 추가적인 정보를 저장하기도 한다. 예들 들어, 복잡한 질의 최적화를 갖춘 시스템은 테이블의 어떤 애트리뷰트의 값들의 분포에 관한 히스토그램 또는 기타 통계정보를 유지할 수도 있다. 이와 같은 정보는 카탈로그 테이블에 대한 부가적인 정보로 생각할 수 있다.

티션에 대한 비용이 덜 드는 연산들의 집합으로 분해할 수 있다. 대표적인 분할 기법으로는 *정렬*(*sort*)과 *해싱*(*hashing*)이 있다.

12.2.2절에서는 인덱싱의 역할을 설명하고, 12.3절에서는 반복과 분할 기법에 대해 알아보겠다.

12.2.2 접근 경로

하나의 **접근 경로**는 테이블로부터 투플을 검색하는 방법인데, (1) 파일 스캔 또는 (2) 인덱스와 *부합하는* 셀렉션 조건으로 구성된다. 모든 관계 연산자는 하나 이상의 테이블을 입력으로 받아들이고, 투플 검색을 위해 사용되는 접근 방법이 해당 연산의 수행 비용에 상당한 영향을 미친다.

attr **op** *value* 형태(**op**는 비교연산자 <, ≤, =, =, ≥, 또는 > 중의 하나)의 조건들의 논리곱으로 이루어진 단순 셀렉션 연산을 고려해보자. 이와 같은 형태의 셀렉션은 **논리곱 정규형**(conjunctive normal form, CNF)이라 하고, 각각의 조건들은 **논리곱**(conjunct)[2]이라 한다. 직관적으로, 어떤 인덱스는 특정 셀렉션 조건에 **부합한다**(match)는 의미는 해당 조건을 만족하는 투플들을 검색하기 위해 그 인덱스를 사용할 수 있는 것이다.

- 해시 인덱스가 CNF 셀렉션 조건에 **부합한다**는 것은, 인덱스의 탐색 키에 포함된 각 애트리뷰트에 대해 셀렉션 조건에서 *attribute* = *value* 형태의 항(term)이 있는 경우이다.
- 트리 인덱스가 CNF 셀렉션 조건에 **부합한다**는 것은, 인덱스의 탐색 키의 *전위*(*prefix*)에 포함된 각 애트리뷰트에 대해 *attribute* **op** *value* 형태의 항이 있는 경우이다(<*a*>와 <*a*, *b*>는 키 <*a*, *b*, *c*>의 전위들이다. 그러나, <*a*, *c*>와 <*b*, *c*>는 전위가 아니다). **op**는 어떤 비교도 가능하다. 즉, 해시 인덱스의 경우와 달리, 동등성(equality)으로 제한되지 않는다.

하나의 인덱스는, (CNF 형태의) 셀렉션 조건의 전체가 아니라, 조건에 포함된 논리곱의 어떤 부분 집합과 부합할 수 있다. 인덱스와 부합하는 논리곱들을 셀렉션 조건에서 **기본 논리곱**(primary conjunct)라 한다.

다음은 접근 경로의 예들을 설명한다.

- 탐색 키 <*rname*, *bid*, *sid*>에 정의된 해시 인덱스 *H*가 있다면, 그 인덱스는 조건 *rname* = 'Joe' ∧ *bid* = 5 ∧ *sid* = 3을 만족하는 Sailors 투플을 검색하는 데 사용할 수 있다. 그 인덱스는 전체 조건 *rname* = 'Joe' ∧ *bid* = 5 ∧ *sid* = 3과 부합한다. 한편, 셀렉션 조건이 *rname* = 'Joe' ∧ *bid* = 5이거나 date에 대한 어떤 조건이라면, 이 인덱스는 조건에 부합하지 않는다. 즉, 해당 인덱스는 이들 조건을 만족하는 투플 검색에 사용할 수 없다.

  반면, B+ 트리 인덱스의 경우, 조건 *rname* = 'Joe' ∧ *bid* = 5 ∧ *sid* = 3과 조건 *rname* =

[2] 좀 더 복잡한 형태의 셀렉션 조건은 14.2절에서 살펴본다.

'Joe' ∧ *bid* = 5에 모두 부합한다. 그렇지만, 조건 *bid* = 5 ∧ *sid* = 3에는 부합하지 않는데, 이는 투플들이 *rname*에 대해 정렬되어 있기 때문이다.

- 탐색 키 <*bid*, *sid*>에 정의된 하나의 인덱스(해시 또는 트리)가 있고, 셀렉션 조건이 *rname* = *'Joe'* ∧ *bid* = 5 ∧ *sid* = 3인 경우, 이 인덱스는, *bid* = 5 ∧ *sid* = 3을 만족하는 투플을 검색하는 데 사용할 수 있다. 각 논리곱은 기본 논리곱이다.

  이들 논리곱들을 만족하는 투플의 비율(그리고 인덱스의 클러스터링 여부)이 검색될 페이지 수를 결정한다. rname에 대한 추가 조건은 각각의 검색된 투플에 적용해서 어떤 투플들은 결과에서 제거하게 된다.

- 탐색 키 <*bid*, *sid*>에 정의된 하나의 인덱스가 있다, day에 정의된 B+ 트리 인덱스가 있는 경우, 셀렉션 조건 *day* < *8/9/2002* ∧ *bid* = 5 ∧ *sid* = 3은 두 가지 인덱스 사용이 모두 가능하다. 두 인덱스 모두 셀렉션 조건에 (부분적으로) 부합하므로, Reserves 테이블의 투플을 검색하는 데, 둘 중의 하나를 사용할 수 있다. 어떤 인덱스를 사용하더라도, 그 인덱스에 의해 부합되지 않는 논리곱들(예를 들어, *day*에 정의된 B+ 트리 인덱스의 경우, *bid* = 5 ∧ *sid* = 3)은 검색된 각각의 투플에 대해 반드시 검사를 해야 한다

접근 경로의 선택도

어떤 접근 경로의 **선택도**(selectivity)는, 투플을 검색하기 위해 해당 접근 경로를 사용할 경우, 검색된 페이지 수(인덱스 페이지와 데이터 페이지)를 의미한다. 어떤 테이블에 주어진 셀렉션 조건에 부합하는 인덱스를 갖고 있으면, 적어도 두 개의 접근 경로—즉, 인덱스와 데이터 파일 스캔—가 존재한다. 물론, 어떤 경우에는(데이터 파일을 스캔하거나 파일을 조사하기 위해 인덱스를 사용하는 대신에) 인덱스 자체를 스캔하는 세 번째 접근 경로가 있을 수도 있다.

가장 선택적인 접근 경로(most selective access path)란 가장 적은 수의 페이지를 검색하는 경로인데, 이 경로를 사용하면 데이터 검색의 비용을 최소화한다. 접근 경로의 선택도는 셀렉션 조건에 있는(관련된 인덱스 측면에서) 기본 논리곱에 따라 결정된다. 각 논리곱은 테이블에 대해 필터 역할을 한다. 테이블에서 해당 논리곱을 만족하는 투플들의 비율을 **축소율**(reduction factor)이라 부른다. 여러 개의 기본 논리곱이 존재하는 경우, 모두 만족하는 투플들의 비율은 각각의 축소율의 곱과 대략적으로 같다. 이는 각각의 논리곱을 상호 독립적인 필터로 취급하는 것인데, 실제는 상호 독립적이지 않은 경우도 있지만, 실제로 널리 사용되는 근사법이다.

Sailors 테이블에 탐색 키 <*rname*, *bid*, *sid*>를 가진 해시 인덱스 *H*가 정의되어 있고, 셀렉션 조건 *rname* = *'Joe'* ∧ *bid* = *5* ∧ *sid* = *3*이 주어졌다고 가정하자. 이 인덱스는 세 개의 논리곱 모두를 만족하는 투플 검색에 사용할 수 있다. 카탈로그는 해당 해시 인덱스의 상이한 키 값의 갯수 *NKeys*(*H*)와, Sailors 테이블의 전체 페이지 수 *NPages* 정보를 갖고 있다. 기본 논리곱들을 만족하는 페이지의 비율은 $Npages(Sailors) \cdot \frac{1}{NKeys(H)}$이다.

그 인덱스가 탐색키 <*bid, sid*>를 갖는다면, 기본 논리곱들은 $bid = 5 \wedge sid = 3$이다. 만일 *bid* 칼럼의 distinct 키 값의 수를 안다면, 첫 번째 논리곱의 축소율을 추정할 수 있다. *bid*를 탐색 키로 가진 인덱스가 존재하는 경우, *bid* 칼럼의 상이한 키 값의 수는 카탈로그에 있다. 그렇지 않은 경우, 최적화기는 대개의 경우 디폴트 값(예를 들어, 1/10)을 사용한다. $bid = 5$와 $sid = 3$의 각 축소율을 곱하면 (각 논리곱의 단순 상호 독립 가정 하에서) 검색될 투플의 비율을 구할 수 있다; 만일 인덱스가 클러스터링 되어 있는 경우, 동시에 이 값은 검색될 페이지의 비율이기도 하다. 인덱스가 클러스터링 되어 있지 않는 경우, 각각의 검색되는 투플들은 서로 다른 페이지에 흩어져 있을 수도 있다.(8.4절 내용을 리뷰하기 바란다.)

*Tday > 8/9/2002*와 같은 범위 조건의 축소율은 칼럼내의 값들이 균등하게 분포되어 있다고 가정함으로써 추정한다. 탐색 키 *day*에 정의된 B+ 트리 *T*가 있다면, 축소율은 $\frac{High(T) - value}{High(T) - low(T)}$이다.

12.3 관계 연산을 위한 알고리즘

지금부터는 주요 관계 연산자에 대한 처리 알고리즘들을 간단히 설명한다. 중요한 아이디어들은 여기서 소개되지만, 보다 깊이 있는 설명은 14장에서 한다. 8장에서와 마찬가지로, 입출력 비용만 고려하고, 입출력 비용은 페이지 입출력 수로 산정한다. 이 장에서는 자세한 예제들을 사용해서, 하나의 알고리즘의 비용을 어떻게 계산하는지 보이겠다. 비록 엄격한 비용모델을 사용하지는 않지만, 독자들은 여기서 설명하는 기본 아이디어를 다른 유사한 경우에도 적용할 수 있어야 한다.

12.3.1 셀렉션

셀렉션 연산은 테이블로부터 투플을 단순히 검색하는 것으로, 그 구현 방법은 접근 경로부분에서 기본적으로 다 설명했었다. 요약하자면, $\sigma_{R.attr}\ \mathbf{op}\ _{value}(R)$ 형태의 셀렉션 조건이 주어졌을 때, *R.attr*에 인덱스가 정의되어 있지 않으면, 테이블 *R*을 스캔한다.

테이블 *R*에 주어진 셀렉션 조건과 부합하는 하나 이상의 인덱스가 존재하는 경우, 부합하는 투플을 검색하기 위해 그 인덱스를 사용할 수 있고, 나머지 셀렉션 조건들은 결과 집합을 더 제한하기 위해 사용한다. 예들 들어, Reserves 테이블에 *rname* < '*C%*' 형태의 셀렉션 조건이 주어졌다고 하자. 만일, *rname*의 값들이 첫 글자에 대해 균등하게 분포되었다고 가정하면, Reserves 테이블에서 대략 10% 정도의 투플들이 결과에 포함될 것이다. 이는 투플 수로는 10,000 개, 페이지 수로는 100개에 해당한다. 만일 Reserves 테이블의 *rname* 필드에 클러스터 B+ 트리 인덱스가 있다면, 100번의 입출력과 (인덱스 스캔을 위해 트리의 루트부터 적당한 단말 페이지까지 탐색하기 위한) 추가적인 몇 번의 입출력을 통해 조건을 만족하는 투플들을 검색할 수 있다. 반면, 인덱스가 클러스터링 되어 있지 않다면, 각각의 투플이 한 번의 페이지 읽기를 유발시킬 수 있기 때문에, 최악의 경우 10,000번의 입출력이 필요할 수

도 있다.

경험적으로, 5% 이상의 투플이 검색되는 경우, 클러스터링 되지 않는 인덱스를 사용하는 것보다는 테이블에 대한 전체 스캔 비용이 대개의 경우 더 저렴하다.

셀렉션 연산의 자세한 구현 방법에 대해서는 14.1절을 참고하기 바란다.

12.3.2 프로젝션

프로젝션은 입력 테이블의 특정 필드를 삭제하는 쉬운 연산이다. 이 연산은 결과에 중복된 값이 나타나지 않도록 해야 하는 점에서 비용이 비싸다. 예를 들어, Reserves 테이블에서 *sid* 와 *bid* 필드만 추출하는 경우, 어떤 선원이 특정 배를 여러 날에 걸쳐서 Reserves을 했다면, 중복된 값이 나타날 수 있다.

중복을 제거할 필요가 없는 경우(예를 들어, **DISTINCT** 키워드가 **SELECT** 절에 포함되지 않은 경우), 프로젝션은 입력 테이블의 각 투플의 필드들에서 부분집합만 선택하면 된다. 이는 테이블 또는 모든 필요한 필드를 포함하는 키를 가진 인덱스에 대해 단순 반복적으로 수행하면 된다(우리가 원하는 값이 인덱스 자체의 데이터 엔트리에 있기 때문에, 해당 인덱스가 클러스터링 되었던, 그렇지 않던 상관이 없다는 점에 주목하자).

중복을 제거해야 한다면, 일반적으로 분할방법을 사용해야 한다. Reserves 테이블에서 프로젝션을 통해 <*sid*, *bid*>를 추출해야 한다고 가정하자. 이를 위해서 (1) <*sid*, *bid*> 쌍을 얻기 위해 Researves 테이블을 스캔하고, (2) <*sid*, *bid*>를 정렬 키로 사용해서 이들 쌍들을 정렬함으로써 Reserves 테이블을 분할한다. 그런 다음, 정렬된 쌍들을 스캔하면서, 인접해 있는 중복 값들을 쉽게 제거할 수 있다.

대량의 디스크 데이터 집합을 정렬하는 작업은 데이터베이스 시스템에서 아주 중요한 연산이며, 13장에서 자세히 설명할 것이다. 테이블 정렬은 대개 전체 테이블을 디스크에서 읽고 다시 디스크로 쓰는 두 세 번의 패스를 필요로 한다.

프로젝션 연산은 Reserves 테이블의 초기 스캔과 정렬의 첫 번째 패스를 결합함으로써 최적화할 수 있다. 이와 비슷하게, 정렬된 쌍들의 스캐닝은 정렬의 마지막 패스와 결합될 수 있다. 그런 최적화된 구현 방법으로, 중복제거를 필요로 하는 프로젝션은 (1) 전체 테이블을 스캔해서, <sid, bid> 쌍의 값만 출력하는 첫 번째 패스, 그리고 (2) 모든 쌍을 스캔하지만, 각 쌍의 한 가지 값만 출력하는 마지막 패스를 요구한다. 추가로, 모든 쌍을 디스크에서 읽고 디스크로 쓰는 하나의 중간단계가 있을 수 있다.

적절한 인덱스가 존재하는 경우에는 정렬보다 덜 비싼 중복 제거가 가능하게 된다. 어떤 인덱스의 탐색키가 프로젝션에 의해 보존되는 모든 필드를 포함하는 경우, 데이터 레코드 자체를 정렬하기보다는 인덱스의 데이터 엔트리를 정렬할 수 있다. 모든 보존된 애트리뷰트가 클러스터 그 인덱스의 탐색 키의 전위를 구성하는 경우, 훨씬 더 효율적으로 수행할 수 있다. 그 인덱스를 사용해서 데이터 엔트리를 단순히 검색하면 되고, 중복된 데이터 엔트리는 인접해 있기 때문에 쉽게 제거할 수 있다. 이와 같은 계획들은 8.5.2절에서 설명한 *인덱스만 이용하*는 수행 전략의 또다른 예이다.

프로젝션의 자세한 구현 방법은 14.3절을 보기 바란다.

12.3.3 조인

조인은 비싸면서 자주 사용되는 연산이다. 따라서, 조인에 대해서는 연구가 많이 되었고, 관계 DBMS들도 대개는 조인을 수행하는 위한 몇 가지의 알고리즘을 제공하고 있다.

조인 조건 *Reserves.sid* = *Sailors.sid*을 갖는 Reserves와 Sailors의 조인에 대해 생각해보자. 둘 중 하나의 테이블, 예를 들어 Sailors가 *sid* 칼럼에 인덱스를 갖고 있다고 치자. Reserves 테이블을 스캔하면서, 각 투플에 대해 부합하는 Sailor 투플을 찾기 위해 그 인덱스를 사용한다. 이 방법을 **인덱스 중첩루프 조인**(index nested loops join)이라 한다.

Sailors 테이블의 *sid* 애트리뷰트에 데이터 구성법 (2) 방식의 해시 기반 인덱스가 있고, 특정 페이지를 검색하는 데 평균 1.2번의 입출력[3]을 유발시킨다고 가정하자. *sid*가 Sailors의 키이기 때문에, 많아야 하나의 부합하는 투플이 있다. Reserves 테이블의 *sid*는 Sailors 테이블에 대한 외래키이며, 따라서 각 Reserves 투플에 대해서는 부합하는 Sailors 투플은 하나밖에 존재하지 않는다. Reserves 테이블을 스캔하고, 부합하는 Sailors 투플을 인덱스를 이용해서 검색하는 비용을 고려해보자. Reserves 테이블 스캔 비용은 1000이고, Reserves 테이블에는 100 · 1000 개의 투플이 있다. 이들 각 투플에 대해 부합하는 Sailors 투플의 *rid*를 포함하고 있는 인덱스 페이지를 검색하는데, 평균 1.2번의 입출력이 필요하다. 추가로, 해당 Sailor 투플을 포함하는 페이지를 검색해야 한다. 따라서, Sailors 투플 검색을 위해 100,000 · (1 + 1.2) 번의 입출력이 필요하다. 총 비용은 221,000번의 입출력이다.[4]

두 테이블 중 어느 테이블에도 조인 조건에 부합하는 인덱스가 없는 경우, 인덱스 중첩루프 방법을 사용할 수 없다. 이 경우에는 조인 칼럼에 대해 두 테이블을 정렬한 후, 서로 부합하는 투플들을 찾기 위해 두 테이블을 스캔한다. 이 방법을 **정렬합병 조인**(sort-merge join)이라 부른다. 두 번의 패스로 Reserves, Sailors 테이블 각각을 정렬할 수 있는 경우, 정렬합병 조인의 비용을 생각해 보자. Reserves와 Sailors의 조인을 고려해보자. 각 패스에서 Reserves 테이블을 읽고 쓰기 때문에, 정렬 비용은 2 · 2 · 1000 = 4000번의 입출력이다. 비슷하게, Sailors 테이블도 2 · 2 · 500 = 2000 입출력으로 정렬할 수 있다. 여기에, 정렬합병 조인 알고리즘의 두 번째 단계는 두 테이블에 대한 추가의 스캔을 필요로 한다. 따라서, 총 비용은 4000 + 2000 + 1000 + 500 = 7500번의 입출력이 된다.

주목할 점은, 인덱스를 필요로 하지 않는 정렬합병 조인의 비용이 인덱스 중첩루프 조인의 비용보다 싸다는 점이다. 더구나, 정렬합병 조인의 결과는 조인 칼럼(들)에 대해 정렬되어

---

[3] 이는 해시 기반 인덱스의 전형적인 비용이다.

[4] 연습 삼아, 독자들은 이 예제에서, 테이블과 인덱스들의 NPages와 같은 속성을 이용해서 비용 추정을 위한 공식을 작성해보아야 한다.

있다는 점이다. 인덱스에 필요로 하지 않으면서도 대개는 인덱스 중첩루프 조인보다 비용이 싼 다른 조인 알고리즘들도 있다(*블록 중첩루프* 조인과 *해시* 조인; 14장을 참고하기 바란다). 그렇다면, 인덱스 중첩루프 조인을 왜 고려할까?

인덱스 중첩루프 방법은 **점진적**(incremental)이라는 좋은 속성을 지니고 있다. 앞의 예제 조안의 비용이 Reserves 투플의 수에 따라 점진적으로 증가한다는 점이다. 따라서, 질의에서 추가적인 셀렉션 조건이 있어서, Reserves 테이블에서 아주 작은 수의 투플들만 조인에 참가하게 된다면, Reserves와 Sailors 전체를 조인할 필요가 없다. 예를 들어, 배 101에 대한 조인 결과만 필요하고, 그 배에 대한 예약이 거의 없다면, Reserves의 각 투플에 대해 Sailors 테이블을 조사하기만 하면 된다. 반면, 정렬합병 조인을 사용한다면, Sailors 전체 테이블을 적어도 한번 스캔해야만 하며, 이 단계의 비용만으로도 인덱스 중첩루프 조인의 전체 비용보다도 커지게 된다.

인덱스 중첩루프 조인을 선택한 이유는 조인 연산 자체만 고려하는 것이 아니라, Reserves에 대한 기타 셀렉션도 포함해서 질의를 전체적으로 고려했기 때문이다. 이는 다음 주제인 질의 최적화를 필요로 하게 되는데, 이는 전체 질의에 대한 좋은 계획을 찾는 과정이다.

자세한 내용은 14.4절을 보기 바란다.

12.3.4 기타 연산

SQL 질의는 기본적인 관계 연산들 이외에도 group-by와 집단화 연산을 포함할 수 있다. 서로 다른 질의 블록들의 결과는 합집합(union), 차집합(set difference), 교집합(set intersection) 연산을 통해 결합할 수 있다.

합집합과 교집합과 같은 집합 연산의 비용이 많이 드는 면은 프로젝션에서와 마찬가지로, 중복제거이다. 프로젝션 연산의 구현 방법을 이들 연산의 구현을 위해 쉽게 적용할 수 있다. 자세한 내용은 14.5절을 참고하기 바란다.

Group-by 연산은 일반적으로 정렬을 통해서 구현한다. 만일 입력 테이블이 그룹핑 애트리뷰트에 부합하는 탐색키를 같은 트리 인덱스를 갖고 있다면, 그 인덱스를 사용해서 별도의 정렬 단계가 없이도 적절한 순서로 투플들을 검색할 수 있다. 집단화 연산은 투플들이 검색됨에 따라, 메모리에 임시 카운터를 이용해서 수행할 수 있다. 자세한 내용은 14.6절을 참고하기 바란다.

12.4 질의 최적화 개요

질의 최적화는 관계 DBMS의 가장 중요한 기능중의 하나이다. 관계 질의어의 강점 중의 하나는 사용자가 질의를 다양한 방식으로 표현할 수 있고, 시스템은 특정 질의를 다양한 방식으로 수행할 수 있다는 점이다. 이와 같은 유연성은 사용자로 하여금 질의 작성을 용이하게 하지만, 한편으로 시스템의 성능은 **질의 최적화기**(query optimizer)의 질에 영향을 많이 받

> **상용 최적화기**(Commercial Optimizer)**:** 현재의 관계 DBMS 최적화기들은 숨겨진 많은 세부사항들을 가진 엄청나게 복잡한 소프트웨어이고, 개발 노력은 대체로 40~50명의 인력을 1년 간 정도 투입해야 한다.

는다—주어진 질의는 다양한 방식으로 처리할 수 있는데, 최적과 최악의 계획사이의 비용 작게는 몇 배에서 많게는 수천 배까지 차이가 날 수도 있다. 현재의 상용 질의 최적화기는 항상 최적의 계획을 찾지는 못하지만, 대체로 꽤 좋은 질의 처리 계획을 찾아낸다고 보면 된다.

그림 12.2는 1.8절의 DBMS 아키텍처 중에서 질의 최적화와 질의 실행 모듈계층을 조금 자세히 확대해서 보여주고 있다. 질의를 파싱 후 질의 최적화기에 넘기면, 질의최적화기는 효율적인 실행 계획(execution plan)을 찾는다. 최적화기는 여러 다양한 계획들을 생성하고, 이들 중에서 추정 비용이 가장 적은 계획을 선택한다.

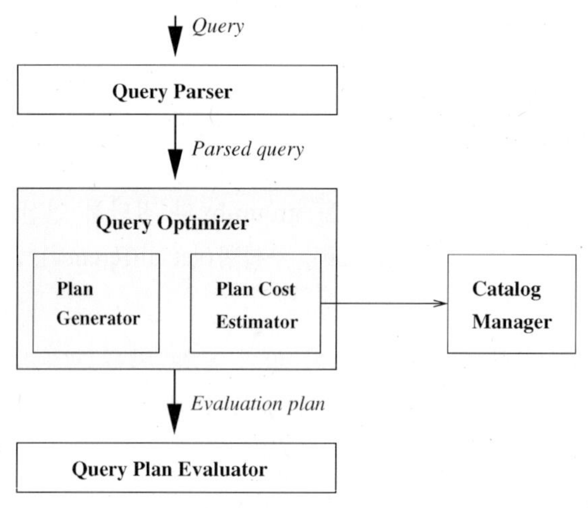

그림 12.2 질의 파싱, 최적화, 그리고 수행

관계 질의 최적화기가 일반적으로 고려하게 되는 계획 공간(space of plans)을 이해하기 위해서는, 주어진 *질의*는 기본적으로 $\sigma-\pi-\bowtie$로 이루어진 *관계대수식*이고, (만일 있다면) 나머지 연산들은 $\sigma-\pi-\bowtie$ 대수식의 결과에 적용하는 형태로 간주해야 한다. 이러한 관계대수식의 최적화는 다음의 두 가지 기본 단계를 포함한다.

- 주어진 대수식을 처리할 수 있는 다양한 여러 처리 계획들을 나열한다. 일반적으로 가능한 계획의 수가 너무 많기 때문에, 최적화기는 모든 가능한 계획들 중의 일부만 고려한다.
- 도출된 각 계획의 비용을 추정해서, 가장 비용이 적은 계획을 선택한다.

이 절에서는 수행 계획이 무엇인지 소개함으로써 질의 최적화에 대한 기초를 설명한다.

12.4.1 질의 처리 계획

하나의 **질의 처리 계획**(또는 간단히 **계획**)은 확장된 관계대수 트리로 구성되는데, 이 트리의 각 노드는 테이블 접근 방법과 관계 연산자 구현 방법을 지정하는 부가적인 설명들을 갖고 있다.

다음 SQL 질의를 보자.

```
SELECT S.sname
FROM   Reserves R, Sailors S
WHERE  R.sid = S.sid
       AND R.bid = 100 AND S.rating > 5
```

이 질의는 다음과 같은 관계대수식으로 표현할 수 있다.

$$\pi_{sname}(\sigma_{bid=100 \wedge rating>5}(Reserves \bowtie_{sid=sid} Sailors))$$

이 수식은 그림 12.3의 트리 형태로 표시할 수 있다. 위 관계대수식은 부분적으로 주어진 질의를 어떻게 처리할지 명시하고 있는데, 우선 Reserves와 Sailors의 자연 조인을 구한 후, 셀렉션을 수행하고, 마지막으로 *sname* 필드를 프로젝션한다.

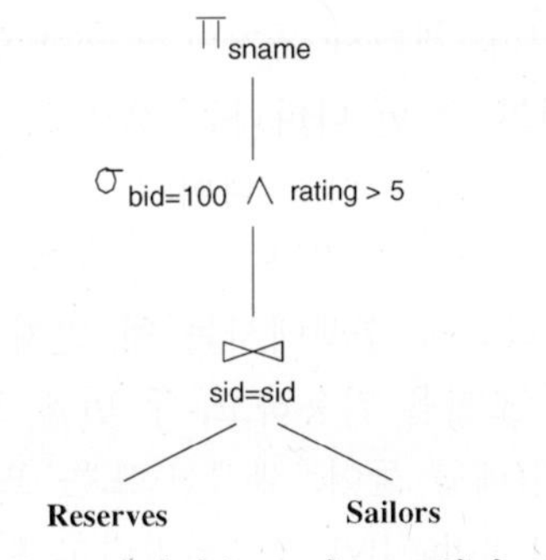

그림 12.3 관계대수 트리로 표현된 질의

완전히 명세된 처리 계획을 얻기 위해서는, 관련된 각각의 대수 연산의 구현 방법을 결정해야 한다. 예를 들면, Reserves을 외부 테이블로 해서 페이지 위주의 단순 중첩루프 조인을 사용하며, 조인 결과로 생성되는 각각의 투플에 대해 셀렉션과 프로젝션을 적용할 수 있다. 셀렉션과 프로젝션 전의 조인 결과는 실제로 저장되지 않는다. 그림 12.4는 이 질의 처리 계획을 보여주고 있다.

질의 처리 계획을 표시할 때, 조인 연산의 *왼쪽 자식*을 *외부 테이블*로 생각하였다. 앞으로 계속 이 규칙을 따르기로 한다.

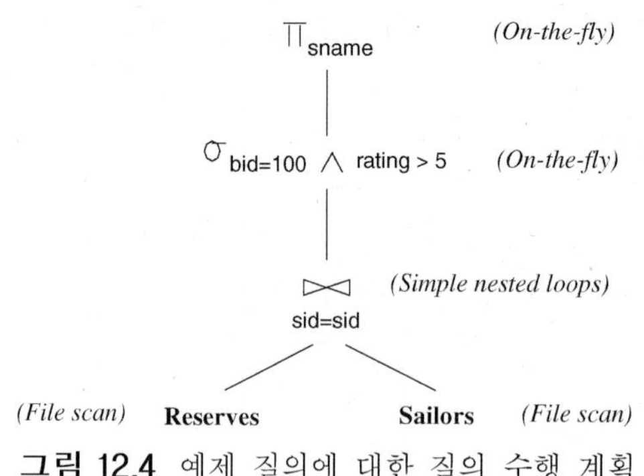

그림 12.4 예제 질의에 대한 질의 수행 계획

12.4.2 다중 연산자 질의: 파이프라인식 처리

질의가 몇 개의 연산자로 이루어졌을 때, 특정 연산자의 결과는, 중간 결과 저장을 위한 임시 릴레이션을 생성하지 않고, 다른 연산자로 **파이프라인되는**(pipelined) 경우가 있다. 그림 12.4의 계획은 Sailors와 Reserves의 조인 결과를 그 다음의 셀렉션과 프로젝션으로 파이프라인한다. 연산자의 출력을 다음 연산자로 파이프라인함으로써, 중간 결과를 디스크에 저장하고 다시 읽어 들이는 비용을 줄일 수 있는데, 이 비용 절감은 굉장히 크다. 연산자의 출력이 다음 연산자의 처리를 위한 임시 테이블로 저장하는 경우는 투플들이 **실체화**(materialized)되었다고 말한다. 파이프라인식 수행은 실체화보다 부하가 적기 때문에, 연산자 수행 알고리즘은 가능한 경우에는 항상 파이프라인식 처리를 사용한다.

단지 셀렉션 조건만 가진 단순한 계획뿐만 아니라, 보통의 질의 계획에서도 파이프라인을 활용할 수 있는 기회는 많이 있다. 셀렉션 조건의 일부만 인덱스와 부합하는 질의를 생각해 보자. 이 질의는 셀렉션 연산자가 두 번 나타나는 것으로 생각해 볼 수 있다. 하나는 원래에서 기본 셀렉션 조건 부분이며, 다른 하나는 나머지 조건부분이다. 이런 질의는 첫 번째 셀렉션을 적용해서 임시 릴레이션으로 그 결과를 저장한 뒤, 이 임시 테이블에 두 번째 셀렉션을 적용한다. 반면에 파이프라인식 수행에서는 첫 번째 셀렉션의 결과로 투플이 하나씩 생성될 때마다 두 번째 셀렉션 조건을 적용하고, 두 번째 조건도 만족하는 투플을 최종결과에 더하는 것이다. 단항 연산자(예를 들어, 셀렉션 또는 프로젝션)에 입력 테이블이 파이프라인될 경우, 연산자가 **즉시로**(on-the-fly) 적용되었다고 한다.

좀 더 일반적인 두 번째 예로, 그림 12.5에 조인 연산의 트리로 나타난 $(A \bowtie B) \bowtie C$ 형태의 조인을 생각해 보자.

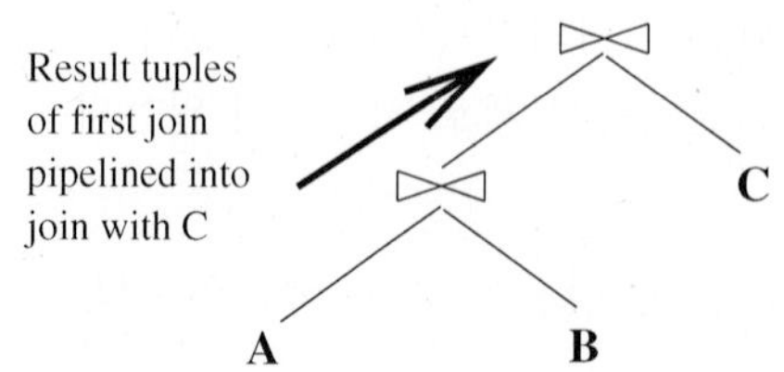

그림 12.5 파이프라인을 보여주는 질의 트리

그림 12.5의 두 조인 모두 일종의 중첩루프 조인을 사용하여 파이프라인식으로 처리할 수 있다. 개념적으로, 질의 처리는 루트에서 초기화되며, A와 B를 조인하는 노드는 부모 노드의 요청에 의하여 투플들을 만들어 낸다. 루트 노드가 왼쪽 자식(외부 테이블)으로부터 한 페이지의 투플들을 가져올 때마다, 부합되는 모든 내부 투플이 검색되고(인덱스 또는 스캔을 사용해서), 부합되는 외부 투플과 조인된다. 그런 후 외부 투플의 현재 페이지는 버린다. 그 뒤 루트노드는 왼쪽 자식에게 다음 페이지에 대한 요청을 하게 되고, 같은 과정이 반복된다. 그러므로 파이프라인식 처리는 계획상의 서로 다른 조인들이 처리되는 속도를 조절하는 일종의 *제어 전략*이라고 할 수 있다. 파이프라인식 처리는, 중간 조인의 결과가 한 번에 페이지 단위로 생성, 소비, 폐기되기 때문에, 중간 결과를 임시 파일에 저장하지 않아도 되는 아주 좋은 장점이 있다.

12.4.3 반복자 인터페이스

질의 처리 계획은 관계 연산자들의 트리이고, 연산자들을 특정 순서(교차 수행될 수도 있다)로 호출함으로써 수행된다. 각 연산자는 하나 이상의 입력 노드과 하나의 출력 노드를 가지며, 계획의 트리 구조에 따라 연산자들 사이에 투플들이 전달되어야 한다.

질의 계획의 실행을 조정하는 코드를 단순화하기 위해서, 질의 계획 트리(파이프라인으로 처리되는)의 노드를 구성하는 관계 연산자들은 대개 **반복자**(iterator) 인터페이스를 지원하는데, 이는 각 연산자의 상세한 내부 구현 방식을 숨긴다. 각 반복자 인터페이스는 **open, get_next,** 그리고 **close** 함수를 갖고 있다. *open* 함수는 입력과 출력을 위한 버퍼를 할당함으로써 반복자 상태를 초기화하고, 연산자의 동작을 변경하는 셀렉션 조건 등의 인자를 전달하는 데도 사용된다. *get_next* 함수의 코드는 각 입력 노드의 *get_next* 함수를 호출하고, 입력 투플을 처리하기 위해 연산자 고유의 코드를 호출한다. 반복자의 출력 투플들은 출력 버퍼에 들어가고, 처리된 입력의 양을 알 수 있도록 반복자의 상태를 변경한다. *get_next*를 반복적으로 호출해서 모든 결과 투플이 생성되었을 때, (이 연산자의 수행을 초기화했던 코드에 의해) *close* 함수를 호출해서 해당 반복자의 모든 상태 정보를 제거한다.

반복자 인터페이스는 파이프라인식 처리를 자연스럽게 지원한다. 파이프라인식 또는 실체화 방식으로 처리할 것인지는 입력 투플을 처리하는 연산자 고유 코드에 의해 결정된다. 만일 해당 연산자의 알고리즘이 입력 투플을 받자마자 즉시로 처리할 수 있도록 구현된 경우에는, 입력 투플에 대한 실체화 과정 없이 파이프라인식으로 처리할 수 있다. 만일 구현 알고리즘이 입력 투플들을 여러 번 반복적으로 검사하는 경우에는, 입력 투플들은 실체화해야 한다. 이에 관한 결정은, 해당 연산자 구현에 관한 다른 세부사항과 마찬가지로, 연산자의 반복자 인터페이스에 의해 숨겨지고, 밖으로 드러나지 않는다.

반복자 인터페이스는 B+ 트리와 해시 기반 인덱스와 같은 접근 방법을 캡슐화(encapsulation)하는 데에도 사용된다. 이렇게 해서, 겉으로 보기에는 접근 방법도 단순히 출력 투플을 연속적으로 만들어 내는 연산자로 보이게 될 것이다. 이 경우에, *open* 함수는 접근 경로에 부합하는 셀렉션 조건을 전달하는 역할을 하게 된다.

12.5 대안 계획: 예

12.4절의 예제 질의를 다시 생각해 보자. 그림 12.4의 계획을 처리하는 비용을 생각해보자. 최종결과를 출력하는 비용은 모든 알고리즘에 공통적으로 해당하고, 상태 비용에는 영향을 미치지 않기 때문에, 이 비용을 무시한다. 조인 비용은 1,000 + 1,000 · 500 = 501,000 페이지 입출력이다. 셀렉션과 프로젝션은 즉시로 수행되므로, 추가적인 입출력 비용을 유발하지 않는다. 따라서, 이 계획의 총 비용은 501,000 페이지 입출력이다. 하지만, 이 계획은 비록 초보적인 처리 방법이긴 하지만, 조인 연산을 **크로스 프로덕트**(cross-product)한 후 셀렉션을 하는 방법보다는 훨씬 낳은 방법이다.

이제 이 질의 처리를 위한 몇 가지의 대안 계획들(alternative plans)에 대해 알아보자. 여기서 살펴보는 각각의 대안 계획은 원래 계획을 다른 방법으로 수행해서 성능을 개선하고, 뒤에서 자세하게 설명할 최적화의 아이디어를 간단히 소개한다.

12.5.1 셀렉션을 먼저 수행하기

조인은 상대적으로 비용이 많이 드는 연산이므로, 조인될 테이블들의 크기를 최대한 줄이는 것은 좋은 방법이다. 한 가지 방법은 셀렉션을 가능한 먼저 수행하는 것이다. 즉, 조인 연산자 다음에 셀렉션 연산자가 오는 경우에는 셀렉션을 조인보다 먼저 수행할 수 있는지(조인 연산 앞으로 셀렉션 연산을 '밀어낼(push)' 수 있는지) 따져 볼 필요가 있다. 예를 들어 셀렉션 *bid = 100*에는 Reserves 테이블에 속한 애트리뷰트만 관계하므로 이를 조인에 *앞서* 적용할 수 있다. 마찬가지로, 셀렉션 *rating* > 5에는 Sailors 테이블에 속한 애트리뷰트만 관계하므로 조인에 앞서 적용시킬 수 있다. 이 셀렉션들을 단순 파일 스캔 방식으로 수행하고, 각 셀렉션의 결과는 디스크의 임시 테이블에 기록된 후, 이 임시 테이블들을 정렬합병 조인 방식에 따라 처리한다고 가정하다. 이 질의 수행 계획은 그림 12.6에 나와 있다.

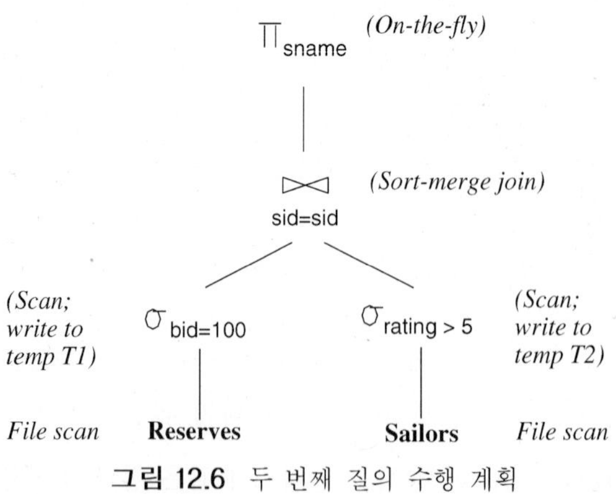

그림 12.6 두 번째 질의 수행 계획

이 질의 처리를 위해 이용 가능한 버퍼 페이지는 5개라고 가정하고 비용을 추정해 보자.(실제로는 더 많은 버퍼 페이지를 사용할 수 있을 것이다. 여기서는 단지 예를 들기 위해 적게 가정한다.) Reserves 테이블에 셀렉션 *bid = 100*을 적용하는 비용은 Reserves 테이블을 스캔하는 비용(1,000 페이지)과 이 결과를 임시 테이블(T1이라고 하자)에 기록하는 비용이다(이 경우, 임시 테이블에 기록하는 비용은 무시하면 안 된다. 질의의 최종결과를 기록하는 비용만 무시하는데, 이 부분의 비용은 이 질의 처리를 위해 어떤 계획을 선택하더라도 동일하기 때문이다). T1의 크기를 추정하려면 추가 정보가 필요하다. 예를 들어 배 한 척당 한 건만 예약할 수 있다고 가정하면, 결과 투플은 하나밖에 없을 것이다. 대신에, 배가 100척 있다고 할 때 모든 예약이 각각의 배에 대하여 균등하게 분산된다고 가정하면, 우리는 T1의 페이지 수를 10으로 추정할 수 있다. 여기에서는 T1의 크기를 10 페이지라고 하자.

Sailors 테이블에 조건 *rating* > 5를 적용하는 비용은 Sailors 테이블을 스캔하는 비용(500 페이지)과 이 결과를 임시 테이블(T2라고 하자)에 기록하는 비용이다. ratings 값들이 1과 10 사이의 범위 내에서 고르게 분포된다고 하면 T2의 크기는 대략 250 페이지라고 추정할 수 있다.

T1과 T2를 정렬합병 조인하기 위하여, 두 테이블을 우선 완전히 정렬해 놓은 다음 이들을 합병하는 구현 방법을 이용한다고 하자. 5개의 버퍼 페이지를 사용할 수 있으므로, T1(10 페이지)은 2회의 패스로 정렬할 수 있다. 첫 번째 패스에서 5 페이지로 구성된 두 개의 런(runs)이 만들어지고, 두 번째 패스에서 합병된다. 각 패스마다 10 페이지를 읽고, 쓰게 되므로, T1 정렬의 비용은 2 · 2 · 10 = 40 페이지 입출력이 된다. T2 정렬은 4번의 패스가 필요한데, T2의 크기는 250 페이지이다. 따라서, 비용은 2 · 4 · 250 = 2,000 페이지 입출력이다. 이렇게 정렬된 T1과 T2를 합병하려면 우선 이 테이블 각각을 스캔해야 하는데, 이 단계의 비용은 10 + 250 = 260이다. 최종 단계인 프로젝션 연산은 파이프라인식으로 이루어지는데, 이 최종 결과를 기록하는 비용은 무시한다.

그림 13.6에 있는 계획의 총 비용은 셀렉션의 비용(1,000 + 10 + 500 + 250 = 1,760)과 조인의 비용(40 + 2,000 + 260 = 2,300)을 합한 것으로, 4,060 페이지 입출력이 된다.

정렬합병 조인은 여러 가지 조인 방법 중의 하나일 뿐이다. 다른 조인 방법을 사용하면 이 계획의 비용을 더 줄일 수도 있다. 정렬합병 조인 대신에, 블록 중첩루프 조인을 사용했다고 가정해보자. T1을 외부 테이블로 해서, 세 페이지씩 묶인 T1의 각 블록에 대해서 T2의 모든 페이지를 스캔한다. 따라서 T2는 네 번 스캔된다. 이 조인 비용은 T1 스캔 비용(10)과 T2의 스캔 비용(4 · 250 = 1,000)의 합이 된다. 결국, 이 처리 계획의 총 비용은 1,760 + 1,010 = 2,770번의 페이지 입출력이다.

이보다 더 좋은 방법은, 조인 다음의 셀렉션을 먼저 수행했던 경우처럼, 프로젝션을 먼저 수행하는 것이다. 실제 결과에서는 T1의 *sid* 애트리뷰트와 T2의 *sid, sname* 애트리뷰트만 필요하다는 점에 주목하자. 셀렉션을 수행하기 위해 Reserves과 Sailors 테이블을 스캔할 때, 불필요한 칼럼들을 제거할 수 있다. 이렇게 프로젝션하면 임시 테이블 T1과 T2의 크기를 줄일 수 있다. T1에는 정수 필드 하나만 남게 되므로, T1의 크기는 대폭 줄어들게 된다. 사실, T1은 세 개의 버퍼 페이지에 다 들어갈 수 있을 것이기 때문에 블록 중첩루프 조인에서 T2는 한번만 스캔하면 된다. 따라서 조인 단계 비용은 250번의 페이지 입출력 이하로 줄어들고, 총 비용은 2,000번의 입출력 근처로 줄게 된다.

12.5.2 인덱스의 이용

Reserves 테이블과 Sailors 테이블에 이용 가능한 인덱스가 있는 경우에는 훨씬 낳은 질의 처리 계획을 만들 수 있다. 예를 들어, Reserves 테이블의 *bid* 필드에 대해 클러스터된 정적 해시 인덱스가 있고 Sailors 테이블의 *sid* 필드에 또다른 해시 인덱스가 있다고 하자. 그러면, 그림 12.7과 같은 질의 처리 계획을 사용할 수 있게 된다.

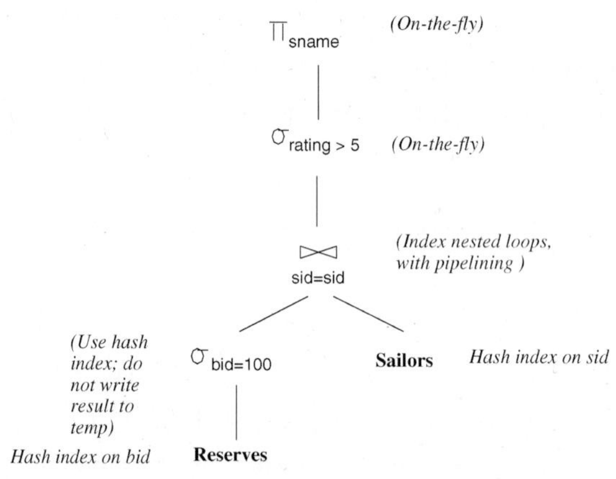

그림 12.7 인덱스를 이용한 질의 수행 계획

셀렉션 조건 *bid* = *100*을 만족하는 투플들은 Reserves 테이블의 *bid* 칼럼의 해시 인덱스를 이용해서 검색할 수 있다. 앞에서처럼, 100 척의 배가 있고, 예약들이 모든 배에 대해서 균등하게 이루어졌다고 가정하면, 대략 100,000/100 = 1,000개의 투플이 검색될 것이라고 추정할 수 있다. *bid*에 대한 인덱스가 클러스터되어 있기 때문에 1,000개의 투플은 같은 버켓 안에 연속적으로 나타나게 된다. 따라서 전체 비용은 10 페이지 입출력이다.

선택된 각 투플에 대해서, Sailors의 *sid* 필드에 정의된 해시 인덱스를 사용해서 Sailors 테이블에서 부합하는 투플을 검색한다. 선택된 Reserves의 투플들은 실체화되지 않고 파이프라인식으로 조인된다. 그리고, 조인의 결과로 나오는 각 투플에 대해서, *rating* > 5라는 셀렉션 조건을 적용하고 *sname*필드를 즉시 프로젝션한다. 여기에서는 짚고 넘어가야 할 몇 가지 중요한 사항이 있다

1. Reserves의 셀렉션 결과가 실체화되지 않기 때문에, 뒤에서 필요없는 필드들을 제거하는(project out) 최적화 과정은 굳이 필요가 없다(따라서, 그림 12.7의 계획에는 나타나 있지 않다).
2. 조인 필드 *sid*는 Sailors 테이블의 키이다. 따라서, 주어진 Reserves 투플에 대해 많아야 하나의 Sailors 투플만이 부합할 것이다. 이 부합하는 투플을 검색하는 비용은 Sailors의 *sid* 칼럼에 정의된 해시 인덱스의 디렉토리가 주기억 장치에 맞는지 그리고 오버플

로우 페이지의 유무에 따라 결정된다. 그러나, 해당 인덱스의 클러스터링 여부는 비용에 영향을 미치지 않는데, 왜냐하면 Sailors 테이블에서 부합하는 투플은 많아야 하나이고, Sailors 투플에 대한 요청은 *sid*를 기준으로 볼 때 랜덤 순서로 이루어지기 때문이다(Reserves 투플은 *bid*에 의해 검색되고, 따라서 *sid*로 볼 때 랜덤 순서로 배치되어 있다고 간주되기 때문이다). 해시 인덱스에서 하나의 데이터 엔트리를 검색하는 그 비용은 대략 1.2 페이지 입출력을 필요로 한다. Sailors의 *sid*에 정의된 해시 인덱스가 데이터 엔트리에 대해 데이터 구성법(1)을 사용한다면, 부합하는 Sailors 투플을 검색하는 비용이 1.2가 된다(만일 데이터 구성법 (2)나 (3)이 사용되는 경우는 비용이 2.2 페이지 입출력이 될 것이다).

3. 여기서는 셀렉션 조건 *rating*>5를 조인보다 먼저 수행하는 방법을 선택하지 않았는데, 그렇게 하지 않은 중요한 이유가 있다. 만약 조인을 수행하기 전에 셀렉션을 먼저 수행했다면, (Sailors 테이블의 *rating* 필드에 인덱스가 없는 경우) 셀렉션 과정에서 Sailors 테이블을 스캔해야 한다. 더구나 *rating* 필드에 인덱스의 존재 유무에 상관없이 셀렉션을 수행하게 되면, 그 결과를 대상으로 *sid* 필드에 대한 인덱스를 쓸 수 없다(오로지 다음 조인을 위해서만 인덱스를 별도로 만들지 않는다면). 셀렉션을 조인보다 먼저 수행하는 것은 좋은 방법이기는 하지만, 항상 가장 좋은 방법인 것은 아니다. 일반적으로, 이 예에서처럼, 질의 처리에 도움이 되는 인덱스가 있는 경우에는 셀렉션을 조인보다 먼저 수행시키지 않는다(그렇지 않은 경우에는 셀렉션을 먼저 수행시킨다).

이제 그림 12.7의 계획의 비용을 추정해 보자. Reserves 투플의 셀렉션하는 비용은 앞에서 살펴보았듯이 10 페이지 I/O이다. 셀렉션을 만족하는 1,000개의 Reserves 투플이 있고, 각 투플에 대해서 부합하는 Sailors 투플을 찾는 데에 평균적으로 1.2 입출력이 필요하다. 따라서 이 조인 단계의 비용은 1,200 입출력이 된다. 남은 셀렉션과 프로젝션은 즉시 처리된다. 따라서 이 계획의 총 비용은 1,210 I/O이다.

앞에서 강조했듯이, 이 계획은 Sailors의 인덱스가 클러스터링된 특징을 활용하지 않는다. Sailors의 *sid* 필드에 정의된 인덱스가 클러스터되어 있다면 이 계획은 더 개선의 여지가 있다. Reserves 테이블에 셀렉션 조건 *bid*=100을 수행한 결과를 임시 테이블에 실체화시킨 후, 정렬한다고 가정하자. 이 테이블은 10 페이지를 차지할 것이다. 투플을 셀렉션하는 데에 10 페이지 입출력이 필요하고, 결과를 임시 테이블에 기록하는 데에 또 10번의 입출력 필요할 것이다. 그리고 5개의 버퍼 페이지로 이 임시 테이블을 정렬하는데, 2 · 2 · 10 = 40번의 입출력이 필요하게 된다.(*sid*에 대한 프로젝션을 먼저수행하면, 이 단계의 비용을 줄일 수 있다. 실체화된 Reserves 투플들의 *sid* 칼럼은 3 페이지를 차지하고, 메모리의 5개의 버퍼 페이지면 메모리에서 정렬 가능하다). 셀렉션된 Reserves 투플들은 이제 *sid* 순서로 검색할 수 있다.

어떤 선원이 같은 배를 여러 번 예약한 경우라면, 해당되는 Reserves 투플들은 연속적으로 검색될 것이다. 따라서, 첫 번째로 부합하는 Sailors 투플을 제외한 나머지 모든 Sailor 투플에 대한 요청은 버퍼 풀에서 찾을 수 있다. 이렇게 개선된 계획은 파이프라인이 항상 최선의 방법이 아니라는 것을 보여준다.

이 예에서 볼 수 있듯이, 셀렉션을 먼저 수행하는 방법과 인덱스를 이용하는 방법을 같이 조합해서 활용하는 것은 아주 훌륭하다. 외부 테이블에서 선택된 투플들이 각각 하나의 내부 투플과 조인된다면, 조인 연산은 아주 간단해진다. 또한 그림 12.6의 초보적인 방법과 비교해서 엄청난 성능개선을 얻게 된다. 조금 변형된 아래 예제 질의는 이런 상황을 잘 설명해준다.

```
SELECT S.sname
FROM   Reserves R, Sailors S
WHERE  R.sid = S.sid
       AND R.bid = 100 AND S.rating > 5
       AND R.day = '8/9/2002'
```

그림 12.8은 위 질의를 처리하기 위한 계획을 보여주고 있는데, 그림 12.7의 계획과는 조금 다르다. Reserves 테이블에 셀렉션 조건 *bid = 100*을 적용한 결과에 대해, 셀렉션 조건 *day = '8/9/2002'*를 즉시 적용하고 있다.

*bid*와 *day* 필드가 Reserves 테이블의 키인 경우를 생각해 보자(이 가정은 이 장의 앞부분에서 보였던 스키마와는 다르다.). 그림 12.8에 나와 있는 계획의 비용을 추정해 보자. 앞에서처럼, 셀렉션 *bid = 100*는 10번의 페이지 입출력을 유발하고, 추가 셀렉션 조건 *day = '8/9/2002'*는 즉시 적용되면서, 많아야 한 개의 Reserves 투플을 빼고는 모두 제거할 수 있다. Sailors 테이블에는 많아야 한 개의 투플이 조인 조건을 만족하게 되고, 이 투플은 1.2 I/O 비용을 들여서 검색할 수 있다. 그리고나서, *rating*에 대한 셀렉션과 *sname*에 대한 프로젝션도 추가적인 비용없이 즉시 적용된다. 따라서 그림 12.8에 나와있는 계획의 전체 비용은 약 11번의 입출력이 된다. 반면, 그림 12.6의 초보적인 계획을 변형해서 *day*와 *bid = 100* 셀렉션 조건을 같이 수행하도록 하면, 전체적인 비용은 501,000 I/O가 된다.

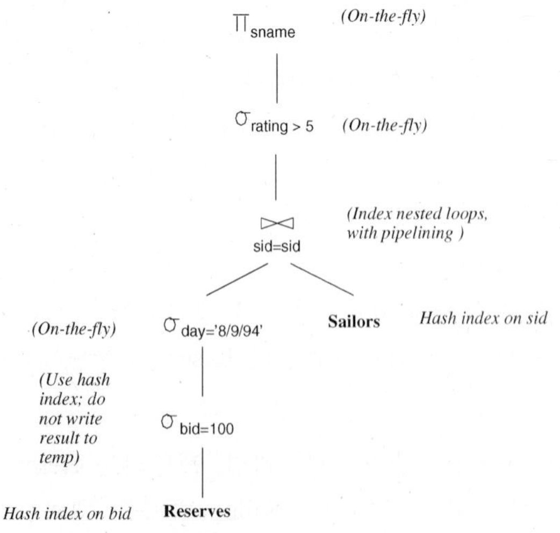

그림 12.8 두 번째 예의 질의 수행 계획

12.6 질의 최적화기의 역할

관계 질의 최적화기는 하나의 주어진 질의에 대해 많은 동등한 표현식을 찾아내기 위해, 관계대수 변형규칙(relational algebra equivalences)을 사용한다. 그리고, 해당 질의의 각각의 동등한 표현식에 대해 관련된 모든 관계 연산자의 모든 이용 가능한 구현 방법을 고려해서, 여러 개의 대안 계획들을 생성한다. 그리고, 최적화기는 각각의 계획들의 비용을 추정하고, 그중에서 가장 비용이 적게 드는 계획을 선택한다.

12.6.1 최적화기가 고려하는 대안 계획들

동일한 입력 테이블들에 대해 두 개의 관계대수식이 항상 같은 결과를 내는 경우, 이 두 대수식은 **동등**(equivalent)하다라고 말한다. 이 관계대수 동등성은 대안 계획들을 찾는 데 중요한 역할을 한다.

`SELECT`, `FROM`, `WHERE` 절로 구성된 기본적인 SQL 질의를 생각해보자. 이 질의는 관계대수식으로 쉽게 표현할 수 있다. `FROM` 절의 명시된 테이블들의 크로스 프로덕트(cross-product)를 수행하고, `WHERE` 절의 셀렉션 조건들을 적용한 후, 결과 투플들에 대해 `SELECT` 절에 나열된 필드들을 이용해서 프로젝션을 수행하면 된다. 이 관계대수식은 동등성을 이용해서 다른 대수식으로 변경이 가능하다.

- 셀렉션과 크로스 프로덕트(cross-product)를 합쳐서 조인을 변경
- 조인의 순서를 조정
- 입력의 크기를 줄이기 위해, 셀렉션과 프로젝션을 조인 연산 앞으로 이동

12.5절의 예제 질의 처리 계획은 이 동등성의 적용을 잘 보여주고 있다. 해당 질의에서 셀렉션을 조인 앞으로 이동해서 수행함으로써 훨씬 낳은 처리 계획을 생성했다. 15.3절에서 관계대수 동등성에 대해 자세히 논의한다.

좌심 계획

$A \bowtie B \bowtie C \bowtie D$ 형태의 질의, 즉 4개의 테이블의 자연 조인 질의를 생각해보자. 그림 12.9는 이 질의와 동등한 3 종류의 관계대수 연산자 트리를 보여주고 있다. 관례적으로, 조인 노드의 왼쪽 자식노드는 외부 테이블을, 오른쪽 자식은 내부 테이블을 의미한다. 각 조인 노드에 조인 방법과 같은 자세한 사항을 첨가하면 이들 트리로부터 여러 개의 질의 처리 계획을 얻을 수 있다.

그림 12.9의 왼쪽 두 트리는 **선형 트리**(linear tree)의 예를 보여주는데, 선형트리란 조인 노드의 자식 노드들 중 적어도 하나는 기본 테이블(base table)인 경우이다. 그림 12.9의 첫 번째 트리는 **좌심**(left-deep) 트리—즉, 각 조인 노드의 오른쪽 자식이 기본 테이블인 트리—이다. 세 번째 트리는 비선형 또는 **부시**(bushy) 트리의 예를 보여주고 있다.

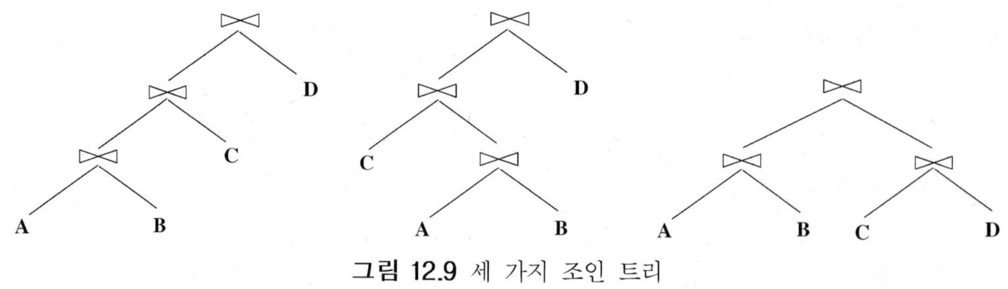

그림 12.9 세 가지 조인 트리

대개의 최적화기는 모든 **좌심 트리** 계획을 효과적으로 찾기 위해 동적 프로그래밍(dynamic programming) 방법을 사용한다(15.4.2절 참조). 그림 12.9의 두 번째와 세 번째 종류의 트리 형태는 최적화기에 의해 전혀 고려되지 않는다. 그림 12.9의 첫 번째 트리는 직관적으로 A와 B를 먼저 조인한 후, 그 결과를 C와 조인하고, 다시 그 결과를 D와 조인하는 계획을 나타내고 있다. 이 좌심 트리와는 테이블의 조인 순서에서만 다른, 23 가지[5]의 좌심 트리 계획이 더 있다. 이 계획들이 조인 조건 이외에 셀렉션이나 프로젝션 조건을 포함하고 있다면, 테이블들간의 조인 순서가 정해졌을 때 셀렉션과 프로젝션 조건들은 가능하면 일찍 적용된다.

좌심 트리 계획만을 고려하는 경우, 좌심 트리를 사용한 최적의 계획보다 더 낳은 여러 대안 계획들을 최적화기가 배제할 수도 있다. 사용자는 최적화기가 그런 종류의 대안 계획들은 절대 찾지 않는다는 사실을 감수해야 한다. 최적화기가 **좌심 트리 계획**만을 고려하는 데는 두 가지의 주요한 이유가 있다.

1. 조인의 개수가 늘어남에 따라, 대안 계획들의 수가 급격하게 늘어나게 되므로, 대안 계획 공간을 가지치기(pruning)할 필요가 있다.
2. 좌심 트리는 모든 **완전 파이프라인식**(fully pipelined) 계획들—즉, 파이프라이닝을 이용해서 모든 조인을 처리하는 계획—의 생성을 가능하게 한다(외부 테이블의 각 투플에 대해 내부 테이블 전부를 검사해야 하기 때문에 내부 테이블은 항상 실체화 되어야만 한다. 그래서, 어떤 계획상에서 내부 테이블이 조인의 결과인 경우 그 조인의 결과를 반드시 실체화해야만 한다).

12.6.2 계획의 비용 추정

계획의 비용은 해당 계획내의 모든 연산자들의 비용의 합계이다. 계획상의 개별 관계 연산자들의 비용은, 입력 테이블들의 애트리뷰트들(예를 들어, 크기, 정렬 순서)에 관해 시스템 카탈로그부터 얻은 정보를 사용해서 추정한다. 12.2절과 12.3절에서는 단일 연산자를 갖는 계획들의 비용을 추정하는 방법을 설명했고, 12.5절에서는 다중 연산자를 갖는 계획들의 비용을 추정하는 방법을 설명했다.

입출력 비용만 중점적으로 고려하면, 계획의 비용은 세 부분으로 나눌 수 있다: (1) 입력 테

[5] 이 예제에서 독자는 숫자 23을 생각해내야 한다.

이블 읽기(어떤 조인이나 정렬 알고리즘의 경우에는 여러 번 이상의 읽기도 가능), (2) 임시 테이블을 쓰기, 그리고 (어떤 경우에는) (3) 최종 결과를 정렬(질의에서 결과에서 중복을 제거하거나 결과의 순서를 명시한 경우). 세 번째 부분은 모든 계획에 있어 공통적으로 필요하고(단, 어떤 계획의 경우는 명시적으로 세 번째 단계를 거치지 않고도, 우연히 원하는 순서대로 결과를 생성할 수도 있다), 완전 파이프라인식의 계획의 경우에는 임시 테이블에 대한 쓰기는 필요가 없다.

따라서, 완전 파이프라인식 계획의 비용은 주로 (1)에 의해 좌우된다. 이 비용은 입력테이블을 읽기 위해 사용한 접근 경로에 의해 주로 결정되는데, 조인 알고리즘에서 부합하는 투플들을 검색하기 위해 반복적으로 사용되는 접근 경로는 특히 더 중요하다.

완전 파이프라인식이 아닌 계획의 경우, 임시 테이블을 실체화하는 비용이 많이 들 수가 있다. 임시 결과 테이블을 실체화하는 비용은 주로 임시 결과의 크기에 의해 좌우되며, 그 크기는 또는 그 임시 결과 테이블을 입력 테이블로 사용하는 연산자의 비용에도 영향을 미치게 된다. 셀렉션의 결과 투플 수는 입력 투플의 수 x 해당 셀렉션 조건의 축소율로 추정된다. 프로젝션의 결과 투플수는 중복 제거가 없는 경우에는 입력 투플의 수와 동일하다. 물론, 각 결과 투플은 입력 투플보다는 더 적은 필드를 갖게 되므로, 투플의 크기는 작아진다.

조인의 결과 크기는 개별 입력 테이블 투플 수의 곱 x 조인 조건의 축소율로 추정할 수 있다. 조인 조건 *column1* = *column2*의 축소율은, *column1, column2* 각각에 인덱스 *I*1, *I*2가 있다면, 공식 $\frac{1}{\mathrm{MAX}(NKeys(I1), NKeys(I2))}$으로 근사할 수 있다. 이 공식은 작은 인덱스(가령 *I*1)의 각 키 값이 다른 인덱스(*I*2)에 부합하는 키 값이 있다는 가정을 하고 있다. *column1*의 값이 주어졌을 때, *column2*의 *N Keys*(*I*2) 개 값 모두가 주어진 *column1*의 값에 확률적으로는 똑같이 부합할 것이다. 따라서, *column1*에 대해 주어진 값에 *column2*에 같은 값을 갖는 투플의 개수는 $\frac{1}{NKeys(I2)}$이다.

12.7 복습문제

복습문제에 대한 해답은 괄호 안에 표시된 절에서 찾아볼 수 있다.

- *메타데이터*란 무엇인가? *시스템 카탈로그*에는 어떤 종류의 메타데이터가 저장되나? 릴레이션별로, 그리고 인덱스별로 저장되는 정보를 설명하시오. **(12.1절)**
- 카탈로그 자체도 릴레이션의 집합으로 저장되어 있다. 왜 그런가를 설명하시오. **(12.1절)**
- 관계 연산자를 처리하는 데 일반적으로 사용되는 세 가지 주요 기법들은 무엇인가? **(12.2절)**
- 접근 경로란 무엇인가? 인덱스가 검색조건과 *부합*하는 경우는 언제인가? **(12.2.2절)**
- 셀렉션을 처리하는 주요 방법은 무엇인가? 특히 인덱스의 사용에 대해 논의하시오.

(12.3.1절)

- 프로젝션을 처리하는 주요 방법은 무엇인가? 프로젝션을 고비용을 만들 수 있는 주요한 요인은 무엇인가? **(12.3.2절)**
- 조인을 처리하는 주요 방법들은 무엇인가? 왜 조인이 비용이 많이 드는가? **(12.3.3절)**
- 질의 최적화의 목적은 무엇인가? 최적의 계획을 찾게 되는가? **(12.4절)**
- DBMS는 관계 질의 처리 계획을 어떻게 표현하는가? **(12.4.1절)**
- *파이프라인식 처리*란 무엇인가? 그것의 장점은 무엇인가? **(12.4.2절)**
- 연산자와 접근 경로를 위한 반복자 인터페이스에 대해 설명하시오. 그 목적은 무엇인가? **(12.4.3절)**
- 하나의 질의에 대해 여러 대안 계획들의 비용에 왜 차이가 많이 날 수 있는지 설명하시오. 셀렉션을 먼저 수행하는 방법, 조인 방법의 선택, 적절한 인덱스의 존재 유무가 미치는 영향에 대해 구체적인 예를 들어 설명하시오. **(12.5절)**
- 질의 최적화에서 관계대수 동등성의 역할은 무엇인가? **(12.6절)**
- 일반적인 관계 질의 최적화기에 의해 고려되는 계획 공간은 무엇인가? 그 계획 공간을 선택한 이유는 무엇인가? **(12.6.1절)**
- 계획의 비용은 어떻게 추정되나? 시스템 카탈로그의 역할은 무엇인가? 접근 경로의 *선택도*는 무엇이며, 계획의 비용에 어떤 영향을 미치나? 계획의 결과 크기를 추정하는 것이 왜 중요한가? **(12.6.2절)**

연습문제

문제 12.1 다음 질문들에 간단히 답하시오.

1. 관계 연산자를 위한 알고리즘을 개발할 때 주로 사용되는 세 가지 기법을 설명하시오. 이 기법들이 셀렉션, 프로젝션, 조인 연산을 위한 알고리즘을 설계할 때 어떻게 사용될 수 있는지 설명하시오.
2. 접근 경로란 무엇인가? 인덱스는 언제 접근 경로와 부합하는가? *기본 논리곱*이란 무엇이며, 왜 중요한가?
3. 시스템 카탈로그에는 어떤 정보가 저장되는가?
4. 시스템 카탈로그를 릴레이션으로 구성할 때의 장점을 무엇인가?
5. 질의 최적화의 목적은 무엇인가? 왜 최적화가 중요한가?
6. *파이프라이닝*과 그 장점들을 기술하시오.
7. 파이프라이닝이 *사용될 수 없는* 질의와 실행계획의 예를 보이시오.
8. *반복자* 인터페이스와 그 장점들을 기술하시오.
9. 데이터베이스에서 수집한 통계정보는 질의 최적화에 어떤 역할을 하는가?

10. System R 최적화기에 채택된 중요한 설계사항들은 무엇인가?
11. 질의 최적화기는 왜 좌심(left-deep) 조인 트리만 고려하는가? 이 제약 때문에 고려되지 않는 계획을 예제 질의를 이용해서 보이시오.

문제 12.2 5백만 건의 레코드를 갖고, 각 데이터 페이지는 10개의 레코드를 포함하고 있는 릴레이션 R(*a,b,c,d,e*)이 있다고 하자. R은 보조 인덱스를 가진 정렬 파일로 구성되어 있다. *R.a*는 R의 후보키로써 0부터 4,999,999 사이의 값을 가지며, R은 *R.a* 순서로 정렬되어 있다. 아래에 주어진 각각의 관계대수 질의에 대해, 다음 중 어떤 접근 경로가 가장 비용이 적게 드는지를 서술하시오.

- R의 정렬 파일을 직접 접근
- 애트리뷰트 *R.a*에 정의된 (클러스터링된) B+ 트리 인덱스
- 애트리뷰트 *R.a*에 정의된 선형 해시 인덱스

1. $\sigma_{a<50,000}(R)$
2. $\sigma_{a=50,000}(R)$
3. $\sigma_{a>50,000 \wedge a<50,010}(R)$
4. $\sigma_{a \neq 50,000}(R)$

문제 12.3 다음 각 SQL 질의의 결과를 구하기 위해, 각 릴레이션별로 반드시 검사해야 하는 애트리뷰트들을 나열하시오. 모든 질의는 다음 릴레이션들을 참조한다.

Emp(<u>*eid:* `integer`</u>, *did:* `integer`, *sal:* `integer`, *hobby:* `char(20)`)
Dept(<u>*did:* `integer`</u>, *dname:* `char(20)`, *floor:* `integer`, *budget:* `real`)

1. `SELECT` * `FROM` Emp
2. `SELECT` * `FROM` Emp, Dept
3. `SELECT` * `FROM` Emp E, Dept D `WHERE` E.did = D.did
4. `SELECT` E.eid, D.dname `FROM` Emp E, Dept D `WHERE` E.did = D.did

문제 12.4 Sailors 릴레이션을 가진 다음 스키마를 보자.

Sailors(<u>*sid:* `integer`</u>, *sname:* `string`, *rating:* `integer`, *age:* `real`)

다음의 각 인덱스가 주어진 셀렉션 조건에 부합하는가? 부합한다면, 기본 논리곱을 기술하시오.

1. 탐색 키 Sailors.sid를 가진 B+ 트리 인덱스

   (a) $\sigma_{Sailors.sid<50,000}(Sailors)$
   (b) $\sigma_{Sailors.sid=50,000}(Sailors)$

2. 탐색 키 Sailors.sid를 가진 해시 인덱스

   (a) $\sigma_{Sailors.sid<50,000}(Sailors)$
   (b) $\sigma_{Sailors.sid=50,000}(Sailors)$

3. 탐색 키 Sailors.sid, Sailors.age를 가진 B+ 트리 인덱스

(a) $\sigma_{Sailors.sid<50,000 \wedge Sailors.age=21}(Sailors)$
(b) $\sigma_{Sailors.sid=50,000 \wedge Sailors.age>21}(Sailors)$
(c) $\sigma_{Sailors.sid=50,000}(Sailors)$
(d) $\sigma_{Sailors.age=21}(Sailors)$

4. 탐색 키 Sailors.sid, Sailors.age를 가진 해시 인덱스

(a) $\sigma_{Sailors.sid=50,000 \wedge Sailors.age=21}(Sailors)$
(b) $\sigma_{Sailors.sid=50,000 \wedge Sailors.age>21}(Sailors)$
(c) $\sigma_{Sailors.sid=50,000}(Sailors)$
(d) $\sigma_{Sailors.age=21}(Sailors)$

문제 12.5 릴레이션 Sailors를 갖는 스키마를 다시 보자.

Sailors(*sid:* `integer`, *sname:* `string`, *rating:* `integer`, *age:* `real`)

Sailors의 각 투플의 길이는 50 바이트이며, 각 페이지는 80개의 Sailor 투플을 저장할 수 있으며, Sailors 테이블에는 500개의 페이지가 있다고 하자. 각 문제에서 주어진 카탈로그 정보를 이용해서, 각각의 셀렉션 조건에 대해 검색되는 페이지 수를 추정하시오.

1. 탐색키 Sailors.sid에 대해 B+ 트리 인덱스 *T*가 있으며, *IHeight*(*T*) = 4, *INPages*(*T*) = 50, *Low*(*T*) = 1, 그리고 *High*(*T*) = 100,000으로 가정

(a) $\sigma_{Sailors.sid<50,000}(Sailors)$
(b) $\sigma_{Sailors.sid=50,000}(Sailors)$

2. 탐색키 Sailors.sid에 대해 해시 인덱스 *T*가 있으며, *IHeight*(*T*) = 2, *INPages*(*T*) = 50, *Low*(*T*) = 1, 그리고 *High*(*T*) = 100,000으로 가정

(a) $\sigma_{Sailors.sid<50,000}(Sailors)$
(b) $\sigma_{Sailors.sid=50,000}(Sailors)$

문제 12.6 12.3.3.절에 설명된 두 조인 방법을 고려해보자. 두 릴레이션 *R*과 *S*를 조인한다고 가정하며, 시스템 카탈로그는 *R*과 *S*에 대해 적절한 통계정보를 갖고 있다고 가정하자. 12.1절에 나와 있는 시스템 카탈로그의 적당한 변수들을 사용해서, 인덱스 중첩루프 조인과 정렬합병 조인을 위한 비용 추정 공식을 작성하시오. 인덱스 중첩루프 조인의 경우, B+ 트리 인덱스와 해시 인덱스를 고려하시오(해시 인덱스의 경우, 부합하는 투플의 rid를 포함하는 인덱스 페이지를 검색하는데, 평균 1.2번의 입출력이 필요하다고 가정).

노트: 이 장에서 다룬 내용들에 대한 부연 설명은 14장과 15장에서 다룬다.

참고문헌 소개

14장과 15장에 있는 참고문헌 소개를 참고

13 외부 정렬

☞ DBMS에서 정렬이 왜 중요한가?

☞ 메모리내 정렬과 디스크를 이용한 정렬이 왜 다른가?

☞ 외부 합병정렬(external merge-sort)은 어떻게 동작하는가?

☞ 블록단위 입출력(blocked I/O)과 중첩된(overlapped) I/O 기법들이 외부 정렬 알고리즘 설계에 어떤 영향을 미치는가?

☞ 정렬된 순서로 레코드를 추출하기 위해 B+ 트리를 언제 활용할 수 있는가?

➜ **주요 개념:** 동기(motivation), 대량 적재(bulk-loading), 중복제거(duplicate elimination), 정렬합병 조인(sort-merge joins); 외부 합병 정렬(external merge sort), 정렬 런(sorted runs), 런 합병(merging runs); 교체 정렬(replacement sorting), 런 길이 증가(increasing run length); 입출력 비용 대 입출력 회수(I/O cost versus number of I/Os), 블록 단위 입출력(blocked I/Os), 이중버퍼링(double buffering); B+ 트리를 이용한 정렬(B+ trees for sorting), 클러스터링 효과(impact of clustering).

Good order is the foundation of all things.

— Edmund Burke

상용 관계 DBMS에서 정렬: IBM DB2, Informix, Microsoft SQL Server, Oracle 8, 그리고 Sybase ASE 모두 외부 합병 정렬을 사용한다. Sybase ASE는 정렬을 위한 *프로시듀어 캐시*라 불리는 메모리 파티션을 사용한다. 이 공간은 최근에 수행된 저장 프로시듀어(stored procedure)를 위한 계획을 컴파일, 수행, 캐싱하기 위해 사용되는 주기억공간 영역이다. 이 공간은 버퍼 풀의 영역은 아니다. IBM, Informix, Oracle에서도 정렬을 위한 별도의 주기억공간을 사용한다. 반면, Microsoft와 Sybase IQ는 정렬을 위해서 버퍼 풀 프레임을 사용한다. 이들 시스템 모두는 이용 가능한 주기억공간보다 큰 런을 생성하는 최적화 기법을 사용하지 않는데, 그 이유는 가변 길이 레코드가 존재하는 경우 효과적으로 구현하기가 힘들기 때문이다. 이들 시스템 모두에서, 입출력을 비동기식이고, 프리페칭 기법을 사용한다. Microsoft와 Sybase ASE는 합병 정렬을 메모리내 정렬 알고리즘으로 사용하고, IBM과 Sybase IQ는 래딕스(radix) 정렬을 사용한다. 오라클은 메모리 정렬로 삽입(insertion) 정렬을 사용한다.

이 장에서는 데이터베이스에서 자주 사용되고, 상대적으로 비싼 연산, 즉 탐색키에 따른 레코드를 정렬에 대해 살펴본다. 우선 13.1절에서는 데이터베이스 시스템에서 정렬이 사용되는 다양한 용도에 대해 알아본다. 13.2절에서는 아주 간단한 알고리즘을 이용해서 외부 정렬의 아이디어—데이터에 대해 반복적인 패스를 거쳐서 대량의 데이터를 적은 양의 메모리를 이용해서 정렬 할 수 있음—를 소개한다. 이 알고리즘은 13.3절에서 실제적인 외부 정렬 알고리즘으로 일반화한다. 이 과정에서 세 가지의 주요 개선점이 논의된다. 13.3.1절에서 논의되는 첫 번째 개선점은 패스의 수를 줄이는 것이다. 나머지 두 가지 개선점은 13.4절에서 다루는데, 단순한 페이지 입출력 회수보다 더 상세한 입출력 비용 모델이 필요하다. 13.4.1절에서는 *블록단위 입출력(blocked I/O)*의 효과, 말하자면 여러 개의 페이지를 한꺼번에 읽고 쓰는 효과에 대해 논의한다. 그리고 13.4.2절에서는 입출력 연산을 끝내기 위해 기다리는 시간을 최소화하기 위한 *이중 버퍼링(double buffering)* 기술의 사용방법을 살펴본다. 13.5절에서는 B+ 트리를 이용해서 정렬하는 방법을 알아본다.

13.4절을 제외하고는, 8장에서 논의된 것처럼 비용모델로써 읽거나 쓴 페이지 수만을 세는 방법으로 입출력 비용을 고려한다. 이 장의 목표는 자세한 분석을 제공하기보다는, 핵심 아이디어를 소개하기 위해 단순한 비용 모델을 사용하는 것이다.

13.1 DBMS가 언제 데이터 정렬을 하는가?

탐색키에 따라 레코드들을 정렬하는 것은 아주 유용한 연산이다. 물론, 키는 단일 애트리뷰트 또는 여러 애트리뷰트의 순서 리스트일 수 있다. 정렬은 다음과 같은 중요한 상황을 포함해서 아주 다양한 상황에서 필요하다.

- 사용자는 나이의 오름차순 등과 같이 어떤 순서에 따른 답을 원할 수 있다(5.2절).
- 레코드의 정렬은 트리 인덱스에 *대량 적재*를 위한 첫 번째 단계이다(10.8.2절).

- 정렬은 레코드들간의 *중복제거*에 유용하다(14.3절).
- 아주 중요한 관계대수 연산인 조인을 수행하는 데 널리 사용되는 알고리즘에서 정렬을 필요로 한다(14.4.2절).

주기억공간의 크기가 급격히 증가함에도 불구하고, 데이터베이스 시스템의 사용이 늘어남에 따라 데이터량도 점점 더 커지고 있는 실정이다. 정렬시켜야 할 데이터량이 너무 많아서 이용가능한 주기억공간에 다 들어갈 수 없을 때, *외부 정렬*(*external sorting*) 알고리즘이 필요하다. 이 알고리즘은 디스크 접근 비용을 최소화하고자 한다.

13.2 단순 2원 합병 정렬

외부 정렬의 기본 아이디어를 설명하기 위해 우선 간단한 알고리즘을 소개한다. 이 알고리즘은 주기억공간 3 페이지만을 활용하는데, 이는 단지 이해를 돕기 위해 소개한다. 실제로는, 주기억공간의 더 많은 페이지가 이용가능하고, 우리는 정렬 알고리즘이 이들 추가적인 메모리를 효과적으로 사용하기를 원한다. 그러한 하나의 알고리즘을 13.3절에서 설명한다. 하나의 파일을 정렬하는 과정에, 중간 단계마다 여러 개의 정렬된 서브파일들(subfiles)이 생성된다. 이 장에서는 이렇게 정렬된 각각의 서브파일을 **런**(run)이라 부르겠다.

전체 파일이 가용 주기억공간에 다 들어가지 않더라도, 파일을 더 작은 서브파일로 쪼개고, 각각의 서브화일을 정렬한 다음, 어느 시점에 가서 최소한의 주기억공간을 이용해서 이들을 합병하면 결국 전체 파일을 정렬할 수 있다. 첫 번째 패스에서, 파일에 있는 페이지들을 한 번에 하나씩 읽어 들인다. 하나의 페이지를 읽어 들인 다음에, 그 페이지내의 레코드들을 정렬해서 그 정렬된 페이지(한 페이지 크기의 정렬된 런)를 다시 디스크에 기록한다. 한 페이지 내에 있는 레코드들을 정렬할 때는 퀵 정렬 또는 아무 다른 내부 정렬 알고리즘을 사용할 수 있다. 그 다음의 패스들에서는, 앞 패스에서 생긴 런들을 두 개씩 쌍으로 읽어서 두 배의 긴 런이 되도록 *합병*한다. 이 알고리즘은 그림 13.1과 같다.

입력 파일의 페이지의 수가 2^k개라면(어떤 k에 대해);

> 패스 0은 2^k개의 한 페이지짜리 정렬된 런을 생성,
> 패스 1은 2^{k-1}개의 두 페이지짜리 정렬된 런을 생성,
> 패스 2는 2^{k-2}개의 네 페이지짜리 정렬된 런을 생성,
> 이와 같은 식으로
> 패스 k가 1개의 2^k페이지짜리 정렬된 런을 생성할 때까지 계속 반복한다.

각 패스마다 그 파일에 있는 모든 페이지를 읽고 처리한 후 디스크에 쓰게 된다. 따라서, 각 패스마다 페이지당 두 번씩의 디스크 입출력이 발생한다. N을 파일에 있는 페이지의 수라 할 때, 패스의 수는 $\lceil log_2 N \rceil + 1$이다. 따라서 총 비용은 $2N(\lceil log_2 N \rceil + 1)$이 된다.

그림 13.2는 7개의 페이지를 가진 파일에 대하여 이 알고리즘을 적용한 예를 보여주고 있다.

```
proc 2-way_extsort (file)
// Given a file on disk, sorts it using three buffer pages
// Produce runs that are one page long: Pass 0
Read each page into memory, sort it, write it out.
// Merge pairs of runs to produce longer runs until only
// one run (containing all records of input file) is left
While the number of runs at end of previous pass is > 1:
    // Pass i = 1, 2, ...
    While there are runs to be merged from previous pass:
        Choose next two runs (from previous pass).
        Read each run into an input buffer; page at a time.
        Merge the runs and write to the output buffer;
        force output buffer to disk one page at a time.

endproc
```

그림 13.1 2원 합병 정렬(Two-Way Merge Sort)

이 정렬은 총 4회의 패스가 필요한데, 각 패스마다 7개의 페이지를 읽고 쓰기 때문에 총 56번의 입출력이 필요하다. 이 값은 앞의 분석 내용과 일치하는데, $2 \cdot 7(\lceil log_2 7 \rceil + 1) = 56$이기 때문이다. 그림에서 검게 표시한 페이지는 파일이 8개의 페이지를 가질 경우 어떻게 되는가를 보여주고 있다. 패스의 수는 4번($\lceil log_2 8 \rceil + 1 = 4$) 그대로 이지만, 패스마다 한 페이지를 더 읽고 쓰기 때문에 입출력 회수는 총 64번이 된다(5개의 페이지를 가진 파일에서는 어떻게 될지 알아보기 바란다).

이 알고리즘은 그림 13.3에서 나타나 있듯이, 주기억공간에서 3개의 버퍼 페이지만 필요로 한다. 이것은 중요한 문제점을 야기한다. 즉, 가용 버퍼공간이 더 있더라도, 이 단순한 알고리즘은 그 공간을 효과적으로 이용할 수 없다는 것이다. 다음 절에서 살펴 볼 외부 합병 정렬 알고리즘은 이 문제점을 해결한다.

13.3 외부 합병 정렬

주기억공간에 B개의 버퍼 페이지를 이용가능하고, N개의 페이지로 구성된 큰 파일을 정렬해야 한다고 하자. 바로 앞 절에서 소개한 2원 합병 정렬을 어떻게 개선할 수 있을까? 지금 소개하는 일반화된 알고리즘의 기본 착상은 총 패스의 수는 최소화 하면서도 다중 패스로 진행되는 기본 구조는 그대로 유지하는 것이다. 2원 합병 정렬 알고리즘에 다음의 두 가지 중요한 변경을 가한다.

1. 패스 0에서는, 한번에 B 개씩의 페이지를 읽고 내부 정렬하여 B 개씩의 페이지로 구성된 $\lceil N/B \rceil$개의 런을 만들어 낸다(마지막 런은 예외적으로 더 적은 페이지를 가질 수 도 있다).

이 방법을 그림 13.2의 입력 파일에 이 방법을 적용한 예가 그림 13.4에 나와 있는데, 버퍼 풀의 용량은 페이지 4개이다.

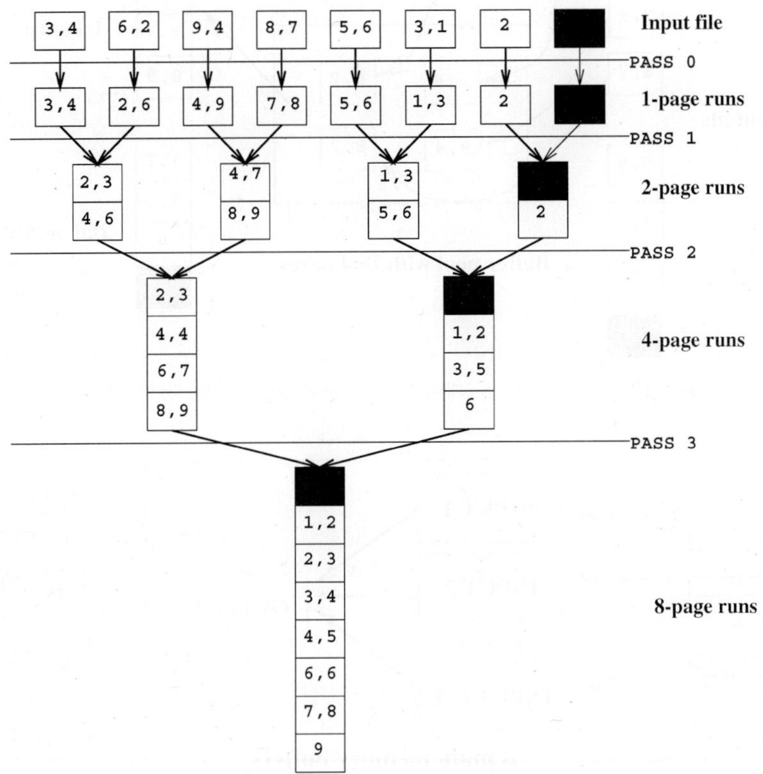

그림 13.2 2원 합병 정렬을 이용한 7개의 페이지를 가진 파일의 정렬

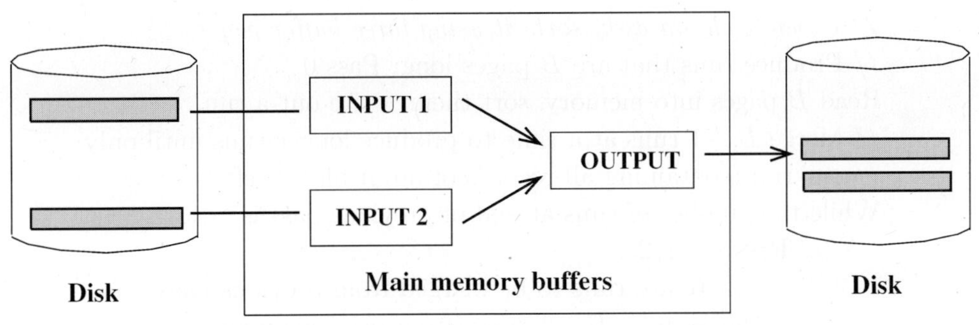

그림 13.3 3개의 버퍼 페이지를 이용한 2원 합병 정렬

2. 패스 $i = 1, 2, \ldots$ 단계에서는, 입력으로 $B-1$개의 버퍼 페이지를 사용하고, 출력에는 남은 한 페이지를 사용한다. 이렇게 해서 각 패스마다 $(B-1)$-원 합병을 하게 되는 것이다. 합병 패스에서 버퍼 페이지의 활용은 그림 13.5에 나와 있다.

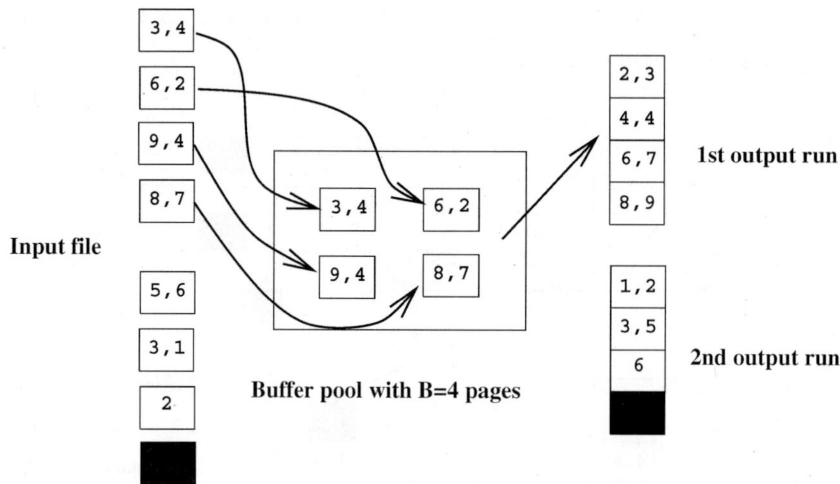

그림 13.4 B개의 버퍼 페이지를 이용한 외부 합병 정렬: 패스 0

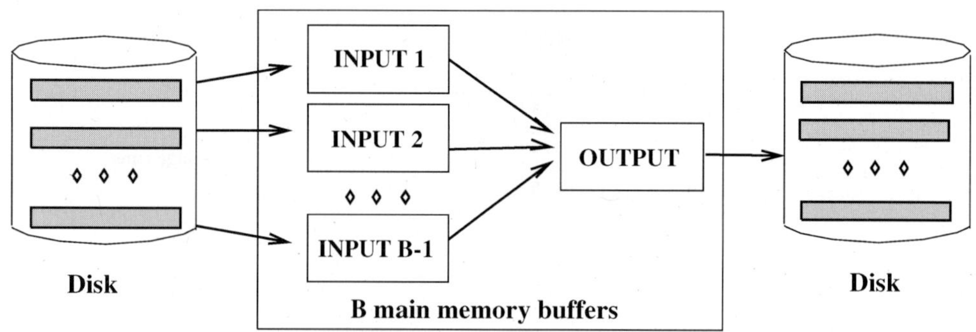

그림 13.5 B개의 버퍼 페이지를 이용한 외부 합병 정렬: 패스 $i > 0$

proc *extsort* (file)
// Given a file on disk, sorts it using three buffer pages
// Produce runs that are B pages long: Pass 0
Read B pages into memory, sort them, write out a run.
// Merge $B-1$ runs at a time to produce longer runs until only
// one run (containing all records of input file) is left
While the number of runs at end of previous pass is > 1:
    // Pass $i = 1, 2, \ldots$
    While there are runs to be merged from previous pass:
        Choose next $B-1$ runs (from previous pass).
        Read each run into an input buffer; page at a time.
        Merge the runs and write to the output buffer;
        force output buffer to disk one page at a time.

endproc

그림 13.6 외부 합병 정렬

첫 번째의 수정은 패스 0에서 생성되는 런의 수를 $N1 = \lceil N/B \rceil$로 줄이는데, 2원 합병에서는 패스 0에서 생성되는 런의 수가 N이었다.[1] 두 번째의 수정은 더 중요하다. $(B-1)$-원 합병을 하기 때문에 패스의 수를 획기적으로 줄이는데, 첫 패스까지 포함해서, 앞의 2원 합병의 $\lceil log_2 N \rceil + 1$에 비해, $\lceil log_{B-1} N1 \rceil + 1$이 된다. B가 일반적으로 상당히 크기 때문에 줄어드는 양은 상당할 것이다. 그림 13.6은 외부 합병 정렬 알고리즘을 보여준다.

예를 들어, 5개의 버퍼 페이지가 이용가능하고, 108개의 페이지로 구성된 파일을 정렬한다고 하자.

> 패스 0은 22개($= \lceil 108/5 \rceil$)의 정렬된 런을 만들어 내는데, 각 런은 5개의 페이지로 구성되고, 마지막 런만 3개의 페이지로 구성된다. 패스 1은 4원 합병을 통하여 6개($= \lceil 22/4 \rceil$)의 정렬된 런을 만드는데, 각 런은 20개의 페이지로 구성되고, 마지막 런만 8개의 페이지로 구성된다. 패스 2는 페이지 80개짜리 런 하나와 페이지 28개짜리 런 하나, 총 $\lceil 6/4 \rceil = 2$ 개의 정렬된 런을 만들어 낸다. 패스 3은 패스2에서 만들어 낸 두 런을 합병하여 정렬된 파일을 만들어 낸다.

각 패스마다 108개의 페이지를 읽고 쓴다. 따라서, 총 비용은 $2 \cdot 108 \cdot 4 = 864$번의 입출력이 된다. 앞의 공식에 대입해 보면, 예상대로 $N1 = \lceil 108/5 \rceil = 22$, 비용 $= 2 \cdot N \cdot (\lceil log_{B-1} N1 \rceil + 1) = 2 \cdot 8 \cdot (\lceil log_4 22 \rceil + 1) = 864$의 값을 얻는다.

가용 버퍼를 모두 활용함으로써 얻는 잠재적인 이득을 강조하기 위해, 그림 13.7은 다양한 N과 B의 값에 대해 앞의 공식을 적용해서 정렬에 필요한 패스의 수를 보여준다. 비용은 패스의 수에 2N을 곱해서 구한다. 실제로는, 가용 버퍼가 257개 이상이 되겠지만, 이표는 합병 과정에서 높은 진입차수(fan-in)의 중요성을 잘 보여주고 있다.

N	$B=3$	$B=5$	$B=9$	$B=17$	$B=129$	$B=257$
100	7	4	3	2	1	1
1000	10	5	4	3	2	2
10,000	13	7	5	4	2	2
100,000	17	9	6	5	3	3
1,000,000	20	10	7	5	3	3
10,000,000	23	12	8	6	4	3
100,000,000	26	14	9	7	4	4
1,000,000,000	30	15	10	8	5	4

그림 13.7 외부 합병 정렬의 패스 수

물론, 다원 합병의 CPU 비용이 2원 합병의 비용보다 클 수도 있지만, 일반적으로는 입출력 비용이 대부분을 차지하는 경향이 있다. $(B-1)$-원 합병 할 때에는 합병할 $B-1$개의 런 중에서 '가장 낮은' 레코드를 골라서 출력 버퍼로 보내는 작업을 반복하여야 한다. 이 작업은

[1] 버퍼 페이지 내의 데이터를 정렬하는 데 사용되는 기법은 외부 정렬과는 서로 독립적이라는 점을 주목하자. 예를 들어, 버퍼 페이지 내의 레코드 정렬을 위해 퀵 정렬(Quicksort)을 사용할 수도 있다.

$B-1$개의 입력버퍼 각각에 (남아 있는) 첫 번째 레코드들을 단순히 비교해 보면 된다. 실제로는, B가 큰 경우에는 좀 더 복잡한 기술이 사용될 수 도 있는데, 여기서는 다루지 않는다. 또한 간단히 살펴보겠지만, 버퍼 페이지를 활용하여 입출력 비용을 줄이는 다른 방법들도 있다. 이 기법들은 각 입력(및 출력) 런에 대하여 추가 페이지를 할당함으로써, 각 패스에서 합병되는 런의 수를 버퍼 페이지 B의 수보다 훨씬 작게 만든다.

13.3.1 런 수를 최소화하기

패스 0에서는 한번에 B 개씩의 페이지를 읽고 내부 정렬하여 B 개씩의 페이지로 된 $\lceil N/B \rceil$개의 런(더 적은 페이지를 포함할 수 도 있는 마지막 런을 제외하고는)을 만들어 낸다. **교체 정렬**(replacement sort)이라 불리는 좀 더 적극적인 구현에서는 평균적으로 대략 $2 \cdot B$ 개의 내부 정렬된 페이지로 런을 구성하여 기록할 수 있다. 이 방법은 다음과 같다. 우선 정렬할 파일 R의 페이지를 버퍼가 찰 때까지 읽어 들이는데, 가용한 버퍼에서 (예를 들어) 한 페이지는 입력 버퍼로, 한 페이지는 출력 버퍼로 사용하기 위해 남겨둔다. 이렇게 입력 버퍼 또는 출력 버퍼에도 속하지 않는 $B-2$ 개 페이지의 R 투플들을 *현재집합*(*current set*)이라 부르겠다. 가령 파일을 어떤 탐색 키 k에 대하여 오름차순으로 정렬한다고 하자. 그러면 투플들은 k 값이 커지는 순서에 따라 출력 버퍼에 추가된다.

아이디어는 현재집합 내에서 가장 작은 k 값을 갖지만, 출력 버퍼에 있는 가장 큰 k 값보다는 큰 투플을 골라내어 출력버퍼에 추가하는 것이다. 출력 버퍼가 정렬 상태를 유지하기 위해서는, 선택된 투플의 k 값이 출력버퍼의 현재 가장 큰 k 값보다 크거나 같아야 한다는 조건을 만족시켜야 한다. 현재집합 내에서 이 조건을 만족시키는 모든 투플 k 값이 가장 작은 투플을 하나 선택해서 출렵버퍼에 추가한다. 이 투플을 출력버퍼로 옮기게 되면, 현재집합에 공간이 생기는데, 이 공간은 다음 입력 투플을 현재집합에 추가하는 데 사용한다(편의상 모든 투플의 크기가 같다고 가정한다). 그림 13.8은 이 과정을 보여준다. 현재 집합에서 출력 버퍼에 다음 번에 추가될 투플과 출력 버퍼에 가장 최근에 추가된 투플을 강조해서 표시해두었다.

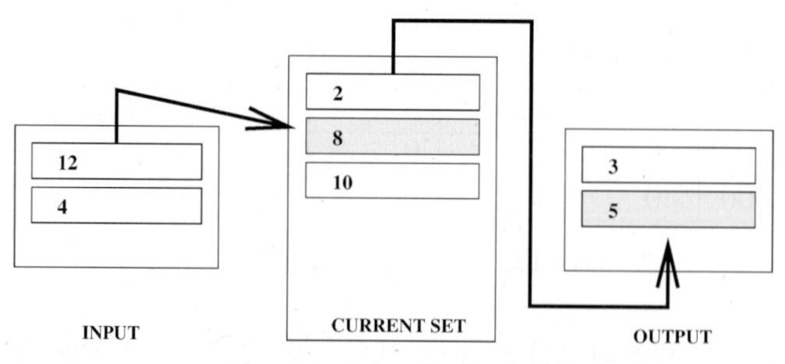

그림 13.8 더 긴 런 생성하기

이런 식으로 입력 버퍼의 투플을 모두 소비하고 나면, 파일의 다음 페이지를 읽어 들인다. 물론, 출력 버퍼도 가득 차면 디스크에 기록을 함으로써, (디스크 상에서 만들어지고 있는) 현재 런은 점점 더 커지게 된다.

여기에서 중요한 질문은 "언제 현재 런을 끝내고 다음 런을 시작해야 하는가?"이다. 가장 최근에 출력 버퍼에 추가된 투플보다 큰 *k* 값을 갖는 어떤 투플 *t*가 현재집합 내에 있는 한, *t*를 출력 버퍼에 추가할 수 있고, 현재 런은 계속 확장될 수 있다.[2] 그림 13.8에서, 현재 집합에서 가장 큰 출력 투플($k = 5$)보다 *k* 값이 더 작은 투플($k = 2$)이 있지만, 현재집합에는 가장 큰 출력 투플보다 더 큰 투플($k = 8$)도 있기 때문에 현재 런은 확장될 수 있다.

현재집합의 모든 투플이 출력 버퍼의 가장 큰 투플보다 작게 되면, 출력버퍼를 기록하고, 현재 런의 마지막 페이지로 삼는다. 그리고는 새로운 런을 시작해서 입력버퍼로부터 현재 집합으로 또, 현재집합에서 출력 버퍼로 투플들을 쓰는 싸이클을 계속한다. 이 알고리즘으로는 평균적으로 약 $2 \cdot B$ 개 페이지 크기의 런들을 만들어 낸다고 알려져 있다.

이 교체정렬 방법은 상용 데이터베이스 시스템에서는 아직 구현되지 않고 있는데, 왜냐하면 이 방법을 사용하면 가변 길이 레코드의 경우 정렬을 위한 주기억공간을 관리하는 것이 힘들기 때문이다. 그러나, 이와 관련한 최근 연구 결과를 활용해서 상용 시스템에서도 교체 정렬을 사용할 수 있게 되었다.

13.4 입출력 비용 대 입출력 회수 최소화하기

우리는 지금까지는 페이지 입출력의 회수를 비용 측정의 기준으로 사용해 왔다. 그러나 이 기준은 *블록단위* 입출력의 효과를 무시하기 때문에 실제 입출력 비용의 근사치에 불과하다.—블록단위 입출력은, 8장에서 설명한 바와 같이, 연속된 페이지들에 대해 단일 입출력 요청을 함으로써, 각 페이지별로 독립적인 입출력 요청을 하는 것보다 훨씬 비용이 적게 든다. 이 차이는 외부 정렬 알고리즘에서도 몇 가지 매우 중요한 영향을 미친다.

더구나, 입출력을 수행하는 데에 걸리는 시간은 알고리즘 수행시간의 시간의 일부에 불과하다. 우리는 CPU 비용도 함께 고려해야 한다. 입출력 시간이 전체 시간의 대부분을 차지하지만, 레코드 처리 시간도 무시할 수 없기 때문에 최대한 줄이는 것이 좋다. 특히, 입출력 연산이 진행되는 동안에 CPU를 활용하는 *이중버퍼링*(*double buffering*)이라는 기법을 이용할 수 있다.

이 절에서는 블록단위 입출력과 이중버퍼링을 이용하여 외부 정렬 알고리즘을 어떻게 개선할 수 있는지 알아본다. 이러한 최적화가 좋다는 것을 이해하려면 비용 측정 기준으로 입출력 회수만 보아서는 안 된다. 이러한 최적화 기법들은, 14장에서 다룰 조인과 같이 입출력을 많이 필요로 하는 다른 연산들에도 역시 적용 가능하다.

13.4.1 블록단위 입출력

페이지 입출력의 회수를 비용 측정의 기준으로 삼을 경우에는, 정렬 알고리즘의 목표는 분

---

[2] *B*의 값이 큰 경우에, 버퍼 풀 내의 투플들을 조직하기 위한 적절한 메모리내 자료구조가 사용되지 않으면, 그러한 투플 *t*를 찾기 위한 CPU 비용이 많이 들 수가 있다. 이 문제는 더 이상 깊이 다루지 않겠다.

명히 패스 수를 최소화하는 것이어야 하는데, 왜냐하면 정렬 알고리즘의 패스마다 해당 파일의 페이지를 모두 한번씩 읽고 쓰기 때문이다. 그러므로, 합병할 입력 런마다 버퍼 풀 페이지를 하나씩만 할당하고 합병의 출력에서도 버퍼 페이지를 하나씩만 할당하는 식으로 합병의 진입차수를 최대화하는 것이 합리적이다. 이렇게 되면 버퍼 풀에 이용 가능한 페이지의 수를 B라고 할 때 $B-1$의 런을 합병할 수 있게 된다. 그런데 *페이지 하나*를 읽거나 쓰는 평균 비용을 줄이는 블록단위 접근의 효과를 고려하면, 여러 페이지 단위로 읽고 쓰는 것이 더 나은 지를 고려해 보아야 한다.

b 개 페이지로 이루어진 **버퍼블록**(buffer block) 단위로 입출력을 한다고 하자. 그러면 입력 런마다 하나씩의 버퍼블록을 할당해야 하고 합병의 출력에도 하나의 버퍼 블록을 할당해 주어야 하기 때문에, 패스 당 최대 $\lfloor \frac{B-b}{b} \rfloor$ 개의 런만 합병할 수 있다. 예를 들어, 버퍼페이지가 10개 있다면 한 페이지짜리 입력과 출력버퍼 블록을 이용하여 한번에 9개의 런을 합병할 수도 있고 두 페이지짜리 입력과 출력 버퍼블록을 이용하여 한번에 4개의 런을 합병할 수도 있다. 그렇지만 버퍼블록을 크게 잡으면 패스가 많아지게 되고 그 증가된 패스마다 파일의 모든 페이지를 한번씩 읽고 쓰기를 반복해야 한다. 이 예에서는 각 합병 패스가 런의 수를 1/9만큼 줄이는 것이 아니라 1/4로 줄이게 된다. 그러므로 페이지 입출력의 회수는 증가한다. 이것은 페이지 당 입출력 비용을 줄이는 대가이며, 외부 정렬 알고리즘을 설계할 때 반드시 고려해야 하는 사항이다.

그렇지만 실제적인 경우에는 현재의 주기억공간의 용량이 충분하기 때문에, 블록단위 입출력을 사용하더라도 파일이 아주 크지 않다면 대개 두 번의 패스만으로 정렬시킬 수 있다. B 개의 버퍼 페이지가 있고, 블로킹 인수(blocking factor)가 b라고 하자. 즉 한번에 b개의 페이지씩 읽고 쓰며, 입력과 출력 버퍼 블록 모두 b 개의 페이지 크기이다. 13.3.1절의 최적화 기법을 사용하면, 첫 번째 패스에서는 약 $N2 = \lceil N/2B \rceil$개의 정렬된 런(각 2B 페이지 크기)을 생성하며, 최적화 기법을 이용하지 않는 경우에는 B 페이지 크기의 정렬된 런이 약 $N1 = \lceil N/B \rceil$개 생긴다. 이 절에서는 최적화 기법을 사용한다고 가정한다.

다음의 패스에서는 한번에 $F = \lfloor B/b \rfloor - 1$개의 런을 합병할 수 있다. 따라서 총 패스의 수는 $1 + \lceil log_F N2 \rceil$가 되며, 각 패스마다 그 파일의 모든 페이지를 한번씩 읽고 쓴다. 그림 13.9는

N	$B = 1000$	$B = 5000$	$B = 10,000$	$B = 50,000$
100	1	1	1	1
1000	1	1	1	1
10,000	2	2	1	1
100,000	3	2	2	2
1,000,000	3	2	2	2
10,000,000	4	3	3	2
100,000,000	5	3	3	2
1,000,000,000	5	4	3	3

그림 13.9 외부 합병 정렬에 필요한 패스 수: 블록 크기 $b = 32$일 경우

블로킹 인수 b = 32 페이지의 경우, 다양한 파일의 크기 N과 버퍼 페이지의 수 B에 대해 필요한 패스의 수를 구해 본 것이다. 정렬을 위해 5,000 페이지 정도의 주기억공간을 기대하는 것은 합리적이다. 왜냐하면 한 페이지 크기가 4KB라고 하면 5,000페이지라도 20MB 밖에 되지 않기 때문이다(버퍼 페이지가 50,000개인 경우 1561-원 합병을, 10,000 개인 경우 311-원 합병을, 5,000개의 경우 155-원 합병을, 그리고 1,000개라면 30-원 합병을 할 수 있다).

입출력 비용을 계산하려면 읽고 쓸 32 페이지 크기 블록의 수를 구해서 여기에 32 페이지 크기 블록을 입출력하는 비용을 곱해야 한다. 블록단위 입출력의 회수는 전체 페이지 입출력의 회수(패스의 수 곱하기 파일에 속한 페이지의 수)를 구하여 블록 크기인 32로 나누면 된다. 32-페이지 블록단위 입출력 비용은, 8장에서 설명한 바와 같이, 첫 번째 페이지에 대한 탐색시간 및 회전지연시간에 32개 페이지의 전송시간을 더한 것과 같다(8장 참조). 블록단위 입출력의 장점을 이해하기 위해, 5,000개의 버퍼 페이지를 이용해서 블록 크기를 달리하면서(가령 b = 1, 32, 64 등), 그림 13.9에 언급된 다양한 크기의 파일들의 정렬에 드는 총 입출력 비용을 계산해 보기 바란다.

13.4.2 이중버퍼링

입력 블록에 있는 투플들을 모두 소비하고 나면 외부 정렬 알고리즘에서 어떤 일이 일어날지 생각해 보자. 해당 입력 런의 다음 블록에 대한 입력 요청을 제기하게 되고 그 입력이 완료될 깨까지는 수행을 멈추어야만 한다. 즉, 블록 하나를 읽는 동안 CPU는 아무런 작업도 하지 않는다(수행중인 다른 작업이 없다고 가정할 경우). CPU는 입출력 연산을 만날 때마다 완료가 될 때까지 대기하여야 하므로 알고리즘의 전체 소요 시간은 상당히 길어지게 된다. 이 현상의 영향은 점점 더 중요해지는데, 왜냐하면 CPU 속도가 입출력 속도보다 상대적으로 빨라지는 장기적인 경향 때문이다. 따라서 입출력 요청이 수행되는 동안에도 CPU가 계속해서 일을 하도록 하는 것이 바람직하다. 즉, CPU의 수행과 입출력을 중첩시킨다. 현재의 하드웨어는 이러한 중첩 연산을 지원해 주므로 알고리즘이 이러한 기능을 이용할 수 있도록 설계하는 것이 바람직하다.

외부 정렬에서, 각 입력버퍼 마다 추가적인 페이지를 할당함으로써 이러한 중첩 연산을 실현할 수 있다. 블록 크기를 b = 32로 잡았다고 하자. 아이디어는 각 입력 버퍼마다(그리고 출력버퍼에) 32페이지 블록을 하나씩 더 추가 할당하는 것이다. 그러면, 32페이지 블록의 모든 투플을 모두 소비했을 때 CPU는 해당 런의 두 번째, '이중' 블록으로 전환해서 작업을 계속할 수 있다. 그러는 동안에 앞의 빈 블록을 채우기 위한 입출력 요청을 제기하면 된다. 따라서, 만일 한 블록을 읽어 들이는 시간보다 CPU가 블록을 처리하는 시간이 더 길다고 가정하면, CPU는 계속 일을 하게 된다. 대신 하나의 버퍼에 할당되는 페이지의 수는 두 배가 된다(블록 크기가 동일한 경우, 전체 입출력 비용은 동일하게 유지된다). 이러한 기법을 **이중버퍼링**(double buffering)이라고 하는데 파일 정렬에 소요되는 총 시간을 상당히 줄일 수 있다. 그림 13.10은 이러한 버퍼 페이지 사용법을 보여주고 있다.

비록 이중버퍼링이 주어진 질의에 대한 응답시간을 상당히 줄일 수 있지만, 처리율에는 큰 영향을 미치지 못하는데, 이는 하나의 질의의 입출력 연산을 끝나기를 기다리는 동안 CPU는 다른 질의를 처리함으로써 계속 일을 할 수 있기 때문이다.

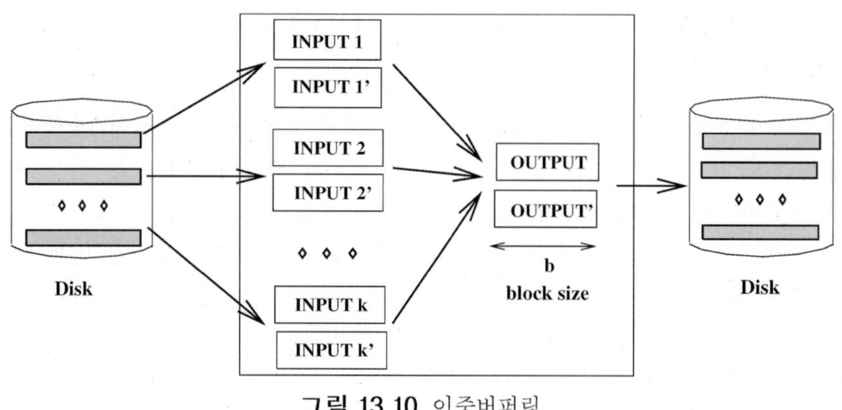

그림 13.10 이중버퍼링

13.5 B+ 트리를 이용한 정렬

파일 정렬에 이용되는 (탐색)키에 대해 B+ 트리 인덱스가 있다고 하자. 그러면 외부 정렬 알고리즘을 사용하는 대신에, B+ 트리 인덱스의 순차 집합(sequence set, 즉, 단말 페이지들의 순차)을 순회함으로써, 탐색키 순서대로 레코드들을 검색해 낼 수 있다. 이것이 좋은 방법인지의 여부는 그 인덱스의 성질에 따라 결정된다.

13.5.1 클러스터 인덱스

B+ 트리가 클러스터 인덱스라면 순차 집합을 순회하는 것은 매우 효과적이다. 탐색키의 순서는 데이터 레코드가 저장되어 있는 순서와 일치하며, 데이터 레코드 페이지 마다 그 안에 속한 모든 레코드들을 순서대로 읽어 낼 수 있다. 그림 13.11은 탐색 키 순서와 데이터 레코드 순서의 일치성을 보여주고 있는데, 그림에서는 데이터 엔트리가 <*키*, *rid*> 쌍이라고 가정하고 있다(즉, 데이터 엔트리 구성법(2)를 사용).

클러스터 B+ 트리 인덱스에서 탐색 키 순서로 데이터 레코드를 검색해 내는 비용은, 트리를 루트로부터 가장 왼쪽에 위치한 단말 노드까지 순회하는 비용(보통 입출력이 네 번을 넘지 않는다), 순차 집합의 페이지들을 검색하는 비용, 그리고 데이터 레코드를 포함하고 있는 페이지들(N 개라고 하자)을 검색하는 비용을 더한 것이다. 여기서 주목할 것은 데이터 엔트리의 순서가 데이터 레코드의 순서와 같기 때문에 어떠한 데이터 페이지도 중복해서 검색되지 않는 다는 점이다. 대개는 데이터 엔트리의 크기가 데이터 레코드의 크기보다 훨씬 작기 때문에 순차 집합의 페이지 수는 데이터 페이지의 수보다 적다. 그러므로 정렬된 순서로 레코드를 검색하는 데 클러스터 B+ 트리 인덱스를 사용하는 것은 좋은 방법이고, 그런 인덱스가 있는 경우에는 항상 이용해야 한다.

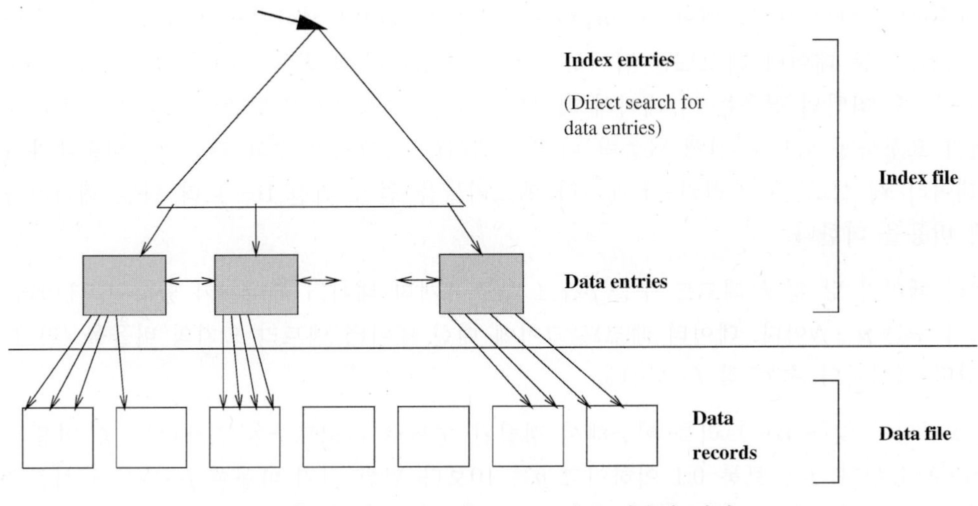

그림 13.11 클러스터 B+ 트리를 이용한 정렬

데이터 엔트리 구성법(1)을 사용하는 경우에는 어떻게 될까? 이 때에는 단말 페이지들은 실제 레코드를 포함하고 있고, 순차 집합에 있는 페이지들(총 N 개)을 검색하는 비용만 계산하면 될 것이다(B+ 트리의 공간 활용도가 약 67%라는 점을 주목해야 한다. 원칙적으로 공간 활용도를 100%까지 가질 수 있는 정렬 파일에서 데이터 레코드를 포함하기 위해 필요한 페이지 수보다 B+ 트리 인덱스의 단말 페이지들의 수가 훨씬 크다). 이 경우에는 B+ 트리를 이용하는 것이 대단히 우수하다.

13.5.2 클러스터되지않는 인덱스

만일 B+ 트리 인덱스가 정렬할 키에 대하여 클러스터되어 있지 않는 경우에는 어떨까? 그림 13.12는 데이터 엔트리가 <*키*, *rid*>라고 가정했을 때의 이러한 상황을 보여주고 있다.

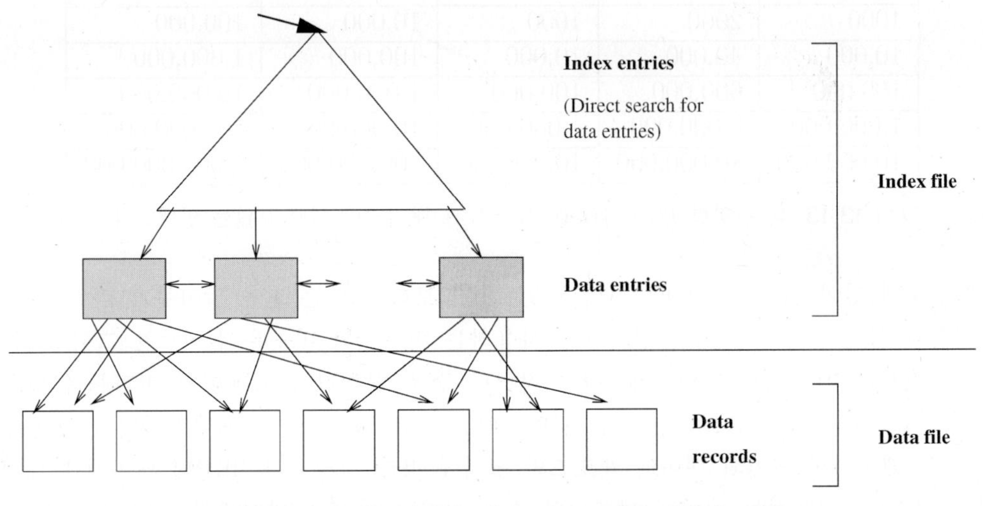

그림 13.12 클러스터되지 않는 B+ 트리를 이용한 정렬

이 경우에 한 단말 페이지내의 각 rid들이 서로 다른 데이터 페이지를 가리킬 수 있다. 이런 경우라면, 모든 데이터 레코드를 검색하는 디스크 입출력 비용은 데이터 레코드의 수와 같게 된다. 즉, 최악의 경우는 각 데이터 레코드마다 한번의 디스크 입출력을 요청하기 때문에 한번씩 요청하게 되므로 전체 입출력 비용은 데이터 레코드의 수와 같다. 이 비용에다, (해당 데이터 레코드들을 가리키는) 데이터 엔트리들을 얻기 위한 B+ 트리 단말 페이지들의 검색 비용을 더한다.

데이터 페이지 당 평균 레코드 수를 p라고 하고 N개의 데이터 페이지가 있다면, 데이터 레코드의 수는 $p \cdot N$이다. 데이터 레코드 크기에 대한 데이터 엔트리 크기의 비율을 f라고 하면 단말 페이지의 수는 약 $f \cdot N$이다.

클러스터되지 않는 B+ 트리를 이용해서 정렬된 순서로 레코드들을 검색하는 총 비용은 $(f + p) \cdot N$이 된다. f는 보통 0.1 이하이고 p는 10보다 훨씬 크기 때문에 $p \cdot N$을 근사값으로 취해도 된다. 실제로는 한 단말 페이지에 속한 몇 개의 rid들이 같은 페이지를 가리킬 수도 있고, 더구나 어떤 페이지들은 버퍼 풀에 존재하기 때문에 입출력을 유발시키지 않을 수도 있으므로, 총 비용은 이보다 약간 더 적을 수도 있다. 그럼에도 불구하고, 클러스터되지 않은 B+ 트리 인덱스를 이용한 정렬의 유용성은 데이터 엔트리의 순서와 실제 데이터 레코드의 저장순서 간의 일치 정도에 따라 결정되는데, 이는 순전히 데이터 레코드들의 물리적 순서에 의해 결정된다.

그림 13.13은 외부 정렬과 클러스터되지 않은 B+ 트리 인덱스를 이용한 파일의 정렬 비용을 비교하고 있다. 클러스터되지 않은 인덱스의 비용은 최악의 경우를 나타낸 것인데 근사식 $p \cdot N$을 사용하였다. 클러스터 인덱스를 이용할 때의 비용은 데이터 레코드 페이지 수인 N과 거의 같다는 사실과 비교해 보기 바란다.

N	Sorting	$p = 1$	$p = 10$	$p = 100$
100	200	100	1000	10,000
1000	2000	1000	10,000	100,000
10,000	40,000	10,000	100,000	1,000,000
100,000	600,000	100,000	1,000,000	10,000,000
1,000,000	8,000,000	1,000,000	10,000,000	100,000,000
10,000,000	80,000,000	10,000,000	100,000,000	1,000,000,000

그림 13.13 외부 정렬 (B = 1000, b = 32) 대 클러스터되지 않는 인덱스의 비용

실제 경우에 있어서는 p는 100에 가깝고 B는 1000보다 크다는 점을 알아두기 바란다. 정렬의 비용과 클러스터 되지 않은 인덱스를 사용하는 비용간의 비율은 실제로는 그림 13.13에 나타난 것보다 더 낮을 수 있는데, 이는 정렬의 경우 입출력이 32페이지 버퍼블록 단위로 발생하는데 반해, 클러스터 되지 않은 인덱스의 비용은 한 번에 한 페이지씩이기 때문이다. p의 값은 페이지의 크기와 데이터 레코드의 크기에 따라 결정된다. 4KB의 페이지에 대하여 p가 10이 되기 위해서는 데이터 레코드의 평균 크기는 약 400 바이트가 되어야 한다. 실제

로 p는 대개 10보다 클 것이다.

그러므로 적당한 크기의 파일에 대해서도, 클러스터 되지 않은 인덱스를 이용한 정렬은 외부 정렬보다 분명히 나쁘다. 사실, 전체 데이터 레코드의 약 10 ~ 20% 정도만 검색하는, 예를 들어 "등급이 7보다 높은 모든 뱃사람을 구하시오"와 같은 범위 질의의 경우에도, 파일을 정렬하는 것이 클러스터되지않은 인덱스를 이용하는 것보다 훨씬 효율적 것이다.

13.6 복습문제

복습문제에 대한 해답은 괄호 안에 표시된 절에서 찾아볼 수 있다.

- 정렬을 사용하는 데이터베이스 연산에는 어떤 것들이 있나? **(13.1 절)**
- *2-원 합병 정렬* 알고리즘이 주기억공간의 3개의 페이지만을 이용해서 임의의 길이의 파일을 어떻게 정렬하는지 설명하시오. *런(run)*이 무엇인지, 어떻게 생성되고, 어떻게 합병되는지 설명하시오. 그 알고리즘의 비용을 패스의 수 그리고 패스 당 입출력 비용으로 논의하시오. **(13.2 절)**
- 일반화된 *외부 합병 정렬*이 2원 합병 정렬에 비해서 어떻게 성능을 향상시키는가? 초기 런들의 길이와 다음 합병 패스들에서 메모리가 어떻게 활용되는지를 논의하시오. 이 알고리즘의 비용을 패스의 수 그리고 패스 당 입출력 비용으로 논의하시오. **(13.3 절)**
- 초기 런들의 평균 길이를 증가시킴으로써 합병될 런들의 개수를 줄이는 *교체 정렬*에 대해 설명하시오. 이 방법은 외부 정렬의 비용에 어떤 영향을 미치는가? **(13.3.1 절)**
- *블록단위 입출력(blocked I/O)*이란 무엇인가? 연속된 페이지들의 집합에 대해 블록단위 입출력 방법이 여러 개의 독립적인 입출력 요청보다 비용이 싼가? 블로킹의 사용이 외부 정렬 알고리즘에 어떤 영향을 미치는지, 그리고 비용 공식(cost formula)을 어떻게 바꾸는가? **(13.4.1 절)**
- *이중버퍼링*이란 무엇인가? 이중버퍼링을 사용하는 동기는 무엇인가? **(13.4.2 절)**
- 파일을 정렬하고자 할 때, 같은 키에 대해 B+ 트리 인덱스가 존재한다면, 인덱스를 이용한 정렬도 가능하다. 이 방법과 임의의 순서대로 레코드를 검색해서 정렬하는 방법을 비교하시오. 클러스터 B+ 트리와 클러스터되지 않은 B+ 트리 모두 고려하시오. 그 비교로부터 어떤 결론을 내릴 수 있는가? **(13.5절)**

연습문제

문제 13.1 가장 일반적인 외부 정렬 알고리즘을 사용한다고 가정할 때, 다음 시나리오 각각에 대하여 아래 질문에 답하시오.

(a) 10,000개의 페이지로 구성된 파일과 3개의 가용 버퍼 페이지
(b) 20,000개의 페이지로 구성된 파일과 5개의 가용 버퍼 페이지
(c) 2,000,000개의 페이지로 구성된 파일과 17개의 가용 버퍼 페이지

1. 첫 번째 패스에서 얼마나 많은 런을 만들어 내게 되는가?
2. 파일을 완전히 정렬하기 위해서 얼마나 많은 패스가 필요한가?
3. 파일을 정렬하기 위한 총 입출력 비용은 얼마인가?
4. 단 2번의 패스만으로 파일을 완전히 정렬하려면 몇 개의 버퍼 페이지가 필요한가?

문제 13.2 2-원 외부 정렬을 사용한다고 가정하고 13.1의 문제에 답하시오.

문제 13.3 힙 파일에 몇 개의 레코드를 삽입한 후, 이들 레코드를 정렬하고자 한다고 하자. DBMS가 외부 정렬을 사용하고, 파일을 정렬할 때 가용 버퍼 공간을 효율적으로 사용한다고 가정하자. 여기에 새로이 적재된 파일과 그 파일 상에서 동작할 수 있는 DBMS 소프트웨어에 관한 몇 가지 유용한 정보가 있다.

> 파일의 레코드의 수는 4500개이다. 파일의 정렬 키의 길이는 4바이트이다. rid의 길이는 8바이트이고 페이지 번호의 길이는 4바이트라고 가정한다. 각 레코드의 크기는 총 48 바이트이다. 페이지 크기는 512 바이트이다. 각 페이지는 제어 정보를 12바이트씩 가지고 있다. 4개의 버퍼 페이지를 사용할 수 있다.

1. 정렬의 최초 패스 후에 몇 개의 정렬된 서브 파일들이 존재하고 각 서브 파일들의 길이는 얼마인가?
2. 이 파일을 정렬하려면 (최초 패스를 포함하여) 얼마나 많은 패스가 필요한가?
3. 이 파일을 정렬하는 총 입출력 비용은 얼마인가?
4. 레코드의 수의 관점에서, 4개의 버퍼 페이지를 이용해서 2번의 패스만으로 정렬할 수 있는 가장 큰 파일의 크기를 얼마인가? 버퍼 페이지 개수가 257인 경우에는 얼마인가?
5. 원하는 정렬 키와 같은 탐색 키를 가진 B+ 트리 인덱스가 있다고 하자. 다음의 각 경우에 대해 인덱스를 이용하여 레코드를 정렬된 순서로 검색하는 비용을 구하시오.
   - 인덱스가 데이터 엔트리 구성방법(1)을 사용한다.
   - 인덱스가 구성방법(2)를 사용하고 클러스터되어 있지 않다.(이 경우는 최악의 비용이 계산된다.)
   - 파일의 크기가 257개의 버퍼 페이지를 이용해서 외부 정렬의 두 번의 패스로 정렬할 수 있는 가장 큰 경우라면, 인덱스 사용 비용은 어떻게 바뀌는가? 클러스터 인덱스와 클러스터 되지 않은 인덱스 모두에 답하시오.

문제 13.4 평균 탐색시간이 10ms이고, 평균 회전지연시간이 5ms, 4K 크기의 페이지에 대한 전송시간이 1ms인 디스크가 있다고 하자. *연속된* 페이지들을 읽고 쓰는 경우가 아니면, 한 페이지를 읽고 쓰는 비용은 이 값들의 총합(즉, 16ms)이라고 하자. 연속된 페이지를 읽고 쓰는 경우의 비용은 평균 탐색시간, (첫 번째 페이지를 찾기 위한) 평균 회전시연시간, 그리고 (데이타 전송을 위한) 페이지 당 1ms를 더한 값이 된다. 버퍼 페이지 개수는 320개이고, 10,000,000 개의 페이지를 가진 파일을 정렬하려고 한다.

1. 왜 가상메모리를 지원하기 위해 320 페이지를 사용하는 방법, 즉 10,000,000 · 4K 바이트의 메모리를 'new'해서, 퀵 정렬과 같은 메모리 내부 정렬 알고리즘을 사용하는 것이 나쁜 아이디어인가?
2. 첫 번째 패스에서 320 페이지 크기의 정렬된 런들을 만들었다고 가정하자. 후속 합병 패스에서 다음 방법들을 사용했을 경우 비용을 계산하시오.

   (a) 319-원 합병의 경우

   (b) 1 페이지 크기인 입력버퍼 256개와 64 페이지 크기의 출력버퍼 생성 후, 256-원 합병의 경우

   (c) 16 페이지 크기인 입력버퍼 16개와 64 페이지 크기의 출력버퍼 생성 후, 16-원 합병의 경우

(d) 32 페이지 크기인 입력버퍼 8개와 64 페이지 크기의 출력버퍼 생성 후, 8-원 합병의 경우
(e) 64 페이지 크기인 입력버퍼 4개와 64 페이지 크기의 출력버퍼 생성 후, 4-원 합병의 경우

문제 13.5 버퍼 페이지의 수가 B라고 할 때, 평균 길이 $2B$의 런을 만드는 외부 정렬 알고리즘에 대한 개선점을 생각해보자. 이는 11.2.1절에서 모든 레코드들의 길이가 같다는 가정 하에 설명하였다. 왜 이 가정이 필요한지 설명하고, 가변 길이 레코드의 경우에도 사용할 수 있도록 아이디어를 확장시키시오.

프로젝트 기반 연습문제

문제 13.6 (*강사에 대한 노트*: 이 연습문제를 위해서는 추가적인 자세한 사항들이 제공되어야 함. *부록 30*을 참고하기 바람.) Minibase에 외부 합병 정렬을 구현하시오.

참고문헌 소개

Knuth의 책[442]은 정렬 알고리즘에 대한 고전적인 참고서이다. 교체 정렬을 위한 메모리 관리 기법은 [471]에 설명되어 있다. [66, 71, 223, 494, 566, 647]를 포함한 많은 논문들이 병렬 외부 정렬 알고리즘을 다루고 있다.

14

관계 연산자 수행

☞ 셀렉션 수행을 위한 대안 알고리즘들은 무엇인가? 다른 조건하에서 어떤 대안이 가장 좋은가? 복잡한 셀렉션 조건들을 어떻게 처리되나?

☞ 프로젝션에서 중복은 어떻게 제거할 수 있나? 정렬과 해싱 방법을 어떻게 비교할 수 있나?

☞ 조인 수행 알고리즘에는 어떤 것들이 있나? 다른 조건하에서 어떤 방법이 가장 좋은가?

☞ 집합 연산들(합집합, 교집합, 차집합, 크로스 프로덕트)은 어떻게 구현하나?

☞ 집단 연산과 그룹핑은 어떻게 처리하나?

☞ 버퍼 풀의 크기와 버퍼 교체 정책은 관계 연산자 수행 알고리즘에 어떤 영향을 미치나?

➜ **주요 개념:** 셀렉션(selections), CNF; 프로젝션(projections), 정렬대 해싱(sorting versus hashing); 조인(joins), 블록 중첩루프(block nested loops), 인덱스 중첩루프(index nested loops), 정렬합병(sort-merge), 해시(hash); 합집합(union), 차집합(set-difference), 중복제거(duplicate elimination); 집단연산(aggregate operations), 수행 정보(running information), 그룹으로 분할하기(partitioning into groups), 인덱스 활용(using indexes); 버퍼관리(buffer management), 동시 수행(concurrent execution), 반복적인 접근 패턴(repeated access patterns)

Now, here, you see, it takes all the running you can do, to keep in the same place. If you want to get somewhere else, you must run at least twice as fast as that!

— Lewis Carroll, *Through the Looking Glass*

이 장에서는 개별 관계 연산자들의 구현방법을 다루는데, 독자들이 DBMS가 어떻게 구현되는지를 이해하기에 충분한 정도로 상세하게 설명한다. 여기서의 논의는 12장에서 설명한 기초에 기반한다. 셀렉션 연산자의 여러 가지 대안적인 구현 방법들은 14.1절과 14.2절에서 다룬다. 이처럼 단항 연산자에 대해서도 다양한 대안들이 존재하고 이들 대안들의 성능이 차이가 많은 점을 보면 도움이 될 것이다. 14.3절에서는 또다른 관계형 단항 연산자인 프로젝션에 대해 설명한다.

다음으로 이항 연산자의 구현을 논의하는데, 14.4절에서 조인을 설명한다. 조인은 관계형 데이터베이스 시스템에서 가장 비싼 연산중의 하나이기 때문에, 조인의 구현 방법은 성능에 큰 영향을 미친다. 조인 연산자를 논의한 뒤, 14.5절에서 크로스 프로덕트, 교집합, 합집합, 차집합 등의 이항 연산자에 대해 설명한다. 14.6절에서는 관계대수의 확장인 그룹핑(grouping)과 집단 연산자를 논의한다. 마지막으로, 14.7절에서는 버퍼 관리가 관계 연산자의 비용에 어떤 영향을 미치는지 알아본다.

각 연산자의 논의는 다른 연산자들과는 대체로 독립적이다. 각 연산자에 대해 여러 가지 대안 구현기법들을 제시한다. 이 주제들을 가볍게 이해하고자 하는 독자들은 이들 중 몇 가지는 건너뛰어도 무방하다.

예비지식: 예제와 비용 계산

12장에서와 스키마를 사용해서 몇 가지의 예제 질의들을 제시한다.

Sailors(*sid:* `integer`, *sname:* `string`, *rating:* `integer`, *age:* `real`)
Reserves(*sid:* `integer`, *bid:* `integer`, *day:* `dates`, *rname:* `string`)

이 스키마는 5장에서 사용한 스키마의 변형이다. 문자열인 *rname* 필드를 Reserves에 추가했다. 직관적으로, 이 필드는 예약한 사람의 이름이다(예약된 선원 *sid*의 이름과는 다를 수 있다. 예약은 선원을 대신해서 선원이 아닌 사람에 의해 가능하다). 이 필드를 추가함으로써 좀 더 다양한 예제 질의들의 작성이 가능해진다. Reserve의 각 투플의 길이는 40바이트이고, 한 페이지는 100개의 Reserves 투플을 포함할 수 있으며, 총 페이지 수는 1000개로 가정한다. 또한, Sailors의 각 투플의 길이는 50바이트이며, 한 페이지는 80개의 Sailors의 투플을 포함하며, 그런 페이지가 500개가 있는 것으로 가정한다.

비용에 관한 논의를 이해하기 위해서는 두 가지 점을 알아두어야 한다.

- 8장에서 논의한 바와 같이, 입출력 비용만 고려하며 입출력 비용은 페이지 입출력 횟수로 측정한다. 또한, 입력 인자의 값에 대해 알고리즘의 복잡도를 표현하기 위해 big-O 표시법을 사용하는데, 독자들이 이 표시법에 익숙한 것으로 간주한다. 예들 들어, 파일 스캔의 비용은 O(*M*)이고, 여기서 *M*은 파일의 크기이다.
- 하나의 연산에 대해 여러 가지 대안 알고리즘들을 논의한다. 각 대안 알고리즘들은 결

과를 기록하는 데 똑같은 비용을 유발하기 때문에 필요한 경우가 아니면 대안들을 비교할 때 이 비용은 무시한다.

14.1 셀렉션 연산

이 절에서는 셀렉션 연산을 수행하는 다양한 알고리즘들을 설명한다. 우선 그림 14.1에 나와 있는 것처럼 셀렉션 조건이 *rname*='*Joe*'인 셀렉션 질의를 고려해보자.

```
SELECT *
FROM   Reserves R
WHERE  R.rname='Joe'
```

그림 14.1 단순 셀렉션 질의

이 질의는 릴레이션 전체를 스캔하면서 각 투플에 대해서 조건을 검사해서 조건을 만족하는 경우 결과에 추가함으로써 수행할 수 있다. Reserves 릴레이션이 1,000개의 페이지를 갖고 있기 때문에, 이 방법의 비용은 1,000번의 페이지 입출력이다. 만일 *rname*='*Joe*'를 만족하는 투플의 개수가 몇 개 없는 경우에는, 이 방법은 검색해야할 투플의 개수를 줄이는 데 셀렉션 조건을 활용하지 못하기 때문에 비용이 비싼 편이다. 이 방법을 어떻게 개선할 수 있을까? 핵심은 셀렉션 조건에 있는 정보를 활용하기 위해, 적당한 인덱스가 있는 경우 인덱스를 사용하는 것이다. 예를 들어, *rname*에 대한 B+ 트리 인덱스를 이용하면 결과를 훨씬 더 빨리 구할 수 있지만, 반면 *bid*에 대한 인덱스는 도움이 되지 않는다.

이 절의 나머지 부분에서는 릴레이션에 사용된 파일 구성과 인덱스의 활용가능성 등의 다양한 상황을 고려하고, 셀렉션 연산을 위해 적합한 알고리즘들을 논의한다. 여기에서는 $\sigma_{R.attr\ \mathbf{op}\ value}(R)$형식의 단순 셀렉션 연산에 대해서만 논의하고, 일반적인 셀렉션 연산들은 14.2에서 살펴본다. 12.2절에서 설명한 일반적인 기법들로 표현하자면, 셀렉션을 위한 알고리즘들은 반복이나 인덱싱 중의 하나를 이용한다.

14.1.1 인덱스가 없고 데이터도 정렬이 안 되어 있는 경우

$\sigma_{R.attr\ \mathbf{op}\ value}(R)$ 형식의 셀렉션 연산이 주어졌을 때, *R.attr*에 대한 인덱스가 없고 릴레이션 *R* 이 *R.attr*에 대한 정렬되어 있지도 않은 경우에는 전체 릴레이션을 스캔해야만 한다.

따라서, 가장 선택적인 접근 경로는 파일 스캔이 된다. 각 투플에 대해 조건 *R.attr* **op** *value*를 검사해서 조건이 만족되면 그 투플을 결과에 추가한다.

14.1.2 인덱스는 없지만 데이터가 정렬되어 있는 경우

$\sigma_{R.attr\ \mathbf{op}\ value}(R)$ 형식의 셀렉션 연산이 주어졌을 때, *R.attr*에 대한 인덱스는 없지만 릴레이션 *R*이 물리적으로 *R.attr*에 대하여 정렬되어 있는 경우, 해당 셀렉션 조건을 만족하는 첫 번째

투플을 찾기 위해 이진 검색을 하므로써 정렬 순서를 활용할 수 있다. 그리고, 이 위치에서 출발해서 더 이상 셀렉션 조건을 만족하지 않는 투플을 만날 때까지 *R*을 계속 스캔함으로써 해당 셀렉션 조건을 만족하는 모든 투플들을 검색할 수 있다. 이 경우의 접근 방법은 $\sigma_{R.attr}$ **op** $_{value}(R)$ 조건을 이용한 정렬 파일 스캔이다.

예를 들어, 셀렉션 조건이 *R.attr1* > 5이고 릴레이션 *R*이 *attr* 1에 대해서 오름차순으로 정렬되어 있다고 하자. 그러면 이진 탐색을 이용하여 릴레이션 *R*에서 5에 해당하는 투플의 위치로 이동한 다음 나머지 투플들을 스캔하면 된다.

이진 탐색의 비용은 $O(log_2 M)$이다. 여기에 해당되는 투플을 스캔하는 비용이 추가된다. 스캔 비용은 조건에 부합하는 투플의 수에 달려 있기 때문에 0에서 *M*까지 달라질 수 있다. 그림 14.1의 Reserves 릴레이션에 대한 셀렉션 연산에서 이진 탐색의 비용은 $log_2 1000 \approx 10$번의 입출력이 된다.

실제로는, DBMS가 인덱스 데이터 엔트리 구성법(1)을 지원한다면, 즉 데이터 레코드를 인덱스 데이터 엔트리로서 정렬할 수 있다면 릴레이션이 정렬된 파일로 유지되지 않을 확률이 높다. 데이터 레코드의 순서가 중요한 경우에는 데이터 엔트리 구성법 (1)을 적용한 B+ 트리 인덱스를 이용하는 것이 좋다.

14.1.3 B+ 트리 인덱스가 있는 경우

*R.attr*에 대한 클러스트 B+ 트리 인덱스가 있을 때, 셀렉션 조건 $\sigma_{R.attr}$ **op** $_{value}(R)$을(**op**가 등호(=)가 아닌 경우) 처리하는 가장 좋은 전략은 인덱스를 사용하는 것이다. 이 방법은, 비록 해시 인덱스보다는 조금 못하겠지만, 동등 셀렉션에 대해서도 좋은 접근 경로이다. 만일 클러스터되지않은 인덱스라면, 인덱스를 사용하는 비용은 뒤에서 자세히 설명하겠지만 셀렉션을 만족하는 투플의 수에 따라 달라진다.

인덱스는 다음과 같이 사용할 수 있다. 트리를 탐색해서 조건을 만족하는 릴레이션 *R*의 투플을 가리키는 첫 인덱스 엔트리를 찾는다. 그 다음에는 인덱스의 단말 페이지들을 스캔해서 주어진 셀렉션 조건을 만족하는 모든 인덱스 엔트리를 검색해 낸다.

각 인덱스 엔트리에 대해, *R*의 해당 투플들을 검색하면 된다(구체적으로, 데이터 엔트리 구성법(2) 또는 (3)을 사용한다고 가정한다. 만약 구성법 (1)이 사용되면, 데이터 엔트리는 실제의 투플을 포함하므로, 데이터 엔트리를 검색하기 위한 비용 이외의 추가적인 비용은 없다).

인덱스 스캔에서 조건을 만족하는 최초 단말 페이지를 찾는 데 필요한 비용은 보통 2~3회의 입출력이다. 단말 레벨의 페이지를 스캔해서 조건을 만족하는 데이터 엔트리들을 찾는 비용은 엔트리의 수에 따라 달라진다. 릴레이션 *R*에서 조건을 만족하는 투플들을 검색하는 비용은 두 가지 요소에 의존한다.

- 조건을 만족하는 투플들의 수

- 인덱스의 클러스터 여부(클러스터 B+ 트리 인덱스와 클러스터되지않은 B+ 트리 인덱스의 그림은 그림 13.11과 13.12에 있다. 그 그림들은 인덱스 종류에 상관없이 클러스터링(clustering)의 효과를 잘 보여주고 있다.

클러스터 인덱스의 경우, 조건을 만족하는 투플들을 검색하는 비용은 아마 한번의 입출력일 것이다(그런 투플들이 모두 한 페이지에 모여있을 것이기 때문에). 클러스터되지않은 인덱스의 경우, 각 인덱스 엔트리는 서로 다른 페이지에 있는 투플들을 가리킬 수 있고, 따라서 단순한 방법으로는 매 투플마다 한번의 페이지 입출력을 유발하게 된다(단 버퍼링의 효과를 배제하는 경우). (인덱스 엔트리에 있는) rid들을 *페이지번호*(*page-id*) 순으로 정렬함으로써 조건을 만족하는 *R*의 투플들의 검색을 위한 입출력 횟수를 상당히 줄일 수 있다. 이 정렬로 인해서, *R*의 페이지를 읽어들일때 이 페이지내에서 조건을 만족하는 모든 투플들이 차례로 검색된다. 조건을 만족하는 투플들의 검색비용은 결국 해당 투플들을 포함하는 *R*의 페이지 수가 된다.

Reserves 릴레이션에 대해 *rname* < '*C*%'형식의 셀렉션을 생각해 보자. 편의상 이름의 첫 번째 알파벳에 대해서 투플들의 이름이 균일하게 분포되어 있다고 가정하면, Reserves 릴레이션의 약 10% 정도의 투플이 결과에 포함될 것으로 추정할 수 있다. 이것은 전체적으로 10,000개의 투플, 100개의 페이지가 될 것이다. Reserve에 *rname* 필드에 대한 클러스터 B+ 트리 인덱스가 있는 경우에는, 조건을 만족하는 투플을 검색할 때 약 100번의 입출력을 수행하면 된다(물론 B+ 트리에서 루트로부터 최초의 단말 페이지까지 탐색하기 위한 몇 번의 입출력이 추가로 필요하다). 그렇지만 클러스터되지않은 인덱스인 경우에는, 투플 하나마다 페이지 하나를 읽어야 하는 경우도 있기 때문에 최대 10,000번의 입출력이 필요할 수 있다. 그런데 Reserves 투플의 rid들을 페이지 번호에 따라 정렬한 후 페이지들을 검색해 나가면 같은 페이지를 여러 번 검색하는 것을 방지할 수 있다.그렇게 하더라도 검색할 투플이 100개보다 훨씬 많은 페이지에 분산되어 있을 가능성이 크다. 따라서 범위 셀렉션에 클러스터되지않은 인덱스를 사용하면 비용이 많이 들게 된다. 차라리 릴레이션 전체(이 예제에서는 1,000페이지)를 스캔하는 것이 비용이 적게 들지 모른다.

14.1.4 해시 인덱스가 있고 동등 셀렉션인 경우

*R.attr*에 대한 해시 인덱스가 있고, **op**가 동등 연산자(=)인 경우 $\sigma_{R.attr\ \mathbf{op}\ value}(R)$ 형식의 셀렉션 연산을 수행하는 가장 좋은 방법은 이 인덱스를 이용해서 조건을 만족하는 투플들을 검색하는 것이다.

전체 비용은 인덱스에서 적절한 버켓 페이지를 검색하는 데에 필요한 몇 번(보통은 한두번)의 입출력 비용과 *R*에서 해당하는 실제 투플들을 검색하는 비용을 포함한다. **op**가 등호이기 때문에 *R.attr*가 릴레이션의 (후보)키라면 조건을 만족하는 투플은 유일하다. 키가 아닌 경우에는 이 애트리뷰트의 값이 동일한 여러 투플들이 존재할 수 있다.

그림 14.1의 셀렉션 연산을 고려해보자. *rname*에 대한 클러스터되지않은 해시 인덱스가 있

고, 버퍼 페이지는 10개가 있으며, Joe라는 이름의 사람들이 만든 Reserves 투플이 100개 있다고 가정하자. 이러한 Reserves 투플들의 rid가 속한 인덱스 페이지들을 검색하는 데에는 한 두번의 입출력이 필요하다. 그 다음에 100개의 투플을 검색하는 데에 필요한 비용은 1에서 100까지 될 수 있는데, 이는 Reserves 릴레이션에 투플이 어떻게 분포되어 있는지와 우리가 어떤 순서로 투플들을 검색하는가에 따라 결정된다. 예를 들어, 이 100개의 투플이 다섯 페이지에 걸쳐 있다면, rid를 페이지 번호에 따라 정렬하면 5번의 추가 입출력만 더 필요로 하게 된다. 정렬되어 있지 않은 경우에는 5개의 페이지 중에 첫 번째 페이지를 검색하고 나서 다른 페이지를 검색한 후 다시 처음 페이지를 필요로 할 때, 그 페이지가 이미 버퍼에 존재하지 않을 수도 있다(다수의 사용자와 DBMS 연산들이 버퍼 풀을 공유한다는 사실을 기억하기 바란다). 이렇게 되면 같은 페이지를 여러 번 읽어 들어야할 수도 있다.

14.2 일반 셀렉션 조건

지금까지의 셀렉션에 관한 논의는 $\sigma_{R.attr}\ \mathbf{op}\ _{value}(R)$ 형식의 단순한 조건만 다루었다. 일반적으로 셀렉션 조건은 "*애트리뷰트* **op** *상수*" 혹은 "*애트리뷰트*1 **op** *애트리뷰트*2"의 형식으로 된 **항**들의 부울(Boolean) 조합(즉, 논리접속자 ∧나 ∨로 연결된 표현식)이다. 예를 들어, 그림 14.1에 있는 질의의 `WHERE`절이 *R.rname*='*Joe*' `AND` *R.bid*=*r*과 같이 되어 있다면 이와 동등한 관계 연산식은 $\sigma_{R.rname=Joe \wedge R.bid=r}(R)$이 된다.

14.2.1절에서는 12.2.2절에서 소개한 논리곱 정규형(CNF)을 좀 더 엄격하게 정의한다. 14.2.2절에서는 논리합(disjunction)이 포함되어 있지 않은 셀렉션 조건에 적용되는 알고리즘을 살펴보고, 14.2.3절에서는 논리합을 포함하는 조건들에 대해 논의한다.

14.2.1 CNF와 인덱스 부합

일반적인 셀렉션 조건을 가진 셀렉션 연산을 처리하기 위해서는 먼저 조건을 **논리곱 정규형**(conjunctive normal form: CNF)으로 표현해야 된다. CNF는 ***논리곱***(*conjunct*)들이 ∧연산자로 연결된 모임이다. *논리곱*이란 앞에서 설명한 형식의 *항*들이 ∨연산자로 하나 이상 연결된 것을 말한다.[1] ∨가 들어 있는 논리곱을 **논리합형**(disjunctive) 또는 **논리합을 포함한다**라고 말할 수 있다.

예를 들어, Reserves에 대하여 셀렉션 조건이 *(day < 8/9/02 ∧ rname='Joe') ∨ bid=5 ∨ sid=3*과 같이 주어졌다고 하자. 이 조건을 *(day < 8/9/02 ∨ bid=5 ∨ sid=3) ∧ (rname='Joe' ∨ bid=5 ∨ sid=3)*의 논리곱 정규형으로 재작성할 수 있다.

12.2.2절에서 인덱스가 CNF 셀렉션과 언제 부합하는지를 논의하였고, 접근 경로의 선택도를 소개한다. 독자들은 그 내용을 상기하기 바란다.

---

[1] 모든 셀렉션 조건은 CNF로 표시할 수 있다. 자세한 사항에 대해서는 수학논리에 관한 표준 교재를 참고하기 바란다.

> **rid 집합들의 교집합 구하기:** Oracle 8은 `AND`로 연결된 셀렉션을 위한 rid 집합들의 교집합을 구하기 위해 다양한 기법들을 사용한다. 한 가지 방법은 비트맵(bitmap)들을 **논리곱**시키는 것이다. 다른 방법은 인덱스들에 대해 해시 조인을 수행하는 것이다. 예를 들어, "$sal < 5 \wedge price > 30$" 조건이 주어지고, *sal*과 *price*에 인덱스가 있는 경우 주어진 셀렉션 조건들을 만족하는 엔트리들만을 대상으로 rid 칼럼에 대해 조인을 할 수 있다. Microsoft SQL Server는 인덱스 조인을 통해서 rid 집합들의 교집합을 구현한다. IBM DB2는 Bloom 필터를 사용해서 rid 집합들의 교집합을 구현한다. Sybase ASE는 `AND`로 연결된 셀렉션들에 대한 rid 집합들의 교집합을 지원하지 않는다. Sybase ASIQ는 비트맵 연산을 이용해서 지원한다. Informix 또한 rid 집합들의 교집합을 지원한다.

14.2.2 논리합이 없는 셀렉션

셀렉션 조건에서 논리합을 포함하고 있지 않은 경우, 즉 셀렉션이 항들의 논리곱으로만 이루어진 경우, 다음 두 가지 수행 옵션을 고려할 수 있다.

- 파일 스캔을 사용하거나 어떤 논리곱들에 부합하는(그리고 그 인덱스는 가장 선택적인 접근 경로라고 추정되는) 단일 인덱스를 이용해서 투플을 검색한 후, 검색된 각 투플마다 해당 셀렉션 조건의 모든 비기본(nonprimary) 논리곱들을 적용한다. 이 방식은 단순 셀렉션 조건에서 인덱스를 이용하는 방법과 아주 비슷하기 때문에 자세한 내용은 생략한다(강조하고 싶은 점은 검색된 투플의 수는 셀렉션에서 기본 논리곱의 선택도에 따라 달라지고, 나머지 논리곱들은 셀렉션 결과의 카디날리티를 줄이는 역할을 한다는 점이다).
- 여러 개의 인덱스를 활용할 수도 있다. 이 방식은 이 절의 뒷부분에서 살펴본다.

셀렉션 조건의 논리곱들과 부합하며, (데이터 구성법 (2) 또는 (3) 처럼) rid와 데이터 엔트리를 포함하는 여러 개의 인덱스들이 존재하면, 이 인덱스들을 사용해서 후보 투플들의 rid의 집합들을 구한다. 그리고나서, rid 집합들의 교집합을 구하는데, 이는 각 집합들을 먼저 정렬하고 모두에 공통으로 나타나는 rid들의 해당 레코드들을 검색한다. 셀렉션 조건에 추가적인 논리곱들이 있는 경우, 이 논리곱들을 적용해서 만족하지 않는 투플들을 제거한다.

예를 들어, "$day < 8/9/02 \wedge bid=5 \wedge sid=3$"의 조건이 주어졌을 때, *day*에 대한 B+ 트리 인덱스를 사용해서 $day < 8/9/02$를 만족하는 레코드의 목록을 구하고, *sid*에 대한 해시 인덱스를 사용해서 $sid=3$을 만족하는 레코드의 목록을 구한 다음, 두 집합의 교집합을 구하는 것이 가능하다(교집합을 구하기 위해 이 두 집합들을 페이지번호 순으로 정렬하면, 교집합의 rid들을 해당 투플들을 포함하는 페이지 순으로 정렬된 상태로 얻을 수 있으므로 같은 페이지를 두 번 메모리로 읽어 들이지 않아도 되는 부수적인 장점이 있다). 이제 Reserves 릴레이션의 필요 페이지들을 읽어들여, 조건 "$day < 8/9/02 \wedge bid=5 \wedge sid=3$"을 만족하는 투플을 얻기 위해 최종적으로 $bid=5$인지를 검사한다.

> **논리합:** Microsoft SQL Server은 논리합형의 조건들을 처리하기 위해 합집합과 비트맵을 사용한다. Oracle8은 논리합형의 조건 처리를 위해 4가지 방법을 사용한다. (1) 질의를 `OR`이 없는 질의들의 합집합으로 변환, (2) "$sal < 5 \vee sal > 30$"처럼 조건이 같은 애트리뷰트를 이용하는 경우, `IN` 리스트를 갖는 내포 질의와 리스트에 있는 값들과 부합하는 투플을 검색하기 위해 해당 애트리뷰트에 대한 인덱스를 사용, (3) 비트맵 연산을 사용, 예를 들어, $sal < 5 \vee sal > 30$에 대해 값 5와 30의 비트맵을 생성하고, 이들 조건중의 하나를 만족하는 투플을 찾기 위해 이들 비트맵을 `OR`, (4) 검색된 투플들의 집합에 대해 논리합 조건을 필터로써 단순하게 적용. Sybase ASE는 합집합을 사용하고, Sybase ASIQ은 비트맵 연산을 사용한다.

14.2.3 논리합이 있는 셀렉션

셀렉션 조건의 어떤 논리곱이 *항*들의 *논리합*으로 되어 있는 경우를 생각해 보자. 이 항들 중에서 어느 하나라도 적용할 적당한 인덱스나 정렬 순서가 없어서 파일 스캔이 필요하면, 이 논리곱 자체를 검사하는 것(즉, 다른 논리곱들을 활용하지 않고)은 파일 스캔을 필요로 한다. 예를 들어, 이용 가능한 인덱스가 *rname*에 대한 해시 인덱스와 *sid*에 대한 해시 인덱스뿐이고, 셀렉션 조건은 논리합형 논리곱 (*day* < *8/9/02* ∨ *rname*='*Joe*')으로만 구성되어 있다고 하자. *rname*에 대한 인덱스를 이용해서 조건 *rname*='*Joe*'를 만족하는 투플들을 검색할 수 있다. 그렇지만 *day* < *8/9/02*에는 파일 스캔이 필요하다. 그러므로 어차피 파일을 스캔하면서 검색된 투플 각각에 대해 조건 *rname*='*Joe*'를 검사하게 된다. 그러므로 이 예에서 가장 선택적인 접근 경로는 파일 스캔이다.

반면, 셀렉션 조건이 (*day* < *8/9/02* ∨ *rname*='*Joe*') ∧ *sid*=3인 경우에는, *sid*에 대한 인덱스가 논리곱 *sid*=3과 부합한다. 이 경우에는 이 인덱스를 이용해서 만족하는 투플들을 구한 후, 이 투플들에 대해서만 조건 *day* < *8/9/02* ∨ *rname*='*Joe*'를 적용하면 된다. 이 예에서 가장 좋은 접근 경로는 *sid*에 대한 인덱스이며, 이때의 기본논리곱은 *sid*=3이다.

마지막으로, 논리합 내의 모든 항들이 부합하는 인덱스를 갖고 있는 경우, 그 인덱스들을 이용해서 후보 투플들을 구한 후 합집합을 하면 된다. 예를 들어, 셀렉션 조건이 논리합 (*day* < *8/9/02* ∨ *rname*='*Joe*')이고 *day*와 *rname*에 대해서 B+ 트리 인덱스가 존재한다면, *day*에 대한 인덱스를 이용하여 *day* < *8/9/012*를 만족하는 투플들을 구하고 *rname*에 대한 인덱스를 이용하여 *rname*='*Joe*'를 만족하는 투플을 구한 후, 이렇게 검색된 두 투플 집합들의 합집합을 구하면 된다. 그런데 부합되는 인덱스가 모두 데이터 엔트리 구성법 (2)나 (3)을 이용하고 있다면, 조건을 만족하는 투플을 검색하기 전에 먼저 *sid*들만으로 합집합을 구해서 정렬하는 것이 더 좋은 방식이다. 이 예에서 보자면, *day*에 대한 인덱스를 이용하여 *day* < *8/9/02*를 만족하는 투플의 *rid*들을 구하고, *rname*에 대한 인덱스를 이용하여 *rname*='*Joe*'를 만족하는 투플의 *rid*들을 구한 다음에 두 *rid* 집합의 합집합을 구하고, 그 결과를 페이지 번호에 따라 정렬하고 나서 Reserves로부터 실제 투플들을 검색한다. 이 전략도 셀렉션 조건

($day < 8/9/02 \vee rname='Joe'$)에 부합하는 일종의 (복합) 접근 경로로 생각할 수 있다.

현재 대부분의 시스템에서는 논리합이 있는 셀렉션 조건을 효율적으로 수행하지 못하며, 논리합이 없는 셀렉션을 최적화에 주로 집중하고 있다.

14.3 프로젝션 연산

그림 14.2의 질의를 고려해보자. 최적화기는 이 질의를 관계대수식 $\pi_{sid,bid}Reserves$으로 변환한다. 일반적으로 프로젝션 연산자는 $\pi_{attr1,attr2,...,attrm}(R)$의 형식을 가진다. 프로젝션을 구현하기 위해 다음 일들을 수행해야 한다.

```
SELECT DISTINCT R.sid, R.bid
FROM    Reserves R
```

그림 14.2 단순 프로젝션 질의

1. 원하지 않는 (즉, 프로젝션에서 지정하지 않은) 애트리뷰트를 제거한다.
2. 결과 중에서 중복된 투플들을 제거한다.

두 번째 단계가 어렵다. 두 가지의 기본적인 알고리즘이 있는데, 하나는 정렬에 기반한 것이고, 다른 하나는 해싱에 기반한 것이다. 12.2절의 일반적인 기법들로 표현하자면, 두 알고리즘 모두 분할의 한 형태이다. 인덱스를 이용해서 원하는 투플들의 부분집합을 찾는 것은 프로젝션의 경우 적용할 수 없는 반면, 14.3.4절에서 기술한 것처럼 특정 조건 하에서는 데이터 레코드가 아닌 인덱스의 데이터 엔트리에 정렬이나 해싱 알고리즘을 적용하는 것도 가능하다.

14.3.1 정렬에 기반한 프로젝션

정렬에 기반한 알고리즘은 (적어도 개념상으로는) 다음과 같은 단계로 구성된다.

1. 릴레이션 R을 스캔해서 원하는 애트리뷰트들만으로 된 투플들의 집합을 생성한다.
2. 이 투플들의 집합을 모든 애트리뷰트를 정렬 키로 하여 정렬한다.
3. 정렬된 결과를 스캔하면서, 인접한 투플들을 검사하여 중복을 제거한다.

각 단계마다 임시 릴레이션을 사용하면, 첫 번째 단계의 비용은 R의 페이지 수를 M이라고 할 때 릴레이션 R의 스캔에 필요한 M번의 입출력과, 임시 릴레이션의 페이지 수를 T라고 할 때 임시 릴레이션을 쓰는 데 필요한 T 입출력이 된다. 여기서 T는 $O(M)$이다. (T)의 정확한 값은 남은 필드들의 수와 크기에 따라 달라진다.) 두 번째 단계의 비용은 $O(TlogT)$이다(물론 $O(MlogM)$과 같다). 마지막 단계의 비용은 T가 된다. 따라서 총 비용은 $O(MlogM)$이 된다. 첫 번째와 세 번째 단계는 단순한 작업이기 때문에 상대적으로 비용이 덜 드는 작업이다(정렬에 관한 장에서 밝혔듯이, 정렬의 복잡도는, 보통의 데이터 집합의 크기와 주 기억장치의 용량이 주어졌을 때, 실제로는 데이터 집합의 크기에 선형적으로 비례해서 증가한다).

그림 14.2의 Reserves에 대한 프로젝션을 고려해보자. Reserves를 1,000번의 입출력으로 스캔할 수 있다. 첫 단계에서 임시 릴레이션에 생성되는 각 투플의 길이가 10바이트라고 하면, 임시 릴레이션을 기록하는 비용은 250번의 입출력이 된다. 버퍼 페이지는 20개가 있다고 하자. 이 임시 릴레이션을 정렬할 때에는 두 번의 패스가 필요하기 때문에, 이때 필요한 비용은 2 · 2 · 250 = 1,000 입출력이 된다. 세 번째 단계에서 필요한 스캔은 추가로 250번의 입출력이 필요로 한다. 따라서 전체 비용은 2,500 입출력이 된다.

이 방법은 프로젝션과 중복 제거를 동시에 수행하도록 정렬 알고리즘을 변형하면 성능을 개선할 수 있다. 제 13장에 제시한 외부 정렬 알고리즘을 상기하시오. 바로 첫 번째 패스(패스 0)에서 정렬할 레코드 집단을 스캔해서 내부 정렬된 초기 런들을 만들어 낸다. 이어지는 패스들에서 이 런들을 합병한다. 이 알고리즘을 프로젝션에 적합하도록 다음과 같이 중요한 두 가지 수정을 가한다.

- 정렬의 첫 번째 패스 (패스 0)에서 원하지 않는 애트리뷰트들을 제거한다. *B*개의 버퍼 페이지를 사용할 수 있다면, *R*에서 *B*개의 페이지를 읽어서, 임시 릴레이션에 $(T/M) \cdot B$ 개의 *내부적으로 정렬된* 페이지를 기록한다. 사실은 좀 더 적극적인 방법으로 구현하면, 평균적으로 약 $2 \cdot B$개의 내부 정렬된 페이지를 임시 릴레이션에 쓸 수 있다(이 아이디어는 13.3.1절에서 외부 정렬을 개선한 것과 비슷하다).
- 합병 패스에서 중복 투플을 제거할 수 있다. 이와 같은 변형은 합병 패스의 비용을 줄일 수 있는데, 각 패스에서 더 적은 수의 투플을 디스크에 쓰기 때문이다.(대부분의 중복 투플은 첫 번째 합병 패스에서 제거된다.)

앞의 예를 다시 살펴보자. 첫 번째 패스에서는 Reserves를 1,000번의 입출력으로 스캔하고, 250 페이지를 쓴다. 20개의 버퍼 페이지는 250 페이지를 7개의 내부 정렬된 런으로 기록할 수 있다. 각각의 런은 40 페이지를 차지한다. 두 번째 패스에서는 이 런들을 250번의 입출력으로 읽고 합병한다. 총 비용은 1,500 입출력이 된다. 이 비용은 처음 프로젝션 구현 방식보다 저렴하다.

14.3.2 해싱에 기반한 프로젝션

*R*의 페이지 수에 비해서 버퍼 페이지가 꽤 많다면(*B*개라고 하자), 해시에 기반한 방법도 고려할 만하다. 이 방법은 파티션과 중복 제거의 두 단계로 이루어진다.

분할(*partitioning phase*)에서는, 하나의 *입력* 버퍼 페이지와 $B-1$개의 *출력* 버퍼 페이지를 갖는다. 릴레이션 *R*을 한 번에 한 페이지씩 입력 버퍼 페이지로 읽어 들인다. 입력된 페이지는 다음과 같이 처리된다. 우선 각 투플에 대해서, 불필요한 애트리뷰트는 제거한 후 해시 함수 *h*를 나머지 애트리뷰트들의 조합에 적용한다. 함수 *h*는 투플이 $B-1$개의 파티션에 골

고루 분포될 수 있도록 선택한다. 여기에서는 한 파티션당 한 개의 출력 페이지가 할당된다. 프로젝션이 수행된 다음에는 투플은 *h*에 의해 해싱된 출력 버퍼 페이지에 쓰여지게 된다.

분할 단계가 끝나면 $B-1$개의 파티션이 생기는데, 각 파티션은 (*h*를 모든 필드에 적용해서 계산된) 해시 값이 같은 투플들을 포함하며, 이 투플들은 필요한 필드들만 갖고 있다. 그림 14.3은 분할 단계를 보여주고 있다.

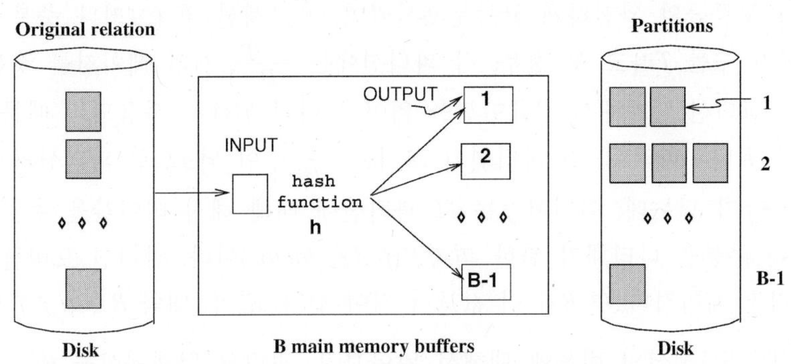

그림 14.3 해시 기반 프로젝션의 분할 단계

다른 파티션에 속하는 두 투플은 서로 다른 해시값을 갖기 때문에, 중복된 투플이 아니라는 것을 보장할 수 있다. 따라서 중복된 투플이라면 같은 파티션에 속하게 된다. *중복 제거 단계(duplicate elimination phase)*에서는 $B-1$개의 파티션을 한 번에 하나씩 읽어서 중복된 투플을 제거한다. 기본적인 아이디어는 중복 검출을 위해 투플을 처리하는 사이에 메모리내 해시 테이블을 만드는 것이다.

첫 단계에서 만들어진 각각의 파티션에 대해서,

1. 한번에 한 페이지씩 파티션을 읽어 들인다. 각 투플마다 전체 필드에 해시 함수 $h2(\neq h)$를 적용하여 메모리내 해시 테이블에 넣는다. 어떤 새 투플이 이미 존재하는 투플과 같은 값을 가지고 있으면, 새로운 투플이 중복인지 여부를 검사한다. 중복으로 판명나면 그 투플은 제거한다.
2. 그 파티션 전체를 읽어들인 다음, (중복이 없는) 해시 테이블 내의 모든 투플들을 결과 파일에 쓴다. 그리고나서, 다음 파티션을 위해 메모리내 해시 테이블을 초기화한다.

*h*2는 같은 파티션에 속하는 투플들을 되도록 많은 버켓으로 배분함으로써 *충돌*(두 개의 투플이 같은 *h*2 값을 갖는 것)을 최소화하기 위해서이다. 주어진 파티션 안의 모든 투플들은 같은 *h*를 갖기 때문에, *h*2는 *h*와 같아서는 안 된다.

해시 기반 프로젝션 방법은 한 파티션의 해시 테이블의 크기가 버퍼 페이지의 수 *B*보다 훨씬 클 때에는 잘 동작하지 않는다. 이러한 *파티션 오버플로우(partition overflow)* 문제에 대처하기 위한 방법 중의 하나는, 각 파티션에 대해서 재귀적으로 해시 기반 프로젝션 기법을 적용해서 중복된 투플을 제거하는 것이다. 즉, 오버플로우가 발생하는 파티션을 세부 파티션

> **상용 시스템에서 프로젝션:** Informix는 해싱을 사용한다. IBM DB2,Oracle 8, 그리고 Sybase ASE는 정렬을 사용한다. Microsoft SQL Server와 Sybase ASIQ는 해시 기반 알고리즘과 정렬 기반 알고리즘을 모두 사용한다.

들로 나눈 다음, 각 세부파티션을 주기억장치로 읽어 들여서 중복 투플을 제거하는 것이다.

해시 함수 h가 투플들의 완전하게 균등분포시키며, 프로젝션 *후* (그러나 중복제거 이전의) 투플들의 페이지 수를 T라고 할 경우, 각 파티션에는 $\frac{T}{B-1}$개의 페이지를 갖는다(한 개의 버퍼 페이지는 파티션 단계에서 릴레이션을 읽어 들이기 위해서 사용되기 때문에 파티션의 수가 $B-1$개가 된다). 따라서, 한 파티션의 크기는 $\frac{T}{B-1}$이 되고, 한 파티션의 해시 테이블 크기는 $\frac{T}{B-1}\cdot f$가 되는데, 여기서 f는 그 파티션에 대해 해시 테이블을 추가해서 크기가 약간 더 커지는 부분을 나타내기 위한 *퍼지율*(*fudge factor*)이다. 파티션 오버플로우를 방지하기 위해선 버퍼 페이지의 수 B가 이 값보다 커야 한다. 결국, 대략 $B > \sqrt{f \cdot T}$ 이어야 한다.

이제 해시 기반 프로젝션의 비용에 대해서 알아보자. 파티션 단계에서는 R을 읽어 들이므로, 비용은 M번의 입출력이 된다. 프로젝션된 투플들을 쓰는데는 T번의 입출력이 필요한데, T는 M의 일정 비율(fraction)이 될 것이다. 따라서 이 단계의 총 비용은 $M + T$ 입출력이 된다. 해싱 비용은 CPU 비용이므로 계산에 넣지 않는다. 중복제거 단계에서는 모든 파티션들을 읽어들인다. 모든 파티션들의 페이지 수의 합은 T이다. 중복 투플을 제거한 다음 해시 테이블의 모든 투플들을 쓴다. 이 해시 테이블은 프로젝션 결과의 일부분이므로 지금까지처럼 이 투플들의 쓰기 비용은 무시한다. 따라서 양 단계의 전체 비용은 $M+2T$가 된다(그림 14.2). Reserves에 대한 프로젝션 예의 비용은 $1{,}000 + 2 \cdot 250 = 1{,}500$번의 입출력이 된다.

14.3.3 프로젝션: 정렬과 해싱의 비교

중복 투플이 많거나 해시 값의 분포가 균등하지 않은 경우에, 정렬에 기반한 방법이 해싱에 비해 더 낳다. 이 경우에 몇 몇 파티션의 크기가 평균에 비해 매우 크기 때문에, 중복제거 단계에서의 해시 테이블이 메모리에 다 못 들어 갈 수도 있다. 또한, 정렬 기반 방식의 부수적인 장점은 결과가 정렬된다는 점이다. 그 뿐 아니라, 외부 정렬 방법이 여러 가지 이유로 필요하기 때문에 대부분의 데이터베이스 시스템은 정렬 유틸리티를 포함하고 있는데, 이 유틸리티를 쓰면 상대적으로 쉽게 프로젝션을 구현할 수 있다. 이런 여러 가지 이유로 정렬에 기반한 프로젝션이 표준적인 방법이다. 그리고 아마도 정렬 유틸리티 사용의 단순성을 위해 많은 시스템에서 불필요한 애트리뷰트 제거나 중복 투플 제거를 별도의 단계로 두고 있다(즉, 앞에서 제시한 개선 방법을 적용하지 않은 기본 정렬 알고리즘을 주로 사용한다).

중복제거 이전의 프로젝션된 릴레이션의 크기를 T라고 할 때, $B > \sqrt{T}$인 버퍼 페이지를 갖고 있다면, 두 방법 입출력 비용이 같다. 정렬은 2번의 패스를 유발한다. 첫 번째 패스에서는 원래 릴레이션의 M개 페이지를 읽어서 T개 페이지에 쓴다. 두 번째 패스에서는 T개의 페이지를 읽어 프로젝션의 결과를 쓴다. 해싱의 경우, 파티션 단계에서 M 페이지를 읽어 T

페이지만큼의 파티션들을 쓴다. 두 번째 단계에서, T개의 페이지를 읽어서 프로젝션의 결과를 만들어 낸다. 따라서, CPU 비용, 결과의 정렬 여부, 해시 값 분포의 편향성(skew) 등을 고려해서 프로젝션 구현 방법을 선택해야 한다.

14.3.4 인덱스를 이용한 프로젝션

해싱과 정렬 방식 모두 인덱스를 활용하지 않는다. 만일 어떤 인덱스의 키가 프로젝션 결과에 나타날 모든 애트리뷰트를 포함하고 있다면, 인덱스를 유용하게 사용할 수 있다. 이 경우에는 실제 릴레이션에는 전혀 접근하지 않고, 단순히 인덱스에서 키 값들을 검색해서, (훨씬 작은) 결과 페이지의 집합에 지금까지의 프로젝션 기법들을 적용할 수 있다. 이 방법을 *인덱스만 이용한 스캔*(*index only scan*)라고 부르는데, 8.5.2 절과 12.3.2 절에서 논의했다. 순서화된(즉, 트리) 인덱스가 있고 그 인덱스의 탐색키가 원하는 애트리뷰트들을 *전위*(*prefix*)로 모두 포함하고 있다면, 불필요한 필드를 제거하고 인접한 엔트리들을 비교해서 중복제거를 할 수 있다. 인덱스만 이용한 스캔 기법에 대해서는 15.4.1절에서 더 자세히 다룬다.

14.4 조인 연산

다음 질의를 고려하자.

```
SELECT *
FROM   Reserves R, Sailors S
WHERE  R.sid = S.sid
```

이 질의는 조인 연산을 사용해서 관계대수 $R \bowtie S$로 표현할 수 있다. *조인* 연산은 관계대수에 있어서 아주 유용한 연산자 중의 하나일 뿐만 아니라, 두 개 이상의 릴레이션의 정보를 결합하는 주요한 수단이다.

조인 연산은 크로스 프로덕트를 수행 후 셀렉션과 프로젝션을 수행하는 것으로 정의할 수도 있지만, 실제로 조인 연산은 크로스 프로덕트보다 훨씬 더 자주 사용된다. 더구나, 크로스 프로덕트의 결과는 조인 연산의 결과보다 훨씬 더 크기가 크기 때문에, 크로스 프로덕트를 사용하지 않으면서 조인을 인식하고 구현하는 것이 대단히 중요하다. 따라서, 조인 연산은 지금까지 많은 주목을 받아왔다.

지금부터는 조인 연산을 구현하는 몇 가지의 방법에 대해서 알아볼 것이다. 우선 크로스 프로덕트 형태로 결과의 모든 투플을 열거한 다음에, 조인 조건을 만족하지 않는 투플을 제거하는 두 가지 알고리즘(단순 중첩루프(simple nested loop)와 블록 중첩루프(block nested loop))에 대해서 알아볼 것이다. 이 알고리즘들은 12.2절에서 언급한 단순 반복 기법의 한 예라고 볼 수 있다.

나머지 조인 알고리즘들은 크로스 프로덕트처럼 모든 투플들을 열거하는 것을 피한다. 이 방법들은 12.2절에서 언급했던 인덱싱, 분할 기법의 한 예이다. 직관적으로, 조인 조건이 동

상용 시스템에서 조인: Sybase ASE는 인덱스 중첩루프 조인과 정렬합병 조인을 지원한다. Sybase ASIQ는 페이지 중첩루프 조인(page-oriented loop join) 및 인덱스 중첩루프 조인, 단순 해시, 정렬합병 조인, 그리고 조인 인덱스(join index)를 지원한다. Oracle8은 페이지 중첩루프 조인, 정렬합병 조인, 그리고 일종의 하이브리드 해시 조인(hybrid hash join)을 지원한다. IBM DB2는 블록 중첩 루프 조인, 정렬합병 조인, 하이브리드 해시 조인을 지원한다. Microsoft SQL Server는 블록 중첩루프 조인, 인덱스 중첩루프 조인, 해시 조인 그리고 *hash teams*라는 기법을 지원한다. Informix는 블록 중첩루프 조인, 인덱스 중첩루프조인, 하이브리드 해시 조인을 지원한다.

등 비교들로 이루어져 있다면, 두 릴레이션의 투플들은 *파티션*으로 분할이 가능하고, 같은 파티션내의 투플들끼리만 조인이 가능하다. 한 파티션의 투플은 조인 칼럼에 대해 같은 값을 가지고 있다. 인덱스 중첩루프 조인은 한 릴레이션을 스캔하면서 각 투플에 대해 같은 파티션에 속하는 다른 릴레이션의 투플들을 찾기 위해서, 인덱스(조인 필드에 대한)를 사용한다. 따라서, 주어진 첫 번째 릴레이션의 각 투플에 대해서, 두 번째 릴레이션의 부분 집합만이 비교가 되고, 크로스 프로덕트처럼 모든 투플들이 모두 비교되지는 않는다. 나머지 두 알고리즘들(정렬합병(sort-merge)과 해시 조인(hash join))의 경우에도 역시 조인될 릴레이션들의 투플들은 조인 조건을 이용해 분할한 다음에, 조인을 수행하는 동안에는 같은 파티션에 속한 투플들만을 비교하지만, 이 방법들은 이미 존재하는 인덱스를 이용하지 않는다. 대신에, 조인할 릴레이션들을 분할하기 위해서 정렬이나 해싱 기법을 사용한다.

조인 조건 $R_i = S_j$을 갖는 두 릴레이션 R과 S의 조인에 대해서 논의한다(조인 조건이 좀 더 복잡한 경우에도 각 알고리즘은 기본 아이디어는 동일하다. 여기에 대한 내용은 14.4.4절에서 자세히 다룬다). 여기에서는 릴레이션 R에 M개의 페이지, 각 페이지 당 p_R개의 투플이 있고, 릴레이션 S에는 N개의 페이지, 각 페이지 당 p_S개의 투플이 있다고 가정한다. 알고리즘을 기술할 때, R과 S를 사용하며, 구체적인 예로는 Reserves와 Sailors 릴레이션을 사용한다.

14.4.1 중첩루프 조인

가장 단순한 조인 알고리즘은 한번에 한 투플씩 중첩루프(*tuple-at-a-time nested loop*) 방식으로 수행하는 것이다. *외부*(*outer*) 릴레이션 R을 스캔하면서 $r \in R$인 각 투플에 대해서, *내부*(*inner*) 릴레이션 S 전체를 스캔한다. R을 스캔하는 데에 필요한 비용은 M 입출력이다. S는 모두 $p_R \cdot M$ 번 스캔하고, 각 스캔의 비용은 N번의 입출력이 된다. 따라서 총 비용은 $M + p_R \cdot M \cdot N$이 된다.

```
foreach tuple r ∈ R do
    foreach tuple s ∈ S do
        if r_i==s_j then add ⟨r, s⟩ to result
```

그림 14.4 단순 중첩루프 조인

여기에서 R을 Reserves, S를 Sailor 릴레이션이라 가정하자. M의 값은 1,000, p_R은 100, N은 500이 된다. 단순 중첩루프 조인의 비용은 $1000 + (100 \cdot 1000 \cdot 500)$ 페이지 입출력이 된다 (여기에다 결과를 기록하는 비용이 추가 된다. 이 비용은 전체 비용 계산에서 무시한다). 이 비용은 놀랍게도 $1000 + (5 \cdot 10^7)$ 입출력이나 된다. 입출력 한번의 비용은 현재의 하드웨어에서는 약 10ms 정도이며, 따라서 이 조인 방법으로는 약 140시간이나 걸리게 된다!

이를 개선하는 간단한 방법은 이런 씩의 조인을 *페이지 단위*로(*page-at-a-time*) 처리하는 것이다. R의 각 페이지에 대해 S의 각 페이지를 읽어서 조인 조건을 만족하는 $r \in R$, $s \in S$의 투플 $<r, s>$를 결과에 쓴다. 이 방법을 쓰면 R을 스캔하는 데에는 이전과 같이 M의 비용이 든다. 하지만 S는 M 번만 스캔된다. 따라서 전체적인 비용은 $M + M \cdot N$이 된다. 따라서 한번에 한 페이지를 처리하는 방법은 p_R에 따라 그만큼 성능을 향상시키게 된다. 이 Reserves, Sailors의 조인 예에서 비용을 계산해 보면 $1000 + 1000 \cdot 500 = 501{,}000$ 입출력이 되며, 약 1.4시간이 소요될 것이다. 이러한 획기적인 성능 향상은 디스크 입출력을 줄이는 데에 페이지 단위의 연산의 중요성을 보여주고 있다.

이러한 비용 계산식들로부터 알 수 있는 직접적인 사실은 두 릴레이션 중에 크기가 작은 릴레이션을 외부 릴레이션 R로 하는 것이 좋다는 점이다(필드 이름들을 제대로 유지만 하면, $R \bowtie B = B \bowtie R$이 된다). 하지만, 이 방법을 쓴다고 해서 전체 비용을 크게 바꾸지는 않는다. 이 예에서 좀 더 작은 릴레이션 Sailor를 외부 릴레이션으로 했을 때, 한번에 한 페이지를 처리하는 방법을 쓰면 $1000 + 500 \cdot 1000 = 501{,}000$ 입출력의 비용으로 처리할 수 있다. 이 방법은 Reserves를 외부 릴레이션으로 수행한 것보다 조금 더 낳은 방법이라고 할 수 있다.

블록 중첩루프 조인

단순 중첩루프 조인 알고리즘은 버퍼 페이지를 효과적으로 이용하지 못한다. 두 개의 릴레이션중 작은 릴레이션 R을 모두 포함할 수 있을 만큼 충분한 주기억공간이 있고, 두 개의 여분의 버퍼 페이지가 있는 경우를 가정해 보자. 이 경우에 작은 릴레이션을 모두 읽어 들이고, 여분의 버퍼 페이지 중의 한 개를 큰 릴레이션 S를 읽는 데에 사용할 수 있다. $s \in S$인 각 투플에 대해 R을 검사해서 조건을 만족하는 결과 투플 $<r, s>$을 출력하면 된다. 두 번째 여분의 버퍼 페이지는 출력 버퍼로 쓰인다. 각 릴레이션은 한번만 스캔하면 되므로 전체 비용은 $M + N$입출력이 되는데, 이 값은 최적값이다.

충분한 메모리가 있는 경우에 중요한 개선방법은 메모리내에 작은 릴레이션 R에 대한 *해시 테이블*을 만드는 것이다. 입출력 비용은 마찬가지로 $M + N$이 된다. 하지만 해시 테이블을 만드는 것이 CPU 비용이 훨씬 적게 된다.

작은 릴레이션을 모두 포함할 수 있는 충분한 메모리 공간이 없는 경우에는 어떻게 해야 할까? 앞의 아이디어를 일반화해서 R을 가용 버퍼 페이지의 크기에 맞게 여러 *블록*들으로 쪼개서 메모리로 읽어 들인 다음에 R의 각 블록에 대해서 S를 스캔하는 것이다. R은 *외부* 릴레이션이므로 한 번만 읽으면 되고, S는 *내부* 릴레이션이기 때문에 여러 번 읽어야 한다. B개의 버퍼 페이지가 있는 경우에는 외부 릴레이션 R의 $B-2$개의 페이지를 읽어 들이고 여분의 페이지 중 한 개를 이용해서 릴레이션 S를 스캔한다. 결과 투플 $<r, s>$, $r \in R$, $s \in S$, $r_i = s_j$가 만들어 지면, 남아 있는 마지막 버퍼 페이지를 출력 버퍼로 이용하여 출력하게 된다.

부합하는 투플들의 쌍(즉, 조인 조건 $r_i = s_j$을 만족하는 투플들)을 효과적으로 찾을 수 있는 효과적인 방법은 릴레이션 R의 블록에 대해 메모리내 해시 테이블을 만드는 것이다. 투플들의 집합을 위한 해시 테이블은 투플들 자체보다는 공간을 좀 더 필요로 하지만, 해시 테이블의 구성은 trade-off를 유발한다. 블록당 투플 수로 따졌을 때 R의 유효 블록 크기가 줄어든다. 실제에 있어서는 해시 테이블을 만들 가치가 충분히 있다. 블록 중첩루프 조인의 알고리즘은 그림 14.5와 같다. 이 알고리즘의 버퍼 사용 방식을 그림으로 나타내면 그림 14.6과 같다.

```
foreach block of B − 2 pages of R do
    foreach page of S do {
        for all matching in-memory tuples r ∈ R-block and s ∈ S-page,
        add ⟨r, s⟩ to result
    }
```

그림 14.5 블록 중첩루프 조인

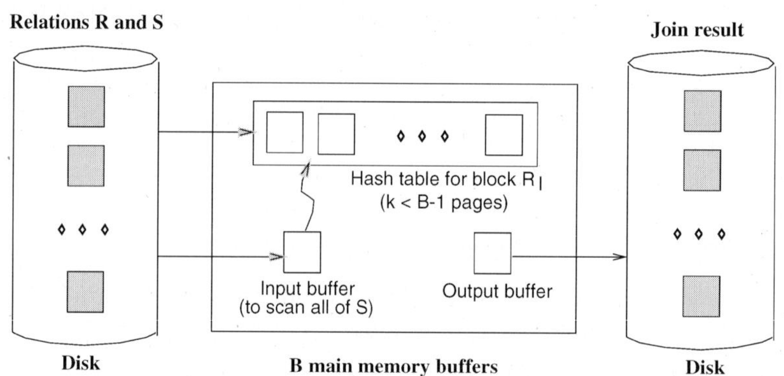

그림 14.6 블록 중첩루프 조인에서 버퍼 사용

이 방법의 비용은 R을 읽는 데에 (한번만 스캔하면 된다) M 입출력이 필요하다. S는 모두 $\left\lceil \frac{M}{B-2} \right\rceil$ 번 스캔되며(여기에서는 주 기억공간 내 해시 테이블 때문에 필요한 부가적인 공간은 무시한다), 각 스캔은 N입출력이 필요하다. 따라서 총 비용은 $M + N \cdot \left\lceil \frac{M}{B-2} \right\rceil$가 된다.

Reserves와 Sailors 릴레이션의 조인을 고려하자. 릴레이션 R을 외부 릴레이션으로 선택하고, Reserves의 100개의 페이지에 대한 메모리내 해시 테이블을 만들 수 있는 공간이 있다고 가정하자(물론 적어도 두 개의 추가적인 버퍼도 있다). 우선 Reserves를 1000 입출력의 비용으로 스캔해서 해시 테이블을 메모리내에 만든다. Reserves의 각 페이지에 대해 Sailors

을 스캔한다. 여기에서는 Sailors을 매번 500 입출력의 비용으로 10번 스캔하게 된다. 총 비용은 1000 + 10 · 500 = 6000 입출력이 된다. Reserves의 90개의 페이지만을 담을 수 있는 버퍼가 있다면, Sailors을 1000/90 = 12 번 읽어야 한다. 이 때의 총 비용은 1000 + 12 · 500 = 7000번의 입출력이 된다.

Sailors를 외부 릴레이션 *R*로 선택하면 어떻게 될까? Sailors를 스캔하는 비용은 500번의 입출력이 된다. Reserves 릴레이션은 500/100 = 5번 스캔된다. 전체 비용은 500 + 5 · 1000 = 5500 입출력이 된다. 대신에 Sailors의 90개의 페이지만을 담을 수 있는 버퍼가 있는 경우에는 Reserves 릴레이션을 500/90 = 6번 스캔해야 한다. 총 비용은 500 + 6 · 1000 = 6500 입출력이 된다. 이전처럼 입출력 당 10 ms를 가정하면, 블록 중첩루프 조인을 사용하면 이 예제에 대해서는 1분여의 시간이 걸린다.

블록 단위 접근의 영향

여러 페이지 단위의 블록 접근의 효과를 고려하면, 블록 단위 중첩루프를 위한 버퍼 할당 방식이 근본적인 변화가 있어야 한다. 내부 릴레이션에 대해 단지 하나의 버퍼 페이지를 할당하는 것보다는 두 릴레이션에 대해 이용 가능한 버퍼 공간을 공평하게 나누는 것이다. 이렇게 버퍼 페이지를 할당하면 내부 릴레이션을 스캔해야 하는 횟수가 늘어나고, 페이지 반입 수도 따라서 늘어난다. 하지만, 페이지 *탐색(seeking)* 시간은 극적으로 줄어들게 된다.

(13장에서 정렬과 관련해서 논의한) 이중버퍼링의 기술도 사용할 수 있지만, 더 이상 자세히 설명하지 않겠다.

인덱스 중첩루프 조인

조인되는 두 릴레이션 중의 어느 하나의 조인 애트리뷰트에 대한 인덱스가 있는 경우, 이 인덱스된 릴레이션을 내부 릴레이션으로 함으로써 인덱스의 이점을 활용할 수 있다. 여기에서는 *S*에 적용할 수 있는 인덱스가 있다고 가정하자. 그림 14.7은 인덱스 중첩루프 조인 알고리즘을 기술하고 있다.

```
foreach tuple r ∈ R do
    foreach tuple s ∈ S where r_i == s_j
        add ⟨r, s⟩ to result
```

그림 14.7 인덱스 중첩루프 조인

$r \in R$인 각 투플에 대해, 인덱스를 사용해서 조인을 만족하는 S의 투플들을 검색한다. 직관적으로, *R*의 투플 *r*을 *S*의 투플들 중에서 같은 *파티션*에 속하는, 즉 조인 칼럼에서 같은 값을 갖는 투플들과만 비교한다. 다른 중첩루프 조인 알고리즘과는 달리, 인덱스 중첩루프 조인 방법은 *R*과 *S*의 크로스 프로덕트의 결과를 모두 구할 필요가 없다. *R*을 스캔하는 데에 필요한 비용은 앞서와 같이 *M*이 된다. 여기에 *S*의 투플을 찾는 데에 드는 비용은, 인덱스의

종류와 만족하는 투플의 수에 달려 있다. *R*의 각 투플에 대해, 비용은 다음과 같다.

1. *S*에 대한 인덱스가 B+ 트리라면, 적합한 단말을 찾는 비용은 보통 2 ~ 4번의 입출력이 필요하다. 해시 인덱스에서는 적당한 버켓을 찾는 데에 필요한 비용은 1 ~ 2번의 입출력이다.
2. 일단 적당한 단말이나 버켓을 찾았다면, 부합하는 투플을 찾는 비용은 인덱스의 클러스터 여부에 따라 다르다. 클러스터 인덱스인 경우에는 외부 투플 $r \in R$ 당 드는 비용은 보통 한번의 입출력으로 충분하다. 그렇지 않은 경우에는, *S*의 투플 하나를 검색하는 비용은 (각 투플들이 서로 다른 페이지에 있을 수 있기 때문에) 한번의 입출력이 필요할 수도 있다.

한 예로, Sailors의 *sid* 애트리뷰트에 대한, 해시 기반의 엔트리 구성법 (2)를 사용한 인덱스가 있고, 이 인덱스에서 적당한 페이지를 검색하는 데에 평균 1.2 입출력이 필요하다고 가정하자.[2] *sid*는 Sailors에서 키가 되기 때문에, 검색되는 투플은 많아야 한 개이다. Reserves에서 *sid*는 Sailors을 참조하는 외래키이기 때문에, Reserves의 한 투플과 만족하는 Sailors의 투플은 *오직* 한 개만이 존재하게 된다. 이제 여기에서 Reserves를 스캔하고, 인덱스를 써서 각 Reserves의 투플에 맞는 Sailors의 투플을 검색하는 데에 필요한 비용을 계산해 보자. Reserves의 스캔 비용은 1000이다. Reserves에는 100 · 1000개의 투플이 있다. 각 투플에 대해서 인덱스 페이지를 검색해서 부합하는 Sailors 투플의 *rid*를 알아내는 데에 평균 1.2입출력이 필요하고, 그 투플을 포함하는 Sailors의 페이지를 검색해야 한다. 따라서 Sailors의 투플을 검색하는 비용은 100000 · (1 + 1.2) 입출력이 된다. 따라서 총비용은 221,000 입출력이 된다.

또다른 예로, Reserves의 sid에 대한 해시 기반의 엔트리 구성법(2)를 사용한 인덱스가 있는 경우를 가정해 보자. 이럴 때에는 Sailors를 스캔해서 (500 입출력), 각 투플에 대해서 만족하는 Reserves의 투플을 인덱스를 이용해서 검색할 수 있다. 총 80 · 500 Sailors의 투플이 있고, 각 투플은 몇 개의 Reserves의 투플들과 조인될 수도 있다. 한 sailor는 예약을 전혀 하지 않았거나 여러 건을 예약했을 수도 있다. 각 Sailors의 투플에 대해 인덱스 페이지를 검색해서 만족하는 Reserves의 투플을 평균 1.2입출력으로 구할 수 있다(이러한 인덱스 페이지는 많아야 한 페이지라고 가정한다). 따라서 총 비용은 50 + 40000 · 1.2 = 48,500번의 입출력이다.

여기에다가, 부합하는 Reserves의 투플들을 검색하는 비용도 있다. 40,000 sailors에 대해 100000건의 예약이 있고, 균등분포를 가정하면 각 Sailors 투플들은 평균 2.5개의 Reserves 투플과 짝을 이룬다. 클러스터 인덱스인 경우에는, 이 투플은 보통 하나의 sailor에 대해 같은 Reserves 페이지에 있게 되고, 이를 검색하는 데에는 Sailors의 각 투플에 대해서 한 번의 입출력이면 되고, 이 부분에서는 오직 40,000번의 입출력이 필요하게 된다. 클러스터되지않는 인덱스의 경우에는 부합하는 투플들이 각기 다른 페이지에 있을 가능성이 크기 때문에

[2] 이는 해시 기반의 인덱스의 전형적인 비용이다.

2.5 · 40,000 입출력이 필요하게 된다. 따라서 총비용은 48,500 + 40,000 = 88,500에서 48,500 + 100,000 = 148,500 사이가 될 수 있다. 입출력 당 10ms가 걸린다고 가정한다면, 약 15분에서 20분 정도가 소요될 것이다.

따라서, 클러스터되지않은 인덱스를 쓴다 하더라도, 외부 투플 당 부합하는 내부 투플이 평균적으로 적다면, 인덱스 중첩루프 조인의 비용은 단순 중첩루프조인에 비해 훨씬 적게 된다.

14.4.2 정렬합병 조인

정렬합병(sort-merge join) 조인의 기본적인 아이디어는 두 릴레이션을 정렬 애트리뷰트에 대해서 *정렬*하고, 그 다음에 두 릴레이션을 *합병*하면서 조건을 만족하는 $r \in R$, $s \in S$인 투플을 찾아 내는 것이다. 정렬 단계에서는 모든 투플들을 조인 칼럼에 대해 같은 값을 갖도록 그룹핑함으로써 조인 칼럼에 대한 파티션들, 즉 같은 값을 갖는 투플들의 그룹들을 쉽게 얻을 수 있도록 해준다. 이 분할의 개념을 활용해서 R의 투플들을 같은 파티션에 속하는 S의 투플들과만 비교함으로써, 결국 R과 S의 크로스 프로덕트를 모두 나열하는 것을 피할 수 있게 된다(이런 파티션 기반 방식은 동등 조인 조건에 대해서만 동작한다).

정렬을 위해서는 13장에서 논의한 외부정렬 알고리즘을 사용할 수도 있고, 또한 한 릴레이션이 이미 조인 애트리뷰트에 대해 정렬되어 있다면, 다시 정렬할 필요가 없다.

이제 합병 단계를 자세히 살펴보자. 조인 조건을 만족하는 투플들(즉, $Tr_i = Ts_i$인 $Tr \in R$과 $T_s \in S$의 두 투플)을 찾기 위해서 R과 S를 스캔한다. 두 스캔 모두 각 릴레이션의 맨 처음 투플부터 시작한다. 여기에서 R의 투플의 값이 현재 S의 투플의 값보다 작은 동안(조인 애트리뷰트에 대해서) R의 스캔을 진행한다. 같은 방법으로 그 다음에는 R의 현재 투플의 값보다 S의 투플의 값이 작은 동안 스캔을 계속 진행한다. $T_{ri} = T_{si}$인 두 투플 $Tr \in R$과 $Ts \in S$를 만날 때까지 위 방법들을 교대로 계속 수행한다.

이제 $T_{ri} = T_{si}$인 두 투플 Tr과 Ts를 찾았으면, 조인된 투플을 출력하면 된다. 사실, 이 투플과 똑같이 조인 애트리뷰트에 같은 값을 갖는 투플은 R과 S에 여러 개 있을 수 있다. 이러한 투플들을 R과 S의 *현재 파티션*이라고 부른다. R의 현재 파티션에 있는 각 투플 r에 대해, S의 현재 파티션의 모든 투플 s를 스캔해서 조인된 투플 $\langle r, s \rangle$를 출력한다. 그리고나서, 방금 처리한 파티션 다음의 첫 번째 투플부터 시작해서 R과 S의 스캐닝을 계속한다.

정렬합병 알고리즘은 그림 14.8에 나와 있다. 여기에서는 투플들의 값을 변수 *Tr, Ts, Gs*에 할당하고, 스캔되는 릴레이션에 더 이상의 투플이 없는 경우 *eof*라는 특별한 값을 사용해서 표시한다. 첨자는 필드들을 구별하는 데 사용하는데, 예를 들어 *Tri*는 투플 *Tr*의 *i*번째 필드를 나타낸다. *Tr*의 값이 *eof*인 경우에는 *Tri*와 연관된 비교 연산의 결과는 `false`로 정의된다.

그림 14.9와 14.10에는 각각 Sailors와 Preserves에 대한 정렬합병 조인의 예를 보여주고 있는데, 조인 조건은 *sid* 애트리뷰트의 동등성이다.

이 두 릴레이션은 *sid*에 대해 이미 정렬되어 있으므로, 정렬합병 조인의 합병 단계를 각 릴레이션 인스턴스의 맨 처음 투플부터 스캔하면서 시작한다. 우선 Sailors를 스캔한다. *sid*의 값이 22이고 Reserves의 첫 투플의 *sid* 28보다 작으므로 다음 투플로 넘어간다. 두 번째 Sailors 투플을 *sid* = 28이고, 이는 Reserves의 현재 투플의 *sid* 값과 같다. 따라서, Sailors와 Reserves의 현재 파티션(즉, *sid* = 28인)에서 나온 한 투플씩의 쌍 하나를 결과 투플로 출력한다. *sid* = 28인 Sailors 투플은 하나이고 Reserves 투플은 두 개이므로, 두 개의 결과 투플을 출력할 수 있다. 이 단계가 끝나면 Sailors의 스캔 지점을 *sid* = 28인 파티션의 다음 첫 투플로 옮기는 데, 이 투플의 *sid*는 31이다. 비슷한 방법으로 Reserves의 스캔도 *sid* = 31인 첫 투플로 옮긴다. 두 투플의 *sid* 값이 같으므로, 조건에 맞는 파티션의 쌍을 또 찾았고, 이 파티션에서 만들 수 있는 조인 결과 투플들을 모두 출력한다(여기에서는 세 개의 투플이 있다). 이 과정을 거친 다음에 Sailors의 스캔 지점은 *sid* = 36인 투플이 되고, Reserves의 경우에는 *sid* = 58인 지점이 된다. 합병의 나머지 과정도 비슷하게 진행된다.

```
proc smjoin(R, S, 'R_i = S'_j)

if R not sorted on attribute i, sort it;
if S not sorted on attribute j, sort it;

Tr = first tuple in R;                              // ranges over R
Ts = first tuple in S;                              // ranges over S
Gs = first tuple in S;                              // start of current S-partition

while Tr ≠ eof and Gs ≠ eof do {

    while Tr_i < Gs_j do
        Tr = next tuple in R after Tr;              // continue scan of R

    while Tr_i > Gs_j do
        Gs = next tuple in S after Gs               // continue scan of S

    Ts = Gs;                                        // Needed in case Tr_i ≠ Gs_j
    while Tr_i == Gs_j do {                         // process current R partition
        Ts = Gs;                                    // reset S partition scan
        while Ts_j == Tr_i do {                     // process current R tuple
            add ⟨Tr, Ts⟩ to result;                 // output joined tuples
            Ts = next tuple in S after Ts;}         // advance S partition scan
        Tr = next tuple in R after Tr;              // advance scan of R
        }                                           // done with current R partition

    Gs = Ts;                                        // initialize search for next S partition

    }
```

그림 14.8 정렬합병 조인

sid	*sname*	*rating*	*age*
22	dustin	7	45.0
28	yuppy	9	35.0
31	lubber	8	55.5
36	lubber	6	36.0
44	guppy	5	35.0
58	rusty	10	35.0

그림 14.9 Sailors의 인스턴스

sid	*bid*	*day*	*rname*
28	103	12/04/96	guppy
28	103	11/03/96	yuppy
31	101	10/10/96	dustin
31	102	10/12/96	lubber
31	101	10/11/96	lubber
58	103	11/12/96	dustin

그림 14.10 Reserves의 인스턴스

일반적으로, 첫 번째 릴레이션의 해당 파티션의 투플들의 수만큼 두 번째 릴레이션의 파티션의 투플들을 스캔해야만 한다. 앞의 예에서 첫 번째 릴레이션 Sailors는 각 파티션마다 오직 한 개의 투플을 갖고 있다(이는 우연이 아니고 *sid*가 키라는 사실의 결과이다. 이 예는 주키-외래키 조인이다). 반면, 조인 조건이 *sname*=*rname*으로 바뀐 경우를 가정해보자. 그 경우에는 두 릴레이션 모두 한 파티션 안에 *sname*=*rname*=*'lubber'*인 한 개 이상의 투플을 가지게 된다. Sailors에서 *sname*=*'lubber'*인 각 투플에 대해 Reserves에서 *rname*=*'lubber'*인 투플들을 한 번씩 스캔해야 한다.

정렬합병 조인의 비용

*R*의 정렬 비용은 *O*(*MLogM*)이고, S의 정렬 비용은 *O*(*NlogN*)이다. 합병 단계에서는 *S*의 파티션들을 여러 번 스캔할 필요가 없다면(또는 첫 번째 패스에서 필요한 모든 페이지가 발견될 경우) $M + N$의 비용이 필요하다. 이 방법은 두 릴레이션 중의 적어도 하나가 조인 애트리뷰트에 대해서 이미 정렬되어 있는 경우나 조인 애트리뷰트에 대한 클러스터 인덱스가 있는 경우에 특히 효과적일 수 있다.

Reserves와 Sailors의 조인을 고려하자. 이용 가능한 버퍼 페이지는 100개(대략 블록 중첩루프 조인과 같은 개수라고 가정하자)이며, Reserves를 2회의 패스로 정렬할 수 있다고 하자. 첫 번째 패스를 거치면, 각 100페이지에 대해서 내부적으로 10개의 런이 생성된다. 두 번째 패스에서는 10개의 런을 합병해서 정렬된 릴레이션을 만들어 낸다. 각 패스마다 Reserves를 읽고 쓰므로, 정렬하는 데에 필요한 비용은 2 · 2 · 1000=4,000 입출력이다. 같은 방법으로 Sailors에 대해서 두 패스로 정렬하는 데에 2 · 2 · 500 = 2,000 입출력이 필요하다. 정렬합병 조인 알고리즘의 두 번째 단계에서는 각 릴레이션을 다시 한번 스캔해야 한다. 전체 비용은 4,000 + 2,000 + 1,000 + 500=7,500 입출력이 되는데, 이는 블록 중첩루프 알고리즘의 비용과 비슷하다.

35개의 버퍼 페이지만을 사용할 수 있다고 가정하자. 물론 Reserves, Sailors 릴레이션을 2회의 패스로 정렬하게 되고, 정렬합병 조인 알고리즘의 비용은 여전히 7,500번의 입출력으로 동일하다. 그러나 블록 중첩루프 조인 알고리즘의 비용은 이보다 훨씬 커서 15,000 입출력이 된다. 300개의 버퍼 페이지를 사용할 수 있는 경우에는 정렬합병 알고리즘의 비용은 7,500번의 입출력으로 동일하지만, 블록 중첩루프 조인 알고리즘의 비용은 2,500 입출력으로 줄어든다(독자가 직접 계산해서 확인해 보기 바란다).

두 번째 릴레이션의 파티션을 다중 스캔하는 비용이 잠재적으로 크다는 점에 주목해야 한다. 앞의 예에서, 반복적으로 스캔되는 파티션에 있는 Reserves의 투플들의 수가 적다면(가령, 단지 몇 개의 페이지), 반복 스캔될 전체 파티션을 버퍼 풀에서 찾을 가능성이 매우 높고, 따라서 입출력의 비용이 단일 스캔의 경우와 동일하다. 그러나, 주어진 파티션에 많은 페이지의 Reserves 투플들이 있다면, 그 파티션의 첫 번째 페이지를 다시 요청했을 때에 그 페이지가 버퍼 풀에 남아 있지 않을 가능성이 크다(파티션 내의 모든 페이지를 스캔한 다음; 각 페이지는 스캔이 지나간 다음에는 고정이 해제되는 점을 기억하기 바란다). 이 경우에, 입출력 비용은 Reserves의 파티션 내의 페이지의 수와 Sailors의 해당 파티션에 있는 투플들의 수를 곱한 만큼 커지게 된다!

최악의 시나리오는, 합병 단계에서 첫 번째 릴레이션의 각 투플에 대해 두 번째 릴레이션 전체를 읽어 들여야 할 수도 있고, 입출력 회수는 $O(M \cdot N)$번이나 된다! (이런 시나리오는 두 릴레이션의 모든 투플들이 조인 애트리뷰트에 대해 같은 값을 갖는 경우에 발생한다. 거의 발생하지 않는 경우이다.)

실제로, 합병 단계의 입출력 비용은 대개 각 릴레이션에 대해서 한 번의 스캔만 필요하다. 적어도 한 개의 릴레이션에 조인 애트리뷰트에 대해서 중복된 투플이 존재하지 않는다면 한 번만 스캔이 발생하는 것을 보장할 수 있다. 이런 경우는 바로 주키-외래키 조인에 해당되며, 이런 조인은 아주 흔하다.

개선 방안

두 릴레이션이 먼저 정렬되고, 그 다음에 별도의 패스에서 합병된다고 가정했다. 합병단계를 정렬 단계와 결합해서 같이 수행함으로써 정렬합병 조인의 성능을 향상시킬 수 있다. 우선, R과 S모두에 크기가 B인 정렬된 런들을 생성한다. L이 큰 릴레이션의 크기라고 할 때, $B > \sqrt{L}$인 경우에는 각 릴레이션 당 런의 수는 $\sqrt{L}$보다 작게 된다. 여기에서 사용 가능한 버퍼의 수는 R과 S의 런의 수의 합보다 많도록 즉, 적어도 $2\sqrt{L}$이라고 하자. 그 다음에 버퍼 페이지를 R의 각 런에 하나씩, S의 런에도 하나씩 배정한다. 그 다음에 R과 S의 런을 각각 하나씩 합병하면 R과 S의 스트림이 생성되는데, 이 때 스트림이 생성되는 대로 합병 단계를 수행하는 것이다. 즉, R과 S의 스트림에 조인 조건을 적용해서 크로스 프로덕트 중에 조인 조건을 만족하지 않는 투플들은 제외한다.

불행히도 이 아이디어는 필요한 버퍼 페이지 수를 $2\sqrt{L}$ 이상으로 증가시킨다. 하지만, 13.3.1절에 언급된 기술을 적용함으로써 R과 S에 대해서 대략 크기가 $2 \cdot B$의 정렬된 런들을 만들어낼 수 있다. 결과적으로 각 릴레이션마다 $\sqrt{L}/2$개의 버퍼 페이지만 확보할 수 있으면 주어진 조건 $B > \sqrt{L}$을 만족할 수 있게 된다. 따라서 전체 런의 개수는 $\sqrt{L}$보다 작게 되고, B보다 작게 되므로, 추가적으로 버퍼 페이지를 늘리지 않아도 합병 단계를 수행할 수 있게 된다.

이 방법을 쓰면 정렬합병 조인을 첫 번째 패스에서 *R*과 *S*를 각각 읽고 쓰는 비용과 *R*과 *S*를 두 번째 패스에서 읽는 비용으로 수행할 수 있다. 따라서 전체 비용은 $3 \cdot (M + N)$이 된다. 앞의 예에서, 비용이 7,500번의 입출력에서 4,500번의 입출력으로 줄어든다.

블록 단위 접근과 이중버퍼링

조인될 릴레이션들의 정렬과 합병 패스의 속도를 빠르게 하기 위해 제 13장의 정렬 부분에서 논의한 블록 단위 입출력과 이중버퍼링 최적화 기법들을 사용할 수 있다. 이러한 개선방안들은 논의하지 않겠다.

14.4.3 해시 조인

정렬합병 조인과 마찬가지로 *해시 조인*도 *분할 단계(partitioning phase)*에서 *R*과 *S*의 파티션들을 도출하고, 다음의 **조사 단계**(probing phase)에서 *R*의 파티션과 그에 해당하는 *S*의 파티션에 속한 투플들끼리만 동등 조인 조건을 검사하는 방법을 사용한다. 정렬합병 알고리즘과는 달리, 해시 조인에서는 파티션을 찾아 낼 때 정렬을 수행하는 것이 아니라, 해시 함수를 사용한다. 해시 조인의 분할 단계(또는 **구축 단계**(building phase)라고도 불림)는 해시 기반 프로젝션의 분할과 흡사한데, 그림 14.3에 잘 나와 있다. **조사 단계**(때로는 부합 단계(matching phase)라고도 불림)는 그림 14.11에 나와 있다.

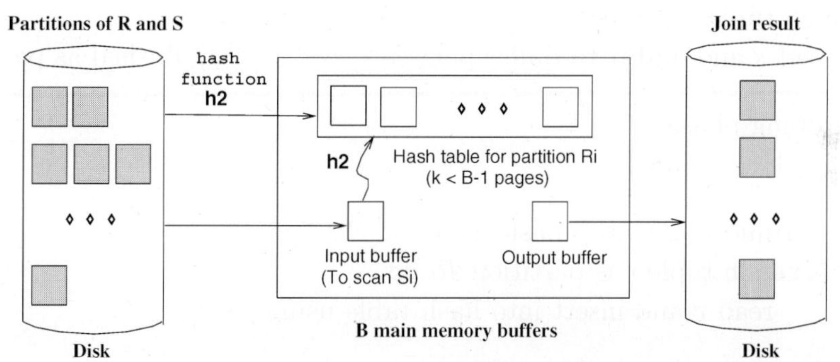

그림 14.11 해시 조인의 조사 단계

기본 아이디어는 두 릴레이션 모두 조인 애트리뷰트에 대해 같은 해시 함수 *h*를 이용해서 해시를 수행 하는 것이다. 각 릴레이션을 (이상적으로는 균등하게) *k*개의 파티션으로 해시했다면, 파티션 *i*에 있는 *R*의 투플은 같은 파티션 *i*에 있는 *S*의 투플들과만 조인된다. 이러한 사실은 좋은 효과를 내도록 활용할 수 있다. 작은 릴레이션 *R*의 한 (완전한) 파티션을 읽은 후, 해당하는 *S*의 파티션을 읽어서 부합하는 투플들을 찾을 수 있다. 그 이후에는 이 *R*과 *S*의 투플을 다시 읽을 필요가 없다. 따라서 *R*과 *S*를 분할한 후에, 만일 *R*의 주어진 파티션 모두를 포함할 수 있는 충분한 메모리 공간만 있다면, R과 S의 파티션을 한번씩만 읽어서 조인을 수행할 수 있다.

실제로는, CPU 비용을 줄이기 위해 *R* 파티션에 대해, *h*와는 다른 해시 함수 *h*2를 사용해서 메모리내 해시 테이블을 구성한다(따라서 *h*2는 *h*에 기반한 파티션의 투플들을 다시 분산시키는 역할을 한다.) *R* 파티션 자체보다는 조금 더 큰 해시 테이블을 모두 담을 수 있는 충분한 주 기억공간이 필요한데, 이 크기는 *R*의 파티션 자체보다는 조금 더 크다.

그림 14.12는 해시 조인 알고리즘을 기술하고 있다(이 아이디어의 여러 가지 변형들이 있다. 이 버전을 문헌에서는 *Grace 해시 조인*이라 부른다). 해시 조인의 비용을 고려해보자. 분할 단계에서는 두 릴레이션 *R*과 *S*를 한 번씩 스캔해서 기록해야 한다. 따라서 이 단계의 비용은 $2 \cdot (M+N)$이 된다. 두 번째 단계에서는 각 파티션을 한 번씩 스캔하는데, 오버플로우는 없다고 가정하면 이 비용은 $M+N$ 번의 입출력이 된다. 따라서 총 비용은, 두 번째 단계에서 각 파티션이 모두 메모리에 들어갈 수 있다는 가정 하에, $3 \cdot (M+N)$ 입출력이 된다. Reserves와 Sailors의 조인 예에서 보면, 총 비용은 $3 \cdot (500+1000) = 4{,}500$ 입출력이 되며, 입출력 당 10ms를 가정하면 해시 조인은 1분이 안 걸린다. 약 140 *시간*이 소요된 단순 중첩 루프 조인과 비교하시오; 이 차이는 좋은 알고리즘의 중요성을 다시 한번 일깨워 준다.

```
// Partition R into k partitions
foreach tuple r ∈ R do
    read r and add it to buffer page h(r_i);          // flushed as page fills

// Partition S into k partitions
foreach tuple s ∈ S do
    read s and add it to buffer page h(s_j);          // flushed as page fills

// Probing phase
for l = 1, ..., k do {

    // Build in-memory hash table for R_l, using h2
    foreach tuple r ∈ partition R_l do
        read r and insert into hash table using h2(r_i) ;

    // Scan S_l and probe for matching R_l tuples
    foreach tuple s ∈ partition S_l do {
        read s and probe table using h2(s_j);
        for matching R tuples r, output ⟨r, s⟩ };

    clear hash table to prepare for next partition;
    }
```

그림 14.12 해시 조인

메모리 사용량과 오버플로우 처리

조사 단계에서 주어진 파티션이 가용 메모리에 다 들어갈 수 있는 가능성을 높이기 위해서는 파티션의 수를 최대로 늘림으로써 한 파티션의 크기를 최소화해야만 한다. 분할 단계에서는 R(S에 대해서도 마찬가지로)을 k개의 파티션으로 나누기 위해서 적어도 k개의 출력 버퍼와 한 개의 입력 버퍼가 있어야 한다. 따라서, B개의 버퍼 페이지가 주어졌을 때, 최대 파티션 수는 $k = B - 1$이다. 파티션들의 크기가 동일하다고 가정하면, R의 각 파티션의 크기가 $\frac{M}{B-1}$(여기에서 M은 R의 페이지 수이다.)이 된다는 것을 의미한다. 한 파티션의 조사 단계에 구축되는 (메모리내) 해시 테이블의 페이지의 수는 $\frac{f \cdot M}{B-1}$이 되는데, 이때 f는 파티션과 그에 해당하는 해시 테이블사이의 약간의 크기 증가를 나타내는 *퍼지율*(*fudge factor*)이다.

조사 단계에서, R의 파티션에 대한 해시 테이블과 함께, S의 파티션 스캔을 위한 하나의 버퍼 페이지와 하나의 출력 버퍼 페이지가 필요하다. 따라서, $B > \frac{f \cdot M}{B-1} + 2$가 필요하다. 해시 조인이 잘 수행되기 위해서는 약 $B > \sqrt{f \cdot M}$ 개의 버퍼 페이지가 필요하다.

보통 R의 파티션들의 크기는 비슷하지만 같지는 않기 때문에, 가장 큰 파티션은 $\frac{M}{B-1}$보다 어느 정도 클 수도 있고, 요구되는 버퍼 페이지의 수는 $B > \sqrt{f \cdot M}$보다 조금 더 크다. 또 해시 함수 h가 R을 균등하게 분할 하지 않는 경우, 조사 단계에서 R의 몇몇 파티션들의 해시 테이블이 메모리내에 다 들어가지 않을 수도 있다. 이런 상황은 해시 조인의 성능을 심각하게 떨어드린다.

해시 기반의 프로젝션에서 알아본 것처럼, *파티션 오버플로우* 문제를 처리하는 한 가지 방법은, 해시 조인 기법을 오버플로우된 R의 파티션과 이에 대응하는 S의 파티션사이의 조인에 재귀적으로 적용하는 것이다. 즉, 우선 R과 S의 파티션을 서브파티션(subpartition)들로 재분할한다. 그리고나서, 각각의 서브파티션들을 쌍으로 조인하는 것이다. 아마 R의 모든 서브파티션이 메모리에 들어갈 수 있을 것이다. 그렇지 않은 경우에는 해시 조인 기술을 재귀적으로 다시 적용한다.

여분의 기억공간 활용: 하이브리드 해시 조인

해시 조인을 수행하는데 필요한 최소 기억공간은 $B > \sqrt{f \cdot M}$이다. 좀 더 많은 기억공간을 이용 가능한 경우에는, 해시 조인의 일종의 변형인 **하이브리드 해시 조인**을 이용해서 좀 더 좋은 성능을 낼 수 있다. 어떤 정수 k에 대해서, $B > f \cdot (M/k)$라고 가정하자. 이는 R을 크기가 M/k인 k개의 파티션으로 나누면, 각 파티션에 대해 메모리내 해시 테이블을 만들 수 있음을 의미한다. R을 k개의 파티션으로 분할하기 위해서는(S의 경우도 마찬가지), k개의 출력버퍼와 한 개의 입력 버퍼, 즉 $k + 1$개의 페이지가 필요하다. 따라서, 분할 단계에서 $B-(k + 1)$개의 여분의 버퍼 페이지가 남게 된다.

그럼 $B-(k + 1) > f \cdot (M/k)$라고 가정해 보자. 즉, 분할 단계에서 R의 한 파티션에 대해서 해시 테이블을 메모리내에 만들 수 있는 충분한 여분의 메모리가 있다는 것이다. 하이브리드 해시 조인의 아이디어는 분할 단계에서 R의 첫 번째 파티션에 대해서 메모리내 해시 테이블을 만들고, 따라서 이 파티션을 디스크에 쓰지 않는 것이다. 마찬가지로 S를 분할할 때에도 S의 첫 번째 파티션을 디스크에 기록하는 대신에 R의 첫 번째 파티션의 해시 테이블을 조사해서 결과를 쓸 수 있다. 따라서, 분할 단계가 끝나면, 두 릴레이션의 분할 뿐만 아니라,

*R*과 *S*의 첫 번째 파티션에 대한 조인 연산이 끝나게 된다. 조사 단계에서는 나머지 파티션들을 해시 조인에서처럼 수행하면 된다.

하이브리드 해시 조인을 통한 비용절감은 *R*과 *S*의 분할 단계에서 첫 번째 파티션을 디스크에 쓰지 않고, 조사 단계에서 그대로 메모리에서 읽을 수 있게 되는 것이다. 적은 릴레이션 *R*에는 500개, *S*에는 1000개의 페이지가 있는 예를 고려해보자.[3] $B=300$ 페이지라면, *R*을 두 개의 파티션으로 분할하는 동안 *R*의 첫 번째 파티션을 위한 메모리내 해시 테이블을 쉽게 만들 수 있다. *R*의 분할 단계에서, *R*을 스캔하면서 한 파티션을 쓴다. 비용은 파티션의 크기가 동일하다면 500 + 250이 된다. 그 다음에 S를 스캔해서 한 파티션을 쓴다. 비용은 1000 + 500이 된다. 조사 단계에서는 *R*과 *S*의 두 번째 파티션을 스캔한다. 비용은 250 + 500 이 된다. 전체 용은 750 + 1500 + 750 = 3,000이 된다. 반면, 해시 조인의 비용은 4,500이다.

R 모두에 대한 메모리내 해시 테이블을 담을 수 있는 충분한 메모리가 있다면, 얻을 수 있는 이득은 훨씬 더 커진다. 예를 들어, $B > f \cdot N + 2$인 경우, 즉 $k=1$인 경우, *R*의 모든 투플에 대한 해시 테이블을 메모리내에 구성할 수 있다. 이는 해시 테이블을 만들기 위해 *R*을 한번만 읽고, *R* 해시 테이블을 조사하기 위해 *S*도 한번만 읽어 들이면 된다는 것을 의미한다. 비용은 500 + 1,000 = 1,500이 된다.

해시 조인과 블록 중첩루프 조인의 비교

블록 중첩루프 조인 알고리즘을 설명할 때에, 내부 릴레이션에 대해서 메모리내 해시 테이블을 구성하는 아이디어에 대한 잠깐 논의했다. 여기서는 이 버전의 블록 중첩루프 조인 (CPU 효율적인)의 이 버전과 하이브리드 해시 조인에 대해 비교한다.

작은 릴레이션 전체를 위한 해시 테이블이 메모리에 다 들어가면, 두 알고리즘은 동일하다. 두 릴레이션 모두가 가용 버퍼 크기에 비해 상대적으로 큰 경우, 블록 중첩루프 조인을 수행하기 위해서는 여러 번의 패스가 필요하다. 이 경우 해시 조인이 해싱 기술을 좀 더 효과적으로 적용하는 예가 된다. 그림 14.13은 블록 중첩루프 조인에 비해서 해시 조인을 사용해서 줄일 수 있는 입출력 비용을 보여주고 있다. 블록 중첩루프 조인의 경우, *R*의 각 블록에 대해서 *S*를 모두 읽어 들인다. 그 비용이 그림에서는 전체 사각형이 된다. 해시 조인 알

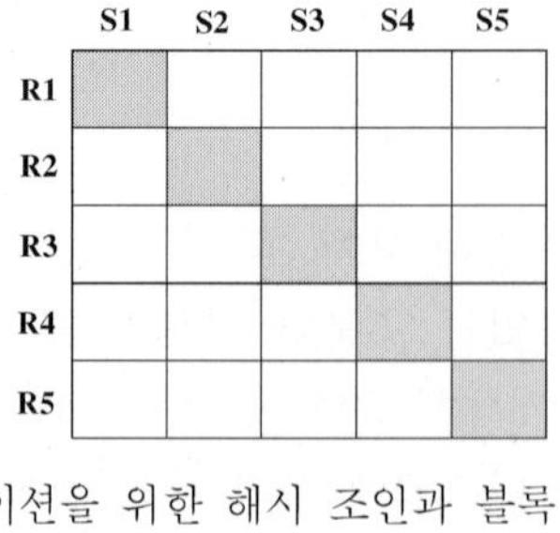

	S1	S2	S3	S4	S5
R1					
R2					
R3					
R4					
R5					

그림 14.13 큰 릴레이션을 위한 해시 조인과 블록 중첩루프 조인의 비교

[3] 불행히도, 예제의 해시 조인의 논의에서 변수 *R*로 표시한 작은 릴레이션이 사실은 Sailors 릴레이션이고, *S*로 표시하는 게 더 자연스럽다!

고리즘에서는 R의 각 블록에 대해 S의 해당 블록들만 읽으면 된다. 비용은 그림에서 회색으로 칠한 부분이다. 이 그림에서는 S의 스캔에 따른 입출력 비용 차이를 잘 보여주고 있다.

이 그림은 좀 단순화된 형태이다. 그림에서는 블록 중첩루프 조인에서 R을 스캔하는 비용과 해시 조인에서 분할 단계의 비용을 나타내지 않고, 조사 단계에서의 비용만을 나타내고 있다.

해시 조인과 정렬합병 조인의 비교

해시 조인과 정렬합병 조인을 비교해 보자. M을 작은 릴레이션의 페이지 수라고 할 때, $B > \sqrt{M}$ 개의 버퍼 페이지가 있고, 분할이 균일하게 이뤄진다고 가정하면, 해시 조인의 비용은 $3(M+N)$ 입출력이 된다. N이 큰 릴레이션의 페이지 수라고 할 때, $B > \sqrt{M}$ 개의 버퍼 페이지가 있는 경우에 정렬합병 조인의 비용 역시 14.4.2절에서 논의한 것처럼 $3(M+N)$ 입출력이 된다. 따라서 두 기법 중의 하나를 선택하는 문제는 다른 요소들, 특히 다음과 같은 요소들에 의해서 결정된다.

- 해시 조인에서 파티션의 크기가 균일하지 않은 경우, 해시 조인의 비용이 더 크다. 정렬합병 조인은 데이터 편향성(data skew)에 덜 영향을 받는다.
- 이용 가능한 버퍼 페이지 수가 $\sqrt{M}$과 $\sqrt{N}$ 사이라면, 해시 조인이 정렬합병 조인보다 비용이 적게 드는데, 그 이유는 해시 조인의 경우 작은 릴레이션의 파티션들을 담을 수 있는 충분한 메모리만 필요하고, 반면 정렬합병 조인의 경우는 메모리 요구량이 큰 릴레이션의 크기에 따라 달라지기 때문이다. 두 릴레이션의 크기의 차이가 클수록 이 요소는 더 중요해진다.
- 그 밖에 고려해야 할 요소로는 정렬합병 조인에서는 결과가 정렬되어 있다는 사실이다.

14.4.4 일반적인 조인 조건

지금까지는 단순한 동등 조인 조건에 대한 여러 알고리즘들을 논의했다. 또다른 중요한 경우들로는 여러 애트리뷰트들에 대한 동등 조건들과 부등 조건의 경우를 들 수 있다. 여러 애트리뷰트에 대한 동등 조건을 예를 들기 위해서, 조인 조건 $R.sid = S.sid \wedge R.rname = S.sname$을 갖는 Reserves R과 Sailors S의 조인을 살펴보자.

- 인덱스 중첩루프 조인을 위해 Reserves의 애트리뷰트의 조합 <*R.sid*, *R,rname*>에 인덱스를 구성하고 Reserves를 내부 릴레이션으로 삼을 수 있다. 이 필드의 조합에 대한 인덱스나 *R.sid*나 *R.rname*에 대한 인덱스를 사용할 수도 있다(물론, Sailors를 내부 릴레이션으로 하는 선택하는 경우에도 이와 유사하다).
- 정렬합병 조인의 경우 Reserves를 <*sid*, *rname*> 필드의 조합에 따라, Sailors는 <*sid*, *sname*>에 따라 정렬한다. 해시 조인에서는 이 필드들의 조합에 따라 분할한다.
- 논의한 다른 조인 알고리즘들은 영향을 받지 않게 된다.

부등 비교의 경우, 예를 들어 조인 조건 *R.rname* < *S.sname*을 가진 Reserves *R*과 Sailors *S*의 조인:

- 인덱스 중첩루프 조인을 쓰는 경우에는 B+ 트리 인덱스가 필요하다.
- 해시조인과 정렬합병 조인 방법은 적용할 수 없다.
- 논의한 다른 조인 알고리즘들은 영향을 받지 않게 된다.

물론 알고리즘에 상관없이, 동등 조인의 경우보다는 부등 조인 조건을 만족하는 투플들의 수가 훨씬 더 많을 것이다.

하나의 알고리즘이 모든 경우에 항상 다른 알고리즘보다 우월하지는 않다는 사실을 설명하면서 조인에 관한 논의를 맺으려한다. 좋은 알고리즘의 선택은 조인될 릴레이션들의 크기, 이용 가능한 접근 방법, 버퍼 풀의 크기 등에 따라 달라질 수 있다. 하지만 하나의 주어진 조인에 대해 좋은 알고리즘과 나쁜 알고리즘 사이의 성능차이는 엄청나기 때문에, 어떤 알고리즘을 선택하느냐가 성능에 큰 영향을 미치게 되는 것이다.

14.5 집합 연산

이제 $R \cap S$, $R \times S$, $R \cup S$, $R - S$와 같은 집합 연산들의 구현을 간단히 고려해보자. 구현의 관점에서 볼 때, 교집합 연산과 크로스 프로덕트 연산은 조인의 특별한 경우이다(교집합은 조인 조건으로 모든 필드에 동등 연산자를 사용한 경우이고, 크로스 프로덕트는 조인 조건이 없는 경우). 따라서, 이들에 대해서는 더 이상 논의하지 않겠다.

합집합 연산의 구현에 있어서 가장 중요한 점은 중복 제거이다. 차집합 연산도 역시 중복 제거 기법의 변형을 사용해서 구현할 수 있다(단일 릴레이션에 대한 합집합과 차집합 질의는 복잡한 셀렉션 조건을 가진 셀렉션 질의로 간주될 수 있다. 그러한 질의에는 14.2절에서 논의한 기법들을 적용할 수 있다).

두 가지의 합집합과 차집합 구현 알고리즘들이 있는데, 역시 정렬과 해싱에 기반한다. 두 알고리즘 모두 12.2절에서 언급한 분할 기법의 한 예라고 할 수 있다.

14.5.1 정렬을 이용한 합집합과 차집합

$R \cup S$를 구현하기 위해

1. 모든 필드의 조합에 대해서 *R*을 정렬한다. 같은 방법으로 *S*도 정렬한다.
2. 정렬된 *R*과 *S*를 동시에 스캔하면서 중복 투플들을 제거한다.

이 방법에 대한 개선책으로 *R*과 *S*의 정렬 런들을 생성하면서 동시에 병렬적으로 이 런들을 합병할 수 있다(이 개선책은 프로젝션에서 자세히 논의했던 방법과 유사하다). $R - S$를 구현하는 방법도 비슷하다. 합병 패스에서 *R*의 각 투플이 *S*에는 없는 것을 확인한 후 결과에 기록하면 된다.

14.5.2 해싱을 이용한 합집합과 차집합

$R \cup S$를 구현하기 위해

1. 해시 함수 h를 사용해서 R과 S를 분할한다.
2. 각 파티션 l에 대해서 다음 과정을 수행한다.

- 파티션 S_l에 대해(h와 다른 해시함수 $h2$를 사용해서) 메모리내 해시 테이블을 만든다.
- R_l을 스캔한다. 각 투플에 대해서 S_l에 대한 해시 테이블을 이용해서 조사한다. 그 투플이 해시 테이블에 있으면 버린다. 그렇지 않은 경우에는 테이블에 추가한다.
- 해시 테이블을 디스크에 쓰고, 다음 파티션을 위해 해시 테이블을 초기화한다.

$R-S$를 구현도 비슷하게 진행한다. 차이점은 하나의 파티션을 처리하는 과정이다. S_l에 대한 메모리내 해시 테이블을 만든 뒤, R_l을 스캔한다. R_l의 각 투플에 대해서 해시 테이블을 참조하는데, 그 투플이 테이블에 없는 경우, 결과에 쓴다.

14.6 집단 연산

그림 14.14에 보여진 SQL 질의는 *집단화 연산* AVG를 포함하고 있다. SQL-92에서 지원하는 기타 집단 연산들로는 MIN, MAX, SUM, COUNT가 있다.

```
SELECT AVG(S.age)
FROM   Sailors S
```

그림 14.14 단순 집단 질의

집단 연산자에 대한 기본적인 알고리즘들은 Sailors **릴레이션** 전체를 스캔하고 스캔된 투플들에 대한 어떤 종류의 **실행중 정보**(running information)를 유지한다. 각 집단 연산별로 실행중 정보는 그림 14.15에 나와 있다. 이 연산의 비용은 Sailors의 모든 투플을 스캔하는 비용이다.

Aggregate Operation	*Running Information*
SUM	*Total* of the values retrieved
AVG	⟨*Total*, *Count*⟩ of the values retrieved
COUNT	*Count* of values retrieved
MIN	Smallest value retrieved
MAX	Largest value retrieved

그림 14.15 집단 연산들의 실행중 정보

집단 연산자들은 GROUP BY 절과 함께 사용할 수도 있다. GROUP BY *rating*이라는 절을 그림 14.14에 추가한다면 각 *rating* 그룹에 따라 평균 나이를 계산해야 한다. 그룹핑을 가진 질의에 대해, 인덱스에 의존하지 않는 두 가지의 좋은 알고리즘이 있다. 하나는 정렬 기반 알고리즘이고 다른 하나는 해시 기반 알고리즘이다. 두 알고리즘 모두 12.2절에서 언급한 분할 기법의 한 예이다.

정렬에 기반한 방법은 단순하다—우선 릴레이션을 그룹핑 애트리뷰트에 따라 정렬한 다음, 각 그룹별 집단 연산의 결과를 계산하기 위해 스캔한다. 두 번째 단계는 그룹핑를 사용하지 않고 집단 연산을 구현하는 경우와 비슷한데, 다만 그룹의 경계를 확인해야만 하는 추가적인 작업이 필요하다(정렬 과정에서 집단 연산을 수행함으로써 이 방법을 개선하는 것이 가능하다. 이 방법은 연습문제로 남긴다). 이 방법의 입출력 비용은 단지 정렬 알고리즘의 비용이다.

해싱 방법에서는 우선 그룹핑 애트리뷰트에 대해서 (가능하면 메모리 내에) 해시 테이블을 만든다. 엔트리는 *<그룹핑 값, 실행중 정보>*의 형식을 가진다. 실행중 정보는, 그룹핑 없는 집단 연산의 경우와 마찬가지로, 집단 연산의 종류에 따라 다르다. 릴레이션을 스캔하면서, 해시 테이블을 조사해서 투플이 속하는 그룹의 엔트리가 해시 테이블에 있는지를 조사하고 실행중 정보를 갱신한다. 해시 테이블이 다 만들어 졌으면, 그룹핑 값 엔트리는 해당 그룹의 결과 투플을 계산하는 데 사용될 수 있다. 해시 테이블이 모두 메모리 내에 들어간다면(각 엔트리는 아주 작고 또 그룹핑 값 별로 하나의 엔트리만 존재하기 때문에 대개의 경우 해시 테이블이 메모리에 다 들어갈 수 있다), 해싱 방식의 비용은 $O(M)$인데 여기서 M은 릴레이션의 크기이다.

릴레이션이 아주 커서 해시 테이블이 메모리 내에 다 들어갈 수 없는 경우에는, *그룹핑 값*에 해시 함수 h를 사용해서 릴레이션을 분할할 수 있다. 주어진 그룹핑 값을 갖는 모든 투플들이 같은 파티션에 속하기 때문에, 각 파티션별로 소속 투플들을 위한 메모리내 해시 테이블을 만들어서 독립적으로 처리할 수 있다.

14.6.1 인덱스를 이용한 집단 연산의 구현

인덱스를 이용해서 필요한 투플들의 부분 집합을 만드는 기법은 집단 연산자에는 적용할 수 없다. 하지만, 특정한 조건하에서는 데이터 레코드 대신에 인덱스 내의 데이터 엔트리만을 이용해서 집단 연산들을 효과적으로 수행할 수 있다.

- 인덱스의 탐색 키가 집단 연산 질의에 필요한 모든 애트리뷰트를 포함하고 있는 경우에는, 이 절의 앞 부분에서 설명한 기법들을 실제 데이터 레코드가 아닌 인덱스의 데이터 엔트리 집합에 적용할 수 있고, 따라서 실제 데이터 레코드를 메모리로 읽어오는 과정을 피할 수 있다.
- GROUP BY 절의 애트리뷰트 리스트가 인덱스의 탐색 키의 전위이고, 트리 인덱스인 경우, 그룹핑 연산에서 필요한 순서대로 인덱스의 데이터 엔트리(필요하다면 데이터

레코드도)를 검색할 수 있고, 따라서 정렬 단계를 피할 수 있다.

주어진 인덱스가 위의 방법 중 하나 또는 모두를 지원할 수도 있다. 두 방법 모두 *인덱스만* 이용하는 계획의 예들이다. 셀렉션과 프로젝션도 포함하면서 그룹핑 연산과 집단 연산을 가진 질의를 위해 인덱스를 사용하는 방법에 대해서는 15.4.1절에서 논의한다.

14.7 버퍼링의 효과

관계 연산자를 구현하기 위해서는 버퍼 풀의 효과적인 사용이 대단히 중요하며, 지금까지 논의한 여러 알고리즘들에서는 버퍼 풀의 크기를 명시적으로 고려하였다. 주목해야 할 세 가지 요점이 있다.

1. 여러 개의 연산자가 병렬적으로 수행되는 경우에는, 버퍼 풀을 공유하게 된다. 이는 각 연산에 사용될 수 있는 버퍼 페이지의 수를 줄이는 효과가 있다.
2. 인덱스를 통해 투플들을 검색하는 경우, 특히 클러스터되지않은 인덱스를 사용하는 경우, 어떤 페이지를 여러 번 읽어야 할 때, 그 페이지를 버퍼 풀에서 찾을 가능성은(불행히도 예측이 불가능하게) 버퍼 풀의 크기와 버퍼 교체 정책에 따라 달라진다. 더구나, 클러스터되지않은 인덱스를 통해 투플들을 접근하는 경우 각 투플의 검색은 새로운 페이지를 메모리로 읽어 들이는 작업을 유발시킬 확률이 높다. 따라서 버퍼 풀이 빨리 차게 되고, 따라서 높은 페이지 교체를 유발한다.
3. 어떤 연산이 반복적으로 페이지를 접근하는 *패턴*을 가지면, 페이지 교체 정책을 잘 선택하거나 그 연산을 위한 충분한 기억공간을 미리 *예약*해둠으로써(만일 버퍼 관리기가 이런 기능을 지원한다면) 특정 페이지가 메모리에서 찾을 확률을 높일 수 있다. 그런 패턴들의 예는 아래와 같다.

   - 단순 중첩루프 조인을 고려해보자. 외부 릴레이션의 각 투플에 대해서, 내부 릴레이션의 모든 페이지를 반복적으로 스캔한다. 내부 릴레이션 전체를 포함할 수 있는 충분한 버퍼 페이지가 있다면, 페이지 교체 방법이 상관이 없다. 그렇지 않은 경우에는 페이지 교체방법이 아주 중요하다. LRU 기법을 쓰는 경우, 요청한 페이지는 이미 버퍼에서 밀려난 상태이기 때문에 다시 버퍼에서 찾을 수가 없다. 이는 9.4.1절에서 논의한 *순차 범람(sequential flooding)* 문제이다. MRU기법이 이 경우에는 버퍼를 활용하는 가장 좋은 방법이 된다. 내부 릴레이션의 처음 $B-2$개의 페이지는 언제나 버퍼 풀에 남아 있기 때문이다(여기에서 B는 버퍼 페이지의 수이다. 한 페이지는 외부 릴레이션의 스캔을 위해 사용하고,[4] 내부 릴레이션을 스캔할 때는 언제나 마지막으로 사용한 페이지를 교체한다).
   - 블록 중첩루프 조인의 경우에는 외부 릴레이션의 각 블록에 대해 내부 릴레이션 전

[4] 이를 위해 사용할 고정하기(pins)와 고정해제(unpins)의 순서에 대해 생각해보기 바란다.

체를 스캔하게 된다. 그렇지만, 내부 릴레이션의 스캔을 위해서는 오직 하나의 고정되지 않은 페이지만 이용가능하기 때문에 어떤 페이지 교체 정책을 사용해도 상관이 없다.

- 인덱스 중첩루프 조인의 경우에는 외부 릴레이션의 각 투플에 대해 부합하는 내부 릴레이션 투플들을 찾기 위해 인덱스를 사용한다. 외부 릴레이션의 여러 투플들이 조인 애트리뷰트에 대해 같은 값을 갖는다면, 내부 릴레이션에서는 반복적인 접근 패턴이 있다. 따라서 조인 애트리뷰트에 대해 외부 릴레이션을 정렬함으로써 반복 작업의 성능을 극대화할 수 있다.

14.8 복습문제

복습문제에 대한 답은 괄호 안에 표시된 절에서 찾아볼 수 있다.

- $\sigma_{R.attr}$ **op** $_{value}(R)$ 형태의 단순 셀렉션 질의를 고려하자. 다음 각 경우에 접근 경로로는 어떤 것들이 있다. (i) 인덱스가 없고 파일이 정렬이 안 된 경우, (ii) 인덱스는 없지만 파일은 정렬된 경우? **(14.1절)**
- B+ 트리 인덱스가 셀렉션 조건과 부합하면, 클러스터링이 비용에 어떤 영향을 미치나? 조건의 선택도를 이용해서 이를 논의하시오. **(14.1절)**
- 일반적인 셀렉션에 대한 *논리곱 정규형*(*conjunctive normal form*)을 설명하시오. *논리곱*(*conjunct*)과 *논리합*(*disjunct*)을 정의하시오. 어떤 조건하에서 일반 셀렉션이 인덱스와 부합하는가? **(14.2절)**
- 일반 셀렉션의 다양한 구현 방안들을 설명하시오. **(14.2절)**
- 프로젝션 동안 중복 제거를 위해 정렬과 해싱 기법의 사용에 관해 논의하시오. **(14.3절)**
- 인덱스를 사용해서 프로젝션을 구현할 때, 어떤 경우에 실제 데이터 레코드를 검색하지 않고서 구현할 수 있나? 정렬과 해싱을 사용하지 않고 인덱스를 이용한 중복 제거는 언제 가능한가? **(14.3절)**
- *R*과 *S* 릴레이션의 조인을 고려하자. *단순 중첩루프 조인*과 *블록 중첩루프 조인*을 설명하시오. 비슷한 점과 차이점은 무엇인가? 후자가 어떻게 입출력 비용을 줄이는가? 블록 중첩루프 방법에서 버퍼를 어떻게 활용할지 논의하시오. **(14.4.1절)**
- 인덱스 중첩루프 조인을 기술하시오. 이는 블록 중첩루프 조인과 어떻게 다른가? **(14.4.1절)**
- *R*과 *S*의 정렬합병 조인을 기술하시오. 어떤 조인 조건을 지원하는가? 조인 애트리뷰트에 대해 *R*과 *S*를 모두 정렬하고 이들을 합병하는 것 이외에 어떤 최적화가 가능한가? 특히 정렬에서 단계들이 합병 단계와 어떻게 결합될 수 있는지를 논의하시오.

(14.4.2절)

- 해시 조인의 아이디어는 무엇인가? *하이브리드 해시 조인*의 추가적인 최적화는 무엇인가? **(14.4.3절)**
- 조인 알고리즘의 선택이 이용 가능한 버퍼 페이지의 수, R과 S의 크기, 그리고 이용 가능한 인덱스에 어떻게 영향을 받는지 논의하시오. 구체적으로 논의하고, 각 알고리즘에 대해 입출력 비용 공식을 언급하시오. **(14.12절, 14.13절)**
- 일반적인 조인 조건은 어떻게 처리되나? **(14.4.4절)**
- 집합 연산 $R \cap S$와 $R \times S$가 왜 조인의 특수한 경우인가? 집합 연산 $R \cup S$와 $R-S$의 유사점은 무엇인가? **(14.5절)**
- $R \cup S$와 $R-S$를 구현하는 데 있어 정렬과 해싱 방법의 사용에 대해 논의하시오. 이를 프로젝션의 경우와 비교하시오. **(14.5절)**
- 집단 연산을 구현하는 데 있어 *실행중 정보*(*running information*)의 사용을 논의하시오. 그룹핑 처리를 위한 정렬과 해싱 방법의 사용을 논의하시오. **(14.6절)**
- 어떤 조건에서 데이터 레코드를 검색하지 않고서 집단 연산을 구현하기 위해 인덱스를 사용할 수 있는가? 어떤 조건에서 인덱스가 정렬이나 해싱을 피할 수 있게 해주는가? **(14.6절)**
- 다양한 관계 연산자의 수행 알고리즘들의 비용 공식을 이용해서, 어떤 연산자가 이용 가능한 버퍼 페이지의 수에 가장 민감한지 논의하시오. 이 숫자는 동시에 수행되는 연산자의 수에 의해 어떻게 영향을 받는가? **(14.7절)**
- 좋은 버퍼 교체 전략의 선택이 전체 성능에 어떻게 영향을 미치는지 논의하시오. 전형적인 관계 연산수 수행에서 접근 패턴을 도출하고, 교체 전략의 선택에 어떻게 영향을 미치는지 논의하시오. **(14.7절)**

연습문제

문제 14.1 다음 질문에 대해 간단히 답하시오.

1. *반복 수행*(*iteration*), *인덱싱*(*indexing*), *분할*(*partitioning*)의 세 가지 기본적인 기법과, 관계대수 연산자 *셀렉션*, *프로젝션*, *조인*에 대해서 생각해 보자. 각 기법-연산자의 조합에 대해서, 해당 기법에 기반해서 해당 연산자를 수행하는 알고리즘을 기술하시오.
2. 어떤 질의에 대한 "*가장 선택적인 접근 경로*(*most selective access path*)" 용어를 정의하시오.
3. *논리곱 정규형*에 대해서 기술하고, 이것이 관계 질의 수행에서 왜 중요한지 설명하시오.
4. 일반적인 셀렉션 조건이 인덱스와 *부합*하는 경우는 언제인가? 주어진 인덱스에 대한 셀렉션 조건 내의 *기본 항*(*primary term*)이란 무엇인가?
5. 하이브리드 해시 조인은 기본 해시 조인 알고리즘을 어떻게 개선한 것인가?
6. 해시 조인, 정렬합병 조인, 블록 중첩루프 조인의 장단점에 대해서 논하시오.

7. 조인 조건이 동등 조건이 아닐 때에, 정렬합병 조인을 사용할 수 있는가? 해시 조인은 사용할 수 있는가? 인덱스 중첩루프 조인을 사용할 수 있는가? 블록 중첩루프 조인은 사용할 수 있는가?
8. 정렬 기반 방식을 사용해서 집단 함수 `MAX`를 가진 그룹핑 질의를 수행하는 방법을 기술하시오.
9. DBMS을 만들면서 집단 연산자 `MAX`의 변형인 `SECOND LARGEST`라는 새로운 집단함수를 추가하고자 가정하자. 이를 구현하는 방안을 기술하시오.
10. 버퍼 교체 전략이 조인 알고리즘의 성능에 어떤 영향을 주는지에 대해서 예를 보이시오.

문제 14.2 5,000,000개의 레코드를 가진 릴레이션 R(*a*, *b*, *c*, *d*)이 있고, R의 각 페이지에는 10개의 레코드를 포함하고 있다고 치자. R은 보조 인덱스를 가진 정렬된 파일이다. *R*.a가 후보키이고, 이 값은 0에서 4,999,999까지 가질 수 있으며, R은 *R*.a의 순서에 의해서 정렬되어 있다고 가정하자. 아래의 각 관계대수 질의에 대해서, 세 방법들 중(또는 이들의 조합) 어떤 방법이 비용이 가장 적을 것인지를 기술하시오.

- R을 정렬된 파일을 통해 직접 접근한다.
- *R.a*에 대한 클러스터 B+ 트리 인덱스를 이용한다.
- *R.a*에 대한 선형 해시 인덱스(linear hashed index)를 이용한다.
- (*R*.a, *R.b*)에 대한 클러스터 B+ 트리 인덱스를 이용한다.
- (*R.a*, *R.b*)에 대한 선형 해시 인덱스(linear hashed index)를 이용한다.
- *R.b*에 대한 클러스터되지않은 B+ 트리 인덱스를 이용한다.

1. $\sigma_{a<50,000 \wedge b<50,000}(R)$
2. $\sigma_{a=50,000 \wedge b<50,000}(R)$
3. $\sigma_{a>50,000 \wedge b=50,000}(R)$
4. $\sigma_{a=50,000 \wedge a=50,010}(R)$
5. $\sigma_{a\neq 50,000 \wedge b=50,000}(R)$
6. $\sigma_{a<50,000 \vee b=50,000}(R)$

문제 14.3 아래의 SQL 프로젝션 질의를 고려하자.

`SELECT DISTINCT` E.title, E.ename `FROM` Executives E

다음과 같은 정보들이 주어졌다.

> 릴레이션 Executives는 *ename, title, dname, address*라는 문자열 필드가 있고, 모두 같은 크기를 가진다.
> *ename*은 후보키이다.
> 10,000개의 페이지가 있다.
> 10개의 버퍼 페이지가 있다.

정렬 기반의 프로젝션 알고리즘 중 최적화된 버전을 고려해 보자. 초기 정렬 패스에서는 입력 릴레이션을 읽어서, 애트리뷰트 *ename*과 *title*만을 가지는 투플들의 정렬된 런을 만든다. 이어지는 합병 패스에서는 초기 런들을 합병해서 하나의 정렬된 결과를 만드는 과정에서 중복 투플을 제거(중복된 투플들을 포함하는 정렬된 결과에서 중복을 제거하는 별도의 패스를 갖는 것과는 달리) 한다.

1. 첫 번째 패스에서는 몇 개의 런이 생성될 것인가? 이 런들의 평균 길이는 얼마나 될 것인가?(메모리를 잘 활용하고 런의 크기를 크게 하는 어떤 종류의 최적화 기법을 사용한다고 가정한다) 이 정렬 패스의 입출력 비용은 얼마나 될 것인가?
2. 이 프로젝션 질의의 최종 결과를 얻기 위해서는 추가적으로 몇 번의 합병 패스가 필요한가? 추가적인 패스들의 입출력 비용은 얼마인가?
3. (a) *title*에 대한 클러스터 B+ 트리 인덱스를 사용할 수 있다고 가정하자. 이 인덱스를 이용해서 정렬의 비용을 더 줄일 수 있는가? 이 인덱스가 클러스터되지 않은 경우에는 어떻게 달라질 것인가? 이 인덱스가 해시 인덱스인 경우에는 또 어떻게 달라지는가?
   (b) *ename*에 대한 클러스터 B+ 트리 인덱스를 사용할 수 있다고 가정하자. 이 인덱스를 이용해서 정렬의 비용을 더 줄일 수 있는가? 이 인덱스가 클러스터되지 않은 경우에는 어떻게 달라질 것인가? 이 인덱스가 해시 인덱스인 경우에는 또 어떻게 달라지는가?
   (c) <*ename*, *title*>에 대한 클러스터 B+ 트리 인덱스를 사용할 수 있다고 가정하자. 이 인덱스를 이용해서 정렬의 비용을 더 줄일 수 있는가? 이 인덱스가 클러스터되지 않은 경우에는 어떻게 달라질 것인가? 이 인덱스가 해시 인덱스인 경우에는 또 어떻게 달라지는가?
4. 다음과 같은 질의가 있다고 하자.

```
SELECT E.title, E.ename FROM Executives E
```

즉, 중복 제거를 할 필요가 없다. 이 경우 앞의 질문에 대한 답은 어떻게 달라질 것인가?

문제 14.4 아래의 정보가 주어졌을 때, $R \bowtie_{R.a=S.b} S$에 대해서 고려해 보자. 특별한 언급이 없으면 비용 계산은 페이지 입출력의 회수로 하며, 최종 결과를 기록하는 데에 필요한 비용은 일괄적으로 무시한다.

릴레이션 R은 10,000개의 투플을 가지며 페이지 당 10개의 투플이 있다.
릴레이션 S은 2,000개의 투플을 가지며 페이지 당 10개의 투플이 있다.
릴레이션 S의 애트리뷰트 *b*가 기본 키이다.
두 릴레이션 모두 단순 힙(heap) 파일이다.
두 릴레이션 모두 인덱스가 없다.
52개의 버퍼 페이지를 사용할 수 있다.

1. 페이지 단위의 단순 중첩루프 조인을 이용한 R과 S를 조인 비용은 얼마인가? 이 비용을 그대로 유지할 수 있는 최소한의 버퍼 페이지의 수는 얼마나 될 것인가?
2. 블록 중첩루프 조인을 이용한 R과 S를 조인 비용은 얼마인가? 이 비용을 그대로 유지할 수 있는 최소한의 버퍼 페이지의 수는 얼마나 될 것인가?
3. 정렬합병 조인을 이용한 R과 S를 조인 비용은 얼마인가? 이 비용을 그대로 유지할 수 있는 최소한의 버퍼 페이지의 수는 얼마나 될 것인가?
4. 해시 조인을 이용한 R과 S를 조인 비용은 얼마인가? 이 비용을 그대로 유지할 수 있는 최소한의 버퍼 페이지의 수는 얼마나 될 것인가
5. 어떤 조인 방법을 사용하던 R과 S를 조인하는 최소한의 비용은 얼마이며, 이를 달성하기 위해서는 얼마의 버퍼 공간이 필요한가? 간단히 설명하시오.
6. R과 S를 조인하면 최대로 몇 개의 투플이 생성될 것이며, 이 결과를 디스크에 저장하기 위해서

필요한 페이지 수는 얼마인가?

7. *R.a*가 *S.b*를 참조하는 외래키라면 위의 질문의 답은 어떻게 달라질 것인가?

문제 14.5 연습문제 14.1에서 설명된 R과 S의 조인에 대해서 고려해 보자.

1. 52개의 버퍼 페이지를 갖고서, *R.a*와 *S.b*에 대한 클러스터되지 않은 B+ 트리 인덱스가 있다면, 둘 중의 하나의 인덱스를 사용해서 블록 중첩루프 조인보다 좀 더 적은 비용으로 조인을 수행할 수 있는 방법(인덱스 중첩루프 조인을 사용)이 있는가? 설명하시오.
   (a) 다섯 개의 버퍼 페이지만을 사용 가능한 경우에는 답이 어떻게 바뀌는가?
   (b) S에 2,000개가 아니라 10개의 투플만이 있는 경우에는 답이 어떻게 바뀌는가?
2. 52개의 버퍼 페이지를 갖고서, *R.a*와 *S.b*에 대한 클러스터 B+ 트리 인덱스가 있다면, 둘 중의 하나의 인덱스를 사용해서 블록 중첩루프 조인보다 좀 더 적은 비용으로 조인을 수행할 수 있는 방법(인덱스 중첩루프 조인을 사용)이 있는가? 설명하시오.
   (a) 다섯 개의 버퍼 페이지만을 사용 가능한 경우에는 답이 어떻게 바뀌는가?
   (b) S에 2,000개가 아니라 10개의 투플만이 있는 경우에는 답이 어떻게 바뀌는가?
3. 15개의 버퍼 페이지만 이용가능하다면, 정렬합병 조인의 비용은 얼마인가? 해시 조인의 비용은 얼마인가?
4. S의 크기가 10,000 투플로 늘어났지만, 15개의 버퍼 페이지만 사용할 수 있다면, 정렬합병 조인의 비용은 얼마인가? 해시 조인의 비용은 얼마인가?
5. S의 크기가 10,000 투플로 늘어났지만, 52개의 버퍼 페이지만 사용할 수 있다면, 정렬합병 조인의 비용은 얼마인가? 해시 조인의 비용은 얼마인가?

문제 14.6 R과 S에 대한 다음 정보를 이용해서, 연습문제 14.1의 각 질문에 대하여 다시 답하시오. 단, 적용될 수 없는 질문에 대해서는 그 이유를 밝히시오.

릴레이션 R에는 200,000개의 투플이 있으며 페이지 당 20개의 투플이 있다.
릴레이션 S에는 4,000,000개의 투플이 있으며 페이지 당 20개의 투플이 있다.
릴레이션 R에서는 애트리뷰트 a가 기본 키이다.
R의 각 투플은 S의 20개의 투플과 조인된다.
1,002개의 버퍼 페이지를 사용할 수 있다.

문제 14.7 5.6.7절에서 외부 조인이라 불리는 조인 연산의 변형을 설명했다. 외부 조인을 구현하는 한 방법은, 먼저 해당되는 (내부)조인을 수행하고, 외부 조인 연산자의 의미에 맞추어 주기 위하여 널 값을 추가한 투플들을 첨가하는 것이다. 하지만, 내부 조인 결과와 입력 릴레이션을 비교해서 추가되어야 할 투플을 결정해야 한다. 입력 투플이 조인 과정에서 처리되는 동안에, 그 외의 투플을 결과에 추가하면 비교를 위한 비용을 피할 수 있다. 다음 조인 알고리즘들을 고려해 보자. 블록 중첩루프 조인, 인덱스 중첩루프 조인, 정렬합병 조인, 해시 조인. 이 장에서 다뤄졌던 Sailors, Reserves 테이블에 대해서 아래 질의를 수행하기 위해서, 이 알고리즘을 어떻게 수정할지를 기술하시오.

1. Sailors `NATURAL LEFT OUTER JOIN` Reserves
2. Sailors `NATURAL RIGHT OUTER JOIN` Reserves
3. Sailors `NATURAL FULL OUTER JOIN` Reserves

프로젝트 기반 연습문제

문제 14.8 (*강사에 대한 노트: 이 연습문제를 위해서는 추가적인 자세한 사항들이 제공되어야 함.* 부록 30을 참고하기 바람.) 이 장에서 기술한 다양한 조인 알고리즘을 Minibase에서 구현하시오(추가적인 연습문제로 기타 연산자들에 대해서도 선택적으로 알고리즘들을 구현할 수도 있다).

참고문헌 소개

System R의 관계 연산자들을 위한 구현 기법들은 [101]에서 논의하고 있다. [358]에서는 관계대수 변형과 일종의 다중 질의 최적화(multiple-query optmization)를 활용하는 PRTV에서 사용된 구현 기법들을 논의하고 있다. Ingres에서 사용한 집단 연산을 위한 기법들은 [246]에서 다룬다. [324]는 관계 연산자들의 구현을 위한 알고리즘들의 훌륭한 문헌 조사며, 참고로 읽어보기를 권한다.

[110], [222], [325], [677]은 해시 기반의 기법들(그리고 정렬 기반의 기법들과 비교)을 다루고 있다. [277]은 조인 구현에서 발생하는 보조 저장장치 접근 패턴을 논의하고 있다. 관계 연산 구현을 위한 병렬 알고리즘들은 [99, 168, 220, 224, 233, 293, 534]에서 논의하고 있다.

15

관계형 질의 최적화기

☞ SQL 질의가 어떻게 관계대수로 변환되는가? 질의 최적화기는 어떤 종류의 관계대수형 질의에 집중하는가?

☞ DBMS의 시스템 카탈로그에 어떤 정보가 저장되고, 그 정보는 질의 최적화에 어떻게 사용되는가?

☞ 최적화기는 질의 수행 계획의 비용을 어떻게 추정하는가?

☞ 최적화기는 하나의 질의에 대해 여러 가지 대안 계획들을 어떻게 생성하는가? 고려해야 할 계획들의 공간은 무엇인가? 계획들을 생성하는 데 있어서, 관계대수 동등성의 역할은 무엇인가?

☞ 내포 SQL 질의는 어떻게 최적화되는가?

➜ **주요 개념:** SQL에서 대수로 변환(SQL to algebra), 질의 블록(query block); 시스템 카탈로그(system catalog), 데이터 사전(data dictionary), 메타데이터(metadata), 시스템 통계치(system statistics), 카탈로그의 관계형 표현(relational representation of catalogs); 비용 추정(cost estimation), 크기 추정(size estimation), 축소율(reduction factors); 히스토그램(histograms), 동등넓이(equiwidth), 동등깊이(equidepth), 압축(compressed), 대수동등성(algebra equivalences), 셀렉션 밀기(pushing selections), 조인 순서화(join ordering); 계획 공간(plan space), 단일 릴레이션 계획(single-relation plans), 다중 릴레이션 좌심 계획(multi-relation left-deep plans), 계획 나열하기(enumerating plans), 동적 프로그래밍 방법(dynamic programming approach), 다른 방법들(alternative approaches)

Life is what happens while you're busy making other plans.

— John Lennon

이 장에서는 전형적인 관계 질의 최적화기에 대해서 자세히 다룬다. 우선 SQL 질의가 어떻게 *블록*이라고 하는 단위들로 변환되며, 블록이 어떻게 (확장형) 관계대수식으로 변환되는지를 설명한다(15.1절). 최적화기의 주요 임무는 이와 같은 대수식을 효율적으로 수행하는 좋은 계획을 찾는 것이다. 관계대수식의 최적화는 다음과 같은 두 가지 기본 단계로 구성된다.

- 관계대수식을 수행하기 위한 여러 대안 계획을 나열한다. 일반적으로 최적화기는 모든 가능한 계획들 중의 일부만을 고려하는데, 이는 가능한 계획의 수가 너무 많기 때문이다.
- 나열된 각 계획의 비용을 추정해서, 추정 비용이 가장 적은 계획을 선택한다.

15.2절에서 관계 연산의 결과의 속성, 특히 결과의 크기를 추정하기 위해 시스템 통계치를 어떻게 사용하는지를 논의한다. 주어진 계획의 비용을 어떻게 추정하는지 논의한 후, 15.3절과 15.4절에서는 전형적인 관계형 질의 최적화기에 의해 고려되는 계획들의 공간을 설명한다. 15.5절에서는 내포 SQL(nested SQL) 질의들을 어떻게 처리하는지 논의한다. 그리고, 15.6절에서는 System R 질의 최적화기의 주요한 특징들을 간단히 논의한다. 15.7절에서는 질의 최적화에 관한 다른 접근 방법들을 간단히 논의하면서 마무리한다.

이 장에서는 다음 스키마를 이용한 예제 질의들을 고려한다.

Sailors(*sid:* `integer`, *sname:* `string`, *rating:* `integer`, *age:* `real`)
Boats(*bid:* `integer`, *bname:* `string`, *color:* `string`)
Reserves(*sid:* `integer`, *bid:* `integer`, *day:* `dates`, *rname:* `string`)

14장에서처럼, 테이블 Reserves의 투플 크기는 40바이트이고, 한 페이지는 100개의 투플을 포함할 수 있고, 1,000개의 페이지가 있다고 가정한다. 마찬가지로, 테이블 Sailors의 투플 크기는 50바이트이고, 한 페이지는 80개의 투플을 가지며, 그런 페이지가 500개가 있다고 가정한다.

15.1 SQL 질의를 대수로 변환

SQL 질의는 *블록(blocks)*이라고 불리는 여러 개의 작은 단위로 나누어서 최적화한다. 전형적인 관계형 질의 최적화기에서는 한 번에 한 블록을 최적화하는 데에 초점을 맞춘다. 이 절에서는 질의문을 블록으로 분해하는 방법과, 관계대수 연산자로 구성된 계획들의 관점에서 어떻게 단일 블록에 대한 최적화를 이해할 것인지를 설명한다.

15.1.1 질의를 블록 단위로 분해

사용자가 SQL 질의를 입력했을 때, 질의문은 질의 블록들로 파싱되고, 이 블록들은 질의 최적화기에 넘겨진다. 하나의 **질의 블록**(또는 단순히 **블록**)은 중첩되지 않고, 하나의 `SELECT` 절과 `FROM` 절, 그리고, 많아야 하나의 `WHERE`, `GROUP BY`, `HAVING` 절을 가진 SQL 질의이다. WHERE 절은, 14.2절에서 논의한 바와 같이, 논리곱 정규형으로 가정한다. 다음 예제 질의를 보자.

(전체 선원 중에서) 등급이 가장 높고, 붉은 색의 배를 적어도 2건 이상 예약한 각각의 선원에 대해, 선원의 id와 붉은 색 배를 처음 예약한 날짜를 찾으시오.

이 질의를 SQL로 표현하면 그림 15.1과 같다.

```
SELECT    S.sid, MIN (R.day)
FROM      Sailors S, Reserves R, Boats B
WHERE     S.sid = R.sid AND R.bid = B.bid AND B.color = 'red' AND
          S.rating = ( SELECT MAX (S2.rating)
                       FROM   Sailors S2 )
GROUP BY  S.sid
HAVING    COUNT (*) > 1
```

그림 15.1 붉은 배를 예약한 선원

이 질의는 두 개의 질의 블록으로 구성되어 있다. **내포된 블록**(nested block)은 다음과 같다.

```
SELECT MAX (S2.rating)
FROM   Sailors S2
```

내포된 질의 블록은 가장 높은 뱃사람 등급을 구한다. **외부 블록**(outer block)은 그림 15.2와 같다. 모든 SQL 질의는 내포를 포함하지 않는 질의 블록들로 분해할 수 있다.

```
SELECT    S.sid, MIN (R.day)
FROM      Sailors S, Reserves R, Boats B
WHERE     S.sid = R.sid AND R.bid = B.bid AND B.color = 'red' AND
          S.rating = Reference to nested block
GROUP BY  S.sid
HAVING    COUNT (*) > 1
```

그림 15.2 붉은 색 배 질의의 외부 블록

질의 최적화기는 시스템 카탈로그를 검사해서, 각 필드의 타입과 길이 정보, 참조된 릴레이션에 대한 통계치, 그 릴레이션들에 이용 가능한 접근 경로들(예를 들어, 인덱스)을 검색한다. 그리고나서, 최적화기는 각 질의 블록에 대해서 질의 수행 계획을 선택한다. 이 절에서는 하나의 질의 블록을 최적화하는 방법에 대해 대부분의 초점을 맞추고, 내포 질의에 대한 논의는 15.5절로 미루겠다.

15.1.2 관계대수식으로서의 질의 블록

질의 블록을 최적화하는 첫 번째 단계는 질의를 관계대수식(relational algebral expression)으로 표현하는 것이다. 우리는 일관성을 위해, `GROUP BY`와 `HAVING` 절도 확장된 관계대수의 연산자로 가정하고, 집단 연산의 경우도 프로젝션 연산자의 매개변수에 나타날 수 있다고 가정한다. 각 연산자들의 의미는 SQL 설명으로부터 분명해 질 것이다. 그림 15.2의 SQL 질의문은 다음 확장된 관계대수로 표현할 수 있다.

$$\pi_{S.sid,MIN(R.day)}($$
$$HAVING_{COUNT(*)>2}($$
$$GROUP\ \ BY_{S.sid}($$
$$\sigma_{S.sid=R.sid \wedge R.bid=B.bid \wedge B.color='red' \wedge S.rating=value\_from\_nested\_block}($$
$$Sailors \times Reserves \times Boats))))$$

릴레이션 이름을 간단히 표현하기 위해, (Sailors, Reserves, Boats 대신에) 애트리뷰트의 앞에 *S*, *R*, *B*을 사용했다. 직관적으로, 셀렉션은 세 릴레이션의 크로스 프로덕트에 적용된다. 그 다음에, 조건을 충족하는 투플들을 *S.sid*에 따라 group by를 수행하고, `HAVING` 절 조건을 이용해서 일부 그룹을 제외한다. 남아 있는 각 그룹마다, 프로젝션 리스트로부터 명시된 애트리뷰트들(과 개수)를 담은 결과 투플이 생성된다. 5장에서 설명하였듯이, 이 관계대수식은 SQL 질의의 의미를 충실히 잘 보여주고 있다.

모든 SQL 질의 블록은 이런 형태로 확장된 관계대수식으로 표현할 수 있다. `SELECT` 절은 프로젝션 연산자, `WHERE` 절은 셀렉션 연산자, `FROM` 절은 릴레이션들의 크로스 프로덕트, 그리고 나머지 절들도 모두 해당되는 연산자로 직접적으로 대응한다.

전형적인 관계형 질의 최적화기들이 고려하는 대안 계획들은 "모든 *질의가 본질적으로* $\sigma\pi\times$*의 대수식으로 취급*할 수 있고, (질의에 있다면) 나머지 연산들은 $\sigma\pi\times$의 결과에 대해 수행할 수 있다"는 사실을 인식하면 이해할 수 있다. 그림 15.2의 질의를 $\sigma\pi\times$식으로 표현하면 다음과 같다.

$$\pi_{S.sid,R.day}($$
$$\sigma_{S.sid=R.sid \wedge R.bid=B.bid \wedge B.color='red' \wedge S.rating=value\_from\_nested\_block}($$
$$Sailors \times Reserves \times Boats))$$

이 질의에서 `GROUP BY`와 `HAVING` 연산자를 처리할 수 있게 하기 위해, 이 절들에서 언급된 애트리뷰트들을 프로젝션 리스트에 포함시킨다. 또한, 이 예에서처럼 `MIN`(*R.day*)와 같이 `SELECT` 절의 집단 연산자는 $\sigma\pi\times$식을 먼저 계산한 후 수행하고, 프로젝션 리스트의 집단 수식은 참조하고 있는 애트리뷰트의 이름으로 바뀐다.

따라서, 질의의 $\sigma\pi\times$부분에 대한 최적화에서는 본질적으로는 집단 연산자들을 무시한다.

최적화기는 이런 식으로 질의에서 얻어진 $\sigma\pi\times$식에 대한 가장 좋은 계획을 찾는다. 이 계획을 수행하고, `GROUP BY` 절을 처리하기 위해서 결과 투플들을 정렬한다(또는 해싱한다). `HAVING` 절을 적용해서 어떤 그룹들을 제거하고, 나머지 그룹들에 대해 `SELECT` 절의 집단 연산자를 적용해서 계산한다. 이 방법은 아래의 확장 대수식으로 요약될 수 있다.

$$
\begin{aligned}
&\pi_{S.sid,MIN(R.day)}(\\
&HAVING_{COUNT(*)>2}(\\
&GROUP\ BY_{S.sid}(\\
&\pi_{S.sid,R.day}(\\
&\sigma_{S.sid=R.sid \wedge R.bid=B.bid \wedge B.color='red' \wedge S.rating=value\_from\_nested\_block}(\\
&Sailors \times Reserves \times Boats)))))
\end{aligned}
$$

FROM 절에 단지 하나의 릴레이션만 존재하고, 그 릴레이션이 그룹핑 연산 수행에 이용할 수 있는 인덱스를 갖고 있으면, 몇 가지 최적화가 가능하다. 이 상황에 대해서는 15.4.1절에서 자세히 다루겠다.

따라서 대략적으로 요약하자면, 전형적인 최적화기에 의해 검토되는 대안 계획들은 $\sigma\pi\times$질의에 대해 고려되는 계획들로 이해할 수 있다. 최적화기는 관계대수식 간의 몇 가지 동등성 규칙들을 적용해서 대안 계획들을 나열하는데, 이 동등성 규칙은 15.3절에서 설명한다. 최적화기가 고려하는 계획 공간에 대해서는 15.4절에서 설명한다.

15.2 계획의 비용 추정하기

각 계획에 대해서 비용을 추정해야 한다. 하나의 질의 블록에 대한 수행 계획의 비용 추정은 두 부분이 있다.

1. 트리의 각 노드에 대해, 해당 연산을 수행하는 데에 대한 *비용을 추정*해야 한다. 비용은 어떤 연산자의 결과를 부모 연산자에 전달하기 위해, 파이프라인 방식을 사용하는지 또는 임시 릴레이션을 생성하는지에 의해 상당히 영향을 받는다.
2. 트리의 각 노드에 대해, 결과의 *크기를 추정*하고, *결과*의 정렬 여부를 판단해야 한다. 이 결과는 현재 노드의 부모에 해당하는 연산의 입력이 되므로, 이 결과의 크기와 정렬 여부는 부모노드 연산 결과의 크기, 비용, 정렬 순서에 영향을 미친다.

관계 연산자의 구현 기술들의 비용은 14장에서 논의했다. 14장에서 살펴보았듯이, 비용을 추정하기 위해서는 입력 릴레이션에 관한 여러 가지 정보, 예를 들어 페이지 수, 사용가능한 인덱스 등을 알아야 한다. 이런 통계 정보는 DBMS의 시스템 카탈로그에 저장되어 있다. 이 절에서는 전형적인 DBMS에서 관리하고 있는 통계 정보들을 설명하고, 결과의 크기를 추정하는 방법에 대해서 논의한다. 14장에서와 같이, 페이지 입출력의 회수를 비용 기준으로 사용하며, 논의를 간단히 하기 위해 블록단위 접근 등의 이슈는 고려하지 않겠다.

DBMS가 추정하는 결과의 크기와 비용은 아무리 잘해도 단지 실제 크기와 비용에 대한 근사치일 뿐이다. 최적화기가 실제로 가장 최선의 계획을 찾을 것이라고 기대하는 것은 현실적이지 않다. 최악의 계획들을 피하고, 좋은 계획을 찾는 것이 더 중요하다.

15.2.1 결과 크기의 추정

여기에서는 전형적인 최적화기가 주어진 입력에 대해서 어떤 연산자를 적용한 결과의 크기를 추정하는 방법을 논의한다. 크기 추정은 비용 추정에 있어서도 중요한 역할을 하는데, 이는 연산자의 출력이 다른 연산자의 입력이 될 수도 있고, 어떤 연산자의 비용은 보통 입력의 크기에 의해 결정되기 때문이다.

아래 형태의 질의 블록을 고려해보자.

```
SELECT attribute list
FROM   relation list
WHERE  term1 ∧ term2 ∧ ... ∧ termn
```

이 질의의 결과로 나올 투플 수의 최대값은(중복 투플을 제거하지 않을 때) FROM 절에 있는 릴레이션의 카디날리티의 곱과 같을 것이다. 하지만, WHERE 절의 각 항은 이 잠재적인 결과 투플들 중의 일부를 제거한다. WHERE 절이 결과의 크기에 미치는 영향은 각 **항의 축소율**(reduction factor)을 통해서 모델링 할 수 있다. 축소율이란 해당 항의 셀렉션만 고려했을 때 입력 크기 대비 (예상) 출력 크기의 비율을 말한다. 질의 결과의 크기는 최대 크기에 WHERE 절의 각 항의 축소율들을 곱한 것으로 추정할 수 있다. 물론 이 추정은 각 항의 조건들이 통계학적으로 완전히 독립적이라는, 비현실적이기는 하나 단순한 가정에 기반하고 있다.

그럼 이제는 시스템 카탈로그에 저장되어 있는 통계치들을 이용해서 WHERE 절의 서로 다른 종류의 항들의 축소율을 어떻게 계산하는지 알아보자.

- *column= value*: 해당 칼럼에 인덱스 *I*가 존재할 경우, 이 형태의 항의 축소율은 $\frac{1}{NKeys(I)}$로 근사할 수 있다. 이 식은 인덱스 키 값들이 투플들에 균등 분포(uniform distribution)되었다고 가정하고 있다. 이 균등 분포 가정은 전형적인 관계형 질의 최적화기가 흔히 취하는 가정이다. *칼럼*에 인덱스가 없을 경우, System R의 최적화기는 축소율을 무조건 1/10이라고 간주해 버린다! 물론, 해당 칼럼에 인덱스의 존재 여부에 상관없이 그 칼럼의 서로 다른 값의 수(number of distinct values)와 같은 통계치를 유지할 수도 있다. 이와 같은 통계치가 있다면, 임의로 축소율을 1/10로 간주하는 것보다는 더 정확한 축소율을 구할 수 있다.
- *column1 = column2*: *column1*과 *column2*에 각각 인덱스 *I1*과 *I2*가 있는 경우 축소율은 $\frac{1}{\mathrm{MAX}(NKeys(I1), NKeys(I2))}$로 근사할 수 있다. 이 식은 더 작은 인덱스, 가령 *I1*의 모든 키 값은 나머지 인덱스 *I2*에 부합하는 값이 가정한다. *column1*의 각 값에 대하여 *NKeys*(*I2*)의 값은 거의 같다고 간주한다. 즉, *column2*가 주어진 *column1* 값과 같은 플의 수는 $\frac{1}{NKeys(I2)}$이다. 두 칼럼 중에 한쪽만 인덱스 *I*가 있는 경우에는 축소율을 $\frac{1}{NKeys(I)}$로 잡는다. 어느 칼럼에도 인덱스가 없는 경우에는 보통 때처럼 1/10으로 잡

> **질의 특징 추정하기:** IBM DB2, Informix, Microsoft SQL Server, Oracle 8, 그리고 Sybase ASE 모두가 결과 크기와 비용 등 질의의 특징을 추정하기 위해 히스토그램을 사용한다. 예를 들어, Sybase ASE의 경우 1차원의 동등깊이(equidepth) 히스토그램을 사용하는데, 특히 높은 출현빈도를 갖는 값을 정확하게 추정하기 위해서다. 또한 ASE는 복합키를 지원(비록 복합키를 위한 히스토그램은 지원하지 않지만)을 위해 히스토그램들 간의 상관관계를 추정하기 위해 인덱스의 전위(prefix)의 중복 개수의 평균값을 유지한다. 그리고 ASE는 테이블과 인덱스의 클러스터링 정도(degree of clustering)의 추정치를 유지한다. IBM DB2, Informix, 그리고 Oracle의 경우도 역시 1차원의 동등깊이 히스토그램을 유지한다. Oracle은 칼럼에 상이한 값의 개수가 많지 않을 때는 각 값의 중복 개수를 유지하는 모드로 자동적으로 전환한다. Microsoft SQL Server는 약간의 최적화 기법(히스토그램을 압축하기 위해 비슷한 분포를 가진 인접 버켓들을 결합시키는)을 적용한 1차원의 동등지역(equiarea) 히스토그램을 사용한다. SQL Server에서 히스토그램의 생성과 관리는 사용자 입력 없이 자동적으로 수행된다.
>
> 비록 결과 크기와 비용을 추정하기 위한 샘플링 기법(sampling techniques)에 대한 연구가 이루어졌지만, 현재 시스템들에서는 통계치 추정 또는 히스토그램을 생성하는 시스템 유틸리티들만 샘플링을 사용하고, 최적화기가 질의 특징을 추정할 때는 샘플링을 사용하고 있지는 않다. 어떤 경우에, 샘플링은 병렬 구현 기법에서 부하 조절(load balancing) 분야에 사용되기도 한다.

는다. 이 식들은 이 두 칼럼이 같은 릴레이션에 속하는지의 여부를 구별하지 않고 사용된다.

- *column* > *value*: 칼럼에 인덱스 I가 있을 경우 축소율은 $\frac{High(I) - value}{High(I) - Low(I)}$으로 잡는다. *칼럼*이 수치형이 아니거나 인덱스가 없는 경우에는 1/2 이하에서 적당히 잡는다. 다른 범위 셀렉션 형태에 대해서도 비슷한 방식으로 축소율을 잡는다.
- *column* `IN` (값 목록)의 경우는 *column* = *value* 경우의 축소율에 목록에 포함된 개수를 곱해서 축소율을 구한다. 그렇지만 어떤 종류의 셀렉션이던 간에 최소한 절반의 후보 투플들을 제거한다는 휴리스틱(heuristics)에 따라, 축소율을 최대 1/2 이상은 잡지 않는다.

이런 식으로 추정한 축소율은 '값의 균등분포'나 '서로 다른 칼럼에 있는 값들의 독립적인 분포'와 같은 가정에 기반한 근사치에 불과하다. 최근에 들어서는 더욱더 상세한 통계치(예를 들어, 이 절의 뒷부분에서 설명할 칼럼의 값들에 대한 히스토그램)에 기반한 좀 더 복잡한 기법들이 제안되었고, 상용 시스템에서도 이들 방식을 지원하기 시작했다.

축소율은 다음과 같은 형태의 항들에 대해서도 근사할 수 있다. '*column* `IN` *부속질의*'(외부 릴레이션의 칼럼이 갖는 서로 다른 값들의 개수와 부속질의 질의 결과 크기의 추정치 비율); '`NOT` 조건'(1− 조건의 축소율); '*value1*<*column*<*value2*'(두 조건의 논리곱). 더 이상 자세히

는 논의하지 않겠다.

요약하자면, 선택된 계획과 상관없이 FROM 절의 릴레이션들의 크기와 WHERE 절의 각 항의 축소율들을 곱함으로써 최종 결과의 크기를 추정할 수 있다. 비슷한 방식으로 축소율을 사용해서 실행 계획 트리 상의 각 연산자들의 결과 크기를 추정할 수 있는데, 이는 해당 연산자 노드를 루트로 하는 서브트리 역시 일종의 질의 블록으로 볼수 있기 때문이다.

주목할 점은, 중복 제거를 수행하지 않는 경우 결과 투플 수는 프로젝션 연산에 의해서는 영향을 받지 않는다는 것이다. 그렇지만, 프로젝션의 결과로 생기는 투플들의 크기가 원래 투플보다 적어지기 때문에 결과 페이지의 수는 줄여주게 된다. 그래서 이 투플 크기 간의 비율을, 주어진 입력 릴레이션의 크기를 바탕으로 결과 크기의 페이지 수를 추정하기 위한 **프로젝션 연산의 축소율**로 사용할 수 있다.

개선된 통계치: 히스토그램

*N*개의 투플을 가진 릴레이션과 인덱스 I가 존재하는 칼럼에 대해 '*column* > *value*' 형태의 셀렉션을 생각해보자. 축소율 *r*은 $\frac{High(I) - value}{High(I) - Low(I)}$으로 근사되며, 결과의 크기는 *rN*으로 추정된다. 이 추정치의 정확성은 칼럼 값들이 균등 분포한다는 가정에 의존한다.

인덱스 *I*에 대하여 단순히 최소값과 최대값만을 유지하는 대신에 더 상세한 많은 정보를 유지함으로써 추정치를 상당히 개선할 수 있다. 직관적으로, 키 값들 *I*의 분포를 가급적 정확하게 근사할 수 있었으면 한다. 그림 15.3이 보여주고 있는 두 가지 형태의 값의 분포를 생각해보자. 첫 번째는, 값(가령, *age*라는 애트리뷰트에 대해)의 불균등 분포 *D*를 보여주고 있다. 값의 *빈도(frequency)*란 해당 나이 값을 갖는 투플의 수를 의미한다. 분포(distribution)는 각각의 *age* 값의 빈도를 표시해서 나타낸다. 이 예에서 *age*의 최소값은 0이고 최대값은 14이며 *age* 칼럼의 값은 0과 14사이의 정수이다. 두 번째 분포는 *age*의 값들이 0과 14 사이에서 균등하게 출현한다고 가정해서 *D*를 근사한 것이다. 이 근사방법은 *age*의 값의 범위에 대해 최소값과 최대값(각각 0과 14)과 모든 빈도수의 총 개수만 기록하면 되므로 적은 공간을 효과적으로 사용하게 된다.

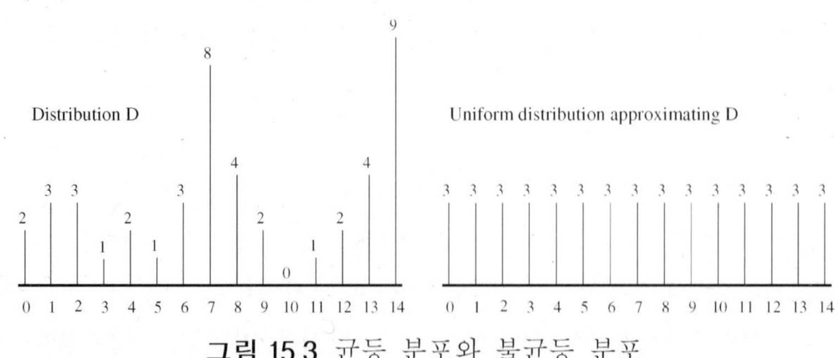

그림 15.3 균등 분포와 불균등 분포

셀렉션 조건 '*age* > 13'을 고려해보자. 그림 15.3의 분포 *D*에 따르면 결과는 9개의 투플을 가짐을 알 수 있다. 반면, 그러나 균등 분포 근사방법을 따르면, 결과는 1/15 · 45 = 3개의 투플이라고 추정하게 된다. 이 경우, 추정치가 상당히 부정확하다.

히스토그램(histogram)이란 DBMS가 데이터의 분포를 근사하기 위하여 유지하는 자료 구조이다. 그림 15.4에서는, 그림 15.3의 데이터 분포를 근사하는 방법을 보여주고 있는데, *age* 값들의 범위를 **버켓**(bucket)이라 불리는 부분범위로 분할한 후 각 버켓에 대해 해당 버켓의 *age* 값을 갖는 투플 수를 기록함으로써 데이터 분포를 근사한다. 그림 15.4는 *동등넓이*(*equiwidth*)와 *동등깊이*(*equidepth*)라고 불리는 두 가지 서로 다른 히스토그램의 종류를 보여주고 있다.

앞의 셀렉션 조건 '*age* > 13'과 첫 번째 (동등넓이) 히스토그램을 살펴보자. 셀렉션 범위는 버켓 5에 해당하는 범위의 1/3이므로 결과의 크기를 5라고 추정할 수 있다. 버켓 5에는 총 15개의 투플이 해당되므로 1/3 · 15 = 5인 것이다. 이 예에서 알 수 있듯이, 하나의 히스토그램 버켓 내에서 데이터 분포는 균등 분포를 가정한다. 그러므로 인덱스 *I*에 대하여 최소값과 최대값만 저장해 두는 방식은 버켓이 하나인 히스토그램과 같은 효과이다. 이 대신에, 적은 수의 버켓들로 이루어진 히스토그램을 사용하면, 한 히스토그램 당 몇 백 바이트 정도의 저장 공간을 사용해서 훨씬 더 정확한 추정치를 계산할 수 있다(DBMS의 다른 통계치들처럼 히스토그램도 데이터가 바뀔 때마다 매번 갱신되지 않고 주기적으로 갱신된다).

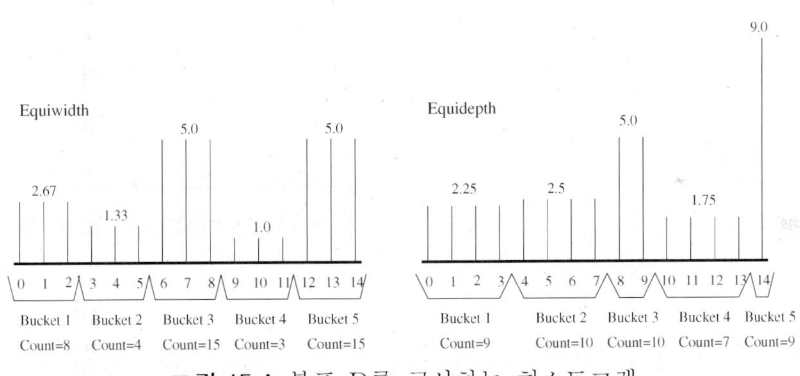

그림 15.4 분포 D를 근사하는 히스토그램

이때 중요한 문제는 값의 범위를 버켓들로 분할하는 방식이다. **동등넓이** 히스토그램(equiwidth histogram)은 각 부분범위의 폭이 같도록 버켓을 분할한다. 버켓의 빈도가 같도록 분할할 수도 있는데 이러한 히스토그램을 **동등깊이** 히스토그램(equidepth histogram)이라고 하는데, 역시 그림 15.4에 나와 있다. 다시 셀렉션 '*age* > 13'을 생각해보자. 동등깊이 히스토그램을 이용하면, *age* 값이 14인 투플만 포함하는 버켓 5를 사용하게 되고, 따라서 정확한 값 9를 얻는다. 해당 버켓(들)은 보통 하나 이상의 투플들을 포함하고 있기 때문에, 동등깊이 히스토그램이 동등넓이 히스토그램보다 더 나은 추정치를 제공한다. 직관적으로 생각하면, 출현 빈도가 높은 값(들)에 해당하는 버켓에는 값의 개수가 적고, 따라서 더 작은 범위에 대하여 균등 분포 가정이 적용되므로 궁극적으로는 더 정확한 근사값을 제공한다. 반대로, 출현 빈도가 낮은 값들을 포함하는 버켓에 대해서는 동등깊이 히스토그램의 정확도가 떨어지나, 정확한 추정치를 필요로 하는 경우는 빈도수가 높은 값들이다.

높은 빈도를 갖는 값들의 중요성을 고려할 때, 또다른 대안으로는 매우 빈번한 상위 몇 개의 값들, 예를 들어 *age*값 7과 14에 대해서는 별도로 개수를 유지하고, 나머지 값들에 대해서는 동등넓이(또는 다른) 히스토그램을 구성하는 방안도 가능하다. 이러한 히스토그램을 **압축 히스토그램**(compressed histogram)이라고 한다. 현재 대부분의 상용 DBMS에서는 대개 동등깊이 히스토그램을 사용하며, 일부 DBMS는 압축 히스토그램을 사용하고 있다

15.3 관계대수 동등성

이 절에서는 관계대수식들 간의 여러 가지 동등성을 설명한다. 그리고, 15.4절에서는 최적화기에 의해 고려되는 대안 계획들의 공간을 논의한다.

동등성에 관한 논의는 System R 스타일의 최적화기에서 동등성이 갖는 역할을 설명하기 위해서다. 본질적으로, 기본 SQL 질의 블록은 `FROM` 절에 있는 모든 릴레이션의 크로스 프로덕트, `WHERE` 절의 셀렉션, 그리고 `SELECT` 절의 프로젝션들로 구성된 대수식이라고 생각할 수 있다. 최적화기는 다른 동등한 대수식을 수행하도록 선택할 수도 있지만, 그 결과는 동일하다. 대수식의 동등한 성질을 이용해서 크로스 프로덕트를 조인으로 변경할 수 있고, 서로 다른 조인 순서를 선택할 수 있고, 프로젝션과 셀렉션을 조인 앞으로 밀 수 있다. 편의상, 이름 충돌과 개명(renaming) 연산자 ρ는 발생하지 않는다고 가정한다.

15.3.1 셀렉션

셀렉션 연산자와 관계된 중요한 동등성은 두 가지가 있다. 첫 번째는 **연쇄 셀렉션**(cascading of selections)에 관계된 것이다.

$$\sigma_{c_1 \wedge c_2 \wedge \ldots c_n}(R) \equiv \sigma_{c_1}(\sigma_{c_2}(\ldots(\sigma_{c_n}(R))\ldots))$$

오른쪽을 왼쪽으로 변환함으로써, 몇 개의 셀렉션을 한 개의 셀렉션으로 만들 수 있다. 직관적으로 어떤 투플이 조건 $C_1 \cdots C_n$을 만족하는지는 동시에 알 수 있게 된다. 반대 방향으로 변환하면 몇 개의 논리곱으로 구성된 단일 셀렉션 조건을 몇 개의 좀 더 작은 셀렉션 연산으로 바꾸는 것이다. 단일 셀렉션을 몇 개의 작은 셀렉션들로 치환하는 것은 다른 동등성들(특히 뒤에서 살펴보겠지만, 조인 또는 크로스 프로덕트와 셀렉션의 순서를 바꾸는 동등성)과 결합해서 사용함으로써 아주 유용해진다. 직관적으로 이야기해서, 복잡한 셀렉션 조건 중 일부를 떼어내서 먼저 수행시킬 수 있는 경우에 이 동등성은 유용하게 사용된다.

두 번째 동등성은 셀렉션의 **교환법칙**(commutative)이다.

$$\sigma_{c_1}(\sigma_{c_2}(R)) \equiv \sigma_{c_2}(\sigma_{c_1}(R))$$

다시 말해, 조건 c_1, c_2는 어떤 순서로 검사해도 상관없다.

15.3.2 프로젝션

연쇄 프로젝션(cascading projections)의 법칙은 한 릴레이션으로부터 칼럼을 연속적으로 제거하는 것은 최종 프로젝션에서 남겨지는 칼럼들을 제외한 나머지 칼럼들을 단순히 제거하는 것과 동일하다.

$$\pi_{a_1}(R) \equiv \pi_{a_1}(\pi_{a_2}(\ldots(\pi_{a_n}(R))\ldots))$$

각 a_i 릴레이션 R의 애트리뷰트의 집합이고, $i = 1 \cdots n-1$인 i에 대해서 $a_i \subseteq a_i + 1$인 성질을 만족한다는 것을 가정한다. 이 동등성은 프로젝션과 조인의 교환성과 같은 다른 동등성과 함께 사용될 때 아주 유용하다.

15.3.3 크로스 프로덕트와 조인

크로스 프로덕트와 조인에 대해서는 중요한 동등성이 두 가지 있다. 여기에서는 자연 조인에 대해서만 알아보지만, 이 동등성들은 다른 일반적인 조인에서도 마찬가지로 적용된다.

우선, 모든 필드가 위치가 아닌 이름으로 구별된다고 가정할 때, 이 두 연산들에 대해서 다음과 같이 **교환법칙**이 성립한다.

$$R \times S \equiv S \times R$$

$$R \bowtie S \equiv S \bowtie R$$

이 성질은 대단히 중요하다. 두 릴레이션을 조인시킬 때, 이 성질을 이용해서 내부 릴레이션과 외부 릴레이션을 마음대로 선택할 수 있게 된다.

두 번째 동등성은 조인과 크로스 프로덕트와 **결합법칙**(associative)이다.

$$R \times (S \times T) \equiv (R \times S) \times T$$

$$R \bowtie (S \bowtie T) \equiv (R \bowtie S) \bowtie T$$

따라서 R과 S를 조인한 다음에 T를 조인해서 결과를 얻을 수도 있고, S와 T를 조인한 다음에 R을 조인해서 결과를 얻을 수도 있다. 이 크로스 프로덕트 결합 법칙의 배경에는, 세 릴레이션의 조인 순서에 상관없이 결과는 항상 같은 칼럼들을 포함하고 있다는 사실이다. 조인의 결합 법칙은, 이 사실과 더불어, 조인 조건을 구성하는 셀렉션들이 연쇄될 수 있다는 추가적인 직관에 기반하고 있다. 따라서 조인 순서에 상관없이 결과는 항상 같게 된다.

교환법칙과 결합법칙을 같이 이용하면, 세 릴레이션 중에서 임의의 쌍을 먼저 조인하고, 결과를 나머지 세 번째 릴레이션과 조인해도 결과는 항상 같다. 예를 들어, 다음을 검증해보자.

$$R \bowtie (S \bowtie T) \equiv (T \bowtie R) \bowtie S$$

교환법칙에 따라

$$R \bowtie (S \bowtie T) \equiv R \bowtie (T \bowtie S)$$

결합법칙에 따라

$$R \bowtie (T \bowtie S) \equiv (R \bowtie T) \bowtie S$$

다시 교환법칙에 따라

$$(R \bowtie T) \bowtie S \equiv (T \bowtie R) \bowtie S$$

다시 말해, 여러 개의 릴레이션을 조인할 때, 릴레이션들 간의 조인 순서는 임의대로 선택해도 무방하다. 이처럼 조인 순서 독립성은 질의 최적화기가 어떻게 다양한 대안 질의 수행 계획들을 생성하는가에 토대가 된다.

15.3.4 셀렉션, 프로젝션, 조인

몇 가지 중요한 동등성들은 두 개 이상의 연산자들과 관련이 있다.

셀렉션 연산이 프로젝션 결과 남게 되는 애트리뷰트들만 이용한 것이라면, 셀렉션과 프로젝션 연산을 다음과 같이 **교환**할 수 있다.

$$\pi_a(\sigma_c(R)) \equiv \sigma_c(\pi_a(R))$$

셀렉션 조건 c에 나타난 모든 애트리뷰트는 반드시 애트리뷰트 집합 a에 포함되어 있어야 한다.

조인의 정의에 의하여, 셀렉션과 크로스 프로덕트를 **조합**하여 조인을 만들어 낼 수 있다.

$$R \bowtie_c S \equiv \sigma_c(R \times S)$$

셀렉션 조건이 크로스 프로덕트나 조인의 매개변수 중의 오직 하나와만 연관되어 있는 경우, 다음과 같이 셀렉션을 크로스 프로덕트 또는 조인과 **교환**할 수 있다.

$$\sigma_c(R \times S) \equiv \sigma_c(R) \times S$$
$$\sigma_c(R \bowtie S) \equiv \sigma_c(R) \bowtie S$$

c에 언급된 애트리뷰트는 S에는 없고, R에만 있어야 한다. 물론, 반대의 경우, 즉 c가 R의 애트리뷰트는 포함하지 않고, S의 애트리뷰트만을 포함할 때도 같은 동등성이 성립한다.

일반적으로, $R \times S$에 대한 셀렉션 σ_c는 연쇄 셀렉션 $\sigma_{c1}, \sigma_{c2}, \sigma_{c3}$으로 대체될 수 있는데, c_1은 R과 S의 공통 애트리뷰트를 포함하고, c_2는 R의 애트리뷰트만, 그리고 c_3는 S의 애트리뷰트만 포함한다.

$$\sigma_c(R \times S) \equiv \sigma_{c1 \wedge c2 \wedge c3}(R \times S)$$

연쇄 셀렉션 법칙을 이용하면, 이 식은 다음과 동등하다.

$$\sigma_{c_1}(\sigma_{c_2}(\sigma_{c_3}(R \times S)))$$

셀렉션과 크로스 프로덕트의 교환법칙을 이용하면, 앞의 식은 다음과 동등하다.

$$\sigma_{c_1}(\sigma_{c_2}(R) \times \sigma_{c_3}(S))$$

따라서 셀렉션 조건 c를 크로스 프로덕트의 앞으로 옮길 수 있다. 물론 이 방식은 조인과 셀렉션을 함께 쓰는 경우에도 사용 가능하다.

크로스 프로덕트와 프로젝션을 **교환**할 수도 있다.

$$\pi_a(R \times S) \equiv \pi_{a_1}(R) \times \pi_{a_2}(S)$$

여기서 a_1은 a 애트리뷰트들 중 R에 속하는 애트리뷰트로 이루어진 부분집합이고, a_2는 a 애트리뷰트들 중 S 속하는 애트리뷰트로 이루어진 부분집합이다. 조인과 프로젝션의 경우도, 조인 조건이 프로젝션에 의해서도 선택되는 애트리뷰트만으로 이루어진 경우에는, **교환**이 가능하다.

$$\pi_a(R \bowtie_c S) \equiv \pi_{a_1}(R) \bowtie_c \pi_{a_2}(S)$$

여기서 a_1은 a 애트리뷰트들 중 R에 속하는 애트리뷰트로 이루어진 부분집합이고, a_2는 a 애트리뷰트들 중 S 속하는 애트리뷰트로 이루어진 부분집합이다. 그리고, 조인 조건 c에 나타난 모든 애트리뷰트는 a에 속해야 한다.

직관적으로, R과 S의 애트리뷰트들 중에서 유지해야할 필요가 있는 애트리뷰트는 조인 조건 c에 명시되거나 프로젝션되는 애트리뷰트의 집합 a에 있는 애트리뷰트들이다. a가 c에 명시된 모든 애트리뷰트를 포함하고 있으면, 위의 교환법칙은 성립한다. a가 c에 나타난 모든 애트리뷰트를 포함하지 않는 경우에는 이 교환법칙을 일반화해서, c나 a에 포함되지 않은 애트리뷰트들을 먼저 제외한 후 조인을 수행하고, 그 다음에 a에 속하지 않는 애트리뷰트들을 제외하면 된다.

$$\pi_a(R \bowtie_c S) \equiv \pi_a(\pi_{a_1}(R) \bowtie_c \pi_{a_2}(S))$$

여기서 a_1은 a나 c 중에서 R에 있는 애트리뷰트의 부분집합이고, a_2는 a나 c 중에서 S에 있는 애트리뷰트의 부분집합이다.

연쇄 프로젝션 법칙과 단순 교환법칙으로부터 좀 더 일반적인 교환법칙을 만들어낼 수 있는

데, 이 부분은 연습문제로 남겨둔다.

15.3.5 기타 동등성

차집합, 합집합, 교집합 등의 연산을 고려할 때 몇 가지 추가적인 동등성이 성립한다. 합집합과 교집합은 결합법칙(associative)과 교환 법칙이 성립한다. 셀렉션과 프로젝션도 이런 집합 연산들(차집합, 합집합, 교집합)과 교환될 수 있다. 이 동등성들에 대해서는 더 이상 다루지 않겠다.

```
SELECT    S.rating, COUNT (*)
FROM      Sailors S
WHERE     S.rating > 5 AND S.age = 20
GROUP BY  S.rating
HAVING    COUNT DISTINCT (S.sname) > 2
```

그림 15.5 단일 릴레이션 질의

15.4 대안 계획들의 도출

이제부터는 최적화기의 가장 핵심 이슈, 즉 주어진 질의의 대안 계획 공간에 대해 알아보자. 어떤 질의가 주어졌을 때에 최적화기는 본질적으로 계획들의 특정 집합을 나열하고, 그 중에서 가장 비용이 적을 것으로 추정되는 계획을 선택한다. 12.1.1절에서는 특정 계획의 비용을 추정하는 방법에 대해서 설명하였다. 15.3절에서 논의한 대수 동등성은, 주어진 질의에 존재하는 관계 연산자들(예를 들어, 조인)의 구현 방법의 선택과 더불어서, 대안 계획의 생성의 기초를 이룬다. 그렇지만, 모든 대수적으로 동등한 모든 계획들을 고려하지는 않는데, 왜냐하면 그렇게 할 경우 아주 단순한 질의를 제외한 대부분의 질의에 대해 최적화 자체의 비용이 너무 크기 때문이다. 이 절에서는 전형적인 최적화기에서 고려하는 계획들의 부분집합에 대해 설명한다.

고려해야 할 중요한 경우가 두 가지 있는데, 하나는 `FROM` 절에 하나의 릴레이션만이 존재하는 질의의 경우고, 또 하나는 `FROM` 절에 두 개 이상의 릴레이션이 존재하는 경우이다.

15.4.1 단일 릴레이션에 대한 질의

`FROM` 절에 하나의 릴레이션만이 있는 경우에는 셀렉션, 프로젝션, 그룹핑, 집단 연산만이 있을 수 있다. 조인은 없다. 그 릴레이션에 대해서 하나의 셀렉션, 프로젝션 또는 집단 연산만이 있는 경우에는 제 14장에서 다룬 여러 가지 구현 기술이나 비용 추정 방법으로 고려해야 하는 모든 계획들을 포함하게 된다. 여기에서는 그런 연산자들을 조합한 질의를 최적화하는 방법을 알아보겠는데, 다음 질의를 예로 사용한다.

5등급보다 큰 각 등급에 대해 20살 이상의 서로 다른 이름을 가진 선원이 적어도 두명 이상

존재하는 경우, 등급과 조건을 만족하는 선원의 수를 출력하시오.

이 질의를 SQL로 표현하면 그림 15.5와 같다. 15.1.2절에서 소개된 확장 대수식을 쓰면, 이 질의를 다음과 같이 나타낼 수 있다.

$$
\begin{aligned}
&\pi_{S.rating,COUNT(*)}(\\
&HAVING_{COUNTDISTINCT(S.sname)>2}(\\
&GROUP\ \ BY_{S.rating}(\\
&\pi_{S.rating,S.sname}(\\
&\sigma_{S.rating>5 \wedge S.age=20}(\\
&Sailors)))))
\end{aligned}
$$

주목할 점은, *S*.sname이 `SELECT` 절에는 없지만, `HAVING` 절의 조건을 검사하기 위해서 프로젝션 리스트에 포함되었다는 것이다.

이제 최적화기가 고려하는 계획에 대해서 살펴보자. 주된 결정사항은 Sailors의 투플들을 검색하기 위해서 어떤 접근 경로를 사용할 것인가 하는 것이다. 셀렉션만을 고려한다면 이용 가능한 인덱스들 중에서 `WHERE` 절의 조건과 부합하는 (14.2.1절에서 정의한) 가장 선택적인 인덱스를 사용하면 된다. 이 질의에 주어진 그 밖의 연산자들에 대해서는, 이 후의 정렬 비용과 어떤 인덱스를 이용해서 정렬 없이 수행할 수 있는지의 여부를 고려해야 한다. 우선 적절한 인덱스가 없는 경우에 생성할 수 있는 계획에 대해서 먼저 논의하고 그 다음에 인덱스를 사용하는 계획에 대해서 살펴볼 것이다.

인덱스를 이용하지 않는 계획

적당한 인덱스가 없는 경우에 기본적인 접근 방법은 다음 대수식에서처럼 Sailors 릴레이션을 스캔하면서 각각의 투플에 대해 (중복된 투플을 제거하는 과정 없이) 셀렉션과 프로젝션을 수행하는 것이다.

$$
\begin{aligned}
&\pi_{S.rating,S.sname}(\\
&\sigma_{S.rating>5 \wedge S.age=20}(\\
&Sailors))
\end{aligned}
$$

이 결과로 나온 투플들은 `GROUP BY` 절에 따라서 정렬되고(이 예에서는 *rating*에 대해서), HAVING 절을 만족하는 각 그룹에 대해서 하나의 결과 투플이 생성된다. 각 그룹에 대한 `SELECT`와 `HAVING` 절을 위한 집단 함수의 계산은 14.6절에서 설명된 기법들 중 하나를 이용해서 수행한다.

이 방법의 비용은 이들 각각의 단계의 비용으로 구성된다.

1. 투플을 검색하기 위해 파일을 스캔하면서 셀렉션과 프로젝션을 적용한다.

2. 셀렉션과 프로젝션 조건을 통과한 결과 투플을 기록한다.
3. GROUP BY를 수행하기 위해서 결과 투플들을 정렬한다.

HAVING 절을 수행할 때에는 더 이상 추가적인 입출력이 필요하지 않다는 점을 주목하기 바란다. 집단 함수 계산의 경우도 GROUP BY 절을 위한 정렬이 끝난 후 각 그룹에 대해 투플을 생성하기 때문에, (입출력 측면에서) 바로바로 수행될 수 있다.

위 예제 질의의 비용에는 Sailors 파일 스캔 비용과 <*S.rating*, *S.sname*>의 쌍을 기록하는 비용, 그리고 GROUP BY 절에 의해 정렬하는 비용을 포함한다. 파일을 스캔하는 비용은 *NPages*(*Sailors*), 즉 500회의 입출력이고, <*S.rating*, *S.sname*>을 기록하는 데에는 '*NPages* (*Sailors*) × *Sailors*의 투플의 크기에 대한 <*S.rating*, *S.sname*>쌍의 크기의 비율 × 두 셀렉션 조건의 축소율'이 될 것이다. 이 예에서는 결과 투플의 크기 비율은 약 0.8이고, *rating* 셀렉션의 축소율은 0.5이고, *age* 셀렉션에는 디폴트 축소율 0.1을 사용한다. 따라서, 이 단계의 비용은 20회의 입출력이 된다. 이 중단 릴레이션(*Temp*라고 하자)을 정렬하는 비용은 두 패스 만에 정렬 가능한 충분한 버퍼 풀이 존재한다고 가정할 경우, *3*NPages*(*Temp*), 즉 60회의 입출력이 필요하다(관계형 최적화기는 정렬의 비용 측정을 간단하게 하기 위해서 보통한 릴레이션이 두 패스에 걸쳐서 정렬 가능하다고 간주한다. 수행 시에 이 추정이 잘 맞지 않는 경우에는, 실제 정렬에 필요한 비용은 추정치보다 훨씬 커질 것이다). 따라서 이 예제 질의의 전체 비용은 500 + 20 + 60 = 580회의 입출력이 된다.

인덱스를 활용하는 계획

인덱스는 여러 가지 방법으로 활용될 수 있고, 인덱스를 사용하면 일반적으로 그렇지 않는 경우보다 상당히 빠른 계획을 만들 수 있다.

1. **단일 인덱스 접근 경로**(Single-Index Access Path): WHERE 절의 셀렉션 조건들과 부합하는 인덱스가 여러 개 있는 경우에, 부합하는 각각의 인덱스는 하나의 대안 접근 경로를 제공한다. 최적화기는 좀 가장 적은 페이지를 검색하게 될 접근경로를 선택한 후, 프로젝션과 기본 셀렉션이 아닌 항들(즉, 해당 인덱스와 부합되지 않는 셀렉션 조건)을 적용하고 나서, (GROUP BY 절의 애트리뷰트에 대해 정렬함으로써) 그룹핑과 집단 연산을 수행하게 된다.
2. **다중 인덱스 접근 경로**(Multiple-Index Access Path): 엔트리 구성법 (2)나 (3)을 이용한, 셀렉션 조건과 부합하는 여러 개의 인덱스가 존재하는 경우, 각각의 인덱스를 결과 rid의 집합을 구하기 위해 사용할 수 있다. 그리고나서, 각각의 rid의 집합들의 교집합을 구한 후 결과를 페이지 번호로 정렬함으로써(rid 표현법에 페이지 번호가 포함되어 있다고 가정함), 기본 셀렉션 항을 만족하는 모든 투플을 검색하게 된다. 그리고, 기타 프로젝션이나 부합되지 않는 셀렉션 항들을 적용하고, 그 다음에 그룹핑과 집단 연산을 수행한다.

3. **정렬 인덱스 접근 경로**(Sorted Index Access Path)**:** 그룹핑 애트리뷰트가 트리 인덱스의 전위라면, 인덱스를 사용해서 GROUP BY절에서 요구하는 순서대로 투플들을 검색할 수 있다. 각 투플에 대해서 모든 셀렉션 조건을 적용해서 필요없는 투플을 제거할 수 있으며, 각 그룹에 대해서 집단화 연산을 수행할 수 있다. 이 방법은 클러스터 인덱스에서 효과적으로 수행된다.

4. **인덱스만 이용한 접근 경로**(Index-Only Access Path): 질의에 나타나는 (SELECT, WHERE, GROUP BY, HAVING 절의) 모든 애트리뷰트가 FROM 절의 릴레이션에 대한 어떤 *밀집 인덱스*(*dense index*)의 탐색 키에 포함된다면, **인덱스만을 스캔**해서 결과를 계산할 수 있다. 인덱스에는 질의에 필요한 모든 애트리뷰트가 담겨 있고, 투플마다 하나의 인덱스 엔트리가 있으므로, 릴레이션에서 실제 투플을 검색할 필요가 없기 때문이다. 인덱스의 데이터 엔트리만 사용해서 주어진 질의 처리에 필요한 다음 단계들을 수행할 수 있다. 셀렉션 조건을 적용하고, 원하지 않는 애트리뷰트를 제거하고, 그룹핑을 위해 정렬하고, 각 그룹에 대해서 집단 함수를 계산한다. 인덱스만 이용한 접근 방법은 인덱스가 WHERE 절의 셀렉션과 부합하지 않는 경우에도 사용할 수 있다. 인덱스가 셀렉션에 부합하는 경우에는 인덱스 엔트리의 부분집합만을 검사하면 되지만, 그렇지 않은 경우에는 모든 인덱스 엔트리를 검색해야 한다. 어느 경우에도 실제 데이터 레코드를 검색하는 것은 피할 수 있다. 따라서 이 방법의 비용은 인덱스의 클러스터 여부와 관계가 없다. 또한, 인덱스가 트리 인덱스이고 GROUP BY 절의 애트리뷰트가 인덱스 키의 전위(prefix)에 해당된다면, GROUP BY에서 필요한 순서대로 데이터 엔트리를 검색함으로써 정렬을 할 필요가 없어진다.

이제 그림 15.5의 질의를 예로 사용해서 위 4가지 경우 각각에 대해 설명한다. 여기에서는 데이터 엔트리 구성법 (2)를 이용하는 인덱스가 있다고 가정한다. *rating*에 대한 B+ 트리 인덱스, *age*에 대한 해시 인덱스, <*rating*, *sname*, *age*>에 대한 B+ 트리 인덱스. 편의상 상세한 비용 계산법은 제시하지 않지만, 독자들은 각 계획에 대한 비용을 계산할 수 있어야 할 것이다. 이 계획들의 단계는 스캔(파일 스캔, 인덱스를 이용한 투플 스캔, 또는 인덱스만 사용한 데이터엔트리 검색), 정렬, 임시 릴레이션 쓰기로 구성되며, 이 연산들을 비용을 추정하는 방법에 대해서는 이미 논의한 바 있다.

첫 번째 경우의 예로, *age*에 대한 인덱스를 사용해서 Sailors에서 *S.age* = 20을 만족하는 투플을 검색하는 방법을 선택할 수 있다. 이 단계의 비용에는 인덱스 엔트리를 검색하는 비용과 Sailors의 투플을 검색하는 필요한 비용의 합인데, 후자의 비용은 인덱스의 클러스터 여부에 따라 결정된다. 그리고나서, 검색된 각각의 투플에 대해 조건 *S.rating* > 5를 적용할 수 있다. SELECT, GROUP BY, HAVING 절에 포함되지 않은 필드들을 제외한다. 그 다음에 결과를 임시 릴레이션에 기록한다. 이 예에서는 *rating*과 *sname*만 유지할 필요가 있다. 다음으로 그룹핑을 위해 임시 릴레이션을 *rating* 필드에 대해서 정렬되고, 이들 그룹 중 몇몇 그룹은 HAVING 절에 이용해서 제거된다.

인덱스 활용하기(Utilizing Indexes): 주요 RDBMS들 모두는 인덱스만 활용하는 계획들의 중요성을 인식하고, 가능한 곳에서는 그런 계획들을 사용할려고 한다. IBM DB2의 경우, 인덱스를 생성할 때 사용자는 인덱스의 키는 아니지만 인덱스에 유지될 'include' 칼럼들의 집합을 명시할 수 있다. 이렇게 하면, 인덱스의 키는 아니지만 자주 사용되는 칼럼들을 인덱스에 포함시킬 수 있기 때문에, 인덱스만 활용하는 계획들을 더 많이 생성할 수 있게 된다. Microsoft SQL Server의 경우, 인덱스만 활용한 흥미로운 계획을 고려하고 있다. 하나의 테이블에서 *sal*와 *age* 애트리뷰트를 고르는 질의가 있고, 이 테이블에는 *sal*과 *age*에 각각에 인덱스가 있다고 하자. SQL server는 두 인덱스의 rid를 조인해서 <*sal*, *age*> 쌍의 값을 구한다.

두 번째 경우의 예로, *rating*에 대한 인덱스를 사용해서 *rating*>5를 만족하는 투플의 rid를 검색하고, *age*에 대한 인덱스를 사용해서 *age* = 20에 해당하는 투플의 rid를 검색한 다음, 검색된 rid들을 페이지 번호로 정렬한다. 다음에는 여기에 해당되는 Sailors 투플들을 검색한다. *rating*과 *name* 필드만 남긴 후, 결과를 임시 릴레이션에 기록할 수 있는데, 이 GROUP BY 절을 구현하기 위해서 임시 릴레이션을 *rating*에 대해 정렬한다(좋은 최적화기는 임시 릴레이션을 만들지 않고, 프로젝션의 결과로 나온 투플을 정렬 연산자로 파이프라인식으로 전달할 것이다). `HAVING` 절은 앞에서와 같이 처리된다.

세 번째 경우의 예로, *rating*에 대한 B+ 트리 인덱스를 사용해서 *rating*에 대해 정렬된 상태로 *S.rating* > 5인 Sailors 투플들을 검색할 수 있다. 투플들이 *rating*에 대해 정렬되어 있기 때문에, `HAVING`과 `SELECT` 절에 있는 집단 함수는 즉시 계산할 수 있다.

네 번째 경우의 예로, <*rating*, *sname*, *age*>의 인덱스로부터 *rating* > 5를 만족하는 *데이터 엔트리*를 검색할 수 있다. 이 엔트리는 *rating*에 대해서 정렬(그 다음에는 *sname*, *age* 순으로 정렬되어 있는데, 이들 추가적인 정렬은 위 예제 질의와는 관련이 없다)되어 있다(물론 이 부가적인 정렬 상태는 이 질의에서는 의미가 없다). 그 다음에는 *age* = *20*인 엔트리를 선택해서, `HAVING`과 `SELECT` 절의 집단 함수를 즉시로 계산할 수 있는데, 이는 데이터 엔트리가 *rating* 순서로 검색되기 때문이다. 이 경우는 앞의 경우와는 달리, Sailors 투플들을 검색하지 않는다. 데이터 레코드를 사용하지 않는 이 속성 때문에 인덱스만 사용한 방법이 클러스터되지않은 인덱스의 경우에 아주 유용하게 된다.

15.4.2 다중 릴레이션에 대한 질의

`FROM` 절에 두 개 이상의 릴레이션을 갖는 질의 블록에 대해서는 조인(또는 카티션 프로덕트)을 수행해야 한다. 이런 질의들의 비용은 아주 클 수 있기 때문에, 좋은 계획을 찾는 것이 대단히 중요하다. 선택된 계획에 상관없이 최종 결과의 크기는 `FROM` 절의 릴레이션들의 크기와 `WHERE` 절의 항들의 축소율을 곱해서 추정할 수 있다. 하지만, 릴레이션이 조인되는 순서에 따라, 중간 단계의 릴레이션의 크기는 아주 많이 바뀔 수 있고, 그에 따라서 비용도 많이 달라질 수 있다.

좌심 계획들을 나열하기

12장에서 살펴본 바와 같이, System R의 최적화기에 기반한 현재의 관계형 시스템들은 오직 좌심 계획들만 고려한다. 여기서는 이런 종류의 계획들을 동적 프로그래밍(dynamic programming) 방식을 이용해서 어떻게 효율적으로 찾는가를 논의하고자 한다.

다음 형태의 질의 블록에 대해서 살펴보자.

```
SELECT attribute list
FROM   relation list
WHERE  term1 ∧ term2 ∧ ... ∧ termn
```

System R 스타일의 질의 최적화기는 셀렉션과 프로젝션을 가능한 한 빨리 고려하는(그렇지만, 반드시 적용하는 것은 아니다) 모든 좌심 계획을 도출한다. 이때 계획들을 나열하는 것은 다음과 같이 동작하는 다중패스 알고리즘으로 이해할 수 있다.

패스 1: 모든 단일 릴레이션 계획을 도출한다(FROM 절의 릴레이션들에 대해서). 직관적으로, 각 단일 릴레이션 계획은 주어진 질의를 처리하는 전체 계획에서 해당 릴레이션이 (좌심 계획의 선형 조인 순서에서) 가장 앞서 나오는 좌심 계획의 한 부분이 된다. 릴레이션 A를 포함하는 계획을 고려할 때, WHERE절에서 *A*의 애트리뷰트와 관련된 셀렉션 항목들만을 골라낸다. 이 셀렉션 항목들은, *A*와 연관된 다른 조인이 수행되기 이전에, 처음으로 *A*를 접근할 때에 수행될 것이다. 또한 SELECT 절에서 언급되지 않았거나 WHERE 절에서 다른 릴레이션과 연관되지 않은 *A*의 애트리뷰트를 찾아낸다. 이들 애트리뷰트들은 처음 *A*를 접근할 때에 *A*에 대한 다른 조인이 일어나기 전에 프로젝션을 통해서 제거될 것이다. 그 다음에 15.4.1절에서 논의한 방법으로 *A*에 대해 셀렉션과 프로젝션을 수행하기 위한 최선의 접근 방법을 선택하게 된다.

각 릴레이션에 대해서 서로 다른 순서로 투플들을 생성해내는 계획들을 찾게 되는 경우에는, 각 투플의 순서마다 가장 비용이 적게 드는 계획을 유지하게 된다. 이런 투플의 순서는 뒤에서 수행할 단계, 예들 들어 정렬합병 조인 또는 GROUP BY, ORDER BY절을 수행하는 경우에 유용하게 쓰일 수 있다. 따라서, 단일 릴레이션에 대해서는 파일 스캔(모든 투플을 검색할 때 가장 비용이 싼 계획으로)과 B+ 트리 인덱스(탐색 키 순서에 따라 모든 투플을 반입할 때 가장 비용이 싼 계획으로)의 두 가지 계획 모두를 유지할 수도 있다.

패스 2: 패스 1에서 넘어온 단일 릴레이션 계획을 참조로 해서 이 릴레이션을 외부 릴레이션으로 하고, (계속적으로) 나머지 모든 릴레이션 각각을 내부 릴레이션으로 하는 모든 경우의 두 개의 릴레이션에 대한 계획을 생성한다. 특정한 두 릴레이션의 조인에서 *A*가 외부 릴레이션이고, *B*가 내부 릴레이션이라고 해 보자. 여기에서 WHERE절의 셀렉션의 리스트를 검사해서 다음 사항을 알아낸다.

1. *B*의 애트리뷰트들만 포함하고, 조인 전에 적용할 수 있는 셀렉션
2. 조인을 정의하는 셀렉션 (즉, *A*와 *B*의 애트리뷰트를 포함하고, 다른 릴레이션과는 관

계없는 조건)

3. 다른 릴레이션의 애트리뷰트를 포함하고 조인을 수행한 후에만 적용할 수 있는 셀렉션

앞의 두 그룹의 셀렉션은 내부 릴레이션 *B*의 접근 경로를 선택할 때에 고려할 수 있다. 여기에서 SELECT 절에 나타나지 않거나, 두 번째 혹은 세 번째 그룹의 셀렉션에 연관되어 있지 않은 *B*의 애트리뷰트를 찾아내고, 이 애트리뷰트는 조인 전에 프로젝션을 통해서 제외할 수 있다.

조인 전에 프로젝션을 통해서 제거될 수 있는 애트리뷰트나 조인 전에 적용될 수 있는 셀렉션을 식별하는 것은, 이전에 논의한 관계대수 동등성에 기반하고 있다. 특히 여기에서는 셀렉션과 프로젝션을 조인연산 앞으로 옮기는 동등성을 사용하고 있다. 앞으로 살펴보겠지만, 실제로 조인 전에 셀렉션과 프로젝션의 수행 여부는 비용에 기반한다. 조인이 수행 전에 실제로 적용되는 셀렉션은 *A*와 *B*에 대한 선택된 접근 경로와 부합하는 것들이다. 나머지 셀렉션이나 프로젝션들은 조인 과정의 일부로 즉시로 수행된다.

한 가지 중요한 점은 외부 계획에서 생성되는 투플들은 조인 연산에 *파이프라인식*으로 입력된다고 가정하는 것이다. 즉, 외부 계획을 통해서 나온 결과를 임시 파일에 쓰고 나중에 조인에 의해서 (외부 투플을 얻기 위해) 읽게 되는 과정을 피하고자 한다. 어떤 조인 방법들은 외부 투플을 실체화(materialization)시켜야 하는 경우가 있다. 예를들어, 해시 조인은 들어오는 투플을 분할하고, 정렬합병 조인에서는 적당한 순서로 정렬되어 있지 않은 경우에 투플을 정렬하게 된다. 하지만 중첩루프 조인에서는 외부 투플이 생성되는 대로 사용하면 되므로 그 투플들을 실체화할 필요가 없다. 이와 비슷하게, 정렬합병 조인에서도 외부 투플이 조인에서 원하는 순서대로 정렬되어 생성되는 경우에는 이 투플들을 실체화할 필요가 없다.조인 비용을 계산할 때 필요한 경우에는, 외부 릴레이션을 디스크에 기록하는 비용도 전체 비용에 포함시킨다. 14장에서 논의한 조인 비용에다가 파이프라인식 또는 실체화의 사용을 반영하는 수정을 쉽게 할 수 있다.

패스 1에서 만들어진 *A*에 대한 각 단일 릴레이션 계획에 대해, 고려할 각각의 조인 방법에 대해, *B*에 대해 사용할 수 있는 최선의 접근 방법을 결정해야 한다. 일반적으로 *B*에 대해서 선택된 접근 방법은, 뒤에서 논의하겠지만, *B*의 부분집합을, 그것도 몇몇 필드들은 제거된 상태로 검색한다. 릴레이션 *B*에 대해서 고려해 보자. 단일 릴레이션에 대한 셀렉션들(그 중 일부는 조인 조건들임)과 프로젝션 조건들의 집합이 있고, 15.4.1절에서 논의한 바대로 최선의 접근 방법을 선택할 것이다. 여기에서 추가적으로 고려해야 할 사항은 조인 방법에서 투플을 특정한 순서로 검색되기를 원할 수도 있다는 점이다. 예를 들어 정렬합병 조인에서는 내부 릴레이션이 조인 필드에 대해서 정렬되어 있기를 원한다. 주어진 접근 방법이 이 순서대로 투플을 검색할 수 없는 경우에는 그 접근 방법의 비용에 정렬 비용을 추가해야만 한다.

패스 3: 세 개의 릴레이션들로 구성된 모든 계획들을 생성한다. 패스 2에서와 같이 진행하는데, 다만 패스 1을 통과한 계획들이 아니라 패스 2를 통과하고 남은 계획들만을 고려한다.

추가적인 패스들: 이 과정은 질의 안의 모든 릴레이션들을 포함하는 계획들을 생성할 때까

> **상용시스템에서의 최적화:** IBM DB2, Informix, Microsoft SQL Server, Oracle 8, Sybase ASE 모두는 여기서 논의한 동적 프로그래밍을 (약간의 변형을 해서) 이용한 좌심(left-deep) 트리 계획들을 탐색한다. 예를 들어, Oracle은 해시 조인에서 두 릴레이션을 서로 바꾸는 것을 항상 고려하는데, 이는 우심(right-deep) 트리 또는 복합 형태를 생성할 수 있다. DB2는 부시 트리(bushy tree)형태도 생성한다. 시스템들은 계획을 비용을 추정하고 관심 있는 계획(interesting plan)을 기억하기 위해 여기서 논의한 체계적인 상향식(bottom-up) 계획 나열 방법 이외에, 종종 계획 생성을 위한 다양한 전략을 동적 프로그래밍 전략(동일한 계획에 대한 반복적인 분석을 피하기 위해)과 더불어 사용한다. 시스템들은 사용자에게 제공하는 제어 능력의 정도에 있어서도 다양하다. Sybase ASE와 Oracle 8은 사용자로 하여금 조인 순서와 인덱스의 선택을 강제할 수 있도록 하는 반면—Sybase ASE는 심지어 사용자로 하여금 실행 계획을 편집할 수 있도록 허용한다—IBM DB2는 '최적화 레벨'을 세팅하는 것 외에는 사용자가 최적화기를 제어하는 것을 허용하지 않는데, 최적화 레벨은 최적화기가 얼마나 많은 대안 계획들을 고려할 지에 영향을 미친다.

지 반복된다. 그러면 전체적으로 가장 싼 비용으로 질의를 수행할 수 있는 계획과 함께, 특정한 순서대로 결과를 생성하는 가장 싼 비용의 계획들을 얻게 된다.

다중 릴레이션 질의에 `GROUP BY` 절과 `MIN`, `MAX`, `SUM` 등의 집단 함수가 `SELECT` 절에 있는 경우, 이들 절은 가장 나중에 처리된다. 질의 블록에 `GROUP BY`가 들어 있은 경우에는 위에서 설명한 것과 같이, 질의의 나머지 부분에 기반해서 투플들의 집합이 먼저 계산되고 이 결과는 `GROUP BY` 절에 의해서 정렬된다. 물론, 원하는 순서대로 투플을 생성하는 계획이 있는 경우에는 이 계획의 비용을, 가장 비용이 싼 계획(이 두 계획이 서로 다르다고 가정할 때)에 정렬 비용을 합친 계획의 비용을 비교한다. 정렬된 투플의 집합이 주어지면 14장에서 논의한 것처럼, 파티션들을 식별하고 `SELECT` 절에 있는 집단 함수들을 파티션 별로 적용한다.

다중 릴레이션 질의 최적화의 예

그림 12.3의 질의 트리에 대해서 고려해 보자. 그림 15.6에는 같은 질의지만 셀렉션과 프로젝션을 먼저 수행하는 방법을 고려한 경우를 보여주고 있다.

그림 15.6을 보면, 단말에 있는 셀렉션들이 반드시 조인 앞에서 별도의 단계로 수행될 필요는 없다는 점을 주목할 필요가 있다—그보다는, 이미 살펴본 바처럼, 릴레이션에 대해서 사용 가능한 접근 경로를 고려할 때에 잠재적으로 부합하는 조건식으로 고려할 수 있다.

클러스터 되지 않았고 엔트리 구성법 (2)를 이용하는 다음 인덱스들을 가정하자. Sailors의 *rating* 필드에 대한 B+ 트리 인덱스, Sailors의 *sid* 필드에 대한 해시 인덱스, Reserves의 *bid* 필드에 대한 B+ 트리 인덱스. 추가로 Reserves와 Sailors에 대해 순차 스캔을 추행할 수 있다고 가정하자. 이제 최적화기가 어떻게 동작하는지를 알아보자.

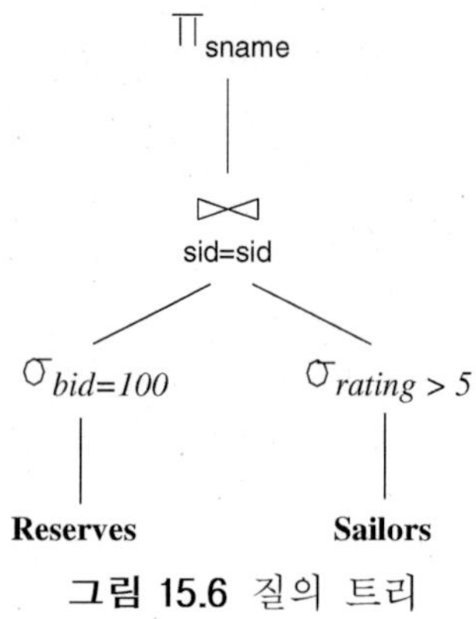

그림 15.6 질의 트리

패스 1에서는 Sailors에 대해서 셀렉션 $\sigma_{rating>5}$와 관련해서 세 가지 접근 방법(B+ 트리, 해시 인덱스, 순차 스캔)을 고려할 수 있다. 이 셀렉션은 *rating*에 대한 B+ 트리 인덱스와 부합하기 때문에 이 조건을 만족하는 투플을 검색하는 비용을 줄일 수 있다. 해시 인덱스와 순차 검색을 이용한 투플 검색 비용은 B+ 트리를 이용하는 것보다 비용이 훨씬 많이 들 것이다. 따라서 Sailors에 대해서 선택되는 계획은 B+ 트리를 이용해서 접근하는 것이 될 것이고, 이 방법은 *rating*에 대해서 정렬된 상태로 투플을 검색할 것이다. 비슷하게 Reserves에 대해서는 셀렉션 $\sigma_{bid} = 100$과 관련해 두 개의 접근 방법을 고려할 수 있다. 이 셀렉션은 Reserves의 B+ 트리 인덱스와 부합되며, 이 인덱스를 써서 만족하는 투플을 검색하는 데에 필요한 비용은 순차 스캔을 통한 검색보다 비용이 훨씬 더 적을 것이다. 따라서 패스 1에서 Reserves에 대해서 선택되는 계획은 B+ 트리 인덱스를 이용한 검색이 될 것이다.

패스 2에서는 Reserves에 대한 계획(에 의해 계산된 릴레이션)을 선택해서 그것을 (외부 릴레이션으로) Sailors와 조인하는 것에 대해 고려한다. 그 과정에서 $\sigma_{rating>5}$와 $\sigma_{sid=value}$(여기에서 value는 한 외부 투플의 어떤 값이다)을 만족하는 Sailors 투플만 필요하다는 사실을 인식해야 한다. 셀렉션 $\sigma_{sid=value}$는 Sailors의 *sid* 필드에 대한 해시 인덱스와 부합하고, 셀렉션 $\sigma_{rating>5}$는 *rating* 필드에 대한 B+ 트리 인덱스와 부합된다. 동등 셀렉션의 경우가 훨씬 작은 축소율을 가지므로, 해시 인덱스가 비용이 적은 접근 방법이 될 것이다. 이와 같은 여러 가지 접근 방법에 이외에, 여러 가지 조인 방법들을 고려할 수도 있다. 이 때에는 모든 조인 방법이 고려된다. 예를 들어 정렬합병 조인을 고려하자. 이 경우에는 어느 입력도 *sid*순으로 정렬되어 있지도 않고 이 순으로 투플들을 검색할 수 있는 접근 방법이 없기 때문에 입력은 반드시 *sid*에 대해서 정렬되어야만 한다. 따라서, 이 경우 정렬합병 조인의 비용은 두 입력을 임시 릴레이션에 저장하고 정렬하는 비용도 포함해야만 한다. 정렬합병 조인은 결과를 *sid*순으로 생성하지만, 이 예제에서는 이 사실은 별로 유용하지 않은데, 왜냐하면 프로젝션 π_{sname}이 조인의 결과에 즉시로 적용되면서 *sid* 필드를 결과에서 제거하기 때문이다. 따라서, 정렬합병 조인을 사용하는 계획은 Reserves와 Sailors에 대한 가장 싼 비용일 경우에만 패스 2에서 유지된다.

비슷하게, 패스 1에서 Sailors에 대해 선택된 계획과 그 결과를 (외부 릴레이션으로)

Reserves와 조인하는 방안에 대해 고려해보자. 이 경우에는 예약에서 셀렉션 $\sigma_{bid}=100$과 $\sigma_{sid=value}$(여기에서 *value*는 한 외부 투플의 어떤 값이다)을 만족하는 Reserves 투플들만 필요하다는 사실을 인식해야 한다. 여기에서도 사용 가능한 모든 조인 방법을 검토한다.

이제 전체적으로 가장 비용이 적은 계획을 얻게 된다.

또다른 예로서, 두 개 이상의 릴레이션들이 조인되는 아래 질의를 고려해보자.

```
SELECT    S.sid, COUNT(*) AS numres
FROM      Boats B, Reserves R, Sailors S
WHERE     R.sid = S.sid AND B.bid=R.bid AND B.color = 'red'
GROUP BY  S.sid
```

이 질의는 각 선원이 예약한 붉은 색 배의 수를 구한다. 이 질의는 그림 15.7과 같은 형태의 트리로 나타낼 수 있다.

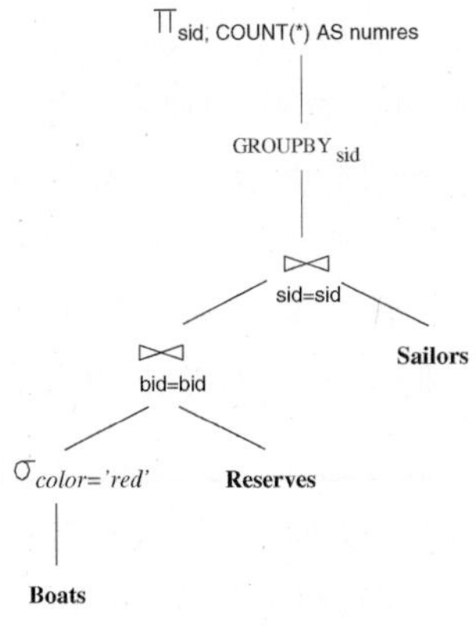

그림 15.7 질의 트리 예

Reserves에 대해 *sid*에 대한 B+ 트리 인덱스, *bid* 필드에 대한 클러스터 B+ 트리가 사용가능하고, Sailors에 대해 *sid*에 대한 B+ 인덱스 및 해시 인덱스가 사용 가능하고, Boats에 대해 *color* 필드에 B+ 트리 인덱스 및 해시 인덱스가 사용 가능하다(이들 이용 가능한 인덱스 리스트는 간단하고 이해하기 쉬운 예를 들기 위해 작의적으로 만들어진 것이다). 이제 이 질의가 어떻게 최적화되는지를 알아보자. 우선은 SELECT, FROM, WHERE 절에 초점을 맞출 것이다.

패스 1에서는 각 릴레이션을 접근하는 최선의 계획들을 찾는데, 이들 각 릴레이션은 실행계획의 첫 릴레이션으로 간주된다. Reserves와 Sailors에 대해서는 이용 가능한 인덱스와 부합하는 셀렉션이 없기 때문에, 최선의 계획은 파일 스캔이다. Boats에 대한 최선의 계획은 *color*에 걸린 해시 인덱스인데, 이 인덱스가 셀렉션 조건 *B.color*='*red*'과 부합하기 때문이다. *color*에 대한 B+ 트리 인덱스도 이 셀렉션과 부합되는데, 비록 해시 인덱스를 이용한 접근 비용이 더 싸지만 이 접근 방법도 선택하게 되는데, 그 이유는 이 인덱스는 *color*에 정렬된 순서로 투플들을 검색하기 때문이다.

패스 2에서는 패스 1에서 생성된 각 계획을 외부 릴레이션으로, 나머지 다른 릴레이션을 내부 릴레이션으로 고려한다. 따라서 다음 조인들을 고려하게 된다. Reserves(외부)의 파일 스캔과 Boats(내부), Reserves(외부)의 파일 스캔과 Sailors(내부), Sailors(외부)의 파일 스캔과 Boats(내부), Sailors(외부)에 대한 파일 스캔과 Reserves(내부), Boats(외부)의 *color* 필드에 대한 B+ 트리 인덱스와 Sailors(내부), Boats(외부)의 *color* 필드에 대한 해시 인덱스와 Sailors(내부), Boats(외부)의 *color* 필드에 대한 B+ 트리 인덱스와 Reserves(내부), Boats(외부)의 color 필드에 대한 해시 인덱스와 Reserves(내부).

그런 각 쌍에 대해서 모든 조인 방법에 대해서 고려하고, 각 조인 방법에 대해서 내부 릴레이션에 대한 모든 사용 가능한 접근 경로를 고려한다. 각 릴레이션들의 쌍에 대해서, 투플이 생성되는 모든 정렬 순서에 대해 가장 비용이 싼 비용들을 유지하게 된다. 예를 들어, Boats를 외부 릴레이션으로 *color* 필드에 대한 해시 인덱스를 통해 접근했을 때, Reserves를 *bid*에 대한 B+ 트리 인덱스를 통해서 인덱스 중첩 루프 방식으로 조인하는 것이 좋은 계획이다. Reserves의 이 필드에는 해시 인덱스가 없다는 점에 주목하시오. Reserves와 Boats를 조인하는 또다른 계획은 Boats를 *color*에 대한 해시 인덱스를 통해 접근하고, Reserves를 *bid*에 대한 B+ 트리 인덱스를 사용하면서, 정렬합병 조인을 사용하는 것이다. 이 계획은, 앞의 계획과 달리, *bid*에 정렬된 순서로 투플을 생성한다. 비록 이전 계획이 더 저렴하더라도, *bid*에 정렬된 순으로 투플을 생성하는 더 싼 계획이 존재하지 않는 한 유지된다. 그러나, 별다른 순서 없이 투플을 생성하는 앞의 계획은 이 계획의 비용이 더 적은 경우 유지되지 않는다.

좋은 휴리스틱중의 하나는 가능한 한 크로스 프로덕트에 대한 고려를 피하는 것이다. 이 휴리스틱을 적용하면, 이 예제에서 패스 2에서 다음 조인들을 고려하지 않는 것이다. Sailors(외부)의 파일 스캔과 Boats(내부), Boats(외부)의 color 필드에 대한 B+ 트리 인덱스와 Sailors(내부), Boats(외부)의 *color* 필드에 대한 해시 인덱스와 Sailors(내부).

패스 3에서는 패스 2에서 선택된 각 계획을 외부 릴레이션으로 하고, 나머지 릴레이션 각각을 내부 릴레이션으로 조인하는 방법을 고려하게 된다. 이 단계에서 생성되는 계획의 한 예는 다음과 같다. Boat를 *color*에 대한 해시 인덱스로 접근하고, Reserves를 *bid*에 대한 B+ 트리 인덱스로 접근하고, 이들을 정렬합병 방법으로 조인하고 나서, 이 결과를 외부 릴레이션으로 Sailors를 *sid*에 대한 B+ 트리 인덱스를 이용해서 정렬합병 방법으로 조인하는 것이다. 처음 조인의 결과는 *bid*에 정렬된 순서로 생성되는 반면 두 번째 조인은 입력이 *sid*에 정렬되어 있기를 요구하기 때문에, 처음 조인의 결과는 두 번째 조인에서 사용되기 전에 *sid*에 대해 정렬되어야만 한다. 두 번째 조인의 결과 투플들은 *sid*에 정렬된 순서로 생성된다.

모든 조인이 수행된 다음에 `GROUP BY` 절을 고려하는데, 이 예제에서는 결과 투플들이 *sid* 필드에 정렬되어 있어야 한다. 패스 3에서 선택되는 계획들 중에서 결과가 *sid*에 대해서 정렬되어 있지 않은 경우에는, 결과를 *sid* 필드에 대해서 정렬하는 비용도 추가한다. 패스 3에서 생성된 샘플 계획은 *sid* 순으로 투플들을 생성한다. 따라서, 세 릴레이션을 더 저렴한 비용으로 조인하지만 *sid* 순으로 투플을 생성하지 않는 계획이 있더라도, 이 샘플 계획이 이 질의에 대해서는 가장 싼 계획이 될 수도 있다.

15.5 내포형 질의

전형적인 시스템에서 최적화의 단위는 *질의 블록(qurey block)*이 되며, 내포된 질의는 중첩 루프 수행 방식으로 처리된다. 다음 내포 SQL 질의를 고려해보자. *가장 높은 rating을 가지는 sailors의 이름을 찾으시오.*

```
SELECT S.sname
FROM   Sailors S
WHERE  S.rating = ( SELECT MAX (S2.rating)
                    FROM   Sailors S2 )
```

이 단순한 질의에서는 내포형 질의는 한번만 계산되어서 단일 값을 만들어 낸다. 이 값은 최상위 계층의 질의에서는 마치 원래 질의에 이 값이 들어 있은 것처럼 처리된다. 예를 들어, sailors의 최상위 등급이 8이라면 WHERE 절은 결국 WHERE *S.rating* = *8*로 변경되는 효과가 있다.

하지만, 내포 질의는 릴레이션, 좀 더 정확히는 SQL의 의미에서 테이블(즉, 중복 행이 가능한)을 반환하는 경우도 있다. 아래의 예를 보자. *번호가 103인 배를 예약한 sailors의 이름을 구하시오.*

```
SELECT S.sname
FROM   Sailors S
WHERE  S.sid IN ( SELECT R.sid
                  FROM   Reserves R
                  WHERE  R.bid = 103 )
```

이 경우에도, 내포 질의는 한 번만 계산되어서 *sid*의 집합(collection)을 반환해 준다. 각 Sailors의 투플에 대해, *sid* 값이 계산된 *sid*의 집합에 포함되어 있는지를 검사해야 하며, 이 검사는 Sailors와 계산된 sid의 집합 사이의 조인을 수반하며, 원칙적으로는 모든 종류의 조인 방법들을 사용할 수 있다. 예를 들어, Sailors의 *sid*에 대한 인덱스가 존재하는 경우에는 계산한 *sid* 집합을 외부 릴레이션으로 하고 Sailors를 내부 릴레이션으로 하는 인덱스 중첩 루프 방법이 아마도 가장 효율적인 조인 방법이 될 것이다. 하지만, 많은 시스템에서는 질의 최적화기가 이 방법을 찾을 수 있을 만큼 지능적이지는 않다—일반적으로는 내포 질의의 결과로 계산된 *sid*의 집합을 내부 릴레이션(그리고 이 집합에는 인덱스가 생없음)으로 하는 중첩루프 조인을 수행한다.

이러한 접근방식의 동기는 이 방식이 앞의 질의를 다음과 같은 버전으로 바꾸는 것처럼, *상관 질의(correlated queries)* 처리에 사용되는 기법의 단순 변형이기 때문이다.

```
SELECT S.sname
FROM   Sailors S
WHERE  EXISTS ( SELECT *
                FROM   Reserves R
                WHERE  R.bid = 103
                       AND S.sid = R.sid )
```

이 질의는 최상위 질의의 투플 변수 S가 내포 질의에서도 나타나는 *상관 질의*다. 따라서, 내포 질의를 한번만 계산할 수는 없다. 이 경우의 전형적인 수행 전략은 Sailors의 각 투플에 대해 내포 질의를 수행하는 것이다.

중요한 점은 내포 질의의 최적화에 관한 제한된 접근 방식 때문에 전형적인 최적화기로서는 별로 좋지 못한 성능을 보인다는 사실이다. 다음은 이 점을 잘 나타내고 있다.

- 상관관계를 갖는 내포 질의의 경우, 효과적인 조인 방법은 내부 릴레이션으로 내포 질의(따라서 잠재적으로 계산 비용이 많이 듦)를 갖는 인덱스 중첩루프 방식이다. 하지만, 이 방법은 두 가지 문제가 있다. 우선, 내포 질의에 대한 계산은 외부 릴레이션의 투플마다 한번씩 이루어진다. 여러 개의 외부 투플들에 대해 상관 관계를 유발하는 필드(이 예에서는 *S.sid*)가 같은 값을 갖는다면 똑같은 내포 질의가 여러 번 수행되어야 한다. 두 번째 문제점은 내포 질의에 대한 이 접근 방식이 *집합 중심*(*set-oriented*)이 아니라는 점이다. 실제로는 조인이 외부 릴레이션에 대한 스캔과 각 외부 투플마다 한 내포 질의에 셀렉션으로 처리되는 것이다. 이는 정렬합병 조인 또는 해시 조인같이 더 좋은 계획을 만들 수도 있는 다른 조인 방법의 사용을 배제하는 것이다.
- 인덱스 중첩루프 조인이 적당한 방법이라 하더라도, 내포 질의 수행이 비효율적일 수 있다. 예를 들어, Reserves의 *sid* 필드에 인덱스가 존재하는 경우 Sailors를 외부 릴레이션으로, Reserves를 내부 릴레이션으로 해서 인덱스 중첩루프 조인을 하고, 동시에 *bid*에 즉시로 셀렉션을 적용하는 것이 좋은 방법일 수 있다. 하지만, `IN`을 사용하는 질의 버전을 최적화할 때 이 방법은 고려되지 않는데, 그 이유는 내포 질의가 완전히 계산되기 때문이다. 즉, *sid*에 대한 셀렉션 조건을 만족하는 모든 Reserves 투플이 우선 검색된다.
- 또한, 내포 질의에서 부여되는 암시적인 수행 순서로 인해서 좋은 수행 계획을 찾지 못할 수도 있다. 예를 들어, Sailors의 sid 필드에 인덱스가 존재하는 경우, Reserves를 외부 릴레이션, Sailors를 내부 릴레이션으로 하는 인덱스 중첩루프 조인이 이 예제 상관 질의를 위한 가장 효율적인 계획이 될 수 있다. 하지만, 최적화기는 이 조인 순서는 절대 고려하지 않는다.

내포 질의는 많은 경우 내포되지 않는 동등한 질의를 가지며, 상관 질의는 상관관계가 없는 형태의 동등한 질의를 갖는다. 우리는 이미 예제 내포 질의에 대해 상관 질의 및 비상관 질의 버전을 살펴보았다. 또한, 내포되지 되지 않은 동등한 질의도 있다.

> **내포 질의**(Nested ueries)**:** IBM DB2, Informix, Microsoft SQL Server, Oracle 8, Sybase ASE는 내포 질의—TPC-D 벤치마크의 중요한 부분임—처리를 위해 상관 수행을 위한 기능을 사용하고 있다. IBM과 Informix는 내포 질의의 결과를 'memo' 테이블에 저장해서 같은 내포 질의를 여러 번 수행하지 않도록 하고 있다. 이들 RDBMS 모두는 상관관계풀기(decorrelation)와 내포 질의의 내포되지 않은 질의로 변환(flattening) 기능을 옵션으로 제공하고 있다. 또한, Microsoft SQL Server, Oracle 8과 IBM DB2는 상관관계풀기와 관련해서 Magic Sets 또는 그 변형들의 포함한 재작성 기법(rewriting techniques)을 사용하고 있다.

```
SELECT S.sname
FROM   Sailors S, Reserves R
WHERE  S.sid = R.sid AND R.bid=103
```

전형적인 SQL 최적화기는, 같은 예제 질의에 대해 내포된 형태의 질의 버전보다는 내포되지 않거나(unnested) 비상관적인(decorrelated) 질의 버전이 주어졌을 때, 훨씬 좋은 수행 계획을 찾는다. 현재의 많은 최적화기는 이들 질의들 사이의 동등성을 인식하지 못하고, 내포된 버전을 내포되지 않는 형태의 버전으로 변환을 수행하지 못한다. 불행히도 이는 사용자의 교육수준에 달려 있다. 효율성의 관점에서, 사용자는 질의에 대해 이런 식의 대안 형식들을 고려하도록 권유 받아야 한다.

여러 단계의 내포가 가능하다는 사실을 이야기하면서 내포 질의에 관한 논의를 마치려고 한다. 일반적으로 상관 관계가 없는 경우에는, 여기에서 기술한 접근 방법을 확장해서 가장 안쪽 레벨부터 가장 바깥쪽 질의로 순서대로 수행하면 된다. 상관 질의의 경우 상위 레벨의 질의의 후보 투플 각각에 대해서 내포 질의를 수행해야 한다. 따라서, 기본 아이디어는 1 레벨의 내포 질의의 경우와 유사하다. 자세한 사항은 생략한다.

15.6 SYSTEM R 최적화기

현재의 관계형 질의 최적화기들은 IBM의 System R 질의 최적화기 설계 당시에 도용한 기술들에 많은 영향을 받았다. System R 최적화기의 설계시 중요한 결정 사항들은 다음과 같다.

1. 질의수행 계획의 비용을 추정하기 위해 데이터베이스 인스턴스에 관한 *통계치*를 사용
2. 내부 릴레이션이 (임시 릴레이션이 아닌) 기본 릴레이션인 이항 조인(binary join)들을 포함하는 계획만을 고려. 이 휴리스틱은 고려해야 하는 (잠재적으로 엄청나게 많은) 대안 계획들의 수를 줄여준다.
3. 내포가 없는 SQL 질의 유형에 대한 최적화를 중점적으로 수행하고, 내포 질의의 경우는 단순한 방법으로 처리한다.

4. 프로젝션에 대한 중복 제거를 수행하지 않음(물론 DISTINCT 절에 의해 명시적으로 중복제거가 요청되는 경우에는 예외)
5. 입출력 비용뿐 만 아니라, CPU의 비용도 고려한 비용 모델

지금까지 최적화에 관한 논의에서는 위 결정 사항들 중에서, 입출력 페이지 수에 기반해서 비용 모델을 단순하게 하기 위해 무시한 마지막 사항을 제외하고는, 모두 반영했었다.

15.7 질의 최적화에 관한 다른 접근 방법들

지금까지는 주어진 질의에 대해 대안 계획들의. 아주 큰 탐색공간을 모두 다 찾는(exhaustive) 방식에 기반한 질의 최적화를 설명했다. 모든 가능한 계획의 범위는 질의 표현식, 특히 조인의 수에 비례해서 급격하게 증가하는데, 이는 조인 순서의 최적화하가 핵심 이슈이기 때문이다. 따라서, 최적화기에 의해 고려해야할 계획 공간의 크기를 제한할 수 있는 휴리스틱이 사용된다. 널리 사용되는 휴리스틱은 대부분의 질의에 적합한 좌심 계획들만을 고려하는 것이다. 하지만, 조인의 개수가 15개가 넘어가면, 이 휴리스틱을 사용하는 경우라도 계획공간을 모두 다 찾는 방식으로는 최적화 비용이 너무 커지게 된다.

아주 복잡한 질의는 특히 의사 결정 지원 환경에서 더욱더 중요하고, 질의 최적화에 관한 다른 접근 방식들이 제안되었다. 이들 중에는, 후보 계획을 생성하기 위해 규칙의 집합을 사용하는 규칙 기반 최적화기(rule-based optimizers), 큰 탐색공간을 빨리 찾기 위해 임의적 계획 생성같은 경우에 점점 더 중요해지고 있으며, 질의를 최적화하는 다른 접근 방법이 제시되고 있다. 여기에는 후보가 되는 계획을 생성하는 것을 도와주는 규칙의 집합을 사용하는, 규칙 **기반 최적화기**(rule-based optimizer)나, 넓은 계획 공간을 빠르게 탐색하면서도 좋은 계획을 꽤 높은 확률로 찾을 수 있는 *시뮬레이션기반 강화*(*simulated annealing*)와 같은 확률적인 알고리즘을 사용하는 **랜덤 계획 생성**(randomized plan generation) 방법 등이 있다.

이 분야의 최근 연구들은 중간 단계 릴레이션의 크기를 좀 더 정확하게 추정하는 기법들도 다루고 있다. **파라미터식 질의 최적화**(parameterized query optimization)에서는 수행 시에 생길 수 있는 서로 다른 수행 조건들 각각에 대해, 주어진 질의의 좋은 계획을 찾고자 한다. **다중 질의 최적화**(multiple-query optimization)에서는 최적화기가 여러 질의들의 동시 수행을 고려해서 최적화를 수행한다.

15.8 복습문제

복습문제에 대한 해답은 괄호 안에 표시된 절에서 찾아볼 수 있다.

- *SQL 질의 블록*이란 무엇인가? 질의 최적화에서 왜 질의 블록 개념이 중요한가? **(15.1 절)**
- 하나의 질의 블록이 어떻게 확장 관계대수로 변환되는지를 설명하시오. 관계대수에 대

한 확장이 무엇이고 왜 필요한지 설명하시오. 왜 $\sigma\pi\times$ 표현식이 최적화기의 중요한 문제인가? **(15.1절)**

- 질의 계획의 비용을 추정하는 데 두 가지 중요한 요소는 무엇인가? **(15.2절)**
- $\sigma\pi\times$ 표현식의 결과 크기는 어떻게 추정하나? *축소율*의 사용에 관해 설명하고, 다른 종류의 셀렉션 조건들에 대해 축소율을 어떻게 계산하는 지를 설명하시오. **(15.2.1절)**
- *히스토그램*이란 무엇인가? 히스토그램이 비용 추정에 어떻게 도움이 되나? 자주 발생하는 데이터 값의 역할을 중점적으로 해서, 히스토그램 종류들의 차이에 대해 설명하시오. **(15.2.1절)**
- 두 개의 관계대수식이 *동등한* 조건은 무엇인가? 질의 최적화에서 동등성은 어떻게 사용되나? 조인 앞으로 셀렉션 조건을 밀고 조인 표현식의 순서를 조정하는 일반적인 최적화를 정당화할 수 있는 대수 동등성은 무엇인가? **(15.3절)**
- *좌심* 계획에 대해 기술하고, 최적화기들이 일반적으로 왜 좌심계획만 고려하는지 설명하시오. **(15.4절)**
- 단일 릴레이션을 가진 질의에 대해 어떤 계획들이 고려되는가? 이들 중, 좌심 계획을 나열하는 동적 프로그래밍 접근 방식에서 어떤 계획들이 유지되나? 답을 기술할 때, 접근 방법과 결과 순서를 논의하시오. 특히, *인덱스만 사용하는 계획*들을 설명하고 왜 그 계획들이 좋은지를 설명하시오. **(15.4절)**
- 다중 릴레이션을 가진 질의에 대한 질의 계획을 어떻게 생성되는지 설명하시오. 동적 프로그래밍 접근 방식의 공간 및 시간 복잡도를 논의하고, 이 과정에서 셀렉션을 조인 앞으로 밀거나 조인의 순서를 결정하는 등의 휴리스틱을 반영하는지 논의하시오. 다중 릴레이션 질의의 경우 인덱스만 사용하는 계획은 어떻게 찾아내나? 파이프라인식 수행의 기회는 어떻게 찾아내나? **(15.4절)**
- 내포 질의의 최적화와 수행은 어떤 식으로 이루어지나? 상관 질의에 대해서 논의하고, 그와 관련한 추가적인 최적화 문제들에 대해서 논의하시오. 내포 질의를 위한 계획들은 일반적으로 왜 좋지 않은가? 응용프로그램 개발자가 알아야 할 교훈은 무엇인가? **(15.5절)**
- System R 최적화기의 설계시 중요한 결정 사항들에 대해 논의하시오. **(15.6절)**
- 이 장에서 논의된 동적 프로그래밍 프레임워크 이외의 최적화 기법들에 대해 간단히 조사하시오. **(15.7절)**

연습문제

문제 15.1 다음 질문에 대해 간단히 답하시오.

1. 질의 최적화에서의 *SQL 질의 블록*이란 무엇인가?

2. 축소율(*reduction factor*)이라는 용어를 정의하시오.
3. 프로젝션-셀렉션 질의에서 프로젝션을 셀렉션보다 먼저 수행하여야 하는 경우와, 반대 순서가 더 좋은 경우를 기술하시오(프로젝션에서 중복된 투플의 제거는 정렬을 통해서 이루어진다고 가정하시오.).
4. R_a와 S_b 둘 다에 관한 클러스터되지않은 (보조) B+ 트리 인덱스가 있는 경우에, 이들 인덱스를 이용하면 조인 $R \bowtie_{a=b} S$을 실제로 정렬을 하지 않고도 정렬합병 방식으로 수행할 수 있다.
   (a) R과 S 각각 페이지 당 하나의 투플밖에 없는 경우, 이 아이디어가 좋은지, 아니면 인덱스를 무시하고 R, S를 직접 정렬하는 것이 좋은 방법인가? 이에 대해서 설명하시오.
   (b) R, S가 페이지 당 여러 개의 투플을 가지고 있는 경우에는 어떻게 되나? 설명하시오.
5. System R의 최적화기에 있어서 *관심 순서*(*interesting orders*)의 역할을 설명하시오.

문제 15.2 스키마가 다음과 같은 릴레이션이 있다고 하자.

Employees(<u>*eid:* **integer**</u>, *ename:* **string**, *sal:* **integer**, *title:* **string**, *age:* **integer**)

모두 데이터 엔트리에 구성법 (2)를 사용하는 다음과 같은 인덱스들이 있다고 하자. *eid*에 대한 해시 인덱스, *sal*에 대한 B+ 트리 인덱스, *age*에 대한 해시 인덱스, <*age*, *sal*>에 대한 클러스터 B+ 트리 인덱스. 각 Employees 레코드는 100바이트의 크기를 가지고 있으며, 각 인덱스 데이터 엔트리는 20바이트의 크기를 가진다고 하자. Employees 릴레이션은 10,000 페이지를 가지고 있다.

1. 다음 셀렉션 조건 각각을 고려하는데, 인덱스와 부합하는 각 항의 축소율은 0.1이라고 가정하고 해당 조건을 만족하는 모든 Employees의 투플을 검색하는 가장 선택적인 접근 방법의 비용을 계산하시오.
   (a) $sal > 100$
   (b) $age = 25$
   (c) $age > 20$
   (d) $eid = 1,000$
   (e) $sal > 200 \wedge age > 30$
   (f) $sal > 200 \wedge age = 20$
   (g) $sal > 200 \wedge title = 'CFO'$
   (h) $sal > 200 \wedge age > 30 \wedge title = 'CFO'$
2. 앞의 각 셀렉션 조건에 대해서 만족하는 투플들의 평균 *sal*을 검색하고자 한다. 각 셀렉션 조건에 대해서 가장 비용이 적게 드는 계산 방법을 설명하고, 그 비용을 구하시오.
3. 앞의 각 셀렉션 조건에 대해서 만족하는 투플들의 *age* 그룹별로 평균 *sal*를 검색하고자 한다. 각 셀렉션 조건에 대해서 가장 비용이 적게 드는 계산 방법을 설명하고, 그 비용을 구하시오.
4. 앞의 각 셀렉션 조건에 대해서 만족하는 투플들의 *sal* 그룹별(즉, group by *sal*)로 평균 *age*를 검색하고자 한다. 각 셀렉션 조건에 대해서 가장 비용이 적게 드는 계산 방법을 설명하고, 그 비용을 구하시오.
5. 다음 셀렉션 조건의 최선의 수행 방법에 대해 기술하시오.
   (a) $sal > 200 \vee age = 20$
   (b) $sal > 200 \vee title = 'CFO'$
   (c) $title = 'CFO' \wedge ename = 'Joe'$

문제 15.3 다음 각 SQL 질의에서 관계된 각각의 릴레이션들에 대해, 결과를 구하기 위해 검사되어야만 하는 애트리뷰트들을 나열하시오. 모든 질의는 아래의 릴레이션들을 참조한다.

Emp(*eid:* `integer`, *did:* `integer`, *sal:* `integer`, *hobby:* `char(20)`)
Dept(*did:* `integer`, *dname:* `char(20)`, *floor:* `integer`, *budget:* `real`)

1. SELECT COUNT(*) FROM Emp E, Dept D WHERE E.did = D.did
2. SELECT MAX(E.sal) FROM Emp E, Dept D WHERE E.did = D.did
3. SELECT MAX(E.sal) FROM Emp E, Dept D WHERE E.did = D.did AND D.floor = 5
4. SELECT E.did, COUNT(*) FROM Emp E, Dept D WHERE E.did = D.did GROUP BY D.did
5. SELECT D.floor, AVG(D.budget) FROM Dept D GROUP BY D.floor HAVING COUNT(*) > 2
6. SELECT D.floor, AVG(D.budget) FROM Dept D GROUP BY D.floor ORDER BY D.floor

문제 15.4 다음과 같은 정보가 주어졌다고 하자.

릴레이션 Executives에는 애트리뷰트 *ename*, *title*, *dname*, *address*는 같은 크기의 문자열 필드들이 있다.
애트리뷰트 *ename*은 후보 키이다.
릴레이션에는 10,000개의 페이지가 있다.
10개의 버퍼 페이지가 있다.

1. 아래의 질의를 보자.

   SELECT E.title, E.ename FROM Executives E WHERE E.title='CFO'

   Executives 투플의 10%가 셀렉션 조건에 만족한다고 가정하자.

   (a) *title*에 대한 클러스터 B+ 트리 인덱스를 (유일하게) 사용할 수 있다고 하자. 가장 좋은 계획의 비용은 얼마인가?(뒤의 질문들에서도 계획에 설명하시오.)
   (b) *title*에 대한 클러스터되지 않은 B+ 트리 인덱스를 (유일하게) 사용할 수 있다고 하자. 가장 좋은 계획의 비용은 얼마인가?
   (c) *ename*에 대한 클러스터 B+ 트리 인덱스를 (유일하게) 사용할 수 있다고 하자. 가장 좋은 계획의 비용은 얼마인가?
   (b) *address*에 대한 클러스터 B+ 트리 인덱스를 (유일하게) 사용할 수 있다고 하자. 가장 좋은 계획의 비용은 얼마인가?
   (e) <*ename*, *title*>에 대한 클러스터 B+ 트리 인덱스를 (유일하게) 사용할 수 있다고 하자. 가장 좋은 계획의 비용은 얼마인가?

2. 아래의 질의에 대해서 답하시오.

   SELECT E.ename FROM Executives E WHERE E.title='CFO' AND E.dname='Toy'

   조건 *E.title* = '*CFO*'을 만족하는 Executives의 투플은 10%이며, *E.dname* = '*Toy*'를 만족하는 투플은 10%, 두 조건 모두를 만족하는 투플은 5%라고 가정하자.

   (a) *title*에 대한 클러스터 B+ 트리 인덱스를 (유일하게) 사용할 수 있다고 하자. 가장 좋은 계획의 비용은 얼마인가?

(b) *dname*에 대한 클러스터 B+ 트리 인덱스를 (유일하게) 사용할 수 있다고 하자. 가장 좋은 계획의 비용은 얼마인가?

(c) <*title, dname*>에 대한 클러스터 B+ 트리 인덱스를 (유일하게) 사용할 수 있다고 하자. 가장 좋은 계획의 비용은 얼마인가?

(c) <*title, ename*>에 대한 클러스터 B+ 트리 인덱스를 (유일하게) 사용할 수 있다고 하자. 가장 좋은 계획의 비용은 얼마인가?

(d) <*dname, title, ename*>에 대한 클러스터 B+ 트리 인덱스를 (유일하게) 사용할 수 있다고 하자. 가장 좋은 계획의 비용은 얼마인가?

(e) <*ename, title, dname*>에 대한 클러스터 B+ 트리 인덱스를 (유일하게) 사용할 수 있다고 하자. 가장 좋은 계획의 비용은 얼마인가?

3. 아래의 질의에 대해서 답하시오.

```
SELECT E.title, COUNT(*) FROM Executives E GROUP BY E.title
```

(a) *title*에 대한 클러스터 B+ 트리 인덱스를 (유일하게) 사용할 수 있다고 하자. 가장 좋은 계획의 비용은 얼마인가?

(b) *title*에 대한 클러스터되지 않는 B+ 트리 인덱스를 (유일하게) 사용할 수 있다고 하자. 가장 좋은 계획의 비용은 얼마인가?

(c) *ename*에 대한 클러스터 B+ 트리 인덱스를 (유일하게) 사용할 수 있다고 하자. 가장 좋은 계획의 비용은 얼마인가?

(d) <*ename, title*>에 대한 클러스터 B+ 트리 인덱스를 (유일하게) 사용할 수 있다고 하자. 가장 좋은 계획의 비용은 얼마인가?

(e) <title, ename>에 대한 클러스터 B+ 트리 인덱스를 (유일하게) 사용할 수 있다고 하자. 가장 좋은 계획의 비용은 얼마인가?

4. 아래의 질의에 대해서 답하시오.

```
SELECT E.title, COUNT(*) FROM Executives E
WHERE E.dname > 'W%' GROUP BY E.title
```

이 셀렉션 조건을 만족하는 Executives 투플은 10%라고 가정한다.

(a) *title*에 대한 클러스터 B+ 트리 인덱스를 (유일하게) 사용할 수 있다고 하자. 가장 좋은 계획의 비용은 얼마인가? (임의의 키에 대한) 추가적인 인덱스가 하나 더 있다면, 더 좋은 계획을 생성하는 데 도움이 되는가?

(b) *title*에 대한 클러스터되지 않는 B+ 트리 인덱스를 (유일하게) 사용할 수 있다고 하자. 가장 좋은 계획의 비용은 얼마인가?

(c) *dname*에 대한 클러스터 B+ 트리 인덱스를 (유일하게) 사용할 수 있다고 하자. 가장 좋은 계획의 비용은 얼마인가? (임의의 키에 대한) 추가적인 인덱스가 하나 더 있다면, 더 좋은 계획을 생성하는 데 도움이 되는가?

(d) <*dname,title*>에 대한 클러스터 B+ 트리 인덱스를 (유일하게) 사용할 수 있다고 하자. 가장 좋은 계획의 비용은 얼마인가?

(e) <*title,dname*>에 대한 클러스터 B+ 트리 인덱스를 (유일하게) 사용할 수 있다고 하자. 가장 좋은 계획의 비용은 얼마인가?

문제 15.5 질의 $\pi_{A,B,C,D}(R \bowtie_{A=C} S)$가 있다고 하자. 프로젝션은 정렬에 기반하고 있으며, 정렬의 초기 패스에서 원하는 애트리뷰트만 골라내고 나머지는 제거하며, 정렬 과정에서 중복 투플은 제거함으로써 잠재적인 추가 두 단계의 패스를 제거할 수 있다고 하자. 그리고, 아래의 사실을 알고 있다고 가정하자.

R은 10개의 페이지로 구성되어 있으며, R의 투플의 길이는 300 바이트이다.
S는 100개의 페이지로 구성되어 있으며, S의 투플의 길이는 500 바이트이다.
C는 S의 키이며, A는 R의 키이다.
페이지의 크기는 1024바이트이다.
각 R의 투플은 S의 오직 하나의 투플과 조인한다.
A, B, C, D로 결합 투플의 크기는 450 바이트이다.
A, B는 R에서 모두 투플당 200바이트를 차지하고 있다. C, D는 S에 있다.

1. 최종 결과를 쓰는 데 드는 비용은 얼마인가?(이 비용은 다음 질문들을 계산할 때는 무시하시오.)
2. 세 개의 버퍼 페이지를 사용할 수 있고, 이용가능한 조인 방법은 단순한 (페이지 단위) 중첩루프 조인이라고 가정하시오.
   (a) 프로젝션 후에 조인을 수행하는 데 드는 비용을 계산하시오.
   (b) 조인 후 프로젝션을 수행하는 데 드는 비용을 계산하시오.
   (c) 조인을 먼저 수행하되 즉시로 프로젝션을 수행하는 비용을 계산하시오.
   (d) 11개의 버퍼 페이지를 사용할 수 있는 경우에 위의 결과들은 어떻게 달라지는가?

문제 15.6 아래의 질문에 간단히 답하시오.

1. System R 최적화기에서 관계대수 동등성의 역할을 설명하시오.
2. $\sigma_{c1}(\pi_l(R \times S))$의 형태의 관계대수를 생각해보자. 관계대수 동등성을 고려해서 셀렉션과 프로젝션을 가능한 한 조인 앞으로 밀어넣은 동등한 대수식이 다음 중의 하나라고 가정하자. 각 경우에 대해서 셀렉션 조건과 프로젝션 리스트(c, l, cl, ll 등)의 대표적인 예를 하나씩 드시오.
   (a) *Equivalent maximally pushed form:* $\pi_{l1}(\sigma_{c1}(R) \times S)$.
   (b) *Equivalent maximally pushed form:* $\pi_{l1}(\sigma_{c1}(R) \times \sigma_{c2}(S))$.
   (c) *Equivalent maximally pushed form:* $\sigma_c(\pi_{l1}(\pi_{l2}(R) \times S))$.
   (d) *Equivalent maximally pushed form:* $\sigma_{c1}(\pi_{l1}(\sigma_{c2}(\pi_{l2}(R)) \times S))$.
   (e) *Equivalent maximally pushed form:* $\sigma_{c1}(\pi_{l1}(\pi_{l2}(\sigma_{c2}(R)) \times S))$.
   (f) *Equivalent maximally pushed form:* $\pi_l(\sigma_{c1}(\pi_{l1}(\pi_{l2}(\sigma_{c2}(R)) \times S)))$.

문제 15.7 다음 관계 스키마와 SQL 질의에 대해서 고려해 보자. 이 스키마에는 직원들, 부서들 그리고 회사의 재무 정보(부서별로 구성)를 포함하고 있다.

Emp(*eid:* `integer`, *did:* `integer`, *sal:* `integer`, *hobby:* `char(20)`)
Dept(*did:* `integer`, *dname:* `char(20)`, *floor:* `integer`, *phone:* `char(10)`)
Finance(*did:* `integer`, *budget:* `real`, *sales:* `real`, *expenses:* `real`)

아래의 질의에 대해서 고려해 보자.

```
SELECT D.dname, F.budget
FROM   Emp E, Dept D, Finance F
WHERE  E.did=D.did AND D.did=F.did AND D.floor=1
       AND E.sal ≥ 59000 AND E.hobby = 'yodeling'
```

1. 웬만한 질의 최적화기가 선택하게 될, 연산들의 순서를 표현하는 관계대수 트리(또는 관계대수식)를 그려보시오.
2. 관계형 질의 최적화기가 고려할 조인 순서들(즉, 질의 결과를 계산하기 위해 조인될 수 있는 릴레이션 쌍들의 순서들)을 나열하시오(최적화기에서 크로스 프로덕트의 계산이 필요로 하는 계획은 고려하지 않는다고 가정하시오). 이 목록을 어떻게 만들었는지 간단히 설명하시오.
3. 다음의 추가적인 정보가 있다고 하자. *Emp.did*, *Emp.sal*, *Dept.floor*, *Dept.did*, *Finance.did*에 대한 클러스터되지 않은 B+ 트리 인덱스. 시스템 통계 정보를 보면 직원들의 월급의 범위는 10,000에서 60,000까지이며, 직원들의 취미는 200가지이며, 이 회사는 두 개 층을 사용하는 것을 알 수 있다. 데이터베이스에는 총 50,000명의 종업원과 5,000개의 부서(각 부서에 대응하는 재무 정보가 있다) 정보가 있다. 이 회사에서 사용하는 DBMS는 인덱스 중첩루프 조인만 지원한다.
   (a) 질의의 릴레이션들(*Emp*, Dept, Finance) 각각에 대해, 조인을 수행하기 이전에 조인과 관계없는 모든 셀렉션 조건식을 적용했을 때, 선택될 투플들의 수를 추정하시오.
   (b) 앞 질문의 답에 대해, 최적화기가 고려할 조인 순서들 중에서 가장 적은 추정 비용을 갖는 순서는 무엇인가?

문제 15.8 다음 관계형 스키마와 SQL 질의에 대해서 고려해 보자.

Suppliers(*sid:* `integer`, *sname:* `char(20)`, *city:* `char(20)`)
Supply(*sid:* `integer`, *pid:* `integer`)
Parts(*pid:* `integer`, *pname:* `char(20)`, *price:* `real`)

```
SELECT S.sname, P.pname
FROM   Suppliers S, Parts P, Supply Y
WHERE  S.sid = Y.sid AND Y.pid = P.pid AND
       S.city = 'Madison' AND P.price ≤ 1,000
```

1. 주어진 질의에 대해서 좋은 질의 수행 계획을 선택하기 위해서 최적화기가 필요로 하는 정보들은 무엇인가?
2. 카티션 프로덕트를 허용하지 않는 경우, 주어진 질의를 처리하는 방법을 결정할 때에 System R 스타일의 질의 최적화기가 고려하는 조인 순서는 몇 가지인가? 그 조인 순서를 나열하시오.
3. 이 질의를 처리하는 데에 도움이 될 만한 인덱스에는 어떤 것이 있는가? 간단히 설명하시오.
4. `SELECT` 절에 `DISTINCT`가 추가되는 경우에, 계획 생성에 어떤 영향을 미치는가?
5. 이 질의에 `ORDER BY` *sname*을 추가하면 계획 생성에 어떤 영향을 미치는가?
6. 이 질의에 `GROUP BY` *sname*을 추가하면 계획 생성에 어떤 영향을 미치는가?

문제 15.9 다음 시나리오를 고려해보자.

Emp(*eid:* `integer`, *sal:* `integer`, *age:* `real`, *did:* `integer`)
Dept(*did:* `integer`, *projid:* `integer`, *budget:* `real`, *status:* `char(10)`)
Proj(*projid:* `integer`, *code:* `integer`, *report:* `varchar`)

각 Emp 레코드는 20바이트, 각 Dept 레코드는 40바이트, 각 Proj 레코드는 평균적으로 2000 바이트의 크기를 갖는다고 하자. Emp에는 20,000 투플, Dept에는 5,000 투플(*did*가 키가 아님을 명심하시오), Proj에는 1,000투플이 있다. 각 부서는 *did*로 구별되며 평균적으로 10개의 프로젝트를 수행하고 있다. 파일 시스템은 4000 바이트 길이의 페이지를 지원하며, 12개의 버퍼페이지가 이용가능하다. 아래의 질문들은 이 정보에 기반한 것이다. 값들의 균등 분포를 가정하면 된다. 그리고 추가적인 가정을 세워라. 비용 단위는 *페이지 입출력의 수*로 하며, 최종 결과를 쓰는 데 필요한 비용은 무시하시오.

1. 다음 두 질의를 고려하자. "*age* = 30인 모든 종업원을 찾아라"와 "*code* = 20인 모든 프로젝트를 찾아라". 각 경우에 만족하는 투플의 수는 같다고 가정하자. 이 질의 수행을 빠르게 하기 위해서 애트리뷰트에 인덱스를 만든다고 할 때, 어떤 질의에 있어서 *클러스터 인덱스가*(클러스터되지않은 인덱스에 비해) 더 중요한가?
2. 다음 질의를 고려해 보자. "*age* > 30인 모든 종업원을 검색하시오" *age*에 대한 클러스터되지않은 인덱스가 있다고 가정하자. 조건을 만족하는 투플의 수는 *N*이라고 치자. *N*의 값이 얼마가 되면, 순차 스캔 비용이 인덱스를 쓰는 비용보다 작아질 것인가?
3. 다음 질의를 고려하자.

```
SELECT *
FROM   Emp E, Dept D
WHERE  E.did=D.did
```

   (a) Emp의 *did*에 클러스터 해시 인덱스가 존재한다고 하자. 고려한 모든 계획을 나열하고, 추정 비용이 가장 적은 계획을 밝히시오.
   (b) 두 릴레이션 모두 조인 칼럼에 대해서 정렬되어 있다고 가정하자. 고려한 모든 계획을 나열하고,추정 비용이 가장 적은 계획을 보이시오.
   (c) Emp의 *did*에 클러스터 B+ 트리 인덱스가 있고, Dept는 *did*에 대해서 정렬되어 있다고 가정하자. 고려한 모든 계획을 나열하고, 추정 비용이 가장 적은 계획을 밝히시오.
4. 다음 질의에 대해서 고려하자.

```
SELECT    D.did, COUNT(*)
FROM      Dept D, Proj P
WHERE     D.projid=P.projid
GROUP BY  D.did
```

   (a) 이용가능한 인덱스가 없다고 가정하자. 추정 비용이 가장 적은 계획을 보이시오.
   (b) *P.projid*에 해시 인덱스가 존재한다면, 추정 비용이 가장 적은 계획은 무엇인가?
   (c) *D.projid*에 해시 인덱스가 존재한다면, 추정 비용이 가장 적은 계획은 무엇인가?
   (d) *D.projid*와 *P.projid*에 모두 해시 인덱스가 존재한다면, 추정 비용이 가장 적은 계획은 무엇인가?
   (e) *D.did*에 대한 클러스터 B+ 트리 인덱스와 *P.projid*에 대한 해시 인덱스가 존재한다고 가정하자. 추정 비용이 가장 적은 계획을 보이시오.
   (f) *D.did*에 대한 클러스터 B+ 트리 인덱스와 *D.projid*에 대한 해시 인덱스, *P.projid*에 대한 해시 인덱스가 존재한다고 가정하자. 추정 비용이 가장 적은 계획을 보이시오.
   (g) <*D.did, D.projid*>에 대한 클러스터 B+ 트리 인덱스와 *P.projid*에 대한 해시 인덱스가 존재한다고 가정하자. 추정 비용이 가장 적은 계획을 보이시오.
   (h) <*D.projid, D.did*>에 대한 클러스터 B+ 트리 인덱스와 *P.projid*에 대한 해시 인덱스가 존재

한다고 가정하자. 추정 비용이 가장 적은 계획을 보이시오.

5. 다음 질의를 고려하자.

```
SELECT    D.did, COUNT(*)
FROM      Dept D, Proj P
WHERE     D.projid=P.projid AND D.budget>99000
GROUP BY  D.did
```

부서의 예산은 0에서 100,000의 범위 안에서 균등하게 분포되어 있다고 가정하자.

(a) 이용가능한 인덱스가 없다고 가정하자. 추정 비용이 가장 적은 계획을 보이시오.
(b) *P.projid*에 해시 인덱스가 존재할 때, 추정 비용이 가장 적은 계획을 보이시오.
(c) *D.budget*에 해시 인덱스가 존재할 때, 추정 비용이 가장 적은 계획을 보이시오.
(d) *D.projid*와 *D.budget*에 대한 해시 인덱스가 있다고 가정하자. 추정 비용이 가장 적은 계획을 보이시오.
(e) <*D.did, D.budget*>에 대한 클러스터 B+ 트리 인덱스와 *P.projid*에 대한 해시 인덱스가 있다고 가정하자. 추정 비용이 가장 적은 계획을 보이시오.
(f) *D.did*에 대한 클러스터 B+ 트리 인덱스와 *D.budget*에 대한 해시 인덱스, *P.projid*에 대한 해시 인덱스가 있다고 가정하자. 추정 비용이 가장 적은 계획을 보이시오.
(g) <*D.did, D.budget, D.projid*>에 대한 클러스터 B+ 트리 인덱스와 *P.projid*에 대한 해시 인덱스가 있다고 가정하자. 추정 비용이 가장 적은 계획을 보이시오.
(h) <*D.did, D.projid, D.budget*>에 대한 클러스터 B+ 트리 인덱스와 *P.projid*에 대한 해시 인덱스가 있다고 가정하자. 추정 비용이 가장 적은 계획을 보이시오.

6. 다음 질의를 고려하자.

```
SELECT E.eid, D.did, P.projid
FROM   Emp E, Dept D, Proj P
WHERE  E.sal=50,000 AND D.budget>20,000
       E.did=D.did AND D.projid=P.projid
```

종업원의 봉급은 10,009에서 110,008의 범위에서 일정하게 분포되어 있으며, 프로젝트 예산은 10,000에서 30,000의 범위에서 일정하게 분포되어 있다고 가정하자. Emp의 *sal*에 대한 클러스터 인덱스와 Dept의 *did*에 대한 클러스터 인덱스, Proj의 *projid*에 대한 클러스트 인덱스가 존재한다고 하자.

(a) 이 질의를 최적화하는 단계에서 고려되는 모든 단일 릴레이션, 두 릴레이션, 세 릴레이션에 대한 부계획(subplans)을 도출하시오.
(b) 이 질의에 대해서 추정 비용이 가장 적은 계획을 보이시오.
(c) *Proj*에 대한 인덱스가 클러스트되어 있지 않다면, 앞의 계획의 비용은 어떻게 달라지는가? *Emp*나 *Dept*에 대한 인덱스가 클러스터 되지 않은 경우는 어떻게 되나?

참고문헌 소개

질의 최적화는 관계 DBMS에서 핵심적이며, 따라서 아주 광범위하게 연구되어 왔다. 이 장에서 우리는 [668]에 기술된 System R의 접근 방법을 집중적으로 살펴보면서, 그 이후로 도입된 개선점들에 대해서도 논의했다. [784]는 Ingres에서의 질의 최적화를 설명한다. 좋은 문헌조사가 [410]과 [399

에 나와 있다. [434]는 질의 처리와 최적화에 관한 여러 논문들을 포함하고 있다.

이론적인 측면에서, [155]는 두 개의 *논리곱 질의*(즉, 셀렉션, 프로젝션 그리고 카티션 프로덕트 연산만을 포함하는 질의)가 동등한지를 결정하는 문제는 NP-complete이다. 릴레이션들이 투플의 집합이 아니라 *다중집합*(*multiset*)인 경우, 결정가능한(decidable) 문제인지조차 알려지지 않았다. [643]은 셀렉션, 프로젝션, 카티션 프로덕트 그리고 합집합 연산을 포함하는 질의의 동등성 문제는 결정가능한 문제로 밝히고 있다. 놀랍게도 이 문제는 릴레이션이 다중집합인 경우에는 결정불가능(undecidable)하다[404]. [30]에서는 무결성 제약조건이 있는 경우 논리곱 질의의 동등성에 대해 연구를 했고, [440]에서는 부등 셀렉션 조건을 포함하는 논리곱 질의의 동등성을 연구했다.

질의 최적화에서 중요한 한 가지 문제는 질의 표현식의 결과 크기를 추정하는 것이다. [352, 353, 384, 481, 569]에서는 샘플링에 기반한 접근 방법들은 다루고 있다. [405, 558, 598]에서는 히스토그램과 같은 상세한 통계정보에 기반해서 크기를 추정하는 방법을 연구했다. 부주의하게 크기를 추정하면, 크기 추정의 오류가 굉장히 빠른 속도로 전파되고, 따라서 여러 연산들을 포함하는 표현식의 비용 추정을 의미없게 할 수도 있다. 이 문제는 [400]에서 다루고 있다.

[512]는 결과 크기와 릴레이션의 값들 사이의 상관관계를 추정하는 다양한 기법들을 고찰하고 있다. 이 분야와 관련한 논문들로는 [26, 170, 594, 725]이 있으며, 이 이외에도 수많은 논문들이 있다.

의미적 질의 최적화(*Semantic query optimization*)는 어떤 무결성 제약조건이 성립할 때만 동등성을 보존하는 변환에 기반하고 있다. 이 아이디어는 [437]에서 처음 소개되었고, [148, 682, 688]에서 더 발전시켰다.

최근에는 의사 결정 분야를 위한 복잡한 질의에 관한 관심이 늘고 있다. 내포 SQL 질의에 관한 최적화는 [298, 426, 430, 557, 760]에서 논의하고 있다. SQL 질의 최적화를 위해 Magic Sets 기법을 사용하는 연구는 [553, 554, 555,670, 673]가 있다. 규칙 기반 질의 최적화기는 [287, 326, 490, 539, 596]가 있다. [401, 402, 453, 726]에서는 조인의 수가 많은 질의에서 좋은 조인 순서를 찾는 연구내용을 포함하고 있다.

[585, 633, 669]는 여러 질의를 동시 수행할 때의 최적화를 다루고 있다. 질의 수행 시에 질의 계획을 결정하는 방법은 [327, 403]에서 논의하고 있다. Kabra and DeWitt [413]는 질의 수행시 수집한 통계정보를 기반으로 수행중인 질의의 재최적화(reoptimization)에 관한 내용을 다루고 있다. 질의의 확률적 최적화는 [183, 229]에서 제안하고 있다.

5부

트랜잭션 관리

16 트랜잭션 관리 개요

☞ DBMS가 트랜잭션들의 어떠한 네 가지 성질을 보장하는가?

☞ DBMS는 왜 트랜잭션들을 인터리빙이 되도록 하는가?

☞ 인터리빙된 실행의 정확성 기준은 무엇인가?

☞ 트랜잭션들을 인터리빙시킬 때 어떠한 이상이 일어나는가?

☞ 정확한 인터리빙을 보장하기 위하여 DBMS가 어떻게 잠금을 사용하는가?

☞ 성능에 끼치는 잠금의 영향은 무엇인가?

☞ 어떠한 SQL 명령어들이 프로그래머가 트랜잭션의 성격을 선택하고 잠금 오버헤드를 줄이게 하는가?

☞ DBMS가 어떻게 트랜잭션의 원자성을 보장하고 시스템 장애로부터 복구되는가?

➜ **주요 개념:** ACID 성질(ACID properties), 원자성(atomicity), 일관성(consistency), 고립성(isolation), 영속성(durability), 스케줄(schedules), 직렬가능성(serializability), 복구가능성(recoverability), 연쇄 철회 방지(avoiding cascading aborts), 이상현상(anomalies), 더티읽기(dirty reads), 비반복읽기(unrepeatable reads), 갱신분실(lost updates), 잠금 프로토콜(locking protocol), 전용과 공용 잠금(exclusive and shared locks), 엄격한 2단계 잠금(Strict Two-Phase Locking), 잠금 성능(locking performance), 핫스팟(hot spots), 스래싱(thrashing); SQL 트랜잭션의 특성(SQL transaction characteristics), 저장지점(savepoints), 복귀(rollbacks), 팬텀(phantoms), 접근모드(access mode), 고립수준(isolation level); 트랜잭션 관리기(transaction manager), 복구 관리기(recovery manager), 로그(log), 시스템 장애(system crash), 미디어 고장(media failure); 복구단계들(recovery phases), redo, undo.

I always say, keep a diary and someday it'll keep you.

— Mae West

이 장에서는 *트랜잭션*의 개념과 DBMS에서 시스템 장애로부터의 복구를 살펴본다. 트랜잭션은 DBMS에서 사용자 프로그램의 *한번의 수행*으로 정의되는데 DBMS 밖에 있는 프로그램(예를 들면 유닉스 상에서 수행하는 C 프로그램)의 수행과는 여러 면에서 다르다. 즉, 동일한 프로그램을 여러 번 수행하는 것은 여러 트랜잭션의 생성과 실행을 의미한다.

성능향상을 위하여 DBMS는 다수 트랜잭션들의 액션들이 인터리빙 되도록 한다. 16.3.1절에서 트랜잭션들의 인터리빙에 대한 동기를 자세히 살펴본다. 그러나, 사용자에게 트랜잭션들의 실행 효과를 이해시키기 위한 단순한 방법을 제공하기 위하여, 트랜잭션들의 동시 수행의 결과는 트랜잭션들의 직렬 수행 결과와 동일하도록 액션들을 주의하여 인터리빙함으로서 얻어진다고 하자. DBMS가 트랜잭션의 동시수행을 어떻게 다루는가하는 것은 트랜잭션관리의 중요한 면이며, *동시성 제어(concurrency control)*의 주제이다. 또한 밀접히 연관된 이슈는 DBMS가 어떻게 부분 수행 트랜잭션 또는 완료하기 전에 인터럽트를 받은 트랜잭션을 어떻게 다루느냐 하는 것이다. 트랜잭션의 부분수행에 의하여 이루어진 결과는 다른 트랜잭션들에게 보이지 않도록 DBMS는 트랜잭션들을 관리한다. 이것이 어떻게 이루어지는가 하는 것이 *장애복구(crash recovery)*의 주제이다. 이 장에서 DBMS에서 동시성 제어와 장애복구에 대한 간단한 소개를 하고, 다음 두 장에서 이들을 자세히 다룬다.

16.1절에서 데이터베이스 트랜잭션의 4가지 기본성질을 논하고, DBMS가 이러한 성질을 어떻게 유지시키는지를 살펴본다. 16.2절에서는 스케줄이라고 하는 다수 트랜잭션들의 인터리브된 실행을 기술하는 추상적인 방법을 제시하고, 16.3절은 트랜잭션들의 인터리브된 실행으로 인하여 발생할 수 있는 여러 가지 문제점들에 대하여 논의한다. 가장 폭넓게 사용되는 잠금에 기반을 둔 동시성 제어를 16.4절에서 소개한다. 16.5절은 잠금에 기반을 둔 동시성 제어와 관련된 성능 이슈들을 살펴본다. 16.6절에서는 SQL의 환경에서 잠금과 트랜잭션 성질들을 고려한다. 마지막으로 16.7에서 데이터베이스 시스템이 어떻게 장애로부터 복구되는지 그리고 장애복구를 지원하기 위하여 실행동안에 어떠한 조치가 취해지는지를 살펴본다.

16.1 트랜잭션의 ACID 성질

1.7절에서 데이터베이스 트랜잭션 개념을 소개하였다. 간단히 요약하면 트랜잭션은 DBMS의 입장에서 보면 일련의 읽기와 쓰기 연산들로 이루어진 사용자 프로그램의 한 번의 실행이다.

DBMS는 동시접근과 시스템장애를 직면하였을 때 데이터의 일관성을 유지하기 위하여 다음과 같은 트랜잭션의 중요한 성질들을 보장해야만 한다.

1. 사용자가 각 트랜잭션의 수행을 **원자적**(atomicity)으로 생각할 수 있도록 해야 한다. 원자적 실행은 각 트랜잭션의 모든 연산이 실행되든지 혹은 실행되지 않든지 해야 한다는 것이다. 사용자가 완료되지 않은 트랜잭션의 영향에 대하여 걱정하지 않도록 해야 한다는 것이다. 예를 들면 시스템에 장애가 발생할 경우이다.
2. 다른 트랜잭션들과 동시에 수행되지 않는 각 트랜잭션은 데이터베이스의 일관성을 유

지해야 한다. 즉, DBMS는 각 트랜잭션의 단독 수행은 **일관성**(consistency)을 보장한다고 가정하고 있다. 그러나 트랜잭션의 이러한 성질을 보장하는 것은 사용자의 책임이다.

3. 사용자는 동시 수행하고 있는 다른 트랜잭션들의 영향을 고려하지 않고 트랜잭션의 수행결과를 이해할 수 있어야만 한다. 이 성질이 트랜잭션의 **고립성**(isolation)이다. 각 트랜잭션은 동시에 스케줄된 다른 트랜잭션들의 영향으로부터 고립되거나 보호된다는 것이다.
4. DBMS가 트랜잭션이 성공적으로 완료하였다는 것을 사용자에게 통보하자마자 그 트랜잭션의 효과가 디스크에 반영되기 전에 시스템에 장애가 발생한다 하더라도 지속적으로 남아 있어야 한다. 이 성질이 **영속성**(durability)이다.

ACID(atomicity, consistency, isolation, durability)는 원자성, 일관성, 고립성, 영속성을 나타내는 약어이다. 다음부터 이러한 성질들이 DBMS에서 어떻게 보장되는지를 살펴본다.

16.1.1 일관성과 고립성

사용자는 트랜잭션의 일관성을 보장하는 책임이 있다. 즉, 트랜잭션을 제출하는 사용자는 일관성 있는 데이터베이스 인스턴스에 대하여 완료 때까지 트랜잭션을 수행할 때, 그 트랜잭션은 데이터베이스를 또다른 일관성 있는 상태가 되도록 하는 것을 보장해야 한다. 예를 들어, 사용자는 은행 계좌 사이의 이체는 그 계좌들의 총액은 변하지 않아야 한다는 일관성 기준을 가질 수 있다. 하나의 계좌에서 다른 하나의 계좌로 현금을 이체하기 위하여 트랜잭션은 하나의 계좌에서 이체금액을 감하는데 이는 잠정적인 비일관성을 초래한다. 일관성 있는 데이터베이스의 사용자의 개념은 두 번째 계좌에 이체금액이 더해질 때 유지가 된다는 것이다. 결함이 있는 계좌이체 프로그램이 항상 송금 계좌에 실제 송금액보다 1원 적게 이체한다면, DBMS는 사용자 프로그램 논리에서 존재하는 그러한 실수로 인한 비일관성을 감지할 수 없다.

고립성은 여러 트랜잭션들의 액션들이 인터리브된다 하여도 순수효과는 직렬순서로 모든 트랜잭션들을 수행한 것과 동일하다는 것을 보장함으로서 이루어진다(16.4절에서 고립성의 보장을 어떻게 구현하는지를 논의한다). 예를 들어, 두 트랜잭션 *T*1과 *T*2가 동시에 수행된다면 고립성의 순수효과는 *T*1의 모든 연산 다음에 *T*2의 모든 연산이 또는 *T*2의 모든 연산 다음에 *T*1의 모든 연산이 실행된 것과 동등하다는 것을 보장하는 것이다(DBMS는 이러한 순서들 가운데 어느 것이 효과적으로 선택이 되는지에 대한 보장은 하지 않는다). 각 트랜잭션이 하나의 일관성 있는 데이터베이스 인스턴스를 다른 일관성 있는 데이터베이스 인스턴스로 사상한다면, 다수의 트랜잭션들을 하나 씩 수행하는 것은 최종적으로 일관성 있는 데이터베이스 인스턴스를 생성한다.

데이터베이스 일관성(database consistency)은 모든 트랜잭션들이 일관성 있는 데이터베이스 인스턴스를 보는 성질이다. 데이터베이스 일관성은 트랜잭션 원자성, 고립성, 트랜잭션

일관성으로부터 얻어진다. 다음으로 원자성과 영속성이 DBMS에서 어떻게 보장되는지를 논의한다.

16.1.2 원자성과 영속성

트랜잭션은 다음과 같은 세 가지 이유로 완료하지 않을 수 있다.

- 첫째, 한 트랜잭션의 수행동안에 어떤 이상이 발생하여 DBMS에 의하여 트랜잭션이 철회되거나 성공적으로 종료하지 않을 수 있다. 내부적인 이유로 인하여 DBMS에 의하여 트랜잭션이 철회된다면, 그 트랜잭션은 자동적으로 재 시작되어 새로이 수행된다.
- 둘째, 트랜잭션이 수행 중에 시스템에 장애가 발생할 수 있다.
- 셋째, 트랜잭션이 예기치 않은 상황을 맞게 될 수 있다. 예기치 않은 데이터 값을 읽는다든가 또는 디스크 접근을 할 수 없다든가 하는 상황이 발생하면 수행을 중지하고 철회하기로 결정해야 한다.

물론 사용자는 트랜잭션을 원자적인 것으로 생각하기 때문에 수행 중에 인터럽트를 받은 트랜잭션은 데이터베이스를 일관성이 없는 상태로 남겨놓을 수 있다. 그러한 이유로, DBMS는 데이터베이스로부터 부분적으로 수행된 트랜잭션들의 영향을 제거하는 방법을 찾아야만 한다. 즉, 트랜잭션의 모든 액션이 수행되든지 전혀 안되든지 하는 트랜잭션 원자성을 보장해야 한다. DBMS는 완료되지 않은 트랜잭션의 액션들을 *undo* 함으로서 트랜잭션의 원자성을 보장한다. 이것은 데이터베이스가 시간에 따라서 어떻게 수정되는가에 대하여 생각할 때 사용자는 완료하지 않은 트랜잭션을 무시할 수 있다는 것을 의미한다. 이러한 일을 할 수 있도록, DBMS는 모든 데이터베이스 쓰기에 대하여 *로그(log)*라고 하는 레코드를 유지한다. 로그는 역시 영속성을 보장하기 위하여 사용된다. 완료된 트랜잭션들에 의하여 이루어진 변경이 디스크에 반영되기 전에 시스템에 장애가 발생한다면, 시스템이 재 시작할 때 로그에 기록된 이러한 변경들이 시스템을 원상복구하기 위하여 사용된다.

원자성과 영속성을 보장하는 DBMS 컴포넌트를 *복구 관리기(recovery manager)*라고 하는데 16.7절에서 자세히 다룬다.

16.2 트랜잭션과 스케줄

DBMS는 트랜잭션을 일련의 **액션**(action)들의 리스트로 본다. 트랜잭션이 실행할 액션들은 *데이터베이스 객체* **읽기**(read) 또는 **쓰기**(write)를 포함한다. 표기법을 단순화하기 위하여, 객체 O는 항상 프로그램 변수 O에 읽혀진다고 가정한다. 그러므로 객체 O를 읽는 트랜잭션 T의 액션을 $R_T(O)$로 표현한다. 비슷하게 객체 O에 쓰기 액션을 $W_T(O)$로 표현한다. 트랜잭션 T가 주어진 상황에서 분명히 구별된다면 첨자를 생략한다.

읽기와 쓰기에 추가하여 각 트랜잭션은 최종 액션으로 완료(commit: 성공적인 완료)나 철회(abort: 실행을 끝내고 지금까지 수행한 모든 연산을 undo)를 명시하여야 한다. $Abort_T$는 트랜잭션 T의 철회 액션을 나타내고, $Commit_T$는 트랜잭션 T의 완료 연산을 나타낸다.

우리는 다음과 같은 두 가지 중요한 가정을 한다:

1. 트랜잭션들은 데이터베이스 읽기와 쓰기 연산을 통하여서만 상호작용 한다. 예를 들면, 트랜잭션들은 메시지를 서로 교환하는 것이 허용되지 않는다.
2. 데이터베이스는 *독립적인* 객체들의 *한정된* 모임이다. 객체들이 데이터베이스에 더해지거나 데이터베이스에서 제거될 때 또는 성능을 위하여 이용하기를 원하는 데이터베이스 객체들 사이의 관계들이 있을 때, 몇가지 추가적인 이슈들이 발생한다.

첫 번째 가정이 위배된다면, DBMS는 트랜잭션들 사이의 그러한 외적인 상호작용에 의하여 일어나는 비일관성을 검출하거나 막을 수 있는 방법이 없다. 그리고, 프로그램이 잘 동작한다는 것을 보장하는 것은 응용 작성자에게 달려 있다. 두 번째 가정을 16.6.2절에서 완화한다.

스케줄(schedule)은 트랜잭션들의 집합에서 온 액션들(쓰기, 읽기, 철회, 완료)의 리스트이다. 하나의 트랜잭션 T의 두 액션이 스케줄에 나타나는 순서는 T에서 나타나는 순서와 동일하여야 한다. 직관적으로 스케줄은 실질 또는 잠정적인 액션들의 실행순서(Execution Sequence)를 표현한다. 예를 들어, 그림 16.1에 있는 스케줄은 두 트랜잭션 $T1$과 $T2$의 액션들의 실행순서를 나타낸다. 액션들이 한 행씩 위에서부터 아래로 수행된다. 스케줄은 DBMS가 본 트랜잭션들의 액션들을 기술하고 있다. 이러한 액션들에 추가하여, 트랜잭션은 운영체제 시스템 파일로부터 읽거나 쓰기, 산술식의 실행 등과 같은 다른 액션들을 실행할 수 있다. 그러나 이러한 추가적인 액션들은 다른 트랜잭션에 아무런 영향을 끼치지 않는다고 가정한다. 즉, 하나의 트랜잭션이 다른 트랜잭션에 끼치는 영향은 그들이 읽고 쓰는 공통 데이터베이스 객체를 통하여 이루어진다고 이해될 수 있다.

$T1$	$T2$
$R(A)$	
$W(A)$	
	$R(B)$
	$W(B)$
$R(C)$	
$W(C)$	

그림 16.1 두 트랜잭션을 포함하는 스케줄

그림 16.1에 있는 스케줄은 철회나 완료 액션을 포함하고 있지 않다. 각 트랜잭션에 대한 철회나 완료 연산을 포함하는 스케줄을 **완전 스케줄**(complete schedule)이라고 부른다. 완전 스케줄은 그 속에 나타나는 각 트랜잭션의 모든 연산을 포함하여야 한다. 다른 트랜잭션의 액션들이 인터리브되지 않는다면, 즉, 트랜잭션들이 시작부터 끝까지 하나씩 순서적으로 실행이 된다면 그 스케줄을 **직렬 스케줄**(serial schedule)이라고 부른다.

16.3 트랜잭션들의 동시수행

스케줄의 개념은 트랜잭션들의 인터리브된 실행을 편리하게 기술하는 방법을 제공한다. DBMS는 성능향상을 위하여 서로 다른 트랜잭션들의 액션들이 인터리브되게 한다. 그러나 모든 인터리빙이 허용되지는 않는다. 이 절에서 DBMS가 어떠한 인터리빙 또는 스케줄을 허용하는지를 알아본다.

16.3.1 동시수행의 동기

그림 16.1에 있는 스케줄은 두 트랜잭션의 인터리브된 실행을 표현하고 있다. 동시 수행을 허용하면서 트랜잭션의 고립성을 보장하는 것은 어려우나 동시 수행은 성능상의 이유로 필요하다. 첫째, 한 트랜잭션이 디스크에서 한 페이지를 읽기 위하여 기다릴 때, CPU는 다른 트랜잭션을 처리할 수 있다. 이것은 컴퓨터에서 I/O 연산은 CPU 연산과 병행하여 처리될 수 있기 때문이다. I/O 연산과 CPU 연산을 인터리브되게 하는 것은 디스크와 프로세서가 쉬는 시간을 줄여 **시간당 시스템의 처리량**(throughput)을 증가시킨다. 둘째, 짧은 트랜잭션을 긴 트랜잭션과 인터리브되도록 실행하는 것은 짧은 트랜잭션을 빨리 수행할 수 있게 한다. 직렬수행에서 짧은 트랜잭션이 긴 트랜잭션 뒤에 위치할 수 있는데, 이때 짧은 트랜잭션의 **응답 시간**(response time) 또는 평균 완료 시간은 예측할 수 없다.

16.3.2 직렬가능성

완료된 트랜잭션들의 집합 *S*상의 **직렬 가능한 스케줄**(serializable schedule)이 일관성 있는 데이터베이스 인스턴스에 끼친 영향은 *S*상의 직렬 스케줄이 끼친 영향과 동일하다. 즉, 주어진 스케줄을 실행한 결과의 데이터베이스의 인스턴스는 직렬순서로 그 트랜잭션들을 실행한 결과로부터 나온 데이터베이스 인스턴스와 동일하다.[1]

예로서, 그림 16.2에 있는 스케줄은 직렬가능하다. 트랜잭션 *T*1과 *T*2의 액션들이 인터리브되어 있지만 이 스케줄의 결과는 *T*1을 실행한 후에 *T*2를 실행한 것과 동일하다. 직관적으로 보았을 때 *T*1의 B에 대한 읽기는 *T*2의 *A*상의 쓰기에 의하여 영향을 받지 않는다. 실제 효과는 직렬 스케줄 *T*1;*T*2를 얻기 위하여 액션들이 교환되어 수행된 것과 같다.

트랜잭션들을 다른 직렬순서로 수행하는 것은 다른 결과를 산출할 것이다. 그러나 모두 허용되는 실행이다. DBMS는 이러한 직렬 실행들 중에서 어느 것이 인터리브된 실행의 결과인지는 보장을 하지 않는다. 즉, DBMS는 특정한 직렬 실행의 결과와 같은 인터리빙을 미리 결정할 수 없다. 이것을 알기 위하여 그림 16.2의 두 트랜잭션이 그림 16.3에서처럼 인터리브될 수 있다. 이 스케줄 역시 직렬가능한데 직렬스케줄 *T*2;*T*1과 동등하다. *T*1과 *T*2가 DBMS에 동시에 제출된다면, 이 스케줄들 가운데 어느 것이라도 선택이 될 수 있다.

[1] 트랜잭션이 스크린에 어떠한 값을 프린트한다면 이 효과는 데이터베이스에서 파악이 되지 않는다. 단순성을 위하여 그러한 값들이 데이터베이스에 쓰여진다고 가정한다.

$T1$	$T2$
$R(A)$	
$W(A)$	
	$R(A)$
	$W(A)$
$R(B)$	
$W(B)$	
	$R(B)$
	$W(B)$
	Commit
Commit	

그림 16.2 직렬가능 스케줄

$T1$	$T2$
	$R(A)$
	$W(A)$
$R(A)$	
	$R(B)$
	$W(B)$
$W(A)$	
$R(B)$	
$W(B)$	
	Commit
Commit	

그림 16.3 다른 직렬가능 스케줄

직렬 가능한 스케줄에 대한 선행하는 정의는 철회된 트랜잭션들을 포함하는 스케줄의 경우는 다루지 않는다. 16.3.4절에서는 직렬 가능한 스케줄에 대한 정의를 철회된 트랜잭션들을 포함하도록 확장한다.

마지막으로, DBMS는 때때로 트랜잭션들을 어떤 직렬수행과도 동등하지 않은 방식으로 수행할 수 있다. 즉, 트랜잭션들을 직렬가능하지 않게 수행할 수 있다. 이것은 두 가지 이유로 발생할 수 있다. 첫째, DBMS는 직렬가능하지 않지만 수행된 스케줄이 어떤 직렬 가능한 스케줄과 동등하도록 하는 동시성 제어방법을 사용할 수 있다(17.6.2를 참조). 둘째, SQL은 응용프로그래머에게 DBMS가 비직렬가능한 스케줄을 선택하도록 지시할 수 있는 기능을 제공한다.

16.3.3 인터리브된 실행에 의한 이상 현상

두 트랜잭션을 포함하는 스케줄이 일관성 있는 데이터베이스 상에서 실행하여 일관성이 없는 상태의 데이터베이스를 산출하는 세 가지 경우에 대하여 설명할 것이다. 동일한 데이터 객체상의 두 액션은 적어도 그들 중의 하나가 쓰기라면 **충돌**(conflict)한다고 한다. 세 가지 이상현상을 두 트랜잭션 $T1$과 $T2$의 액션이 서로 충돌하는 것으로 기술할 수 있다. **쓰기-읽기(WR)** 충돌에서, $T2$는 $T1$이 기록한 데이터 객체를 읽는다. 비슷하게 **읽기-쓰기(RW)** 충돌과 **쓰기-쓰기(WW)** 충돌을 정의할 수 있다.

미완료 데이터를 읽음(WR 충돌)

이상 현상의 첫 번째 원인은 트랜잭션 $T2$가 완료되지 않은 다른 트랜잭션 $T1$이 쓰기를 한 데이터베이스 객체 A를 읽을 수 있다는 것이다. 그러한 읽기를 **더티 읽기**(dirty read)라고 한다. 간단한 예로 그러한 스케줄이 비일관성 있는 데이터베이스 상태를 산출할 수 있다는 것을 설명할 수 있다. 두 트랜잭션 $T1$과 $T2$ 각각 홀로 수행된다면 데이터베이스 일관성을 유지한다고 하자. $T1$은 \$100를 A에서 B로 이체를 하고, $T2$는 A와 B를 각각 6%씩 증가(예, 1년 이자를 각 계좌에 입금) 시키는데, $T1$과 $T2$의 액션들이 다음과 같이 인터리브된다고 가정하자.

(1) 계좌이체 트랜잭션 $T1$은 계좌 A에서 \$100를 감하고,
(2) 이자 입금 트랜잭션 $T2$는 계좌 A와 B의 현재 값을 읽은 후 6% 이자를 더하고,
(3) 계좌이체 트랜잭션 $T1$이 계좌 B에 \$100을 입금한다.

해당 스케줄은 그림 16.4에 표현되어 있다. 이 스케줄의 결과는 두 트랜잭션의 직렬수행의 결과와 다르다. 이러한 문제는 $T1$이 쓰기를 한 A의 값을 $T1$이 완료하기 전에 $T2$가 읽었기 때문에 발생한다.

$T1$	$T2$
$R(A)$	
$W(A)$	
	$R(A)$
	$W(A)$
	$R(B)$
	$W(B)$
	Commit
$R(B)$	
$W(B)$	
Commit	

그림 16.4 미완료 데이터를 읽음

여기서 설명되는 일반적인 문제는 $T1$이 데이터베이스를 비일관성 있는 상태로 만드는 쓰기 액션(값을 A에 쓰기)을 할 수 있다는 것이다. $T1$이 완료하기 전에 이 값을 A의 정확한 값으로 겹쳐 쓰기를 하고 $T1$과 $T2$가 직렬순서로 수행한다면 어떠한 해로운 일도 이루어지지 않는다. 이는 $T2$가 잠정적인 이러한 비일관성 있는 상태를 보지 않기 때문이다. 다른 한편, 인터리브된 수행은 이러한 비일관성 상태를 드러내어 비일관성 있는 최종 데이터베이스 상태로 이끌 수 있다.

각 트랜잭션은 완료 후 데이터베이스를 일관성 있는 상태로 남겨두어야 하지만, 수행 중에는 데이터베이스의 일관성을 유지하지 못할 수 있다. 수행 중에 데이터베이스의 일관성을 유지하는 요구조건은 너무 제약이 강하다. 예를 들면, 한 계좌에서 다른 계좌로 돈을 이체하기 위하여 트랜잭션은 한 계좌에서 이체할 금액을 감하고, 잠정적으로 데이터베이스는 비일관성 있는 상태가 되고, 다른 계좌에 이체 금액을 입금하면 데이터베이스는 일관성 있는 상태가 된다.

비반복 읽기(RW 충돌)

이상 현상이 발생할 수 있는 두 번째 원인은 트랜잭션 *T*2가 수행중인 트랜잭션 *T*1이 읽은 객체 *A*의 값을 변경할 수 있다는 것이다.

*T*1이 다시 *A*의 값을 읽으려고 한다면 *T*1이 그동안 *A*를 수정하지 않았다 하더라도 *T*1은 다른 결과를 얻을 것이다. 이러한 상황은 두 트랜잭션의 직렬수행에서는 일어날 수 없다. 이러한 읽기를 **비반복 읽기**(unrepeatable read)라고 한다.

이것이 문제를 일으킬 수 있는 이유를 알기 위하여 다음 예를 보자. *A*는 어떤 책에 대한 복사본의 수라고 하자. 주문을 하는 트랜잭션은 먼저 *A*를 읽고, 0보다 큰지를 검사하고, A를 주문량만큼 감한다. 트랜잭션 *T*1은 *A*를 읽고 값이 1인 것을 알았다. 이어서 트랜잭션 *T*2는 *A*를 읽고 값이 1인 것을 확인하고, *A*를 0으로 만들고 완료한다. 그 후에 트랜잭션 *T*1이 *A*를 감소시키려고 하면 에러가 발생하게 된다(*A*가 음수가 되는 것을 막는 무결성 제약조건이 있다면).

이러한 상황은 *T*1과 *T*2의 직렬수행에서는 결코 일어나지 않는다. 두 번째 트랜잭션이 *A*를 읽을 것이고 0을 볼 것이다. 그러므로 그 주문은 진행되지 않을 것이다(그래서 *A*를 감소시키려고 하지 않을 것이다).

미완료 데이터 겹쳐 쓰기(WW 충돌)

이상 행동의 3번째 원인은 트랜잭션 *T*2가 수행중인 트랜잭션 *T*1이 이미 수정한 객체 *A*의 값에 겹쳐 쓰기를 할 수 있다는 것이다. *T*2가 *T*1이 기록한 *A*의 값을 읽지 않는다고 하여도 다음 예에서 보듯이 잠재적 문제가 존재한다.

Harry와 Larry는 직원이라고 하고, 그들의 봉급은 동일하게 유지해야 한다고 가정하자. 트랜잭션 *T*1이 그들의 봉급을 $2000로 설정하고, 트랜잭션 *T*2가 그들의 봉급을 $1000로 설정한다. 이 두 트랜잭션을 *T*1 다음에 *T*2의 순으로 직렬로 수행한다면 두 직원은 봉급을 $1000를 받을 것이다. *T*2다음에 *T*1의 순으로 직렬로 수행한다면 각 직원에게 $2000를 줄 것이다. 어느 수행이든지 일관성의 입장에서 받아들일 수 있는 수행이다. 어느 트랜잭션도 값을 기록하기 전에 해당 항목을 읽지 않았다. 이러한 쓰기를 **무조건 쓰기**(blind write)라고 한다.

다음과 같은 *T*1과 *T*2의 액션들의 인터리빙을 생각하자.

1. *T*2는 Harry의 봉급을 $1000로 설정

2. *T*1은 Larry의 봉급을 $2000로 설정
3. *T*2는 Larry의 봉급을 $1000로 설정하고 완료
4. *T*1은 Harry의 봉급을 $2000로 설정하고 완료

이 결과는 두 가지 가능한 어떠한 직렬수행의 결과와도 일치하지 않는다. 그래서 위의 인터리빙 스케줄은 직렬가능하지 않다. 그리고 두 직원의 봉급이 동일하여야 한다는 일관성 기준을 위반하고 있다.

문제는 **갱신분실**(lost update)이 일어난다는 것이다. 완료한 첫 번째 트랜잭션 *T*2는 *T*1이 설정한 Larry의 봉급을 겹쳐 쓰기를 하였다. 직렬순서 *T*2;*T*1에서 Larry의 봉급은 *T*2의 갱신이라기보다는 *T*1의 갱신을 반영하여야 한다. 그러나 *T*1의 갱신은 분실되었다.

16.3.4 철회된 트랜잭션을 포함하는 스케줄

여기에서 우리는 철회된 트랜잭션들을 포함하도록 직렬가능성의 정의를 확장한다.[2] 직관적으로 철회된 트랜잭션들의 모든 액션들은 환원(undo)되어야 한다. 전혀 그 액션들이 실행되지 않은 것으로 생각할 수 있다. 이러한 직관을 사용해서 직렬 가능한 스케줄의 정의를 다음과 같이 확장할 수 있다.

정의: 직렬 가능한 스케줄

트랜잭션들의 집합 *S*상의 직렬가능 스케줄이 일관성 있는 데이터베이스 인스턴스에 끼친 영향은 *S*에 있는 *완료*된 트랜잭션들의 집합에 있는 트랜잭션들의 직렬 스케줄이 끼친 영향과 동일하다는 것이다.

직렬가능성에 대한 이 정의는 철회된 트랜잭션들이 완전히 undo 된다는 것에 의존한다. 어떤 상황에서는 완전한 undo가 불가능할 수 있다.

예를 들어,

1. 계좌이체 트랜잭션 *T*1은 계좌 *A*에서 $100를 감한다.
2. 이자 입금 트랜잭션 *T*2는 계좌 *A*와 *B*를 읽고 각 계좌에 6%의 이자를 더하고 완료한다.
3. *T*1이 철회된다.

해당 스케줄이 그림 16.5에 있다.

*T*1이 철회되었기 때문에 *T*2는 결코 존재하지 않는 *A*에 대한 값을 읽었다(철회된 트랜잭션들의 결과를 다른 트랜잭션들이 볼 수 없어야 한다는 것을 생각하기 바란다). *T*2가 아직 완료하지 않았다면 *T*1의 철회 다음에 *T*2를 철회함으로서 위와 같은 상황을 피할 수 있다. 이

---

[2] 시스템 장애가 발생할 때 활동중인 트랜잭션들은 철회되거나 완료되지 않았기 때문에 시스템 장애를 엄격히 논의하기 위하여 미완료 트랜잭션들을 고려하여야 한다. 그러나 시스템 복구는 보통 활동 트랜잭션들을 철회함으로서 시작한다. 형식적이지 않은 논의를 위하여 완료와 철회된 트랜잭션들을 포함하는 스케줄을 고려하는 것으로 충분하다.

$T1$	$T2$
$R(A)$	
$W(A)$	
	$R(A)$
	$W(A)$
	$R(B)$
	$W(B)$
	Commit
Abort	

그림 16.5 복구가능하지 않은 스케줄

과정은 재귀적으로 *T*2가 기록한 데이터를 읽는 어느 트랜잭션이라도 철회된다. 즉, *T*2의 기록에 영향을 받은 트랜잭션들은 연쇄적으로 철회된다. 그러나 위의 예에서 *T*2는 이미 완료하였다. 그러므로 *T*2의 실행한 액션들을 undo할 수 없다. 이러한 스케줄을 복구 불가능(*unrecoverable*)하다고 한다. **복구 가능 스케줄**(recoverable schedule)에서 트랜잭션들은 그들이 읽은 모든 트랜잭션들이 완료한 후에 완료한다. 트랜잭션들이 완료한 트랜잭션들만 읽는다면 그 스케줄은 복구 가능할 뿐만 아니라 트랜잭션을 철회하는 것은 다른 트랜잭션들을 연쇄적으로 철회하지 않고 이루어진다. 이러한 스케줄을 **연쇄 철회 방지**(avoid cascading aborts)한다고 한다.

트랜잭션의 액션들을 undo 하는 데 또다른 잠재적인 문제가 있다. 트랜잭션 *T*2가 수행중인 트랜잭션 *T*1이 수정한 객체 *A*의 값을 겹쳐 쓰기를 하고, *T*1이 그 후에 철회한다고 가정하자. *T*1이 변경시킨 모든 데이터베이스 객체를 *T*1이 변경하기 전의 값으로 다시 저장함으로서 undo가 된다(트랜잭션의 철회가 어떻게 이루어지는지 18장에서 다룬다). *T*1이 철회되고 이러한 방법으로 undo될 때 *T*2가 완료를 결정한다 하더라도 *T*2의 갱신결과가 상실된다. 예를 들면, *A*가 값 5를 가지고 있는데 *T*1에 의하여 6으로 갱신되고, *T*2에 의하여 7로 갱신되었다면 *T*1이 철회한다면 *A*의 값은 다시 5가 될 것이다. *T*2가 완료한다고 하여도 그의 *A*에 대한 갱신은 상실된다. 16.4절에서 소개되는 **엄격한 2단계 잠금**(strict 2PL) 프로토콜이라고 하는 동시성 제어 기술은 이러한 문제(17.1절에서 설명됨)를 막을 수 있다.

16.4 잠금에 기반을 둔 동시성 제어

DBMS는 직렬가능하고 복구가능한 스케줄만을 허용해야 한다. 완료되지 않은 트랜잭션의 모든 액션결과는 철회된 트랜잭션을 undo할 때 제거되어야 한다. DBMS는 전형적으로 이러한 것을 달성하기 위하여 **잠금 프로토콜**(locking protocol)을 사용한다. **잠금**(lock)은 데이터베이스 객체와 관련된 작은 정보기록 객체이다. 잠금 프로토콜은 각 트랜잭션이 따라야하는 규칙들의 집합이다. 이 규칙은 여러 트랜잭션들의 액션들이 인터리브되더라도 그 효과는 모든 트랜잭션이 직렬순서로 수행된 것과 동일하다는 것을 보장하기 위하여 DBMS에 의하여

부과된다. 다른 잠금 프로토콜은 *공용 잠금*(*shared lock*), *전용 잠금*(*exclusive lock*)과 같이 다른 타입의 잠금들을 사용한다. **엄격한 2 단계 잠금**을 논의할 때 알게 될 것이다.

16.4.1 엄격한 2단계 잠금

엄격한 2단계 잠금(Strict 2PL: Strict *Two-Phase Locking*)은 가장 널리 사용되는 잠금 프로토콜인데 두 가지 규칙을 가지고 있다.

> **규칙 1:** 트랜잭션 *T*가 객체를 *읽기*(*쓰기*)를 원하면 먼저 그 객체에 대한 **공용**(**전용**) 잠금을 요구한다.

물론 전용 잠금을 소유한 트랜잭션은 읽을 수 있다. 즉, 추가적으로 공용 잠금을 요구할 필요가 없다. 잠금을 요구한 트랜잭션은 요구한 잠금을 DBMS가 허락할 때까지 블록상태가 된다. DBMS는 트랜잭션들에게 허용한 잠금을 기록하여 보관하고 있다. 트랜잭션이 객체에 대한 전용 잠금을 소유한다면 어떠한 다른 트랜잭션도 동일한 객체에 공용이나 전용 잠금을 소유하고 있지 않다는 것을 보장해야 한다.

> **규칙 2:** 트랜잭션이 소유한 모든 잠금은 트랜잭션이 완료될 때 해제된다.

잠금을 얻고 해제하는 요구는 DBMS에 의하여 자동적으로 트랜잭션들 내에 삽입이 되기 때문에 사용자가 이러한 자세한 사항에 대하여 신경을 쓸 필요가 없다. 16.6.3절에서 응용 프로그래머가 어떻게 트랜잭션의 속성을 선택을 하고 잠금 오버헤드를 제어하는지를 논의한다.

효과 면에서 잠금 프로토콜은 트랜잭션들의 안전한 인터리빙만을 허용한다. 두 트랜잭션들이 데이터베이스의 서로 다른 부분을 접근한다면 두 트랜잭션은 동시에 그들이 필요로 하는 잠금을 얻고 수행될 수 있다. 다른 한편으로는 두 트랜잭션이 동일한 객체를 접근하고 한 트랜잭션이 수정하기를 원한다면 그들의 액션들은 직렬 순서로 되어야 한다. 직렬 순서로 된다는 것은 이러한 트랜잭션들 가운데 한 트랜잭션(먼저 공유객체에 잠금을 얻은 트랜잭션)의 모든 액션의 잠금이 해제되어 다른 트랜잭션이 진행하기 전에 완료되어야 한다는 것이다.

객체 *O*에 공용(전용) 잠금을 요구한 트랜잭션 *T*의 액션은 $S_T(O)((X_T(O))$로 나타낸다. 상황이 분명할 때 트랜잭션을 나타내는 첨자는 생략된다. 예로서 그림 16.4에 있는 스케줄을 생각하자. 이 인터리빙은 두 트랜잭션들의 어떠한 직렬수행으로도 산출될 수 없는 상태를 생성한다. 예를 들어 *T*1은 *A*를 10에서 20으로 변경하고, *T*2는 *A*에 대한 값 20을 읽는데 *B*를 100에서 200으로 변경한다. 그 후에 *T*1이 *B*에 대한 값 200을 읽을 것이다. *T*1, *T*2 어느 것이 먼저이든지 상관없이 직렬로 수행된다면, 먼저 수행되는 트랜잭션은 *A*에 대하여 값 10을, *B*에 대하여 값 100을 읽을 것이다. 분명히 이 인터리브된 수행은 어느 직렬수행과도 동등하지 않다.

엄격한 2단계 잠금 프로토콜이 사용된다면, 이러한 인터리빙은 허락되지 않는다. 그 이유를 알아보자. 트랜잭션들이 전과 같이 동일한 상대속도로 처리되고, *T*1이 먼저 *A*에 대한 전용 잠금을 얻고 *A*를 읽고 쓰기를 한다고 하자(그림 16.6 참조). 그 후 *T*2가 *A*에 대한 잠금을 요구한다.

$T1$	$T2$
$X(A)$	
$R(A)$	
$W(A)$	

그림 16.6 엄격한 2단계 잠금을 설명하는 스케줄

그러나 이 요구는 *T*1이 *A*에 대한 잠금을 해제할 때까지 허락이 될 수 없다. 그러한 이유로 DBMS는 *T*2를 블록시킨다. *T*1이 *B*에 대한 잠금을 얻고 *B*를 읽고 쓰기를 한 후 완료를 하고, 소유하고 있던 잠금들을 해제한다. 이 때에 비로소 *T*2의 잠금 요구가 허락되고 *T*2가 수행된다. 이 잠금 프로토콜은 이 예에서 그림 16.7에서와 같이 두 트랜잭션의 직렬 수행을 낳는다.

$T1$	$T2$
$X(A)$	
$R(A)$	
$W(A)$	
$X(B)$	
$R(B)$	
$W(B)$	
Commit	
	$X(A)$
	$R(A)$
	$W(A)$
	$X(B)$
	$R(B)$
	$W(B)$
	Commit

그림 16.7 직렬수행으로 엄격한 2단계 잠금을 설명하는 스케줄

그러나 일반적으로 서로 다른 트랜잭션들의 액션들이 인터리브될 수 있다. 예로서 그림 16.8에 있는 엄격한 2단계 잠금에서 허용되는 두 트랜잭션의 인터리빙을 생각하자.

엄격한 2단계 잠금 알고리즘은 직렬가능한 스케줄만을 허용한다는 것을 보여줄 수 있다. DBMS가 엄격한 2단계 잠금을 구현하여 사용한다면 16.3.3절에서 논의된 이상현상들 어느 것도 일어날 수 없다.

$T1$	$T2$
$S(A)$	
$R(A)$	
	$S(A)$
	$R(A)$
	$X(B)$
	$R(B)$
	$W(B)$
	Commit
$X(C)$	
$R(C)$	
$W(C)$	
Commit	

그림 16.8 엄격한 2단계 잠금을 따르는 인터리브된 액션들을 갖는 스케줄

16.4.2 교착상태

다음 예를 생각하자. 트랜잭션 *T*1이 객체 *A*에 대한 전용 잠금을 설정하고, 트랜잭션 *T*2가 *B*에 대하여 전용 잠금을 설정한 후에 *T*1이 *B*에 대한 전용 잠금을 요구하면 큐에서 *T*1이 대기하게 되고 *T*2가 *A*에 대한 전용 잠금을 요구하면 큐에서 *T*2가 대기하게 된다. 이때 *T*1은 *T*2가 그의 잠금을 해제하기를 기다리고, *T*2 역시 *T*1이 그의 잠금을 해제하기를 기다린다. 잠금이 해제되기를 서로 기다리는 트랜잭션들의 이러한 사이클이 **교착상태**(deadlock)이다. 분명히 이 두 트랜잭션은 더 이상 진행되지 않는다. 더 나쁜 것은 교착상태의 두 트랜잭션들이 다른 트랜잭션들이 요구하는 잠금을 소유하고서 기다린다는 것이다. DBMS는 교착상태를 방지 또는 검출하여 해결하여야 한다. 일반적인 교착상태 해결방법은 교착상태를 검출하여 해결하는 것이다.

교착상태를 식별하는 간단한 방법은 **타임아웃**(timeout) 메카니즘을 사용하는 것이다. 타임아웃 방법은 트랜잭션이 잠금을 얻기 위하여 일정시간 이상 대기한다면, 그 트랜잭션이 교착상태 사이클에 포함되어 있다고 생각하고 그 트랜잭션을 철회하는 것이다. 17.2절에서 좀 더 자세히 교착상태를 다룬다.

16.5 잠금 기법의 성능

잠금에 기반을 둔 방법들은 트랜잭션들 사이의 충돌을 해결하기 위하여 설계되었는데 두 가지 기본 메카니즘(*대기*(*blocking*)와 *철회*(*aborting*))을 사용한다. 두 메카니즘은 성능 저하 요인을 가지고 있다. 대기 트랜잭션들은 다른 트랜잭션들을 기다리게 하는 잠금을 소유할 수 있다. 트랜잭션을 철회하고 재 시작한다는 것은 그 트랜잭션이 지금까지 한 일에 투자한 노력을 낭비하는 것이다. 교착상태에 있는 트랜잭션이 DBMS에 의하여 철회되지 않는다면, 교착상태는 다수의 트랜잭션들이 영원히 기다리는 극단적인 대기의 한 예이다. 실제로는 트랜잭션들의 1% 미만이 교착상태에 포함되기 때문에 상대적으로 소수의 철회만이 있다. 그

러므로 잠금 오버헤드는 주로 대기로 인한 지연에서 나온다.[3] 대기 지연이 어떻게 트랜잭션 처리율에 영향을 미치는가를 살펴보자. 처음 소수의 트랜잭션들은 충돌할 확률이 작기 때문에 처리율은 활성화된 트랜잭션들의 수에 비례하여 증가할 것이다. 동일한 데이터베이스 객체위에서 점점 더 많은 트랜잭션들이 동시에 수행된다면 서로가 서로를 기다리게 할 가능성이 높아진다. 그래서 대기에 의한 지연은 활성화된 트랜잭션들의 수가 많아지면서 증가하고, 처리율은 활성화된 트랜잭션들의 수 증가보다 좀 더 천천히 증가한다. 사실 다른 하나의 활성화된 트랜잭션을 추가할 때 실질적으로 처리율이 감소하는 지점이 나타난다. 이 지점에서 **스래쉬**(thrashing)이 일어났다고 한다. 그림 16.9에서 스래쉬이 잘 설명이 되고 있다. 이는 이 새로운 트랜잭션이 대기하게 되고 현재 수행중인 트랜잭션들과 경쟁을 하거나 수행중인 트랜잭션을 대기하게 하기 때문이다.

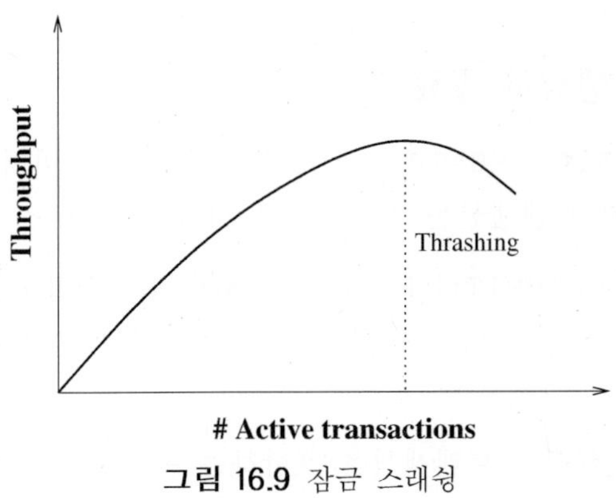

그림 16.9 잠금 스래쉬

데이터베이스 시스템이 스래쉬에 도달하게 되면 데이터베이스 관리자는 동시에 수행되는 트랜잭션들의 수를 줄여야 한다. 경험적으로 스래쉬은 활성화된 트랜잭션들의 30%가 대기할 때 일어나는 것으로 알려져 있다. DBA는 시스템이 스래쉬의 위험에 빠지지 않도록 대기하는 트랜잭션들의 비율을 관찰하여야만 한다.

속도가 빠른 시스템을 구입하는 것을 제외한다면 처리율은 다음의 세 가지 방식으로 증가될 수 있다.

- 가능한 한 가장 작은 크기의 객체들을 잠금하게 함으로서(두 트랜잭션이 동일한 객체에 대한 잠금을 필요로 할 가능성을 줄인다)
- 트랜잭션이 잠금을 소유하는 시간을 줄임으로서(다른 트랜잭션이 더 짧은 시간동안 대기하도록 한다)
- 집중적으로 접근되는 데이터베이스 객체(**핫스팟**: hot spots)를 줄임으로서(이 객체는 많은 대기 지연을 발생시켜 성능에 상당한 영향을 끼친다)

[3] 많은 일반적인 교착상태는 대부분의 상업용 시스템에서 구현되고 있는 잠금약화(lock downgrades)라고 하는 기법을 사용하여 피할 수 있다.

잠금 단위의 크기는 데이터베이스 시스템의 잠금을 구현하는 방법에 의하여 결정된다. 응용프로그래머와 DBA는 이 문제를 거의 제어를 하지 못한다. 20.10절에서 잠금이 소유되는 기간을 최소화하고, 핫스팟을 다루는 기술을 사용해서 어떻게 성능을 개선할 것인가를 논의한다.

16.6 SQL에서 트랜잭션 지원

지금까지 트랜잭션의 추상모델을 사용하여 트랜잭션과 트랜잭션관리를 살펴보았다. 트랜잭션의 추상모델은 트랜잭션을 읽기, 쓰기, 철회/완료 액션으로 이루어진 순서가 있는 일련의 액션들로 표현한다. 사용자가 트랜잭션-레벨의 행동을 명시할 수 있도록 하기 위하여 SQL이 무엇을 지원하는지를 생각하자.

16.6.1 트랜잭션의 생성과 종료

사용자가 SELECT, UPDATE, CREATE TABLE 문장과 같이 데이터베이스나 카탈로그를 접근하는 문장을 실행할 때 트랜잭션은 자동적으로 시작이 된다.

트랜잭션이 시작되자마자 COMMIT나 ROLLBACK(SQL에서 사용하는 철회 명령) 명령에 의하여 트랜잭션이 종료될 때까지 다른 문장들이 이 트랜잭션의 일부분으로서 실행이 될 수 있다.[4]

SQL:1999에서 장시간 실행하는 트랜잭션을 포함하는 응용 또는 다수의 트랜잭션들을 하나씩 실행해야 하는 응용을 지원하기 위하여 두 가지 새로운 특징이 제공된다. 이러한 확장을 이해하기 위하여 주어진 트랜잭션의 모든 액션들은 다른 트랜잭션의 액션들과 어떻게 인터리브되든지에 무관하게 순서적으로 실행이 된다고 생각한다. 사용자는 각 트랜잭션을 원하는 결과를 얻기 위한 일련의 단계들로 생각할 수 있다.

저장지점(savepoint)이라고 하는 첫 번째 특징은 하나의 트랜잭션 내에서 한 지점을 식별하게 하게 하여 이 지점 다음에 실행된 연산들을 선택적으로 복귀하게 하는 것이다. 이것은 트랜잭션이 만약 연산들을 실행하고 undo 하기를 바라거나 결과에 근거하여 변경된 것을 보존하기를 바란다면 특히 유용하다. 이것은 저장지점을 정의함으로서 이루어 질 수 있다.

장기실행 트랜잭션에서 일련의 저장지점들을 정의하기를 원할 수 있다. 저장지점 명령어는 다음과 같이 각 저장지점에 이름을 부여하는 것을 허용한다.

```
SAVEPOINT <저장지점이름>
```

뒤따르는 복귀명령어는 철회하기 위한 저장지점을 다음과 같이 명시할 수 있다.

```
ROLLBACK TO SAVEPOINT <저장지점이름>
```

---

[4] 몇몇 SQL 문장들, 예를 들면 CONNECT 문장(응용프로그램을 데이터베이스 서버와 연결하는), 은 트랜잭션의 생성을 요구하지 않는다.

SQL:1999 중첩트랜잭션(Nested Transaction): 저장지점이라는 특징의 도입을 통하여 트랜잭션의 개념이 액션들의 원자적 순서열로서 SQL:1999에서 확장되었다. 이것은 트랜잭션의 부분들이 선택적으로 복귀되는 것을 허용한다. 저장지점들의 도입은 **중첩트랜잭션**의 개념에 대한 최초의 SQL 지원을 표현한다. 중첩트랜잭션은 학계에서 광범위하게 연구되었는데, 아이디어는 트랜잭션은 중첩된 다수의 부트랜잭션들을 가질 수 있다는 것이다. 각 부트랜잭션은 선택적으로 복귀될 수 있다. 저장지점들은 한 레벨 중첩의 단순한 형태이다.

3개의 저장지점 *A*, *B*, *C*를 그 순으로 정의하고, *A*까지 철회한다면 저장지점 *B*와 *C*의 생성을 포함하여 *A* 다음의 모든 연산들은 undo가 된다. *A*까지 복귀를 할 때 정말 저장지점 *A* 자체도 undo가 된다. 그래서 다시 그곳까지 복귀할 수 있기를 바란다면 또다른 저장지점 명령어를 통하여 저장지점을 다시 만들어야 한다. 잠금 입장에서 저장지점 *A* 이후에 얻은 잠금들은 *A*까지 복귀될 때 해제될 수 있다.

저장지점의 사용을 일련의 트랜잭션들을 실행하는 대안과 비교하는 것은 이해를 돕는다. (즉, 두 연속된 저장지점 사이에 있는 모든 연산들을 하나의 새로운 트랜잭션으로 취급한다는 것이다.) 저장지점 메카니즘은 두 가지 장점을 제공한다. 첫째, 다수의 저장지점들 상에 있는 연산들을 복귀할 수 있다. 다른 접근방법에서는 가장 최근 트랜잭션만을 복귀할 수 있다. 이것은 가장 최근 저장지점까지 복귀하는 것과 동일하다. 둘째, 다수 트랜잭션들을 초기화하는 오버헤드를 피할 수 있다.

저장지점을 사용하더라도 어떤 응용들은 다수의 트랜잭션들을 차례로 수행시키는 것을 요구할 수 있다. 이러한 상황에서 오버헤드를 줄이기 위하여 SQL:1999는 **체인된 트랜잭션들**(chained transactions)이라고 하는 다른 특징을 도입하였다. 트랜잭션을 완료 또는 복귀할 수 있고, 바로 다른 트랜잭션을 초기화할 수 있다. 이것은 `COMMIT`와 `ROLLBACK` 문장에서 옵션인 키워드 `AND CHAIN`을 사용하여 이루어진다.

16.6.2 무엇을 잠금하여야 하는가?

지금까지 데이터베이스는 고정된 객체들의 모임을 가지고 있고, 각 트랜잭션은 개별 객체들에 대한 읽기 또는 쓰기 연산들의 순서열이라고 하는 추상모델로 트랜잭션과 동시성 제어를 논의하였다. SQL 상황에서 생각나는 하나의 중요한 질문은 주어진 SQL문장(즉, SQL 문장이 트랜잭션의 한 부분)을 위하여 잠금을 설정할 때 DBMS가 무엇을 *객체*로 취급하는가이다.

다음 질의를 생각하자.

```
SELECT S.rating, MIN (S.age)
FROM   Sailors S
WHERE  S.rating = 8
```

이 질의가 트랜잭션 *T*1의 한 부분으로서 수행된다고 가정하자. *rating* = *8*이고, 주어진 sailor Joe의 *age*를 수정하는 SQL문장은 트랜잭션 *T*2의 한 부분으로 수행된다고 가정하자. 이 트랜잭션들을 실행할 때 DBMS는 어떠한 객체들을 잠금을 해야 하는가? 직관적으로 이러한 트랜잭션들 사이의 충돌을 검출할 수 있어야 한다.

DBMS는 *T*1을 위하여 Sailors 테이블 전체에 대한 공용 잠금을 설정할 수 있고, *T*2를 위하여 Sailors에 대한 전용 잠금을 설정할 수 있다. 이는 두 트랜잭션이 직렬 가능하게 실행하는 것을 보장할 것이다. 그러나 이 접근방법은 낮은 동시성을 낳는데, 각 트랜잭션이 실질적으로 접근하는 것을 반영하여 좀 더 작은 객체를 잠금함으로써 동시성을 향상시킬 수 있다. 그래서 DBMS는 트랜잭션 *T*1을 위하여 *rating* = 8을 갖는 모든 행에 대하여 공용 잠금을 설정할 수 있고, 트랜잭션 *T*2를 위하여 수정된 투플에 대한 행에 전용 잠금을 설정할 수 있다. 지금 *rating* = 8을 갖는 행을 포함하지 않는 다른 읽기전용 트랜잭션들은 *T*1 또는 *T*2를 기다리지 않고 진행할 수 있다.

이 예가 설명하는 것처럼 DBMS는 객체를 다른 **잠금단위**(granularity)로 잠금을 할 수 있다. 잠금단위는 잠금 대상이 되는 객체의 크기이다. 전체 테이블을 잠금할 수 도 있고, 테이블의 행단위로 잠금을 할 수 있다. 행단위로 잠금하는 접근방법이 현재의 시스템들에서 채택되고 있다. 이는 접근방법이 훨씬 더 나은 성능을 제공하기 때문이다. 실제적으로 낮은 수준의 잠금(작은 잠금단위로 객체를 잠금)이 더 좋지만 잠금할 객체의 잠금단위의 선택은 복잡하다. 예를 들어, 다수의 행을 조사하고 조건을 만족하는 행들을 수정하는 트랜잭션은 전체 테이블에 공용 잠금을 설정하고, 수정하기를 원하는 행들을 전용 잠금으로 설정하는 것이 가장 좋을 것이다. 17.5.3절에서 이 문제를 더 다룬다.

노트할 두 번째 요점은 SQL 문장들은 개념적으로 *선택조건*(*selection predicate*)을 만족하는 행들을 접근한다는 것이다. 선행 예에서 트랜잭션 *T*1은 *rating* = *8*을 갖는 모든 행들을 접근한다. *rating* = *8*을 갖는 Sailors에 있는 모든 행에 대하여 공용 잠금을 설정함으로서 처리될 수 있다고 제안하였다. 불행히도 이것은 너무 단순한 제안이다. 그 이유를 알기 위하여 *rating* = *8*을 갖는 새로운 sailor를 삽입하는 SQL 문장을 생각고, 이것이 트랜잭션 *T*3으로 수행된다고 하자(이 예는 데이터베이스 내에 고정된 수의 객체들이 있다는 가정을 위반하고 있다. 그러나 실제에서 이러한 상황을 분명히 다루어야만 한다).

DBMS는 *T*1을 위하여 *rating* = *8*을 갖는 모든 Sailors 행들에 공용잠금을 설정한다고 가정하자. 이것은 *T*3이 *rating* = *8*을 갖는 새로운 행을 생성하는 것을 막지 못한다. 이 새로운 행이 이미 존재하는 행들보다 더 작은 *age*의 값을 가지고 있다면 *T*1은 *T*3과의 상대적 실행에 종속하여 답을 반환한다. 그러나 잠금 방법은 이 두 트랜잭션에 어떠한 상대적인 순서를 부여하지 않는다.

이러한 현상을 **팬텀**(phantom)문제라고 한다: 어느 트랜잭션이 투플들 자체를 수정하지 않았지만, 트랜잭션이가 객체들의 모임(SQL 용어로 투플들의 모임)을 두 번 검색하고 다른 결과를 보게 되는 것은 팬텀문제가 발생하였기 때문이다. 팬텀현상을 방지하기 위하여 DBMS는 개념적으로 *T*1을 위하여 *rating* = *8*을 갖는 *모든 가능한* 행들을 잠금해야만 한다. 이것을 하기위한 한 가지 방법은 낮은 동시성의 대가를 치루고 전체 테이블을 잠금하는 것이다. 더 좋은 방법은 17.5.1절에서 살펴볼 인덱스를 이용하는 것이다. 그러나 일반적으로 팬텀문제를 방지하는 것은 동시성에 중요한 영향을 미친다.

*T*1을 호출하는 응용은 팬텀으로 인하여 잠재적인 부정확성을 수용할 수 있다는 것은 당연하다. 부정확성을 수용할 수 있다면 *T*1을 위하여 현재 존재하는 투플들상에 공용 잠금을 설정하는 접근방법은 적당하며 더 나은 성능을 제공한다. SQL은 다음에서 보듯이 프로그래머가 이러한 선택—다른 유사한 선택—을 하는 것을 허용한다.

16.6.3 SQL에서 트랜잭션 특성들

프로그래머에게 트랜잭션들에 의하여 초래되는 잠금 오버헤드에 대한 제어를 주기 위하여, SQL은 프로그래머가 접근모드, 진단크기, 고립수준의 트랜잭션의 세 가지 성격을 명시하는 것을 허용한다. **진단크기**(diagnostics size)는 기록될 수 있는 에러 조건들의 수를 결정한다. 이것은 더 이상 언급되지 않을 것이다.

접근모드(access mode)가 읽기전용(`READ ONLY`)이라면 그 트랜잭션은 데이터베이스를 수정하는 것이 허용되지 않는다. 그래서 `INSERT`, `DELETE`, `UPDATE`, `CREATE` 명령어는 실행될 수 없다. 이러한 명령어들 중에 하나를 실행해야한다면 접근모드를 `READ WRITE`로 설정해야 한다. `READ ONLY` 접근모드를 갖는 트랜잭션들에 대하여 공용 잠금만 얻을 필요가 있다. 이는 동시성을 향상시킨다.

고립수준(isolation level)은 주어진 트랜잭션이 동시 수행하고 있는 다른 트랜잭션들의 액션에 노출되는 정도를 제어한다. 4가지 가능한 고립수준 설정을 선택함으로서 완료되지 않은 다른 트랜잭션들에 노출되는 정도를 증가시키는 대가로 사용자는 보다 높은 동시성을 얻을 수 있다.

고립수준은 `READ UNCOMMITTED`, `READ COMMITTED`, `REPEATABLE READ`, `SERIALIZABLE` 중에서 선택할 수 있다. 그림 6.10에 이러한 고립수준들이 끼치는 영향이 요약되어 있다.

Level	Dirty Read	Unrepeatable Read	Phantom
READ UNCOMMITTED	Maybe	Maybe	Maybe
READ COMMITTED	No	Maybe	Maybe
REPEATABLE READ	No	No	Maybe
SERIALIZABLE	No	No	No

그림 16.10 SQL-92에서 트랜잭션 고립수준

다른 트랜잭션들의 영향으로부터 가장 높은 정도의 고립은 트랜잭션 *T*의 고립수준을 `SERIALIZABLE`로 설정하는 것이다. 이 고립수준은 *T*가 오직 완료된 트랜잭션에 의하여 변경된 것만을 읽는 것을 보장한다. 즉, *T*가 읽고 쓰는 어떠한 값도 *T*가 완료될 때까지 어

떠한 다른 트랜잭션에 의하여 변경되지 않는다. 그리고 *T*가 탐색조건에 근거하여 값들을 읽고, 이 값들이 *T*가 완료할 때까지 다른 트랜잭션들에 의하여 변경이 되지 않는다(즉, *T*는 팬텀문제를 피한다).

잠금에 기반을 둔 구현에서 엄격한 2단계 잠금에 따라 SERIALIZABLE 트랜잭션은 객체를 읽거나 쓰기 전에 잠금을 얻고 트랜잭션이 끝날 때까지 잠금을 소유한다.

REPEATABLE READ는 *T*가 완료된 트랜잭션이 만든 변경만을 읽고, *T*가 읽거나 쓴 어떠한 값도 *T*가 완료될 때까지 어떠한 다른 트랜잭션에 의하여 변경되지 않는다는 것을 보장한다. 그러나 *T*는 팬텀현상을 경험할 수 있다. 예를 들어 *rating* = *1*을 갖는 모든 Sailors 레코드들을 조사할 때 다른 트랜잭션이 새로운 Sailors 레코드를 추가할 수 있는데, 이 레코드를 *T*가 놓칠 수 있다.

REPEATABLE READ 트랜잭션은 인덱스 잠금을 하지 않는다는 것을 제외하고 SERIALIZABLE 트랜잭션과 동일한 잠금을 설정한다. 즉, 그 트랜잭션은 객체들의 집합을 잠금하지 않고 개개의 객체만을 잠금한다. 17.5.1절에서 인덱스 잠금이 자세히 논의된다.

READ COMMITTED는 *T*가 완료된 트랜잭션이 만든 변경만을 읽고, *T*가 기록한 어떠한 값도 *T*가 완료할 때까지 어떠한 다른 트랜잭션에 의하여 변경이 되지 않는다는 것을 보장한다. 그러나 *T*가 읽은 값은 *T*가 여전히 수행중인데 당연히 다른 트랜잭션에 의하여 수정될 수 있다. 그리고 *T*는 팬텀문제에 노출이 된다.

READ COMMITTED 트랜잭션은 객체들에 기록하기 전에 전용 잠금을 얻고, 끝날 때까지 이 잠금들을 소유한다. 또한 객체를 읽기 전에 공용 잠금을 얻는데 이 잠금들은 바로 해제가 되는데, 이는 오직 마지막으로 그 객체를 수정한 트랜잭션이 완료하였다는 것을 보장하는 것이다(이러한 보장은 모든 SQL 트랜잭션은 객체에 기록하기 전에 전용 잠금을 얻고, 끝날 때까지 그 전용 잠금을 소유한다는 사실에 근거한다).

READ UNCOMMITTED 트랜잭션 *T*는 수행중인 트랜잭션이 객체에 만든 변경을 읽을 수 있다. 분명히 *T*가 진행 중이면서 객체는 더 변경이 될 수 있고, *T*는 역시 팬텀문제에 취약성을 가지고 있다.

READ UNCOMMITTED 트랜잭션은 객체를 읽기 전에 공용 잠금을 얻지 않는다. 이 모드는 다른 트랜잭션들의 완료되지 않은 변경을 가장 많이 노출시킨다는 것을 표현한다. SQL은 그러한 트랜잭션이 스스로 변경시키는 것을 금지한다. 즉, READ UNCOMMITTED 트랜잭션이 READ ONLY 접근모드를 가지는 것을 요구한다. 그러한 트랜잭션은 읽을 객체에 대한 잠금을 얻지 않으며, 객체에 기록하는 것이 허용되지 않기(결코 전용 잠금을 요구하지 않는다) 때문에 어떠한 잠금 요구도 하지 않는다.

SERIALIZABLE 고립수준은 일반적으로 가장 안전하고 대부분의 트랜잭션들에 대하여 추천된다. 그러나 몇몇 트랜잭션들은 낮은 고립수준을 가지고 실행할 수 있다. 요구된 잠금의 수가 더 적을수록 시스템 성능이 향상될 것이다. 예를 들어 평균 항해사 나이를 찾는 통계적 질의가 READ COMMITTED 수준에서 실행되거나 또는 READ UNCOMMITTED 수준에서 실행될 수 있다. 이는 항해사들의 수가 많다면 소수의 부정확한 값이나 없는 값이 결과에 중요하게 영향을 미치지 못하기 때문이다.

고립수준과 접근모드는 SET TRANSACTION 명령어를 사용하여 설정될 수 있다. 예를 들어 다음 명령은 현재 트랜잭션이 SERIALIZABLE하고 READ ONLY라는 것을 선언하고 있다.

```
SET TRANSACTION ISOLATION LEVEL SERIALIZABLE READ ONLY
```

트랜잭션이 시작이 되면 디폴트는 SERIALIZABLE이고 READ WRITE이다.

16.7 장애복구의 소개

DBMS의 **복구 관리기**(recovery manager)는 트랜잭션의 *원자성*과 *영속성*을 보장하는 책임을 지고 있다. 완료하지 않은 트랜잭션의 액션들을 undo함으로서 원자성을 보장할 수 있고, 완료한 트랜잭션의 모든 액션들이 **시스템 장애**(버스 에러로 인한 코어 덤프)와 **미디어 고장**(디스크가 망가짐)에서 살아남아 있다는 것을 보장함으로서 영속성을 보장할 수 있다.

DBMS가 장애발생 후에 재 시작될 때 복구 관리기가 제어를 받아 데이터베이스를 일관된 상태로 만들어야 한다. 복구 관리기는 역시 철회된 트랜잭션의 액션들을 undo 하는 책임을 지고 있다. 복구 관리기를 구현하기 위하여 무엇을 파악해야 하는지를 알기 위하여 정상실행 동안에 무엇이 일어나는지를 이해할 필요가 있다.

DBMS의 **트랜잭션 관리기**(transaction manager)는 트랜잭션의 실행을 관리한다. 정상실행 동안에 객체를 읽고 객체에 기록하기 전에 선택된 잠금 프로토콜에 따라 잠금을 얻어야 하고 얻은 후에 해제해야만 한다.[5] 설명을 단순화하기 위하여 다음과 같은 가정을 한다.

> **원자적 기록**(atomic writes): 디스크에 하나의 페이지를 기록하는 것은 원자적 액션이다.

이 가정은 시스템은 하나의 연산이 진행 중에는 장애가 발생하지 않는다는 것을 암시하는데, 현실적이지 못하다. 실제에서 디스크 기록들은 이러한 특성을 가지고 있지 못하다. 주어진 페이지에 가장 최근의 기록이 성공적으로 완료되었다는 것을 입증하기 위하여 장애발생 후 재 시작동안 몇 가지 단계들이 취해져야만 한다. 그리고 성공적으로 기록을 완료하지 못하였다면 그 결과를 처리하기 위한 단계들이 필요하다.

16.7.1 프레임 Steal과 페이지 Force

객체에 기록하는 것에 대하여, 두 가지 추가적인 의문이 일어난다.

---

[5] 대신에 잠금을 포함하고 있지 않은 동시성 제어기술이 사용될 수 있으나 여기서는 잠금이 사용된다고 가정한다.

1. 트랜잭션 *T*에 의하여 버퍼 풀에 있는 객체 *O*에 이루어진 변경이 *T*가 완료하기 전에 디스크에 기록될 수 있는가? 다른 트랜잭션이 페이지를 가져오기를 원하고 대치를 위하여 버퍼 관리기가 *O*를 포함하고 있는 프레임을 선택할 때 디스크에 이 프레임의 페이지에 대한 쓰기가 실행이 된다. 물론 이 페이지는 *T*에 의하여 unpin되어 있어야 한다. 그러한 쓰기들이 허용이 된다면 **steal 접근방법**이 사용된다고 한다(비공식적으로, 두 번째 트랜잭션이 *T*로부터 프레임을 강탈한다는 의미이다).
2. 트랜잭션이 완료할 때 버퍼 풀에 있는 객체에 이루어진 모든 변화가 즉시 디스크에 반영이 되어야 하는가? 그렇다면, **force 접근방법**이 사용된다고 한다.

복구 관리기를 구현하는 입장에서 no-steal, force 접근방법을 가진 버퍼 관리기를 사용하는 것이 가장 간단하다. no-steal 접근방법이 사용된다면 철회된 트랜잭션이 만든 변경을 undo할 필요가 없다. 이는 이러한 변경을 디스크에 쓰지 않았기 때문이다. force 접근방법이 사용된다면 완료된 트랜잭션이 만든 변경을 redo할 필요가 없다. 이는 모든 변경이 완료시점에 디스크에 기록되었기 때문이다.

그러나 이러한 정책들은 중요한 결함을 가지고 있다. no-steal 접근방법은 진행 중인 트랜잭션들에 의하여 수정된 모든 페이지들이 버퍼 풀에 수용될 수 있다는 것을 가정하고 있다. 그러나 크기가 큰 트랜잭션들이 존재할 때 이러한 가정은 현실적이지 못하다. force 접근방법은 과도한 I/O 비용을 초래한다. 많이 사용되는 페이지가 20개의 트랜잭션들에 의하여 연속적으로 갱신이 된다면 그 페이지는 20번 디스크에 기록될 것이다. 다른 한편으로 no-force 접근방법을 가지고는 페이지의 메모리에 있는 사본이 연속적으로 수정이 되고, 버퍼 관리기의 페이지 대치정책에 따라 페이지가 버퍼 풀에서 대치될 때 20번의 모든 갱신의 효과를 반영하면서 단 한번만 디스크에 기록된다.

이러한 이유 때문에 대부분의 시스템은 steal, no-force 접근방법을 사용한다. 그래서 프레임이 더티(dirty)이고 대치를 위하여 선택이 된다면, 수정하고 있는 트랜잭션이 여전히 수행중이지만 프레임이 포함하고 있는 페이지가 디스크에 기록된다(*steal*). 또한 트랜잭션에 의하여 수정된 버퍼 풀에 있는 페이지들은 트랜잭션이 완료할 때 강제로 기록되지 않는다(*no-force*).

16.7.2 정상 실행 동안 복구관련 단계들

DBMS의 복구 관리기는 장애가 발생하는 경우에 복구를 할 수 있도록 트랜잭션들의 정상 수행동안에 필요한 정보를 유지한다. 특히 데이터베이스에 이루어진 모든 수정에 대한 로그가 시스템 장애나 미디어 고장에도 정보를 잃어버리지 않는 **안정된 저장장치**(stable storage)에 저장이 된다.[6] 안정된 저장장치는 디스크나 테이프와 같은 비휘발성 저장장치(다

[6] 죽음과 세금 이외에 인생에서 아무것도 보장되는 게 없다. 그러나 로그를 이중화하고 다른 안정된 저장장치에 복사본을 저장하는 것과 같은 조치를 취함으로서 로그 고장을 없을 정도로 작게 줄일 수 있다.

복구 서브시스템 튜닝: DBMS 성능은 복구 서브시스템이 부과하는 오버헤드에 의하여 영향을 받는다. DBA는 이러한 서브시스템을 튜닝하기 위하여 다음과 같은 여러 조치들을 취할 수 있다. 정확한 로그 크기의 결정, 디스크상에서 로그의 관리, 버퍼 페이지들이 디스크에 강제 쓰기되는 비율의 제어, 체크포인팅 빈도의 선택 등의 조치를 취한다.

른 장소에 있는)에 정보의 다수의 사본을 유지함으로서 구현이 된다.

16.7절 초반부에 논의하였던 것처럼 데이터베이스의 변경을 기술하는 로그 엔트리들은 데이터베이스에 변경이 이루어지기 전에 안정된 저장장치에 기록된다(이것이 **WAL**(Write-Ahead Log)의 특성이다). 그렇게 하지 않는다면 변경에 대한 기록없이 변경 연산 후에 시스템에 장애가 발생할 수 있다.

로그는 복구 관리기가 철회되거나 완료하지 못한 트랜잭션의 액션들을 undo할 수 있게 하고, 완료한 트랜잭션의 액션들을 redo할 수 있게 한다. 예를 들어, 장애 전에 완료한 트랜잭션이 버퍼 풀에 있는 데이터베이스 객체의 사본에만 갱신을 하고, no-force 접근방법으로 인하여 이 갱신 결과가 장애 전에 데이터베이스에 기록되지 않을 수 있다. 그러한 변경은 로그를 사용하여 식별이 될 수 있어야 하고, 디스크에 기록되어야만 한다. 더 나아가, 장애 전에 완료하지 못한 트랜잭션들이 한 변경이 steal 접근방법으로 인하여 디스크에 기록이 될 수 있다. 그러한 변경은 로그를 사용하여 식별되어야 하고 undo되어야 한다.

DBMS는 주기적으로 버퍼 페이지들을 백그라운드 프로세스를 사용하여 정상 수행동안에 디스크에 기록을 한다. 수행중인 트랜잭션에 대한 정보와 더티 버퍼 풀 페이지들을 저장하는 *체크포인팅*이라고 하는 프로세스는 역시 장애로부터 복구하는 데 드는 시간을 줄이는 데 도움이 된다. 체크포인트는 18.5절에서 논의된다.

16.7.3 ARIES의 개요

ARIES는 steal, no-force 접근방법으로 동작하도록 설계된 복구 알고리즘이다. 복구 관리기가 장애 후 호출될 때 다음과 같은 3단계로 재 시작이 진행된다.

1. **분석 단계:** 버퍼 풀에 있는 더티 페이지(디스크에 기록되지 않은 변경을 가지고 있는 페이지)와 장애시점에 수행 중인 트랜잭션들을 식별한다.
2. **Redo 단계:** 로그의 적당한 위치에서 시작하여 모든 액션들을 반복하고, 데이터베이스 상태를 장애시점에 있었던 상태로 복구한다.
3. **Undo 단계:** 데이터베이스에 완료된 트랜잭션의 액션만 반영이 되도록 하기 위하여 완료하지 않은 트랜잭션의 액션들을 undo한다.

ARIES 알고리즘은 18장에서 더 논의된다.

16.7.4 원자성: 복귀 구현

복구 서브시스템이 트랜잭션을 철회하는 ROLLBACK 명령어를 실행할 책임을 지고 있다는 것을 인식하는 것은 중요하다. 정말 하나의 트랜잭션을 undo하는 데 포함되어 있는 논리적 흐름과 코드는 시스템 장애에서 복구하는 데 Undo 단계 동안에 사용된 것과 동일하다. 주어진 트랜잭션에 대한 모든 로그 레코드들은 연결 리스트로 조직되어 있고, 트랜잭션의 복귀를 용이하게 하기 위하여 역순으로 효율적으로 접근될 수 있다.

16.8 복습문제

복습문제의 답은 지적된 절에서 찾을 수 있다.

- ACID 특성이란 무엇인가? *원자성*, *일관성*, *고립성*, *영속성*을 정의하고, 예를 통하여 설명하시오. **(16.1절 참조)**
- *트랜잭션*, *스케줄*, *완전 스케줄*, *직렬 스케줄*의 용어를 정의하시오. **(16.2절 참조)**
- DBMS가 동시에 수행하는 트랜잭션들을 인터리빙하는 이유는 무엇인가? **(16.3절 참조)**
- 동일한 데이터 객체상의 두 액션이 언제 충돌을 하는가? 충돌 액션에 의하여 일어날 수 있는 문제점을 정의하시오(*더티 읽기*, *비반복 읽기*, *갱신 손실*). **(16.3절 참조)**
- *직렬가능 스케줄*이란 무엇인가? *복구가능 스케줄*이란 무엇인가? *연쇄철회를 피하는 스케줄*은 무엇인가? *엄격한 스케줄*은 무엇인가? **(16.4절 참조)**
- *잠금 프로토콜*이 무엇인가? *엄격한 2단계 잠금* 프로토콜이란 무엇인가? 이 프로토콜이 허용하는 스케줄에 대하여 무엇을 말할 수 있는가? **(16.4절 참조)**
- 잠금에 기반을 둔 동시성 제어와 연관된 오버헤드는 무엇인가? 특히 *대기*와 *철회*에 대하여 논의하고, 실제에서 어느 것이 더 중요한지를 논의하시오. **(16.5절 참조)**
- 스래슁이 무엇인가? 시스템이 스래슁에 도달하였다면 DBA는 무엇을 해야만 하는가? **(16.5절 참조)**
- 처리율이 어떻게 증가될 수 있는가? **(16.5절 참조)**
- SQL에서 트랜잭션들이 어떻게 생성되고 어떻게 종료되는가? 저장지점은 무엇인가? 연결된 트랜잭션들은 무엇인가? 저장지점과 연결된 트랜잭션들이 유용한 이유는 무엇인가? **(16.6절 참조)**
- SQL 문장을 실행할 때 잠금 단위의 크기를 결정하는 데 무엇을 고려하여야 하는가? 팬텀문제란 무엇인가? 팬텀문제가 성능에 어떠한 영향을 끼치는가? **(16.6.2절 참조)**
- SQL에서 어떠한 트랜잭션 특성들을 제어할 수 있는가? 특히 다른 *접근모드*와 *고립수준*에 대하여 논하시오. 트랜잭션에 대하여 접근모드와 고립수준을 선택하는 데 어떠한 문제가 고려되어야 하는가? **(16.6.3절 참조)**

- 다른 고립수준들이 설정된 잠금에서 어떻게 구현이 되는지를 기술하시오. 그리고 해당 잠금 오버헤드에 대하여 말하시오. **(16.6.3절 참조)**
- DBMS의 *복구 관리기*는 어떠한 기능을 제공하는가? *트랜잭션 관리기*는 어떠한 기능을 제공하는가? **(16.7절 참조)**
- 버퍼관리에서 *steal*과 *force* 정책을 기술하시오. 실제에서 어떠한 정책이 사용되고, 복구에 어떻게 영향을 미치는가? **(16.7.1절 참조)**
- 정상 실행 동안에 어떠한 복구관련 단계들이 취해지는가? 장애로부터 복구되는 시간을 줄이기 위하여 DBA는 무엇을 제어할 수 있는가? **(16.7.2절 참조)**
- 로그가 트랜잭션 복귀와 장애복구에서 어떻게 사용되는가? **(16.7.2절,16.7.3절,16.7.4절 참조)**

연습문제

문제 16.1 다음 질문에 간단히 답하시오.

1. 트랜잭션이 무엇인가? 그것이 (C와 같은 언어로 된) 보통 프로그램과 어떤 식으로 다른가?
2. 다음 용어들을 정의하시오. *원자성, 일관성, 고립성, 영속성, 스케줄, 맹목적 쓰기, 더티 읽기, 비반복 읽기, 직렬가능 스케줄, 복구가능 스케줄, 연쇄철회 방지 스케줄.*
3. 엄격한 2단계 잠금을 기술하시오.
4. 팬텀 문제가 무엇인가? 팬텀 문제가 데이터베이스 객체들의 집합이 고정되어 있고 객체들의 값만 변경되는 데이터베이스에서 일어날 수 있는가?

문제 16.2 데이터베이스 객체 *X*, *Y* 위에 트랜잭션 *T*1이 취한 다음 액션들을 생각하자.

R(X), W(X), R(Y), W(Y)

1. 동시성 제어 없이 트랜잭션 *T*와 동시에 실행된다면 *T*1과 간섭할 수 있는 다른 트랜잭션 *T*2의 보기를 드시오.
2. 엄격한 2단계 잠금의 사용이 두 트랜잭션들 사이의 간섭을 어떻게 막을 수 있는지를 설명하시오.
3. 엄격한 2단계 잠금이 많은 데이터베이스 시스템에서 사용된다. 그 대중성에 대한 두 가지 이유를 드시오.

문제 16.3 객체 *X*와 *Y*를 갖는 데이터베이스를 생각하고 두 트랜잭션 *T*1과 *T*2가 있다고 하자. 트랜잭션 *T*1은 객체 *X*와 *Y*를 읽은 후 객체 *X*에 쓰기를 한다. 트랜잭션 *T*2는 객체 *X*와 *Y*를 읽은 후 객체 *X*와 *Y*에 쓰기를 한다.

1. 쓰기-읽기 충돌을 산출하는 객체 *X*와 *Y* 위에서 트랜잭션 *T*1과 *T*2의 액션들을 가지고 있는 스케줄의 보기를 드시오.
2. 읽기-쓰기 충돌을 산출하는 객체 *X*와 *Y* 위에서 트랜잭션 *T*1과 *T*2의 액션들을 가지고 있는 스케줄의 보기를 드시오.

3. 쓰기-쓰기 충돌을 산출하는 객체 X와 Y 위에서 트랜잭션 $T1$과 $T2$의 액션들을 가지고 있는 스케줄의 보기를 드시오.
4. 세 가지 스케줄 각각에 대하여 엄격한 2단계 잠금이 그 스케줄을 허용하지 않는다는 것을 보이시오.

문제 16.4 데이터베이스 객체들을 읽기만 하는 트랜잭션을 *읽기전용* 트랜잭션이라고 부른다. 그 이외의 트랜잭션들은 **갱신트랜잭션**이라고 부른다. 다음 질문에 간단히 답하시오.

1. 잠금 스래싱이 무엇이고 언제 발생하는가?
2. 갱신트랜잭션들의 수가 증가하게 되면 데이터베이스 시스템의 성능에 어떠한 일이 발생하겠는가?
3. 읽기전용 트랜잭션들의 수가 증가하게 되면 데이터베이스 시스템의 성능에 어떠한 일이 발생하겠는가?
4. 트랜잭션 성능을 향상시키기 위하여 시스템을 튜닝하는 세 가지 방식을 기술하시오.

문제 16.5 DBMS는 읽기/쓰기에 추가하여 *증가*(*increment*) *연산*(정수 값을 갖는 객체를 1씩 증가시키는)과 *감소*(*decrement*) *연산*(정수 값을 갖는 객체를 1씩 감소시키는)을 인식한다고 가정하자. 객체를 증가시키는 트랜잭션은 객체의 값을 알 필요가 없다. 증가와 감소는 맹목적 쓰기의 버전으로 생각할 수 있다. 공용과 전용 잠금에 추가하여 두 가지 특별한 잠금이 지원된다. 객체는 객체를 증가시키기 전에 I 모드로 잠금되어야 하고 객체를 감소시키기 전에 D 모드로 잠금되어야 한다. I 잠금은 동일한 객체위의 다른 I 또는 D 잠금과 양립한다. 그러나 S와 X 잠금과는 양립하지 않는다.

1. I와 D잠금의 사용이 어떻게 동시성을 증가시킬 수 있는가? (오직 S와 X 잠금을 사용하는 엄격한 2단계 잠금이 허락하는 스케줄을 보이시오. 엄격한 2단계 잠금을 계속하여 따르면서 I와 D 잠금의 사용이 어떻게 더 많은 액션들이 인터리브되는 것을 허용하는지를 설명하시오.
2. 엄격한 2단계 잠금이 I와 D 잠금이 존재하여도 직렬성을 보장한다는 것을 설명하시오. (액션들의 상대적인 순서가 결과에 영향을 미칠 수 있다는 의미에서 액션들의 어느 쌍이 충돌하는지를 식별하시오. 엄격한 2단계 잠금에 따라 S, X, I, D 잠금의 사용이 모든 충돌하는 액션들의 쌍이 어떤 직렬 스케줄에서의 순서와 동일하게 정렬된다는 것을 보이시오.)

문제 16.6 다음 질문에 답하시오. SQL은 4가지 고립수준과 두 가지 접근모드를 지원한다. 고립수준과 접근모드들의 결합이 총 8가지가 존재한다. 각 결합은 암시적으로 트랜잭션들의 클래스를 정의한다. 다음 질문은 이러한 8개의 클래스를 참조한다.

1. 4가지 SQL 고립수준들을 생각하자. 다음 현상들 가운데 어느 것이 이러한 고립순준들 각각에서 일어날 수 있는가?
   현상들: *더티 읽기*, *비반복 읽기*, *팬텀문제*
2. 4가지 고립수준 각각에 대하여 그 수준에서 안전하게 실행될 수 있는 트랜잭션들의 보기를 드시오.
3. 트랜잭션의 접근모드가 왜 중요한가?

문제 16.7 다음과 같은 대학교의 등록 데이터베이스 스키마를 생각하자.

Student(*snum:* **integer**, *sname:* **string**, *major:* **string**, *level:* **string**, *age:* **integer**)
Class(*name:* **string**, *meets_at:* **time**, *room:* **string**, *fid:* **integer**)
Enrolled(*snum:* **integer**, *cname:* **string**)
Faculty(*fid:* **integer**, *fname:* **string**, *deptid:* **integer**)

이 릴레이션들의 의미는 보면 쉽게 알 수 있다. 예를 들어 릴레이션 Enrolled는 학생이 클래스에 등록한 것을 표현하는 학생과 클래스의 쌍마다 하나의 레코드를 가진다.

다음 트랜잭션들의 각각에 대하여 당신이 선택한 SQL 고립수준을 언급하고, 선택한 이유를 설명하시오.

1. *snum*으로 식별되는 학생을 클래스 'Introduction to Database Systems'에 등록하시오.
2. *snum*으로 식별되는 학생에 대한 등록을 한 클래스에서 다른 클래스로 변경하시오.
3. *fid*로 식별되는 새 교수를 최소의 학생수를 가지는 클래스에 할당하시오.
4. 각 클래스에 대하여 그 클래스에 등록한 학생수를 보이시오.

문제 16.8 다음 스키마를 생각하자.

Suppliers(*sid:* **integer**, *sname:* **string**, *address:* **string**)
Parts(*pid:* **integer**, *pname:* **string**, *color:* **string**)
Catalog(*sid:* **integer**, *pid:* **integer**, *cost:* **real**)

릴레이션 Catalog는 Suppliers가 제공하는 부품들에 부과된 가격들을 리스트하고 있다.

다음 트랜잭션들 각각에 대하여 당신이 사용하는 SQL 고립수준을 언급하고, 그 고립수준을 선택한 이유를 설명하시오.

1. 새 부품을 공급자의 카탈로그에 추가하는 트랜잭션
2. 공급자가 부품에 대하여 부과하는 가격을 증가시키는 트랜잭션
3. 주어진 공급자가 공급하는 항목들의 총수를 결정하는 트랜잭션
4. 각 부품에 대하여 가장 낮은 가격으로 부품을 공급하는 공급자를 보여주는 트랜잭션

문제 16.9 다음 스키마를 갖는 데이터베이스를 생각하자.

Suppliers(*sid:* **integer**, *sname:* **string**, *address:* **string**)
Parts(*pid:* **integer**, *pname:* **string**, *color:* **string**)
Catalog(*sid:* **integer**, *pid:* **integer**, *cost:* **real**)

릴레이션 Catalog는 Suppliers가 제공하는 부품들에 부과된 가격들을 리스트하고 있다.

3개의 트랜잭션 *T*1, *T*2, *T*3을 생각하자. *T*1은 항상 SQL 고립수준 SERIALIZABLE을 갖는다. 먼저 *T*1을 *T*2와 병행하여 실행시킨다. 그런 후에 *T*1을 *T*2와 병행하여 실행시키는 데 *T*2의 고립수준을 아래에 기술된 것과 같이 변경한다. 데이터베이스 인스턴스와 첫 SQL 고립수준을 가지고 *T*2를 실행한 결과가 두 번째 SQL 고립수준을 가지고 *T*2를 실행한 것과 다르게 *T*1과 *T*2에 대한 SQL 문장들을 보여주시오. 또한 *T*1과 *T*2에 대한 공동의 스케줄을 기술하고 결과가 다른 이유를 설명하시오.

1. SERIALIZABLE versus REPEATABLE READ.
2. REPEATABLE READ versus READ COMMITTED.
3. READ COMMITTED versus READ UNCOMMITTED.

참고문헌 소개

트랜잭션의 개념과 그의 한계성의 몇몇이 [332]에서 논의된다. 다수의 초기 트랜잭션 모델들을 일반화한 형식 트랜잭션 모델이 [182]에서 제안되어 있다.

2단계 잠금은 [252]에서 소개되었는데, 트랜잭션의 개념들, 팬텀들, 술어 잠금들을 논의한 기본적인 논문이다. 직렬성에 대한 형식적 취급은 [92, 581]에서 나타난다.

트랜잭션처리의 뛰어나고 깊이 있는 표현은 [90]과 [770]에서 찾아볼 수 있다. [338]은 이 주제에 대하여 고전적이고 백과사전적인 취급을 하고 있다.

17

동시성 제어

- ☞ 엄격한 2단계 잠금이 직렬가능성과 복구가능성을 어떻게 보장하는가?
- ☞ 잠금이 DBMS에서 어떻게 구현되는가?
- ☞ 잠금 변환이 무엇이고, 왜 중요한가?
- ☞ DBMS가 교착상태를 어떻게 해결하는가?
- ☞ 현재의 시스템이 팬텀 문제를 어떻게 다루는가?
- ☞ 특별한 잠금 기술이 트리 인덱스위에서 사용되는 이유는 무엇인가?
- ☞ 다단계 잠금이 어떻게 일을 하는가?
- ☞ 낙관적 동시성 제어가 무엇인가?
- ☞ 타임스탬프에 기반을 둔 동시성 제어가 무엇인가?
- ☞ 다중버전 동시성 제어가 무엇인가?

➜ **주요 개념:** 2단계 잠금(Two-phase locking), 직렬가능성(serializability), 복구가능성(recoverability), 선행관계 그래프(precedence graph), 엄격한 스케줄(strict schedule), 뷰 동등(view equivalence), 뷰 직렬가능(view serializable), 잠금관리기(lock manager), 잠금 테이블(lock table), 트랜잭션 테이블(transaction table), 교착상태(deadlock), 대기 그래프(waits-for graph), 보수적 2단계 잠금(conservative 2PL), 인덱스 잠금(index locking), 술어 잠금(predicate locking), 다단계 잠금(multiple-granularity locking), 잠금 단위 증가(lock escalation), SQL 고립수준(SQL isolation), 팬텀 문제(phantom problem), 낙관적 동시성 제어(optimistic currency control), Thomas의 쓰기 규칙(Thomas Write Rule)

Pooh was sitting in his house one day, counting his pots of honey,
when there came a knock on the door.
"Fourteen," said Pooh. "Come in. Fourteen. Or was it .fteen? Bother.
That's muddled me."
"Hallo, Pooh," said Rabbit. "Hallo, Rabbit. Fourteen, wasn't it?"
"What was?" "My pots of honey what I was counting."
"Fourteen, that's right."
"Are you sure?"
"No," said Rabbit. "Does it matter?"

— A.A. Milne, *The House at Pooh Corner*

이 장에서 동시성 제어를 좀 더 자세히 다룬다. 17.1절에서는 우선 잠금 프로토콜을 살펴보고, 그들이 어떻게 스케줄의 여러 가지 중요한 고유성질을 만족시키는지를 살펴본다. 17.2절은 잠금 프로토콜이 DBMS에서 어떻게 구현되었는가를 소개한다. 17.3절은 잠금 변환의 이슈들을 토의하고, 17.4절은 교착상태 처리를 다룬다. 17.5절은 세 가지 특별한 잠금 프로토콜, 술어 잠금, 트리 잠금, 연관 객체들의 잠금에 대하여 다룬다. 17.6절은 잠금 기법에 대한 대안 방법들을 살펴본다.

17.1 2단계 잠금, 직렬가능성, 복구가능성

이 절에서는 잠금 프로토콜이 스케줄의 고유성질인 직렬성과 복구가능성을 어떻게 보장하는지를 살펴본다. 두 스케줄은 동일한 트랜잭션들의 동일한 연산들로 이루어지고, 두 완료된 트랜잭션의 충돌 연산이 두 스케줄에서 동일한 순서로 나타난다면 두 스케줄은 **충돌 동등**(conflict equivalent)이라고 한다.

16.3.3절에서 살펴본 것처럼 두 액션들이 동일한 데이터 객체를 접근하고 그들 중 하나의 액션이 쓰기이면 두 액션은 충돌한다. 스케줄의 결과는 충돌 연산들의 순서에만 종속된다. 충돌하지 않는 연산의 쌍은 데이터베이스에 끼치는 영향을 변경시키지 않고 서로 교환할 수 있다. 두 스케줄이 충돌 동등하면 데이터베이스에 동일한 영향을 끼치고 있다는 것을 쉽게 알 수 있다. 정말, 충돌 동등인 두 스케줄은 충돌 연산들의 쌍을 동일한 순서로 나열하기 때문에 하나의 스케줄에서 충돌하지 않는 액션들의 쌍을 반복적으로 서로 교환하여 다른 하나의 스케줄을 얻을 수 있다.

스케줄은 직렬 스케줄과 충돌 동등이면 **충돌 직렬가능**(conflict serializable)하다고 한다. 데이터베이스 내의 데이터 항목들의 집합이 늘어나거나 줄어들지 않는다면(즉, 값은 수정될 수 있으나 항목은 추가되거나 삭제될 수 없다면) 모든 충돌 직렬가능 스케줄은 직렬가능하다. 이러한 가정을 하고 17.5.1절에 있는 결과들을 생각하자. 그러나 그림 17.1에서 설명되는 것처럼 몇몇 직렬 가능 스케줄들은 충돌 직렬가능하지 않다. 이 스케줄은 트랜잭션들을 *T*1, *T*2, *T*3의 순으로 직렬 실행하는 것과 뷰 동등하다. 그러나 충돌이 있는 *T*1과 *T*2의 쓰기가 두 스케줄에서 다르게 정렬되기 때문에 직렬스케줄과 충돌 동등은 아니다.

$T1$	$T2$	$T3$
$R(A)$		
	$W(A)$	
	Commit	
$W(A)$		
Commit		
		$W(A)$
		Commit

그림 17.1 충돌직렬가능하지 않은 직렬가능 스케줄(뷰 직렬가능 스케줄)

직렬화 그래프(serializability graph)라고 하는 **선행 그래프**(precedence graph)로 트랜잭션들 사이의 모든 가능성 있는 충돌을 파악하는 것은 유용하다. 스케줄 *S*에 대한 선행 그래프는 다음과 같은 노드와 에지로 이루어진다.

- *S*에 있는 각 완료된 트랜잭션에 대하여 하나의 노드가 존재한다.
- *Ti*의 한 액션이 *Tj*의 액션들 가운데 하나와 충돌이 있고 선행하면 *Ti*에서 *Tj*로 가는 에지가 존재한다.

그림 16.7, 16.8, 17.1에서 보여준 스케줄에 대한 선행 그래프들을 그림 17.2에서 보여주고 있다(각각 a, b, c).

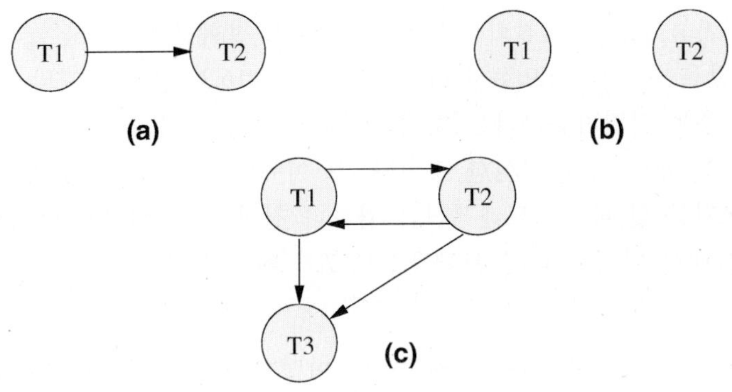

그림 17.2 선행 그래프들의 예

다음 두 결과에서 보는 것처럼 엄격한 2단계 잠금 프로토콜(16.4절에서 소개된)은 충돌 직렬가능 스케줄만을 허용한다.

1. 스케줄 *S*의 선행 그래프가 사이클을 갖지 않는다면 *S*는 충돌 직렬가능하다(이 경우에 동등한 직렬 스케줄은 선행 그래프를 위상정렬(topological sort)을 함으로서 얻어진다).
2. 엄격한 2단계 잠금은 허용하는 어떤 스케줄에 대한 선행 그래프도 사이클을 포함하지 않는 다는 것을 보장한다.

2단계 잠금(Two-Phase Locking)이라고 불리는 널리 연구되고 있는 엄격한 2단계 잠금의 다른 형태는 트랜잭션들이 끝나기 전에, 즉, 완료나 철회 액션 전에, 잠금을 해제하는 것을 허용하기 위하여 엄격한 2단계 잠금의 두 번째 규칙을 완화한다. 2단계 잠금을 위하여 두 번째 규칙이 다음의 규칙으로 대치된다.

> **(2단계 잠금)** (2) 트랜잭션은 어떠한 잠금을 해제하자마자 더 이상의 잠금을 요구할 수 없다.

그래서 모든 트랜잭션은 잠금을 얻는 단계인 확대단계와 잠금을 해제하는 축소단계를 갖고, 확대단계 다음에 축소단계가 따른다.

엄격하지 않은 2단계 잠금 역시 선행 그래프에 사이클이 없다는 것을 보장하고, 그래서 충돌 직렬 가능 스케줄만을 허용한다는 것을 보일 수 있다. 직관적으로 트랜잭션들의 동등한 직렬순서는 트랜잭션들이 축소단계에 들어가는 순서로 주어진다. *T*2가 *T*1이 쓰기를 한 객체를 읽기나 쓰기를 한다면, *T*1은 *T*2가 이 객체에 대한 잠금을 요구하기 전에 잠금을 해제하였음에 틀림이 없다. 그래서 *T*1이 *T*2를 선행한다(유사한 논의는 *T*1이 읽은 객체를 *T*2가 쓰기를 한다면 *T*1이 *T*2를 선행한다는 것을 보여준다. 이 주장에 대한 공식적인 증명은 이러한 논의에 의하여 서로가 서로를 선행하는 트랜잭션들의 사이클이 없어야 한다는 것을 보여 주어야 한다).

어떤 스케줄에서 트랜잭션 *T*가 쓰기를 한 값이 *T*가 철회되거나 완료될 때까지 다른 트랜잭션들에 의하여 읽기 또는 쓰기가 되지 않는다면 그 스케줄은 **엄격**(strict)하다고 한다. 엄격한 스케줄은 복구가능하고, 연쇄철회를 요구하지 않고, 철회된 트랜잭션들의 액션들은 수정된 객체의 원래 값을 재 저장함으로서 undo될 수 있다(16.3.4절의 마지막 예를 참조). 엄격한 2단계 잠금은 충돌 직렬가능하다는 것에 추가하여 모든 허용된 스케줄은 엄격하다는 것을 보장함으로서 2단계 잠금을 개선한 것이다. 그 이유는 트랜잭션 *T*가 엄격한 2단계 잠금하에서 객체에 쓰기를 할 때 그 트랜잭션은 완료나 철회를 할 때까지 (전용)잠금을 가지고 있다는 것이다. 그래서 어떠한 다른 트랜잭션도 *T*가 완료할 때까지 이 객체를 보거나 수정할 수 없다.

16.3.3절에 있는 예를 참조하면 해당 스케줄들이 어떻게 엄격한 2단계 잠금과 2단계 잠금에서 허용되지 않는지를 확인할 수 있다. 비슷하게 16.3.4절에 있는 예에 있는 스케줄들이 엄격한 2단계 잠금에서 어떻게 허용되지 않고 2단계 잠금에서 허용되는지를 확인하는 것이 바람직하다.

17.1.1 뷰 직렬가능성

충돌 직렬성은 직렬가능성에 대하여 충분하나 꼭 필요한 조건은 아니다. 직렬가능성에 대하여 좀 더 일반적인 충분조건은 **뷰 직렬가능성**(view serializability)이다. 동일한 트랜잭션들에 대하여 두 스케줄 *S*1, *S*2가 다음 조건을 만족하면 **뷰 동등**(view equivalent)이다.

1. *Ti*가 *S*1에서 객체 *A*의 초기 값을 읽는다면, *Ti*는 역시 *S*2에서 *A*의 초기값을 읽어야 한다.
2. *Ti*가 *S*1에서 *Tj*가 쓴 값을 읽는다면, *Ti*는 역시 *S*2에서 *Tj*가 쓴 *A*의 값을 읽어야 한다.
3. 각 데이터 객체 *A*에 대하여, *S*1에서 *A*에 최종 쓰기를 한 트랜잭션은 역시 *S*2에서 *A*에 최종 쓰기를 하여야 한다.

스케줄이 어떤 직렬 스케줄과 뷰 동등이면 **뷰 직렬가능**하다고 한다. 모든 충돌 직렬 가능한 스케줄은 뷰 직렬가능하다. 그러나 그 역은 사실이 아니다. 예를 들어 그림 17.1에서 보여준 스케줄은 충돌 직렬가능하지 않지만 뷰 직렬가능하다. 우연히 이 예는 맹목적 쓰기(blind write)를 포함하고 있다. 이것은 우연의 일치는 아니다. 충돌 직렬가능하지 않은 어떠한 뷰 직렬 스케줄도 맹목적 쓰기를 포함하고 있다는 것을 보여줄 수 있다.

17.1절에서 보았듯이 효율적인 잠금 프로토콜은 오직 충돌 직렬 가능 스케줄만을 허용한다. 뷰 직렬가능성을 부과한다거나 검사하는 것은 훨씬 더 많은 비용을 요구한다. 그래서 이 개념은 직렬가능성의 이해를 돕지만 거의 실제에서 사용되지는 않는다.

17.2 잠금 관리의 소개

DBMS의 **잠금관리기**(lock manager)는 트랜잭션들에 주어진 잠금을 기록하고 관리한다. 잠금관리기는 **잠금 테이블**(lock table)을 갖고 있는데, 이 테이블은 데이터 객체의 식별자를 키로 갖는 해시 테이블이다. DBMS는 역시 **트랜잭션 테이블**(transaction table)에 각 트랜잭션을 기술하는 엔트리를 유지하는데, 그 엔트리는 그 안에 그 트랜잭션이 소유하고 있는 잠금들의 리스트를 가리키는 포인터를 포함하고 있다. 이 리스트는 잠금을 요구하기 전에 검사되는데, 트랜잭션이 동일한 잠금을 두 번 요구하지 않는가를 검사하기 위하여 사용된다.

각 객체에 대한 **잠금 테이블 엔트리**(lock table entry)는 다음과 같은 정보를 포함하고 있다.

- 그 객체에 대한 잠금을 소유하고 있는 트랜잭션들의 수
- 공용모드로 객체가 잠금될 때 트랜잭션들이 하나 이상이 될 수 있다.
- 잠금의 종류(공용모드, 전용모드)
- 잠금 요구들의 큐를 가리키는 포인터

17.2.1 잠금 요구와 잠금 해제 요구의 구현

엄격한 2단계 잠금(Strict 2PL) 프로토콜에 따라 트랜잭션 *T*가 데이터베이스 객체 *O*에 쓰기나 읽기를 하기 전에 *T*는 *O*에 전용 잠금이나 공용 잠금을 얻어야 한다. 그리고 *T*가 완료나 철회할 때까지 그 잠금을 소유하고 있어야 한다. 트랜잭션은 어떤 객체에 잠금을 필요로 할 때는 잠금관리기에게 잠금을 요구한다.

1. 공용 잠금이 요구되고, 요구들의 큐가 비어 있고, 객체가 현재 전용 모드로 잠금되어 있지 않다면, 잠금관리기는 요구한 잠금을 허락하고 그 객체에 대한 잠금 테이블 엔트리를 갱신한다(그 객체가 공용 모드로 잠금되어 있다는 것을 표현하고, 그 잠금을 소유하고 있는 트랜잭션의 수를 하나 증가시킨다).
2. 전용 잠금이 요구되고, 현재 어느 트랜잭션도 그 객체에 대한 잠금을 소유하고 있지 않다면(요구들의 큐가 비어 있다는 것을 암시한다) 잠금관리기는 그 잠금을 허락하고 그 잠금 테이블 엔트리를 갱신한다.
3. 그렇지 않으면 요구된 잠금은 즉시 허용되지 않고 잠금 요구가 이 객체에 대한 잠금 요구들의 큐에 추가된다. 그 잠금을 요구한 트랜잭션은 실행 정지된다.

트랜잭션이 철회 또는 완료할 때 그의 모든 잠금을 해제한다. 객체에 잠금이 해제될 때 잠

금관리기는 그 객체에 대한 잠금 테이블 엔트리를 갱신하고, 이 객체에 대한 큐의 헤드에 있는 잠금 요구를 조사한다. 이 잠금 요구가 허용된다면 요구를 한 트랜잭션은 대기상태에서 빠져나와 잠금을 갖게 된다. 이 객체에 대한 공용 잠금에 대한 다수의 요구들이 큐의 앞부분에 있다면 이 모든 요구들은 함께 허용이 될 수 있다.

*T*1이 *O*에 공용 잠금을 가지고 있고 *T*2가 전용 잠금을 요구한다면, *T*2의 요구는 *O*에 대한 큐에 삽입이 된다는 것을 노트할 필요가 있다. 지금, *T*3이 공용 잠금을 요구한다면 *T*1이 소유한 잠금과 양립이 되지만 *T*3의 요구는 큐에서 *T*2뒤에 삽입이 된다. 이 법칙은 *T*2가 굶지 않는 다는 것을 보장하기 위함이다. 즉, *굶기(starvation)*는 다른 트랜잭션들이 계속해서 공용 잠금을 얻게 되어 *T*2를 큐에서 무한히 기다리게 하여 *T*2가 전용 잠금을 얻지 못하게 함으로서 발생한다.

잠금과 잠금 해제의 원자성

*잠금*과 *잠금 해제* 명령의 구현은 이 명령들이 원자적 연산임을 보장해야 한다. 잠금관리기 코드에 대한 다수의 인스턴스가 동시에 수행될 때, 이러한 연산들의 원자성을 보장하기 위하여 공용인 잠금 테이블의 접근은 세마포어와 같은 운영체제의 동기화 메카니즘을 사용해야만 한다.

그 이유를 이해하기 위하여 어느 트랜잭션이 한 객체에 대한 전용 잠금을 요구한다고 하자. 잠금관리기는 다른 트랜잭션이 그 객체에 잠금을 소유하고 있지 않다는 것을 검사하고 알게 된다. 그러나 그동안 다른 트랜잭션이 그 객체에 대하여 충돌 잠금을 요구하였고 얻었을지 모른다. 이러한 것을 방지하기 위하여, 잠금 요구를 하는 일련의 액션들 전체(요구가 허용될 수 있는지 없는지를 검사하는 것과 잠금 테이블을 갱신하는 것)가 원자적 연산으로서 구현되어야 한다.

다른 이슈들: 래치, 콘보이

장기간 소유되는 잠금 이외에도, DBMS는 단기간의 **래치**(latches)를 지원한다. 페이지를 읽거나 쓰기 전 래치를 설정하는 것은 물리적 읽기 쓰기 연산이 원자적이라는 것을 보장한다; 그렇지 않으면, 잠금되고 있는 객체들이 디스크 페이지들(I/O 단위들)과 일치하지 않을 때 두 읽기/쓰기 연산이 충돌할 수 있다. 래치들은 물리적 읽기 또는 쓰기 연산이 완료된 후 즉시 설정이 해제된다.

지금까지 DBMS가 잠금에 대한 요구에 근거를 두고 트랜잭션들을 어떻게 스케줄하는가에 관심을 가졌다. 이러한 인터리빙은 운영체제의 프로세스들의 CPU 접근의 스케줄링과 상호작용을 하는데, CPU 사이클의 대부분이 프로세스 스위칭에 소비되는 현상이 일어날 수 있다. 이 현상은 집중적으로 사용되는 잠금을 소유한 트랜잭션 *T*가 운영체제에 의하여 실행정지될 수 있다. *T*가 실행을 계속하게 될 때까지 이 잠금을 필요로 하는 모든 다른 트랜잭션은 큐에 삽입이 되는데, 이 큐들은 빠르게 길어질 수 있다. 이러한 현상을 **콘보이**(convoys)현상이라고 하고, 이 큐를 콘보이라고 한다. 이 현상은 선매권을 갖는 스케줄링을 사용하는 범용 운영체제위에 DBMS를 만드는 경우에 나타나는 결함들 중의 하나이다.

17.3 잠금 변환

트랜잭션은 어떤 객체에 대하여 이미 얻은 공용 잠금을 전용 잠금으로 변환할 필요가 있을 수 있다. 예를 들어, SQL 갱신 문장은 테이블의 각 행에 공용 잠금을 설정하고, 그 행이 조건(WHERE 절)을 만족한다면 그 행에 대하여 전용 잠금을 설정해야 한다.

이러한 **잠금 강도 강화**(lock upgrade) 요구는 다른 트랜잭션들이 그 객체에 공용 잠금을 소유하지 않는다면 즉시 전용 잠금을 허용하고, 그렇지 않다면 큐의 앞부분에 그 요구를 삽입함으로서 처리되어야 한다. 그 트랜잭션을 선호하는(큐의 앞 부분에 삽입하는) 합리성은 이미 그 객체에 대한 공용 잠금을 소유하고 있고, 동일한 객체에 전용 잠금을 원하는 다른 트랜잭션 뒤에 삽입하는 것은 교착상태를 일으키기 때문이다. 불행히도 잠금강화를 선호하는 것은 도움을 주지만 충돌이 있는 두 잠금강화 요구들에 의하여 발생하는 교착상태를 방지하지는 못한다. 예를 들어, 어떤 한 객체에 공용 잠금을 소유한 두 트랜잭션이 모두 전용 잠금으로 잠금강화 요구를 한다면 교착상태가 발생하게 된다.

더 나은 접근방법은 처음부터 전용 잠금을 얻고 전용 잠금이 필요 없을 때 공용 잠금으로 잠금을 **약화**(downgrading)시킴으로써 잠금강화에 대한 필요성을 피하는 것이다. SQL 갱신 문장의 예에서 테이블에 있는 행들이 먼저 전용 모드로 잠금되고, 갱신 조건을 만족하지 못하는 각 행들을 공용 잠금으로 약화되도록 한다. 잠금약화 접근방법은 2단계 잠금 요구조건을 위반하는가? 표면상으로 2단계 잠금 요구조건을 위반한다. 이는 잠금약화는 어느 트랜잭션이 소유한 잠금 권한을 줄이고 다른 잠금을 요구하면서 진행될 수 있기 때문이다. 그러나 이것은 보수적으로 전용 잠금을 얻었지만 트랜잭션이 잠금약화된 객체를 읽는 것 이외에 아무것도 하지 않았기 때문에 특별한 경우이다. 트랜잭션이 객체를 수정하지 않았다면 잠금을 얻는 단계에서 잠금약화를 허락하도록 17.1절에 있는 2단계 잠금의 정의를 안전하게 확장할 수 있다.

잠금약화 접근방법은 쓰기 잠금이 필요하지 않은 경우에도 쓰기 잠금을 얻음으로서 동시성을 저하시킨다. 그러나 대체로 교착상태를 줄임으로서 전체 성능을 향상시킨다. 이러한 이유로 이 접근방법은 현재 상업용 시스템에서 폭넓게 사용되고 있다. 동시성은 **갱신**(update) 잠금이라고 하는 새로운 종류의 잠금을 도입함으로서 증가될 수 있다. 즉, 공용 잠금과 양립하나 다른 갱신 잠금이나 전용 잠금과는 양립하지 않는다. 초기에 전용 잠금보다 갱신 잠금을 설정함으로서 다른 읽기 연산과의 충돌을 피할 수 있다. 갱신 잠금으로 설정된 객체를 갱신할 필요가 없다는 것이 확실할 때 공용 잠금으로 잠금을 약화시킬 수 있다. 그 객체를 갱신할 필요가 있다면 먼저 전용 잠금으로 잠금을 강화한다. 이러한 잠금강화는 어떤 다른 트랜잭션이 그 객체에 갱신이나 전용 잠금을 가질 수 없기 때문에 교착상태에 들어가지 않는다.

17.4 교착상태 처리

교착상태는 드물게 발생하고 전형적으로 소수의 트랜잭션만을 포함한다. 그러한 이유로 데이터베이스 시스템은 주기적으로 교착상태를 검사한다. 트랜잭션 *Ti*가 요구한 잠금이 허용될 수 없기 때문에 *Ti*가 실행정지가 될 때 *Ti*는 현재 충돌 잠금을 소유하고 있는 모든 트랜잭션 *Tj*가 잠금을 해제할 때까지 기다려야 한다. 잠금관리기는 교착상태를 검출하기 위하여 **대기 그래프**(wait-for-graph)를 유지한다. 대기 그래프에서 노드는 수행중인 트랜잭션을 나타내고, *Ti*에서 *Tj*로 가는 에지가 있다면 *Ti*는 *Tj*가 잠금을 해제하기를 기다리고 있다. 잠금요구를 큐에 삽입할 때 잠금관리기가 이 그래프에 하나의 에지를 추가하고, 잠금요구를 허용할 때 에지를 제거한다.

그림 17.3에서 보여준 스케줄에서 라인 아래에 있는 마지막 연산 *X*(*A*)는 대기 그래프에 사이클을 생성하게 한다. 그림 7.4는 이 마지막 연산 전과 후의 대기 그래프를 보여주고 있다.

$T1$	$T2$	$T3$	$T4$
$S(A)$			
$R(A)$			
	$X(B)$		
	$W(B)$		
$S(B)$			
		$S(C)$	
		$R(C)$	
	$X(C)$		
			$X(B)$
		$X(A)$	

그림 17.3 교착상태를 설명하는 스케줄

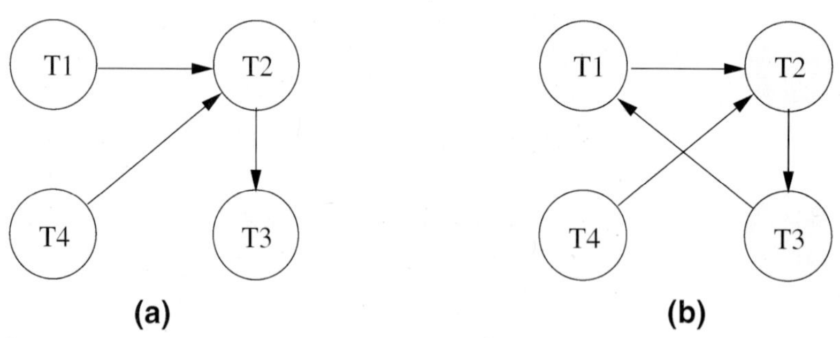

그림 17.4 교착상태 전과 후의 대기그래프

대기 그래프는 수행중인 모든 트랜잭션들을 포함하고 있는데 교착상태가 발생하면 트랜잭션들의 몇몇은 궁극적으로 철회될 것이다. 대기 그래프에서 *Ti*에서 *Tj*로 가는 에지가 있고 *Ti*와 *Tj*가 궁극적으로 완료한다면 완료된 트랜잭션만을 포함하는 선행 그래프에서는 그 반대방향(*Tj*에서 *Ti*로 가는)의 에지가 있다.

교착상태를 가리키는 사이클을 검사하기 위하여 대기 그래프가 주기적으로 체크된다. 교착상태는 사이클에 포함되어 있는 하나의 트랜잭션을 철회하고 그가 소유하고 있는 잠금들을 해제함으로서 해결된다. 이것은 대기하고 있는 트랜잭션들을 진행하게 한다. 어느 트랜잭션을 철회할 것인가 하는 선택은 여러 가지 기준에 의하여 이루어 질 수 있다. 즉, 가장 작은 수의 잠금을 가지고 있는 트랜잭션, 가장 적은 일을 한 트랜잭션, 완료에서 가장 멀리 있는 트랜잭션 등이 기준이 될 수 있다. 트랜잭션은 반복해서 재 시작될 수 있기 때문에 트랜잭션이 교착상태 검사 동안 계속해서 철회되는 것을 피하게 하여 궁극적으로 완료되게 하여야 한다.

대기 그래프를 유지하는 방법의 간단한 다른 대안은 타임아웃 메카니즘을 사용하여 교착상태를 식별하는 것이다. 어느 트랜잭션이 잠금을 위하여 너무 오래 기다린다면 그 트랜잭션은 교착상태에 빠져 있다고 가정하고 그 트랜잭션을 철회하는 것이다.

17.4.1 교착상태 방지

경험적 결과에 의하면 교착상태는 상대적으로 드물고 검출에 근거를 둔 방법은 실제에서 잘 일을 한다는 것으로 나타나 있다. 그러나 잠금에 대한 경쟁이 심하다면 방지에 근거를 둔 방법이 더 우수할 것이다. 각 트랜잭션에 우선순위를 주고 낮은 우선순위를 갖는 트랜잭션들이 높은 우선순위를 갖는 트랜잭션들을 기다리지 않는다는 것(또는 역으로)을 보장함으로서 교착상태를 방지할 수 있다. 우선순위를 할당하는 한 방법은 각 트랜잭션에 실행을 시작할 때 **타임스탬프**(timestamp)를 부여하는 것이다. 타임스탬프가 작을수록 그 트랜잭션의 우선순위는 높다. 즉, 가장 오래된 트랜잭션이 가장 높은 우선순위를 갖는다.

트랜잭션 *Ti*가 잠금을 요구하고 트랜잭션 *Tj*가 충돌 잠금을 소유하고 있다면 잠금관리기는 다음 두 가지 정책 가운데 하나를 사용할 수 있다.

- **Wait-die:** 트랜잭션 *Ti*가 *Tj*보다 더 높은 우선순위를 가지고 있다면 기다리는 것이 허용이 되고, 그렇지 않으면 철회된다.
- **Wound-wait:** 트랜잭션 *Ti*가 *Tj*보다 더 높은 우선순위를 갖는다면 *Tj*를 철회하고, 그렇지 않다면 *Ti*는 기다린다.

wait-die 방법에서 더 낮은 우선순위를 갖는 트랜잭션은 결코 더 높은 우선순위를 갖는 트랜잭션을 기다릴 수 없고, wound-wait 방법에서는 더 높은 우선순위를 갖는 트랜잭션은 결코 더 낮은 우선순위를 갖는 트랜잭션을 기다리지 않는다. 그러므로 어느 경우에나 교착상태 사이클이 발생하지 않는다. 교착상태 사이클이 발생한다면 wait-die 방법에서는 낮은 우선순위를 갖는 트랜잭션이 높은 우선순위를 갖는 트랜잭션을 기다리는 경우가 있고, wound-wait 방법에서는 높은 우선순위를 갖는 트랜잭션이 낮은 우선순위를 갖는 트랜잭션을 기다리는 경우가 있다는 것을 의미한다.

어느 트랜잭션이 결코 충분히 높은 우선순위를 가지고 있지 못함으로 인하여 계속해서 철회되지 않도록 해야 한다(두 방법에서 더 높은 우선순위를 갖는 트랜잭션은 결코 철회되지 않는다). 트랜잭션이 철회되고 재 시작될 때 원래의 것과 동일한 타임스탬프가 주어지도록 타임스탬프를 재 발행하는 것은 각 트랜잭션이 궁극적으로 가장 오래된 트랜잭션이 되게 하고, 트랜잭션은 결국 가장 높은 우선순위를 갖게 되어 요구한 모든 잠금들을 얻게 될 것이다.

wait-die 방식은 비선점형이다. 잠금을 요구한 트랜잭션만이 철회될 수 있다. 트랜잭션이 더 오래될 때(그의 우선순위가 높아질 때), 그 트랜잭션은 더 최신의 트랜잭션들을 기다리는 경향이 있다. 더 오래된 트랜잭션과 충돌하는 더 최신 트랜잭션들은 반복적으로 철회될 수 있다(wound-wait와 비교할 때 단점). 그러나 다른 한편으로는 필요로 하는 모든 잠금을 갖고 있는 트랜잭션은 교착상태의 이유로 결코 철회되지 않는다(선점형인 wound-wait와 비교할 때 장점).

2단계 잠금의 변형인 **보수적 2단계 잠금**(conservertive 2PL)은 역시 교착상태를 방지할 수 있다. 보수적 2단계 잠금 하에서 트랜잭션은 시작할 때 필요로 하는 모든 잠금을 다 얻거나 모든 잠금들이 이용가능 할 때까지 기다리면서 블록된다. 이 방식은 이미 어떠한 잠금을 소유하고 있는 트랜잭션은 다른 잠금을 기다리면서 블록되지 않기 때문에 어떠한 교착상태도 일어나지 않게 한다. 잠금 경쟁이 심하면 보수적 2단계 잠금은 잠금이 평균적으로 소유되는 시간을 줄일 수 있다. 이는 잠금을 소유한 트랜잭션들은 결코 블록되지 않기 때문이다. 상쇄되는 점은 트랜잭션이 잠금들을 좀 더 일찍 얻는다는 것과 잠금 경쟁이 낮으면 보수적 2단계 잠금하에서 잠금들이 더 오래 소유된다는 것이다. 실제적인 면에서, 미리 정확히 어떠한 잠금들이 필요되는지 알기가 어렵다는 것이다. 그리고 이 접근방법은 필요한 것보다 더 많은 잠금을 설정하게 한다. 심지어 트랜잭션이 필요로 하는 하나의 잠금을 얻지 못할 때조차도 모든 잠금을 얻으려고 하고 얻지 못하면 모든 잠금들을 해제해야만 하기 때문에 잠금 설정을 하는 데 드는 오버헤드가 높다. 이러한 이유로 이 접근방법은 실제에서는 사용되지 않는다.

17.5 전문화된 잠금 기법들

지금까지 잠금 프로토콜을 표현하는 데 있어서 데이터베이스를 *독립적인* 데이터 객체들의 *고정된* 모임으로 생각하였다. 다음에서 이러한 제한들을 완화하고 그 결과를 논의한다.

데이터베이스 객체들의 모임이 고정되지 않고 객체들의 삽입과 삭제를 통하여 커지고 축소될 수 있다면 16.6.2절에서 설명된 *팬텀문제*로 알려진 복잡한 문제를 처리해야만 한다. 17.5.1절에서 이 문제를 다룬다.

데이터베이스를 객체들의 독립적인 모임으로 취급하는 것이 직렬성과 복구가능성을 논의하는 데 적당하지만 훨씬 더 나은 성능은 때때로 객체들 사이의 관계를 인식하고 이용하는 프로토콜을 사용해서 얻을 수 있다. 이러한 두 경우를 논의한다. 한 경우는 17.5.2절에서 설명하는 트리구조로 된 인덱스를 잠금하는 것이고, 다른 한 경우는 17.5.3절에서 설명하는 객체들 사이의 포함관계를 갖는 객체들의 모임을 잠금하는 것이다.

17.5.1 동적 데이터베이스와 팬텀문제

다음 예를 생각하자. 트랜잭션 *T*1이 *rating* 수준 1과 2의 각각에 대하여 가장 나이가 많은 선원을 찾기 위하여 Sailors 릴레이션을 검조한다. 먼저 *T*1이 *rating* 1을 가진 선원들을 포함하는 모든 페이지를 식별하여 잠금을 하고(페이지 단위의 잠금이 설정되어 있다면), 가장 나이가 많은 선원의 나이(나이가 71인)를 찾는다. 다음은 트랜잭션 *T*2가 나이가 96이고 *rating* 1을 갖는 새로운 선원을 삽입한다. 이 새로운 선원 레코드가 *rating* 1을 갖는 선원들을 포함하지 않는 페이지에 삽입될 수 있다. 그래서 이 페이지에 전용 잠금은 *T*1이 소유한 어떠한 잠금과도 충돌하지 않는다. *T*2 역시 *rating* 2를 갖는 가장 나이가 많은 선원을 포함하는 페이지를 잠금하고, 이 선원(나이가 80인)을 제거를 한다. *T*2가 완료하고 그의 잠금들을 해제한다. 마지막으로 *T*1이 *rating* 2를 갖는 남아 있는 모든 선원들을 포함하는 페이지를 잠금하고, 가장 나이가 많은 선원의 나이(나이가 63인)를 찾는다.

인터리브된 실행의 결과는 질의의 결과로 나이 71과 63이 프린트된다. *T*1이 먼저 실행하고 *T*2가 나중에 실행하였다면 나이 71과 80을 얻었을 것이다. *T*2가 먼저 실행하고 *T*1이 나중에 실행하였다면 나이 96과 63을 얻었을 것이다. 그래서 두 트랜잭션이 엄격한 2단계 잠금을 따른다고 하여도 인터리브된 실행의 결과는 *T*1과 *T*2의 어떠한 직렬 수행과도 동등하지 않다. 문제는 *T*1이 잠금을 한 페이지들이 *rating* 1을 갖는 선원 레코드들을 포함하는 모든 페이지들을 포함한다고 가정한 것이다. 이 가정은 *T*2가 다른 페이지에 *rating* 1을 갖는 새로운 선원을 삽입할 때 위배가 된다.

결함은 엄격한 2단계 잠금 프로토콜에 있는 것이 아니다. 오히려 *rating* 값 1을 갖는 모든 선원 레코드들의 집합을 잠금하였다는 *T*1의 암시적인 가정에 있다. *T*1의 의미는 그러한 모든 레코드들을 식별하고 *주어진 시간에* 그러한 레코드들을 포함하는 페이지들을 잠금하는 것은 새로운 팬텀 레코드가 다른 페이지에 추가되는 것을 막지 못한다. 그러한 이유로 *T*1은 원하는 선원 레코드들의 집합을 잠금하지 못하였다.

엄격한 2단계 잠금은 충돌 직렬성을 보장한다. 트랜잭션들이 읽고 쓰는 객체에 대하여 충돌이 정의되기 때문에 정말로 이 예에 대한 선행 그래프에 어떠한 사이클도 없다. 그러나 *T*1이 잠금을 했어야하는 객체들의 집합이 *T*2의 액션에 의하여 변경이 되었기 때문에 그 스케줄의 결과는 어느 직렬 수행의 결과와 다르다. 이 예는 충돌직렬성의 중요한 점을 나타내고 있다. 새로운 항목이 데이터베이스에 추가된다면 충돌직렬성은 직렬성을 보장하지 못한다.

트랜잭션이 *rating* 1을 갖는 선원 레코드들을 어떻게 식별하는가를 좀 더 자세히 살펴보는 것은 이 문제가 어떻게 해결될 수 있는가를 제시한다.

- 인덱스가 없고 그 파일에 있는 모든 페이지들이 검조되어야만 한다면, *T*1은 모든 존재하는 페이지를 잠금하는 것에 추가하여 어떠한 새로운 페이지가 그 파일에 추가되지 않는 다는 것을 보장해야 한다.
- *rating* 필드에 대한 인덱스가 있다면, *T*1은 인덱스 페이지에 잠금을 얻을 수 있다. 다시, *rating* = 1을 갖는 데이터 엔트리를 포함하는 페이지 수준에서 물리적 잠금이 이루

어 졌다고 가정한다. 그러한 데이터 엔트리가 없다면, 즉, 이 *rating* 값을 갖는 레코드가 없다면, *rating* = *1*인 데이터 엔트리를 포함하게 될 페이지는 그러한 레코드가 삽입되는 것을 방지하기 위하여 잠금된다. *rating* = *1*을 갖는 레코드를 Sailors 릴레이션에 삽입하려고 하는 어떠한 트랜잭션도 새로운 레코드를 가리키는 데이터 엔트리를 이 인덱스 페이지에 삽입하여야 하고, *T*1이 그의 잠금들을 해제할 때까지 블록된다. 이 기법을 **인덱스 잠금**(index locking)이라고 한다.

두 기법은 효율적으로 *T*1에 *rating* = *1*을 갖는 Sailors 레코드들의 집합에 잠금을 허용한다: *rating* = *1*을 갖는 각 존재하는 레코드는 다른 트랜잭션들에 의하여 변경되는 것으로부터 보호되고, 추가적으로 *rating* = *1*을 갖는 새로운 레코드는 삽입될 수 없다.

별도의 다른 문제는 트랜잭션 *T*1이 효율적으로 *rating* = *1*을 포함하는 인덱스 페이지를 어떻게 식별하고 잠금을 하는가이다. 17.5.2절에서 트리구조 인덱스의 경우에 대하여 이 이슈를 논의한다.

인덱스 잠금은 **술어 잠금**(predicate locking)이라고 불리는 더 일반적인 개념의 특별한 경우이다. 예에서 인덱스 페이지 잠금은 논리 술어 *rating* = *1*을 만족하는 모든 Sailors 레코드를 암시적으로 잠금을 하였다. 좀 더 일반적으로 어떠한 술어를 만족하는 모든 레코드들을 암시적으로 잠금하는 것을 지원할 수 있다. 일반적인 술어 잠금은 구현하는 데 비용이 많이 들기 때문에 보통 사용되지 않는다.

17.5.2 B+ 트리에서 동시성 제어

B+ 트리와 ISAM 인덱스에 대한 동시성 제어의 직접적인 접근방법은 인덱스 구조를 무시하고 각 페이지를 데이터 객체로 취급하고, 2단계 잠금 버전 중 하나를 사용하는 것이다. 모든 트리 탐색은 루트에서 시작하여 어떤 경로를 따라 단말 노드로 진행하기 때문에 이 간단한 잠금 전략은 트리의 상위 레벨에서 아주 높은 잠금 경쟁이 있다는 것이다. 다행히 트리 인덱스의 계층구조를 이용하는 훨씬 더 효율적인 잠금 프로토콜들이 직렬성과 복구가능성을 보장하면서 잠금 비용을 줄이는 것으로 알려져 있다. 탐색과 삽입 연산에 중점을 두고 간단히 이러한 접근방법들 중 몇 가지를 논의한다.

다음 두 가지 관찰결과가 필요한 고찰을 제공한다:

1. 트리의 상위 레벨들은 탐색 방향을 지시한다. 모든 실제 데이터는 단말 레벨에 있다(데이터 엔트리들의 세 가지 대안들 가운데 하나의 포맷으로).
2. 삽입에 대하여, 수정된 단말로부터 분할이 전파되는 노드는 잠금(전용 잠금)되어야 한다.

탐색은 루트에서 시작하여 원하는 단말로 가는 경로에 있는 노드에 대한 공용 잠금을 얻어야 한다. 첫 번째 관찰결과는 탐색은 트리를 거꾸로 올라 가면서 되지 않기 때문에 어느 노드에 대한 잠금은 그의 자식 노드에 대한 잠금이 얻어지면 해제될 수 있다는 것을 제안한다.

삽입을 위한 보수적인 잠금 전략은 트리의 루트로부터 수정될 단말까지의 경로에 있는 모든 노드를 전용으로 잠금하는 것일 것이다. 이는 분할이 단말부터 루트까지 전파될 수 있기 때문이다. 그러나 어느 노드 *A*의 자식을 잠금하자마자, 노드 *A*에 대한 잠금은 분할이 *A*까지 거슬러 전파하는 경우에만 요구된다. 특히 노드 *A*의 자식노드 *B*가 잠금될 때 꽉 차있지 않다면 노드 *B*까지 전파한 분할은 *B*에서 끝나고, *A*로 전파되지 않을 것이다. 그러한 이유로 자식노드를 잠금할 때, 그 자식노드가 꽉 차있지 않다면 부모에 대한 잠금은 해제할 수 있다. 삽입에 의하여 소유된 잠금들은 동일한 경로를 따르는 어떤 다른 트랜잭션이 삽입에 의하여 영향을 받을 수 있는 루트에 가장 가까운 노드에서 기다리게 한다. 자식노드를 잠금하고 가능하다면 부모노드에 대한 잠금을 해제하는 기법을 **잠금 연결**(lock-coupling) 또는 **게걸음**(crabbing)이라고 한다(게가 어떻게 걷는가를 생각하고, 부모에 대한 잠금을 해제하고 자식에 대한 잠금을 설정하면서 잠금이 트리를 따라 어떻게 진행되는지를 비교하여 보아라).

그림 17.5에 있는 트리를 사용하여 B+ 트리 잠금을 설명할 것이다. 데이터 엔트리 38*를 탐색하기 위하여, 트랜잭션 *Ti*는 노드 *A*에 대하여 *S* 잠금을 얻고 내용을 읽은 후 노드 *B*를 조사할 필요가 있다는 것을 결정하고, 노드 *B*에 대한 *S* 잠금을 얻고 *A*에 대한 잠금을 해제한다. 그리고 노드 *C*에 대한 *S*잠금을 얻고 *B*에 대한 잠금을 해제한다. 그 후에 노드 *D*에 대한 *S*잠금을 얻고 *C*에 대한 잠금을 해제한다.

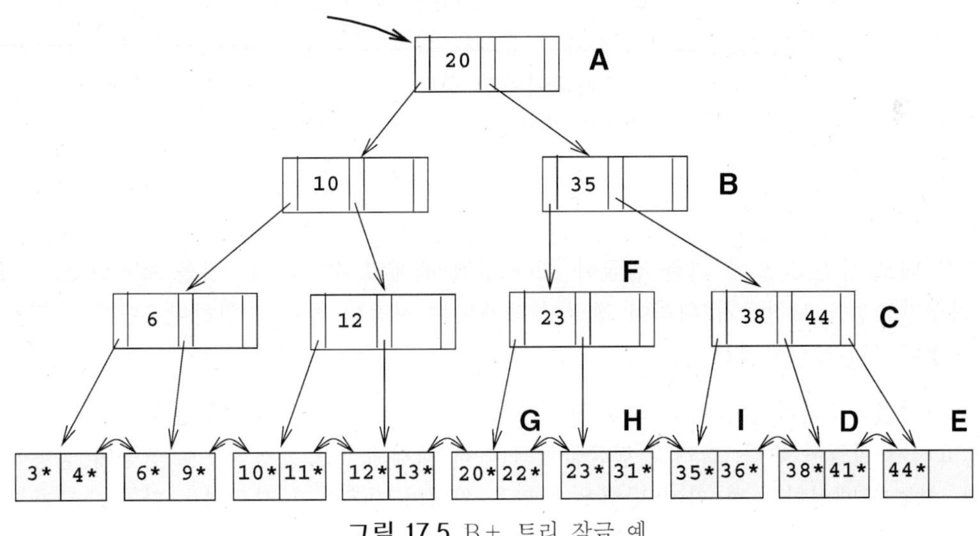

그림 17.5 B+ 트리 잠금 예

*Ti*는 항상 경로에 있는 하나의 노드에 대한 잠금을 가지고 있는데, 이 잠금은 동일한 경로상에 있는 노드를 읽거나 수정하기를 원하는 새로운 다른 트랜잭션들이 현재의 트랜잭션이 완료할 때까지 기다리게 한다. 예를 들어, 트랜잭션 *Tj*가 노드 38*를 삭제하기를 원한다면 루트에서 노드 *D*까지의 경로를 방문하여야 하는데 *Tj*는 *Ti*가 완료할 때까지 기다리게 한다.

물론 *Ti*가 노드 *C*에 도달하기 전 트랜잭션 *Tk*가 노드 *C*에 대한 잠금을 소유하고 있다면 *Ti*는 *Tk*가 완료하는 것을 기다려야 한다.

데이터 엔트리 45*를 삽입하기 위하여 트랜잭션은 노드 *A*에 *S* 잠금을 얻어야 한다. 노드 *B*에 대한 *S* 잠금을 얻고 *A*에 대한 잠금을 해제한다. 그리고 노드 *C*에 대한 *S* 잠금을 얻고(*C*가 꽉 차있기 때문에 *B*에 대한 잠금이 해제되지 않는다), 노드 *E*에 대한 *X* 잠금을 얻고 *C*에 대한 잠금 그리고 *B*에 대한 잠금을 해제한다. 노드 *E*는 새 엔트리에 대한 공간을 가지고 있기 때문에 삽입은 이 노드를 수정함으로서 이루어진다.

대조적으로 데이터 엔트리 25*를 삽입하는 것을 생각하자. 45*의 삽입에 대한 것처럼 진행을 하면 노드 *H*에 대한 *X* 잠금을 얻는다. 불행히도 이 노드는 꽉 차있어서 분할되어야만 한다. *H*를 분할하는 것은 부모 노드 *F*를 수정하는 것을 요구한다. 그러나 트랜잭션이 *F*에 대하여 *S* 잠금을 가지고 있다. 그래서 이 잠금을 *X* 잠금으로 잠금을 강화하는 것을 요구하여야 한다. 어떠한 다른 트랜잭션이 *F*에 대하여 *S* 잠금을 소유하고 있지 않다면 잠금강화는 허용되고, *F*가 여유 공간을 가지고 있기 때문에 분할은 더 이상 루트 쪽으로 전파되지 않고 25*의 삽입이 진행될 수 있다(*H*를 분할하고 새로이 생성된 노드를 지적하여야 하는데 *I*에 있는 형제 포인터를 수정하지 않기 위하여 *G*를 잠금함으로서 삽입을 진행함). 그러나 다른 트랜잭션 *Tx*가 노드 *F*에 대하여 *S* 잠금을 소유하고 있다면, 엔트리 25*를 삽입하는 트랜잭션은 *Tx*가 *S* 잠금을 해제할 때까지 정지된다.

다른 트랜잭션이 *F*에 대하여 *S* 잠금을 소유하고 있고 노드 *H*를 접근하기를 원한다면, 엔트리 25*를 삽입하는 트랜잭션이 *H*에 대하여 *X* 잠금을 가지고 있기 때문에 교착상태를 갖게 된다. 앞의 예는 역시 형제 포인터에 대한 중요한 점을 설명하고 있다. 단말 노드 *H*를 분할할 때 새로운 노드가 *H*의 왼쪽에 추가되어야만 한다. 그렇지 않으면, 형제 포인터가 변경되는 노드는 다른 부모를 갖는 노드 *I*일 것이다. *I*에 대한 형제 포인터를 수정하기 위하여 그의 부모 노드 *C*를 잠금 하여야만 한다(또한 *C*를 잠금하기 위하여 *C*의 조상들을 잠금하여야만 한다).

지적한 대로 중간 노드에 대한 잠금이 보다 일찍 해제될 수 있다는 것을 제외하고, 직렬성과 복구가능성을 보장하기 위하여 잠금이 해제되는 시점의 통제를 위하여 2단계 잠금을 변형한 것이 사용될 수 있다.

이 접근방법은 2단계 잠금의 본래의 용도를 상당히 개선하지만 다수의 전용 잠금이 여전히 불필요하게 설정이 된다. 그리고 잠금들이 신속히 해제되지만 본질적으로 성능에 영향을 미친다. 성능을 개선하는 한 가지 방법은 삽입을 위하여 전용으로 잠금되는 단말 노드가 아니라면 전용 잠금을 얻는 대신에 공용 잠금을 얻는 것이다. 대다수의 경우에 분할이 요구되지 않아서 이 방법이 매우 잘 일을 한다. 그러나 단말이 꽉 차있다면 분할을 전파하는 모든 노드들에 대하여 공용 잠금에서 전용 잠금으로 잠금을 강화해야만 한다. 그러한 잠금강화에 대한 요구는 교착상태를 일으킬 수 있다.

트리 잠금이라는 아이디어는 매우 중요하며, 특별한 경우에 효율적인 잠금 프로토콜의 잠재력을 표현하고 있지만 최신 기술은 아니다.

17.5.3 다단계 잠금

다단계 잠금(multiple-granularity locking)이라고 불리는 또다른 특별한 잠금 전략은 크기가 작은 다른 객체를 포함하는 객체들에 대한 잠금을 효율적으로 설정하는 것을 허용한다.

예를 들어 데이터베이스는 다수의 파일을 포함하고, 파일은 페이지들의 모임이고, 페이지는 레코드들의 모임이다. 한 파일에 있는 대부분의 페이지들을 접근하려고 하는 트랜잭션은 필요할 때 개개의 페이지(혹은 레코드)를 잠금하는 것보다 오히려 그 파일 전체에 대한 잠금을 설정하는 것이 잠금 비용을 상당히 줄일 수 있다. 다른 한편으로는, 그 파일의 일부분을 접근하기를 요구하는 — 이 트랜잭션에 의하여 필요치 않은 부분조차도 — 다른 트랜잭션들은 블록된다. 한 트랜잭션이 상대적으로 그 파일의 소수 페이지만을 접근한다면 그러한 페이지만을 잠금하는 것이 더 좋다. 유사하게 트랜잭션이 페이지 내의 여러 레코드를 접근한다면 전체 페이지를 잠금해야 한다. 그리고 소수의 레코드만을 잠금한다면 단지 그러한 레코드만을 잠금해야 한다.

지적해야 할 의문은 잠금관리기가 한 트랜잭션 *Tx*가 접근하기를 원하는 페이지를 다른 트랜잭션이 그 페이지를 포함하고 있는 파일에 대한 충돌 잠금을 소유하고 있는데 *Tx*가 어떻게 효율적으로 그 페이지를 잠금하지 않도록 하는 가이다.

아이디어는 포함관계의 계층적 성질을 이용하는 것이다. 데이터베이스는 파일들의 집합을 포함하고 있고, 각 파일은 페이지들의 집합을 포함하며, 각 페이지는 레코드들의 집합을 포함하고 있다. 이러한 포함 관계를 표현하는 계층구조는 각 노드가 그의 자식노드들을 포함하는 객체들의 트리로 생각할 수 있다(이 접근방법을 트리가 아닌 계층구조를 다루기 위해 확장될 수 있으나 여기서는 다루지 않는다). 어느 노드에 대한 잠금은 그 노드와 그의 모든 자식들을 묵시적으로 잠금을 하는 것이다(잠금의 이 해석은 B+ 트리 잠금과 매우 다르다. B+ 트리잠금에서 한 노드를 잠금하는 것은 그의 어떠한 자식노드도 묵시적으로 잠금하는 것이 아니다).

공용(*S*)와 전용(*X*) 잠금에 추가하여 다단계 잠금 프로토콜은 역시 두 가지 새로운 종류의 잠금(**의도 공용**(*IS*: Intension Shared)와 **의도 전용**(*IX:* Intension eXclusive 잠금)을 사용한다. *IS* 잠금들은 *X* 잠금들과 충돌하고, *IX* 잠금들은 *S*와 *X* 잠금들과 충돌한다. *S* 모드(*X* 모드)로 노드를 잠금하기 위하여 트랜잭션은 먼저 그의 모든 조상들을 *IS*(*IX*)모드로 잠금하여야 한다. 그래서 어느 트랜잭션이 *S*모드로 어느 노드를 잠금한다면 다른 트랜잭션들은 그의 조상들을 *X* 모드로 잠금을 할 수 없다. 비슷하게 어느 트랜잭션이 *X* 모드로 어느 노드를 잠금한다면 어떠한 다른 트랜잭션도 그의 어느 조상도 *S* 또는 *X* 모드로 잠금할 수 없다. 이것은 어떠한 다른 트랜잭션도 그 노드에 대하여 요구된 *S* 또는 *X* 잠금과 충돌하는 조상에 대한 잠금을 소유하고 있지 않다는 것을 보장 한다.

일반적인 상황은 트랜잭션은 전체 파일을 읽고 그 파일 내의 일부 소수의 레코드만을 수정

> **잠금 단위**(lock granularity): 몇몇 데이터베이스 시스템은 프로그래머가 잠금 단위를 선택하는 디폴트 메카니즘을 오버라이드 하는 것을 허용한다. 예를 들어 Microsoft SQL Server는 사용자가 키워드 PAGELOCK을 사용하여 테이블 잠금 대신에 페이지 잠금을 선택하는 것을 허용한다. IBM의 DB2 UDB는 분명한 테이블 수준의 잠금을 허용한다.

한다는 것이다. 즉, 트랜잭션은 그 파일에 대하여 *S* 잠금을 필요로 하고 *X* 모드로 포함된 객체의 몇몇을 잠금을 할 수 있도록 *IX* 잠금을 필요로 한다. 논리적으로 *S* 잠금과 *IX*잠금을 소유하는 것과 동일한 *SIX*라고 하는 새로운 종류의 잠금을 정의하는 것이 유용하다. 트랜잭션은 *S* 잠금과 *IX* 잠금 대신에 단일 *SIX* 잠금(*S* 또는 *IX*와 충돌하는 어떠한 잠금과도 충돌하는)을 얻을 수 있다.

중요한 점은 이 프로토콜이 정확히 작동하기 위하여 잠금들이 단말에서 루트 순으로 해제되어야 한다는 것이다. 이것을 알기 위하여 트랜잭션 *Ti*가 루트(전체 데이터베이스)에서 페이지 *p*에 해당하는 노드로 가는 경로 상에 있는 모든 트랜잭션들을 *IS* 모드로 잠금을 하고, 그리고 *p*를 S 모드로 잠금을 한 후 루트 노드에 대한 잠금을 해제한다고 생각하자. 이때 다른 트랜잭션 *Tj*가 지금 루트에 대하여 *X* 잠금을 얻을 수 있다. 이 잠금은 묵시적으로 *Tj*에게 페이지 *p*(현재 *Ti*가 소유하고 있는 *S* 잠금과 충돌이 있는)에 대하여 *X* 잠금을 주는 것이다.

다단계 잠금은 직렬성을 보장하기 위하여 2단계 잠금과 함께 사용되어야 한다. 2단계 잠금 프로토콜은 잠금이 언제 해제될 수 있는지를 지시한다. 이 때에 다단계 잠금을 사용하여 얻어진 잠금들은 해제될 수 있는데 단말에서 루트로 해제되어야 한다.

마지막으로 어떠한 잠금 단위가 주어진 트랜잭션에 대하여 적당한지를 어떻게 결정하는 가이다. 한 가지 접근방법은 미세한 잠금 단위(예를 들면 레코드 수준)를 얻음으로서 시작한다. 그리고 그 트랜잭션이 그 잠금 단위에서 일정한 수의 잠금을 요구한 후 그 다음 높은 수준의 잠금 단위(예를 들면 페이지 수준)로 잠금을 하도록 한다. 이 접근방법을 **잠금 단위 증가**(lock escalation)라고 한다.

17.6 잠금을 사용하지 않는 동시성 제어

잠금은 DBMS의 동시성 제어에서 가장 폭 넓게 사용되는 접근방법이다. 그러나 그것이 유일한 방법은 아니다. 다음에서 몇 가지 다른 대안 접근방법들을 살펴본다.

17.6.1 낙관적 동시성 제어

잠금 프로토콜들은 트랜잭션들 사이의 충돌을 해결하기 위한 비관적 접근 방법인데, 충돌을 해결하기 위하여 트랜잭션의 철회나 블로킹을 사용한다. 상대적으로 데이터 객체에 대한 경쟁이 가벼운 시스템에도 불구하고 잠금을 사용하면 잠금을 얻고 잠금 프로토콜을 따르는 오버헤드는 지불되어야 한다.

낙관적 동시성 제어에서, 기본 전제는 대부분의 트랜잭션들은 다른 트랜잭션들과 충돌하지 않는다는 것이고, 아이디어는 트랜잭션들의 실행을 가능하면 허용하는 것이다. 낙관적 동시성 제어에서 트랜잭션들은 다음의 3단계로 실행이 진행된다:

1. **읽기**(read): 트랜잭션이 수행하고, 데이터베이스에서 값을 읽고, 개별 작업공간에 쓰기를 한다.
2. **유효성검사**(validation): 트랜잭션이 완료하기를 원한다면, DBMS는 트랜잭션이 현재 실행중인 다른 트랜잭션과 충돌이 있는지를 검사한다. 가능한 충돌이 있다면, 그 트랜잭션은 철회된다. 그의 개별 작업공간은 제거되고, 그 트랜잭션은 다시 시작된다.
3. **쓰기**(write): 유효성검사가 어떠한 가능한 충돌들이 없다고 결정하면, 그 트랜잭션이 개별 작업공간에 한 변경이 데이터베이스에 복사된다.

정말로 거의 충돌이 없고 유효성검사가 효율적으로 이루어질 수 있다면, 이 접근방법은 잠금보다 더 나은 성능을 발휘함에 틀림이 없다. 많은 충돌이 있다면 반복해서 재 시작하는 트랜잭션들에 대한 비용이 상당히 성능을 해칠 수 있다.

각 트랜잭션 *Ti*가 유효성검사 단계의 시작에서 타임스탬프를 할당받는데, 유효성검사 기준은 트랜잭션들의 타임스탬프 순서가 직렬순서와 동등한지를 검사하는 것이다. *TS*(*Ti*) < *TS*(*Tj*)와 같은 *Ti*와 *Tj*의 각 쌍에 대하여, 다음의 **유효성 검사 조건**들(validation conditions) 중 한 가지를 만족하여야 한다:

1. *Ti*는 *Tj*가 시작하기 전에 위의 3단계 모두를 완료하였다.
2. *Ti*는 *Tj*가 그의 쓰기 단계를 시작하기 전에 끝났고, *Ti*는 *Tj*가 읽은 어떠한 데이터베이스 객체에도 쓰기를 하지 않았다.
3. *Tj*가 읽기 단계를 끝내기 전 *Ti*는 읽기 단계를 끝냈고, *Ti*는 *Tj*가 읽거나 쓰기를 하는 어떠한 데이터베이스 객체에도 쓰기를 하지 않는다.

*Tj*의 유효성을 검증하기 위하여, *TS*(*Ti*) < *TS*(*Tj*)와 같은 각 완료된 트랜잭션 *Ti*에 대하여 이러한 조건들 가운데 하나를 만족하고 있다는 것을 알기 위하여 검사하여야 한다. 이러한 조건들 각각은 *Tj*가 한 수정이 *Ti*에 보이지 않는 다는 것을 보장한다.

더 나아가, 첫 번째 조건은 *Ti*가 한 변경의 일부를 *Tj*가 보는 것을 허용한다. 그러나 분명히 *Ti*와 *Tj*는 서로에 대하여 완전히 직렬 순서로 수행한다. 두 번째 조건은 *Ti*가 여전히 객체들을 수정하고 있는 중에 *Tj*가 객체를 읽는 것을 허용한다. 그러나 *Tj*는 *Ti*가 수정한 어떠한 객체도 읽지 않았기 때문에 충돌이 없다. *Tj*는 *Ti*가 쓰기를 한 객체에 덧쓰기를 할 수 있지만 *Ti*의 모든 쓰기는 *Tj*의 모든 쓰기를 선행한다. 세 번째 조건은 *Ti*와 *Tj가* 동시에 객체에 쓰기를 하는 것을 허용한다. 그래서 두 번째 조건보다 더 많은 시간적 중복을 갖는다. 그러나 두 트랜잭션이 쓰기를 한 객체들의 집합은 겹칠 수 없다. 그래서 이러한 세 조건 중의 하나라도 충족이 된다면 어떠한 RW, WR, WW 충돌도 가능하지 않다.

이러한 유효성 검증 기준을 검사하는 것은 각 트랜잭션이 읽기와 쓰기를 한 객체들의 리스트를 유지하는 것을 요구한다. 더 나아가, 한 트랜잭션이 유효성이 검증되고 있을 동안 어떠한 다른 트랜잭션도 완료되는 것이 허용되어서는 안 된다. 그렇지 않다면, 첫 번째 트랜잭션의 유효성 검증은 새로이 완료된 트랜잭션에 대한 충돌을 놓칠 수 있다. 유효성 검증 트랜잭션의 쓰기 단계는 역시 다른 트랜잭션의 유효성이 검증되기 전에 끝나야 한다(그의 영향을 개별 작업 공간 밖에서 볼 수 있도록 하기 위하여).

임계영역(critical section)과 같은 동기화 메카니즘은 언제나 많아야 한 트랜잭션만이 그의 유효성 검증/쓰기 단계에 있다는 것을 보장하기 위하여 사용될 수 있다(프로세스가 그의 코드 내의 임계영역을 실행하고 있을 때 시스템은 모든 다른 프로세스들을 실행 정지시킨다). 동시성에 끼치는 영향을 최소화하기 위하여 분명히 이러한 단계들을 가능하면 짧게 유지하는 것이 중요하다. 수정된 객체들의 사본들이 개별 작업공간으로부터 복사되어야 한다면, 이것은 쓰기 단계를 길게 할 수 있다. 다른 대안의 접근방법(B+ 트리의 단말 페이지와 같이 군집화(cluster)되어야 하는 객체들의 물리적인 지역성의 결여라는 페널티를 갖는)은 간접접근 방법을 사용하는 것이다. 이 방법에서 모든 객체는 논리적 포인터를 통하여 접근되고, 객체를 복사하는 대신에 쓰기 단계에서 개별 작업공간에 있는 객체들의 버전을 지적하는 논리적 포인터를 단순히 스위치 한다.

분명히 낙관적 동시성 제어가 어떠한 오버헤드도 갖지 않는 경우는 아니고, 오히려 잠금 접근방법들의 잠금 오버헤드가 충돌을 검사하고, 개별 작업공간으로부터 변경된 것을 복사하고, 트랜잭션들에 대한 읽기 리스트와 쓰기 리스트들을 기록하는 오버헤드로 대치되었다. 유사하게 잠금 접근방법에서 블로킹으로 인하여 초래된 비용이 낙관적 방법에서는 재 시작된 트랜잭션들에 의하여 낭비되는 작업 비용으로 대치된다.

개선된 충돌 해결[1]

앞에서 기술된 세 가지 유효성 검증 조건을 사용하는 낙관적 동시성 제어는 전반적으로 보수적이고 트랜잭션들을 불필요하게 철회하고, 재 시작하게 한다. 특히 유효성 검증 조건에 따라 *Ti*는 *Tj*가 읽은 어느 객체에도 쓰기를 할 수 없다. 그러나 유효성 검증이 *Ti*가 논리적으로 *Tj* 전에 실행한다는 것을 보장하는 데 목적이 있기 때문에 *Tj*가 읽기 전에 *Tj*가 요구한 모든 데이터항목에 *Ti*가 쓰기를 한다면 어떠한 문제도 발생하지 않는다.

*Tj*에 대한 유효성을 검증할 때에 *Ti*가 언제(*Tj*의 읽기와 상대적으로) 객체에 쓰기를 하였는가를 이야기 해줄 방법이 없기 때문에 문제가 일어난다. 이는 유지하고 있는 모든 것이 *Ti*가 쓰기를 한 객체들의 리스트와 *Tj*가 읽기를 한 객체들의 리스트이기 때문이다. 이러한 거짓 충돌은 잠금과 매우 유사한 메카니즘을 사용하여 데이터 충돌 단위로 좀 더 미세한 단위 객체를 사용하는 해결책에 의하여 완화될 수 있다.

[1] 이 부분을 작성한 Alexander Thomasian에게 감사한다.

기본 아이디어는 읽기 단계에 있는 각 트랜잭션은 그가 읽고 있는 항목을 DBMS에 알린다는 것이다. 그리고 트랜잭션 *Ti*가 완료될 때(그리고 그의 쓰기가 허락될 때) DBMS는 *Ti*가 쓰기를 한 항목들 가운데 어느 하나라도 (아직 유효화되고 있는) 트랜잭션 *Tj*가 읽고 있는지를 검사 한다는 것이다. 그렇다면, *Tj*의 유효화는 궁극적으로 실패해야만 한다는 것을 안다. 이 때 취할 수 있는 정책은 *Tj*가 유효성이 검증될 때 이것을 발견하는 것을 허용(**die 정책**)하게 하거나, *Tj*를 죽이고 즉시 재 시작(**kill 정책**)하게 한다.

자세한 사항은 다음과 같다. 데이터 항목을 읽기 전에, 트랜잭션 *T*는 해시 테이블에 **접근 엔트리**(access entry)를 넣는다. 접근 엔트리는 *트랜잭션 id, 데이터 객체 id, 수정* 플래그(초기값은 `false`)를 포함하고 있고, 엔트리들은 데이터 객체 *id*에 기초하여 해싱된다. 잠정적인 전용 잠금이 그 엔트리를 포함하는 해시 버켓에 대하여 얻어지고, 그 잠금은 읽기 데이터 항목이 데이터베이스 버퍼로부터 그 트랜잭션의 개별 작업공간으로 복사될 동안 소유된다.

*T*의 유효성 검증 동안 *T*가 어떠한 데이터 충돌을 만났는지를 검사하기 위하여 *T*가 접근한 모든 데이터 객체들의 버켓들은 (전용 모드로) 다시 잠금된다. *T*의 접근 엔트리들 가운데 하나에서 *수정* 플래그가 `true`로 설정되어 있으면 *T*는 충돌을 만났다(이것은 die 정책이 사용되고 있다고 가정한다; kill 정책이 사용된다면 그 플래그가 `true`로 설정되어 있으면 *T*는 재 시작된다).

*T*가 성공적으로 유효성 검증이 되면, *T*가 수정한 각 객체의 해시 버켓을 잠금하고, 이 객체의 모든 접근 엔트리들을 검색하고, *수정* 플래그를 `true`로 설정하고, 그 버켓에 대한 잠금을 해제한다. kill 정책이 사용된다면 이러한 접근 엔트리를 넣은 트랜잭션들은 재 시작이 된다. 그러한 후에 *T*의 쓰기 단계를 끝마친다.

kill 정책은 항상 die 정책보다 더 나은 것 같다. 그것은 전체적인 응답시간을 줄이고 낭비되는 처리를 줄이기 때문이다. 그러나 끝까지 *T*를 실행하는 것은 그의 실행을 위하여 요구된 데이터 항목들 모두가 데이터베이스 버퍼에 미리 찾아 저장되어 있고, 그리고 *T*의 재 시작된 실행은 읽기를 위하여 디스크 I/O를 요구하지 않을 것이라는 장점을 가지고 있다. 이것은 데이터베이스 버퍼가 미리 찾아 저장된 페이지들이 대치되지 않을 만큼 충분히 크다는 것을 가정하고 있다. 그리고 더 중요한 것은 **접근 invariance**가 우세하다. 접근 invariance는 *T*의 연속적인 실행은 실행동안 동일한 데이터를 요구한다는 것이다. *T*가 재 시작될 때 그의 실행시간은 어떠한 디스크 I/O도 요구하지 않기 때문에 전보다 훨씬 더 짧다. 그래서 유효화될 기회가 더 높다(물론 트랜잭션이 이미 그의 읽기 단계를 끝냈다면 그의 모든 데이터 객체들이 이미 버퍼 풀에 있기 때문에 뒤이은 충돌은 kill 정책을 사용하여 다루어져야만 한다).

17.6.2 타임스탬프에 근거한 동시성 제어

잠금에 기초한 동시성 제어에서, 서로 다른 트랜잭션들의 충돌이 일어나는 액션들은 잠금이 얻어진 순서대로 정렬이 되는데, 잠금 프로토콜은 액션들에 대한 순서를 트랜잭션들의 순서로 확장한다. 이는 트랜잭션들의 직렬성을 보장한다. 낙관적 동시성 제어에서 타임스탬프 순서가 트랜잭션들에 부과되고, 유효성 검증은 모든 충돌 액션들이 동일한 순서로 일어났다는 것을 검사하는 것이다.

타임스탬프는 다른 방식으로 사용될 수 있다. 각 트랜잭션은 시작할 때 타임스탬프를 할당받고 실행시간에 트랜잭션 *Ti*의 액션 *ai*가 트랜잭션 *Tj*의 액션 *aj*와 충돌이 있고 *TS*(*Ti*) < *TS*(*Tj*)이라면 *ai*는 *aj*보다 먼저 일어난다. 액션이 이러한 순서를 위배한다면 그 트랜잭션은 철회되고 재 시작된다.

이러한 동시성 제어 방법을 구현하기 위하여 각 데이터베이스 객체 *O*는 *RTS*(*O*) (**Read TimeStamp** of *O*)와 *WTS*(*O*)(**Write TimeStamp** of *O*)를 갖는다. 트랜잭션이 객체 *O*를 읽기를 원하고, *TS*(*T*) < *WTS*(*O*)이라면, *O*에 가장 최근의 쓰기에 대하여 이 읽기의 순서는 이 트랜잭션과 쓰기를 한 트랜잭션 사이의 타임스탬프 순서를 위반하게 된다. 이러한 이유로, *T*는 철회되고 새로이 큰 타임스탬프를 가지고 재 시작된다. *TS*(*T*) > *WTS*(*O*)라면 *T*는 *O*를 읽고, *RTS*(*O*)는 *RTS*(*O*)와 *TS*(*T*) 중에서 큰 값으로 설정된다(읽기에서 조차도 복구를 위하여 물리적 변경—*RTS*(*O*)의 변경—은 디스크에 쓰여지고 로그에 기록된다).

동일한 타임스탬프를 가지고 트랜잭션이 재 시작된다면 동일한 충돌로 인하여 다시 철회되는 것이 확실하다. 교착상태 방지를 위하여 2단계 잠금에서 타임스탬프를 사용하는 데 트랜잭션이 반복적으로 재 시작되는 것을 방지하기 위하여 동일한 타임스탬프를 가지고 재 시작이 된다. 타임스탬프를 사용하여 교착상태 방지하는 경우와 스케줄 하는 경우를 비교해보자. 이것은 타임스탬프의 두 가지 용도가 아주 다르기 때문에 혼동을 해서는 안된다.

다음으로, 트랜잭션 *T*가 객체 *O*에 쓰기를 원할 때 무슨 일이 일어나는지를 생각하자:

1. *TS*(*T*) < *RTS*(*O*)라면, 쓰기 액션은 *O*에 대한 가장 최근의 읽기 액션과 충돌하므로 *T*는 철회되고 재 시작된다.
2. *TS*(*T*) < *WTS*(*O*)라면, 원래의 접근방법은 *T*의 쓰기 액션이 *O*에 대한 가장 최근의 쓰기와 충돌이 있고 타임스탬프 순으로 수행되지 않았기 때문에 *T*를 철회해야 할 것이다. 그러나 그러한 쓰기는 무시하고 안전하게 계속 수행할 수 있다. 시간이 지난 쓰기를 무시하는 것을 **Thomas의 쓰기 규칙**(Thomas Write Rule)이라고 한다.
3. 그렇지 않으면, *T*는 *O*에 쓰기를 하고 *WTS*(*O*)를 *TS*(*T*)로 설정한다.

Thomas의 쓰기 규칙

Thomas의 쓰기 규칙에 대한 정당성을 생각해 보자. *TS*(*T*) < *WTS*(*O*)라면, *T*의 현재 쓰기 액션은 효과 면에서 타임스탬프 순서에 따라 *O*에 대한 가장 최근의 쓰기(현재의 쓰기를 따르는)에 의하여 쓸모없게 되었다. 이는 *T*의 쓰기 액션은 *O*에 대한 가장 최근의 쓰기 바로 전에 일어났고 어느 트랜잭션도 읽지 않은 것으로 생각할 수 있다.

Thomas의 쓰기 규칙이 사용되지 않는다면, 즉, *T*가 위의 경우 2에 의하여 철회된다면, 2단계 잠금처럼 타임스탬프 프로토콜은 충돌 직렬 가능한 스케줄만을 허용한다. Thomas의 쓰기 규칙이 사용된다면 그림 17.6[2]에 있는 스케줄처럼 충돌 직렬 가능하지 않은 몇몇 스케줄이 허용된다. *T2*의 쓰기가 *T1*의 읽기를 따르고 동일 객체에 대한 *T1*의 쓰기를 선행하기 때문에 이 스케줄은 충돌 직렬 가능하지 않다.

$T1$	$T2$
$R(A)$	
	$W(A)$
	Commit
$W(A)$	
Commit	

그림 17.6 충돌 직렬가능하지 않은 직렬 가능한 스케줄

Thomas의 쓰기 규칙은 *T2*의 쓰기 결과를 결코 다른 트랜잭션이 보지 않았다는 것에 의존하는데, 그림 17.6에 있는 스케줄은 그림 17.7에서 보여준 것처럼 이 쓰기 액션을 제거함으로서 얻어진 직렬 가능한 스케줄과 동등하다.

$T1$	$T2$
$R(A)$	
	Commit
$W(A)$	
Commit	

그림 17.7 충돌 직렬 가능한 스케줄

복구가능성

불행히도 바로 이전에 제시된 타임스탬프 프로토콜은 그림 17.8에 있는 스케줄이 설명하듯이 복구가능하지 않은 스케줄을 허용할 수 있다. *TS*(*T1*) = 1이고 *TS*(*T2*) = 2라면 이 스케줄은 Thomas의 쓰기 규칙이 있건 없건 타임스탬프 프로토콜이 허용을 한다. 트랜잭션이 완료할 때까지 모든 쓰기 액션들을 **버퍼링**함으로서 복구가능하지 않은 스케줄을 허용하지 않도록 타임스탬프 프로토콜이 수정될 수 있다. 예에서 *T1*이 *A*에 쓰기를 원할 때 *WTS*(*A*)가 이 액션을 반영하기 위하여 갱신이 된다. 그러나 *A*의 변화는 즉시 이루어지지 않고 대신에 개별 작업 공간 또는 버퍼에 기록된다. 이어서 *T2*가 *A*를 읽기를 원할 때 그의 타임스탬프가 *WTS*(*A*)와 비교되고 그 읽기가 허용될 수 있다. 그러나 *T2*는 *T1*이 완료할 때까지 블록된다. *T1*이 완료한다면, *A*의 변화가 버퍼로부터 복사된다; 그렇지 않으면, 버퍼에 있는 변화는 제거된다. 그러한 후에 *T2*는 *A*를 읽는 것을 허락받는다.

[2] 다른 방향에서, 2단계 잠금은 Thomas의 쓰기 규칙을 사용하는 타임스탬프 알고리즘이 허용하지 않는 몇몇 스케줄을 허용한다. 연습문제 17.7 참조.

*T*2의 블로킹은 *T*1이 *A*에 대하여 전용 잠금을 얻는 효과와 유사하다. 그럼에도 불구하고, 이러한 수정을 가지고서도 타임스탬프 프로토콜은 2단계 잠금이 허용하지 않는 몇몇 스케줄을 허용한다. 그래서 두 프로토콜은 서로 다르다(연습문제 17.7 참조).

$T1$	$T2$
$W(A)$	
	$R(A)$
	$W(B)$
	Commit

그림 17.8 복구가능하지 않은 스케줄

복구가능성은 중요하기 때문에, 그러한 타임스탬프 프로토콜의 수정은 타임스탬프 프로토콜을 실용적으로 만들어 준다. 읽기와 쓰기 타임스탬프들을 유지하기 위한 비용에 덧붙여서 복구가능성을 위하여 추가된 오버헤드가 있다면, 타임스탬프 동시성 제어는 중앙 집중형 시스템에서 잠금에 기초한 프로토콜보다 낫지는 않다. 타임스탬프 동시성 제어는 주로 분산 데이터베이스 시스템에서 사용되었다.

17.6.3 다중버전 동시성 제어

이 프로토콜은 타임스탬프를 사용하는 또다른 방식을 표현한다. 직렬성을 달성하기 위하여 타임스탬프는 시작할 때 할당된다. 이 프로토콜의 목표는 트랜잭션이 데이터베이스 객체를 읽기 위하여 결코 기다리지 않게 한다는 것이고, 아이디어는 각 데이터베이스 객체에 대하여 다수의 버전을 유지한다는 것이다. 각 버전은 쓰기 타임스탬프를 가지고 있는데, 트랜잭션 *Ti*는 버전의 쓰기 타임스탬프가 *Ti*의 타임스탬프인 *TS*(*Ti*)를 선행하는 가장 최근 버전을 읽는다.

트랜잭션 *Ti*가 객체에 쓰기를 원한다면, 그 객체는 이미 $TS(Ti) < TS(Tj)$ 조건을 만족하는 다른 트랜잭션 *Tj*가 읽지 않았다는 것을 보장하여야 한다. 그러한 객체에 *Ti*가 쓰기를 하는 것을 허용한다면 직렬성 때문에 *Tj*는 그 변화를 보았어야 한다. 그러나 분명히 과거 어느 시점에서 그 객체를 읽은 *Tj*는 *Ti*가 만든 변화를 보지 못하였을 것이다.

이러한 조건을 검사하기 위하여, 모든 객체는 연관된 읽기 타임스탬프를 가지고 있고, 트랜잭션이 객체를 읽을 때마다 읽기 타임스탬프는 현재의 읽기 타임스탬프와 읽는 트랜잭션의 타임스탬프 중에서 최대 값으로 설정된다. *Ti*가 객체 *O*에 쓰기를 원하고 $TS(Ti) < RTS(O)$라면, *Ti*는 철회되고 새로운 더 큰 타임스탬프를 가지고 재 시작된다. 그렇지 않으면, *Ti*는 *O*에 대한 새로운 버전을 생성하고 생성된 버전의 읽기와 쓰기 타임스탬프를 *TS*(*Ti*)로 설정한다.

이 방법의 결함은 타임스탬프 동시성 제어의 결함과 유사하고, 부가하여 버전을 유지하는데 드는 비용이 있다. 다른 한편으로, 읽기 연산들은 결코 블록되지 않는데, 데이터베이스로부터 오직 읽기만하는 트랜잭션들이 압도적으로 많은 작업부하에 대하여 중요할 수 있다.

실제 시스템은 무엇을 하는가? IBM DB2, Infomix, Microsoft SQL Server, Sybase ASE는 엄격한 2단계 잠금 또는 그의 변종들(트랜잭션이 `SERIALIZABLE` SQL 고립수준을 요구한다면 16.6절을 참조)을 사용한다. Microsoft SQL Server는 트랜잭션이 잠금을 설정하지 않고 유효성 검증(낙관적 동시성 제어를 함)을 할 수 있도록 역시 수정된 타임스탬프 방법을 지원한다. Oracle 8은 판독자들이 결코 기다리지 않도록 하는 다중 버전 동시성 제어를 사용한다. 사실 판독자들은 결코 잠금을 얻지 않고 읽은 후 데이터 블록이 변경이 되었는지를 검사함으로서 충돌을 검출한다. 이러한 모든 시스템들은 테이블, 페이지, 레코드 수준의 잠금을 지원하는 다단계 잠금을 지원한다. 모든 시스템은 대기 그래프를 사용하여 교착상태를 다룬다. Sybase ASIQ는 테이블 수준의 잠금만을 지원하고 잠금 요구가 실패하면 트랜잭션을 철회한다—갱신(갱신으로 인한 충돌)은 데이터 웨어하우스에서 드물기 때문에 이 단순한 방법으로 충분하다.

17.7 복습문제

복습문제에 대한 답은 열거된 절에서 발견할 수 있다.

- 두 스케줄은 언제 *충돌 동등*이 되는가? *충돌 직렬가능* 스케줄은 무엇인가? *엄격한* 스케줄은 무엇인가? **(17.1절 참조)**
- *선행 그래프* 또는 *직렬화 그래프*가 무엇인가? 이들은 충돌 직렬성과 어떻게 연관이 되는가? 이들은 2단계 잠금과 어떻게 연관이 되는가? **(17.1절 참조)**
- *잠금관리기*는 무슨 일을 하는가? *잠금 테이블*과 *트랜잭션 테이블* 자료구조를 기술하고 잠금 관리에서 그들의 역할을 기술하시오. **(17.2절 참조)**
- *잠금강화*와 *잠금약화*의 상대적인 장점을 논하시오. **(17.3절 참조)**
- 교착상태 검출과 교착상태 방지 방법을 기술하고 비교하시오. 검출방법이 더 일반적으로 사용되는 이유는 무엇인가? **(17.4절 참조)**
- 데이터베이스 객체들의 모임의 크기가 고정되지 않고 객체들의 삽입과 삭제에 따라 늘어나고 줄어들 수 있다면 *팬텀문제*로서 알려진 미묘한 복잡성을 다루어야만 한다. 이 문제를 기술하고 이 문제를 해결하기 위한 인덱스 잠금 접근방법을 기술하시오. **(17.5.1절 참조)**
- 트리 인덱스 구조에서 트리의 상위 수준을 잠금하는 것은 성능의 병목이 될 수 있다. 그 이유를 설명하시오. 그 문제를 지적하기 위한 전문화된 잠금기법을 기술하고, 2단계가 아님에도 불구하고 정확히 작동을 하는 이유를 설명하시오. **(17.5.2절 참조)**
- *다단계 잠금*은 다른 객체를 포함하고 있는 객체를 잠금하는 것, 즉 포함된 모든 객체를 묵시적으로 잠금하는 것을 가능하게 한다. 이 접근 방법이 중요한 이유는 무엇이고 어떻게 작동하는가? **(17.5.3절 참조)**

- *낙관적 동시성 제어*에서 어떠한 잠금도 설정하지 않고 트랜잭션들은 개별 작업공간에 있는 데이터 객체를 읽고 수정한다. 이 접근방법에서 트랜잭션들 사이의 충돌이 어떻게 검출되고 해결이 되는가? **(17.6.1절 참조)**
- *타임스탬프에 기초한 동시성 제어*에서 트랜잭션들은 시작할 때 타임스탬프를 부여받는다. 직렬성 보장을 위하여 타임스탬프가 어떻게 사용되는가? *Tomas의 쓰기 규칙*은 동시성을 어떻게 개선시킬 수 있는가? **(17.6.2절 참조)**
- 타임스탬프에 기초한 동시성 제어가 복구가능하지 않은 스케줄을 허용하는 이유를 설명하시오. 그러한 스케줄을 허용하지 않도록 하기 위하여 이 제어방법이 *버퍼링*을 사용하여 어떻게 수정될 수 있는지를 기술하시오. **(17.6.2절 참조)**
- *다중버전 동시성 제어*를 기술하시오. 잠금 기법과 비교하여 어떠한 장단점이 있는가? **(17.6.3절 참조)**

연습문제

문제 17.1 다음 질문에 답하시오.

1. 전형적인 잠금관리기가 어떻게 구현되는지를 기술하시오. 잠금과 잠금해제가 원자적 연산이어야 하는 이유는 무엇인가? 잠금과 래치와의 차이점은 무엇인가?
2. *잠금약화*를 잠금강화와 비교하시오. 잠금약화가 2단계 잠금을 위배하나 그럼에도 불구하고 수용가능한 이유는 무엇인가? 잠금약화와 관련하여 *갱신 잠금*의 사용을 논하시오.
3. 타임스탬프가 교착상태 방지에 사용될 때 재 시작 트랜잭션에 할당된 타임스탬프를 타임스탬프가 동시성 제어에 사용될 때 재 시작 트랜잭션에 할당된 타임스탬프와 비교하시오.
4. Thomas의 쓰기 규칙이 무엇인지 말하고, 그의 정당성을 논하시오.
5. 두 스케줄이 충돌 동등이라면 뷰 동등이라는 것을 보이시오.
6. 엄격하지 않은 직렬가능 스케줄의 예를 드시오.
7. 직렬가능하지 않은 엄격한 스케줄의 예를 드시오.
8. 낙관적 동시성 제어에서 개선된 충돌 해결책을 위한 잠금의 사용과 그의 동기를 기술하시오.

문제 17.2 스케줄들의 다음 클래스들을 생각하자. 스케줄 클래스들: *직렬가능*, *충돌 직렬가능*, *연쇄철회 회피*, *엄격한 스케줄* 클래스. 다음 스케줄 각각에 대하여 그 스케줄이 어느 클래스에 속하는지를 답하시오. 열거된 액션들에 토대를 두고 어느 스케줄이 어느 클래스에 속하는지를 결정할 수 없다면 간단히 그 이유를 말하시오.

액션들은 스케줄된 순서로 리스트되어 있고 트랜잭션 이름이 리스트 앞에 붙어 있다. 완료(Commit)나 철회(Abort)가 없으면 그 스케줄은 미완료이고, Commit와 Abort는 모든 리스트된 액션들을 따라야 한다고 가정한다.

1. T1:R(X), T2:R(X), T1:W(X), T2:W(X)
2. T1:W(X), T2:R(Y), T1:R(Y), T2:R(X)

3. T1:R(X), T2:R(Y), T3:W(X), T2:R(X), T1:R(Y)
4. T1:R(X), T1:R(Y), T1:W(X), T2:R(Y), T3:W(Y), T1:W(X), T2:R(Y)
5. T1:R(X), T2:W(X), T1:W(X), T2:Abort, T1:Commit
6. T1:R(X), T2:W(X), T1:W(X), T2:Commit, T1:Commit
7. T1:W(X), T2:R(X), T1:W(X), T2:Abort, T1:Commit
8. T1:W(X), T2:R(X), T1:W(X), T2:Commit, T1:Commit
9. T1:W(X), T2:R(X), T1:W(X), T2:Commit, T1:Abort
10. T2: R(X), T3:W(X), T3:Commit, T1:W(Y), T1:Commit, T2:R(Y), T2:W(Z), T2:Commit
11. T1:R(X), T2:W(X), T2:Commit, T1:W(X), T1:Commit, T3:R(X), T3:Commit
12. T1:R(X), T2:W(X), T1:W(X), T3:R(X), T1:Commit, T2:Commit, T3:Commit

문제 17.3 다음 동시성 제어 프로토콜들을 생각하자.

동시성 제어 프로토콜들: 2단계 잠금, 엄격한 2단계 잠금, 보수적인 2단계 잠금, 낙관적, TWR이 없는 타임스탬프, TWR을 갖는 타임스탬프, 멀티버전. 문제 17.2에 있는 스케줄 각각에 대하여 이 프로토콜들 가운데 어느 것이 이 스케줄을 허락하는가, 즉, 정확히 스케줄에 나타난 순서로 액션들이 일어나는가?

타임스탬프에 기초를 둔 프로토콜들에 대하여, 트랜잭션 *Ti*에 대한 타임스탬프는 *i*이고, 복구를 보장하는 프로토콜의 버전이 사용된다고 가정한다. 그리고 TWR이 사용된다고 가정할 경우 동등한 직렬 스케줄을 보이시오.

문제 17.4 DBMS에 제출된 순서로 나열되어 있는 다음 액션들의 순서 열을 생각하자.

- **순서 열 S1:** T1:R(X),T2:W(X), T2:W(Y), T3:W(Y), T1:W(Y), T1:Commit, T2: Commit, T3: Commit
- **순서 열 S2:** T1:R(X), T2:W(Y), T2:W(X), T3:W(Y), T1:W(Y), T1:Commit, T2: Commit, T3: Commit

각 순서 열에 대하여, 그리고 다음의 동시성 제어 메카니즘에 대하여, 동시성 제어 메카니즘이 어떻게 그 순서 열을 다루는지를 기술하시오.

트랜잭션 *Ti*의 타임스탬프는 *i*라고 가정한다. 잠금에 근거한 동시성 제어 메카니즘에 대하여 잠금 프로토콜마다 위의 액션들의 순서 열에 잠금 요구와 잠금 해제 요구를 추가하시오. DBMS는 보여준 순서대로 액션들을 처리한다. 트랜잭션이 블록되면 수행이 재개될 때까지 모든 그의 액션들은 큐에 들어간다. DBMS는 (열거된 순서 열에 따라) 블록되지 않은 트랜잭션의 다음 액션을 계속 수행한다.

1. 교착상태 방지를 위하여 타임스탬프를 사용하는 엄격한 2단계 잠금
2. 교착상태 검출 기법을 갖는 엄격한 2단계 잠금 (교착상태의 경우에 대기 그래프를 보이시오.)
3. 보수적 (그리고 엄격한, 즉, 트랜잭션이 끝날 때까지 잠금을 소유하는) 2단계 잠금
4. 낙관적 동시성 제어
5. (복구가능성을 보장하기 위한) 읽기와 쓰기의 버퍼링 그리고 Thomas의 쓰기 규칙을 갖는 타임

스탬프 동시성 제어

6. 다중버전 동시성 제어

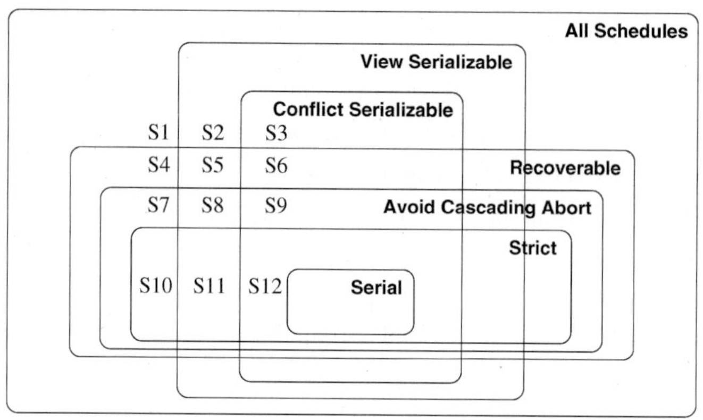

그림 17.9 스케줄들의 클래스들에 대한 벤 다이어그램

문제 17.5 다음 잠금 프로토콜들 각각에 대하여 모든 트랜잭션이 그 잠금 프로토콜을 따른다고 가정하고, 직렬가능성, 충돌 직렬가능성, 복구가능성, 연쇄철회 방지와 같은 바람직한 특성들 중에 어느 것이 보장이 되는지를 말하시오.

1. 항상 쓰기 전에 전용 잠금을 얻음; 트랜잭션이 끝날 때까지 전용 잠금들을 소유함. 어떠한 공용 잠금도 얻지 않음
2. (1)에 추가하여 읽기 전에 공용 잠금을 얻음. 공용 잠금은 언제라도 해제될 수 있음
3. (2)에서와 같고, 추가하여 잠금이 2단계이다.
4. (2)에서와 같고, 추가하여 모든 잠금은 트랜잭션이 끝날 때까지 소유됨

문제 17.6 그림 17.9에 있는 벤 다이어그램은 스케줄들의 여러 클래스들 사이의 포함관계를 보여주고 있다. 다이어그램에서 지역 *S1*에서 *S12*까지의 각각에 대하여 스케줄의 예를 하나씩 드시오.

문제 17.7 다음 질문에 간단히 답하시오.

1. 다음의 동시성 제어 프로토콜들이 허용하는 스케줄들의 클래스들 사이의 포함관계를 보여주는 벤 다이어그램을 그리시오. 동시성 제어 프로토콜들: *2단계 잠금, 엄격한 2단계 잠금, 보수적 2단계 잠금, 낙관적, TWR이 없는 타임스탬프, TWR을 갖는 타임스탬프, 다중버전*
2. 다이어그램에서 각 영역에 대한 스케줄의 예를 하나씩 드시오.
3. 직렬가능 그리고 충돌 직렬가능 스케줄들을 포함하도록 벤 다이어그램을 확장하시오.

문제 17.8 간단히 다음 질문들 각각에 대하여 답하시오. 질문들은 다음 관계스키마와 갱신 명령에 근거를 둔다.

관계스키마:

Emp(<u>*eid:* `integer`</u>, *ename:* `string`, *age:* `integer`, *salary:* `real`, *did:* `integer`)
Dept(<u>*did:* `integer`</u>, *dname:* `string`, *floor:* `integer`)

갱신명령:

replace (salary = 1.1 * EMP.salary) where EMP.ename = 'Santa'

1. 두 명령이 동시에 실행된다면 동시성 제어의 의미에서 주어진 명령과 충돌이 일어날 질의의 예를 하나 드시오. 무엇이 잘못될 수 있는지를 설명하고, 투플들을 잠금하는 것이 어떻게 그 문제를 해결하는지를 설명하시오.
2. 주어진 명령과 충돌이 일어나고, 충돌은 단지 개개의 투플을 잠금함으로서 해결될 수 없어서 인덱스 잠금을 요구해야 하는 질의 또는 명령의 예를 보이시오.
3. 인덱스 잠금이 무엇인지를 설명하고, 어떻게 위의 충돌을 해결할 수 있는지를 설명하시오.

문제 17.9 SQL은 4가지 고립수준과 두 가지 접근모드를 지원한다. 총 8가지의 고립수준과 접근모드의 결합방법이 있다. 각 결합방법은 묵시적으로 트랜잭션들의 클래스를 정의한다. 다음 질문들은 8개의 클래스를 참고하고 있다.

1. 8개의 클래스들 각각에 대하여 이 클래스에 있는 트랜잭션만을 허용하는 잠금 프로토콜을 기술하시오. 주어진 클래스에 대한 잠금 프로토콜은 다른 클래스들에서 사용된 잠금 프로토콜들에 관한 가정을 하였는가? 간단히 설명하시오.
2. 여러 SQL 트랜잭션들의 실행에 의하여 생성된 스케줄을 생각하자. 충돌 직렬가능하다는 것이 보장되는가? 직렬가능하다는 것이 보장되는가? 복구가능하다는 것이 보장되는가?
3. `READ ONLY` 접근모드를 가지는 여러 SQL 트랜잭션들의 실행에 의하여 생성된 스케줄을 생각하자. 충돌 직렬가능하다는 것이 보장되는가? 직렬가능하다는 것이 보장되는가? 복구가능하다는 것이 보장되는가?
4. `SERIALIZABLE` 고립수준을 가지는 여러 SQL 트랜잭션들의 실행에 의하여 생성된 스케줄을 생각하자. 충돌 직렬가능하다는 것이 보장되는가? 직렬가능하다는 것이 보장되는가? 복구가능하다는 것이 보장되는가?
5. SQL 트랜잭션들의 8 클래스들을 지원할 수 있는 타임스탬프에 근거를 둔 동시성 제어 기법을 생각할 수 있는가?

문제 17.10 그림 17.5에서 보여준 트리를 생각하자. 노드에 대한 잠금, 잠금 해제, 읽기, 쓰기의 순서로 17.5.2절에서 논의된 트리-인덱스 동시성 제어 알고리즘에 따라 다음 연산들 각각을 실행하는데 포함된 단계들을 기술하시오. 얻은 잠금의 종류를 자세히 기술하고, 그림 17.5에 있는 트리를 가지고 항상 시작을 하고 다른 질문들과 독립적으로 답을 하시오.

1. 데이터 엔트리 40*를 탐색하시오.
2. $k \leq 40$을 가지는 모든 데이터 엔드리 k*를 탐색하시오.
3. 데이터 엔트리 62*를 삽입하시오.
4. 데이터 엔트리 40*를 삽입하시오.
5. 데이터 엔트리 62*와 75*를 삽입하시오.

문제 17.11 데이터베이스가 객체들의 다음의 계층구조로 구성되어 있다고 하자. 데이터베이스 자체는 객체 D이고, 그것은 두 개의 파일 $F1$과 $F2$를 포함하고 있다. $F1$과 $F2$는 각각 1000개의 페이지 ($P1$, ..., $P1000$)과 ($P1001$, ..., $P2000$)을 포함하고 있다. 각 페이지는 100개의 레코드를 가지고 있고, 레코드들은 $p:i$로 식별되는데 p는 페이지 식별자이고 i는 그 페이지 내에서 그 레코드의 슬롯(slot)이다.

S, *X*, *IS*, *IX*잠금을 갖는 다단계 잠금이 사용되고, 데이터베이스 수준, 파일 수준, 페이지 수준, 레코드 수준의 잠금을 사용한다. 다음 연산들 각각에 대하여, 이러한 연산들을 실행하기를 원하는 트랜잭션에 의하여 생성되어야만 하는 잠금 요구들의 순서 열을 나타내시오.

1. 레코드 *P*1200:5를 읽어라.
2. 레코드 *P*1200:5에서 *P*1205:2까지 읽어라.
3. 파일 *F*1에 있는 모든 페이지(모든 레코드)를 읽어라.
4. 페이지 *P*500에서 *P*520까지를 읽어라.
5. 페이지 *P*10에서 *P*980까지를 읽어라.
6. *F*1에 있는 모든 페이지를 읽고, 읽은 값에 근거하여 10개의 페이지를 수정하시오.
7. 레코드 *P*1200:98을 삭제하시오. (이것은 맹목적 쓰기임)
8. 각 페이지의 첫 레코드를 삭제하시오. (이것들 역시 맹목적 쓰기들 임)
9. 모든 레코드들을 삭제하시오.

문제 17.12 두 종류의 트랜잭션 *T*1과 *T*2만이 있다고 하자. 트랜잭션들은 개별적으로 실행이 될 때 데이터베이스 일관성을 유지한다. 데이터베이스를 비일관성 있는 상태로 만드는 어떠한 SQL 문장도 실행하지 않게 하는 *무결성 제약조건*들을 정의하였다. DBMS가 어떠한 동시성 제어도 하지 않는다고 가정한다. 위에서 언급한 모든 조건을 만족하면서 여전히 *T*1과 *T*2의 어떠한 직렬수행의 결과가 아닌 데이터베이스 인스턴스를 산출하는 *T*1과 *T*2의 스케줄의 한 예를 드시오.

참고문헌 소개

B 트리에 동시에 접근하는 문제는 [70, 456, 472, 505, 678]을 포함하는 여러 논문에서 다루어졌다. Linear Hashing에 대한 동시성 제어 기술들이 [240, 543]에서 제시되었다. 다단계 잠금은 [336]에서 소개되었고, [127, 449]에서 보다 깊이 연구되었다.

ARIES 복구방법을 가지고 동작하는 동시성 제어 방법이 [545]에 제시되었다. 복구를 고려한 상황에서 동시성 제어 이슈들을 고려한 다른 논문이 [492]이다. DBMS를 정지시키지 않고 인덱스를 구축하는 알고리즘들이 [548]과 [9]에 제시되어 있다. B 트리 동시성 제어 알고리즘들의 성능이 [704]에 연구되어 있다. 여러 동시성 제어 알고리즘들의 성능이 [16, 729, 735]에 논의되어 있다. 동시성 제어 방법들과 그들의 성능에 대한 훌륭한 조사가 [734]에 있다. [455]는 이 주제에 대한 논문들을 포괄적으로 포함하고 있다.

타임스탬프에 근거를 둔 다중버전 동시성 제어는 [620]에 연구되어 있다. 다중버전 동시성 제어 알고리즘들은 [97]에 잘 정리되어 있다. 잠금에 근거를 둔 다중버전 기술들은 [460]에 있다. 낙관적 동시성 제어는 [457]에 소개되어 있다. 실시간 데이터베이스 시스템의 트랜잭션관리 이슈들이 [1, 15, 368, 382, 386, 448]에 논의되어 있다. 데이터베이스 동시성 제어에 관한 이론적인 결과들이 많이 있다. [582, 89]은 이 주제에 대한 교과서적인 표현을 제공한다.

18

장애복구

☞ DBMS 장애로부터 복구하기 위하여 ARIES 방법에서 어떠한 단계들이 취해지는가?

☞ 정상 연산 동안 로그가 어떻게 유지되는가?

☞ 장애로부터 복구하기 위하여 로그가 어떻게 사용되는가?

☞ 복구 동안에 로그 이외에 어떠한 정보가 사용되는가?

☞ 체크포인트가 무엇이고 사용되는 이유는 무엇인가?

☞ 복구 동안에 반복적인 장애가 일어난다면 어떠한 일이 일어나겠는가?

☞ 미디어 고장은 어떻게 다루어지는가?

☞ 복구 알고리즘은 동시성 제어와 어떻게 상호작용하는가?

→ **주요 개념:** 복구단계들(steps in recovery), 분석(analysis), redo, undo; ARIES, 반복 히스토리(repeating history); 로그(log), LSN, 페이지 강제쓰기(forcing pages), WAL; 로그 레코드 타입(types of log records), 갱신(updates), 완료(commit), 철회(abort), 끝(end), 보상(compensation); 트랜잭션 테이블(transaction table), lastLSN, 더티 페이지 테이블(dirty page table), recLSN; 체크포인트(checkpoint), 퍼지 체크포인트(fuzzy checkpoint), 마스터 로그 레코드(master log record); 미디어 복구(media recovery); 동시성 제어와 상호 작용(interaction with concurrency); 쉐도우 페이징(shadow paging)

Humpty Dumpty sat on a wall.
Humpty Dumpty had a great fall.
All the King's horses and all the King's men
Could not put Humpty together again.

— Old nursery rhyme

DBMS의 **복구 관리기**(recovery manager)는 트랜잭션의 두 가지 중요한 속성(원자성과 영속성)에 대한 책임을 가지고 있다. 완료하지 않은 트랜잭션들의 액션들을 undo 함으로서 *원자성*을 보장하고, 완료된 트랜잭션들의 모든 액션이 **시스템 장애**(버스 에러에 의한 코어 덤프)와 **미디어 고장**(디스크 손상)에도 살아남아 있게 함으로서 *영속성*을 보장한다.

복구 관리기는 설계하고 구현하기가 가장 어려운 컴포넌트들 가운데 하나이다. 복구 관리기는 시스템 장애 동안에 호출되기 때문에 폭넓고 다양한 데이터베이스 상태들을 다루어야만 한다. 이 장에서 개념적으로 단순하고, 폭넓은 동시성 제어 메카니즘들과 잘 어울려 작동하며, 점점 더 많은 데이터베이스 시스템에서 사용되고 있는 **ARIES** 복구 알고리즘을 제시한다.

18.1절에서 ARIES를 소개하고, 18.2절에서는 복구에서 중요한 데이터구조인 로그에 대하여 살펴본다. 그리고 18.3절에서 다른 복구 관련 데이터구조들에 대하여 살펴본다. 18.4절에서 WAL(Write-Ahead-Logging)을 제시하여 정상처리 동안 복구관련 활동의 범위를 설명하고, 18.5절에서 체크포인팅(checkpointing)에 대하여 알아본다.

18.6절에서 장애로부터의 복구에 대하여 논의한다. 하나의 트랜잭션을 철회(또는 롤백)하는 것은 18.6.3절에서 논의된 undo의 특별한 경우이다. 18.7절에서는 미디어 고장에 대하여 설명하고, 18.8절에서 동시성 제어와 복구의 상호작용 그리고 복구를 위한 다른 접근방법들에 대한 논의로 결론을 내린다. 이 장은 중앙집중형 DBMS에서의 복구만을 고려한다. 분산형 DBMS에 대한 복구는 22장에서 논의한다.

18.1 ARIES의 소개

ARIES는 steal, no-force 접근방법으로 작동하도록 설계된 복구 알고리즘이다. 복구 관리기가 장애 후 호출될 때, 재 시작은 다음의 3단계를 거쳐서 진행이 된다.

1. **분석 단계**: 버퍼 풀에서 더티 페이지(디스크에 쓰지 않은 변경사항을 가진 페이지)들과 장애시점에서 활동 트랜잭션들을 식별한다.
2. **Redo 단계**: 로그 내의 적당한 지점에서 시작하여 모든 액션들을 다시 적용하여 데이터베이스의 상태를 장애시점의 상태로 복구한다.
3. **Undo 단계**: 데이터베이스에 완료된 트랜잭션들의 액션만을 반영되도록 완료하지 못한 트랜잭션들의 액션을 undo한다.

그림 18.1에 있는 간단한 실행 히스토리를 생각하자. 시스템이 재시작할 때 분석 단계는 *T*1과 *T*3을 장애시점에서 활동 트랜잭션으로 식별되기 때문에 *T*1과 *T*3은 undo가 된다. *T*2는 완료된 트랜잭션으로 식별되고 그의 모든 액션들은 디스크에 반영되어야 한다. *P*1, *P*3, *P*5는 잠정적인 더티 페이지이다. 모든 갱신(*T*1과 *T*3의 갱신을 포함한)은 Redo 단계 동안에 히스토리에 있는 순서대로 다시 적용된다. 마지막으로 *T*1과 *T*3은 Undo 단계에서 히스토리에 있는 순서의 역순으로 undo된다. 즉, *T*3의 *P*3에 쓰기, *T*3의 *P*1에 쓰기, *T*1의 *P*5에 쓰기의 순으로 undo된다.

장애복구(Crash Recovery): IBM DB2, Informix, Microsoft SQL Server, Oracle 8, Sybase ASE 모두 복구를 위하여 WAL 방법을 사용한다. IBM DB2는 ARIES를 사용하고, 다른 것들은 여러 가지 변이가 있지만 ARIES와 실질적으로 아주 유사한 방법을 사용한다.

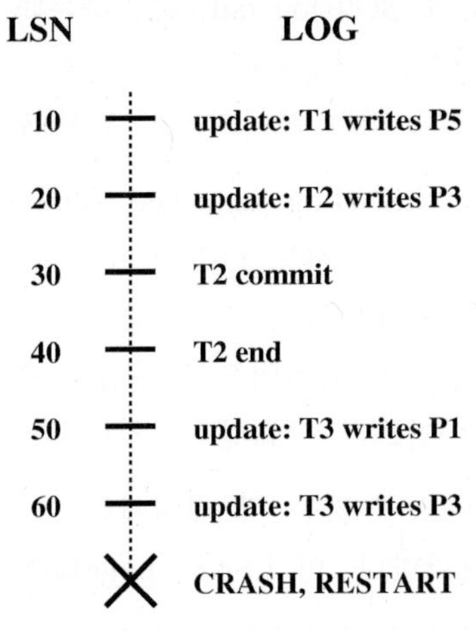

그림 18.1 장애를 갖는 실행 히스토리

다음과 같은 세 가지 주요한 원칙이 ARIES 복구 알고리즘에 있다.

- **쓰기 전 로깅**(WAL: Write-Ahead Logging): 데이터베이스 객체에서의 변경이 먼저 로그에 기록된다. 로그에 있는 레코드는 데이터베이스 객체에서의 변경이 디스크에 쓰여지기 전에 안정된 저장장치에 쓰여져야 한다.
- **Redo 동안 히스토리의 반복 적용**(Repeating History During Redo): 장애 후 재 시작할 때 ARIES는 장애 전의 DBMS의 모든 액션들을 거슬러 올라가 다시 적용하여 시스템을 장애시점에 있었던 정확한 상태로 되돌려놓는다. 그 후에 장애시점에서 여전히 활동상태인 트랜잭션들의 액션을 undo한다(효과는 그들을 철회함).
- **Undo 동안 변경사항 로깅**(Logging Changes During Undo): 트랜잭션을 undo 하면서 이루어진 데이터베이스에서의 변경은 되풀이되는 재시작(장애로 인한)이 있는 경우에 그러한 액션이 반복되지 않도록 로그에 기록된다.

두 번째 원칙이 ARIES를 다른 복구 알고리즘과 구별되게 하고 훨씬 더한 단순성과 융통성의 근거가 되게 한다. 특히 ARIES는 페이지보다 더 미세한 잠금단위의 잠금(레코드 수준의 잠금)을 포함하는 동시성 제어 프로토콜들을 지원한다. 두 번째와 세 번째는 또한 연산을 redo하고 undo하는 것이 서로 정확히 역이 아닌 연산들을 다루는 데 중요하다. 18.8절에서 동시성 제어와 장애복구 사이의 상호작용에 대하여 논의하고, 복구를 위한 다른 접근방법들에 대하여 역시 간단히 논의한다.

18.2 로그

트레일(trail) 또는 **저널**(journal)로 불리는 로그는 DBMS가 실행하는 액션들의 히스토리이다. 물리적으로 로그는 장애에도 견고한 안정된 저장장치에 저장된 레코드들의 파일이다. 이러한 레코드들의 영속성은 로그의 모든 사본이 동시에 상실될 기회가 무시할 정도로 적도록 다른 디스크(아마도 다른 위치)에 둘 또는 그 이상의 사본을 유지함으로서 달성된다.

로그의 가장 최근의 부분을 **로그 꼬리**(log tail)라고 하는데 주기억장치에 유지되고 주기적으로 안정된 저장장치에 강제적으로 저장된다. 이러한 방식으로 로그 레코드들과 데이터 레코드들이 동일한 잠금단위(페이지 또는 페이지들의 집합)로 디스크에 쓰여진다.

모든 **로그 레코드**(log record)는 **LSN**(Log Sequence Number)로 불리는 유일한 식별자인 *id*를 갖는다. 어떠한 레코드 *id*를 가지고서도 LSN이 주어지면 한번의 디스크 접근으로 로그 레코드를 찾을 수 있다. 더 나아가 LSN들은 단조 증가 순서로 할당된다. 이 속성은 ARIES 복구 알고리즘에서 요구된다. 로그가 원칙적으로 무한히 증가하는 순차파일이면 LSN은 단순히 로그 레코드의 첫 번째 바이트의 주소일 수 있다.[1]

복구 목적을 위하여 데이터베이스에 있는 각 페이지는 그 페이지의 변경을 기술하는 가장 최근 로그 레코드의 LSN을 포함한다. 이 LSN을 **pageLSN**이라고 한다.

로그 레코드는 다음 액션들 각각에 대하여 쓰여진다.

- **페이지 갱신**(Updating a Page): 페이지가 수정된 후 *update* 타입의 레코드(이 절의 마지막에서 서술되는)가 로그 꼬리에 추가된다. 이 페이지의 pageLSN이 갱신 로그 레코드의 LSN으로 설정된다(페이지는 이러한 액션이 실행이 되는 동안 핀으로 고정되어야 한다).
- **완료**(Commit): 트랜잭션이 완료를 결정할 때, 트랜잭션 id를 포함하는 *commit* 타입의 로그 레코드를 **강제 쓰기**를 한다. 즉, 그 로그 레코드는 로그에 추가되고, 그 레코드까지의 로그 꼬리가 안정된 저장장치에 쓰여진다.[2] 트랜잭션은 완료 로그 레코드가 안정된 저장장치에 쓰여지는 순간 완료되었다고 생각된다(몇몇 추가적인 단계가 취해져야만 한다. 예를 들면, 트랜잭션 테이블에서 트랜잭션 엔트리를 제거하는 것, 이것은 완료 로그 레코드를 기록한 다음에 이루어진다).
- **철회**(Abort): 트랜잭션이 철회될 때 그 트랜잭션 id를 포함하는 *abort* 타입의 로그 레코드가 로그에 추가되고, 이 트랜잭션에 대한 undo가 시작된다(18.6.3절 참조).
- **종료**(End): 위에서 노트한 것처럼 트랜잭션이 철회 또는 완료될 때, abort 또는 commit

---

[1] 실제에서 로그를 위하여 사용된 안정된 저장장치의 크기를 한정하기 위하여 다시 사용될 수 있는 너무 오래된 부분을 식별하기 위하여 여러 가지 기술이 사용된다. 한정된 크기의 로그가 주어지면 로그는 환형화일(circular file)로 구현된다. 이 경우에 LSN은 로그 레코드 id에 랩카운트(wrap-count)를 추가한 것일 수 있다.

[2] 이 단계는 버퍼 관리기가 선택적으로 페이지들을 안정된 저장장치에 강제 쓰기를 할 수 있음을 요구한다.

로그 레코드를 기록하는 것 이외에 추가적인 액션이 취해져야 한다. 이 모든 추가적인 조치가 완료된 후에 그 트랜잭션 id를 포함하는 *end* 타입 로그 레코드가 로그에 추가된다.

- **갱신을 undo**(Undoing an Update): 트랜잭션이 롤백될 때 (트랜잭션이 철회되기 때문에 또는 장애로부터 복구되는 동안) 그의 갱신이 undo 된다. *갱신 로그 레코드*가 기술한 액션이 undo될 때 CLR(Compensation Log Record)가 기록된다.

모든 로그 레코드들은 **prevLSN, transID, type** 필드를 갖고 있다. 주어진 트랜잭션에 대한 모든 로그 레코드들의 집합은 **prevLSN**을 사용하여 시간을 거슬러 올라가는 연결 리스트로 유지된다. 이 리스트는 로그 레코드가 추가될 때마다 갱신되어야 한다. transID 필드는 로그 레코드를 생성한 트랜잭션의 id이고, type 필드는 분명히 로그 레코드의 타입을 가리킨다.

추가 필드는 로그 레코드의 타입에 종속적이다. 다음에 설명될 갱신과 보상 로그 레코드 타입을 제외하고 여러 가지 로그 레코드 타입의 추가 내용들은 이미 언급하였다.

갱신 로그 레코드들

갱신 로그 레코드에 있는 필드들이 그림 18.2에서 설명된다. **pageID** 필드는 수정된 페이지의 페이지 id이다. 변경된 부분의 오프셋과 길이(바이트 수)가 역시 포함된다. **이전 이미지**(before-image)는 변경될 부분의 변경전의 바이트들의 값이고, **이후 이미지**(after-image)는 변경 후 바이트들의 값이다. 이전과 이후 이미지를 모두 포함하고 있는 갱신 로그 레코드는 변경된 것을 redo하거나 undo 하기 위하여 사용될 수 있다. 어떠한 상황에서는 변경이 결코 undo(혹은 redo)될 수 없는 경우도 있다. **redo-only update** 로그 레코드는 단지 이후 이미지만 포함하고, 비슷하게 **undo-only update** 레코드는 단지 이전 이미지만을 포함하고 있다.

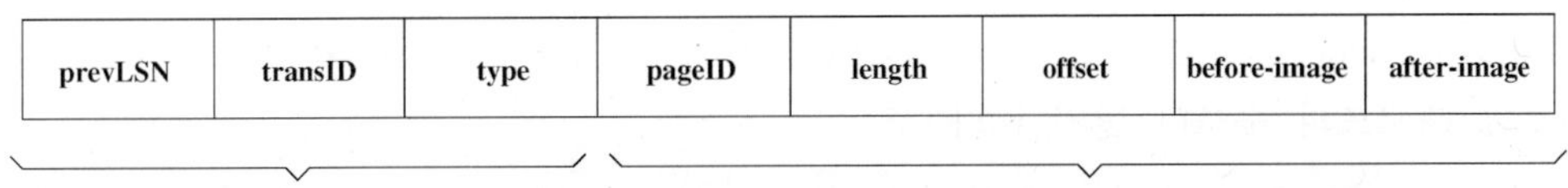

그림 18.2 갱신로그 레코드의 내용

보상 로그 레코드들

보상 로그 레코드 CLR(Compensation Log Record)는 갱신 로그 레코드 *U*에 기록된 변경이 undo 되기 바로 전에 쓰여진다(그러한 undo는 트랜잭션이 철회될 때, 정상 시스템 실행 동안 또는 장애로부터 복구되는 동안 일어날 수 있다). 보상 로그 레코드 *C*는 해당 갱신 로그 레코드에 기록된 액션들을 undo 하기 위하여 취해진 액션을 기술하고, 다른 로그 레코드처럼 로그 꼬리에 추가된다. 보상 로그 레코드 *C*는 역시 **undoNextLSN**이라는 필드를 포함하고 있는데, 이것은 갱신 로그 레코드 *U*를 기록한 트랜잭션에 대하여 undo 하려고 하는 다음 로그 레코드의 LSN이다. *C*에 있는 이 필드는 *U*의 prevLSN의 값으로 설정된다.

보기로서 그림 18.3에서 보여준 4번째 갱신 로그 레코드를 생각하자. 이 갱신이 undo 된다면 CLR이 쓰여지고, 그 안의 정보는 갱신 레코드에서 온 transID, pageID, 길이, 오프셋, 이전 이미지 필드들을 포함한다. CLR은 영향을 받은 바이트들을 이전 이미지 값으로 도로 변경하는 (undo) 액션을 기록한다. 그래서 이 값과 영향을 받은 바이트들의 위치는 CLR에 의하여 기술된 액션에 대한 redo정보를 구성한다. 이 CLR의 undoNextLSN 필드는 그림 18.3의 첫 로그 레코드의 LSN으로 설정된다.

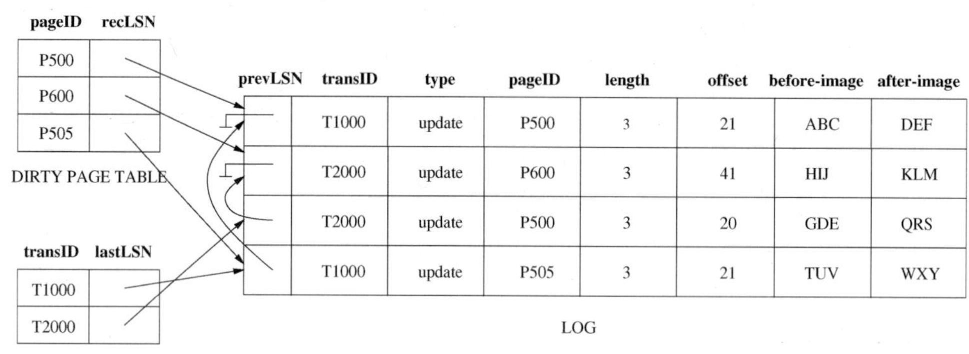

pageID recLSN
P500
P600
P505
DIRTY PAGE TABLE
transID lastLSN
T1000
T2000
TRANSACTION TABLE
prevLSN transID type pageID length offset before-image after-image
T1000 update P500 3 21 ABC DEF
T2000 update P600 3 41 HIJ KLM
T2000 update P500 3 20 GDE QRS
T1000 update P505 3 21 TUV WXY
LOG

그림 18.3 로그와 트랜잭션 테이블 인스턴스

갱신 로그레코드와 달리 CLR은 결코 undo 하지 않을 액션을 기술한다. 즉, 결코 *undo* 액션을 undo 하지 않는다. 이유는 간단하다. 갱신 로그 레코드는 정상 수행동안 트랜잭션이 만든 변경을 기술하고, 그 트랜잭션은 뒤이어 철회될 수 있다. 반면에 CLR은 철회 결정이 이미 내려진 트랜잭션을 롤백하기 위하여 취해진 액션을 기술하고 있다. 그러한 이유로, 그 트랜잭션은 다시 롤백되어야 하고, CLR이 기술하고 있는 undo 액션이 명백히 요구된다. 이러한 관찰은 장애로부터 재 시작동안 로그를 위하여 필요한 공간의 양을 한정하기 때문에 매우 유용하다. undo 동안 쓰여질 수 있는 CLR들의 수는 장애시점에서 활동 트랜잭션에 대한 갱신로그 레코드의 수보다 많지 않다.

CLR은 안정된 저장장치에 쓰여질 수 있는데(물론 WAL을 따라), 시스템이 다시 장애가 발생할 때, 그것이 기술하는 undo 액션은 아직 디스크에 쓰여지지 않을 수 있다. 이 경우에 CLR에 기술된 undo 액션은 갱신로그 레코드에 기술된 액션처럼 Redo 단계동안 다시 적용된다.

이러한 이유들 때문에 CLR은 기술된 변경을 재적용 또는 redo하기 위하여 필요한 정보를 포함하고 있으나 그 변경을 역으로 하는 것은 아니다.

18.3 다른 복구 관련 구조들

로그 이외에 다음 두 테이블은 주요한 복구와 관련된 정보를 포함하고 있다.

- **트랜잭션 테이블:** 이 테이블은 각 활동 트랜잭션에 대하여 하나의 엔트리를 가지고 있

다. 이 엔트리는 다른 정보들과 함께 트랜잭션 id, 상태, **lastLSN**(이 트랜잭션에 대한 가장 최근 로그 레코드에 대한 LSN)를 가지고 있다. 트랜잭션의 상태는 진행중, 완료, 철회일 수 있다(완료와 철회의 경우에 그 트랜잭션은 정화단계가 끝나자마자 테이블로부터 제거될 것이다).

- **더티 페이지 테이블:** 이 테이블은 버퍼 풀에 있는 각 더티 페이지(즉, 아직 디스크에 반영되지 않은 변경된 각 페이지)에 대하여 하나의 엔트리를 포함하고 있다. 이 엔트리는 **recLSN** 필드(그 페이지가 더티가 되게 한 첫 로그 레코드의 LSN)를 포함하고 있다. 이 LSN은 장애로부터 재 시작 동안 이 페이지에 대하여 redo될 필요가 있는 가장 오래된 로그 레코드를 식별한다.

정상 연산 동안 트랜잭션 테이블과 더티 페이지 테이블은 각각 트랜잭션 관리기와 버퍼 관리기에 의하여 유지되는 데, 장애 후 재 시작동안 이 테이블들은 재 시작의 분석 단계에서 다시 구성된다.

간단한 다음 보기를 생각하자. 트랜잭션 *T*1000이 페이지 *P*500의 바이트 21에서 23까지의 값을 'ABC'에서 'DEF'로 변경을 하고, 트랜잭션 *T*2000은 페이지 *P*600의 'HIJ'를 'KLM'으로 변경한다. 트랜잭션 *T*2000은 페이지 *P*500의 바이트 20에서 22까지를 'GDE'에서 'QRS'로 변경한다. 그리고나서 트랜잭션 *T*1000은 페이지 *P*505의 'TUV'를 'WXY'로 변경한다. 이 순간의 더티 페이지 테이블, 트랜잭션 테이블,[3] 그리고 로그가 그림 18.3에 나타나 있다. 로그는 위에서 밑으로 자라기 때문에, 더 오래된 레코드가 위에 위치한다. 각 트랜잭션에 대한 로그 레코드들이 prevLSN 필드를 사용하여 연결되지만 전체적으로 로그는 역시 중요한 순차 순서를 갖는다. 예를 들어, *T*2000의 페이지 *P*500의 변경은 *T*1000의 페이지 *P*500의 변경을 따른다. 그리고 장애가 일어난 경우에 이러한 변경은 변경 순서와 동일한 순서로 redo되어야 한다.

18.4 WAL 로그 프로토콜

페이지를 디스크에 쓰기 전에 페이지의 변경을 기술하고 있는 모든 갱신 로그 레코드는 안정된 저장장치에 강제 쓰기를 하여야 한다. 이것은 그 페이지를 디스크에 쓰기 전에 그의 pageLSN과 동일한 LSN을 가지고 있는 로그 레코드까지의 모든 로그 레코드들을 안정된 저장장치에 강제 쓰기를 함으로서 이루어진다.

WAL 프로토콜의 중요성은 너무 강조해도 지나치지 않는다. WAL은 각 데이터베이스 변경에 대한 로그 레코드가 장애로부터 복구될 때 이용 가능하다는 것을 보장하는 기본 법칙이다. 트랜잭션이 데이터 페이지를 변경시키고 완료하였을 때, no-force 접근방법은 이러한 변경의 몇몇은 뒤이은 장애발생 때에 디스크에 기록되지 않을 수 있다는 것이다. 이러한 변경을 기록하지 않았다면, 완료된 트랜잭션이 한 변경을 장애로부터 보존하는 것을 보장하는

[3] 상태 필드는 공간적인 이유 때문에 그림에서는 보이지 않는다. 모든 트랜잭션들은 진행 상태이다.

방법은 없을 것이다. *완료된 트랜잭션*의 정의는 효과 면에서 그의 완료 레코드를 포함하여 모든 그의 로그 레코드가 안정된 저장장치에 기록되었다는 것이다.

no-force 접근방법이 사용된다 하더라도 트랜잭션이 완료될 때 로그 꼬리는 안정된 저장장치에 강제 쓰기가 되어야 한다. 이 연산을 force 접근방법 하에서 취해진 액션과 비교할 만한 가치가 있다. force 접근방법이 사용된다면, 그 트랜잭션이 수정한 모든 페이지는 트랜잭션이 완료할 때 디스크에 강제 쓰기가 되어 있어야 한다. 변경된 바이트들의 크기는 페이지의 크기보다 훨씬 더 작고, 갱신로그 레코드는 변경된 바이트들의 크기(2배)에 가깝기 때문에 모든 변경된 페이지들의 집합은 전형적으로 로그 꼬리보다 훨씬 더 크다. 그리고 로그는 순차파일로 유지되고 로그에 모든 쓰기는 순차 쓰기이다. 결과적으로 로그 꼬리를 강제 쓰기하는 비용은 모든 변경된 페이지를 디스크에 쓰는 비용보다 훨씬 더 작다.

18.5 체크포인팅

체크포인트(checkpoint)는 DBMS 상태의 스냅샷과 같다. 주기적으로 체크포인팅을 함으로서, DBMS는 뒤이어 장애가 발생하는 경우에 재 시작동안 해야 할 작업량을 줄일 수 있다.

ARIES에서 체크포인팅은 3단계를 거친다. 첫 단계는 체크포인팅을 시작할 때 **begin_checkpoint** 레코드가 로그에 기록된다. 둘째 단계에서, **end_checkpoint** 레코드가 만들어지고, 트랜잭션 테이블의 현재 내용과 더티 페이지 테이블을 이 레코드에 포함시키고 로그에 추가한다. 세 번째 단계는 *end_checkpoint* 레코드가 안정된 저장장치에 기록된 후 실행된다: *begin_checkpoint* 로그 레코드의 LSN을 포함하는 특별한 **master** 레코드가 안정된 저장장치의 알려진 장소에 기록된다. *end_checkpoint* 레코드가 만들어 질 때, DBMS는 트랜잭션의 실행을 계속하고, 다른 로그 레코드를 쓰는 것을 계속한다. 이 때 보장되는 것은 *begin_checkpoint* 레코드를 기록하는 시점 현재로서 트랜잭션 테이블과 더티 페이지 테이블이 정확하다는 것이다.

이러한 종류의 체크포인트를 **퍼지 체크포인트**(fuzzy checkpoint)라고 하는데, 다른 형태의 체크포인팅과 달리 시스템을 정지하거나 버퍼 풀에 있는 페이지를 데이터베이스에 쓰는 것을 요구하지 않기 때문에 비용이 많이 들지 않는다. 다른 한편 재시작동안 LSN이 이 recLSN과 동일한 로그 레코드로부터 시작하여 변경을 redo해야만 하기 때문에 이 체크포인팅 기법의 효율성은 더티 페이지 테이블에 있는 페이지들의 가장 오래된 recLSN으로 제한된다. 더티 페이지를 주기적으로 디스크에 쓰는 백그라운드 프로세스를 가지는 것은 이러한 문제를 제한하는 데 도움이 된다.

시스템이 장애발생 후 다시 작동될 때, 재시작 프로세스는 가장 최근의 체크포인트 레코드를 찾는 것으로 시작한다. 시스템은 처음 시작할 때 균일성을 위하여 빈 트랜잭션 테이블과 빈 더티 페이지 테이블을 갖는 체크포인트를 함으로서 정상 실행을 시작한다.

18.6 시스템 장애로부터 복구

시스템이 장애발생 후에 재 시작될 때 복구 관리기는 그림 18.4가 보여주는 것처럼 3단계를 진행한다.

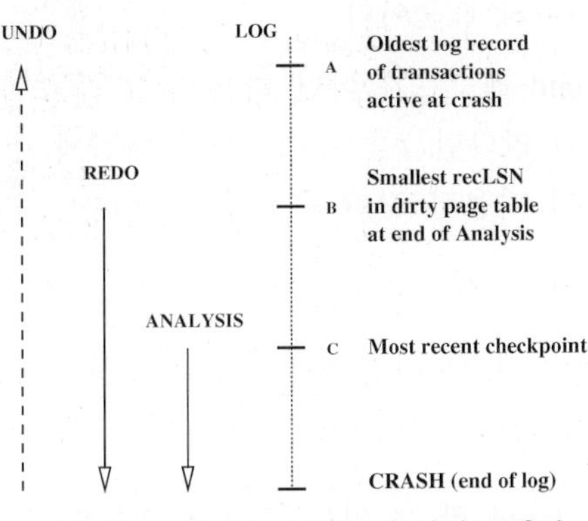

그림 18.4 ARIES에서 재 시작 3단계

분석 단계는 그림 18.4에서 LSN이 *C*로 표시되어 있는 가장최근의 begin_checkpoint 레코드를 조사하는 것으로 시작하여 마지막 로그 레코드까지 로그를 조사한다. Redo 단계는 분석 단계를 따르는데, 장애시점에서 더티였던 모든 페이지들의 모든 변경을 redo한다. 이러한 페이지들의 집합과 redo의 시작점(더티 페이지들 가운데 가장 작은 recLSN)은 분석 단계에서 결정된다. Undo 단계는 Redo 단계를 따르는데, 장애시점에서의 모든 활동 트랜잭션의 변경을 undo한다. 이러한 트랜잭션들의 집합은 분석 단계에서 식별된다. redo는 변경들이 원래 실행된 순서로 변경을 적용하고, undo는 가장 최근 변경을 먼저 환원하면서 변경들을 역순으로 환원한다.

로그에서 세 점 *A*, *B*, *C*의 상대 순서는 그림 18.4에서 보여준 것과 다를 수 있다. 재 시작의 3단계들이 다음절에서 자세히 기술된다.

18.6.1 분석 단계

분석 단계는 다음의 세 가지 작업을 실행한다.

1. redo를 시작할 로그에서의 위치를 결정한다.
2. 장애시점에서의 더티 페이지들(버퍼 풀에 있는 변경된 페이지들)을 결정한다.
3. 장애시점에서 활동상태의 트랜잭션들을 식별하고, undo한다.

분석 단계는 가장최근의 begin_checkpoint 로그 레코드를 조사하고, 더티 페이지 테이블과 트랜잭션 테이블을 다음에 나오는 end_checkpoint 레코드에 있는 것들의 사본으로 초기화하는 것으로 시작한다. 그래서 이러한 테이블들은 체크포인트 시점에서의 더티 페이지들과 활동 트랜잭션들로 초기화된다. (추가된 로그 레코드들이 begin_checkpoint와 end_checkpoint

레코드들 사이에 있다면, 이 테이블들은 이러한 레코드들에 있는 정보를 반영하기 위하여 조정되어야 한다. 그러나 여기서는 이 단계의 자세한 사항은 생략한다. 연습문제 18.9를 참조). 분석 단계는 로그의 끝에 도달할 때까지 앞 방향으로 로그를 검조한다.

- 트랜잭션 *T*에 대한 end 로그 레코드를 만나면, *T*는 트랜잭션 테이블에서 제거된다. *T*는 이미 활동상태가 아니기 때문이다.
- 트랜잭션 *T*에 대하여 end 레코드가 아닌 다른 로그 레코드를 만날 때, *T*에 대한 엔트리가 트랜잭션 테이블에 없다면 *T*를 트랜잭션 테이블에 추가한다. 트랜잭션 테이블에서의 *T*에 대한 엔트리가 다음과 같이 수정된다.

  1. lastLSN 필드를 이 로그 레코드의 LSN으로 설정된다.
  2. 로그 레코드가 commit 레코드라면 상태는 C로 설정되고, 그렇지 않다면 U(undo되어야 한다는 것을 지적함)로 설정된다.

- 페이지 *P*에 영향을 끼친 redo할 수 있는 로그 레코드를 만나고, *P*가 더티 페이지 테이블에 없다면, 페이지의 id인 *P*와 이 redo 가능한 레코드의 LSN과 동일한 recLSN을 가지는 하나의 엔트리가 이 테이블에 삽입된다. 이 LSN은 디스크에 기록되지 않았을 수도 있는 페이지 *P*에 영향을 끼친 가장 오래된 변경을 식별하게 된다.

분석 단계가 끝나면 트랜잭션 테이블은 장애시점에서 활동상태에 있었던 모든 트랜잭션들의 정확한 리스트를 포함한다. 이것은 상태 U를 갖는 트랜잭션들의 집합이다. 더티 페이지 테이블은 장애시점에서 더티였던 모든 페이지들을 포함한다. 그러나 이 더티 페이지 테이블은 디스크에 쓴 몇몇 페이지들을 포함할 수 있다. *end_write* 로그 레코드가 각 쓰기 연산을 완료할 때 쓰여진다면, 분석 단계동안 만들어진 더티 페이지 테이블은 좀 더 정확하게 만들어 질 수 있다. 그러나 ARIES에서는 *end_write* 로그 레코드를 쓰는 추가적인 비용이 재고의 가치가 있다고 생각하지 않았다.

보기로서 그림 18.3에서 설명된 실행을 생각하자. *T*2000이 완료한 후에 *T*1000이 다른 페이지 *P*700을 수정하고 로그 꼬리에 갱신 로그 레코드를 추가하고 시스템에서 장애가 발생한다(이 갱신 로그 레코드가 안정된 저장장치에 쓰여지기 전에)고 가정하여 이 실행을 확장하자.

주기억장치에 있는 더티 페이지 테이블과 트랜잭션 테이블은 장애가 발생하면 상실이 된다. 가장 최근의 체크포인트가 실행 시작에서 이루어지는데 비어 있는 트랜잭션 테이블과 더티 테이블을 가지고 있다: 이것이 그림 18.3에서는 표현되어 있지 않다. 이 로그 레코드(그림에 보여준 첫 로그 레코드 바로 전에 있다고 가정한)를 조사한 후, 분석 단계는 두 테이블을 비도록 초기화한다. 로그에서 앞 방향으로 검조하면서 *T*1000이 트랜잭션 테이블에 더해지고, 추가로 *P*500이 처음으로 보여준 로그 레코드의 LSN과 동일한 recLSN을 가지고 터티 페이지 테이블에 첨가된다. 유사하게 *T*2000은 트랜잭션 테이블에 더해지고, *P*600은 터티 페이지 테이블에 더해진다. 세 번째 로그 레코드에 근거한 변경은 없고, 네 번째 로그 레코드는

*P*505를 더티 페이지 테이블에 추가하게 한다. *T*2000에 대한 완료 레코드(그림에는 없음)를 만나고, *T*2000이 트랜잭션 테이블에서 제거된다.

분석 단계가 끝나고, 장애시점에서 유일한 활동 트랜잭션은 그림 18.3에 있는 4번째 레코드의 LSN과 동일한 lastLSN을 가지고 있는 *T*1000이라는 것을 인식한다. 분석 단계에서 만들어진 더티 페이지 테이블은 그림에서 보여준 것과 동일하다. *P*700에서의 변경에 대한 갱신 로그 레코드는 장애발생 때에 상실되고 분석 단계 동안 보이지 않는다. 그러나 WAL 프로토콜 덕분에 모든 것이 잘 해결된다(*P*700에서의 해당된 변경은 디스크에 쓰여질 수 없었다).

몇몇 갱신들은 디스크에 기록될 수 있다; 정확성을 위하여 *P*600에서의 변경(오직 이 갱신만)은 장애 전에 디스크에 기록되었다고 가정하자. 그러한 이유로 *P*600은 더티가 아닌데, 아직 더티 페이지 테이블에 포함되어 있다. 그러나 페이지 *P*600의 pageLSN은 그림 18.3에서 보여준 2번째 갱신 로그 레코드의 LSN과 동일하기 때문에 쓰기를 반영하고 있다.

18.6.2 Redo 단계

Redo 단계동안에 ARIES는 완료된 또는 그렇지 않은 모든 트랜잭션의 갱신들을 다시 적용한다. 더 나아가, 장애 전에 트랜잭션이 철회되고 그의 갱신이 undo되었다면 CLR들이 지적한 것처럼 CLR들에서 기술된 액션들이 다시 적용된다. 이 **반복적용 히스토리**(repeating history) 패러다임은 ARIES를 WAL에 기반을 둔 다른 복구 알고리즘과 구별되게 하고, 데이터베이스가 장애시점에 있었던 동일한 상태로 복구되게 한다.

Redo 단계는 분석 단계에서 만들어진 더티 페이지 테이블에 있는 모든 페이지들 가운데 가장 작은 recLSN을 가지는 로그 레코드를 가지고 시작한다. 이 로그 레코드는 장애 전에 디스크에 기록되지 않았을 수도 있는 가장 오래된 갱신을 식별하고 있기 때문이다. 이 로그 레코드에서 시작하여, redo는 로그의 끝까지 앞 방향으로 검조한다. 만나는 각 redo 가능한 로그 레코드(갱신 또는 CLR)에 대하여, Redo 단계는 로그에 있는 액션이 redo되어야 하는지를 검사한다. 액션은 다음 조건들 중 하나라도 만족하지 못한다면 redo되어야 한다:

- 영향을 받은 페이지가 더티 페이지 테이블에 존재하지 않는다.
- 영향을 받은 페이지가 더티 페이지 테이블에 존재하나, 그 엔트리에 대한 recLSN이 검사되고 있는 로그 레코드의 LSN*보다 더 크다*.
- pageLSN(페이지에 저장되어 있는데 이 조건을 검사하기 위하여 검색되어야 한다)이 검사되고 있는 로그 레코드의 LSN*보다 더 크거나 같다*.

첫 번째 조건은 이 페이지에 있는 모든 변경이 이미 디스크에 기록되었다는 것을 의미한다. recLSN은 디스크에 기록되지 않은 이 페이지의 첫 갱신이기 때문에, 두 번째 조건은 검사되고 있는 갱신이 디스크에 정말 전파되었다는 것을 의미한다. 마지막으로 체크되는 세 번째 조건은 페이지를 검색하는 것을 요구하기 때문에 검사되고 있는 갱신이 디스크에 쓰여졌다는 것을 보장한다. 이는 이 갱신 또는 이 페이지에 대한 차후의 갱신이 디스크에 쓰여졌기 때문이다(페이지에 쓰는 연산은 원자적이라는 가정을 하였는데, 여기에서 이 가정이 중요하다!).

로그에 있는 액션이 redo되어야 한다면:

1. 로그된 액션이 다시 적용된다.
2. 페이지의 pageLSN이 redo된 로그 레코드의 LSN으로 설정된다. 이때에 어떠한 추가적인 로그 레코드도 쓰여지지 않는다.

18.6.1절에서 논의된 예를 가지고 계속 설명을 하자. 더티 페이지 테이블로부터, 최소의 LSN이 그림 18.3에서 보여준 것처럼 첫 로그 레코드의 LSN이라는 것을 안다. 분명히, 더 이전의 로그 레코드들(이 보기에서는 아무것도 없음)에 기록된 변경들은 디스크에 반영되어 있다. 지금, Redo 단계가 영향을 받은 페이지 *P*500을 찾고, 이 로그 레코드의 LSN을 그 페이지의 pageLSN과 비교하고, 이 페이지가 장애 전에 디스크에 쓰여지지 않았다고 가정하였기 때문에 pageLSN이 더 작다는 것을 발견하게 된다. 그러한 이유로 갱신이 다시 적용되고, 바이트 21에서 23이 'DEF'로 변경된다. 그리고 pageLSN이 이 갱신 로그레코드의 LSN으로 설정된다.

그런 후에, Redo 단계는 두 번째 로그 레코드를 조사한다. 다시, 영향을 받은 페이지 *P*600이 찾아지고 pageLSN이 갱신 로그 레코드의 LSN과 비교된다. 이 경우에 *P*600은 장애 전에 디스크에 쓰여졌다는 것을 가정하였기 때문에 그들은 동일하고, 그 갱신은 redo될 필요가 없다.

나머지 로그 레코드들도 비슷하게 처리되어 시스템을 장애시점에 있었던 정확한 상태로 복구한다. redo가 불필요하다는 것을 가리키는 첫 두 조건들은 이 보기에서 존재하지 않는다. 직관적으로 그들은 더티 페이지 테이블이 매우 오래된 recLSN을 포함할 때 가장 최근의 체크포인트 전으로 돌아가면서 활동하기 시작한다. 이 경우에 Redo 단계가 이 LSN을 갖는 로그 레코드로부터 앞 방향으로 검조할 때, 체크포인트 전에 쓰여졌던 그러한 이유로 체크포인트의 더티 페이지 테이블에 없는 레코드들에 대한 로그 레코드들을 만난다. 이 페이지들의 몇몇은 체크포인트 후 다시 더티가 될 수 있다; 그럼에도 불구하고, 체크포인트 전의 이 페이지들에 대한 갱신은 redo될 필요가 없다. 세 번째 조건 자체만으로 이러한 갱신들이 redo될 필요가 없다는 것을 충분히 인식하지만, 영향을 받은 페이지를 찾는 것을 요구한다. 첫 두 조건들은 그 페이지를 찾지 않고 이러한 상황을 인식할 수 있다(독자는 이러한 조건들 각각의 사용을 설명하는 예를 만들므로 쉽게 이해할 수 있다. 연습문제 18.8을 참조).

Redo 단계의 마지막에, 상태 C를 갖는 모든 트랜잭션(트랜잭션 테이블로부터 제거됨)에 대하여 end 타입 레코드가 로그에 쓰여진다.

18.6.3 Undo 단계

다른 두 단계와 달리, Undo 단계는 로그의 끝에서 후 방향으로 검조한다. Undo 단계의 목적은 장애시점에서 활동상태의 모든 트랜잭션들의 액션들을 undo하는 것이다. 즉, 그들을 사실상 철회하는 것이다. 이러한 트랜잭션들의 집합은 분석 단계에서 만들어진 트랜잭션 테이블에서 식별할 수 있다.

undo 알고리즘

undo는 분석 단계에서 만들어진 트랜잭션 테이블을 가지고 시작한다. 이 테이블을 가지고 장애시점에서 활동상태의 모든 트랜잭션을 식별할 수 있다. 이 트랜잭션 테이블은 각 활동 트랜잭션에 대하여, 가장 최근의 로그 레코드의 LSN(lastLSN 필드)을 포함한다. 그러한 트랜잭션들을 **상태상실 트랜잭션**이라고 한다. 모든 상태상실 트랜잭션들의 액션은 undo되어야 한다. 더 나아가 이러한 액션들은 로그에서 나타나는 순서의 역순으로 undo되어야 한다.

모든 상태상실 트랜잭션들에 대한 lastLSN 값들의 집합을 생각하자. 이 집합을 **ToUndo**라고 하자. undo는 ToUndo가 공집합이 될 때까지, 이 집합에서 가장 큰 LSN 값을 반복적으로 선택하여 처리한다. 로그 레코드를 처리하기 위하여:

1. 이 로그 레코드가 CLR이고 undoNextLSN 값이 *널*이 아니면, undoNextLSN 값이 집합 ToUndo에 추가된다; undoNextLSN이 *널*이면, 그 트랜잭션이 완전히 undo되었기 때문에 그 트랜잭션에 대한 end 레코드가 쓰여지고, CLR이 제거된다.
2. 이 로그 레코드가 갱신 레코드라면 18.2절에서 기술된 것처럼 CLR이 로그에 쓰여지고 해당되는 액션이 undo된다. 그리고 갱신 로그 레코드에 있는 prevLSN 값이 ToUndo에 추가된다.

집합 ToUndo가 공집합이 되면 Undo 단계가 완료된다. 지금 재 시작이 끝나고, 시스템은 정상적으로 연산을 진행할 수 있다.

18.6.1과 18.6.2절에서 논의한 시나리오를 가지고 계속 진행하자. 장애시점에서 유일한 활동 트랜잭션은 *T*1000으로 결정된다. 트랜잭션 테이블로부터, 그의 가장 최근 로그 레코드(그림 18.3에서 4번째 갱신 로그 레코드)의 LSN을 얻는다. 갱신이 undo되고, 그림에서 첫 로그 레코드의 LSN과 동일한 undoNextLSN를 갖는 CLR이 로그에 쓰여진다. 트랜잭션 *T*1000에 대하여 undo되는 다음 레코드는 그림에서 첫 로그 레코드이다. 이것이 undo되고 CLR과 *T*1000에 대한 end 레코드가 쓰여지고 Undo 단계가 완료된다.

이 예에서 첫 로그 레코드에 기록된 액션을 undo하는 것은 3번째 로그 레코드의 액션(완료된 트랜잭션이기 때문에)의 결과를 덮어쓰게 되어 그 결과가 상실되게 한다. 이 상황은 *T*2000이 아직 활동상태에 있는 *T*1000이 쓴 데이터 항목을 덮어쓰기를 하였기 때문에 일어난다. 엄격한 2단계 잠금을 따른다면, *T*2000은 이 데이터항목을 덮어쓰기 하는 것을 허락받지 못하였을 것이다.

트랜잭션 철회

트랜잭션을 철회하는 것은 트랜잭션들의 집합이라기 보다는 하나의 트랜잭션이 undo되는 재시작의 Undo 단계의 특별한 경우이다. 다음에 논의되는 그림 18.5에 있는 예는 이점을 설명하고 있다.

재 시작 동안의 장애

18.6.3절에 제시된 undo 알고리즘이 어떻게 반복된 시스템장애를 다루는가를 이해하는 것은 중요하다. 갱신로그 레코드에 기록된 액션이 정확히 어떻게 undo되는지의 자세한 사항들은 바로 이해할 수 있기 때문에, 그림 18.5에서 보여준 실행 히스토리를 사용하여 시스템장애가 존재하는 경우의 undo를 논의한다. 이 히스토리에는 불필요한 자세한 사항이 제거되어 있다. 이 예는 트랜잭션을 철회하는 것이 undo의 특별한 경우라는 것을, 그리고 CLR의 사용이 갱신로그 레코드에 대한 undo 액션이 두 번 적용되지 않는다는 것을 설명하고 있다.

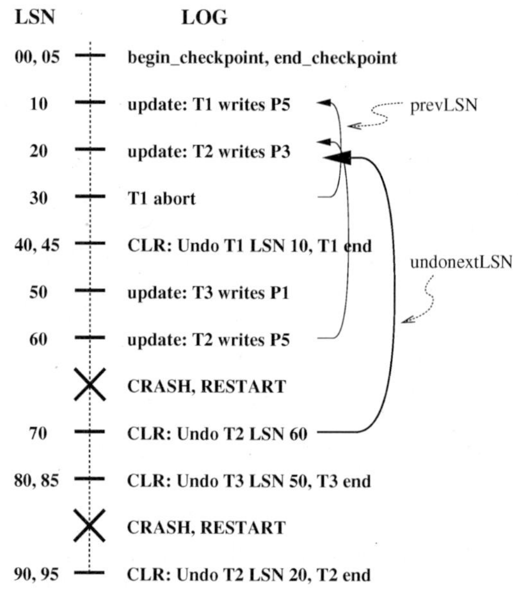

그림 18.5 반복된 장애가 존재하는 경우 undo의 예

로그는 DBMS가 실행한 여러 액션들을 실행 순서로 보여준다. 로그에서 LSN들은 증가하는 순서로 있고, 한 트랜잭션에 대한 각 로그 레코드는 이 트랜잭션에 대한 이전 로그 레코드를 가리키는 prevLSN 필드를 가지고 있다. 트랜잭션의 첫 로그 레코드의 prevLSN 필드에 사용되는 특별한 값인 널은 나타내지 않았다. 이 널 값은 이전 로그 레코드가 없다는 것을 가리킨다. 경우에 따라 한 라인에 콤마로 구별하여 두 로그 레코드를 표현함으로 그림을 간결하게 하였다.

LSN 값 30을 갖는 로그 레코드는 *T1*이 철회한다는 것을 가리킨다. 이 트랜잭션의 모든 액션들은 역순으로 undo되어야 한다. 갱신 로그 레코드 10으로 기술된 *T1*의 유일한 액션이 CLR 40으로 지적된 것처럼 undo된다.

첫 장애발생 후, 분석 단계는 더티 페이지로서 *P*1(recLSN 50), *P*3(recLSN 20), *P*5(recLSN 10)를 식별한다. 로그 레코드 45는 *T*1이 undo를 완료한 트랜잭션임을 보여준다. 트랜잭션 테이블은 *T*2(lastLNS 60), *T*3(lastLSN50)이 장애시점에서 활동상태로 식별된다. Redo 단계는 로그 레코드 10을 가지고 시작한다. 10은 더티 페이지 테이블에 있는 최소의 recLSN이기 때문이다. 18.6.2절에서 제시된 redo 알고리즘에 따라 갱신과 CLR 레코드들에 대한 모든 액션들을 재 적용한다.

ToUndo 집합은 *T*2에 대한 LSN 60과 *T*3에 대한 LSN 50으로 이루어져 있다. ToUndo 집합에서 60이 가장 큰 LSN이기 때문에, Undo 단계는 LSN 60을 갖는 로그 레코드를 처리하는 것으로 시작한다. 이 갱신이 undo되고, LSN 70을 갖는 CLR이 로그에 쓰여진다. 이 CLR은 undoNextLSN의 값으로 로그 레코드 60에 있는 prevLSN 20과 동일한 값을 갖는다. LSN 20은 *T*2에 대하여 undo되는 다음 액션이다. 현재 ToUndo 집합에 남아있는 가장 큰 LSN은 50이다. 로그 레코드 50에 해당하는 쓰기가 지금 undo되고, 이것에 대한 변경을 기술하는 CLR이 로그에 쓰여진다. 이 CLR이 LSN 80을 갖고, LSN 50에 있는 로그 레코드가 트랜잭션 *T*3에 대한 유일한 로그 레코드이기 때문에 그의 undoNextLSN 필드는 널이 된다. 그러한 이유로 *T*3은 완전히 undo되고, end 레코드가 로그에 쓰여진다. 로그 레코드 70, 80, 85는 시스템이 두 번째 장애가 발생하기 전에 안정된 저장장치에 쓰여진다. 그러나 이 레코드들에 의하여 기술된 변경은 디스크에 쓰여지지 않았을 수도 있다.

두 번째 장애 후, 시스템이 재 시작될 때 분석 단계는 장애시점에서 유일한 활동 트랜잭션은 *T*2였다는 것을 결정한다. 추가로 더티 페이지 테이블은 이전의 재시작 동안 있었던 것과 동일하다. LSN 10에서 85사이의 로그 레코드들은 Redo 단계 동안 다시 처리된다. (이전의 redo 동안에 이루어진 몇몇 변경이 디스크에 쓰여졌다면, 영향을 받은 페이지의 pageLSN이 이러한 상황을 검출하기 위하여 사용되고, 다시 이러한 페이지들을 디스크에 쓰는 것을 피하기 위하여 사용된다. Undo 단계는 ToUndo 집합에 있는 유일한 LSN인 70을 고려하여 ToUndo 집합에 undoNextLSN 값 20을 더함으로서 그것을 처리한다. 다음으로 페이지 *P*3에 대한 *T*2의 쓰기를 undo함으로서 로그 레코드 20이 처리되고, CLR(LSN 90)이 로그에 쓰여진다. LSN 20은 *T*2의 로그 레코드들 가운데 첫 번째 것이고, 마지막 것이 undo되었기 때문에 이에 대한 CLR에 있는 undoNextLSN은 널이 되고, *T*2에 대한 end 레코드가 로그에 쓰여진다. ToUndo 집합이 공집합이 되어 undo가 끝나게 된다.

현재 복구가 완료되고, 체크포인트 레코드를 로그에 쓰고 정상 실행을 재개할 수 있다.

이 예는 Undo 단계동안의 반복되는 장애로부터 복구하는 것을 설명하였다. 완전성을 위하여 재시작이 분석 단계 또는 Redo 단계에 있는데 시스템에 장애가 발생한다면 어떠한 일이 일어나는지 생각하자. 장애가 분석 단계에서 발생한다면 이 단계에서 이루어진 일이 모두 상실된다. 재시작 때 분석 단계는 전과 동일한 정보를 가지고 새로이 시작한다. 장애가 Redo 단계 동안에 발생한다면 그 장애로부터 유지되는 유일한 효과는 redo 동안 이루어진 변경의 몇몇이 장애 전에 디스크에 쓰여졌을 수 있다는 것이다. 재시작은 분석 단계 그리고 나서 Redo 단계를 시작하는데, 첫 번째 재시작 때 redo된 몇몇 갱신 로그 레코드들은 두 번째 때에 redo되지 않을 수 있다. 이는 pageLSN이 갱신 로그 레코드의 LSN과 동일하기 때문이다(이것을 검출하기 위하여 디스크에서 페이지들은 다시 찾아야 하지만).

장애가 발생하는 경우에 반복되는 작업을 최소화하기 위하여 재시작 동안에 체크포인팅을 할 수 있다. 그러나 여기서는 이 점을 논의하지 않는다.

18.7 미디어 복구

미디어 복구는 주기적으로 데이터베이스의 사본을 만드는 것에 토대를 두고 있다. 파일과 같은 큰 데이터베이스 객체를 복사하는 것은 많은 시간이 걸릴 수 있다. 그리고 이 동안에 DBMS는 그의 연산들을 계속 수행하여야 한다. 사본을 생성하는 것은 퍼지 체크포인팅을 할 때와 유사한 방법으로 처리된다.

파일 또는 페이지와 같은 데이터베이스 객체가 손상될 때, 그 객체의 사본은 로그를 사용하여 최근 것으로 복구된다. (미디어 복구 연산 시점 현재로서) 로그는 완료된 트랜잭션들의 변경을 식별하여 재적용하고, 완료되지 않은 트랜잭션들의 변경을 undo하기 위하여 사용된다.

완료된 트랜잭션들의 변경을 재적용 할 때 작업을 최소화하기 위하여 가장 최근에 완료한 체크포인트의 begin_checkpoint LSN이 데이터베이스 객체의 사본과 함께 기록된다. 해당 end_checkpoint 레코드에 있는 더티 페이지의 최소의 recLSN을 begin_checkpoint 레코드의 LSN과 비교해보자. 이 두 LSN들 가운데 더 작은 것을 *I*라고 부르자. *I*보다 작은 LSN들을 가지는 모든 로그 레코드에 기록된 액션들은 사본에 반영되어 있어야만 한다는 것을 알 수 있다. 그래서 *I*보다 큰 LSN들을 가지는 로그 레코드들만 사본에 재적용 할 필요가 있다.

마지막으로 미디어 복구시점에 완료하지 못한 또는 퍼지 복사가 끝난 후에 철회된 트랜잭션들의 갱신은 그 페이지가 완료된 트랜잭션들의 액션만을 반영한다는 것을 보장하기 위하여 undo될 필요가 있다. 그러한 트랜잭션들의 집합은 분석 단계가 지나면 식별될 수 있는데, 자세한 사항은 생략한다.

18.8 다른 접근방법과 동시성 제어와 상호작용

ARIES와 같이 가장 널리 사용되고 있는 다른 복구 알고리즘들은 역시 WAL 프로토콜에 따라 데이터베이스 액션들의 로그를 유지한다. ARIES와 이러한 다른 복구 알고리즘들과의 가장 큰 구별은 ARIES에서 Redo 단계는 히스토리를 반복적으로 적용한다는 것이다. 즉, 상태를 상실한 *모든* 트랜잭션의 액션들을 redo한다. 다른 알고리즘들은 상태유지 트랜잭션만을 redo하고, Redo 단계는 상태상실 트랜잭션들의 모든 액션들을 롤백하는 Undo 단계를 따른다.

반복적용 히스토리 패러다임과 CLR들의 사용덕분에 ARIES는 미세 단위의 잠금(레코드 수준의 잠금)과 바이트 수준의 수정이라기보다는 논리적 연산의 로깅을 지원한다. 예를 들어,

데이터 엔트리 15*를 B+ 트리 인덱스에 삽입하는 트랜잭션 *T*를 생각하자. 이 삽입이 이루어지는 시점과 *T*가 궁극적으로 철회되는 시점 사이에 다른 트랜잭션들이 그 트리로부터 엔트리들을 삽입하거나 삭제할 수 있다. 페이지 수준의 잠금 대신에 레코드 수준의 잠금이 설정된다면, *T*가 철회될 때 엔트리 15*는 *T*가 삽입한 페이지와 다른 물리적 페이지에 있을 수 있다. 이 경우에 15*의 삽입에 대한 undo 연산은 논리적 항목으로 기록되어야만 한다. 이 연산을 undo하는 데 사용된 물리적(바이트 수준) 액션들은 그 엔트리를 삽입할 때 사용된 물리적 액션들의 역은 아니다.

미세 단위 잠금을 사용하는 것은 더 많은 잠금이 설정되기 때문에 잠금에 대한 부담을 증가시킬 수 있지만 논리적 연산을 로깅하는 것은 상당히 높은 동시성을 산출한다. 그래서 다른 WAL에 근거한 복구 방법들 사이에 상쇄관계가 있다. ARIES가 여러 가지 매력적인 특성들을 가지고 있기 때문에 특히 단순성과 미세단위 잠금과 논리적 연산의 로깅을 지원하는 능력 때문에 ARIES를 선택하였다.

IBM의 System R에서 사용된 가장 초기의 복구 알고리즘들 가운데 하나는 매우 다른 접근방법을 택하였다. 로깅이 없고 물론 WAL 프로토콜이 아니다. 대신에 데이터베이스가 페이지들의 모임으로 다루어지고, **페이지 테이블**(page table)을 통하여 접근된다. 페이지 테이블은 페이지 id들을 디스크 주소들로 사상한다. 트랜잭션이 데이터 페이지를 변경할 때, 트랜잭션은 그 페이지의 **쉐도우**(shadow)라고 불리는 실질적으로 그 페이지의 사본을 만들고, 쉐도우 페이지를 변경한다. 트랜잭션은 그 페이지 테이블의 적당한 부분을 복사하고, 변경을 볼 수 있도록 변경된 페이지에 대한 엔트리가 쉐도우 페이지를 지적하도록 바꾼다. 그러나 이 트랜잭션이 완료할 때까지 다른 트랜잭션들은 원래의 페이지 테이블(원래의 페이지)을 계속하여 본다. 트랜잭션을 철회하는 것은 단순하다. 단지 페이지 테이블의 그의 쉐도우 버전들을 버리면 된다. 트랜잭션을 완료하는 것은 페이지 테이블의 그의 버전들을 공용(public)으로 하고, 쉐도우 페이지의 원래의 데이터 페이지를 버리면 된다.

이러한 방법은 많은 문제를 가지고 있다. 먼저, 데이터가 원래의 페이지로부터 멀리 떨어져 있을 수 있는 쉐도우 버전들로의 페이지 대치로 인하여 상당한 비율로 단편화가 될 수 있다. 이러한 현상은 데이터가 클러스터되는 것을 줄이게 되고, 쓰레기 수집이 꼭 필요하게 한다. 두 번째로, 이 방법은 충분히 높은 동시성을 산출하지 못한다. 세 번째로, 쉐도우 페이지의 사용으로 인한 본질적인 기억장소의 오버헤드가 있다. 네 번째로 트랜잭션을 철회하는 프로세스 자체가 교착상태로 들어갈 수 있고, 트랜잭션을 철회하는 의미가 명확하지 않기 때문에 이 상황은 특별히 처리되어야 한다.

이러한 이유 때문에 System R에서조차 쉐도우 페이징이 궁극적으로 WAL에 근거를 둔 복구기법으로 바뀌어 졌다.

18.9 복습문제

복습문제에 대한 답은 열거된 절에서 발견할 수 있다.

- ARIES의 복구 알고리즘의 장점은 무엇인가? **(18.1절 참조)**
- ARIES에서 장애복구에서의 3단계를 기술하시오. 분석 단계의 목적, Redo 단계의 목적, Undo 단계의 목적이 무엇인가? **(18.1절 참조)**
- 로그 레코드의 LSN은 무엇인가? **(18.2절 참조)**
- 로그 레코드들의 다른 타입은 무엇이 있으며, 언제 그들이 기록이 되는가? **(18.2절 참조)**
- 트랜잭션 테이블과 더티 페이지 테이블에 어떠한 정보가 유지되는가? **(18.3절 참조)**
- WAL이 무엇인가? 트랜잭션이 완료할 시점에 디스크에 무엇이 강제로 쓰여지는가? **(18.4절 참조)**
- 퍼지 체크포인트는 무엇인가? 유용한 이유는 무엇인가? 마스터 로그 레코드는 무엇인가? **(18.5절 참조)**
- 복구의 분석 단계는 어느 방향으로 로그를 검조하는가? 로그의 어느 지점에서 검조를 시작하여 어느 지점에서 끝내는가? **(18.6.1절 참조)**
- 분석 단계에서 어떠한 정보가 수집되고, 어떻게 수집되는지를 기술하시오. **(18.6.1절 참조)**
- 복구의 Redo 단계는 어느 방향으로 로그를 처리하는가? 로그의 어느 지점에서 시작하여 어느 지점에서 끝나는가? **(18.6.2절 참조)**
- redo할 수 있는 로그 레코드는 무엇인가? 어느 조건에서 로그된 액션이 redo되는가? 로그된 액션이 redo될 때 어떠한 단계가 실행되는가? **(18.6.2절 참조)**
- 복구의 Undo 단계는 어느 방향으로 로그를 처리하는가? 로그의 어느 지점에서 시작하여 어느 지점에서 끝나는가? **(18.6.3절 참조)**
- 상태상실 트랜잭션이란 무엇인가? Undo 단계에서 그 트랜잭션이 어떻게 처리되고 어떠한 순서로 처리되는가? **(18.6.3절 참조)**
- 복구의 Undo 단계동안 장애가 발생한다면 어떠한 일이 일어나는지를 설명하시오. CLR들의 역할은 무엇인가? 분석 단계와 Redo 단계에서 장애가 발생한다면 어떠하겠는가? **(18.6.3절 참조)**
- 완전한 로그를 사용하지 않는다면 DBMS는 미디어 고장으로부터 어떻게 복구되는가? **(18.7절 참조)**
- 레코드 수준의 잠금은 동시성을 증가시킨다. 잠재적인 문제는 무엇이고, ARIES가 어떻게 그 문제들을 다루고 있는가? **(18.8절 참조)**
- 쉐도우 페이징이란 무엇인가? **(18.8절 참조)**

연습문제

문제 18.1 간단히 다음 질문에 답하시오.

1. 복구 관리기는 트랜잭션들의 원자성을 어떻게 보장하는가? 영속성은 어떻게 보장하는가?
2. 안정된 저장장치와 디스크와의 차이점은 무엇인가?
3. 시스템장애와 미디어고장 사이의 차이점은 무엇인가?
4. WAL 프로토콜에 대하여 설명하시오.
5. steal과 no-force 정책을 기술하시오.

문제 18.2 다음 질문에 간단히 답하시오.

1. LSN이 요구하는 특성은 무엇인가?
2. 갱신 로그 레코드의 필드들은 무엇이 있는가? 각 필드의 용도를 설명하시오.
3. redo 가능한 로그 레코드들은 무엇이 있는가?
4. 갱신로그 레코드와 CLR의 차이점은 무엇인가?

문제 18.3 다음 질문에 간단히 답하시오.

1. ARIES에서 분석, Redo, Undo 단계의 역할은 무엇인가?
2. 그림 18.6에 있는 실행을 생각하자.
   a. 분석 단계 동안 무엇이 이루어지는가? (분석 단계가 시작하고 끝나는 지점에 대하여 정확히 하고, 이 단계에서 만들어진 테이블들의 내용을 기술하시오.)
   b. Redo 단계 동안 무엇이 이루어지는가? (Redo 단계가 시작하고 끝나는 지점에 대하여 정확히 하시오.)
   b. Undo 단계 동안 무엇이 이루어지는가? (Undo 단계가 시작하고 끝나는 지점에 대하여 정확히 하시오.)

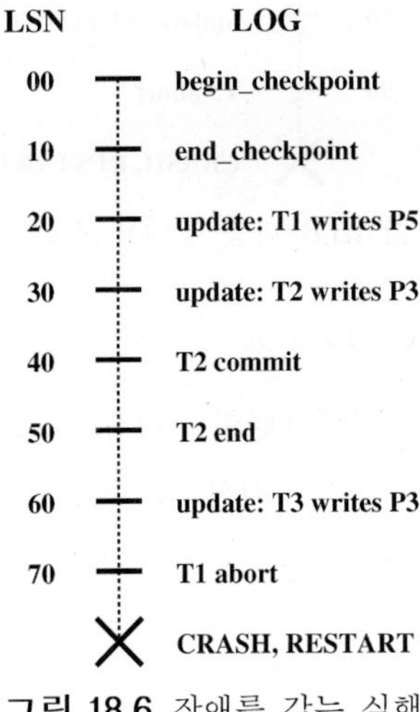

그림 18.6 장애를 갖는 실행

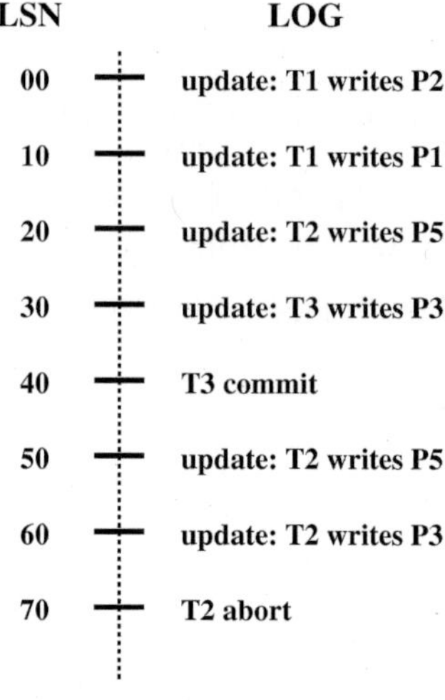

그림 18.7 트랜잭션 철회

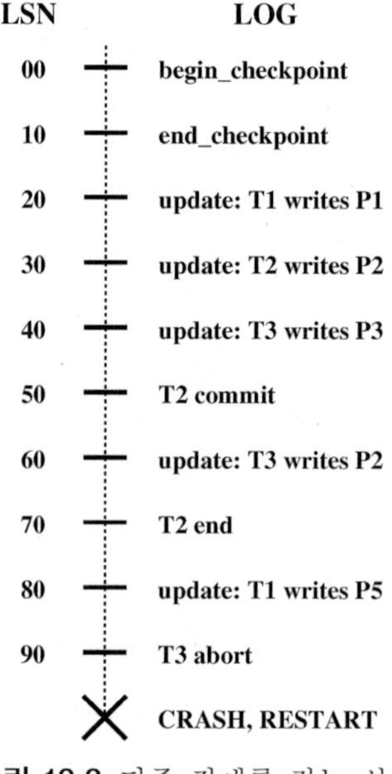

그림 18.8 다중 장애를 갖는 실행

문제 18.4 그림 18.7에 있는 실행을 생각하자.

1. prevLSN과 undonextLSN 값들이 나타나도록 그림을 확장하시오.
2. 트랜잭션 *T*2를 복귀하기 위하여 취해진 액션들을 기술하시오.
3. *T*2가 복귀된 후의 로그를 보이시오. 로그 레코드에 모든 prevLSN과 undonextLSN을 포함하도록 한다.

문제 18.5 그림 18.8에 있는 실행을 생각하자. 두 로그 레코드를 안정된 저장장치에 기록한 후 복구하는 동안 시스템에 장애가 발생한다. 그리고 다시 다른 두 레코드를 기록한 후 시스템에 장애가 발생한다.

1. 마스터 로그 레코드에 저장된 LSN의 값은 무엇인가?
2. 분석 단계 동안 무엇이 이루어지는가?
3. Redo 단계 동안 무엇이 이루어지는가?
4. Undo 단계 동안 무엇이 이루어지는가?
5. 복구가 완료될 때 (로그 레코드는 널이 아닌 모든 prevLSN과 undonextLSN을 포함하는) 로그를 보이시오.

문제 18.6 다음 질문에 간단히 답하시오.

1. ARIES에서 체크포인팅이 어떻게 이루어지는가?
2. 체크포인팅이 다음과 같이 이루어질 수 있다. 오직 체크포인팅 작업만 진행될 수 있도록 시스템을 활동이 없는 상태에 들어가게 한다. 모든 더티 페이지들의 사본을 기록하고, 더티 페이지 테이블과 트랜잭션 테이블을 체크포인트 레코드에 포함시킨다. 이 접근방법과 ARIES의 접근방법의 이해득실은 무엇인가?
3. 분석 단계 동안에 두 번째 begin_checkpoint 레코드를 만난다면 무슨 일이 일어나겠는가?
4. 분석 단계 동안에 두 번째 end_checkpoint 레코드를 만날 수 있겠는가?
5. 원래의 갱신의 물리적인 역이 아닌 undo 액션들의 사용을 위하여 CLR의 사용이 왜 중요한가?
6. 반복적용 히스토리의 패러다임과 CLR의 사용이 어떻게 ARIES가 페이지 단위보다 더 미세한 단위의 잠금을 지원하는 것을 허용하는지를 설명하는 예를 하나 드시오.

문제 18.7 다음 질문에 간단히 답하시오.

1. 시스템이 복구하는 동안에 반복적으로 장애가 발생한다면 재 시작이 성공적으로 완료하기 전에 (장애 전에 쓰여진 갱신과 다른 로그 레코드들의 수의 함수로서) 쓰여질 수 있는 로그 레코드들의 최대 수는 얼마인가?
2. 유지할 필요가 있는 가장 오래된 로그 레코드는 무엇인가?
3. 로그를 위하여 한정된 양의 안정된 저장장치가 사용된다면, 재 시작동안 쓰여진 모든 로그 레코드들을 가질 수 있는 충분한 안정된 저장장치를 항상 어떻게 보장할 수 있겠는가?

문제 18.8 redo가 불필요한 세 가지 조건을 생각하자.

1. 처음 두 조건을 테스트하는 것이 비용이 싼 이유는 무엇인가?
2. 첫 번째 조건의 사용을 설명하는 실행을 하나 기술하시오.
3. 두 번째 조건의 사용을 설명하는 실행을 하나 기술하시오.

문제 18.9 18.6.1절의 분석 단계의 기술은 가장 최근에 끝낸 체크포인트에 대하여 어떠한 로그 레코드도 begin_checkpoint와 end_checkpoint 레코드들 사이에 나타나지 않았다는 단순한 가정을 하였다. 다음 질문들은 그러한 레코드들이 어떻게 다루어지는지를 조사한다.

1. begin_checkpoint와 end_checkpoint 레코드들 사이에 로그 레코드들이 쓰여질 수 있는 이유를 설명하시오.

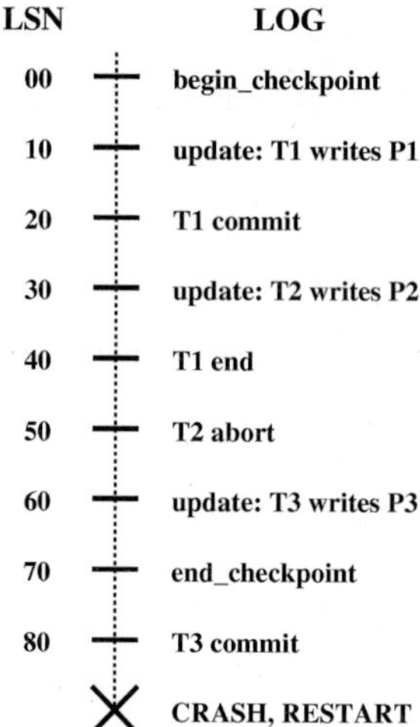

그림 18.9 체크포인트 레코드들 사이의 로그 레코드들

2. 그러한 레코드들을 다루기 위하여 분석 단계가 어떻게 수정될 수 있는지를 기술하시오.
3. 그림 18.9에 있는 실행을 생각하고, end_checkpoint 레코드의 내용을 보이시오.
4. 그림 18.9에 있는 실행을 가지고 당신이 수정한 분석 단계를 설명하시오.

문제 18.10 다음 질문에 간단히 답하시오.

1. 미디어 복구가 ARIES에서 어떻게 다루어지는가를 설명하시오.
2. 미디어 복구를 위하여 퍼지 덤프를 사용하는 것의 이해득실은 무엇인가?
3. 체크포인팅과 퍼지 덤프 사이의 유사성과 차이점은 무엇인가?
4. ARIES를 다른 WAL에 근거한 복구기법과 대조하시오.
5. ARIES를 쉐도우 페이지(shadow-page)에 근거한 복구기법과 대조하시오.

참고문헌 소개

ARIES 복구 알고리즘에 대한 논의는 [544]에 근거를 두고 있다. [282]는 ARIES에 대한 아주 읽기 쉽고 간단한 설명을 포함하는 조사 논문이다. [541, 545]는 역시 ARIES를 논의하고 있다. 미세 단위 잠금은 동시성을 증가시키나 더 많은 잠금 비용이 든다. [542]는 이러한 문제를 완화시키기 위하여 LSN에 근거를 둔 기술을 제안하고 있다.

[355]는 하나의 특정 알고리즘에 집중하기 위하여 여기서 선택하여 다룬 것보다 복구 알고리즘들에 대하여 폭넓게 다룬 아주 우수한 조사 논문이다. [17]은 상호작용을 고려하여 동시성 제어와 복구 알고리즘들의 성능을 다루었다. 동시성 제어에 끼치는 복구의 영향은 또한 [769]에서 논의된다. [625]은 여러 복구기법들의 성능분석을 포함하고 있다. [236]은 주기억장치 데이터베이스에 대한 복구기법들을 비교하고 있다.

[478]은 WAL에 근거를 둔 복구 알고리즘(상태상실 트랜잭션들이 먼저 undo되고, 장애발생 전에 완료한 트랜잭션들만 redo하는)에 대한 설명을 하고 있다. 쉐도우 페이징이 [493, 337]에서 서술된다. 쉐도우 페이징과 in-place 갱신을 조합한 기법이 [624]에서 서술되어 있다.

6부

데이터베이스 설계와 튜닝

19

스키마 정제와 정규형

☞ 정보를 중복으로 저장해서 발생되는 문제점들은 무엇인가?

☞ 함수 종속성이란 무엇인가?

☞ 정규형이란 무엇이며, 이를 사용하는 목적은 무엇인가?

☞ BCNF와 3NF가 제공하는 장점은 무엇인가?

☞ 릴레이션을 적절한 정규형으로 분해하는 데 고려해야 할 사항은 무엇인가?

☞ 데이터베이스 설계 과정에서 정규화를 어느 정도의 수준까지 하여야 하는가?

☞ 데이터베이스 설계에서 유용하게 사용될 수 있는 좀 더 일반적인 종속성들이 있는가?

➜ **주요 개념:** 중복 이상(redundancy anomalies), 삽입 이상(insert anomalies), 삭제 이상(delete anomalies), 갱신 이상(update anomalies), 함수 종속성(functional dependency), 암스트롱의 공리(Armstrong's Axioms), 종속성 폐포(dependency closure), 애트리뷰트 폐포(attribute closure), 정규형(normal forms), BCNF, 3NF; 분해(decompositions), 무손실 조인(lossless join), 종속성 보존(dependency-preservation), 다중치 종속성(multivalued dependencies), 조인 종속성(join dependencies), 포함 종속성(inclusion dependencies), 4NF, 5NF

It is a melancholy truth that even great men have their poor relations.

— Charles Dickens

이 책의 앞부분에서 배운 개념적 데이타베이스 설계는 데이터베이스의 최종 설계를 위해 좋은 출발점으로 사용될 수 있는 릴레이션 스키마들과 무결성 제약조건(IC)들을 제공한다. 이러한 초기 단계의 설계 사항들은, 무결성 제약조건들을 ER 모델에서 표현 되었던 것보다는 더욱 충분히 고려를 하고, 또한 성능 기준이나 전형적인 작업부하를 고려함으로써 정제되어야 한다. 이 장에서는, ER 스키마를 릴레이션들의 모임으로 변환하는 과정에서 생성된 개념 스키마를 정제하기 위하여 어떻게 무결성 제약조건들이 사용될 수 있는지에 대해 설명한다. 작업부하와 성능에 대해 고려하여야 할 사항들은 20장에서 설명하기로 한다.

제약조건들 중 가장 중요한 유형의 하나인 ***함수 종속성***에 대해 중점적으로 살펴본다. 그리고 ***다중치 종속성***과 ***조인 종속성***등과 같은 다른 유형의 무결성 제약조건들도 유용한 정보를 제공해 주는데, 이들은 때로는 함수 종속성 자체만으로는 탐지해 낼 수 없는 중복성들을 찾아 낼 수 있게 한다.

이 장의 구성은 다음과 같다. 19.1절에서는 이 장의 주제인 스키마 정제 방식의 전체적인 개요에 대해 살펴본다. 19.2절에서는 함수 종속성을 소개한다. 19.3절에서는 주어진 함수 종속성들로부터 새로운 종속성들을 추가적으로 어떻게 추론해 낼수 있는지에 대해 살펴본다. 19.4절에서는 정규형에 대해 소개한다; 어떤 릴레이션에 의해 만족되는 정규형은 곧 그 릴레이션에 대한 중복성의 척도가 된다. 중복성이 있는 릴레이션은 이를 *분해함으로써*, 즉 그 릴레이션과 동일한 정보를 갖지만 중복성이 없는 더 작은 릴레이션들로 대체함으로서 정제될 수 있다. 이러한 분해 방법과 분해할 때 요구되는 조건들을 19.5절에서 살펴본다. 19.6절에서는 어떤 릴레이션이 주어졌을 때 이를 바람직한 정규형을 갖는 더 작은 릴레이션들로 분해하는 방법에 대해 살펴본다.

19.7절에서는 ER 모델 설계로부터 변환하여 생성된 릴레이션 스키마에 어떻게 중복성이 아직 내포되어 있는지에 대해 예제들을 통해 살펴보며, 이러한 문제점들을 소거하기 위한 스키마 정제 방법에 대해 살펴본다. 19.8절에서는 데이터베이스 설계에 필요한 다른 유형의 종속성들에 대해 살펴본다. 마지막으로 19.9절에서는 인터넷 서점 사례를 통해 정규화 과정을 살펴본다.

19.1 스키마 정제의 소개

이제 스키마 정제가 해결하고자 하는 문제점들의 개요와 해결하기 위한 분해에 기반한 정제 방식에 대해 살펴보고자 한다. 근본적으로는 정보를 중복해서 저장하다는 사실이 이러한 문제점들의 주요 원인이다. 그러나 분해가 중복성을 없앨 수 있지만, 분해가 그 자체의 문제저을 야기할 수 있으므로 각별한 주의가 필요하다.

19.1.1 중복성으로 야기되는 문제점들

동일한 정보를 데이터베이스 내의 **여러 곳**에 반복해서 저장하게 되면 다음과 같은 여러 문제점들이 야기될 수 있다.

- **중복 저장**(Redundant Storage): 어떤 정보가 반복적으로 저장된다.
- **갱신 이상**(Update Anomaly): 만약 반복되어 저장된 데이터 중 한 사본만을 갱신하는 경우, 모든 사본이 함께 갱신되지 않으면 데이터간의 불일치가 발생된다.
- **삽입 이상**(Insertion Anomaly): 어떤 새로운 정보를 저장하기 위해 이와 관련이 없는 다른 정보도 함께 저장하여야 한다.
- **삭제 이상**(Deletion Anomaly): 만약 어떤 정보를 삭제하는 경우, 이와 관련이 없는 다른 정보도 함께 상실될 수가 있다.

2장에서 Hourly_Emps 개체 집합을 조금 변형하여 얻은 다음과 같은 릴레이션을 생각해 보자.

Hourly_Emps(<u>*ssn*</u>, *name*, *lot*, *rating*, *hourly_wages*, *hours_worked*)

이 장에서는 릴레이션을 표현할 때 편의상 애트리뷰트의 타입에 대한 정보는 생략하기로 한다. 따라서 애트리뷰트 이름은 단일 영문자로 줄이고, 전체 릴레이션 스키마를 각 애트리뷰트당 하나의 영문자로 하여, 이를 여러 개의 영문자들로 차례로 표현하고자 한다. 예를 들면, 위의 Hourly_Emps 스키마는 *SNLRWH*로 표현할 수 있다(참고로 *W*는 *hourly_wages* 애트리뷰트를 나타낸다).

위의 Hourly_Emp 릴레이션에서 키가 *ssn*인 것을 확인하자. 이제 *hourly-wage* 애트리뷰트는 *rating* 애트리뷰트에 의해 결정된다고 가정하자. 즉, 이러한 조건은 어떤 *rating* 값이 주어지면, 이에 대응하는 *hourly_wages* 값은 반드시 하나만 존재한다는 사실을 의미하는 것이다. 이러한 무결성 제약조건이 바로 *함수 종속성*의 한 예이다. 이러한 제약 조건은 그림 19.1에서 예시한 바와 같이 Houry_Emps 릴레이션 내에서 중복성이 생길 수 있음을 시사한다.

ssn	*name*	*lot*	*rating*	*hourly_wages*	*hours_worked*
123-22-3666	Attishoo	48	8	10	40
231-31-5368	Smiley	22	8	10	30
131-24-3650	Smethurst	35	5	7	30
434-26-3751	Guldu	35	5	7	32
612-67-4134	Madayan	35	8	10	40

그림 19.1 Houry_Emps 릴레이션의 인스턴스

만약 두 개의 투플에 대해 *rating* 열에서 같은 값이 나타나면, 이러한 무결성 제약조건에 따르면 *houry_wages* 열에도 같은 값이 나타나야 한다. 이러한 중복성은 다음과 같은 부정적인 결과들을 야기할 수 있다.

- *중복 저장*: *rating* 값 8은 *houry_wages* 값 10과 대응하는데, 이 연관성이 세 번 반복된다.

- *갱신 이상*: 만약 첫 번째 투플의 *houry_wages*의 값은 갱신되고 두 번째 투플에서는 갱신되지 않을 수 있다.
- *삽입 이상*: 한 직원의 *rating* 값에 대응하는 시간당 임금을 모르면, 그 직원의 투플을 삽입할 수 없다.
- *삭제 이상*: 어떤 특정 *rating* 값을 가지고 있는 모든 투플들을 삭제하면(예를 들어, Smethrust와 Guldu 투플들), 그 *rating* 값과 *houry_wages* 값과의 연관성을 상실한다.

이상적으로는 중복성을 허용하지 않는 스키마를 원하지만, 최소한 중복성을 허락하고 있는 스키마를 식별할 수 있어야 한다. 성능을 고려하여 이러한 결점이 있는 스키마를 허용한다 하더라도, 미리 알고 결정하기를 원한다.

널 값

널 값을 이용해서 위에서 언급한 문제점들을 해결할 수 있는지를 알아보자. 다음의 예제에서 알 수 있듯이, *널* 값을 이용한다고 해서 이러한 문제점들을 전부 해결할 수는 없지만 어느 정도 도움이 될 수 있다.

Hourly_Emp 릴레이션의 예를 생각해보자. 분명히, *널* 값으로 중복 저장이나 갱신 이상들을 제거할 수 없지만, 삽입 이상이나 삭제 이상에 대해서는 도움이 될 수 있음을 직관적으로 알 수 있다. 예를 들어, 삽입 이상을 처리하기 위해, 시간당 임금 필드에 *널* 값을 가진 직원 투플을 삽입할 수 있다. 그러나 널 값이 모든 삽입 이상을 해결할 수는 없다. 어떤 등급을 가진 직원이 있지 않는 한 그 등급의 시간당 임금을 기록할 수 없다. 왜냐하면, 기본적인 *ssn* 필드에 *널* 값을 저장할 수 없기 때문이다. 이와 유사하게 널 값을 이용하여 삭제 이상을 해결하는 방안을 생각해보자. 예를 들면, 만약 어떤 *rating* 값에 해당하는 투플들을 삭제하려고 할 때, 이 투플들 중에서 삭제되는 마지막 투플의 *rating*과 *houry_wages*에 해당하는 애트리뷰트들의 값만 그대로 보존하고 나머지 애트리뷰트들을 모두 널 값으로는 할 수 있다. 그러나 이러한 경우 *ssn*에 널 값이 나타나야 하는데 이는 마찬가지로 기본 키에 널 값이 허용이 안 된다는 제약 조건에 위반하게 된다. 따라서 널 값은 중복성의 문제점들에 대해서 어떤 경우에 어느 정도 도움이 될 수는 있지만 일반적인 해결책은 아님을 알 수 있다.

19.1.2 분해

직관적으로, 중복성은 애트리뷰트들을 부자연스럽게 연관지어서 생성된 릴레이션 스키마에서 발생할 수 있다. 함수 종속 관계를 이용하면 이러한 상황을 식별해 낼 수 있고, 또한 스키마를 정제할 필요성이 있는가를 파악할 수 있다. 이와 관련된 핵심적인 아이디어는 하나의 릴레이션을 여러 개의 더 작은 릴레이션들로 대체함으로써 중복성으로 야기되는 많은 문제점들이 처리될 수 있다는 점이다.

릴레이션 스키마 *R*의 분해(decomposition of a relation schama *R*)는 이 스키마를 두 개 이상의 릴레이션 스키마로 대치하는 것인데, 이 릴레이션들의 각 스키마는 *R*의 애트리뷰트이 부분 집합을 가지고 있고, 이들 전체는 *R*의 모든 애트리뷰트들을 포함해야 한다. 이 절에서는 몇 개의 예제를 통해 분해하는 방법에 대해 살펴본다.

Houry_Emps 릴레이션을 다음과 같이 두 개의 릴레이션으로 분해한다.

> Hourly_Emps2(*ssn*, *name*, *lot*, *rating*, *hours_worked*)
> Wages(*rating*, *hourly_wages*)

그림 19.1의 Hourly_Emps 릴레이션의 인스턴스와 대응하는 이 릴레이션들의 인스턴스는 그림 19.2와 같다.

ssn	*name*	*lot*	*rating*	*hours_worked*
123-22-3666	Attishoo	48	8	40
231-31-5368	Smiley	22	8	30
131-24-3650	Smethurst	35	5	30
434-26-3751	Guldu	35	5	32
612-67-4134	Madayan	35	8	40

rating	*hourly_wages*
8	10
5	7

그림 19.2 Hourly_Emps2와 Wages 릴레이션의 인스턴스들

그림 19.2를 살펴보면, 어떠한 *rating* 값에 대해서도 이에 해당되는 투플을 Wages 릴레이션에 단지 추가함으로서 *houry_wages* 값을 쉽게 기록할 수 있음을 알 수 있다. 즉 Hourly_Emps2 릴레이션의 현재 인스턴스에서 그 *rating* 값에 해당하는 직원 투플이 없더라도 무방하다. 그리고 어떤 *rating* 값에 해당하는 *houry_wages*의 값을 갱신하고자 한다면, 단지 Wages에 속한 투플 하나만 갱신하면 된다. 즉 그림 19.1에서 여러 개의 투플들을 모두 한꺼번에 갱신해야 했던 것보다는 효율적이고, 또한 일관성을 위반할 수 있는 가능성도 없어지게 된다.

19.1.3 분해와 관련된 문제점들

릴레이션 스키마를 분해할 때 주의하지 않으면 자칫 중복성 문제보다 더 심각한 문제들을 발생시킬 수 있다. 따라서 다음과 같은 두 가지 질문들을 항상 반복적으로 고려하여야 한다.

1. 릴레이션을 분해 할 필요가 있는가?
2. 분해하고 난 후 발생할 수 있는 문제점들은 무엇인가?

첫 번째 질문에 도움이 될 수 있도록 릴레이션에 대해 몇 가지 *정규형*(*normal form*)들이 제안되어 있다. 만약 어떤 릴레이션 스키마가 어느 한 정규형에 속한다면 우리는 앞에서 언급한 특정 유형의 문제점들이 발생하지 않는다는 점을 알 수 있다. 따라서 주어진 릴레이션

스키마가 어느 정규형에 속하는지를 알면, 더 분해할 필요가 있는지 아닌지를 결정하는 데에 도움이 된다. 이렇게 해서 만약 그 릴레이션 스키마를 더 분해해야 되겠다고 결정하고 나면, 어떻게 분해하는지에 대한 방법을 선택하여야 한다.

두 번째 질문의 경우에는, 분해와 관련된 두 가지 중요한 성질들을 고려하여야 한다. *무손실 조인*(*lossless-join*) 성질은 분해된 각 작은 릴레이션의 인스턴스로부터 분해되기 전의 원래의 릴레이션 인스턴스를 항상 복구할 수 있도록 하여 준다. *종속성 유지*(*dependency-preservation*) 성질은 분해된 작은 릴레이션 각각에 있는 어떤 제약조건들을 검증해 주기만 하면 원래 릴레이션에 주어진 어떠한 제약조건들도 그대로 검증될 수 있도록 하여 준다. 즉, 원래의 릴레이션에 대한 제약조건이 위배되었는가를 검증하기 위하여 분해시킨 릴레이션들을 조인할 필요가 없다.

성능상의 관점에서 볼 때 분해의 주요 결점 중의 하나는, 원래 릴레이션에 대한 질의가 주어졌을 때 이에 대한 결과를 얻기 위해서, 분해된 여러 릴레이션들에 대해 조인 연산을 수행해야만 한다는 점이다. 만일 이러한 질의가 빈번히 자주 발생하면 릴레이션을 분해함으로써 생기는 성능상의 손실이 더욱 심각해질 수 있다. 이런 경우에 우리는 중복성의 문제점들을 소거하지 않은채 릴레이션을 분해하지 않기로 결정할 수도 있다. 즉 중복성의 문제점들과 성능상의 문제점을 서로 타협할 수 있다는 점이다. 그러나 데이터베이스 설계의 원칙적인 관점에서 볼 때 우리는 설계에 내재되어 있는 중복성 때문에 야기되는 잠재적인 문제들을 충분히 인식하고, 이를 해결하기 위한 조치를 취하는 것(즉 응용 프로그램 코드에 이를 검증할 수 있는 코드를 추가하는 것)이 중요하다. 분해가 질의 성능에 미치는 영향에 대해서는 이 장에서는 다루지 않으며 20.8절에서 다루기로 한다.

이 장의 목표는 함수 종속 이론에 기반하여 데이터베이스 설계에 필요한 유용한 개념들과 설계 지침에 대해서 설명하는 것이다. 좋은 데이터베이스 설계자가 되려면 정규형에 대한 확실한 이해와 정규형으로 해결할 수 있는 (혹은 할 수 없는) 문제점들이 무엇인지, 그리고 분해의 기법과 분해로 인해 발생할 수 있는 잠재적인 문제점들이 무엇인지 알고 있어야 한다. 예를 들어, 데이터베이스 설계자라면 다음과 같은 유형의 질문들을 흔히 접하게 될 것이다. 이 릴레이션이 주어진 정규형을 만족하는가? 이 분해가 종속성 유지 분해인가? 우리의 목적은 설계 과정에서 이러한 질문들을 언제 하여야 하며, 또한 이 질문에 대한 대답을 어떻게 얻느냐를 설명하는 것이다.

19.2 함수 종속성

함수 종속성(functional dependency: FD)은 일종의 무결성 제약조건(IC)으로서, 키의 개념을 일반화한 것이다. 어떤 릴레이션 스키마를 R이라 하고 X와 Y를 R에 속한 애트리뷰트들의 집합이라 하자(단, X와 Y는 공집합이 아니다). 이제 R의 어떤 인스턴스 r에 속한 모든 투플 쌍 $t1$과 $t2$에 대해서 다음의 조건을 만족할 때, r은 FD $X \rightarrow Y$를 만족한다고 한다.[1]

[1] $X \rightarrow Y$는 “X는 Y를 함수적으로 결정한다.” 혹은 단순히 “X는 Y를 결정한다.”라고 표현한다.

만약 $t1.X = t2.X$이면, $t1.Y = t2.Y$이다.

여기에서 $t1.X$는 투플 $t1$을 X의 애트리뷰트들로 프로젝션(projection)하는 것을 의미하는 것으로서, 4 장에서 설명된 투플 관계 해석의 표기법 $t.a.$는 투플 t의 애트리뷰트 a를 지칭한다는 점을 자연스럽게 확장한 것이다. FD $X \rightarrow Y$는 결국 임의의 두 개의 투플에 대해서 만약 X 애트리뷰트들의 값이 일치한다면, Y 애트리뷰트들의 값도 역시 일치해야 된다는 것을 의미한다.

그림 19.3은 $AB \rightarrow C$라는 함수 종속성을 만족하는 한 인스턴스를 보여준다. 첫 번째와 두 번째 투플을 살펴 보면 FD가 키 제약조건과 동일한 개념이 아니라는 사실을 알 수 있다. 이는 비록 FD를 위반하지 않으면서도 AB는 분명히 이 릴레이션의 키가 아니라는 점이다. 세 번째와 네 번째 투플을 살펴 보면, 만약 A 필드 혹은 B 필드 중에서 서로 값이 다르다면 함수 종속성을 위반하지 않고도 C 필드의 값에서 서로 다를 수 있음을 알 수 있다. 이와 반대로 만약 새로운 투플 <$a1$, $b1$, $c2$, $d1$>을 이 인스턴스에 추가하고 나면, 위의 FD를 위반하게 될 것이다. 이해가 되지 않는다면 이 새로운 투플과 첫 번째 투플을 비교해 보기 바란다.

A	B	C	D
a1	b1	c1	d1
a1	b1	c1	d2
a1	b2	c2	d1
a2	b1	c3	d1

그림 19.3 AB → C를 만족하는 인스턴스의 예

어떤 릴레이션의 인스턴스들이 *합법적인* 것이 되기 위해서는 각 인스턴스가 그 릴레이션에 명시된 모든 FD를 포함한 모든 무결성 제약조건을 만족하여야 된다는 점을 상기하기 바란다. 특히 3.2절에서 무결성 제약조건들을 식별해 내고 이를 명시하고자 할 때, 모델링하고자 하는 실세계의 조직체들의 데이터베이스 요구사항에 기반해서 이를 반영해야 한다고 언급한 바 있다. 어떤 릴레이션의 인스턴스를 보고 이 릴레이션이 특정 FD를 만족하지 않는다고 말할 수는 있다. 그러나 역으로 그 릴레이션의 현재 일부 인스턴스들만을 보고 주어진 FD를 만족한다고는 바로 추론할 수는 없다. 그 이유는 FD는 다른 무결성 제약조건들과 마찬가지로 한 릴레이션을 구성하는 *모든* 가능한 인스턴스들이 준수하여야 할 요구사항에 대한 제약조건이기 때문이다.

기본 키 제약조건은 단지 FD의 특수한 경우이다. 키의 정의에 의하면, 어떤 릴레이션에서 키는 항상 X의 역할을 하게 되며, 그 릴레이션을 구성하는 모든 애트리뷰트들은 Y의 역할을 한다는 점을 알 수 있다. 그러나 FD의 정의에 의하면 집합 X가 반드시 최소일 필요는 없다는 점을 확인하자. 이는 키를 포함하는 애트리뷰트들의 집합 (즉 수퍼키)은 모두 X의 역할을 할 수 있다는 점이다. 즉 만약 $X \rightarrow Y$에서 Y는 모든 애트리뷰트들의 집합이며, X의 진부분 집합 V가 존재하여 $V \rightarrow Y$가 만족된다면, X는 키가 아닌 *수퍼키*이다.

이 장의 나머지 부분에서는 키 제약조건이 아닌 FD의 예들을 살펴보고자 한다.

19.3 FD에 대한 추론

어떤 릴레이션 스키마 *R*에 대해 FD들이 주어졌을 때, 우리는 새로운 FD들을 추가적으로 얻어낼 수 있다. 다음의 예제를 살펴보자.

Workers(*ssn*, *name*, *lot*, *did*, *since*)

위의 릴레이션에서 $ssn \rightarrow did$와 $did \rightarrow lot$가 성립한다고 가정하자. 이제 이 사실을 이용하여 $ssn \rightarrow lot$도 성립할 수 있음을 살펴보자. 첫 번째 FD를 참조하면, 만약 임의의 두 개의 투플들이 같은 *ssn* 값을 갖는다고 하면, 이 투플들 역시 같은 *did* 값을 갖게 된다. 두 번째 FD를 참조하면, 만약 임의의 두 개의 투플들이 같은 *did* 값을 갖는다고 하면, 이 투플들 역시 같은 *lot* 값을 갖게 된다. 따라서 이 두 가지 FD로부터 $ssn \rightarrow lot$도 역시 성립한다는 것을 알 수 있다.

어떤 릴레이션 스키마에 정의된 FD들의 집합을 *F*라 표기하자. 이때 만약 어떤 FD *f*가 *F*의 모든 종속성들을 만족하는 각각의 모든 릴레이션 인스턴스들에 의해 만족된다면, FD *f*가 *F*에 의해 **내포**(imply) 혹은 **추론**(infer)된다고 정의한다. 즉 *F*의 모든 FD들이 유지될 때마다, *f*도 역시 유지된다. 여기서 *f*가 *F*의 모든 종속성들을 만족하는 어떤 일부 인스턴스들에 대해서 유지된다고 하는 것은 불충분하며, *f*는 반드시 *F*의 모든 종속성들을 만족하는 각각의 모든 인스턴스에 대해서 유지된다는 점을 주목하자.

19.3.1 FD 집합에 대한 폐포

FD들의 집합 *F*에 의해 추론되는 모든 FD들의 집합을 *F*의 **폐포**(closure)라고 하며, 이를 F^+로 표기한다. 그러면 *F*의 폐포 F^+를 구할 수 있는 계산 방법은 무엇인가? 이에 대한 해답은 단순하면서도 명료하다. **암스트롱의 공리**(Armstong's Axioms)라고 하는 다음의 세 가지 법칙들을 반복해서 적용하면 FD들의 집합 *F*에 의해 내포되는 모든 FD들을 추론해 낼 수 있다. 이를 위해 *X*, *Y*, *Z*를 각각 릴레이션 스키마 *R*에 정의된 애트리뷰트의 집합이라고 하자.

- **재귀**: 만약 $X \supseteq Y$이면 $X \rightarrow Y$이다.
- **부가**: 만약 $X \rightarrow Y$이면 $XZ \rightarrow YZ$이다.
- **이행**: 만약 $X \rightarrow Y$이고 $Y \rightarrow Z$이면 $X \rightarrow Z$이다.

정리 1 *암스트롱의 공리는* **정당**(sound)*하고* **완전**(complete)*하다. 즉 주어진 FD들의 집합* F *로부터 반드시* F^+*에 속하는 FD들만 생성할 수 있기 때문에 정당하다. 또한 위의 세 가지 법칙을 반복해서 적용하면 폐포* F^+*에 속하는 모든 FD들을 생성할 수 있으므로 완전하다.*

암스트롱의 공리에 대한 정당성의 증명은 매우 간략하므로 생략한다. 그러나 완전성의 증명은 꽤 복잡하다(이에 대한 증명은 연습문제 19.17을 참조하기 바란다).

F^+에 대한 추론을 계산하기 위해 다음과 같은 법칙들을 추가적으로 알아두는 것이 편리하다.

- **결합**(Union): 만약 $X \rightarrow Y$이고, $X \rightarrow Z$이면, $X \rightarrow YZ$이다.
- **분해**(Decomposition): 만약 $X \rightarrow YZ$이면, $X \rightarrow Y$이고 $X \rightarrow Z$이다.

위의 두 법칙은 꼭 절대적으로 필요한 것은 아니지만, 암스트롱의 공리들을 사용하며는 이들을 쉽게 유도 해 낼 수 있다.

이제 위의 FD 추론 법칙들이 어떻게 이용될 수 있는지 살펴보기로 하자. 어떤 릴레이션 스키마 ABC에서 $A \rightarrow B$이고 $B \rightarrow C$인 FD들이 성립한다고 가정하자. 여기서 어떤 FD를 살펴보면, 화살표 우측에 있는 애트리뷰트들이 좌측에 모두 있는 경우가 있는데, 이러한 FD를 **당연한 FD**(trivial FD)라고 한다. 이러한 당연한 FD는 위의 재귀 규칙에 의해 항상 성립이 된다. 재귀 규칙을 이용하면 다음과 같은 형태의 당연한 FD들을 모두 생성해 낼 수 있다.

$X \rightarrow Y$, 단, $Y \subseteq X$, $X \subseteq ABC$, 그리고 $Y \subseteq ABC$이다.

위의 FD들로부터 이행 법칙을 이용하며 $A \rightarrow C$를 얻을 수 있다. 또한 부가 법칙을 이용하면 다음과 같은 FD들을 추가적으로 얻을 수 있다.

$AC \rightarrow BC$, $AB \rightarrow AC$, $AB \rightarrow CB$

좀 더 실용적인 예로서, 다음의 릴레이션을 살펴보자.

Contracts(<u>*contractid*</u>, *supplierid*, *projectid*, *deptid*, *partid*, *qty*, *value*)

앞의 표기 방식에 따라 Contracts 릴레이션 스키마를 *CSJDPQV*로 나타내자. 여기서 이 스키마에 속한 투플의 의미는 다음과 같이 해석할 수 있다. 어떤 공급자 *S*(*supplierid*)가 부품 *P*(*partid*)를 *Q* 수량(*qty*)만큼, 어떤 부서 *D*(*deptid*)가 수행하는 프로젝트 *J*(*projectid*)에게 공급하기로 한 계약번호가 *C*(*contractid*)인 계약을 체결하였으며, 이 계약의 금액 *V*는 가격 애트리뷰트 *value*와 같다.

위의 Contracts 릴레이션에서 다음의 FD들이 성립된다고 가정하자.

1. 계약번호 C는 키이다. $C \rightarrow CSJDPQV$
2. 한 프로젝트에서 하나의 부품을 구매하는 것은 단 하나의 계약을 통해서만 이루어진다. $JP \rightarrow C$.
3. 각 부서는 각 공급자로부터 최대 하나의 부품만 구매할 수 있다. $SD \rightarrow P$.

이렇게 주어진 FD들의 집합에 대한 폐포에는 다음과 같은 FD들이 추가적으로 추론될 수 있다.

$JP \rightarrow C$와 $C \rightarrow CSJDPQV$로부터, 이행 법칙에 의해, $JP \rightarrow CSJDPQV$가 추론된다.
$SD \rightarrow P$로부터, 부가 법칙에 의해, $SDJ \rightarrow JP$가 추론된다.

$SDJ \rightarrow JP$와 $JP \rightarrow CSJDPQV$로부터, 이행 법칙에 의해 $SDJ \rightarrow CSJDPQV$가 추론된다(참조로 여기서 조심하여야 할 사항은 좌측과 우측으로부터 J를 각각 소거해서 $SD \rightarrow CSDPQV$로 만들 수 있는 것인데 이는 성립이 되지않는다. FD의 추론은 수학의 곱셈의 경우와 다르다).

위와 유사하게 부가 법칙 혹은 분해 규칙을 이용하면 이 릴레이션에서 성립될 수 있는 FD들을 추가적으로 더 추론해 낼 수 있다. 예를 들면, $C \rightarrow CSJDPQV$에 분해 법칙을 적용하면 다음의 FD들을 추론할 수 있다.

$C \rightarrow C$, $C \rightarrow S$, $C \rightarrow J$, $C \rightarrow D$, 등등

19.3.2 애트리뷰트 폐포

만약 어떤 $X \rightarrow Y$와 같은 함수 종속성이 주어졌을 때, 이 종속성이 FD들의 집합인 F의 폐포에 속하는지의 여부를 검사하고 싶다면, F^+를 모두 구할 필요 없이 이를 효율적으로 검사하는 방법이 있다. 이 경우에는 우선 F에 대하여 **애트리뷰트 폐포**(attribute closure) X^+를 구하면 되는데, 이것은 암스트롱의 공리를 사용해서 $X \rightarrow A$라고 추론될 수 있는 모든 애트리뷰트 A의 집합을 말한다. 즉 X^+는 X에 의해 결정되는 모든 애트라뷰트들의 집합을 의미한다. 애트리뷰트의 집합 X에 대한 애트리뷰트 폐포를 구하는 알고리즘은 그림 19.4에 설명되어 있다.

```
closure = X;
repeat until there is no change: {
        if there is an FD U → V in F such that U ⊆ closure,
            then set closure = closure ∪ V
        }
```

그림 19.4 애트리뷰트들의 집합 X에 대한 애트리뷰트 폐포의 계산

정리 2 *그림 19.4의 알고리즘은 FD들의 집합인 F에 대하여 애트리뷰트들의 집합 X의 애트리뷰트 폐포인 X^+를 정확히 계산한다.*

이 정리의 증명은 연습문제 19.15를 참조하기 바란다. 이 알고리즘을 다음과 같이 변형하면 릴레이션 스키마의 키들을 구할 수 있다. 즉 집합 X에 애트리뷰트 하나만을 포함하도록 하여 이 알고리즘을 시작하여, *closure*에 이 스키마에 속하는 모든 애트리뷰트들이 다 포함될 때까지 수행시키면 된다.

19.4 정규형

어떤 릴레이션 스키마가 주어졌을때, 우리는 이 스키마가 좋은 설계인지, 혹은 그렇지 않으면 여러 개의 더 작은 릴레이션들로 분해하여야 되는지를 판단할 필요가 있다. 이러한 판단을 하기 위해서는 좋은 설계가 어떤 것인지 판단할 수 있는 기준이 필요한데, 이는 현재 주어진 스키마로부터 발생할 있는 문제점들이 무엇인지를 이해하는 것으로 출발한다. 이러한 기준을 제공하기 위해서 몇 개의 유용한 **정규형**(normal form)들이 제안되었다. 만약 주어진 릴레이션 스키마가 이들 정규형 중 어느 하나에 속한다는 것을 알게 되면 우리는 어떤 유형의 문제점들은 발생하지 않는다는 것을 알 수 있다.

FD에 기반한 정규형들은 ***제1정규형***(*first normal form: 1NF*)**,** ***제2정규형***(*second normal form: 2NF*)**,** ***제3정규형***(*third normal form: 3NF*)**,** ***보이스-코드 정규형***(*Boyce-Code normal form: BCNF*)의 네 가지가 있다. 이들 정규형들은 점차적으로 뒤의 정규형으로 갈수록 제약 조건들이 많아지게 됨을 알 수 있다. 즉 BCNF에 속하는 모든 릴레이션들은 역시 3NF에 속하고, 3NF에 속하는 모든 릴레이션들은 역시 2NF에 속하고, 2NF에 속하는 모든 릴레이션들은 역시 1NF에 속한다는 사실이다. 여기서 가장 기본적인 정규형인 제1정규형은 다음과 같은 제약 조건을 갖고 있다. 어떤 릴레이션에서 모든 각 애트리뷰트에 원자 값(atomic value)만 반드시 허용이 되는 경우(즉 리스트 혹은 집합 값들과 같이 여러 개의 값들이 허용이 안 되는 경우), 이 릴레이션을 **제1정규형**이라 한다. 우리는 앞 장에서 관계형 모델을 정의할 때 이러한 제약 조건을 이미 언급한 바 있음을 주목하자. 그러나 최근의 새로운 일부 데이터베이스 시스템에서는 이 제약 조건을 강요하지 않지만, 이 장에서는 이 제약 조건이 항상 만족된다고 가정한다.

이제 정규형을 배우는 데 있어 FD들이 어떠한 역할을 하는지를 이해하는 것이 중요하다. 예를 들어, *ABC*라는 애트리뷰트들로 구성된 릴레이션 스키마 *R*을 생각해 보자. 여기서 어떠한 IC들도 전혀 주어지지 않았다고 가정한다면, *R*의 투플들이 어떠한 값을 갖든지 이는 정당한 인스턴스가 될 것이며, 중복 또한 발생할 가능성이 없을 것이다. 반면에 $A \rightarrow B$와 같은 FD가 주어졌다고 생각해 보자. 이때 *A*에 대해 동일한 값을 갖는 투플들이 여러 개 있다고 한다면, 이들 투플들 역시 *B*에 대해서도 역시 동일한 값을 가져야 할 것이다. 따라서 우리는 이러한 FD 정보로부터 중복이 발생할 가능성이 있다는 것을 예측할 수 있다. 그리고 좀 더 자세한 IC들이 많이 주어지게 되면, 이들로부터 좀 더 포착하기 어려운 중복 가능성을 탐지해 낼 수 있을 것이다.

이제 FD 정보로부터 나타날 수 있는 중복성에 대해서 우선적으로 살펴보기로 하자. 그리고 19.8절에서는 *다중치 종속성* 혹은 *조인 종속성*과 같은 좀 더 정교한 IC들에 대해서 살펴본 후, 이들 종속성에 기반한 정규형들에 대해서도 살펴보기로 하자.

19.4.1 보이스-코드 정규형

어떤 릴레이션 스키마를 *R*이라 하고, *R*에 속하는 애트리뷰트들의 부분집합을 *X*라 하고, *R*

에 속하는 어떤 애트리뷰트를 A라고 하자. 이때 R에 주어진 함수 종속성들의 집합 F에 속하는 모든 FD $X \rightarrow A$에 대해, 다음 조건들 중 하나만 만족하는 경우, R을 **보이스-코드 정규형**이라 한다.

- $A \in X$ (즉 당연한 FD이다.), 혹은
- X는 수퍼키이다.

어떤 FD들의 집합 F가 주어졌을 때 이에 해당하는 R이 BCNF에 속하는가를 알기 위해서는, 이 정의에 따라 폐쇄 F^+에 속하는 각 종속성 $X \rightarrow A$를 모두 살펴 보아야 한다. 그러나 위의 정의에 의하면 F에 속하는 각 FD의 좌측에 키가 포함되어 있는지를 검사하는 것만으로도 충분하다.

위의 정의에 의하면 우리는 BCNF를 만족하는 릴레이션에 속하는 모든 함수 종속성들은(단, 당연한 함수 종속성들을 제외한) 키가 어떤 애트리뷰트(들)을 결정하는 형태들이라는 것을 직관적으로 알 수 있다. 따라서 이러한 릴레이션에 속하는 각 투플들은 하나의 키에 의해 식별되고, 나머지 애트리뷰트들에 의해 묘사하는 형태의 개체이거나 관계(성)인 것으로 볼 수 있다. 여기서 애트리뷰트 혹은 애트리뷰트들의 집합을 타원형으로, FD들을 화살표로 각각 표시하면, BCNF에 속하는 릴레이션은 그림 19.5과 같은 구조를 가지는데 여기에서는 편의상 키가 하나만 존재한다고 가정하였다(후보 키가 여러 개라면 각 후보 키들이 이 그림에서 키의 역할을 하며 해당 후보 키에 속하지 않는 다른 애트리뷰트들은 키가 아닌 애트리뷰트들의 역할을 한다).

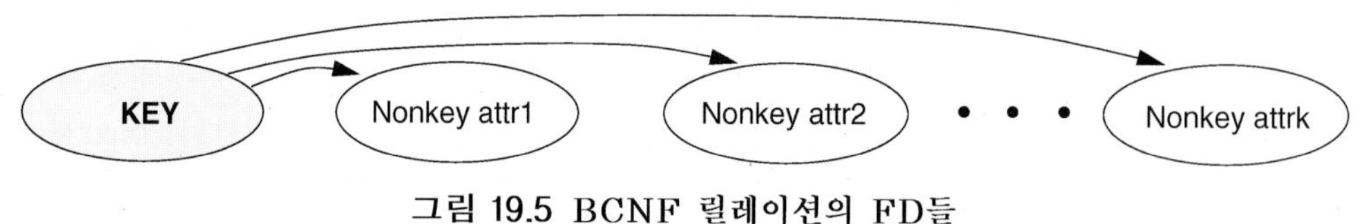

그림 19.5 BCNF 릴레이션의 FD들

BCNF에 속하는 모든 릴레이션은 FD 정보와 관련하여 중복성이 발생하지 않는다. 따라서 FD 정보만을 고려한다고 한다면, 중복성의 관점에서 볼 때 BCNF가 가장 바람직한 정규형이다. 이제 이 사실을 좀 더 이해하기 위해 그림 19.6을 참조하자.

X	Y	A
x	y_1	a
x	y_2	?

그림 19.6 BCNF에 대한 한 예

위의 그림은 세 개의 애트리뷰트들 X, Y, A로 구성된 릴레이션에서 두 개의 투플들을 갖는 어떤 인스턴스의 예를 나타내고 있다. 여기서 이 두 개의 투플들이 애트리뷰트 X에 대해 동일한 값을 갖고 있음을 주목하자. 이제 이 인스턴스가 FD $X \rightarrow A$를 만족한다고 가정하자.

여기서 또한 첫 번째 투플의 애트리뷰트 *A*의 값이 *a*인 것을 확인하자. 이제 우리는 이러한 사실로부터 두 번째 투플의 애트리뷰트 *A*의 값이 무엇인지를 추론해 낼 수 있는가? 이에 대한 대답은 명백하다. 즉 위의 FD를 이용하면 두 번째 투플도 역시 *a*의 값을 갖는다는 것을 쉽게 알 수 있다. 그러나 이러한 상황은 중복성의 한 예가 아닐까? 실제로 *a*라는 값이 두 번 저장되었기 때문이다. 그렇다면 이러한 상황이 BCNF에 속하는 릴레이션에서 과연 발생할 수 있을까? 이에 대한 대답은 단연코 아니다! 만약 이 릴레이션이 BCNF을 만족한다면 *A*와 *X*는 서로 다른 애트리뷰트이므로, 따라서 *X*는 키가 되어야 한다(그렇지 않다면 FD $X \rightarrow A$는 BCNF를 위반하게 된다는 사실을 확인하자). 즉 만약 *X*가 키라고 한다면, $y_1 = y_2$가 되고, 따라서 두 개의 투플은 모든 애트리뷰트에 대해 서로 동일한 값을 갖게 된다. 여기서 우리는 릴레이션은 투플들의 집합으로 정의되고, 따라서 한 릴레이션에서 동일한 두 개의 투플은 허용이 안된다는 것을 앞장에서 배워 알고 있다. 따라서 그림 19.6과 같이 동일한 투플들이 두 번 나타나는 상황은 발생할 수 없다.

19.4.2 제 3 정규형

어떤 릴레이션 스키마를 *R*이라 하고, *R*에 속하는 애트리뷰트들의 부분집합을 *X*라 하고, *R*에 속하는 어떤 애트리뷰트를 *A*라고 하자. 이때 *R*에 주어진 함수 종속성들의 집합 *F*에 속하는 모든 FD $X \rightarrow A$에 대해, 다음의 조건들 중 하나만 만족하는 경우, *R*을 **제3정규형** (Third Normal Form: 3NF)이라 한다.

- $A \in X$ (즉 당연한 FD이다.), 혹은
- *X*는 수퍼키, 혹은
- *A*는 *R*의 어떤 키의 일부이다.

3NF의 정의는 BCNF와 유사한데 다른 점이라고는 세 번째 조건뿐이다. 따라서 모든 BCNF 릴레이션은 역시 3NF에도 속하게 된다. 세 번째 조건을 이해하려면 한 릴레이션에서 키는 다른 모든 애트리뷰트들을 유일하게 결정하는 애트리뷰트들의 최소 집합임을 상기해 보면 된다. 여기서 *A*는 반드시 키를 구성하는 애트리뷰트 이어야 한다(만약 키가 여러 개 있을 경우에는 그 중 어느 키라도 상관없다). 여기서 유의할 점은 *A*가 수퍼키의 일부인 조건만으로는 불충분한데, 왜냐하면 이렇게 되면 어떤 애트리뷰트라도 이 조건을 만족할 수 있기 때문이다. 한 릴레이션 스키마에서 모든 키들을 찾아내는 문제는 NP-완전 (NP-complete)이라는 매우 어려운 문제로 알려져 있고, 따라서 어떤 릴레이션 스키마가 3NF에 속하는가를 알아내는 문제도 마찬가지이다.

어떤 함수 종속성 $X \rightarrow A$가 3NF를 위반하는 경우는 다음 두 가지이다.

- X는 *어떤 키* K*의 진부분 집합이다*. 이러한 종속성을 **부분 종속성**(partial dependency)이라고도 한다. 이 경우에는 (*X*, *A*) 쌍에 대한 여러 개의 투플들을 중복해서 저장하게 된다. 예를 들어, 19.7.4의 *SBDC* 애트리뷰트들로 구성된 Reserves 릴레이션을 참조해 보자. 이 릴레이션에서 유일한 키는 *SBD*이고, FD $S \rightarrow C$가 존재한다. 이제 이 릴레이

션을 살펴보면 한 선원에 대한 신용카드 번호가 그 선원이 해 놓은 예약의 수만큼 중복되어 저장되게 된다는 사실을 알 수 있다.

- X는 *어떤 키의 진부분 집합도 아니다*. 이러한 종속성은 결국 $K \rightarrow X \rightarrow A$라고 하는 형태의 연쇄적인 종속성을 의미하기 때문에, 이를 **이행 종속성**(transitive dependency)이라고도 한다. 이러한 형태의 종속성에서 발생하는 문제점은 만약 어떤 X 값과 어떤 K 값을 연관시키기 위해서는, 반드시 어떤 A 값과 어떤 X 값을 역시 연관시켜 주어야 한다는 점이다. 예를 들어, 19.7.1의 *SNLRWH*의 애트리뷰트들로 구성된 Hourly_Emps 릴레이션을 참조해 보자. 이 릴레이션에서 유일한 키는 S이고, FD $R \rightarrow W$가 존재한다. 따라서 $S \rightarrow R \rightarrow W$라는 연쇄적인 관계가 발생하게 된다(여기서 S는 키이므로 자연스럽게 $S \rightarrow R$가 성립한다는 것을 확인하자). 따라서 이러한 사실로부터 삽입 이상이 발생할 수 있다. 즉 어떤 직원 S가 등급 R을 갖고 있다는 사실을 이 릴레이션에 삽입을 원한다고 한자. 이때 그 직원에 해당되는 등급 R에 대한 시간당 임금 W를 알지 않는 한, 이 사실을 이 릴레이션에 기록할 수 없다는 것을 알 수 있다. 여기서 이와 유사하게 삭제 이상, 갱신 이상도 역시 발생하게 된다는 사실을 확인하자.

그림 19.7과 그림 19.8은 부분 종속성과 이행 종속성을 각각 표현한 것이다. 그림 19.8에서 유의할 점은 애트리뷰트들의 집합 X가 KEY와 공통인 어떤 애트리뷰트들을 포함할 수도 혹은 안 할 수도 있다는 점이다. 이 그림은 X가 KEY의 부분집합이 아니라는 사실을 나타내는 것으로 해석을 한 것이다.

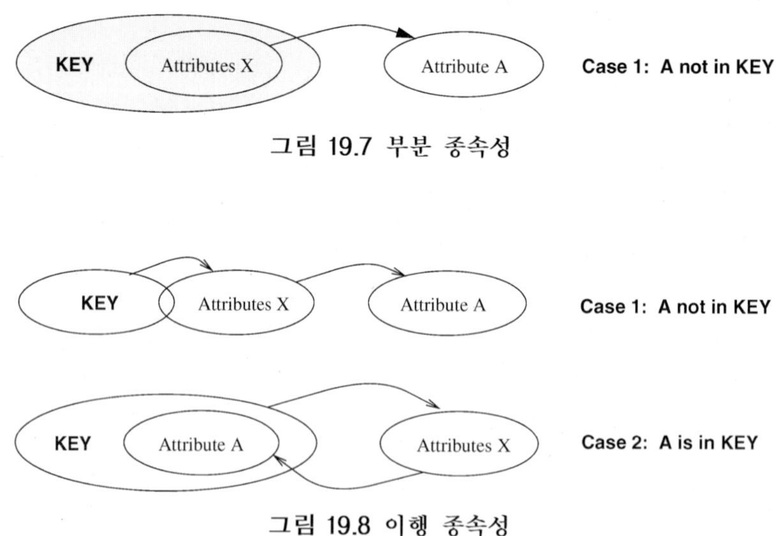

그림 19.7 부분 종속성

그림 19.8 이행 종속성

3NF를 사용하는 이유는 다소 인위적인 것으로 생각할 수 있다. 즉 키 애트리뷰트들을 포함하는 어떤 종속성들에 대해서는 예외 조항을 둠으로써, 우리는(19.5에서 설명하겠지만) 바람직한 어떤 성질들을 준수하는 분해 알고리즘을 사용하여, 주어진 모든 릴레이션 스키마들을 3NF 릴레이션들로 항상 분해할 수 있음을 보장받게 된다. 그러나 이러한 보장이 BCNF 릴

레이션에는 성립되지 않는다. 따라서 3NF의 정의는 BCNF의 제약 조건을 완화시킴으로서 이러한 보장을 가능하도록 하자는 것이다.

그러나 3NF에서는 BCNF와 달리 어떤 중복성이 발생할 수 있다. 즉, 만약 종속성 $X \rightarrow A$가 존재하고 X가 수퍼키가 아니라면, 설령 A가 키의 일부이기 때문에 이 릴레이션이 3NF에 속한다고 하더라도, 부분 종속성 및 이행 종속성에 따른 문제들이 여전히 존재하게 된다. 이 점을 좀 더 이해하기 위해 *SBDC*의 애트리뷰트들로 구성된 Reserves 릴레이션을 다시 살펴보자. 이제 각 선원은 예약을 지불하기 위해 반드시 하나의 신용 카드만을 사용한다는 제약이 있다고 가정할 때, 이 조건은 FD $S \rightarrow C$로 표현될 수 있다. 여기서 S는 키가 아니고, 또한 C는 어떠한 키의 일부도 될 수 없음을 주목하자(즉 이 릴레이션의 유일한 키는 *SBD*이다). 따라서 이 릴레이션은 3NF을 만족하지 않으며, (S, C) 쌍들이 중복이 되어 저장되게 된다. 그러나 만약 각 신용카드가 그 소유주를 유일하게 결정한다는 사실을 역시 알게된다면, 이 조건을 함수 종속성으로 표현하게 되면 FD $C \rightarrow S$를 얻게 되며, 이로부터 *CBD*도 역시 이 릴레이션의 키가 된다는 것이다. 따라서 종속성 $S \rightarrow C$는 3NF를 위반하지 않으므로, Reserves 릴레이션은 3NF을 만족하게 된다. 그러나 이러한 사실에도 불구하고, 동일한 S 값들을 갖는 모든 투플들에 대해서, 동일한 (S, C) 쌍들이 중복이 되어 저장되게 된다.

우리는 이 시점에서 **제2정규형**(Second Normal Form: 2NF)을 부분 종속성이 허용이 되지 않는 정규형으로 정의한다. 따라서 만약 어떤 릴레이션이 3NF를 만족하면(즉 부분 종속과 이행 종속이 허용이 되지 않는), 역시 2NF도 만족하게 된다.

19.5 분해의 성질

분해는 중복성을 제거하기 위해 사용되는 작업이다. 19.1.3에서 설명한 바와 같이, 어떤 릴레이션 스키마를 분해할 때, 우리는 이 분해가 다른 새로운 문제점들을 발생시키지 않도록 검증하는 것이 중요하다. 여기서 우리가 검증하여야 할 사항은 첫째, 분해된 릴에이션들로부터 원래의 릴에이션에 있던 정보를 정확히 복구할 수 있냐 하는 점이고, 둘째, 분해된 릴레이션들에 대해 무결성 제약 조건들을 효율적으로 검증할 수 있냐 하는 점이다. 다음은 이 검증 사항들에 대해 설명하고자 한다.

19.5.1 무손실 조인 분해

R을 어떤 릴레이션 스키마라고 하고, F를 R에 정의된 FD들의 집합이라고 하자. R을 애트리뷰트들의 집합 X와 Y로 각각 구성된 두 개의 스키마로 분해하였을 때, F에 속하는 종속성들을 만족하는 R의 모든 인스턴스 r에 대해 $\pi_X(r) \bowtie \pi_Y(r) = r$이 성립하면, 이러한 분해를 **무손실-조인 분해**(lossless-join decomposition)로 정의한다. 즉 이 정의에 의하면, 분해된 두 개의 릴레이션들로부터 원래의 릴레이션을 항상 복구할 수 있음을 의미한다.

위의 정의를 R을 두 개 이상의 릴레이션들로 분해하는 경우에 대해서도 쉽게 확장할 수 있다. 여기서 우리는 $r \subseteq \Pi_X(r) \bowtie \Pi_Y(r)$이 항상 성립한다는 것을 쉽게 이해할 수 있다. 그러나 일반적으로 이에 대한 역은 성립하지 않는다는 사실을 주목하자. 만약 어떤 릴레이션에 대해 프로젝션 연산들을 수행한 후, 그 프로젝션 연산들의 결과인 릴레이션들을 자연 조인을 이용하여 다시 합치게 되면, 원래 릴레이션에는 없었던 새로운 투플들이 생길 수가 있다. 이에 대한 예를 그림 19.9에 나타내었다.

S	P	D
s1	p1	d1
s2	p2	d2
s3	p1	d3

Instance r

S	P
s1	p1
s2	p2
s3	p1

$\pi_{SP}(r)$

P	D
p1	d1
p2	d2
p1	d3

$\pi_{PD}(r)$

S	P	D
s1	p1	d1
s2	p2	d2
s3	p1	d3
s1	p1	d3
s3	p1	d1

$\pi_{SP}(r) \bowtie \pi_{PD}(r)$

그림 19.9 무손실 조인이 아닌 인스턴스의 예

그림 19.9에서와 같이 인스턴스 r을 인스턴스 $\pi_{SP}(r)$와 $\pi_{PD}(r)$로 각각 분해한다고 했을 경우, 원래의 정보를 복구할 수가 없다. 즉 $\pi_{SP}(r)$와 $\pi_{PD}(r)$를 다시 자연 조인을 했을 경우, 원래의 인스턴스 r에는 없었던 (s_1, p_1, d_3)와 (s_3, p_1, d_1)의 두 개의 투플이 추가로 생긴다. 이는 원래의 인스턴스 r에는 없었던 정보가 새로이 생성된 것이므로, 우리는 이를 일종의 정보의 손실이라 간주할 수 있다. 따라서 이 경우에서와 같이 스키마 *SPD*를 *SP*와 *PD*로 분해하는 것은 손실(lossy) 분해인 것이다.

중복성을 소거하기 위해 사용되는 어떠한 분해든지, 그 분해는 **반드시** *무손실이어야 한다.* 다음 정리는 그 분해가 무손실인지 혹은 아닌지를 검증할 수 있는 간단한 방법을 제공한다.

정리 3 R*을 어떤 릴레이션이라 하고,* F*를* R*에 정의된 FD들의 집합이라고 하자. R을 애트리뷰트들의 집합* R_1*과* R_2*로 구성된 두 개의 릴레이션으로 분해했을 때, 다음 조건을 만족하면 이 분해는 무손실 조인이며, 이에 대한 역도 성립한다.* F^+*는 FD* $R_1 \cap R_2 \rightarrow R_1$ *혹은 FD* $R_1 \cap R_2 \rightarrow R_2$*를 포함한다.*

위의 정리에 의하면 R_1과 R_2에 공통적으로 속한 애트리뷰트들은 반드시 R_1 혹은 R_2에 속한 키를 포함하여야 한다.[2] 위의 방법은 반드시 두 개의 릴레이션으로만 분해할 때에 사용될 수 있다는 것을 유의하자. 물론 어떤 릴레이션을 두 개 이상인 릴레이션들로 분해할 때 그 분해가 무손실인지 혹은 아닌지를 검사하는 효율적인 알고리즘이 존재하지만 여기서는 생략하기로 한다.

Hourly_Emps 릴레이션을 다시 한번 참조해 보자. 이 릴레이션은 *SNLRWH*의 애트리뷰트들로 구성되고, FD $R \rightarrow W$가 3NF를 위반하고 있다. 이러한 위반 사항을 해결하기 위해서는 이 릴레이션을 *SNLRH*와 *RW*로 분해하면 된다. 여기서 애트리뷰트 R이 분해된 두 개의 릴레이션에 각각 공통적으로 속하고, 또한 $R \rightarrow W$가 만족되므로, 이 분해는 무손실-조인이다.

[2] 정리 3의 증명은 연습문제 19.19를 참조하기 바란다.

위의 예를 정리 3과 관련 지으면 다음과 같은 사실을 얻을 수 있다.

> 만약 어떤 릴레이션 *R*에 FD $X \rightarrow Y$가 존재하고, $X \cap Y$가 공집합이면, *R*을 $R - Y$와 *XY*로 분해하면, 이 분해는 무손실 조인이다.

여기서 *X*는 $R - Y$ ($X \cap Y$가 공집합이므로)와 *XY*에서 모두 나타나고, *XY*에 대해 키가 된다는 점을 주목하자.

여기서 주목할 다른 중요한 사실은 분해를 여러 번 반복해서 적용할 수 있다는 점이다. 어떤 릴레이션 *R*을 무손실 조인 분해에 의해 *R1*과 *R2*로 분해하였고, *R1*을 다시 다른 무손실 조인 분해에 의해 *R11*과 *R12*로 분해했다고 하자. 그러면 *R*을 *R11, R12, R2*로 분해한 것은 역시 무손실 조인을 보장한다. 이에 대한 이유는 *R11*과 *R12*를 조인하면 *R*1을 복구할 수 있고, 다시 *R1*과 *R2*를 조인하면 *R*을 복구할 수 있기 때문이다.

19.5.2 종속성 유지 분해

19.3.1에서 예를 보였던 *CSJDPQV*의 애트리뷰트들로 구성된 Contracts 릴레이션을 참조하자. 이제 이 릴레이션에 $C \rightarrow CSJDPQV$, $JP \rightarrow C$, $SD \rightarrow P$의 FD들이 존재한다고 하자. 여기서 *SD*는 키가 아니므로 종속성 $SD \rightarrow P$는 BCNF를 위배하게 된다는 사실을 알 수 있다.

따라서 이러한 위반 사실을 해결하기 위해서 Contracts 릴레이션을 *CSJDQV*와 *SDP*라는 두 개의 릴레이션으로 분해할 수 있는데, 이 분해는 무손실 조인 분해임을 쉽게 확인할 수 있다. 그러나 이 시점에서 한 가지 미묘한 문제가 발생한다. 예를 들어, 무결성 제약조건인 $JP \rightarrow C$가 Contracts 릴레이션에서 만족되는지를 검증하고 싶다고 하자. 이 경우 우리는 새로운 하나의 투플이 이 릴레이션에 삽입될 때, 이 삽입된 투플과 *JP* 값은 동일하지만 *C* 값은 다른 투플들이 이 릴레이션에서 혹시 존재하지 않는지를 검증함으로써 쉽게 해결할 수 있다. 그러나 일단 Contracts 릴레이션을 *CSJDQV*와 *SDP*로 분해하고 난 후의 경우를 생각해보자. 이때에는 *CSJDQV*에 하나의 새로운 투플이 삽입될 때마다, 두 개의 릴레이션을 조인을 하고 난 후 이 제약 조건이 만족되는지를 매번 검증을 하여야 한다. 따라서 우리는 이러한 분해를 종속성을 유지하는 분해가 아니라고 말할 수 있다.

직관적으로 *종속성 유지 분해*란, 새로운 투플을 삽입하거나 혹은 어떤 투플을 수정하고자 할 때, 단지 단일 릴레이션에 속한 인스턴스들 자체만 조사하기면 하면, 모든 FD들이 만족되는지를 검증해 줄 수 있다는 것을 의미한다(여기서 투플을 삭제하는 경우는 어떠한 FD의 위반을 유발하지 않는다는 점을 확인하자). 이제 종속성 유지 분해를 자세히 정의하기 위해서, 우선 FD들의 프로젝션이라는 개념을 설명하고자 한다.

어떤 릴레이션 스키마 *R*이 애트리뷰트들의 집합인 *X*와 *Y*로 구성된 두 개의 스키마로 분해되고, 이 *R*에 정의된 FD들의 집합을 *F*라고 하자. ***X*에 대한 *F*의 프로젝션**은 *X*에 속하는 애트리뷰트들만을 포함하는 폐포 F^+(*F*만이 아님!)에 속하는 FD들의 집합으로 정의된다. 여기서 편의상 *X*에 대한 *F*의 프로젝션을 F_X로 표기하기로 한다. 이제 F^+에 속하는 어떤 종속성 $U \rightarrow V$가 F_X에 속하기 위해서는, U와 V에 속하는 모든 애트리뷰트들이 X에 속하여야 한다는 사실을 주목하기 바란다.

FD들의 집합인 F를 갖는 릴레이션 스키마 R을 애트리뷰트들의 집합인 X와 Y로 구성된 두 개의 스키마로 분해할 때, 이 분해가 $(F_X \cup F_Y)^+ = F^+$를 만족할 경우, 이러한 분해를 **종속성 유지** 분해라고 한다. 즉 F_X와 F_Y에 속하는 종속성들을 각각 얻은 후, 이들을 합집합한 결과의 폐포를 계산할 경우, F의 폐포에 속하는 모든 종속성들을 얻게 된다. 따라서 F_X와 F_Y에 속한 종속성들만을 테스트하면 F^+에 속한 모든 FD들도 역시 만족된다는 것을 보장할 수 있다. 여기서 F_X를 검증하기 위해서는 단지 릴레이션 X(즉 삽입되는 그 릴레이션인)만 조사하면 된다. 또한 이와 유사하게 F_Y를 검증하기 위해서는 단지 릴레이션 Y만 조사하면 된다.

F의 프로젝션을 계산하는 과정에서 폐포 F^+를 왜 고려해야 되는 이유를 알기 위해 다음 예제를 살펴보기로 하자. 애트리뷰트들 ABC로 구성된 릴레이션 R이 AB와 BC로 각각 구성된 두 개의 릴레이션으로 분해했다고 가정하자. R에 대한 FD들의 집합 F에는 $A \rightarrow B$, $B \rightarrow C$, $C \rightarrow A$가 포함되었다고 하자. 이들 종속성들 중에서, $A \rightarrow B$는 F_{AB}에 포함되어 있으며, $B \rightarrow C$는 F_{BC}에 포함되어 있음을 알 수 있다. 여기서 위의 분해는 과연 종속성을 유지할 수 있을까? 특히 $C \rightarrow A$는 어떠할까? 직관적으로 보면 이 종속성은 F_{AB}와 F_{BC}에 (현재까지) 열거된 종속성들에 의해 유도가 되지 않음을 알 수 있다.

F의 폐포는 F자체에 있는 모든 종속성들외에 $A \rightarrow B$, $B \rightarrow C$, $C \rightarrow A$를 포함하고 있다. 결과적으로 F_{AB}는 역시 $B \rightarrow A$를 포함하며 F_{BC}는 $C \rightarrow B$를 포함하고 있다. 따라서 $F_{AB} \cup F_{BC}$는 $A \rightarrow B$, $B \rightarrow C$, $B \rightarrow A$, $C \rightarrow B$를 포함하게 된다. 이제 F_{AB}와 F_{BC}에 속한 종속성들의 폐포에는 $C \rightarrow A$도 포함되게 된다(즉 $C \rightarrow B$, $B \rightarrow A$, 그리고 이행 법칙에 의해 유도된다). 따라서 위의 분해는 종속성 $C \rightarrow A$를 그대로 유지할 수 있다.

이제 위의 정의를 직접 적용시키면, 주어진 어떤 분해가 종속성 유지인지 혹은 아닌지를 검증하는 알고리즘을 얻을 수 있다(이 알고리즘은 종속성들의 집합의 크기에 대하여 지수적인 시간 성능을 보인다. 다항식 시간 성능을 보이는 알고리즘도 있으며, 이는 연습문제 19.9를 참조하기 바란다).

본 절의 앞부분에서 종속성 유지는 만족하지는 않지만, 무손실 조인은 만족하는 분해의 예제를 보였다. 이와 다르게 무손실 조인은 만족하지는 않지만, 종속성 유지는 만족하는 분해의 예제도 있음을 주목하자. 간략한 예를 들면, 릴레이션 ABC에서 FD $A \rightarrow B$가 존재하는데, 이 릴레이션을 AB와 BC로 분해한 경우이다.

19.6 정규화

데이터베이스의 설계 과정에서 정규형과 분해가 차지하는 역할을 이해하는 데에 필요한 기본 개념들을 배웠으므로, 이제는 주어진 어떤 릴레이션을 BCNF 혹은 3NF로 어떻게 변환하는 가에 대한 알고리즘들에 대해 살펴보자. 만약 어떤 릴레이션 스키마가 BCNF에 속하지 않는다면, 이를 여러 개의 BCNF 릴레이션 스키마들로 무손실 조인을 유지하면서 분해하는 것은 항상 가능하지만, 불행히도 종속성 유지를 유지하면서 분해하는 방법은 가능하지 않다. 그러나 여러 개의 3NF 릴레이션 스키마들로 종속성 유지와 무손실 조인을 모두 유지하면서 분해하는 것은 항상 가능하다.

19.6.1 BCNF로의 분해

함수 종속성들의 집합 F를 갖는 릴레이션 스키마 R을 여러 개의 BCNF 릴레이션 스키마들로 분해하는 알고리즘은 다음과 같다.

1. R이 BCNF에 속하지 않는다고 하자. $X \subset R$이며, A는 R에 속한 단일 애트리뷰트이며, $X \rightarrow A$는 BCNF를 위배하는 FD라고 하자. 이제 R을 $R - A$와 XA로 분해한다.
2. 만약 $R - A$ 혹은 XA가 BCNF에 속하지 않으면, 위의 방법을 순환적으로 적용해서 이 릴레이션들을 계속 분해하시오.

$R - A$는 R에서 A에 속하지 않은 애트리뷰트들의 집합을 표시한 것이고, XA는 X와 A에 속하는 애트리뷰트들의 합집합을 표시한 것이다. $X \rightarrow A$가 BCNF를 위배하기 때문에, 이 종속성은 분명히 당연한 종속성(trivial dependency)은 아니다. 더욱이 A는 단일 애트리뷰트이다. 따라서 A는 X에 속하지 않으며 즉, $X \cap A$는 공집합이다. 따라서 위의 알고리즘에서 단계 1의 분해는 무손실 조인을 유지한다.

$R - A$와 XA와 연관된 함수 종속성들의 집합은 F를 각각 자신의 애트리뷰트들에 대해 프로젝션 연산을 한 결과와 같다. 만약 이렇게 하여 새로이 얻은 릴레이션들 중에서 하나가 BCNF에 속하지 않으면, 단계 2에서 지시한바와 같이 계속해서 분해를 한다. 릴레이션을 계속 분해하게 되면, 애트리뷰트의 수가 계속 줄게 되므로 이 과정은 언젠가는 수행이 종결이 되고, 결국은 BCNF에 모두 속하는 릴레이션 스키마들을 얻게 된다. 또한 이 알고리즘을 통해 생성된 (두 개 이상의) 릴레이션들의 인스턴스들을 조인하게 되면, 원래 릴레이션에 해당하는 인스턴스를 정확히 얻게 된다(즉 BCNF에 모두 속하는 릴레이션들로 분해하는 위의 알고리즘은 항상 무손실 조인을 유지한다).

애트리뷰트들 *CSJDPQV*로 구성되고, 키가 *C*인 Contracts 릴레이션을 참조해 보자. 여기서 $JP \rightarrow C$와 $SD \rightarrow P$들의 종속성들이 주어졌다고 하자. 만약 $SD \rightarrow P$를 선택하여 분해를 하게 되면, 두 개의 스키마 *SDP*와 *CSJDQV*를 얻는다. 여기서 *SDP*는 BCNF에 속한다. 그런데 '각 프로젝트에 대해 단 하나의 공급자만 있어야 한다'는 또다른 제약조건이 있다고 가정하자. 이를 표현하면 $J \rightarrow S$이다. 이제 이 제약조건에서는 스키마 *CSJDQV*는 BCNF를 위반하게 된다. 따라서 우리는 이 스키마를 *JS*와 *CJDQV*로 다시 분해하게 된다. $C \rightarrow JDQV$는 *CJDQV*에서 만족한다. 여기서 만족되는 다른 FD들이라고는 이 FD에 부가 법칙을 적용하여 얻는 것들 뿐이며, 이러한 모든 FD의 좌측에는 키가 포함되어 있다. 그러므로 *SDP*, *JS*, *CJDQV*는 모두 BCNF에 속하게 되고, 이 스키마들을 조인하게 되면 *CSJDQV*의 정보가 그대로 복구된다.

위의 분해 과정상의 단계들을 그림 19.10의 트리 형태로 나타낼 수 있다. 이 트리에서 루트 노드는 원래의 릴레이션 *CSJDPQV*이고, 단말 노드들은 분해 알고리즘을 적용해서 생성된 BCNF 릴레이션들이다(즉, *SDP*, *JS*, *CSDQV*). 여기서 비단말 노드들은 그 바로 밑에 표시된 FD를 기준으로 한 분해 단계를 거친 후 그의 자식 노드들로 대치된다.

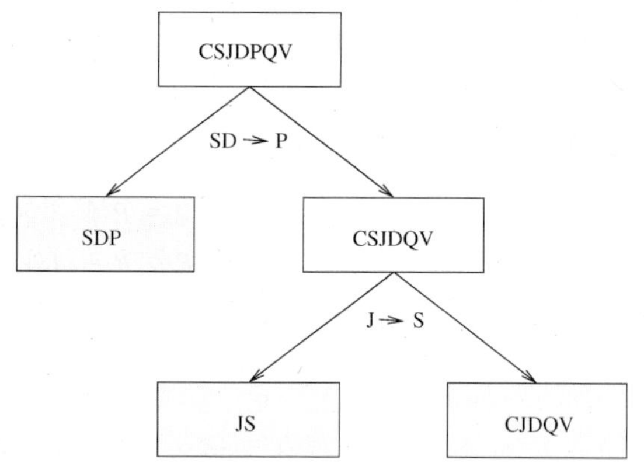

그림 19.10 *CSJDQV*를 *SDP*, *JS*, *CJDQV*로 분해

BCNF의 중복성에 대한 재고찰

앞에서 *CSJDQV*를 *SDP*, *JS*, *CJDQV*로 분해한 것은 종속성 유지는 만족을 하지 않는다. 직관적으로 보면 종속성 *JP* → C를 검증하려면 반드시 조인을 해 주어야 한다는 것을 알 수 있다. 이러한 문제를 해결하는 하나의 방법은 애트리뷰트 *CJP*를 갖는 릴레이션을 하나 더 추가하여 만드는 것이다. 사실 이러한 해결책은 종속성 검증을 좀 더 효율적으로 하기 위해 일부 정보들을 중복해서 저장하는 것이 된다.

이 시점에서 우리는 미묘한 사실을 발견할 수 있다. *CJP*, *SDP*, *JS*, *CJDQ*V의 각 스키마는 모두 BCNF이지만 여기에는 FD 정보로 예측할 수 있는 중복성들이 여전히 존재한다는 점이다. 특히 *SDP*와 CJDQV의 인스턴스들을 조인한 후, 그 결과를 애트리뷰트 *CJP*에 대해 프로젝션하면, 스키마 *CJP*를 갖는 릴레이션에 저장된 인스턴스를 정확히 얻어야 한다. 19.4.1에서는 단일 BCNF 릴레이션 내에는 이러한 중복성이 존재하지 않는다는 것을 배웠다. 그러나 이 예제는 비록 단일 릴레이션내에는 어떠한 중복성도 존재하지 않지만, 여러 개의 릴레이션들 사이에서는 여전히 중복성이 발생할 수 있다는 것을 보여준다.

BCNF를 분해하는 다른 방법

어떤 종속성들이 BCNF를 위배한다고 하자. 이 종속성들 중에서 어떤 종속성을 다음 분해 단계의 기준으로 선택하느냐에 따라, 그 결과로 얻는 BCNF 릴레이션들의 모임이 서로 다를 수가 있게 된다. 이를 위해 Contracts 릴레이션을 참조하자. 우리는 이 릴레이션을 *SDJ*, *JS*, *CJDQV*로 분해하였다. 이제 이와 다른 방법으로, FD *J* → *S*를 하게 되면, 원래 릴레이션 *CSJDPQV*이 *JS*와 *CJDPQV*로 분해된다. *CJDPQV*에서 만족되는 유일한 종속성은 *JP* → *C*와 키 종속성 *C* → *CJDPQV* 뿐이다. 여기서 *JP*는 키이므로 *CJDPQV*는 BCNF에 속한다. 따라서 스키마 *JS*와 *CJDPQV*는 Contracts 릴레이션을 BCNF 릴레이션들로 무손실 조인 분해한 것을 나타낸다.

여기에서 우리가 얻을 수 있는 교훈은 종속성 이론이 설계 단계에서 중복성이 언제 발생하게 되는지를 알려주고, 또한 이 문제를 해결하기 위해 분해를 어떻게 해야 하는지에 대한 실마리를 제공해 주기는 하지만, 실제로 여러 가지 가능한 분해들 중 어느 것이 좋은지를 구별해 주지는 못한다는 점이다. 따라서 데이터베이스 설계자들은 이런 여러 분해 대안들을 잘 살펴보고 해당되는 응용의 의미에 기반하여 이 중에서 하나를 선정하여야 한다.

BCNF와 종속성 유지

종속성을 유지하면서 BCNF로 분해할수 없는 경우가 종종 있다. 예를 들어, 릴레이션 스키마 *SBD*를 참조해보자. 이 스키마는 '선원 *S*가 어떤 날짜 *D*에 배 *B*를 예약한다'는 것으로 해석할 수 있다. 이제 여기서 종속성 $SB \rightarrow D$ (즉 각 선원은 최대 하루만 배를 예약할 수 있다)와 $D \rightarrow B$ (하루에 많아야 한 척의 배만 예약받을 수 있다)가 주어졌다고 가정하자. 이때 *B*는 키가 아니기 때문에 *SBD*는 BCNF에 속하지 않는다. 그러나 만약 이 스키마를 분해하려고 시도한다면, 종속성 $SB \rightarrow D$를 그대로 유지할 수 없게 된다는 사실을 확인하자.

19.6.2 3NF로의 분해

앞에서 설명한 BCNF로 무손실 조인 분해하는 방식은, 3NF로 무손실 조인 분해하는 방식에 역시 그대로 적용될 수 있다(즉 이 알고리즘의 수행 단계에서 3NF 릴레이션들을 모두 얻게 되면 되므로 수행을 조금 일찍 중단시키면 된다). 그러나 이미 우리가 알고 있는 바와 같이 이 방식은 반드시 종속성 유지를 보장하는 것은 아니다.

그러나 위의 방식을 조금 수정하면, 무손실 조인과 종속성 유지형을 모두 보장하면서 3NF 릴레이션들로 분해하는 알고리즘을 얻을 수 있다. 이 방식을 설명하기 전에, 먼저 FD들의 집합에 대한 최소 커버(minimal cover)이라는 개념을 소개할 필요가 있다.

FD들의 집합에 대한 최소 커버

FD들의 집합 *F*에 대한 **최소 커버**(minimal cover)는 다음 조건을 만족하는 FD들의 집합 *G*로 정의된다.

1. *G*에 속하는 모든 종속성들은 $X \rightarrow A$의 형태이고, 이때 *A*는 단일 애트리뷰트이다.
2. 폐쇄 F^+는 폐쇄 G^+와 동등하다.
3. 만약 *G*의 종속성들을 몇 개 삭제하거나, 혹은 *G*의 어떤 종속성에 있는 애트리뷰트들을 몇 개 삭제한 후, *G*로부터 얻게 되는 종속성들의 집합 *H*에 대해서, $F^+ \neq H^+$이다.

직관적으로 말하자면, FD들의 집합 *F*에 대한 최소 커버는 다음의 두 가지 관점에서 최소가 되는 종속성들의 집합과 동등하다. (1) 모든 종속성은 가능한 한 그 크기가 작아야 한다. 즉 좌측에는 애트리뷰트가 반드시 있어야 하고, 우측은 단일 애트리뷰트가 있어야 한다. (2) 최소 커버에 속하는 모든 종속성들은 F^+와 동등한 폐포를 구하기 위해 필요하다.

예를 들면, F가 다음의 종속성들의 집합으로 주어졌다고 하자.

$$A \rightarrow B,\ ABCD \rightarrow E,\ EF \rightarrow G,\ EF \rightarrow H, \text{ and } ACDF \rightarrow EG.$$

우선 $ACDF \rightarrow EG$를 다음과 같이 다시 작성하여, 우측은 모두 단일 애트리뷰트만 있도록 하자.

$$ACDF \rightarrow E \text{ and } ACDF \rightarrow G.$$

다음에는 $ACDF \rightarrow G$를 살펴보자. 이 종속성은 다음의 FD들로부터 유도된다.

$$A \rightarrow B,\ ABCD \rightarrow E, \text{ and } EF \rightarrow G.$$

따라서 위의 종속성은 중복이므로 이를 소거할 수 있다. 마찬가지 개념으로 $ACDF \rightarrow E$도 소거할 수 있다. 다음에는 $ABCD \rightarrow E$를 살펴보자. 여기서 $A \rightarrow B$가 성립되기 때문에, 이 $ABCD \rightarrow E$를 $ACD \rightarrow E$로 대체할 수 있다(이 시점에서 독자들은 남아있는 FD들이 모두 최소이고, 반드시 필요한 것임을 검증해 보아야 한다). 따라서 F에 대한 최소 커버는 다음과 같은 집합이다.

$$A \rightarrow B,\ ACD \rightarrow E,\ EF \rightarrow G, \text{ and } EF \rightarrow H.$$

앞의 예로부터 어떤 FD들의 집합 F에 대한 최소 커버를 얻는 다음과 같은 일반적인 알고리즘을 얻을 수 있다.

1. **FD들을 표준 형태으로 전환한다.** 우측에 반드시 단일 애트리뷰트만 있는 FD들로만 되도록 표준 형태 G를 구한다(이를 위해 분해 규칙을 이용한다).
2. **각 FD의 좌측을 최소화한다.** G에 속하는 각 FD에 대해서, 좌측의 각 애트리뷰트를 검사한다. 만약 이 애트리뷰트를 삭제해도, F^+와 동등한지 검사한다. 만약 동등성이 유지되면, 이 애트리뷰트를 삭제한다.
3. **중복되는 FD들을 식별하여 이들을 삭제한다.** G에 남아 있는 FD들을 일일히 검사한다. 만약 이 FD를 삭제해도, F^+와 동등한지 검사한다. 만약 동등성이 유지되면, 이 FD를 삭제한다.

위의 과정들을 수행해가면서 FD들을 어떠한 순서로 선택하는가에 따라서, 서로 다른 최소 커버들이 생성될 수 있다. 즉 주어진 FD들의 집합에 대해 여러 개의 최소 커버들이 존재할 수 있다.

여기에서 언급해야 할 사실은, 중복되는 FD들을 식별하여 이들을 삭제하기 *이전에*, 반드시 FD의 좌변을 먼저 최소화해야 한다는 순서가 매우 중요하다. 만약 이 두 순서가 역으로 수행된다면, 최종적으로 생성되는 FD들의 집합에 일부 중복된 FD들이 여전히 남아 있게 된다 (즉 최소 커버가 아니게 된다). 다음의 예제를 살펴 보자. 다음의 종속성들의 집합 F는 이미 표준 형태를 모두 만족하고 있다.

$ABCD \rightarrow E$, $E \rightarrow D$, $A \rightarrow B$, and $AC \rightarrow D$.

위의 종속성들은 모두 중복이 없음을 확인하자. 만약 여기서 중복 FD들에 대한 검사를 먼저 한다면, 위와 동등한 FD들의 집합 F를 얻게 된다. $ABCD \rightarrow E$의 좌측은 F^+와 동등성을 그대로 유지하면서 AC로 대체할 수 있다. 그러나 만약 좌측을 최소화하기 이전에 먼저 중복 FD들을 검사했다면 여기에서 멈추게 될 것이다. 그러나 우리가 얻는 FD들의 집합은 다음과 같이 최소 커버가 아니다.

$AC \rightarrow E$, $E \rightarrow D$, $A \rightarrow B$, and $AC \rightarrow D$.

처음 두 개의 FD $AC \rightarrow E$, $E \rightarrow D$는 이행 법칙에 의해 마지막 FD $AC \rightarrow D$를 유도하게 된다. 따라서 F^+와 동등성을 유지하면서 $AC \rightarrow D$를 삭제할 수 있다. 여기서 중요한 사실은 $ABCD \rightarrow E$를 $AC \rightarrow E$로 대체한 후에야, $AC \rightarrow D$가 중복으로 식별된다는 점이다. 만약 *FD*들의 좌측을 먼저 최소화하고 난 후, 중복되는 FD들을 검사한다면, 위에서 맨 앞의 세 개의 FD들만 남게 되며, 결국 이들이 F에 대한 진정한 최소 커버가 된다.

3NF의 종속성 유지 분해

무손실 조인과 종속성 유지를 만족하면서 3NF 릴레이션들로 분해하는 방법은 다음과 같다. R을 최소 커버인 FD들의 집합 F를 갖는 릴레이션이라 하고, $R_1, R_2, \ldots, R_n$을 R의 무손실 조인 분해라고 하자. $1 \leq i \leq n$인 모든 i에 대해, 각 R_i를 3NF에 속하는 릴레이션이라고 하고, F_i는 F를 각 R_i의 애트리뷰트들에 대해 프로젝션한 결과라고 하자. 이제 다음 과정을 차례로 수행한다.

- F에 속하면서 종속성이 유지가 되지 않는 종속성들의 집합 N을 식별한다. 즉 이들은 F_i들의 합집합의 폐포에 포함되지 못하는 종속성들이다.
- N에 속한 각 FD $X \rightarrow A$에 대하여, 릴레이션 스키마 XA를 생성하고, 이 스키마를 R의 분해에 추가한다.

여기서 분명한 사실은, 만약 원래의 스키마 R을 스키마 R_i들과 이 과정에서 추가적으로 생성되는 XA 형태의 스키마들로 대체하면, F에 속하는 종속성들이 모두 유지된다는 점이다. 이러한 스키마 R_i들은 3NF에 속하게 된다. 이제 XA형태의 스키마들 역시 모두 3NF에 속한다는 사실은 다음과 같이 입증할 수 있다. $X \rightarrow A$가 최소 커버 F에 속하므로, X의 부분 집합인 어떠한 Y에 대해서도 $Y \rightarrow A$가 성립되지 않는다. 따라서 X는 스키마 XA의 키이다. 또한 만약 다른 어떠한 종속성들이 이 XA에 대해 만족하는 어떤 다른 종속성이 있다면, 그 종속성의 우변에는 X에 속하는 애트리뷰트들만 나타나야 할 것이다. 이에 대한 이유는, $X \rightarrow$

A는 최소 커버에 속하는 FD이므로, A가 단일 애트리뷰트이어야 되기 때문이다. 따라서 X는 스키마 XA의 키이므로, 추가적으로 생성된 종속성들 중 어느 것도 3NF를 위배하지 않는다.

만약 집합 N이 $X \rightarrow A_1, X \rightarrow A_2, \ldots, X \rightarrow A_n$과 같이 좌측의 애트리뷰트가 동일한 FD들을 갖고 있다면, 이들을 $X \rightarrow A_1, \ldots, A_n$과 같이 동등한 하나의 FD로 대체시킴으로서 단순화할 수 있다. 따라서 $XA_1, \ldots, XA_n$과 같이 여러 개의 스키마를 만드는 대신에 $XA_1, \ldots, A_n$이라는 하나의 릴레이션 스키마를 만들 수 있는데, 이 방법이 일반적으로 더 선호되는 방식이다.

애트리뷰트들 $CSJDPQV$로 구성되고, 종속성들 $JP \rightarrow C$, $SD \rightarrow P$, $J \rightarrow S$를 갖는 Contracts 릴레이션을 참조해 보자. 만약 $CSJDPQV$를 SDP와 $CSJDQV$로 분해한다면, SDP는 BCNF에 속하지만, $CSJDQV$는 3NF에 속하지 않는다. 따라서 이 스키마를 JS와 $CJDQV$로 분해한다. 결과적으로 SDP, JS, $CJDQV$는 모두 3NF에 속하며(사실은 BCNF에도 속한다), 이 분해는 역시 무손실 조인이다. 그러나 여기서 종속성 $JP \rightarrow C$는 유지되지 않는다. 이 문제는 릴레이션 스키마 CJP를 추가함으로써 해결할 수 있다.

3NF 합성

지금까지는 데이터베이스 설계 과정이 ER 다이어그램으로부터 시작하고, FD들은 주로 분해에 대한 결정을 하는 데 지침으로 주로 사용된다고 가정해 왔다. 이러한 관점에서 앞에서는 무손실 조인, 종속성 유지 분해를 생성해 주는 알고리즘을 설명하였다. 이 알고리즘의 기본 원리는 일단 3NF로 무손실 조인 분해를 수행한 한 후, 종속성 유지가 만족이 안 되면 여분의 릴레이션 스키마들을 생성하여 이들을 추가함으로써 해결한다는 점이다.

이 시점에서 우리는 **합성**(Synthesis)이라고 하는 또다른 방법을 생각할 수 있는데 기본 원리는 다음과 같다. 원래 릴레이션 R에 있는 모든 애트리뷰트들을 고려하여, R에서 만족되는 FD들에 대해 최소 포괄 F를 구한 후, F에 속하는 각 FD $X \rightarrow A$에 대하여 릴레이션 스키마 XA를 생성하여 이들을 차례대로 분해 결과에 추가하는 방식이다.

이렇게 해서 생성된 릴레이션 스키마들의 집단은 모두 3NF에 속하며, 모든 FD들이 그대로 유지된다. 만약 이것이 R의 무손실 조인 분해가 아닌 경우에는, 어떤 키에 나타나는 애트리뷰트들만으로 이루어진 릴레이션 스키마 하나를 추가하여 무손실 조인으로 만들 수 있다. 이 알고리즘은 무손실 조인과 종속성 유지를 보장하면서 3NF로 분해될 수 있으며, 성능은 다항식 시간에 비례한다. 여기서 참고로 최소 커버을 구하는 알고리즘과 한 릴레이션에서 키를 하나만 구하는 알고리즘은 각각 다항식 시간으로 해결될 수 있다(물론 한 릴레이션에서 키들을 모두 구하는 것은 NP-완전이지만, 여기에서는 하나의 키만 구해도 충분하다). 어떤 스키마가 주어졌을 때 이 스키마가 3NF에 속하는 지를 검증하는 문제는 NP-완전으로 알고 있지만, 무손실 조인과 종속성 유지를 보장하면서 3NF로 분해하는 문제에 대해 다항식 시간으로 해결할 수 있는 알고리즘이 존재한다는 것은 놀랄 만한 일이다.

이제 위에 설명한 합성 방식를 이해하기 위해 한 예를 들어 보자. 릴레이션 ABC에 대해 FD

들의 집합 $F = \{A \rightarrow B, C \rightarrow B\}$이 주어졌다고 하자. 첫 번째 단계를 거치면 릴레이션 스키마 AB와 BC가 생성된다. 그러나 이 분해는 무손실 조인이 아니다. 그 이유는 $AB \cap BC = B$이고, $B \rightarrow A$와 $B \rightarrow C$ 들 중 그 어느 것도 F^+에 속하지 않기 때문이다. 그러나 여기에 스키마 AC를 추가하게 되면, 무손실 조인을 만족하게 된다. 릴레이션 AB, BC, AC가 ABC의 종속성 유지와 무손실 조인을 만족하는 분해이지만, 이들은 분해 작업을 반복하는 방식에서 얻은 것이 아니라, 합성이라는 방식을 통해 얻은 것임을 확인하자. 여기서 유념할 사실은 합성 방식으로 얻는 분해는 최소 커버에 상당히 의존하고 있다는 점이다.

합성 방식의 또다른 예를 생각해보자. 애트리뷰트들 $CSJDPQV$로 구성된 Contracts 릴레이션에 다음과 같은 FD들이 주어졌다고 하자.

$$C \rightarrow CSJDPQV,\ JP \rightarrow C,\ SD \rightarrow P, \text{ and } J \rightarrow S.$$

위의 FD들의 집합은 최소 커버이 아니므로 따라서 이를 우선 구해야 한다. 우선 $C \rightarrow CSJDPQV$를 다음의 FD들로 대체한다.

$$C \rightarrow S,\ C \rightarrow J,\ C \rightarrow D,\ C \rightarrow P,\ C \rightarrow Q, \text{ and } C \rightarrow V.$$

여기서 $C \rightarrow P$는 $C \rightarrow S$, $C \rightarrow D$, $SD \rightarrow P$로부터 유도되므로 이를 삭제한다. $C \rightarrow S$는 역시 $C \rightarrow J$와 $J \rightarrow S$로부터 유도되므로 이를 삭제한다. 이제 최소 커버는 다음과 같다.

$$C \rightarrow J,\ C \rightarrow D,\ C \rightarrow Q,\ C \rightarrow V,\ JP \rightarrow C,\ SD \rightarrow P, \text{ and } J \rightarrow S.$$

종속성 유지를 위해 위의 설명한 합성 알고리즘을 사용하면, 릴레이션 스키마 CF, CD, CQ, CV, CJP, SDP, JS를 생성할 수 있다. 여기서 SDP와 JS를 제외한 스키마들을 좀 더 단순화하기 위해서는, 키가 C인 릴레이션들인 CF, CD, CQ, CV, CJP들을 하나의 릴레이션 $CDJPQV$로 합칠 수가 있다.

위의 분해 방식을 앞 절에서 설명한 방식과 비교해 보면 다소 유사한 점이 있지만, CJP와 $CJDQV$ 대신에 $CDJPQV$를 생성했다는 점이 다르다. 따라서 두 방식은 기본적인 개념에서는 주요한 차이점이 있다는 것을 알 수 있다.

19.7 데이터베이스 설계에서의 스키마 정제

우리는 현재까지 정규화 과정이 어떻게 중복성을 소거할 수 있으며, 릴레이션을 정규화하기 위해 어떠한 방식들이 있는지를 살펴보았다. 이 시점에서 우리는 지금까지 배운 개념들을 실제의 설계에서 어떻게 적용할 수 있는지에 대해 생각해보기로 하자. 데이터베이스 설계자들은 개념 설계에서 전형적으로 ER 도구를 사용하여 초기 설계에 도달한다. 이러한 초기 설계를 가지고 중복성을 소거하기 위해 분해를 하는 방식은 함수 종속성들과 정규화를 자연스럽게 사용한다.

이 절에서는 ER 설계를 마친 후에 스키마 정제 과정을 반드시 적용할 필요성이 있을까에 대해 살펴보기로 한다. ER 다이어그램을 변환해서 생성한 릴레이션들을 굳이 분해할 필요가 있는지를 고려해보는 것은 자연스러운 일이다. ER 설계를 잘 하게 되면 중복성이 없는 좋은 릴레이션들을 얻게 되지 않을까? 불행하게도 이에 대한 부정적이다. 그 이유는 ER 설계는 복잡하고 주관적인 과정이며, 또한 어떠한 제약 조건들은 ER 다이어그램으로는 표현할 수 없기 때문이다. 이 절에서는 ER 설계를 통해 생성된 릴레이션들을 왜 분해를 하여야 하는지에 대해 예제들을 통해 살펴보기로 한다.

19.7.1 개체 집합에 대한 제약조건

앞에서 예를 보였던 Hourly_Emps 릴레이션을 다시 참조해 보자. 애트리뷰트 *ssn*이 키라는 제약조건은 다음의 FD로 표현할 수 있다.

$$\{ssn\} \rightarrow \{ssn,\ name,\ lot,\ rating,\ hourly\_wages,\ hours\_worked\}$$

편의상 위의 FD를 각 애트리뷰트들의 첫 문자만을 따서 $S \rightarrow SNLRWH$라고 표기하기로 하자. 그러나 이 FD의 양측이 모두 애트리뷰트들의 집합을 포함한다는 사실을 기억하기 바란다. 여기서 추가적으로 *hourly_wages* 애트리뷰트가 *rating* 애트리뷰트에 의해 결정된다는 제약조건을 FD $R \rightarrow W$로 표시할 수 있다.

19.1.1에서 살펴 본 바와 같이, 위의 두 번째 FD는 (*rating, hourly_wages*)의 연관되는 정보를 중복해서 저장하게 한다. *이러한 제약조건은 ER 모델에서는 표현할 수 있는 방법이 없다는 사실을 유의하기 바란다. 이에 대한 이유는 ER 모델에서 표현할 수 있는 FD들은 릴레이션의 모든 애트리뷰트들을 결정하는 FD들 (즉 키 제약조건)만이기 때문이다.* 따라서 ER 모델링을 하는 동안 Hourly_Emps를 하나의 개체 집합으로 간주하게 되면 이러한 중복 사실을 탐지해 낼 수가 없는 것이다.

물론 우리는 이러한 문제가 원래 ER 설계가 잘못되었기 때문이라 생각할 수 있다. 따라서 *rating*과 *hourly_wages* 애트리뷰트들로 된 Wage_Table이라는 새로운 개체 집합을 만든 후, Hourly_Emps와 Wage_Table 간에 Has_Wages라는 관계 집합을 설정함으로서 이 문제를 해결할 수 있다고 주장할 수도 있다. 그러나 ER 모델링은 설계자의 주관적인 관점에 주로 의존되므로, 우리는 종종 쉽게 위의 잘못된 설계를 얻을 수가 있다. 따라서 이러한 설계상의 문제점을 식별해 내고, 더 좋은 설계를 해줄 수 있도록 인도해 주는 정형화된 기법이 있다면 매우 유용할 것이다. 특히 대규모의 스키마들를 설계할 때에는 이러한 기법이 필수적일 것이다. 수백 개 이상의 테이블을 가진 스키마들이 있다는 것은 자주 있는 일이다.

19.7.2 관계 집합에 대한 제약조건

앞의 예는 ER 설계를 하는 과정에서 우리가 결정한 주관적인 사항들을 FD가 정제해 줄 수 있다는 점을 시사하고 있다. 그러나 혹자는 최선의 ER 다이어그램을 설계해 놓으면 그 결과로 나오는 릴레이션들도 최선일 것이라고 주장할 지도 모른다. 다음의 예를 살펴보면, ER 설계만으로는 탐지해 낼 수 없을 것 같은 중복성 문제들을 FD 정보를 가지고 소거할 수 있음을 알 수 있다.

2 장에서 보였던 예를 다시 참조하기로 한다. 여기서 Parts, Suppliers, Departments라는 개체 집합들과 이들 세 개의 개체 집합들 사이에 Contracts라는 관계 집합이 존재한다고 하자. 편의상 Contracts 스키마를 *CQPSD*로 표현하기로 하자. 이 스키마는 계약 번호가 *C*인 계약이 공급자 *S*가 부품 *P*를 물량 *Q*만큼 부서 *D*에 공급하기로 했음을 의미한다(참고로 여기서 2장의 Contracts 릴레이션에 계약 번호 필드 *C*를 더 추가하였다).

또한 여기서 '한 부서는 한 공급자로부터 최대 하나의 부품만 구매하여야만 한다'는 제약조건을 가정하자. 따라서 만약 동일한 공급자와 부서간에 여러 개의 계약이 있을 경우, 이 모든 계약들에서 부품은 항상 동일하다는 것을 알 수 있다. 이러한 제약조건은 FD $DS \rightarrow P$로 표현된다.

위의 제약조건으로부터 중복성과 이와 관련된 문제점들이 다시 발생하게 됨을 알 수 있다. 여기서 Contracts 릴레이션을 각각 *CQSD*와 *SDP*의 애트리뷰트들을 가진 두 개의 릴레이션으로 분해하면 이러한 문제점들을 해결할 수가 있다. 직관적으로 릴레이션 *SDP*는 공급자가 부서에게 공급하는 부품을 기록하며, 릴레이션 *CQSD*는 각 계약에 대한 추가 정보들을 기록한다. 우리는 ER 모델링만으로는 이러한 설계를 얻기가 매우 어렵다. 그 이유는 ER 다이어그램으로는 *CQSD*와 자연스럽게 일치하는 개체 혹은 관계를 표현하기가 어렵기 때문이다.

19.7.3 개체에 속하는 애트리뷰트들의 식별

아래의 예제는 FD들을 잘 살펴보게 되면 릴레이션들의 기반이 되는 개체와 관계들을 좀 더 잘 이해할 수 있음을 알 수 있음을 시사한다. 특히 이 예제는 ER 설계 과정에서 애트리뷰트들을 '잘못된' 개체 집합과 쉽게 연관시킬 수 있음을 보여 준다. 그림 19.11의 ER 다이어그램은 2장의 Works_In 관계 집합과 유사한데, 단지 차이점은 '각 직원은 최대 하나의 부서에서만 근무한다'는 키 제약조건을 추가로 설정한 관계 집합이다(Employees에서 Works_In으로 연결된 화살표를 주목할 것).

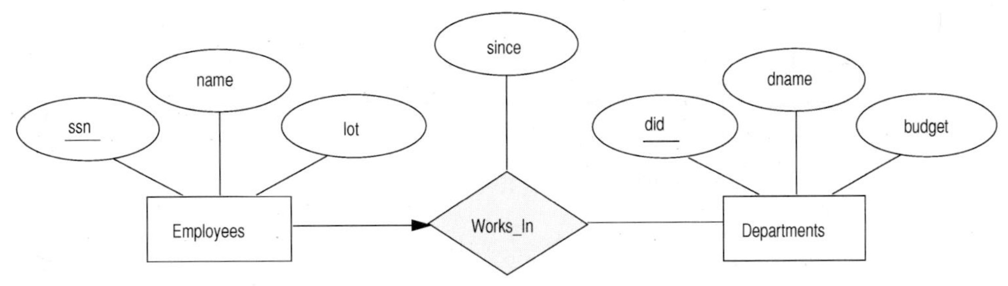

그림 19.11 Works_In 관계 집합

이러한 키 제약조건을 이용하면 위의 ER 다이어그램을 다음과 같은 두 개의 릴레이션으로 변환할 수 있다.

Workers(<u>*ssn*</u>, *name*, *lot*, *did*, *since*)
Departments(<u>*did*</u>, *dname*, *budget*)

여기서 Employees 개체 집합과 Works_In 관계 집합을 합쳐서 단일 릴레이션 Workers로 사상되었다. 이 변환은 2.4.1에서 이미 설명한 두 번째 방법에 의거한 것이다.

이제 직원들의 주차 공간을 그들의 소속 부서에 따라 할당하게 되어, 어떤 부서에 속한 모든 직원들에게는 동일한 주차 공간을 배정한다고 하자. 이러한 제약조건은 그림 19.11의 ER 다이어그램으로는 표현할 방법이 없다. 이를 함수 종속성으로 표현하면 FD *did* → *lot*과 같다. 이 종속성에서 발생하는 중복성은 Workers 릴레이션을 다음과 같이 두 개의 릴레이션으로 분해하면 소거된다.

Workers2(<u>*ssn*</u>, *name*, *did*, *since*)
Dept_Lots(<u>*did*</u>, *lot*)

위의 설계가 더 좋은 것이라고 권장한다. 한 부서에 대한 주차 공간을 변경하고 싶으면 두 번째 릴레이션의 투플 하나만 갱신하면 된다(즉 갱신 이상이 발생하지 않는다). 어떤 부서에 소속된 직원들이 하나도 없는 경우라도, 널 값을 사용하지 않고도, 그 부서에 해당되는 주차 공간을 연관시킬 수 있다(즉 삭제 이상이 발생하지 않는다). 또한 주차공간을 배정 받지 못한 부서라도 첫 번째 릴레이션에 투플을 삽입함으로써 그 부서에 소속된 직원을 추가할 수 있다(즉 삽입 이상이 발생하지 않는다).

Departments와 Dept_Lots 릴레이션을 살펴보면 둘 다 동일한 키를 갖으며, 따라서 동일한 키 값을 갖는 Departments 투플과 Dept_Lots 투플은 결국 동일한 개체를 묘사한다는 사실을 알 수 있다. 이러한 사실을 ER 다이어그램에 반영시키면 그림 19.12와 같다.

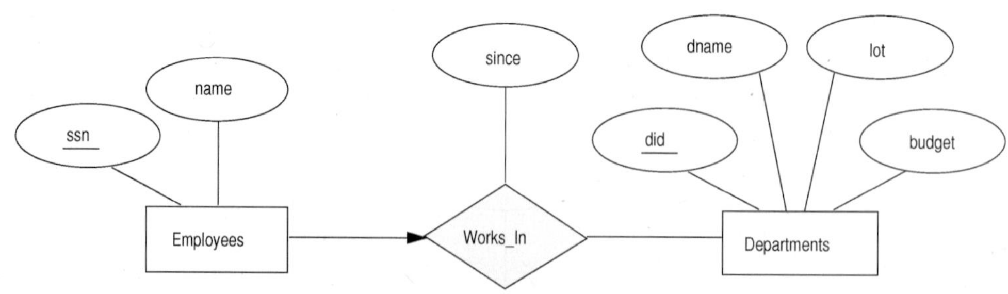

그림 19.12 정제된 Works_In 관계 집합

이 다이어그램을 릴레이션들로 변환하면 다음과 같다.

Workers2(<u>*ssn*</u>, *name*, *did*, *since*)
Departments(<u>*did*</u>, *dname*, *budget*, *lot*)

직관적으로는 주차 공간을 직원들에게 연관시키는 것이 당연할 것 같은데, 이 예제에서의 제약조건들은 주차 공간을 실제로는 부서들에 연관시키고 있음을 알려주고 있다. 이처럼 ER 모델링은 주관적인 과정이므로 이러한 사실을 쉽게 간과할 수가 있다. 그러나 정규화라는 엄격한 과정를 거치면 이러한 일이 발생하지 않는다.

19.7.4 개체 집합의 식별

앞에서 예를 보였던 Reserves 스키마를 조금 변형해서 생각해 보자. Reserves는 이전과 같이 *SBD*라는 애트리뷰트들로 구성되며, 각 투플은 선원 *S*가 배 *B*를 날짜 *D*에 예약한다는 것을 의미한다. 여기서 예약 대금을 계산할 신용 카드를 나타내는 애트리뷰트 *C*가 추가적으로 있다고 하자.

이제 '모든 선원은 예약을 할 때 단 하나의 고유한 신용 카드를 사용한다'는 제약조건이 있다고 가정하자. 이 제약조건은 FD $S \rightarrow C$로 표현된다. 이 제약조건에 의하면 Reserves 릴레이션에 같은 선원이 나타날 때마다 같은 신용카드 번호를 여러번 저장하게 되며, 따라서 중복성이 발생하여 잠재적으로 갱신 이상이 발생하게 된다. 이에 대한 해결책은 Reserves 릴레이션을 분해하여 애트리뷰트 *SBD*와 *SC*를 갖는 두 개의 릴레이션을 생성하는 것이다. 여기서 *SBD* 릴레이션은 예약에 대한 정보를 갖고, SC 릴레이션은 신용카드에 대한 정보를 갖게 된다.

이제 이러한 릴레이션들을 생성할 수 있는 ER 설계에 대해 고찰해보는 것이 의미가 있다. 한 가지 방식은 *cardno*라는 애트리뷰트 하나만으로 구성된 Credit_Cards라는 개체 집합을 새로 만들고, 또한 Sailors와 Credit_Cards를 연관 시켜 Has_Card라는 관계 집합을 새로 만드는 것이다. 각 신용카드는 단지 한 선원에게만 속한다는 사실로부터, Has_Card와 Credit_Cards를 *SC*라는 두 개의 애트리뷰트로 구성된 하나의 릴레이션으로 사상시킬 수 있다. 그런데 만약 신용 카드 번호에 대한 우리의 주관심이 어떻게 예약이 지불되었는지를 나타내는 것에 있다면, 아마도 우리는 신용 카드 번호를 개체로 모델링할 것 같지는 않을 것이다. 이 상황에서는 신용 카드 번호를 모델링하기 위해 하나의 애트리뷰트를 사용하는 것으로 충분하다.

다른 방식은 *cardno*를 Sailors의 애트리뷰트로 만드는 것이다. 그러나 이 방식은 매우 자연스럽지가 못하다. 그 이유는 한 선원이 여러 개의 카드를 소유할 수도 있고, 또한 Resreves는 단지 예약을 한 선원들에 대한 정보만을 갖고 있기 때문이다(모든 선원들에 대한 정보를 갖고 있지 않다). 즉 우리가 관심을 갖는 것은 단지 예약을 위해 사용된 신용 카드에만 있으며, 따라서 이 경우에는 Reserves 관계의 애트리뷰트로 하는 것이 가장 바람직 하다.

이 예제의 설계에서 생기는 문제점을 해결하는 데 도움이 되는 방법은 우선 *cardno*를 Reserves의 애트리뷰트로 만들고 난 후에, FD 정보를 고려하여 결과 테이블들을 정제하는 것이다(Sailors으로부터 얻은 테이블에 *cardno*를 추가할 것인지 혹은 애트리뷰트 *SC*로 구성된 새로운 테이블을 생성할 것인지의 여부는 별개의 문제이다).

19.8 다른 유형의 종속성들

FD는 데이터베이스 설계의 관점에서 볼 때 아마도 가장 보편적이고 중요한 유형의 제약조건이다. 그러나 몇 개의 다른 유형의 종속성들이 존재한다. 특히 다중치 종속성과 조인 종속성이 있는데 이들을 이용한 데이터베이스 설계를 위한 이론이 잘 정립되어 있다. 이러한 종속성들을 잘 고려한다면 FD만으로는 탐지될 수 없는 잠재적인 중복성 문제점들을 식별해 낼 수 있다.

이 절에서는 다중치 종속성으로 탐지할 수 있는 중복성의 종류들을 살펴본다. 또한 데이터베이스 설계에서 포함 종속성의 역할에 대해서도 언급한다.

19.8.1 다중치 종속성

*course, teacher, book*이라고 하는 세 개의 애트리뷰트를 갖는 릴레이션이 있다고 하고, 이를 *CTB*로 표기하자. 여기서 각 투플은 '강사 *T*가 과목 *C*를 가르치며, 책 *B*가 이 과목의 교재로 추천된다'는 의미이다. 이 릴레이션에서는 어떠한 FD도 존재하지 않는다. 즉 키는 *CTB*이다. 그러나 어떤 과목에 대해 어떠한 교재가 추천되는 지는 담당 강사와는 전혀 무관하다는 사실을 주목하자. 그림 19.13의 인스턴스가 이러한 상황을 잘 나타내고 있다.

course	*teacher*	*book*
Physics101	Green	Mechanics
Physics101	Green	Optics
Physics101	Brown	Mechanics
Physics101	Brown	Optics
Math301	Green	Mechanics
Math301	Green	Vectors
Math301	Green	Geometry

그림 19.13 MVD에 의해 야기되는 중복성을 갖는 BCNF 릴레이션

여기에서 주목할 사항은 다음의 세 가지이다.

- 릴레이션 스키마 *CTB*는 BCNF에 속한다. 따라서 *CTB*에 대해서 FD들만을 고려한다면, 더 이상 이 릴레이션을 분해할 필요가 없다.
- 중복성이 존재한다. Green이 Physics101을 가르친다는 사실이 그 과목에 대한 교재가 나타날 때마다 매번 반복되어 기록된다. 이와 유사하게 Optics가 Physics101의 교재라는 사실이 그 과목에 대한 담당 교수가 나타날때마다 매번 반복되어 기록된다.
- *CTB*를 *CT*와 *CB*로 분해하면 이 중복성을 소거할 수 있다.

이 예제에서 나타나는 중복성은 과목의 교재가 그 과목의 강사와는 전혀 상관이 없다는 제약조건에 기인한 것인데, 이 제약조건은 FD로는 표현할 수 없다. 이 제약조건이 다중치 종

속성(*multivalued dependency*), 즉, MVD의 예이다. 이상적으로 본다면 이러한 상황을 애트리뷰트 *CT*로 구성되는 Instructors라는 관계성과 애트리뷰트들 *CB*로 구성되는 Texts라는 관계성이라고 하는 두 개의 이진관계성 집합으로 모델링하여야 한다. 이들은 근본적으로 서로 독립적인 두 개의 관계성이므로, 이들을 하나의 삼진관계성 집합인 애트리뷰트들 *CTB*로 모델링한다는 것은 적절하지 못하다(삼진관계성과 이진관계성에 대한 자세한 설명은 2.5.3을 참조하기 바란다). 그러나 ER 설계는 설계자의 주관적인 관점에 의존되므로, 이와 같이 삼진관계성으로 설계할 가능성이 충분히 있을 수 있다. 따라서 이 경우에는 MVD 정보를 주의 깊게 분석함으로써 이러한 문제점들을 식별해 낼 수 있다.

어떤 릴레이션 스키마를 *R*이라 하고, *X*와 *Y*를 각각 *R*에 속한 애트리뷰트들의 부분집합이라 하자. *R*의 모든 합법적인 인스턴스 *r*에 대해서, 각 *X*의 값이 *Y*의 값들의 집합(즉 여러 개의 *Y*의 값들이 가능하다)과 연관되며, 이러한 연관되는 집합이 다른 애트리뷰트들의 값과는 무관할 경우, **다중치 종속성** $X \rightarrow\rightarrow Y$가 *R*에서 성립된다고 한다

이제 MVD를 공식적으로 정의하자면 다음과 같다. 만약 MVD $X \rightarrow\rightarrow Y$가 *R*에서 성립되고, $Z = R - XY$라면, *R*의 모든 합법적인 인스턴스 *r*에 대해서 다음 조건을 만족하여야 한다.

> 만약 $t_1 \in r,\ t_2 \in r,\ t_1.X = t_2.X$라면, $t_1.XY = t_3.XY$와 $t_2.Z = t_3.Z$를 만족하는 어떤 투플 $t_3 \in r$이 반드시 존재하여야 한다.

그림 19.14는 이 정의에 대한 예를 보여주고 있다. 만약 이 릴레이션에서 첫 번째 두 개의 투플을 가지고 있고, MVD $X \rightarrow\rightarrow Y$가 이 릴레이션에서 성립된다고 하면, 이 릴레이션 인스턴스는 세 번째 투플도 역시 포함하여야 한다는 사실을 추론해 낼 수 있다. 사실 더욱이 첫 번째 두 개의 투플에 대해 그 역할을 서로 바꾸어 볼 경우, (즉 첫번재 투플을 t_2로, 두 번째 투플을 t_1으로 할 경우) 이 릴레이션 인스턴스는 투플 T_4도 역시 포함하여야 한다는 사실을 추론할 수 있다.

X	Y	Z	
a	b_1	c_1	— tuple t_1
a	b_2	c_2	— tuple t_2
a	b_1	c_2	— tuple t_3
a	b_2	c_1	— tuple t_4

그림 19.14 MVD 정의를 설명하는 예

위의 릴레이션은 MVD를 다른 관점에서 좀 더 이해할 수 있는 동기를 제공해 준다. 만약 $X \rightarrow\rightarrow Y$가 *R*에 대해서 설립된다면, *R*의 애트리뷰트 *X*에 나타나는 어떠한 값 *x*에 대해서도, *R*의 모든 합법적인 인스턴스에서 $\pi_{YZ}(\sigma_{X=x}(R)) = \pi_Y(\sigma_{X=x}(R)) \times \pi_Z(\sigma_{X=x}(R))$의 조건이 만족된다. 이 조건을 좀 더 이해하기 위해, *R*에 속한 투플들 중에서 같은 *X* 값들을 갖는 투플들의 그룹들을 고려해 보자. 이제 이러한 각 그룹에 대해서 애트리뷰트 *YZ*에 대한 프로젝션 연산을 생각해보자. 이 프로젝션은 *Y*로 프로젝션한 것과 *Z*로 프로젝션한 것을 크로스 곱

(cross product)한 것과 그 결과가 같아야 한다. 즉 X 값이 주어졌을 때, 이에 해당하는 Y 값들과 Z 값들은 서로 무관한 것이다(이러한 정의로부터, $X \rightarrow Y$가 성립되면, $X \rightarrow\rightarrow Y$도 성립된다는 것을 쉽게 알 수 있다. 즉 만약 FD $X \rightarrow Y$가 성립되면, 주어진 어떤 X 값에 대해 정확히 하나의 Y 값만 존재하므로 MVD 정의의 조건들이 자동으로 만족된다. 그러나 이에 대한 역은 성립하지 않는데, 이는 그림 19.14를 보면 알 수 있다).

이제 앞에서 설명한 *CTB*의 예제로 돌아가서, 각 과목의 교재와 그 과목의 강사는 서로 독립적이라는 제약조건을 $C \rightarrow\rightarrow B$로 표현할 수 있다. MVD의 정의에 의하면 이 제약조건은 다음과 같이 해석할 수 있다.

> 만약 과목 C를 강사 T가 가르친다는 사실을 나타내는 투플이 존재하고,
> 과목 C가 교재 B를 사용한다는 사실을 나타내는 투플이 존재한다면,
> 과목 C는 강사 T가 가르치고, 교재 B를 사용한다는 사실을 나타내는 투플이 존재한다.

FD들과 MVD들의 집합이 주어지면, 일반적으로, 이들로부터 추가적으로 성립되는 FD들과 MVD들을 더 추론해 낼 수 있다. 여기에 사용되는 정당하고 완전한 추론 법칙들은 세 개의 암스트롱의 공리 법칙과 추가로 다섯 개의 법칙들로 구성된다. 이들 추가된 다섯 개의 법칙들 중에서 세 개는 다음과 같이 단지 MVD에만 적용될 수 있다.

- **MVD 보완**(complementation): 만약 $X \rightarrow\rightarrow Y$이면, $X \rightarrow\rightarrow R - XY$이다.
- **MVD 부가**(augmentation): 만약 $X \rightarrow\rightarrow Y$이고 $W \supseteq Z$이면, $WX \rightarrow\rightarrow YZ$이다.
- **MVD 이행**(transitivity): 만약 $X \rightarrow\rightarrow Y$이고, $Y \rightarrow\rightarrow Z$이면, $X \rightarrow\rightarrow (Z - Y)$이다.

위의 법칙들에 대한 예를 하나 들어 보자. *CTB*에서 $C \rightarrow\rightarrow T$가 성립되므로, MVD 보완 법칙에 의하면 $C \rightarrow\rightarrow (CTB - CT)$도 성립된다. 따라서 $C \rightarrow\rightarrow B$ 도 성립된다. 다음의 나머지 두 개의 법칙들은 FD와 MVD에 관련되는 것이다.

- **복제**(replication): 만약 $X \rightarrow Y$이면, $X \rightarrow\rightarrow Y$이다.
- **합체**(coalescence): 만약 $X \rightarrow\rightarrow Y$이고, $W \cap Y$가 공집합 $W \rightarrow Z$이며, $Y \supseteq Z$인 W가 존재한다면, $X \rightarrow Z$이다.

위의 복제 법칙은 모든 FD는 무조건 MVD도 역시 성립한다는 사실을 의미하고 있다.

19.8.2 제4 정규형

제4 정규형은 BCNF를 직접적으로 일반화한 것이다. 어떤 릴레이션 스키마를 R이라 하고, X와 Y를 각각 R에 속한 애트리뷰트들의 부분 집합(단, 공집합이 아님)이라 하고, F를 FD들과 MVD들 모두를 나타내는 종속성들의 집합이라고 하자. 이제 R에서 성립되는 모든 MVD $X \rightarrow\rightarrow Y$에 대해서, 다음 중 하나의 조건이 만족되면, R을 **제4정규형**(forth normal form: 4NF)이라고 한다.

- $Y \subseteq X$ 혹은 $XY = R$, 혹은

- X는 수퍼키이다.

위의 정의를 살펴보면, 키의 정의는 하나도 바뀌지 않았다는 사실을 이해하는 것이 중요하다. 즉 키는 FD만을 통해서 모든 애트리뷰트들을 유일하게 결정해 주는 수단이다. 만약 $Y \subseteq X \subseteq R$ 혹은 $XY = R$인 경우, $X \rightarrow\rightarrow Y$를 **당연한 MVD**(trivial MVD)라고 하며, 이러한 유형의 MVD들은 항상 성립이 될 수 있다.

릴레이션 CTB는 4NF에 속하지 않는다. 그 이유는 $C \rightarrow\rightarrow T$가 당연한 MVD가 아니며, 또한 C가 키가 아니기 때문이다. 우리는 CTB를 CT와 CB로 분해함으로써 중복성을 소거할 수 있으며, 이들 분해된 각 릴레이션은 모두 4NF에 속한다.

어떤 릴레이션 스키마가 4NF에 속하는지의 여부를 알기 위해서는 MVD 정보를 완전히 이용할 수 있어야 하며, 이에 따라 MVD의 이론을 충분히 이해하고 있어야 한다. 그러나 Date와 Fagin이 밝힌 다음의 연구 결과는, FD 정보만을 가지고도(즉 MVD 정보를 전혀 고려하지 않고도) 충분히 이를 알아낼 수 있는 경우를 설명한다. 즉 이 경우에는 FD 정보 이외에 MVD 정보를 추가로 사용하면 더 이상의 중복성 문제가 나타나지 않는 경우이다. 따라서 이 경우에 해당된다면, 우리는 모든 MVD들을 일일이 식별할 필요가 없게 된다.

> 만약 어떤 릴레이션 스키마가 BCNF에 속하고, 그 스키마의 키들 중에서 최소한 하나가단일 애트리뷰트로만 구성된다면, 이 스키마는 역시 4NF에도 속한다.

사실 위의 연구 결과에는 다음과 같은 중요한 가정이 뒷받침 되어야 한다. "*어떤 릴레이션에서 현재까지 식별된 FD들의 집합은 사실 그 릴레이션에서 성립할 수 있는 모든 FD들의 집합이어야 한다.*" 여기서 이러한 가정이 중요하다고 할 수 있다. 그 이유는 위의 연구 결과는 어떤 릴레이션이 BCNF에 속하는지를 전제로 하는 것이고, 또한 이러한 전제는 그 릴레이션에 성립되는 FD들에 대해 전제로 하는 것이기 때문이다.

다음의 예제를 통해서 위의 사실을 좀 더 살펴보자. 어떤 릴레이션 스키마 $ABCD$에 대해 FD $A \rightarrow BCD$와 MVD $B \rightarrow\rightarrow C$가 주어졌다고 하자. 이 릴레이션은 하나의 단일 애트리뷰트로 된 키가 존재하고, 또한 BCNF에 속한다. 그러나 $B \rightarrow\rightarrow C$가 4NF 조건을 위반하기 때문에 이 릴레이션은 4NF에는 속하지 않는다. 좀 더 자세히 살펴보기로 하자.

B	C	A	D	
b	c_1	a_1	d_1	— tuple t_1
b	c_2	a_2	d_2	— tuple t_2
b	c_1	a_2	d_2	— tuple t_3

그림 19.15 ABCD의 합법적인 인스턴스에 대한 세 개의 투플들

그림 19.15는 위의 주어진 MVD $B \rightarrow\rightarrow C$를 만족하는 $ABCD$의 인스턴스에 속하는 세 개의 투플들의 한 예를 나타내고 있다. MVD의 정의에 의하면, 주어진 투플 t_1과 t_2에 대해, 투플 t_3도 역시 이 인스턴스에 속해야 된다는 사실을 알 수 있다. 이제 투플 t_2와 t_3을 살펴 보자.

위의 주어진 FD $A \rightarrow BCD$와 이 투플들이 동일한 A 값을 갖고 있다는 사실로부터, 우리는 $c_1 = c_2$이라는 사실을 유도할 수 있다. 따라서 FD $A \rightarrow BCD$와 MVD $B \rightarrow\rightarrow C$가 만족이 되면, FD $B \rightarrow C$도 항상 만족이 된다는 사실을 알 수 있다. 만약 $B \rightarrow\rightarrow C$가 만족된다면, 이 릴레이션 $ABCD$는 BCNF에 속하지 않는다! (만약 B를 키로 만드는 다른 FD들이 추가로 존재하지 않는 한)

따라서 앞의 예제는 그 릴레이션에서 성립되는 모든 FD들을 정확히 식별해 두어야 하는 중요성을 설명하는 예제이다. 사실 이 릴레이션에서 $A \rightarrow BCD$가 유일하게 성립되는 FD인 것이 아니다. 실제로 FD $B \rightarrow$ C도 성립하는데, 이를 처음에는 우리는 간과하였다. FD들과 MVD들의 집합이 주어지면, 우리는 추론 법칙들을 이용해서 나머지 FD들과 MVD들을 추가로 유도해 낼 수 있다. 따라서 MVD 추론 법칙들을 사용하지 않고 Date-Fagin 연구 결과를 적용하기 위해서는, 모든 FD들을 과연 정확히 식별했는지에 대해 확신이 있어야만 한다.

요약하면, 만약 우리가 모든 FD들을 식별했는지에 대해 확신만 있다면, MVD들을 굳이 분석하지 않고서도, 어떤 릴레이션이 4NF인지의 여부를 쉽게 검증할 수 있는 방안을 Date-Fagin 연구 결과가 제공한다는 것이다. 이 시점에서 독자들은 다른 예제들에 대해서 4NF에 속하는지의 여부를 검증하는 연습을 하기 바란다.

19.8.3 조인 종속성

조인 종속성은 MVD의 개념을 좀 더 일반화한 것이다. 만약 $R_1, \ldots, R_n$이 어떤 릴레이션R에 대한 무손실 조인 분해라면, **조인 종속성**(join dependency: JD) $\bowtie \{R_1, \ldots, R_n\}$이 R에 대해 성립된다고 한다.

릴레이션 R에 대한 MVD $X \rightarrow\rightarrow Y$는 조인 종속성 $\bowtie \{XY, X(R - Y)\}$로 표현할 수 있다. 예를 들면, CTB 릴레이션에서, MVD $C \rightarrow\rightarrow T$는 조인 종속성 $\bowtie \{CT, CB\}$로 표현할 수 있다.

FD와 MVD와는 달리, JD에 대해서는 정당하고 완전한 추론 법칙들이 존재하지 않는다.

19.8.4 제5 정규형(5NF)

릴레이션 스키마 R에 대해 성립되는 모든 JD $\bowtie \{R_1, \ldots, R_n\}$에 대해서, 다음 중 하나의 조건이 만족되면, R은 **제5정규형**(fifth normal form: 5NF)에 속한다고 한다.

- 어떤 i에 대해 $R_i = R$이 성립한다, 혹은
- R에 대한 FD들 중에서 좌측이 R의 키인 FD들의 집합으로부터 JD가 유도된다.

FD와 JD에 대한 추론 법칙들을 살펴보지 않았기 때문에, 두 번째 조건은 설명이 좀 필요하다. 직관적으로 보면, 만약 **키 종속성**(즉 좌측이 R의 키인 FD들인 것)들이 성립하며는, R을 $\{R_1, \ldots, R_n\}$로의 분해는 무손실 조인이 항상 성립된다는 사실을 입증할 수 있어야 한다.

만약 어떤 i에 대해 $R_i = R$가 성립하면, JD $\bowtie \{R_1, \ldots, R_n\}$는 **당연한 JD**(trivial JD)이라

하며, 이러한 JD는 항상 성립한다.

다음의 Date와 Fagin에 의한 연구 내용은 FD 정보만을 가지고도 (즉 JD 정보를 전혀 고려하지 않고도) 어떤 릴레이션이 5NF에 속하는지의 여부를 알 수 있도록 하여 준다.

> 만약 어떤 릴레이션 스키마가 3NF에 속하고, 이 릴레이션의 모든 키들이 각각 단일 애트리뷰트만으로만 구성된다면, 이 릴레이션은 역시 5NF에도 속한다.

위의 내용에서 얻을 수 있는 결과는, 어떤 릴레이션이 5NF에 속한다는 사실은 충분 조건이 될 수는 있지만 필요 조건은 아니라는 점이다. 따라서 *이 결과는 어떤 릴레이션에 대해 성립하는 MVD나 JD들을 식별할 필요 없이* 그 릴레이션이 5NF에 속하는지를 알 수 있도록 해 준다는 점에서 실무에서 매우 유용하게 사용될 수 있다.

19.8.5 포함 종속성

MVD와 JD들은 비록 FD들에 비해서는 실세계에서 자주 발생하지 않고, 또한 이들을 추론하고 분석하는 것이 더 어렵지만, 데이터베이스 설계에 좋은 지침으로 사용될 수 있다. 이에 반해서 포함 종속성(inclusion dependency)은 매우 직관적이며 실제로 자주 발생할 수 있다.

포함 종속성이란 한 릴레이션의 어떤 애트리뷰트들이 (일반적으로 다른 릴레이션에 있는) 다른 애트리뷰트들에 속한다는 종속성이다. 앞에서 배운 외래 키 종속성이 포함 종속성의 한 예가 된다. 즉 한 릴레이션의 참조 애트리뷰트(들)는 참조되는 릴레이션의 기본 키 애트리뷰트(들)에 포함되어야 한다. 다른 예를 살펴보면, '*R*에 속한 모든 개체는 역시 *S*의 개체이어야 한다'는 포함 관계를 갖는 두 개의 개체 집합을 릴레이션 *R*과 릴레에션 *S*로 각각 표현한다고 하면, *S*를 그 릴레이션의 키 에트리뷰트로 프로젝션한 릴레이션에, *R*을 그 릴레이션의 키 애트리뷰트로 프로젝션한 릴레이션이 포함된다고 하는 종속성을 얻을 수 있다.

여기서 유의할 사실은 하나의 포함 종속성에 함께 참여하고 있는 애트리뷰트들의 그룹들을 분리해서는 안된다는 것이다. 예를 들어 포함 종속성 $AB \subseteq CD$가 있다고 할 때, *AB*를 포함하는 릴레이션 스키마를 분해하게 되면, 이 분해로부터 얻은 스키마들 중 적어도 하나의 스키마에는 *A*와 *B*가 모두 포함되어야 한다. 만약 그렇지 않으면 *AB*를 포함하는 릴레이션을 다시 생성하지 않고서는 포함 종속성 $AB \subseteq CD$를 검증할 수 없다.

실제로 대부분의 포함 종속성들은, 단지 키들만을 고려하는, 즉 키 기반의 제약조건이다. 외래키 제약조건이 키 기반의 포함 종속성의 좋은 예이다. ISA 계층을 포함하는 ER 다이어그램도 역시 포함 종속성들의 한 예이다. 만약 모든 포함 종속성들이 키 기반의 형태라면, 포함 종속성에 참여하는 애트리뷰트 그룹들이 분리될지에 대해 걱정할 필요가 없다. 이는 분해할 때 일반적으로 기본 키에 속한 애트리뷰트들은 분리하지 않기 때문이다. 그러나 3NF를 BCNF로 변환할 때에는 항상 어떤 키(물론 기본 키가 아니기를 바라지만!)가 분리된다는 사실에 주의하여야 한다. 이는 분해를 유도하는 종속성은 $X \rightarrow A$면서 *A*는 어떤 키의 일부인 형태이기 때문이다.

19.9 사례 연구: 인터넷 서점

3.8에서 DBDudes가 정의한 다음의 스키마들을 다시 참조해 보자.

Books(*isbn:* CHAR(10), *title:* CHAR(8), *author:* CHAR(80),
  qty_in_stock: INTEGER, *price:* REAL, *year_published:* INTEGER)
Customers(*cid:* INTEGER, *cname:* CHAR(80), *address:* CHAR(200))
Orders(*ordernum:* INTEGER, *isbn:* CHAR(10), *cid:* INTEGER,
  cardnum: CHAR(16), *qty:* INTEGER, *order date:* DATE, *ship date:* DATE)

DBDudes는 위의 스키마들에서 중복성이 혹시 발생할 수 있을지에 대해 다음과 같이 분석할 수 있다. Books 릴레이션에는 단 하나의 키인 *isbn*가 존재하며, 어떠한 함수 종속성도 존재하지 않는다. 따라서 Books 릴레이션은 BCNF에 속한다. Customers 릴레이션에도 역시 하나의 키인 *cid*가 존재하며, 어떠한 함수 종속성도 존재하지 않는다. 따라서 Customers 릴레이션도 BCNF에 속한다.

DBDudes는 Orders 릴레이션에서 이미 <*ordernum, isbn*>를 키로 설정을 했다. 그리고 추가로 각 주문은 하나의 고객이 주어진 특정 날짜에 하나의 신용 카드를 사용하여 이루어진다는 제약조건이 주어졌다고 하면, 이를 함수 종속성으로 표현하면 다음과 같다.

$ordernum \rightarrow cid$, $ordernum \rightarrow order\_date$, and $ordernum \rightarrow cardnum$

DBDudes는 이러한 제약조건으로부터 Orders 릴레이션은 3NF에 속하지 않는다는 사실을 알 수 있다. 따라서 Orders는 다음과 같이 두 개의 릴레이션으로 분해된다.

Orders(*ordernum*, *cid*, *order_date*, *cardnum*, and
Orderlists(*ordernum*, *isbn*, *qty*, *ship_date*)

이제 분해된 릴레이션 Orders와 Orderlists는 모두 BCNF에 속한다. 그리고 *ordernum*이 Orders 릴레이션의 키이므로, 무손실 조인 분해를 만족한다. 그리고 이 분해가 역시 종속성 보존도 만족한다는 사실은 독자 여러분의 검증에 맡긴다. 이제 Orders와 Orderlists 릴레이션들에 대해 SQL DDL를 작성하면 다음과 같다.

```
CREATE TABLE Orders ( ordernum    INTEGER,
                      cid         INTEGER,
                      order date  DATE,
                      cardnum     CHAR(16),
                      PRIMARY KEY (ordernum),
                      FOREIGN KEY (cid) REFERENCES Customers )
CREATE TABLE Orderlists ( ordernum   INTEGER,
                          isbn       CHAR(10),
                          qty        INTEGER,
                          ship date  DATE,
```

```
PRIMARY KEY (ordernum, isbn),
FOREIGN KEY (isbn) REFERENCES Books)
```

그림 19.16은 새로운 설계를 반영하는 ER 다이어그램을 나타낸 것이다. 여기서 물론 DBDudes가 설계 초기 단계부터 Orders를 관계 집합 대신에 개체 집합으로 간주했더라면 위와 같은 다이어그램을 역시 가질 수 있었을 것이다. 그러나 그 당시에는 요구사항을 완전히 이해를 하지 못했으며, 따라서 Orders를 관계 집합으로 모델링하는 것이 자연스러울 수 있었을 것이다.

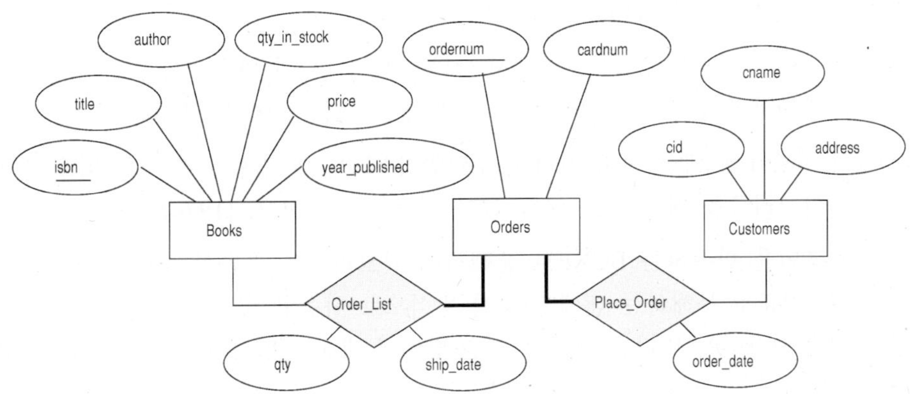

그림 19.16 최종 설계를 반영하는 ER 다이어그램

19.10 복습문제

- 중복성과 이로부터 야기되는 문제점들에 대해 예를 들어라. *삽입 이상*, *삭제 이상*, *갱신 이상*에 대한 예를 들어라. 널 값을 이용하면 위의 문제점들을 해결할 수 있는지에 대해 설명하고, 이러한 방식이 완전한 해결책이 될 수 있는지에 대해 설명하시오. **(19.1.1절)**
- *분해*란 무엇인가? 이러한 분해를 이용하면 어떻게 중복성을 해결할 수 있는가? 분해하는 과정에서 야기되는 문제점들에 대해 설명하시오. **(19.1.2절, 19.1.3절)**
- *함수 종속성*이 무엇이지 이를 정의하시오. *기본키*가 함수 종속성과 어떠한 관계가 있는지 설명하시오. **(19.2절)**
- 언제 FD f가 FD들의 집합 F로부터 *추론*될 수 있는가? 암스트롱의 법칙을 정의하고, 이 법칙이 "정당하고 완전하다"는 의미가 무엇인지 설명하시오. **(19.3절)**
- FD들의 집합 F*에 대한 종속성 폐포인* F^+란 무엇인가? FD들의 집합 F에 대해서 애트리뷰트들의 집합 X의 *애트리뷰트 폐포인* X^+란 무엇인가? **(19.3절)**
- 1NF, 2NF, 3NF, BCNF를 정의하시오. 어떤 릴레이션이 BCNF를 만족한다는 의미는 무엇인가? 어떤 릴레이션이 3NF를 만족한다는 의미는 무엇인가? **(19.4절)**

- 릴레이션 스키마 R을 두 개의 릴레이션 스키마 X와 Y로 분해할 때 *무손실 조인* 성질을 만족한다는 사실은 무엇을 의미하는가? 이러한 성질이 왜 중요한가? 어떤 분해가 무손실 조인인지를 테스트할 수 있는 필요 충분 조건에 대해 설명하시오. **(19.5.1절)**
- 어떤 분해가 *종속성 보존* 성질을 만족한다는 사실은 무엇을 의미하는가? 이러한 성질이 왜 중요한가? **(19.5.2절)**
- 어떤 릴레이션을 무손실 조인 성질을 만족하면서 BCNF로 분해하는 방법에 대해 설명하시오. 어떤 릴레이션을 BCNF로 분해할 때 종속성 보존 성질을 위반하는 예를 들어라. 어떤 릴레이션에서 어떻게 해서 서로 다른 형태의 여러 개의 분해 결과가 생성되는지에 대해 설명하시오. **(19.6.1절)**
- BCNF에 속한 릴레이션들의 모임에서 (비록 각 릴레이션 자체에서는 중복성이 없지만) 어떻게 중복성이 발생할 수 있는지를 나타내는 예를 들어라. **(19.6.1절)**
- FD들의 집합 F에 대한 최소 커버란 무엇인가? FD들의 집합 F에 대한 최소 커버를 계산하는 알고리즘을 작성하고, 예를 들어 이를 설명하시오. **(19.6.2절)**
- 무손실 조인을 만족하는 BCNF로 분해하는 알고리즘을 무손실 조인과 종속성 보존을 만족하는 3NF로 분해하는 데에 어떠한 방식으로 사용할 수 있는가? 이렇게 3NF로 분해할 때에 사용되는 또다른 방식인 *합성* 방식에 대해 설명하시오. 위의 두 가지 방식에 대해 예를 들어 설명하시오. **(19.6.2절)**
- 종속성 분석과 정규화에 의한 스키마 정제를 어떻게 하면 ER 설계 과정에서 얻은 스키마를 향상시킬 수 있는가? **(19.7절)**
- *다중치 종속성*, *조인 종속성*, *포함 종속성*을 정의하시오. 이러한 종속성들이 데이터베이스 설계에서 어떻게 이용될 수 있는가? 4NF와 5NF를 정의하고, 이 정규형들이 BCNF가 소거할 수 없는 중복성들을 어떻게 해결할 수 있는지에 대해 설명하시오. FD들만을 단지 사용하여 어떻게 어떤 릴레이션 스키마가 4NF와 5NF에 속하는지를 테스트할 수 있는가를 설명하시오. 이러한 테스트 과정에서 키에 대해서 어떠한 가정들이 필요한가? **(19.8절)**

연습문제

문제 19.1 다음 질문에 간략히 답하시오.

1. *함수 종속성*이란 용어를 정의하시오.
2. 어떤 함수 종속성들을 *당연*(*trivial*)하다고 하는가?
3. 릴레이션 스키마 $R(A, B, C, D)$에서 기본 키가 AB이고, R이 1NF에는 속하지만 2NF에는 속하지 않는다고 할 때, 이 스키마에 대한 FD들의 예를 보이시오.
4. 릴레이션 스키마 $R(A, B, C, D)$에서 기본 키가 AB이고, R이 2NF에는 속하지만 3NF에는 속하지 않는다고 할 때, 이 스키마에 대한 FD들의 예를 보이시오.

5. 릴레이션 스키마 $R(A, B, C)$에 FD $B \rightarrow C$가 주어졌다고 하자. 만약 A가 R의 후보 키라면, R이 BCNF에 속할 가능성이 있는가? 만약 그렇다면, 어떤 조건에서인가? 만약 아니라면, 그 이유에 대해 설명하시오.
6. 키가 각각 A와 B인 두 개의 개체 집합간의 관계를 표현하는 릴레이션 스키마 $R(A, B, C)$이 있고, 이 R에 대해 $A \rightarrow B$와 $B \rightarrow A$의 FD들이 주어졌다고 하자. 이 두 개의 종속성이 의미하는 바를 설명하시오. (즉 이 릴레이션이 표현하는 관계에 대해 무엇을 내포하는지에 대해 설명하시오.)

문제 19.2 다섯 개의 애트리뷰트 $ABCDE$로 구성된 릴레이션 R에 대해 함수 종속성들이 다음과 같다고 하자. $A \rightarrow B$, $BC \rightarrow E$, $ED \rightarrow A$

1. R의 모든 키들을 나열하시오.
2. R이 3NF에 속하는가?
3. R이 BCNF에 속하는가?

문제 19.3 그림 19.17에 주어진 릴레이션을 참조하시오.

1. 이 릴레이션 인스턴스가 만족하는 함수 종속성들을 모두 나열하시오.
2. 이 릴레이션에서 마지막 투플의 애트리뷰트 Z의 값이 z_3에서 z_2로 변경되었다고 하자. 이제 이 릴레이션 인스턴스가 만족하는 함수 종속성들을 모두 나열하시오.

X	Y	Z
x_1	y_1	z_1
x_1	y_1	z_2
x_2	y_1	z_1
x_2	y_1	z_3

그림 19.17 연습 19.3의 릴레이션

문제 19.4 애트리뷰트들 $ABCD$를 갖는 릴레이션이 있다고 하자.

1. 이 릴레이션에서 어떤 투플도 널 값을 갖고 있지 않는다고 하자. 함수 종속성 $A \rightarrow B$가 만족되는지를 검증하는 SQL 질의문을 작성하시오.
2. 이 릴레이션에서 어떤 투플도 널 값을 갖고 있지 않는다고 하자. 함수 종속성 $A \rightarrow B$를 집행하는 SQL 주장문을 작성하시오.
3. 이 릴레이션에서 어떤 투플들이 널 값을 갖고 있다고 하자. 위의 두 질문에 대해 마찬가지로 답을 하시오.

문제 19.5 다음의 릴레이션들과 함수 종속성들을 참조하시오. 각 릴레이션은 애트리뷰트 $ABCDEFGHI$를 갖는 릴레이션으로부터 분해되어 얻어진 것이며, 릴레이션 $ABCDEFGHI$에서 존재하는 모든 함수 종속성들이 각 문항에 나열되었다고 하자(각 문항에서 $ABCDEFGHI$에 존재하는 종속성들이 다르므로 각 문항은 별개로 간주하자). 각 릴레이션에 대해서 (a) 해당 릴레이션이 속하는 최상위 정규형을 기술하시오. (b) 만약 그 릴레이션이 BCNF에 속하지 않는다면, 이를 BCNF 릴레이션들로 분해하시오.

1. *R1*(*A*, *C*, *B*, *D*, *E*), *A* → *B*, *C* → *D*
2. *R2*(*A*, *B*, *F*), *AC* → *E*, *B* → *F*
3. *R3*(*A*, *D*), *D* → *G*, *G* → *H*
4. *R4*(*D*, *C*, *H*, *G*), *A* → *I*, *I* → *A*
5. *R5*(*A*, *I*, *C*, *E*)

문제 19.6 애트리뷰트들 *ABC*를 갖는 릴레이션 스키마 *S*에 다음의 세 개의 투플들이 주어졌다고 하자. (1,2,3), (4,2,3), (5,3,3).

1. 다음 중 어느 종속성이 스키마 *S*에서 만족이 안 되는가?
   (a) *A* → *B*, (b) *BC* → *A*, (c) *B* → *C*
2. 스키마 *S*에서 만족되는 다른 종속성들을 모두 식별할 수 있는가?

문제 19.7 애트리뷰트 *ABCD*로 구성된 릴레이션이 있다고 하자. 다음의 각 함수 종속성들에 대해 (a) *R*의 후보 키(들)을 구하시오. (b) *R*이 만족하는 최대한의 정규형은 무엇인가? (1NF, 2NF, 3NF, BCNF) (c) 만약 *R*이 BCNF에 속하지 않는다면, 종속성 보존을 만족하는 BCNF 릴레이션들로 분해하시오.

1. *C* →*D*, *C* → *A*, *B* → *C*
2. *B* → *C*, *D* → *A*
3. *ABC* → *D*, *D*, → *A*
4. *A* → *B*, *BC* → *D*, *A* → *C*
5. *AB* → *C*, *AB* → *D*, *C* → *A*, *D* → *B*

문제 19.8 애트리뷰트들의 집합 *R* = *ABCDEFG*와 FD들의 집합 *F* = {*AB* → *B*, *AD* → *E*, *B* → *D*, *BC* → *A*, *E* → *G*}가 주어졌다고 하자.

1. 다음의 각 애트리뷰트들의 집합에 대해 각 문항에 답하시오. (1) 각 집합에 대해 존재하는 함수 종속성들을 계산하고, 최소 커버를 구하시오. (2) 이러한 애트리뷰트들을 포함하는 릴레이션이 만족하는 최상위 정규형을 구하시오. (3) 만약 BCNF에 속하지 않으면, 이를 BCNF 릴레이션들로 분해하시오.

   (a) *ABC*, (b) *ABCD*, (c) *ABCEG*, (d) *DCEGH*, (e) *ACEH*
2. *R* = *ABCDEG*를 다음과 같이 각각 분해했을 때, 어느 것이 (1) 종속성 보존인가? (2) 무손실 조인인가?
   (a) {*AB*, *BC*, *ABDE*, *EG*}
   (b) {*ABC*, *ACDE*, *ADG*}

문제 19.9 *R*을 R_1, R_2, . . . , R_n으로 분해했다고 하자. *F*를 *R*에 존재하는 FD들의 집합이라 하자.
1. 분해된 릴레이션들에서 *F*가 *보존된다*는 의미가 무엇인지 설명하시오.
2. 종속성 보존을 검증할 수 있는 다항식 시간의 알고리즘을 작성하시오.

3. 애트리뷰트들의 집합 X에 정의된 FD들을 애트리뷰트들의 부분 집합 Y에 대해 프로젝션하려면 FD들의 폐포를 고려하여야 한다. 종속성 보존을 검증하기 위해 폐포를 계산하는 것이 필요하다 (즉 주어진 FD들만을 고려해서는 올바른 결과를 얻을 수 없다) 사실을 입증할 수 있는 예를 들어라.

문제 19.10 릴레이션 $R(A, B, C, D)$가 있다고 하자. 다음의 각 FD들의 집합에 대해 다음 문항에 답하시오. (a) R의 후보 키들을 구하시오. (b) 각 문항에 주어진 R의 분해가 좋은 분해인지 혹은 아닌지를 설명하시오.

1. $B \rightarrow C$, $D \rightarrow A$; BC와 AD로 분해
2. $AB \rightarrow C$, $C \rightarrow A$, $C \rightarrow D$; ACD와 BC로 분해
3. $A \rightarrow BC$, $C \rightarrow AD$; ABC와 AD로 분해
4. $A \rightarrow B$, $B \rightarrow C$, $C \rightarrow D$; AB와 ACD로 분해
5. $A \rightarrow B$, $B \rightarrow C$, $C \rightarrow D$; AB, AD, CD로 분해

문제 19.11 애트리뷰트 ABC를 갖는 릴레이션 R을 애트리뷰트 AB를 갖는 R_1과 BC를 갖는 R_2로 분해했다고 하자.

1. 이 문제에 대하여 무손실 조인 분해가 무엇인지 정의하시오. 즉 R, R_1 그리고 R_2를 이용한 관계 대수식으로 정확히 표현하시오.
2. $B \rightarrow\rightarrow C$가 존재한다고 하자. 위의 분해는 무손실 조인인가? 단 15.6.1에 설명된 무손실 조인의 필요 충분 조건인 $R_1 \cap R_2 \rightarrow R_1$와 $R_1 \cap R_2 \rightarrow R_2$를 이용하여 이 두 가지 조건이 모두 위반된다는 사실을 보이시오.
3. R_1과 R_2에 대해 다음의 인스턴스들이 주어졌다고 한다면, 원래 R의 인스턴스는 어떻게 되겠는가? R에 확실하게 있는 투플들과 있을 가능성이 있는 투플들을 나열해서 이 질문에 답하시오.

   R_1의 인스턴스 = {(5, 1), (6, 1)}
   R_2의 인스턴스 = {(1, 8), (1, 9)}

   애트리뷰트 B가 R의 키인지 혹은 *아닌지* 단정적으로 말할 수 있는가?

문제 19.12 릴레이션 $S(A, B, C)$에 다음의 네 개의 투플들이 주어졌다고 하자. (1, 2, 3), (4, 2, 3), (5, 3, 3), (5, 3, 4). 다음의 함수 종속성과 다중치 종속성들 중에서 어느 것들이 릴레이션 S에서 만족되지 않는지를 추론할 수 있는가?

1. $A \rightarrow B$
2. $A \rightarrow\rightarrow B$
3. $BC \rightarrow A$
4. $BC \rightarrow A$
5. $B \rightarrow C$
6. $B \rightarrow\rightarrow C$

문제 19.13 다섯 개의 애트리뷰트 $ABCDE$를 갖는 릴레이션 R이 있다고 하자.

1. 다음의 각 R의 인스턴스에 대해 (a) FD $BC \rightarrow D$ (b) MVD $BC \rightarrow\rightarrow D$가 위반하는지를 설명하

시오.

(a) { } (즉 공집합 릴레이션)
(b) {(a, 2, 3, 4, 5), (2, a, 3, 5, 5)}
(c) {(a, 2, 3, 4, 5), (2, a, 3, 5, 5), (a, 2, 3, 4, 6)}
(d) {(a, 2, 3, 4, 5), (2, a, 3, 4, 5), (a, 2, 3, 4, 5)}
(e) {(a, 2, 3, 4, 5), (2, a, 3, 7, 5), (a, 2, 3, 4, 6)}
(f) {(a, 2, 3, 4, 5), (2, a, 3, 4, 5), (a, 2, 3, 4, 5), (a, 2, 3, 6, 6)}
(g) {(a, 2, 3, 4, 5), (2, a, 3, 6, 5), (a, 2, 3, 4, 6), (a, 2, 3, 4, 6)}

2. 위에 열거된 R의 각 인스턴스가 적법하다고 하자. FD $A \rightarrow B$는 어떠한가?

문제 19.14 조인 종속성(JD)은 어떤 릴레이션들은 때로는 두 개의 더 작은 릴레이션들로 무손실 조인 분해할 수 없다는 사실에 의해 출현하게 되었다. 한 예를 들면, 공급자, 부품, 프로젝트의 세 개의 애트리뷰틀로 구성된 *SPJ*라는 릴레이션으로서, 여기에 어떠한 FD와 JD도 주어지지 않았다. 이제 JD ⋈ {*SP*, *PJ*, *JS*}가 성립된다. JD에 의하면 SPJ가 세 개의 릴레이션 SP, PJ, JS로 무손실 조인 분해된다. 이들 중 두 개의 스키마만으로는 무손실 조인 분해가 되지 않는 *SPJ*의 인스턴스를 구하시오.

문제 19.15 다음 질문에 답하시오.

1. 그림 19.4의 알고리즘은애트리뷰트들의 집합 X에 대해 정확히 애트리뷰트 폐포를 계산한다는 사실을 증명하시오.
2. FD들의 집합에 대해 애트리뷰트들의 집합의 애트리뷰트 폐포를 계산하는 선형 시간의 알고리즘을 작성하시오.

문제 19.16 만약 FD $X \rightarrow Y$에서 Y가 단일 애트리뷰트인 경우, 이를 단순 FD라 하자.

1. FD $AB \rightarrow CD$를 이와 동등한 단순 FD들의 모임으로 대체하시오.
2. FD들의 집합 F에 속한 모든 FD $X \rightarrow Y$는 이와 동등한 단순 FD들의 집합으로 대체될 수 있음을 증명하시오. 단 여기서 F^+는 새로운 FD들의 집합과 동등하다.

문제 19.17 암스트롱의 공리는 FD 추론에 대해 정당하고 완전하다라는 사실을 증명하시오. 즉 FD들의 집합 F에 대해 이 법칙들을 반복해서 적용시키면 정확히 F^+에 속한 종속성들을 생성할 수 있음을 증명하시오.

문제 19.18 애트리뷰트 *ABCDE*를 갖는 릴레이션 R을 참조하자. 이 R에 정의된 FD들은 다음과 같다. $A \rightarrow BC$, $BC \rightarrow E$, $E \rightarrow DA$. 이와 유사하게 애트리뷰트 *ABCDE*를 갖는 릴레이션 S를 참조하자. 이 S에 정의된 FD들은 다음과 같다. $A \rightarrow BC$, $B \rightarrow E$, $E \rightarrow DA$ (두 번째 종속성만 다르다.) 단 여기에서 성립하는 다른 (조인) 종속성들에 대해서는 아는 바가 없다고 가정하자.

1. R은 BCNF에 속하는가?
2. R은 4NF에 속하는가?

3. R은 5NF에 속하는가?
4. S는 BCNF에 속하는가?
5. S는 4NF에 속하는가?
6. S는 5NF에 속하는가?

문제 19.19 FD들의 집합 F에 대해 어떤 릴레이션 스키마 R이 있다고 하자. 만약 F^+가 $R_1 \cap R_2 \rightarrow R_1$ 혹은 $R_1 \cap R_2 \rightarrow R_2$를 포함하면, R을 R_1과 R_2로의 분해가 무손실 조인을 만족한다는 사실을 증명하시오. 또한 이에 대한 역도 성립한다는 사실을 증명하시오.

문제 19.20 FD들의 집합 F에 대해 어떤 릴레이션 스키마 R이 애트리뷰트 X와 Y를 각각 갖는 두 개의 스키마로 분해되었다고 하자. 만약 $F \subseteq (F_x \cup F_y)^+$이면 이 분해는 종속성 보존을 만족한다는 사실을 증명하시오.

문제 19.21 무손실 조인과 종속성 보존을 만족하면서 3NF 릴레이션들로 분해하는 알고리즘에 대한 최적화는 정확하다는 사실을 증명하시오.

문제 19.22 3NF 합성 알고리즘은 원래의 모든 애트리뷰트들을 포함하는 릴레이션의 무손실 조인 분해를 산출한다는 사실을 증명하시오.

문제 19.23 릴레이션 R에 주어진 MVD $X \rightarrow\rightarrow Y$는 조인 종속성 $\bowtie \{XY, R(R - Y)\}$로 표현될 수 있다는 사실을 증명하시오.

문제 19.24 릴레이션 R이 단 하나의 키만 갖는다고 가정하자. 만약 R이 3NF에 속하면, R은 역시 BCNF에 속한다는 사실을 증명하시오. 이에 대한 역도 성립한다는 사실을 증명하시오.

문제 19.25 만약 릴레이션 R이 3NF에 속하고, 모든 키가 단순하다면, R은 BCNF에 속한다는 사실을 증명하시오.

문제 19.26 다음 문장들을 증명하시오.

1. 만약 어떤 릴레이션이 BCNF에 속하고, 최소한 하나의 키가 단일 애트리뷰트로만 구성된다면, 그 릴레이션은 역시 4NF에 속한다.
2. 만약 어떤 릴레이션이 3NF에 속하고, 각 키가 단일 애트리뷰트로만 구성된다면, 이 릴레이션은 역시 5NF에 속한다.

문제 19.27 어떤 릴레이션이 BCNF에 속하는지를 검증하는 알고리즘을 작성하시오. 이 알고리즘은 반드시 FD들의 집합 크기에 대해 다항식 시간이어야 한다(여기서 크기란 각 FD에 나타나는 애트리뷰트들을 모두 합한 수이다). 어떤 릴레이션이 3NF에 속하는지를 검증하는 다항식 시간 알고리즘이 존재하는가?

문제 19.28 19.9.1절에 설명된 알고리즘—FD의 집합을 갖는 릴레이션 스키마를 BCNF 릴레이션 스키마의 집합으로 분해하기 위해 사용하는—이 옳다는 것(즉, 이 알고리즘은 BCNF 릴레이션의 집합을 만들어 내며 무손실 조인이다)과 정상 종료된다는 것을 증명하시오.

참고문헌 소개

종속성 이론을 데이터베이스 설계에 사용하는 방법에 대해서는 [3, 45, 501, 509, 747]를 참조하기 바란다. 종속성 이론에 대해 전체적인 조사를 한 논문들이 [755, 415]에 언급되어 있다.

FD들과 3NF의 개념은 [187]에 소개되어 있고, FD들을 추론하는 공리들은 [38]에 소개되어 있다. BCNF는 [188]에 소개되어 있다. 합법적인 릴레이션 인스턴스와 종속성 만족에 대한 개념은 [328]에 소개되어 있다. FD들을 의미적 모델로 확장한 논문이 [768]에 있다.

어떤 릴레이션에서 키를 찾는 문제가 NP-완전이라는 사실은 [497]에 입증되어 있다. 무손실 조인 분해는 [28, 502, 627]에 언급되어 있다. 종속성 보존 분해는 [74]에 언급되어 있다. [81]은 최소 커버의 개념을 소개한다. 3NF로의 분해와 BCNF로의 분해는 각각 [81, 98]과 [742]에 소개되어 있다. [412]에는 어떤 릴레이션이 3NF에 속하는지 혹은 아닌지를 검증하는 문제는 NP-완전이라는 사실이 입증되어 있다. [253]은 4NF를 소개한다. Fagin은 [254]에서 프로젝트 조인 정규형을 소개하고, [255]에서는 도메인 키 정규형을 소개한다. 수직 분해에 대해서는 많은 연구가 있은 반면, 수평 분할에 대해서서는 별다른 연구가 없었다. [209]는 이러한 수형 분할에 대한 조사에 대해서 언급한다.

MVD들은 Delobel[211], Fagin[253], Zaniolo[789]에 의해 독자적으로 소개되었다. FD들과 MVD들에 대한 공리들이 [73]에 언급되어 있다. [593]은 JD들에 대해서는 공리들이 존재하지 않는다는 사실을 언급한다. [662]는 좀 더 일반적인 종속성들에 대한 공리들을 소개한다. 19.8에서 언급했던 FD들을 이용한 4NF와 5NF에 대한 충분 조건들이 [205]에 소개되어 있다. 샘플 릴레이션 인스턴스들을 생성하기 위해 종속성 정보를 이용하는 데이터베이스 설계에 대한 접근 방법이 [508, 509]에 언급되어 있다.

20

물리적 데이터베이스 설계와 튜닝

☞ 물리적 데이터베이스 설계란 무엇인가?

☞ 질의 작업부하(query workload)란 무엇인가?

☞ 인덱스를 어떻게 선택하나? 이용 가능한 툴로는 어떤 것들이 있나?

☞ 공동 클러스터링(co-clustering)이란 무엇이며 어떻게 사용되나?

☞ 데이터베이스 튜닝을 위한 선택사항들은 무엇인가?

☞ 질의와 뷰를 어떻게 튜닝하는가?

☞ 동시성(concurrency)이 성능에 미치는 영향은 무엇인가?

☞ 잠금 경합(lock contention)과 핫스팟(hotspot)을 어떻게 줄일 수 있나?

☞ 데이터베이스 벤치마크에는 어떤 것들이 있으며 이들을 어떻게 활용하나?

➜ **주요 개념:** 물리적 데이터베이스 설계(physical database design), 데이터베이스 튜닝(database tuning), 작업부하(workload),공동 클러스터링(co-clustering), 인덱스 튜닝(index tuning), 튜닝 마법사(tuning wizard), 인덱스 구성(index configuration), 핫스팟(hot spot), 잠금 경합(lock contention), 데이터베이스 벤치마크(database benchmark), 초당 트랜잭션(transactions per second)

Advice to a client who complained about rain leaking through the roof onto the dining table: “Move the table.”

— Architect Frank Lloyd Wright

빈도가 높은 유형의 질의와 갱신 연산들에 대한 DBMS의 성능이 데이터베이스 설계의 궁극적인 척도이다. DBA는 성능 병목현상(performance bottleneck)들을 찾아내고 그런 병목현상들을 제거하기 위해 DBMS 파라미터들(예를 들어, 버퍼 크기나 검사점(checkpointing)의 빈도 등)을 조정하거나 하드웨어를 추가함으로써 성능을 개선할 수 있다. 그렇지만, 좋은 성능을 달성하기 위한 첫 번째 단계는 데이터베이스 설계를 잘 하는 것이며, 이 장에서는 이에 관한 내용을 다룬다.

개념 스키마와 *외부* 스키마, 즉 릴레이션, 뷰, 그에 따르는 무결성 제약조건들을 설계한 후, *물리적* 스키마(*physical* schema)를 설계하는 **물리적 데이터베이스 설계**(physical database design) 과정을 통해 성능측면에서 목표를 다루어야 한다. 사용자의 요구사항들이 바뀜에 따라서, 좋은 성능을 보장하기 위해서는 일반적으로 데이터베이스 설계의 모든 측면들을 **튜닝**(tuning) 또는 조정할 필요가 있다.

이 장의 구성은 다음과 같다. 20.1절에서 물리적 데이터베이스 설계와 튜닝의 개요를 설명한다. 물리적 설계시 가장 중요한 결정사항은 인덱스의 선택이다. 20.2절에서는 인덱스를 생성에 관한 가이드라인을 제시한다. 이 가이드라인은 여러 가지 예를 통해 설명하며, 20.3절에서 더 자세히 설명한다. 20.4절에서는 클러스터링(clustering)이라는 중요한 이슈를 상세히 살펴본다. 어떻게 클러스터 인덱스를 선택하고, 서로 다른 릴레이션에 속하는 투플들을 서로 가까이 저장(일부 DBMS에서 옵션으로 지원함)할 수 있는지를 논의한다. 20.5절에서는 어떻게 인덱스를 잘 선택하면 어떤 질의들의 경우에는 실제 데이터 레코드를 접근하지 않고도 결과를 구할 수 있는지를 다룬다. 20.6절에서는 DBA가 인덱스를 선택하는 데 도움을 주는 툴들에 대해 논의한다.

20.7절에서는 데이터베이스 튜닝의 주요 이슈들을 고찰한다. 인덱스 튜닝뿐만 아니라, 개념 스키마와 자주 사용되는 질의와 뷰 정의들도 튜닝할 필요가 있다. 20.8절은 개념 스키마를 어떻게 개선하는가를 논의하고, 20.9절은 질의와 뷰 정의를 개선하는가를 논의한다. 20.10절에서는 동시 접근이 성능에 미치는 영향을 간단히 논의한다. 20.11절에서는 인터넷 서점 예를 튜닝하는 과정을 보이겠다. 20.12절에서 DBMS 벤치마크에 대해 간단히 논의한다. 벤치마크는 여러 DBMS 제품들의 성능을 평가하는 데 도움을 준다.

20.1 물리적 데이터베이스 설계 개요

데이터베이스 설계의 다른 측면들과 마찬가지로, 물리적 설계도 데이터의 성질과 사용 용도에 따라 이루어져야 한다. 특히, 데이터베이스가 지원해야만 하는 전형적인 **작업부하**(workload)를 이해하는 것이 중요하다. 작업부하는 질의와 갱신들로 이루어진다. 또한 사용자들은 특정한 질의/갱신들이 얼마나 빨리 수행되어야 하는지 또는 초당 얼마나 많은 트랜잭션들이 수행되어야만 하는가에 대한 요구조건들을 가지고 있다. 작업부하의 기술과 사용자의 성능 요구사항은 물리적 데이터베이스 설계 과정에서 선택하는 수많은 결정사항들의 기초가 된다.

> **성능 병목현상(Performance Bottleneck) 찾아내기:** 모든 상용 시스템들은 다양한 시스템 인자값들을 모니터링할 수 있는 툴들을 제공하고 있다. 이 툴들을 적절히 사용하면 성능 병목현상을 찾고, 성능을 위해 데이터베이스 설계와 응용프로그램 코드의 어느 부분을 튜닝해야할 지를 제안한다. 예를 들어, DBMS로 하여금 특정 시간대동안의 데이터베이스 수행을 모니터링해서 클러스터 스캔(clustered scans), 열린 커서(open cursors), 잠금 요청(lock requests), 체크포인트(checkpoints), 버퍼 스캔(buffer scans), 잠금 평균 대기시간(average wait time for locks) 등의 지표에 대해 리포트하도록 할 수 있고, 이들 통계치들은 운영되는 시스템의 스냅샷(*snapshot*)에 대한 자세한 통찰을 제공한다. Oracle에서는 모니터링을 시작시키는 `UTLBSTAT.SQL` 스크립트와 모티터링을 종료시키는 `UTLESTAT.SQL` 스크립트를 수행함으로써 이런 정보를 포함하는 보고서를 생성할 수 있다. 시스템 카탈로그는 테이블의 크기, 인덱스 키 값들의 분포 등과 같은 상세한 정보를 포함하고 있다. 주어진 질의에 대해 DBMS가 생성한 실행계획(plan)을 그래픽 화면에서 볼 수 있는데, 여기서는 계획상의 각 연산자의 추정 비용을 보여준다. 자세한 사항은 벤더별로 다르지만, 오늘날의 모든 주요 DBMS 제품들은 이런 종류의 툴들을 제공하고 있다.

좋은 물리적 데이터베이스 설계를 만들고 변화하는 사용자의 요구사항에 맞추어서 시스템을 튜닝하기 위해서는, 설계자는 DBMS의 동작원리, 특히 해당 DBMS가 제공하는 인덱싱과 질의 처리 기법들을 이해해야만 한다. 만일 데이터베이스가 많은 사용자에 의해 동시에 접근되거나 *분산 데이터베이스*의 경우에, 이 작업은 더욱 복잡해지고 DBMS의 다른 기능들에도 영향을 미친다. 동시성이 데이터베이스 설계에 미치는 영향은 20.10절에서 논의한다.

20.1.1 데이터베이스 작업부하

좋은 물리적 설계를 위한 핵심은 예상 작업부하를 정확하게 기술하는 것이다. **작업부하 기술**(workload description)은 다음 사항들을 포함한다.

1. 질의 리스트(모든 질의/갱신연산의 비율로써 빈도)
2. 갱신연산 리스트와 빈도
3. 각 유형의 질의와 갱신에 대한 성능 목표

작업부하의 각 질의에 대해 다음 사항들을 확인하여야 한다.

- 어떤 릴레이션들을 접근하는가?
- (`SELECT` 절에) 어떤 애트리뷰트를 포함하고 있는가?
- 어떤 애트리뷰트들이 (`WHERE` 절의) 셀렉션 또는 조인 조건에 포함되어 있고, 이들 조건들이 얼마나 선택적인가?

이와 비슷하게, 작업부하의 각 갱신연산마다 다음 사항들을 확인하여야 한다.

- 어떤 애트리뷰트들이 (WHERE 절의) 셀렉션 또는 조인 조건에 포함되어 있고, 이들 조건들이 얼마나 선택적(selective)인가?
- 갱신의 종류(INSERT, DELETE, UPDATE)와 갱신되는 릴레이션
- UPDATE 명령의 경우에는 변경되는 애트리뷰트

질의와 갱신에는 일반적으로 인자값을 갖는데, 예를 들어, 입출금 연산은 특정 계좌번호가 연관이 있다. 이런 인자값들은 셀렉션과 조인 조건의 선택도(selectivity)를 결정한다.

갱신 연산은 대상 투플들을 찾는 데 사용하는 질의 요소를 가진다. 이 요소는 좋은 물리적 설계와 인덱스의 존재하는 경우 도움이 된다. 한편, 갱신 연산은 대체로 그 연산이 변경하는 애트리뷰트에 정의된 인덱스를 관리하는 추가적인 작업을 필요로 한다. 따라서, 질의의 경우는 인덱스의 존재로부터 항상 이득을 보지만, 갱신 연산의 경우 인덱스가 성능을 향상시킬 수도 있고 저하시킬 수도 있다. 설계자는 인덱스 생성 시에 이 trade-off를 명심해야 한다.

20.1.2 물리적 설계와 튜닝 결정사항

물리적 데이터베이스 설계와 데이터베이스 튜닝 시 중요한 결정사항들은 다음과 같다.

1. **생성할 인덱스의 선택**
   - 어느 릴레이션에 인덱스를 만들 것이며 어느 필드 또는 어떤 필드들의 조합을 인덱스의 탐색키로 할 것인가?
   - 각 인덱스가 클러스터 또는 클러스터되지않은 인덱스로 할 것인가?
2. *개념 스키마의 튜닝*
   - *정규화된 스키마의 여러 대안들*: 한 스키마를 원하는 정규형(BCNF 또는 3NF)으로 여러 가지 방법으로 분해할 수 있다. 성능 기준을 기반으로 해서 선택을 해야 한다.
   - *반정규화(denormalization)*: 분해된 여러 릴레이션들의 애트리뷰트들을 참고하는 질의의 성능을 향상시키기 위해, 개념 스키마 설계 과정에서 정규화를 통해 수행된 스키마 분해를 재고할 수도 있다.
   - *수직분할(vertical partitioning)*: 어떤 환경에서는 몇 개의 애트리뷰트만을 사용하는 질의의 성능을 향상시키기 위하여 릴레이션을 추가로 더 분해할 수 도 있다.
   - *뷰*: 개념 스키마의 변경사항을 사용자에게 감추기 위하여 몇몇 뷰를 추가할 수도 있다.
3. *질의와 트랜잭션 튜닝*: 자주 수행되는 질의와 트랜잭션들을 재작성(rewrite)해서 속도를 높일 수도 있다.

20.1.3 데이터베이스 튜닝의 필요성

시스템의 초기 설계단계에서 정확하고 상세한 작업부하 정보를 얻기는 힘들다. 따라서 데이

터베이스를 설계하고 전개한(deploy) 후에 데이터베이스를 튜닝하는 것이 중요하다—가능한 최대한의 성능을 얻기 위해서는 실제 사용 패턴 측면에서 초기 설계를 개선해야만 한다.

데이터베이스 설계와 튜닝의 구분은 명확하지 않다. 최초의 개념 스키마가 설계되고 인덱스와 클러스터링들이 결정되고 나면, 설계 과정을 끝난 걸로 생각할 수 있다. 추후의 개념 스키마나 인덱스의 변경은 튜닝으로 간주할 수 있다. 이와는 달리, 개념 스키마의 어떤 개선사항(그리고 이 개선으로 인해 영향을 받는 물리적 설계 결정사항들)도 모두 물리적 설계 과정의 일부로 볼 수도 있다.

설계와 튜닝을 어떻게 하느냐는 그리 중요하지 않기 때문에, 언제 튜닝이 이루어지는지에 상관없이 그냥 인덱스 선택과 데이터베이스 튜닝의 이슈들을 논의한다.

20.2 인덱스 선택을 위한 가이드라인

어떤 인덱스를 만들지를 고려할 때, 우선 질의들의 리스트(갱신 연산의 일부로 나타나는 질의들을 포함해서)에서 시작한다. 어떤 질의가 접근하는 릴레이션은 인덱스를 생성할 후보로 당연히 고려될 필요가 있으며, 인덱스를 생성할 애트리뷰트의 선택은 작업부하 질의의 `WHERE` 절에 나타나는 조건들에 기반한다. 8장과 12장에서 살펴본 것처럼, 적당한 인덱스의 존재는 어떤 질의의 수행 계획을 상당히 개선할 수 있다.

인덱스를 선택하는 하나의 방법은 가장 중요한 질의를 차례로 고려하면서, 각 질의에 대해 현재의 (생성될) 인덱스 리스트의 인덱스들이 주어졌을 때 최적화기가 어떤 계획을 생성할지를 결정하는 것이다. 그런 후에, 인덱스들을 더 추가하면 상당히 더 나은 실행 계획이 가능할 지를 고려한다. 만일 그렇다면, 이 추가적인 인덱스들은 인덱스 리스트에 포함될 후보가 된다. 일반적으로, 범위 검색에서는 B+ 트리가 좋으며, 완전일치 검색에는 해시 인덱스가 좋다. 클러스터링은 범위 질의에 도움이 되며, 키 값이 같은 여러 데이터 엔트리들이 있는 경우에는 완전일치 질의에도 도움이 된다.

그렇지만, 인덱스를 리스트에 추가하기 전에, 먼저 이 인덱스가 작업부하에 포함된 갱신 연산들에 미치는 영향을 고려해야만 한다. 앞에서 언급했듯이, 인덱스는 갱신 연산의 질의 요소의 성능은 향상시킬 수 있지만, 애트리뷰트의 값이 바뀔 때마다 갱신되는 애트리뷰트(삽입이나 삭제의 경우에는 *모든* 애트리뷰트)에 정의된 모든 인덱스들이 갱신되어야만 한다. 따라서, 때로는 어떤 질의의 속도를 개선하기 위해 작업부하에 포함된 어떤 갱신연산들의 속도를 저하시키는 trade-off를 고려해야 한다.

주어진 작업부하에 대해 좋은 인덱스들의 집합을 선택하는 것은 이용 가능한 인덱스 기법들과 질의 최적화기의 동작원리에 대한 이해를 요구한다. 인덱스 선택을 위한 다음 가이드라인들은 지금까지 논의를 요약한 것이다.

인덱스를 할 것인가(가이드라인 1): 명백한 사실들이 종종 가장 중요하다. 질의—갱신 연산의 질의 부분을 포함해서—에 도움이 되지 않는 인덱스는 생성하지 않는다. 가능한 경우에는 하나 이상의 질의 속도를 개선하는 인덱스를 선택하시오.

탐색키의 선택(가이드라인 2): WHERE 절에 언급된 애트리뷰트들이 인덱스 후보들이다.

- 완전일치 셀렉션 조건에 대해서는 선택된 애트리뷰트에 대해 인덱스, 이상적으로 해시 인덱스를 고려하시오.
- 범위 셀렉션 조건에 대해서는 선택된 애트리뷰트에 대해 B+ 트리 인덱스(또는 ISAM)를 고려하시오. 대개의 경우 ISAM 인덱스보다는 B+ 트리 인덱스가 더 좋다. 릴레이션이 자주 갱신되지 않는 경우에는 ISAM 인덱스를 고려할 수도 있지만, 여기서는 논의를 단순하게 하기 위해 B+ 트리 인덱스만 가정한다.

다중 애트리뷰트 탐색키(가이드라인 3): 다음 두 가지 경우에는 다중 애트리뷰트 탐색키를 갖는 인덱스를 고려해야 한다.

- WHERE 절이 같은 릴레이션의 하나 이상 애트리뷰트들에 대한 조건을 포함하고 있다.
- 중요한 질의에 대해서 인덱스만 사용하는 수행 전략(즉, 릴레이션 자체에 대한 접근을 피할 수 있는)이 가능해진다(이 경우에는 WHERE 절에 나타나지 않는 애트리뷰트들도 탐색키에 포함될 수 있다).

다중 애트리뷰트 탐색키를 갖는 인덱스를 생성할 때, 범위 질의가 예상되는 경우에 탐색키의 애트리뷰트들의 순서가 이 질의와 부합할 수 있도록 주의해야 한다.

클러스터할 것인가(가이드라인 4): 하나의 릴레이션에 많아야 하나의 인덱스만 클러스터될 수 있고, 클러스터링(clustering)은 성능에 굉장한 영향을 미친다. 따라서 클러스터 인덱스의 선택이 중요하다.

- 대체로 범위 질의가 있고 클러스터링으로부터 가장 이득을 본다. 만일 한 릴레이션에 여러 개의 범위 질의가 있고 관련된 애트리뷰트들이 서로 다른 경우, 어떤 인덱스를 클러스터링할지 결정할 때 각 질의의 선택도와 작업부하에서 그들의 상대적인 빈도를 고려하시오.
- 어떤 인덱스가 특정 질의에 대해 인덱스만 이용한 수행 전략을 가능하게 한다면, 그 인덱스는 클러스터할 필요가 없다(클러스터링은 릴레이션으로부터 투플을 검색하기 위해 해당 인덱스를 사용할 때에만 의미가 있다).

해시 대 트리 인덱스 (가이드라인 5): B+ 트리 인덱스는 동등 질의는 물론 범위 질의도 지원하기 때문에 일반적으로 선호한다. 다음 경우에 있어서는 해시 인덱스가 더 좋다.

- 그 인덱스가 인덱스 중첩루프 조인을 지원하기 위함이다; 인덱스된 릴레이션이 내부 릴레이션이며, 탐색키가 조인 칼럼을 포함한다. 이 경우에는 동등 셀렉션에 대해 B+ 트리 인덱스에 비해 해시 인덱스의 조금 나은 성능이 극대화되는데, 왜냐하면 외부 릴레이션의 각 투플마다 동등 셀렉션이 수행되기 때문이다.

- 탐색 키 애트리뷰트에 대해 아주 중요한 동등 질의가 있고, 범위 질의는 없다.

인덱스 유지비용과의 균형(가이드라인 6): 생성할 인덱스들의 '리스트'를 도출한 후, 작업 부하에 있는 갱신연산들이 각 인덱스에 미치는 영향을 고려하시오.

- 인덱스 유지 때문에 자주 발생하는 갱신 연산들의 속도를 저하시킨다면, 그 인덱스의 삭제를 고려하시오.
- 그렇지만, 인덱스 추가가 해당 갱신 연산의 속도를 증가시킬 수도 있다는 점을 명심하시오. 예를 들어, *eid*에 대한 인덱스는 주어진 직원(*eid*로 명시한)의 월급을 증가하는 갱신연산의 속도를 증가시킬 수도 있다.

20.3 인덱스 선택의 기본적인 예제

단일 테이블 질의를 위한 인덱스 선택을 집중적으로 다룬 8장의 논의한 내용을 이어서, 다음 예제들은 데이터베이스 설계 시 인덱스를 어떻게 골라야하는지를 잘 보여준다. 이들 예제에서 사용하는 스키마는 자세히 기술하지 않겠다. 일반적으로, 질의에서 명시되는 애트리뷰트들을 포함하고 있다. 추가 정보들은 필요할 때 제공한다.

간단한 질의부터 시작하자.

```
SELECT E.ename, D.mgr
FROM   Employees E, Departments D
WHERE  D.dname='Toy' AND E.dno=D.dno
```

이 질의에서 언급한 릴레이션들은 Employees와 Departments이며, WHERE 절의 두 조건은 모두 동등 조건이다. 우리는 관련된 애트리뷰트에 대해 해시 인덱스를 만드는 것을 제안한다. Departments의 dname 애트리뷰트에 대해 해시 인덱스를 만드는 것은 자명해 보인다. 그렇지만, 동등 조인 $E.dno = D.dno$를 고려해보자. Departments의 *dno* 애트리뷰트나 Employees의 *dno* 애트리뷰트에 인덱스를(물론, 해시 인덱스) 만들어야 할까?(또는 둘 다?) 직관적으로, 동등 셀렉션 $D.dname =$ '*Toy*'[1]를 만족하는 투플들은 얼마되지 않을 것이기 때문에 Departments 투플들은 *dname*에 대한 인덱스를 이용해서 검색하는 것이 좋을 것 같고, 이렇게 해서 찾아낸 Departments 투플 각각에 대해서 부합하는 Employees 투플들을 찾는 일은 Employees 릴레이션의 *dno* 애트리뷰트에 대한 인덱스를 이용하면 될 것이다. 따라서 Employees 릴레이션의 *dno* 필드에 대하여 인덱스를 하나 만들어야 한다(Departments 투플들은 *dname* 인덱스를 이용해서 검색하기 때문에, Departments의 *dno* 필드에 추가로 인덱스를 만들더라도 이득이 없다는 점에 유의하기 바란다).

인덱스 선택은 활용하고자 하는 질의 수행 계획에 따른 것이다. 물리적 설계상의 결정을 내

---

[1] 이것은 일종의 휴리스틱이다. *dname*이 키가 아니고, 또 이 추측을 입증해 줄 통계치가 없는 경우에는, 이 조건을 만족하는 투플들이 여러 개 있을 수 있다.

릴 때에는 이와 같이 잠재적인 수행 계획을 고려하는 것이 일반적이다. 질의 최적화를 이해하는 것이 물리적 설계를 위해 굉장히 중요하다. 이 질의에 대한 바람직한 계획을 그림 20.1에 보였다.

이 질의의 한 변형으로써, WHERE 절을 WHERE *D.dname* = '*Toy*' AND *E.dno* = *D.dno* AND *E.age* = *25*로 수정한다고 가정하자. 다른 수행 계획을 생각해 고려하자. 하나의 좋은 계획은 *dname*에 대한 셀렉션을 만족하는 Departments 투플들을 검색하고, 부합하는 Employees 투플들을 *dno* 필드에 대한 인덱스를 이용해서 검색하는 것이다. *age*에 대한 셀렉션을 즉시 적용하는 것이다. 그렇지만 Employees의 *age* 필드에 인덱스가 있는 경우, 앞의 질의와는 달리 Employees의 *dno* 필드에 대한 인덱스가 실제로는 필요가 없다. 이 경우, *dname*에 대한 셀렉션을 만족하는 Departments 투플을 구하고(앞에서처럼, *dname*에 대한 인덱스를 이용해서), *age*에 대한 인덱스를 이용해서 *age* 셀렉션을 만족하는 Employees 투플들을 구해서, 이 두 투플 집합들을 조인한다. 조인하는 투플들의 집합들이 작기 때문에, 메모리내에 다 들어가고, 조인 방법은 중요하지 않다. 이 계획은 *dno* 인덱스를 이용하는 것보다 어느 정도 나빠 보이지만, 이것도 합리적인 대안계획이다. 그러므로 *age*에 대한 인덱스가 이미 존재하는 경우라면(작업부하의 다른 질의를 위해 생성됨), 이 변형된 질의가 Employees의 *dno* 필드에 대한 인덱스를 만드는 것을 정당화해주지 않는다.

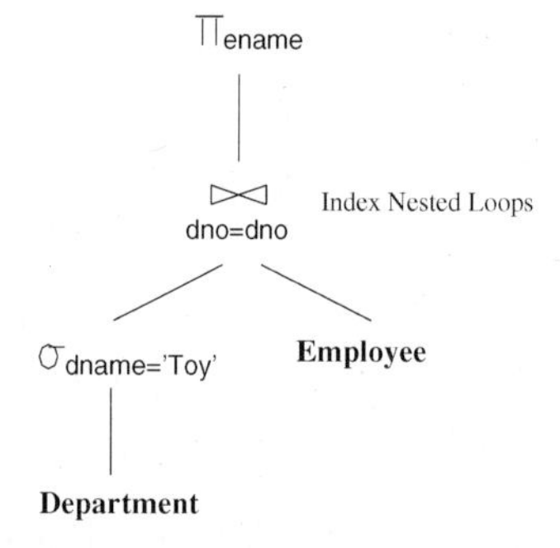

그림 20.1 바람직한 질의 수행 계획

다음 질의는 범위 셀렉션을 포함하고 있다.

```
SELECT  E.ename, D.dname
FROM    Employees E, Departments D
WHERE   E.sal BETWEEN 10000 AND 20000
        AND E.hobby='Stamps' AND E.dno=D.dno
```

이 질의는 범위 셀렉션을 표현하기 위해 BETWEEN 연산자를 사용하는 예를 보인다. 이는 아래 조건과 동등하다.

$10000 \leq$ E.sal AND E.sal ≤ 20000

범위 조건을 표현할 때 BETWEEN을 사용하는 것은 바람직하다. 사용자와 최적화기 모두에게 범위 셀렉션 부분을 쉽게 인식하게끔 해준다.

예제 질의로 돌아가, 두 (조인이 아닌) 셀렉션은 Employees 릴레이션에 대한 것이다. 따라서 앞의 질의처럼 Employees를 외부 릴레이션으로 Departments를 내부 릴레이션으로 하는 것이 최선의 계획임이 분명하고, Departments의 *dno* 애트리뷰트에 해시 인덱스를 만들어야만 한다. 그런데 Employees에는 어떤 인덱스를 만들어야 할까? *sal* 애트리뷰트에 대해 B+ 트리 인덱스를 만들면(특히 클러스터 인덱스라면) 이 질의에 있는 범위 셀렉션에 도움이 될 것이다. *hobby* 애트리뷰트에 대한 해시 인덱스는 동등 셀렉션에 도움이 될 것이다. 이 인덱스들 중 하나가 사용 가능한 경우라면, 그 인덱스를 이용해서 Employees 투플들을 검색하고, *dno*에 대한 인덱스를 이용해서 이에 부합하는 Departments 투플들을 검색한 후, 나머지 셀렉션과 프로젝션들을 즉시로 적용한다. 두 인덱스 모두 사용가능한 경우, 최적화기는 주어진 질의에 대하여 선택도가 더 높은 접근경로를 선택할 것이다. 즉, 어느 셀렉션(*sal*에 대한 범위 조건 또는 *hobby*에 대한 동등 조건)에 부합하는 투플 수가 더 적은지를 고려할 것이다. 일반적으로, 어느 인덱스가 더 선택적인가는 데이터에 달려있다. 주어진 범위의 급여를 받는 사람들이 아주 적고, 우표를 수집하는 사람은 많은 경우, B+ 트리 인덱스가 최선이다. 그렇지 않은 경우에는 *hobby*에 대한 해시 인덱스가 최선이다.

만일 (앞의 예처럼) 질의 상수(query constant)들을 안다면, 데이터에 대한 통계치가 이용가능한 경우 선택도를 추정할 수 있다. 그렇지 않은 경우에는 대체로 동등 셀렉션의 선택도가 더 높기 때문에, 합리적인 선택은 *hobby* 애트리뷰트에 해시 인덱스를 만드는 것이다. 때로는 질의 상수를 알 수 없다—실행시에 뷰에 대한 질의를 확장해서 질의를 얻을 수도 있고, 또는 질의 상수가 *와일드 카드 변수*(*%X* 등)들로 명시되고 실행시에 인스턴스화되는(6.1.3절과 6.2절을 보기 바란다) 동적 SQL 질의일 수도 있다. 이 경우 매우 중요한 질의라면, *sal*에 B+ 트리 인덱스를, *hobby*에 해시 인덱스를 만들고 최적화기가 실행시간에 선택하도록 맡겨둘 수도 있다.

20.4 클러스터링과 인덱싱

클러스터 인덱스는 인덱스 중첩루프 조인에서 내부 릴레이션을 접근할 때 특히 중요하다. 클러스터 인덱스와 조인 간의 관계를 이해하기 위해, 첫 예제로 다시 돌아가 보자.

```
SELECT E.ename, D.mgr
FROM   Employees E, Departments D
WHERE  D.dname='Toy' AND E.dno=D.dno
```

*dname*에 대한 조건을 만족하는 Departments 투플들을 검색하기 위해 *dname*에 대한 인덱스를 이용하고, 부합하는 Employees 투플들을 찾기 위해 *dno*에 대한 인덱스를 이용하는 것이 좋은 수행 계획이라고 결론 내렸었다. 이 인덱스들이 클러스터 되어야 하는가? 조건 *D.dname* = '*Toy*'를 만족하는 투플의 수가 적을 것으로 가정하면, *dname*에 대해서는 클러

스터되지않은 인덱스를 만들어야 한다. 한편, Employees는 인덱스 중첩루프 조인의 내부 릴레이션이며 *dno*는 후보 키가 아니다. 이는 Employees의 *dno* 필드에 대한 인덱스가 클러스터 되어야만 하는 강한 반증이다. 사실, 조인은 내부 릴레이션의 *dno* 필드에 대한 동등 셀렉션을 반복적으로 수행하는 것이기 때문에, 이러한 형태의 질의는 앞서의 *hobby* 필드에 대한 셀렉션과 같은 단순 셀렉션 질의보다는 *dno*에 대한 인덱스를 클러스터해야 할 더 큰 이유가 된다(물론 선택도나 질의 빈도 같은 요소들도 같이 고려해야만 한다).

앞의 질의와 유사한 다음 질의는 클러스터 인덱스가 정렬합병 조인에 어떻게 사용될 수 있는지를 보여준다.

```
SELECT E.ename, D.mgr
FROM   Employees E, Departments D
WHERE  E.hobby='Stamps' AND E.dno=D.dno
```

이 질의는 조건 *E.hobby* = *'Stamps'*가 *D.dname* = *'Toy'*를 대체했다는 점에서 앞의 질의와 다르다. *Toy* 부서에 속하는 직원들의 수가 적다는 가정에 기반해서, Departments 릴레이션을 외부 릴레이션으로 하는 인덱스 중첩루프 조인을 가능하게 하는 인덱스를 선택했었다. 이제, 많은 직원들이 우표를 수집한다고 가정하자. 이 경우, 블록 중첩루프 조인이나 정렬합병 조인이 더 효율적일 것이다. 정렬합병 조인은 Departments 릴레이션의 투플들을 검색하기 위해 *dno* 필드에 대한 클러스터 B+ 트리 인덱스를 활용할 수 있고, 따라서 정렬을 피할 수 있다. 클러스터되지않은 인덱스는 도움이 되지 않는데, 이는 모든 투플들을 검색하기 때문에 투플 당 한번의 입출력을 수행하는 비싼 연산이 된다는 점을 주목하시오. Employees 릴레이션의 *dno* 필드에 대한 인덱스가 없는 경우에는 Employees 투플들을 검색하고(*hobby* 필드에 대한 인덱스를 이용해서, 특히 클러스터 인덱스의 경우), 셀렉션 *E.hobby* = *'Stamps'*를 즉시로 적용하고, 만족하는 투플들을 *dno*에 따라 정렬할 수 있다.

지금까지 논의에서 알 수 있듯이, 인덱스를 이용해서 투플을 검색할 때 클러스터링의 효과는 검색되는 투플의 수, 즉 해당 인덱스에 부합하는 셀렉션 조건을 만족하는 투플의 수에 달려있다. 단일 투플을 검색하는 셀렉션(즉, 후보 키에 대한 동등 셀렉션)에 대해서는 클러스터되지않는 인덱스도 클러스터 인덱스와 마찬가지로 좋다. 검색되는 투플의 수가 증가할수록 클러스터되지않는 인덱스의 비용은 급격히 증가해서 심지어 릴레이션 전체의 순차 스캔보다 더 비싸게 된다. 순차 스캔은 비록 모든 투플들을 검색하지만, 각 페이지는 한번씩만 검색하는데 반해, 클러스터되지않는 인덱스를 사용하는 경우는 한 페이지는 그 안에 들어있는 투플의 수만큼이나 많이 검색될 수도 있다. (많은 경우에서처럼) 블록단위 입출력을 수행한다면 순차 스캔과 클러스터되지않는 인덱스의 상대적인 장점은 더 증가하게 된다(물론, 블록단위 입출력은 클러스터 인덱스의 접근 성능도 향상시킨다).

그림 20.2는 릴레이션의 전체 투플의 수에 대한 백분율로써 검색되는 투플 수와 다양한 접근방법들 사이의 관계를 잘 보여주고 있다. 편의상 질의는 단일 릴레이션에 대한 셀렉션을 가정했다(이 그림은 결과를 출력하는 비용도 반영한다는 점에 유의하기 바란다. 그렇지 않

으면 순차 스캔을 위한 선은 수평일 것이다).

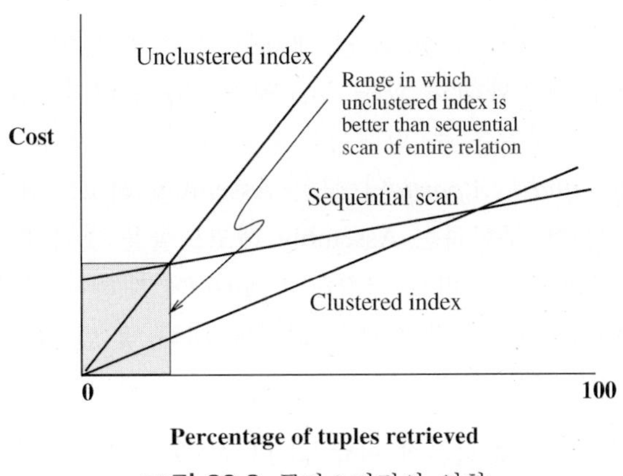

그림 20.2 클러스터링의 영향

20.4.1 두 릴레이션을 공동 클러스터링하기

9장에서 전형적인 데이터베이스 시스템 아키텍처를 설명하면서, 어떻게 릴레이션을 레코드들의 파일로 저장하는지를 설명했다. 파일은 보통 어느 한 릴레이션의 레코드들만 저장하지만, 일부 시스템에서는 하나 이상의 릴레이션들의 레코드들을 단일 파일에 저장하는 것을 허용한다. 데이터베이스 사용자는 이런 방법으로 둘 이상의 릴레이션들의 레코드들이 물리적으로 상호교차(interleaving)하도록 요청할 수 있다. 이와 같은 데이터 레이아웃을 그 두 릴레이션의 **공동 클러스터링**(co-clustering)이라고 부르기도 한다. 지금부터는 공동 클러스터링이 언제 이득이 되는지를 논의한다.

예를 들어, 다음 스키마를 갖는 두 릴레이션을 고려하자.

Parts(*pid:* `integer`, *pname:* `string`, *cost:* `integer`, *supplierid:* `integer`)
Assembly(*partid:* `integer`, *componentid:* `integer`, *quantity:* `integer`)

이 스키마에서 Assembly 릴레이션의 *componentid* 필드는 해당 *partid*와 같은 *pid* 값을 갖는 부품을 조립할 때 요소로 사용된 부품의 *pid*를 의미한다. 따라서 Assembly 릴레이션은 부품과 그들의 하위부품들 간의 1:N 관계성을 표현한다. 한 부품은 많은 하위부품을 가질 수 있지만, 각 부품은 오직 한 부품의 하위부품이 된다. Parts 릴레이션에서 *pid*는 키이다. 복합 부품(Assembly 릴레이션의 내용에서 알 수 있듯이, 다른 부품들을 조합해서 만들 부품들)에 대해, *cost* 필드는 하위부품들로부터 하나의 부품을 조립하는 비용을 의미한다.

하나의 빈번한 질의는 특정 공급자가 제공하는 모든 부품들의 (직접) 하위부품들을 구하는 것이라고 가정하다.

```
SELECT P.pid, A.componentid
FROM   Parts P, Assembly A
WHERE  P.pid = A.partid AND P.supplierid = 'Acme'
```

좋은 수행 계획은 부품 릴레이션에 셀렉션 조건을 적용한 후 *partid* 필드에 대한 인덱스를 이용해서 이에 부합하는 Assembly 투플들을 구하는 것이다. 이상적으로는 *partid* 필드에 대한 인덱스는 클러스터 되어 있어야 한다. 이 계획은 꽤 좋은 편이다. 그렇지만, 이러한 셀렉션이 자주 발생하고 더 최적화하고 싶은 경우에는, 두 릴레이션을 *공동으로 클러스터링*(*co-cluster*)할 수 있다. 이 방식은 두 릴레이션의 레코드들을 함께 저장하는데, 각 *Parts* 레코드 *P*의 바로 다음에 *P.pid* = *A.partid*인 모든 Assembly 레코드 *A*들을 위치시킨다. 이 방식은 주어진 *Parts* 레코드에 부합하는 Assembly 레코드들을 찾기 위해 인덱스 검색이 필요하지 않기 때문에, 두 릴레이션을 따로 저장하고 *partid*에 대하여 클러스터 인덱스를 생성하는 방식보다 성능이 좋다. 따라서, 각 셀렉션 질의에 대해 몇 번의(대개 2~3번 정도) 인덱스 페이지 입출력을 절약하게 된다.

모든 부품의 직접 하위부품들을 찾고자 하는 경우(즉, 앞의 질의에서 *supplierid*에 대한 셀렉션이 없는 형태), *partid*에 대하여 클러스터 인덱스를 만들고 Assembly 릴레이션을 내부 릴레이션으로 하는 인덱스 중첩루프 조인을 수행하면 좋은 성능을 얻을 수 있다. 좀 더 나은 전략은 Assembly 릴레이션의 *partid* 필드와 *Parts* 릴레이션의 *pid* 필드에 대하여 클러스터 인덱스를 만들어 놓고, 이 인덱스들을 이용해서 정렬된 순서로 투플들을 검색하면서 정렬합병 조인을 수행하는 것이다. 이 전략은 투플 집합을 단 한번 스캔하여 조인을 수행하는 공통 클리스터링 조직법(Parts 투플들과 Assembly 투플들을 섞어서 함께 저장하기 때문이다)에 비견할 수 있다.

다음 질의를 보면 공동 클러스터링의 진정한 장점을 이해 할 수 있다.

```
SELECT P.pid, A.componentid
FROM   Parts P, Assembly A
WHERE  P.pid = A.partid AND P.cost=10
```

cost = 10인 부품들이 많다고 가정하자. 본질적으로 이 질의는 Parts 레코드가 하나 주어지고 그에 부합하는 Assembly 레코드들을 찾는 질의를 여러 번 수행하는 것이다. Parts 릴레이션의 *cost* 필드에 대해 인덱스가 존재한다면 부합하는 Parts 투플들을 검색 할 수 있다. 그러한 각각의 투플에 대해, Assembly 릴레이션에 대한 인덱스를 이용해서 주어진 *pid*에 해당하는 레코드들을 찾아야 한다. 그런데 공동 클러스터링 구성의 경우 Assembly 릴레이션에 대한 인덱스 접근을 피할 수 있다(물론 Parts 투플의 *cost* 필드에 대한 인덱스는 여전히 필요하다).

이러한 최적화는 부품-하위부품 계층구조에서 여러 레벨을 순회(traverse)하고자 하는 경우 매우 중요하다. 예를 들어, 빈번한 질의 중 하나가 어느 한 부품의 총 단가를 구하는 것인데, 이를 위해서는 Parts와 Assembly 릴레이션의 조인을 반복적으로 수행해야만 한다. 그런데 이 계층구조의 계층 수를 미리 알 수 없는 경우라면, 조인의 회수는 가변적이 되므로 이 질의는 SQL로 표현할 수 없다. 이 질의는 반복적인 호스트 언어 안에 조인을 위한 SQL 문을 내장(embed)함으로써 해결할 수 있다. 이 질의를 어떻게 표현하느냐 하는 것은 주요 논점이 아니고, 여기서의 논점은 문제의 조인이 아주 자주 수행될 때(총 단가를 구하는 것과 같은 중요 질의 내에서 조인이 반복적으로 수행되거나 또는 조인 질의 자체가 흔하기 때문에), 공동 클러스터링이 아주 도움이 된다는 것이다.

공동 클러스터링을 요약하면,

- 조인, 특히 1:N 관계의 기본키 - 외래키 조인의 속도를 증가시킬 수 있다.
- 해당 릴레이션들 중 하나에 대한 순차 스캔은 느려진다(이 예에서, 연속된 Parts 투플 사이에 여러 개의 Assembly 투플들이 저장되기 때문에, 모든 Parts 투플들의 스캔은 Parts 투플들이 별도로 저장되어 있는 경우보다 느리게 된다. 비슷하게, 모든 Assembly 투플들에 대한 순차 스캔도 역시 더 느리다).
- 클러스터링을 유지하는 데 필요한 오버헤드 때문에, 레코드의 길이를 변경하는 모든 삽입, 삭제, 갱신 연산들이 느려진다(공동 클러스터링에 관련된 이와 같은 구현 이슈들은 논의하지 않겠다).

20.5 인덱스만 이용하는 계획을 가능하게 하는 인덱스

이 절에서는 참조된 릴레이션으로부터 투플들의 직접 검색을 피하는 효과적인 계획을 찾을 수 있는 여러 가지 질의들에 대해 고려한다. 대신에 이들 계획들은 연관된 인덱스(훨씬 크기가 적다)를 스캔한다. (단지) 인덱스만 이용하는 스캔에 사용될 인덱스는 클러스터될 필요가 없는데, 이는 인덱스 대상 릴레이션으로부터 투플들이 직접 검색되지 않기 때문이다.

다음 질의는 적어도 한 명의 직원을 가진 부서의 관리자를 검색한다.

```
SELECT D.mgr
FROM   Departments D, Employees E
WHERE  D.dno=E.dno
```

Employees의 어떠한 애트리뷰트도 보존되지 않는다는 점에 주목하기 바란다. 이때 Employees의 *dno* 필드에 대하여 클러스터 인덱스가 존재한다면 인덱스 중첩루프 조인을 수행하면서 내부 릴레이션에 대해서는 인덱스만 스캔하는 방식을 사용하는 최적화를 적용할 수 있다. 이 질의가 주어지면 정확한 결정은 Employees의 *dno* 필드에 대해 클러스터 인덱스 대신에 클러스터되지않은 인덱스를 만드는 것이다.

다음 질의는 이 아이디어를 한 단계 더 발전시킨다.

```
SELECT D.mgr, E.eid
FROM   Departments D, Employees E
WHERE  D.dno=E.dno
```

Employees의 *dno* 필드에 인덱스가 존재한다면, (Departments를 외부릴레이션으로 하는) 조인과정에서 Employees 투플들을 검색하는데 이 인덱스를 사용할 수 있으나, 이 인덱스가 클러스터 되지않은 경우에는 이 방법은 효율적이지 못하다. 반면, <*dno*, *eid*>에 대한 클러스터 B+ 트리 인덱스가 있다고 가정하자. 이제는 Employees 투플에 대해 필요한 모든 정보가 이 인덱스의 데이터 엔트리 안에 포함되어 있다. 이 인덱스를 이용하여 주어진 *dno*에 대한 첫 번째 데이터 엔트리를 찾을 수 있다. 같은 *dno*를 가진 모든 데이터 엔트리들은 인덱스에 같이 저장되어 있다(복합 키 <*dno*, *eid*>에 대한 해시 인덱스는 *dno*만 갖고서 엔트리를 찾는데 이용할 수 없다는 점에 주목하기 바란다!). 그러므로 Departments를 외부 릴레이션으로 하고 내부 릴레이션에 대해서는 인덱스만 스캔하는 인덱스 중첩루프 조인으로 이 질의를 수행할 수 있다.

20.6 인덱스 선택을 도와주는 툴들

생성을 고려해야하는 가능한 인덱스들의 수는 잠재적으로 엄청나게 많다. 각 릴레이션당 인덱스 키로서 애트리뷰트들의 모든 부분집합들을 고려할 수도 있다. 인덱스에서 애트리뷰트들의 순서도 결정해야만 한다. 그리고 어떤 인덱스를 클러스터하고 어떤 인덱스는 클러스터하지 않을 지도 결정해야만 한다. 많은 대형 응용분야들—예를 들어 전사적 자원 계획(enterprise resource planning) 시스템들—에서는 수 만개의 테이블들을 생성하고, 그런 대형 스키마의 수작업 튜닝은 어마어마한 노력을 필요로 한다.

인덱스 선택 작업의 어려움과 중요성은 데이터베이스 관리자로 하여금 적당한 인덱스의 선택을 도와주는 툴들의 개발을 촉진했다. 그런 **인덱스 튜닝 마법사**(index tuning wizards)의 1세대는 데이터베이스 시스템 밖에 존재하는 별도의 툴들이었다. SQL 질의들로 구성된 작업부하가 주어졌을 때 생성해야할 인덱스를 제안한다. 이들 시스템의 가장 큰 단점은, 최적화기가 설계 툴에서 선택한 질의 수행계획과 동일한 계획을 선택하는 것을 보장하기 위해서, 튜닝 툴에 데이터베이스 질의 최적화기의 비용 모델을 구현해야 한다는 점이었다. 질의 최적화기는 상용시스템의 버전이 바뀔 때마다 바뀌기 때문에, 튜닝 툴과 최적화기를 동기화하기 위해서는 상당한 노력이 요구되었다. 최신 세대의 튜닝 툴들은 데이터베이스 엔진과 통합되어 있고 데이터베이스 질의 최적화기를 이용해서 주어진 인덱스 집합에 대한 작업부하의 비용을 추정함으로써, 외부 툴이 질의 최적화기의 비용모델을 이중으로 가져야 할 필요성을 없앴다.

20.6.1 자동적인 인덱스 선택

주어진 데이터베이스 스키마 내의 인덱스들의 집합을 **인덱스 구성**(index configuration)이라고 부른다. 질의 작업부하는 데이터베이스 스키마에 대한 질의들의 집합인데, 작업부하에는 각 질의의 빈도가 할당되어 있다. 데이터베이스 스키마와 작업부하가 주어졌을 때, 특정 **인덱스 구성의 비용**(cost of an index configuration)은 주어진 인덱스 구성을 갖고서 작업부하의 질의들을 수행할 때의 예상 비용을 말한다 — 작업부하의 질의들의 서로 다른 빈도를 고려한다. 이제 데이터베이스 스키마와 작업부하가 주어졌을 때, **자동적인 인덱스 선택**의 문제는 최소 비용을 갖는 인덱스 구성을 찾는 것으로 정의할 수 있다. 질의 최적화에서와 마찬가지로, 정말로 최적의 구성대신에 좋은 인덱스 구성을 찾는 것이 실제적인 목표이다.

왜 자동적인 인덱스 선택이 어려운 문제인가? 테이블이 n개의 애트리뷰트를 가진 걸로 가정하고, c개의 애트리뷰트를 갖는 서로 다른 인덱스들의 수를 계산해보자. 인덱스에서 첫 애트리뷰트에 대해서는 n개의 선택이 가능하고, 다음 애트리뷰트에 대해서는 $n-1$개, 그리고 따라서, c 애트리뷰트 인덱스에 대해서는 전체적으로 $n \cdot (n-1) \cdots (n-c+1) = \frac{n!}{(n-c)!}$개의 서로 다른 인덱스들이 가능하다. c개까지 애트리뷰트를 가질 수 있는 서로 다른 인덱스들의 총 개수는

$$\sum_{i=1}^{c} \frac{n!}{(n-i)!}.$$

가 된다. 10개의 애트리뷰트를 가진 테이블에 대해 10개의 단일 애트리뷰트 인덱스가 있고, 애트리뷰트 2개에 대한 인덱스는 90개가 있고, 5개짜리 애트리뷰트에 대한 인덱스는 30240가 있다. 수백 개의 테이블들이 관련한 복잡한 작업부하에 대해서는 가정한 인덱스 구성의 수가 엄청나게 크다.

자동적인 인덱스 선택 툴들의 효율성은 두 가지 요소로 분리될 수 있다. (1) 고려하는 후보 인덱스 구성의 수와 (2) 한 구성의 비용을 평가하기 위해 필요한 최적화기 호출 수. 후보 인덱스들의 탐색 공간을 줄이는 것은 질의 최적화기의 탐색공간을 좌심트리 계획으로만 제한하는 것과 유사하다는 점을 주목하시오. 많은 경우에 최적의 계획은 좌심트리 계획이 아니지만, 대개의 경우 모든 좌심계획들 중에는 최적의 계획과 유사한 비용을 가지는 계획이 있다.

후보 인덱스 구성의 수를 줄임으로써 자동 인덱스 선택을 위한 시간을 쉽게 줄일 수 있지만, 고려하는 인덱스 구성의 탐색공간이 작을수록 최종적인 인덱스 구성이 최적의 인덱스 구성과는 더 멀어진다. 따라서, 서로 다른 인덱스 튜닝 마법사들은 탐색공간의 다른 방식으로 가지치기하는데, 예를 들어, 하나 또는 두 개짜리 애트리뷰트들의 인덱스만 고려한다.

20.6.2 인덱스 튜닝 마법사는 어떻게 작동하는가?

모든 인덱스 튜닝 마법사는 가장 낮은 비용의 인덱스 구성을 찾기 위해 후보 인덱스들의 집합을 탐색한다. 툴들은 후보 인덱스 구성의 탐색과 이 공간을 탐색하는 방법에 있어서 다르다. 여기서는 하나의 대표적인 알고리즘을 설명한다. 현존하는 툴들은 이 알고리즘의 변형들을 구현하지만, 각각의 구현은 기본적으로 같은 구조를 갖고 있다.

인덱스 튜닝 알고리즘을 설명하기에 앞서, 한 구성의 비용을 추정하는 문제를 고려하자. 주목할 점은 후보 구성에 있는 인덱스들을 실제로 생성하고 주어진 물리적 인덱스 구성 하에

The DB2 Index Advisor. DB2 Index Advisor는 작업부하가 주어졌을 때 자동적인 인덱스 추천을 위한 툴이다. 작업부하는 데이터베이스 시스템안의 `ADVISE_WORKLOAD`라는 테이블에 저장된다. 이 테이블은 (1) 최근에 수행된 SQL 문들의 캐싱하는 DB2의 동적 SQL문 캐시의 SQL문들이나, (2) 패키지—정적으로 컴파일된 SQL 문들의 그룹—의 SQL 문들, 또는 (3) Query Patroller라 불리는 온라인 모니터의 SQL 문들로 채워진다. DB2 Advisor는 사용자로 하여금 새로운 인덱스를 위한 디스크 공간의 최대량과 추천될 인덱스 구성을 위한 최대 계산 시간을 명시하도록 허용한다.

DB2 Index Advisor는 인덱스 구성의 부분집합을 지능적으로 탐색하는 프로그램으로 구성되어 있다. 후보 구성이 주어지면, DB2 Index Advisor는 우선 `RECOMMEND_INDEXES`모드에서 `ADVISE_WORKLOAD`테이블에 있는 각 질의에 대해 최적화기를 호출하고, 그 모드에서 최적화기는 일련의 인덱스들을 추천하고 그것들을 `ADVISE_INDEXES`라는 테이블에 저장한다. `EVALUATE_INDEXES` 모드에서는 최적화기는 `ADVISE_WORKLOAD`테이블의 각 질의에 대해 인덱스 구성의 이점을 평가한다. 인덱스 튜닝 단계의 결과는 추천된 인덱스들을 생성할 SQL DDL문들이다.

Microsoft SQL Server 2000 Index Tuning Wizard. Micorsoft는 데이터베이스 질의최적화기와 통합된 튜닝 마법사(tuning wizard)의 구현을 개척했다. Microsoft 튜닝 마법사는 사용자로 하여금 분석 수행시간과 검토될 후보 인덱스 구성의 수를 trade-off하도록 하기 위해 세 가지의 튜닝 모드를 제공한다. 빠른모드(*fast*), 중간모드(*medium*), 상세모드(*through*)인데, 빠른 모드는 수행시간이 가장 낮고, *상세모드*는 가장 많은 구성을 검토한다. 수행시간을 더 줄이기 위해 툴은 샘플링 모드를 제공하는데, 여기서는 분석을 빠르게 하기 위해 튜닝 마법사가 입력 작업부하로부터 질의들을 임의로 샘플링한다. 다른 인자들로는 추천될 인덱스를 위한 최대 허용 공간, 고려되는 인덱스 당 최대 애트리뷰트 수, 그리고 인덱스가 생성될 테이블들을 포함한다. 또한 Microsoft Index Tuning Wizard는 테이블 스케일링(*table scaling*)을 허용하는데, 이는 사용자가 작업부하에 포함된 테이블들의 예상 레코드수를 명시할 수 있도록 해준다. 이렇게 함으로써 테이블의 크기가 증가하는 경우를 대비할 수 있도록 해준다.

서 질의 작업부하를 최적화하는 것이 가능하지 않다는 것이다. 여러 개의 인덱스들로 이루어진 단일 후부 구성의 생성도 대용량 데이터베이스의 경우 몇 시간이 걸릴 수 있으며 데이터베이스 시스템 그 자체에 상당한 부하를 주게 된다. 많은 수의 가능한 후보 구성들을 검사하고자 하기 때문에, 이 방법은 타당성이 없다.

따라서 인덱스 튜닝 알고리즘은 대개 후보 구성에 있는 인덱스들(그 인덱스들이 이미 존재하지 않는다면)의 효과를 *시뮬레이션*한다. 그러한 **what-if** 인덱스들은, 해당 구성에서 작업부하의 비용을 계산할 때, 질의 최적화기에게는 다른 인덱스들과 동일하게 보고서 고려하지만, what-if 인덱스의 생성은 실제 인덱스 생성과 같은 부하는 유발하지 않는다. 데이터베이스 질의 최적화기를 사용해서 인덱스 튜닝 마법사를 지원하는 상용 데이터베이스 시스템들은 what-if 인덱스와 그에 필요한 (질의 계획의 비용을 추정할 때 사용되는) 통계값들의 생성과 삭제를 허용하는 모듈을 포함하도록 확장되었다.

이제부터는 대표적인 인덱스 튜닝 알고리즘을 설명한다. 이 알고리즘은 후보 *인덱스 선정*(*candidate index selection*)과 *구성 나열*(*configuration enumeration*)의 두 단계로 진행한다. 첫 번째 단계에서는 두 번째 단계에서 인덱스 구성의 생성 단위로 고려하게 될 후보 인덱스들의 집합을 선택한다. 이 두 단계를 좀 더 자세히 논의한다.

후보 인덱스 선정

앞 절에서 우리는 대형 데이터베이스 스키마에 대해 가능한 후보 인덱스들의 엄청난 개수 때문에 모든 가능한 인덱스를 고려하는 것이 불가능함을 알아보았다. 가능한 인덱스들의 큰 탐색공간을 가지치기하는 한 가지 휴리스틱은 우선 작업부하의 각 질의를 별도로 튜닝하고 나서, 이 첫 단계에서 선택된 인덱스들의 합집합을 두 번째 단계의 입력으로 선택하는 것이다.

하나의 질의에 대해 인덱스 가능 애트리뷰트(indexable attribute)의 개념을 소개하겠는데, 인덱스에 해당 애트리뷰트가 존재함으로써 질의의 비용을 바꿀 수 있는 애트리뷰트를 일컫는다. 하나의 **인덱스 가능 애트리뷰트**(indexable attribute)는 해당 질의의 `WHERE` 부분에서 조건(예를 들어, 동등 조건식)이 정의된 애트리뷰트나 SQL 질의의 `GROUP BY` 또는 `ORDER BY` 절에 나타나는 애트리뷰트를 말한다. 하나의 질의에 대해 **허용가능한 인덱스**(admissible index)는 해당 질의에서 인덱스 가능 애트리뷰트들만 포함하는 인덱스를 말한다.

개별 질의에 대해 후보 인덱스들을 어떻게 고를까? 한 가지 방법은 k개의 애트리뷰트들을 갖는 모든 인덱스를 다 나열하는 것이다. 우선 모든 인덱스 가능 애트리뷰트들을 단일 애트리뷰트 후보 인덱스로 시작한 후, 두 개의 인덱스 가능 애트리뷰트들의 모든 조합을 후보 인덱스로 추가하고, 그리고 이 과정을 사용자가 지정한 임계치 k까지 반복적으로 수행한다. 이 절차는 총 $n + n \cdot (n - 1) + \cdots + n \cdot (n - 1) \cdots (n - k + 1)$개의 후보 인덱스를 추가하기 때문에 굉장히 비용이 많이 들지만, 후보 인덱스에는 k개까지의 애트리뷰트를 갖는 인덱스 중 최선의 인덱스가 포함되는 것을 보장한다. 이 장의 마지막에 있는 참고문헌에는 더 빠른 휴리스틱 탐색 알고리즘을 소개하고 있다.

인덱스 구성 나열하기

두 번째 단계에서는 후보 인덱스들을 사용해서 인덱스 구성을 나열한다. 첫 번째 단계에서처럼, 후보 인덱스들을 조합해서 k개의 크기까지의 모든 인덱스 구성을 모조리 나열할 수도 있다. 앞 단계에서처럼, 고려할 구성의 개수는 줄이면서 높은 품질(즉, 최종 작업부하에 대해 낮은 수행 비용)의 최종 구성을 생성하는 좀 더 복잡한 탐색 전략이 가능하다.

20.7 데이터베이스 튜닝 개요

데이터베이스 설계의 첫 단계 후에, 데이터베이스를 실제 사용하면서 초기 설계를 개선하는 데 사용될 구체적인 귀중한 정보들을 얻을 수 있다. 예상했던 작업부하에 원래 가정들 중의 많은 것들이 관찰된 사용 패턴들에 의해 대체될 수 있다. 대개는 초기의 작업부하 명세 중 일부는 검증되기도 하고, 일부는 잘못 된 것으로 판명한다. 데이터 크기에 관한 초기 추정은 시스템 카탈로그의 실제 통계치로 대체될 수 있다(물론 이 정보는 시스템이 진화하면서 계속 바뀐다). 질의들을 주의 깊게 모니터링하면 예상하지 못한 문제들도 드러날 수 있다. 예를 들어 원래는 좋은 계획을 생성하기 위한 목적으로 만들어진 어떤 인덱스들을 최적화기가 사용하지 않을 수도 있다.

지속적인 데이터베이스 튜닝은 가능한 최상의 성능을 달성하기 위해 중요하다. 이 절에서는 세 가지 종류의 튜닝을 소개한다. *인덱스 튜닝*, *개념 스키마 튜닝*, *질의 튜닝*. 인덱스 선택에 관한 논의는 인덱스 튜닝에도 역시 적용된다. 개념 스키마 튜닝과 질의 튜닝은 20.8절과 20.9절에서 더 자세히 논의한다.

20.7.1 인덱스 튜닝

초기의 인덱스 선택은 여러 가지 이유로 개선될 수 있다. 가장 단순한 이유로는 초기 작업부하 명세에서는 중요하게 고려된 어떤 질의와 갱신들이 관찰된 작업부하에서는 자주 발생하지 않는 걸로 드러나는 경우다. 또한, 관찰된 작업부하로부터 중요한 새로운 질의와 갱신들을 찾아낼 수도 있다. 초기의 인덱스 선택은 이 새로운 정보에 비춰서 재검토해야만 한다. 초기 인덱스들 중 일부는 삭제될 수도 있고, 새로운 인덱스가 추가될 수도 있다. 이에 관한 논리는 초기 설계에서 사용된 논리와 유사하다.

주어진 시스템의 최적화기가 원래 기대했던 계획들 중 일부를 찾지 못하는 사실이 드러나는 경우도 있다. 예를 들어, 앞에서 논의했던 다음 질의를 고려하자.

```
SELECT D.mgr
FROM   Employees E, Departments D
WHERE  D.dname='Toy' AND E.dno=D.dno
```

하나의 좋은 계획은 *dname*에 대한 인덱스를 이용해서 *dname* = '*Toy*'인 Departments 투플들을 검색하고, 인덱스만 사용하는 스캔 방식으로 내부 릴레이션 Employees의 *dno* 필드에 대한 인덱스를 사용하는 것이다. 최적화기가 이런 계획을 찾아낼 것이라는 예상하고서 Employees 릴레이션의 *dno* 필드에 대하여 클러스터되지 않은 인덱스를 생성했을 수도 있다.

그런데 이런 형태의 질의들이 예상외로 오랜 수행 시간이 걸린다고 가정하자. 우리는 최적화기가 생성한 계획을 볼 수 있다(대부분의 상용 시스템들은 이를 위한 간단한 명령을 제공하고 있다). 그 계획이 인덱스만 사용하는 스캔을 사용하지 않고 Employees 투플들을 직접 검색하면, 시스템의 (불행한) 한계를 파악한 이상 초기 인덱스의 선택을 재고해야만 한다. 여기서 고려할 수 있는 한 가지 대안은 Employees의 *dno* 필드에 대한 클러스터되지않은 인덱스를 제거하고, 대신 클러스터 인덱스를 만드는 것이다.

최적화기들의 또다른 일반적인 한계점들은 문자열 수식, 산술식, 또는 널 값을 포함하는 셀렉션을 효율적으로 처리하지 못한다는 점이다. 이 점들에 관해서는 20.9절에서 질의 튜닝을 다룰 때 자세히 논의한다.

인덱스의 선택에 대한 재검토와 더불어, 어떤 인덱스들을 주기적으로 재구성(reorganization)하는 것도 도움이 된다. 예를 들어, ISAM 인덱스처럼 정적인 인덱스는 긴 오버플로우 체인(long overflow chain)을 갖고 있을 수도 있다. 그 인덱스를 삭제하고 새로 구축하면—가능하면, 인덱스된 릴레이션에 대한 접근은 차단하고서—해당 인덱스를 통한 접근 시간을 상당히 개선할 수 있다. B+ 트리와 같은 동적 구조의 경우에도, 그 구현방법이 삭제 연산에 대해 페이지 합병을 하지 않는다면, 어떤 상황에서는 공간 점유율이 상당히 감소할 수 있다. 이렇게 되면 인덱스의 크기가 필요이상으로 커지게 되며, 높이를 증가시키고 따라서 접근 시간도 증가시킨다. 인덱스 재구축을 고려해야만 한다. 클러스터 인덱스에 대한 광범위한 갱신도 할당되는 페이지들의 오버플로우를 유발할 수 있고, 따라서 클러스터링의 정도를 감소시킨다. 이 경우 역시, 인덱스 재구축을 고려할 만하다.

마지막으로, 질의 최적화기는 시스템 카탈로그에 유지되는 통계치에 의존한다는 점을 주목하기 바란다. 이 통계치들은 특수한 유틸리티 프로그램이 수행될 때만 갱신된다. 통계값들이 어느 정도 최신 값을 유지할 수 있도록 유틸리티를 충분히 자주 실행해야 한다.

20.7.2 개념 스키마 튜닝

데이터베이스 설계 과정에서 현재의 관계 스키마로써는 어떤 (가능한) 물리적 설계 방안을 선택하더라도 주어진 작업부하의 성능 목적을 만족할 수 없다는 점을 인식할 수도 있다. 그렇다면 개념 스키마를 재설계해야만 할지도 모른다(그리고 변화에 영향을 받은 물리적 설계 결정들도 재검토해야 한다).

재설계의 필요성은 초기 설계과정동안 또는 시스템이 일정기간동안 사용된 후에 인식할 수도 있다. 일단 데이터베이스가 설계되고 투플들로 채워지기 시작한 후에는, 개념스키마의 변경은 영향을 받은 릴레이션들의 내용을 사상시켜야 하는 측면에서 상당한 노력을 요한다. 그렇지만, 시스템에 대한 경험에 비추어 개념 스키마를 개정할 필요가 있다(운영중인 시스템의 스키마를 변경하는 것을 **스키마 진화**(schema evolution)라 부르기도 한다). 지금부터 성능상의 관점에서 개념 스키마 (재)설계에 관한 이슈들을 고려한다.

요점은 *"개념 스키마의 선택은,* (19장에서 논의한) *정규화의 동기가 된 중복성 이슈이외에도, 작업부하의 질의와 갱신 연산을 고려해서 이루어져야 한다"*는 것이다. 개념 스키마를 튜닝할 때에 여러 가지 옵션들을 반드시 고려해야 한다.

- BCNF 설계 대신 3NF 설계에서 머무르도록 결정할 수 있다.

- 주어진 스키마를 3NF나 BCNF로 분해하는 두 가지 방법이 있다면, 작업부하를 고려해서 선택한다.
- 때로는 이미 BCNF 릴레이션도 추가적으로 더 분해하도록 결정하는 경우도 생긴다.
- 어떤 경우에는 *반정규화*(*denormalization*)를 할 수도 있다. 즉, 원래의 큰 릴레이션의 분해를 통해 얻어진 여러 개의 릴레이션들을, 중복성의 문제에도 불구하고, 원래의 릴레이션으로 다시 대체하도록 할 수도 있다. 또는, 중요한 질의의 성능을 향상시키기 위해, 어떤 정보의 중복 저장을 유발하더라도(따라서, 스키마가 3NF나 BCNF가 아니게 되더라도), 특정 릴레이션들에 필드들을 추가할 수도 있다.
- 정규화에 관한 논의는 주로 *분해기법*(*decomposition*)을 집중했는데, 분해는 하나의 릴레이션의 수직 분할(vertical partitioning)에 해당한다. 고려해야할 또다른 기법은 릴레이션의 *수평 분할*(*horizontal partitioning*)인데, 이는 동일한 스키마를 갖는 두 개의 릴레이션을 만들어낸다. 이것은 단일 릴레이션에 속한 투플들을 물리적으로 분할하는 것이 아니라는 점에 주목하기 바란다. 대신에, 서로 다른 두 개의 릴레이션(각각에 대한 제약조건과 인덱스도 다를 수 있는)을 만들고자 하는 것이다.

그런데, 개념 스키마를 재설계할 때, 특히 기존 데이터베이스 스키마를 튜닝할 때에는 원래 스키마를 더 자연스럽게 느끼는 사용자로 하여금 스키마 변경 사실을 알지 못하게 뷰를 생성해야할 지를 고려할 만하다. 개념 스키마의 튜닝과 관련한 선택사항들에 대해서는 20.8절에서 논의한다.

20.7.3 질의와 뷰의 튜닝

어떤 질의가 예상보다 훨씬 느리게 실행할 때는 문제점을 찾기 위해 질의를 면밀히 검토해야만 한다. 인덱스 튜닝과 더불어 질의를 재작성함으로써 종종 문제를 해결할 수 있다. 이와 비슷한 튜닝기법은 예상보다 느린 뷰에 관한 질의에 대해서도 적용할 수 있다. 뷰 튜닝에 관해서는 별도로 논의하지 않겠다. 단지 뷰에 관한 질의도 그 자체로 하나의 질의로 생각하고(결국 뷰에 관한 질의는 최적화이전에 뷰 정의에 따라 확장된다) 어떻게 튜닝할 지를 고려하면 된다.

질의를 튜닝할 때, 가장 먼저 확인할 점은 예상 계획을 시스템이 실제로 사용하는가이다. 시스템은 여러 가지 이유로 인해 최선의 계획을 찾지 못한다. 많은 최적화기들이 효과적으로 처리하지 못하는 일반적인 상황들은 다음과 같다.

- 널 값이 연관된 셀렉션 조건
- 산술식, 문자열 수식, `OR` 접속사를 이용하는 조건을 포함한 셀렉션 조건. 예를 들어, `WHERE` 절에 조건 $E.age = 2 \cdot D.age$가 있는 경우에는, 최적화기가 *E.age*에 대한 인덱스를 제대로 활용하지만 *D.age*에 대한 인덱스는 있더라도 활용하지 못하는 수가 있다. 이 조건을 $E.age/2 = D.age$로 바꾸면 반대의 상황이 된다.

- GROUP BY 절을 포함한 집단 질의에 대해 인덱스만 이용하는 스캔과 같은 복잡한 계획을 찾지 못함. 물론 어떤 최적화기도 12장과 15장에서 기술한 계획 탐색공간 이외에 비좌심 조인 트리(nonleft-deep join tree)와 같은 계획들을 검토하지는 않는다. 따라서, 최적화기가 일반적으로 어떻게 동작하는지를 잘 이해하는 것이 중요하다. 또한, 주어진 시스템의 장점과 한계를 많이 이해할수록 더 좋은 결과를 얻을 수 있다.

최적화기가 (해당 DBMS가 제공하는 접근 방법과 수행 전략을 이용하는) 최적의 계획을 찾지 못하는 경우, 어떤 시스템의 경우 사용자로 하여금 최적화기에게 힌트를 제공해서 특정 계획을 유도할 수 있도록 한다. 예를 들어, 사용자는 강제로 특정 인덱스를 사용하도록 할 수도 있고, 조인 순서나 조인 방법을 선택할 수도 있다. 이런 식으로 최적화 과정을 제어하고자 하는 사용자는 최적화와 해당 DBMS의 기능 모두를 깊이 이해해야만 한다. 질의 튜닝은 20.9절에서 더 자세히 논의한다.

20.8 개념 스키마 튜닝시 선택사항들

이제부터는 다음 스키마를 사용하는 여러 가지 예들을 통해서 개념 스키마 튜닝과 관련된 선택사항들을 설명한다.

Contracts(*cid*: integer, *supplierid*: integer, *projectid*: integer,
deptid: integer, *partid*: integer, *qty*: integer, *value*: real)
Departments(*did*: integer, *budget*: real, *annualreport*: varchar)
Parts(*pid*: integer, *cost*: integer)
Projects(*jid*: integer, *mgr*: char(20))
Suppliers(*sid*: integer, *address*: char(50))

편의상, 애트리뷰트를 단일 문자로 표시하고, 릴레이션 스키마는 문자들의 시퀀스로 표시하는 일반적인 관례를 가끔 사용한다. 릴레이션 Contracts의 스키마를 고려하는데, 이 릴레이션은 CSJDPQV로 표시하고, 각 글자는 애트리뷰트를 표시한다. 이 릴레이션의 한 투플의 의미는 *cid C*인 계약은 공급자 S(*sid*가 *supplierid*와 동일)가 부품 P(*pid*가 *partid*와 동일)를 수량 Q만큼 부서 D(*deptid*가 *did*와 동일)와 관련한 프로젝트 J(*jid*가 *projectid*와 동일)에 공급할 것이라는 의미이고, 이 계약의 금액 V는 *value*이다.[2]

Contracts 릴레이션에는 두 가지의 알려진 무결성 제약조건이 있다. 각 프로젝트는 단일 계약을 통해서 특정 부품을 구매한다. 따라서 동일 프로젝트가 동일 부품을 사는 별도의 다른 계약은 존재할 수 없다. 이 제약은 FD $JP \rightarrow C$를 이용해서 표현한다. 또한, 한 부서는 특정 공급자로부터 많아야 한 가지 부품만 구매한다. 이 제약은 FD $SD \rightarrow P$를 이용해서 표현된다. 물론 계약 ID인 C가 기본키이다. 다른 릴레이션들의 의미는 명백하고 Contracts 릴레이

[2] 이 스키마가 복잡해 보일지 몰라도, 실세계 상황은 종종 훨씬 더 복잡한 스키마를 요구한다는 점을 주목하기 바란다!

션에 초점을 맞출 것이기 때문에 다른 릴레이션들은 더 이상 설명하지 않겠다.

20.8.1 약한 정규형에 만족하기

Contacts 릴레이션을 살펴보자. 이것을 더 작은 릴레이션으로 분해해야 하는가? 이 릴레이션이 어떤 정규형인지 알아보자. 이 릴레이션의 후보 키들은 *C*와 *JP*이다(*C*는 키로 주어졌으며, *JP*는 *C*를 함수적으로 결정한다). 유일한 비 키 종속성은 *SD* → *P*인데 *P*는 후보 키 *JP*의 일부이기 때문에 *기본* 애트리뷰트이다. 따라서 릴레이션은 BCNF는 아니고—비 키 종속성이 있기 때문—3NF이다.

종속성 *SD* → *P*를 이용해서 분해하면 두 개의 스키마 SDP와 CSJDQV를 얻게 된다. 이 분해는 무손실이지만 종속성유지는 아니다. 그렇지만 릴레이션 스키마 CJP를 추가하면 BCNF로의 무손실 조인, 종속성유지 분해를 얻게 된다. BCNF로 무손실 조인, 종속성 유지 분해가 좋다는 지침을 따라, Contracts 릴레이션을 CJP, SDP, CSJDQV라는 세 릴레이션으로 대체하도록 결정할 수도 있다.

그렇지만, 다음 질의가 굉장히 자주 발생한다고 가정하자. 계약 C에서 주문된 부품 P의 수량 Q를 찾으시오. 이 질의 수행은 분해된 릴레이션 CJP와 CSJDQV의 조인(또는 SDP와 CSJDQV의 조인)을 필요로 하는 반면, 원래 Contracts 릴레이션을 사용하면 조인 없이 바로 결과를 구할 수 있다. 이 질의를 위한 추가적인 비용 때문에 Contracts 릴레이션을 더 이상 분해하지 않고, 3NF에 만족할 수도 있다.

20.8.2 반정규화

약한 정규형에 만족하게끔 한 이유들은 더 극단적인 조치를 취하도록 할 수도 있다. 의도적으로 중복을 도입하는 것이다. 예를 들어, 3NF인 Contracts 릴레이션을 보자. 이제 빈번한 질의 중 하나는 Contracts 금액이 Contracts 부서의 예산보다 적은경우를 검사하는 것이라고 가정하자. Contracts 릴레이션에 예산 필드 B를 추가해야 할 것이다. *did*가 Departments의 키이기 때문에 Contracts에는 *D* → *B* 종속성이 성립하며, 따라서 Contracts는 더 이상 3NF가 아니다. 그럼에도 불구하고, 위 질의가 굉장히 중요하다면 이 설계를 그대로 유지할 수도 있다. 이런 결정은 주관적인 것이며 상당한 중복성을 감수해야 한다.

20.8.3 분해의 선택

다시 Contracts 릴레이션을 보자. 이 릴레이션의 중복성을 다루는 여러 가지 선택들이 가능하다.

- Contracts 릴레이션을 그대로 남겨두고, BCNF대신에 3NF에서 발생하는 중복성을 받아들이는 것이다.
- Contracts 릴레이션을 BCNF로 분해함으로써 발생하는 중복성으로 인한 이상현상들은

다음 방법들 중 하나를 이용해서 피할 수 있다.

– 애트리뷰트 SDP로 구성되는 PartInfo 릴레이션과 애트리뷰트 CSJDQV로 구성되는 ContractInfo 릴레이션으로 무손실 조인 분해한다. 앞에서 언급한 것처럼, 이 분해는 종속성 유지가 아니기 때문에, 종속성을 유지하려면 제 3의 릴레이션 CJP가 필요한데, 이 릴레이션의 목적은 종속성 $JP \rightarrow C$를 검사할 수 있게 해주는 것이다.

– 비록 종속성유지는 아니지만, PartInfo 릴레이션과 ContractInfo 릴레이션으로만 분해한다.

Contracts을 PartInfo와 ContractInfo만으로 대체한다고 해서 제약조건 $JP \rightarrow C$를 보장할 수 없는 것은 아니다. 다만 비용이 더 들게 된다. 이 제약조건을 검사하기 위해 SQL-92로 단정(assertion)을 생성할 수 있다.

```
CREATE ASSERTION checkDep
CHECK     ( NOT EXISTS
          ( SELECT  *
          FROM      PartInfo PI, ContractInfo CI
          WHERE     PI.supplierid=CI.supplierid
                    AND PI.deptid=CI.deptid
          GROUP BY  CI.projectid, PI.partid
          HAVING    COUNT (cid) > 1 ) )
```

이 단정은 조인 후 정렬(그룹핑을 하기 위해)을 필요로 하기 때문에 수행하는 데 비용이 많이 든다. 이에 비해, 시스템이 *JP*에 인덱스를 유지함으로써 *JP*가 테이블 CJP의 기본키임을 검사할 수 있다. 무결성을 검사 비용의 이러한 차이는 종속성 유지의 동기가 된다. 반면, 갱신이 빈번하지 않은 경우, 증가된 검사 비용도 무방할 수도 있다. 따라서, 테이블 CJP(그리고, 그 테이블의 인덱스)를 유지하지 않도록 결정할 수도 있다.

분해 선택을 설명하는 또다른 예로서 Contracts 릴레이션을 다시 고려하는데, 각 부서는 그 부서의 프로젝트들 중 많아야 한 프로젝트에 대해서만 한 공급자를 사용할 수 있다고 가정하자. $SPQ \rightarrow V$. 앞에서와 마찬가지로, Contracts을 SDP와 CSJDQV로 무손실 조인 분해할 수 있다. 다른 방법으로는, 먼저 종속성 $SPQ \rightarrow V$를 사용해서 Contracts을 SPQV와 CSJDPQ로 분해한다. 그리고나서, $SD \rightarrow P$에 따라 CSJDPQ를 SDP와 CSJDQ로 분해할 수 있다.

따라서 Contracts 릴레이션을 BCNF로 만드는 무손실 조인 분해하는 두 가지 방법이 있는데, 이중 어느 것도 종속성을 유지하지는 않는다. 첫 번째 방식은 Contracts을 릴레이션 SDP와 CSJDQV로 분해하는 것이다. 두 번째 방식은 SPQV, SDP, CSJDQ로 분해하는 것이다. CJP를 추가함으로써 두 번째 분해를 종속성유지로 만들 수 있다(그러나 첫 번째 분해는 그렇지 않음). 역시 이 경우에도, CJP, SPQV, CSJDQ의 세 릴레이션(대비 단지 CSJDQV 릴레이션만)의 유지비용 때문에 첫 번째 방식을 선택할 것이다. 이 경우, 주어진 FD들을 보장하는 비용이 높게 된다. FD들을 보장하지 않는 것을 고려하는 대신에, 데이터의 무결성이 위배되는 위험을 감수해야 한다.

20.8.4 BCNF 릴레이션의 수직 분할

Contracts을 SDP와 CSJDQV로 분해하기로 결정했다고 가정하자. 이들 스키마는 BCNF이며, 정규화의 측면에서 더 이상 분해할 이유는 없다. 하지만 다음 질의들이 매우 빈번히 수행된다고 가정하자.

- 공급자 S가 체결한 계약들을 구하시오.
- 부서 D에서 체결한 계약들을 구하시오.

이러한 질의들 때문에 CSJDQV를 CS, CD, CJQV로 분해할 수도 있다. 물론 이 분해는 무손실이며, 중요한 두 질의는 훨씬 작은 릴레이션을 검사해서 결과를 구할 수 있다. 이러한 분해를 고려하는 또다른 이류로는 동시성 제어의 핫스팟 때문이다. 이들 질의가 자주 발생하고, 계약에 관련된 제품 수량(그리고 금액)을 변경하는 갱신이 많이 발생하면, 이 분해는 잠금 경합을 줄임으로써 성능을 향상시킨다. 전용 잠금(exclusive lock)은 대부분 CJQV 테이블에만 걸리게 되고, CS와 CD에 대한 읽기는 이 잠금과는 충돌되지 않는다.

릴레이션을 분해할 때에는, 특히 분해의 유일한 동기가 성능의 향상일 경우에, 항상 분해 때문에 손해를 보는 질의들을 고려해야만 한다. 예를 들어, 만약 또다른 중요한 질의가 어떤 공급자가 체결한 계약들의 총 금액을 구하는 것이라면, 분해 시킨 릴레이션 CS와 CJQV의 조인을 필요로 한다. 이 경우에는 분해하지 않을 수도 있다.

20.8.5 수평 분할

지금까지는, 한 릴레이션을 여러 개로 수직 분해하는 방법만을 고려했다. 가끔씩은, 원래의 릴레이션과 동일한 애트리뷰트들을 갖는 두 개의 릴레이션으로 대체할 것인지도 고려할 필요가 있는데, 이 때 각각의 새로운 릴레이션은 원래 릴레이션의 투플들의 부분집합을 포함한다. 직관적으로, 이 기법은 투플의 부분집합별로 전혀 상이한 방식으로 질의될 때 유용하다.

예를 들어, 금액이 10,000을 넘는 큰 계약건들에 대해서는 다른 규칙들이 적용될 수 있다(아마도 그런 계약들은 입찰과정에서 공지되어야만 한다). 이 제약조건은 조건 *value* > 10,000을 이용해서 Contracts 투플들을 선택하는 많은 질의들을 생성할 것이다. 이 상황에 대처하는 한 방식은 Contracts 릴레이션의 *value* 필드에 대하여 클러스터 B+ 트리 인덱스을 만드는 것이다. 또다른 방법은, Contracts 릴레이션을 LargeContracts와 SmallContracts라는 두 릴레이션으로 대체하는 것이다. 이 질의 때문에 인덱스를 생성했다면, 수평 분해를 통해 인덱스 유지 오버헤드 없이도 인덱스의 모든 장점을 제공하게 된다. 이 대안은 계약에 대한 다른 중요한 질의들도 역시 클러스터 인덱스(금액이외의 다른 필드에 대해)를 필요로 하는 경우 특히 좋다.

만약 Contracts를 LargeContracts과 SmallContracts로 대체한다면 Contracts이라고 하는 뷰를

정의함으로써 이 변화를 숨길 수 있다.

```
CREATE VIEW Contracts(cid, supplierid, projectid, deptid, partid, qty, value)
        AS ((SELECT *
           FROM    LargeContracts)
           UNION
           (SELECT *
           FROM    SmallContracts))
```

그렇지만, LargeContracts만을 다루는 질의는 LargeContracts를 대상으로 직접 표현되어야만 하고, 뷰로 표현해서는 안 된다. 셀렉션 조건 *value* > 10,000을 갖는 뷰 Contracts에 대한 질의로 표현하는 것은 Large Contracts에 대한 질의로 표현하는 것과 동등하지만 덜 효과적이다. 이 점은 꽤 일반적인 사실이다. 비록 뷰 정의를 첨가해서 개념 스키마의 변화를 숨길 수 있지만, 성능에 관심이 있는 사용자들은 변경내용을 반드시 알아야만 한다.

또다른 예로, Contracts가 *year*라는 추가 필드를 갖고 있고, 질의들이 특정 년도의 계약들을 주로 다룬다면, Contracts를 연도에 따라 분할할 수도 있다. 물론 한 해 이상의 계약들과 연관된 질의는 분해된 각각의 릴레이션마다 질의를 수행해야만 한다.

20.9 질의와 뷰의 튜닝에 있어서의 선택사항

질의를 튜닝하는 첫 번째 단계는 그 질의 수행을 위해 DBMS가 사용하는 계획을 이해하는 것이다. 시스템들은 일반적으로 질의를 수행하는 데에 사용한 계획을 볼 수 있는 도구를 제공한다. 일단 시스템이 선택한 계획을 이해하고 나면 어떻게 성능을 개선할 수 있을지를 고려할 수 있다. 원래의 계획과 DBMS가 사용했으면 하는 더 나은 계획에 대한 이해를 바탕으로 다른 인덱스를 선택하든지 조인 질의를 위해 두 릴레이션의 공동 클러스터링(co-clustering)을 고려할 수 있다. 자세한 사항은 초기 설계 과정과 유사하다.

주목할 점은 새로운 인덱스를 만들기 전에 질의의 재작성(rewriting)을 통해 기존 인덱스를 이용하는 좋은 결과를 얻을 수 있을지를 고려해야 한다는 점이다. 예를 들어, `OR` 접속사를 가진 다음 질의를 고려해보자.

```
SELECT E.dno
FROM   Employees E
WHERE  E.hobby='Stamps' OR E.age=10
```

만약 *hobby*와 *age* 모두에 대해 인덱스를 갖고 있다면, 이 인덱스들을 이용해서 필요한 투플들을 검색할 수 있지만, 최적화기는 이 기회를 인식하지 못할 수도 있다. 최적화기는 `WHERE` 절에 있는 조건들을 전체로 보고 어느 인덱스와도 부합되지 않는 것으로 판단해서, Employees 릴레이션을 순차 스캔하면서 셀렉션들을 즉시로 적용한다. 이 질의를 두 질의의 합, 즉 하나는 *E.hobby* = '*stamps*'를, 다른 하나는 *E.age* = 10을 `WHERE`절로 갖는 두 질의의 합으로 재작성했다고 가정하다. 이제 각 질의는 *hobby*와 *age*에 대한 인덱스의 도움으로 효과적으로 수행할 수 있다.

또한 고비용의 연산을 피하기 위해 질의를 재작성하는 방안도 고려해야 한다. 예를 들어, SELECT 절의 DISTINCT는 중복 제거를 필요로 하는데, 이 연산은 비용이 비싸다. 따라서 가능하면 DISTINCT를 생략해야 한다. 예를 들어, 단일 릴레이션에 대한 질의의 경우, 다음 조건중 하나를 만족하면 DISTINCT를 생략할 수 있다.

- 중복이 발생해도 무방하다.
- SELECT 절에 언급된 애트리뷰트들이 해당 릴레이션의 후보 키를 포함하고 있다.

때때로 GROUP BY와 HAVING을 갖는 질의는 이 절들을 포함하지 않는 형태의 질의로 대체될 수 있고, 따라서 정렬 연산을 제거할 수 있다. 예를 들어

```
SELECT   MIN (E.age)
FROM     Employees E
GROUP BY E.dno
HAVING   E.dno=102
```

이 질의는 다음과 동등하다.

```
SELECT   MIN (E.age)
FROM     Employees E
WHERE    E.dno=102
```

복잡한 질의들은 종종 임시 릴레이션을 이용해서 단계별로 작성된다. 그런 질의들을 더 빨리 수행하기 위해 임시 릴레이션을 사용하지 않는 질의로 재작성할 수 있다. Robinson이 관리하는 Departments의 평균급여를 계산하는 다음 질의를 보자.

```
SELECT   *
INTO     Temp
FROM     Employees E, Departments D
WHERE    E.dno=D.dno AND D.mgrname='Robinson'

SELECT   T.dno, AVG (T.sal)
FROM     Temp T
GROUP BY T.dno
```

이 질의는 다음처럼 재작성할 수 있다.

```
SELECT   E.dno, AVG (E.sal)
FROM     Employees E, Departments D
WHERE    E.dno=D.dno AND D.mgrname='Robinson'
GROUP BY E.dno
```

재작성된 질의는 중간 릴레이션 Temp를 실체화하지 않기 때문에 더 빠를 수 있다. 사실, 최적화기는 <*dno*, *sal*>의 복합 B+ 트리 인덱스가 있을 때 Employees 투플들을 검색하지 않는 매우 효율적인 인덱스만 사용하는 계획을 찾을 수도 있다. 이 예는 "*불필요한 임시 릴레이션을 피하기 위해 질의를 재작성하면 임시 릴레이션의 생성을 피할 뿐 아니라 최적화기가 더 최적화할 수 있는 가능성을 열어준다*"는 사실을 잘 보여주고 있다.

그렇지만, 어떤 상황에서는 최적화기가 복잡한 질의(보통 상호 관련된 내포된 질의)에 대하여 좋은 계획을 찾을 수 없는 경우(전형적으로 상관관계를 갖는 중첩질의), 해당 질의를 임시 릴레이션을 이용한 질의로 재작성함으로써 최적화기가 좋은 계획을 찾도록 안내하는 것을 고려할 만하다.

사실, 15.5절에서 논의한 것처럼 많은 최적화기들이 내포 질의를 잘 처리하지 못하기 때문에, 내포 질의는 비효율의 주요한 원인이다. 가능하다면 내포 질의는 내포가 없는 형태로, 상관관계 질의는 상관관계가 없는 질의로 재작성하는 것이 좋다. 앞에서 이미 언급한 것처럼, 좋은 질의 재작성을 위해 새로운 임시 릴레이션 도입이 필요할 수도 있고, 체계적으로 그렇게 하는 기법들(이상적으로는 최적화기가 수행)이 널리 연구되어왔다. 그렇지만, 종종 내포 질의를 내포없는 형태로 재작성하거나 15.5절에서 보여진 것처럼 임시 릴레이션을 사용해서 재작성하는 것이 가능하다.

20.10 동시성의 영향

많은 동시 사용자를 갖는 시스템에서는 몇 가지의 추가적인 사항들이 고려되어야만 한다. 트랜잭션들은 접근하는 페이지에 대해 잠금(*lock*)을 획득하며, 다른 트랜잭션들은 그들이 접근하고자 하는 객체에 대한 잠금을 대기하면서 블로킹(blocking)될 수도 있다.

16.5절에서 살펴본 바와 같이, 좋은 성능을 위해서는 블로킹은 최소화되어야 하며, 블로킹을 줄이기 위한 두 가지의 구체적인 방법이 있었다.

- 트랜잭션이 잠금을 유지하는 시간을 최소화하기
- 핫스팟(hot spot)을 줄이기

이제는 이 목적들을 달성하기 위한 기법들을 논의한다.

20.10.1 잠금 지속기간 줄이기

잠금 요청을 연기하기: 지역 프로그램 변수에 기록함으로써 데이터베이스 변경을 트랜잭션의 종료시점까지 연기하도록 트랜잭션을 튜닝한다. 이 연기는 해당 잠금의 획득을 연기하게 되고, 잠금 유지시간을 단축시킨다.

트랜잭션을 빠르게 하기: 한 트랜잭션이 빨리 종료할수록, 잠금도 더 빨리 해제된다. 질의와 갱신을 더 빠르게 하는 몇 가지 방법(즉, 인덱스 튜닝, 질의 재작성)들에 대해 이미 살펴보았다. 또한, 릴레이션의 투플들과 연관된 인덱스들을 여러 디스크에 걸쳐서 잘 분할하면 동시 접근 속도를 상당히 개선할 수 있다. 예를 들어, 한 디스크에는 릴레이션이 있고, 다른 디스크에는 인덱스가 있으면, 인덱스에 대한 접근이 릴레이션에 대한 접근을, 적어도 디스크 읽기 수준에서는, 방해하지 않으면서 진행할 수 있다.

긴 트랜잭션을 짧은 트랜잭션들로 대체하기: 가끔씩 한 트랜잭션 내에서 너무 많은 일이 처리되며, 따라서 트랜잭션이 오래 걸리며, 또한 오랫동안 잠금을 유지하게 된다. 그 트랜잭션을 두 개 또는 그 이상의 작은 트랜잭션으로 재작성하는 것을 고려해보자. 이를 위해 보유가능한 커서(holdable cursor)가 도움이 될 수도 있다(6.1.2절을 보기 바란다). 장점은 각각의 새로운 트랜잭션이 빨리 종료하고, 잠금을 빨리 해제한다는 것이다. 단점은 원래 연산들의 리스트가 더 이상 원자적으로(atomically) 실행되지 않고, 응용프로그램 코드가 하나 또는 그 이상의 새로운 트랜잭션들이 실패할 경우를 처리해야만 한다는 점이다.

웨어하우스 구축하기: 복잡한 질의는 장시간 동안 공유 잠금(shared lock)을 유지할 수 있다. 그러나, 종종 이들 질의들은 비즈니스 트렌드의 통계적인 분석을 다루고, 따라서 좀 오래된 데이터 사본에 대해 질의를 수행하는 것도 받아들일 수 있다. 이러한 이유로 데이터웨어하우스(*data warehouse*)가 인기를 얻게 되었는데, 이는 복잡한 질의에서 사용될 데이터의 사본을 유지 관리함으로써 운영계 데이터베이스(operational database)를 보완하는 데이터베이스를 지칭한다. 데이터웨어하우스를 대상으로 이런 질의를 수행하면 운영계 데이터베이스에 장기간 수행되는 질의들의 부담을 들어주게 된다.

낮은 독립성 레벨을 고려하기: 집단 정보나 통계 요약 정보를 생성하는 질의들과 같이 많은 경우에는, `REPEATABLE READ`나 `READ COMMITTED`(16.6절)와 같은 낮은 SQL 독립성 레벨(isolation level)을 사용할 수 있다. 낮은 SQL 독립성 레벨은 더 낮은 잠금 오버헤드를 유발하고, 응용프로그래머는 설계 상의 좋은 trade-off를 해야만 한다.

20.10.2 핫스팟 줄이기

핫스팟에 대한 연산을 연기하기: 이미 잠금 요청을 연기하는 장점을 논의했다. 명백히, 자주 사용되는 객체들과 관련한 요청에 대해서 특히 중요하다.

접근 패턴을 최적화하기: 릴레이션의 갱신 패턴 또한 중요할 수 있다. 예를 들어, 투플이 Employees 릴레이션에 *eid* 순서로 삽입되고 *eid*에 대한 B+ 트리 인덱스를 갖고 있다면, 각 삽입은 B+ 트리의 마지막 단말 페이지에 들어가게 된다. 이는 루트부터 가장 오른쪽 단말 페이지까지의 경로를 따라 핫스팟을 유발하게 된다. 이를 고려하면 B+ 트리 인덱스 대신에 해시 인덱스를 선택하거나 또는 다른 필드에 인덱스를 생성할 수도 있다. 이런 식의 접근 패턴은 ISAM 인덱스에 대해서도 역시 성능 저하를 유발하는데, 이른 마지막 단말 페이지가 핫스팟이 되기 때문이다. 해시 인덱스의 경우는 문제가 되지 않는데 왜냐하면 해싱 과정은 레코드가 삽입되는 버켓을 랜덤으로 선택하기 때문이다.

핫스팟에 대한 연산을 분할하기: 파일에 새로운 레코드를 첨가하는 데이터 입력 트랜잭션

(예를 들어, 힙 파일로 저장된 테이블에 삽입)을 고려하자. 트랜잭션 당 레코드들을 첨가하고 각 레코드를 위해 마지막 페이지에 잠금을 획득하는 대신에, 해당 트랜잭션을 여러 개의 트랜잭션들로 대체할 수 있는데, 이들 각 트랜잭션은 레코드들을 국부 파일에 기록하고 주기적으로 일단의 레코드들을 주 파일에 첨가한다. 전체적으로 더 많은 일을 하지만, 이렇게 함으로써 원래 파일의 마지막 페이지에 대한 잠금 경합을 줄이게 된다.

분할의 또다른 예를 보이기 위해, 삽입되는 레코드들의 수를 하나의 카운터(counter)에 기록한다고 가정하자. 레코드 당 한번씩 이 카운터를 갱신하는 대신에, 앞의 방법은 여러 개의 카운터들을 갱신하고 주기적으로 주 카운터를 갱신하는 결과가 될 것이다. 이 아이디어를 조금만 더 확장하면 카운터를 여러 가지 용도에 적용할 수 있다. 예를 들어, 예약 수를 기록하는 카운터를 고려하는데, 이때 카운터 값이 최대값 이하일 경우에만 새로운 예약이 허용되는 규칙을 갖고 있다. 이를 원래 최대 임계치 값의 1/3 값을 갖는 세 개의 카운터들과, 원래 카운터 대신에 이 카운터들을 사용하는 세 개의 트랜잭션들로 대체할 수 있다. 동시성이 훨씬 더 높아지지만, 세 카운터중 하나가 최대값에 도달하고 다른 카운터들은 계속 증가가 가능한 경우를 처리할 수 있어야 한다. 따라서, 더 나은 동시성의 대가로 응용프로그램 코드의 로직이 복잡하게 된다.

인덱스의 선택: 어떤 릴레이션이 자주 갱신된다면, B+ 트리 인덱스가 동시성 제어의 병목이 될 수 있는데, 이는 인덱스를 통한 모든 접근이 루트를 거쳐야만 하기 때문이다. 따라서, 루트와 루트 바로 아래의 인덱스 페이지들이 핫스팟이 될 수 있다. DBMS가 트리 인덱스를 위한 특수한 잠금 프로토콜(locking protocol)을 사용하고 특히 세밀한 단위의 잠금을 사용한다면, 이 문제는 훨씬 더 경감될 수 있다. 많은 현재의 시스템들이 그런 기법들을 사용한다.

그럼에도 불구하고, 이에 대한 고려는 어떤 상황에서는 ISAM 인덱스를 선택하게끔 한다. ISAM 인덱스의 인덱스 레벨은 정적이기 때문에 이들 페이지들에 대해 잠금을 획득할 필요가 없다. 단지 단말 페이지에 대해서만 잠금이 필요하다. B+ 트리 인덱스에 비해 ISAM 인덱스를 선호할 수도 있는데, 예들 들어 빈번한 갱신이 발생하지만 레코드들의 상대적인 분포와 주어진 탐색키 값의 범위에 대해 레코드들의 수(와 크기가) 거의 같은 경우에 그러하다. 이 경우에는 ISAM 인덱스가 더 낮은 잠금 오버헤드(와 줄어든 잠금 경합)를 제공하고, 오버플로우 페이지를 거의 생성하지 않는 레코드들의 분포를 보인다.

해시 인덱스는, 데이터 분포가 굉장히 치우쳐졌거나 많은 데이터들이 몇몇 버켓에 집중되지만 않는다면, 그러한 동시성 병목현상을 발생시키지 않는다. 이 경우에는 이들 버켓들의 디렉토리 엔트리가 핫스팟이 될 수 있다.

20.11 사례 연구: 인터넷 서점

예제 사례로 돌아가서, DBDudes는 B&N 서점에 대한 예상 작업부하를 고려한다. 서점 주인은 대부분의 고객들이 주문을 내기 전에 ISBN으로 책을 검색하는 걸로 예상한다. 주문을 내는 것은 Orders 테이블에 하나의 레코드 삽입과 Orderlists 릴레이션에 하나 또는 그 이상의 레코드 삽입을 수반한다. 충분한 책이 있는 경우에는 발송이 준비되고 Orderlists 릴레이션에 *ship_date*를 위한 값이 기록된다. 또한, 이용 가능한 재고상태의 책들의 수량은 항상 변하는데, 이는 주문이 발생하면 이용 가능한 수량이 줄게 되고 새 책들이 공급자로부터 도착하면 이용 가능한 수량이 증가하기 때문이다.

DBDudes 팀은 우선 ISBN을 이용한 책 검색부터 고려한다. *isbn*이 키이므로 *isbn*에 대한 동등 질의는 많아야 하나의 레코드만 검색한다. 따라서, 주어진 ISBN으로 책을 검색하는 고객들의 질의를 빨리 처리하기 위해 *isbn*에 클러스터되지않은 해시 인덱스를 생성하기로 결정한다.

다음으로, 책 수량에 대한 갱신을 고려한다. 한 가지 책의 *qty_in_stock*을 갱신하기 위해 ISBN을 이용해서 우선 해당 책을 검색해야만 한다. *isbn*에 대한 인덱스를 이 과정을 빠르게 해준다. 한 가지 책의 *qty_in_stock*은 꽤 자주 갱신되기 때문에, DBDudes는 Books 릴레이션을 다음 두 릴레이션으로 수직 분할하는 것을 고려한다.

BooksQty(<u>*isbn*</u>, *qty*)
BookRest(<u>*isbn*</u>, *title*, *author*, *price*, *year_published*)

불행히도, 이 수직 분할은 또다른 빈번한 질의의 속도를 저하시킨다. 책에 관한 정보를 검색하는 ISBN에 대한 동등 검색은 이제 BooksQty와 BooksRest의 조인을 필요로 한다. 따라서, DBDudes는 Books를 수직 분할하지 않기로 결정했다.

DBDudes는 고객들이 책을 제목별로 그리고 저자별로 검색하기를 원할 것이라고 생각하고, *title*과 *author*에 대해 클러스터되지않은 해시 인덱스를 추가하기로 결정했다—이들 인덱스들의 관리비용은 크기 않은데, 이는 비록 재고상태의 책들의 수량을 자주 바뀌더라도 책들의 종류는 그리 자주 변하지 않기 때문이다.

다음으로 DBDudes는 Customers 릴레이션을 고려한다. 고객은 우선 고객신원번호로 인증된다. 따라서 Customers에 대한 가장 빈번한 질의들은 고객신원번호를 포함하는 동등 질의일 것이고, DBDudes는 이 질의에 대해 최고 속도를 얻기 위해 *cid*에 클러스터 해시 인덱스를 생성하기로 결정한다.

Orders 릴레이션으로 옮겨가서, DBDudes는 그 릴레이션이 두 개의 질의와 관련되었다는 것을 알게된다. 새로운 주문의 삽입과 기존 주문의 검색. 두 질의 모두 탐색 키로서 *ordernum* 애트리뷰트를 갖고 있으므로 DBDudes는 *ordernum*에 인덱스를 생성하기로 결정한다. 인덱스의 종류는 무엇으로 해야만 하는가—B+ 트리 또는 해시 인덱스? 지금까지 언급된 운영 요구사항에서는 B+ 트리나 해시 인덱스 어느 것도 선호하지는 않지만, B&N는 매일 매일의 활동을 모니터하기를 원할 것이고 클러스터 B+ 트리가 그러한 범위 질의를 위해서는 더 나은 선택일 것이다. 물론, 이는 많은 주문을 낸 특정 고객에 대해 모든 주문내용을 검색하는 비용이 높을 수 있는데, 이는 *ordernum*에 대한 클러스터링이 *cid*와 같은 다른 애트리뷰트에 대한 클러스터링을 배제하기 때문이다.

Orderlists 릴레이션은 대부분 삽입과 관련이 있고, 가끔의 경우 발송일자의 갱신이나 특정 주무의 모든 요소를 나열하는 질의가 수행된다. Orderlists가 *ordernum*에 대해 정렬된 상태로 유지된다면, 모든 삽입은 릴레이션의 마지막 부분에 대한 첨가이고, 따라서 매우 효율적이다. *ordernum*에 대한 클러스터 B+ 트리 인덱스는 이 정렬순서를 유지하게 되고, 또한 주어진 주문에 대한 모든 항목들의 검색을 빠르게 해준다. 발송일자를 갱신하기 위해 *ordernum*과 *isbn*으로 투플을 검색할 필요가 있다. *ordernum*에 대한 인덱스는 여기서도 도움이 된다. 비록 <*ordernum*, *isbn*>에 대한 인덱스가 이 용도로는 더 나을지 모르지만, 삽입이 *ordernum*에 대한 인덱스만큼 효율적이지 못할 것이다. DBDudes는 Orderlists 릴레이션을 *ordernum*에 대해서만 인덱스를 생성하기로 결정한다.

20.11.1 데이터베이스 튜닝

B&N 사이트를 시작한 뒤 몇 달 후에, DBDudes가 불려가서 현재 처리중인 주문에 대한 고객들의 검색이 매우 느리다는 사실을 통보받았다. B&N가 굉장히 성공적이어서 Orders와 Orderlists 테이블의 크기가 엄청나게 커졌다.

설계에 대해 좀 더 생각한 결과, DBDudes는 두 가지 종류의 주문이 있다는 사실을 알아냈다. 모든 책이 이미 발송된 *완료 주문*과 일부 책들이 아직 발송되지 않은 *부분 완료 주문*. 고객들의 주문 검색들의 대부분이 부분 완료 주문에 관한 것이고, 이들은 전체 주문에 비해 적은 부분이다. 따라서, DBDudes는 Orders 테이블과 Orderlists 테이블을 *ordernum*을 이용해서 수평 분할하기로 결정한다. 이로써 네 개의 새로운 릴레이션이 생겨난다. NewOrders, OldOrders, NewOrderlists, OldOrderlists.

하나의 주문과 그 요소들은 정확하게 하나의 릴레이션 쌍에 항상 존재하고—그리고 *ordernum*에 대한 간단한 검사를 통해서 old 또는 new의 어느 쌍인지를 결정할 수 있다—이 주문과 관련한 질의는 관련한 릴레이션들만을 이용해서 항상 수행할 수 있다. 어떤 질의들, 예를 들어 고객의 모든 주문을 검색하는 질의는 더 느리게 되는데, 왜냐하면 이 질의들은 릴레이션들의 두 집합을 검색하기 때문이다. 그렇지만, 이 질의들은 자주 발생하지 않고, 성능도 괜찮은 편이기 때문이다.

20.12 DBMS 벤치마킹

지금까지 우리는 더 나은 성능을 얻기 위해 데이터베이스 설계를 어떻게 개선하는가에 대해 살펴보았다. 그러나, 데이터베이스가 점점 더 커지면서 최적의 설계를 한 경우에도 사용하는 DBMS가 더 이상 적합한 성능을 제공하지 못할 수 있고, 따라서 대개는 더 빠른 하드웨어와 메모리를 추가로 구매하는 방법으로 시스템 업그레이드를 고려해야만 한다. 또는 데이터베이스를 새로운 DBMS로 전이(migration)하는 것도 고려할 수 있다.

DBMS 제품을 평가할 때, 성능은 중요한 고려대상이다. DBMS란 복잡한 소프트웨어 작품이며, 서로 다른 벤더들은 시스템의 특정 부분을 최적화하는 데 더 많은 노력을 들이거나 다른 시스템 설계 방식을 선택함으로써 자신들의 시스템을 서로 다른 시장 영역으로 공략한다. 예를 들어, 어떤 시스템들은 복잡한 질의를 효과적으로 수행하도록 설계하고, 다른 시스템들은 초당 더 많은 단순 트랜잭션들을 처리하도록 설계한다. 각 카테고리 안에서도 많은 경쟁제품들이 있다. 사용자들이 자신의 필요에 적합한 DBMS를 선정하도록 돕기 위해, 여러 가지 **성능 벤치마크**(performance benchmark)들이 개발되어 왔다. 이들 벤치마크에는 어떤 종류의 응용들의 성능을 측정하기 위한 벤치마크(예를 들어, TPC 벤치마크)와 DBMS가 다양한 연산들을 얼마나 잘 수행하는지를 측정하기 위한 벤치마크(예를 들어, Wisconsin 벤치마크)들이 있다.

벤치마크는 이식성이 있어야 하고, 이해하기 쉬워야 하며, 더 큰 문제 인스턴스에 자연스럽게 확장 가능해야 한다. 주어진 응용 도메인의 전형적인 작업부하들에 대해 *최대 성능*(*peak performance*, 예를 들어, 초당 트랜잭션 수, *tps*)과 *성능가격비율*(*price/performance ratio*, 예를 들어, $/*tps*)도 측정할 수 있어야 한다. Transaction Processing Council(TPC)는 트랜잭션 처리 및 데이터베이스 시스템에 관한 벤치마크들을 정의하기 위해 창설되었다. 다른 대표적인 벤치마크들도 학계 연구자나 산업체에서 제안되었다. 특정 벤더의 독점적인 벤치마크는 서로 다른 시스템들을 비교하는 데 별로 도움이 되지 않는다(물론 주어진 시스템이 특정 작업부하를 얼마나 잘 처리하는지 결정하는 데는 도움이 될지 몰라도).

20.12.1 대표적인 DBMS 벤치마크

온라인 트랜잭션 처리 벤치마크: TPC-A와 TPC-B 벤치마크는 tps와 $/tps 측정에 관한 표준적인 정의들로 구성되어 있다. TPC-A 벤치마크는 DBMS와 컴퓨터 네트워크 성능과 가격을 측정하는 반면, TPC-B 벤치마크는 DBMS 그 자체만 고려한다. 이 벤치마크들은 세 개의 서로 다른 테이블의 세 개의 데이터 레코드를 갱신하고 네 번째 테이블에 레코드를 하나 추가하는 간단한 트랜잭션을 이용한다. 여러 가지 상세정보들(예를 들어, 트랜잭션 도착 분포, 상호 연결방법, 시스템 속성)을 엄격하게 명세함으로써, 다른 시스템들의 결과를 의미있게 비교할 수 있도록 보장한다. TPC-C 벤치마크는 TPC-A와 TPC-B보다 더 복잡한 트랜잭션 작업들로 구성되어 있다. 이 벤치마크는 고객들에게 공급하는 제품들을 추적하는 저장소를 모델링하며, 다섯 가지 종류의 트랜잭션들로 구성되어 있다. 각 TPC-C 트랜잭션들은 모두 TPC-A나 TPC-B 트랜잭션보다 훨씬 비용이 많이 들며, TPC-C는 보조 인덱스나 트랜잭션 철회 등 광범위한 시스템 기능들을 검사한다. TPC-C는 표준 트랜잭션 처리 벤치마크로 TPC-A나 TPC-B를 완전히 대체했다.

질의 벤치마크: Wisconsin 벤치마크는 간단한 관계형 질의의 성능을 측정하는 데에 널리 사용된다. Set Query 벤치마크는 더 복잡한 질의들의 성능을 측정하며 AS^3AP 벤치마크는 트랜잭션, 관계형 질의, 유틸리티 기능들이 혼합된 작업부하의 성능을 측정한다. TPC-D 벤치마크는 의사결정 지원 응용 도메인의 대표적인 복잡한 SQL 질의들로 구성되어 있다. OLAP Council 역시 복잡한 의사결정 질의들의 벤치마크를 개발했는데, SQL로는 쉽게 표현할 수 없는 몇몇 질의들을 포함하고 있다. 이 벤치마크는 전통적인 SQL 시스템을 위해서가

아니라, *온라인 분석 처리*(*online analytic processing, OLAP*)용 시스템을 측정하기 위해서다. Sequoia 2000 벤치마크는 지리 정보 시스템(geographic information system)을 위한 DBMS 지원 능력을 비교하기 설계되었다.

객체-데이터베이스 벤치마크: 001 벤치마크와 007 벤치마크는 객체지향 데이터베이스 시스템의 성능을 측정한다. Bucky 벤치마크는 객체-관계형 데이터베이스 시스템의 성능을 측정한다.

20.12.2 벤치마크 이용하기

벤치마크는 이 벤치마크가 무엇을 측정하기 위해 설계되었고, DBMS가 사용될 응용 환경에 대해 깊은 이해를 갖고서 사용해야만 한다. 벤치마크를 DBMS의 선정을 위한 기준으로 사용할 때 다음 가이드라인을 명심하시오.

- **주어진 벤치마크는 얼마나 의미가 있는가?** 성능을 하나의 숫자 값으로 표현하는 벤치마크는 너무 단순할 수가 있다. DBMS는 다양한 응용분야에 사용되는 복잡한 소프트웨어 제품이다. 좋은 벤치마크는 특정 응용 도메인을 표현하기 위해 조심스럽게 선택된 작업들로 이루어져야하고, 그 도메인에 중요한 DBMS의 기능들을 테스트할 수 있어야만 한다.
- **벤치마크가 작업부하를 얼마나 잘 반영하는가?** 예상 작업부하를 고려해서 벤치마크와 비교한다. 작업부하의 중요 작업들과 유사한 벤치마크 작업들(예를 들어, 질의와 갱신)의 성능에 가중치를 부여한다. 또, 벤치마크 측정치를 어떻게 측정하는지를 고려한다. 예를 들어, 개별 질의의 경과시간(elapsed time)값은 다중사용자 환경에서 고려할 경우에는 잘못된 해석을 낳을 수도 있다. 한 시스템은 느린 입출력 때문에 높은 경과시간을 가질 수 있다. 다중사용자 작업부하에서, 병렬 입출력을 위한 충분한 디스크가 주어졌을 때, 그 시스템이 더 적은 경과시간을 갖는 시스템보다 성능이 나을 수도 있다.
- **자신의 벤치마크를 만들어라.** 벤더들은 중요한 벤치마크들에 대한 좋은 수치를 얻기 위해 특별한 방법으로 자신들의 시스템의 성능을 높인다. 이를 방지하기 위해, 표준 벤치마크를 약간 바꾸거나, 벤치마크의 작업들을 자신의 작업부하에 있는 유사한 작업들로 대체함으로써 자신의 벤치마크를 생성하시오.

20.13 복습문제

복습문제에 대한 해답은 괄호 안에 표시된 절에서 찾아볼 수 있다.

- 작업부하 명세(workload description)의 요소들은 무엇인가? **(20.1.1절)**
- 물리적 설계과정에서 어떤 결정들을 할 필요가 있나? **(20.1.2절)**
- 인덱스 선택의 상위 레벨의 가이드라인을 기술하시오. **(20.2절)**

- 클러스터 인덱스는 언제 생성해야만 하나? **(20.4절)**
- 공동 클러스터링(co-clustering)이란 무엇이며, 언제 사용해야 하나? **(20.4.1절)**
- 인덱스만 사용하는 계획은 무엇이며, 인덱스만 이용하는 계획을 위해 인덱스를 어떻게 생성해야 하나? **(20.5절)**
- 왜 자동적인 인덱스 튜닝이 어려운 문제인가? 예를 보이시오. **(20.6.1절)**
- 자동적인 인덱스 튜닝을 위한 하나의 알고리즘을 보이시오. **(20.6.2절)**
- 왜 데이터베이스 튜닝이 중요한가? **(20.7절)**
- 인덱스, 개념 스키마, 질의와 뷰를 어떻게 튜닝하는가? **(20.7.1절 ~ 20.7.3절)**
- 개념 스키마 튜닝에서 선택사항들은 무엇이 있는가? 다음 기법들은 무엇이며 언제 적용해야 하는가? 약한 정규형, 반정규화와 수평/수직 분할. **(20.8절)**
- 질의와 뷰를 튜닝할 때 어떤 선택사항들이 있나? **(20.9절)**
- 잠금(locking)이 데이터베이스 성능에 미치는 영향은 무엇인가? 잠금 경합과 핫스팟을 어떻게 줄일 수 있나? **(20.10절)**
- 왜 데이터베이스 벤치마크를 표준화하고, 데이터베이스 시스템을 평가하기 위해 사용되는 주요 측정지표들은 무엇인가? 몇 가지 대표적인 데이터베이스 벤치마크를 설명하시오. **(20.12절)**

연습문제

문제 20.1 간단한 회사 데이터베이스의 일부인 다음 BCNF 스키마를 고려해보자(타입정보는 상관이 없기 때문에 생략했다).

Emp (*eid*, *ename*, *addr*, *sal*, *age*, *yrs*, *deptid*)
Dept (*did*, *dname*, *floor*, *budget*)

다음 질의들은 이 회사의 작업부하에서 가장 일반적인 여섯 가지 질의들이고, 빈도와 중요도 면에서 모두 비슷하다고 가정하자.

- 사용자가 지정한 나이 범위에 속하는 Employees들의 id, name, address를 나열하시오.
- 사용자가 지정한 부서번호를 가진 부서에 근무하는 직원들의 id, name, address를 나열하시오.
- 사용자가 지정한 이름을 가진 직원들의 id와 address를 나열하시오.
- 모든 직원들의 평균 월급을 나열하시오.
- 각 나이별 직원들의 평균 월급을 나열하시오. 즉, 데이터베이스내의 각 나이에 대해 나이와 평균 월급을 나열하시오.
- 부서의 층 번호 순으로 정렬해서 모든 부서의 정보를 나열하시오.

1. 정보가 이렇게 주어지고 이 질의들이 어떤 갱신연산보다 더 중요하다고 가정할 때 예상되는 작업부하에 대해 좋은 성능을 제공하는 회사 데이터베이스의 물리적 스키마를 설계하시오. 특히,

어느 애트리뷰트에 인덱스를 만들며 그 인덱스를 클러스터할지를 결정하시오. DBMS가 제공하는 유일한 인덱스 타입은 B+ 트리 인덱스이고, 단일 및 다중 애트리뷰트 키 모두가 허용된다고 가정하시오.

2. 중요한 질의들의 집합이 다음과 같이 바뀌었다고 가정하고 물리적 스키마를 재설계하시오.

   - 사용자가 지정한 이름을 가진 직원들의 id와 address를 나열하시오.
   - 직원들 전체 중 최대 월급을 나열하시오.
   - 각 부설별 직원들의 평균월급을 나열하시오; 즉, 각 *deptid*에 대해, *deptid* 값과 해당 부서의 직원들의 평균 월급을 나열하시오.
   - 각 층별로 모든 부서의 예산 총액을 나열하시오; 즉, 각 층에 대해, 층과 합계를 나열하시오.
   - 이 작업부하를 어떤 자동 인덱스 튜닝 마법사를 이용해서 튜닝한다고 가정하자. 인덱스 튜닝 알고리즘 수행의 주요 단계들과 고려될 후보 구성들의 집합에 대해 개괄적으로 설명하시오.

문제 20.2 대학 데이터베이스의 일부인 다음 BCNF 스키마를 고려해보자(타입정보는 상관이 없기 때문에 생략했다).

Prof(<u>*ssno*</u>, *pname, office, age, sex, specialty, dept_did*)
Dept(<u>*did*</u>, *dname, budget, num_majors, chair_ssno*)

다음 질의들은 이 대학의 작업부하에서 가장 일반적인 다섯 가지 질의들이고, 빈도와 중요도 면에서 모두 비슷하다고 가정하자.

- 사용자가 지정한 성(남성 또는 여성)과 연구분야(예를 들어, 순환적 질의 처리)를 가진 교수의 name, age, office를 나열하시오. 해당 대학을 다양한 교수요원들을 확보하고 있으며 몇 명의 교수가 같은 연구분야를 갖는 경우가 거의 없다고 가정한다.
- 사용자가 지정한 나이 범위에 속하는 교수들을 가진 부서들의 모든 부서정보를 나열하시오.
- 사용자가 지정한 수만큼의 전공을 가진 부서들에 대해 did, dname, chair ssno를 나열하시오.
- 이 대학에서 가장 적은 학과 예산을 나열하시오.
- 학과장을 맡고 있는 교수들의 모든 정보를 나열하시오.

이런 질의들은 갱신연산보다 훨씬 빈번하게 발생하고, 따라서 이런 질의들을 빠르게 하는 데에 필요한 어떤 인덱스든지 만들어야 한다. 그렇지만, 갱신은 발생하기 때문에(그리고, 불필요한 인덱스들에 의해 느려질 것이므로), 불필요한 인덱스는 만들어서는 안 된다. 이러한 정보를 바탕으로 예상 작업부하에 대해 좋은 성능을 제공하는 대학 데이터베이스의 물리적 스키마를 설계하시오. 특히, 어느 애트리뷰트에 인덱스를 만들며 그 인덱스를 클러스터할지를 결정하시오. DBMS는 B+ 트리와 해시 인덱스 모두를 지원하고, 단일 및 다중 애트리뷰트 키 모두가 허용된다고 가정하시오.

1. 인덱스를 생성할 애트리뷰트들을 도출하고, 각 인덱스를 클러스터할지, 그리고 B+ 트리 또는 해시 인덱스로 할지를 나타내어서, 물리적 설계를 명시하시오.
2. 이 작업부하를 어떤 자동 인덱스 튜닝 마법사를 이용해서 튜닝한다고 가정하자. 인덱스 튜닝 알고리즘 수행의 주요 단계들과 고려될 후보 구성들의 집합에 대해 개괄적으로 설명하시오.
3. 중요한 질의들의 집합이 다음과 같이 바뀌었다고 가정하고 물리적 스키마를 재설계하시오.

   - 각 학과별로 그 학과의 교수들이 담당하는 서로 다른 전공분야의 수를 나열하시오.
   - 전공수가 가장 적은 학과를 찾으시오.

- 학과장 중에서 나이가 가장 적은 교수를 찾으시오.

문제 20.3 회사 데이터베이스의 일부인 다음 BCNF 스키마를 고려해보자(타입정보는 상관이 없기 때문에 생략했다).

Project(<u>*pno*</u>, *proj_name, proj_base_dept, proj_mgr, topic, budget*)
Manager(<u>*mid*</u>, *mgr_name, mgr_dept, salary, age, sex*)

각 프로젝트는 어떤 부서에 속하며, 각 관리자는 어떤 부서에 소속되며, 프로젝트의 관리자는 (프로젝트가 속하는) 같은 부서에 소속될 필요가 없다는 점에 유의하기 바란다. 다음 질의들은 이 회사의 작업부하에서 가장 일반적인 다섯 가지 질의들이고, 빈도와 중요도 면에서 모두 비슷하다고 가정하자.

- 주어진 부서에서 일하는 사용자가 지정한 성(남성/여성)에 해당하는 관리자들의 name, age, salary를 나열하시오. 부서 수는 많지만 각 부서에 프로젝트 관리자는 아주 적다고 가정할 수 있다.
- 사용자가 지정한 나이 범위(예를 들어, 30세 이하)에 해당하는 관리자가 관리하는 모든 프로젝트의 이름을 나열하시오.
- 부서의 관리자가 그 부서에 소속된 프로젝트를 관리하고 있는 모든 부서의 name을 나열하시오.
- 가장 적은 예산이 책정된 프로젝트의 name을 나열하시오.
- 주어진 프로젝트와 같은 부서에 소속된 모든 관리자들의 name을 나열하시오.

이런 질의들은 갱신연산보다 훨씬 빈번하게 발생하고, 따라서 이런 질의들을 빠르게 하는 데에 필요한 어떤 인덱스든지 만들어야 한다. 그렇지만, 갱신은 발생하기 때문에(그리고, 불필요한 인덱스들에 의해 느려질 것이므로), 불필요한 인덱스는 만들어서는 안 된다. 이러한 정보를 바탕으로 예상 작업부하에 대해 좋은 성능을 제공하는 회사 데이터베이스의 물리적 스키마를 설계하시오. 특히, 어느 애트리뷰트에 인덱스를 만들며 그 인덱스를 클러스터할지를 결정하시오. DBMS는 B+ 트리와 해시 인덱스 모두를 지원하고, 단일 및 다중 애트리뷰트 키 모두가 허용된다고 가정하시오.

1. 인덱스를 생성할 애트리뷰트들을 도출하고, 각 인덱스를 클러스터할지, 그리고 B+ 트리 또는 해시 인덱스로 할지 아니면 해시 인덱스로 할지를 나타내어서, 물리적 설계를 명시하시오.
2. 이 작업부하를 어떤 자동 인덱스 튜닝 마법사를 이용해서 튜닝한다고 가정하자. 인덱스 튜닝 알고리즘 수행의 주요 단계들과 고려될 후보 구성들의 집합에 대해 개괄적으로 설명하시오.
3. 중요한 질의들의 집합이 다음과 같이 바뀌었다고 가정하고 물리적 스키마를 재설계하시오.
   - 각 관리자 별로 관리하는 프로젝트들의 예산의 총액을 찾으시오; 즉, *proj_mgr*과 해당 관리자에 의해 관리되는 프로젝트들의 총액을 나열하다.
   - 사용자가 지정한 나이 범위에 속하는 각 관리자별로 관리하는 프로젝트들의 예산의 총액을 찾으시오.
   - 남성 관리자의 수를 찾으시오.
   - 관리자들의 평균 나이를 구하시오.

문제 20.4 Globetrotters 클럽은 여러 분회들로 구성되어 있다. 한 분회의 회장은 절대로 다른 분회의 회장으로 봉사할 수 없고, 분회마다 그 회장에게 약간의 급여를 준다. 분회는 계속 새로운 장소를 이동하며, 이동할 때(에만) 회장을 새로 선출한다. 이 데이터는 릴레이션 $G(C, S, L, P)$로 저장되는데, 애트리뷰트들은 분회(*C*), 급여(*S*), 위치(*L*), 회장(*P*)이다. "분회 *X*가 *Y*지역에 있을 때 회장은 누구였는가?"와 같은 형태의 질의들이 자주 발생하며, 조인을 수행하지 않고 결과를 구할 수 있어야만 한다.

1. *G*에서 만족해야할 FD를 나열하시오.
2. 릴레이션 *G*의 후보키들은 무엇인가?
3. 스키마 *G*는 어느 정규형에 속하는가?
4. 이 클럽을 위한 좋은 데이터베이스 스키마를 설계하시오. (위에서 제시한 질의 요건들을 만족해야 함을 상기하시오!)
5. 당신이 설계한 스키마는 어느 정규형에 속하는가? 릴레이션 *G*보다 당신이 설계한 스키마에서 더 느리게 수행될 것 같은 질의의 예를 보이시오.
6. G를 BCNF로 무손실 조인, 종속성 유지 분해할 수 있는가?
7. 관계형 데이터베이스 스키마를 설계할 때 3NF보다 약한 형태를 받아들이는 이유라도 있는가? 필요하다면 이 예제에 다른 제약조건을 추가해서 여러분의 답을 설명하시오.

문제 20.5 다양한 부품들의 번호, 종류(예를 들어, nuts 또는 bolts), 단가. 그리고 이용 가능한 재고 수량을 표현하는 다음 BCNF 릴레이션을 고려하자.

Parts (*<u>pid</u>, pname, cost, num_avail*)

다음 두 질의는 굉장히 중요하다는 사실을 알고 있다.

- 모든 부품 종류에 대해 각 부품 종류별로 이용 가능한 전체 재고 수를 구하시오(즉, 모든 종류의 nut에 대해 *num_avail*의 합계, 모든 종류의 bolt에 대한 *num_avail*의 합계 등등).
- 가격이 가장 비싼 부품들의 *pid*를 나열하시오.

1. 이 릴레이션에 대해 선택할 물리적 설계를 기술하시오. 즉, Parts 레코드들에 대해 어떤 파일 구조를 선택할 것이며, 어떤 인덱스들을 생성할 것인가?
2. 고객들이 나중에 성능이 여전히 만족스럽지 못하다고 불평한다고 가정하자(앞의 문제에 대해 선택한 파일 구성과 인덱스들을 사용했을 때). 새로운 하드웨어나 소프트웨어는 구매할 여유가 없기 때문에, 스키마 재설계를 고려해야만 한다. 더 나은 성능을 어떻게 얻을 지를, 사용할 릴레이션 스키마, 파일들의 구성, 그리고 생성할 인덱스들을 기술해서 설명하시오.
3. 만약 시스템이 다중 애트리뷰트 탐색 키에 대한 인덱스를 지원하지 않는다면, 위의 두 문제에 대한 답이 어떻게 바뀌는가?

문제 20.6 직원들과 그들이 소속한 부서들을 표현하는 다름 BCNF 릴레이션을 고려하자.

Emp (*<u>eid</u>, sal, did*)
Dept (*<u>did</u>, location, budget*)

다음 두 질의는 굉장히 중요하다는 사실을 알고 있다.

- 사용자가 지정한 직원이 근무하는 지역(location)을 구하시오.
- 한 부서의 예산이 해당 부서의 직원 각각의 월급보다 더 많은지를 검사하시오.

1. 이 릴레이션에 대해 선택할 물리적 설계를 기술하시오. 즉, 이 릴레이션들에 대해 어떤 파일 구

조를 선택할 것이며, 어떤 인덱스들을 생성할 것인가?

2. 고객들이 나중에 성능이 여전히 만족스럽지 못하다고 불평한다고 가정하자(앞의 문제에 대해 선택한 파일 구성과 인덱스들을 사용했을 때). 새로운 하드웨어나 소프트웨어는 구매할 여유가 없기 때문에, 스키마 재설계를 고려해야만 한다. 더 나은 성능을 어떻게 얻을 지를, 사용할 릴레이션 스키마, 파일들의 구성, 그리고 생성할 인덱스들을 기술해서 설명하시오.
3. 사용하는 데이터베이스 시스템의 인덱스 구조가 굉장히 비효율적이라고 가정하자. 이 경우 어떤 종류의 설계를 시도하겠는가?

문제 20.7 회사의 부서들과 직원들을 표현하는 다음 BCNF 릴레이션을 고려하자.

Dept(<u>*did*</u>, *dname, location, managerid*)
Emp(<u>*eid*</u>, *sal*)

다음 두 질의는 굉장히 중요하다는 사실을 알고 있다.

- 사용자가 지정한 위치에 있는 각 부서에 대해 관리자의 name과 id를, 부서이름의 알파벳 순으로 나열하시오.
- 사용자가 지정한 위치에 있는 부서를 관리하는 직원들의 평균 월급을 구하시오. 한 사람이 한 부서만 관리할 수 있다고 가정한다.

1. 당신이 선택할 화일 구조와 인덱스들을 기술하시오.
2. 나중에 이 릴레이션들에 대한 갱신 연산이 빈번히 발생한다는 것을 알게 되었다. 인덱스는 높은 오버헤드를 유발하기 때문에, 인덱스를 사용하지 않고 이들 질의의 성능을 개선할 방법이 있는가?

문제 20.8 다음 각 질의들에 대하여 최적화기가 좋은 계획을 발견할 수 없는 이유를 하나 제시하시오. 좋은 계획이 발견될 수 있도록 해당 질의를 재작성하시오. 각 질의에 대해 이용 가능한 인덱스나 알려진 제약조건들을 명시해두었다. 릴레이션 스키마는 질의에서 이용하는 애트리뷰트들과 부합한다고 가정하자.

1. *age* 애트리뷰트에 인덱스가 이용가능하다.

```
SELECT E.dno
FROM   Employee E
WHERE  E.age=20 OR E.age=10
```

2. *age* 애트리뷰트에 B+ 트리 인덱스가 이용가능하다.

```
SELECT E.dno
FROM   Employee E
WHERE  E.age<20 AND E.age>10
```

3. *age* 애트리뷰트에 인덱스가 이용가능하다.

```
SELECT E.dno
FROM   Employee E
WHERE  2*E.age<20
```

4. 이용 가능한 인덱스가 없다.

```
SELECT DISTINCT *
FROM   Employee E
```

5. 이용 가능한 인덱스가 없다.

```
SELECT   AVG (E.sal)
FROM     Employee E
GROUP BY E.dno
HAVING   E.dno=22
```

6. Reserves의 *sid*는 Sailors를 참조하는 외래키이다.

```
SELECT   S.sid
FROM     Sailors S, Reserves R
WHERE    S.sid=R.sid
```

문제 20.9 $100,000 이상을 벌고 나이가 자신의 관리자와 같은 직원들의 이름을 구하는 두 가지 방법을 고려해보자. 우선 내포질의

```
SELECT   E1.ename
FROM     Emp E1
WHERE    E1.sal > 100 AND E1.age = ( SELECT E2.age
                                     FROM   Emp E2, Dept D2
                                     WHERE  E1.dname = D2.dname
                                            AND D2.mgr = E2.ename )
```

두 번째, 뷰 정의를 이용한 질의

```
SELECT   E1.ename
FROM     Emp E1, MgrAge A
WHERE    E1.dname = A.dname AND E1.sal > 100 AND E1.age = A.age

CREATE VIEW MgrAge (dname, age)
         AS SELECT D.dname, E.age
            FROM   Emp E, Dept D
            WHERE  D.mgr = E.ename
```

1. 첫 번째 질의가 두 번째 질의보다 성능이 좋은 경우를 설명하시오.
2. 두 번째 질의가 첫 번째 질의보다 성능이 좋은 경우를 설명하시오.
3. $100,000 이상을 버는 모든 직원들 모두가 35세 또는 40세인 경우, 성능 면에서 위 두 가지 질의를 모두 능가하는 동일한 질의를 작성할 수 있는가? 간단히 설명하시오.

참고문헌 소개

[658]은 물리적 데이터베이스 설계에 관한 초창기 논의이다. [659]는 정규화의 성능에 관한 영향을 논의하고 반정규화가 어떤 질의에 대해서는 성능을 향상시킬 수 있음을 보이고 있다. IBM의 물리적 설계 툴의 기반이 되는 아이디어는 [272]에 기술되어 있다. 질의 작업부하에 따라 자동적으로 인덱스 선택을 수행하는 Microsoft AutoAdmin 툴은 [163, 164]에 기술되어 있다. DB2 Advisor는 [750]에 기술되어 있다. 물리적 데이터베이스 설계에 관한 다른 접근 방법들은 [146, 639]에 기술되어 있다. [679]는 이 책에서 간단히 언급한 트랜잭션 튜닝을 다루고 있다. 이슈는 성능을 극대화하기 위해

응용프로그램을 트랜잭션들의 집합으로 어떻게 구성하느냐이다.

데이터베이스 설계에 관한 다음 책들은 물리적 설계의 이슈들을 자세히 다루고 있다. 더 깊이있는 내용을 위해서 추천한다. [274]는 많은 예를 DB2와 Teradata 시스템에 기반하고 있지만, 대체로 특정 제품과는 무관하다. [779]는 주로 DB2를 다룬다. Shasha와 Bonnet [104]은 데이터베이스 튜닝에 관한 심도깊고 읽기 쉬운 소개를 하고 있다.

[334]는 데이터베이스 벤치마킹에 관한 여러 논문들을 포함하고 있고, 보조 소프트웨어도 제공하고 있다. 이 책에는 AS^{3}AP, Set Query, TPC-A, TPC-B, Wisconsin, 그리고 001 벤치마크에 관한 원래 개발자들의 글들이 포함되어 있다. Bucky 벤치마크는 [132]에, 007 벤치마크는 [131]에, 그리고 TPC-D 벤치마크는 [739]에 기술되어 있다. Sequoia 2000 벤치마크는 [720]에 기술되어 있다.

21 보안과 권한관리

☞ 데이터베이스 응용을 설계할 때 주요한 보안 고려사항들을 무엇인가?

☞ DBMS가 데이터에 대한 사용자 접근을 제어하기 위해 제공하는 주요 메카니즘은 무엇인가?

☞ 임의적 접근제어(discretionary access control)란 무엇이고, SQL에서는 그것을 어떻게 지원하나?

☞ 임의적 접근제어의 약점은 무엇인가? 강제적 접근제어(mandatory access control)에서는 이 문제점을 어떻게 해결하나?

☞ 비밀 채널(covert channel)이란 무엇이며, 강제적 접근제어를 어떻게 공격하나?

☞ 보안을 위해서 DBA는 어떤 일들을 수행해야만 하나?

☞ 원격에 있는 데이터베이스를 접근할 때 추가적인 보안 고려사항은 무엇인가?

☞ 안전한 접근을 보장하기 위한 암호화(encryption)의 역할은 무엇인가? 암호화가 서버를 인증하고 디지털 서명(digital signature)을 생성하는 데 어떻게 사용되나?

➜ **주요 개념:** 보안(security), 무결성(integrity), 가용성(availability); 임의적 접근제어(discretionary access control), 권한(privileges), GRANT, REVOKE; 강제적 접근제어(mandatory access control), 객체(objects), 주체(subjects), 보안등급(security classes), 다단계 테이블(multilevel tables), 다중인스턴스화(polyinstantiation); 비밀 채널(covert channels), DoD 보안등급(DoD security levels); 통계 데이터베이스(statistical databases), 비밀 정보 추론(inferring secure information); 원격 접근 인증(authentication for remote access), 보안 서버(securing servers), 디지털 서명(digital signatures); 암호화(encryption), 공개키 암호화(public-key encryption).

I know that's a secret, for it's whispered everywhere.

— *William Congreve*

DBMS에 저장된 데이터는 조직의 비즈니스의 주요 관심사이며 기업자산으로 여겨진다. 단순히 데이터 자체를 보호하는 것 뿐만 아니라, 기업들은 개인 프라이버시를 보장하고, 다양한 이유로 인해서 어떤 그룹의 사용자들에게는 보여지지 말아야 할 데이터에 대한 접근을 제어하는 방안을 고려해야만 한다.

이 장에서는 DBMS의 접근제어와 보안과 관련된 개념들을 논의한다. 21.1절에서 데이터베이스 보안 이슈들을 소개한 뒤, 접근 제어를 명세하고 관리하는 두 가지의 상이한 접근 방법, 즉 *임의적*(*discretionary*) 방법과 *강제적*(*mandatory*) 방법에 대해 알아본다. **접근제어** 메카니즘은 특정 사용자에 의해 접근 가능한 데이터를 제어하는 방법이다. 21.2절에서 접근제어를 소개한 뒤, 21.3절에서는 SQL에서 지원하고 있는 임의적 접근제어를 다룬다. 21.4절에서는 SQL에서 현재 지원하고 있지 않는 강제적 접근제어를 간단히 다룬다.

21.5절에서는 인터넷상에서 DBMS에 대한 안전한 접근을 지원하기 위한 특이한 이슈들을 고려한다. 다음으로, 21.6절에서는 데이터베이스 보안의 몇 가지 추가적인 측면, 즉 통계 데이터베이스에서 보안과 데이터베이스 관리자의 역할 등에 관해 논의한다. 21.7절에서는 실제 사례로써 Barns Nobble의 보안 측면을 논의하면서 이 장을 맺는다.

21.1 데이터베이스 보안 소개

안전한 데이터베이스 응용을 설계할 때 세 가지 주요 목표가 있다.

1. **보안성**(secrecy): 권한이 없는 사용자에게 정보가 노출되어서는 안 된다. 예를 들어, 한 학생이 다른 학생의 성적을 볼 수 없어야만 한다.
2. **무결성**(integrity): 권한이 있는 사용자만이 데이터를 수정할 수 있어야 한다. 예를 들어, 학생들이 자기 성적으로 조회할 수는 있지만, 수정할 수는 없어야 한다.
3. **가용성**(availability): 권한이 있는 사용자의 접근이 거부되어서는 안 된다. 예를 들어, 교수가 성적을 바꾸고자 하는 경우 바꿀 수 있어야 한다.

이러한 목표를 달성하기 위해서는, 명확하고 일관성이 있는 **보안 정책**(security policy)을 수립해서 어떤 보안 조치를 취할지를 반드시˙ 기술해야만 한다. 특히 데이터의 어떤 부분을 보호하고 또 어떤 사용자가 데이터의 어떤 부분을 접근할 수 있는지를 결정해야 한다. 다음으로, 건물에 대한 접근 보안 등의 외부 메카니즘뿐만 아니라 사용하고 있는 DBMS와 운영체제(operating system)등의 **보안 메카니즘**(security mechanism)을 활용해서 보안 정책을 보장해야 한다. 여기에서 중요한 점은 여러 레벨에서 보안 조치를 강구해야 한다는 것이다.

운영 체제나 네트워크 접속에서의 보안 허점들은 데이터베이스 보안 메카니즘을 뚫을 수 있다. 예를 들어, 그러한 허점들로 인해서 침입자는 DBMS에 관한 모든 권한을 가진 데이터베이스 관리자로 로그인할 수도 있다. 인적 요소도 주요한 보안 허점이다. 예를 들어, 사용자는 쉽게 추측 가능한 암호를 선택할 수 있으며, 민감한 데이터(sensitive data)를 볼 수 있는 권한을 가진 사용자가 그 데이터를 악용할 수도 있다. 이러한 오류가 보안 침입의 큰 부분을 차지한다. 이런 부분이 중요하기는 하나 데이터베이스 관리 시스템에 직접 관련된 사항이 아니므로 여기서는 논의하지 않는다. 주요 논의사항은 보안 정책을 지원하기 위한 데이터베이스 접근 제어 메카니즘이다.

뷰(view)는 보안 정책들을 집행할 수 있는 좋은 도구이다. 뷰 메카니즘은 특정 사용자 그룹에 적합한 데이터 집합의 '윈도우(window)'을 생성하는 데 사용할 수 있다. 뷰는 민감한 데이터에 대해 데이터 자체가 아니라 (뷰를 통해 정의된) 제한된 버전을 접근하도록 함으로써 해당 데이터에 대해 접근을 제한한다.

우리는 다음 스키마를 예제에 사용한다.

> Sailors(*sid:* `integer`, *sname:* `string`, *rating:* `integer`, *age:* `real`)
> Boats(*bid:* `integer`, *bname:* `string`, *color:* `string`)
> Reserves(*sid:* `integer`, *bid:* `integer`, *day:* `dates`)

데이터베이스 시스템이 점점 더 전자상거래 응용들의 근간(backbone)으로 사용됨으로써 인터넷상의 요구사항들이 발생한다. 따라서, 데이터베이스 시스템에 접근하는 사용자에 대한 **인증**(authenticate)이 중요하게 된다. 결국, 만일 사용자 Sam이 사용자 Elmer인 것처럼 속일 수 있다면, 사용자 Sam으로 하여금 테이블을 읽도록 하고 사용자 Elmer는 그 테이블을 쓸 수 있도록 하는 보안 정책은 별로 소용이 없다. 반대로, 우리는 사용자들로 하여금 그들이 합법적인 시스템(예를 들어, 신용카드 번호와 같은 중요한 정보를 훔쳐내기 위한 의심스러운 프로그램이 아니라, 실제 Amazon.com 서버)과 통신하고 있음을 보장해줄 수 있어야 한다. 인증의 자세한 사항은 이 책의 범위를 벗어나지만, 데이터베이스 접근제어 메카니즘을 다룬 뒤에, 21.5절에서 인증의 역할과 기본 아이디어를 논의한다.

21.2 접근 제어

한 기업의 데이터베이스에는 엄청난 양의 정보와 대개는 여러 사용자 그룹들을 포함하고 있다. 대부분의 사용자들은 자신의 업무를 수행하기 위해 데이터베이스의 극히 일부분만 접근하면 된다. 사용자들에게 모든 데이터에 대한 무제한적인 접근을 허용하는 것은 바람직하지 않으며, 따라서 DBMS는 데이터에 대한 접근을 제어하는 메카니즘을 제공해야만 한다.

DBMS는 크게 두 가지의 접근 제어 방식을 제공한다. **임의적 접근제어**(discretionary access control)는 접근 권한(access rights), 또는 **권한**(privileges) 개념과 사용자에게 권한을 부여하는 메카니즘에 기반하고 있다. 권한은 사용자에게 어떤 데이터 객체를 특정 방법(예를 들어, 읽기 또는 쓰기)으로 접근하도록 허락하는 것이다. 테이블 또는 뷰와 같은 데이터베이스 객체를 생성한 사용자는 자동적으로 해당 객체에 관한 모든 권한을 얻게 된다. 이 후에, DBMS는 이들 권한들이 어떤 사용자들에게 허가(`grant`)되었고 또 취소(`revoke`)되었는지를 계속 추적해서, 항상 필요한 권한을 가진 사용자들만 객체를 접근할 수 있도록 보장한다. SQL은 `GRANT`와 `REVOKE`명령을 통해 임의적 접근제어를 지원한다. `GRANT`명령은 사용자들에게 권한을 부여하고, `REVOKE` 명령은 권한을 회수한다. 21.3절에서 임의적 접근제어를 논의한다.

임의적 접근제어 메카니즘은 일반적으로 효과적이기는 하나 몇 가지 약점을 가지고 있다. 특히, 권한이 없는 불순한 사용자가 권한이 있는 사용자로 하여금 민감한 데이터를 유출시키도록 속일 수 있다. **강제적 접근제어**(mandatory access control)는 사용자 개개인별로 변경할 수 없는 시스템 전반의 정책에 기반한다. 이 방식에서는 모든 데이터베이스 객체에게 보안등급(*security class*)을 부여하고 사용자들마다 허가등급(*clearance*)을 부여해서, 사용자에 의한 데이터베이스의 읽기와 쓰기에 규칙을 적용한다. DBMS는 어떤 사용자가 어떤 객체를 읽거나 쓸 수 있는지의 여부를 지정하며 사용자가 데이터베이스 객체를 판독하거나 기록하는 것에 대해 몇 가지 규칙들을 만들어 놓는다. DBMS는 객체의 보안등급과 사용자의 허가 등급과 관련한 몇 가지 규칙들에 기반해서 그 사용자가 그 객체를 판독하거나 기록할 수 있는가를 결정한다. 이런 규칙들은 필요한 허가등급을 갖지 못한 사용자에게 민감한 데이터가 절대로 전달되지 않는 것을 보장하도록 한다. SQL 표준은 강제적 접근제어에 대한 지원을 하고 있지 않다. 21.4절에서 강제적 접근제어에 관해 논의한다.

21.3 임의적 접근제어

SQL은 GRANT와 REVOKE 명령을 통해 임의적 접근제어를 지원한다. GRANT 명령은 사용자들에게 기본 테이블(base table)이나 뷰에 대한 권한을 부여한다. 이 명령의 구문은 다음과 같다.

GRANT **privileges** ON **object** TO **users** [WITH GRANT OPTION]

여기서 **객체**(object)는 기본 테이블이나 뷰만 고려한다. SQL은 다른 종류의 객체들도 인식하지만 여기에서는 논하지 않는다. 다음 권한들을 포함한 다양한 권한들을 명세할 수 있다.

- SELECT: '**object**'로 명시된 테이블의 모든 필드들을 접근(읽기)할 수 있는 권한인데, 추후에 ALTER TABLE 명령을 통해 *추가된 필드들도 포함*한다.
- INSERT(*column-name*): '**object**'라는 테이블의 지정된 칼럼에 (널이 아니거나 기본값도 아닌) 값을 갖는 투플들을 삽입할 수 있는 권한이다. 나중에 추가되는 필드들을 포함하여 모든 필드들에 대해 이 권한을 허가하려면 단순히 INSERT를 사용하면 된다. UPDATE(*column-name*) 및 UPDATE도 이와 비슷하다.
- DELETE: '**object**'라는 테이블로부터 투플들을 삭제할 수 있는 권한이다.
- REFERENCES(*column-name*): '**object**'라는 테이블의 명세된 칼럼을 참조하는 외래키를 (다른 테이블에서) 정의할 수 있는 권한이다. 단순히 REFERENCES라고 표기하면 나중에 추가되는 칼럼을 포함한 모든 칼럼들에 대해 이 권한을 부여한다.

특정 사용자가 **허가옵션**(grant option)을 포함한 권한을 가지면 그는 똑같은 권한을 GRANT 명령을 사용해서 다른 사람들에게 전달해 줄 수 있다(이때 허가옵션은 포함할 수도 안할 수

SQL에서 역할(role) 기반의 권한 관리: SQL-92에서 권한은 사용자에게(정확히는 권한 식별자(authorization ID)) 부여된다. 실제 세계에서는, 권한은 보통 사용자의 업무나 조직내의 역할과 연관이 있다. 많은 DBMS들은 역할(**role**)의 개념을 오랫동안 지원해 왔으며, 역할에 권한을 부여하는 것을 허용하고 있다. 역할은 다시 사용자와 또 다른 역할에게 허용될 수 있다(물론, 권한을 사용자에게 직접적으로 부여할 수도 있다). SQL:1999 표준은 역할을 지원한다. 역할은 `CREATE ROLE`과 `DROP ROLE` 명령어를 사용해서 생성/삭제 할 수 있다. 사용자에게는 역할(옵션으로 해당 역할을 다른 사용자에게 전달할 수 있는 능력도 포함해서)이 부여될 수 있다. 표준 `GRANT/REVOKE` 명령은 권한을 역할과 권한 식별자에게 부여(그리고 회수)할 수 있다.
많은 시스템에서 이미 지원하는 기능을 포함하는 장점이 무엇일까? 이는 시간이 지나면 표준에 호환하는 모든 벤더들이 이 기능을 지원하게 하기 때문이다. 따라서, 사용자들은 DBMS간에 자신들의 응용 프로그램의 이식성(portability)를 염려하지 않고 그 기능을 사용할 있게 된다.

도 있다.) 기본 테이블을 생성한 사용자는 자동적으로 그 객체에 대해 모든 적용 가능한 권한들을 가지며 이 권한들을 다른 사용자에게 허가할 수 있는 허가옵션도 가진다. 뷰를 생성한 사용자는 그 뷰를 정의할 때 사용한 모든 뷰나 기본 테이블에 대해서 가지고 있는 권한들과 똑같은 권한들을 그 뷰에 대해 가진다. 뷰를 생성하는 사용자는 각 기본 테이블에 대해 `SELECT` 권한을 가지고 있어야 하므로, 이에 따라 그 뷰에 대해서도 `SELECT` 권한을 항상 부여받는다. 뷰의 생성자는 모든 기본 테이블에 대해 허가옵션을 포함한 `SELECT` 권한을 가지고 있을 때에 한해서 그 뷰에 대해 허가옵션을 포함한 `SELECT` 권한을 가진다. 또한, 뷰가 갱신가능(updatable)하며 사용자가 기본 테이블 중 일부에 대해서 `INSERT`, `DELETE` 또는 `UPDATE` 권한을 가지고 있다면 (허가옵션의 유무에 상관없이) 그 사용자는 자동적으로 그 뷰에 대해 동일한 권한을 갖는다.

오직 스키마의 소유주만 데이터 정의문 `CREATE`, `ALTER`, `DROP` 문장을 실행할 수 있다. 이러한 문장들을 실행시킬 수 있는 권한은 허가할 수도 없고 회수할 수도 없다.

`GRANT` 및 `REVOKE` 명령과 결합해서, 뷰는 관계 DBMS가 제공하는 보안 메카니즘의 중요한 요소이다. 기본 테이블에 대해 뷰를 정의함으로써 사용자들이 접근해서는 안 되는 정보들은 *감추고* 필요한 정보만 보여줄 수 있다. 예를 들어, 다음의 뷰 정의를 고려해보자.

```
CREATE VIEW ActiveSailors (name, age, day)
        AS SELECT S.sname, S.age, R.day
           FROM   Sailors S, Reserves R
           WHERE  S.sid = R.sid AND S.rating > 6
```

ActiveSailors는 접근할 수 있지만 Sailors나 Reserves 릴레이션을 접근할 수 없는 사용자는 예약을 한 선원의 이름은 알지만, 특정 선원이 예약한 배의 *bid*는 알 수가 없다.

SQL에서 권한은 **권한식별자**(authorization ID)에게 부여되는데, 이는 단일 사용자 또는 사용자들의 그룹을 지칭한다. 사용자는 DBMS를 사용해서 명령을 수행하기에 앞서 자신의 권한식별자와, 많은 시스템의 경우, 그에 해당하는 암호를 입력해야만 한다. 따라서, 기술적으로, 다음에 뒤에 나오는 예제들에서 *Joe*나 *Michael* 등은 사용자 이름이라기보다는 권한식별자이다.

사용자 Joe가 테이블 Boats, Reserves, Sailors을 생성했다고 가정하다. 이제 Joe가 실행할 수 있는 GRANT 명령의 몇 가지 예는 다음과 같다.

```
GRANT INSERT, DELETE ON Reserves TO Yuppy WITH GRANT OPTION
GRANT SELECT ON Reserves TO Michael
GRANT SELECT ON Sailors TO Michael WITH GRANT OPTION
GRANT UPDATE (rating) ON Sailors TO Leah
GRANT REFERENCES (bid) ON Boats TO Bill
```

Yuppy는 Reserves 테이블에 투플을 삽입하거나 삭제할 수 있으며, 또다른 사람이 이와 같은 일을 할 수 있도록 권한을 부여할 수도 있다. Michael은 Sailors 및 Reserves 테이블에 대해 SELECT 질의를 실행할 수 있으며 다른 사람들에게 Sailors 테이블에 대한 이 권한을 전달할 수는 있지만 Reserves 테이블에 대한 권한은 전달해 줄 수 없다. SELECT 권한을 갖고서, Michael은 Sailors 및 Reserves 테이블을 접근하는 뷰(예를 들어, ActiveSailors 뷰)를 생성할 수는 있지만, ActiveSailors에 대한 SELECT 권한을 다른 사람에게 허가할 수는 없다.

한편, Michael이 다음과 같이 YongSailors 뷰를 생성했다고 가정하자.

```
CREATE VIEW YoungSailors (sid, age, rating)
       AS SELECT S.sid, S.age, S.rating
FROM   Sailors S
WHERE  S.age < 18
```

기본 테이블은 Sailors 뿐이고 여기에 대해서는 허가옵션을 포함한 SELECT 권한을 Michael이 가지고 있다. 따라서 Michael은 YoungSailors에 대해서도 허가옵션을 포함한 SELECT 권한을 가지며, Youngsailors에 대한 SELECT 권한을 Eric과 Guppy에게 전달할 수 있다.

```
GRANT SELECT ON YoungSailors TO Eric, Guppy
```

이제부터 Eric과 Guppy는 YoungSailors 뷰에 대해 SELECT 질의를 실행할 수 있다—그러나 Eric과 Guppy는 기반이 되는 Sailors나 Reserves 테이블에 대해 직접 SELECT 질의를 실행할 수 있는 권한은 갖고 있지 않다는 점에 주목하기 바란다.

Michael은 또한 Sailors 및 Reserves 테이블의 정보에 기반한 제약조건을 정의할 수 있다. 예를 들어, Michael은 테이블 제약조건을 갖는 테이블을 다음처럼 정의할 수 있다.

```
CREATE TABLE Sneaky (maxrating  INTEGER,
                     CHECK ( maxrating >=
                             ( SELECT MAX (S.rating )
                               FROM   Sailors S )))
```

maxrating 값을 조금씩 증가시켜 가면서 Sneaky 테이블에 반복적으로 투플 삽입을 시도해서 결국 삽입을 성공하게 되면, Michael은 Sailors 테이블에 있는 *rating* 값 중에 최고값이 얼마인지를 알수 있게 된다. 이 예는 왜 SQL이 Sailors 테이블을 참조하는 테이블 제약조건을 만드는 사람들로 하여금 Sailors 테이블에 대한 SELECT 권한을 갖도록 요구하는지를 잘 설명해주고 있다.

Joe가 허가해 준 권한들로 돌아가 보면, Leah는 Sailors 투플의 *rating* 필드만 갱신할 수 있다. 이 사람은 다음의 질의를 실행할 수 있다.

```
UPDATE Sailors S
SET    S.rating = 8
```

그렇지만, Leah는 SET절을 SET *S.age* = *25*로 바꾼 동일한 명령을 실행할 수는 없는데, 왜냐하면 *age* 필드를 갱신할 수 있는 권한을 부여받지 못했기 때문이다. 좀 더 미묘한 문제는 다음 명령에서 알 수 있는데, 이는 모든 선원들의 등급을 감소시킨다.

```
UPDATE Sailors S
SET    S.rating = S.rating−1
```

Leah는 이 명령을 실행할 수 없는데, 왜냐하면 이를 위해서는 *S.rating*칼럼에 대해 SELECT 권한이 필요한데 Leah는 이 권한을 갖고 있지 않기 때문이다.

Bill은 Boat 테이블의 *bid* 필드를 다른 테이블에서 외래키로 참조할 수 있다. 예를 들어, Bill은 다음 명령을 사용해서 Reserves 테이블을 생성할 수 있다.

```
CREATE TABLE Reserves ( sid  INTEGER,
                        bid  INTEGER,
                        day  DATE,
                        PRIMARY KEY (bid, day),
                        FOREIGN KEY (sid) REFERENCES Sailors ),
                        FOREIGN KEY (bid) REFERENCES Boats )
```

만약 Bill이 Boats 테이블의 *bid* 칼럼에 대해 REFERENCES 권한을 가지고 있지 않으면, FOREIGN KEY 절에서 이러한 권한을 필요로 하기 때문에 Bill은 이 CREATE문을 실행할 수 없을 것이다(Sailors에 관한 외래키 참조의 경우도 마찬가지이다).

GRANT 명령에서 단지 INSERT 권한(REFERENCES와 다른 권한의 경우도 마찬가지)만 명세하는 것은 그 테이블의 현재의 각 칼럼에 대해 SELECT(*column-name*)를 명세하는 것과 같지 않다. *sid, sname, age, rating* 필드를 가진 Sailors 테이블에 대한 다음 명령을 고려해 보자.

```
GRANT INSERT ON Sailors TO Michael
```

이 명령을 실행한 후에 (ALTER TABLE 명령의 실행을 통해) 새로운 필드가 Sailors 테이블에 추가되었다고 가정하자. 이때 Michael은 새로 추가된 이 칼럼에 대해 INSERT 권한을 갖고 있음을 주목하기 바란다. 만일 앞의 GRANT 명령 대신 다음의 GRANT 명령을 수행했었다면, Michael은 이 새로운 칼럼에 대한 INSERT 권한을 가지지 못할 것이다.

```
GRANT  INSERT ON Sailors(sid), Sailors(sname), Sailors(rating),
       Sailors(age), TO Michael
```

GRANT에 반대되는 명령으로 기존의 권한을 회수하는 명령이 있다. REVOKE 명령의 구문은 다음과 같다.

```
REVOKE [ GRANT OPTION FOR ] privileges
       ON object FROM users { RESTRICT | CASCADE }
```

이 명령은 특정 권한을 회수하거나 특정 권한의 허가옵션만 회수하는 데(GRANT OPTION FOR 절을 사용해서) 사용할 수 있다. RESTRICT와 CASCADE중 하나는 반드시 명시해 주어야 한다. 이들 각각의 의미를 알아보겠다.

GRANT 명령의 개념은 명확하다. 기본 테이블이나 뷰를 하나 만든 생성자는 그에 대한 모든 적용 가능한 권한을 소유하게 되며 이 권한들을 (허가옵션까지 포함해서) 다른 사람에게 전달할 수 있다. REVOKE 명령은, 예상대로, 정반대의 일을 한다. 다른 사용자에게 권한을 허가해 주었던 사용자가 마음을 바꿔서 허가한 권한을 회수하기를 원할 수도 있다. 그런데 REVOKE 명령의 개념은 좀 복잡한데, 그 이유는 한 사용자에게 동일 권한이 여러 번, 그리고 여러 사용자에게 의해 허가되었을 수도 있다는 사실 때문이다.

REVOKE 명령을 수행할 때 CASCADE 키워드를 같이 사용하면, 현재 REVOKE 명령을 수행하는 사용자가 GRANT 명령을 통해 이전에 허용했던 권한들을 갖고 있는 모든 사용자들로부터 지정된 권한이나 허가옵션을 철회하는 효과가 있다. 만일 이 사용자들이 허가옵션을 포함해서 권한을 받았고, 그 권한을 다른 사용자들에게 넘겨주었다면, 그 사용자들 또한 권한을 잃게 되는데, 다만 같은 권한을 다른 GRANT 명령을 통해 받은 경우는 예외이다.

여러 가지의 예를 통해서 REVOKE 명령의 사용을 보여주겠다. 우선, Joe가 Sailors 테이블의 생성자인 경우 다음과 같은 일련의 명령들로 어떤 일이 일어나는지를 고려해보자.

```
GRANT SELECT ON Sailors TO Art WITH GRANT OPTION    (executed by Joe)
GRANT SELECT ON Sailors TO Bob WITH GRANT OPTION    (executed by Art)
REVOKE SELECT ON Sailors FROM Art CASCADE           (executed by Joe)
```

물론 Art는 Sailors 테이블에 대한 `SELECT` 권한을 잃는다. 그리고, 단지 Art로부터 이 권한을 받은 Bob도 이 권한을 잃는다. Bob의 권한의 경우, 그 권한이 유도된 권한(이 예에서는 Art의 허가옵션을 포함한 `SELECT` 권한)이 취소될 때 **폐기된다**(abandoned)라고 말한다. `CASCADE` 키워드를 명세하면 모든 폐기 권한들도 같이 회수(그들로부터 유도되었던 또다른 권한들도 모두 폐기되므로 이것은 순환적으로 회수되는 것이다)된다. `REVOKE` 명령에 `RESTRICT` 키워드를 명세하면, 취소 대상 권한으로부터 유도된 다른 권한들이 없을 경우에만 실행되고 유도된 권한이 존재할 경우에는 실행이 거부된다.

또다른 예로 다음과 같은 일련의 명령을 고려해보자.

```
GRANT SELECT ON Sailors TO Art WITH GRANT OPTION     (executed by Joe)
GRANT SELECT ON Sailors TO Bob WITH GRANT OPTION     (executed by Joe)
GRANT SELECT ON Sailors TO Bob WITH GRANT OPTION     (executed by Art)
REVOKE SELECT ON Sailors FROM Art CASCADE            (executed by Joe)
```

앞에서와 마찬가지로, Art는 Sailors 테이블에 대한 `SELECT` 권한을 잃는다. 그러나 Bob의 경우는 어떨까? Bob은 이 권한을 Art로부터 받았지만 이와는 별도로 (우연히 Joe로부터 직접) 받기도 하였다. 따라서 Bob은 이 권한을 그대로 유지한다. 세 번째 예를 살펴보자.

```
GRANT SELECT ON Sailors TO Art WITH GRANT OPTION     (executed by Joe)
GRANT SELECT ON Sailors TO Art WITH GRANT OPTION     (executed by Joe)
REVOKE SELECT ON Sailors FROM Art CASCADE            (executed by Joe)
```

Joe가 Art에게 권한을 두 번 허가했고 한 번만 회수했으니까 Art는 이 권한을 계속 유지할까? SQL 표준에 따른다면 그렇지 않다. Joe가 무심코 같은 권한을 Art에게 수차 허가했더라도 한번의 `REVOKE` 명령으로 권한을 회수할 수 있다.

특정 권한의 허가옵션만 회수할 수도 있다.

```
GRANT SELECT ON Sailors TO Art WITH GRANT OPTION     (executed by Joe)
REVOKE GRANT OPTION FOR SELECT ON Sailors
       FROM Art CASCADE                              (executed by Joe)
```

이 명령은 Art의 Sailors 테이블에 대한 `SELECT` 권한을 그대로 두지만, Art는 이 권한에 대한 허가옵션을 더 이상 갖지 않게 되고, 따라서 다른 사람에게 이 권한을 부여할 수 없게 된다.

앞의 예들은 `REVOKE` 명령의 개념을 설명해 주면서, `GRANT` 명령과 `REVOKE` 명령 사이의 복잡한 상호 관계를 잘 보여주고 있다. `GRANT` 명령이 실행되면 DBMS가 관리하는 권한정보 테이블에 하나의 **권한설명자**(privilege descriptor)가 추가된다. 이 권한설명자는 그 권한의 *허가자*(*grantor*), 그 권한을 받는 *피허가*(*grantee*), *허가권한*(관련된 객체의 이름을 포함해서), 그리고 허가옵션의 포함여부를 명시한다. 사용자가 테이블이나 뷰 하나를 생성해서 '자동적으로' 특정 권한들을 획득하면, *system*을 허가자로 하는 권한설명자가 이 테이블에 추가된다.

일련의 GRANT 명령의 효과는 **권한그래프**(authorization graph)의 형태로 나타낼 수 있는데, 여기서 노드(node)는 사용자(기술적으로는 권한식별자)이며 간선(arc)은 전달되는 권한의 허가를 표시한다. 사용자 1이 GRANT 명령을 수행해서 사용자 2에게 권한을 준다면 사용자 1(의 노드)로부터 사용자 2(의 노드)로 향하는 간선이 생긴다. 이 간선에는 해당 GRANT 명령을 표시하는 설명자가 붙는다. 하나의 GRANT 명령에 대해 동일한 허가자로부터 동일한 피허가자로 동일한 권한이 이미 허가되어 있는 경우라면, 그 명령은 아무 효과도 갖지 못한다. 다음과 같은 일련의 명령들은 권한그래프에서 사이클(*cycle*)이 존재할 때 GRANT 명령과 REVOKE 명령의 의미를 잘 설명하고 있다.

```
GRANT SELECT ON Sailors TO Art WITH GRANT OPTION    (executed by Joe)
GRANT SELECT ON Sailors TO Bob WITH GRANT OPTION    (executed by Art)
GRANT SELECT ON Sailors TO Art WITH GRANT OPTION    (executed by Bob)
GRANT SELECT ON Sailors TO Cal WITH GRANT OPTION    (executed by Joe)
GRANT SELECT ON Sailors TO Bob WITH GRANT OPTION    (executed by Cal)
REVOKE SELECT ON Sailors FROM Art CASCADE           (executed by Joe)
```

이 예의 권한그래프는 그림 21.1과 같다. 여기에서 주목할 점은, *System*이란 노드를 도입하고 이 노드로부터 Joe의 노드로 간선을 그려서 Sailors 테이블 생성자인 Joe가 DBMS로부터 SELECT 권한을 부여받는 사실을 표시하고 있다는 점이다.

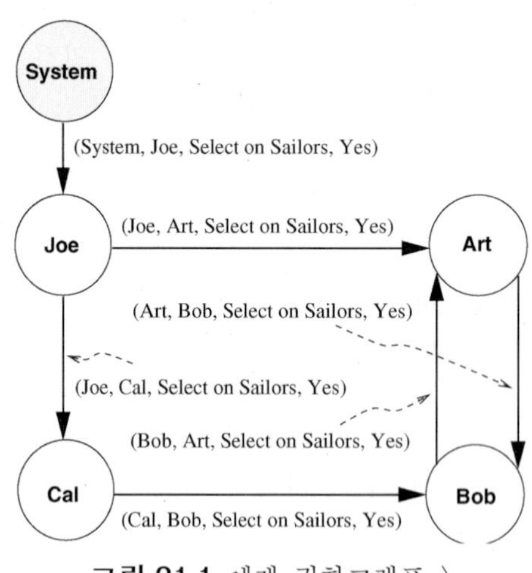

그림 21.1 예제 권한그래프 〉

이 그래프에 잘 나타나 있듯이, Bob은 Art에게 권한을 허가하고, Art는 다시 Bob에게 (같은 권한을) 허가해서 사이클을 형성하고 있다. 이후, Bob은 같은 권한을 Cal로부터 받았고 Cal은 또 Joe로부터 별도로 이 권한을 부여받았다. 이 시점에서 Joe가 Art에게 허가해 주었던 권한을 회수하고자 한다.

이 회수의 효과를 살펴보자. Joe에서 Art로의 간선은 제거되는데, 이 간선이 회수되는 허가 행위에 해당하기 때문이다. 남은 나머지 노드들은 모두 속성을 갖고 있다. *노드 N에서 어떤 권한에 대한 외향(outgoing) 간선이 있다면, System 노드에서 노드 N으로 가는 경로(path)가 존재하며, 그 경로상의 모든 간선에는 허가옵션을 포함한 동일 권한이 붙어 있다.* 즉, 어떠한 남은 허가 행위들은 (직접 또는 간접적으로) *System* 노드로부터 받은 권한뿐이라는 것이다. 따라서 Joe의 `REVOKE` 명령 실행은 여기에서 끝나며, 사용자 모두가 여전히 Sailors 테이블에 대한 `SELECT` 권한을 소유한다.

이 결과는 직관적이지 않은데, 왜냐하면 Art는 그 권한을 Bob으로부터 받았다는 이유만으로 계속 그 권한을 가지며, Bob이 Art에 권한을 허가했을 그 당시 오직 Bob에서만 그 권한을 받았기 때문이다. 비록 Bob이 나중에는 Cal로부터 그 권한을 받기는 하더라도, Joe의 `REVOKE` 명령을 수행할 때 Bob이 Art에게 허가해 준 효과를 얻는 Bob이 Art에게 허가해 준 효과는 무효화되지 않는다. 실제로, 한 사용자가 어떤 권한을 여러 사람으로부터 여러 차례 걸쳐 받을 때, SQL은 그 사용자가 다른 사용자에게 이 권한을 전달하기 전에 이 모든 허가를 받은 것으로 간주한다. 이렇게 `REVOKE`를 구현하는 것이 여러 실제 상황에서는 편리하다. 예를 들어, 어떤 관리자가 부하들에게 어느 정도 권한을 전달한 후 (그 부하는 다시 다른 사람에게 권한을 전달했을 수도 있다) 해고된다면, 먼저 그 관리자가 했던 허가 행위를 모두 재실행하고 그 다음에 그의 권한들을 회수함으로써 그 관리자의 권한들만 없앤 효과를 볼 수 있는 것이다. 따라서 부하들이 그동안 해 온 허가 행위들을 재귀적으로 재실행할 필요가 없다.

Joe와 그 친구들의 예로 돌아가서, Joe가 Cal의 `SELECT` 권한도 회수하기로 결정했다고 하자. 이 권한의 허가에 해당하는 Joe에서 Cal로 가는 간선이 사라진다. Cal에서 Bob으로 가는 간선도 역시 없어지는데, 시스템에서 Cal로 가는 경로가 더 이상 존재하지 않기 때문에 Bob에게 Sailors 테이블에 대한 `SELECT` 권한을 전달할 권한도 역시 없어지기 때문이다. 따라서 이 시점에서 권한그래프는 그림 21.2와 같다.

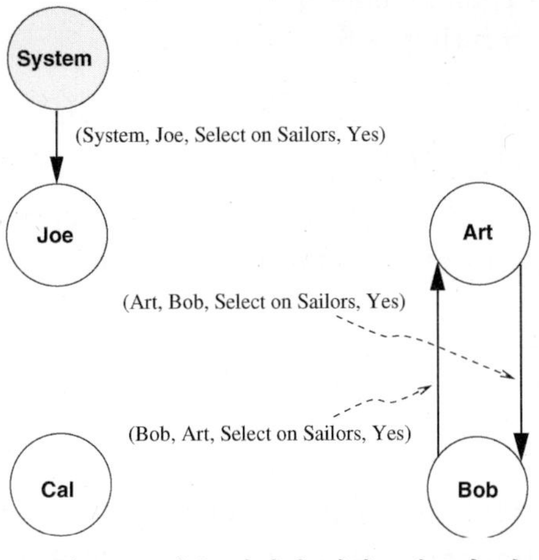

그림 21.2 회수 과정의 권한그래프의 예

이제 그래프는 Sailors에 대한 `SELECT` 권한의 외향 간선을 가진 두 노드(Art와 Bob)가 남는다; 따라서, 이들 사용자들은 이 권한을 허가한 상태이다. 그렇지만, 이 두 노드 모두 동일 권한의 내향(ingoing) 간선이 있음에도 불구하고, *System 노드로부터 이들중 어느 노드로 가는 경로도 존재하지 않는다; 따라서* 이 사용자들이 다른 사람에게 권한을 허가해 줄 권리도 폐기된다. 그러므로 외향 간선들도 지운다. 일반적으로, 이 노드들에는 다른 간선들이 있을 수도 있지만, 이 예에서는 더 이상 간선이 없다. 따라서 Sailors 테이블에 대한 `SELECT` 권한을 가진 사용자는 Joe 밖에 남지 않게 되고 Art와 Bob은 권한을 잃게 된다.

21.3.1 뷰에 대한 허가 및 회수와 무결성 제약조건

뷰의 생성자가 그 뷰에 대해 갖게 되는 권한들은, 그 사용자가 시간이 지남에 따라 뷰의 기반 테이블에 대한 권한을 얻거나 잃음에 따라 변한다. 이 생성자가 허가옵션을 포함한 권한을 상실하면 뷰에 대한 이 권한을 부여받았던 사용자들 역시 이 권한을 상실하게 된다. `GRANT` 및 `REVOKE` 명령이 뷰나 무결성 제약 조건과 관련된 경우 미묘한 측면들이 있다. 다음과 같은 중요한 점을 부각시키는 몇 가지 예제들을 살펴보기로 하자.

1. 뷰를 생성한 사용자가 `SELECT` 권한을 회수당해서 그 뷰가 제거될 수 있다.
2. 뷰의 생성자가 기본 테이블에 대해 추가적인 권한들을 얻으면, 그 사용자는 그 뷰에 대해서도 추가적인 권한들을 자동적으로 얻게 된다.
3. `REFERENCES` 권한과 `SELECT` 권한 간의 구분은 중요하다.

Joe가 Sailors 테이블을 생성하고, 허가옵션을 포함한 `SELECT` 권한을 Michael에게 허가했고, Micheal은 YongSailors라는 뷰를 생성해서 Eric에게 YoungSailors에 대한 SELECT 권한을 허가하였다고 가정하자. 이제 Eric은 FineYoungSailors라는 뷰를 다음과 같이 정의한다.

```
CREATE VIEW FineYoungSailors (name, age, rating)
        AS SELECT S.sname, S.age, S.rating
           FROM   YoungSailors S
           WHERE  S.rating > 6
```

이때 Joe가 Sailors 테이블에 대한 `SELECT` 권한을 Micheal로부터 회수하면 어떻게 될까? Michael은 더 이상 YoungSailors를 정의할 때 사용한 질의를 수행할 권한이 없는데, 왜냐하면 그 질의가 Sailors 테이블을 참조하고 있기 때문이다. 따라서, 뷰 YoungSailors는 삭제된다. 따라서, FindYoungSailors도 역시 삭제된다. 이 두 뷰의 정의는 시스템 카탈로그로부터 삭제된다. 나중에 Joe가 다시 Micheal에게 Sailors 테이블에 대한 `SELECT` 권한을 되돌려 주더라도 뷰는 사라진 후이므로 새로이 생성해야만 한다.

위에서 설명한 것처럼 Eric이 FindYoungSailors를 정의했다고 가정하자. 그리고나서, Joe가 Micheal로부터 Sailors 테이블에 대한 `SELECT` 권한을 회수하는 대신, Micheal에게 Sailors 테이블에 대한 `INSERT` 권한을 부여한다고 가정하자. 그러면 Micheal의 뷰

FineYoungSailors에 대한 권한들은 마치 그 뷰를 지금 생성할 때와 같은 권한들로 상향 조정된다. 그러므로 Micheal은 YoungSailors에 대해서도 `INSERT` 권한을 얻게 된다(이 뷰가 갱신가능(updatable)한 점을 주목하기 바란다). Eric에 대해서는 어떨까? 그의 권한은 변하지 않는다.

Micheal이 YoungSailors에 대해 허가옵션을 포함한 `INSERT` 권한의 보유 여부는 Joe가 그에게 허가옵션을 포함한 `INSERT` 권한을 Sailors 테이블에 대해 허가했는냐에 따라 달라진다. 이 상황을 이해하기 위해, 다시 Eric을 고려해 보자. Micheal이 YoungSailors에 대해 허가옵션을 포함한 `INSERT` 권한을 갖고 있다면 이 권한을 Eric에게 전달할 수 있다. YoungSailors에 대한 삽입은 기반 테이블인 Sailors 테이블을 수정함으로써 가능하기 때문에 Eric은 Sailors 테이블에 투플들을 삽입할 수 있다. 우리는 Micheal이 Sailors 테이블에 대해 허가옵션을 포함한 `INSERT` 권한을 갖지 않는 한, Micheal이 Eric에게 이러한 수정 권한을 주지 못하게 하고자 한다.

`REFERENCES` 권한은, 다음 예에서 보여 지듯이, `SELECT` 권한과는 아주 다르다. Joe가 Boats 테이블의 생성자라고 하자. 그는 다른 사용자, 가령 Fred에게 Boats 테이블의 *bid* 칼럼을 외래키로 참조하는 Reserves 테이블을 생성할 권한을 부여할 수 있는데, 이 칼럼에 대한 `REFERENCES` 권한을 Fred에게 주면 된다. 한편, Fred가 Boats 테이블의 *bid* 칼럼에 대한 `SELECT` 권한을 가지고 있지만 `REFERENCES` 권한은 없다면 Fred는 Boats 테이블을 외래키로 참조하는 Reserves 테이블을 생성할 수 없다. 만약 Fred가 Boats 테이블의 *bid*를 외래키로 참조하는 Reserves 테이블을 생성했는데 나중에 이 *bid* 칼럼에 대한 `REFERENCES` 권한을 상실하게 되면 Resereves 테이블에서 이 외래키 제약조건은 제거된다. 그러나 Reserves 테이블 자체는 제거되지 않는다.

SQL 표준에서 이런 상황에 단순히 `SELECT` 권한을 사용하지 않고 `REFERENCES` 권한을 별도로 도입한 이유를 이해하기 위해, Reserves 테이블을 정의할 때 외래키 제약조건에 `NO ACTION` 선택조항을 명시하면 어떤 일이 발생하는지를 고려해보자. 이제 Reserves 테이블의 투플이 Boats 테이블의 투플을 참조하게 되므로 Boats 테이블의 소유자인 Joe조차도 Boats 테이블로부터 투플 삭제를 할 수 없게 된다. Reserves 테이블의 생성자인 Fred에게 이런 식으로 Boats 테이블에 대한 갱신을 제약할 수 있는 권한을 주는 것은 `SELECT` 권한 부여를 통해 단순히 그에게 Boats 테이블의 읽기를 허용하는 것을 넘어서는 일이다.

21.4 강제적 접근제어

임의적 접근제어 메카니즘은 일반적으로 효과적이지만 몇 가지 약점이 있다. 특히 권한이 없는 불순한 사용자가 권한이 있는 사용자로 하여금 민감한 데이터를 유출시키도록 속일 수 있는 트로이의 목마 방식(*Trojan horse scheme*)에 취약하다. 예를 들어, 학생 Tricky Dick이 교수 Trustin Justin의 학점 테이블을 훔쳐보고자 한다고 가정하다. Dick은 다음을 수행한다.

- MineAllMine이라는 새로운 테이블을 만들어서 이 테이블에 대한 `INSERT` 권한을 Justin에게 부여한다(물론 Justin은 이런 의도를 전혀 모르고 있다).
- Dick은 Justin이 자주 사용하는 어떤 DBMS 응용 프로그램의 코드를 다음 두 가지 작업을 하도록 수정한다. 우선 Grades 테이블을 읽어서, 그 결과를 MindAllMine에 기록한다.

그리고는 학점 정보들이 MineAllMine에 복사되기를 기다리기만 하면 되고, 나중에 Justin이 눈치를 채지 못하도록 그 응용 프로그램을 원래대로 복구한다. 이로써, DBMS가 임의적 접근제어를 보장함에도 불구하고—Justin의 허가된 코드만 Grade 테이블을 접근하도록 허용되어 있다—민감한 데이터가 침입자에게 유출된 것이다. Dick이 Justin의 프로그램 코드를 몰래 수정할 수 있는가는 DBMS의 접근 제어 메카니즘 밖의 일이다.

강제적 접근제어 메카니즘의 목적은 임의적 접근제어의 이러한 단점들을 방지하는 데 있다. 널리 사용되는 강제적 접근제어 모델인 **Bell-LaPadula** 모델은 **객체**(테이블, 뷰, 투플, 필드 등), **주체**(사용자, 프로그램 등), **보안등급**(security class), 그리고 **허가등급**(clearance)으로 기술된다. 각 데이터베이스 객체에는 보안등급이 지정되며, 또 각 주체들에게는 보안등급에 대응하는 허가등급이 지정된다. 객체나 주체 *A*의 등급을 *class*(*A*)라고 표시하자. 한 시스템 내에 있는 보안 등급들은 하나의 **최고 보안등급**과 하나의 **최저 보안등급**을 가진 준순서(partial order)에 따라 조직된다. 간단히 설명하기 위해, 여기서는 네 가지 등급, 즉 *top secret*(*TS*), *secret*(*S*), *confidential*(*C*), *unclassified* (*U*)를 가정한다. 이 시스템에서는 $TS > S > C > U$인데, $A > B$는 등급 *A*의 데이터가 등급 *B*의 데이터보다 더 민감하다는 의미이다.

Bell-LaPadula 모델은 데이터베이스 객체에 대한 모든 읽기와 쓰기에 대해 다음과 같은 두 가지 제약을 가한다.

1. **단순 보안 성질**(Simple Security Property)**:** class(*S*) ≥ class(*O*)인 경우에만 주체 *S*가 객체 *O*를 읽을 수 있다. 예를 들어, *TS* 등급의 사용자는 *C* 등급의 테이블을 볼 수 있지만 *C* 등급의 사용자는 *TS* 등급의 테이블을 볼 수 없다.
2. ***-성질**(*-Property)**:** *class* (*S*) ≤ *class* (*O*)인 경우에만 주체 *S*가 객체 *O*를 쓸수 있다. 예를 들어, *S* 등급의 사용자는 *S* 등급이나 *TS* 등급의 객체를 쓸수 있다.

임의적 접근제어도 명시되면, 이 규칙들은 추가적인 제약들을 표현한다. 그러므로 데이터베이스 객체를 쓰거나 읽기 위해서, 사용자는 (`GRANT` 명령을 통해 획득한) 필요한 권한을 가지고 있어야 할 뿐 아니라, 사용자와 객체의 등급도 앞의 제약 상황들을 만족해야 한다. 이러한 강제적 접근제어 메카니즘이 어떻게 Tricky Dick의 침입을 막는지 알아보자. grade 테이블은 *S*로 분류되고 Justin은 *S*의 허가등급을 가지며 Tricky Dick은 그보다 낮은 허가등급(*C*)을 가진다고 하자. Dick은 *C*나 그 이하 등급의 객체들만 생성할 수 있으므로 테이블 MineAllMine에 복사하려고 할 때, *class*(*MineAllMine*) < *class*(*application*)이라서 *-성질을 위반하므로 이 시도는 허용되지 않는다.

21.4.1 다단계 릴레이션과 다중인스턴스화

강제적 접근제어 정책을 관계 DBMS에 적용하기 위해서는 모든 데이터베이스 객체에 보안 등급을 지정해야만 한다. 객체는 테이블, 투플, 심지어는 칼럼 값의 단위일 수도 있다. 각 투플마다 보안 등급을 지정한다고 가정하자. 이것이 **다단계 테이블**(multilevel table)의 개념인데, 다단계 테이블은 허가등급이 다른 사용자들이 동일한 테이블에 대해 서로 다른 투플들로 구성된 집합을 의미한다.

그림 21.3에 있는 Boats 테이블의 인스턴스를 고려해 *S*와 *TS* 등급의 사용자는 이 테이블의 모든 투플을 보고자 할 때, 두 투플 모두를 볼 수 있다. *C* 등급의 사용자는 두 번째 투플만 볼 수 있고, *U* 등급의 사용자는 아무 투플도 볼 수 없다.

bid	*bname*	*color*	**Security Class**
101	Salsa	Red	*S*
102	Pinto	Brown	*C*

그림 21.3 Boat의 인스턴스 B1

Boats 테이블의 기본 키는 *bid*이다. 만일 *C* 등급의 사용자가 투플 *<101, Picante, Scalet, C>*를 입력하고자 한다고 가정하자. 이때 다음과 같은 딜레마에 빠진다.

- 이 삽입을 허용한다면 테이블에서 두 개의 서로 다른 행이 키 값 101을 갖는다.
- 기본 키 제약조건을 위배하기 때문에 이 삽입을 허용하지 않는다면, 허가 등급이 *C*인 이 사용자는 *bid* = 101인 배가 있고, 그 투플의 보안 등급이 *C*보다 높다라는 사실을 추론할 수 있다. 이는 자신보다 높은 보안등급의 객체들에 대해 어떠한 정보도 추론할 수 없도록 하여야 한다는 원칙을 위배하게 된다.

이 딜레마는 보안 등급을 키의 한 부분으로 취급함으로써 효과적으로 해결할 수 있다. 따라서 앞의 삽입 연산은 허용되고, 테이블의 인스턴스는 그림 21.4처럼 바뀌게 된다.

bid	*bname*	*color*	**Security Class**
101	Salsa	Red	*S*
101	Picante	Scarlet	*C*
102	Pinto	Brown	*C*

그림 21.4 삽입 후의 인스턴스 B1

*C*나 *U* 등급의 사용자는 Picante, Pinto의 투플들만 보게 되지만 *S*나 *TS* 등급의 사용자는 세 투플을 모두 볼 수 있다. *bid* = *101*인 두 투플을 해석하는 방법은 두 가지가 있다. 높은 등급 쪽의 투플(*S*등급인 Salsa)만 실제로 존재한다거나, 또는 둘 다 존재하며 그들의 존재가 사용자의 허가등급에 따라 보여진다는 것이다. 어떤 해석을 선택하느냐는 응용 개발자와 사용자

에게 달려있다.

허가등급이 다른 사용자들에게 서로 다른 값을 가지는 것처럼 보이는 데이터 객체(예를 들어 *bid*= *101*인 배)가 존재하는 현상을 **다중인스턴스화**(polyinstantiation)라고 부른다. 개별 칼럼들에 연관된 보안등급을 고려하면, 다중인스턴스화 개념은 단순한 방법으로 일반화할 수 있지만, 몇 가지 추가적인 사항들이 해결되어야만 한다. 강제적 접근제어 방식의 가장 큰 단점은 너무 엄격하다는 것이다. 보안 정책들이 시스템 관리자에 의해 정해지고, 분류 메카니즘이 충분히 유연하지 못하다. 그렇지만, 임의적 접근제어와 강제적 접근제어를 조합함으로써 효과적으로 사용할 수 있다.

21.4.2 비밀 채널, DoD 보안등급

DBMS가 방금 논의한 강제적 접근제어 방식을 사용하더라도 **비밀 채널**(covert channel)이라는 간접적인 수단을 통해 높은 등급에서 낮은 등급으로 정보가 흘러갈 수 있다. 예를 들어, 분산 DBMS에서 한 트랜잭션이 여러 사이트의 데이터를 접근하려면, 두 사이트에서 작업들은 상호 조정되어야만 한다. 한 사이트의 프로세스 등급(가령 *C*)이 다른 사이트의 프로세스 등급(가령 *S*)보다 낮을 수 있고, 트랜잭션이 완료(commit)되기전에 두 프로세스 모두 완료에 동의를 해야만 한다. 이러한 요구사항을 이용해서 *S* 등급의 정보를 *C* 등급의 프로세스로 전달할 수 있다. 가령 트랜잭션을 반복해서 호출하고 *C* 등급의 프로세스는 항상 완료에 동의하는 반면, *S* 등급의 프로세스는 비트 1을 전송하고 싶을 때에는 완결에 동의하며 비트 0을 전송하고 싶을 때에는 동의하지 않는 것이다.

이런 (우회적인) 방식으로 비트들의 스트림 형태로 *S* 등급의 정보를 *C* 등급의 프로세스에게 보내는 것이 가능하다. 이러한 비밀 채널(covert channel)은 *-성질을 간접적으로 위배한다. 비밀 채널의 또다른 예는 통계 데이터베이스에서 쉽게 찾을 수 있는데, 21.6.2절에서 논의한다.

미국의 국방성(DoD)에서 사용하는 자체 시스템들을 위해 강제적 접근제어 지원을 요구하기 때문에, (비록 SQL 표준은 아니지만) DBMS 벤더들은 최근에 강제적 접근제어 메카니즘을 구현하기 시작하였다. DoD의 요구사항은 **보안 등급**을 *A*, *B*, *C*, *D*로 기술할 수 있는데, 여기서 *A*가 가장 높은 보안 등급이며 *D*가 가장 낮은 등급이다.

C 등급에서는 임의적 접근제어의 지원을 요구한다. 이 등급은 다시 *C1*, *C2* 두 개의 하위 등급으로 나뉘어진다. *C2*에서는 또한 로그인 확인(login verification)이나 추적 감사(audit trail)와 같은 절차를 통해 일정 정도의 설명용이성(accountability)을 요구한다. *B* 등급은 강제적 접근제어를 요구한다. 이 등급은 다시 *B1*, *B2*, *B3*의 하위 등급들로 나뉜다. 등급 *B2*에서는 추가적으로 신원확인(identification)과 비밀 채널의 제거를 요구하고 있다. *B3* 등급에서는 추가적으로 추적 감사와 **보안 관리자**(security administrator)(반드시 그런 것은 아니지만, 보통은 DBA)를 지정할 것을 요구하고 있다. 가장 높은 등급인 *A* 등급에서는 사용하는 보안 메카니즘이 해당 보안 정책을 보장하는 것에 대한 수학적 증명을 요구한다!

현재 시스템(Current System): *C2* 레벨에서 임의적 접근제어와 *B1* 레벨에서 강제적 접근제어를 지원하는 상용 RDBMS들이 있다. IBM DB2, Informix, Microsoft SQL Server, Oracle 8, Sybase ASE 모두 임의적 접근제어를 위한 SQL의 기능들을 지원한다. 이들 시스템들은 대개 강제적 접근제어를 지원하지 않고 있다. Oracle은 강제적 접근제어를 지원하는 제품 버전을 제공하고 있다.

21.5 인터넷 응용프로그램의 보안

DBMS가 안전한 위치에서 접근되는 경우, 사용자를 인증하기 위해서 간단한 암호 메카니즘에 의지할 수 있다. 하지만, Sam이 인터넷으로 책 한권을 주문하는 경우를 가정해보자. 이 경우는 몇 가지 특별한 문제에 직면한다. Sam은(그가 단골 고객이 아니라면) 아직 알려진 사용자가 아니다. Amazon의 관점에서 보면, 책을 주문하고 Sam에게 등록된 신용 카드로 지불하려는 고객이 있을 수 있는데, 하지만 이 고객이 진짜 Sam일까? Sam의 관점에서 보면, 신용 카드 정보를 요구하는 양식을 보겠지만, 이것이 정말 Amazon 사이트의 합법적인 일부분인지, 그리고 그의 신용카드 번호를 알아내기 위한 사기 프로그램이 아닐까?

이 예는 단순한 암호 메카니즘보다 훨씬 복잡한 인증 방식이 필요함을 보여주고 있다. 암호화 기법들은 현재의 인증의 기초를 제공한다.

21.5.1 암호화

암호화의 기본 아이디어는 사용자나 DBA가 명시한 **암호키**(encryption key)를 사용해서 데이터에 **암호화 알고리즘**(encryption algorithm)을 적용하는 것이다. **복호화**(decryption) **알고리즘** 역시 존재하는데, 이는 암호화된 데이터와 **복호화 키**(decryption key)를 입력으로 받아서 원래 데이터를 만들어 낸다. 정확한 복호화 키 없이는 복호화 알고리즘은 의미 없는 결과를 만들어 낸다. 암호화 알고리즘과 복호화 알고리즘들 자체는 알려져 있는 반면, 암호키와 복호키 중 (암호화 방법에 따라) 하나 또는 둘 다 모두 비밀이다.

대칭적 암호화(symmetric encryption)에서는 암호화 키가 복호화 키로도 사용된다. 1977년부터 사용된 ANSI **데이터 암호화 표준**(Data Encryption Standard, DES)은 대칭 암호화 알고리즘의 대표적인 예이다. DES는 문자 치환(substitution)과 순열(permutation)을 사용한다. 대칭 암호화의 가장 큰 약점은 모든 권한이 있는 사용자에게 암호화 키를 알려주어야 하는데, 이는 침입자에게 알려질 가능성이(예를 들어, 단순히 사람의 실수로) 높다.

또다른 암호화 방식으로는 **공개키 암호화**(public-key encryption)라는 방식이 있는데, 최근 들어 점차 대중화 되고 있다. Rivest, Shamir, Adleman에 의해 제안된 암호화 방법은 공개키 암호화의 대표적인 예이다. 각각의 권한있는 사용자들은 모든 사람에게 알려진 **공개 암호화 키**(public encryption key)와 자신만 알고 있는 **비공개 복호화 키**(private decryption key)를 각각 하나씩 갖고 있다. 비공개 복호화 키는 그들 자신만 알기 때문에 DES의 약점을 피

DES와 AES: 1977년에 채택된 DES 표준은 56 비트 암호화 키를 갖고 있다. 시간이 지남에 따라, 컴퓨터의 속도가 너무 빨라져서 1999년에는 하루만에 DES를 해독할 수 있는 전용 칩과 PC 네트워크가 사용되었다. 그 시스템은 정확한 키를 찾았을 때 초당 2450억 개의 키를 테스트 하고 있었다! 100만 달러 이내의 비용으로 4시간 안에 DES를 해독할 수 있는 전용 하드웨어 장치를 만들 수 있는 걸로 추정된다. 점점 커지는 해독가능성에도 불구하고 DES는 여전히 널리 사용되고 있다. 2000년에는 DES의 후속 버전인 **AES**(Advanced Encryption Standard)가 새로운 (대칭) 암호화 표준으로 채택되었다. AES는 사용가능한 세 개의 키 크기를 갖고 있다. 128, 192, 그리고 256 비트. 128 비트 키를 이용하면 $3 \cdot 10^{38}$개의 AES 키가 가능한데, 이는 56 비트 DES 키 숫자보다 10^{24} 차수가 더 많은 것이다. DES를 1초에 해독하는 컴퓨터를 만들 수 있다고 가정하자. 이 컴퓨터는 128 비트 AES 키를 해독하는 데 약 149조 년이 걸릴 것이다(전문가들은 우주가 200억 년이 채 안 된 걸로 생각하고 있다).

할 수 있다.

공개키 암호화의 주요 이슈는 어떻게 암호화 키와 복호화 키를 선택하는가이다. 기술적으로, 공개키 암호화 알고리즘은 **단방향 함수**(one-way function)의 존재에 의존하는데, 이는 그 역을 구하기는 것이 계산적으로 대단히 어려운 함수를 일컫는다. 예를 들어, RSA 알고리즘은 어떤 주어진 숫자가 소수인지 알기는 쉬워도 비소수의 소인수(prime factor)를 구하는 것이 굉장히 힘들다는 점에 기반하고 있다(100자리를 넘는 숫자의 소인수들을 구하는 것은 오늘날 가장 빠른 컴퓨터로도 몇 년이 걸린다).

암호화될 데이터가 정수 I라 가정하고서 RSA 알고리즘의 아이디어를 개략적으로 알아보자. 주어진 사용자의 암호화 키와 복호화 키를 선택할 때, 먼저 암호화해야 될 어떤 수보다도 더 큰 정수 L을 고른다.[1] 그런 후에, 암호화 키로 숫자 e를 선택하고 e와 L을 기반으로 해서 복호화 키 d를 계산한다. 간단히 살펴보겠지만, 이 계산 방법이 RSA의 핵심이다. L과 e 모두 공개하고, 암호화 알고리즘에 사용된다. 하지만 d는 숨기고, 복호화를 위해 필요하다.

- 암호화 함수는 $S = I^e \bmod L$.
- 복호화 함수는 $I = S^d \bmod L$.

L의 값은 두 개의 큰(예를 들어 1024 bit) 서로 다른 소수 p, q의 곱으로 만든다. 암호화 키 e는, 1과 L 사이의 임의로 선택한 숫자로써 $(p - 1) * (q - 1)$과 상대적으로 소수 관계이다. 복호화 키 d는 $d * e = 1 \bmod ((p - 1) * (q - 1))$로 계산한다. 정수론에 따르면, 이렇게 선택된 값들을 이용해서 복호화 함수는 암호화된 버전의 데이터의 원래 값을 복원할 수 있다.

암호화와 복호화 알고리즘의 매우 중요한 성질은 암호화 키와 복호화 키의 역할이 서로 바뀔 수 있다는 점이다.

[1] 암호화될 메시지는 블록(block)들로 분해되는데, 각 블록들은 L보다 적은 정수로 취급할 수 있다.

> **RSA의 동작원리:** 이 방법의 핵심은 e, p, q가 주어졌을 때 d를 계산하는 것은 쉬워도, e와 L만 주어졌을 때 d를 구하는 것이 굉장히 어렵다는 점이다. 이 어려움은 L의 소인수(prime factor)들을 구하는 것이 어렵다는 사실에 기반한다(우연히 p와 q일 수 있다). 주의: 소인수 분해는 어렵다고 알려져 있지만, 정말로 어려운 문제인지에 관한 증명은 없다. 소인수 분해만이 RSA를 깨는, 즉, e와 L로부터 d를 구하는 유일한 방법이라는 증명 또한 없다.

$$decrypt(\text{d}, (encrypt(\text{e}, \text{I}))) = \text{I} = decrypt(\text{e}, (encrypt(\text{d}, \text{I})))$$

많은 프로토콜들이 이 성질에 의존하기 때문에, (두 키 모두 암호화와 복호화를 위해 사용될 수 있기 때문에) 앞으로는 단순히 공개키(public key)와 비공개키(private key)로 부르겠다.

인증 영역에서의 암호화를 소개했지만, 암호화는 보안을 위한 기본적인 도구이다. DBMS는 DBMS의 일반적인 보안 메카니즘이 적당하지 않은 경우에 정보를 보호하기 위해 암호화를 사용할 수 있다. 예를 들어, 침입자는 어떠한 데이터가 포함된 테이프를 훔치거나 통신 선을 도청할 수 있다. 암호화된 형태로 데이터를 저장하고 전송함으로써 DBMS는 침입자가 훔친 데이터를 쉽게 이해하지 못하도록 한다.

21.5.2 서버 인증하기: SSL 프로토콜

암호화키와 복호화 키를 Amazon과 연관시켜 생각해보자. 어떤 사용자, 가령 Sam이 Amazon의 공캐키를 사용해서 주문을 암호화해서 Amazon에 보낼 수 있다. 오직 Amazon만이 이 비밀 주문을 해독할 수 있는데, 왜냐하면 복호화 알고리즘은 Amazon의 비공개키를 필요로 하고 비공개키는 Amazon만 알고 있기 때문이다.

이는 Amazon의 공개키를 신뢰할 수 있는 방법으로 찾는 Sam의 능력에 달려 있다. Verisign 등의 많은 회사들이 **인증기관**(certification authortity)으로 활동하고 있다. Amazon은 공개 암호화 키 e_A(그리고 비공개 복호화 키)를 생성하고, 공개키를 Verisign에 보낸다. 그러면, Verisign은 Amazon에 다음 정보를 포함하는 **인증서**(certificate)를 발송한다.

$$\langle \textit{Verisign, Amazon, https://www.amazon.com, } e_A \rangle$$

이 인증서는 Verisign의 비공개키를 사용해서 암호화되는데, 이 비공개키는 Internet Explorer, Netscape Navigator 등의 웹 브라우저에 알려져 있다(즉, 저장되어 있다).

Sam이 Amazon 사이트를 방문해서 주문을 하고자 하면, SSL[2] 프로토콜을 사용하는 Sam의 브라우저는 서버에게 Verisign 인증서를 요청한다. 그럼 브라우저는, 그 인증서를 (Verisign의 공개키를 사용해서) 복호화하고 그 결과가 Verisign의 이름을 가진 인증서이고 포함된

---

[2] URL이 http로 시작하는 경우 브라우저는 SSL 프로토콜을 사용한다.

URL이 현재 통신하고 있는 서버의 URL과 일치하는지를 확인함으로써, 인증서를 검증한다(인증서는 오직 Verisign만이 알고 있는 비공개키를 사용해서 암호화되기 때문에 인증서를 위조하려는 시도는 실패한다는 점을 유의하기 바란다). 그런 다음에, 브라우저는 **임의의 세션키**(random session key)를 생성하고, 그것을 (인증서로부터 얻었기 때문에 신뢰할 수 있는) Amazon의 공개키를 이용해서 암호화한 후 Amazon의 서버로 전송한다.

이때부터는 Amazon 서버와 브라우저는 (둘 다 알고, 오직 자신들만 안다고 확신할 수 있는) 세션키를 사용할 수 있고, AES나 DES와 같은 대칭 암호화 프로토콜을 사용해서 안전하게 암호화된 메시지를 교환할 수 있다. 메시지는 발송자(sender)에 의해 암호화되고, 수신자(receiver)가 같은 세션키를 이용해서 복호화한다. 암호화된 메시지는 인터넷상에서 이동하는 과정에 도청될 수도 있지만, 세션키 없이는 복호화될 수 없다. 왜 세션키가 필요한지 고려해보자. 결국, 브라우저는 Amazon의 공개키를 사용해서 암호화한 Sam의 원래 요청을 갖게 되고, 이를 안전하게 Amazon의 서버에 보낼 수 있다. 그 이유는 **세션키**(session key) 없이는 Amazon 서버는 그 정보를 브라우저에게 안전하게 보낼 수 있는 방법이 없다. 세션키의 또다른 장점은 대칭 암호화가 공개키 암호화보다 계산적으로 훨씬 빠르다는 점이다. 세션키는 세션이 끝나면 버려진다.

따라서 Sam은 자신이 Amazon 서버의 주문 양식에 입력한 내용을 Amazon만이 볼 수 있고 서버에서 자신에게 되돌려 보내 주는 정보도 Amazon에서 왔음을 확신할 수 있다. 그렇지만, 이 시점에서 Amazon은 브라우저를 수행하고 있는 사용자가 Sam의 신용카드를 훔친 다른 누군가 아닌 실제 Sam이라고 확신할 수 없다. 일반적으로, 업자들은 이 상황을 그대로 받아들이게 되는데, 이런 경우는 전화상으로 주문을 내는 경우에도 마찬가지로 발생한다.

사용자의 신원을 확인하고자 한다면, 사용자에게 로그인을 추가적으로 요구함으로써 가능하다. 앞의 예에서, Sam은 우선 Amazon에 계정(account)을 설정하고 패스워드를 선택해야 한다(사실은 Sam에게 전화를 하거나, e-mail 주소로 메일을 발송해서 Sam의 계정 정보를 검증함으로써 비로소 Sam의 신원을 확정한다. e-mail 발송의 경우 계정의 소유주는 해당 e-mail 주소를 가진 개인이 된다). 그가 Amazon 사이트를 방문하고 Amazon이 그의 신원을 확인할 필요가 있을 때마다, Amazon은 세션키 설정을 위해 SSL 프로토콜을 사용한 후 반드시 로그인하도록 한다. 입력한 패스워드는 세션키를 이용해서 암호화함으로써 안전하게 전송될 수 있다.

이 방법의 남은 단점은 Amazon이 Sam의 신용카드번호를 알게 되고, Sam은 Amazon이 신용카드번호를 악용하지 않을 거라고 믿어야만 한다는 점이다. **안전한 전자 트랜잭션프로토콜**(Secure Electronic Transaction Protocol)은 이러한 단점을 극복하고자 한다. 모든 고객은 자신의 공개키와 비공개키를 포함하는 인증서를 획득해야 하고, 모든 트랜잭션에는 Amazon 서버와 고객의 브라우저와 Visa Card와 같이 신뢰할 수 있는 제3기관의 서버가 관여하게 된다. 기본 아이디어는, 브라우저가 신용카드 이외의 정보는 Amazon의 공개키를 사용해서 암호화하고, 신용카드 정보는 Visa Card의 공개키를 사용해서 암호화해서 이를 Amazon 서버로 전송하면, Amazon 서버는 (자신이 복호화할 수 없는) 신용카드 정보를 Visa 서버로 전달한다. Visa 서버가 해당 정보를 승인하면, 트랜잭션을 계속 진행된다.

21.5.3 디지털 서명

Amazon사의 직원인 Elmer와 McGrawHill사의 직원인 Betsy가 서로 재고(inventory)에 관해서 통신할 필요가 있다고 치자. 공개키 암호화는 메시지 전달의 **디지털 서명**(digital signature)을 생성하는 데 사용될 수 있다. 즉, Elmer가 Betsy에게서 메시지를 받은 경우, (메시지를 복호화하는 것은 물론) 그 메시지가 정말 Betsy에게서 온 메시지임을 확인할 수 있도록 메시지를 암호화할 수 있고, 나아가서 그 메시지가 Betsy가 여행도중 Hotmail 계정을 사용해서 보낸 경우라도 McGrawHill사의 Betsy가 보낸 것임을 증명할 수 있다. Betsy도 Elmer에게서 온 메시지에 대해 마찬가지로 인증할 수 있다.

Elmer가 Betsy의 공개키를 사용해서 메시지를 암호화하거나 그 반대의 경우, 그들은 정보를 안전하게 교환을 할 수 있지만, 발신자를 인증할 수는 없다. Betsy를 가장한 누군가가 그녀의 공개키를 사용해서 Elmer에게 메시지를 보낼 수 있다.

그렇지만, 암호화 방법을 잘 사용하면 Elmer로 하여금 그 메시지가 정말로 Betsy에 의해 보내졌는지 확인할 수 있다. Betsy는 자신의 비공개키를 사용해서 메시지를 암호화하고 그 결과를 Elmer의 공개키를 사용해서 다시 암호화한다. Elmer가 메시지를 받은 후, 우선 자신의 비공개키로 복호화하고 다시 Betsy의 공개키를 사용해서 복호화한다. 이 과정을 거치면 원래의 암호화되지 않은 메시지를 얻을 수 있다. 나아가서, Elmer는 메시지가 Betsy에 의해 작성되고 암호화되었음을 확신할 수 있는데, 왜냐하면 Betsy를 가장한 누군가는 Betsy의 비공개키를 알 수 없고 따라서 최종결과는 의미없는 내용의 메시지가 될 것이기 때문이다. 또한, Elmer도 Betsy의 비공개키를 알지 못하므로 Betsy는 Elmer가 그 메시지를 꾸몄다고 주장할 수 없게 된다.

발신자 인증이 주 목적이고 메시지 내용을 숨기는 것이 중요하지 않다면, **메시지 서명**(message signature)를 사용해서 암호화의 비용을 줄일 수 있다. 서명은 메시지에 단방향 함수(예를 들어, 해싱 방법)를 적용해서 얻을 수 있고, 그 크기는 상당히 더 적을 것이다. 기본적인 디지털 서명 방법에서처럼, 그 서명을 암호화해서 원본과 암호화된 서명을 함께 보낸다. 이때 수신자는 위에서 설명한 방법으로 서명의 발신자를 확인할 수 있고, 메시지 자체는 단방향 함수를 적용해서 서명과 비교함으로써 검증할 수 있다.

21.6 보안관련 기타 이슈들

보안은 광범위한 주제이며, 여기서 다루는 내용들은 제한적이다. 이 절에서는 기타 중요한 몇 가지 이슈들을 간단히 살펴본다.

21.6.1 데이터베이스 관리자의 역할

데이터베이스 관리자(DBA)는 데이터베이스 설계시 보안 관련 사항들을 시행하는 데 중요한 역할을 담당한다. DBA는 데이터 소유자들과 공동으로 보안 정책을 개발하는 일도 담당한다. DBA는 **시스템 계정**(system account)이라는 특별한 계정을 가지고 있으며 시스템의 전반적인 보안 문제를 책임진다. 특히, DBA는 다음 작업들을 관장한다.

1. **새로운 계정 생성:** 새로운 사용자나 사용자 그룹은 권한식별자와 암호를 배정받아야 한다. 유의할 점은 데이터베이스를 접근하는 응용 프로그램도 그 프로그램을 실행하는 사용자와 같은 권한식별자를 갖는다는 것이다.

2. **강제적 접근제어 관련 이슈:** 강제적 접근제어를 지원하는 DBMS라면—고도의 보안 요구사항을 필요로 하는 일부 특수 응용 시스템들(예를 들어, 군사용 데이터)에서는 이러한 지원을 제공하고 있다—DBA는 수립된 보안 정책에 의거하여 각 데이터베이스 객체에 대해서는 보안등급을 지정하고 각 권한식별자에 대해서는 허가등급을 지정해 주어야 한다.

또한 DBA는 **추적 감사**(audit trail)에 대한 유지관리의 책임도 있는데, 추적 감사란 (트랜잭션을 수행하는 특정 사용자의) 권한식별자에 의한 갱신작업들의 로그를 기록하는 작업이다. 이 로그는 장애복구에 사용되는 로그 메카니즘을 조금 확장한 것에 지나지 않는다. 또한, DBA는 사용자의 읽기를 포함한 모든 행위의 로그를 유지할 수도 있다. DBMS 접근 내역을 분석함으로써, 침입자가 성공하기 전에 의심스러운 패턴들을 찾아내서 보안침입을 미연에 방지할 수도 있고, 보안침입이 발생한 경우 침입자가 누군지를 추적할 수도 있다.

21.6.2 통계 데이터베이스의 보안

통계 데이터베이스란 개인이나 사건에 대한 구체적인 정보를 포함하고 있지만, 오직 통계적인 질의만 허용하는 데이터베이스이다. 예를 들어, 선원들의 정보에 관한 통계 데이터베이스를 운용한다고 하면, 평균 등급 값이라든가 최고령 나이 등과 같은 통계적인 질의는 허용하지만 개별 선원에 대한 질의는 허용하지 않는 것이다. 이때 허용되는 통계 질의들의 결과로부터 보호해야할 정보(예를 들어 특정 선원의 등급)를 **추론**(infer)할 수 있기 때문에, 통계 데이터베이스의 보안은 새로운 문제를 야기한다. 이와 같은 추론의 가능성은 해당 데이터베이스의 보안 정책을 뚫을 수 있는 비밀채널을 의미한다.

선원 Sneaky Pete가 항해 클럽의 명예 회장인 Admiral Horntooter의 등급을 알고자 하는데, 우연히 Admiral Horntooter가 클럽에서 최고령자인 사실도 알고 있다고 가정하자. Pete는 "나이가 *X*보다 큰 선원은 몇 명인가?"라는 질의를 *X* 값을 점차적으로 키워 가면서 결과가 1이 될 때까지 반복 질문한다. 물론 마지막으로 남는 뱃사람은 최고령자인 Horntooter가 된다. 이 질의들은 모두 유효한 통계 질의이기 때문에 허용된다. 이렇게 해서 찾아낸 *X* 값이 가령 65라고 하자. 이제 Pete는 "나이가 65보다 큰 모든 뱃사람들 중 최대 등급 값은 얼마인가?"라는 질의를 던진다. 이 질의 또한 통계 질의이기 때문에 허용된다. 그렇지만 이 질의의 결과는 Horntooter의 등급 값을 Pete에게 알려주게 되고, 데이터베이스의 보안 정책이 위배되는 것이다.

이러한 침입을 막는 한 방법은 관련된 투플들의 수가 최소한 *N*개 이상인 질의들만 허용하는 것이다. *N*의 값을 적절히 선택하면 최대 등급에 대한 질의가 실패할 것이기 때문에 Pete는 Horntooter의 정보만 따로 꺼낼 수 없게 된다. 그러나 이러한 제약도 뚫을 수 있다. "나이가 *X*보다 많은 선원들은 몇 명인가?"라는 질의를 반복적으로 실행하여 시스템이 거부할 때까지 실행시켜 보면 Pete는 Horntooter를 포함한 *N*명의 집합을 꺼낼 수 있다. 이 때의 *X* 값을 55라고 하자. 이제 Pete는 다음 두 개의 질의를 던진다.

- "나이가 55보다 많은 선원들의 rating 값 합계는 얼마인가?" 나이가 55를 초과하는 뱃사람이 *N*명이므로 이 질의는 허용된다.
- "나이가 55를 초과하는 선원들 중 Horntooter를 제외하고 대신 선원 Pete를 추가한 선원들의 rating 값 합계는 얼마인가?" Horntooter를 빼고 Pete를 대신 추가했으므로 선원들의 여전히 *N*과 같기 때문에 이 질의는 허용된다.

두 질의의 결과 값, 가령 A_1과 A_2로부터, Pete는 자신의 등급을 알므로 $A_1 - A_2 + Pete$의 *rating* 값으로부터 쉽게 Horntooter의 등급을 계산할 수 있다.

Pete가 성공한 이유는 대부분 같은 선원들을 포함하는 두 질의를 수행할 수 있었기 때문이다. 두 질의에서 공통적으로 검사된 투플들의 수를 **교집합**이라고 한다. 만일 동일한 사용자가 수행한 임의의 두 질의 사이에 허용되는 교집합의 크기를 제한한다면, Pete는 실패할 수도 있다. 것이다. 실제로는, 시스템이 질의들에 대해 관련된 투플의 최저수(*N*)와 교집합의 최대 크기(*M*)를 제한한다 하더라도, 악의적이고 집요한 사용자는 특정 개인에 대한 정보를 찾아낼 수 있는데, 그렇지만 이를 위해 필요한 질의의 수는 *N*/*M*에 비례해서 증가한다. 그래서 한 사용자가 던질 수 있는 총 질의 회수를 추가적으로 제약할 수도 있는데, 그렇게 하더라도 사용자들이 같이 공모해서 보안을 뚫으려고 시도할 가능성이 있다(읽기전용 접근도 포함한). 모든 행위에 대한 로그를 유지 관리함으로써, 이상적으로는 보안이 뚫리기 전에 이러한 질의 패턴을 검출할 수 있다. 그렇지만, 이상에서 살펴 본 바와 같이 통계 데이터베이스에서 보안 유지는 대단히 어려운 문제이다.

21.7 사례 연구 설계: 인터넷 서점

보안 이슈를 살펴보기 위해 DBDudes 실제 사례를 생각해보자. 세 그룹의 사용자가 있다. 서점의 고객, 직원, 주인. (물론 모든 데이터를 마음대로 접근할 수 있고, 데이터베이스 시스템의 일상적인 운영을 책임지는 DBA도 있다)

서점 주인은 모든 테이블에 대해 모든 권한을 갖고 있다. 고객은 Books 테이블을 질의할 수 있고 온라인으로 주문을 할 수 있지만, 다른 고객의 주문이나 기록들은 접근할 수 없다. DBDudes는 두 가지 방법으로 접근을 제어한다. 첫째, 7장의 그림 7.1의 페이지와 유사한, 여러 가지의 폼(forms)을 가진 단순한 웹 페이지를 설계한다. 이것은 고객으로 하여금 SQL

인터페이스를 통해 하부의 DBMS를 직접 접근하지 않고도 유효한 요청으로 주문할 수 있도록 해준다. 둘째, DBDudes는 민감한 데이터에 접근을 제한하기 위해 DBMS의 보안 기능들을 사용한다.

웹 페이지는 고객들이 ISBN 숫자, 저자 이름, 책 이름으로 Books 릴레이션에 질의할 수 있도록 한다. 또한, 웹 페이지는 두 개의 버튼을 가진다. 첫 번째 버튼은 해당 고객의 주문들 등에서 처리가 끝나지 않은 주문 정보들의 리스트를 검색한다. 두 번째 버튼은 해당 고객의 처리 완료된 주문 리스트를 검색한다. 주목할 점은, 웹을 통해 실제 SQL 질의를 명시할 수는 없고, 다만 자동적으로 생성되는 SQL 질의를 만드는 폼에서 필요한 몇 가지 인자 값들을 채우는 것이다. 폼 입력을 통해 생성된 모든 질의는 현재 고객의 *cid* 애트리뷰트 값을 포함하는 `WHERE`절을 갖고 있으며, 두 개의 버튼에 의해 생성된 질의들의 수행은 고객신원번호(customer identification number)를 필요로 한다. 모든 고객은 카탈로그를 브라우징하기 전에 반드시 웹사이트에 로그인해야만 하기 때문에, (7.7절에서 논의한) 업무 로직은 웹사이트를 방문중인 고객의 상태정보(즉, 고객신원번호)를 반드시 유지해야 한다.

두 번째 단계는 각 사용자 그룹의 필요에 따라 접근을 제한하도록 데이터베이스를 구성하는 것이다. DBDudes는 다음과 같은 권한을 가진 특별한 고객 계정을 생성한다.

```
SELECT ON Books, NewOrders, OldOrders, NewOrderlists, OldOrderlists
INSERT ON NewOrders, OldOrders, NewOrderlists, OldOrderlists
```

직원들은 카탈로그에 새 책들을 추가하고, 책 재고 물량을 갱신하고, 필요하다면 고객 주문을 변경하고, 신용 카드 정보를 제외한 모든 고객 정보를 갱신할 수 있어야만 한다. 사실, 직원들은 고객 신용 카드 번호를 볼 수 없도록 해야 한다. 따라서 DBDudes 다음과 같은 뷰를 생성한다.

```
CREATE VIEW CustomerInfo (cid,cname,address)
       AS SELECT C.cid, C.cname, C.address
          FROM   Customers C
```

DBDudes 다음 권한들을 직원 계정에 부여한다.

```
SELECT ON CustomerInfo, Books,
          NewOrders, OldOrders, NewOrderlists, OldOrderlists
INSERT ON CustomerInfo, Books,
          NewOrders, OldOrders, NewOrderlists, OldOrderlists
UPDATE ON CustomerInfo, Books,
          NewOrders, OldOrders, NewOrderlists, OldOrderlists
DELETE ON Books, NewOrders, OldOrders, NewOrderlists, OldOrderlists
```

직원들이 CustomerInfo를 변경할 수 있고, 심지어는 투플들을 삽입할 수도 있다는 사실을 주목하기 바란다. 왜냐하면 그들이 필요한 권한을 갖고 있고, 또한 그 뷰가 갱신가능하고 삽입가능하기 때문에 가능한 일이다. 직원이 고객 주소를 갱신할 수 있는 것은 합리적으로 보이지만, CustomerInfo 테이블의 고객 정보(예를 들어, 신용 카드 번호)는 볼 수 없으면서 CustomerInfo에 투플을 삽입할 수 있다는 것이 조금 이상하다. 그 이유는 서점이 전화상으로 신용 카드 번호를 묻지 않고 처음 방문하는 고객의 주문을 받을 수 있도록 원하기 때문이다. 직원들은 CustomerInfo에 새로운 고객 레코드를 생성해서 삽입할 수 있고, 고객은 나중에 웹 인터페이스를 통해 신용카드 번호를 제공할 수 있다(고객이 신용카드 번호를 입력한 후에 주문이 배달될 것이다).

또한, 사용자가 고객신원번호를 사용하여 웹사이트에 처음으로 로그인할 때 발생하는 보안 이슈들이 있다. 그 번호를 암호화하지 않은 상태로 인터넷으로 전송하는 것은 보안상 위험이고, SSL과 같은 보안 프로토콜을 사용해야만 한다.

CyberCash와 DigiCash 같은 회사는 전자 상업 지불 솔루션을(심지어는 전자 화폐도 포함) 제공한다. 웹사이트에 그런 기술들의 반영에 관한 논의는 이 책의 범위 밖이다.

21.8 복습문제

복습문제에 대한 해답은 괄호 안에 표시된 절에서 찾아볼 수 있다.

- *안전한(secure)* 데이터베이스 응용 설계시의 주요한 목적은 무엇인가? *보안성*, *무결성*, *가용성*, *인증의 용어*를 설명하시오. **(21.1절)**
- *보안 정책과 보안 메카니즘*을 설명하고, 어떻게 서로 관계가 있는지를 설명하시오. **(21.1절)**
- *임의적 접근제어*의 주요 아이디어는 무엇인가? *강제적 접근제어*의 주요 아이디어는 무엇인가? 두 접근 방법의 상대적인 장점을 무엇인가? **(21.2절)**
- SQL에서 지원하는 권한들을 기술하시오. 특히, `SELECT`, `INSERT`, `UPDATE`, `DELETE`, `REFERENCES`를 기술하시오. 각 권한에 대해, 주어진 테이블에 대해 누가 그 권한을 자동적으로 얻게 되는지 나타내시오. **(21.3절)**
- 권한의 소유자를 어떻게 식별하는가? 특히 *권한식별자*와 *역할*에 관해 논하시오. **(21.3절)**
- *권한그래프*는 무엇인가? SQL의 `GRANT`와 `REVOKE` 명령이 이 그래프의 미치는 영향을 설명하시오. 특히, 한 사용자가 다른 누군가로부터 받은 권한을 전달할 때 어떤 일이 벌어지는지를 논의하시오. **(21.3절)**
- 테이블과 그 테이블에 정의된 뷰에 대해 권한을 가지는 것의 차이점을 논의하시오. 특히, 사용자가 어떤 뷰의 기본 테이블에 권한이 없이 그 뷰에 대해 특정 권한(예를 들어, `SELECT`)을 어떻게 갖게 되는가? 누가 그 뷰의 기본 테이블들에 대해 적당한 권한들을 가져야만 하는가? **(21.3.1절)**
- 강제적 접근제어에서 *객체*, *주체*, *보안등급*, *허가등급*은 무엇인가? 이 개념들을 이용해

서 Bell-LaPadula 제약을 논의하시오. 특히, *단순보안성질*과 **-성질*을 정의하시오. **(21.4절)**

- *트로이 목마*(*Trojan horse*) 공격은 무엇이며, 임의적 접근제어를 어떻게 위협하는가? 강제적 접근제어는 트로이 목마의 공격을 어떻게 막는지를 설명하시오. **(21.4절)**
- *다단계 테이블*과 *다중인스턴스화*의 용어는 무엇을 의미하는가? 서로의 관계를 설명하고, 강제적 접근제어에서 어떻게 발생하는지를 설명하시오. **(21.4.1절)**
- *비밀 채널*은 무엇이며 임의적 접근제어와 강제적 접근제어 기법에서 언제 발생하는가? **(21.4.2절)**
- 데이터베이스 시스템에 관한 Dod(미 국방성)의 보안 등급을 논하시오. **(21.4.2절)**
- 단순 암호 메카니즘이 인터넷과 같은 원거리 데이터베이스 접속을 하는 사용자의 인증에 왜 불충분한지를 설명하시오. **(21.5절)**
- *대칭 암호화*와 *공개키 암호화*의 차이점은 무엇인가? 두 종류의 대표적인 암호화 알고리즘의 예를 보이시오. 대칭 암호화의 가장 큰 약점은 무엇이며 공개키 암호화는 이를 어떻게 극복하는가? **(21.5.1절)**
- 공개키 암호화에서 암호와 및 복호화 키의 선택에 관해 논하고, 그들을 이용해서 어떻게 데이터를 암호화하고 복호화 하는 지를 논하시오. *단방향* 함수의 역할을 설명하시오. RSA 방법이 보장하는 보안사항은 무엇이 있는가? **(21.5.1절)**
- *인증기관*이란 무엇이며 왜 필요한가? *인증서*가 사이트에 어떻게 발송되며, *SSL* 프로토콜을 사용해서 브라우저가 인증서를 어떻게 검증하는지 설명하시오; *세션키*의 역할을 논하시오. **(21.5.2절)**
- 사용자가 SSL 프로토콜을 사용해서 웹사이트에 접속할 때, 왜 여전히 사용자는 로그인을 해야 하는지를 설명하시오. 패스워드나 주고받는 다른 민감한 정보를 보호하기 위해 SSL이 어떻게 사용되는지를 설명하시오. *안전한 전자 트랜잭션 프로토콜*이란 무엇인가? SSL위에 추가적으로 제공하는 장점은 무엇인가? **(21.5.2절)**
- 디지털 서명은 메시지의 안전한 교환을 가능하게 해준다. 디지털 서명이란 무엇이며, 단순히 메시지를 암호화하는 것과의 차이점을 설명하시오. 암호화 비용을 줄이기위해 메시지 서명을 사용하는 것에 관해 논하시오. **(21.5.3절)**
- 보안 측면에서 데이터베이스 관리자의 역할은 무엇인가? **(21.6.1절)**
- 통계 데이터베이스에서 발생하는 추가적인 보안상의 허점을 논하시오. **(21.6.2절)**

연습문제

문제 21.1 다음 질문에 대해 간단히 답하시오.

1. 강제적 접근제어를 위한 Bell-LaPadula 모델의 두 가지 규칙의 기본 아이디어를 설명하시오.

2. Bell-LaPadula 모델을 침입하기 위해 사용할 수 있는 비밀 채널의 예를 보이시오.
3. 다중인스턴스화(polyinstantiation)의 예를 보이시오.
4. 임의적 접근제어에서는 방지하지 못하지만 강제적 접근제어가 방지할 수 있는 보안 침입의 시나리오를 기술하시오.
5. 강제적 접근제어만으로는 보장하지 못하고 임의적 접근제어가 필요한 시나리오를 기술하시오.
6. DBMS가 임의적 접근제어와 강제적 접근제어를 모두 지원한다면, 암호화가 필요한가?
7. 통계 데이터베이스 시스템에서 다음의 각 제약의 필요성을 설명하시오.

   (a) 사용자가 수행할 수 있는 질의 개수의 최대값
   (b) 질의 처리에 관여되는 투플 수의 최소값
   (c) 두 질의의 교집합의 투플 수의 최대값(즉, 두 질의 모두 검사하는 투플들을 수)

8 추적감사(audit trail)의 사용을, 특히 통계 데이터베이스 시스템에서의 사용에 대해 설명하시오.
9. 보안 측면에서 DBA의 역할은 무엇인가?
10. AES를 기술하고, DES와의 관계를 설명하시오.
11. 공개키 암호화란 무엇인가? DES에서의 암호화와 어떻게 다르며, DES보다 어떤 면에서 더 좋은가?
12. 인터넷상에 서비스를 제공하는 회사가 주문 입력 프로세스를 안전하게 하기 위해 암호화 기법들을 어떻게 사용할 수 있는지를 설명하시오. DES, AES, SSL, SET 그리고 디지털 서명의 역할을 논하시오. 전자 화폐와 같은 관련 기술들에 관해 자세한 정보를 위해 웹을 검색하시오.

문제 21.2 당신이 VeryFine 장난감 회사의 DBA이고, 필드 *ename*, *dept*, *salary*을 가지는 Employee 릴레이션을 생성했다고 가정하자. 또한, 권한관리 목적으로 (*ename* 애트리뷰트만 가진) EmployeeName 뷰와 *dept*, *avgsalary* 필드를 갖는 DeptInfo 뷰를 정의했다고 하자. avgsalary는 각 부서별 평균 월급이다.

1. EmployeeNames과 DeptInfo 뷰의 정의를 보이시오.
2. Toy와 CS 부서의 평균 부서 월급을 알 필요가 있는 사용자에게는 어떤 권한들이 부여되어야만 하는가?
3. 당신 비서에게 사람을 해고할 권한(누구를 해고할지는 당신이 비서에게 아마 이야기할 것이지만, 이 일을 위임할 수 있기를 원한다), 직원이 누구인지 확인할 권한, 평균 부서 월급을 검사할 권한을 허가하고자 한다. 어떤 권한을 허가주어야 하는가?
4. 앞의 시나리오를 계속해서, 당신 비서가 개별 직원들의 월급을 보지는 못하게 하고자 한다. 앞의 문제에 대한 대답이 이를 보장하는가? 구체적으로 답하시오. 당신 비서가(투플들의 실제 집합에 따라 다르겠지만) 몇몇 직원들의 월급을 알 수가 있는가? 또는 당신 비서가 원한다면 아무 직원의 월급을 알 수 있는가?
5. 당신비서로 하여금 다른 사람에게 EmployeeNames 뷰를 읽을 수 있도록 권한을 부여하는 권한을 주고자 한다. 적당한 명령을 보이시오.
6. 당신 비서가 EmployeeNames 뷰를 이용해서 새로운 두 개의 뷰를 정의했다. 첫 번째 뷰는 AtoBName인데, 단순히 A와 R사이의 문자로 시작하는 이름들을 고르는 뷰이다. 두 번째 뷰는 HowManyNames인데, 이름의 개수를 세는 뷰이다. 이에 만족해서 당신이 당신 비서에게 EmployeeNames 뷰에 투플을 삽입할 권한을 주기로 결정했다. 이를 위한 적당한 명령을 보이고,

이 명령이 수행된 후 당신 비서는 어떤 권한들을 갖는지를 기술하시오.

7. 당신 비서가 Todd에게 EmployeeNames 릴레이션을 읽도록 허가하고 회사를 그만두었다. 그리고 나서 당신이 비서의 권한을 회수했다. 나중에 Todd의 권한은 어떻게 되는가?
8. 앞의 스키마에서 Employees에 대한 갱신으로 구현할 수 없는 뷰 갱신의 예를 보이시오.
9. 당신이 장기 휴가를 가기로 결정하고 비상사태에 대비해서 당신의 상사 Joe에게 Employees 릴레이션과 EmployeeNames 릴레이션을 읽고 변경할 수 있는 권한을 주고자 한다(그리고 Joe는 실무를 하기에는 너무 높은 지위의 사람이라 권한을 위임할 수도 있어야만 한다). 적당한 SQL 문을 보이시오. Joe가 DeptInfo 뷰를 읽을 수 있는가?
10. 휴가에서 돌아와서 Joe가 그의 비서 Mike에게 Employees 릴레이션을 읽도록 허가했었다는 메모를 본다. Employees에 대한 Mike의 읽기 권한을 회수하고자 하는데, Joe에게 주었던 권한은 당분간 회수하지 않고자 한다. SQL로 이것을 할 수 있는가?
11. What views are dropped as a consequence? 나중에 Joe가 아주 바쁘다는 사실을 알게되었다. 그가 EmployeeNames 뷰를 이용해서 AllNames 뷰를 정의했고, Joe만이 접근할 수 있는 또다른 StaffNames 릴레이션을 정의했고, 그의 비서인 Mike에게 AllNames 뷰를 읽을 수 있는 권한을 주었다. Mike는 자신의 친구인 Susan에게 이 권한을 전달했다. Joe의 권한 중 일부를 회수해서라도 Mike와 Susan으로부터 이 권한을 회수해야만 한다. 어떤 `REVOKE` 명령을 수행해야 하나? 이 명령이 수행되면 Joe는 Employees에 대해 어떤 권한을 갖게 되나? 이 결과로 어떤 뷰가 삭제되나?

문제 21.3 당신이 화가이고 당신 그림을 일반인들을 상대로 직접 판매하는 인터넷 서점을 갖고 있다고 가정하자. 구매에 대해서는 소비자들이 신용카드로 결제할 수 있기를 바라며, 이런 전자 트랜잭션이 안전하기를 보장받았으면 한다.

당신이 최근에 그린 Cornell Uris 도서관 그림을 Mary가 구매하고자 한다고 가정하자. 다음 질문에 답하시오.

1. 그림을 구매하고자 하는 사람이 Mary임을 어떻게 확신할 수 있나?
2. SSL이 안전한 신용카드번호의 교환을 어떻게 보장하는지 설명하시오. 이때 인증 기관의 역할은 무엇인가?
3. Mary가 당신의 모든 e-메일 메시지가 정말로 당신에게서 온 것임을 검증할 수 있도록 하고자 한다고 가정하다. 실제 텍스트를 암호화하지 않고 어떻게 당신의 메시지를 인증할 수 있는가?
4. 당신 고객들이 어떤 그림들에 대해 가격 협상을 할 수 있고, Mary가 당신의 Madison Terrace 그림의 가격을 협상하기를 원한다고 가정하자. 오직 당신과 Mary만 이 통신의 문서를 알수 있기를 바란다. Mary와의 통신을 암호화하는 다른 방법들의 장단점을 설명하시오.

문제 21.4 6장의 연습문제 6번에서 9번까지 고려해보자. 각 연습문제에 대해, 서로 다른 사용자 그룹들은 어떤 데이터를 접근할 수 있어야 하는지를 도출하고, 이 접근제어 정책을 실행할 수 있는 SQL 문을 작성하시오.

문제 21.5 7장의 연습문제 7번에서 10번까지 고려해보자. 각 연습문제에 대해, 암호화, SSL 그리고 디지털 서명이 적합한 경우를 논하시오.

프로젝트 기반 연습문제

문제 21.6 Minibase는 뷰나 권한관리를 지원하는가?

참고문헌 소개

[341]은 SQL의 GRANT와 REVOKE 명령 패러다임에 많은 영향을 미친 System R의 권한관리 메카니즘을 기술하고 있다. [213]은 보안과 암호학에 관한 일반적인 내용을 잘 설명하고 있고, 데이터베이스 보안의 개요는 [140]과 [467]에 나와 있다. 통계 데이터베이스에서 보안은 [212]와 [718]등의 여러 논문에서 연구되었다. 다단계 보안은 [409, 499, 694, 710]를 포함한 여러 논문에서 논의하고 있다.

암호학에 관한 고전적인 문헌은 Schneier의 책 [661]이다. Diffie와 Hellman은 최초의 공개키 암호화 기법 [227]을 제안했다. 널리 사용되는 RSA 암호화 방법 [629]은 Rivest, Shamir,그리고 Adleman에 의해 도입되었다. AES는 Daemen와 Rijmen의 Rijndael 알고리즘 [200]에 기반하고 있다. SSL에 관한 많은 입문서가 있는데, [623]와 [733] 등이 있다. 디지털 서명에 관한 상세한 정보는 Ford와 Baum의 책 [276]에 나와있다.

7부

데이터 웨어하우징과 데이터 마이닝

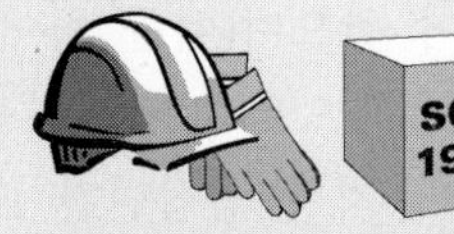

22

데이터 웨어하우징과 의사결정 지원

- ☞ 전통적 DBMS가 의사결정을 지원하는 데 적합하지 않은 이유는 무엇인가?
- ☞ 다차원 데이터 모델은 무엇이며 어떤 종류의 분석을 가능하게 하는가?
- ☞ 다차원 질의를 지원하는 SQL:1999의 특징들은 어떠한 것들인가?
- ☞ SQL:1999는 순서(sequences)와 경향(trend)에 대한 분석을 어떻게 지원해 주는가?
- ☞ DBMS는 좀 더 빠른 상호 교환적 분석을 하기 위하여 어떠한 방식으로 최적화되는가?
- ☞ OLAP 시스템은 어떤 종류의 인덱스와 파일구조를 필요로 하는가?
- ☞ 가시화된 뷰는 왜 중요하게 되었는가?
- ☞ 가시화된 뷰를 어떻게 효율적으로 유지 할 수 있을 것인가?

➔ **주요 개념:** 온라인 분석 처리(OLAP: Online Analytic Processing), 다차원 모델(multimensional model), 차원(dimensions), 측정값(measures); 롤업(roll-up), 드릴다운(drill-down), 피봇팅(pivoting), 교차도표(cross-tabulation), `CUBE`; `WINDOW`, 질의(queries), 프레임(frames), 정렬(order); 탑 N 질의(top N queries), 온라인 집계(online aggregation); 비트맵 인덱스(bitmap indexes), 조인 인덱스(join indexes); 데이터 웨어하우스(data warehouses), 추출(extract), 갱신(refresh), 제거(purge); 가시화된 뷰(materialized views), 점진적 유지관리(incremental maintenance), 웨어하우스 뷰 유지(maintaining warehouse views)

Nothing is more di.cult, and therefore more precious, than to be able to decide.

— Napoleon Bonaparte

데이터베이스 시스템(DBMS)은 일상적인 작업들을 기록한 데이터를 체계적으로 유지 및 관리(구성)하기 위하여 널리 사용되어 왔다. 이러한 일상적인 작업 데이터를 업데이트하는 어플리케이션에서 트랜잭션은 전형적으로 작은 변화를 만들어 왔으며(예를 들어, 예약 또는 은행 거래), 많은 양의 트랜잭션의 경우에도 신뢰적이고 효율적으로 트랜잭션을 처리해 왔다. 그러한 **온라인 트랜잭션 처리**(OLTP) 어플리케이션들이 지난 삼십년간 DBMS산업의 성장을 이끌어 왔으며 앞으로도 계속해서 중요하다는 것은 의심할 여지가 없다. DBMS는 전통적으로 이러한 어플리케이션에서 잘 수행될 수 있도록 폭넓게 최적화 되어왔다.

그러나 최근 들어 높은 수준의 의사결정을 지원하기 위해서 유용한 경향(trends)을 확인하고 데이터를 요약하기 위해 포괄적으로 현재 그리고 역사적으로 오래된 데이터를 분석하고 탐색하는 어플리케이션을 점차 강조해 왔다. 이러한 어플리케이션들을 **의사결정 지원**(decision support)이라 부른다. 주류의 관계 DBMS 공급자들은 이 시장의 중요성을 인식해 왔으며 이러한 기능들을 제품에 추가하고 있다. 특히 SQL은 새로운 구조로 확장되어 왔으며 새로운 인덱싱과 질의 최적화 기술은 복합 질의를 지원하기 위해 추가되고 있다.

뷰의 사용은 복합 데이터 분석을 포함한 어플리케이션에서 그들의 유용함으로 인해 빠르게 인기를 얻고 있다. 뷰에 대한 질의는 질의를 받았을 때 바로 뷰의 정의를 평가하여 답을 얻을 수도 있고, 미리 뷰의 정의를 계산(precomputed views)해서 질의를 더 빠르게 작동하도록 만들 수도 있다. 미리 계산된 뷰가 한단계 더 나아가도록 하는 동기유발을 하기 때문에 많은 소스에서의 테이블을 하나의 장소로 복사하거나 여러 소스의 테이블에 정의된 뷰를 가시화함으로써 여러 데이터베이스로부터의 정보를 *데이터 웨어하우스*로 합칠 수 있는 것이다. 데이터 웨어하우징은 널리 퍼지게 되었고 많은 특화된 제품들이 현재 다중 데이터베이스로부터 데이터들의 웨어하우스를 만들거나 관리할 수 있도록 하고 있다.

우리는 22.1절의 의사결정 지원을 개관함으로써 이 장을 시작한다. 다차원 데이터 모델을 22.2절에서 소개하고 22.2.1에서는 데이터베이스 설계를 고려한다. 22.3절에서는 자연스럽게 지원되는 리치 클래스 질의를 논의한다. 22.3.1에서는 새로운 SQL:1999 구조가 우리가 다차원 질의를 표현하도록 하는 방법을 논의해 본다. 22.4절에서는 정렬된 집합들에서의 관계에 대한 질의를 지원하는 SQL:1999의 확장에 대해 논의한다. 22.5절에서는 초기응답의 생성과정을 빠르게 하기 위한 최적화 방법에 대해 고려해 본다. OLAP 환경에서 필요로 하는 많은 질의 언어 확장들이 새로운 구현 기술의 발전을 야기했다. 우리는 이러한 것들을 22.6절에서 논의해 본다. 22.7절에서는 데이터 웨어하우스 생성과 유지관리에 관한 이슈들을 조사한다. 기술적 관점에서의 핵심 이슈는 하위 소스정보가 변화할 때 웨어하우스 정보(중복된 테이블과 뷰)를 유지관리하는 방법이다. 22.8절에서는 OLAP와 웨어하우징에서의 뷰가 하는 중요 역할들을 다룬 후에 우리는 22.9절과 22.10절에서 가시화된 뷰의 유지관리에 대해 고려해 본다.

22.1　의사결정 지원에 대한 소개

기업의 의사결정은 기업 전체의 모든 영역에 대한 세부적인 시각을 필요로 한다. 그래서 많은 회사들은 다른 비즈니스 집단에 의해 관리되어 온 각 데이터베이스로부터 도출된 데이터와 역사적으로 오래된 정보와 요약 정보들을 함께 보관하는 통합된 **데이터 웨어하우스**를 만들었다.

데이터 웨어하우징은 강력한 분석 툴들을 점차 강조함으로써 보완되었다. 의사결정 지원(decision support) 질의의 많은 특징들이 전통적 SQL 시스템을 부적합하게 한다.

- `WHERE` 절은 많은 `AND`와 `OR` 조건들을 포함한다. 14.2.3절에서 본 것처럼 특히 `OR` 조건은 많은 관계 DBMS에서 제어되지 않는다.
- 어플리케이션은 SQL-92에서 지원하지 않는 표준편차 같은 통계 함수들을 광범위하게 사용할 필요가 있다. 그러므로 SQL 질의는 흔히 호스트 언어 프로그램에 포함되어야 한다.
- 많은 질의들은 시간에 대한 조건과 연관되며 기간에 대한 집계를 요구한다. SQL-92는 그러한 시간에 대한 분석을 거의 지원하지 않는다.
- 사용자는 종종 여러 연관된 질의를 할 필요가 있다. 이렇게 흔히 일어나는 질의들을 표현하기위한 편리한 방법이 없기 때문에 독립적인 질의들의 집합으로서 그것들을 작성해야 한다. 더 나아가 DBMS는 많은 관련 질의들을 함께 수행함으로써 발생하는 최적화 기회를 인식하고 살릴 수 있는 방법이 없다.

분석 도구는 크게 세 가지 유형이 있다. 첫째 어떤 시스템들은 group-by와 집계 연산자들을 전형적으로 포함하고, 복합 Boolean 조건, 통계함수, 시간관련 분석들에 대한 특징들을 제공하는 일정한 형태의 질의의 클래스를 지원하고 있다. 그런 질의들을 다루는 어플리케이션을 **온라인 분석 처리**(OLAP: Online Analytic Processing)라고 부른다. 이러한 시스템은 데이터를 다차원 배열로 생각하게 해주는 질의 스타일을 지원하며, 데이터베이스 질의 언어뿐 아니라 스프레드시트 같은 엔드 유저의 도구들에 의해 영향을 받는다.

둘째, 몇몇 DBMS는 전통적 SQL 유형의 질의를 제공하지만 또한 OLAP질의도 효율적으로 지원하도록 설계되었다. 그러한 시스템들을 의사결정 지원 어플리케이션을 위해 최적화된 관계 DBMS로 생각할 수 있다. 많은 관계 DBMS 공급자들은 그들의 제품들을 이런 방향으로 현재 개선중이며 시간이 흐르면 특화된 OLAP 시스템과 관계 DBMS 사이의 차이를 줄이기 위해 OLAP 질의를 지원하도록 개선될 것이라고 본다.

셋째, 분석도구 클래스는 복합 질의라기보다는 많은 데이터 집합에서의 경향과 패턴들을 발견하려는 욕구에 의해 동기부여가 된다. 데이터 분석의 조사에서 비록, 분석가들이 그러한 패턴들이 보일 때 '흥미로운 패턴'을 인식했다 할지라도 흥미로운 패턴에서의 핵심을 잡아내는 질의를 정형화 하는 것은 어려운 일이다. 예를 들어 신용카드 사용내역을 바라보는 분석가들이 분실이나 도난 카드의 오사용으로 생각될만한 특별한 행동들을 찾아내기를 원할 수 있다. 카탈로그 상인들은 고객에게 새로운 판촉상품을 약속하는 것을 알리기 위해 고객의 기록을 보고 싶어 할 수 있다. 이러한 인식은 수입수준, 구매 패턴, 드러난 관심영역

> **SQL:1999와 OLAP:** 이 장에서 우리는 SQL:1999의 OLAP을 지원하기 위한 몇 개의 특징들에 관해 언급한다. SQL:1999 표준안의 공표 지연을 방지하기 위하여, 이러한 특징들이 SQL/OLAP이라 불리는 수정안을 통해 표준에 추가되었다.

등에 의존적일 수 있다. 많은 어플리케이션에서 수동 분석 또는 심지어 전통적 통계 분석을 하기에는 데이터의 양이 너무 많다. 또, **데이터 마이닝**의 목적이 매우 커다란 데이터 집합에 대한 탐색적 분석을 지원하는 데 있다. 우리는 26장에서 데이터 마이닝에 관해 좀 더 논의한다.

분명히 전역적으로 분산된 데이터에 대해서는 OLAP나 데이터 마이닝 질의의 수행 속도가 너무 느려질 수 있다. 게다가 복합 분석 또는 종종 자연 통계를 위해 대부분의 현재 데이터 버전이 사용되는 것이 필수적인 것은 아니다. 자연적 해결방법은 데이터 웨어하우스 같은 모든 데이터에 대한 중앙 저장소를 생성하는 것이다. 그래서 웨어하우스의 능력이 OLAP 어플리케이션과 데이터 마이닝 툴을 유용하게 하고, 역으로 그러한 분석 도구를 적용하려는 욕구가 데이터 웨어하우스를 만드는 강한 동기를 유발하게 한다.

22.2 OLAP: 다차원 데이터 모델

OLAP 어플리케이션은 임시적이고 복합 질의에 의해 다루어진다. SQL용어에서 이들은 group-by와 집계(aggregation) 연산자와 연관된 질의이다. 그러나 전형적인 OLAP 질의를 생각하는 가장 자연스러운 방법은 다차원 데이터 모델의 항목들로 생각하는 것이다. 이 절에서 우리는 다차원 데이터 모델을 제시하고 이를 데이터의 관계형 표현과 비교한다. 이어지는 절에서는 다차원 데이터 모델에 관한 OLAP 질의를 언급하고 그런 질의를 지원하기 위해 설계된 새로운 구현 기술에 대해 살펴본다.

다차원 데이터 모델에서의 초점은 수치 **측정값**(measures)의 집합에 있다. 각 측정값(measures)들은 **차원**(dimension)들의 집합에 의존한다. 우리는 판매 데이터에 기초한 예제를 사용한다. 우리 예제의 측정값의 애트리뷰트는 *sales*이다. 차원(dimension)에는 Products와 Locations 그리고 Times이 있다. 주어진 Products, Locations, Times처럼 우리는 적어도 하나의 판매와 연관된 값을 가진다. 유일한 식별자 *pid*로 Product를 식별하고 유사하게 *locid*로 Location을 *timeid*로 Times를 식별한다면 판매정보를 삼차원 배열 Sales로 나열될 수 있다고 생각할 수 있다. 이 배열은 그림 22.1에 보여진다. 명확히 *locid* = 1일 때, 단지 *locid* 값에 대응하는 값만을 보여준다. 이는 *locid*축에 대해 직각인 하나의 단면(slice)으로 생각될 수 있다.

다차원 배열로서 데이터를 바라보는 관점은 쉽게 삼차원 이상으로 일반화 될 수 있다. OLAP 어플리케이션에서는 데이터의 대부분을 그렇게 다차원 배열로 표현할 수 있다. 실제로 OLAP 시스템은 데이터를 다차원 배열에 저장한다(물론 전체 배열이 메모리에 정확히

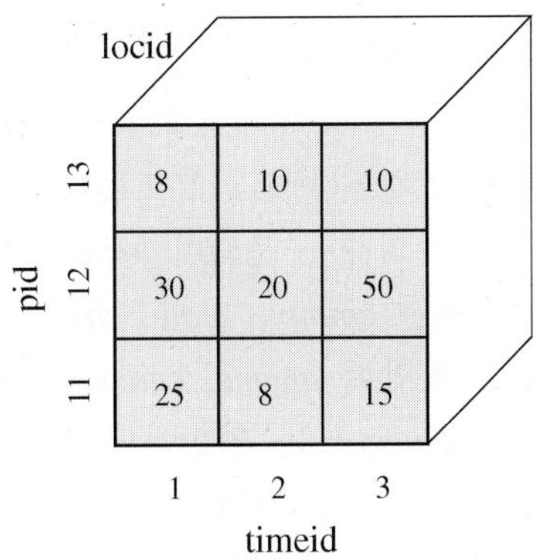

그림 22.1 판매: 다차원 데이터집합

적재된다는 일반적 프로그래밍 언어의 가정 없이도 구현됨). 다차원 데이터집합에 저장하기 위해 배열을 사용하는 OLAP 시스템을 **다차원 OLAP**(MOLAP) **시스템**이라고 부른다.

다차원 배열에서의 데이터는 그림 22.2에 보이는 바와 같이 릴레이션으로 표현될 수 있다. 그림 22.2는 그림 22.1에서의 데이터와 같은 것을 나타내며 *locid* = 2에 대응되는 추가 행들

locid	*city*	*state*	*country*
1	Madison	WI	USA
2	Fresno	CA	USA
5	Chennai	TN	India

Locations

pid	*pname*	*category*	*price*
11	Lee Jeans	Apparel	25
12	Zord	Toys	18
13	Biro Pen	Stationery	2

Products

pid	*timeid*	*locid*	*sales*
11	1	1	25
11	2	1	8
11	3	1	15
12	1	1	30
12	2	1	20
12	3	1	50
13	1	1	8
13	2	1	10
13	3	1	10
11	1	2	35
11	2	2	22
11	3	2	10
12	1	2	26
12	2	2	45
12	3	2	20
13	1	2	20
13	2	2	40
13	3	2	5

Sales

그림 22.2 릴레이션으로 표현되는 Locations, Products, Sales

을 가지고 있다. 차원들을 관심값(measure of interest)으로 연관시키는 이 릴레이션을 **사실테이블**(fact table)이라고 한다.

차원으로 돌아가 보자. 각 차원은 연관된 애트리뷰트들의 집합을 가질 수 있다. 예를 들어 Location 차원은 *locid* 애트리뷰트에 의해 구분되며 *locid* 애트리뷰트는 Sales 테이블에서의 위치를 식별하기 위해 사용된다. 또한 *country*, *state*, *city*를 애트리뷰트으로 가지고 있다고 가정한다. 우리는 나아가 Product 차원이 *pname*, *category*, *price*를 식별자 *pid*에 추가하여 가지고 있다고 가정한다. 제품의 *category*는 일반적인 특성을 의미한다. 예를 들어 제품 *pant*는 *category* 값 *apparel*을 가질 수 있다. 시간 차원도 *data*, *week*, *month*, *quarter*, *year*와 *holiday-flag* 값을 식별자 *timeid*에 추가하여 애트리뷰트를 가진다.

각 차원에서 관련된 값들의 집합은 계층으로 구조화 될 수 있다. 예를 들어 도시(cities)는 주(states)에 속하고, 주(states)는 나라(countries)에 속한다. 하루(dates)는 주(weeks)와 달(months)에 속하고, 주(weeks)와 달(month)은 분기(quarter)에 속하고, 분기(quarter)는 해(years)에 포함된다(주의: 한 주는 두 달에 걸칠 수 있으므로, 주(weeks)는 달(months)에 포함되지 않는다). 하나의 차원에서 몇몇 애트리뷰트들은 차원값들의 기본 계층구조에 있어서는 차원값의 위치를 나타낸다. 우리 예제에서의 Product, Location의 계층과 Time계층이 그림 22.3에서 애트리뷰트 레벨로 보여진다.

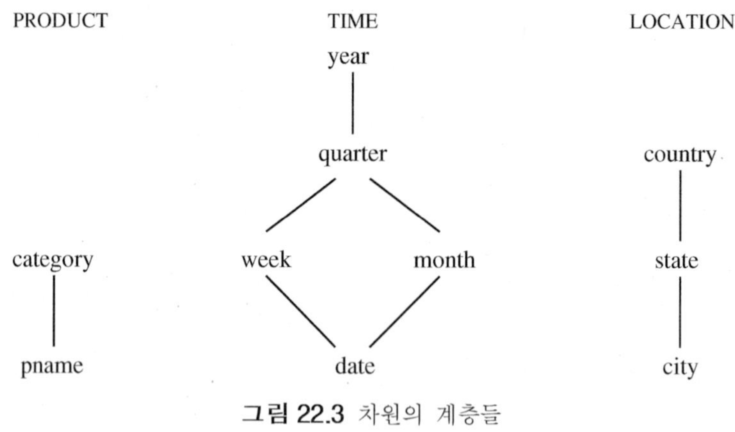

그림 22.3 차원의 계층들

차원에 대한 정보는 또한 릴레이션의 집합으로 표현될 수 있다.

Locations(<u>*locid:* `integer`</u>, *city:* `string`, *state:* `string`, *country:* `string`)
Products(<u>*pid:* `integer`</u>, *pname:* `string`, *category:* `string`, *price:* `real`)
Times(<u>*timeid:* `integer`</u>, *date:* `string`, *week:* `integer`, *month:* `integer`,
quarter: `integer`, *year:* `integer`, *holiday_flag:* `boolean`)

이러한 릴레이션들은 전형적인 OLAP 어플리케이션에서의 사실테이블(fact table)보다 훨씬 작다. 이것들을 **차원테이블**(dimension table)이라고 부른다. 릴레이션으로 사실테이블(fact table)을 포함한 모든 정보를 저장하는 OLAP 시스템을 **관계형 OLAP 시스템**(ROLAP)이라 부른다.

Times 테이블은 전형적인 OLAP 어플리케이션에서의 Time차원으로 표현한다. SQL의 date와 timestamp 데이터 타입은 회계분기(fiscal quarters), 휴일 상태(holiday status)등과 같이 각 시간 값에 비즈니스 운영과 정보를 반영하는 축약 정보를 저장하기에는 적합하지 않다.

22.2.1 다차원 데이터베이스 설계

그림 22.4는 실제 판매 예제 테이블을 보여준다. 이는 스타모형을 제안하며 Sales 사실테이블(fact table)에서 중앙에 위치한다. 사실테이블(fact table)과 차원테이블(dimension table)의 조합을 **스타 스키마**(star schema)라고 부른다. 이 스키마 패턴은 OLAP를 위해 디자인된 데이터베이스에서 매우 흔한 것이다. 데이터의 대부분은 보통 중복이 없는 사실테이블(fact table)에 있다. 그것은 보통 BCNF 형태이다. 실제로 사실테이블(fact table)의 크기를 최소화하기 위해, 차원 식별자(*pid*와 *timeid*같은)는 시스템이 생성한 식별자들이다.

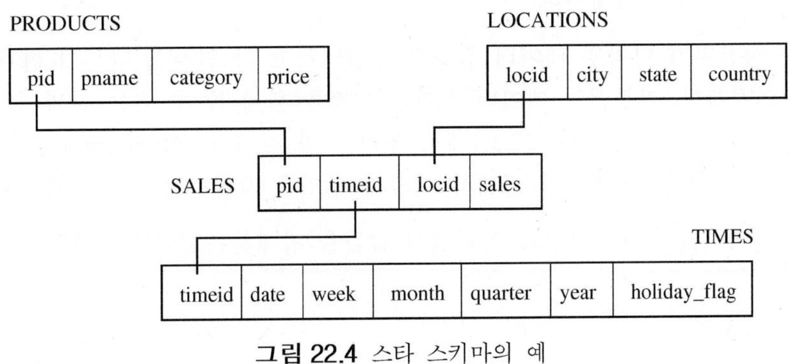

그림 22.4 스타 스키마의 예

차원 값에 대한 정보는 차원테이블(dimension table)에서 유지된다. 차원테이블(dimension table)은 보통 정규화 되지 않는다. 그 근본적 이유는 OLAP에 사용된 데이터베이스의 차원테이블(dimension table)은 정적이며 갱신, 추가, 삭제가 중요하지 않기 때문이다. 나아가 데이터베이스의 크기는 사실테이블(fact table)에 의해 조절되기 때문에 차원테이블(dimension table)을 정규화 함으로써 절약된 공간은 무시할 수 있다. 그러므로 차원 정보와 사실테이블(fact table)에서의 사실(fact)들을 조합하는 계산시간을 최소화 하는 것은, 이는 우리가 차원테이블을 더 작은 테이블(추가적인 결합을 이끌지도 모름)로 쪼개는 것을 피하도록 해주는 주된 설계의 척도이다.

상호 질의에 대한 짧은 응답시간은 OLAP에서 중요하고, 대부분의 시스템은 summary 테이블의 구현을 지원한다(보통 그룹핑을 사용하는 질의를 통해 만들어진다). 사용자에 의한 임시 질의는 미리 계산된 요약들과 함께 본래의 테이블을 사용하여 답해진다. 매우 중요한 설계 이슈는 어느 summary 테이블이 입수할 수 있는 메모리를 최고로 사용하기 위해서 구체화하는가이며 상호 응답시간에 흔히 요청되는 임시 질의 들에 답할 수 있는 가이다. 현재 OLAP 시스템에서 어느 summary 테이블을 구체화하기 위해 사용할 것인지를 정하는 것이 설계 결정에 있어서 가장 중요하다.

마침내 새로운 저장 구조와 인덱싱 기술이 OLAP를 지원하도록 개발되어왔고 그것들은 데이터베이스 설계자에게 추가적으로 물리적 설계 선택사항들을 주었다. 이러한 구현 기술을 22.6절에서 다루기로 한다.

22.3 다차원 집계 질의

다차원 데이터 모델을 살펴보았고 이제 어떻게 그런 데이터가 질의 되고 다루어 질 수 있는지에 대해서 살펴 보자. 이 다차원 데이터 모델에 의해 지원되는 연산들은 스프레드 시트 같은 일반 사용자 도구의 영향을 받는다. 그 목적은 SQL 전문가가 아닌 일반 사용자에게 일반 비즈니스 중심의 분석 작업을 위해 직관적이고 강력한 인터페이스를 제공하는 것이다. 사용자는 데이터베이스 어플리케이션 개발자에 의존하지 않고 특정 목적의 질의를 직접적으로 사용할 수 있기를 기대한다.

이 절에서는 사용자가 다차원 데이터 집합으로 작업하고 각 연산은 다른 표현과 요약을 되돌려준다고 가정한다. 기본적인 데이터 집합은 그것을 현재 볼 수 있는 상세 수준에 상관없이 항상 사용자가 다룰 수 있다. 22.3.1에서 우리는 이 절에서 SQL:1999가 표와 관계 데이터에 대한 질의 종류를 표현하기 위해서 어떻게 구조를 지원하는지를 논의 한다.

매우 일반적인 연산은 하나 이상의 차원에서 값들을 집계하는 것이다. 다음은 일반적인 질의의 예이다.

- 총 판매액을 구하시오.
- 각 도시별 총 판매액을 구하시오.
- 각 주별 총 판매액을 구하시오.

이러한 질의는 사실테이블(fact table)과 차원테이블(dimension table)에 대한 SQL 질의로 표현될 수 있다. 우리가 하나 이상의 차원들에서 값을 집계할 때 집계된 값들은 본래의 값보다 더 적은 차원들에 의존한다. 예를 들어 우리가 도시별 총 판매액을 계산한다고 하면 집계된 값은 *total sales*이며 이는 단지 Location 차원에만 의존하는 반면, 원래 *sales* 값은 Location, Time, Product 차원에 의존한다.

또다른 집계의 사용은 차원 계층구조의 다른 레벨에서 요약을 하는 것이다. 만약 도시별 총 판매가 주어졌다면 주당 판매액을 구하기 위하여 Location 차원을 집계할 수 있다. 이러한 연산을 OLAP 용어에서는 **롤업**(roll-up)이라고 부르며 그 역을 **드릴다운**(drill-down)이라고 한다. 주별 총 판매액이 주어졌을 때 Location에 관해 드릴다운(drill-down) 함으로써 보다 자세한 표현을 요구할 수 있다. 우리는 도시별 판매액을 요구할 수도 있고 선택된 주에 대한 시별 판매액을 요구할 수도 있다. 우리는 또한 Location보다 차원을 드릴다운(drill-down) 할 수도 있다. 예를 들어 우리는 Product 차원에 드릴다운(drill-down)함으로써 각 주별 각 제품 당 총 판매액을 요구할 수도 있다.

또다른 일반적인 연산은 **피봇팅**(pivoting)이다. Sales 테이블을 표로 나타내는 것을 살펴보자. 만약 그것을 Location와 Time 차원을 축으로 회전시키면 우리는 각 시간 값에 각 장소별 총 판매액 테이블을 얻을 수 있다. 이 정보는 축이 장소와 시간으로 이름 붙여진 2차원 차트로 표현 할 수 있다. 차트 내의 값들은 장소와 시간에 대한 총 판매액과 대응된다. 그러므로 본래 표에서의 열에 나타나는 값은 결과 표에서는 축의 레이블이 된다. 피봇팅(pivoting)의 결과는 **교차도표**(cross-tabulation)라고 부르며 그림 22.5에 표현되어 있다. 연도별 주별 (함께 다뤄) 총 판매액에 추가하여 스프레드시트 스타일로 그것을 보면 년도별 주별 판매액의 추가적인 요약들을 얻을 수 있다.

	WI	CA	Total
1995	63	81	144
1996	38	107	145
1997	75	35	110
Total	176	223	399

그림 22.5 년도별 주별 판매에 대한 교차도표

피봇팅(pivoting)은 교차도표(cross-tabulation)의 차원을 변화하는 데 사용될 수 있다. 년도별과 주별 판매액의 표에서 제품별 년도별 판매액 표를 얻을 수 있다.

분명히 OLAP 구조는 질의들의 광범위한 클래스를 취하기 용이하게 만든다. 그것은 또한 자주 쓰는 연산들에 대해서는 친근한 이름을 부여하기도 한다. 데이터 집합을 하나 이상의 차원의 균등 선택(equality selection)에 의해 **자르고**(Slicing), 데이터 집합을 영역 선택(range selection)에 의해 주사위 모양으로 **자른다**(Dicing). 이러한 용어는 데이터를 cube 또는 교차도표(cross-tabulation) 형태의 표현으로 연산의 효과를 시각화함으로써 나타난다.

통계적 데이터베이스에 대한 보다 자세한 정보

많은 OLAP 개념이 비록 어플리케이션에서 도메인과 용어들간의 차이로 인해 이 연결이 충분하게 인식되지 않았다 할지라도, 통계 어플리케이션들을 지원하도록 설계된 **통계 데이터베이스**(SDBs: statistical databases)에 관한 이전 작업에 나타난다. 다차원 데이터 모델은 차원과 연관된 값들의 표시와 차원 값들에 대한 분류 계층과 함께 SDBs에 사용된다. 롤업(roll-up)과 드릴다운(drill-down)과 같은 OLAP 연산들은 SDBs에서도 대응되는 연산들을 갖는다. 사실 OLAP를 위해 개발된 몇몇 구현 기술은 SDBs에서도 적용될 수 있다.

그럼에도 불구하고 몇몇 차이점들이 OLAP와 SDBs를 지원하도록 개발된 다른 도메인으로부터 발견된다. 예를 들어, SDBs는 분류 계층과 비밀 문제가 매우 중요한 문제인 사회경제적 어플리케이션에서 사용된다. 이것은 잠재적인 비밀 침해와 같은 문제와 함께 SDBs에서의 분류 계층의 복잡도가 더 커질거라는 것을 나타낸다(비밀 문제는 요약된 데이터에 접근을 하는 사용자가 원래의 요약되지 않은 데이터를 재 구성할 수 있는지 없는지에 대해 고려한다). 반대로 OLAP는 많은 양의 데이터를 다루는 비즈니스 응용프로그램에 초점을 맞추어 왔으며 매우 많은 양의 데이터 집합을 효율적으로 다루는 것에 SDB 문헌들보다 더 많은 주의를 기울여 왔다.

22.3.1 SQL:1999에서의 롤업과 큐브

이 절에서는 얼마나 많은 다차원 모델의 질의가 어떻게 SQL:1999에서 지원될 수 있는지를 논의한다. 전형적으로 단일 OLAP 연산은 집계와 그룹핑을 포함하는 여러 개의 밀접하게 연관된 SQL 질의들을 이끌어 낸다. 예를 들어, Sales 테이블을 피봇팅(pivoting)함으로써 얻어진 그림 22.5의 교차도표(cross-tabulation)를 고려해 본다. 같은 정보를 얻기 위해 우리는 다음과 같은 질의를 낼 수 있다.

```
SELECT   T.year, SUM (S.sales)
FROM     Sales S, Times T
WHERE    S.timeid=T.timeid
GROUP BY T.year
```

이 질의는 차트의 바디(body) 항목들을 생성한다(어두운 줄로 outline되어). 오른쪽의 요약 열은 다음 질의에 의해 생성된다.

```
SELECT   T.year, L.state, SUM (S.sales)
FROM     Sales S, Times T, Locations L
WHERE    S.timeid=T.timeid AND S.locid=L.locid
GROUP BY T.year, L.state
```

바닥의 요약 행은 다음 질의에 의해 생성된다.

```
SELECT   L.state, SUM (S.sales)
FROM     Sales S, Locations L
WHERE    S.locid=L.locid
GROUP BY L.state
```

차트의 바닥 오른쪽 누적 합계는 다음 질의에 의해 생성된다.

```
SELECT   SUM (S.sales)
FROM     Sales S, Locations L
WHERE    S.locid=L.locid
```

교차도표(cross-tabulation)의 예는 전체 데이터 집합, Location 차원, Time 차원, Location과 Time 차원 모두에서 롤업(roll-up)으로 생각될 수 있다(예를 들어 모든 것을 하나의 큰 그룹으로 취급). 각 롤업(roll-up)은 그룹핑을 갖는 단일 SQL 질의와 대응된다. 일반적으로 차원과 연관된 *k*의 측정값이 주어졌을 때 우리는 이 *k*차원의 부분집합을 롤업(roll-up)할 수 있다. 우리는 총 2^k의 SQL 질의를 가진다.

비록 피봇팅이 같은 하이레벨 연산일지라도 사용자는 많은 양의 2^k의 SQL 질의를 생성시킬 수 있다. 이러한 질의들 사이의 공통점을 아는 것이 보다 질의 집합을 효율적이고 협동적으로 계산하도록 한다.

SQL:1999는 GROUP BY 구조가 보다 나은 롤업(roll-up)과 교차도표(cross-tabulation)를 지원하도록 확장시켰다. CUBE 용어를 가진 GROUP BY 절은 *k*차원의 각 부분집합에 대한 GROUP BY 문과 동일하다.

다음 질의를 살펴보자.

```
SELECT    T.year, L.state, SUM (S.sales)
FROM      Sales S, Times T, Locations L
WHERE     S.timeid=T.timeid AND S.locid=L.locid
GROUP BY  CUBE (T.year, L.state)
```

그림 22.6에 있는 이 질의의 결과는 그림 22.5에서의 교차도표(cross-tabulation)를 표로 표현한 것이다.

T.year	*L.state*	*SUM(S.sales)*
1995	WI	63
1995	CA	81
1995	*null*	144
1996	WI	38
1996	CA	107
1996	*null*	145
1997	WI	75
1997	CA	35
1997	*null*	110
null	WI	176
null	CA	223
null	*null*	399

그림 22.6 Sales에 대한 GROUP BY CUBE의 결과

SQL:1999는 또한 GROUP BY CUBE를 사용하여 계산된 교차도표(cross-tabulation)의 부분집합을 계산할 수 있도록 GROUP BY의 변형을 제공한다. 예를 들어 다음처럼 질의에 있는 그룹핑 절을 대체할 수 있다.

```
GROUP BY ROLLUP (T.year, L.state)
```

GROUB BY CUBE와 반대로 우리는 년도와 주 값의 쌍으로 그리고 년도로 집계할 수 있으며 전체 데이터 집합의 합계를 계산 할 수도 있다. 하지만 각 주의 값에 대한 집계는 없다. 그 결과는 *T.year* 열에 *null* 값을 가지고 *L.state*에 *null*이 아닌 값을 가진 행이 계산되지 않았다는 점만 제외하면 그림 22.6에서 보여진 것과 동일하다.

```
CUBE pid, locid, timeid BY SUM Sales
```

이 질의는 집합 {pid, locid, timeid}이 여덟 개의 모든 부분집합에 관한(빈 부분집합을 포함하여) Sales 테이블을 roll up한다. 그것은 다음 형태의 여덟가지 질의와 동일하다.

```
SELECT    SUM (S.sales)
FROM      Sales S
GROUP BY  grouping-list
```

질의들은 집합 {pid, locid, timeid}의 부분집합인 *grouping-list*와 유일하게 차이가 난다. 우리는 이 여덟 가지 질의를 그림 22.7에서와 같이 격자내에 배치되는 것으로 생각할 수 있다. 하나의 노드에서의 결과 투플은 그 노드의 자식의 결과를 계산하기 위해 집계될 수 있다. CUBE내에서 일어나는 질의들 사이에서의 관계는 효율적인 평가를 위해 활용될 수 있다.

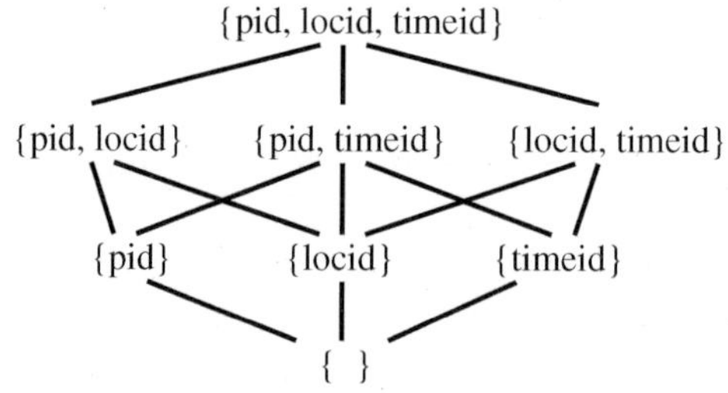

그림 22.7 CUBE질의 내에서의 GROUP BY 질의의 격자형태

22.4 SQL:1999에서의 윈도우 질의들

시간차원은 의사결정을 지원하는 데 매우 중요하며 경향분석을 포함한 질의는 전통적으로 SQL에서 표현하기 어려웠다. 이것을 언급하기 위해 SQL:1999는 **질의 윈도우**(query window)라고 불리는 기본적인 확장을 소개했다. 이 확장을 사용하여 쓰여질 수 있지만 그것 없이 SQL로 쓰는 것이 어렵거나 불가능한 질의들의 예는 다음과 같다.

1. 월별 총 판매액을 찾으시오.
2. 각 도시의 월별 총 판매액을 찾으시오.
3. 각 제품의 월 총 판매액에서 퍼센테이지 변화를 찾으시오.

4. 총 판매액으로 순위를 매길 때 위에서 다섯 번째까지의 제품을 찾으시오.
5. *n*개의 날짜에 대해 변동하는 평균 판매액을 찾으시오(각 날짜별 선행 *n*개의 날짜에 대한 평균 일일 판매액을 계산할 수 있어야 한다).
6. 지난 년도의 각 월에 대해 누적 판매액으로 순위 매겨진 최고의 5가지 제품을 찾으시오.
7. 지난 년도에 대한 총 판매액으로 모든 제품의 순위를 메기고 각 제품에 대해서 순위에 랭크되지 않은 제품과 비교하여 총 판매액에서의 차이를 출력하시오.

처음 두 개의 질의는 사실테이블(fact table)과 차원테이블(dimension table)에 대해 GROUP BY를 사용함으로써 SQL질의로 표현될 수 있다. 다음 두 개의 질의도 표현될 수 있으나 SQL-92에서는 꽤 복잡하다. 다섯 번째 질의는 만약 *n*이 질의의 인수로 되어 있다면 SQL-92로 표현될 수 없다. 마지막 질의는 SQL-92에서는 표현될 수 없다.

이 절에서는 이 모든 질의들과 유사한 질의들의 클래스들을 표현하도록 해주는 SQL:1999의 특징들을 논의해 본다.

주요 확장(main extension)은 테이블에 있는 정렬된 'window' — 각각의 투플 주변 행들의 집합 — 를 식별해 내는 WINDOW절이다. 이것은 집계함수 집합을 하나의 행의 윈도우에 적용하도록 해주고 그 결과로 그 행을 확장하도록 해준다. 예를 들어 우리는 모든 Sales 투플에 대해 지난 3일 동안의 평균 판매액을 연상할 수 있다. 이것은 3일간의 판매액 평균변동을 알려준다.

GROUP BY와 CUBE절에서 유사점이 존재하지만 중요한 차이점 또한 존재한다. 예를 들어 WINDOW 연산자같이 GROUP BY는 행의 파티션을 생성하고 SUM과 같은 집계함수를 하나의 파티션의 행들에 적용하도록 해준다. 그러나 WINDOW와는 다르게 각 행에 대한 하나의 출력 행이라기보다는 각 파티션에 대한 단일 출력 행이 존재한다. 각 파티션은 순서 없는 행의 집합이다.

다음과 같은 예를 통해서 윈도우의 개념을 설명해 본다.

```
SELECT L.state, T.month, AVG (S.sales) OVER W AS movavg
FROM   Sales S, Times T, Locations L
WHERE  S.timeid=T.timeid AND S.locid=L.locid
WINDOW W AS (PARTITION BY L.state
       ORDER BY T.month
       RANGE BETWEEN INTERVAL '1' MONTH PRECEDING
       AND INTERVAL '1' MONTH FOLLOWING)
```

FORM과 WHERE절은 (개념상으로) Temp로 언급할 수 있는 중간 테이블을 작성하도록 처리된다. 윈도우는 Temp 릴레이션에서 생성되어진다.

윈도우를 정의하는 데는 세 가지 단계가 있다. 첫 번째로, PARTITION BY절을 사용하여 테이블의 파티션을 정의한다. 예를 들어 파티션은 *L.state* 열에 기초한다. 파티션은 GROUP BY로 만들어진 그룹과 유사하지만 그들이 처리되는 방식에서는 매우 중요한 차이가 있다. 차이를 이해하기 위해 SELECT 절이 파티션을 정의하는 데 사용되지 않은 *T.month*라는 절을 포함하고 있다는 것을 주목하자. 주어진 파티션에서의 다른 행들은 이 열에서 다른 값들을 가질 수 있다. 그런 열들은 그룹핑과 관련하여 SELECT 절에서 나타낼 수 없지만 파티션에 대해서는 허용된다. 그 이유는 파티션에 대한 응답 행이라기보다 Temp의 타피션에 각 열을 위한 하나의 응답 행이기 때문이다. 주어진 행에서의 윈도우는 대응되는 답 열에서의 집계함수를 계산하기 위해 사용된다.

윈도우 정의에 있어서 두 번째 단계는 하나의 파티션내에서 행들의 순서를 명시하는 것이다. 예를 들어 우리는 ORDER BY 절을 사용하여 *T.month*에 의해 각 파티션내에서의 행들의 순서가 매겨진다.

윈도우 정의에서의 세 번째 단계는 윈도우의 틀을 잡는 것이다. 즉 파티션내에서의 행을 순서매기는 것에 관해 각 행과 연관된 윈도우의 경계를 설립하는 것이다. 하나의 행에 대한 윈도우는 행 그 자체와 더불어 월별 값이 한 달 이내인 모든 행들을 포함한다. 그러므로 월(*month*) 값이 June 2002인 행은 May, June, 또는 July 2002와 동일한 달에서의 모든 행을 포함하는 윈도우를 가진다.

주어진 행과 대응되는 응답 행은 우선 그것의 윈도우를 식별함으로써 만들어진다. 그리고 나서 윈도우 집계함수를 사용하여 정의된 각 응답열에 대해, 우리는 윈도우에서의 행들을 사용하여 집계를 계산한다.

우리 예에서 Temp의 각 행은 본질적으로 Sales의 하나의 행이다. 각 주(state)에 대해 하나의 파티션이 존재하며 Temp의 모든 행들은 정확하게 하나의 파티션에 포함된다. Wisconsin에 있는 하나의 상점에 대한 행을 생각해보자. 행은 특정 시간에 그 상점에서의 주어진 제품에 대한 판매액을 말한다. 이 행에 대한 윈도우는 그 전 달 또는 다음 달내에서 Wisconsin에서의 판매를 나타내는 모든 행을 포함한다. 그리고, *Movavg*는 이 기간내의 Wisconsin내에서의 (모든 제품에 대한) 판매액의 평균이다.

윈도우 정의를 목적으로 하나의 파티션내에서의 행의 순서는 대답 행에 대한 테이블로 확장되지 않는다는 점을 주목한다. 물론 대답 열에 대한 순서는 정의되지 않는다. 만약 그렇지 않다면, 우리는 그것들을 커서를 통해 패치하고 커서의 출력에 순서를 메기기 위해 ORDER BY를 사용한다

22.4.1 윈도우틀 잡기

SQL:1999에서의 윈도우 틀을 잡는 두 가지 분명한 방법이 있다. 예제 질의는(우리 예에서는 *month*) 몇몇 열에대한 값들을 기반으로 한 윈도우를 정의하는 RANGE 구조를 묘사했다. 정렬된 열들은 덧셈과 뺄셈이 정의되는 유일한 형태이기 때문에 수치화된 형태, 날짜시간 형태 또는 간격을 나타내는 형태이어야 한다.

두 번째 접근방법은 얼마나 많은 행들이 윈도우내에 주어진 행의 전과 후에 직접적으로 정렬되고 지정되는가에 달려 있다. 그러므로 우리는 다음과 같이 말할 수 있다.

```
SELECT L.state, T.month, AVG (S.sales) OVER W AS movavg
FROM   Sales S, Times T, Locations L
WHERE  S.timeid=T.timeid AND S.locid=L.locid
WINDOW W AS (PARTITION BY L.state
          ORDER BY T.month
          ROWS BETWEEN 1 PRECEDING AND 1 FOLLOWING)
```

각 월별 Temp에 정확히 하나의 행이 존재한다면 이것은 이전의 질의와 동일하다. 그러나 주어진 달이 어떤 행이나 중복 행들을 가지고 있지 않다면 두 질의는 다른 결과를 만들어 낸다. 이러한 경우에 두 번째 질의의 결과는 이해하기가 어렵다. 왜냐하면 다른 행에 대한 윈도우는 자연스런 방식으로 정렬되지 않기 때문이다.

두 번째 접근방법은 우리의 예에 있어서 만약 열 당 하나의 행이 존재한다면 적합하다. 이것을 일반화시켜 보면, 열을 값들을 정렬하는 과정에 있어서 모든 값에 대해 정확히 하나의 행만이 존재한다면 이것도 역시 적합하다. 단일 열(numeric, datetime, interval type)에 대해 순서가 명시되어야 하는 첫 번째 접근방식과는 달리 정렬은 복합키에 기반을 둔다.

우리는 또한 행의 파티션내에서 전에 주어진 행 또는 그 후에 주어진 행에 관한 모든 행들을 포함하는 윈도우를 정의한다.

22.4.2 새로운 집계 함수들

윈도윙과 관련되어 사용될 수 있는 멀티셋의 값들에 적용하기 위한 표준 집계 함수들(SUM, AVG)은 있는 반면, 값의 *리스트* 운영에 새로운 함수 클래스를 필요로 하기도 한다.

RANK 함수는 파티션내에서의 행의 위치를 리턴해준다. 만약 파티션이 15개의 행을 가지고 있다면 첫 번째 행은 rank 1을 가지고 마지막 행은 rank 15를 가진다. 중간 행들의 순위는 순서메겨진 열의 주어진 값에 대해서 다중의 (또는 전혀) 행들이 존재하느냐에 따라 결정된다.

우리의 예제를 살펴보자. 만약 Wisconsin 파티션에서의 첫 번째 행이 2002년 1월을 가지고 있고 두 번째 세 번째 열 둘다 2002년 2월을 가지고 있다면 그들의 순위는 각각 1, 2, 그리고 2이다. 만약 다음 행이 2002년 3월을 가지고 있다면 그것의 순위는 4이다.

반대로 DENSE_RANK 함수는 차이없이 순위를 생성시킨다. 우리의 예에서 네 번째 행은 순위가 1, 2, 2, 그리고 3으로 주어져 있다. 유일한 변화는 이제 순위가 4라기보다 3인 네 번째 행에 있다.

PERCENT_RANK 함수는 파티션내에서의 행의 상대적 위치의 값을 알려준다. 그것은 파티션내에서의 행의 연관된 수로 나누어져서 (RANK-1)로 정의된다. CUME_DIST는 유사하지만 순위라기보다는 정렬된 파티션내에서의 실제 위치에 기반을 둔다.

22.5 답을 빠르게 찾기

인터넷 대중화의 영향으로 최근에는 사용자가 단지 처음 몇 개 또는 가장 좋은 몇 개의 답을 빠르게 얻을 수 있는 질의들을 만들 수 있기를 원한다. 사용자가 Altavista와 같은 검색엔진에 질의를 할 때 그들은 거의 그 결과의 첫째 둘째 페이지를 훑어보는 일은 거의 없다. 만약 그들이 찾고 있는 것을 찾지 못한다면 그들은 그들의 질의를 정제해서 다시 제출한다. 같은 현상이 의사결정지원 응용프로그램에서도 발생하고, 몇몇 DBMS 제품들은 이미 그런 질의를 명세하기 위해 확장 SQL 구조를 지원한다. 복합 질의와 관련된 경향으로는 바로 사용자가 대체로 빠르게 답을 보려고 하며 정확한 답이 가능할 때까지 기다리기보다는 계속적으로 그것을 정제한다는 점이다. 우리는 두 가지 경향에 대해서 지금부터 명확하게 논의해본다.

22.5.1 탑(Top) N 질의

예를 들면 분석가는 종종 가장 잘 팔리는 소량의 제품들을 식별하기를 원한다. 우리는 각 제품에 대해 판매액으로 정렬할 수 있으며 이 순서로 답을 되돌려줄 수 있다. 만약 수백만 개의 제품들을 가지고 있으며 분석가는 탑 10내에 있는 것들에 관심이 있다면 이러한 평가 전략은 매우 낭비적이다. 사용자가 DBMS가 수행을 최적화하도록 하는 즉, 그들이 얼마나 많은 대답을 원하는지를 명확히 지시하는 것이 바람직하다. 다음 예제 질의는 Top 10 제품들이 주어진 장소 시간 내에서의 판매액으로 정렬되도록 요청한다.

```
SELECT     P.pid, P.pname, S.sales
FROM       Sales S, Products P
WHERE      S.pid=P.pid AND S.locid=1 AND S.timeid=3
ORDER BY S.sales DESC
OPTIMIZE FOR 10 ROWS
```

OPTIMIZE FOR N ROWS의 구조는 SQL-92내에 존재하지 않지만(심지어는 SQL:1999에도) 그것은 IBM의 DB2 제품에서 지원되며, 다른 제품들(예를 들어 Oracle 9i같은)이 유사한 구조들을 가지고 있다. OPTIMIZE FOR 10 ROWS같은 명령어의 결여로 인해 DBMS는 모든 제품들에 대한 판매액을 계산하고 판매액에 대해 내림차순으로 그것들을 리턴한다. 어플리케이션들은 10개의 행들을 소모한 후에 결과 커서를 닫을 수 있으나(다시 말해 질의 실행을 끝낸다) 중요한 노력은 이미 모든 제품에 대한 판매액을 계산하고 그것들을 정렬하는 데 써버린 후이다.

이제 DBMS가 어떻게 질의를 효율적으로 실행하기 위해 OPTIMIZE FOR 명령을 사용하는지를 고려해보자. 핵심은 판매액을 기준으로 해서 탑 10내에 있을 것 같은 제품에 대해서만 판매액을 계산하는 것이다. Sales 관계에서 *sales* 열에 대한 히스토그램을 유지하기 때문에 판매액의 값들의 분포에 대해서 알고 있다고 가정하자. 단지 10개의 제품들이 보다 큰 판매액 값을 가지도록 우리는 *sales*의 값을 다시 말해, *c* 값을 선택할 수 있다. 이 조건을 만족하는 Sales 투플에 대해 우리는 장소와 시간 조건을 또한 적용할 수 있으며 그 결과를 정렬 할 수 있다. 다음 질의는 이 접근방법을 적용한 것이다.

```
SELECT    P.pid, P.pname, S.sales
FROM      Sales S, Products P
WHERE     S.pid=P.pid AND S.locid=1 AND S.timeid=3 AND S.sales > c
ORDER BY  S.sales DESC
```

물론, 이 접근방법은 모든 제품의 판매액을 계산하고 그것들을 정렬하는 것보다 훨씬 더 빠르지만 해결해야할 몇 가지 문제점이 있다.

1. *어떻게 cutoff 값 c를 선택할 수 있는가?* 히스토그램과 다른 시스템 통계학이 이런 목적으로 사용될 수 있지만, 딱히 이거다 하기에는 모호한 점이 있다. 이유는 첫 번째 DBMS에 보존되는 통계 데이터만이 유사하다고 볼 수 있다는 것이고, 다른 이유는 심지어 탑 10 판매액 값을 정확하게 반영하는 cutoff 값을 선택한다 할지라도 질의내의 다른 조건들이 선택된 투플 몇몇을 삭제할지도 모른다. 그래서 결과내에 10개의 투플보다 작은 수가 남을지도 모른다.
2. *결과내에 10개보다 많은 투플이 존재할 경우는?* cutoff *c*가 대략적으로 선택되어졌기 때문에 우리는 결과내의 투플을 예상보다 더 많은 것을 얻을지도 모른다. 이것은 단지 탑 10을 사용자에게 리턴함으로써 쉽게 취급될 수 있다. cutoff *c*를 사용하여 모든 제품들에 대한 판매액의 접근정보를 저장하고 잘못된 판매정보를 걸러낸다.
3. *결과내에 10개 미만의 투플이 존재할 경우는?* 심지어 보수적으로 판매 cutoff 값 *c*를 선택한다 할지라도 우리는 여전히 10개의 결과 투플보다 적은 수를 계산할 지도 모른다. 이 경우에서 우리는 유사한 cutoff 값 c_2를 사용하거나 단순히 cutoff 값없이 원래 질의를 다시 수행할 수 있다.

이 접근 방식의 효율성은 우리가 어떤 cutoff 값을 추정하느냐에 달려있으며 특히 우리가 결과 투플의 요구되는 수보다 적은 투플을 얻는 횟수를 줄이느냐에 달려있다.

22.5.2 온라인 집계

주(state)별 평균 판매량을 요청하는 다음 질의를 살펴보자.

```
SELECT    L.state, AVG (S.sales)
FROM      Sales S, Locations L
WHERE     S.locid=L.locid
GROUP BY  L.state
```

만약 Sales와 Locations이 밀접한 관계가 있다면 이것은 값비싼 질의일 수 있다. 질의가 발생할 때 전체에서 답을 계산하는 전통적인 접근방법에서는 빠른 반응시간을 얻을 수 없다. 대안으로는 우리가 살펴보았던 선 계산을 사용하는 것이다. 또다른 대안은 질의가 주어질 때 질의에 대한 답을 계산하는 것이다. 하지만 가능한한 빨리 사용자에게 대략적인 답을 리턴해야 한다. 계산이 진행됨에 따라 답의 질은 계속적으로 개선된다. 이러한 접근방법을 **온라인 집계**(online aggregation)라고 부른다. 대략적인 답을 계산하고 개선하는 효율적인 기술이 가능하기 때문에 집계를 포함하는 질의는 매우 매력적이다.

온라인 집계는 그림 22.8에 묘사되어 있다. 각 주(우리 질의 예에서 그룹핑 경계)별 현재 평균 판매량액이 유의수준과 함께 나타나 있다. Alaska의 엔트리는 현재 Alaska에서의 평균 상점당 판매액의 값이 2,832.50달러이고 이것은 확률 93%인 2,700.30달러에서 2,964.70달러 범위내의 값이라는 것을 말해준다. 첫 번째 열에 있는 상태 막대는 평균 판매액이 정확한 값에 도달하는 데 얼마나 근접해 있는지를 나타내며, 두 번째 열은 이 주에 대한 평균 판매액을 계산하는 것이 우선적인지 아닌지를 나타낸다. Alaska에 대한 평균 판매액을 계산하는 것은 우선권이 없지만 Arizona에 대해 평균 판매액을 측정하는 것은 우선권이 있다. 수치가 나타내는 것과 같이 DBMS는 보다 많은 시스템 자원을 높은 우선권 주의 판매액 평균을 계산하는 데 할애한다. Arizona에 대한 추정치는 Alaska에 대한 것보다 더 신뢰구간이 좁고 보다 높은 확률을 유지하고 있다. 사용자는 수행중의 어느 때라도 Prioritze 버튼을 클릭함으로써 주에 대한 우선권을 설정할 수 있다. 시각적인 표현에 의해 제공되는 계속적인 피드백과 함께 이런 상호작용의 정도가 온라인 집계를 매력적인 기술로 만든다.

STATUS	PRIORITIZE	State	AVG(sales)	Confidence	Interval
▬▬▬▬	◉	Alabama	5,232.5	97%	103.4
▬▬	○	Alaska	2,832.5	93%	132.2
▬▬▬▬▬	◉	Arizona	6,432.5	98%	52.3
▬	○	Wyoming	4,243.5	92%	152.3

그림 22.8 온라인 집계

온라인 집계를 구현하기 위해 DBMS는 근사적인 답에 대한 신뢰구간을 제공하는 통계 기술을 통합해야 하며 **non-blocking 알고리즘**을 사용해야 한다. 하나의 알고리즘은 모든 입력 투플을 소비할 때까지 출력 투플을 생성하지 않는다면 블록으로 불린다. 예를 들어 merge-sort join 알고리즘의 정렬은 첫 번째 출력 투플을 결정하기 전에 모든 입력 투플을 요구하기 때문에 블록한다. 묶여진 루프 조인과 해시 조인은 그러므로 온라인 집계에 대한 머지 소트 조인에 비해 우선적이다. 유사하게 해시 기반 집계는 정렬 기반 집계보다 더 낫다.

B+ 트리를 넘어서: 복합 질의는 강력한 인덱싱 기술을 DBMS에 추가하는 것에 동기를 부여했다. B+ 트리 인덱스뿐만 아니라 오라클 9i는 비트맵과 조인 인덱스를 지원하고, 인덱스된 관계가 변경될 때 처음 10 * *sal* + 보너스와 같이 애트리뷰트 값에 대한 표현 인덱스를 또한 지원한다. 마이크로소프트에서의 SQL 서버가 여러 종류의 비트맵 인덱스를 지원한다. 사이베이스 IQ는 여러 종류의 비트맵 인덱스를 지원하고 리니어 해싱기반 인덱스도 지원한다. 인포믹스 UDS는 R 트리를 지원하며 인포믹스 XPS는 비트맵 인덱스를 지원한다.

22.6 OLAP 구현 기술들

이 절에서 우리는 OLAP 환경에 의해 동기화된 몇 가지 구현 기술을 조사한다. 목적은 OLAP 시스템이 얼마나 전통적인 SQL 시스템과 다른지에 대한 감(feel)을 제공하려는 것이다. 우리의 논의는 이해의 범위를 넘어선다.

OLAP 시스템의 대부분 읽기 환경은 인덱스를 유지하는 데 드는 CPU 오버헤드를 무시해도 좋도록 만들어주며, 많은 데이터 집합에 대한 질의의 상호작용 응답시간 요구는 적합한 인덱스의 유용성을 매우 중요하게 만든다. 이러한 요소들의 결합이 새로운 인덱싱 기술의 발전을 이끌어 왔다. 우리는 여러 가지 기술들에 대해 논의해 볼 것이다. 그리고나서 파일 구조와 다른 OLAP 구현 이슈를 간단히 살펴볼 것이다.

질의 처리와 OLAP 시스템에서의 의사결정 지원 어플리케이션의 중요성은 전통적 SQL 시스템에서의 복잡한 SQL 질의를 수행하는 데 있어서 보다 큰 강조에 의해 보완되고 있다. 전통적 SQL 시스템은 OLAP 스타일의 질의를 보다 효율적으로 지원하기 위해 진화중이며, (예를 들어 `CUBE`와 window 함수들) 구조들을 지원하는 중이며, 특화된 OLAP 시스템에서만 이전에 발견되었던 구현 기술들을 조합하는 중이다.

22.6.1 비트맵 인덱스

고객을 묘사하는 테이블을 살펴보자.

Customers(<u>*custid:* `integer`</u>, *name:* `string`, *gender:* `boolean`, *rating:* `integer`)

rating 값은 1에서 5에 이르는 범위의 정수형(Integer)이며 *gender*는 *boolean* 타입이다. 가능한 값들의 열을 **sparse**라고 부른다. 대부분 이 열에 대한 질의를 보다 빠르게 하도록 하는 새로운 종류의 인덱스를 구축하기 위해서 희박성(sparsity)을 이용할 수 있다.

아이디어는 희박한 열의 값을 각 가능한 값의 하나인 비트들의 열로써 저장하는 것이다. 예를 들어 *gender* 값은 10이거나 01이다. 처음위치의 1은 남성을 의미하고 두 번째 위치의 1은 여성을 의미한다. 유사하게 10000은 *rating* 값 1을 의미하고 00001은 *rating* 값 5를 의미한다.

만약 Customers 테이블의 모든 행에 대한 *gender* 값을 고려해 본다면 이것을 연관된 값 M(ale)과 다른 연관값 F(emale)를 가진 것 중에 하나인 두 개의 비트 벡터들의 조합으로 취급할 수 있다. 각 비트 벡터는 그 행에 대한 값이 **비트벡터**와 연관이 있는지 여부를 가르키는 Customers 테이블에서의 행 당 하나의 비트를 가지고 있다. 한 열에 대한 비트 벡터들의 집을 그 열에 대한 **비트맵 인덱스**라고 부른다.

*gender*와 *rating*에 대한 비트맵 인덱스를 가진 Customer 테이블에서의 한 예가 그림 22.9에 보여진다.

M	*F*
1	0
1	0
0	1
1	0

custid	*name*	*gender*	*rating*
112	Joe	M	3
115	Ram	M	5
119	Sue	F	5
112	Woo	M	4

1	*2*	*3*	*4*	*5*
0	0	1	0	0
0	0	0	0	1
0	0	0	0	1
0	0	0	1	0

그림 22.9 Customers 릴레이션에서의 비트맵 인덱스

비트맵 인덱스는 조건부 해시와 트리 인덱스에 중요한 두 가지 이점을 제공한다. 첫째 질의에 답을 하는 효율적인 비트 연산을 사용하도록 해준다. 예를 들어 "얼마나 많은 남성고객들이 rating 5값을 가지고 있는가?"라는 질의를 고려해 보자. 우리는 *gender*에 대한 첫 번째 비트 벡터를 취해서 rating 5를 가진 모든 남성 고객에 대해 1을 가진 비트 벡터를 얻기 위해서 *rating*의 5번째 비트벡터와 비트연산 AND를 취할 수 있다. 그리고나서 질의에 답하기 위해 이 벡터내의 1의 개수를 셀 수 있다. 둘째로 비트맵 인덱스는 전통적 B+ 트리 인덱스보다 훨씬더 경제적일 수 있으며 압축기술의 사용도 가능하다.

비트 벡터는 전통적 B+ 트리 인덱스(8.2절을 보시오)에 대한 (3)에서 데이터 엔트리를 표현하기 위해 사용된 rid-list에 근접하게 대응된다. 사실상 주어진 *age* 값에 대한 하나의 비트벡터를 그 값에 대한 rid-list의 대안 표현으로 생각할 수 있다.

이것은 비트 벡터(그리고 비트연산 처리의 이점과 함께)와 B+ 트리 인덱스를 조합하는 방법을 제안한다. 우리는 rid-list의 비트 벡터 표현을 사용하는 데이터 엔트리 대안 (3)을 사용할 수 있다. rid-list가 매우 작다면 비록 비트 벡터가 압축된다 할지라도 비트 벡터 표현이 rid 값의 list보다 훨씬 작을 거라는 점을 경고한다. 더욱이 압축의 사용은 압축 푸는 비용을 야기시키고 비트 벡터 표현의 계산적 장점을 상쇄시킨다.

보다 신축성있는 접근방법은 몇몇 키 값(직관적으로 몇 개의 성분을 포함하는 것들)에 대한 rid-list의 표준 리스트 표현과 다른 키 값들(많은 성분을 포함하여 그것들이 작은 비트 벡터 표현을 이끌도록 하는 것들)에 대한 비트 벡터 표현을 사용하는 것이다.

이 B+ 트리 인덱스뿐 만 아니라 해시 인덱스로 작업하기 위해 쉽게 적용될 수 있는 하이브리드 접근방법은 표준 rid 리스트 접근방법과 비교하여 장점과 단점 모두를 가지고 있다.

1. 그것은 희박하지 않은 열에 대해서조차도 적용될 수 있다. 다시 말해 많은 가능한 값들이 여기에 나타날 수 있다. 인덱스 레벨(또는 해시 스키마)은 주어진 키 값에 대해 표준 리스트나 비트 벡터 표현에서 rid의 list를 빠르게 발견하도록 도와준다.
2. 전체적으로 볼 때 인덱스는 긴 rid 리스트에 대한 비트 벡터 표현을 사용할 수 있기 때문에 매우 간결하다. 빠른 비트 벡터 처리에 대한 이점을 가지고 있다.
3. 반면에 rid-list에 대한 비트벡터 표현은 하나의 rid에 대한 벡터의 위치의 매핑에 의존한다(이것은 단지 하이브리드 접근방식이 아닌 비트 벡터 표현이라는 사실이다). 만약 행의 집합이 정적이고 우리가 행의 추가 삭제를 걱정하지 않아도 된다면, 테이블에 있는 행에 대한 인접한 rid를 대입함으로써 이것을 확인시켜준다. 삽입 삭제가 지원되어야 한다면 추가적인 절차가 필요하다. 예를 들어 우리는 끊임없이 rid를 테이블별 기초에 계속해서 대입할 수 있으며 삭제된 행에 대응되는 rid의 트랙을 간단히 유지할 수 있다. 비트 벡터는 현재 행의 수보다 더 길 수도 있으며 주기적인 재구성은 rid의 할당 시 'holes'를 축소하는 데 필요하다.

22.6.2 조인 인덱스

짧은 응답시간에 조인을 계산하는 것은 많은 릴레이션에서는 매우 어려운 일이다. 이 문제에 대한 하나의 접근방법은 특정 조인 질의의 속도를 높이도록 고안된 새로운 인덱스를 만드는 것이다. Customers 테이블이 *custid* 필드에서의 Purchases(고객이 구입한 것들을 기록하는)로 불리는 테이블과 조인된다고 가정하자. 우리는 *custid c*를 갖는 Customers 레코드와 조합하는 Purchases 레코드의 rid가 *p*인 $<c, p>$의 조합을 만들 수 있다.

이 아이디어가 두 개 이상의 관계에 대한 조인을 지원하도록 일반화될 수 있다. 사실테이블(fact table)이 여러 개의 사실테이블(fact table)과 조인되기 쉬운 star 스키마의 특별한 경우를 논의한다. 차원 테이블 D1과 D2와 함께 사실테이블(fact table) F와 조인하고 테이블 D1의 C_1열과 테이블 D2의 C_2열에 대한 선택 조건을 포함하는 조인 질의를 살펴보자. 우리는 만약 r_1이 c_1열에서 c_1 값을 가진 D1 테이블에서의 투플이 r_1이고 r_2가 c_2열에서의 c_2 값을 가진 테이블 D2의 투플에 대한 rid이고 r이 사실 테이블 F에서의 투플의 하나의 rid이며 세 투플이 서로 조인한다면 조인 인덱스에서 $<r_1, r_2, r>$ 투플을 저장할 수 있다.

조인 인덱스의 단점은 만약 각 차원테이블(dimension table)에서의 여러 열들이 사실테이블(fact table)에서의 선택과 조인에 연관되어 있을때 인덱스의 수가 빠르게 증가할 수 있다는 점이다. 조인 인덱스의 대안 중 하나가 이 문제를 해결한다. 사실테이블(fact table) F와 차원테이블(dimension table) D1과 D2를 포함하는 예제를 고려해 보자. C_1이 F와 D1을 조인하는 몇 가지 질의로 표현되는 D1의 열이 된다고 하자. 개념적으로 D1의 필드와 F 필드 그리고 가상 필드 C_1과 인덱스 F를 확장하기 위해 D1과 F를 조인한다. 만약 C_1열의 값 c_1과 D1의 투플이 rid r과 F의 투플과 조인한다면 우리는 투플 $<c_1, r>$을 조인 인덱스에 추가한다. 우리는 F와의 조인에서의 선택을 포함하는 D1또는 D2 각각에 대한 조인 인덱스를 만든다. C_1은 그런 열에 대한 예이다.

복합 질의: IBM DB2 최적화는 star 조인 질의를 인식하고 사실테이블(fact table)을 필터링 하기 위해 rid기반 세미 조인을 수행한다. 사실테이블(fact table) 행은 차원테이블(dimension table)에 재 조인된다. 복합(다중의) 차원 질의가 지원된다. DB2는 또한 정렬을 최소화하는 스마트 알고리즘을 사용하는 CUBE를 지원한다. 마이크로 소프트 SQL 서버는 star 조인 질의를 광범위하게 최적화한다. 그것은 사실테이블(fact table)과 조인하고 조인 인덱스와 rid기반 세미조인을 사용하기 전에 작은 차원테이블(dimension table)에 대한 크로스 프로덕트를 취하는 것을 고려한다. 오라클 9i는 또한 사용자가 계층과 기능적 의존을 선언하도록 차원을 만드는 것을 도와준다. 차원테이블(dimension table)의 어떤 열도 질의 결과의 일부분이 아닐 때 조인을 제거함으로써 CUBE 연산을 지원하고 star 조인 질의를 최적화해 준다. DBMS 제품들은 또한 사이베이스 IQ같은 의사결정 지원 응용프로그램에 맞게 특별히 개발되어 진다.

조인 인덱스의 이전 버전에 관해 지불된 비용은 이러한 방식으로 만들어진 조인 인덱스들이 우리에게 관심이 있을 법한 조인 질의를 다루도록 합쳐져야 한다(rid 교집합). 이것은 우리가 새로운 인덱스를 비트맵 인덱스로 만든다면 효율적으로 이루어질 수 있다. 그 결과는 **비트맵 조인 인덱스**라고 불린다. 아이디어는 특히 C_1과 같은 열이 희박(sparse)하다면 훨씬 잘 작용하고 그러므로 비트맵 인덱싱에 보다 잘 맞는다.

22.6.3 파일구조

많은 OLAP 질의가 하나의 큰 릴레이션에서 몇 가지 열을 포함하기 때문에 수직 파티션은 좋은 방법이다. 그러나 릴레이션에서 열의 방향으로 저장하는 것은 여러 열을 포함하는 질의에 대한 성능을 저하시킬 수 있다.

대부분 읽기 환경에서의 하나의 대안이 행의 방향으로 저장하지만 또한 각 열도 따로 저장한다. 보다 근본적인 파일 구조는 사실테이블(fact table) 테이블을 하나의 큰 다차원 배열로 여기고 그것을 저장하고 그런 방식으로 그것을 인덱스하는 것이다. 이 접근방법은 MOLAP 시스템에서 다루어진다. 배열은 메인 메모리에서 입수할 수 있는 것보다 훨씬 크기 때문에 23.8절에서 논의한 것처럼 인접한 큰 덩어리로 쪼개진다. 게다가 전통적 B+ 트리 인덱스는 하나이상의 차원에 대해 주어진 범위 안의 값들을 갖는 투플을 포함하는 큰 덩어리의 빠른 검색을 가능하도록 만들어진다.

22.7 데이터 웨어하우징

데이터 웨어하우스는 오랜 기간동안 축적되었고, 요약 정보로 증대된 많은 소스들로부터 통합된 데이터를 담고있다. 웨어하우스는 다른 종류의 데이터베이스보다 훨씬 더 크기가 크다. 보통 수 기가 바이트에서 수 테라 바이트의 범위를 지닌다. 일반적으로 작업지연은 특수하고 상당히 복합 질의들을 포함하고 있으며 빠른 응답시간이 아주 중요하게 여겨진다. 이러한 특성들이 일반적인 OLTP 어플리케이션과 데이터 웨어하우스 어플리케이션을 차이나게 만들고, 서로 다른 DBMS 설계와 구현 기술들이 만족한 결과를 얻기 위해 이용되어야 한다. 확장성(scalability)이 좋고, 유용성(availability)이 높은 분산 DBMS는 아주 큰 웨어하우스를 위해 필요하다(이를 위해서 보통 한곳 이상에서 중복된 sorting table을 사용한다).

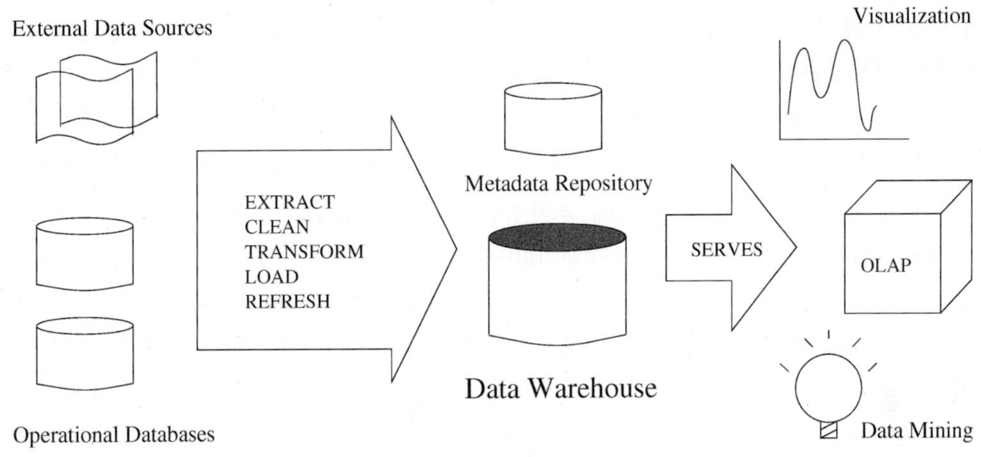

그림 22.10 일반적인 데이터베이스 아키텍쳐

일반적인 데이터 웨어하우스의 아키텍처는 그림 22.10에 나타나 있다. 한 조직의 일상적인 업무 혹은 조작(operation)은 운영 데이터베이스에 접근하고 수정하게 된다. 이 **운영 데이터베이스**(operational database)로부터 얻은 데이터와 외부 소스(예를 들면, 외부 컨설턴트에 의해 제공되는 고객프로파일)는 JDBC 같은 인터페이스를 사용해서 추출된다(6.2절 참조).

22.7.1 웨어하우스의 생성과 유지관리

거대한 데이터 웨어하우스를 생성하고 유지관리 하는 데 많은 시도들이 있었다. 좋은 데이터베이스 스키마는 여러 다른 소스로부터의 데이터 복사본들을 통합된 묶음으로서 가질 수 있도록 설계되어야 한다. 예를 들면 어떤 회사의 데이터 웨어하우스는 재고 조사와 직원 개개의 데이터베이스와 여러 나라에 있는 지사 별로 관리되는 세일즈 데이터베이스를 포함한다. 소스 데이터베이스는 다른 여러 그룹에 의해서 생성되고 관리되기 때문에 데이터베이스들간에 여러 가지 많은 의미상의 불일치가 생길 수 있다. 예를 들면 다른 통화 단위나 같은 애트리뷰트에 대한 다른 이름을 사용하고, 테이블이 어떻게 정규화(normalize) 되고 구성되는지에 따라 같은 차이들이 발생한다. 데이터를 데이터 웨어하우스로 가져올 때는 이러한 차이점들이 반드시 일치되도록 조정되어야 한다. 웨어하우스의 스키마가 설계된 후에 웨어하우스는 널리, 오랜 기간동안 사용되어야 하며 데이터베이스 소스와 일관성을 유지해야 한다.

데이터는 운영상의 데이터베이스와 외부 소스들로부터 **추출**된다. 가능하다면 정보가 없는 경우 에러가 최소화 되도록 지우고 정보가 채워지면 의미상의 불일치가 없도록 변환한다.

변환데이터는 일반적으로 데이터 소스 상의 테이블에 대한 관계형 뷰를 정의하는 것에 의해서 성취된다. 데이터 로딩은 뷰를 가시화하고, 웨어하우스 내에 저장하는 형태로 구성된다. 그러므로 관계 DBMS의 표준 뷰와는 달리 뷰는 테이블이 정의된 데이터베이스와 다른 데이터베이스(웨어하우스)내에 저장된다.

지워지고 변경된 데이터는 웨어하우스에 최종적으로 **로딩**된다. 정렬이라든가 요약정보의 생성 같은 추가적인 전처리 과정은 이 단계에서 일어난다. 데이터는 파티션되고 인덱스들은 효율적으로 생성된다. 데이터의 볼륨이 크기 때문에 로딩은 느린 처리과정이다. 테라바이트 크기의 데이터를 순차적으로 로딩하는 일은 몇 주가 걸릴 수 있다. 또한 기가바이트 크기라면 몇 시간 정도 걸릴 수 있다. 그러므로 병렬 처리는 웨어하우스의 로딩에 매우 중요하다.

데이터가 웨어하우스로 로딩 된 후에 추가적인 측정(measure)이 행해지는데, 이것은 웨어하우스 내의 데이터가 주기적으로 오래된 데이터를 지우고 소스 데이터를 업데이트 한 것을 반영했는지를 확인하기 위함이다. 웨어하우스 테이블의 **갱신**(refreshing)문제와 분산 DBMS 테이블의 복사본 비동기적인 관리 문제 사이의 관계를 살펴보자. 소스 관계 복사본의 관리는 웨어하우스의 중요한 부분이며 비동기적인 복사본이 비록 분산 데이터의 독립성 원리를 해칠 지라도 널리 사용될 수 있는 중요한 요소이기도 하다. 웨어하우스의 갱신(refreshing) 문제 또한 가시화된 뷰의 점진적인 유지관리(maintenance)에서 새롭게 흥미를 끌고 있다.

웨어하우스 관리의 중요한 작업은 웨어하우스 내에 저장된 데이터를 유지관리하는 일이다. 이것은 시스템 카탈로그 내에 있는 웨어하우스 데이터의 저장 정보에 의해서 이루어진다. 웨어하우스와 연관된 시스템 카탈로그는 매우 크며 종종 메타데이터 **저장소**(metadata repository)라고 불리는 분리된 데이터베이스에 저장되고 운영된다. 카탈로그의 크기와 복잡도는, 이것은 웨어하우스가 크면 그것을 관리하기 위한 데이터도 많아지기 때문에 웨어하우스의 크기와 복잡도에 따라 달라진다. 예를 들면 웨어하우스가 최종적으로 갱신(refresh) 될 때 각 필드에 대한 기술을 포함해서 각 웨어하우스의 테이블 소스 데이터를 유지해야 한다.

웨어하우스의 궁극적인 가치는 그것을 가능하게 하는 분석에 있다. 웨어하우스에 있는 데이터는 일반적으로 OLAP 질의엔진, 데이터마이닝 알고리즘, 정보 시각화 도구(Information Visualization Tool), 통계패키지, 레포트 생성기(Report Generator) 등 다양한 툴을 이용하여 접근, 분석 할 수 있다.

22.8 뷰와 의사결정 지원

뷰는 의사결정 지원(decision support) 어플리케이션에서 널리 사용된다. 조직내의 다른 그룹에 속한 분석가들은 대개 비즈니스 적으로 서로 다른 측면에 관련되어 있다. 이것은 각 그룹이 자신들과 관련된 비즈니스의 세부적인 측면을 통찰할 수 있는 뷰를 정의하기 용이하게 해준다. 한번 뷰가 정의되면 우리는 3.6절에서 본 것처럼 이것을 이용해서 쿼리를 만들거나 새로운 뷰를 정의할 수 있다. 이러한 측면에서 뷰는 마치 기본 테이블 (base table)과 같다고 할 수 있다. 이런 뷰와 관련된 질의의 수행(evaluate)은 의사결정 지원(decision support) 어플리케이션에서 매우 중요하다. 이번 섹션에서는 의사결정 지원 어플리케이션의 문맥 내에 뷰가 위치한 다음에 어떻게 그러한 질의들을 효율적으로 평가할 수 있는지 생각해 본다.

22.8.1 뷰, OLAP와 웨어하우징

뷰는 OLAP와 데이터 웨어하우징에 밀접하게 관련되어 있다.

OLAP 질의들은 대개 집계(aggregate)질의이다. 분석가들은 매우 거대한 데이터집합에 대한 이러한 질의들이 빠르게 응답하기를 원하며 사전계산 뷰(precomputing view)(22.9, 22.10 절 참조)를 당연하게 생각한다. 특히 22.3 절에서 논의된 CUBE 운영자는 밀접하게 연관된 질의들의 몇 개의 집계 질의를 생성한다. 단일 큐브(CUBE) 운영에서 발생한 많은 집계 질의들 사이에 존재하는 관계는 매우 효율적인 사전계산(precomputing) 전략을 개발하는 데 이용될 수 있다. 일반적인 큐브(CUBE) 연산과 같은 가시화(materialization)를 위한 집계 질의들의 부집합(subset)을 선택하는 아이디어는 가시화된 뷰(materialized view)를 사용하여 매우 빠른 답을 얻을 수 있게 하며 몇몇 추가적인 계산을 가능하게 한다. 가시화를 위한 뷰의 선택은 얼마나 많은 질의들이 잠재적으로 속도 향상이 가능한지 또 가시화된 뷰를 저장하기 위해서 필요한 공간은 얼마나 되는지에 영향을 받는다.

데이터 웨어하우스는 단지 비동기적으로 복사된 테이블들의 집합체이며 주기적으로 뷰와 동기화를 시킨다. 웨어하우스는 그것의 크기, 포함하고 있는 테이블의 수, 구성하는 테이블의 대부분이 외부에 있는, 독립적으로 관리되는 데이터베이스로부터 왔다는 사실로 특징지어 질 수 있다. 그럼에도 불구하고 웨어하우스 관리의 기본적인 문제는 비동기적으로 복제된 테이블들과 가시화된 뷰의 관리이다(22.10 절 참조).

22.8.2 질의와 뷰

카테고리와 주(state)에 대한 상품 판매액을 계산하는 RegionalSales라는 다음의 뷰를 생각해 보자.

```
CREATE VIEW RegionalSales (category, sales, state)
       AS SELECT P.category, S.sales, L.state
          FROM   Products P, Sales S, Locations L
          WHERE  P.pid = S.pid AND S.locid = L.locid
```

다음의 질의는 주(state)별로 카테고리당 총 판매를 계산한다.

```
SELECT   R.category, R.state, SUM (R.sales)
FROM     RegionalSales R
GROUP BY R.category, R.state
```

표준 SQL은 뷰에서 질의를 어떻게 수행하는지 기술하지 못하지만 **질의 변경**(query modification)이라고 불리는 아이디어는 유용하게 사용될 수 있다. 이 아이디어는 질의내에 나오는 RegionalSales를 뷰의 정의로 대치한다. 질의 결과는 아래와 같다.

```
SELECT    R.category, R.state, SUM (R.sales)
FROM      ( SELECT P.category, S.sales, L.state
            FROM   Products P, Sales S, Locations L
            WHERE  P.pid = S.pid AND S.locid = L.locid ) AS R
GROUP BY R.category, R.state
```

22.9 뷰 가시화

우리가 기술한 질의 변경(query modification) 기술을 이용하여 뷰 상의 질의에 답할 수 있었다. 그러나 종종 복합 뷰 정의에 대한 질의는 매우 빨리 응답해야한다. 그 이유는 사용자가 상호작용하는(interactive) 응답시간을 요구하는 의사결정 지원 활동(decision support activities)에 참여할 수 있기 때문이다. 매우 정교하게 최적화된 평가 테크닉을 사용한다고 해도 그러한 질의의 응답시간을 빠르게 하는 데는 한계가 있다. 또한 만약 질의와 연관된 테이블이 원격 베이스에 존재한다면 질의 변경 접근은 상호 통신 능력과 유효성의 제약 때문에 실행이 불가능 할 수도 있다.

질의 변경에 대한 대안으로서 뷰의 정의를 미리 계산하고 결과를 저장하는 방법이 있다. 뷰에 대한 질의가 있을 때 질의(변경되지 않은)는 미리 계산된 결과상에서 직접 실행된다. 이러한 접근을 **뷰 가시화**(view materialization)라고 부르는데 대개는 질의 변경 접근보다 빠르게 실행되는 경향이 있다. 그 이유는 복합 질의는 질의가 계산될 때 평가될 필요가 없기 때문이다. 가시화된 뷰는 일반적인 릴레이션과 같은 방법으로 질의가 처리되는 동안 사용될 수 있다. 예를 들어 우리는 가시화된 뷰에 대해 질의 처리 속도를 더 높여주는 인덱스를 생성할 수 있다. 물론 단점은 관련된 테이블이 업데이트 될 때마다 사전에 계산된 가시화 된 뷰의 일관성을 유지해야만 한다는 것이다.

22.9.1 뷰 가시화에서의 이슈

뷰 가시화에 관해 고려해야할 세 가지 질문이 있다.

1. 어떤 뷰를 가시화해야 하며 가시화된 뷰에 어떤 인덱스를 만들 수 있는가?
2. 주어진 가시화된 뷰와 집합 질의는 질의에 답하기 위해 가시화된 뷰를 이용할 수 있는가?
3. 기존 테이블에 의해 변경된 가시화된 뷰를 어떻게 동기화 해야 하는가? 동기화 기술의 선택은 기존 테이블이 원격 데이터베이스에 있는지와 같은 여러 가지 요인들에 의존적이다. 우리는 22.10 절에서 이 문제를 논의한다.

처음 두 가지 질문에 대한 답은 서로 연관되어 있다. 가시화하고 인덱스(index)하는 뷰의 선택은 예상되는 작업부하에 따라 조정되며, 20장에서의 인덱싱에 대한 논의가 또한 이 질문에 관련되어 있다. 그러나 데이터베이스 테이블집합에 인덱스를 선택하는 것보다 가시화된 뷰의 선택이 더 복잡하다. 왜냐하면 가시화를 위한 뷰의 범위가 더 넓기 때문이다. 목적은 대부분의 중요한 질의에 빠르게 답하도록 만들어진 작고, 주의 깊게 선택된 뷰의 집합을 가시화 하는 것이다. 역으로 우리가 가시화 할 뷰의 집합을 선택했다면 우리는 그것들을 주어진 질의에 답하기 위해 어떻게 사용할 것인지를 고려해야한다.

RegionalSales 뷰를 생각해 보자. 그것은 Sales, Products,그리고 Locations에 대한 조인과 연관되어 있으며 계산 비용이 크기 쉽다. 반면에 그것은 검색키<category, state, sales>에 대한 클러스터된 B+ 트리 인덱스로 가시화되고 저장된다. 우리는 인덱스만의 조사에 의한 예제 질의에 답할 수 있다.

가시화된 뷰와 인덱스가 주어졌을 때 우리는 다음형태의 질의에 효과적으로 답할 수 있다.

```
SELECT   R.state, SUM (R.sales)
FROM     RegionalSales R
WHERE    R.category = 'Laptop'
GROUP BY R.state
```

그런 질의에 답하기 위해서 우리는 카테고리가 Laptop인 처음 인덱스의 단말 엔트리를 위치시키기 위해 가시화된 뷰에 관한 인덱스를 사용할 수 있으며 우리가 Laptop과 같지 않은 카테고리를 가진 처음 엔트리에 다가갈 때까지 단말 레벨을 조사한다.

주어진 인덱스는 다음 질의에서 덜 효과적이다. 왜냐하면 우리는 전체 단말 레벨을 조사하도록 되어 있기 때문이다.

```
SELECT   R.state, SUM (R.sales)
FROM     RegionalSales R
WHERE    R.state = 'Wisconsin'
GROUP BY R.category
```

이 예제는 가시화할 뷰의 선택과 만들 인덱스가 예상되는 작업부하에 의해 얼마나 영향을 받는지를 나타낸다. 이점이 다음 예제에서 좀 더 설명된다.

다음 두 질의를 살펴보자.

```
SELECT   P.category, SUM (S.sales)
FROM     Products P, Sales S
WHERE    P.pid = S.pid
GROUP BY P.category

SELECT   L.state, SUM (S.sales)
FROM     Locations L, Sales S
WHERE    L.locid = S.locid
GROUP BY L.state
```

이 두 질의는 우리가 Sales 테이블을 다른 테이블과 조인하고 그 결과를 집계하도록 요구한다. 이런 질의의 속도를 높이기 위해 가시화를 이용할 수 있을까? 직접적인 접근방법은 각 관련 조인을 미리 계산하거나 전체에서의 각 질의를 미리 계산하는 것이다. 대안 접근방식은 다음과 같이 뷰를 정의하는 것이다.

```
CREATE  VIEW TotalSales (pid, locid, total)
        AS SELECT   S.pid, S.locid, SUM (S.sales)
           FROM     Sales S
           GROUP BY S.pid, S.locid
```

TotalSales 뷰는 가시화될 수 있고, 두 예제 질의에서 Sales대신에 사용할 수 있다.

```
SELECT   P.category, SUM (T.total)
FROM     Products P, TotalSales T
WHERE    P.pid = T.pid
GROUP BY P.category

SELECT   L.state, SUM (T.total)
FROM     Locations L, TotalSales T
WHERE    L.locid = T.locid
GROUP BY L.state
```

22.10 가시화된 뷰 유지관리하기

가시화된 뷰는 기존테이블의 변화에 일관성을 갖도록 할 때 **갱신**되었다고 말한다. 기존 테이블의 변경에 일관적일 수 있도록 하기 위해 뷰를 갱신하는 과정은 종종 **뷰 유지관리**(view maintenance)라고 언급된다. 두 가지 고려해야 할 사항들이 다음과 같다.

1. *어떻게* 기존 테이블이 변경이 될 때 뷰를 갱신하는가? 특정 관심에 대한 두 가지 이유는 기존 테이블에 변경사항이 존재할 때 스크래치(scratch: 임시저장매체)로부터 재 계산 없이 어떻게 뷰를 *점진적으로* 유지하는가 이다. 그리고 데이터 웨어하우스 같은 분산 환경에서의 뷰를 어떻게 관리하는 가이다.

2. 기본 테이블의 변경에 대해 언제 뷰를 갱신해야 하는가?

22.10.1 점진적인 뷰 유지관리

뷰를 갱신하는 직접적인 접근방법은 기존 테이블이 변경되었을 때 뷰를 단순히 다시 계산하는 것이다. 사실 이것은 몇몇 경우에서는 합리적이다. 예를 들어 기존 테이블이 원격 데이터베이스에 존재한다면 뷰는 정기적으로 재 계산되어 뷰가 가시화되어 있는 데이터 웨어하우스로 보내져야 한다. 이것은 기존 테이블이 웨어하우스에 중복 될 필요가 없다는 이점이 있다.

그러나 뷰를 갱신하는 알고리즘이(가능하면 언제든지) 점진적이어야 한다. 그리고 그 비용은 스크래치에서 뷰를 재계산하는 비용보다 오히려 변화의 확장에 비례한다.

점진적 뷰 관리 알고리즘 배후의 직관을 이해하기 위해 그것이 얼마나 자주 유도되느냐에 따라 가시화된 뷰내에 있는 주어진 행이 여러 번 나올 수 있다는 점을 살펴 보시오. 점진적 유지관리 알고리즘 뒤에 있는 주요한 아이디어는 새로운 행이나 행과 연관된 수에서의 변화와 뷰의 행들에서의 변화를 효율적으로 재 계산하자는 것이다. 만약 행의 수가 0이 되면 행은 뷰에서 삭제된다.

우리는 점진적 유지관리 알고리즘을 프로젝션, 이진 조인, 집계를 사용하여 정의된 뷰에 대해 표현한다. 그것들이 주요 아이디어를 나타내기 때문에 우리는 이 과정을 다룬다. 접근방식은 여러 연산을 포함하는 수식들뿐만 아니라 셀렉션(다중집합), 유니온(합집합), 인터섹션(교집합) 그리고 디퍼런스(차집합)로 확장될 수 있다. 핵심 아이디어는 여전히 각 뷰의 행에 대한 유도된 수와 얼마나 뷰에서의 변화를 효율적으로 계산하느냐와 연관된 수가 다르냐에 대한 자세한 사항들을 유지관리하는 것이다.

프로젝션 뷰

테이블 R에서의 프로젝션에 관해 정의된 뷰 V를 고려해보자. $V = \pi(R)$. 모든 V에서의 행 v는 그것이 유도될 수 있는 수와 관련해서 연관된 수를 가지고 있다. R_i행의 집합을 추가하고 기존 R_d행 집합을 삭제함으로써 R을 변경한다고 가정하자.[1] 우리는 $\pi(R_i)$를 계산하고 그것을 V에 추가한다. 만약 다중집합 $\pi(R_i)$가 카운트 C를 갖는 행 R을 포함하고 r이 V에 나타나지 않는다면 우리는 V에 카운트 c로 추가할 수 있다. 만약 r이 V에 존재한다면 우리는 c를 그것의 카운트로 추가한다. 우리는 또한 $\pi(R_d)$를 계산하고 그것을 V에서 뺀다. 만약 r이 카운트 c를 가진 $\pi(R_d)$에 나타난다면 그것은 보다 높은 수를 가진 V에서 나타나야 한다는 것을 주목하시오.[2] 우리는 V에서의 r의 카운트에서 c를 뺀다.

한 가지 예로써 $\pi_{sales}(Sales)$ 뷰와 그림 22.2에 보여진 Sales 인스턴스를 생각해보자. 뷰 내의 각 행들은 하나의 열을 가지고 있다. 값 25는 카운트 1로 나타나며 값 10은 카운트 3으로 나타난다. 만약 *sales* 10을 갖는 Sales의 행들 중에 하나가 삭제된다면 뷰의 값 10의 카운트는 2가 된다. 만약 *sales* 99인 Sales에 새로운 행을 삽입한다면 view는 99값을 가진 행을 가진다.

중요한 점은 심지어 뷰 정의가 중복이 뷰에서 제거되는지를 의미하는 `DISTINCT` 절을 사용한다고 할지라도 우리가 행과 연관된 수를 유지해야 한다는 것이다. 뷰는 현재 값 10을 가진 행을 포함하고 있는가? 답이 맞다는 것을 결정하기 위해 심지어 각 행이 단지 가시화된 뷰에 한번만 표시되었다고 할지라도 우리는 행의 수를 유지할 필요가 있다.

---

[1] 이들 집합은 행들의 다중집합일 수 있다. 단순히 우리는 삭제 이후에 행해지는 하나의 삽입과정처럼 행의 변경을 처리한다.

[2] 간단한 예제를 통해 왜 그것이 그렇게 되어야 하는지 생각하시오.

조인 뷰

다음으로 두 테이블 $R \bowtie S$의 조인으로 정의되는 뷰 V에 대해 고려해 보자. 우리는 행 R_i의 집합을 삽입하고 행 R_d를 삭제함으로써 R을 변경한다고 가정하자. 우리는 $R_i \bowtie S$를 계산하고 그 값을 V에 더한다. 우리는 또한 $R_d \bowtie S$를 계산하고 V에서 결과를 뺀다. 만약 $R_d \bowtie S$내에 r이 카운트 c를 가지고 나타난다면, 그것은 보다 높은 카운트를 가진 V에서도 나타날 수 있다.[3]

집계 뷰

열 G에서 GROUP BY를 사용하는 R에 정의된 뷰 V와 열 A에서의 집계 연산을 고려해 보자. 뷰에서의 각 행 v는 R에서의 투플들의 그룹을 축약하며 <*g*, *summary*> 형태로 된다. g는 G 열을 그룹핑하는 값이고 요약정보는 집계 연산에 따른다. 일반적으로 점진적으로 뷰를 유지하기 위해서는 단지 뷰 내에 포함된 정보보다 자세한 요약을 유지해야 한다. 만약 집계 연산이 COUNT라면 우리는 뷰 내의 행 v에 대해 카운트 c를 유지해야 한다. 행 r이 R에 삽입되고 $v.G = r.G$인 V에서의 어떤 행도 존재하지 않는다면 우리는 새로운 행 $<r.G, 1>$을 추가한다. 만약 $v.G = r.G$라는 행을 가진다면 우리는 그것의 수를 증가시킨다. 만약 행 r이 R에서 삭제된다면 $v.G = r.G$를 갖는 행에서의 카운트를 감소시킨다. v는 삭제될 수 있다. 만약 그것의 수가 0이 된다면 v는 삭제될 수 있다. 왜냐하면 이 그룹의 마지막 행이 R에서부터 삭제되어 있기 때문이다.

만약 집계 연산이 SUM이라면 우리는 합 s와 카운트 c 또한 유지해야 한다. 만약 행 r이 R에 삽입되고 $v.G = r.G$인 V에 행 v가 존재하지 않는다면 우리는 새로운 행 $<r.G, a, 1>$을 추가한다. 만약 $<r.G, s, c>$행이 존재한다면 우리는 그것을 $<r.G, s + 1, c + 1>$로 대체할 수 있다. 행 r이 R에서 제거된다면 우리는 $<r.G, s, c>$를 $<r.G, s - a, c - 1>$로 대체할 수 있다. 만약 그것의 카운트가 0이라면 v는 삭제될 수 있다. 그룹의 합이 그룹이 몇 개의 행을 가진다고 할지라도 0이 될 수 있기 때문에 카운트 없이 우리는 v를 언제 삭제할 것인지를 알지 못한다는 점을 살펴 보시오.

만약 집계 연산이 AVG라면 우리는 합 s와 카운트 c, 그리고 뷰의 각 행에 대한 평균을 유지해야 한다. 합과 개수는 이미 살펴본 것과 같이 점진적으로 유지되며, 평균은 s/c로 계산된다.

집계연산 MIN과 MAX는 잠재적으로 유지하기에 비싸다. MIN을 살펴보자. R에 있는 각 그룹에 대해 m이 g 그룹에 있는 A열에 대한 최소값이고 c는 $r.G = g$이고 $r.A = m$인 R에서의 행 r의 수의 카운트에 $<g, m, c>$를 유지한다. 만약 행 r이 R에 삽입되고 $r.G = g$라면 그리고 $r.A$가 g그룹에 대한 최소값 m보다 더 크다면 우리는 r을 무시할 수 있다. 만약 $r.A$가 r의 그룹에 대한 최소값 m과 같다면 우리는 $<g, m, c + 1>$를 가진 그룹에 대한 요약 행을 대체할 수 있다. $r.A$가 r의 그룹에 대한 최소값 m보다 작다면 우리는 $<g, r.A, 1>$을 가진 그룹에 대한

[3] 또다른 간단한 예제를 통해 왜 그것이 그렇게 되어야 하는지 생각하시오.

요약을 대체한다. 만약 *r*행이 *R*에서 제거되고 *r*의 그룹에 대한 최소값 *m*이 *r.A*와 같다면 우리는 그룹에 대한 카운트를 감소시켜야 한다. 만약 0보다 크다면 우리는 <*g*, *m*, *c* − 1>을 가진 그룹에 대한 요약을 단순히 대체한다. 그러나 만약 카운트가 0이 된다면 이것이 기록된 최소 *A* 값을 가진 최후의 행이 *R*에서 삭제되었으며 우리는 그룹값 *r.G*를 가진 현재의 행들 사이에서 최소의 *A* 값을 복구해야 한다는 것을 의미한다.

22.10.2 웨어하우스 뷰 유지관리하기

데이터 웨어하우스에서 가시화된 뷰는 원격 데이터베이스의 소스테이블을 기반으로 할 수 있다. 22.11.2 절에서 논의된 비대칭의 중복 문제는 우리로 하여금 소스에서 웨어하우스로의 변화를 의사소통 하도록 도와주지만 분산된 설정에서 점진적으로 뷰를 갱신하는 것은 몇몇 독특한 위험을 준다. 이것을 보이기 위해 우리는 장난감 공급업체를 식별하는 간단한 뷰를 살펴본다.

```
CREATE VIEW ToySuppliers (sid)
        AS SELECT S.sid
           FROM   Suppliers S, Products P
           WHERE  S.pid = P.pid AND P.category = 'Toys'
```

Suppliers는 이 예제를 위해 소개된 하나의 새로운 테이블이다. 우리가 그것이 공급자 *sid*가 부분 *pid*를 지원하는 것을 가리키는 두 개의 필드 *sid*와 *pid*를 가지고 있다고 가정하자. Product와 Suppliers 테이블의 위치와 뷰 ToySuppliers는 우리가 뷰를 유지하는 방법에 영향을 미친다. 세 가지 모두가 단일 사이트에서 유지된다고 가정하자. 22.10.1절에서 논의되어진 기술을 사용하여 점진적으로 뷰를 유지할 수 있다. 뷰의 중복이 다른 사이트에서 발생한다면 우리는 가시화된 뷰에 대한 변화를 조정할 수 있으며 그것들을 22.11.2절에서 다룬 비대칭 중복 기술을 사용하여 두 번째 사이트에 적용할 수 있다.

하지만 Products와 Suppliers가 한 사이트에서 존재하고 뷰는 (단지) 둘째 사이트에서 가시화되는 경우는 이 시나리오를 동기화하기 위해서 만약 첫 번째 사이트가 연산 데이터를 위해 사용되고 둘째 사이트가 복합 분석을 지원하기 위해 사용된다면 두 사이트는 다른 그룹들에 의해서 관리 될 수 있다고 생각한다. ToySuppliers를 가시화하는 옵션은 매력적이지 않으며 가능하지조차 않을 수 있다. 첫째 사이트의 관리자는 그 밖의 사람들의 뷰를 다루는 것을 원치 않을 지도 모르며 둘째 사이트의 관리자는 그들이 뷰 정의를 변경할 때마다 그 밖의 것들과 협력하기를 원치 않을 수도 있다. 소스 테이블과 다른 테이블에서 뷰를 가시화하는 또다른 동기화로써 Products와 Sales가 다른 사이트에 존재한다고 살펴보자. 우리가 이 사이트중의 하나에서 ToySuppliers를 가시화 할지라도 그 소스테이블 중 하나는 원격지이다.

우리는 Products와 Sales를 포함하는 하나의 장소(소스)에서 다른 장소(소위 웨어하우스)에 있는 ToySuppliers를 유지하는 동기화를 제시해 왔다. 데이터 분산에 의해 발생되는 어려움을 살펴보자. 새로운 Product 레코드(*category* = 'Toys'인)가 추가되었다고 가정하자. 우리는 다음처럼 점진적으로 뷰를 유지하려고 노력할 수 있다.

1. 웨어하우스 사이트는 이 업데이트를 소스사이트로 보낸다.
2. 뷰를 갱신하기 위해서 아이템의 공급업체를 찾기 위해 Suppliers 테이블을 체크할 필요가 있으며 웨어하우스 사이트는 이 정보를 소스 사이트에게 요청한다.
3. 소스 사이트는 팔린 물품에 대한 공급업체의 집합을 되돌려주고 웨어하우스 사이트는 점차적으로 뷰를 갱신한다.

이 작업은 단계 (1)과 단계 (3) 사이의 소스사이트에서 추가 변경이 없을 때 이루어진다. 그러나 만약 변화가 존재한다면 가시화된 뷰는 정확하지 않을 수도 있다. 이것을 확인하기 위해 Products가 비어 있고 Suppliers는 초기 값으로 <*s*1, 5>행을 포함한다고 가정하고 다음의 이벤트 순서를 살펴보자

1. *pid* = 5인 제품을 *category* = 'Toys'에 삽입한다. 소스는 웨어하우스에 이를 알린다.
2. 웨어하우스는 소스에게 *pid* = 5인 제품의 공급자를 요청한다. (이 인스턴스에서 유일한 공급자는 *s*1이다)
3. <*s*2, 5>행이 Suppliers에 삽입된다. 소스는 웨어하우스에게 알린다.
4. *s*2가 뷰에 추가되어야 하는지 여부를 결정하기 위해 우리는 *pid* = 5인 제품의 범주를 알아야 하고 웨어하우스는 소스에게 요청한다(웨어하우는 그것의 이전 질문에 대한 답을 받지 못했다).
5. 소스는 현재 웨어하우스로부터 온 첫 번째 질의를 처리중이며 파트 5의 두 공급자를 발견하고 정보를 웨어하우스에게 리턴한다.
6. 웨어하우스는 첫 번째 질문에 대한 답을 얻는다. 공급자 *s*1, *s*2 그리고 뷰에 이들을 카운트 1씩 각각 증가시킨다.
7. 소스는 웨어하우스로부터의 두 번째 질의를 처리하고 파트 5가 장난감인 정보에 반응한다.
8. 웨어하우스는 두 번째 질문에 대한 답을 얻고 뷰내에 있는 공급자 *s*2의 카운트를 증가시킨다.
9. *pid* = 5인 제품은 지금 삭제된다. 소스는 이를 웨어하우스에게 알린다.
10. 삭제된 부분이 장난감이기 때문에 웨어하우스는 매칭된 뷰 투플의 수를 감소시킨다. *s*1은 카운트 0을 가지고 제고된다 하지만 *s*2는 카운트 1을 가지며 계속 유지된다.

분명히 *s*2는 파트 5가 삭제된 후에 뷰 내에서 존재하지 않는다. 이 예는 분산된 환경에서의 뷰의 점진적인 유지관리의 추가된 희박성을 묘사한다. 이것은 진행중인 연구 주제중 하나이다.

의사결정지원을 위한 뷰: DBMS 공급자들은 그들의 주요 관계형 제품들을 의사결정 지원 질의를 지원하기 위해 개선하는 중이다. IBM DB2가 작업에 일관적이며 사용자에 의해 야기된 유지관리로 가시화된 뷰를 지원한다. 마이크로소프트 SQL 서버는 **파티션 뷰**(partition view)를 지원한다. 그것은 테이블의 많은 수평 파티션의 집합이다. 이것은 웨어하우징 환경에 초점이 맞추어져 있다. 예를 들어 그 환경에서 각 파티션은 달마다 업데이트를 한다. 파티션 뷰에 대한 질의가 최적화되고, 그 결과 단지 관련된 파티션만이 접근이 허락된다. 오라클 9i는 트랜잭션이 일관적이고 사용자에 의해 야기되며 또는 시간 스케줄에 의해 관리되는 가시화된 뷰를 지원한다.

22.10.3 언제 뷰 동기화해야 하는가?

뷰 유지관리 정책은 갱신이 점진적인지 아닌지에 독립적인 뷰가 갱신될 때에 대한 결정이다. 뷰는 기존 테이블을 업데이트하는 같은 트랜잭션 내에서 갱신될 수 있다. 이것은 **즉각적인 뷰 유지관리**라고 불린다. 업데이트 트랜잭션은 갱신 단계에 의해 늦추어지며 갱신의 영향은 업데이트 테이블에 의존하는 가시화된 뷰의 수를 증가시킨다.

대안으로 우리는 뷰를 갱신하는 것을 뒤로 미룬다. 업데이트는 로그 내에 포착되며 연쇄적으로 가시화된 뷰에 적용된다. 여기에는 **연기된 뷰 유지관리 정책**들(deferred view maintenance policies)이 존재한다.

1. **게으른**(Lazy)**:** 만약 *V*가 이미 기존 테이블에 일관적이지 않다면 가시화된 뷰 *V*는 질의가 *V*를 가지고 수행될 때에 갱신된다. 이 접근방법은 즉각적인 뷰를 유지관리하기 위해 업데이트를 수행하기보다는 질의를 늦춘다.
2. **주기적인**(Periodic): 예를 들어 하루에 한번씩 가시화된 뷰가 정기적으로 갱신된다. 비동기 복제에서의 Capture와 Apply 단계에서의 논의가(22.11.2절을 보시오) 이 관점에서 논의되었다. 왜냐하면 그것이 주기적 뷰의 유지관리와 매우 연관되어 있기 때문이다. 주기적으로 갱신되는 가시화된 뷰를 **스냅샷**(snapshots)이라 부른다.
3. **강제의**(Forced): 가시화된 뷰는 특정수의 변화들이 기존 테이블에서 만들어진 후에 갱신된다.

주기적이고 강제적인 뷰 유지관리에서 질의가 기존 테이블의 현재 상태에 일관적이지 않은 가시화된 뷰의 인스턴스를 볼지도 모른다. 다시 말해 질의들은 만약 뷰 정의가 재 계산된다면 다른 행들의 집합을 볼 수 있다. 이것은 빠른 업데이트와 질의에 부과된 가격이며 트레이드 오프(trade-off)는 비대칭 중복에서 만들어진 트레이드 오프와 유사하다.

22.11 복습문제

다음 복습문제들에 대한 답은 문제의 끝에 표시된 절에서 찾아볼 수 있다.

- 의사결정 지원(decision support) 어플리케이션이란 무엇인가? 복합 SQL 질의, 온라인 분석 처리(OLAP), 데이터 마이닝(data mining), 데이터 웨어하우징(data warehousing)의 관계에 관해 논하시오. **(25.1절)**
- 다차원 데이터 모델(multidimensional data model)에 대해 설명하시오. 값(mesuares)과 차원들(dimensions) 사이의 차이점과 사실테이블(fact table)과 차원테이블(dimension table)의 차이점을 설명하시오. 스타 스키마(star schema)란 무엇인가? **(22.2절과 22.2.1절)**
- 일반적 OLAP 연산들은 특별한 이름들로 불리어왔다: 롤업(roll-up), 드릴다운(drill-down), 피봇팅(pivoting), 슬라이싱(slicing), 다이싱(dicing). 이들 각각의 연산에 대해 설명하고, 예를 드시오. **(22.3절)**
- SQL:1999의 ROLLUP, CUBE의 속성과 이것들이 OLAP 연산과 어떤 관계가 있는지 설명하시오. **(22.3.1절)**
- SQL:1999의 WINDOW 속성에 대해 설명하고, 특별히 윈도우의 프레이밍(framing)과 정렬(ordering)에 대해서도 설명하시오. 정렬된 데이터에 대해서는 어떻게 질의하는가? 이 속성을 사용하지 않고서는 표현하기 힘든 질의의 예를 드시오. **(22.4절)**
- 새로운 질의 기법으로 탑 N 질의(top N queries)와 온라인 집계(online aggregation)가 있다. 이들 질의의 개념과 목적 또는 동기에 대해 설명하고, 예를 드시오. **(22.5절)**
- 특별히 OLAP 시스템에 적합한 인덱스 구조에는 비트맵 인덱스(bitmap indexes)와 조인 인덱스(join indexes)등이 있다. 이들 인덱스 구조에 대해 설명하시오. 어떻게 비트맵 인덱스와 B+ 트리가 관련되어 있는가? **(22.6절)**
- 어느 한 단체의 매일매일의 작업(연산;operation)에 관한 정보는 연산 데이터베이스(operational databases)에 저장된다. 왜 연산 데이터베이스로부터 데이터를 저장하기 위해 데이터 웨어하우스가 사용되는가? 데이터 웨어하우징에서 부각되고 있는 이슈들로는 어떠한 것들이 있는가? 데이터 추출(data extraction), 정리(cleaning), 변형(transformation), 로딩(loading)에 대해 논하시오. 효율적으로 갱신(refreshing)과 삭제(purging)를 하기 위한 방법들에 대해 논하시오. **(22.7절)**
- 의사결정 지원(decision support) 환경에서 뷰(views)가 중요한 이유는 무엇인가? 어떻게 뷰가 데이터 웨어하우징(data warehousing), OLAP와 관련되어 있는가? 뷰에 대한 질의에 답하기 위해 사용되는 질의 수정(query modification) 기법에 대해 설명하고, 왜 이것이 의사결정 지원(dicision support) 환경에서 충분하지(adequate) 않은지 논하시오. **(22.8절)**
- 가시화(materialze)하기 위해 뷰를 어떻게 선택할지 그리고 질의에 응답하기 위해 가시화된 뷰(materialized view)를 어떻게 사용할 지에 대해 논하시오. **(22.9절)**
- 어떻게 뷰가 점진적으로 증가하게 유지될 수 있는가? 모든 관계대수 연산자와 집계(aggregation)에 대해 논하시오. **(22.10.1절)**

- 점진적 뷰 유지관리(incremental view maintenance)를 할 경우 발생하는 복잡한 문제들의 예를 드시오. **(22.10.2절)**
- 언제 뷰를 갱신(refresh)할지에 대한 적절한 유지관리 정책에 대해 논하시오. **(22.10.3절)**

연습문제

문제 22.1 다음 질문에 간단히 답하시오.

1. 어떻게 웨어하우징(warehousing), OLAP, 데이터 마이닝(data mining) 간에 상호 보완이 가능한가?
2. 데이터 웨어하우징(data warehousing)과 데이터 복제(data replication)간의 관련성은 무엇인가? 데이터 웨어하우징(data warehousing)을 위해 어떤 형태의 복제(동기*synchronous* 또는 비동기 *asynchronous*)가 더 적합한가? 그 이유는?
3. 데이터 웨어하우스(data warehouse)에서 메타데이터 저장소(metadata repository)의 역할은 무엇인가? 관계 DBMS의 카탈로그(catalog)와 어떻게 다른가?
4. 데이터 웨어하우스(data warehouse)를 구현할 때 고려해야할 사항들은 무엇인가?
5. 웨어하우스(warehouse)를 디자인하고 로딩한 후, 원 소스 데이타베이스에서 발생하는 변화에 대하여 어떻게 동질성을 유지하는가?
6. 웨어하우스(warehouse)의 장점중 한 가지는 시간의 경과에 따른 관련된 내용의 변화의 추이(history)를 파악할 수 있다는 것이다. 반면, 일반적인 DBMS에서는 릴레이션의 현재 상태만을 갖는다. 새로운 정보를 위한 공간 확보 차원에서 'old' 정보는 다소 제거되어야 한다는 관점에서, 릴레이션 R의 추이변화(history)를 어떻게 유지할지 논의하시오.
7. 다차원 데이터 모델의 차원(dimension)과 비교치(measures)에 대해 설명하시오.
8. 사실테이블(fact table)이란 무엇인가? 성능 관점에서 왜 중요한가?
9. MOLAP과 ROLAP 시스템의 근본적인 차이점은 무엇인가?
10. 스타 스키마(star schema)란 무엇인가? 그것은 BCNF의 전형인가? 전형으로 볼 수 있는 이유와 그렇지 않은 이유는 무엇인가?
11. OLAP와 데이터 마이닝(data mining)의 차이점은 무엇인가?

문제 22.2 그림 22.2에 있는 Sales 릴레이션의 예를 보고 다음 물음에 답하시오.

1. *pid*와 *timeid*의 관계에 대한 피봇팅(pivoting) 결과를 보이시오.
2. 앞부분과 같은 결과를 얻기 위한 SQL 질의 목록을 기술하시오.
3. *pid*와 *locid*의 관계에 대한 피봇팅(pivoting)의 결과를 보이시오.

문제 22.3 그림 22.3에 있는 Sales 릴레이션의 교차도표(cross-tabluation)를 보고 물음에 답하시오.

1. *locid*에 대한 롤업(roll-up) 결과를 보이시오.
2. 앞부분과 같은 결과를 얻기 위한 SQL 질의 목록을 기술하시오.
3. *pid*에 대한 드릴다운(drill-down) 수행 이후 *locid*에 대한 롤업(roll-up) 결과를 보이시오.
4. 앞부분과 같은 결과를 얻기 위한 SQL 질의 목록을 그림 22.5에 보이는 교차도표

(cross-tabulation)를 시작으로 기술하시오.

문제 22.4 아래의 질문에 간단히 답하시오.

1. WINDOW 절과 GROUP BY 절의 차이점은 무엇인가?
2. 오직 WINDOW 절을 사용해야만 표현이 가능하고, WINDOW 절 사용 없이는 SQL로 표현할 수 없는 질의의 예를 드시오.
3. SQL:1999에서 윈도우의 *프레임(frame)*은 무엇인가?
4. 아래의 GROUP BY 절을 참조하시오.

```
SELECT   T.year, SUM (S.sales)
FROM     Sales S, Times T
WHERE    S.timeid=T.timeid
GROUP BY T.year
```

GROUP BY 절을 사용하지 않고 위의 질의를 SQL:1999의 형태로 작성할 수 있는가? (힌트 : SQL:1999의 WINDOW 절을 사용하시오)

문제 22.5 그림 22.2에 있는 Loations, Products 그리고 Sales 릴레이션을 보고 물음에 답하시오. 필요하다면 언제든지 SQL:1999에 있는 WINDOW절을 사용하여 아래의 질의를 작성하시오.

1. 각 위치별(location) 매월 총 매출의 퍼센트 변화를 찾으시오.
2. 각 상품별(product) 총 분기 매출의 퍼센트 변화를 찾으시오.
3. 각 상품별(product) 이전 30일의 매일 평균 매출을 찾으시오.
4. 매 주별, 이전 4주 동안의 매출 최대 이동 평균을 찾으시오.
5. 총 매출별 최상위 3개의 위치(location)를 찾으시오.
6. 지난해의 매달 누적 매출의 최상위 3개의 위치(location)를 찾으시오.
7. 지난해의 모든 위치별(location) 총 매출의 순위를 구하고, 각 위치별로 총 매출들 사이의 차이를 구하시오.

문제 22.6 그림 22.9에 있는 Customers 릴레이션과 비트맵 인덱스(bitmap indexes)를 보고 물음에 답하시오.

1. 같은 데이터에 대해, rating 컬럼의 값이 1부터 10까지 변한다고 가정할 때, 비트맵 인덱스(bitmap index)가 어떻게 바뀌는지 보이시오.
2. 아래의 질의를 수행하기 위해 비트맵 인덱스(bitmap index)를 어떻게 사용할까? 만약, 비트맵 인덱스가 유용하지 않다면, 그 이유를 설명하시오.
   (a) rating이 3보다 작고 남성(male)인 고객의 수는?
   (b) 고객 중 남성(male)이 차지하는 퍼센트는?
   (c) 총 고객의 수는?
   (d) 이름이 'Woo'인 고객의 수는?
   (e) 가장 큰 수를 갖는 고객의 rating과 그 때의 고객의 수를 찾으시오. 최대 고객의 수를 가진 rating 값이 여러 개라면, 그것들 모두를 위한 요구된 정보를 기술하시오. (고객의 번호와 같은 rating 값은 거의 없다고 가정한다.)

문제 22.7 *gender*, *rating*에 비트맵(bitmap indexes)가 설정된 Figure 22.9의 Customers 테이블에 *rating*, *prospectid* 필드를 갖는 Prospects 테이블이 있다고 가정한다. 이것은 잠재 고객을 표시하기 위해 사용된다.

1. Prospects 테이블의 *rating* 필드에 비트맵 인덱스(bitmap indexes)가 설정돼 있다고 가정하시오. *rating*에 대한 Customers와 Prospects 간의 조인 연산에 이 비트맵 인덱스(bitmap indexes)가 도움이 될지 그렇지 않을지 논의하시오.
2. Prospects 테이블의 *rating* 필드에 비트맵 인덱스(bitmap indexes)가 없다고 가정하시오. Customers에 대한 비트맵 인덱스(bitmap indexes)가 Customers와 Prospects가 *rating*에 대한 조인 연산에 도움이 될지 그렇지 않을지 논의하시오.
3. *custid* = *prospectid*의 조인 조건을 가진 두 릴레이션간의 조인을 지원하기 위한 조인 인덱스(join index)의 사용법에 대해 설명하시오.

문제 22.8 그림 22.2의 Locations, Products, Sales 릴레이션의 예를 보고 물음에 답하시오.

1. 22.6.2 부분에 기술된 기본 조인 인덱스(basic join indexes)를 참고하시오. 다음 두 종류의 질의를 가장 효율적으로 기술하려 한다고 가정하고, 그림 22.2에 보이는 예에서 생성하고자 하는 인덱스를 보이시오.

   질의 1 : 주어진 city에서 판매량(sales)을 찾음

   질의 2 : 주어진 state에서 판매량(sales)을 찾음

2. 22.6.2 부분에 기술된 비트맵 조인 인덱스(bitmapped join index)를 참고하시오. 아래의 두 종류의 질의를 가장 효율적으로 기술하려 한다고 가정하고, 그림 22.2에 보이는 예에서 생성하고자 하는 인덱스를 보이시오.

   질의 1 : 주어진 city에서 판매량(sales)을 찾음

   질의 2 : 주어진 state에서 판매량(sales)을 찾음

3. 22.6.2 부분에 기술된 기본 조인 인덱스(basic join indexes)를 참고하시오. 아래의 두 종류의 질의를 가장 효율적으로 기술하려 한다고 가정하고, 그림 22.2에 보이는 예에서 생성하고자 하는 인덱스를 보이시오.

   질의 1 : 주어진 product 이름(name)에 대한 주어진 city의 판매량(sales)을 찾음

   질의 2 : 주어진 product 카테고리(category)에 대한 주어진 state의 판매량(sales)을 찾음

4. 22.6.2 부분에 기술된 비트맵 조인 인덱스(bitmapped join indexes)를 참고하시오. 아래의 두 종류의 질의를 가장 효율적으로 기술하려 한다고 가정하고, 그림 22.2에 보이는 예에서 생성하고자 하는 인덱스를 보이시오.

   질의 1 : 주어진 product 이름(name)에 대한 주어진 city의 판매량(sales)을 찾음

   질의 2 : 주어진 product 카테고리(category)에 대한 주어진 state의 판매량(sales)를 찾음

문제 22.9 아래와 같이 정의된 NumReservations 뷰를 보고 물음에 답하시오.

```
CREATE VIEW NumReservations (sid, sname, numres)
        AS SELECT S.sid, S.sname, COUNT (*)
           FROM     Sailors S, Reserves R
           WHERE    S.sid = R.sid
           GROUP BY S.sid, S.sname
```

1. 어떤 sailor에 의해 최대 예약건수를 찾는 아래의 질의는 어떻게 재작성될 수 있는가?

```
SELECT   MAX (N.numres)
FROM     NumReservations N
```

2. 앞선 질의를 위한 뷰 가시화(view materialization)와 즉각적인 계산(computing on demand)의 대안을 고려하시오. 가시화의 장점과 단점에 대해 논의하시오.
3. 아래 질의를 위한 가시화(materialization)의 장단점에 대해 논의하시오.

```
SELECT   N.sname, MAX (N.numres)
FROM     NumReservations N
GROUP BY N.sname
```

문제 22.10 그림 22.2의 Locations, Products, Sales 릴레이션을 보고 물음에 답하시오.

1. 뷰를 가시화(materialize)할지 여부를 결정하기 위해, 어떤 요소들을 고려해야 하는가?
2. 아래의 가시화된 뷰(materialized view)를 정의했다고 가정하자.

```
SELECT   L.state, S.sales
FROM     Locations L, Sales S
WHERE    S.locid=L.locid
```

   (a) 22.10.1 부분에서 점진적(incremental) 뷰를 위한 알고리즘을 유지하는 부가적인 정보는 무엇이고, 어떻게 이 데이터가 뷰를 유지하는 데 도움이 되는지 기술하시오.
   (b) 이 뷰 가시화의 장단점에 대해 논의하시오.
3. 앞선 질문에서 가시화된 뷰(materialized view)를 고려하시오. Locations과 Sales 릴레이션이 하나의 site에 있고, 그러나 뷰가 다른 site에 가시화(materialized)되어 있다고 가정하자.
   왜 두 번째 site에 뷰를 관리하는 걸 원하게 될까? 뷰가 불일치되는 곳이 어디인지 정확한 예를 보이시오.
4. 아래의 가시화된 뷰(materialized view)가 정의되어 있다고 가정하자.

```
SELECT   T.year, L.state, SUM (S.sales)
FROM     Sales S, Times T, Locations L
WHERE    S.timeid=T.timeid AND S.locid=L.locid
GROUP BY T.year, L.state
```

   (a) 22.10.1 부분에서 점진적(incremental) 뷰를 위한 알고리즘을 유지하는 부가적인 정보는 무엇이고, 어떻게 이 데이터가 뷰를 유지하는 데 도움이 되는지 기술하시오.
   (b) 이 뷰 가시화의 장단점에 대해 논의하시오.

참고문헌 소개

데이터 웨어하우징과 OLAP에 대한 좋은 연구가 [161]에서 제시되어 있고, 이것은 그림 22.10의 근거가 된다. [686]은 요약적으로 OLAP와 통계적 데이터베이스의 연구에 대해 제공하고, 이 두 분야에서 개념과 연구간의 강한 유사성에 관해 제시한다. 웨어하우징 분야에서 선구자 중의 한 사람인 Kimball[436]의 책과 [62]에 있는 논문 모음집은 이 분야에 있어서 좋은 실용적 안내서 역할을 한다. OLAP라는 용어는 Codd의 논문 [191]에서부터 일반화되었다. 비트맵(bimap)과 다른 비전통적인 인덱스 구조들을 유용하게 하는 알고리즘들의 성능에 대한 최근의 문제에 관해서는 [575]를 참고하기 바란다.

Stonebraker는 뷰에서의 질의가 질의 변형(query modification)을 통해 근본(underlying) 테이블에서의 질의로 어떻게 변환될 수 있는지에 대해 논한다 [713]. Hanson은 즉각적(immediate)인 뷰의 유지관리(maintenance)와 지연된(deferred) 뷰의 유지관리사이에서의 질의 변형(query modification)의 성능을 비교한다 [707]. 많은 수의 논문들이 기본 릴레이션이 변화함에 따라 어떻게 가시화된(materialized) 뷰가 유지관리 될 수 있는지에 대해 논한다. 이런 분야에서의 연구가 웨어하우징—다양한 소스로부터의 릴레이션의 뷰의 집합으로 간주됨—에 대한 관심으로 인해 최근 상당히 활발하다. 최신 기술에 대한 요약이 [348]에 상당히 잘 되어있다. 그것은 내용과 배경을 제공하는 부가적인 자료와 함께 상당히 많은 수의 영향력 있는 논문을 포함하고 있다. 아래의 일부 목록에서 더 많은 읽을거리를 찾을 수 있다: [100, 192, 193, 349, 369, 570, 601, 635, 664, 705, 800]

Gray와 그의 동료들이 `CUBE` 연산자 [335], `CUBE` 질의의 최적화(optimization), `CUBE` 질의 결과의 효과적인 관리에 대하여 여러 논문 [12, 94, 216, 367, 380, 451, 634, 638, 687, 799]에 소개했다. 집계(aggregates)와 그룹화(grouping) 질의에 대한 처리 알고리즘이 [160, 166]에 소개되어 있다. Rao, Badia 그리고 Van Gucht는 [618]에서 '*대부분*'과 같은 일반화된 수량형용사(generalized quantifiers)를 사용하는 질의의 구현에 대해 언급했다. Srivastava, Tan 그리고 Lum은 집합적 질의의 처리를 지원하기 위한 방법을 제시했다 [708]. Shanmugasundaram과 그의 동료들은 [675]에서 집계 질의(aggregate queries)의 근사한 해답을 위한 집약 큐브(compressed cube)를 어떻게 유지할 건지에 대해 논의한다.

`CUBE`와 `WINDOW` 구조를 포함한 OLAP를 위한 SQL:1999의 지원이 [523]에 제시되었다. windowing 확장은 일련의 데이터 즉, [610]에 소개된 SRQL 질의를 위한 SQL 확장과 매우 유사하다. Sequence 질의는 최근에 많은 관심을 받아왔다. 레코드의 집합을 처리하고 레코드의 순서를 다루는 관계형 시스템의 확장에 대해 [473, 665, 671]에서 조사되었다.

최근에는 one-pass 질의의 평가 알고리즘(evaluation algorithm)과 데이터 스트림을 위한 데이터베이스에 대한 관심이 많다. 데이터 스트림과 데이터 스트림 처리를 위한 알고리즘에 대한 최근의 연구를 [49]에서 찾을 수 있다. 언급된 예제들로는 양(quantile)과 순서통계량(order-statistics) 계산 [340, 506], 빈도 모멘트(frequency moments)와 조인 크기의 추정(estimating) [34, 35], 상호 연관 집계(correlated aggregates) 추정 [310], 다차원 회귀 분석 (multidimensional regression analysis) [173], 그리고 일차원 (즉, 단일 애트리뷰트 *single-attribute*) 히스토그램 계산과 Haar wavelet 분해[319, 345] 등이 있다.

다른 작업들은 equi-depth 히스토그램을 지원하기 위한 기술들 [313], 표본과 sliding window에 걸친 단순 통계량의 유지 [201], 스트림 데이터베이스를 위한 고차원 아키텍처를 포함한다 [50]. Zdonik과 그의 동료들은 데이터 스트림을 모니터링하기 위한 데이터베이스 아키텍처를 제시한다 [795]. 데이터 스트림 어플리케이션 개발을 위한 기본적인 언어가 Cortes와 그의 동료들에 의해 제시되었다

[199].

Carey와 Kossmann은 단지 처음 몇 개의 해답만을 요구하는 질의의 평가(evaluation)를 어떻게 할지를 제시하고 논한다 [135, 136]. Donjerkovic and Ramakrishnan는 질의 최적화에 대한 확률적인 접근[229]이 어떻게 적용될 수 있는지 고려한다. [120]은 탑 N 질의의 평가를 위한 여러 가지 전략을 비교한다. Hellerstein과 그의 동료들은 집계 질의(aggregate queries)에 대한 거의 유사한 해답을 어떻게 나타낼 지와 그들을 'online' 형태로 어떻게 정제할지를 제시한다 [47, 374]. 이러한 작업은 조인[354]의 online 계산과 online 재정렬[617] 그리고 적응적 질의 처리로 확장되어 왔다.

최근에는 유사 질의 응답(approximate query answering)에 관심이 집중되고 있다. 여기서, 작은 요약(synopsis) 데이터 구조가 입증할 수 있을 만큼의 성능을 보장하는 빠른 유사 질의 응답을 얻기 위해 사용되어진다. [7, 8, 61, 159, 167, 314, 759].

23

데이터 마이닝

- ☞ 데이터 마이닝(data mining)이란 무엇인가?
- ☞ 장바구니 분석(market basket analysis)이란 무엇인가? 동시발생(co-occurrence)을 세기 위해서는 어떤 알고리즘이 효율적인가?
- ☞ 선험적 속성(priori property)이란 무엇이고 이것이 중요한 이유는 무엇인가?
- ☞ 베이지언 네트워크(bayesian network)란 무엇인가?
- ☞ 분류 규칙(classification rule)이란 무엇인가? 역행 규칙(regression rule)이란 무엇인가?
- ☞ 결정 트리(decision tree)란 무엇인가? 이것은 어떻게 생성되는가?
- ☞ 클러스터링(clustering)이란 무엇인가? 표본 클러스터링 알고리즘은 무엇인가?
- ☞ 시퀀스 유사 검색(similarity search over sequences)이란 무엇인가? 이것은 어떻게 구현되는가?
- ☞ 데이터 마이닝 모델은 어떻게 증가적으로(incrementally) 생성되는가?
- ☞ 데이터 스트림(data streams)에 의해 제시된 새로운 마이닝 시도(mining challenges)에는 무엇이 있는가?

➜ **주요 개념:** 데이터 마이닝(data mining), 지식 발견 프로세스(Knowledge Discovery and Data mining(KDD) Process) ; 장바구니 분석(market basket analysis), 동시발생 카운팅(co-occurrence counting), 연관 규칙(association rule), 일반화된 연관 규칙(generalized association rule); 결정 트리(decision tree), 분류 트리(classification tree); 클러스터링(clustering); 시퀀스 유사 검색(sequence similarity search); 점진적 모델 유지관리(incremental model maintenance), 데이터 스트림(data stream), 블록 진화(block evolution)

The secret of success is to know something nobody else knows.

— Aristotle Onassis

데이터 마이닝은 방대한 데이터베이스에서 앞으로의 활동에 대한 결정을 도와주는 관심 있는 경향이나 패턴을 찾는 것이다. 데이터 마이닝 툴은 사용자의 최소입력으로 이러한 패턴을 구별하여야 한다. 이러한 도구를 통하여 확인된 패턴들은 데이터 분석가들에게 다른 의사결정 지원 툴들을 이용해서도 계속적으로 좀 더 주의 깊게 조사할 수 있는 유용하고 기대치 못한 통찰력을 제공한다. 이번 단원에서 우리는 폭넓게 연구되었던 데이터 마이닝의 작업에 대해서 논의한다. 이러한 각각의 데이터 마이닝 작업을 위한 상업적인 툴들이 이미 판매되고 있으며, 사용자 모임에서 이러한 툴들을 받아들임으로써 이러한 분야의 중요성 또한 급속히 증대되고 있다.

우리는 데이터 마이닝에 대한 간략한 소개를 담고 있는 23.1절부터 시작한다. 23.2절에서 우리는 동시발생 항목 카운팅의 중요한 작업에 대해 논의한다. 23.3절에서는 데이터로부터 일정한 규칙을 찾는 데이터 마이닝 알고리즘을 통해 어떻게 이러한 작업이 발생하는지에 대해 살펴본다. 23.4절에서는 트리 모양의 형태로 규칙을 표현하는 패턴들에 대해서 논의한다. 23.5설에서는 클러스터링(clustering)이라고 부르는 또다른 데이터 마이닝 작업을 소개하고 또 방대한 데이터베이스에서 클러스터(cluster)를 찾는 방법을 소개한다. 23.6절에서는 연속적인 유사도 검색을 수행하는 방법을 연구한다. 우리는 데이터와 데이터 스트림으로 전개되는 마이닝에 대한 것을 23.7절에서 논의하며, 23.8절에서 데이터 마이닝 작업의 간략한 요점들만을 다시 살펴보고 이 장을 끝맺는다.

23.1 데이터 마이닝 소개

데이터 마이닝은 *탐색적 데이터 분석*(*exploratory data analysis*)이라고 불리우는 통계학의 한 분야와 연관되어 있다. 이 탐색적 데이터 분석은 데이터 마이닝과 비슷한 목적을 갖고 있으며 통계량(statistical measures)에 의존한다. 데이터 마이닝은 또한 *지식 검색*(*knowledge discovery*) 그리고 *기계학습*(*machine learning*)이라 불리는 인공지능의 분야와도 밀접한 연관이 있다. 가장 핵심적인 데이터 마이닝의 특징은 데이터의 양이 대단히 크다는 것이다. 따라서 비록 이러한 관련 분야연구의 아이디어가 데이터 마이닝의 문제들에 적용 가능하다 할지라도, *데이터 사이즈에 대한 확장성*(scalability)은 중요한 판단기준이다. 만약 실행시간이 데이터의 크기에 비례해서 증가하고 가용한 시스템 자원(메인 메모리의 크기나 CPU 속도)이 고정적이라면 알고리즘은 **확장가능**(scalable)하다. 예전 알고리즘이 채택되거나 새로운 알고리즘이 데이터로부터 패턴을 찾을 때 확장성을 확보하도록 개발되어야 한다.

데이터 세트에서 유용한 경향/추세(trends)를 찾는 것은 데이터 마이닝의 정확한 정의에 해당되지 않는다. 어떤 관점에서는 모든 데이터베이스 질의들은 이것을 하는 것처럼 생각할 수 있다. 실제로 우리는 분석의 연속체(continuum)와 SQL 질의, 중간의 OLAP질의, 데이터 마이닝 탐색툴을 가지고 있다. SQL질의는 조금 확장된 관계대수 (relational algebra)를 사용하여 구성되어 있다. OLAP는 다차원적인 데이터 모델에 기초한 상위레벨의 질의 특징을 제공하고 데이터 마이닝은 가장 추상적인 분석 작업을 제공한다. 우리는 다른 데이터 마이닝 작업을 사용자 정의 가능한 파라미터와 높은 레벨에서 특화된 복잡한 질의로 생각하고 이를

SQL/MM: 데이터 마이닝 SQL/MM: 확장 SQL의 데이터 마이닝: 1999년 표준 데이터 마이닝 모델의 네가지 종류인 빈번한 아이템집합(*frequent itemsets*), 연관규칙(*association rules*), 레코드의 클러스터(*clusters of records*), 역행 트리(*regression tree*) 그리고 분류 트리(*classification tree*)를 지원한다. 몇몇 새로운 데이터 타입은 소개되었다. 데이터 타입들은 몇몇 역할을 한다. 몇몇은 `DM_Regression Model`이나 `DM_Clustering Model`같은 모델의 특정 클래스를 표현한다. 그리고 몇몇은 `DM_RegTask`나 `DM_ClusResult`같은 마이닝 알고리즘을 위한 입력 파라미터를 지정한다. 위의 사실로 미루어 보아 우리는 여기서 이러한 클래스들과 그 클래스의 메소드들을 SQL로 만들 수 있는 데이터 마이닝 알고리즘의 표준 인터페이스를 제공한다. 데이터마이닝 모델은 **Predict Model Markup Language**(PMML)라 부르는 표준 XML형식으로 변환할 수 있는데 역시 PMML을 사용하여 표현한 모델 역시 데이터 마이닝 모델로 변환할 수 있다.

위해 특별한 알고리즘을 구현하였다.

실무에서는 데이터 마이닝은 훨씬 간단하게 이러한 알고리즘들 중의 하나로 적용될 수 있다. 데이터는 종종 잘못된 정보가 들어가거나 불완전하기도 하다. 이것이 이해되지 않고 고쳐지지 않는 한 많은 흥미있는 패턴을 놓치게 되고 검출된 패턴의 신뢰성은 낮아진다. 더욱이 분석가들은 어떤 종류의 마이닝 알고리즘이 호출되어야 하는지 결정해야 하고, 잘 선택된 데이터 예제와 변수의 집합에 선택된 알고리즘을 적용시켜야하며, 결과를 숙고하고, 다른 의사결정 지원(decision support)과 마이닝 툴에 적용시키고 프로세스를 반복해야 한다.

23.1.1 지식 발견 프로세스

지식 발견과 데이터 마이닝(KDD : Knowledge Discovery and Data Mining) **프로세스**는 대략 4개의 단계로 나뉘어질 수 있다.

1. **데이터 선택**: 가공되지 않은 전체의 데이터 집합을 시험하여 그 중에 원하는 부분집합과 관심 있는 애트리뷰트를 식별한다.
2. **데이터 클리닝**: 의미없거나 관계없는 데이터(noise and outliers)는 삭제하고, 필드(field)의 값들은 공통의 유닛으로 변형되며, 분석을 쉽게 하기 위해 기존의 필드들을 결합하여 새로운 필드들을 만들어낸다. 데이터는 관계형 포맷(relational format)으로 입력되고 몇몇 테이블은 비정규화(denormalization) 단계에서 결합된다.
3. **데이터 마이닝**: 우리는 관심 있는 패턴을 뽑아내기 위하여 데이터 마이닝 알고리즘을 적용한다.
4. **평가**: 패턴을 엔드유저에게 이해할 수 있는 형태(예를 들어 시각화를 통해)로 제공한다.

KDD 프로세스에서 어떠한 단계의 결과든지 이전의 단계로 돌아가서 새로 얻은 지식을 이용하여 프로세스를 다시 수행하게 할 수도 있다. 그러나 이 장에서는 몇 가지의 명확한 데이터마이닝 작업에 대한 알고리즘을 보는 것으로 제한한다. KDD 프로세스의 다른 관점에 대해서는 논하지 않는다.

23.2 동시발생 카운팅

동시발생 항목 카운팅(counting co-occurrence items)의 문제를 생각하는 것으로 시작해 보자. 동시발생 카운팅은 장바구니 분석과 같은 문제들을 해결하기 위해 시작되었다. **장바구니**(market basket)는 단일 **고객거래**(customer transaction)에서 고객이 구매한 아이템들의 집합(collection)이다. 하나의 고객거래는 하나의 상점에 한 번의 방문, 통신판매 카탈로그를 통한 하나의 주문, 웹 상에서 하나의 주문으로 구성된다(이 장에서, 사용자 프로그램의 실행인 DBMS의 트랜잭션(transaction)의 보통의 의미와 혼동되지 않을 때 우리는 종종 *고객 거래*(*customer transaction*)를 *트랜잭션*(*transaction*)이라고 줄여 쓴다). 소매상들을 위한 일반적인 목표는 같이 구매된 제품들을 식별하는 것이다. 이런 정보는 상점의 물건이나 카탈로그 페이지의 레이아웃 향상에 사용될 수 있다.

transid	*custid*	*date*	*item*	*qty*
111	201	5/1/99	pen	2
111	201	5/1/99	ink	1
111	201	5/1/99	milk	3
111	201	5/1/99	juice	6
112	105	6/3/99	pen	1
112	105	6/3/99	ink	1
112	105	6/3/99	milk	1
113	106	5/10/99	pen	1
113	106	5/10/99	milk	1
114	201	6/1/99	pen	2
114	201	6/1/99	ink	2
114	201	6/1/99	juice	4
114	201	6/1/99	water	1

그림 23.1 Purchases 릴레이션

23.2.1 빈번한 아이템집합

빈번한 아이템집합을 설명하기 위해, 우리는 그림 23.1에서 보여주는 Purchases 릴레이션을 사용한다. 이 자료는 거래(transaction)별로 분류하여 보여주고 있다. 한 그룹의 모든 투플(tuples)들은 같은 *transid*를 가지고 있고, 이들은 한 고객의 거래를 기술하고 있으며, 이 거래는 하나 이상의 제품을 구매했다는 정보를 포함한다. 한 거래는 주어진 날짜에 발생하고,

구매된 각 제품의 이름과 개수가 함께 기록된다. Purchases 테이블에서 데이터의 중복이 있는지를 주시하시오. 이 Purchases 테이블은 *transid-custid-date* 3개의 속성을 가지는 분리된 테이블에 저장됨으로서 분석될 수 있다. 이것은 데이터가 실제로 저장되는 방법일 수 있다. 그러나 자주 팔리는 제품의 집합을 계산하기 위해서는 그림 23.1에서처럼 Purchases 테이블을 고려하는 것이 편하다. 데이터 마이닝을 쉽게 하기 위해 비정규화된(denormalized) 테이블의 생성이 일반적으로 KDD 프로세스의 데이터 클리닝 단계에서 수행된다.

Purchases 테이블에서 거래 그룹의 집합을 시험하여, 우리는 다음과 같은 형태를 관찰할 수 있다. "75%의 거래(transaction)에서 pen과 ink가 함께 구입되었다." 펜과 잉크 이것은 데이터베이스에서의 트랜잭션을 설명하고 있다. 앞으로의 거래의 추정(extrapolation)은 23.3.6에서 논하는 것처럼 신중하게 행해야 한다. 장바구니 분석의 용어 소개로 시작해 보자. **아이템집합**(itemset)은 아이템들의 집합이다. 아이템집합의 **지지율**(support)은 아이템집합에 있는 모든 아이템들을 포함하는 데이터베이스에서 트랜잭션의 일부분(일정비율)을 가리킨다. 예제에서, 아이템집합 {pen, ink}는 Purchases 테이블의 75% 지지율(support)을 갖는다. 그래서 우리는 pen과 ink는 종종 같이 구매된다고 결론지을 수 있다. 아이템집합 {milk, juice}를 생각해보면, 그것의 지지율(support)은 단지 25%이다. 즉, milk와 juice를 같이 구입하는 일이 자주 발생하지 않는다.

일반적으로 같이 구입되는 아이템집합의 수는 상대적으로 작다. 특히 구매집합의 수가 증가할수록 그렇다. 우리는 *minsup*이라 불리는 사용자가 지정한 최소 지지율(minimum support)보다도 높은 제품의 집합에 관심이 있다. 여기서 우리는 그러한 아이템집합을 **빈번한 아이템집합**(frequent itemsets)이라고 한다. 예를 들어 최소 지지율(minimum support)을 70%로 정한다면, 예제에서 빈번한 아이템집합은 {pen}, {ink}, {milk}, {pen, ink}, {pen, milk}이다. 아이템집합은 자주 구매되는 제품을 식별하기 때문에 단일 아이템만을 포함하는 아이템집합에도 관심이 있다는 것에 유의해라.

그림 23.2는 빈번한 아이템집합을 식별하기 위한 알고리즘을 보여준다. 이 알고리즘은 빈번한 아이템집합의 단순하지만 기본적인 특성에 의존한다.

```
foreach item,                                                    // Level 1
    check if it is a frequent itemset   // appears in > minsup transactions
k = 1
repeat              // Iterative, level-wise identification of frequent itemsets
    foreach new frequent itemset I_k with k items                // Level k + 1
        generate all itemsets I_{k+1} with k + 1 items, I_k ⊂ I_{k+1}
    Scan all transactions once and check if
    the generated k + 1-itemsets are frequent
    k = k + 1
until no new frequent itemsets are identified
```

그림 23.2 빈번한 아이템집합을 발견하기 위한 알고리즘

> **선험적 속성**(Priori Property): 빈번한 아이템집합의 모든 부분집합은 또한 빈번한 아이템집합이다.

이 알고리즘은 반복적으로 수행된다. 먼저 한 아이템을 가지고 빈번한 아이템집합을 식별한다. 이어서 일어나는 반복적인 작업에서, 빈번한 아이템집합(frequent itemsets)은 더 커다란 후보 아이템집합을 생성하기 위해 다른 아이템과 같이 확장된 선행반복에서 식별된다. 확장하는 빈번한 아이템집합에 의해 얻어진 아이템집합만을 고려하여, 빈번한 아이템집합의 후보숫자를 줄인다. 이 최적화는 효율적인 실행을 위하여 중요하다. 선험적 속성(priori property)은 이 최적화가 정확하다는 것을 보장한다. 다시 말해, 우리는 빈번한 아이템집합을 놓치지 않는다. 한번의 모든 거래(예제에서는 Purchases)를 훑어보면 한번의 반복에서 얻어진 후보 아이템집합 중에 어떤 것이 빈번한지를 결정하기에 충분하다. 반복에서 나오는 새로운 빈번한 아이템집합이 없을 때 알고리즘은 종료된다.

우리는 그림 23.1에서 *minsup*은 70%로 설정한 Purchases 릴레이션 알고리즘을 설명한다. 첫 번째 반복(Level 1)에서, 우리는 Purchases 릴레이션을 훑어보고 한 개 아이템집합 각각의 집합이 빈번한 아이템집합이라고 결정한다. 여기에서는 {*pen*}(모든 4개의 거래에 나타남), {*ink*}(4개 중 3개의 거래에서 나타남), {*milk*}(4개 중 3개의 거래에서 나타남)이다.

두 번째 반복(Level 2)에서, 우리는 빈번한 아이템집합에 제품을 하나씩 추가하여 확장하여 다음과 같은 후보 아이템집합을 생성한다. {*pen, ink*}, {*pen, milk*}, {*pen, juice*}, {*ink, milk*}, {*ink, juice*}, {*milk, juice*}. Purchases 릴레이션을 다시 한번 훑어보고 우리는 다음과 같은 집합을 빈번한 아이템집합으로 결정한다. {*pen, ink*}(4개의 거래에서 3번), {*pen, milk*}(4개의 거래에서 3번).

세 번째 반복(Level 3)에서, 우리는 앞에서의 아이템집합에 제품을 하나씩 추가하여 아이템집합을 확장하고 다음과 같은 후보 아이템집합을 생성한다. {*pen, ink, milk*}, {*pen, ink, juice*}, {*pen, milk, juice*}({*ink, milk, juice*}가 생성되지 않음을 주시하시오). 3번째로 Purchases를 훑어보면, 빈번한 아이템집합이 없다고 결정할 수 있다.

빈번한 아이템집합을 발견하기 위해 여기서 소개한 알고리즘은 보다 복잡한 알고리즘(반복적인 생성과 후보 아이템집합의 시험)의 주된 특성을 설명한다. 우리는 이 단순한 알고리즘의 중요한 구별을 고려한다. 알려진(알고리즘으로부터 발견한) 빈번한 아이템집합에 하나의 제품을 추가하여 후보 아이템집합을 생성하는 것은 선험적 속성을 사용하여 후보 아이템집합의 수를 제한하려는 시도이다. 선험적 속성은 하나의 후보 아이템집합은 그의 모든 부분집합들이 빈번해야만 후보제품 집합이 빈번할 수 있다는 것을 내포하고 있다. 그리하여, 우리는 더 나아가서(선험지식(a priori) 또는 Purchases 데이터베이스를 훑어보기 전에) 새로 생성된 후보 아이템집합의 모든 부분집합들이 빈번하다는 것을 확인함으로써 후보 아이템집합의 수를 줄일 수 있다. 후보 아이템집합의 모든 부분집합들이 빈번한 집합인 경우에만, 계속되는 데이터베이스를 훑어볼 때 지지율(support)을 계산한다. 단순한 알고리즘과 비교하면, 이 정제된 알고리즘은 각 단계에서 더 적은 수의 후보 아이템집합을 생성하고 그리하여 Purchases를 훑어보는 동안의 계산량을 줄인다.

*minsup*을 70%로 설정하고, 그림 23.1의 Purchases에 대하여 정제된 알고리즘을 생각하자. 첫 번째 반복(Level 1)에서, 우리는 크기가 1인 빈번한 아이템집합을 결정한다. {*pen*}, {*ink*}, {*milk*}. 두 번째 반복(Level 2)에서, Purchases 테이블을 훑어볼 때 다음의 후보 아이템집합만이 남는다. {*pen, ink*}, {*pen, milk*}, {*ink, milk*}. {*juice*}는 빈번하지 않으므로, 아이템집합 {*pen, juice*}, {*ink, juice*}, {*milk, juice*} 또한 빈번할 수 없고, 우리는 그런 아이템집합들을 먼저 삭제할 수 있다. 다시 말해, Purchases 관계를 이어서 훑어보는 동안 그것들을 고려할 필요가 없다. 세 번째 반복(Level 3)에서, 후보 아이템집합은 더 이상 생성되지 않는다. 아이템집합 {*pen, ink, milk*}는 부분집합 {*ink, milk*}가 빈번하지 않으므로 빈번할 수 없다. 그러므로, 향상된 버전의 알고리즘은 Purchase의 세 번째 훑어보기를 할 필요가 없다.

23.2.2 아이스버그 질의

한 예를 통하여 아이스버그(Iceberg) 질의를 소개한다. 그림 23.1의 Purchases 릴레이션을 다시 생각해 보자. 우리가 고객이 제품을 5번이 넘게 구매한 적이 있는 것과 같은 고객과 제품의 짝을 발견하기를 원한다고 가정하자. 우리는 이 질의를 SQL로 다음과 같이 표현할 수 있다.

```
SELECT   P.custid, P.item, SUM (P.qty)
FROM     Purchases P
GROUP BY P.custid, P.item
HAVING   SUM (P.qty) > 5
```

관계 DBMS가 이 질의를 어떻게 계산하는지에 대하여 생각해보자. 개념적으로 각각의 (*custid, item*) 쌍에 대하여, 우리는 *qty* 필드의 합이 5를 넘는지를 확인할 필요가 있다. 한 가지 접근방식은 Purchases 관계를 훑어보고 각 (*custid, item*) 쌍에 대한 합들의 계산을 유지하는 것이다. 이것은 쌍의 수가 메인 메모리에 적합할 정도로 작다면 가능한 실행 전략이다. 쌍의 수가 메인 메모리보다 커지면, 더 많은 비용이 드는 질의 계산 계획(정렬이나 해싱을 포함)이 사용되어야 한다.

질의는 바로 앞의 실행 전략이 이용하지 않는 중요한 특성이다. Purchases 릴레이션이 잠재적으로 매우 크고 (*custid, item*) 그룹들이 크다 할지라도, HAVING 절에 있는 조건 때문에 질의의 출력은 상대적으로 작다. 고객이 같은 아이템을 5번을 넘게 구매한 적이 있는 그룹만이 출력으로 나타난다. 예를 들어, 그림 23.1의 Purchases 릴레이션에서는 9개의 그룹들이 있으나, 질의를 수행하여 출력되는 그룹의 개수는 불과 3개이다. 그룹의 개수는 매우 크지만, 질의에 대한 답(빙하의 꼭대기)은 일반적으로 매우 작다. 그래서, 우리는 그러한 질의를 **아이스버그 질의**라고 부른다. 일반적으로, 애트리뷰트 *A1*, *A2*, ⋯, *Ak*와 속성 *B*를 갖는 관계형 스키마 R과 집계 함수 aggr이 주어지면, 아이스버그 질의는 다음과 같은 구조를 갖는다.

```
SELECT   R.A1, R.A2, ..., R.Ak, aggr(R.B)
FROM     Relation R
GROUP BY R.A1, ..., R.Ak
```

```
HAVING    aggr(R.B) >= constant
```

정렬과 해싱을 이용하여 이 질의를 처리하기 위한 전통적인 질의 계획은 먼저 모든 그룹들에 대하여 집계함수의 값을 계산한다. 그리고나서 HAVING 절의 조건을 만족하지 않는 그룹들을 제거한다.

이 질의를 앞 절에서 논한 빈번한 아이템집합들을 발견하는 문제와 비교하여, striking similarity라는 것이 있다. 그림 23.1의 Purchases 관계와 아이스버그 질의를 다시 생각하자. 우리는 SUM(P.qty) > 5인 (*custid, item*) 쌍에 관심이 있다. 선험적 속성의 변화를 이용하여, 우리는 고객이 같은 제품을 적어도 5번 구매한 적이 있는 *custid* 필드의 값을 고려해야 한다고 주장할 수 있다. 우리는 다음의 질의를 통하여 그러한 제품을 생성할 수 있다.

```
SELECT   P.custid
FROM     Purchases P
GROUP BY P.custid
HAVING   SUM (P.qty) > 5
```

마찬가지로, 우리는 다음과 같은 질의를 통하여 *item* 필드에 대한 후보 값들을 제한할 수 있다.

```
SELECT   P.item
FROM     Purchases P
GROUP BY P.item
HAVING   SUM (P.qty) > 5
```

우리가 본래의 아이스버그 질의의 계산을 필드의 값들이 앞의 두 질의의 출력으로 나오는 (*custid, item*) 그룹들로 제한한다면, 우리는 다수의 (*custid, item*) 쌍들을 사전에 먼저 제거한다. 그래서 가능한 평가 전략(evaluation strategy)은 먼저 *custid*와 *item* 필드에 대한 후보 값들을 계산하고, 이 필드값들의 결합을 본래의 아이스버그 질의의 계산에 이용하는 것이다. 우리는 먼저 각 필드에 대한 후보 필드 값들을 생성하고, 앞의 두 질의를 실행하여 남아있는 값들을 이용한다. 그래서, 아이스버그 질의는 빈번한 아이템집합을 발견하는 데 사용하는 상향식 평가 단계(bottom-up evaluation strategy)를 따른다. 특히, 우리는 다음과 같이 선험적 속성을 사용한다. 그룹의 각 개별 요소가 HAVING 절에 표현된 조건을 만족할 때에만 우리는 그룹에 대한 카운터를 보존한다. 전통적인 질의 계획(traditional query plan)보다 성능이 향상된 이 평가 전략(evalution strategy)은 실제로 매우 의미 있는 것이다.

비록 상향식 질의 처리 전략이 사전에 많은 그룹들을 제거한다고 해도, (*custid, item*) 쌍의 수는 실제로는 아직도 매우 크며, 심지어 메인 메모리보다도 훨씬 크다. 표본을 사용하고 좀 더 정교한 해싱 테크닉을 이용하는 효율적인 전략이 개발되어 왔다. 이 장의 끝에 있는 '참고문헌 소개'는 관련된 문헌의 이름을 제공한다.

23.3 마이닝 규칙

데이터를 간결하게 기술하는 규칙들의 다양한 형식을 발견하기 위해 많은 알고리즘들이 제시되었다. 광범위하게 논하는 몇 가지 규칙의 형식과 그것들을 발견하기 위한 알고리즘들을 살펴보기로 하자.

23.3.1 연관 규칙

연관 규칙을 설명하기 위해 그림 23.1에서 Purchases 릴레이션을 사용한다. Purchases의 트랜잭션의 집합들을 시험하여, 우리는 다음과 같은 형식의 규칙들을 식별할 수 있다.

$$\{pen\} \Rightarrow \{ink\}$$

이 규칙은 다음과 같이 읽는다. "하나의 pen이 하나의 트랜잭션에서 구입되면, ink 또한 해당 트랜잭션에서 구입될 것 같다." 데이터베이스의 트랜잭션을 기술하는 것은 하나의 문장이고, 앞으로의 트랜잭션에 대한 추정은 23.3.6에서 논하듯이 신중하게 수행되어야 한다. 보다 일반적으로, **연관 규칙**은 *LHS* ⇒ *RHS*라는 형태를 가지며, 여기서 *LHS*와 *RHS*는 제품의 집합이다. 이 규칙을 해석하면, '만약 *LHS*에 있는 모든 아이템이 트랜잭션에서 구입되면 *RHS*에 있는 아이템들 또한 구입될 것이다'라는 의미이다.

연관 규칙에 대하여 두 가지의 중요한 측정이 있다.

- **지지율**(support): 아이템집합에 대한 지지율(support)은 모든 제품들을 포함한 트랜잭션의 퍼센트이다. *LHS* ⇒ *RHS* 규칙에 대한 지지율(support)은 *LHS* ∪ *RHS*에 대한 지지율(support)이다. 예를 들어, 규칙 {*pen*} ⇒ {*ink*}를 생각하자. 이 규칙의 지지율(support)은 아이템집합 {*pen*, *ink*}의 지지율(support)이고, 이 값은 75%이다.
- **신뢰도**(confidence): *LHS* 내에서의 모든 제품들을 포함한 트랜잭션을 생각해보자. 규칙 *LHS* ⇒ *RHS*에 대한 신뢰도(confidence)는 *RHS* 내에서의 모든 제품들을 포함한 트랜잭션의 퍼센트이다. 좀 더 정확하게, *sup*(*LHS*)는 *LHS*를 포함한 트랜잭션의 퍼센트이고 *sup*(*LHS* ∪ *RHS*)는 *LHS*와 *RHS*를 모두 포함한 트랜잭션의 퍼센트라고 하자. 그러면 규칙 *LHS* ⇒ *RHS*에 대한 신뢰도(confidence)는 *sup*(*LHS* ∪ *RHS*)/*sup*(*LHS*)이다. 예를 들어, 규칙 {*pen*} ⇒ {*ink*}를 다시 생각하자. 이 규칙의 신뢰도(confidence)는 75%이고, 아이템집합 {*pen*}을 포함한 트랜잭션의 75% 또한 아이템집합 {*ink*}를 포함한다.

23.3.2 연관 규칙을 발견하기 위한 알고리즘

사용자는 명시된 최소 지지율(minimum support; *minsup*)과 최소 신뢰도(minimum confidence; *minconf*)를 갖는 모든 연관 규칙을 요청할 수 있고, 그러한 규칙을 효율적으로 발견하기 위한 다양한 알고리즘들이 개발되어 왔다. 이 알고리즘들은 2개의 단계로 진행한다. 첫 번째 단계에서, 사용자가 명시한 최소 지지율(minimum support)을 갖는 모든 빈번한 아이템집합들이 계산된다. 두 번째 단계에서, 입력으로서의 빈번한 아이템집합들을 사용하여 규칙들이 생성된다. 우리는 빈번한 아이템집합을 발견하기 위해 23.2에서 다뤘던 알고리즘을 논한 바 있고, 여기에서는 규칙 생성 부분에 집중할 것이다.

일단 빈번한 아이템집합이 식별되면, 사용자가 명시한 최소 지지율(minimum support)을 갖는 가능한 모든 후보 규칙들의 생성은 간단하다. 알고리즘의 첫 번째 단계에서 식별된 지지율(support) s_X를 갖는 아이템집합 *X*를 생각해 보자. *X*로부터 규칙을 생성하기 위해, 우리는 *X*를 2개의 아이템집합 *LHS*, *RHS*로 나눈다. 규칙 $LHS \Rightarrow RHS$의 신뢰도(confidence)는 s_X/s_{LHS}이고, 이 값은 *X*의 지지율(support)과 *LHS*의 지지율(support)의 비율이다. The a priori property로부터, 우리는 *LHS*의 지지율(support)이 *minsup*보다 크다는 것을 알고 있다. 그래서 우리는 알고리즘의 첫 번째 단계에 있는 동안에 *LHS*의 지지율(support)을 계산해 왔다. 우리는 비율 support(*X*)/support(*LHS*)을 계산하여 후보 규칙에 대한 신뢰도(confidence) 값을 계산할 수 있고, 그 다음에 그 비율이 *minconf*와 어떻게 비교하는지를 확인한다.

일반적으로, 알고리즘에서 비용이 많이 드는 단계는 빈번한 아이템집합의 계산이고, 이 단계를 효율적으로 수행하기 위하여 여러 가지 다른 알고리즘들이 개발되어 왔다. 규칙 생성(모든 빈번한 아이템집합들이 식별되었다는 기정 사실)은 간단하다.

이번 섹션의 나머지에서, 우리는 그런 문제의 일반화에 대하여 논할 것이다.

23.3.3 연관 규칙과 ISA 계층구조

많은 경우에, ISA 계층구조(ISA hierarchy) 또는 분류 계층구조(category hierarchy)는 아이템집합에서 내포되어 있다. 계층구조가 존재한다면, 트랜잭션은 각각의 제품에 대하여 계층구조 내에 있는 모든 제품들의 조상들을 암시적으로 포함한다. 예를 들어, 그림 23.3의 분류 계층구조를 생각해보자. 주어진 계층구조에서, Purchases 릴레이션은 개념적으로 그림 23.4에서 보이는 8개의 레코드에 의해 확장된다. 다시 말해, Purchases 릴레이션은 그림 23.4에 있는 투플들 외에 그림 23.1의 모든 투플들을 가지고 있다.

그림 23.3 ISA 카테고리 분류법

계층구조는 각기 다른 단계의 제품들간의 관계를 발견하는 것을 가능하게 한다. 예를 들어, 아이템집합 {*ink*, *juice*}의 지지율(support)은 50%이다. 그러나 우리가 *juice*를 보다 일반적인 범주의 *beverage*로 대치하면, 결과로서 생긴 아이템집합{*ink*, *beverage*}의 지지율(support)은 75%로 증가한다. 일반적으로, 아이템집합의 지지율(support)은 하나의 제품이 ISA 계층구조에서의 조상으로 대치되어야만 증가할 수 있다.

transid	*custid*	*date*	*item*	*qty*
111	201	5/1/99	stationery	3
111	201	5/1/99	beverage	9
112	105	6/3/99	stationery	2
112	105	6/3/99	beverage	1
113	106	5/10/99	stationery	1
113	106	5/10/99	beverage	1
114	201	6/1/99	stationery	4
114	201	6/1/99	beverage	5

그림 23.4 ISA 계층구조를 갖는 Purchases 릴레이션으로의 개념적 추가(Additions)

실제로 그림 23.4에 있는 8개의 레코드들을 물리적으로 Purchases 관계에 추가한다고 가정하면, 우리는 증가된 데이터베이스 상의 빈번한 아이템집합을 계산하기 위해 어떠한 알고리즘을 이용할 수 있다. 계층구조가 메인 메모리와 맞는다고 가정하면, 우리는 또한 데이터베이스를 훑어보는 동안에 최적화로서 부가적인 on-the-fly를 수행할 수 있다.

23.3.4 일반화된 연관 규칙

연관 규칙이 장바구니 분석(market basket analysis) 또는 고객의 거래 분석(customer transaction analysis)과의 관계에 광범위하게 연구되어 왔다 해도, 그 개념은 보다 일반적이다. 그림 custid로 그룹화 된 그림 23.5의 Purchases 릴레이션을 생각해 보자. 고객 그룹의 집합을 시험하여, 우리는 {pen} ⇒ {milk}와 같은 연관규칙을 식별할 수 있다. 이 규칙은 다음과 같이 읽는다. "한 명의 고객이 한 개의 펜을 산다면, 우유 또한 구입할 가능성이 있다." 그림 23.5에 있는 Purchases 릴레이션에서, 이 규칙으로부터 지지율(support)과 신뢰도(confidence)는 모두 100%이다.

transid	*custid*	*date*	*item*	*qty*
112	105	6/3/99	pen	1
112	105	6/3/99	ink	1
112	105	6/3/99	milk	1
113	106	5/10/99	pen	1
113	106	5/10/99	milk	1
114	201	5/15/99	pen	2
114	201	5/15/99	ink	2
114	201	5/15/99	juice	4
114	201	6/1/99	water	1
111	201	5/1/99	pen	2
111	201	5/1/99	ink	1
111	201	5/1/99	milk	3
111	201	5/1/99	juice	6

그림 23.5 Customer ID로 정렬된 Purchases 릴레이션

마찬가지로, 우리는 투플들을 날짜별로 그룹화하여 같은 날의 구매 활동을 설명하는 연관 규칙을 식별할 수 있다. 예를 들어, Purchases 릴레이션을 다시 생각해 보자. 이 경우에, 규칙 {pen} ⇒ {milk}은 현재 다음과 같이 해석된다. "한 개의 펜이 구입된 날에, 우유 또한 구입될 가능성이 있다."

우리가 레코드를 그룹화할 애트리뷰트으로서 *date* 필드를 선택하면, 우리는 칼렌다형 장바구니 분석(calendric market basket analysis)이라 불리는 보다 일반적인 문제를 생각할 수 있다. **칼렌다형 장바구니 분석**(calendric market basket analysis)에서, 우리는 수집한 **calendar**들을 명시한다. 하나의 calendar는 *1999*년의 매주 일요일 또는 매달의 첫째 일요일과 같은 날짜들의 그룹이다. calendar에 있는 모든 날들이 hold면, 하나의 규칙은 hold한다. 주어진 calendar에서, 우리는 *date* 필드가 calendar 내에 속하는 투플들의 집합을 지배하는 연관 규칙을 계산할 수 있다.

관심 있는 calendar들을 기술하여, 우리는 전체의 데이터베이스에 관해서는 충분한 지지율(support)과 신뢰도(confidence)를 갖지 않을지도 모르지만 calendar 내에 속하는 투플들의 집합 상에서는 충분한 지지율(support)과 신뢰도(confidence)를 갖는 규칙을 식별할 수 있다. 반면에 규칙이 완전한 데이터베이스에 대하여 충분한 지지율(support)과 신뢰도(confidence)를 갖는다 해도, 그 규칙은 calendar 내에 속하는 투플들로부터의 지지율(support)만을 얻을지도 모른다. 이 경우에, calendar 내에 속하는 투플들을 지배하는 규칙의 지지율(support)은 전체의 데이터베이스에 관한 지지율(support)보다 상당히 높다.

예를 들어, 매달의 첫째 날이라는 calendar를 갖는 Purchases 릴레이션을 생각해보자. 이 calendar 내에서, 연관 규칙 *pen* ⇒ *juice*는 지지율(support)과 신뢰도(confidence)가 모두 100%이다. 그러나 전체의 Purchases 릴레이션에서 이 규칙은 50%의 지지율(support)을 갖는다. 반면에 calendar 내에서, 규칙 *pen* ⇒ *milk*는 50%의 지지율(support)과 신뢰도(confidence)를 갖는다. 그에 반하여 전체 Purchases 릴레이션에서 이 규칙은 75%의 지지율(support)과 신뢰도(confidence)를 갖는다.

규칙이 (hold)해야 할 그룹 내에서 참이어야 하는 좀 더 일반적인 상태(condition)의 명제가 제시되었다. 우리는 *LHS*에 있는 모든 제품들이 두 개의 제품보다 적게 팔리고 *RHS*에 있는 모든 제품들이 3개보다 많이 팔려야 한다고 말하기를 원할지도 모른다.

앞에서의 예처럼 레코드를 그룹화하는 애트리뷰트와 정교한 조건들의 선택을 이용하여, 우리는 앞에서 논했던 기본 연관 규칙보다 복잡한 규칙을 식별할 수 있다. 그럼에도 불구하고 보다 복잡한 이 규칙들은 평소와 같이 정의된 지지율(support)과 신뢰도(confidence)를 갖는 투플들의 그룹 상의 조건과 같은 연관 규칙의 가장 중요한 구조를 유지한다.

23.3.5 순차적인 패턴

그림 23.1의 Purchases 릴레이션을 생각해보자. 우리는 같은 *custid*를 기준으로 정렬된 투플의 각 그룹은 *date*로 정렬된 순차적 트랜잭션의 순서로 여겨질 수 있다. 이것은 우리들이 시

간에 따른 제품의 구입 패턴이 발생하는 것을 식별하게 해 준다.

우리는 아이템집합의 (sequence)에 대한 개념을 소개하는 것으로 시작한다. 투플을 집합은 각 트랜잭션을 나타낸다. 그리고 *item* 열에 있는 값들을 보고 우리는 트랜잭션에서 구입된 제품의 집합을 얻는다. 그 결과, 고객과 연관된 트랜잭션의 (sequence)는 자연스럽게 고객이 구입한 아이템집합의 순서와 대응된다. 예를 들어, custid가 201인 고객의 구입 순서는 ({*pen*, *ink*, *milk*, *juice*}, {*pen*, *ink*, *juice*})이다.

하나 또는 그 이상의 아이템집합을 삭제하여 아이템집합의 sequence의 subsequence를 얻는다. $1 \leq i \leq m$에 대하여 $a_i \subseteq b_i$이고 하나의 sequence S가 subsequence (b_1, ⋯, b_m)를 가지면, sequence (a_1, ⋯, a_m)는 sequence S에 포함된다고 한다. 따라서, sequence ({*pen*}, {*ink*, *milk*}, {*pen*, *juice*})는 ({*pen*, *ink*}, {*shirt*}, {*juice*, *ink*, *milk*}, {*juice*, *pen*, *milk*})에 포함된다. 각 아이템집합 내에 있는 제품의 순서는 중요하지 않다는 것에 주의하자. 그러나 아이템집합들의 순서는 중요하다. sequence ({*pen*}, {*ink*, *milk*}, {*pen*, *juice*})는 ({*pen*, *ink*}, {*shirt*}, {*juice*, *pen*, *milk*}, {*juice*, *milk*, *ink*})에 포함되지 않는다.

아이템집합의 sequence *S*에 대한 **지지율**(support)은 *S*가 subsequence인 고객의 sequence의 퍼센트이다. sequential pattern을 식별하는 문제는 사용자가 명시한 최소 지지율(minimum support)을 갖는 모든 sequence들을 발견하는 것이다. 최소 지지율(minimum support)을 갖는 sequence (a_1, a_2, a_3⋯, a_m)는 우리에게 '고객들은 종종 한번의 트랜잭션에서 집합 a_1에 있는 제품을 구입하고, 그 다음에 이어지는 트랜잭션에서는 집합 a_2에 있는 제품을 구입하며, 그 다음 트랜잭션에서는 집합 a_3에 있는 제품을 구입하고, ⋯ 마지막에서는 a_m에 있는 제품을 구입한다.'라고 말해준다.

연관 규칙과 같이, 순차적 패턴(sequential pattern)들은 현재 데이터베이스 내에 있는 투플들의 그룹에 관한 문장이다. 계산적으로, 자주 발생하는 순차적 패턴(sequential pattern)들을 발견하기 위한 알고리즘은 빈번한 아이템집합을 발견하기 위한 알고리즘과 닮았다. 요구되는 최소 지지율(minimum support)을 갖는 더 길고 긴 sequence들은 빈번한 아이템집합의 반복적 식별과 매우 유사한 방식으로 반복적으로 식별된다.

23.3.6 예측을 하기 위한 연관 규칙의 사용

연관 규칙은 예측(prediction)을 하기 위하여 널리 사용된다. 그러나 예언적인 사용은 추가적인 분석이나 도메인 지식이 없다면 정당화되지 않는다는 것을 인식하는 것이 중요하다. 연관 규칙은 존재하는 데이터를 정확하게 기술하지만, 단지 예측을 하기 위해 사용되면 빗나갈 수 있다. 예를 들어, 규칙

$$\{pen\} \Rightarrow \{ink\}$$

을 생각해보자. 이 규칙과 연관된 신뢰도(confidence)는 펜을 구입하면 잉크도 구입할 조건부 확률이다. 다시 말해, *descriptive* measure이다. 우리는 미래의 판매 촉진을 유도하기 위해

이 규칙을 사용해도 좋다. 예를 들어, 우리는 펜의 판매를 증가시키기 위해 펜의 할인을 제안하고, 그것에 의하여 잉크의 판매도 증가한다.

그러나 그러한 촉진은 펜을 구입하는 것이 나중의(현재 데이터베이스 내에서의 트랜잭션 외에) 고객거래(customer transaction)들에서 잉크의 구입을 많이 유도한다고 가정한 것이다. 이 가정은 펜의 구입과 잉크의 구입 사이에 *causal link*가 있으면(다시 말해, 펜의 구입이 잉크의 구입 또한 발생시키면) 정당화된다. 그러나, *LHS*와 *RHS* 사이의 *causal link*가 없는 상황에서 우리는 큰 지지율(support)과 신뢰도(confidence)를 이용하여 연관 규칙을 추론한다. 예를 들어, 고객이 필기구들을 같이 주문하는 경향이 있기 때문에 펜이 항상 연필과 같이 팔린다고 가정해보자. 그러면 우리는 규칙 {pencil} ⇒ {ink}와 똑같은 지지율(support)과 신뢰도(confidence)를 갖는 규칙

$$\{pencil\} \Rightarrow \{ink\}$$
$$\{pen\} \Rightarrow \{ink\}$$

을 추론할 것이다. 그러나 연필과 잉크 사이에는 causal link가 없다. 우리가 연필의 판매를 촉진하려면, 그로 인해 여러 연필을 구입하는 고객은 더 많은 잉크를 사야 할 이유가 없다. 그러므로, 잉크의 판매를 늘리기 위해 연필을 할인하는 판매 촉진은 실패로 끝날 것이다.

실제로 어떤 사람은 (오랜 기간 동안 다양한 환경에서 수집된) 과거의 대용량 데이터베이스를 시험하고, 주의를 자주 발생하는(예: 높은 지지율(support)을 갖는) 규칙으로 제한하여 misleading rule들의 추론의 최소화를 기대할 것이다. 그러나, 우리는 여전히 misleading, noncausal rule들을 생성할지도 모른다는 것을 명심해야 한다. 그러므로, 우리는 결론적으로 인과 릴레이션(causal relationship)을 식별하기보다는 생성된 규칙을 가능한 다루어야 한다. 비록 연관 규칙이 *LHS*와 *RHS*간의 인과 릴레이션을 보이지 않는다 해도, 그러한 릴레이션을 식별하거나 그 이상의 분석 또는 도메인 전문가의 판단(이것이 바로 연관 규칙이 많이 사용되는 이유이다)을 이용하기 위해서 연관 규칙이 유용한 시작점을 제공한다는 것을 우리는 강조한다.

23.3.7 베이지언 네트워크

인과 릴레이션을 발견하는 것은 23.3.6에서 본 것과 같이 도전적인 일이다. 일반적으로 어떤 사건들이 서로 크게 관련된다면, 거기에는 여러 가능한 의미들이 있다. 예를 들어 펜, 연필, 잉크를 같이 구입하는 일이 자주 있다고 가정하자. 이들 중 하나(예: 잉크)를 구입하는 것은 다른 제품(예: 펜)의 구입을 하느냐가 원인이 되어 의존적일 수 있다. 또는 이들 중 하나(예: 펜)를 구입하는 것은 두 제품의 구입에 영향을 미치는 기초적인 현상(예: 필기구들을 같이 구입하려는 사용자들의 경향)들 때문에 다른 제품(예: 연필)의 구입과 서로 강하게 연관될 수도 있다. 우리는 실세계의 사건들 사이에서 지속되는 본질적 인과 릴레이션들을 어떻게 식별할 수 있는가?

한 가지 접근 방법은 우리에게 중요한 변수나 사건들 사이의 인과 릴레이션의 각각의 가능한 결합을 고려하고, 우리에게 유용한 데이터의 기반 상의 각 결합의 가능성을 평가하는 것이다. 만약에 우리가 인과 릴레이션들의 각 결합을 수집된 데이터의 기초가 되는 실세계의 모형으로 간주한다면, 우리는 인과 릴레이션의 결합이 관찰된 데이터와 어떻게 일치하는지(단순화한 가정들을 이용한 가능성이라는 말로)를 고려하여 각 모형에 점수를 정할 수 있다. 베이지언 네트워크는 그러한 종류의 모형들을 기술하기 위해 사용되는 그래프이다. 이 모형에는 변수 또는 사건당 하나의 노드가 있고, 인과릴레이션을 나타내기 위해 노드들 사이에 arc들이 있다. 예를 들어, 펜, 연필, 잉크의 예에 대한 좋은 모형은 그림 23.6에서 보여주고 있다. 일반적으로 가능한 모형의 수는 변수의 개수에 따라 증가율이 기하급수적이므로, 모든 모형들을 고려하는 것은 비용이 많이 든다. 그러므로 가능한 모든 모형들의 부분집합이 평가된다.

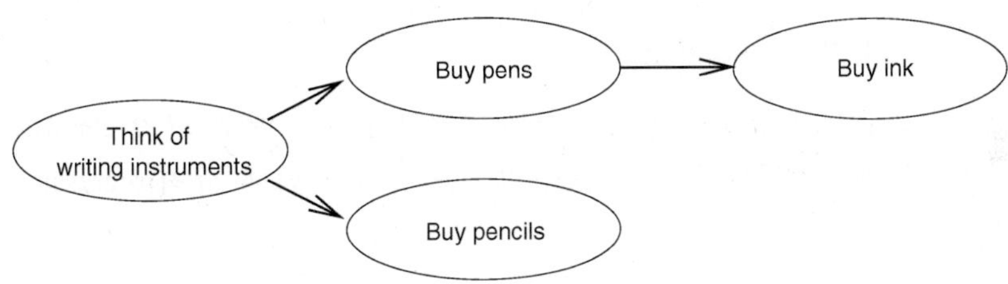

그림 23.6 인과관계(Casuality)를 보이는 베이지언 네트워크

23.3.8 분류 규칙과 역행 규칙

보험사가 수행하는 mailing campaign으로부터의 정보를 포함하는 다음과 같은 뷰를 생각해 보자.

InsuranceInfo(age: Integer, cartype: string, highrisk: boolean)

InsuranceInfo 뷰는 현재 고객들에 관한 정보를 가지고 있다. 각 레코드는 고객의 나이, 차의 종류, 위험률이 높은(high-risk) 고객인지를 나타내는 플래그를 포함하고 있다. 플래그 값이 참이면, 고객은 위험률이 높다고 간주된다. 우리는 나이와 차종이 알려진 새로운 보험 가입자의 보험 위험률을 예측하는 규칙들을 식별하기 위해 이 정보를 사용할 것이다. 예를 들어, 어떤 규칙은 "나이가 16~25이고 차종이 Sports 또는 Truck이면, 위험률(risk)은 높다."

우리가 발견하고자 하는 규칙들은 명확한 구조를 가지고 있다는 것을 유념하시오. 우리는 사람의 나이나 차종을 예상하는 규칙에는 관심이 없다. 우리는 보험의 위험률을 예측하는 규칙에 관심이 있다. 그래서, 예측하고자 하는 애트리뷰트가 지정되고, 우리는 이 애트리뷰트를 **의존 애트리뷰트**(dependent attribute)라고 한다. 다른 애트리뷰트들은 **예언자** 애트리뷰트(predictor attribute)라고 한다. 예에서, InsuranceInfo 뷰의 의존 애트리뷰트는 *highrisk* 애트리뷰트이고 예언자 애트리뷰트는 *age*와 *cartype*이다. 우리가 발견하고자 하는 규칙들의

타입의 일반적인 형태는

$$P_1(X_1) \wedge P_2(X_2) \ldots \wedge P_k(X_k) \Rightarrow Y = c$$

예언자 애트리뷰트 X_1, …, X_k는 의존 애트리뷰트 Y의 값을 예상하기 위해 사용된다. 규칙의 양쪽이 모두 투플의 필드상의 조건으로 해석될 수 있다. $P_i(X_i)$는 애트리뷰트 X_i를 포함하는 predicate이다. predicate의 형식은 예언자 애트리뷰트의 타입에 따라 다르다. 우리는 애트리뷰트를 두 가지 타입으로 구분한다. **수적**(numerical), 분류별(categorical). 수적 애트리뷰트(numerical attribute)에 관하여, 우리는 두 값의 평균을 계산하는 것과 같은 수적인 계산을 수행할 수 있다. 반면에 **분류별** 애트리뷰트(categorical attributes)에 관하여, 유일하게 허용되는 연산은 두 값이 같은지를 시험하는 것이다. InsuranceInfo 뷰에서 *age*는 수적 애트리뷰트인 반면에 *cartype*과 *highrisk*는 분류별 애트리뷰트이다. predicate의 형식으로 되돌아와서, 만약에 X_i가 수적 애트리뷰트이면 그의 predicate P_i는 형식이 $l_i \leq X_i \leq h_i$이고, X_i가 분류별 애트리뷰트이면 그의 P_i는 형식이 $X_i \in \{v_1, \cdots, v_j\}$이다.

만약에 의존 애트리뷰트가 분류별이면, 우리는 그러한 규칙을 **분류 규칙**(classification rules)이라고 한다. 의존 애트리뷰트가 수적이면, 그러한 규칙을 **역행 규칙**(regression rules)라고 한다.

앞의 예에서의 규칙을 다시 생각해보자. “*age*가 16에서 25 사이이고 *cartype*이 Sports 또는 Truck이면, *highrisk*는 true(참)이다.” *highrisk*는 분류별 애트리뷰트이므로, 이 규칙은 분류 규칙이다. 우리는 이 규칙을 다음과 같은 형태로 표현할 수 있다.

$$(16 \leq age \leq 25) \wedge (cartype \in \{\text{Sports, Truck}\}) \Rightarrow highrisk = \texttt{true}$$

연관 규칙에서 그랬듯이, 분류 및 역행 규칙에 대한 지지율(support)과 신뢰도(confidence)를 정의할 수 있다.

- **지지율**(support): 하나의 조건 C에 대한 지지율(support)은 C를 만족시키는 투플들의 퍼센트이다. 규칙 $C_1 \Rightarrow C_2$에 대한 지지율(support)은 조건 $C1 \wedge C2$에 대한 지지율(support)이다.
- **신뢰도**(confidence): 조건 C_1을 만족시키는 투플들을 생각해보자. 규칙 $C1 \Rightarrow C2$에 대한 신뢰도(confidence)는 조건 C_2도 만족시키는 투플들의 퍼센트이다.

그 이상의 일반화에서처럼, 분류 및 연관 규칙의 $RHS(Y = c)$를 생각해보자. 각 규칙은 예언자 애트리뷰트 $X1$, …, Xk의 값에 기반하여 투플들의 Y 값을 예상한다. 우리는 다음과 같은 형식의 규칙을 생각할 수 있다.

$$P_1(X_1) \wedge \ldots \wedge P_k(X_k) \Rightarrow Y = f(X_1, \ldots, X_k)$$

여기에서 f는 함수이다. 우리는 더 이상 이 규칙에 대해 논하지 않을 것이다.

분류 및 역행 규칙은 값이 매겨진 하나의 필드라기보다는 연속적이고 분류적인 필드들을 고려하기 때문에 연관 규칙과 다르다. 그러한 규칙들을 효율적으로 식별한다는 것은 어려운 일이므로, 그런 규칙들을 발견하는 일반적인 경우에 대해서는 논하지 않을 것이다. 규칙들의 특별한 타입은 23.4에서 논할 것이다.

분류 및 역행 규칙은 많은 곳에서 응용된다. 분류 규칙의 예는 과학점인 시험의 결과를 분류: 여기에서 인식할 객체의 타입은 측정에 따라 달라진다. 직접메일조사(Direct mailing prospecting): 여기에서 판매 촉진에 대한 고객들의 반응은 그들의 수입 수준과 나이에 대한 함수이다. 자동차 보험의 위험 평가: 여기에서 고객은 나이, 직업, 차종에 따른 위험도(risky)로 분류할 수 있다. 역행 규칙의 예는 재정 예측: 여기에서 커피의 선물가(price of futures)는 한달 전 콜롬비아의 강우량에 대한 함수가 될 수 있다. 진단 예측(medical prognosis): 여기에서 암이 종양일 가능성은 측정된 종양의 애트리뷰트에 대한 함수이다.

23.4 트리 구조의 규칙

이 절에서, 우리는 하나의 릴레이션으로부터 분류 및 역행 규칙 발견에 관한 문제점에 대하여 논의한다. 그러나 우리는 매우 특별한 구조를 갖는 규칙들만 고려한다. 우리가 논할 규칙들의 타입은 트리를 이용하여 표현할 수 있고, 전형적으로 트리 그 자체는 데이터마이닝 활동의 출력물이다. 분류 규칙을 나타내는 트리를 **분류 트리**(classification tree) 또는 **결정 트리**(decision tree)라고 하고, 역행 규칙을 나타내는 트리를 **역행 트리**(regression tree)라고 한다.

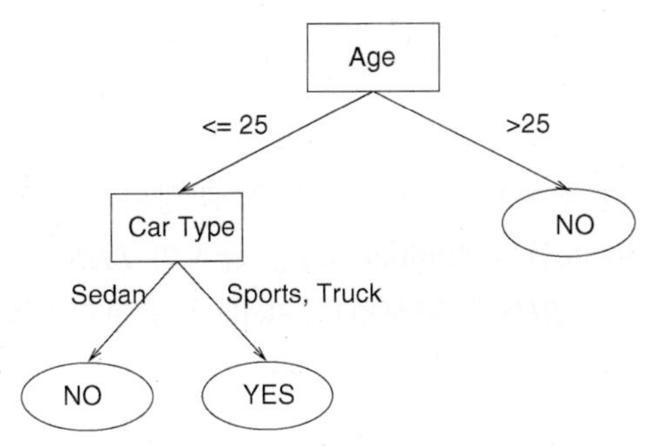

그림 23.7 보험위험률 결정트리

하나의 예로서 그림 23.7의 결정 트리를 생각해보자. 루트 노드(root node)에서부터 단말 노드(leaf node)까지의 각 경로는 하나의 분류 규칙을 나타낸다. 예를 들면, 루트에서부터 가장 왼쪽의 단말 노드까지의 경로는 다음과 같은 분류 규칙을 나타낸다. "한 사람은 나이가 25살 이하이고 세단형 자동차(sedan)를 운전하면, 그 사람은 낮은 보험 위험률을 가질 것이다." 루트에서부터 가장 오른쪽의 단말 노드까지의 경로는 다음과 같은 분류 규칙을 나타낸다. "한 사람은 나이가 25살이 넘으면, 낮은 보험위험률을 가질 것이다."

트리 구조의 규칙은 해석하기가 쉽기 때문에 아주 많이 사용되고 있다. 이해하기 쉽다는 것은 데이터마이닝 활동의 결과를 비전문가들이 이해할 필요가 있기 때문에 매우 중요하다. 뿐만 아니라 구조의 제한점에도 불구하고, 트리 구조의 규칙은 매우 정확하다는 것이 연구에 의해 밝혀졌다. 대용량의 데이터베이스로부터 트리 구조의 규칙들을 생성시키는 효율적인 알고리즘들이 있다. 우리는 이 절의 나머지 부분에서 결정 트리 생성을 위한 실험 알고리즘을 논할 것이다.

23.4.1 결정 트리

결정 트리는 수집된 분류 규칙들을 그래프로 표현한 것이다. 한 데이터 레코드가 주어지면, 트리는 루트에서부터 단말까지 레코드를 보낸다. 트리의 각 내부 노드(internal node)에는 예언자 애트리뷰트의 이름이 들어간다. 이 애트리뷰트는 **분배 애트리뷰트**(splitting attribute)라고 불린다. 그 이유는 데이터가 애트리뷰트상의 조건을 기반으로 하여 분배되기 때문이다. 내부 노드에서 나가는 간선(outgoing edge)에는 그 노드의 분배 애트리뷰트를 포함하는 predicate를 달아 놓는다. 노드로 들어가는 모든 데이터들은 노드에서 나가는 간선 중에 정확히 하나의 간선에 달려 있는 predicate를 만족해야 한다. 분배 애트리뷰트와 나가는 간선에 관한 결합된 정보는 노드의 **분배 기준**(splitting criterion)이라고 한다. 나가는 간선이 없는 노드는 **단말 노드**(leaf node)라고 한다. 트리의 각 단말 노드에는 의존 애트리뷰트의 값이 들어가 있다. 여기에서는 내부 노드가 나가는 간선을 2개까지 갖는 이진 트리(binary tree)만을 생각하자.

그림 23.7의 결정 트리를 생각해보자. 루트 노드의 분배 애트리뷰트는 *age*이고, 왼쪽 자식 노드의 분배 애트리뷰트는 *cartype*이다. 루트 노드에서 왼쪽으로 나가는 간선 상의 predicate는 $age \leq 25$이고, 오른쪽으로 나가는 간선 상의 predicate는 $age > 25$이다.

현재 우리는 다음과 같이 분류 규칙을 트리에 있는 각 단말 노드와 연관시킨다. 트리의 루트에서부터 단말 노드까지의 경로를 생각해보자. 경로 상의 각 간선에는 predicate가 표시되어 있다. 이러한 모든 predicate들의 conjunction은 규칙의 *LHS*를 구성한다. 단말 노드의 의존 애트리뷰트의 값은 규칙의 *RHS*를 구성한다. 따라서 결정트리는 수집된 분류 규칙(각 단말 노드에 대한 분류 규칙)들을 나타낸다.

일반적으로 결정 트리는 두 가지 관점에서 생성된다. 첫 번째 단계인 **성장 단계**(growth phase)에서는 매우 커다란 트리가 생성된다. 이 트리는 입력 데이터베이스에 있는 레코드들을 매우 정확하게 표현한다. 예를 들어, 트리는 입력 데이터베이스로부터 각 레코드들에 대한 단말 노드들을 포함해도 좋다. 두 번째 단계인 **가지치기 단계**(prunning phase)에서는 트리의 최종 크기가 결정된다. 1단계에서 생성된 트리가 나타내는 규칙은 일반적으로 지나치게 크다. 트리의 크기를 줄여서 지나치게 커진 규칙보다는 더 작고 일반적인 규칙들을 생성한다. 트리의 가지치기를 위한 알고리즘은 여기에서 논제의 범위를 벗어난다.

분류 트리 알고리즘은 다음과 같이 탐욕적이고(greedily) 하향식으로 트리를 만든다. 루트 노드에서 데이터베이스가 시험되고 위치상으로 트리를 쪼개는 가장 좋은 기준(locally best splitting criterion)이 계산된다. 그러면 데이터베이스는 루트 노드의 분할 기준에 따라 2부분(루트의 왼쪽 자식과 오른쪽 자식)으로 분할된다. 그리고나서 알고리즘은 재귀적으로 호출된다. 이 기법은 그림 23.8에 서술되어 있다.

Input: node n, partition D, split selection method $\mathcal{S}$
Output: decision tree for D rooted at node n

Top-Down Decision Tree Induction Schema:
BuildTree(Node n, data partition D, split selection method $\mathcal{S}$)

```
(1)  Apply S to D to find the splitting criterion
(2)  if (a good splitting criterion is found)
(3)     Create two children nodes n1 and n2 of n
(4)     Partition D into D1 and D2
(5)     BuildTree(n1, D1, S)
(6)     BuildTree(n2, D2, S)
(7)  endif
```

그림 23.8 하향식 결정트리의 귀납적 기법

한 노드에서의 분리 기준은 **분리 선택 방법론**(split selection method)의 응용을 통해 발견된다. 분리 선택 방법론은 입력으로서의 릴레이션(relation)를 가지고 지역적으로 가장 좋은 분리 기준을 내는 알고리즘이다. 그림 23.7의 예에서 분리 기준 방법론은 애트리뷰트 *cartype*, *age*를 시험하고, 그 중에 하나를 분리 애트리뷰트으로 선택하며, 그 다음에 splitting predicate를 선택한다. 다양하고 아주 정교한 분리 선택 방법론들이 개발되어 왔으며, 참고문헌(reference)에서는 관련된 문헌들의 이름이 수록되어 있다.

23.4.2 결정 트리를 구축하는 알고리즘

입력 데이터베이스가 메인 메모리보다 작다면, 우리는 그림 23.8의 분류 트리의 귀납적 기법을 바로 따를 수 있다. 입력 릴레이션(input relation)이 메인 메모리보다 클 때 결정 트리는 어떻게 생성되는가? 이 경우에 그림 23.8의 (1)은 실패한다. 그 이유는 입력 데이터베이스가 메인 메모리에 다 들어갈 수 없기 때문이다. 그러나 우리는 메인 메모리의 필요조건을 줄이는 것을 돕는 분리 선택 방법론에 관하여 중요한 관찰을 할 수 있다.

결정 트리의 한 노드를 생각하시오. 분리 선택 방법론은 노드의 분할 영역을 시험한 후에 두 가지 결정을 해야 한다. 그리고 분리 애트리뷰트를 선택해야 하고 나가는 노드에 대한 splitting predicate을 선택해야 한다. 한 노드에서 분리 기준을 선택한 후에, 알고리즘은 자식 노드들에서 재귀적으로 적용된다. 분리 선택 방법론이 실제로 입력으로서 전체의 데이터베이스 영역을 필요로 하는가? 다행히도 그렇지 않다.

각 노드에서 단일 예언자 애트리뷰트를 포함한 분리 기준을 계산하는 분리 선택 방법론은 각 예언자 애트리뷰트를 개별적으로 계산한다. 각 애트리뷰트는 따로 시험되기 때문에, 전체 데이터베이스를 메인 메모리로 올리지 않고 데이터베이스의 집계 정보를 분리 선택 방법론에 제공할 수 있다. 정확하게 선택하면, 이 집계 정보는 전체 데이터베이스를 시험해서 얻을 때와 똑같은 분리 기준을 계산할 수 있게 한다.

age	*cartype*	*highrisk*
23	Sedan	false
30	Sports	false
36	Sedan	false
25	Truck	true
30	Sedan	false
23	Truck	true
30	Truck	false
25	Sports	true
18	Sedan	false

그림 23.9 InsuranceInfo 릴레이션

분리 선택 방법론은 모든 예언자 애트리뷰트들을 시험하기 때문에 우리는 각각의 예언자 애트리뷰트에 관하여 집계된 정보가 필요하다. 이러한 집계정보를 예언자 애트리뷰트의 **AVC 집합**(the AVC set of the predictor attribute)이라고 한다. 한 노드 *n*에서 예언자 애트리뷰트 *X*의 AVC 집합은 *n*의 데이터베이스 영역을 *X*와 의존 애트리뷰트의 도메인에 있는 개별 값들의 개수를 집계하는 의존 애트리뷰트으로 투영(projection)이다(AVC는 **A**ttribute-**V**alue, **C**lass label을 상징한다. 의존 애트리뷰트의 값들을 종종 **클래스 레이블**(class label)이라고 부르기 때문이다). 예를 들어, 그림 23.9에 있는 InsuranceInfo를 생각하시오. 예언자 애트리뷰트 *age*에 대한 트리의 루트 노드의 AVC 집합은 다음과 같은 데이터베이스 질의의 결과이다.

```
SELECT   R.age, R.highrisk, COUNT (*)
FROM     InsuranceInfo R
GROUP BY R.age, R.highrisk
```

예언자 애트리뷰트 *cartype*에 대한 루트의 왼쪽 자식에 대한 AVC 집합은 다음과 같은 질의의 결과이다.

```
SELECT   R.cartype, R.highrisk, COUNT (*)
FROM     InsuranceInfo R
WHERE    R.age <= 25
GROUP BY R.cartype, R.highrisk
```

트리의 루트 노드의 두 AVC 집합은 그림 23.10과 같다.

우리는 한 노드 *n*의 **AVC 그룹**이 노드 *n*에서 모든 예언자 애트리뷰트들의 AVC 집합들의 집합이라고 정의한다. InsuranceInfo 릴레이션의 예에서는 2개의 예언자 애트리뷰트가 있다. 그래서 모든 노드의 AVC 그룹은 2개의 AVC 집합들로 구성되어 있다.

Car type	highrisk	
	true	false
Sedan	0	4
Sports	1	1
Truck	2	1

Age	highrisk	
	true	false
18	0	1
23	1	1
25	2	0
30	0	3
36	0	1

그림 23.10 InsuranceInfo 릴레이션에 대한 루트노드의 AVC 그룹

AVC 집합은 얼마나 큰가? 한 노드 *n*에서 예언자 애트리뷰트 *X*의 AVC 집합의 크기는 애트리뷰트 *X*의 개별값들의 개수와 의존 애트리뷰트의 도메인의 크기에 따라 결정된다는 점에 주의하시오. 예를 들면, 그림 23.10에서 보여주는 AVC 집합들을 생각하시오. 그림 23.9의 InsuranceInfo 릴레이션이 9개의 레코드를 갖지만, 예언자 애트리뷰트 *cartype*에 대한 AVC 집합에는 3개의 엔트리가 있고, *age*에 대한 AVC 집합에는 5개의 엔트리가 있다. 대용량 데이터베이스에 대하여 AVC 집합의 크기는 매우 커다란 도메인(예를 들어, 소수점 뒤에 많은 자리수를 갖는 정밀도가 매우 높은 실수값의 필드)을 갖는 애트리뷰트가 있는 경우를 제외하면 데이터베이스의 투플의 개수와 독립적이다.

루트 노드의 모든 AVC 집합들이 모두 메인 메모리보다 작다고 단순히 가정하면, 다음과 같이 대용량의 데이터베이스로부터 결정 트리를 생성할 수 있다. 데이터베이스를 훑어보고 메모리에 있는 루트 노드의 AVC 그룹을 생성한다. 그러면 입력으로서의 AVC 그룹을 이용하여 선택한 분리 선택 방법론을 실행한다. 분리 선택 방법론이 분리 애트리뷰트, 나가는 노드 상의 splitting predicate를 계산한 후에, 데이터베이스를 분할하고 재귀적으로 트리를 생성한다. 이 알고리즘은 그림 23.8의 알고리즘과 매우 유사하다는 점에 주목하시오. 변경된 점은 그림 23.11에 나타나 있다. 게다가 이 알고리즘은 여전히 실제의 포함된 분리 선택 방법론과 독립적이다.

Input: node n, partition D, split selection method $\mathcal{S}$
Output: decision tree for D rooted at node n

Top-Down Decision Tree Induction Schema:
BuildTree(Node n, data partition D, split selection method $\mathcal{S}$)
(1a) Make a scan over D and construct the AVC group of n in-memory
(1b) Apply $\mathcal{S}$ to the AVC group to find the splitting criterion

그림 23.11 AVC 그룹에 대한 분류트리의 귀납적 개선

23.5 클러스터링

이번 단원에서 우리는 **클러스터링 문제**에 대하여 논의한다. 클러스터링의 핵심은 그룹내의 레코드의 집합의 일부분인데 한 그룹내의 레코드들은 서로 비슷하며 다른 그룹에 속해있는

레코드는 유사하지 않다. 각각의 그러한 그룹들을 **클러스터**라고 부르며 각 레코드들은 정확히 한 클러스터에 속해있다.[1] 레코드들 사이의 유사도는 **거리함수**(distance function)에 의해 계산적으로 측정이 된다. 거리함수는 두 개의 입력레코드를 필요로 하며 그 두 개의 유사도가 출력된다. 유사도 프로그램마다 유사도를 틀리게 측정되며 그리고 모든 도메인을 측정하지 않는다.

한 예로 CustomerInfo 뷰를 생각해보자.

CustomerInfo(*age:* `int`, *salary:* `real`)

우리는 이 레코드를 그림 23.12에서 보여준 것처럼 2개의 dimensional계획의 관점에서 계획할 수 있다. 레코드의 두 좌표는 레코드의 *salary*와 *age*의 필드값이다. 우리는 시각적으로 salary가 낮은 젊은고객, salary가 높은 젊은고객, salary가 높은 나이든 고객 이렇게 3개의 클러스터를 생각할 수 있다.

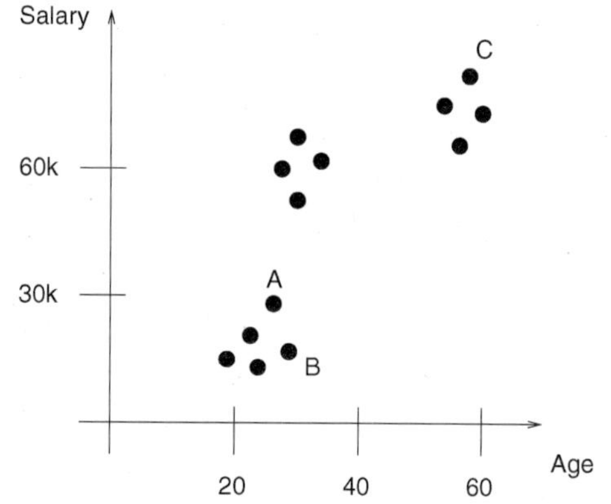

그림 23.12 CustomerInfo 릴레이션의 레코드들

일반적으로 클러스터링 알고리즘의 출력은 각 클러스터의 **요약된 설명**이다. 요약된 설명의 형식은 알고리즘이 계산하는 클러스터의 형식과 모양에 의해 크게 좌우된다. 예를 들어 그림 23.12에서 들었던 예처럼 구형의 클러스터를 갖고 있다고 가정하자. 우리는 (*mean*이라고 부르는) 이것의 *center*와 아래에 정의한 *radius*로 각각의 클러스터를 요약할 수 있다. 주어진 $r_1, \ldots, r_n$의 레코드, 그들의 **중심** C, 그리고 **반지름** R은 아래처럼 정의된다.

클러스터링 알고리즘에는 두 가지 형식이 존재한다. **partitional** 클러스터링 알고리즘은 데이터를 클러스터링의 질이 최적화되도록 계산하는 어떠한 표준의 *k*개의 그룹으로 나뉜다.

$$C = \frac{1}{n}\sum_{i=1}^{n} r_i, \text{ and } R = \sqrt{\frac{\sum_{i=1}^{n}(r_i - C)}{n}}$$

[1] 클러스터들간에 겹침(overlap)을 허용하는 클러스터링 알고리즘이 존재하는데 여기서 하나의 레코드는 여러 클러스터들에 속할 수 있다.

클러스터의 개수 k는 사용자가 직접 결정하는 파라메터이다. 계정적인 클러스터링 알고리즘은 레코드의 파티션의 순서를 생성한다. 각각의 클러스터가 단일 레코드로 구성된 파티션으로 시작하였기 때문에 그 알고리즘은 각각의 단계에서 마지막에 한 개의 파티션이 남을 때까지 두 개의 파티션을 합친다.

23.5.1 클러스터링 알고리즘

클러스터링은 매우 오래된 문제이고 많은 알고리즘들이 레코드의 집합인 클러스터를 이용해 고안되었다. 전통적으로 데이터베이스의 입력레코드의 개수는 상대적으로 작게 추정되었으며 완전한 데이터베이스는 메인메모리에 맞게 가정되었다. 이번 단원에서 우리는 매우 큰 데이터베이스를 다루는 BIRCH라고 불리우는 알고리즘을 설명한다. BIRCH의 설계는 다음의 두 가정을 반영한다.

- 레코드의 개수는 가능한 한 매우 크며 그러므로 우리는 데이터베이스를 오직 한번만 스캔하도록 만들기를 원한다.
- 오직 메인메모리에 저장된 양만이 사용 가능하다.

사용자는 BIRCH알고리즘을 제어하기 위해 두 개의 파라메터를 설정할 수 있다. 첫 번째는 사용가능한 메인메모리 양의 초기치이다. 이 메인메모리의 초기치는 메모리 안에서 유지될 수 있는 클러스터 요약 k의 최대개수로 번역된다. 두 번째 파라메터 ε은 각 클러스터의 반지름의 초기 임계치이다. ε의 값은 각 클러스터의 반지름의 상한값이 되고 알고리즘이 발견할 클러스터의 개수를 제어한다. 만약 ε가 작다면 우리는 많은 작은 클러스터들을 찾을 것이고 ε가 크다면 우리는 매우 작은 수의 클러스터를 찾는다, 각각은 많이 관련되어 있다. 우리는 반지름이 ε보다 작다면 클러스터는 간단해진다고 말할 수 있다.

BIRCH는 항상 메인메모리에 k개 혹은 그보다 작은 클러스터요약(C_i, R_i)을 운영한다. C_i는 클러스터 i의 중심이고 R_i는 클러스터 i의 반지름이다. 이 알고리즘은 언제나 간결한 클러스터를 유지하며 각각의 클러스터의 반지름은 ε보다 작다. 만약 이 상수들이 주어진 메모리의 양을 유지하지 못하면 ε는 다음 번에 증가된다.

이 알고리즘은 데이터베이스에서 연속적으로 레코드를 읽으면, 그리고나서 아래처럼 수행한다.

1. 레코드 r과 각각의 존재하는 클러스터 중심의 거리를 계산한다. i를 클러스터 리스트에 등록하고 r과 C_i의 거리는 가장 작은 걸로 등록한다.
2. r이 목록에 추가되었다는 가정하에 i 번째 클러스터의 새로운 반지름 R'_i를 계산한다. 만약 R'_i가 ε보다 작으면 i 번째 클러스터는 간결한채로 남는다. 그리고 r을 I 번째 클러스터로 할당한다. 이것의 중심을 업데이트하고 반지름을 R_i로 설정하면서 만약 $R'_i >$ ε이면 i 번째 클러스터는 우리가 r을 추가하기 전에는 더이상 간결하지 않다. 그러므로 우리는 오직 레코드 r만을 담고 있는 새로운 레코드를 시작한다.

두 번째 단계는 만약 우리가 클러스터 요약의 최대치를 갖고있을 경우 문제가 발생한다. 만약 새로운 클러스터를 생성하자고 요구하는 레코드를 읽고 있다면 우리는 그것의 요약을 갖고있을 메인메모리가 필요하다. 이 경우 우리는 기존의 클러스터를 합치기 위하여 반지름 임계치를 늘린다. ε의 증가는 두 가지결과를 갖는다. 첫 번째로 그들의 반지름의 최대값이 증가했으므로 기존의 클러스터들은 더 많은 클러스터들을 수용할 수 있다. 두 번째로 기존의 클러스터와 병합하는것이 가능하며 합쳐진 클러스터는 여전히 간결하다. 그렇기 때문에 ε을 증가하면 보통은 클러스터의 숫자가 줄어든다.

완전한 BIRCH알고리즘은 자료구조에서 B+ 트리같은 균형이 잡힌 메모리 트리를 사용한다. 그래서 새로운 레코드의 근접한 레코드들을 빠르게 찾을 수 있다. 이 자료구조의 설명은 우리의 논점을 벗어난다.

23.6 유사 시퀀스 검색

데이터베이스의 수많은 정보들은 어떤 순서를 구성한다. 이번 단원에서는 이런 순서들의 집합에서 유사한 것을 검색할 경우의 문제점을 소개한다. 우리의 질문 유형은 매우 간단하다. 우리는 사용자가 질의의 순서를 열거한다고 가정하고 질의 순서와 유사한 모든 데이터순서를 구하기를 원한다. 유사성검사는 우리가 클러스터를 정확히 일치하거나 약간만 틀리기를 좋아하는 그런 보통의 질의와는 틀리다.

우리는 순서들과 순서들의 유사성을 설명하는 것에서 시작한다. **데이터순서** X는 $X = <x_1, . . . , x_k>$ 같은 숫자의 연속이다. 때때로 X는 **시계열**(time series)이라고 불리운다. 우리는 k를 시퀀스의 **길이**라고 한다. **서브 시퀀스** $Z = <z_1, . . . , z_j>$는 다른 시퀀스 $X = <x_1, . . . , x_k>$를 앞이나 뒤에서부터 삭제하면서 얻어진다. 형식적으로 만약 $i \in \{1, . . . , k-j+1\}$의 i에 대하여 $z_1 = x_i$이고 $z_2 = x_i + 1....$ $z_j = x_i + j - 1$일 때 z를 x의 서브시퀀스라 부른다. 주어진 두 개의 시퀀스 $x = <x_1, . . . , x_k>$와 $y = <y_1, . . . , y_k>$에서 아래의 공식으로부터 두 시퀀스의 차이를 구함으로써 유클라디안 놈(**euclidean norm**)을 정의할 수 있다.

$$\|X - Y\| = \sum_{i=1}^{k}(x_i - y_i)^2$$

사용자가 정의한 질의시퀀스와 임계치가 파라메터 ε에서 우리는 질의 시퀀스에서 ε 거리이내에 위치한 모든 데이터 시퀀스를 구하는 것을 포함한다.

시퀀스들에서의 유사한 질의들은 두 개의 타입으로 분류할 수 있다.

- **완전한 시퀀스 매칭:** 데이터베이스에서 질의시퀀스와 시퀀스들은 동일한 길이를 갖는다. 사용자가 정한 임계값 파라메터 ε에서 우리는 데이터베이스에서 질의시퀀스에서 ε만큼 떨어져 있은 시퀀스를 구하는 것이 목적이다.
- **서브 시퀀스 매칭:** 질의시퀀스는 데이터베이스의 시퀀스보다 작다. 이 경우 우리는 데

상업적 데이터 마이닝 시스템: 오늘날 시장에는 SAS Enterprise Miner, SPSS Clementine, Salford Systems의 CART, Megaputer PolyAnaylst, ANGOSS KnowledgeStudio 등과 같은 수많은 데이터 마이닝 생산품들이 있다. 여기서는 그 중 밀접한 관계를 가지고 있는 두 가지를 조명해보겠다.

IBM의 인텔리전트 Miner는 rules, regression, classification과 clustering을 조합하는 것을 포함한 광범위한 알고리즘을 제공한다. 인텔리젠트 Miner의 강점은 확장성에 있다. 생산품은 패러럴 컴퓨터를 위한 모든 알고리즘의 버젼들을 포함하고, IBM의 DB2 데이터베이스 시스템과 강력하게 통합되어 있다. DB2의 object-relational 능력들은 SQL/MM의 데이터 마이닝 클래스들을 정의하는 데 사용될 수 있다. 물론, 다른 데이터 마이닝 공급사들도 이러한 기능들을 이용해서 그들 자신의 데이터 마이닝 모델들과 알고리즘들을 DB2에 접목하는 데 사용할 수 있다.

마이크로 소프트의 SQL Server 2000은 DBMS안에서 데이터 마이닝 모델들을 만들고, 추가하고, 관리할 수 있도록 하는 Analysis Server라 불리는 요소를 가지고 있다(SQL Server의 OLAP 능력들은 또한 Analysis Server 요소에 패키지 되어 있다). 기본 접근은 마이닝 모델을 클러스터링과 결정 트리 모델들이 제공되는 테이블로 재표현하는 것이다. 테이블은 개념적으로 입력 애트리뷰트(attribute) 값들의 각각 가능한 조합에 대해 하나의 행을 가지고 있다. 모델은 모델이 트레이닝 되어지고 모델을 구성하는 데 사용되는 알고리즘의 입력을 묘사하는 SQL의 `CREATE TABLE`에 statement analogous를 사용해 만들어진다. 한 가지 재미있는 특징은 입력 테이블은 특별한 뷰 메카니즘을 사용하여 *nested* 테이블로 정의될 수 있다는 것이다. 예를 들어, 우리는 고객당 한 행의 입력 테이블을 정의할 수 있으며, 필드중의 하나는 고객의 구매를 묘사하는 *중첩(nested) 테이블*이다. 데이터 마이닝을 위한 SQL/MM 확장판은 이러한 능력을 제공하지 않는데, SQL:1999가 현재 중첩(nested) 테이블을 제공하지 않기 때문이다(Section 23.2.1). 이산(discreate)인지 연속(continuous)인지 등의 몇몇 애트리뷰트(attribute)의 설정사항이 또한 열거 될 수 있다.

모델은 `INSERT` 명령을 사용하여 행을 삽입함으로서 트레이닝될 수 있다. `PREDICTION JOIN`이라 불리는 새로운 종류의 조인을 사용하여 prediction들을 만드는 데 새로운 데이터집합에 적용될 수 있다. 원리는, 각각의 입력 투플은 predicted 애트리뷰트의 값을 정하는 마이닝 모델에서 유사한(corresponding) 투플과 일치한다. 그러므로, 엔드 유저는 확장된 SQL을 사용하여 결정 트리와 클러스터링을 만들고, 트레이닝하고 적용할 수 있다. 또한 모델들을 탐색하는 명령들이 있다. 불행히도, 사용자들은 새로운 모델들이나 모델을 위한 새로운 알고리즘을 추가할 수 없다. 성능에 대한 소개는 SQL/MM 안내서에서 제공된다.

이터베이스 내에서 시퀀스의 모든 서브시퀀스를 찾기를 원하며 그런 서브시퀀스는 질의 시퀀스의 ε 내에 있다. 우리는 서브시퀀스 매칭에 대해 의논하지 않는다.

23.6.1 유사 시퀀스 검색 알고리즘

주어진 데이터 시퀀스, 질의 시퀀스 그리고 거리임계치에서 우리는 어떻게 효과적으로 질의 시퀀스의 거리내에서 모든 시퀀스들을 찾을 수 있는가?

한 가지 가능성 있는 방법은 각각의 데이터 시퀀스를 검색(retrieve)하고, 질의 시퀀스에 대한 그것의 거리를 더함으로서, 데이터베이스를 스캔하는 것이다. 이 알고리즘은 간단하다는 장점을 가지고 있는 반면에, 항상 모든 데이터 시퀀스를 검색한다.

우리는 문제에 일치하는 시퀀스를 완성하는 것을 고려하기 때문에, 모든 데이터 시퀀스들과 질의 시퀀스는 같은 길이를 가지고 있다. 우리는 고차원 인덱싱 문제로서 이 유사 검색에 대해 생각해 볼 수 있다. 각각의 데이터 시퀀스와 질의 시퀀스는 k-차원 공간에 점으로써 표현될 수 있다. 그러므로, 만약 우리가 여러 개로 세분화된 인덱스에 모든 데이터 시퀀스를 입력한다면 우리는 인덱스를 통해서 데이터 시퀀스가 정확하게 질의 시퀀스에 매칭되는 것을 구할 수 있다. 그러나 우리는 질의와 매치되는 데이터 시퀀스뿐만 아니라 질의 시퀀스에서 ε 거리 내에 위치한 모든 시퀀스를 구하기를 원하기 때문에 우리는 질의 시퀀스에 의해 정의된 점 형식의 질의를 사용할 수 없다. 대신 우리는 2배의 ε을 갖고 있는 인덱스와 중심으로써의 질의 시퀀스에 질의를 해서 모든 시퀀스를 얻는다. 우리는 그리고나서 질의 시퀀스에서 ε 거리 이상 떨어져 있는 시퀀스들을 버린다.

인덱스를 사용하는 것은 우리가 생각해야할 시퀀스의 숫자를 상당히 많이 줄여주며 그리고 질의를 인식하는 데 소요되는 시간을 줄여준다. 이 장의 끝에 있는 '참고문헌 소개'는 더욱 더 개선된 관점을 제공한다.

23.7 마이닝과 데이터 스트림의 증가

실세계의 데이터들은 고정되지 않으나 일정하게 증가하거나 감소된다. 네트워크 모니터링같은 데이터가 고속의 속도로 도착을 하는 몇몇의 응용분야에서는 데이터들을 오프라인에서 분석하는 것은 불가능하다. 우리는 이런 형태의 구조에서 발전(evolving)하거나 연속되는 흐름(streaming)의 데이터들을 **블럭 전개**라고 명명한다. 블록 전개에서 데이터 마이닝 프로세스로 입력되는 데이터 세트는 고정된 것들이 아니라 예를 들어 매일매일의 자정 시간이나 연속적인 스트림(stream)같이 일정 주기를 기준으로 새로운 투플의 블록으로 교체된다. **블럭**이란 데이터베이스에 동시에 추가되는 투플의 집합을 말한다. 거대한 블럭을 위하여 이 모델은 업데이트가 블럭 단위로 한꺼번에 일어나고 데이터 웨어하우스 설치 같은 것을 제공한다. 작은 단위의 블럭을 위하여 — 극단적으로는 한 개의 레코드로 구성된 블럭같은 — 이 모델에서는 데이터 스트림을 잡는다.

블럭 전개 모델에서 데이터베이스는 D_1, D_2, . . . 식의 데이터 블럭의 시퀀스로 구성되어 있으며 1, 2, . . . , 시간대에 도착한다. 각각의 블럭 D_i는 레코드들의 집합으로 구성된다.[2] 여기

[2] 일반적으로 하나의 블록은 삽입뿐만 아니라 수정 또는 삭제하기 위한 레코드들을 가리킨다. 하지만

서 우리는 i를 블럭 B_i의 식별자라고 부른다. 그러므로 어떤 시간 t에서 데이터베이스는 {1, 2, . . . , t}시간대에 도착하는 데이터 $\langle D_1, \ldots, D_t \rangle$의 블럭의 유한한 시퀀스로 구성된다. 우리가 표시한 $D[1, t]$에서, t시간대에서의 데이터베이스는 $t-1$시간대에서의 데이터베이스와 t시간대에서 도착한 블럭 D_t의 합집합이 된다.

데이터를 전개하기 위해서 **모델 유지관리**(model maintenance)와 변화 검색의 두 클래스가 특별하게 관심을 갖게 한다. 모델 유지의 목적은 데이터의 블럭에서 삽입과 삭제시에 데이터 마이닝 모델을 유지하는 것이다. 우리가 $M(D[1, t])$라고 표시한 t시간대에서 점진적으로 증가하는 데이터 마이닝 모델의 연산에서 우리는 오직 $M(D[1, t-1])$과 D_t만을 고려해야 한다. 여기서 우리는 t시간대 이전에 도착한 데이터에 대해서는 고려하지 않는다. 더욱이 데이터 분석은 관심거리(지난주 혹은 그 이전의 데이터)의 윈도우로써 $D[1, t]$의 부분집합에 시간적으로 의존되도록 열거해야만 한다. 예를 들어 지난해의 모든 주말 데이터 같은 더욱 일반적인 선택 역시 가능하다. 이러한 주어진 선택에서 우리는 점진적으로 D_t와 $D[1, t-1]$의 부분집합을 고려하는 $D[1, t]$ 위에서 모델을 연산하여야만 한다. 웨어하우스 어플리케이션에서 때때로 오래된 데이터를 실험하는 점진적 알고리즘이 '거의 '대부분' 받아들여질 수 있다. 이 옵션은 고속의 데이터 스트림에는 사용할 수 없다. 여기서, 오래된 데이터는 전혀 사용할 수 없을 수도 있다.

변화 검색의 목적은 데이터의 두 세트와 변화가 과연 의미가 있는지에 대한 데이터 특징의 차이를 측정하는 것에 있다. 특별히, 우리는 어떤 시간대 t_1에서 존재하는 데이터의 모델과 t_2시간대에서 전개되는 버전의 차이의 양을 정해야 한다. 이것은 곧 우리는 $M(D[1, t_1])$과 $M(D[1, t-1])$의 차이를 정해야 한다는 것을 의미한다. 우리는 역시 데이터의 하위 세트를 측정할 수 있다. 예를 들어 몇 가지 자연적인 문제의 다양성에서 $M(D[1, t_1])$과 $M(D[1, t-1])$의 차이는 최근의 블럭이 이전에 존재했던 데이터와 충분히 틀린지에 대해 지적한다. 이 장의 나머지 부분에 대해서 우리는 모델 유지에 초점을 맞추고 변화 검색에는 논의를 하지 않는다.

점진적인 모델 유지는 많은 주목을 받았다. 데이터 마이닝 모델의 양이 최대한도로 중요해지면서 점진적인 모델유지 알고리즘은 예전 데이터와 새로운 데이터의 합집합을 만드는 기본적인 알고리즘을 수행하는 동일한 모델을 정확하게 연산하는 것에 집중되었다. 확장성(scalability) 기술은 새로운 블럭이 생기면서 세분화되었다. 예를 들어 밀도에 기초한 클러스터링 알고리즘에서 새로운 레코드의 삽입은 오직 인접해 있는 클러스터에만 영향을 끼쳤으며 효과적인 알고리즘은 적은 수의 클러스터에만 변화를 주었었고 모든 클러스터가 새롭게 연산되는 것을 막았다. 또다른 예로는 결정트리 생성에서 우리는 트리의 노드에서 분야가 나누어지는 것을 보일 수 있었으며, 만약 우리가 레코드의 분배가 고정적이라고 가정할 때 레코드의 삽입이 일어난다면 결정트리는 매우 작은 시간 안에 수용할 수 있게 된다.

데이터 스트림에서 원 패스로 생성하는 것은 데이터가 응용 단계에서 지속적으로 합쳐지고

우리는 단지 삽입만을 고려한다.

도착되는 것에서 특별히 주목을 받았다. 예를 들어 방대한 전화나 인터넷 서비스 제공자들은 다른 네트워크에서 도착한 자세한 사용정보(call-detail-records, 라우터, 패킷흐름 그리고 데이터 추적)를 갖고 있다. 다른 예는 웹서버의 사용자 기록이나 데이터 처리의 흐름 재정적인 주식 티켓 등을 포함하고 있다.

고속의 데이터 흐름속에서 작업을 할 경우에 알고리즘들은 제한된 메모리 안에서 *한 번 그리고 일정한 명령*(흐름이 반복되는 패턴을 찾는)으로 적절한 데이터 아이템을 찾는 동안에 데이터 마이닝 모델을 만들도록 디자인되어야한다. 데이터 스트림 연산은 몇몇 최근의 이론적이고 실제적인 온라인 연구 혹은 제한된 메모리를 사용하는 원 패스 알고리즘들을 받았다. 알고리즘은 quantiles와 주문통계량, 빈도 모멘트와 접합 크기의 평가의 one-pass 계산에 대해 개발되었다. 관련된 집합을 평가하며, 덩이를 이룬다. 그리고, 결정 트리 구축, 그리고 1차원의 (i.e., single-attribute)히스토그램과 Haar 잔물결 분해를 계산한다. 다음으로 우리는 자주 일어나는 아이템집합의 점진적 유지관리에 대한 알고리즘을 논의한다.

23.7.1 빈번한 아이템집합의 점진적 유지관리

그림 23.1에서의 Purchases 릴레이션을 고려해보고, 최소한의 지지율(support) 임계값이 60%라고 해보자. 100%, 75% 그리고 75%의 지지율(support)을 갖는 {*pen*}, {*ink*} 그리고 {*milk*}를 구성하는 사이즈 1의 빈번한 아이템집합을 쉽게 찾을 수 있다. 사이즈 2의 빈번한 아이템집합의 집합은 모두 75%의 지지율(support)을 갖는 {*pen*, *ink*}와 {*pen*, *milk*}로 구성된다. Purchases 릴레이션은 우리의 첫 데이터의 블록이다. 우리의 목표는 데이터의 새로운 블록을 삽입하는 과정에 빈번한 아이템집합의 집합을 유지하는 알고리즘을 개발하는 것이다.

첫 예제처럼, 그림 23.13의 데이터의 블록을 원본 데이터베이스(그림 23.1)에 추가하는 것을 고려해보자. 이 추가작업에서, 빈번한 아이템집합의 집합은 비록 지지율(support)이 그러하더라도, {*pen*}, {*ink*} 그리고 {*milk*}가 현재 각자 지지율(support) 100%, 60%와 60%를 가지고 있고 {*pen*, *ink*}와 {*pen*, *milk*}가 현재 60%의 지지율(support)을 가지고 있는 것을 바꿀 수 없다. 이 'no change'의 경우 각각의 아이템집합이 일어나는 곳에서 장바구니(market basket)를 유지함으로서 간단히 감지할 수 있다는 것을 주목해야 한다. 이 예제에서, 우리는 1씩 아이템집합 {*pen*}의 지지율(support)을 (확실히-absolute) 업데이트 한다.

transid	*custid*	*date*	*item*	*qty*
115	201	7/1/99	pen	2

그림 23.13 Purchases 릴레이션 Block 2

transid	*custid*	*date*	*item*	*qty*
115	201	7/1/99	water	1
115	201	7/1/99	milk	1

그림 23.14 Purchases 릴레이션 Block 2a

일반적으로, 빈번한 아이템집합의 집합은 바뀔 수 있다. 예제처럼, 그림 23.1의 원본 데이터베이스에 그림 23.14에서의 블록을 추가하는 것을 고려해보자. 우리는 아이템 water를 포함하는 트랜잭션을 알 수 있다. 그러나 우리는 원본 데이터베이스에서 최소 지지율(minimum support)보다 크지(above)않았기 때문에 아이템집합 {*water*}의 지지율(support)을 알지 못한다. 이 경우의 간단한 해결책은 원본 데이터베이스로부터 추가적인 scan을 만들고, 아이템집합 {*water*}의 지지율(support)을 계산하는 것이다. 그렇다면 더 좋은 방법이 있을까? 또 다른 즉각적인 해결법은 모든 가능한 아이템집합들의 카운터를 유지하는 것이다. 그러나 모든 가능한 아이템집합의 개수는 아이템들의 개수에 대해 기하급수적으로 증가하고—어쨌든 이러한 카운터들의 대부분은 0일 것이다. 우리는 어떤 카운터가 유지를 하는지 알려주는 지능적인 방법을 디자인할 수 있을까?

우리는 어떤 카운터가 유지되어야 하는지 결정하는 데 도움이 되도록 아이템집합들의 집합에 대한 **음의 경계**(negative border)의 개념을 소개한다. 빈번한 아이템집합들의 집합의 음의 경계(negative border)는 *X* 자신은 빈번하지 않지만, *X*의 모든 부분집합은 빈번한 모든 아이템집합 *X*로 구성되어 있다. 예를 들어, 그림 23.1에서의 데이터베이스의 경우, {*juice*}, {*water*} 그리고 {*ink, milk*}등의 아이템집합들은 음의 경계를 만든다. 이제 우리는 모든 현재 빈번한 아이템집합들과 음의 경계에서의 현재의 아이템집합들의 카운터를 유지하는 빈번한 아이템집합을 유지하기 위한 좀 더 효과적인 알고리즘을 디자인 할 수 있다. 음의 경계에 있는 아이템집합이 빈번하게(frequent) 되기만 하면, 빈도가 될지 모르는 새로운 후보 아이템집합의 지지율(support)을 찾기 위해서 우리는 원본 데이터집합을 다시 읽을 필요가 있다.

우리는 다음 두 가지 예제들을 통해 이 점을 알아 볼 수 있다. 만약 우리가 그림 23.14에서의 Block 2a를 그림 23.1의 원본 데이터베이스에 추가한다면, 우리는 빈번한 아이템집합 {*milk*}의 지지율(support)을 하나씩 증가시킨다. 그리고 우리는 음의 경계에 있는 아이템집합 {*water*}의 지지율(support)을 또한 하나 증가한다. 그러나 음의 경계의 어떤 아이템집합도 빈번하게(frequent) 되지 않았기 때문에 우리는 원본 데이터베이스를 다시 스캔할 필요는 없다.

반대로, 그림 23.15에서의 Block 2b를 그림 23.1의 원본 데이터베이스에 추가한다고 해보자. 이 경우, 원래 음의 경계에 있었던 아이템집합 {*juice*}는 지지율(support) 60%의 빈번함이 된다. 이것은 이제 {*juice, pen*}, {*juice, ink*} 그리고 {*juice, milk*}의 사이즈 2의 아이템집합들이 음의 경계에 들어가게 된다는 것을 의미한다(우리는 아이템집합 {*water*}는 빈번하지 않기 때문에 {*juice, water*}가 빈번하게 될 수 없음을 안다).

transid	*custid*	*date*	*item*	*qty*
115	201	7/1/99	juice	2
115	201	7/1/99	water	2

그림 23.15 Purchases 릴레이션 Block 2b

23.8 추가적인 데이터 마이닝 작업

우리는 데이터베이스로부터 패턴을 찾는 문제에 초점을 맞추었지만, 몇 가지 다른 중요한 데이터 마이닝 직무가 있다. 이제 우리는 그러한 점들을 간단히 살펴볼 것이다. 각 장의 마지막 부분에 나오는 참고문헌들은 더 깊은 연구를 위한 많은 핵심사항들을 제공한다.

- **데이터집합과 기능 선택(Dataset and Feature Selection)**: 대부분 정확한/올바른 마이닝을 위한 데이터집합을 선택하는 것이 중요하다. 데이터집합 선택은 마이닝을 위한 어떤 데이터집합이 사용될 것인지를 구분짓는 과정이다. 기능 선택은 마이닝 과정에 어떤 특징/애트리뷰트를 포함시켜야 하는지를 결정하는 과정이다.
- **표본 추출(Sampling)**: 큰 데이터집합을 탐구하는 방법 중 하나는 하나 이상의 표본을 추출하고 그것을 분석하는 것이다. 표본 추출 방법 사용시 장점은 바로, 아주 큰 데이터 집합들 중 전체 데이터집합에 실행될 수 없는 세부적인 조사를 표본에 대해서는 실행할 수 있다는 점이다. 표본 사용시의 단점은, 주어진 직무에 대한 대표적인 표본을 추출하는 것이 힘들다는 것이다. 우리는 자칫 중요한 트랜드(경향)나 패턴을 잃게 될 수 있는데, 그 이유는 그것들이 표본에서 반영되지 않았기 때문이다. 현재의 데이터베이스 시스템조차도 효과적인 표본 추출의 지원 측면에서는 만족스럽지 못하다. 다양한 통계적 속성들을 갖는 표본을 얻기 위한 데이터베이스 지원기능이 지속적으로 발전하고 있으며, 미래의 DBMS에서는 사용가능하게 될 것이다. 데이터 마이닝을 위한 표본 추출을 실행하는 것은 미래 연구를 위한 한 부면이기도 하다.
- **시각화(Visualization)**: 시각화 기술은 복잡한 데이터집합들을 이해하거나 흥미로운 패턴을 감지하는 데 있어서 상당한 도움을 줄 수 있기 때문에 데이터 마이닝에서 시각화 기술의 중요성은 폭넓게 인정받고 있다.

23.9 복습문제

다음 복습문제들에 대한 답은 문제의 끝에 표시된 절에서 찾아볼 수 있다.

- KDD 프로세스에서 데이터 마이닝의 역할은 무엇인가? **(23.1절)**
- 선험적 속성(Priori property)이란 무엇인가? 빈번한 아이템집합(frequent itemsets)을 찾기 위한 알고리즘을 설명하시오. **(23.2.1절)**
- 아이스버그 질의는 어떻게 빈번한 아이템집합(frequent itemsets)과 연계되어 있는가? **(23.2.2절)**
- 연관 규칙(*association rule*)을 정의하시오. 규칙의 지지율(support)과 신뢰도(confidence) 사이에는 어떤 차이점이 있는가? **(23.3.1절)**
- ISA 계층구조에 대한 연관 규칙(association rule)의 확장을 설명할 수 있는가? 당신은 어떤 연관 규칙(association rule)들의 확장과 가장 친숙한가? **(23.3.3절과 23.3.4절)**

- 순차적(sequential) 패턴은 무엇인가? 어떻게 순차적인 패턴을 계산할 수 있는가? **(23.3.5절)**
- 우리는 예측하기 위해 연관 규칙(association rule)을 사용할 수 있는가? **(23.3.6절)**
- 베이지언 네트워크와 연관 규칙(association rule)사이의 차이점은 무엇인가? **(23.3.7절)**
- 분류와 역행 규칙에 관한 예를 들 수 있는가? 규칙과 관련된 지지율(support)과 신뢰도(confidence)가 어떻게 정의되는가? **(23.3.8절)**
- 결정 트리의 구성요소들은 무엇인가? 결정 트리는 어떻게 설계되는가? **(23.4.1절과 23.4.2절)**
- 클러스터는 무엇인가? 우리는 클러스터를 위해 주로 어떤 정보를 출력하는가? **(23.5절)**
- 두 개의 시퀀스 사이의 거리를 어떻게 정의할 수 있는가? 질의 시퀀스와 유사한 모든 시퀀스에 대한 알고리즘을 설명하시오. **(23.6절)**
- 블록 진화 모델을 설명하고, 점진적 모델 유지관리(incremental model maintenance)와 변경 감지(change detection)를 정의하시오. 데이터 스트림을 마이닝하는 데 있어서 새롭게 시도된 도전으로는 무엇이 있는가? **(23.7절)**
- 빈번한 아이템집합들을 계산하는 점진적 알고리즘을 설명하시오. **(23.7.1절)**
- 데이터 마이닝과 관련된 다른 직무들에 대한 예를 들어라. **(23.8절)**

연습문제

문제 23.1 다음 질문들에 간단히 답하시오.

1. 연관 규칙(association rules)에서 지지율(support)과 신뢰도(confidence)를 정의하시오.
2. 예측을 위해 왜 연관 규칙이 사용될 수 없는지, 더 깊은 분석이나 분야 배경 지식의 사용 없이 설명하시오.
3. 연관 규칙(association rules)과 분류 규칙(classification rules), 그리고 역행 규칙(regression rules) 사이의 차이점은 무엇인가?
4. 분류(classification)와 클러스터링(clustering)의 차이점은 무엇인가?
5. 데이터 마이닝에서 정보 시각화(information visualization)의 역할은 무엇인가?
6. 재고 시세 가격에 관한 데이터베이스 질의의 예를 드시오. 시세 가격은 재고당 하나씩, 시퀀스 형태로 저장되어 있으며, SQL로 표현될 수 없다.

문제 23.2 그림 23.1에 나와있는 Purchases 테이블을 보고 물음에 답하시오.

1. 그림 23.1의 테이블에서 *minsup* = 90%를 사용하여 빈번한 아이템집합을 찾는 데 필요한 알고리즘을 실험하고, *minconf* = 90%를 갖는 연관 규칙을 찾으시오.
2. 그림 23.1의 테이블에서 *minsup* = 70%일 때와 *minsup* = 90%일 때의 빈번한 아이템집합이 같게 나올 수 있도록 테이블을 수정할 수 있는가?

3. 그림 23.1의 테이블에서 *minsup* = 10%를 사용하여 빈번한 아이템집합을 찾는 데 필요한 알고리즘을 실험하고, *minconf* = 90%를 갖는 연관 규칙을 찾으시오.
4. 그림 23.1의 테이블에서 *minsup* = 70%일 때와 *minsup* = 10%일 때의 빈번한 아이템집합이 같게 나올 수 있도록 도표를 수정할 수 있는가?

문제 23.3 장바구니 데이터집합 *D*가 주어졌고, 주어진 지지율(support) 임계값인 *minsup*을 위한 *D*에 있는 빈번한 아이템집합 χ를 계산하였다고 가정해보자. 다른 데이터집합 *D'*를 *D*에 추가하기를 원하며 $D \cup D'$의 지지율(support) 임계값인 *minsup*과 빈번한 아이템집합을 유지하기를 원한다고 가정해보자. 빈번한 아이템집합들의 점진적 유지관리(incremental maintenance)를 위한 다음의 알고리즘들을 고려하시오.

1. *선험적(a priori)* 알고리즘을 *D'*에 실행시키고, *D'*안의 모든 빈번한 아이템집합과 그들의 지지율(support)을 찾으시오. 결과는 아이템집합 χ'의 집합이다. 또한 *D'*에서 모든 아이템집합 ($X \in \chi$)의 지지율(support)을 계산한다.
2. 그 다음, χ'의 모든 아이템집합들의 지지율(support)을 계산하기 위하여 *D*를 스캔한다.

알고리즘에 관한 다음 질문들에 답하시오.

- 알고리즘의 마지막 순서가 빠져있다. 그렇다면, 알고리즘의 출력은 무엇이어야 하는가?
- 이 알고리즘이 23.7.1절에 설명되어 있는 알고리즘보다 더 효율적인가?

문제 23.4 그림 23.16의 Purchases2 테이블을 보고 물음에 답하시오.

transid	*custid*	*date*	*item*	*qty*
111	201	5/1/2002	ink	1
111	201	5/1/2002	milk	2
111	201	5/1/2002	juice	1
112	105	6/3/2002	pen	1
112	105	6/3/2002	ink	1
112	105	6/3/2002	water	1
113	106	5/10/2002	pen	1
113	106	5/10/2002	water	2
113	106	5/10/2002	milk	1
114	201	6/1/2002	pen	2
114	201	6/1/2002	ink	2
114	201	6/1/2002	juice	4
114	201	6/1/2002	water	1
114	201	6/1/2002	milk	1

그림 23.16 Purchases2 릴레이션

- 데이터집합의 음의 경계(negative border) 안에서의 모든 아이템집합들을 열거하시오.
- 50%의 지지율(support) 임계값에 대한 모든 빈번한 아이템집합들을 열거하시오.
- 추가됨으로 해서 음의 경계(negative border)에 아무 변경을 가져오지 않는 데이터베이스를 예를

들어 설명하시오.

- 추가됨으로 인해서 음의 경계에 변경을 가져올 수 있는 데이터베이스를 예를 들어 설명하시오.

문제 23.5 그림 23.1의 Purchases 테이블을 보고 물음에 답하시오. *minsup*을 10%, 그리고 *minconf*를 70%로 지정하고, 아이템들이 같은 날짜와 같은 손님으로부터 구매될 수 있는 가능성을 알려주는 (일반화된) 모든 연관 규칙을 찾으시오.

문제 23.6 큰 아이템집합을 연산하기 위한 새로운 알고리즘을 개발해 보자. 그림 23.1에 나와있는 Purchases 테이블과 유사한 릴레이션 *D*가 우리에게 주어졌다고 가정하자. 테이블을 수평으로 k조각 ($D_1, \ldots, D_k$)으로 분할(partition)하자.

1. 만약 아이템집합 *X*가 *D*안에서 빈번히(frequent) 발견된다면 이것은 적어도 하나의 *k*부분에서도 빈번할 것이다.
2. 이 관찰된 바를 사용하여, *D*를 두 번 스캔하여 모든 빈번한 아이템집합들을 계산하는 알고리즘을 개발하시오. (힌트: 처음 스캔에는, 각 부분 D_i, $i \in \{1, \ldots, k\}$에 대해 지역적으로 빈번한 아이템집합들을 계산한다.)
3. 그림 23.1에 나와있는 Purchases 테이블을 사용하여 알고리즘을 설명하시오. 처음 부분(partition)은 *transid* 111과 112를 갖는 두 번의 트랜잭션으로 구성되고, 두 번째 부분(partition)은 *transid* 113과 114를 갖는 두 개의 트랜잭션으로 구성된다. 이 때의 최소 지지율(minimum supprort)은 70퍼센트라고 가정하자.

문제 23.7 그림 23.1의 Purchases 테이블을 보고 물음에 답하시오. *minsup*을 60%로 하여 모든 순서적인 패턴(sequential patterns)을 찾으시오(이 책에서는 오직 순서적인 패턴을 찾기 위한 알고리즘을 간략히 다루는 정도이므로, 부정확한 데로 사용하거나 완벽한 알고리즘을 얻기 위해서는 참고문헌들 중 하나를 읽도록 하시오).

문제 23.8 그림 23.17에 나오는 SubscriberInfo 릴레이션을 보고 물음에 답하시오. 이것은 *DB Aficionado* 잡지의 마케팅 캠페인에 관한 정보를 담고있다. 처음 두 개의 컬럼은 잠재적인 고객의 나이(age)와 봉급(salary)을 가리키며, *subscription* 컬럼은 각자가 잡지 예약을 했는지 안 했는지 알

age	*salary*	*subscription*
37	45k	No
39	70k	Yes
56	50k	Yes
52	43k	Yes
35	90k	Yes
32	54k	No
40	58k	No
55	85k	Yes
43	68k	Yes

그림 23.17 SubscriberInfo 릴레이션

려주고 있다. 우리는 이 데이터를 사용하여 과연 각자가 잡지 예약을 할 것인지를 예측할 수 있도록 돕는 결정 트리를 설계하기를 원한다.

1. 트리의 루트 노드의 AVC 그룹을 설계하시오.
2. 루트 노드에서 경계를 나누는 조건식은 나이 ≤ 50이라고 가정하자. 루트 노드에 AVC 그룹의 두 자식 노드들을 설계하시오.

문제 23.9 다음과 같은 여섯 개의 레코드집합이 주어졌다고 가정하자. <7, 55>, <21, 202>, <25, 220>, <12, 73>, <8, 61>, <22, 249>.

1. 모든 여섯 개의 레코드가 하나의 클러스터에 속한다고 가정하고 그것의 중심과 반지름을 계산하시오.
2. 처음 세 개의 레코드가 한 클러스터에 속하며, 다음 세 개의 레코드는 다른 클러스터에 속한다고 가정하자. 두 클러스터의 중심과 반지름을 계산하시오.
3. 두 방법 중 어느 클러스터링 방법이 더 낫다고 생각하는가? 왜 그런가?

문제 23.10 당신에게 세 개의 시퀀스(sequences)가 주어졌다고 하자. <1, 3, 4>, <2, 3, 2>, <3, 3, 7>. 모든 시퀀스 쌍의 유클라디안 놈(euclidean norm)을 계산하시오.

참고문헌 소개

큰 데이터베이스에서 유용한 지식을 발견해 낸다는 것은 단지 여러 데이터 마이닝 알고리즘의 집합을 데이터베이스에 적용하는 것 이상의 작업이며, 이것은 분석자의 반복 작업의 결과라는 견해를 [256]과 [666]에서 강하게 표명하고 있다. 통계학에서의 탐색적 데이터 분석(exploratory data analysis) [745]와 인공 지능에서의 기계 학습(machine learning) 그리고 지식 발견(knowledge discovery)은 현재의 포커스가 데이터 마이닝에 맞춰지는 데 일조하면서 데이터 마이닝의 선구적인 역할을 해왔다. 큰 부피의 데이터들에 대한 추가된 강화기능들은 아주 중요한 새로운 요소이다. 최근 데이터 마이닝 알고리즘에 대한 좋은 조사서(survey)들 중에는 [267, 397, 507]이 있다. [266]은 데이터 마이닝과 지식 발견에 관한 여러 관점에서의 관련된 조사서와 기사들을 담고 있으며, 베이지언 네트워크에 관한 학습서가 포함되어 있다 [371]. Piatetsky-Shapiro와 Frawley가 쓴 책에는 흥미로운 데이터 마이닝과 관련된 다수의 논문들이 포함되어 있다 [595]. "*Journal of Knowledge Discovery and Data Mining*"와 함께 매년 ACM의 지식 발견(Knowldege Discovery) 분과에서 주최하는 SIGKDD 컨퍼런스는 데이터 마이닝과 관련된 최근의 연구들에 관심 있는 독자들에게 아주 좋은 자료를 제공한다 [25, 162, 268, 372, 613, 691].

[363, 370, 511, 781]은 데이터 마이닝에 대해 자세하게 기록한 괜찮은 교과서들이다.

마이닝 연관 규칙의 문제는 Agrawal, Imienlinski 그리고 Swami로부터 처음 알려졌다[20]. [21, 117, 364, 638, 738, 786]을 포함한 많은 효율적인 알고리즘들이 큰 아이템집합(itemsets) 문제를 계산하는 데 사용되도록 제안되었다.

아이스버그(Iceberg) 질의들은 Fang과 그의 동료들에 의해 처음 소개되었다 [264]. 또한 연관 규칙의 일반화된 형식에 대한 큰 연구들이 진행되고 있다. 예를 들어 [700, 701, 703]. 또한 최대 빈번한 아이템집합(itemset)을 찾는 문제에 대해서도 주의를 기울여 왔다. [13, 67, 126, 346, 347, 479, 787]. 제약사항이 고려된 마이닝 연관 규칙의 알고리즘들은 [68, 462, 563, 590, 591, 703]에 언급되어 있다.

평행 알고리즘(parallel algorithm)들은 [23]과 [655]에 설명되어 있다. 평행 데이터 마이닝과 관련된 최근 논문들은 [788]에서 찾을 수 있으며, 분산 데이터 마이닝에 관한 연구들은 [417]에서 찾을 수 있다.

[291]은 연속적인 숫자의 애트리뷰트(continuous numeric attribute)과 관련된 연관 규칙을 발견하는 데 필요한 알고리즘을 제안한다. 수의 애트리뷰트와 관련된 연관 규칙들은 또한 [783]에 논의되어 있다. 연관 규칙의 일반적 형태가 트랜잭션 id와 달리 애트리뷰트들이 그룹화되는 형식으로 개발되어 [529]에서 제안되어있다. 계층구조에서 아이템들에 대한 연관 규칙들이 [361, 700]에 논의되어 있다. 좀더 확장되고 일반화된 연관 규칙들이 [67, 115, 563]에 제안되어 있다. 빈번한 아이템집합(itemsets)을 위해 마이닝을 데이터베이스 시스템과 통합하는 것에 관하여는 [654, 743]에 언급되어 있다. 연속적인 패턴을 마이닝하는 것과 관련된 문제점이 [24]에 토론되어 있으며, 연속적인 패턴을 마이닝하는 것과 관련된 알고리즘들은 [510, 702]에서 찾을 수 있다.

분류(classification)와 역행(회귀) 규칙(regression rules)에 관한 일반적인 소개는 [362, 532]에서 찾을 수 있다. 의사결정과 역행 트리의 설계에 관한 고전적 지침서로는 Breiman, Friedman, Olshen 그리고 Stone이 쓴 책, CART가 있다. [111]. 결정 트리 설계 문제와 관련된 기계 학습(machine learning)적 방식은 Quinlan [603]에 언급되어 있다. 결정 트리 설계를 위한 몇 개의 알고리즘들이 최근에 개발되어 오고 있다[309, 311, 619, 674].

클러스터링 문제는 몇몇 수업을 통하여 수년간 학습되어져 왔다. 여러 교과서들 중에 일부만 언급하자면 [232, 407, 418]이 있다. 확장 가능한 클러스터링 알고리즘들 중에는 CLARANS [562], DBSCAN [249, 250], BIRCH [798]과 CURE [344]이 포함된다. Bradley, Fayyad, 그리고 Reina는 K-means 클러스터링 알고리즘을 큰 데이터베이스로 확장시키는 문제에 대해 언급해왔다 [108, 109]. 어느 분야의 부분집합에서 클러스터를 찾는 문제에 대해서는 [19]에 언급되어있다. Ganti와 동료들은 임의의 좌표 공간에서 데이터를 클러스터링하는 것을 실험하였다 [302]. 명확한 범주의 데이터를 클러스터링하는 알고리즘으로 STIRR [315]와 CACTUS [301]이 있다. [651]은 공간적 데이터(spatial data)를 클러스터링 하는 데 필요한 알고리즘이다.

시퀀스들을 모아놓은 대형 데이터베이스로부터 유사 시퀀스들을 찾는 것에 관한 문헌으로는 [22, 262, 446, 606, 680]이 있다.

연관 규칙의 점진적 유지관리(incremental maintenance)에 관한 연구들이 [174, 175, 736]에 언급되어 있다. Ester는 어떻게 점진적으로 증가하는 클러스터를 유지할 수 있는지 설명하며 [248], Hidber는 어떻게 큰 아이템집합을 유지할 수 있는지 설명한다 [378]. 데이터 스트림에 대한 결정 트리(decision tree)를 구성하는 것 [228, 309, 393]과 데이터 스트림을 클러스터링하는 것 [343, 568]과 같은 데이터 스트림을 마이닝하는 것에 관한 연구들이 최근에 이루어지고 있다. 개선되고 있는 데이터들의 마이닝을 위한 일반적 구조(general framework)가 [299]에 소개되어 있다. 데이터 특징들(data characteristics)의 변화의 측정을 위한 구조(framework)가 [300]에 제안되어 있다.

참고문헌

REFERENCES

[1] R. Abbott and H. Garcia-Molina. Scheduling real-time transactions: A performance evaluation. *ACM Transactions on Database Systems*, 17(3), 1992.

[2] S. Abiteboul. Querying semi-structured data. In *Intl. Conf. on Database Theory*, 1997.

[3] S. Abiteboul, R. Hull, and V. Vianu. *Foundations of Databases*. Addison-Wesley, 1995.

[4] S. Abiteboul and P. Kanellakis. Object identity as a query language primitive. In *Proc. ACM SIGMOD Conf. on the Management of Data*, 1989.

[5] S. Abiteboul and V. Vianu. Regular path queries with constraints. In *Proc. ACM Symp. on Principles of Database Systems*, 1997.

[6] A. Aboulnaga, A. R. Alameldeen, and J. F. Naughton. Estimating the selectivity of XML path expressions for Internet scale applications. In *Proceedings of VLDB*, 2001.

[7] S. Acharya, P. B. Gibbons, V. Poosala, and S. Ramaswamy. The Aqua approximate query answering system. In *Proc. ACM SIGMOD Conf. on the Management of Data*, pages 574–576. ACM Press, 1999.

[8] S. Acharya, P. B. Gibbons, V. Poosala, and S. Ramaswamy. Join synopses for approximate query answering. In *Proc. ACM SIGMOD Conf. on the Management of Data*, pages 275–286. ACM Press, 1999.

[9] K. Achyutuni, E. Omiecinski, and S. Navathe. Two techniques for on-line index modification in shared nothing parallel databases. In *Proc. ACM SIGMOD Conf. on the Management of Data*, 1996.

[10] S. Adali, K. Candan, Y. Papakonstantinou, and V. Subrahmanian. Query caching and optimization in distributed mediator systems. In *Proc. ACM SIGMOD Conf. on the Management of Data*, 1996.

[11] M. E. Adiba. Derived relations: A unified mechanism for views, snapshots and distributed data. In *Proc. Intl. Conf. on Very Large Databases*, 1981.

[12] S. Agarwal, R. Agrawal, P. Deshpande, A. Gupta, J. Naughton, R. Ramakrishnan, and S. Sarawagi. On the computation of multidimensional aggregates. In *Proc. Intl. Conf. on Very Large Databases*, 1996.

[13] R. C. Agarwal, C. C. Aggarwal, and V. V. V. Prasad. A tree projection algorithm for generation of frequent item sets. *Journal of Parallel and Distributed Computing*, 61(3):350–371, 2001.

[14] D. Agrawal and A. El Abbadi. The generalized tree quorum protocol: An efficient approach for managing replicated data. *ACM Transactions on Database Systems*, 17(4), 1992.

[15] D. Agrawal, A. El Abbadi, and R. Jeffers. Using delayed commitment in locking protocols for real-time databases. In *Proc. ACM SIGMOD Conf. on the Management of Data*, 1992.

[16] R. Agrawal, M. Carey, and M. Livny. Concurrency control performance-modeling: Alternatives and implications. In *Proc. ACM SIGMOD Conf. on the Management of Data*, 1985.

[17] R. Agrawal and D. DeWitt. Integrated concurrency control and recovery mechanisms: Design and performance evaluation. *ACM Transactions on Database Systems*, 10(4):529–564, 1985.

[18] R. Agrawal and N. Gehani. ODE (Object Database and Environment): The language and the data model. In *Proc. ACM SIGMOD Conf. on the Management of Data*, 1989.

[19] R. Agrawal, J. E. Gehrke, D. Gunopulos, and P. Raghavan. Automatic subspace clustering of high dimensional data for data mining. In *Proc. ACM SIGMOD Conf. on Management of Data*, 1998.

[20] R. Agrawal, T. Imielinski, and A. Swami. Database mining: A performance perspective. *IEEE Transactions on Knowledge and Data Engineering*, 5(6):914–925, December 1993.

[21] R. Agrawal, H. Mannila, R. Srikant, H. Toivonen, and A. I. Verkamo. Fast discovery of association rules. In U. M. Fayyad, G. Piatetsky-Shapiro, P. Smyth, and R. Uthurusamy, editors, *Advances in Knowledge Discovery and Data Mining*, chapter 12, pages 307–328. AAAI/MIT Press, 1996.

[22] R. Agrawal, G. Psaila, E. Wimmers, and M. Zaot. Querying shapes of histories. In *Proc. Intl. Conf. on Very Large Databases*, 1995.

[23] R. Agrawal and J. Shafer. Parallel mining of association rules. *IEEE Transactions on Knowledge and Data Engineering*, 8(6):962–969, 1996.

[24] R. Agrawal and R. Srikant. Mining sequential patterns. In *Proc. IEEE Intl. Conf. on Data Engineering*, 1995.

[25] R. Agrawal, P. Stolorz, and G. Piatetsky-Shapiro, editors. *Proc. Intl. Conf. on Knowledge Discovery and Data Mining*. AAAI Press, 1998.

[26] R. Ahad, K. BapaRao, and D. McLeod. On estimating the cardinality of the projection of a database relation. *ACM Transactions on Database Systems*, 14(1):28–40, 1989.

[27] C. Ahlberg and E. Wistrand. IVEE: An information visualization exploration environment. In *Intl. Symp. on Information Visualization*, 1995.

[28] A. Aho, C. Beeri, and J. Ullman. The theory of joins in relational databases. *ACM Transactions on Database Systems*, 4(3):297–314, 1979.

[29] A. Aho, J. Hopcroft, and J. Ullman. *The Design and Analysis of Computer Algorithms*. Addison-Wesley, 1983.

[30] A. Aho, Y. Sagiv, and J. Ullman. Equivalences among relational expressions. *SIAM Journal of Computing*, 8(2):218–246, 1979.

[31] A. Aiken, J. Chen, M. Stonebraker, and A. Woodruff. Tioga-2: A direct manipulation database visualization environment. In *Proc. IEEE Intl. Conf. on Data Engineering*, 1996.

[32] A. Aiken, J. Widom, and J. Hellerstein. Static analysis techniques for predicting the behavior of active database rules. *ACM Transactions on Database Systems*, 20(1):3–41, 1995.

[33] A. Ailamaki, D. DeWitt, M. Hill, and M. Skounakis. Weaving relations for cache performance. In *Proc. Intl. Conf. on Very Large Data Bases*, 2001.

[34] N. Alon, P. B. Gibbons, Y. Matias, and M. Szegedy. Tracking join and self-join sizes in limited storage. In *Proc. ACM Symposium on Principles of Database Systems*, Philadeplphia, Pennsylvania, 1999.

[35] N. Alon, Y. Matias, and M. Szegedy. The space complexity of approximating the frequency moments. In *Proc. of the ACM Symp. on Theory of Computing*, pages 20–29, 1996.

[36] E. Anwar, L. Maugis, and U. Chakravarthy. A new perspective on rule support for object-oriented databases. In *Proc. ACM SIGMOD Conf. on the Management of Data*, 1993.

[37] K. Apt, H. Blair, and A. Walker. Towards a theory of declarative knowledge. In J. Minker, editor, *Foundations of Deductive Databases and Logic Programming.* Morgan Kaufmann, 1988.

[38] W. Armstrong. Dependency structures of database relationships. In *Proc. IFIP Congress*, 1974.

[39] G. Arocena and A. O. Mendelzon. WebOQL: restructuring documents, databases and webs. In *Proc. Intl. Conf. on Data Engineering*, 1988.

[40] M. Astrahan, M. Blasgen, D. Chamberlin, K. Eswaran, J. Gray, P. Griffiths, W. King, R. Lorie, P. McJones, J. Mehl, G. Putzolu, I. Traiger, B. Wade, and V. Watson. System R: a relational approach to database management. *ACM Transactions on Database Systems*, 1(2):97–137, 1976.

[41] M. Atkinson, P. Bailey, K. Chisholm, P. Cockshott, and R. Morrison. An approach to persistent programming. In *Readings in Object-Oriented Databases.* eds. S.B. Zdonik and D. Maier, Morgan Kaufmann, 1990.

[42] M. Atkinson and P. Buneman. Types and persistence in database programming languages. *ACM Computing Surveys*, 19(2):105–190, 1987.

[43] R. Attar, P. Bernstein, and N. Goodman. Site initialization, recovery, and back-up in a distributed database system. *IEEE Transactions on Software Engineering*, 10(6):645–650, 1983.

[44] P. Atzeni, L. Cabibbo, and G. Mecca. Isalog: A declarative language for complex objects with hierarchies. In *Proc. IEEE Intl. Conf. on Data Engineering*, 1993.

[45] P. Atzeni and V. De Antonellis. *Relational Database Theory.* Benjamin-Cummings, 1993.

[46] P. Atzeni, G. Mecca, and P. Merialdo. To weave the web. In *Proc. Intl. Conf. Very Large Data Bases*, 1997.

[47] R. Avnur, J. Hellerstein, B. Lo, C. Olston, B. Raman, V. Raman, T. Roth, and K. Wylie. Control: Continuous output and navigation technology with refinement online In *Proc. ACM SIGMOD Conf. on the Management of Data*, 1998.

[48] R. Avnur and J. M. Hellerstein. Eddies: Continuously adaptive query processing. In *Proc. ACM SIGMOD Conf. on the Management of Data*, pages 261–272. ACM, 2000.

[49] B. Babcock, S. Babu, M. Datar, R. Motwani, and J. Widom. Models and issues in data stream systems. In *Proc. ACM Symp. on on Principles of Database Systems*, 2002.

[50] S. Babu and J. Widom. Continous queries over data streams. *ACM SIGMOD Record*, 30(3):109–120, 2001.

[51] D. Badal and G. Popek. Cost and performance analysis of semantic integrity validation methods. In *Proc. ACM SIGMOD Conf. on the Management of Data*, 1979.

[52] A. Badia, D. Van Gucht, and M. Gyssens. Querying with generalized quantifiers. In *Applications of Logic Databases.* ed. R. Ramakrishnan, Kluwer Academic, 1995.

[53] I. Balbin, G. Port, K. Ramamohanarao, and K. Meenakshi. Efficient bottom-up computation of queries on stratified databases. *Journal of Logic Programming*, 11(3):295–344, 1991.

[54] I. Balbin and K. Ramamohanarao. A generalization of the differential approach to recursive query evaluation. *Journal of Logic Programming*, 4(3):259–262, 1987.

[55] F. Bancilhon, C. Delobel, and P. Kanellakis. *Building an Object-Oriented Database System*. Morgan Kaufmann, 1991.

[56] F. Bancilhon and S. Khoshafian. A calculus for complex objects. *Journal of Computer and System Sciences*, 38(2):326–340, 1989.

[57] F. Bancilhon, D. Maier, Y. Sagiv, and J. Ullman. Magic sets and other strange ways to implement logic programs. In *ACM Symp. on Principles of Database Systems*, 1986.

[58] F. Bancilhon and R. Ramakrishnan. An amateur's introduction to recursive query processing strategies. In *Proc. ACM SIGMOD Conf. on the Management of Data*, 1986.

[59] F. Bancilhon and N. Spyratos. Update semantics of relational views. *ACM Transactions on Database Systems*, 6(4):557–575, 1981.

[60] E. Baralis, S. Ceri, and S. Paraboschi. Modularization techniques for active rules design. *ACM Transactions on Database Systems*, 21(1):1–29, 1996.

[61] D. Barbará, W. DuMouchel, C. Faloutsos, P. J. Haas, J. M. Hellerstein, Y. E. Ioannidis, H. V. Jagadish, T. Johnson, R. T. Ng, V. Poosala, K. A. Ross, and K. C. Sevcik. The New Jersey data reduction report. *Data Engineering Bulletin*, 20(4):3–45, 1997.

[62] R. Barquin and H. Edelstein. *Planning and Designing the Data Warehouse*. Prentice-Hall, 1997.

[63] C. Batini, S. Ceri, and S. Navathe. *Database Design: An Entity Relationship Approach*. Benjamin/Cummings Publishers, 1992.

[64] C. Batini, M. Lenzerini, and S. Navathe. A comparative analysis of methodologies for database schema integration. *ACM Computing Surveys*, 18(4):323–364, 1986.

[65] D. Batory, J. Barnett, J. Garza, K. Smith, K. Tsukuda, B. Twichell, and T. Wise. GENESIS: An extensible database management system. In S. Zdonik and D. Maier, editors, *Readings in Object-Oriented Databases*. Morgan Kaufmann, 1990.

[66] B. Baugsto and J. Greipsland. Parallel sorting methods for large data volumes on a hypercube database computer. In *Proc. Intl. Workshop on Database Machines*, 1989.

[67] R. J. Bayardo. Efficiently mining long patterns from databases. In *Proc. ACM SIGMOD Intl. Conf. on Management of Data*, pages 85–93. ACM Press, 1998.

[68] R. J. Bayardo, R. Agrawal, and D. Gunopulos. Constraint-based rule mining in large, dense databases. *Data Mining and Knowledge Discovery*, 4(2/3):217–240, 2000.

[69] R. Bayer and E. McCreight. Organization and maintenance of large ordered indexes. *Acta Informatica*, 1(3):173–189, 1972.

[70] R. Bayer and M. Schkolnick. Concurrency of operations on B-trees. *Acta Informatica*, 9(1):1–21, 1977.

[71] M. Beck, D. Bitton, and W. Wilkinson. Sorting large files on a backend multiprocessor. *IEEE Transactions on Computers*, 37(7):769–778, 1988.

[72] N. Beckmann, H.-P. Kriegel, R. Schneider, and B. Seeger. The R* tree: An efficient and robust access method for points and rectangles. In *Proc. ACM SIGMOD Conf. on the Management of Data*, 1990.

[73] C. Beeri, R. Fagin, and J. Howard. A complete axiomatization of functional and multivalued dependencies in database relations. In *Proc. ACM SIGMOD Conf. on the Management of Data*, 1977.

[74] C. Beeri and P. Honeyman. Preserving functional dependencies. *SIAM Journal of Computing*, 10(3):647–656, 1982.

[75] C. Beeri and T. Milo. A model for active object-oriented database. In *Proc. Intl. Conf. on Very Large Databases*, 1991.

[76] C. Beeri, S. Naqvi, R. Ramakrishnan, O. Shmueli, and S. Tsur. Sets and negation in a logic database language (LDL1). In *ACM Symp. on Principles of Database Systems*, 1987.

[77] C. Beeri and R. Ramakrishnan. On the power of magic. In *ACM Symp. on Principles of Database Systems*, 1987.

[78] D. Bell and J. Grimson. *Distributed Database Systems*. Addison-Wesley, 1992.

[79] J. Bentley and J. Friedman. Data structures for range searching. *ACM Computing Surveys*, 13(3):397–409, 1979.

[80] S. Berchtold, C. Bohm, and H.-P. Kriegel. The pyramid-tree: breaking the curse of dimensionality. In *ACM SIGMOD Conf. on the Management of Data*, 1998.

[81] P. Bernstein. Synthesizing third normal form relations from functional dependencies. *ACM Transactions on Database Systems*, 1(4):277–298, 1976.

[82] P. Bernstein, B. Blaustein, and E. Clarke. Fast maintenance of semantic integrity assertions using redundant aggregate data. In *Proc. Intl. Conf. on Very Large Databases*, 1980.

[83] P. Bernstein and D. Chiu. Using semi-joins to solve relational queries. *Journal of the ACM*, 28(1):25–40, 1981.

[84] P. Bernstein and N. Goodman. Timestamp-based algorithms for concurrency control in distributed database systems. In *Proc. Intl. Conf. on Very Large Databases*, 1980.

[85] P. Bernstein and N. Goodman. Concurrency control in distributed database systems. *ACM Computing Surveys*, 13(2):185–222, 1981.

[86] P. Bernstein and N. Goodman. Power of natural semijoins. *SIAM Journal of Computing*, 10(4):751–771, 1981.

[87] P. Bernstein and N. Goodman. Multiversion concurrency control—Theory and algorithms. *ACM Transactions on Database Systems*, 8(4):465–483, 1983.

[88] P. Bernstein, N. Goodman, E. Wong, C. Reeve, and J. Rothnie. Query processing in a system for distributed databases (SDD-1). *ACM Transactions on Database Systems*, 6(4):602–625, 1981.

[89] P. Bernstein, V. Hadzilacos, and N. Goodman. *Concurrency Control and Recovery in Database Systems*. Addison-Wesley, 1987.

[90] P. Bernstein and E. Newcomer. *Principles of Transaction Processing*. Morgan Kaufmann, 1997.

[91] P. Bernstein, D. Shipman, and J. Rothnie. Concurrency control in a system for distributed databases (SDD-1). *ACM Transactions on Database Systems*, 5(1):18–51, 1980.

[92] P. Bernstein, D. Shipman, and W. Wong. Formal aspects of serializability in database concurrency control. *IEEE Transactions on Software Engineering*, 5(3):203–216, 1979.

[93] K. Beyer, J. Goldstein, R. Ramakrishnan, and U. Shaft. When is nearest neighbor meaningful? In *IEEE International Conference on Database Theory*, 1999.

[94] K. Beyer and R. Ramakrishnan. Bottom-up computation of sparse and iceberg cubes In *Proc. ACM SIGMOD Conf. on the Management of Data*, 1999.

[95] B. Bhargava, editor. *Concurrency Control and Reliability in Distributed Systems.* Van Nostrand Reinhold, 1987.

[96] A. Biliris. The performance of three database storage structures for managing large objects. In *Proc. ACM SIGMOD Conf. on the Management of Data*, 1992.

[97] J. Biskup and B. Convent. A formal view integration method. In *Proc. ACM SIGMOD Conf. on the Management of Data*, 1986.

[98] J. Biskup, U. Dayal, and P. Bernstein. Synthesizing independent database schemas. In *Proc. ACM SIGMOD Conf. on the Management of Data*, 1979.

[99] D. Bitton and D. DeWitt. Duplicate record elimination in large data files. *ACM Transactions on Database Systems*, 8(2):255–265, 1983.

[100] J. Blakeley, P.-A. Larson, and F. Tompa. Efficiently updating materialized views. In *Proc. ACM SIGMOD Conf. on the Management of Data*, 1986.

[101] M. Blasgen and K. Eswaran. On the evaluation of queries in a database system. Technical report, IBM FJ (RJ1745), San Jose, 1975.

[102] P. Bohannon, D. Leinbaugh, R. Rastogi, S. Seshadri, A. Silberschatz, and S. Sudarshan. Logical and physical versioning in main memory databases. In *Proc. Intl. Conf. on Very Large Databases*, 1997.

[103] P. Bohannon, J. Freire, P. Roy, and J. Simeon. From XML schema to relations: A cost-based approach to XML storage. In *Proceedings of ICDE*, 2002.

[104] P. Bonnet and D. E. Shasha. *Database Tuning: Principles, Experiments, and Troubleshooting Techniques.* Morgan Kaufmann Publishers, 2002.

[105] G. Booch, I. Jacobson, and J. Rumbaugh. *The Unified Modeling Language User Guide.* Addison-Wesley, 1998.

[106] A. Borodin, G. Roberts, J. Rosenthal, and P. Tsaparas. Finding authorities and hubs from link structures on Roberts G.O. the world wide web. In *World Wide Web Conference*, pages 415–429, 2001.

[107] R. Boyce and D. Chamberlin. SEQUEL: A structured English query language. In *Proc. ACM SIGMOD Conf. on the Management of Data*, 1974.

[108] P. S. Bradley and U. M. Fayyad. Refining initial points for K-Means clustering. In *Proc. Intl. Conf. on Machine Learning*, pages 91–99. Morgan Kaufmann, San Francisco, CA, 1998.

[109] P. S. Bradley, U. M. Fayyad, and C. Reina. Scaling clustering algorithms to large databases. In *Proc. Intl. Conf. on Knowledge Discovery and Data Mining*, 1998.

[110] K. Bratbergsengen. Hashing methods and relational algebra operations. In *Proc. Intl. Conf. on Very Large Databases*, 1984.

[111] L. Breiman, J. H. Friedman, R. A. Olshen, and C. J. Stone. *Classification and Regression Trees.* Wadsworth, Belmont. CA, 1984.

[112] Y. Breitbart, H. Garcia-Molina, and A. Silberschatz. Overview of multidatabase transaction management. In *Proc. Intl. Conf. on Very Large Databases*, 1992.

[113] Y. Breitbart, A. Silberschatz, and G. Thompson. Reliable transaction management in a multidatabase system. In *Proc. ACM SIGMOD Conf. on the Management of Data*, 1990.

[114] Y. Breitbart, A. Silberschatz, and G. Thompson. An approach to recovery management in a multidatabase system. In *Proc. Intl. Conf. on Very Large Databases*, 1992.

[115] S. Brin, R. Motwani, and C. Silverstein. Beyond market baskets: Generalizing association rules to correlations. In *Proc. ACM SIGMOD Conf. on the Management of Data*, 1997.

[116] S. Brin and L. Page. The anatomy of a large-scale hypertextual web search engine. In *Proceedings of 7th World Wide Web Conference*, 1998.

[117] S. Brin, R. Motwani, J. D. Ullman, and S. Tsur. Dynamic itemset counting and implication rules for market basket data. In *Proc. ACM SIGMOD Intl. Conf. on Management of Data*, pages 255–264. ACM Press, 1997.

[118] T. Brinkhoff, H.-P. Kriegel, and R. Schneider. Comparison of approximations of complex objects used for approximation-based query processing in spatial database systems. In *Proc. IEEE Intl. Conf. on Data Engineering*, 1993.

[119] K. Brown, M. Carey, and M. Livny. Goal-oriented buffer management revisited. In *Proc. ACM SIGMOD Conf. on the Management of Data*, 1996.

[120] N. Bruno, S. Chaudhuri, and L. Gravano. Top-k selection queries over relational databases: Mapping strategies and performance evaluation. *ACM Transactions on Database Systems*, To appear, 2002.

[121] F. Bry. Towards an efficient evaluation of general queries: Quantifier and disjunction processing revisited. In *Proc. ACM SIGMOD Conf. on the Management of Data*, 1989.

[122] F. Bry and R. Manthey. Checking consistency of database constraints: A logical basis. In *Proc. Intl. Conf. on Very Large Databases*, 1986.

[123] P. Buneman and E. Clemons. Efficiently monitoring relational databases. *ACM Transactions on Database Systems*, 4(3), 1979.

[124] P. Buneman, S. Davidson, G. Hillebrand, and D. Suciu. A query language and optimization techniques for unstructured data. In *Proc. ACM SIGMOD Conf. on Management of Data*, 1996.

[125] P. Buneman, S. Naqvi, V. Tannen, and L. Wong. Principles of programming with complex objects and collection types. *Theoretical Computer Science*, 149(1):3–48, 1995.

[126] D. Burdick, M. Calimlim, and J. E. Gehrke. Mafia: A maximal frequent itemset algorithm for transactional databases. In *Proc. Intl. Conf. on Data Engineering (ICDE)*. IEEE Computer Society, 2001.

[127] M. Carey. Granularity hierarchies in concurrency control. In *ACM Symp. on Principles of Database Systems*, 1983.

[128] M. Carey, D. Chamberlin, S. Narayanan, B. Vance, D. Doole, S. Rielau, R. Swagerman, and N. Mattos. O-O, what's happening to DB2? In *Proc. ACM SIGMOD Conf. on the Management of Data*, 1999.

[129] M. Carey, D. DeWitt, M. Franklin, N. Hall, M. McAuliffe, J. Naughton, D. Schuh, M. Solomon, C. Tan, O. Tsatalos, S. White, and M. Zwilling. Shoring up persistent applications. In *Proc. ACM SIGMOD Conf. on the Management of Data*, 1994.

[130] M. Carey, D. DeWitt, G. Graefe, D. Haight, J. Richardson, D. Schuh, E. Shekita, and S. Vandenberg. The EXODUS Extensible DBMS project: An overview. In S. Zdonik and D. Maier, editors, *Readings in Object-Oriented Databases*. Morgan Kaufmann, 1990.

[131] M. Carey, D. DeWitt, and J. Naughton. The 007 benchmark. In *Proc. ACM SIGMOD Conf. on the Management of Data*, 1993.

[132] M. Carey, D. DeWitt, J. Naughton, M. Asgarian, J. Gehrke, and D. Shah. The BUCKY object-relational benchmark. In *Proc. ACM SIGMOD Conf. on the Management of Data*, 1997.

[133] M. Carey, D. DeWitt, J. Richardson, and E. Shekita. Object and file management in the Exodus extensible database system. In *Proc. Intl. Conf. on Very Large Databases*, 1986.

[134] M. Carey, D. Florescu, Z. Ives, Y. Lu, J. Shanmugasundaram, E. Shekita, and S. Subramanian. XPERANTO: publishing object-relational data as XML. In *Proceedings of the Third International Workshop on the Web and Databases*, May 2000.

[135] M. Carey and D. Kossman. On saying "Enough Already!" in SQL In *Proc. ACM SIGMOD Conf. on the Management of Data*, 1997.

[136] M. Carey and D. Kossman. Reducing the braking distance of an SQL query engine In *Proc. Intl. Conf. on Very Large Databases*, 1998.

[137] M. Carey and M. Livny. Conflict detection tradeoffs for replicated data. *ACM Transactions on Database Systems*, 16(4), 1991.

[138] M. Casanova, L. Tucherman, and A. Furtado. Enforcing inclusion dependencies and referential integrity. In *Proc. Intl. Conf. on Very Large Databases*, 1988.

[139] M. Casanova and M. Vidal. Towards a sound view integration methodology. In *ACM Symp. on Principles of Database Systems*, 1983.

[140] S. Castano, M. Fugini, G. Martella, and P. Samarati. *Database Security*. Addison-Wesley, 1995.

[141] R. Cattell. *The Object Database Standard: ODMG-93 (Release 1.1)*. Morgan Kaufmann, 1994.

[142] S. Ceri, P. Fraternali, S. Paraboschi, and L. Tanca. Active rule management in Chimera. In J. Widom and S. Ceri, editors, *Active Database Systems*. Morgan Kaufmann, 1996.

[143] S. Ceri, G. Gottlob, and L. Tanca. *Logic Programming and Databases*. Springer Verlag, 1990.

[144] S. Ceri and G. Pelagatti. *Distributed Database Design: Principles and Systems*. McGraw-Hill, 1984.

[145] S. Ceri and J. Widom. Deriving production rules for constraint maintenance. In *Proc. Intl. Conf. on Very Large Databases*, 1990.

[146] F. Cesarini, M. Missikoff, and G. Soda. An expert system approach for database application tuning. *Data and Knowledge Engineering*, 8:35–55, 1992.

[147] U. Chakravarthy. Architectures and monitoring techniques for active databases: An evaluation. *Data and Knowledge Engineering*, 16(1):1–26, 1995.

[148] U. Chakravarthy, J. Grant, and J. Minker. Logic-based approach to semantic query optimization. *ACM Transactions on Database Systems*, 15(2):162–207, 1990.

[149] D. Chamberlin. *Using the New DB2*. Morgan Kaufmann, 1996.

[150] D. Chamberlin, M. Astrahan, M. Blasgen, J. Gray, W. King, B. Lindsay, R. Lorie, J. Mehl, T. Price, P. Selinger, M. Schkolnick, D. Slutz, I. Traiger, B. Wade, and R. Yost. A history and evaluation of System R *Communications of the ACM*, 24(10):632–646, 1981.

[151] D. Chamberlin, M. Astrahan, K. Eswaran, P. Griffiths, R. Lorie, J. Mehl, P. Reisner, and B. Wade. Sequel 2: a unified approach to data definition, manipulation, and control. *IBM Journal of Research and Development*, 20(6):560–575, 1976.

[152] D. Chamberlin, D. Florescu, and J. Robie. Quilt: an XML query language for heterogeneous data sources. In *Proceedings of WebDB*, Dallas, TX, May 2000.

[153] D. Chamberlin, D. Florescu, J. Robie, J. Simeon, and M. Stefanescu. XQuery: A query language for XML. World Wide Web Consortium, `http://www.w3.org/TR/xquery`, Feb 2000.

[154] A. Chandra and D. Harel. Structure and complexity of relational queries. *J. Computer and System Sciences*, 25:99–128, 1982.

[155] A. Chandra and P. Merlin. Optimal implementation of conjunctive queries in relational databases. In *Proc. ACM SIGACT Symp. on Theory of Computing*, 1977.

[156] M. Chandy, L. Haas, and J. Misra. Distributed deadlock detection. *ACM Transactions on Computer Systems*, 1(3):144–156, 1983.

[157] C. Chang and D. Leu. Multi-key sorting as a file organization scheme when queries are not equally likely. In *Proc. Intl. Symp. on Database Systems for Advanced Applications*, 1989.

[158] D. Chang and D. Harkey. *Client/ server data access with Java and XML.* John Wiley and Sons, 1998.

[159] M. Charikar, S. Chaudhuri, R. Motwani, and V. R. Narasayya. Towards estimation error guarantees for distinct values. In *Proc. ACM Symposium on Principles of Database Systems*, pages 268–279. ACM, 2000.

[160] D. Chatziantoniou and K. Ross. Groupwise processing of relational queries. In *Proc. Intl. Conf. on Very Large Databases*, 1997.

[161] S. Chaudhuri and U. Dayal. An overview of data warehousing and OLAP technology. *SIGMOD Record*, 26(1):65–74, 1997.

[162] S. Chaudhuri and D. Madigan, editors. *Proc. ACM SIGKDD Intl. Conference on Knowledge Discovery and Data Mining.* ACM Press, 1999.

[163] S. Chaudhuri and V. Narasayya. An efficient cost-driven index selection tool for Microsoft SQL Server. In *Proc. Intl. Conf. on Very Large Databases*, 1997.

[164] S. Chaudhuri and V. R. Narasayya. Autoadmin 'what-if' index analysis utility. In *Proc. ACM SIGMOD Intl. Conf. on Management of Data*, 1998.

[165] S. Chaudhuri and K. Shim. Optimization of queries with user-defined predicates. In *Proc. Intl. Conf. on Very Large Databases*, 1996.

[166] S. Chaudhuri and K. Shim. Optimization queries with aggregate views. In *Intl. Conf. on Extending Database Technology*, 1996.

[167] S. Chaudhuri, G. Das, and V. R. Narasayya. A robust, optimization-based approach for approximate answering of aggregate queries. In *Proc. ACM SIGMOD Conf. on the Management of Data*, 2001.

[168] J. Cheiney, P. Faudemay, R. Michel, and J. Thevenin. A reliable parallel backend using multiattribute clustering and select-join operator. In *Proc. Intl. Conf. on Very Large Databases*, 1986.

[169] C. Chen and N. Roussopoulos. Adaptive database buffer management using query feedback. In *Proc. Intl. Conf. on Very Large Databases*, 1993.

[170] C. Chen and N. Roussopoulos. Adaptive selectivity estimation using query feedback. In *Proc. ACM SIGMOD Conf. on the Management of Data*, 1994.

[171] P. M. Chen, E. K. Lee, G. A. Gibson, R. H. Katz, and D. A. Patterson. RAID: High-performance, reliable secondary storage. *ACM Computing Surveys*, 26(2):145–185, June 1994.

[172] P. P. Chen. The entity-relationship model—toward a unified view of data. *ACM Transactions on Database Systems*, 1(1):9–36, 1976.

[173] Y. Chen, G. Dong, J. Han, B. W. Wah, and J. Wang. Multi-dimensional regression analysis of time-series data streams. In *Proc. Intl. Conf. on Very Large Data Bases*, 2002.

[174] D. W. Cheung, J. Han, V. T. Ng, and C. Y. Wong. Maintenance of discovered association rules in large databases: An incremental updating technique. In *Proc. Int. Conf. Data Engineering*, 1996.

[175] D. W. Cheung, V. T. Ng, and B. W. Tam Maintenance of discovered knowledge: A case in multi-level association rules. In *Proc. Intl. Conf. on Knowledge Discovery and Data Mining*. AAAI Press, 1996.

[176] D. Childs. Feasibility of a set theoretical data structure—A general structure based on a reconstructed definition of relation. *Proc. Tri-annual IFIP Conference*, 1968.

[177] D. Chimenti, R. Gamboa, R. Krishnamurthy, S. Naqvi, S. Tsur, and C. Zaniolo. The ldl system prototype. *IEEE Transactions on Knowledge and Data Engineering*, 2(1):76–90, 1990.

[178] F. Chin and G. Ozsoyoglu. Statistical database design. *ACM Transactions on Database Systems*, 6(1):113–139, 1981.

[179] T.-C. Chiueh and L. Huang. Efficient real-time index updates in text retrieval systems.

[180] J. Chomicki. Real-time integrity constraints. In *ACM Symp. on Principles of Database Systems*, 1992.

[181] H.-T. Chou and D. DeWitt. An evaluation of buffer management strategies for relational database systems. In *Proc. Intl. Conf. on Very Large Databases*, 1985.

[182] P. Chrysanthis and K. Ramamritham. Acta: A framework for specifying and reasoning about transaction structure and behavior. In *Proc. ACM SIGMOD Conf. on the Management of Data*, 1990.

[183] F. Chu, J. Halpern, and P. Seshadri. Least expected cost query optimization: An exercise in utility *ACM Symp. on Principles of Database Systems*, 1999.

[184] F. Civelek, A. Dogac, and S. Spaccapietra. An expert system approach to view definition and integration. In *Proc. Entity-Relationship Conference*, 1988.

[185] R. Cochrane, H. Pirahesh, and N. Mattos. Integrating triggers and declarative constraints in SQL database systems. In *Proc. Intl. Conf. on Very Large Databases*, 1996.

[186] CODASYL. *Report of the CODASYL Data Base Task Group*. ACM, 1971.

[187] E. Codd. A relational model of data for large shared data banks. *Communications of the ACM*, 13(6):377–387, 1970.

[188] E. Codd. Further normalization of the data base relational model. In R. Rustin, editor, *Data Base Systems*. Prentice Hall, 1972.

[189] E. Codd. Relational completeness of data base sub-languages. In R. Rustin, editor, *Data Base Systems*. Prentice Hall, 1972.

[190] E. Codd. Extending the database relational model to capture more meaning. *ACM Transactions on Database Systems*, 4(4):397–434, 1979.

[191] E. Codd. Twelve rules for on-line analytic processing. *Computerworld*, April 13 1995.

[192] L. Colby, T. Griffin, L. Libkin, I. Mumick, and H. Trickey. Algorithms for deferred view maintenance. In *Proc. ACM SIGMOD Conf. on the Management of Data*, 1996.

[193] L. Colby, A. Kawaguchi, D. Lieuwen, I. Mumick, and K. Ross. Supporting multiple view maintenance policies: Concepts, algorithms, and performance analysis. In *Proc. ACM SIGMOD Conf. on the Management of Data*, 1997.

[194] D. Comer. The ubiquitous B-tree. *ACM C. Surveys*, 11(2):121–137, 1979.

[195] D. Connolly, editor. *XML Principles, Tools and Techniques.* O'Reilly & Associates, Sebastopol, USA, 1997.

[196] B. Cooper, N. Sample, M. J. Franklin, G. R. Hjaltason, and M. Shadmon. A fast index for semistructured data. In *Proceedings of VLDB*, 2001.

[197] D. Copeland and D. Maier. Making SMALLTALK a database system. In *Proc. ACM SIGMOD Conf. on the Management of Data*, 1984.

[198] G. Cornell and K. Abdali. *CGI Programming With Java.* PrenticeHall, 1998.

[199] C. Cortes, K. Fisher, D. Pregibon, and A. Rogers. Hancock: a language for extracting signatures from data streams. In *Proc. ACM SIGKDD Intl. Conference on Knowledge Discovery and Data Mining*, pages 9–17. AAAI Press, 2000.

[200] J. Daemen and V. Rijmen. *The Design of Rijndael: AES –The Advanced Encryption Standard (Information Security and Cryptography).* Springer Verlag, 2002.

[201] M. Datar, A. Gionis, P. Indyk, and R. Motwani. Maintaining stream statistics over sliding windows. In *Proc. of the Annual ACM-SIAM Symp. on Discrete Algorithms*, 2002.

[202] C. Date. A critique of the SQL database language. *ACM SIGMOD Record*, 14(3):8–54, 1984.

[203] C. Date. *Relational Database: Selected Writings.* Addison-Wesley, 1986.

[204] C. Date. *An Introduction to Database Systems.* Addison-Wesley, 7 edition, 1999.

[205] C. Date and R. Fagin. Simple conditions for guaranteeing higher normal forms in relational databases. *ACM Transactions on Database Systems*, 17(3), 1992.

[206] C. Date and D. McGoveran. *A Guide to Sybase and SQL Server.* Addison-Wesley, 1993.

[207] U. Dayal and P. Bernstein. On the updatability of relational views. In *Proc. Intl. Conf. on Very Large Databases*, 1978.

[208] U. Dayal and P. Bernstein. On the correct translation of update operations on relational views. *ACM Transactions on Database Systems*, 7(3), 1982.

[209] P. DeBra and J. Paredaens. Horizontal decompositions for handling exceptions to FDs. In H. Gallaire, J. Minker, and J.-M. Nicolas, editors, *Advances in Database Theory,*. Plenum Press, 1981.

[210] J. Deep and P. Holfelder. *Developing CGI applications with Perl.* Wiley, 1996.

[211] C. Delobel. Normalization and hierarchial dependencies in the relational data model. *ACM Transactions on Database Systems*, 3(3):201–222, 1978.

[212] D. Denning. Secure statistical databases with random sample queries. *ACM Transactions on Database Systems*, 5(3):291–315, 1980.

[213] D. E. Denning. *Cryptography and Data Security.* Addison-Wesley, 1982.

[214] M. Derr, S. Morishita, and G. Phipps. The glue-nail deductive database system: Design, implementation, and evaluation. *VLDB Journal*, 3(2):123–160, 1994.

[215] A. Deshpande. An implementation for nested relational databases. Technical report, PhD thesis, Indiana University, 1989.

[216] P. Deshpande, K. Ramasamy, A. Shukla, and J. F. Naughton. Caching multidimensional queries using chunks. In *Proc. ACM SIGMOD Intl. Conf. on Management of Data*, 1998.

[217] A. Deutsch, M. Fernandez, D. Florescu, A. Levy, and D. Suciu. XML-QL: A query language for XML. World Wide Web Consortium, `http://www.w3.org/TR/NOTE-xml-ql`, Aug 1998.

[218] O. e. a. Deux. The story of O2. *IEEE Transactions on Knowledge and Data Engineering*, 2(1), 1990.

[219] D. DeWitt, H.-T. Chou, R. Katz, and A. Klug. Design and implementation of the Wisconsin Storage System. *Software Practice and Experience*, 15(10):943–962, 1985.

[220] D. DeWitt, R. Gerber, G. Graefe, M. Heytens, K. Kumar, and M. Muralikrishna. Gamma—A high performance dataflow database machine. In *Proc. Intl. Conf. on Very Large Databases*, 1986.

[221] D. DeWitt and J. Gray. Parallel database systems: The future of high-performance database systems. *Communications of the ACM*, 35(6):85–98, 1992.

[222] D. DeWitt, R. Katz, F. Olken, L. Shapiro, M. Stonebraker, and D. Wood. Implementation techniques for main memory databases. In *Proc. ACM SIGMOD Conf. on the Management of Data*, 1984.

[223] D. DeWitt, J. Naughton, and D. Schneider. Parallel sorting on a shared-nothing architecture using probabilistic splitting. In *Proc. Conf. on Parallel and Distributed Information Systems*, 1991.

[224] D. DeWitt, J. Naughton, D. Schneider, and S. Seshadri. Practical skew handling in parallel joins. In *Proc. Intl. Conf. on Very Large Databases*, 1992.

[225] O. Diaz, N. Paton, and P. Gray. Rule management in object-oriented databases: A uniform approach. In *Proc. Intl. Conf. on Very Large Databases*, 1991.

[226] S. Dietrich. Extension tables: Memo relations in logic programming. In *Proc. Intl. Symp. on Logic Programming*, 1987.

[227] W. Diffie and M. E. Hellman. New directions in cryptography. *IEEE Transactions on Information Theory*, 22(6):644–654, 1976.

[228] P. Domingos and G. Hulten. Mining high-speed data streams. In *Proc. ACM SIGKDD Intl. Conference on Knowledge Discovery and Data Mining.* AAAI Press, 2000.

[229] D. Donjerkovic and R. Ramakrishnan. Probabilistic optimization of top N queries In *Proc. Intl. Conf. on Very Large Databases*, 1999.

[230] W. Du and A. Elmagarmid. Quasi-serializability: A correctness criterion for global concurrency control in interbase. In *Proc. Intl. Conf. on Very Large Databases*, 1989.

[231] W. Du, R. Krishnamurthy, and M.-C. Shan. Query optimization in a heterogeneous DBMS. In *Proc. Intl. Conf. on Very Large Databases*, 1992.

[232] R. C. Dubes and A. Jain. *Clustering Methodologies in Exploratory Data Analysis, Advances in Computers.* Academic Press, New York, 1980.

[233] N. Duppel. Parallel SQL on TANDEM 's NonStop SQL. *IEEE COMPCON*, 1989.

[234] H. Edelstein. The challenge of replication, Parts 1 and 2. *DBMS: Database and Client-Server Solutions*, 1995.

[235] W. Effelsberg and T. Haerder. Principles of database buffer management. *ACM Transactions on Database Systems*, 9(4):560–595, 1984.

[236] M. H. Eich. A classification and comparison of main memory database recovery techniques. In *Proc. IEEE Intl. Conf. on Data Engineering*, 1987.

[237] A. Eisenberg and J. Melton. SQL:1999 , formerly known as SQL 3 *ACM SIGMOD Record*, 28(1):131–138, 1999.

[238] A. El Abbadi. Adaptive protocols for managing replicated distributed databases. In *IEEE Symp. on Parallel and Distributed Processing*, 1991.

[239] A. El Abbadi, D. Skeen, and F. Cristian. An efficient, fault-tolerant protocol for replicated data management. In *ACM Symp. on Principles of Database Systems*, 1985.

[240] C. Ellis. Concurrency in Linear Hashing. *ACM Transactions on Database Systems*, 12(2):195–217, 1987.

[241] A. Elmagarmid. *Database Transaction Models for Advanced Applications.* Morgan Kaufmann, 1992.

[242] A. Elmagarmid, J. Jing, W. Kim, O. Bukhres, and A. Zhang. Global commitability in multidatabase systems. *IEEE Transactions on Knowledge and Data Engineering*, 8(5):816–824, 1996.

[243] A. Elmagarmid, A. Sheth, and M. Liu. Deadlock detection algorithms in distributed database systems. In *Proc. IEEE Intl. Conf. on Data Engineering*, 1986.

[244] R. Elmasri and S. Navathe. Object integration in database design. In *Proc. IEEE Intl. Conf. on Data Engineering*, 1984.

[245] R. Elmasri and S. Navathe. *Fundamentals of Database Systems.* Benjamin-Cummings, 3 edition, 2000.

[246] R. Epstein. Techniques for processing of aggregates in relational database systems. Technical report, UC-Berkeley, Electronics Research Laboratory, M798, 1979.

[247] R. Epstein, M. Stonebraker, and E. Wong. Distributed query processing in a relational data base system. In *Proc. ACM SIGMOD Conf. on the Management of Data*, 1978.

[248] M. Ester, H.-P. Kriegel, J. Sander, M. Wimmer, and X. Xu. Incremental clustering for mining in a data warehousing environment. In *Proc. Intl. Conf. On Very Large Data Bases*, 1998.

[249] M. Ester, H.-P. Kriegel, J. Sander, and X. Xu. A density-based algorithm for discovering clusters in large spatial databases with noise. In *Proc. Intl. Conf. on Knowledge Discovery in Databases and Data Mining*, 1995.

[250] M. Ester, H.-P. Kriegel, and X. Xu. A database interface for clustering in large spatial databases. In *Proc. Intl. Conf. on Knowledge Discovery in Databases and Data Mining*, 1995.

[251] K. Eswaran and D. Chamberlin. Functional specification of a subsystem for data base integrity. In *Proc. Intl. Conf. on Very Large Databases*, 1975.

[252] K. Eswaran, J. Gray, R. Lorie, and I. Traiger. The notions of consistency and predicate locks in a data base system. *Communications of the ACM*, 19(11):624–633, 1976.

[253] R. Fagin. Multivalued dependencies and a new normal form for relational databases. *ACM Transactions on Database Systems*, 2(3):262–278, 1977.

[254] R. Fagin. Normal forms and relational database operators. In *Proc. ACM SIGMOD Conf. on the Management of Data*, 1979.

[255] R. Fagin. A normal form for relational databases that is based on domains and keys. *ACM Transactions on Database Systems*, 6(3):387–415, 1981.

[256] R. Fagin, J. Nievergelt, N. Pippenger, and H. Strong. Extendible Hashing—a fast access method for dynamic files. *ACM Transactions on Database Systems*, 4(3), 1979.

[257] C. Faloutsos. Access methods for text. *ACM Computing Surveys*, 17(1):49–74, 1985.

[258] C. Faloutsos. *Searching Multimedia Databases by Content* Kluwer Academic, 1996.

[259] C. Faloutsos and S. Christodoulakis. Signature files: An access method for documents and its analytical performance evaluation. *ACM Transactions on Office Information Systems*, 2(4):267–288, 1984.

[260] C. Faloutsos and H. Jagadish. On B-Tree indices for skewed distributions. In *Proc. Intl. Conf. on Very Large Databases*, 1992.

[261] C. Faloutsos, R. Ng, and T. Sellis. Predictive load control for flexible buffer allocation. In *Proc. Intl. Conf. on Very Large Databases*, 1991.

[262] C. Faloutsos, M. Ranganathan, and Y. Manolopoulos. Fast subsequence matching in time-series databases. In *Proc. ACM SIGMOD Conf. on the Management of Data*, 1994.

[263] C. Faloutsos and S. Roseman. Fractals for secondary key retrieval. In *ACM Symp. on Principles of Database Systems*, 1989.

[264] M. Fang, N. Shivakumar, H. Garcia-Molina, R. Motwani, and J. D. Ullman. Computing iceberg queries efficiently. In *Proc. Intl. Conf. On Very Large Data Bases*, 1998.

[265] U. Fayyad, G. Piatetsky-Shapiro, and P. Smyth. The KDD process for extracting useful knowledge from volumes of data. *Communications of the ACM*, 39(11):27–34, 1996.

[266] U. Fayyad, G. Piatetsky-Shapiro, P. Smyth, and R. Uthurusamy, editors. *Advances in Knowledge Discovery and Data Mining*. MIT Press, 1996.

[267] U. Fayyad and E. Simoudis. Data mining and knowledge discovery: Tutorial notes. In *Intl. Joint Conf. on Artificial Intelligence*, 1997.

[268] U. M. Fayyad and R. Uthurusamy, editors. *Proc. Intl. Conf. on Knowledge Discovery and Data Mining*. AAAI Press, 1995.

[269] M. Fernandez, D. Florescu, J. Kang, A. Y. Levy, and D. Suciu. STRUDEL: A Web site management system. In *Proc. ACM SIGMOD Conf. on Management of Data*, 1997.

[270] M. Fernandez, D. Florescu, A. Y. Levy, and D. Suciu. A query language for a Web -site management system. *SIGMOD Record (ACM Special Interest Group on Management of Data)*, 26(3):4–11, 1997.

[271] M. Fernandez, D. Suciu, and W. Tan. SilkRoute: trading between relations and XML. In *Proceedings of the WWW9*, 2000.

[272] S. Finkelstein, M. Schkolnick, and P. Tiberio. Physical database design for relational databases. *IBM Research Review RJ5034*, 1986.

[273] D. Fishman, D. Beech, H. Cate, E. Chow, T. Connors, J. Davis, N. Derrett, C. Hoch, W. Kent, P. Lyngbaek, B. Mahbod, M.-A. Neimat, T. Ryan, and M.-C. Shan. Iris: an object-oriented database management system *ACM Transactions on Office Information Systems*, 5(1):48–69, 1987.

[274] C. Fleming and B. von Halle. *Handbook of Relational Database Design*. Addison-Wesley, 1989.

[275] D. Florescu, A. Y. Levy, and A. O. Mendelzon. Database techniques for the World-Wide Web: A survey. *SIGMOD Record (ACM Special Interest Group on Management of Data)*, 27(3):59–74, 1998.

[276] W. Ford and M. S. Baum. *Secure Electronic Commerce: Building the Infrastructure for Digital Signatures and Encryption (2nd Edition)*. Prentice Hall, 2000.

[277] F. Fotouhi and S. Pramanik. Optimal secondary storage access sequence for performing relational join. *IEEE Transactions on Knowledge and Data Engineering*, 1(3):318–328, 1989.

[278] M. Fowler and K. Scott. *UML Distilled: Applying the Standard Object Modeling Language*. Addison-Wesley, 1999.

[279] W. B. Frakes and R. Baeza-Yates, editors. *Information Retrieval: Data Structures and Algorithms*. PrenticeHall, 1992.

[280] P. Franaszek, J. Robinson, and A. Thomasian. Concurrency control for high contention environments. *ACM Transactions on Database Systems*, 17(2), 1992.

[281] P. Franazsek, J. Robinson, and A. Thomasian. Access invariance and its use in high contention environments. In *Proc. IEEE International Conference on Data Engineering*, 1990.

[282] M. Franklin. Concurrency control and recovery. In *Handbook of Computer Science, A.B. Tucker (ed.), CRC Press*, 1996.

[283] M. Franklin, M. Carey, and M. Livny. Local disk caching for client-server database systems. In *Proc. Intl. Conf. on Very Large Databases*, 1993.

[284] M. Franklin, B. Jonsson, and D. Kossman. Performance tradeoffs for client-server query processing. In *Proc. ACM SIGMOD Conf. on the Management of Data*, 1996.

[285] P. Fraternali and L. Tanca. A structured approach for the definition of the semantics of active databases. *ACM Transactions on Database Systems*, 20(4):414–471, 1995.

[286] M. W. Freeston. The BANG file: A new kind of Grid File. In *Proc. ACM SIGMOD Conf. on the Management of Data*, 1987.

[287] J. Freytag. A rule-based view of query optimization. In *Proc. ACM SIGMOD Conf. on the Management of Data*, 1987.

[288] O. Friesen, A. Lefebvre, and L. Vieille. VALIDITY: Applications of a DOOD system. In *Intl. Conf. on Extending Database Technology*, 1996.

[289] J. Fry and E. Sibley. Evolution of data-base management systems. *ACM Computing Surveys*, 8(1):7–42, 1976.

[290] N. Fuhr. A decision-theoretic approach to database selection in networked ir. *ACM Transactions on Database Systems*, 17(3), 1999.

[291] T. Fukuda, Y. Morimoto, S. Morishita, and T. Tokuyama. Mining optimized association rules for numeric attributes. In *ACM Symp. on Principles of Database Systems*, 1996.

[292] A. Furtado and M. Casanova. Updating relational views. In *Query Processing in Database Systems.* eds. W. Kim, D.S. Reiner and D.S. Batory, Springer-Verlag, 1985.

[293] S. Fushimi, M. Kitsuregawa, and H. Tanaka. An overview of the systems software of a parallel relational database machine: Grace. In *Proc. Intl. Conf. on Very Large Databases*, 1986.

[294] V. Gaede and O. Guenther. Multidimensional access methods. *Computing Surveys*, 30(2):170–231, 1998.

[295] H. Gallaire, J. Minker, and J.-M. Nicolas (eds.). *Advances in Database Theory, Vols. 1 and 2.* Plenum Press, 1984.

[296] H. Gallaire and J. Minker (eds.). *Logic and Data Bases.* Plenum Press, 1978.

[297] S. Ganguly, W. Hasan, and R. Krishnamurthy. Query optimization for parallel execution. In *Proc. ACM SIGMOD Conf. on the Management of Data*, 1992.

[298] R. Ganski and H. Wong. Optimization of nested SQL queries revisited. In *Proc. ACM SIGMOD Conf. on the Management of Data*, 1987.

[299] V. Ganti, J. Gehrke, and R. Ramakrishnan. Demon: mining and monitoring evolving data. *IEEE Transactions on Knowledge and Data Engineering*, 13(1), 2001.

[300] V. Ganti, J. Gehrke, R. Ramakrishnan, and W.-Y. Loh. Focus: a framework for measuring changes in data characteristics. In *Proc. ACM Symposium on Principles of Database Systems*, 1999.

[301] V. Ganti, J. E. Gehrke, and R. Ramakrishnan. Cactus–clustering categorical data using summaries. In *Proc. ACM Intl. Conf. on Knowledge Discovery in Databases*, 1999.

[302] V. Ganti, R. Ramakrishnan, J. E. Gehrke, A. Powell, and J. French. Clustering large datasets in arbitrary metric spaces. In *Proc. IEEE Intl. Conf. Data Engineering*, 1999.

[303] H. Garcia-Molina and D. Barbara. How to assign votes in a distributed system. *Journal of the ACM*, 32(4), 1985.

[304] H. Garcia-Molina, R. Lipton, and J. Valdes. A massive memory system machine. *IEEE Transactions on Computers*, C33(4):391–399, 1984.

[305] H. Garcia-Molina, J. Ullman, and J. Widom. *Database Systems: The Complete Book* Prentice Hall, 2001.

[306] H. Garcia-Molina and G. Wiederhold. Read-only transactions in a distributed database. *ACM Transactions on Database Systems*, 7(2):209–234, 1982.

[307] E. Garfield. Citation analysis as a tool in journal evaluation. *Science*, 178(4060):471–479, 1972.

[308] A. Garg and C. Gotlieb. Order preserving key transformations. *ACM Transactions on Database Systems*, 11(2):213–234, 1986.

[309] J. E. Gehrke, V. Ganti, R. Ramakrishnan, and W.-Y. Loh. Boat: Optimistic decision tree construction. In *Proc. ACM SIGMOD Conf. on Managment of Data*, 1999.

[310] J. E. Gehrke, F. Korn, and D. Srivastava. On computing correlated aggregates over continual data streams. In *Proc. ACM SIGMOD Conf. on the Management of Data*, 2001.

[311] J. E. Gehrke, R. Ramakrishnan, and V. Ganti. Rainforest: A framework for fast decision tree construction of large datasets. In *Proc. Intl. Conf. on Very Large Databases*, 1998.

[312] S. P. Ghosh. *Data Base Organization for Data Management (2nd ed.)*. Academic Press, 1986.

[313] P. B. Gibbons, Y. Matias, and V. Poosala. Fast incremental maintenance of approximate histograms. In *Proc. of the Conf. on Very Large Databases*, 1997.

[314] P. B. Gibbons and Y. Matias. New sampling-based summary statistics for improving approximate query answers. In *Proc. ACM SIGMOD Conf. on the Management of Data*, pages 331–342. ACM Press, 1998.

[315] D. Gibson, J. M. Kleinberg, and P. Raghavan. Clustering categorical data: An approach based on dynamical systems. In *Proc. Intl. Conf. Very Large Data Bases*, 1998.

[316] D. Gibson, J. M. Kleinberg, and P. Raghavan. Inferring web communities from link topology. In *Proc. ACM Conf. on Hypertext*, 1998.

[317] G. A. Gibson. *Redundant Disk Arrays: Reliable, Parallel Secondary Storage*. An ACM Distinguished Dissertation 1991. MIT Press, 1992.

[318] D. Gifford. Weighted voting for replicated data. In *ACM Symp. on Operating Systems Principles*, 1979.

[319] A. C. Gilbert, Y. Kotidis, S. Muthukrishnan, and M. J. Strauss. Surfing wavelets on streams: One-pass summaries for approximate aggregate queries. In *Proc. of the Conf. on Very Large Databases*, 2001.

[320] C. F. Goldfarb and P. Prescod. *The XML Handbook*. PrenticeHall, 1998.

[321] R. Goldman and J. Widom. DataGuides: enabling query formulation and optimization in semistructured databases. In *Proc. Intl. Conf. on Very Large Data Bases*, pages 436–445, 1997.

[322] J. Goldstein, R. Ramakrishnan, U. Shaft, and J.-B. Yu. Processing queries by linear constraints. In *Proc. ACM Symposium on Principles of Database Systems*, 1997.

[323] G. Graefe. Encapsulation of parallelism in the Volcano query processing system. In *Proc. ACM SIGMOD Conf. on the Management of Data*, 1990.

[324] G. Graefe. Query evaluation techniques for large databases. *ACM Computing Surveys*, 25(2), 1993.

[325] G. Graefe, R. Bunker, and S. Cooper. Hash joins and hash teams in microsoft SQL Server: In *Proc. Intl. Conf. on Very Large Databases*, 1998.

[326] G. Graefe and D. DeWitt. The Exodus optimizer generator. In *Proc. ACM SIGMOD Conf. on the Management of Data*, 1987.

[327] G. Graefe and K. Ward. Dynamic query optimization plans. In *Proc. ACM SIGMOD Conf. on the Management of Data*, 1989.

[328] M. Graham, A. Mendelzon, and M. Vardi. Notions of dependency satisfaction. *Journal of the ACM*, 33(1):105–129, 1986.

[329] G. Grahne. *The Problem of Incomplete Information in Relational Databases.* Springer-Verlag, 1991.

[330] L. Gravano, H. Garcia-Molina, and A. Tomasic. Gloss: text-source discovery over the internet. *ACM Transactions on Database Systems*, 24(2), 1999.

[331] J. Gray. Notes on data base operating systems. In *Operating Systems: An Advanced Course.* eds. Bayer, Graham, and Seegmuller, Springer-Verlag, 1978.

[332] J. Gray. The transaction concept: Virtues and limitations. In *Proc. Intl. Conf. on Very Large Databases*, 1981.

[333] J. Gray. Transparency in its place—the case against transparent access to geographically distributed data. *Tandem Computers, TR-89-1*, 1989.

[334] J. Gray. *The Benchmark Handbook: for Database and Transaction Processing Systems.* Morgan Kaufmann, 1991.

[335] J. Gray, A. Bosworth, A. Layman, and H. Pirahesh. Data cube: A relational aggregation operator generalizing group-by, cross-tab and sub-totals. In *Proc. IEEE Intl. Conf. on Data Engineering*, 1996.

[336] J. Gray, R. Lorie, G. Putzolu, and I. Traiger. Granularity of locks and degrees of consistency in a shared data base. In *Proc. of IFIP Working Conf. on Modelling of Data Base Management Systems*, 1977.

[337] J. Gray, P. McJones, M. Blasgen, B. Lindsay, R. Lorie, G. Putzolu, T. Price, and I. Traiger. The recovery manager of the System R database manager. *ACM Computing Surveys*, 13(2):223–242, 1981.

[338] J. Gray and A. Reuter. *Transaction Processing: Concepts and Techniques.* Morgan Kaufmann, 1992.

[339] P. Gray. *Logic, Algebra, and Databases.* John Wiley, 1984.

[340] M. Greenwald and S. Khanna. Space-efficient online computation of quantile summaries. In *Proc. ACM SIGMOD Conf. on Management of Data*, 2001.

[341] P. Griffiths and B. Wade. An authorization mechanism for a relational database system. *ACM Transactions on Database Systems*, 1(3):242–255, 1976.

[342] G. Grinstein. Visualization and data mining. In *Intl. Conf. on Knowledge Discovery in Databases*, 1996.

[343] S. Guha, N. Mishra, R. Motwani, and L. O'Callaghan. Clustering data streams. In *Proc. of the Annual Symp. on Foundations of Computer Science*, 2000.

[344] S. Guha, R. Rastogi, and K. Shim. Cure: an efficient clustering algorithm for large databases. In *Proc. ACM SIGMOD Conf. on Management of Data*, 1998.

[345] S. Guha, N. Koudas, and K. Shim. Data streams and histograms. In *Proc. of the ACM Symp. on Theory of Computing*, 2001.

[346] D. Gunopulos, H. Mannila, R. Khardon, and H. Toivonen. Data mining, hypergraph transversals, and machine learning. In *Proc. ACM Symposium on Principles of Database Systems*, pages 209–216, 1997.

[347] D. Gunopulos, H. Mannila, and S. Saluja. Discovering all most specific sentences by randomized algorithms. In *Proc. of the Intl. Conf. on Database Theory*, volume 1186 of *Lecture Notes in Computer Science*, pages 215–229. Springer, 1997.

[348] A. Gupta and I. Mumick. *Materialized Views: Techniques, Implementations, and Applications* MIT Press, 1999.

[349] A. Gupta, I. Mumick, and V. Subrahmanian. Maintaining views incrementally. In *Proc. ACM SIGMOD Conf. on the Management of Data*, 1993.

[350] A. Guttman. R-trees: a dynamic index structure for spatial searching. In *Proc. ACM SIGMOD Conf. on the Management of Data*, 1984.

[351] L. Haas, W. Chang, G. Lohman, J. McPherson, P. Wilms, G. Lapis, B. Lindsay, H. Pirahesh, M. Carey, and E. Shekita. Starburst mid-flight: As the dust clears. *IEEE Transactions on Knowledge and Data Engineering*, 2(1), 1990.

[352] P. Haas, J. Naughton, S. Seshadri, and L. Stokes. Sampling-based estimation of the number of distinct values of an attribute. In *Proc. Intl. Conf. on Very Large Databases*, 1995.

[353] P. Haas and A. Swami. Sampling-based selectivity estimation for joins using augmented frequent value statistics. In *Proc. IEEE Intl. Conf. on Data Engineering*, 1995.

[354] P. J. Haas and J. M. Hellerstein. Ripple joins for online aggregation. In *Proc. ACM SIGMOD Conf. on the Management of Data*, pages 287–298. ACM Press, 1999.

[355] T. Haerder and A. Reuter. Principles of transaction oriented database recovery—a taxonomy. *ACM Computing Surveys*, 15(4), 1982.

[356] U. Halici and A. Dogac. Concurrency control in distributed databases through time intervals and short-term locks. *IEEE Transactions on Software Engineering*, 15(8):994–1003, 1989.

[357] M. Hall. *Core Web Programming: HTML , Java , CGI , & Javascript.* Prentice-Hall, 1997.

[358] P. Hall. Optimization of a simple expression in a relational data base system. *IBM Journal of Research and Development*, 20(3):244–257, 1976.

[359] G. Hamilton, R. G. Cattell, and M. Fisher. *JDBC Database Access With Java: A Tutorial and Annotated Reference.* Java Series. Addison-Wesley, 1997.

[360] M. Hammer and D. McLeod. Semantic integrity in a relational data base system. In *Proc. Intl. Conf. on Very Large Databases*, 1975.

[361] J. Han and Y. Fu. Discovery of multiple-level association rules from large databases. In *Proc. Intl. Conf. on Very Large Databases*, 1995.

[362] D. Hand. *Construction and Assessment of Classification Rules.* John Wiley & Sons, Chichester, England, 1997.

[363] J. Han and M. Kamber. *Data Mining: Concepts and Techniques.* Morgan Kaufmann Publishers, 2000.

[364] J. Han, J. Pei, and Y. Yin. Mining frequent patterns without candidate generation. In *Proc. ACM SIGMOD Intl. Conf. on Management of Data*, pages 1–12, 2000.

[365] E. Hanson. A performance analysis of view materialization strategies. In *Proc. ACM SIGMOD Conf. on the Management of Data*, 1987.

[366] E. Hanson. Rule condition testing and action execution in Ariel. In *Proc. ACM SIGMOD Conf. on the Management of Data*, 1992.

[367] V. Harinarayan, A. Rajaraman, and J. Ullman. Implementing data cubes efficiently. In *Proc. ACM SIGMOD Conf. on the Management of Data*, 1996.

[368] J. Haritsa, M. Carey, and M. Livny. On being optimistic about real-time constraints. In *ACM Symp. on Principles of Database Systems*, 1990.

[369] J. Harrison and S. Dietrich. Maintenance of materialized views in deductive databases: An update propagation approach. In *Proc. Workshop on Deductive Databases*, 1992.

[370] T. Hastie, R. Tibshirani, and J. H. Friedman. *The Elements of Statistical Learning: Data Mining, Inference, and Prediction.* Springer Verlag, 2001.

[371] D. Heckerman. Bayesian networks for knowledge discovery. In *Advances in Knowledge Discovery and Data Mining.* eds. U.M. Fayyad, G. Piatetsky-Shapiro, P. Smyth, and R. Uthurusamy, MIT Press, 1996.

[372] D. Heckerman, H. Mannila, D. Pregibon, and R. Uthurusamy, editors. *Proc. Intl. Conf. on Knowledge Discovery and Data Mining.* AAAI Press, 1997.

[373] J. Hellerstein. Optimization and execution techniques for queries with expensive methods. *Ph.D. thesis, University of Wisconsin-Madison*, 1995.

[374] J. Hellerstein, P. Haas, and H. Wang. Online aggregation In *Proc. ACM SIGMOD Conf. on the Management of Data*, 1997.

[375] J. Hellerstein, E. Koutsoupias, and C. Papadimitriou. On the analysis of indexing schemes. In *Proceedings of the ACM Symposium on Principles of Database Systems*, pages 249–256. ACM Press, 1997.

[376] J. Hellerstein, J. Naughton, and A. Pfeffer. Generalized search trees for database systems. In *Proc. Intl. Conf. on Very Large Databases*, 1995.

[377] J. M. Hellerstein, E. Koutsoupias, and C. H. Papadimitriou. On the analysis of indexing schemes. In *Proc. ACM Symposium on Principles of Database Systems*, pages 249–256, 1997.

[378] C. Hidber Online association rule mining. In *Proc. ACM SIGMOD Conf. on the Management of Data*, pages 145–156, 1999.

[379] R. Himmeroeder, G. Lausen, B. Ludaescher, and C. Schlepphorst. On a declarative semantics for Web queries. *Lecture Notes in Computer Science*, 1341:386–398, 1997.

[380] C.-T. Ho, R. Agrawal, N. Megiddo, and R. Srikant. Range queries in OLAP data cubes. In *Proc. ACM SIGMOD Conf. on the Management of Data*, 1997.

[381] S. Holzner. *XML Complete.* Mc Graw-Hill, 1998.

[382] D. Hong, T. Johnson, and U. Chakravarthy. Real-time transaction scheduling: A cost conscious approach. In *Proc. ACM SIGMOD Conf. on the Management of Data*, 1993.

[383] W. Hong and M. Stonebraker. Optimization of parallel query execution plans in XPRS. In *Proc. Intl. Conf. on Parallel and Distributed Information Systems*, 1991.

[384] W.-C. Hou and G. Ozsoyoglu. Statistical estimators for aggregate relational algebra queries. *ACM Transactions on Database Systems*, 16(4), 1991.

[385] H. Hsiao and D. DeWitt. A performance study of three high availability data replication strategies. In *Proc. Intl. Conf. on Parallel and Distributed Information Systems*, 1991.

[386] J. Huang, J. Stankovic, K. Ramamritham, and D. Towsley. Experimental evaluation of real-time optimistic concurrency control schemes. In *Proc. Intl. Conf. on Very Large Databases*, 1991.

[387] Y. Huang, A. Sistla, and O. Wolfson. Data replication for mobile computers. In *Proc. ACM SIGMOD Conf. on the Management of Data*, 1994.

[388] Y. Huang and O. Wolfson. A competitive dynamic data replication algorithm. In *Proc. IEEE CS IEEE Intl. Conf. on Data Engineering*, 1993.

[389] R. Hull. Managing semantic heterogeneity in databases: A theoretical perspective. In *ACM Symp. on Principles of Database Systems*, 1997.

[390] R. Hull and R. King. Semantic database modeling: Survey, applications, and research issues. *ACM Computing Surveys*, 19(19):201–260, 1987.

[391] R. Hull and J. Su. Algebraic and calculus query languages for recursively typed complex objects. *Journal of Computer and System Sciences*, 47(1):121–156, 1993.

[392] R. Hull and M. Yoshikawa. ILOG: Declarative creation and manipulation of object-identifiers. In *Proc. Intl. Conf. on Very Large Databases*, 1990.

[393] G. Hulten, L. Spencer, and P. Domingos. Mining time-changing data streams. In *Proc. ACM SIGKDD Intl. Conference on Knowledge Discovery and Data Mining*, pages 97–106. AAAI Press, 2001.

[394] J. Hunter. *Java Servlet Programming.* O'Reilly Associates, Inc., 1998.

[395] T. Imielinski and H. Korth (eds.). *Mobile Computing.* Kluwer Academic, 1996.

[396] T. Imielinski and W. Lipski. Incomplete information in relational databases. *Journal of the ACM*, 31(4):761–791, 1984.

[397] T. Imielinski and H. Mannila. A database perspective on knowledge discovery. *Communications of the ACM*, 38(11):58–64, 1996.

[398] T. Imielinski, S. Viswanathan, and B. Badrinath. Energy efficient indexing on air. In *Proc. ACM SIGMOD Conf. on the Management of Data*, 1994.

[399] Y. Ioannidis. Query optimization. In *Handbook of Computer Science*. ed. A.B. Tucker, CRC Press, 1996.

[400] Y. Ioannidis and S. Christodoulakis. Optimal histograms for limiting worst-case error propagation in the size of join results. *ACM Transactions on Database Systems*, 1993.

[401] Y. Ioannidis and Y. Kang. Randomized algorithms for optimizing large join queries. In *Proc. ACM SIGMOD Conf. on the Management of Data*, 1990.

[402] Y. Ioannidis and Y. Kang. Left-deep vs. bushy trees: An analysis of strategy spaces and its implications for query optimization. In *Proc. ACM SIGMOD Conf. on the Management of Data*, 1991.

[403] Y. Ioannidis, R. Ng, K. Shim, and T. Sellis. Parametric query processing. In *Proc. Intl. Conf. on Very Large Databases*, 1992.

[404] Y. Ioannidis and R. Ramakrishnan. Containment of conjunctive queries: Beyond relations as sets. *ACM Transactions on Database Systems*, 20(3):288–324, 1995.

[405] Y. E. Ioannidis. Universality of serial histograms. In *Proc. Intl. Conf. on Very Large Databases*, 1993.

[406] H. Jagadish, D. Lieuwen, R. Rastogi, A. Silberschatz, and S. Sudarshan. Dali: A high performance main-memory storage manager. In *Proc. Intl. Conf. on Very Large Databases*, 1994.

[407] A. K. Jain and R. C. Dubes. *Algorithms for Clustering Data*. PrenticeHall, 1988.

[408] S. Jajodia and D. Mutchler. Dynamic voting algorithms for maintaining the consistency of a replicated database. *ACM Transactions on Database Systems*, 15(2):230–280, 1990.

[409] S. Jajodia and R. Sandhu. Polyinstantiation integrity in multilevel relations. In *Proc. IEEE Symp. on Security and Privacy*, 1990.

[410] M. Jarke and J. Koch. Query optimization in database systems. *ACM Computing Surveys*, 16(2):111–152, 1984.

[411] K. S. Jones and P. Willett, editors. *Readings in Information Retrieval*. Multimedia Information and Systems. Morgan Kaufmann Publishers, 1997.

[412] J. Jou and P. Fischer. The complexity of recognizing 3NF schemes. *Information Processing Letters*, 14(4):187–190, 1983.

[413] N. Kabra and D. J. DeWitt. Efficient mid-query re-optimization of sub-optimal query execution plans. In *Proc. ACM SIGMOD Intl. Conf. on Management of Data*, 1998.

[414] Y. Kambayashi, M. Yoshikawa, and S. Yajima. Query processing for distributed databases using generalized semi-joins. In *Proc. ACM SIGMOD Conf. on the Management of Data*, 1982.

[415] P. Kanellakis. Elements of relational database theory. In *Handbook of Theoretical Computer Science*. ed. J. Van Leeuwen, Elsevier, 1991.

[416] P. Kanellakis. Constraint programming and database languages: A tutorial. In *ACM Symp. on Principles of Database Systems*, 1995.

[417] H. Kargupta and P. Chan, editors. *Advances in Distributed and Parallel Knowledge Discovery*. MIT Press, 2000.

[418] L. Kaufman and P. Rousseeuw. *Finding Groups in Data: An Introduction to Cluster Analysis*. John Wiley and Sons, 1990.

[419] R. Kaushik, P. Bohannon, J. F. Naughton, and H. F. Korth. Covering indexes for branching path expression queries. In *Proceedings of SIGMOD*, 2002.

[420] D. Keim and H.-P. Kriegel. VisDB: a system for visualizing large databases. In *Proc. ACM SIGMOD Conf. on the Management of Data*, 1995.

[421] D. Keim and H.-P. Kriegel. Visualization techniques for mining large databases: A comparison. *IEEE Transactions on Knowledge and Data Engineering*, 8(6):923–938, 1996.

[422] A. Keller. Algorithms for translating view updates to database updates for views involving selections, projections, and joins. *ACM Symp. on Principles of Database Systems*, 1985.

[423] W. Kent. *Data and Reality, Basic Assumptions in Data Processing Reconsidered*. North-Holland, 1978.

[424] W. Kent, R. Ahmed, J. Albert, M. Ketabchi, and M.-C. Shan. Object identification in multi-database systems. In *IFIP Intl. Conf. on Data Semantics*, 1992.

[425] L. Kerschberg, A. Klug, and D. Tsichritzis. A taxonomy of data models. In *Systems for Large Data Bases*. eds. P.C. Lockemann and E.J. Neuhold, North-Holland, 1977.

[426] W. Kiessling. On semantic reefs and efficient processing of correlation queries with aggregates. In *Proc. Intl. Conf. on Very Large Databases*, 1985.

[427] M. Kifer, W. Kim, and Y. Sagiv. Querying object-oriented databases. In *Proc. ACM SIGMOD Conf. on the Management of Data*, 1992.

[428] M. Kifer, G. Lausen, and J. Wu. Logical foundations of object-oriented and frame-based languages. *Journal of the ACM*, 42(4):741–843, 1995.

[429] M. Kifer and E. Lozinskii. Sygraf: Implementing logic programs in a database style. *IEEE Transactions on Software Engineering*, 14(7):922–935, 1988.

[430] W. Kim. On optimizing an SQL -like nested query. *ACM Transactions on Database Systems*, 7(3), 1982.

[431] W. Kim. Object-oriented database systems: Promise, reality, and future. In *Proc. Intl. Conf. on Very Large Databases*, 1993.

[432] W. Kim, J. Garza, N. Ballou, and D. Woelk. Architecture of the ORION next-generation database system. *IEEE Transactions on Knowledge and Data Engineering*, 2(1):109–124, 1990.

[433] W. Kim and F. Lochovsky (eds.). *Object-Oriented Concepts, Databases, and Applications.* Addison-Wesley, 1989.

[434] W. Kim, D. Reiner, and D. Batory (eds.). *Query Processing in Database Systems.* Springer Verlag, 1984.

[435] W. Kim (ed.). *Modern Database Systems.* ACM Press and Addison-Wesley, 1995.

[436] R. Kimball. *The Data Warehouse Toolkit.* John Wiley and Sons, 1996.

[437] J. King. Quist: A system for semantic query optimization in relational databases. In *Proc. Intl. Conf. on Very Large Databases*, 1981.

[438] J. M. Kleinberg. Authoritative sources in a hyperlinked environment. In *Proc. ACM -SIAM Symp. on Discrete Algorithms*, 1998.

[439] A. Klug. Equivalence of relational algebra and relational calculus query languages having aggregate functions. *Journal of the ACM*, 29(3):699–717, 1982.

[440] A. Klug. On conjunctive queries containing inequalities. *Journal of the ACM*, 35(1):146–160, 1988.

[441] E. Knapp. Deadlock detection in distributed databases. *ACM Computing Surveys*, 19(4):303–328, 1987.

[442] D. Knuth. *The Art of Computer Programming, Vol.3—Sorting and Searching.* Addison-Wesley, 1973.

[443] G. Koch and K. Loney. *Oracle: The Complete Reference.* Oracle Press, Osborne-McGraw-Hill, 1995.

[444] W. Kohler. A survey of techniques for synchronization and recovery in decentralized computer systems. *ACM Computing Surveys*, 13(2):149–184, 1981.

[445] D. Konopnicki and O. Shmueli. W3QS: A system for WWW querying. In *Proc. IEEE Intl. Conf. on Data Engineering*, 1997.

[446] F. Korn, H. Jagadish, and C. Faloutsos. Efficiently supporting ad hoc queries in large datasets of time sequences. In *Proc. ACM SIGMOD Conf. on Management of Data*, 1997.

[447] M. Kornacker, C. Mohan, and J. Hellerstein. Concurrency and recovery in generalized search trees. In *Proc. ACM SIGMOD Conf. on the Management of Data*, 1997.

[448] H. Korth, N. Soparkar, and A. Silberschatz. Triggered real-time databases with consistency constraints. In *Proc. Intl. Conf. on Very Large Databases*, 1990.

[449] H. F. Korth. Deadlock freedom using edge locks. *ACM Transactions on Database Systems*, 7(4):632–652, 1982.

[450] D. Kossmann. The state of the art in distributed query processing. *ACM Computing Surveys*, 32(4):422–469, 2000.

[451] Y. Kotidis and N. Roussopoulos. An alternative storage organization for ROLAP aggregate views based on cubetrees. In *Proc. ACM SIGMOD Intl. Conf. on Management of Data*, 1998.

[452] N. Krishnakumar and A. Bernstein. High throughput escrow algorithms for replicated databases. In *Proc. Intl. Conf. on Very Large Databases*, 1992.

[453] R. Krishnamurthy, H. Boral, and C. Zaniolo. Optimization of nonrecursive queries. In *Proc. Intl. Conf. on Very Large Databases*, 1986.

[454] J. Kuhns. Logical aspects of question answering by computer. Technical report, Rand Corporation, RM-5428-Pr., 1967.

[455] V. Kumar. *Performance of Concurrency Control Mechanisms in Centralized Database Systems.* PrenticeHall, 1996.

[456] H. Kung and P. Lehman. Concurrent manipulation of binary search trees. *ACM Transactions on Database Systems*, 5(3):354–382, 1980.

[457] H. Kung and J. Robinson. On optimistic methods for concurrency control. *Proc. Intl. Conf. on Very Large Databases*, 1979.

[458] D. Kuo. Model and verification of a data manager based on ARIES. In *Intl. Conf. on Database Theory*, 1992.

[459] M. LaCroix and A. Pirotte. Domain oriented relational languages. In *Proc. Intl. Conf. on Very Large Databases*, 1977.

[460] M.-Y. Lai and W. Wilkinson. Distributed transaction management in Jasmin. In *Proc. Intl. Conf. on Very Large Databases*, 1984.

[461] L. Lakshmanan, F. Sadri, and I. N. Subramanian. A declarative query language for querying and restructuring the web. In *Proc. Intl. Conf. on Research Issues in Data Engineering*, 1996.

[462] L. V. S. Lakshmanan, Raymond T. Ng, J. Han, and A. Pang. Optimization of constrained frequent set queries with 2-variable constraints. In *Proc. ACM SIGMOD Intl. Conf. on Management of Data*, pages 157–168. ACM Press, 1999.

[463] C. Lam, G. Landis, J. Orenstein, and D. Weinreb. The Objectstore database system. *Communications of the ACM*, 34(10), 1991.

[464] L. Lamport. Time, clocks and the ordering of events in a distributed system. *Communications of the ACM*, 21(7):558–565, 1978.

[465] B. Lampson and D. Lomet. A new presumed commit optimization for two phase commit. In *Proc. Intl. Conf. on Very Large Databases*, 1993.

[466] B. Lampson and H. Sturgis. Crash recovery in a distributed data storage system. Technical report, Xerox PARC, 1976.

[467] C. Landwehr. Formal models of computer security. *ACM Computing Surveys*, 13(3):247–278, 1981.

[468] R. Langerak. View updates in relational databases with an independent scheme. *ACM Transactions on Database Systems*, 15(1):40–66, 1990.

[469] P.-A. Larson. Linear hashing with overflow-handling by linear probing. *ACM Transactions on Database Systems*, 10(1):75–89, 1985.

[470] P.-A. Larson. Linear hashing with separators—A dynamic hashing scheme achieving one-access retrieval. *ACM Transactions on Database Systems*, 13(3):366–388, 1988.

[471] P.-A. Larson and G. Graefe. Memory Management During Run Generation in External Sorting. In *Proc. ACM SIGMOD Conf. on Management of Data*, 1998.

[472] P. Lehman and S. Yao. Efficient locking for concurrent operations on b trees. *ACM Transactions on Database Systems*, 6(4):650–670, 1981.

[473] T. Leung and R. Muntz. Temporal query processing and optimization in multiprocessor database machines. In *Proc. Intl. Conf. on Very Large Databases*, 1992.

[474] M. Leventhal, D. Lewis, and M. Fuchs. *Designing XML Internet applications.* The Charles F. Goldfarb series on open information management. PrenticeHall, 1998.

[475] P. Lewis, A. Bernstein, and M. Kifer. *Databases and Transaction Processing.* Addison Wesley, 2001.

[476] E.-P. Lim and J. Srivastava. Query optimization and processing in federated database systems. In *Proc. Intl. Conf. on Intelligent Knowledge Management*, 1993.

[477] B. Lindsay, J. McPherson, and H. Pirahesh. A data management extension architecture. In *Proc. ACM SIGMOD Conf. on the Management of Data*, 1987.

[478] B. Lindsay, P. Selinger, C. Galtieri, J. Gray, R. Lorie, G. Putzolu, I. Traiger, and B. Wade. Notes on distributed databases. Technical report, RJ2571, San Jose, CA, 1979.

[479] D.-I. Lin and Z. M. Kedem. Pincer search: A new algorithm for discovering the maximum frequent set. *Lecture Notes in Computer Science*, 1377:105–??, 1998.

[480] V. Linnemann, K. Kuspert, P. Dadam, P. Pistor, R. Erbe, A. Kemper, N. Sudkamp, G. Walch, and M. Wallrath. Design and implementation of an extensible database management system supporting user defined data types and functions. In *Proc. Intl. Conf. on Very Large Databases*, 1988.

[481] R. Lipton, J. Naughton, and D. Schneider. Practical selectivity estimation through adaptive sampling. In *Proc. ACM SIGMOD Conf. on the Management of Data*, 1990.

[482] B. Liskov, A. Adya, M. Castro, M. Day, S. Ghemawat, R. Gruber, U. Maheshwari, A. Myers, and L. Shrira. Safe and efficient sharing of persistent objects in Thor. In *Proc. ACM SIGMOD Conf. on the Management of Data*, 1996.

[483] W. Litwin. Linear Hashing: A new tool for file and table addressing. In *Proc. Intl. Conf. on Very Large Databases*, 1980.

[484] W. Litwin. Trie Hashing. In *Proc. ACM SIGMOD Conf. on the Management of Data*, 1981.

[485] W. Litwin and A. Abdellatif. Multidatabase interoperability. *IEEE Computer*, 12(19):10–18, 1986.

[486] W. Litwin, L. Mark, and N. Roussopoulos. Interoperability of multiple autonomous databases. *ACM Computing Surveys*, 22(3), 1990.

[487] W. Litwin, M.-A. Neimat, and D. Schneider. LH *—A scalable, distributed data structure. *ACM Transactions on Database Systems*, 21(4):480–525, 1996.

[488] M. Liu, A. Sheth, and A. Singhal. An adaptive concurrency control strategy for distributed database system. In *Proc. IEEE Intl. Conf. on Data Engineering*, 1984.

[489] M. Livny, R. Ramakrishnan, K. Beyer, G. Chen, D. Donjerkovic, S. Lawande, J. Myllymaki, and K. Wenger. DEVise: Integrated querying and visual exploration of large datasets. In *Proc. ACM SIGMOD Conf. on the Management of Data*, 1997.

[490] G. Lohman. Grammar-like functional rules for representing query optimization alternatives. In *Proc. ACM SIGMOD Conf. on the Management of Data*, 1988.

[491] D. Lomet and B. Salzberg. The hB-T ree: A multiattribute indexing method with good guaranteed performance. *ACM Transactions on Database Systems*, 15(4), 1990.

[492] D. Lomet and B. Salzberg. Access method concurrency with recovery. In *Proc. ACM SIGMOD Conf. on the Management of Data*, 1992.

[493] R. Lorie. Physical integrity in a large segmented database. *ACM Transactions on Database Systems*, 2(1):91–104, 1977.

[494] R. Lorie and H. Young. A low communication sort algorithm for a parallel database machine. In *Proc. Intl. Conf. on Very Large Databases*, 1989.

[495] Y. Lou and Z. Ozsoyoglu. LLO: An object-oriented deductive language with methods and method inheritance. In *Proc. ACM SIGMOD Conf. on the Management of Data*, 1991.

[496] H. Lu, B.-C. Ooi, and K.-L. Tan (eds.). *Query Processing in Parallel Relational Database Systems*. IEEE Computer Society Press, 1994.

[497] C. Lucchesi and S. Osborn. Candidate keys for relations. *J. Computer and System Sciences*, 17(2):270–279, 1978.

[498] V. Lum. Multi-attribute retrieval with combined indexes. *Communications of the ACM*, 1(11):660–665, 1970.

[499] T. Lunt, D. Denning, R. Schell, M. Heckman, and W. Shockley. The seaview security model. *IEEE Transactions on Software Engineering*, 16(6):593–607, 1990.

[500] L. Mackert and G. Lohman. R* optimizer validation and performance evaluation for local queries. Technical report, IBM RJ-4989, San Jose, CA, 1986.

[501] D. Maier. *The Theory of Relational Databases*. Computer Science Press, 1983.

[502] D. Maier, A. Mendelzon, and Y. Sagiv. Testing implication of data dependencies. *ACM Transactions on Database Systems*, 4(4), 1979.

[503] D. Maier and D. Warren. *Computing with Logic: Logic Programming with Prolog*. Benjamin/Cummings Publishers, 1988.

[504] A. Makinouchi. A consideration on normal form of not-necessarily-normalized relation in the relational data model. In *Proc. Intl. Conf. on Very Large Databases*, 1977.

[505] U. Manber and R. Ladner. Concurrency control in a dynamic search structure. *ACM Transactions on Database Systems*, 9(3):439–455, 1984.

[506] G. Manku, S. Rajagopalan, and B. Lindsay. Random sampling techniques for space efficient online computation of order statistics of large datasets. In *Proc. ACM SIGMOD Conf. on Management of Data*, 1999.

[507] H. Mannila. Methods and problems in data mining. In *Intl. Conf. on Database Theory*, 1997.

[508] H. Mannila and K.-J. Raiha. Design by Example: An application of Armstrong relations. *Journal of Computer and System Sciences*, 33(2):126–141, 1986.

[509] H. Mannila and K.-J. Raiha. *The Design of Relational Databases*. Addison-Wesley, 1992.

[510] H. Mannila, H. Toivonen, and A. I. Verkamo. Discovering frequent episodes in sequences. In *Proc. Intl. Conf. on Knowledge Discovery in Databases and Data Mining*, 1995.

[511] H. Mannila, P. Smyth, and D. J. Hand. *Principles of Data Mining*. MIT Press, 2001.

[512] M. Mannino, P. Chu, and T. Sager. Statistical profile estimation in database systems. *ACM Computing Surveys*, 20(3):191–221, 1988.

[513] V. Markowitz. Representing processes in the extended entity-relationship model. In *Proc. IEEE Intl. Conf. on Data Engineering*, 1990.

[514] V. Markowitz. Safe referential integrity structures in relational databases. In *Proc. Intl. Conf. on Very Large Databases*, 1991.

[515] Y. Matias, J. S. Vitter, and M. Wang. Dynamic maintenance of wavelet-based histograms. In *Proc. of the Conf. on Very Large Databases*, 2000.

[516] D. McCarthy and U. Dayal. The architecture of an active data base management system. In *Proc. ACM SIGMOD Conf. on the Management of Data*, 1989.

[517] W. McCune and L. Henschen. Maintaining state constraints in relational databases: A proof theoretic basis. *Journal of the ACM*, 36(1):46–68, 1989.

[518] J. McHugh, S. Abiteboul, R. Goldman, D. Quass, and J. Widom. Lore: A database management system for semistructured data. *ACM SIGMOD Record*, 26(3):54–66, 1997.

[519] S. Mehrotra, R. Rastogi, Y. Breitbart, H. Korth, and A. Silberschatz. Ensuring transaction atomicity in multidatabase systems. In *ACM Symp. on Principles of Database Systems*, 1992.

[520] S. Mehrotra, R. Rastogi, H. Korth, and A. Silberschatz. The concurrency control problem in multidatabases: Characteristics and solutions. In *Proc. ACM SIGMOD Conf. on the Management of Data*, 1992.

[521] M. Mehta, R. Agrawal, and J. Rissanen. SLIQ: A fast scalable classifier for data mining. In *Proc. Intl. Conf. on Extending Database Technology*, 1996.

[522] M. Mehta, V. Soloviev, and D. DeWitt. Batch scheduling in parallel database systems. In *Proc. IEEE Intl. Conf. on Data Engineering*, 1993.

[523] J. Melton. *Advanced SQL:1999, Understanding Understanding Object-Relational and Other Advanced Features.* Morgan Kaufmann, 2002.

[524] J. Melton and A. Simon. *Understanding the New SQL: A Complete Guide.* Morgan Kaufmann, 1993.

[525] J. Melton and A. Simon. *SQL:1999, Understanding Relational Language Components.* Morgan Kaufmann, 2002.

[526] D. Menasce and R. Muntz. Locking and deadlock detection in distributed data bases. *IEEE Transactions on Software Engineering*, 5(3):195–222, 1979.

[527] A. Mendelzon and T. Milo. Formal models of web queries. In *ACM Symp. on Principles of Database Systems*, 1997.

[528] A. O. Mendelzon, G. A. Mihaila, and T. Milo. Querying the World Wide Web. *Journal on Digital Libraries*, 1:54–67, 1997.

[529] R. Meo, G. Psaila, and S. Ceri. A new SQL -like operator for mining association rules. In *Proc. Intl. Conf. on Very Large Databases*, 1996.

[530] T. Merrett. The extended relational algebra, a basis for query languages. In *Databases*. ed. Shneiderman, Academic Press, 1978.

[531] T. Merrett. *Relational Information Systems.* Reston Publishing Company, 1983.

[532] D. Michie, D. Spiegelhalter, and C. Taylor, editors. *Machine Learning, Neural and Statistical Classification.* Ellis Horwood, London, 1994.

[533] Microsoft. *Microsoft ODBC 3.0 Software Development Kit and Programmer's Reference.* Microsoft Press, 1997.

[534] K. Mikkilineni and S. Su. An evaluation of relational join algorithms in a pipelined query processing environment. *IEEE Transactions on Software Engineering*, 14(6):838–848, 1988.

[535] R. Miller, Y. Ioannidis, and R. Ramakrishnan. The use of information capacity in schema integration and translation. In *Proc. Intl. Conf. on Very Large Databases*, 1993.

[536] T. Milo and D. Suciu. Index structures for path expressions. In *ICDT: 7th International Conference on Database Theory*, 1999.

[537] J. Minker (ed.). *Foundations of Deductive Databases and Logic Programming.* Morgan Kaufmann, 1988.

[538] T. Minoura and G. Wiederhold. Resilient extended true-copy token scheme for a distributed database. *IEEE Transactions in Software Engineering*, 8(3):173–189, 1982.

[539] G. Mitchell, U. Dayal, and S. Zdonik. Control of an extensible query optimizer: A planning-based approach. In *Proc. Intl. Conf. on Very Large Databases*, 1993.

[540] A. Moffat and J. Zobel. Self-indexing inverted files for fast text retrieval. *ACM Transactions on Information Systems*, 14(4):349–379, 1996.

[541] C. Mohan. ARIES/NT: A recovery method based on write-ahead logging for nested. In *Proc. Intl. Conf. on Very Large Databases*, 1989.

[542] C. Mohan. Commit LSN: A novel and simple method for reducing locking and latching in transaction processing systems. In *Proc. Intl. Conf. on Very Large Databases*, 1990.

[543] C. Mohan. ARIES/LHS: A concurrency control and recovery method using write-ahead logging for linear hashing with separators. In *Proc. IEEE Intl. Conf. on Data Engineering*, 1993.

[544] C. Mohan, D. Haderle, B. Lindsay, H. Pirahesh, and P. Schwarz. ARIES: a transaction recovery method supporting fine-granularity locking and partial rollbacks using write-ahead logging. *ACM Transactions on Database Systems*, 17(1):94–162, 1992.

[545] C. Mohan and F. Levine. ARIES/IM An efficient and high concurrency index management method using write-ahead logging. In *Proc. ACM SIGMOD Conf. on the Management of Data*, 1992.

[546] C. Mohan and B. Lindsay. Efficient commit protocols for the tree of processes model of distributed transactions. In *ACM SIGACT-SIGOPS Symp. on Principles of Distributed Computing*, 1983.

[547] C. Mohan, B. Lindsay, and R. Obermarck. Transaction management in the R* distributed database management system. *ACM Transactions on Database Systems*, 11(4):378–396, 1986.

[548] C. Mohan and I. Narang. Algorithms for creating indexes for very large tables without quiescing updates. In *Proc. ACM SIGMOD Conf. on the Management of Data*, 1992.

[549] K. Morris, J. Naughton, Y. Saraiya, J. Ullman, and A. Van Gelder. YAWN ! (Yet Another Window on NAIL!). *Database Engineering*, 6:211–226, 1987.

[550] A. Motro. Superviews: Virtual integration of multiple databases. *IEEE Transactions on Software Engineering*, 13(7):785–798, 1987.

[551] A. Motro and P. Buneman. Constructing superviews. In *Proc. ACM SIGMOD Conf. on the Management of Data*, 1981.

[552] R. Mukkamala. Measuring the effect of data distribution and replication models on performance evaluation of distributed database systems. In *Proc. IEEE Intl. Conf. on Data Engineering*, 1989.

[553] I. Mumick, S. Finkelstein, H. Pirahesh, and R. Ramakrishnan. Magic is relevant. In *Proc. ACM SIGMOD Conf. on the Management of Data*, 1990.

[554] I. Mumick, S. Finkelstein, H. Pirahesh, and R. Ramakrishnan. Magic conditions. *ACM Transactions on Database Systems*, 21(1):107–155, 1996.

[555] I. Mumick, H. Pirahesh, and R. Ramakrishnan. Duplicates and aggregates in deductive databases. In *Proc. Intl. Conf. on Very Large Databases*, 1990.

[556] I. Mumick and K. Ross. Noodle: A language for declarative querying in an object-oriented database. In *Intl. Conf. on Deductive and Object-Oriented Databases*, 1993.

[557] M. Muralikrishna. Improved unnesting algorithms for join aggregate SQL queries. In *Proc. Intl. Conf. on Very Large Databases*, 1992.

[558] M. Muralikrishna and D. DeWitt. Equi-depth histograms for estimating selectivity factors for multi-dimensional queries. In *Proc. ACM SIGMOD Conf. on the Management of Data*, 1988.

[559] S. Naqvi. Negation as failure for first-order queries. In *ACM Symp. on Principles of Database Systems*, 1986.

[560] M. Negri, G. Pelagatti, and L. Sbattella. Formal semantics of SQL queries. *ACM Transactions on Database Systems*, 16(3), 1991.

[561] S. Nestorov, J. Ullman, J. Weiner, and S. Chawathe. Representative objects: Concise representations of semistructured, hierarchical data. In *Proc. Intl. Conf. on Data Engineering*. IEEE Computer Society, 1997.

[562] R. T. Ng and J. Han. Efficient and effective clustering methods for spatial data mining. In *Proc. Intl. Conf. on Very Large Databases*, Santiago, Chile, September 1994.

[563] R. T. Ng, L. V. S. Lakshmanan, J. Han, and A. Pang. Exploratory mining and pruning optimizations of constrained association rules. In *Proc. ACM SIGMOD Intl. Conf. on Management of Data*, pages 13–24. ACM Press, 1998.

[564] T. Nguyen and V. Srinivasan. Accessing relational databases from the World Wide Web. In *Proc. ACM SIGMOD Conf. on the Management of Data*, 1996.

[565] J. Nievergelt, H. Hinterberger, and K. Sevcik. The Grid File: An adaptable symmetric multikey file structure. *ACM Transactions on Database Systems*, 9(1):38–71, 1984.

[566] C. Nyberg, T. Barclay, Z. Cvetanovic, J. Gray, and D. Lomet. Alphasort: a cache-sensitive parallel external sort. *VLDB Journal*, 4(4):603–627, 1995.

[567] R. Obermarck. Global deadlock detection algorithm. *ACM Transactions on Database Systems*, 7(2):187–208, 1981.

[568] L. O'Callaghan, N. Mishra, A. Meyerson, S. Guha, and R. Motwani. Streaming-data algorithms for high-quality clustering. In *Proc. of the Intl. Conference on Data Engineering*. IEEE, 2002.

[569] F. Olken and D. Rotem. Simple random sampling from relational databases. In *Proc. Intl. Conf. on Very Large Databases*, 1986.

[570] F. Olken and D. Rotem. Maintenance of materialized views of sampling queries. In *Proc. IEEE Intl. Conf. on Data Engineering*, 1992.

[571] C. Olston, B. T. Loo, and J. Widom. Adaptive precision setting for cached approximate values. In *Proc. ACM SIGMOD Conf. on the Management of Data*, 2001.

[572] C. Olston and J. Widom. Offering a precision-performance tradeoff for aggregation queries over replicated data. In *Proc. of the Conf. on Very Large Databases*, pages 144–155, 2000.

[573] C. Olston and J. Widom. Best-effort cache synchronization with source cooperation. In *Proc. ACM SIGMOD Conf. on the Management of Data*, 2002.

[574] P. O'Neil and E. O'Neil. *Database Principles, Programming, and Performance.* Addison Wesley, 2 edition, 2000.

[575] P. O'Neil and D. Quass. Improved query performance with variant indexes. In *Proc. ACM SIGMOD Conf. on the Management of Data*, 1997.

[576] B. Ozden, R. Rastogi, and A. Silberschatz. Multimedia support for databases. In *ACM Symp. on Principles of Database Systems*, 1997.

[577] G. Ozsoyoglu, K. Du, S. Guruswamy, and W.-C. Hou. Processing real-time, non-aggregate queries with time-constraints in case-db. In *Proc. IEEE Intl. Conf. on Data Engineering*, 1992.

[578] G. Ozsoyoglu, Z. Ozsoyoglu, and V. Matos. Extending relational algebra and relational calculus with set-valued attributes and aggregate functions. *ACM Transactions on Database Systems*, 12(4):566–592, 1987.

[579] Z. Ozsoyoglu and L.-Y. Yuan. A new normal form for nested relations. *ACM Transactions on Database Systems*, 12(1):111–136, 1987.

[580] M. Ozsu and P. Valduriez. *Principles of Distributed Database Systems.* PrenticeHall, 1991.

[581] C. Papadimitriou. The serializability of concurrent database updates. *Journal of the ACM*, 26(4):631–653, 1979.

[582] C. Papadimitriou. *The Theory of Database Concurrency Control.* Computer Science Press, 1986.

[583] Y. Papakonstantinou, S. Abiteboul, and H. Garcia-Molina. Object fusion in mediator systems. In *Proc. Intl. Conf. on Very Large Data Bases*, 1996.

[584] Y. Papakonstantinou, H. Garcia-Molina, and J. Widom. Object exchange across heterogeneous information sources. In *Proc. Intl. Conf. on Data Engineering*, 1995.

[585] J. Park and A. Segev. Using common subexpressions to optimize multiple queries. In *Proc. IEEE Intl. Conf. on Data Engineering*, 1988.

[586] J. Patel, J.-B. Yu, K. Tufte, B. Nag, J. Burger, N. Hall, K. Ramasamy, R. Lueder, C. Ellman, J. Kupsch, S. Guo, D. DeWitt, and J. Naughton. Building a scaleable geo-spatial DBMS: Technology, implementation, and evaluation. In *Proc. ACM SIGMOD Conf. on the Management of Data*, 1997.

[587] D. Patterson, G. Gibson, and R. Katz. RAID: redundant arrays of inexpensive disks. In *Proc. ACM SIGMOD Conf. on the Management of Data*, 1988.

[588] H.-B. Paul, H.-J. Schek, M. Scholl, G. Weikum, and U. Deppisch. Architecture and implementation of the Darmstadt database kernel system. In *Proc. ACM SIGMOD Conf. on the Management of Data*, 1987.

[589] J. Peckham and F. Maryanski. Semantic data models. *ACM Computing Surveys*, 20(3):153–189, 1988.

[590] J. Pei and J. Han. Can we push more constraints into frequent pattern mining? In *ACM SIGKDD Conference*, pages 350–354, 2000.

[591] J. Pei, J. Han, and L. V. S. Lakshmanan. Mining frequent item sets with convertible constraints. In *Proc. Intl. Conf. on Data Engineering (ICDE)*, pages 433–442. IEEE Computer Society, 2001.

[592] E. Petajan, Y. Jean, D. Lieuwen, and V. Anupam. DataSpace: An automated visualization system for large databases. In *Proc. of SPIE, Visual Data Exploration and Analysis*, 1997.

[593] S. Petrov. Finite axiomatization of languages for representation of system properties. *Information Sciences*, 47:339–372, 1989.

[594] G. Piatetsky-Shapiro and C. Cornell. Accurate estimation of the number of tuples satisfying a condition. In *Proc. ACM SIGMOD Conf. on the Management of Data*, 1984.

[595] G. Piatetsky-Shapiro and W. J. Frawley, editors. *Knowledge Discovery in Databases.* AAAI/MIT Press, Menlo Park, CA, 1991.

[596] H. Pirahesh and J. Hellerstein. Extensible/rule-based query rewrite optimization in starburst. In *Proc. ACM SIGMOD Conf. on the Management of Data*, 1992.

[597] N. Pitts-Moultis and C. Kirk. *XML black book: Indispensable problem solver.* Coriolis Group, 1998.

[598] V. Poosala, Y. Ioannidis, P. Haas, and E. Shekita. Improved histograms for selectivity estimation of range predicates. In *Proc. ACM SIGMOD Conf. on the Management of Data*, 1996.

[599] C. Pu. Superdatabases for composition of heterogeneous databases. In *Proc. IEEE Intl. Conf. on Data Engineering*, 1988.

[600] C. Pu and A. Leff. Replica control in distributed systems: An asynchronous approach. In *Proc. ACM SIGMOD Conf. on the Management of Data*, 1991.

[601] X.-L. Qian and G. Wiederhold. Incremental recomputation of active relational expressions. *IEEE Transactions on Knowledge and Data Engineering*, 3(3):337–341, 1990.

[602] D. Quass, A. Rajaraman, Y. Sagiv, and J. Ullman. Querying semistructured heterogeneous information. In *Proc. Intl. Conf. on Deductive and Object-Oriented Databases*, 1995.

[603] J. R. Quinlan. *C4.5: Programs for Machine Learning.* Morgan Kaufman, 1993.

[604] H. G. M. R. Alonso, D. Barbara. Data caching issues in an information retrieval system. *ACM Transactions on Database Systems*, 15(3), 1990.

[605] The RAIDBook: A source book for RAID technology. The RAID Advisory Board, `http://www.raid-advisory.com`, North Grafton, MA, Dec. 1998. Sixth Edition.

[606] D. Rafiei and A. Mendelzon. Similarity-based queries for time series data. In *Proc. ACM SIGMOD Conf. on the Management of Data*, 1997.

[607] M. Ramakrishna. An exact probability model for finite hash tables. In *Proc. IEEE Intl. Conf. on Data Engineering*, 1988.

[608] M. Ramakrishna and P.-A. Larson. File organization using composite perfect hashing. *ACM Transactions on Database Systems*, 14(2):231–263, 1989.

[609] I. Ramakrishnan, P. Rao, K. Sagonas, T. Swift, and D. Warren. Efficient tabling mechanisms for logic programs. In *Intl. Conf. on Logic Programming*, 1995.

[610] R. Ramakrishnan, D. Donjerkovic, A. Ranganathan, K. Beyer, and M. Krishnaprasad. SRQL: Sorted relational query language In *Proc. IEEE Intl. Conf. on Scientific and Statistical DBMS*, 1998.

[611] R. Ramakrishnan, D. Srivastava, and S. Sudarshan. Efficient bottom-up evaluation of logic programs. In *The State of the Art in Computer Systems and Software Engineering.* ed. J. Vandewalle, Kluwer Academic, 1992.

[612] R. Ramakrishnan, D. Srivastava, S. Sudarshan, and P. Seshadri. The CORAL: deductive system. *VLDB Journal*, 3(2):161–210, 1994.

[613] R. Ramakrishnan, S. Stolfo, R. J. Bayardo., and I. Parsa, editors. *Proc. ACM SIGKDD Intl. Conference on Knowledge Discovery and Data Mining*. AAAI Press, 2000.

[614] R. Ramakrishnan and J. Ullman. A survey of deductive database systems. *Journal of Logic Programming*, 23(2):125–149, 1995.

[615] K. Ramamohanarao. Design overview of the Aditi deductive database system. In *Proc. IEEE Intl. Conf. on Data Engineering*, 1991.

[616] K. Ramamohanarao, J. Shepherd, and R. Sacks-Davis. Partial-match retrieval for dynamic files using linear hashing with partial expansions. In *Intl. Conf. on Foundations of Data Organization and Algorithms*, 1989.

[617] V. Raman, B. Raman, and J. M. Hellerstein. Online dynamic reordering for interactive data processing. In *Proc. of the Conf. on Very Large Databases*, pages 709–720. Morgan Kaufmann, 1999.

[618] S. Rao, A. Badia, and D. Van Gucht. Providing better support for a class of decision support queries. In *Proc. ACM SIGMOD Conf. on the Management of Data*, 1996.

[619] R. Rastogi and K. Shim. Public: A decision tree classifier that integrates building and pruning. In *Proc. Intl. Conf. on Very Large Databases*, 1998.

[620] D. Reed. Implementing atomic actions on decentralized data. *ACM Transactions on Database Systems*, 1(1):3–23, 1983.

[621] G. Reese. *Database Programming With JDBC and Java*. O'Reilly & Associates, 1997.

[622] R. Reiter. A sound and sometimes complete query evaluation algorithm for relational databases with null values. *Journal of the ACM*, 33(2):349–370, 1986.

[623] E. Rescorla. *SSL and TLS: Designing and Building Secure Systems*. Addison Wesley Professional, 2000.

[624] A. Reuter. A fast transaction-oriented logging scheme for undo recovery. *IEEE Transactions on Software Engineering*, 6(4):348–356, 1980.

[625] A. Reuter. Performance analysis of recovery techniques. *ACM Transactions on Database Systems*, 9(4):526–559, 1984.

[626] E. Riloff and L. Hollaar. Text databases and information retrieval. In *Handbook of Computer Science*. ed. A.B. Tucker, CRC Press, 1996.

[627] J. Rissanen. Independent components of relations. *ACM Transactions on Database Systems*, 2(4):317–325, 1977.

[628] R. Rivest. Partial match retrieval algorithms. *SIAM Journal on Computing*, 5(1):19–50, 1976.

[629] R. L. Rivest, A. Shamir, and L. M. Adleman. A method for obtaining digital signatures and public-key cryptosystems. *Communications of the ACM*, 21(2):120–126, 1978.

[630] J. T. Robinson. The KDB tree: A search structure for large multidimensional dynamic indexes. In *Proc. ACM SIGMOD Int. Conf. on Management of Data*, 1981.

[631] J. Rohmer, F. Lescoeur, and J. Kerisit. The Alexander method, a technique for the processing of recursive queries. *New Generation Computing*, 4(3):273–285, 1986.

[632] D. Rosenkrantz, R. Stearns, and P. Lewis. System level concurrency control for distributed database systems. *ACM Transactions on Database Systems*, 3(2), 1978.

[633] A. Rosenthal and U. Chakravarthy. Anatomy of a modular multiple query optimizer. In *Proc. Intl. Conf. on Very Large Databases*, 1988.

[634] K. Ross and D. Srivastava. Fast computation of sparse datacubes. In *Proc. Intl. Conf. on Very Large Databases*, 1997.

[635] K. Ross, D. Srivastava, and S. Sudarshan. Materialized view maintenance and integrity constraint checking: Trading space for time. In *Proc. ACM SIGMOD Conf. on the Management of Data*, 1996.

[636] J. Rothnie, P. Bernstein, S. Fox, N. Goodman, M. Hammer, T. Landers, C. Reeve, D. Shipman, and E. Wong. Introduction to a system for distributed databases (SDD -1). *ACM Transactions on Database Systems*, 5(1), 1980.

[637] J. Rothnie and N. Goodman. An overview of the preliminary design of SDD -1: A system for distributed data bases. In *Proc. Berkeley Workshop on Distributed Data Management and Computer Networks*, 1977.

[638] N. Roussopoulos, Y. Kotidis, and M. Roussopoulos. Cubetree: Organization of and bulk updates on the data cube. In *Proc. ACM SIGMOD Conf. on the Management of Data*, 1997.

[639] S. Rozen and D. Shasha. Using feature set compromise to automate physical database design. In *Proc. Intl. Conf. on Very Large Databases*, 1991.

[640] J. Rumbaugh, I. Jacobson, and G. Booch. *The Unified Modeling Language Reference Manual (Addison-Wesley Object Technology Series)*. Addison-Wesley, 1998.

[641] M. Rusinkiewicz, A. Sheth, and G. Karabatis. Specifying interdatabase dependencies in a multidatabase environment. *IEEE Computer*, 24(12), 1991.

[642] D. Sacca and C. Zaniolo. Magic counting methods. In *Proc. ACM SIGMOD Conf. on the Management of Data*, 1987.

[643] Y. Sagiv and M. Yannakakis. Equivalence among expressions with the union and difference operators. *Journal of the ACM*, 27(4):633–655, 1980.

[644] K. Sagonas, T. Swift, and D. Warren. XSB as an efficient deductive database engine. In *Proc. ACM SIGMOD Conf. on the Management of Data*, 1994.

[645] A. Sahuguet, L. Dupont, and T. Nguyen. Kweelt: Querying XML in the new millenium. `http://kweelt.sourceforge.net`, Sept 2000.

[646] G. Salton and M. J. McGill. *Introduction to Modern Information Retrieval.* McGraw-Hill, 1983.

[647] B. Salzberg, A. Tsukerman, J. Gray, M. Stewart, S. Uren, and B. Vaughan. Fastsort: A distributed single-input single-output external sort. In *Proc. ACM SIGMOD Conf. on the Management of Data*, 1990.

[648] B. J. Salzberg. *File Structures.* PrenticeHall, 1988.

[649] H. Samet. The Quad T ree and related hierarchical data structures. *ACM Computing Surveys*, 16(2), 1984.

[650] H. Samet. *The Design and Analysis of Spatial Data Structures.* Addison-Wesley, 1990.

[651] J. Sander, M. Ester, H.-P. Kriegel, and X. Xu. Density-based clustering in spatial databases. *J. of Data Mining and Knowledge Discovery*, 2(2), 1998.

[652] R. E. Sanders. *ODBC 3.5 Developer's Guide.* McGraw-Hill Series on Data Warehousing and Data Management. McGraw-Hill, 1998.

[653] S. Sarawagi and M. Stonebraker. Efficient organization of large multidimensional arrays. In *Proc. IEEE Intl. Conf. on Data Engineering*, 1994.

[654] S. Sarawagi, S. Thomas, and R. Agrawal. Integrating mining with relational database systems: Alternatives and implications. In *Proc. ACM SIGMOD Intl. Conf. on Management of Data*, 1998.

[655] A. Savasere, E. Omiecinski, and S. Navathe. An efficient algorithm for mining association rules in large databases. In *Proc. Intl. Conf. on Very Large Databases*, 1995.

[656] P. Schauble. Spider: A multiuser information retrieval system for semistructured and dynamic data. In *Proc. ACM SIGIR Conference on Research and Development in Information Retrieval*, pages 318 – 327, 1993.

[657] H.-J. Schek, H.-B. Paul, M. Scholl, and G. Weikum. The DASDBS project: Objects, experiences, and future projects. *IEEE Transactions on Knowledge and Data Engineering*, 2(1), 1990.

[658] M. Schkolnick. Physical database design techniques. In *NYU Symp. on Database Design*, 1978.

[659] M. Schkolnick and P. Sorenson. The effects of denormalization on database performance. Technical report, IBM RJ3082, San Jose, CA, 1981.

[660] G. Schlageter. Optimistic methods for concurrency control in distributed database systems. In *Proc. Intl. Conf. on Very Large Databases*, 1981.

[661] B. Schneier. *Applied Cryptography: Protocols, Algorithms, and Source Code in C*. John Wiley & Sons, 1995.

[662] E. Sciore. A complete axiomatization of full join dependencies. *Journal of the ACM*, 29(2):373–393, 1982.

[663] E. Sciore, M. Siegel, and A. Rosenthal. Using semantic values to facilitate interoperability among heterogeneous information systems. *ACM Transactions on Database Systems*, 19(2):254–290, 1994.

[664] A. Segev and J. Park. Maintaining materialized views in distributed databases. In *Proc. IEEE Intl. Conf. on Data Engineering*, 1989.

[665] A. Segev and A. Shoshani. Logical modeling of temporal data. *Proc. ACM SIGMOD Conf. on the Management of Data*, 1987.

[666] P. Selfridge, D. Srivastava, and L. Wilson. IDEA: Interactive data exploration and analysis. In *Proc. ACM SIGMOD Conf. on the Management of Data*, 1996.

[667] P. Selinger and M. Adiba. Access path selections in distributed data base management systems. In *Proc. Intl. Conf. on Databases, British Computer Society*, 1980.

[668] P. Selinger, M. Astrahan, D. Chamberlin, R. Lorie, and T. Price. Access path selection in a relational database management system. In *Proc. ACM SIGMOD Conf. on the Management of Data*, 1979.

[669] T. K. Sellis. Multiple query optimization. *ACM Transactions on Database Systems*, 13(1):23–52, 1988.

[670] P. Seshadri, J. Hellerstein, H. Pirahesh, T. Leung, R. Ramakrishnan, D. Srivastava, P. Stuckey, and S. Sudarshan. Cost-based optimization for Magic: Algebra and implementation. In *Proc. ACM SIGMOD Conf. on the Management of Data*, 1996.

[671] P. Seshadri, M. Livny, and R. Ramakrishnan. The design and implementation of a sequence database system. In *Proc. Intl. Conf. on Very Large Databases*, 1996.

[672] P. Seshadri, M. Livny, and R. Ramakrishnan. The case for enhanced abstract data types. In *Proc. Intl. Conf. on Very Large Databases*, 1997.

[673] P. Seshadri, H. Pirahesh, and T. Leung. Complex query decorrelation. In *Proc. IEEE Intl. Conf. on Data Engineering*, 1996.

[674] J. Shafer and R. Agrawal. SPRINT: a scalable parallel classifier for data mining. In *Proc. Intl. Conf. on Very Large Databases*, 1996.

[675] J. Shanmugasundaram, U. Fayyad, and P. Bradley. Compressed data cubes for olap aggregate query approximation on continuous dimensions. In *Proc. Intl. Conf. on Knowledge Discovery and Data Mining (KDD)*, 1999.

[676] J. Shanmugasundaram, J. Kiernan, E. J. Shekita, C. Fan, and J. Funderburk. Querying XML views of relational data. In *Proc. Intl. Conf. on Very Large Data Bases*, 2001.

[677] L. Shapiro. Join processing in database systems with large main memories. *ACM Transactions on Database Systems*, 11(3):239–264, 1986.

[678] D. Shasha and N. Goodman. Concurrent search structure algorithms. *ACM Transactions on Database Systems*, 13:53–90, 1988.

[679] D. Shasha, E. Simon, and P. Valduriez. Simple rational guidance for chopping up transactions. In *Proc. ACM SIGMOD Conf. on the Management of Data*, 1992.

[680] H. Shatkay and S. Zdonik. Approximate queries and representations for large data sequences. In *Proc. IEEE Intl. Conf. on Data Engineering*, 1996.

[681] T. Sheard and D. Stemple. Automatic verification of database transaction safety. *ACM Transactions on Database Systems*, 1989.

[682] S. Shenoy and Z. Ozsoyoglu. Design and implementation of a semantic query optimizer. *IEEE Transactions on Knowledge and Data Engineering*, 1(3):344–361, 1989.

[683] P. Shenoy, J. Haritsa, S. Sudarshan, G. Bhalotia, M. Bawa, and D. Shah. Turbo-charging vertical mining of large databases. In *Proc. ACM SIGMOD Intl. Conf. on Management of Data*, pages 22–33, May 2000.

[684] A. Sheth and J. Larson. Federated database systems for managing distributed, heterogeneous, and autonomous databases. *Computing Surveys*, 22(3):183–236, 1990.

[685] A. Sheth, J. Larson, A. Cornelio, and S. Navathe. A tool for integrating conceptual schemas and user views. In *Proc. IEEE Intl. Conf. on Data Engineering*, 1988.

[686] A. Shoshani. OLAP and statistical databases: Similarities and differences. In *ACM Symp. on Principles of Database Systems*, 1997.

[687] A. Shukla, P. Deshpande, J. Naughton, and K. Ramasamy. Storage estimation for multidimensional aggregates in the presence of hierarchies. In *Proc. Intl. Conf. on Very Large Databases*, 1996.

[688] M. Siegel, E. Sciore, and S. Salveter. A method for automatic rule derivation to support semantic query optimization. *ACM Transactions on Database Systems*, 17(4), 1992.

[689] A. Silberschatz, H. Korth, and S. Sudarshan. *Database System Concepts (4th ed.)*. McGraw-Hill, 4 edition, 2001.

[690] E. Simon, J. Kiernan, and C. de Maindreville. Implementing high-level active rules on top of relational databases. In *Proc. Intl. Conf. on Very Large Databases*, 1992.

[691] E. Simoudis, J. Wei, and U. M. Fayyad, editors. *Proc. Intl. Conf. on Knowledge Discovery and Data Mining*. AAAI Press, 1996.

[692] D. Skeen. Nonblocking commit protocols. In *Proc. ACM SIGMOD Conf. on the Management of Data*, 1981.

[693] J. Smith and D. Smith. Database abstractions: Aggregation and generalization. *ACM Transactions on Database Systems*, 1(1):105–133, 1977.

[694] K. Smith and M. Winslett. Entity modeling in the MLS relational model. In *Proc. Intl. Conf. on Very Large Databases*, 1992.

[695] P. Smith and M. Barnes. *Files and Databases: An Introduction*. Addison-Wesley, 1987.

[696] N. Soparkar, H. Korth, and A. Silberschatz. Databases with deadline and contingency constraints. *IEEE Transactions on Knowledge and Data Engineering*, 7(4):552–565, 1995.

[697] S. Spaccapietra, C. Parent, and Y. Dupont. Model independent assertions for integration of heterogeneous schemas. In *Proc. Intl. Conf. on Very Large Databases*, 1992.

[698] S. Spaccapietra (ed.). *Entity-Relationship Approach: Ten Years of Experience in Information Modeling, Proc. Entity-Relationship Conf.* North-Holland, 1987.

[699] E. Spertus. ParaSite: mining structural information on the web. In *Intl. World Wide Web Conference*, 1997.

[700] R. Srikant and R. Agrawal. Mining generalized association rules. In *Proc. Intl. Conf. on Very Large Databases*, 1995.

[701] R. Srikant and R. Agrawal. Mining Quantitative Association Rules in Large Relational Tables. In *Proc. ACM SIGMOD Conf. on Management of Data*, 1996.

[702] R. Srikant and R. Agrawal. Mining Sequential Patterns: Generalizations and Performance Improvements. In *Proc. Intl. Conf. on Extending Database Technology*, 1996.

[703] R. Srikant, Q. Vu, and R. Agrawal. Mining Association Rules with Item Constraints. In *Proc. Intl. Conf. on Knowledge Discovery in Databases and Data Mining*, 1997.

[704] V. Srinivasan and M. Carey. Performance of B-Tree concurrency control algorithms. In *Proc. ACM SIGMOD Conf. on the Management of Data*, 1991.

[705] D. Srivastava, S. Dar, H. Jagadish, and A. Levy. Answering queries with aggregation using views. In *Proc. Intl. Conf. on Very Large Databases*, 1996.

[706] D. Srivastava, R. Ramakrishnan, P. Seshadri, and S. Sudarshan. Coral++: Adding object-orientation to a logic database language. In *Proc. Intl. Conf. on Very Large Databases*, 1993.

[707] J. Srivastava and D. Rotem. Analytical modeling of materialized view maintenance. In *ACM Symp. on Principles of Database Systems*, 1988.

[708] J. Srivastava, J. Tan, and V. Lum. Tbsam: An access method for efficient processing of statistical queries. *IEEE Transactions on Knowledge and Data Engineering*, 1(4):414–423, 1989.

[709] D. Stacey. Replication: DB2 , Oracle or Sybase? *Database Programming and Design*, pages 42–50, December 1994.

[710] P. Stachour and B. Thuraisingham. Design of LDV: A multilevel secure relational database management system. *IEEE Transactions on Knowledge and Data Engineering*, 2(2), 1990.

[711] J. Stankovic and W. Zhao. On real-time transactions. In *Proc. ACM SIGMOD Conf. on the Management of Data Record*, 1988.

[712] T. Steel. Interim report of the ANSI-SPARC study group. In *Proc. ACM SIGMOD Conf. on the Management of Data*, 1975.

[713] M. Stonebraker. Implementation of integrity constraints and views by query modification. In *Proc. ACM SIGMOD Conf. on the Management of Data*, 1975.

[714] M. Stonebraker. Concurrency control and consistency of multiple copies of data in Distributed Ingres. *IEEE Transactions on Software Engineering*, 5(3), 1979.

[715] M. Stonebraker. Operating system support for database management. *Communications of the ACM*, 14(7):412–418, 1981.

[716] M. Stonebraker. Inclusion of new types in relational database systems. In *Proc. IEEE Intl. Conf. on Data Engineering*, 1986.

[717] M. Stonebraker. *The INGRES Papers: Anatomy of a Relational Database System.* Addison-Wesley, 1986.

[718] M. Stonebraker. The design of the Postgres storage system. In *Proc. Intl. Conf. on Very Large Databases*, 1987.

[719] M. Stonebraker. *Object-relational DBMSs—The Next Great Wave.* Morgan Kaufmann, 1996.

[720] M. Stonebraker, J. Frew, K. Gardels, and J. Meredith. The Sequoia 2000 storage benchmark. In *Proc. ACM SIGMOD Conf. on the Management of Data*, 1993.

[721] M. Stonebraker and J. Hellerstein (eds). *Readings in Database Systems.* Morgan Kaufmann, 2 edition, 1994.

[722] M. Stonebraker, A. Jhingran, J. Goh, and S. Potamianos. On rules, procedures, caching and views in data base systems. In *UCBERL M9036*, 1990.

[723] M. Stonebraker and G. Kemnitz. The Postgres next-generation database management system. *Communications of the ACM*, 34(10):78–92, 1991.

[724] B. Subramanian, T. Leung, S. Vandenberg, and S. Zdonik. The AQUA approach to querying lists and trees in object-oriented databases. In *Proc. IEEE Intl. Conf. on Data Engineering*, 1995.

[725] W. Sun, Y. Ling, N. Rishe, and Y. Deng. An instant and accurate size estimation method for joins and selections in a retrieval-intensive environment. In *Proc. ACM SIGMOD Conf. on the Management of Data*, 1993.

[726] A. Swami and A. Gupta. Optimization of large join queries: Combining heuristics and combinatorial techniques. In *Proc. ACM SIGMOD Conf. on the Management of Data*, 1989.

[727] T. Swift and D. Warren. An abstract machine for SLG resolution: Definite programs. In *Intl. Logic Programming Symposium*, 1994.

[728] A. Tansel, J. Clifford, S. Gadia, S. Jajodia, A. Segev, and R. Snodgrass. *Temporal Databases: Theory, Design and Implementation.* Benjamin-Cummings, 1993.

[729] Y. Tay, N. Goodman, and R. Suri. Locking performance in centralized databases. *ACM Transactions on Database Systems*, 10(4):415–462, 1985.

[730] T. Teorey. *Database Modeling and Design: The E-R Approach.* Morgan Kaufmann, 1990.

[731] T. Teorey, D.-Q. Yang, and J. Fry. A logical database design methodology for relational databases using the extended entity-relationship model. *ACM Computing Surveys*, 18(2):197–222, 1986.

[732] R. Thomas. A majority consensus approach to concurrency control for multiple copy databases. *ACM Transactions on Database Systems*, 4(2):180–209, 1979.

[733] S. A. Thomas. *SSL & TLS Essentials: Securing the Web.* John Wiley & Sons, 2000.

[734] A. Thomasian. Concurrency control: Methods, performance, and analysis. *ACM Computing Surveys*, 30(1):70–119, 1998.

[735] A. Thomasian. Two-phase locking performance and its thrashing behavior *ACM Computing Surveys*, 30(1):70–119, 1998.

[736] S. Thomas, S. Bodagala, K. Alsabti, and S. Ranka. An efficient algorithm for the incremental updation of association rules in large databases. In *Proc. Intl. Conf. on Knowledge Discovery and Data Mining*. AAAI Press, 1997.

[737] S. Todd. The Peterlee relational test vehicle. *IBM Systems Journal*, 15(4):285–307, 1976.

[738] H. Toivonen. Sampling large databases for association rules. In *Proc. Intl. Conf. on Very Large Databases*, 1996.

[739] TP Performance Council. TPC Benchmark D: Standard specification, rev. 1.2. Technical report, `http://www.tpc.org/dspec.html`, 1996.

[740] I. Traiger, J. Gray, C. Galtieri, and B. Lindsay. Transactions and consistency in distributed database systems. *ACM Transactions on Database Systems*, 25(9), 1982.

[741] M. Tsangaris and J. Naughton. On the performance of object clustering techniques. In *Proc. ACM SIGMOD Conf. on the Management of Data*, 1992.

[742] D.-M. Tsou and P. Fischer. Decomposition of a relation scheme into Boyce-C odd normal form. *SIGACT News*, 14(3):23–29, 1982.

[743] D. Tsur, J. D. Ullman, S. Abiteboul, C. Clifton, R. Motwani, S. Nestorov, and A. Rosenthal. Query flocks: A generalization of association-rule mining. In *Proc. ACM SIGMOD Conf. on Management of Data*, pages 1–12, 1998.

[744] A. Tucker (ed.). *Computer Science and Engineering Handbook*. CRC Press, 1996.

[745] J. W. Tukey. *Exploratory Data Analysis*. Addison-Wesley, 1977.

[746] J. Ullman. The U.R. strikes back. In *ACM Symp. on Principles of Database Systems*, 1982.

[747] J. Ullman. *Principles of Database and Knowledgebase Systems, Vols. 1 and 2*. Computer Science Press, 1989.

[748] J. Ullman. Information integration using logical views. In *Intl. Conf. on Database Theory*, 1997.

[749] S. Urban and L. Delcambre. An analysis of the structural, dynamic, and temporal aspects of semantic data models. In *Proc. IEEE Intl. Conf. on Data Engineering*, 1986.

[750] G. Valentin, M. Zuliani, D. C. Zilio, G. M. Lohman, and A. Skelley. Db2 advisor: An optimizer smart enough to recommend its own indexes. In *Proc. Intl. Conf. on Data Engineering (ICDE)*, pages 101–110. IEEE Computer Society, 2000.

[751] M. Van Emden and R. Kowalski. The semantics of predicate logic as a programming language. *Journal of the ACM*, 23(4):733–742, 1976.

[752] A. Van Gelder. Negation as failure using tight derivations for general logic programs. In J. Minker, editor, *Foundations of Deductive Databases and Logic Programming*. Morgan Kaufmann, 1988.

[753] C. J. van Rijsbergen. *Information Retrieval*. Butterworths, London, United Kingdom, 1990.

[754] M. Vardi. Incomplete information and default reasoning. In *ACM Symp. on Principles of Database Systems*, 1986.

[755] M. Vardi. Fundamentals of dependency theory. In *Trends in Theoretical Computer Science*. ed. E. Borger, Computer Science Press, 1987.

[756] L. Vieille. Recursive axioms in deductive databases: The query-subquery approach. In *Intl. Conf. on Expert Database Systems*, 1986.

[757] L. Vieille. From QSQ towards QoSaQ: global optimization of recursive queries. In *Intl. Conf. on Expert Database Systems*, 1988.

[758] L. Vieille, P. Bayer, V. Kuchenhoff, and A. Lefebvre. EKS-V1 , a short overview. In *AAAI-90 Workshop on Knowledge Base Management Systems*, 1990.

[759] J. S. Vitter and M. Wang. Approximate computation of multidimensional aggregates of sparse data using wavelets. In *Proc. ACM SIGMOD Conf. on the Management of Data*, pages 193–204. ACM Press, 1999.

[760] G. von Bultzingsloewen. Translating and optimizing SQL queries having aggregates. In *Proc. Intl. Conf. on Very Large Databases*, 1987.

[761] G. von Bultzingsloewen, K. Dittrich, C. Iochpe, R.-P. Liedtke, P. Lockemann, and M. Schryro. Kardamom—A dataflow database machine for real-time applications. In *Proc. ACM SIGMOD Conf. on the Management of Data*, 1988.

[762] G. Vossen. *Data Models, Database Languages and Database Management Systems.* Addison-Wesley, 1991.

[763] N. Wade. Citation analysis: A new tool for science administrators. *Science*, 188(4183):429–432, 1975.

[764] R. Wagner. Indexing design considerations. *IBM Systems Journal*, 12(4):351–367, 1973.

[765] X. Wang, S. Jajodia, and V. Subrahmanian. Temporal modules: An approach toward federated temporal databases. In *Proc. ACM SIGMOD Conf. on the Management of Data*, 1993.

[766] K. Wang and H. Liu. Schema discovery for semistructured data. In *Third International Conference on Knowledge Discovery and Data Mining (KDD -97)*, pages 271–274, 1997.

[767] R. Weber, H. Schek, and S. Blott. A quantitative analysis and performance study for similarity-search methods in high-dimensional spaces. In *Proc. Intl. Conf. on Very Large Data Bases*, 1998.

[768] G. Weddell. Reasoning about functional dependencies generalized for semantic data models. *ACM Transactions on Database Systems*, 17(1), 1992.

[769] W. Weihl. The impact of recovery on concurrency control. In *ACM Symp. on Principles of Database Systems*, 1989.

[770] G. Weikum and G. Vossen. *Transactional Information Systems.* Morgan Kaufmann, 2001.

[771] R. Weiss, B. V. lez, M. A. Sheldon, C. Manprempre, P. Szilagyi, A. Duda, and D. K. Gifford. HyPursuit: A hierarchical network search engine that exploits content-link hypertext clustering. In *Proc. ACM Conf. on Hypertext*, 1996.

[772] C. White. Let the replication battle begin. In *Database Programming and Design*, pages 21–24, May 1994.

[773] S. White, M. Fisher, R. Cattell, G. Hamilton, and M. Hapner. *JDBC API Tutorial and Reference: Universal Data Access for the Java 2 Platform.* Addison-Wesley, 2 edition, 1999.

[774] J. Widom and S. Ceri. *Active Database Systems.* Morgan Kaufmann, 1996.

[775] G. Wiederhold. *Database Design (2nd ed.).* McGraw-Hill, 1983.

[776] G. Wiederhold, S. Kaplan, and D. Sagalowicz. Physical database design research at Stanford. *IEEE Database Engineering*, 1:117–119, 1983.

[777] R. Williams, D. Daniels, L. Haas, G. Lapis, B. Lindsay, P. Ng, R. Obermarck, P. Selinger, A. Walker, P. Wilms, and R. Yost. R*: An overview of the architecture. Technical report, IBM RJ3325, San Jose, CA, 1981.

[778] M. S. Winslett. A model-based approach to updating databases with incomplete information. *ACM Transactions on Database Systems*, 13(2):167–196, 1988.

[779] G. Wiorkowski and D. Kull. *DB2: Design and Development Guide (3rd ed.)*. Addison-Wesley, 1992.

[780] I. H. Witten, A. Moffat, and T. C. Bell. *Managing Gigabytes: Compressing and Indexing Documents and Images*. Van Nostrand Reinhold, 1994.

[781] I. H. Witten and E. Frank. *Data Mining: Practical Machine Learning Tools and Techniques with Java Implementations*. Morgan Kaufmann Publishers, 1999.

[782] O. Wolfson, A. Sistla, , B. Xu, J. Zhou, and S. Chamberlain. Domino: Databases for moving objects tracking. In *Proc. ACM SIGMOD Int. Conf. on Management of Data*, 1999.

[783] Y. Yang and R. Miller. Association rules over interval data. In *Proc. ACM SIGMOD Conf. on the Management of Data*, 1997.

[784] K. Youssefi and E. Wong. Query processing in a relational database management system. In *Proc. Intl. Conf. on Very Large Databases*, 1979.

[785] C. Yu and C. Chang. Distributed query processing. *ACM Computing Surveys*, 16(4):399–433, 1984.

[786] O. R. Zaiane, M. El-Hajj, and P. Lu. Fast Parallel Association Rule Mining Without Candidacy Generation. In *Proc. IEEE Intl. Conf. on Data Mining (ICDM)*, 2001.

[787] M. J. Zaki. Scalable algorithms for association mining. In *IEEE Transactions on Knowledge and Data Engineering*, volume 12, pages 372–390, May/June 2000.

[788] M. J. Zaki and C.-T. Ho, editors. *Large-Scale Parallel Data Mining*. Springer Verlag, 2000.

[789] C. Zaniolo. Analysis and design of relational schemata. Technical report, Ph.D. Thesis, UCLA, TR UCLA-ENG-7669, 1976.

[790] C. Zaniolo. Database relations with null values. *Journal of Computer and System Sciences*, 28(1):142–166, 1984.

[791] C. Zaniolo. The database language GEM. In *Readings in Object-Oriented Databases*. eds. S.B. Zdonik and D. Maier, Morgan Kaufmann, 1990.

[792] C. Zaniolo. Active database rules with transaction-conscious stable-model semantics. In *Intl. Conf. on Deductive and Object-Oriented Databases*, 1996.

[793] C. Zaniolo, N. Arni, and K. Ong. Negation and aggregates in recursive rules: the LDL++ approach. In *Intl. Conf. on Deductive and Object-Oriented Databases*, 1993.

[794] C. Zaniolo, S. Ceri, C. Faloutsos, R. Snodgrass, V. Subrahmanian, and R. Zicari. *Advanced Database Systems*. Morgan Kaufmann, 1997.

[795] S. Zdonik, U. Cetintemel, M. Cherniack, C. Convey, S. Lee, G. Seidman, M. Stonebraker, N. Tatbul, and D. Carney Monitoring streams—A new class of data management applications. In *Proc. Intl. Conf. on Very Large Data Bases*, 2002.

[796] S. Zdonik and D. Maier (eds.). *Readings in Object-Oriented Databases*. Morgan Kaufmann, 1990.

[797] A. Zhang, M. Nodine, B. Bhargava, and O. Bukhres. Ensuring relaxed atomicity for flexible transactions in multidatabase systems. In *Proc. ACM SIGMOD Conf. on the Management of Data*, 1994.

[798] T. Zhang, R. Ramakrishnan, and M. Livny. BIRCH: an efficient data clustering method for very large databases. In *Proc. ACM SIGMOD Conf. on Management of Data*, 1996.

[799] Y. Zhao, P. Deshpande, J. F. Naughton, and A. Shukla. Simultaneous optimization and evaluation of multiple dimensional queries. In *Proc. ACM SIGMOD Intl. Conf. on Management of Data*, 1998.

[800] Y. Zhuge, H. Garcia-Molina, J. Hammer, and J. Widom. View maintenance in a warehousing environment. In *Proc. ACM SIGMOD Conf. on the Management of Data*, 1995.

[801] M. M. Zloof. Query-by-example: a database language. *IBM Systems Journal*, 16(4):324–343, 1977.

[802] J. Zobel, A. Moffat, and K. Ramamohanarao. Inverted files versus signature files for text indexing. *ACM Transactions on Database Systems*, 23, 1998.

[803] J. Zobel, A. Moffat, and R. Sacks-Davis. An efficient indexing technique for full text databases. In *Proc. Intl. Conf. on Very Large Databases, Morgan Kaufman pubs. (San Francisco, CA) 18, Vancouver*, 1992.

[804] U. Zukowski and B. Freitag. The deductive database system LOLA. In *Proc. Intl. Conf. on Logic Programming and Non-Monotonic Reasoning*, 1997.

찾아보기
INDEX

(ㄹ)

(ㅁ)

(ㅂ)

(ㅇ)